Erde und Leben

Norbert Welsch · Claus Chr. Liebmann · Jürgen Schwab

Erde und Leben

Die Geschichte einer innigen Wechselbeziehung

Dr. Norbert Welsch
(verstorben)

Jürgen Schwab
Schellingstr. 47
72072 Tübingen
juergenm.schwab@matter-matters.de

Dr. Claus Chr. Liebmann
Marbachstr. 1
81369 München

ISBN 978-3-662-53868-5　　　　　　　　ISBN 978-3-662-53869-2 (eBook)
DOI 10.1007/978-3-662-53869-2

Die Deutsche Nationalbibliothek verzeichnet diese Publikation in der Deutschen Nationalbibliografie; detaillierte bibliografische Daten sind im Internet über http://dnb.d-nb.de abrufbar.

© Springer-Verlag GmbH Deutschland 2017

Das Werk einschließlich aller seiner Teile ist urheberrechtlich geschützt. Jede Verwertung, die nicht ausdrücklich vom Urheberrechtsgesetz zugelassen ist, bedarf der vorherigen Zustimmung des Verlags. Das gilt insbesondere für Vervielfältigungen, Bearbeitungen, Übersetzungen, Mikroverfilmungen und die Einspeicherung und Verarbeitung in elektronischen Systemen.

Die Wiedergabe von Gebrauchsnamen, Handelsnamen, Warenbezeichnungen usw. in diesem Werk berechtigt auch ohne besondere Kennzeichnung nicht zu der Annahme, dass solche Namen im Sinne der Warenzeichen- und Markenschutz-Gesetzgebung als frei zu betrachten wären und daher von jedermann benutzt werden dürften.

Der Verlag, die Autoren und die Herausgeber gehen davon aus, dass die Angaben und Informationen in diesem Werk zum Zeitpunkt der Veröffentlichung vollständig und korrekt sind. Weder der Verlag, noch die Autoren oder die Herausgeber übernehmen, ausdrücklich oder implizit, Gewähr für den Inhalt des Werkes, etwaige Fehler oder Äußerungen. Der Verlag bleibt im Hinblick auf geografische Zuordnungen und Gebietsbezeichnungen in veröffentlichten Karten und Institutionsadressen neutral.

Planung: Frank Wigger, Dr. Christoph Iven
Einbandabbildung und -entwurf: Welsch & Partner – scientific multimedia, Tübingen
Satz: Welsch & Partner scientific multimedia, Tübingen und Jürgen Schwab, Tübingen
Gedruckt auf säurefreiem und chlorfrei gebleichtem Papier

Springer ist Teil von Springer Nature
Die eingetragene Gesellschaft ist Springer-Verlag GmbH Deutschland
Die Anschrift der Gesellschaft ist: Heidelberger Platz 3, 14197 Berlin, Germany

Für
Laura-Marie und Lorraine

Norbert Welsch

Für
Anni Liebmann

Claus Chr. Liebmann

Für
Ursula Dachs und Heinz Schwab

Jürgen Schwab

Danksagung und Nachruf

Wir danken allen Familienmitgliedern, Freunden und Bekannten, die im Laufe der vier Jahre der Entstehungszeit durch Diskussionen, Hinweise, Beiträge, Bereitstellung von Bildern und Korrekturen aktiv am Zustandekommen des Buches beteiligt waren oder die einfach unter der zeitlichen Konkurrenz zu leiden hatten. „Vita brevis, ars longa" gilt leider auch für die Arbeit an einem Werk, das allen drei Autoren viel Herzblut abverlangt hat.

Last but not least ist der Verlag ein entscheidender Faktor beim erfolgreichen Zustandekommen eines Buchwerkes. Wir danken hier insbesondere Frau Sabine Bartels und Herrn Frank Wigger sowie in der Konzeptionsphase noch Herrn Dr. Christoph Iven für die engagierte redaktionelle Betreuung über die ganzen Entstehungsjahre. Hier konnten wir auf ein kompetentes und wohlwollendes Team bei Springer-Spektrum zählen, das uns einerseits durch Terminvorgaben eine realistische Grenze zog (und diese mehrfach leider erweitern musste), andererseits aber auch stets ein offenes Ohr bot und Lösungen für anstehende Probleme bereit hatte. Auch möchten wir uns bei Frau Behncke-Braunbeck bedanken, die uns bereits über viele Jahre und Bücher hinweg auf Seiten des Verlages begleitet und unterstützt hat.

Norbert Welsch
Jürgen Schwab
Claus Chr. Liebmann

Völlig unerwartet verstarb Norbert Welsch kurz vor Fertigstellung dieses Buches.
Wir verloren nicht nur einen langjährigen Kollegen, sondern auch einen teuren Freund. Seine unstillbare Neugier darauf, wie die Welt im kleinsten und im größten „funktioniert", war nicht nur ansteckend, sondern Voraussetzung dafür, dass derart umfassende Werke wie „Materie" und „Erde und Leben" überhaupt entstehen konnten. Bei Norbert Welsch war diese Neugier gepaart mit sprühender Intelligenz und der Fähigkeit, Naturwissenschaft in verständlicher und humorvoller Form darzustellen. Die Arbeit mit ihm war immer spannend und anregend, selten trafen wir einen Menschen mit einem solch breiten Wissen und dem Willen, es zu teilen. Wir werden ihn sehr vermissen.

Jürgen Schwab
Claus Chr. Liebmann

 Interaktive Medien · Bilder · Texte · Errata · Literaturhinweise · Neuigkeiten
Unter **www.matter-matters.de** finden Sie Materialien der Autoren zum Buch (ab ca. 6/2017).

Vorwort

Man kann sich zu Recht fragen, wozu man noch ein weiteres Buch benötigt, das die Entstehungsgeschichte der Erde und des Lebens thematisiert. Darüber wird seit den Zeiten eines IMMANUEL KANT und CHARLES DARWIN von exzellenten Forschern spekuliert, geforscht, modelliert und publiziert. Heute existiert eine mit der Intensität der Forschung und der Schnelllebigkeit unserer Zeit immer rapider zunehmende, kaum noch überschaubare Flut von Fachartikeln. Wie aus der Literaturliste am Ende des Buches ersichtlich, gibt es zahlreiche ausgezeichnete populärwissenschaftliche Werke, die die Geschichte unserer Herkunft erzählen und einer breiteren Leserschaft zugänglich machen. Daneben sind praktisch alle neuen Erkenntnisse für den aufmerksamen Benutzer in entsprechenden Internet-Foren und Wikipedia-Artikeln zu finden.

Ein Grund für neue Bücher ist natürlich, ein Resümee zu ziehen über den jeweils aktuellen Forschungsstand, der oft genug altbekannte Tatsachen in ein anderes Licht rückt. Heute ist Wissenschaft so weit spezialisiert, haben sich so viele kleine abgegrenzte Forschungsgebiete mit jeweils eigenen Fachjournalen und eigener Fachsprache entwickelt, dass selbst ausgewiesene Wissenschaftler oft in Nachbardisziplinen nicht viel mehr sind als Laien. Auch für sie ist es nützlich, gelegentlich über den Tellerrand ihrer jeweiligen Disziplin hinauszuschauen. Wir glauben, dass es zum Prozess einer öffentlichen Wissenschaft gehört, anerkannte Theorien und neueste Erkenntnisse zusammenzubringen und die Geschichten – in diesem Fall die der Erde und des Lebens – aus verschiedenen Blickwinkeln immer wieder neu zu erzählen.

Betrachten wir die vielfach bestätigte Evolutionstheorie DARWINs. Betrachten wir die komplexen biochemischen Abläufe in einer Zelle, die wir vielfach kennen und gezielt beeinflussen können. Und betrachten wir die Vorgänge der DNA-Duplikation und der Biosynthese von Eiweißen, die wir inzwischen so gut beherrschen, dass wir sie im Rahmen moderner Molekularbiologie routinemäßig und in industriellem Maßstab manipulieren. Könnte man da nicht der Ansicht sein, wir hätten das Wesentliche am Leben längst verstanden?

Weit gefehlt! Es ist ein gigantisches Projekt, dem sich Biologen, Geologen, Chemiker, Paläontologen und Wissenschaftler zahlreicher anderer Disziplinen verschrieben haben, die sich an der Erforschung der Entstehungsgeschichte unserer Lebewelt versuchen. Schauen wir uns die Lebensvorgänge nur etwas genauer an, so mag man leicht verzweifeln ob der Größe der Aufgabe. In einer Zelle laufen abertausende chemische Reaktionen parallel ab, sind in einem sich selbst erhaltenden und gegenseitig regulierenden System verwoben, dessen Komplexität wir heute erst erahnen.

Woher weiß jeder Teil des Zytoskeletts, in welche Richtung er expandieren muss, woher jedes Motorprotein, wohin es dieses oder jenes Organell zu transportieren hat? Wie wird verhindert, dass ein so delikat verschränktes Netzwerk chemischer Reaktionen, wie es eine lebende Zelle darstellt, unwiderruflich im Chaos versinkt? Trotz aller naturwissenschaftlichen Nüchternheit und fern davon, irgendwelchen kreationistischen Ideen und Scheinlösungen das Wort zu reden, steht man doch mit einem Schaudern vor dieser ungeheuren Komplexität und Vielfalt. Noch mehr als der oberflächliche Blick auf das Verhalten eines ganzen Organismus lässt uns die wissenschaftliche Analyse der Strukturen und Mechanismen staunen, die in der Evolution des Lebens auf unserem Planeten und in enger Interaktion mit diesem entstanden sind.

Wir wissen nicht, wie lange der Weg zu einem echten Verständnis dieser Prozesse und Strukturen noch ist und wie viele Generationen von Forschern sie noch beschäftigen werden. Ja, wir wissen nicht einmal, ob es uns jemals gelingt herauszufinden, wie das Leben auf unserem Planeten begann. Denn dies war vermutlich ein historisch einmaliger Vorgang, von dem, wenn überhaupt, nur sehr indirekte Spuren geblieben sind. Aber jeder Weg beginnt mit dem ersten Schritt – und einige Schritte sind wir schon gegangen. Sie sollen das Thema unseres neuen Buches sein.

Norbert Welsch   Jürgen Schwab   Claus Chr. Liebmann

Von der Erde

*In einem Raum
den nie ein Auge sah
kam sie schon vor uns an
die Dienerin des Lebens
sie hat sich vor uns aufgemacht
auf einen langen Weg
ohne Unterschied
zwischen Tag und Nacht*

*Sie sollte ihre Reise nicht alleine tun
denn plötzlich war das Leben da
erst noch zaghaft ging
es über ihre Haut
ganz zärtlich sanft und leise
mit kleinen Füßchen
hört es nicht auf
zu laufen und bewußt zu sein
und nicht lange auszuruh'n*

*Den Weg zum Dasein fanden wir
von ihr stets wohl begleitet
in ihr, der Dienerin des Lebens,
des Wachstums und des Gebens
ein Wunder vorbereitet*

*Wenn irgendwann ein Leben geht
um Neuem Platz zu machen
so soll es sein
dass sie uns dann
wie eine große Mutter
in ihre Arme nehmen kann*

*Dass sie
in unvorstellbar langer Fahrt
Spuren des Lichts
Spuren des Lebens
in ihrem Körper aufbewahrt.*

Klaus Wermke

Inhalt

1 Biogeologie

Eine Wissenschaft der Wechselwirkungen
Gaia kehrt zurück   3

Vom Entstehen und vom Sein
Der stete Lauf der Welt   5
Lebewesen und ihre Umwelt   5
Auf der Suche nach LUCA   8
Im Dunkel der Vergangenheit   9

Was Sie in diesem Buch erwartet
Überblick   10

2 Geodetektive

Was uns die Steine erzählen
Das offene Buch der Geologen   15
Stratigraphie – Schicht für Schicht   15
Gestalt und Tiefenbau der Erde   21
Plattentektonik   23

Methoden der Spurensuche
Geochemische Analysen und Instrumente   25
Instrumentelle Analytik   25

Isotope
Nicht alle sind gleich   28
Isotopenuhren   29
Optische Lumineszenzdatierung   32

Biomarker
Gut konserviert   32

3 Spuren der Evolution

Darwins Geniestreich
Entdeckung der Geschichte der Lebewelt   39
Ähnlichkeiten lebender Formen   39
On the Origin of Species   40
Fossile Überlieferung   41

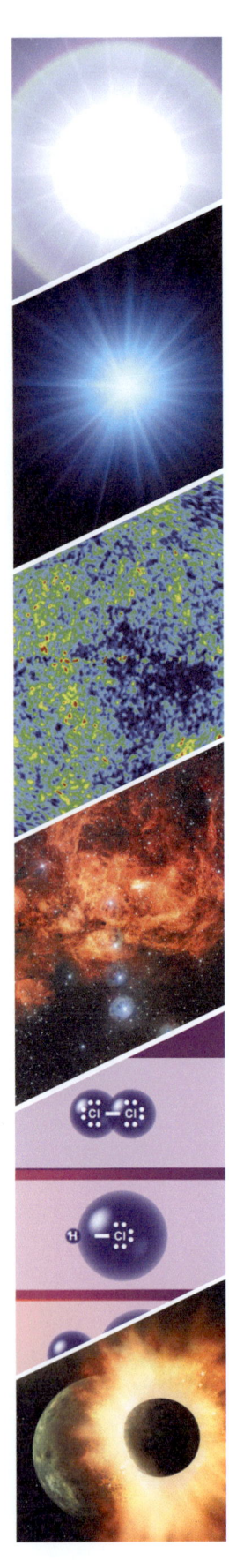

Biochemie heute
Des Chemikers Albtraum 42
Zentrale Biomoleküle 43

Das Archiv in uns
Zellbestandteile erinnern sich 47
Molekulare Uhren 50
Mutationsraten 50
Untersuchung ribosomaler DNA 51
Mitochondriale DNA 51
Zellkern-DNA 52

Rekonstruktionen
Eröffnung des Jurassic Park? 52
Rekonstruktion von DNA-Sequenzen 52
Rekonstruktion und Untersuchung von Proteinsequenzen 53

4 Die kosmische Bühne

Wie alles begann…
Im Anfang war das Licht 57
Der Samen der Welt 57
Atome und Sterne entstehen 59

Planeten – aus Staub geformt
Aus Staubwolken werden Scheiben 60
Von Scheiben zu Planeten 61
Steine und Eiskugeln 63
Monde 64
Vom Ende des Sonnensystems 67

Kosmisches Labor
Chemie im kalten Universum 68
Das interstellare Medium 68
Lebensmoleküle aus dem All 69

5 Die Urerde

Abenteuer eines jungen Planeten
Es begann vor 4,5672 Milliarden Jahren 73
Gaias Tochter bringt uns den Mond 73
Vom Glutofen zum Tropenklima 74
Woher stammt das Wasser? 77
Late Heavy Bombardement – Ein Tanz mit Folgen 78

Kontinente entstehen

Bewegliche Kruste 79
Einsetzen der Plattentektonik 81

Kosmische Einflüsse

Von Zyklen und Katastrophen 84
Kosmische Katastrophen 86
Kosmische Strahlung 87

6 Chemische Evolution

Das Leben verstehen

Aufbruch und Stolpersteine 91
Leben – was ist das? 92
Energie und Entropie – offene Systeme 92

Elemente des Lebens

CHNOPS – Die richtigen Stoffe sind zur Stelle 96
Erste Schritte zum Leben 99
Herkunft organischer Moleküle 101
Wo lag Darwins Tümpel? 103

Molekülsynthese ohne Chemiker

Die Ursuppe ist dünn geworden... 105
Replikation oder Stoffwechsel zuerst? – Die Sache mit der Henne und dem Ei 107
Replikator und Hyperzyklus – Fehlerexplosion und Familienbande 110

Vergangene Welten?

Hypothesen und Experimente 112
Eisen-Schwefel-Welt (ESW) 112
Welt der alkalischen Schlote 114
Aminosäuren und Protein-Welt 114
Nukleotide und RNA-Welt 116
Exotische Vorgänger-Welten 121

Erste Zellen

Protobionten, Progenoten – Urzellen 123
Der genetische Code in einer Protein-tRNA-Welt 124
Übergang zur heutigen DNA-RNA-Protein-Welt 126
Zurück zu LUCA 127

7 Stoffwechsel und Elementzyklen

Biochemische Stoffkreisläufe

Lebewesen als geologische Kräfte 133

Mikrobieller Stoffwechsel

    Energie und Baustoffe werden umgesetzt   137

    Chemolithotrophie   137

    Photolithotrophie   138

    Mixotrophie   139

Photosynthese

    Vom Licht zur Lebensenergie   139

    Oxygene Photosynthese   139

    Dunkelreaktion (Calvin-Zyklus)   142

    Anoxygene Photosynthese   145

    Cyanobakterien – Winzige Alleskönner   146

    Großes Oxidationsereignis   148

Kreisläufe der Elemente

    Biogeologischer Staffellauf   152

    Kohlenstoffkreislauf   152

    Stickstoffkreislauf   156

    Schwefelkreislauf   160

    Phosphorkreislauf   165

8   Eukaryoten und Vielzeller

Eukaryoten

    Kerne und Membranen   173

Vom Einfachen zum Komplexen

    Zelluläre Evolutionsschritte   173

    Evolution prokaryotischer Zellen   174

    Endosymbiontentheorie   176

Auf dem Weg zu Vielzellern

    Bizarre tierische Lebensformen, Pilze und Urvielzeller   179

    Urtierchen und Schwämme   179

    Ediacara-Fauna   181

Darwins Dilemma

    Tiere aus dem Nichts!?   184

    Kambrische Innovationen   184

    Genregulationsnetzwerke   186

Pilze

    Ein Leben im Verborgenen   188

Der grüne Schleier des Landes

Landpflanzen und Ökologie 191
Schrittmacher der Evolution 191
Bedeutung der Pflanzen 196

Massenaussterbeereignisse

Wenn die Erde krank wird 197
Massensterben im Perm 200

9 Atmosphäre und Ozeane

Zwei Untrennbare

Ein reger Austausch 207
Wechselwirkungen 207

Von der Höllenglut zur Atemluft

Drei Atmosphären 211
Die Atmosphäre im Präkambrium 211
Die Atmosphäre im Phanerozoikum 214

System Erde

Von Gaia und Gänseblümchen 217
Daisyworld-Modell 221
Claw-Hypothese 222
Canfield-Ozean 224

Schneeball-Erde

Das Überleben auf einem Eisplaneten 225
Proterozoische Vereisungen 225

10 Gebirge aus Organismen

Evolution der Minerale

Schritte zu einem komplexen Planeten 235
Biomineralisation/Biominerale 237
Erste Riffe, die Stromatolithe 239

Bändereisenerze

Rohstoffe aus dem Präkambrium 241

Kalkgesteine

Baumaterial biogener Gebirge 244
Städte unter Wasser 247

Kohle

Eingefangenes Kohlendioxid 250

Kerogene

Erbe vergangenen Lebens   254

Bildung und Reifung   254

Chemische Zusammensetzung   255

Erdöl- und Erdgas-Lagerstätten   257

11 Leben drunter und drüber

Die verletzliche Lebenshaut der Erde

Was ist eigentlich „Boden"?   263

Bodenbildungsprozesse   265

Bodenhorizonte   269

Bodenwasser   271

Wundererde aus dem Amazonas-Becken   272

Paläoböden

Zeugen früherer Umweltverhältnisse   275

12 Einfluss des Menschen

Der Ast, auf dem wir sitzen

Der Mensch als geologischer Faktor   279

Macht euch die Erde untertan   281

Vom Winde verweht   288

Wühlmäuse   289

Klimawandel   293

Universalwerkzeug Nervensystem

Zwei Systeme am Werk   300

Die Evolution des Gehirns   301

Was uns zu Menschen macht   303

Evolution der Zukunft

Wohin die Reise geht…   311

Geht die menschliche Evolution weiter?   312

Mensch 2.0   314

Anhang

Literaturverzeichnis   324

Stichwortverzeichnis   326

KAPITEL 1

Biogeologie

Eine Wissenschaft der Wechselwirkungen
Vom Entstehen und vom Sein
Was Sie in diesem Buch erwartet

Zum ersten Kapitel

Vor noch nicht allzu langer Zeit hätte kaum jemand die Entwicklung der Erde und des Lebens als gemeinsame Geschichte erzählt. Geologen beschränkten sich im Wesentlichen auf die Geschichte unseres Planeten, während Biologen die Entwicklung des Lebens vor dieser planetaren Kulisse zu ihrem Forschungsgegenstand machten. Natürlich gibt es diese Disziplinen auch heute noch, aber wie in anderen Bereichen der Wissenschaften beginnen die Grenzen zu verwischen. Biogeologie umfasst beide Bereiche, ihr Forschungsgegenstand ist das *System Erde*, das Zusammenspiel geologischer, hydrologischer, klimatologischer und biologischer Prozesse.

In diesem einführenden Kapitel geben wir einen ersten Überblick über diesen Forschungsgegenstand, auch über das, was man weiß oder vermutet zu den kosmischen und irdischen Voraussetzungen für die Entstehung des Lebens in einer chemischen Evolution.

So unterschiedlich die frühesten, mikroskopisch kleinen Lebewesen auf unserem Planeten auch gewesen sein mochten, es gibt kaum einen Zweifel daran, dass all ihre Nachfahren einen gemeinsamen Vorfahren hatten. Wir suchen LUCA, den *last universal common ancestor* allen irdischen Lebens.

Mit zunehmender Vielfalt und Verbreitung der Mikroorganismen begann auch für die Erde eine neue Zeit, in der diese Organismen ihre Umwelt aktiv gestalteten. Es bildeten sich neue Gleichgewichte und Regelkreise im System Erde. Wir werden eine Reihe wichtiger Prinzipien solcher Systeme kennenlernen. Je nach Art der Rückkopplung in diesen Systemen kann es zur Stabilisierung der Umwelt kommen oder aber zu ökologischen Krisensituationen, in denen alte Beziehungen zusammenbrechen und schließlich neue, aber völlig andere Gleichgewichte zustande kommen.

Wir schließen dieses einführende Kapitel mit einen Abriss über den weiteren Inhalt des Buches und der Gliederung seiner restlichen Kapitel ab.

Erde und Leben – Die Geschichte einer innigen Wechselbeziehung

Biogeologie

Eine Wissenschaft der Wechselwirkungen

Gaia kehrt zurück

Es ist eigentlich schon seit hunderten von Jahren bekannt: Das Leben wird von seiner Umwelt geprägt und in seiner Evolution beeinflusst. Auch umgekehrt sind die Auswirkungen von Lebewesen auf geologische Strukturen im Prinzip nichts Neues. Denken wir hier nur an Kohleflöze oder Kreidefelsen. Die Erforschung dieser Erscheinungen erfolgte aber klassischerweise innerhalb der abgegrenzten Disziplinen Geologie und Biologie und von Forschern, die sich meist eindeutig einem dieser Gebiete zugehörig fühlten. Daneben fanden zunehmend Methoden Anwendung, die der Chemie und Physik entstammen. In den letzten Jahrzehnten wurde immer häufiger darauf hingewiesen, dass es an der Zeit ist, diese künstliche Trennung zu überwinden. Neues wird nämlich oftmals im Grenzland von Disziplinen entdeckt, neben dem immer stärker zunehmenden Detailwissen sicherlich ein Grund dafür, dass seit einigen Jahrzehnten ständig neue Spezialwissenschaften entstehen. Ob man von Biophysik, Bioinformatik oder EvoDevo auch noch in hundert Jahren reden wird, muss die Zeit zeigen. Der Sinn solcher Begriffsbildung besteht auch nicht so sehr in der Eingrenzung des Forschungsgebiets, ja nicht einmal in der Chance auf die Gründung neuer Lehrstühle für diese Wissenschaften, sondern eher in der Erweiterung der Perspektive, dem integrierenden Effekt. In diesem Sinne wollen wir auch „Biogeologie" verstanden wissen. Pioniere auf dem Gebiet des vernetzten Denkens in der Koevolution des Lebens mit seiner Umwelt, unseres Planeten als Ganzem, waren bereits in den 1960er Jahren die Wissenschaftler JAMES LOVELOCK (*1919)[1] und LYNN MARGULIS (1938–2011)[2]. Mit ihrer „Gaia-Hypothese" wollten sie gerade diesen integrativen Gedanken voranbringen.

Das starke metaphorische Bild einer „Gaia" (▶ Kasten Seite 4), das entscheidend zur Bekanntheit der Hypothese beitrug, war allerdings auch ihr Fluch. Obwohl die Namensgeber ihre Hypothese nie als animistisch im Sinne einer beseelten Wesenheit verstanden haben wollten, war dies zunächst in der öffentlichen Diskussion die vorherrschende Deutung. Die vielen neospiritualistischen Bewegungen am Ende des letzten Jahrhunderts (Hippie, New-Age) und die immer stärker sichtbar werdenden „Erkrankungen" und „Wunden" der Erde infolge rücksichtsloser Ausbeutung schufen die richtige Atmosphäre für eine willentlich handelnde, beseelte Erde. Diese Fehlinterpretation hatte die Gaia-Hypothese Ende des letzten Jahrhunderts bei vielen Naturwissenschaftlern in Misskredit gebracht. Erst langsam konsolidiert sich eine Sichtweise, die viel eher der ursprünglichen Intention nahekommt und spirituelle Beiklänge der Hypothese weitgehend ignoriert. Modellrechnungen, etwa zu Planetenbildung oder Plattentektonik, zu Atmosphärenentwicklung und Klimageschehen, tragen zur „Rückverwissenschaftlichung" bei. Gleichzeitig entschärft sich auch aus philosophischer Sicht der Konflikt zwischen einer willentlich handelnden Gaia und einem mechanistischen System: Experimente zur Willensfreiheit des Menschen ergeben, dass auch bei unserer subjektiv so intensiv empfundenen Willensfreiheit so manches im Dunkeln liegt. Solange wir über keinerlei gesicherte Erklärung für Willensfreiheit und Bewusstsein verfügen, ist es müßig, sich darüber zu streiten, was im Universum als „beseelt" angesehen werden sollte.

Wir sind also auf der sicheren Seite, wenn wir uns im Rest dieses Buches ausschließlich um die Bildung plausibler Theorien zur gemeinsamen Entwicklung der Erde und ihrer Bewohner kümmern. Solche Hypothesen müssen, um wissenschaftlichen Kriterien zu genügen, auf beobachteten oder zumindest auf im Prinzip beobachtbaren Fakten beruhen. Sie müssen außerdem über eine ausreichende Erklärungskraft

1-01
Gaea[3]. Anselm Feuerbach (1829–1880): Deckenbild (1875), Akademie der bildenden Künste, Wien. Gaea beziehungsweise die alternative Schreibweise Gaia ist eine poetische Bezeichnung für „Land" oder „Erde".

Erd- und Muttergottheiten

In vielen mythologischen Schöpfungsgeschichten vorantiker und antiker Völker stehen am Anfang Muttergottheiten, die durch ihre Vermählung mit einem Himmelsgott die Erde, den Ackerboden und Pflanzen darauf schaffen.

Diese Göttinnen stehen auch für Fruchtbarkeit, für den Erdboden, aber sind oft gleichzeitig Todesgöttinnen.

In die Anfänge solcher mythologischen Verehrung von Schöpfung und Fruchtbarkeit fällt wohl auch die berühmte Statuette der Venus von Willendorf.

Antike Beispiele sind die sumerische Erdgöttin „Urash" oder „Ki", bei den Ägyptern der Erdgott (Ausnahme) „Geb" mit seiner Gemahlin „Nut", bei den Römern die Göttin „Tellus" und bei den Germanen die Erd- und Fruchtbarkeitsgöttin „Nerthus".

Im antiken Griechenland wurde „Gaia" als Muttergottheit und Schöpferin der Erde verehrt. Ihr soll schon um 1000 v. Chr. in Delphi ein Schrein gewidmet gewesen sein. Zu ihm gesellte sich bald ein Schrein für Poseidon, ursprünglich Gott des Erdbebens und des Wassers.

Bei Homer und in der Theogonie von Hesiod (um 700 v. Chr.) wird Gaia in dieser Funktion beschrieben. Aus dieser Perspektive wird es verständlich, dass LOVELOCK und MARGULIS diese Gottheit als Titelfigur für ihre Hypothese einer ganzheitlichen Betrachtung der Erde mit ihren miteinander verflochtenen Geosphären wählten.

Bild: Venus von Willendorf, circa 25.000 v. Chr.[4]

Teleologie
Annahme einer äußeren oder inneren Zweckursache für Entwicklungsprozesse, meist verknüpft mit religiösen oder metaphysischen Vorstellungen

verfügen, also Einzelbeobachtungen auf ein einfacheres Prinzip zurückführen können. Und weiterhin wird von einer Theorie verlangt, dass sie zu neuen Experimenten für ihre Überprüfung anregt und deren Ergebnisse voraussagt.

Sinn und doch kein Zweck

Bevor wir näher einsteigen, sei hier noch ein klärendes Wort zu teleologischen Formulierungen bei der Beschreibung von Organismen vorausgeschickt. Teleologie ist die bis auf ARISTOTELES (384–322 v. Chr.) rückverfolgbare Annahme, Entwicklungsprozesse in einem System würden auch durch Zweckursachen bestimmt, oft bis hin zu einer naturtheologischen Sicht, wie sie zum Beispiel von WILLIAM PALEY (1743–1805) vertreten wurde. FRANCIS BACON (1561–1626) hatte bereits im 16. Jahrhundert auf die Fruchtlosigkeit teleologischer Erklärungsversuche hingewiesen. Während IMMANUEL KANT (1724–1804) noch Zweckursachen für den Bereich des Lebens annimmt[5], sind diese etwa für den Kantianer WILLIAM WHEWELL (1794–1866) kaum noch

mehr als Leitfäden für die Beschreibung von Zusammenhängen ohne Implikation für deren Ursache. Die Erwähnung des Zwecks einer biologischen Struktur oder eines biochemischen Prozesses wird schließlich bei CHARLES DARWIN (1809–1882) nur noch eine „façon de parler", einer nicht buchstäblich zu nehmenden rhetorischen Sprechweise. Ausschließlich in diesem Sinne wollen wir es in diesem Buch verstanden wissen, wenn wir etwa davon reden, dass Mitochondrien der Gewinnung von Energie „dienen", oder der Zweck einer Zellmembran die Abgrenzung eines Reaktionsraumes ist. Allein der Selektionsvorteil einer Struktur bestimmt ihre Erhaltung in der Evolution, auch wenn wir oft geneigt sind, ihr im Nachhinein einen „Zweck" zuzusprechen. Daraus folgt auch eine andere wichtige Tatsache, die oft angesichts der phantastischen Eigenschaften der Lebewesen aus dem Blickfeld gerät: Es ist in keiner Weise gesichert oder auch nur wahrscheinlich, dass in der Evolution stets die optimalen Lösungen gefunden wurden. Eine natürliche biologische Struktur kann nur entstehen, wenn sich ein Pfad aufeinanderfolgender Änderungen dorthin findet, auf dem jede Zwischenstufe gegenüber der vorherigen Stufe keinen Nachteil in der Fortpflanzung aufweist.

> Nichts in der Biologie ergibt einen Sinn außer im Licht der Evolution.
> THEODOSIUS DOBZHANSKY (1900–1975)

Erde und Leben – Die Geschichte einer innigen Wechselbeziehung

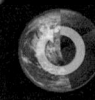

Vom Entstehen und vom Sein

Der stete Lauf der Welt

Wie schon der Titel dieses Kapitels ankündigt, wollen wir – hier wie im gesamten Buch – die engen Verflechtungen zwischen Biologie und Geologie auf der Erde betrachten. Zum Wesen beider Wissenschaften gehört unzweifelhaft eine tiefe zeitliche Dimension – sie können nicht einmal annähernd verstanden werden, ohne die Betrachtung der ungeheuren Zeiträume der Prozesse, die sie beschreiben. Zeiträume, die es unmöglich machen, sie in einem Menschenleben in der Natur direkt zu verfolgen, und gegenüber denen selbst die bisherige Lebensdauer der gesamten Spezies Mensch verblasst. Man könnte sie deshalb geradezu als Zeitwissenschaften bezeichnen, auch wenn dieses Etikett nicht nur auf sie passt, sondern ebenso auf Gebiete wie Kosmologie, Paläontologie und dutzende weitere Fachgebiete. Sie alle benötigen zum Verständnis des heutigen Zustands unverzichtbar Kenntnisse über die historischen Abläufe.

Man kann kaum sinnvoll Wissenschaft betreiben, wenn man nicht voraussetzt, dass die heute beobachteten Naturgesetze schon immer galten, denn wir können die historischen Ereignisse nur auf der Basis der heute erkannten Gesetze rekonstruieren und verstehen. Man nennt diesen Ansatz im angelsächsischen Raum meist *uniformitarianism*, im deutschen eher *Aktualismus*.

Dieser so selbstverständlich erscheinende Umstand war noch vor 250 Jahren durchaus heftig umstritten. Und wie für jedes theoretische Konzept gibt es auch tatsächlich Grenzen seiner Anwendbarkeit. Die Physiker etwa sind sich durchaus nicht ganz sicher, ob die heutigen Naturgesetze in den ersten Sekundenbruchteilen des Universums nach dem Urknall dieselben waren.

Diese Sichtweise, nach der in der Erdgeschichte die Kräfte wirkten, die wir auch heute noch beobachten können, wurde erstmals von James Hutton (1726 – 1797) in seinem Buch *Theory of the Earth* vertreten, und zwar als Gegenposition zum damals weit verbreiteten Paradigma eines „Katastrophismus", nach dem die Erdgeschichte von Katastrophen wie einer Sintflut geprägt ist. Später setzte sich vor allem Charles Lyell (1797 – 1875) für den Aktualismus ein und ging dabei noch einen Schritt weiter, indem er annahm, alle Veränderungen würden stets sehr langsam stattfinden (Gradualismus). Diese Denkweise fand über Darwin auch teilweise Eingang in die Evolutionstheorie, die von einer langsamen Akkumulation zahlreicher kleiner zufälliger Erbänderungen und Ausleseereignisse ausgeht, die auf lange Sicht zur Entstehung neuer Spezies führt und dies noch heute tut.

Wie so oft bei heftig ausgefochtenen Gelehrtenstreits wissen wir heute, dass auch hier die Wahrheit irgendwo zwischen den Extrempositionen liegt.

Der Aktualismus kann für sich in Anspruch nehmen, dass die geologischen und biologischen Prozesse sehr langsam ablaufen. Plattentektonik, Gebirgsbildung, Erosion, Änderung der Erdatmosphäre, Änderung des Klimas und Entstehung neuer Tier- und Pflanzenarten sind graduelle Prozesse. Sie gehorchen Gesetzmäßigkeiten, die es uns gestatten, vom heutigen Zustand auf frühere Zeiten zu schließen. Allerdings haben auch Elemente des Katastrophismus ihren Platz im modernen Weltbild. Es gab nicht gerade eine biblische Sintflut, aber wir kennen inzwischen viele Beispiele, in denen kurzdauernde Ereignisse das Gleichgewicht unserer Erde erschütterten und metaphorisch gesprochen „Gaia das Fürchten lehrten". Beispiele hierfür sind etwa die Entstehung des Mondes (▶ Kapitel 4), die großen Aussterbeereignisse in der Erdgeschichte durch Meteoriteneinschlag und Supervulkane (▶ Kapitel 8), die lokal begrenzten Sturzfluten, die sich nach Eintrocknungsphasen in das Mittelmeer und das Schwarze Meer ergossen oder die den Ärmelkanal schufen. Und vielleicht stellt sich auch das Auftreten der Spezies Mensch im Nachhinein als eine solche Katastrophe heraus, die Gaia angesichts unserer massiven Einwirkung auf den Planeten (▶ Kapitel 12) noch einige graue Haare bescheren könnte.

Lebewesen und ihre Umwelt

Lebewesen formen ihre Umwelt, werden aber umgekehrt auch durch sie bestimmt. Hier zwei Beispiele:

- Schalen fossiler Muscheln, Schwämme und Algen bilden mächtige Gebirgszüge.
- Das Landschaftsrelief und andere Klimafaktoren determinieren die Verbreitung von Landpflanzen und -tieren in einer Region.

Häufig ist es allerdings schwer, die vorherrschende Richtung des Einflusses anzugeben, denn die meisten Systeme konnten nur in einer langen Koevolution entstehen und erhalten sich gegenseitig. Wir wollen es hier zunächst bei einigen wenigen belassen:

- Cyanobakterien, erste Algen und Landpflanzen erzeugten ehemals und erhalten bis heute die sauerstoffreiche, chemisch eigentlich instabile Atmosphäre der Erde, die wiederum die heutige Lebewelt entscheidend bestimmt.
- Lebensnotwendiges Wasser und wichtige chemische Elemente werden ständig in biogeochemischen Kreisläufen durch biologische, chemische und physikalische Prozesse umgesetzt und transportiert.
- Mikroorganismen begünstigen die Verwitterung und tragen damit zur Bildung der Böden bei, in denen sie selbst gedeihen.
- Wurzelbildende Gefäßpflanzen und tierische Bodenorganismen sowie fruchtbare Humusböden bedingen sich gegenseitig. Sie konnten nur nach und nach in einer sich gegenseitig begünstigenden Koevolution entstehen.
- Mineralienversorgung durch Verwitterung begrenzt direkt das Pflanzenwachstum an Land, durch den Eintrag ins Meer indirekt aber auch die maximale Planktondichte. Diese bestimmt wiederum die Mächtigkeit von Sedimenten am Ozeanboden.

An den wechselseitigen Einflüssen kann es also keinen Zweifel geben. Und wenn man sich der engen Verzahnung aller Komponenten der Biosphäre einmal nicht mehr bewusst sein sollte, so muss man sich nur die Konsequenzen vor Augen führen, die ein völliger Ausfall eines bedeutenden Organs unserer metaphorischen Gaia nach sich ziehen würde. Nach dem Tod aller Photosynthese betreibenden Lebewesen etwa wäre innerhalb weniger Jahre der Sauerstoff praktisch vollständig aus der Erdatmosphäre verschwunden. Gäbe es keine Vulkane mit ihrem Kohlendioxidausstoß, so läge nach nur einer Million Jahren – erdgeschichtlich nur ein Augenblick – aller Kohlenstoff der Biosphäre weitgehend unter Sedimenten des Meeresbodens begraben, und stünde nicht mehr zum Aufbau von Lebewesen zur Verfügung. Auch diese Beispiele lassen sich fortsetzen, und wir werden in diesem Buch noch einige solcher kritischen Funktionen kennenlernen. Offenbar ist es dem lebenden System Erde – metaphorisch gesprochen der Gaia – in der Erdgeschichte nach allen Störungen immer wieder gelungen, zu einem stabilen Gleichgewicht (▶ Abbildung 1-02) zurückzufinden. Wie können wir uns das erklären?

Modelle erklären Systeme – oder nicht?

Wenn man ein System verstehen will, so beschreibt man es in der Regel mit einem vereinfachten mathematischen Modell. Es ist sozusagen eine geistige Abkürzung, um das Verhalten eines Systems zu überblicken. Ein solches Modell kann einfach aus einem Satz von Formeln bestehen, der die Abhängigkeiten der als wesentlich angenommenen Systemkomponenten beschreibt. Ein simples Beispiel ist die Beschreibung einer ungedämpften Pendelschwingung über die Formel für die Auslenkung:

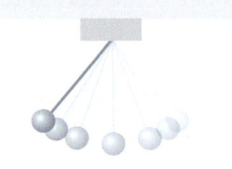

$$a = a_0 \cdot \sin(\omega t)$$

a Amplitude (Auslenkung), a_0 größte Auslenkung, ω Kreisfrequenz (Geschwindigkeit der Schwingung), t Zeit seit Start der Schwingung)

Heute werden aber meist Systeme betrachtet, die so komplex sind, dass man für ihr Gesamtverhalten vielleicht noch ein gekoppeltes System von Gleichungen aufstellen kann, für diese aber keine exakte Lösungen mehr gefunden werden können. In diesen Fällen ist man auf sogenannte numerische Modelle angewiesen. Ein Computer berechnet die Interaktionen der Komponenten und damit aus dem aktuellen Zustand einen Zustand kurze Zeit später. In jedem Schritt wird der nächste Zustand jeder Komponente unter dem Einfluss aller externen Kräfte berechnet. Ein gutes Beispiel dafür ist die Simulation des Wetters.

Erde und Leben – Die Geschichte einer innigen Wechselbeziehung

Gleichgewicht versus Untergang

Leben hat ein seltsam ambivalentes Verhältnis zu Gleichgewichtszuständen. Einerseits ist, wie wir später noch sehen werden, ein thermodynamisch völlig ausgeglichener Zustand gerade das Gegenteil von Leben – der Wärmetod. Leben braucht ein äußeres chemisches Ungleichgewicht, ein Energiegefälle, das es in zahllosen biochemischen Reaktionen für den Aufbau hochgeordneter Körperstrukturen nutzen kann. Gleichzeitig dürfen diese Reaktionen aber nicht ins Chaos münden, sondern müssen streng reguliert ablaufen. Eine Reaktion darf nicht überschießen und meist auch nicht zum Erliegen kommen. Stoffe müssen von einem Lebewesen morgen so verarbeitet werden wie heute. Man bezeichnet diese zweite Art von geordnetem Gleichgewicht mit genau reguliertem Stoff- und Energiefluss als *Fließgleichgewicht*. Ein solches ist gemeint, wenn wir in der Folge von der Aufrechterhaltung eines stabilen Gleichgewichtszustands sprechen.

Die Kybernetik lehrt uns, dass Systeme stets dann zu Instabilität neigen, wenn darin Ausgangsgrößen direkt oder indirekt gleichsinnig auf Eingangsgrößen zurückwirken. Man bezeichnet so etwas als eine positive Rückkopplung oder positives Feedback (▶ Abbildung 1-03) – obwohl die Auswirkungen davon meist alles andere als positiv sind. Umgekehrt stabilisiert eine negative Rückkopplung oder negatives Feedback (▶ Abbildung 1-04) ein System und lenkt es stets auf einen Gleichgewichtszustand hin.

Positive Rückkopplung

Ein gutes Beispiel für positive Rückkopplung ist die Reaktion eines Explosivstoffs auf begrenzte Energiezufuhr an einer Stelle. Ist erst einmal die Aktivierungsenergie an der Zündstelle überwunden, so wird weitere Energie frei (▶ Abbildung 1-05). Diese erhitzt benachbarte Teile des Stoffes, welche wiederum reagieren und Energie freisetzen und so fort. Die positive Rückkopplung führt unweigerlich zur Explosion, und diese endet erst dann, wenn der gesamte Explosivstoff umgesetzt ist. Wir können im System Leben/Erde durchaus zahlreiche Fälle von potenziell gefährlichen positiven Rückkopplungen ausmachen, so etwa das Umkippen eines Gewässers oder die Entstehung einer Eiszeit durch eine Albedokatastrophe (▶ Proterozoische Vereisungen, Seite 225).

Negative Rückkopplung

Ein Beispiel für negative Rückkopplung ist die Vermehrung einer Spezies von Pflanzenfressern, sagen wir Hasen, auf einer Weide mit Gras. Diese werden sich, wenn sie optimale Bedingungen vorfinden, zunächst exponentiell vermehren. Durch zu hohen Verbrauch der nur begrenzt nachwachsenden Nahrungsressource Gras verschlechtern sich ihre Lebensbedingungen (THOMAS ROBERT MALTHUS, 1766–1834). Sie müssen immer mehr Energie für die Nahrungssuche aufwenden und können deshalb weniger in die Fortpflanzung investieren. Schließlich erreicht das System ein Gleichgewicht mit konstanter Tierpopulation. Allerdings können auch solche negativ rückgekoppelten Systeme böse Kapriolen schlagen, wenn wie im bisher vereinfacht dargestellten Hase-Gras-Modell ein sogenanntes Verzögerungsglied eingebracht wird. Was passiert, wenn die Hasen eine langsam nachwachsende Nahrungsressource übernutzen? Dann wird es zwangsläufig zu einer

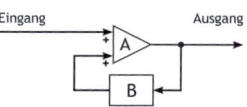

1-03
Positives Feedback. Der Ausgang eines Systems wirkt verstärkend auf den Eingangswert. Solche Systeme sind inhärent instabil. Sie schaukeln sich immer mehr auf. Werden sie nicht rechtzeitig durch ein übergeordnetes System gedämpft (etwa durch Erschöpfung der Energie), so kommt es schließlich zum Systemversagen.

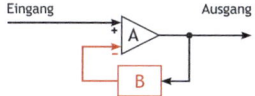

1-04
Negatives Feedback. Der Ausgang eines Systems reduziert den Eingangswert. Solche Systeme sind stabil und finden auch nach Störungen stets zu einem Gleichgewichtszustand zurück.

stabil   metastabil   indifferent   labil

1-02
Gleichgewichte. Ein Gleichgewicht ist **stabil**, wenn es nach Störungen von selbst zur Ausgangslage zurückfindet. Als **indifferent** wird es bezeichnet, wenn es in jeder neuen Lage verharren kann, als **labil**, wenn es die Gleichgewichtslage nach winzigen Störungen immer schneller verlässt. **Metastabile** Gleichgewichte verfügen über eine lokale Stabilität. Störungen über einem gewissen Wert bringen sie jedoch in den labilen Bereich.

1-05
Systeme im Kontext. Reale Systeme kann man sich in einer komplexen und mehrdimensionalen „Energielandschaft" vorstellen, in der sie verschiedene stabile oder metastabile Zustände einnehmen können (hier nur eine Dimension abgebildet). Diese wird z. B. bestimmt von äußeren Einflüssen oder physikalisch chemischen Gegebenheiten. Entscheidend für die Biosphäre der Erde ist es, ob sich das System nach einer Störung in einem Bereich stabilisiert, der weiterhin Leben zulässt (grün). Steht bei einer Änderung des Systems genügend Zeit zur Verfügung, so ist ein zu Evolution fähiges System durch Anpassungen in gewissem Umfang in der Lage, die „habitable Zone" zu verschieben oder sogar die „Energiekurve" in seiner Umgebung zu beeinflussen.

Hungersnot unter den Hasen kommen, während der viele sterben. Dies gibt dem Gras vielleicht genügend Zeit, sich zu erholen und die Hasen können sich erneut vermehren... Wie man sieht, kann also ein solches negativ rückgekoppeltes System durchaus in Schwingungen geraten. Gibt es keine dämpfenden Komponenten, so können sich starke Schwingungen in realen Systemen, in denen es keine halben Hasen gibt, nahezu so katastrophal auswirken wie positive Rückkopplungen. So kann es in unserem Beispiel etwa dazu kommen, dass tatsächlich alle Hasen sterben oder alle übernutzten Pflanzen restlos eingehen – das System kann sich dann ohne Eingriff von außen nicht mehr erholen.

Solche Modelle, die oft auch noch eine Räuberpopulation wie Füchse berücksichtigen, können durch relativ einfache Systeme von Differentialgleichungen[6] beschrieben und leicht im Computer simuliert werden. Sie sind deshalb auch eine beliebte Übung in Computerkursen angehender Biologen.

Allerdings beschreiben sie – wie alle Modelle per Definition – nur einen winzigen Ausschnitt eines wirklichen Geschehens und ihre Aussagekraft ist oft begrenzt. Reale Systeme haben nicht einige wenige Parameter, sondern eine unüberschaubare Anzahl. Typischerweise sind dabei zahlreiche positive und negative Rückkopplungsschleifen mit unterschiedlichen Zeitkonstanten, Verzögerungsgliedern, Dämpfungen und Schwellwerten so ineinander verwoben, dass es selbst mit sehr leistungsfähigen Computern ausgesprochen schwierig ist, das Verhalten eines größeren Systems im Detail vorherzusagen.

Hierzu muss man bereits recht genau wissen, welche Wechselwirkungen man vernachlässigen kann und welche wichtig sind. Insbesondere ist es für realistische Simulationen notwendig, die Werte aller Parameter zuverlässig abschätzen zu können. Und noch eine andere, vielleicht unerwartete Schwierigkeit lauert in komplexen Simulationsmodellen: Sind sie komplex genug, das Systemverhalten ausreichend genau zu simulieren, so sind sie oft für uns bereits undurchschaubar kompliziert. Beispiele hierfür sind neuronale Netze für Gehirnsimulationen. Dabei kann man wohl jedes einzelne simulierte Neuron und jede einzelne simulierte Synapse genau abhören, aber das resultierende Gesamtverhalten ist wiederum nicht mehr im Sinne einer „geistigen Abkürzung" durchschaubar.

Aus solchen Gründen sind wir heute von einem wirklichen „Verständnis" des Systems Gaia im Sinne kompletter Simulierbarkeit noch sehr weit entfernt. Erklärungen von Zusammenhängen und Kopplungen von Prozessen, die wir in diesem Buch manchmal anbieten werden, sind deshalb zwar oft plausible Szenarien, bleiben aber meist deutlich hinter wirklichen Beweisen zurück. Wir haben der Erdmutter einfach noch nicht tief genug in die „Seele" geblickt. Und wir können sicher sein, dass sie noch einige Überraschungen für uns bereit hält.

Auf der Suche nach LUCA

Eine Frage wird in Zusammenhang mit der irdischen Lebewelt immer wieder diskutiert: Gibt es einen gemeinsamen letzten Vorfahren aller Wesen, die heute auf der Erde leben (LUCA, *Last Universal Common Ancestor*)? Die tiefgreifende biochemische und molekulargenetische Ähnlichkeit aller auf der Erde bekannten Organismen legt diesen Schluss nahe, vor dessen expliziter Formu-

1-06
Einheitlichkeit von Aminosäuren und genetischem Code. Proteine sind Grundbausteine aller Lebewesen und bestehen aus Ketten von Aminosäuren. Alle Lebewesen verwenden (mit ganz wenigen Ausnahmen) die gleichen 20 Aminosäurebausteine, obwohl chemisch viel mehr verschiedene gebildet werden können. Die wichtige Information über die Reihenfolge, in der aus Aminosäuren lange Proteinketten aufgebaut sind, wird in DNA-Molekülen codiert und über RNA zwischengespeichert. DNA und RNA enthalten jeweils nur einen von vielen chemisch möglichen Zuckern. Die bekannte DNA-Strickleiter enthält nur vier verschiedene Sprossen. Jeweils drei davon legen eine Aminosäure fest und werden *Codon* genannt. Obwohl eine ungeheure Anzahl von Kombinationsmöglichkeiten zwischen den 20 Aminosäuren und den $4^3 = 64$ Codons besteht, nutzen alle Lebewesen mit ganz wenigen Ausnahmen genau dieselbe Zuordnung (▶ Kapitel 3).

lierung CHARLES DARWIN noch zurückschreckte, als er in der einzigen Abbildung seines Werkes *On the Origin of Species* einen wurzellosen Stammbaum zeichnete.

Tatsächlich erscheint es zwingend, dass alle Lebewesen, die wir auf der Erde kennen, seien es *Prokaryoten* wie Bakterien, Archaeen oder *Eukaryoten* wie Pilze, Tiere und Pflanzen, auf einen gemeinsamen, eben den „universalen" Vorfahren zurückgehen.

Die eindrucksvollsten Hinweise darauf finden sich im genetischen Code, nämlich in der Art und Weise, wie DNA-Information in Proteinsequenzen umgesetzt wird (▶ Abbildung 1-06). Hier definiert jeweils eine Dreiergruppe von Nukleobasen der DNA eine Aminosäure eines Proteins (▶ Kapitel 3). Realisiert ist der Code durch zwanzig unterschiedliche Transfer-RNA-Moleküle, die jeweils auf einer Seite eine spezifische Dreiergruppe zur Paarung mit einem DNA-Strang und auf der anderen Seite eine bestimmte Aminosäure enthalten. Es gibt 64 Möglichkeiten, Dreiergruppen aus den vier in DNA vorkommenden Nukleobasen zu bilden. Da eigentlich nur zwanzig (und zusätzlich je eines als Start- und Stoppsignal) benötigt werden, codieren mehrere verschiedene Tripletts für die gleiche Aminosäure, was als *Degeneration des Codes* bezeichnet wird. Der genetische Code könnte auf extrem viele Arten (unglaubliche 20^{64} Möglichkeiten!) realisiert sein und die Art der Degeneration könnte nahezu beliebig variieren. Trotzdem ist der Code der Translation, diese zentralste aller Reaktionen des Lebens, in allen Lebewesen mit nur unbedeutenden Ausnahmen identisch. Ein Zufall scheint hier völlig ausgeschlossen. Das Leben entstand auf der Erde entweder nur ein einziges Mal, oder die erfolgreichste Variante hat schon sehr früh alle eventuell parallel entstandene Konkurrenz restlos verdrängt. Auch zu diesem Schluss war bereits DARWIN gelangt.

Der gemeinsame Vorfahr aller heutigen Lebewesen, von dem wir unsere Biochemie geerbt haben, muss zu seiner Zeit keineswegs die einzige existierende Variante gewesen sein. Es ist ohne weiteres denkbar, dass zuvor schon andere Typen von Biochemie ihr Glück versuchten. Der „erste Replikator", also das erste komplexe Molekül, das zur Selbstverdopplung fähig war und damit den Reigen der Evolution eröffnete, wird sehr wahrscheinlich lange vor LUCA existiert haben.

Die wichtigsten Hypothesen zu solchen chemisch womöglich recht exotischen Startversuchen des Lebens werden wir in ▶ Kapitel 6 ansprechen. Mindestens einer dieser Versuche führte zum Erfolg und zu unserem LUCA. Vielleicht aber entstand unser gemeinsamer Vorfahr auch aus einer glücklichen Verschmelzung mehrerer Varianten von Protoleben.

Die naive Vorstellung eines Stammbaums wird diesem Stadium des Lebens vermutlich nicht gut gerecht. Und dies gilt selbst noch für viel spätere Entwicklungsstadien, als aus LUCA schon zahlreiche Stämme von Bakterien und Archaeen hervorgegangen waren.

Angesichts zahlreicher auch horizontaler Austauschprozesse von Genen sogar über Domänen hinweg, gleicht der vermeintliche Baum im Wurzelbereich eher einer auf vielen Wurzeln im Sumpf stehenden Mangrove, einem Stammbusch oder gar einem stark vernetzten Myzel (ein Myzel ist die netzartige unterirdische Wachstumsstruktur vieler Pilze).

Im Dunkel der Vergangenheit

Bevor wir beginnen, die gemeinsame Geschichte unseres Planeten und seiner Bewohner zu erzählen, müssen wir das anbringen, das man zu gut Neudeutsch einen „Disclaimer" nennt. Was wir nicht in Anspruch nehmen können, ist natürlich, die Wahrheit über all die Ereignisse und Prozesse zu kennen, die zur heutigen Situation geführt haben.

Zumindest in der ersten Hälfte der Erdgeschichte, dem Hadaikum und Archaikum, kann man meist kaum über handfeste Beweise sprechen. Alles was man in Händen hält, sind Hinweise, die bestimmte Hypothesen mehr oder weniger wahrscheinlich machen. Aber selbst in der Zeit danach finden sich noch viele Lücken.

Erst viel später, mit dem Paläozoikum (Erdfrühzeit), das mit der *Kambrischen Explosion* (▶ Darwins Dilemma, Seite 184) einsetzt, bessert sich die Situation.

Die wichtigsten Gründe für allfällige Unsicherheiten sind folgende:

- Unsicherheiten bei der Interpretation biochemischer und biophysikalischer Signaturen
- Schlechte Erhaltung von Mikrofossilien
- Recycling durch Plattentektonik

Domäne
Höchste Klassifizierungskategorie heutiger Lebewesen. Nach CARL R. WOESE erfolgt die Einteilung der Lebewesen in die Domänen Bakteria, Archaea und Eucaryota[7]. Neue Funde von Riesenviren (Pandoraviren), die mit den bekannten Domänen nur 6 Prozent ihrer sehr umfangreichen DNA-Ausstattung teilen, könnten eventuell zur Definition einer vierten Domäne zwingen[8].

Prokaryoten
„pro-" (griech. vor und karyon Nusskern) – Zellen ohne echten Zellkern.

Archaeen
Sie bilden eine eigene Domäne der Prokaryoten, da sie sich von den Bakterien in vielerlei Hinsicht unterscheiden.

Eukaryoten
„eu-" (griech. wohl, gut, richtig, leicht) – Lebewesen, deren Zellen einen echten Zellkern aufweisen.

Hadaikum
vor 4600–4000 Mill. Jahren

Archaikum
vor 4000–2500 Mill. Jahren

Paläozoikum
vor 541–251 Mill. Jahren

- Zerstörungen durch Lebewesen über Fraß oder Durchwühlung (Bioturbation).
- Zufälligkeiten der Fundsituation
- Unterschätzen des Alters des ersten Auftretens einer Art aufgrund statistischer Effekte
- Unvollständigkeit des Literaturüberblicks
- Schwierigkeiten der Datenaufbereitung
- Acritarcha – dies sind Fossilien, die nur deshalb in eine Gruppe zusammengefasst werden, weil ihre stammesgeschichtliche Einordnung noch weitgehend ungeklärt ist.

In einem Buch über Leben und Geologie wird natürlich auch viel über die zeitliche Abfolge von Ereignissen in der Erdgeschichte die Rede sein. Manchmal ist es dabei günstiger, diese chronologisch vom „Jahr Null" bei der Geburt der Erde aus anzugeben, manchmal ist es günstiger zu erwähnen, wie weit ein Ereignis vor der Jetztzeit lag.

Um keine Verwirrung aufkommen zu lassen, werden wir folgende Festlegung treffen: Zeiten, die in der Vergangenheit liegen, werden mit den in der Geologie üblichen Einheiten „Ma" für *Mega anno* (10^6 Jahre) und „Ga" für *Giga anno* (10^9 Jahre) angegeben. Die Erde entstand also vor etwas mehr als 4,5 Ga oder 4 500 Ma. Hingegen werden Zeitangaben, die von einen Zeitpunkt (je nach Kontext etwa seit der Entstehung des Universums oder seit Entstehung der Erde) aus in die Zukunft verweisen, in Millionen oder Milliarden Jahren ausgedrückt. Also etwa „100 Millionen Jahre nach Beginn der Erdgeschichte" (▶ Abbildung 1-07).

Da die zeitliche Einordnung von in der Geologie gebräuchlichen Perioden der Erdgeschichte (▶ Abbildung 2-06, Seite 17) nur wenigen geläufig ist, werden wir in der Randspalte entsprechende Symbole einblenden, wie wir dies bereits auf der vorherigen Seite getan haben.

Was Sie in diesem Buch erwartet

Überblick

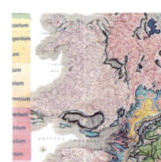

Das Kapitel **Geodetektive** (▶ **Kapitel 2**) zeigt die Methoden auf, mit denen geologische und geochemische Spuren heute qualitativ gedeutet und quantitativ, etwa zur absoluten Zeitbestimmung, ausgewertet werden können. Ein Schwerpunkt liegt auf der Untersuchung von Gesteinen inklusive den Veränderungen, denen sie durch den Einfluss hoher Temperaturen, Drücke bei Versenkung im Erdinneren, aber auch durch Verwitterung an der Oberfläche und den Zerfall enthaltener radioaktiver Elemente ausgesetzt waren. Von ganz besonderem Interesse ist aber, welche Spuren des früheren Lebens all diese Veränderungen überstanden haben und sich mit empfindlichen Messmethoden noch heute erkennen lassen. Wir erklären die grundsätzliche Funktionsweise der wichtigsten dieser instrumentellen Methoden der Geowissenschaften.

Spuren der Evolution heißt dieses Kapitel (▶ **Kapitel 3**). Hier stellen wir Methoden vor, die Biologie, Paläontologie, Molekularbiologie und Genetik zur Analyse von Vorgängen in der Erdgeschichte beitragen können. Wir stellen die wichtigsten Aussagen von DARWINs Werk heraus und zeigen, wie grundlegend es bis heute für das Verständnis aller biologischen Erscheinungen ist, obwohl sich DARWIN zum Zeitpunkt ihrer Entstehung auf nicht viel mehr als vergleichende Anatomie und auf die Paläontologie stützen konnte. Darüber hinaus beschäftigt sich das Kapitel mit neueren Methoden der DNA-Analyse bis hin zur Rekonstruktion vergangener DNA- und Proteinstrukturen aus den Gemeinsamkeiten heute lebender Organismen.

In „**Die kosmische Bühne**" (▶ **Kapitel 4**) geben wir einen kurzen Abriss über die Entstehung des Universums, der chemischen Elemente, der Sonne und unseres Planetensystems. Wir erklären, warum es Gesteins- und Gasplaneten gibt und stellen auch einige Monde unserer Nachbarplaneten vor, die möglicherweise bei der Suche nach Leben interessant sein könnten. Auch über das sichere Ende unseres Sonnensystems werden wir sprechen. Den Abschluss bildet ein kurzer Exkurs in die Kosmochemie und die Entstehung organischer Verbindungen in der unwirtlichen Welt des interstellaren Mediums.

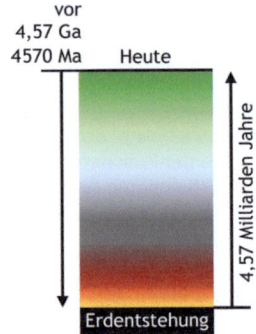

1-07
Zeitangaben. Zeitangaben, die vom heutigen Standpunkt rückblickend gemeint sind, werden in Ma (Mega anno) beziehungsweise in Ga (Giga anno) angegeben.

In der Geophysik übliche Zeiteinheiten:

1 Ma (Mega anno) = 1 Million Jahre = 10^6 Jahre

1 Ga (Giga anno) = 1 Milliarde Jahre = 10^9 Jahre

Für ständige Verwirrung sorgt die angelsächsische Verwendung von 1 billion für die Potenz 10^9, was vom europäischen Gebrauch 1 Milliarde für 10^9 und 1 Billion für 10^{12} abweicht.

Erde und Leben – Die Geschichte einer innigen Wechselbeziehung

Im Kapitel **Urerde** (▶ **Kapitel 5**) lernen wir unseren Planeten zu seiner lebensfeindlichsten Zeit kennen, dem Hadaikum. Themen sind etwa die hypothetische Entstehung des Mondes durch den Protoplaneten Theia, der Wärmehaushalt und das Erkalten der Erde, das Einsetzen der Plattentektonik und die Bildung der frühen Kontinente, die Konsequenzen der anfangs schwächer strahlenden Sonne und andere kosmische Einflüsse auf die Erde, nicht zuletzt das sogenannte *Late-heavy-Bombardement*.

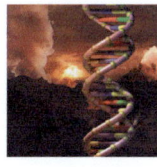

Der wichtigste Akt der Lebensentstehung in der **Chemischen Evolution** (▶ **Kapitel 6**) ist auch der rätselhafteste. Welche Bedingungen auf der frühen Erde könnten für die Entstehung des Lebens förderlich gewesen sein?

Um diesen Fragen näher zu kommen, diskutieren wir die aktuellen Hypothesen und bisher erreichten Teillösungen. Dabei sprechen wir die klassische Ursuppentheorie ebenso an wie die Frage, ob Leben eher im Meer, in warmen Tümpeln an Land oder im Eis entstehen konnte. Wir betrachten die Bedürfnisse entstehender lebender Systeme bezüglich moderater Umgebungstemperaturen, Flüssigkeit, chemisch reduzierender Umgebung und verfügbarer Energiequellen sowie den Vorteil, den möglicherweise Oberflächenreaktionen und eine Vielzahl isolierter Porenräume gebracht haben.

Heute wird der Beginn des Lebens in Form einer RNA-Welt oder einer Eisen-Schwefel-Welt für möglich gehalten. In den letzten Jahren sind auch fremdartige Moleküle ins Rampenlicht gerückt, die wie Peptid-Nukleinsäuren keine Entsprechung in der heutigen Biochemie haben. Wir fragen uns, wie erste Zellen entstanden, denn heute beruht alles bekannte Leben auf Zellen.

Der Kern des Mysteriums um den ersten Hauch des Lebens liegt aber zweifellos in der Entstehung des genetischen Codes. Wie kam es dazu, dass Informationen biochemische Abläufe steuern? Das Henne-Ei-Problem muss aufgelöst werden. Dabei werden wir sehen, dass die Abfolge der Basen auf den Sprossen der Nukleinsäuren wohl die wichtigste, keineswegs aber der alleinige Träger von Information ist. Die dreidimensionalen Strukturen, die in einer lebendigen Zelle vorgegeben sind, die Komposition von Biomolekülen und Membranen, die nach Wachstum geteilt und von Generation zu Generation weitergegeben werden, sind ebenso unverzichtbar. Die Räder eines Uhrwerks nutzen nichts ohne Lager und Aufhängungen. Eine DNA ohne Zelle ist so nützlich wie eine Schallplatte ohne Plattenspieler.

Das Kapitel schließt mit dem endgültigen Übergang zur biologischen Evolution, deren Grundprinzipien wir bereits aus Kapitel 3 kennen und deren Auswirkungen wir in den folgenden Kapiteln näher untersuchen werden.

In **Stoffwechsel und Elementzyklen** (▶ **Kapitel 7**) werden Grundprozesse des biologischen Stoffwechsels dargestellt. Wie werden die Bestandteile eines Organismus aufgebaut (Anabolismus) und wie werden Abfallstoffe entfernt (Katabolismus)? Wie wird er mit Energie versorgt? Wir erläutern, welche Vorgänge daran hauptsächlich beteiligt sind, so etwa Elektronenübertragungen (Redoxvorgänge), Photosynthese, Oxidative Phosphorylierung (ATP-Synthese), Protonentransport über Membranen, Gluconeogenese, Glycolyse, Citratzyklus.

Schwerpunkte liegen aber nicht auf dem Stoffwechsel von Tieren und Pflanzen, sondern vor allem auf Mikroorganismen. Sie sind es, die seit der frühesten Erdgeschichte bis heute die Regenerationszyklen wichtiger Lebenselemente bestimmen und damit einschneidende geochemische Spuren hinterlassen.

Den Abschluß des Kapitels bildet daher ein Gang durch die Kreisläufe der Elemente, die für das Leben entscheidend sind: Kohlenstoff, Stickstoff, Schwefel und Phosphor. Wir werden sehen, wie sehr das Leben diese Kreisläufe verändert hat und wie wir Menschen dies heute tun.

Im Kapitel **Eukaryoten und Vielzeller** (▶ **Kapitel 8**) erklären wir die Entstehung komplexer eukaryotischer Zellen im Rahmen der Endosymbiontentheorie. Diese Entwicklung hängt möglicherweise mit der Erhöhung des Sauerstoffgehalts in der Erdatmosphäre und der im Vergleich zur Gärung höheren Effizienz der aeroben Atmung zusammen. Sie führt über Zellkolonien schließlich weiter zur Bildung vielzelliger Organismen und Geweben unterschiedlich spezialisierter Zelltypen. Mit den organisatorischen Fortschritten und der unterschiedlichen Differenzierung kommt es erstmals auch zur Unterscheidung von Keimbahnzellen und somatischen Zellen, die sich selbst nicht in die nächste Generation weitervermehren. Als Konsequenz treten Alter und Tod in die Welt.

 Die **Atmosphäre und Ozeane** (▶ **Kapitel 9**) der Erde und ihr Chemismus waren nicht nur entscheidend für die Entstehung des Lebens, sondern sie haben in der Zeit seither eine erstaunliche Koevolution mit der Lebewelt erfahren. Insbesondere der Gehalt der Erdatmosphäre an Treibhausgasen und Sauerstoff waren und sind eng mit der wechselhaften Geschichte des Lebens, der Erde und ihrem Klima verknüpft.

 Prozesse der Gebirgsbildung (Orogenese) und Metamorphose sprechen wir in **Gebirge aus Organismen** (▶ **Kapitel 10**) an. Biologisch entstandene Sedimente können dabei durch Hitze und hohen Druck in ihrer Struktur grundlegend verändert (metamorph überprägt) werden. Die Entstehung von Kreide-, Marmor- und Dolomitgesteinen wird ebenso thematisiert wie die Bildung fossiler Lagerstätten von Kohle, Erdöl und Erdgas.

 **Leben drunter und drüber** heißt das vorletzte ▶ **Kapitel 11**. Es handelt von Böden, wie man die oberste Deckschicht der Erdkruste von ungefähr einem Meter Mächtigkeit bezeichnet. Die wechselseitigen Einflüsse von Geologie und Biologie, die wir schon in früheren Kapiteln angesprochen haben, lassen sich vielleicht nirgendwo direkter verfolgen, als bei der Bildung von Böden. Hier sind Atmosphäre, Hydrosphäre, Geosphäre und Biosphäre aufs engste verbunden. Die Mineralzusammensetzung bestimmt neben Klima und Relief ganz entscheidend, welche Pflanzenarten und Bodenorganismen gedeihen. Andererseits sind Tätigkeit und Überreste dieser Organismen wiederum entscheidend für die Struktur von Böden.

 **Einfluss des Menschen** (▶ **Kapitel 12**) befasst sich mit der Entwicklung und der Rolle des Menschen bisher und seinem Einfluss auf die weitere Entwicklung unseres Planeten und des Lebens.

Was macht uns eigentlich zum Menschen? Wie unterscheiden wir uns von anderen Tieren?

Wir zeigen auf, dass Menschen nicht nur das System Erde immer stärker prägen, wie der Klimawandel (aber nicht nur er!) zeigt, sondern auch als Art dabei sind, uns von den natürlichen Entwicklungsprozessen der Erde abzukoppeln, von denen wir gleichwohl abhängig sind. Obwohl wir meinen, uns von immer mehr natürlichen Beschränkungen befreien zu können und dies auch zum Teil tun, unterliegen wir gerade dadurch auch immer neuen Abhängigkeiten. Niemand weiß heute, welche Folgen das massive Eingreifen des Menschen in die natürlichen Prozesse und Kreisläufe auf unserem Planeten hat und welche Möglichkeiten für unsere Nachfahren bestehen werden, mit den Folgen umzugehen. ■

1 Lovelock J.E., (1967) Gaia as seen through the atmosphere. Atmospheric Environment 6/8, S. 579–580.
2 Lovelock J.E., Margulis L., (1974) Atmospheric homeostasis by and for the biosphere: the Gaia hypothesis. Tellus. Series A 26/1–2, S. 2–10.
3 Foto: © Foto Bruno von Roden, Zentralinstitut für Kunstgeschichte, Farbdiaarchiv 1943-45 www.zi.fotothek.org/objekte/19070503.
4 Foto: Matthias Kabel, commons.wikimedia.org/wiki/File:Venus_von_Willendorf_01.jpg, CC-BY 2.5.
5 Kant I., (1977, 1790) Kritik der Urteilskraft. In: Werke in zwölf Bänden, Bd. 10. Hrsg. Wilhelm Weischedel. Suhrkamp, Frankfurt/M.
6 Lotka A.J. (1925) Elements of Physical Biology. S. 115.
7 Woese C.R., Kandler O., Wheelis M.L. (1990) Towards a natural system of organisms: Proposal for the domains Archaea, Bacteria, and Eucarya. Proceedings of the National Academy of Sciences USA. Vol. 87, S. 4576–4579.
8 Nadège et al., (2013) Pandoraviruses: Amoeba Viruses with Genomes Up to 2.5 Mb Reaching That of Parasitic Eukaryotes. Science 341, S. 281–286.

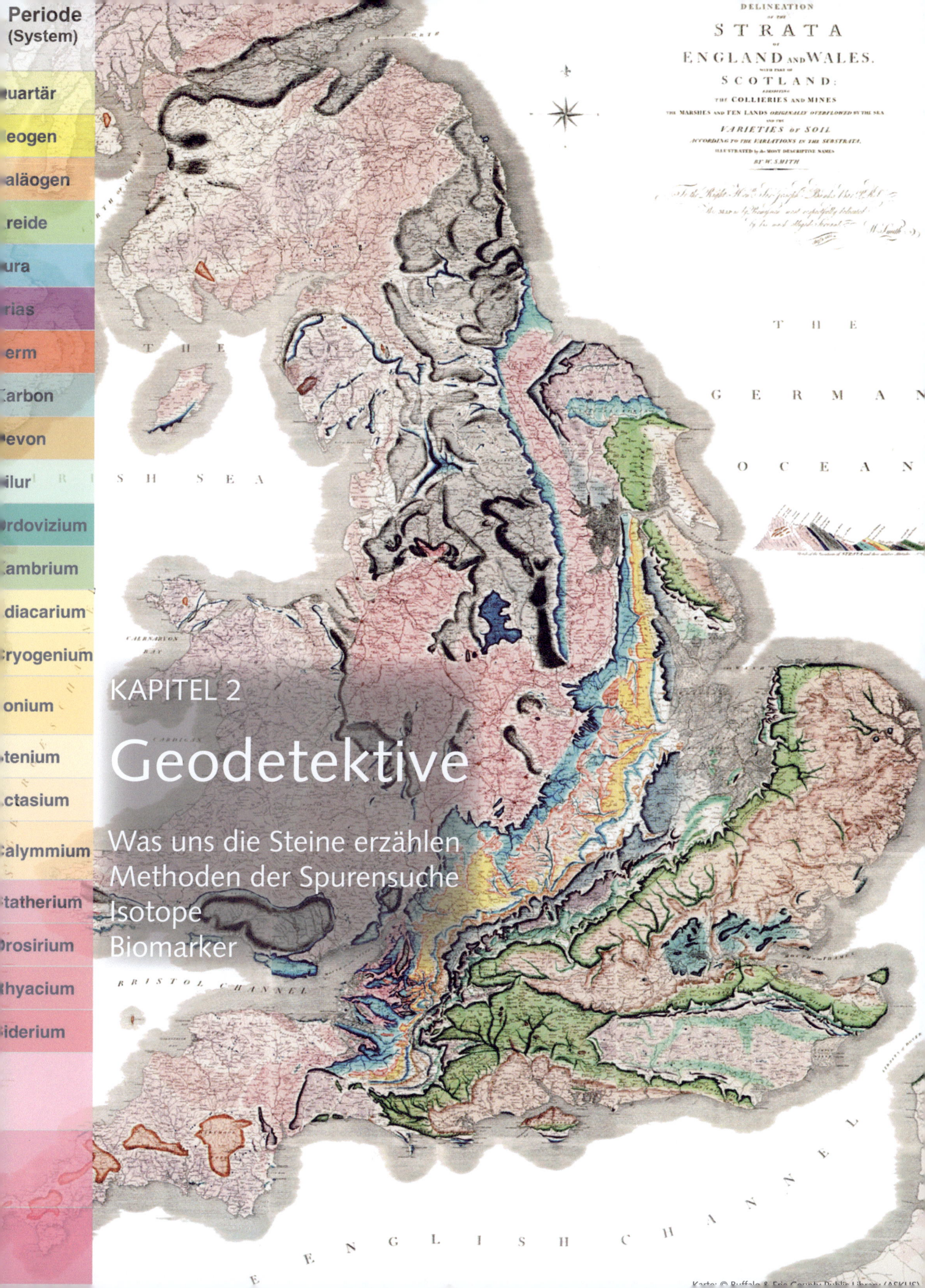

KAPITEL 2

Geodetektive

Was uns die Steine erzählen
Methoden der Spurensuche
Isotope
Biomarker

Zum zweiten Kapitel

An Hypothesen über die Vergangenheit der Erde hat es nie gemangelt. Oft waren sie mystisch-religiös geprägt.

Aber erst die erstaunlich exakten Messdaten, die wir heute aus allen Teilgebieten der Geologie erhalten, ermöglichen es in der Zusammenschau, bestimmte Hypothesen auszuschließen und andere zu untermauern. Auf dem Weg zu einer einheitlichen Theorie der Entstehung und Koevolution unseres Planeten und seiner Biosphäre gehören solche harten Messdaten zu den wenigen Fixpunkten, auf die wir unsere Interpretationen und Modelle stützen können. So können wir versuchen, die Prozesse einer längst versunkenen Welt zu rekonstruieren und zu verstehen.

In diesem Kapitel geben wir einen kurzen Überblick zur Entwicklung der Geologie und stellen einige Methoden vor, die typische Geowissenschaften wie Stratigraphie, Geophysik und Geochemie einsetzen, um uns Kenntnisse über Gegenwart und Vergangenheit der Erde und des Lebens zu vermitteln.

Für Menschen, die sich zum ersten Mal mit diesen Methoden befassen, die vielleicht bisher nur Gesteinsschichten in einem Steinbruch gesehen und in der Landschaft Felsen und Hügel wahrgenommen haben, ist es oft schwer verständlich, wie Geologen sich zutrauen können, daraus die Vergangenheit detailreich zu rekonstruieren. Wie sollte es möglich sein, daraus nicht nur auf vergangene Eiszeiten zu schließen, sondern zum Beispiel zu rekonstruieren, dass es hier und dort inzwischen längst vergangene Gebirgszüge gegeben hat, dass ein Urmeer die Landschaft bedeckte, oder dass dieser und jener Kontinent früher am Äquator gelegen haben muss?

Noch faszinierender ist es, dass wir heute mit verschiedenen Methoden der Geochronologie in der Lage sind, wichtige Prozesse auf der neu gebildeten Erde vor etwa viereinhalb Milliarden Jahren (oder 4,5 Ga, wie wir in diesem Buch entsprechend der Fachsprache für *Giga anno* sagen werden) mit einer Unsicherheit von nur etwa einem Prozent genau datieren können. Selbst mikroskopisch kleine Zirkon- und Diamanteinschlüsse in Mineralen genügen, um wenigstens einige Aussagen über die frühe Erde treffen zu können.

Das tiefe Innere des Erdkörpers bleibt uns angesichts der hohen Temperaturen und unvorstellbaren Drücke wohl für immer unzugänglich, trotzdem können wir unseren Planeten inzwischen über hochempfindliche Messungen seismischer Wellen wie mit einem Computertomographen durchleuchten. Dabei geben schon kleinste Anomalien der Schwerkraft und des Magnetfelds Hinweise auf innere Vorgänge. Theoretische Modelle zum Schalenbau und zu Strömungen im Erdinneren lassen sich mit all diesen Informationen überprüfen und verfeinern.

Geo-Detektive

Was uns die Steine erzählen

Das offene Buch der Geologen

Steine haben einen Hauch von Ewigkeit. Felsen in der Brandung sind ein Synonym für Unbeugsamkeit, Berge sprichwörtlich schwer zu versetzen. Und doch: Die Oberfläche der Erde wandelt sich ständig. Einige Veränderungen in der Landschaft sehen wir im Laufe eines kurzen Menschenlebens direkt, etwa den Ausbruch eines Vulkans, das Heranwachsen eines neuen Waldes oder die Verlandung eines Sees.

Manchmal bemerken wir Veränderungen wie die Verwitterung oberflächennahen Gesteins bei Wind und Wetter. Dem Aufmerksamen bleibt nicht verborgen: Wenn Wasser in Felsritzen dringt und gefriert, werden diese jedes Jahr ein wenig größer. Das Gestein zerbröckelt zunehmend. Nach einem Hochwasser sieht man unschwer Veränderungen am Lauf eines nicht regulierten Flusses und ein Sandsturm nagt ganz offensichtlich an den Wänden von Gebäuden und schleift auch Felsen glatt.

Die meisten Veränderungen, die wir nicht selbst verursachen, sind aber so langsam, dass wir sie nur durch wissenschaftliche Rekonstruktion früherer Zustände erschließen können. Es ist fast, als wollte eine Eintagsfliege das Wachstum eines Baumes verfolgen.

Doch zum Glück bleiben auch hier, wie bei einem Kriminalfall, zahlreiche Spuren. Aus ihnen können Geo-Detektive – Spurensucher in der Vergangenheit – Stück für Stück die Geschichte unserer Welt zusammensetzen.

Stratigraphie – Schicht für Schicht

Gesteine sind auf den ersten Blick einheitlich wirkende, natürlich entstandene Feststoffe. Genauere Betrachtung enthüllt aber spätestens unter dem Mikroskop, dass Gesteine meist nicht wie Minerale einheitliche chemische Verbindungen oder Elemente darstellen, sondern dass sie aus einzelnen Komponenten aufgebaut sind. Sie sind Gemenge verschiedener kristalliner Minerale: so besteht Granit aus Quarz, Feldspat und Glimmer. Sie können aber auch überwiegend aus den Resten von Organismen bestehen: etwa Kohle oder Muschelkalk. Und sie enthalten vereinzelt auch amorphe vulkanische Gläser. Trotz des heterogenen Aufbaus zeigen einzelne Gesteine eine einigermaßen einheitliche chemische Zusammensetzung.

Von den über 4600 bekannten Mineralen, die man in zehn Gruppen einteilt, sind nur etwa dreißig gesteinsbildend, treten also als Hauptbestandteile von Gesteinen auf. Die große Mehrheit sind Silikate. Sie enthalten neben verschiedenen Metallen Tetraeder aus Sauerstoff- und Siliciumatomen (▶ Abbildung 2-02) als charakteristische Bestandteile. Etwa 10 Prozent der Gesteine der Erdoberfläche sind Carbonate (▶ Abbildung 2-03, Seite 16). Sie sind für uns besonders interessant, denn vielfach handelt es sich dabei um Überreste von Organismen wie Algen, Schwämme, Korallen oder Muscheln.

Auch schon in vorgeschichtlicher Zeit beschäftigten sich Menschen mit Gesteinen und Mineralen. Allerdings diente dies lange nur zur Rohstoffgewinnung. Ziel war es, Gebrauchsgegenstände, Schmuck und Waffen zu produzieren. Nicht umsonst gibt es die Steinzeit, Kupferzeit, Bronzezeit und Eisenzeit. Woher diese Schätze

2-01
Schichtgestein. Meist ist die Schichtung von Gestein unterschiedlichen Alters und unterschiedlicher Zusammensetzung leicht erkennbar. Unterschiedliche Widerstandsfähigkeit gegen Verwitterung lässt Geländestufen entstehen. Hier ein Beispiel aus den französischen Alpen nahe Lyon.

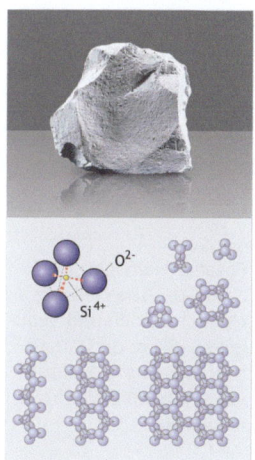

2-02
Silikate. Hauptbestandteile des Erdmantels und der Erdkruste. Sie enthalten typische Tetraeder aus einem Silicium- und vier Sauerstoffatomen, die untereinander sehr variabel verknüpft sein können.

KAPITEL 2 Geodetektive

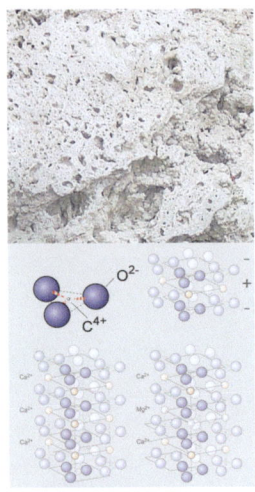

2-03
Carbonate. Kalkstein entsteht großenteils biologisch. Etwa 200 Minerale sind Salze der Kohlensäure, gebildet aus der Verbindung des Anionkomplexes CO_3^{2-}, meist in Kombination mit den Kationen Ca^{2+} (Calcium) und Mg^{2+} (Magnesium). Das bekannteste Mineral dieser Klasse ist $CaCO_3$ in seiner metastabilen Form Aragonit und der weit verbreiteten stabilen Form Calcit.

Ionen
Elektrisch geladene Atome oder Atomgruppen
negativ: Anionen
positiv: Kationen

Nicolaus Steno
Fossilien und Lagerungsgesetz (*law of superposition*)

2-04
Fossiler Haifischzahn. NICOLAUS STENO belegte an Haifischzähnen und anderen Fossilien, die damals nur als Laune der Natur galten, deren biologische Herkunft.

Neptunismus
Gesteine entstehen aus Ablagerungen im Meer

Plutonismus
Gesteine sind vulkanischen Ursprungs

kamen und wie lange sie schon in der Erde liegen, war weniger interessant.

Nach Anfängen philosophischer Beschäftigung mit dem „Element" Erde etwa seit dem 5. Jahrhundert v. Chr. ging die Entwicklung zweitausend Jahre lang kaum darüber hinaus. Die Geologie mit dem Ziel, die physischen und mineralogischen Eigenschaften und Prozesse als Ganzes zu verstehen, ist eine sehr junge Wissenschaft.

Die Morgendämmerung der Geologie kann man auf die Jahre 1667 und 1669 datieren. Damals belegte der dänische Naturforscher NICOLAUS STENO (1638–1686) zunächst die biologische Herkunft von Fossilien anhand fossiler Haifischzähne (▶ Abbildung 2-04). In seinem Werk *De solido intra solidum* (Vom Festen im Festen) definierte er das universelle stratigraphische Prinzip (Lagerungsgesetz), nach dem übereinander lagernde Gesteinsschichten normalerweise zeitlich aufeinander folgen.

Die Kenntnisse über Fossilien, Gesteinsformationen und mineralogische Zusammenhänge waren im 18. Jahrhundert stark angewachsen. Man wusste nun, dass Minerale chemisch einheitliche, natürlich gebildete Stoffe sind, die meist kristallin vorliegen. Man hatte erkannt: Gesteine sind häufig nur mikroskopisch erkennbare Gemische aus Mineralen, Gläsern und Resten von Organismen. Nun rückten verstärkt Fragen nach deren Entstehung in der Vordergrund.

Der an der Bergakademie Freiberg lehrende Mineraloge ABRAHAM GOTTLOB WERNER (1749–1817), übrigens ein Lehrer ALEXANDER VON HUMBOLDTs, vertrat die Theorie einer sequentiellen Bildung aller Gesteine im Wasser eines immer stärker eintrocknenden Urozeans, die als *Neptunismus* bekannt wurde. WERNER wird oft als „Vater der deutschen Geologie" bezeichnet, obwohl sich große Teile seiner Lehre schließlich als unzutreffend erwiesen. Der Neptunismus lag über Jahrzehnte in heftigem Widerstreit mit der Theorie des Plutonismus, der die vulkanische Bildung der Gesteine behauptete. Als Hauptvertreter des Plutonismus gilt der schottische Naturforscher JAMES HUTTON (1726–1797). Auch HUMBOLDT schwenkte schließlich zum Plutonismus über, nachdem er auf seinen Südamerikareisen überzeugende Hinweise für vulkanische Gesteinsbildung gefunden hatte.

Heute erklären sich diese Prozesse umfassend über die einheitliche Theorie der Plattentektonik, die man als „Standardmodell der Geologie" bezeichnen könnte und über die wir später noch sprechen werden (▶ Kapitel 5). Es erklärt auch den steten Kreislauf der Gesteine, bei dem vulkanisch gebildete Gesteinskörper (Plutonite wie Basalte) durch Verwitterung in Ablagerungsgesteine (Sedimentite, wie etwa Sandsteine) übergehen, die fossilienreich und damit für uns besonders interessant sind.

Gesteine und geologische Karten

Geologische Karten (▶ Abbildung 2-05) zeigen die, wie Geologen und Bergleute sagen, *anstehenden* Gesteinsschichten. Die Landoberfläche ist

2-05
Geologische Karte[1]. Die erste geologische Karte Englands wurde 1815 von WILLIAM SMITH herausgegeben (hier mit Ausschnittsvergrößerung der Südküste).

Erde und Leben – Die Geschichte einer innigen Wechselbeziehung

Äon (Äonothem)	Ära (Ärathem)	Periode (System)	Ma	Gebirgsbildung
Phanerozoikum – Zeitalter des sichtbaren Lebens	Känozoikum / Erdneuzeit / Dauer: 65,5 Mio.	Quartär	2,588	alpidisch
		Neogen	23,03	
		Paläogen	65,5	
	Mesozoikum / Erdmittelalter / Dauer: 185,5 Mio.	Kreide	145,5	
		Jura	199,6	
		Trias	251	
	Paläozoikum / Erdfrühzeit / Dauer: 291 Mio.	Perm	299	variszisch
		Karbon	359,2	
		Devon	416	
		Silur	443,7	kaledonisch
		Ordovizium	488,3	
		Kambrium	542	cadomisch
Proterozoikum – Zeitalter des frühen Lebens	Neoproterozoikum / Neues Proterozoikum / Dauer: 458 Mio.	Ediacarium	635	
		Cryogenium	850	
		Tonium	1000	
	Mesoproterozoikum / Mittleres Proterozoikum / Dauer: 600 Mio.	Stenium	1200	
		Ectasium	1400	
		Calymmium	1600	
	Paläoproterozoikum / Frühes Proterozoikum / Dauer: 900 Mio.	Statherium	1800	
		Orosirium	2050	
		Rhyacium	2300	
		Siderium	2500	
Archaikum – Altzeit (früher Azoikum)	Neoarchaikum / Dauer: 300 Mio.		2800	
	Mesoarchaikum / Dauer: 400 Mio.		3200	
	Paläoarchaikum / Dauer: 400 Mio.		3600	
	Eoarchaikum / Dauer: n. def.		4000	
Hadaikum	Hadaikum / Dauer: n. def.		4600	

allerdings in gemäßigten und tropischen Zonen fast überall unter jüngsten Verwitterungsdecken (Böden und Lockergestein) verborgen. Deshalb hat man sich darauf geeinigt, diese nur dann zu berücksichtigen, wenn sie mehr als 1,5 Meter dick sind. Durch diese virtuelle „Abdeckung" entstehen viel aussagekräftigere Karten. Sie zeigen wirklich das für ein Gebiet typische Gestein, wie Schiefer, Sandstein oder Granit. Heutige Karten berücksichtigen zudem den zeitlichen Aspekt. Sie geben auch Auskunft darüber, in welcher erdgeschichtlichen Epoche die jeweiligen Gesteine gebildet wurden (▶ Abbildung 2-06).

Gesteinskreislauf

Wann man ein Gestein als neu gebildet betrachtet, ist angesichts des auf der Erde bestehenden Gesteinskreislaufs (▶ Abbildung 2-07) von der Definition abhängig. Als Entstehungszeit bezeichnet man aber normalerweise nicht die ursprüngliche Zusammenballung ihrer Bestandteile aus der solaren Urwolke, sondern die Zeit, bei der zum letzten Mal eine tiefgreifende strukturelle Umformung und Neuordnung des Mineralgefüges stattfand. Dies ist bei Sedi-

anstehend
an der Oberfläche liegend

Mineralklassen

I	Elemente
II	Sulfide und Sulfosalze
III	Halogenide
IV	Oxide und Hydroxide
V	Carbonate und Nitrate
VI	Borate
VII	Sulfate
VIII	Phosphate, Arsenate, Vanadate
IX	Silikate
X	Organische Minerale

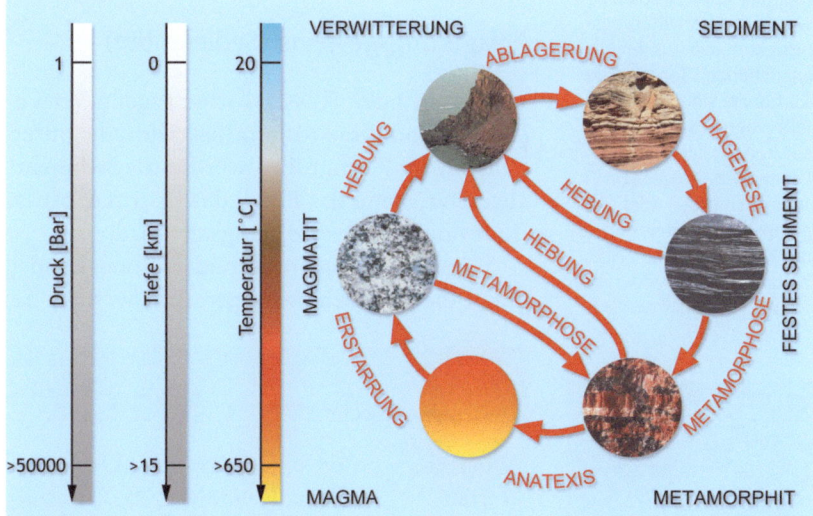

2-06
Geologische Zeittafel. In der Geologie sind zwei verschiedene Arten gebräuchlich, die Erdgeschichte in gröbere und feinere Einheiten zu untergliedern. Ist die reine Zeitabfolge gemeint (Geochronologie), spricht man von Äon, Ära, Periode, Epoche und Alter. Orientiert man sich hingegen an physisch vorkommenden Gesteinsschichten (Chronostratigraphie), erfolgt eine hierzu ungefähr parallele Einteilung in Äonothem, Ärathem, System, Serie und Stufe. Die beiden feinsten Abstufungen sind in der Tabelle nicht gezeigt.

2-07
Kreislauf der Gesteine. Gesteine werden ständig durch geologische Prozesse umgewandelt. Für unser Thema sind Sedimentgesteine am wichtigsten, da Spuren früheren Lebens darin am besten erhalten bleiben. Durch Einwirkung großer Hitze und Druck werden viele dieser Feinstrukturen zerstört (Metamorphose). Hinweise zu ihrer Geschichte findet man aber auch dann noch anhand der chemischen Zusammensetzung und auffälliger Isotopenverhältnisse (▶ Seite 28). Vulkangesteine tragen indirekt zum Erkenntnisgewinn bei. Bei ihnen lässt sich der Zeitpunkt ihrer Erstarrung und die Ausrichtung des damals herrschenden Erdmagnetfeldes genau bestimmen. Vulkanische Lagen in Schichtstapeln von Sedimenten bilden damit Fixpunkte der absoluten Datierung.

KAPITEL 2 Geodetektive

Korngrößen von Sedimenten	
Ton	kleiner 0,002 mm
Schluff	0,002–0,06 mm
Sand	0,06–2 mm
Kies	2–63 mm
Steine	63–200 mm
Blöcke	größer 200 mm

2-08
Dust Bowl[2]. Staubstürme mit meterhohen Sedimenten führten 1935–1938 in den „Great Planes" in USA und Kanada zu einer ökologischen Katastrophe.

Sedimentite
Quarz (Sand) bildet den Löwenanteil der Sedimentite. Weitere Komponenten sind Glimmer und Feldspäte sowie die bei Verwitterungsprozessen teils aus ihnen entstehenden Tonminerale. Carbonate sind größtenteils biogene Sedimente aus Kalkschalen mariner Lebewesen. Anteile von Eisenoxiden (Rost) oder Manganoxid (Braunstein) sind in der Regel für starke gelbe, braune, schwarze oder rote Färbungen verantwortlich.

mentgesteinen der Zeitpunkt ihrer Ablagerung und bei magmatischen Gesteinen der Zeitpunkt ihrer Kristallisation. Sogenannte metamorphe Gesteine entstehen aus beliebigen anderen Gesteinen als Anpassung an veränderte Druck- und Temperaturbedingungen. Dabei kann sich unter weitgehender Beibehaltung der chemischen Zusammensetzung der Mineralbestand grundlegend ändern, also die Art und Weise, wie sich die Atome zu Kristallen ordnen.

Ablagerungsgesteine (Sedimentite)

Von Wind oder Wasser fortgetragene Verwitterungsprodukte, Mineralbestandteile unterschiedlicher Korngrößen werden als Sedimente abgesetzt, wenn das Fluid, das sie transportiert (Luft oder Wasser), zu langsam wird.

Feinste Teilchen, insbesondere Tone, können durch die Luft sehr weit getragen werden. Sie lagern sich schließlich in langsamer werdenden Luftströmungen ab. Derart gebildete Ablagerungen werden nach dem griechischen Gott des Windes als *äolische Sedimente* bezeichnet. Staub aus der Sahara gelangt bis über die Alpen nach Europa oder über den Atlantik nach Amerika. Auch Asche von Vulkanausbrüchen oder Meteoriteneinschlägen kann sich über Kontinente oder sogar weltweit ausbreiten. An Land bilden äolische Sedimente stellenweise hohe Dünen. Organismen können durch ihre Aktivität direkt Sedimente abscheiden oder Ausfällungsprozesse beeinflussen. Überreste von Pflanzen und Tieren bleiben häufig als Fossilien erhalten, wenn sie rasch mit Sedimenten bedeckt werden, etwa durch Schlammlawinen an Kontinentalhängen oder unter vulkanischer Asche.

Erhaltungsbedingungen von Fossilien

Meist überwiegt auf dem Land die Erosion. Luft und Wasser führen Abtragungsprodukte dem Relief folgend von höher gelegenen Regionen ins Tiefland und in Gewässer. Es entstehen Sedimente *pelagisch* (in Seen), *fluvial* (in Flüssen) und schließlich *marin* (im Meer). Flüsse trans-

2-09
Freigelegte Sedimente[3]. Im Laufe der Gebirgsbildung werden Sedimentschichten angehoben und durch Verwitterung freigelegt.

Wichtige Leitfossilien			
Quartär	Cc, F, G, Ga, M, (O), P, R, S	A:	Ammonoideen
Tertiär	Cc, F, Ga, M, (O), P, R, S	Ar:	Archaeocyathiden
Kreide	A, (Cc) F, (O), R	B:	Brachiopoden
Jura	A, (F), (O)	C:	Conodonten
Trias	A, (C), (F)	Cc:	Coccolithen
Perm	A, C, F, (O), (P)	Cr:	Cricconoiden
Carbon	A, (B), C, F, (O), (P), (R)	G:	Graptolithen
Devon	(A), B, C, Cr, (O), (R), (T)	Ga:	Gastropoden
Silur	T, B, C, G, (O)	F:	Foraminiferen
Ordovizium	T, C, G, (O)	P:	Gefäßpflanzen
Kambrium	T	R:	Radiolarien
Ediacarium	Ar	M:	Muscheln
		O:	Ostracoden (Muschelkrebse)
Quelle: Geodz.com[5]		S:	Säugetiere
In Klammern: geringerer Leitwert		T:	Trilobiten

portieren teilweise enorme Sedimentfrachten ins Meer und schieben dabei ihr Mündungsdelta immer weiter vor. Bereits der griechische Geschichtsschreiber HERODOT (490–424 v. Chr.) beschrieb diesen Effekt am Nildelta. Sedimentite, die am Grund von Gewässern entstehen, gehören zu den fossilienreichsten Gesteinen, vor allem dann, wenn Sauerstoffarmut am Grund von Meeren oder Seen vorliegt, feinste Trübströme (untermeerische Schlammlawinen) Sedimentlagen bedecken oder hoher Salzgehalt in Lagunen im Spiel sind. Solche Einflüsse verhindern die sofortige bakterielle Zersetzung. Einige der berühmtesten Fossilien wie die wenigen gefundenen Exemplare des Archaeopteryx aus Solnhofen oder die in den letzten Jahrzehnten gefundenen wunderbar erhaltenen chinesischen Fossilien aus der Zeit der Entstehung erster Vögel stammen aus solchen Ablagerungen.

Heben sich abgelagerte Schichten im Laufe der Zeit, so können Fossilien erneut in Oberflächennähe gelangen und werden schließlich freigelegt. Da Gesteinsschichten im Laufe geologischer Prozesse oft gefaltet und schräg gestellt werden, kommt es vor, dass auf wenigen dutzend Kilometern Aufschlüsse sehr unterschiedlichen Alters zu Tage treten. Eines der schönsten Beispiele bildet die sogenannte *Jurassic Coast* in Südengland. Hier findet man auf engem Raum Sedimente, die zwischen 400 und 55 Ma alt sind. Insbesondere der Strandabschnitt um das Städtchen Lyme Regis gilt als El Dorado für Fossiliensammler (▶ Abbildung 2-10). Auch im südwestdeutschen Stufenland findet man Zeugnisse dieser Epoche. Insbesondere die berühmten Schiefer aus der Lias-Zeit (Schwarzer Jura, 175–199 Ma) bei Holzmaden (Süddeutschland) bergen reiche Fossilienschätze.

Klassische Fossilien – erkennbare Zeugnisse früheren Lebens – sind schon für sich genommen faszinierende Objekte. In Stein eingefangene Ammoniten, Belemniten, Seelilien, Fische und Ichthyosaurier lassen in unserer Phantasie ganze Szenen aus dem Jurameer wiedererstehen. Sie geben Auskunft über die Lebensweise der Tiere, über Räuber-Beute-Beziehungen und über komplexe Ökosysteme in vergangenen Ozeanen. Manchmal findet man sogar fossilisierte Überreste der letzten Mahlzeit oder ungeborene Jungtiere. All dies ist beeindruckend, wie schon das intensive Interesse kleiner Kinder zeigt. Aber um nützlich zu sein, müssen Fossilien keineswegs besonders groß sein.

Makro-, Mikro- und Nannofossilien

Makrofossilien erkennt man mit dem bloßen Auge. Fossilien, die wegen ihrer Größe von nur 0,03–1 Millimeter (30–1000 Mikrometer) im Lichtmikroskop untersucht werden müssen, heißen Mikrofossilien. Noch kleiner sind Nannofossilien. Um sie zu charakterisieren, benötigt man schon ein Rasterelektronenmikroskop. Diese Geräte tasten im Vakuum eine durch Metallbedampfung leitfähig gemachte Probe mit einem gebündelten Elektronenstrahl ab. Sie schlagen dort weitere Elektronen heraus, deren Energie zu einem Bildsignal umgesetzt wird. Bei den mit diesen Geräten ohne weiteres erreichbaren Vergrößerungsfaktoren von weit über 10 000, zeigen Nannofossilien faszinierende Details. Von Kieselalgen, Coccolithen, Radiolarien oder Pflanzenpollen entstehen Bilder, die nicht nur wissenschaftlich wertvoll sind, sondern zugleich durch ihre besondere Ästhetik bestechen (▶ Abbildung 2-11).

Leitfossilien

Wenn eine fossile Spezies klar erkennbare Merkmale zeigt, sich schnell weltweit ausbreitete, nicht allzu lange existierte und auch noch individuenreich war, bietet sie beste Voraussetzungen dafür, als Leitfossil eingesetzt zu werden. Leitfossilien erlauben es, Schichtabfolgen von verschiedenen Orten zeitlich zu korrelieren und in eine relative Reihenfolge zu bringen (Biostratigraphie).

In England entstanden so Anfang des neunzehnten Jahrhunderts auch die ersten geologischen Karten (▶ Abbildung 2-05, Seite 16), woran noch heute Bezeichnungen wie Devon (südenglische Grafschaft) erinnern.

Für die Darstellung der verschiedenen Epochen der Erdgeschichte in Zeittafeln und Karten hat man sich inzwischen weltweit auf Standardfarben geeinigt, die auch in diesem Buch verwendet werden (▶ Abbildung 2-06, Seite 17).

2-11
Mikro- und Nannofossilien[1]. Vor allem elektronenmikroskopische Aufnahmen beeindrucken durch Formenreichtum und Schönheit. Oben: Radiolarien, Mitte: Coccolithen, unten: Pflanzenpollen (coloriert).

2-12
Südengland. Kalkfelsen an der Küste

2-10
Jurassic Coast. An der englischen Südküste findet man reiche Fossilvorkommen aus mehreren Epochen des Erdmittelalters (Bilder: Lyme Regis, Grafschaft Dorset).

Magmatische und metamorphe Gesteine

Gesteine dieser beiden Klassen waren im Erdmantel und in der unteren Erdkruste großer Wärme und hohem Druck ausgesetzt.

Metamorphite sind Gesteinsneubildungen, die durch verschiedene Umwandlungsprozesse, oft unter Einwirkung von Hitze und Druck, aus Vorgängergesteinen aller drei Hauptklassen entstehen (▶ Abbildung 2-07, Seite 17). Metamorphite entstehen häufig aus Sedimentgesteinen, die durch auflagernde Schichten oder tektonische Vorgänge in die Tiefe gelangen. Durch Druck und Kontakt mit heißem Material werden Lockersedimente dabei verfestigt (Diagenese) und teilweise umkristallisiert. Fossilien in so entstandenen Sandsteinen können diese Prozesse überstehen, wenn nicht zu hohe Temperaturen auftreten. Bei weitergehender Metamorphose werden Gesteine mindestens teilweise aufgeschmolzen (Anatexis). Auf diese Weise entstehen bekannte Gesteine wie Granite, Gneise oder Marmor. Sie können durch tektonische Bewegungen oder Vulkanismus wieder an die Erdoberfläche befördert werden.

Magmatische Gesteine entstehen primär durch Kristallisation aus glutflüssigen Schmelzen: Erfolgt die Auskristallisation im Erdinnern, so heißen sie *Tiefengesteine* oder *Plutonite*, erstarren sie aus zu Tage tretenden Laven, nennt man sie *Ergussgesteine* oder *Vulkanite*. Eine besondere Gruppe bilden vulkanische Gläser, deren wichtigster Vertreter der Obsidian ist (▶ Abbildung 2-13). Obwohl Ergussgesteine normalerweise keine erkennbaren Fossilien enthalten, haben sie für die Aufklärung biogeologischer Zusammenhänge große Bedeutung, denn sie erlauben eine recht exakte absolute Datierung über die Kalium-Argon-Methode oder über die Argon-Argon-Methode (▶ Isotopenuhren, Seite 29).

Magmatische und metamorphe Gesteine bilden eine kaum überschaubare Vielfalt von Gesteinen unterschiedlicher Färbung und Körnung. Typische Metamorphite sind etwa Gneise, die sich bei ähnlicher Mineralzusammensetzung durch feinkörnigere Struktur auszeichnen. Wurden sie gerichteten Druckkräften ausgesetzt, zeigen metamorphe Gesteine häufig erkennbare Schichtungen, wenngleich nicht so ausgeprägt wie bei Schiefern.

2-13
Obsidian. Vulkanisches Glas entsteht durch sehr schnelle Abkühlung zähflüssiger Laven mit geringem Anteil flüchtiger Stoffe.

Tektonik
von griech.: *tektonikós*, die Baukunst betreffend. Lehre von Aufbau und Bewegung der Erdkruste und des oberen Erdmantels.

Größe der Erde

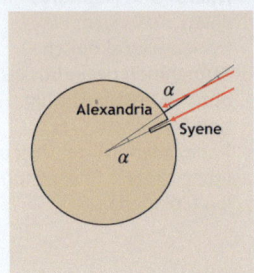

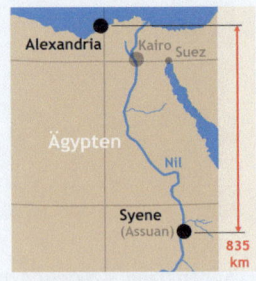

2-14
Erdumfang. Bestimmung nach Erathosthenes.

Mindestens seit 600 v. Chr., der Zeit, in der THALES VON MILET (624–546) und PYTHAGORAS (570–510) lebten und lehrten, ist bekannt, dass die Erde keine Scheibe ist, wie der erste Augenschein vortäuscht, sondern eine kugelähnliche Gestalt hat. ARISTOTELES (384–322), wies darauf hin, dass von Schiffen stets zuerst die Mastspitzen sichtbar werden und fragte nach dem Umfang der Erde. Mondfinsternisse interpretierte er korrekt und sah die Kugelgestalt durch den kreisförmigen Erdschatten bestätigt.

ERATHOSTHENES (276–194), zu dieser Zeit Leiter der Bibliothek von Alexandria, gelang es als erstem, den Erdumfang genauer zu bestimmen. Er wusste, dass die Stadt Syene (Assuan) etwa 5000 Stadien entfernt war und nahm an, dass sie auf dem gleichen Längenkreis liegt wie Alexandria. Es war ferner bekannt, dass die Sonne in Syene am Tag der Sommersonnenwende genau im Zenit stand. In Alexandria jedoch konnte man zur gleichen Zeit einen Winkel messen, der nach heutigen Maßen 7° 12′ beträgt. Mit einfacher Dreisatzrechnung erhält man somit für den Erdumfang einen Wert von:

$$U = 5000 \text{ Stadien} \cdot 360° / 7{,}2° = 250\,000 \text{ Stadien}$$

Man nimmt an, dass dies etwa 41 750 km entspricht – nicht schlecht gegenüber dem modernen Wert von 40 000 km.

Die kleine Ungenauigkeit ist einerseits eine Folge der ungenauen Messung der Entfernung der Städte, aber auch davon, dass Syene und Alexandria tatsächlich nicht genau auf dem gleichen Meridian liegen (▶ Abbildung 2-14).

Ein weiteres Problem ist, dass heute nicht mehr genau bekannt ist, wie lange die Einheit 1 Stadion wirklich war, da mehrere Varianten dieser Einheit in Gebrauch waren. Auch die Annahme der parallel einfallenden Sonnenstrahlen ist genau genommen nicht völlig korrekt, erzeugt aber nur eine sehr kleine Abweichung.

Gestalt und Tiefenbau der Erde

Die Evolution unseres Planeten und des Lebens hängt eng zusammen mit dem Aufbau des Erdkörpers als Ganzem. Dessen Vermessung, Geometrie im wahrsten Sinne des Wortes, ist deshalb nicht nur historisch von Interesse.

Die Größe der Erde, ihr Umfang und ihr durchschnittlicher Radius sind seit dem Altertum bekannt (▶ Kasten Größe der Erde). Aber erst nach zweitausend Jahren und der Entwicklung des newtonschen Gravitationsgesetzes war man in der Lage, auch die Masse der Erde zu ermitteln. Und die Lösung war nun ganz einfach geworden (▶ Kasten Masse der Erde).

Aus den beiden Werten ergibt sich eine mittlere Dichte von 5,515 Gramm pro Kubikzentimeter. Man weiß damit noch nicht, wie die Masse im Erdkörper verteilt ist. Typische Gesteine der Kontinente wie Granit oder Gneis haben eine Dichte von etwa 2,7 Gramm pro Kubikzentimeter. Basaltartige Gesteine, typisch für Meeresböden, sind mit etwa 3 Gramm pro Kubikzentimeter wohl etwas schwerer, können aber die Durchschnittsdichte des Erdkörpers längst nicht erklären. Temperatur und Druck steigen allerdings mit der Tiefe an und die Struktur der Gesteine verändert sich dadurch. Dies beeinflusst nicht nur den Mineralbestand und die chemische Zusammensetzung, sondern auch die Dichte und die mechanischen Eigenschaften des Erdinneren. In großer Tiefe kristallisierte Plutonite bringen es wenigstens auf etwa 3,3 Gramm pro Kubikzentimeter. Tiefer in der Erde müssen also noch wesentlich dichtere Stoffe vorkommen. Da wir zu diesen Regionen keinen direkten Zugang haben, sind wir hier auf indirekte Messungen, Berechnungen und Schlussfolgerungen angewiesen.

In der Antike glaubte man, die tieferen Erdschichten wären allesamt glutflüssig, was scheinbar durch den Vulkanismus gestützt wird. Heute weiß man, dass nur einige Prozent des Erdmantels flüssig sind. Den größten Teil kann man als zähplastisch beschreiben. Ähnlich wie Siegellack kann das Material bei kurzzeitiger Beanspruchung brechen wie ein Festkörper, aber auf langen Zeitskalen von Jahrmillionen verhält es sich wie eine Flüssigkeit und kann Konvektionsströmungen bilden.

Masse der Erde

Die Erdmasse M lässt sich sehr einfach berechnen, wenn man den Erdradius $R_\oplus$, die Fallbeschleunigung g eines Körpers auf der Erdoberfläche und die universelle Gravitationskonstante G kennt, die ausdrückt, wie stark sich zwei Massen anziehen. Das newtonsche Gravitationsgesetz beschreibt die Anziehungskraft F zwischen zwei Körpern bekannter Massen im Abstand R (1).

Aus der klassischen Mechanik ist bekannt, welche Beschleunigung a eine Kraft F verursacht, wenn sie auf einen Körper der Masse m wirkt (2).

$$F = G \cdot M \cdot m / R^2 \quad (1)$$
$$F = m \cdot a \quad (2)$$

Setzt man beide Ausdrücke für F gleich, so kürzt sich die Masse m heraus. Die Beschleunigung a ist die an der Erdoberfläche gemessene Fallbeschleunigung (9,81 m/s²), die meist mit g bezeichnet wird. Umformung nach M ergibt:

$$M = g \cdot R_\oplus^2 / G$$

Die Konstante G wurde erstmals 1798 von HENRY CAVENDISH (1731–1810) mit einer Gravitationsdrehwaage ermittelt. Die Idee für dieses Instrument stammte von dem britischen Geologen, Astronomen und Physiker JOHN MITCHELL (1724–1793). Dabei wird ein Paar relativ leichter Kugeln und ein Paar sehr schwerer Bleikugeln drehbar koaxial aufgehängt. Die leichten Kugeln hängen an einem dünnen Faden oder Metallband. Dieses erzeugt bei einer Drehung eine sehr geringe Rückstellkraft, die sich durch die Dauer der Pendelbewegung nach Auslenkung bestimmen lässt. Dreht man nun die schweren Kugeln so, dass sie sich den beiden leichten annähern, so wird ihre sehr geringe Anziehungskraft eine Auslenkung aus der Ruhelage erzeugen. Mit Hilfe eines Spiegels, der an der Konstruktion angebracht ist, lässt sich diese Auslenkung mit einem reflektierten Lichtstrahl genau und reibungsfrei messen.

Der heute anerkannte Wert für die Erdmasse ist $5{,}974 \cdot 10^{24}$ kg.

Dichte	5,52 g/cm³
Masse	$5{,}97 \cdot 10^{24}$ kg
Mittlerer Radius	6357 km
Polabflachung	20 km
Bahnradius	149 600 000 km
Bahnexzentrizität	0,017

2-15

Die Erde als Planet. Wichtige geographische und astronomische Daten unseres Planeten.

KAPITEL 2 Geodetektive

2-16
Seismologie. Erdbebenwellen bewegen sich wegen der in Richtung Erdmittelpunkt zunehmenden Dichte bogenförmig durch die Erde. Transversalwellen, bei denen Teilchen senkrecht zur Ausbreitungsrichtung schwingen, können sich in flüssigen Medien überhaupt nicht ausbreiten.

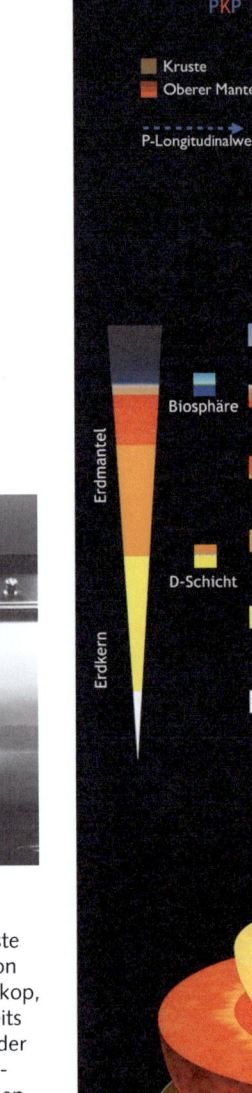

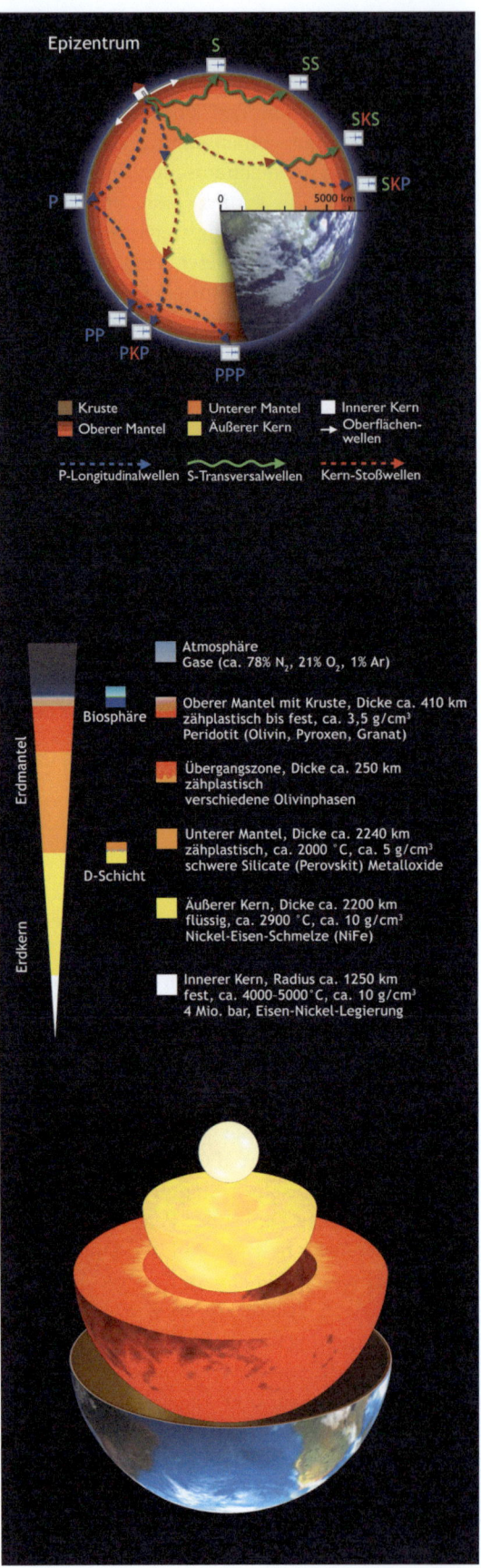

2-17
Seismograph[6]. Das erste Gerät zur Detektion von Erdbeben, ein Seismoskop, wurde vermutlich bereits im Jahr 132 im China der Han-Dynastie vom kaiserlichen Hofastronomen ZHANG HENG gebaut. Moderne aufzeichnende Seismographen wurden ab 1856 in Italien und Russland entwickelt. EMIL WIECHERT baute in Göttingen einen hochverstärkenden Horizontalseismographen, der bis heute in Betrieb ist.

Schichten und Schalen

„Ferne Kunde bringt Dir der schwankende Fels – Deute die Zeichen!" – EMIL WIECHERT, 1902: Inschrift über dem Erdbebenhaus der Erdbebenwarte Göttingen.

Erste Einblicke in den Schalenbau tieferer Erdschichten gelangen Anfang des 20. Jahrhunderts nach Erfindung des Seismographen (▶ Abbildung 2-17) im Jahr 1899 durch EMIL WIECHERT (1861–1928). Er hatte den weltweit ersten Lehrstuhl für Geophysik inne und gründete die erste Erdbebenwarte in Göttingen, die bis heute mit den historischen Instrumenten in Betrieb ist.

Die Zeichen WIECHERTs lernte man in der Tat mit ausgefeilten Methoden zu deuten, die auf den von Dichte und Aggregatzustand abhängigen Fortpflanzungseigenschaften unterschiedlicher Typen mechanischer Wellen basieren. (▶ Abbildung 2-16).

Der schwankende Fels sagt uns heute, dass die Erde unterhalb der nur dutzende Kilometer dicken Kruste und einem zähflüssigen silikatreichen Mantel über einen flüssigen äußeren und einen festen inneren Kern aus Eisen und Nickel verfügt.

Erdmantel

Während die Gesteine der Erdkruste für Gesteinskundler und Mineralogen durch zahlreiche Aufschlüsse an der Oberfläche direkt für chemische Untersuchungen zugänglich sind, gibt es nur wenige Orte auf der Erde, an der Gestein der tiefen Erdkruste und früheres Mantelgestein an die Oberfläche transportiert wurde. Eine sehr berühmte Stelle ist der Kohistan-Bogen im West-Himalaya. Bei der Kollision Indiens mit dem eurasischen Kontinent vor etwa 40 Ma wurde hier ein ganzer Inselboden eingeklemmt. Ein Querschnitt durch die gesamte Erdkruste und Teile des oberen Erdmantels wurden dabei verdreht, hochgehoben und durch Erosion aufgeschlossen.

Daran konnte auch eine Frage geklärt werden, die Wissenschaftler schon lange beschäftigte: Warum hat die Erdkruste ein geringeres Verhältnis des Spurenelements Blei zu Uran als typische Asteroiden, wenn sie doch einstmals aus dem gleichen solaren Urmaterial entstanden? Man vermutete irgendwo unentdeckte Bereiche mit erhöhtem Bleigehalt. Solche wurden nun im Übergangsbereich zwischen Erdkruste und

Erde und Leben – Die Geschichte einer innigen Wechselbeziehung

Erdmantel tatsächlich gefunden und damit Hinweise darauf, wohin die fehlenden Bleimengen verschwunden sein könnten. Möglicherweise kristallisiert aufquellendes Mantelmaterial an der Unterseite der Erdkruste aus. Die spezifisch schwersten Anteile dieses Materials sinken von dort sofort wieder in den Erdmantel zurück und nehmen das vermisste Blei[7] mit sich in die Tiefe.

Bedingungen im Erdkern

Der Erdkern besteht nach den seismologischen Ergebnissen und geophysikalischen Modellen zum Erdmagnetfeld vorwiegend aus Eisen mit einem kleinen Nickelanteil. Durch den sehr hohen Druck ist der innerste Kern fest und schwimmt in einem flüssigen äußeren Kern. An der Grenze zwischen beiden Zonen herrscht ein Druck von etwa 330 GPa (330 Gigapascal, entsprechen 33 Millionen Bar). Die Temperatur lässt sich aber nicht seismologisch oder durch einfache analytische Berechnungen bestimmen. Vielmehr benötigt man hierzu Labordaten und ausgefeilte numerische Computermodelle über Schmelzpunkt und Verhalten von Stoffen unter Extrembedingungen. Mit einer Diamantstempelzelle, im Wesentlichen zwei Diamantkegel, deren Spitzen über ein Schneckengetriebe zusammengedrückt werden, lassen sich zumindest Drücke um die 200 GPa im Labor erreichen. Ein Laser dient dazu, eine Probe aus Eisen bis zum Schmelzpunkt zu erhitzen. Extrapoliert man den Druck auf die fraglichen 330 GPa, so ergibt sich für die Temperatur an der Oberfläche des inneren Kerns ca. 6000±500 °C[8]. Diese würde also noch etwas über der Temperatur der sichtbaren Sonnenoberfläche liegen. Zum Vergleich: Bei Atmosphärendruck schmilzt Eisen bereits bei 1538 °C und verdampft bei etwa 3000 °C. Nur der hohe Druck hält die Metalle des Erdkerns im flüssigen oder festen Zustand.

Plattentektonik

Vor wenigen Millionen Jahren hob sich die Feuerinsel Island in einer Serie mächtiger untermeerischer Ausbrüche aus dem Ozean. An dieser besonderen Stelle wird ein Phänomen fast live erlebbar, das eng mit der zentralen Theorie der Geologie zusammenhängt, der Plattentektonik. Sie bildet den einheitlichen Erklärungsrahmen für alle geologischen und geophysikalischen Erscheinungen auf unserem Planeten.

Die moderne Theorie ging aus der 1912 formulierten und jahrzehntelang mehrheitlich abgelehnten Kontinentalverschiebungstheorie des Geophysikers und Meteorologen ALFRED WEGENER (1880–1930) hervor. WEGENER hatte die schon früher aufgefallene Ähnlichkeit der Küstenlinien Nord- und Südamerikas auf der einen und Europas und Afrikas auf der anderen Seite des atlantischen Ozeans ernst genommen. Aus beidseitig korrelierenden geologischen Strukturen und Fossilien schloss er, dass diese Landmassen vor etwa 200 Millionen Jahren einen einheitlichen Kontinent gebildet haben mussten. Auch an anderen Stellen wie zwischen Ostafrika, Indien und Madagaskar gab es Hinweise darauf, dass nahezu alle heutigen Landmassen früher einen einheitlichen Superkontinent bildeten, der nach und nach zerbrach.

Über Echolot-Tiefenmessungen fand man zwischen 1924 und 1927 im Atlantik einen riesigen, 13 000 km langen untermeerischen Gebirgszug, den vulkanisch aktiven Mittelatlantischen Rücken. Als es später möglich wurde, den Ozeanboden von Bohrschiffen aus direkt zu untersuchen, fand man im Rahmen des Internationalen Geophysikalischen Jahres 1957/58 den entscheidenden Hin-

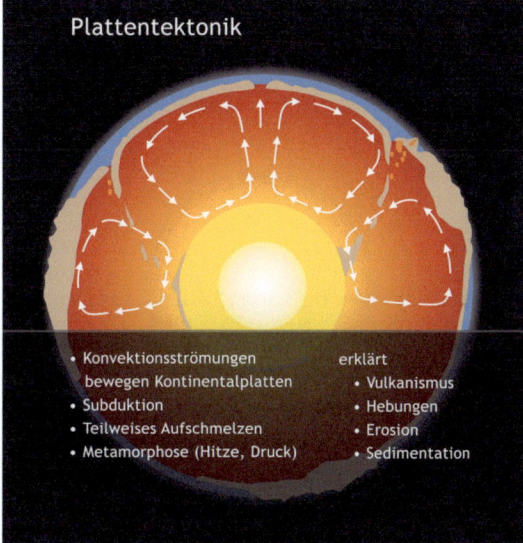

2-19
Stokkur-Geysir. Der alle 5–10 Minuten aktive Stokkur-Geysir in Island liegt nur wenige Meter entfernt von dem heute nicht mehr aktiven Geysir, der namensgebend für diese Naturerscheinungen war.

Subduktion
Jährlich tauchen durch Subduktion etwa 19 km³ Gestein in den Erdmantel ab[16].

2-18
Konvektionsströmungen und Zellen. Konvektion (lat. *convectum*, mitgetragen) bezeichnet Strömungen in Gasen oder Flüssigkeiten, die durch (meist temperaturbedingte) Dichteunterschiede in einem Schwerefeld entstehen können. Sie neigen zur Ausbildung hexagonaler (sechseckiger) Zellen, in denen Material an einigen Stellen aufsteigt, an anderen absinkt. Beispiele sind Luft- und Wasserzirkulationen, Muster in kochendem Reis, Granula auf der Sonnenoberfläche und Strömungen im zähflüssigen Mantelgestein der Erde.

23

Þingvellir – Mystischer Ort zwischen den Platten

Þingvellir (Thingvellir), so nennen die Isländer den nur vierzig Kilometer nordöstlich der Hauptstadt Reykjavik liegenden Nationalpark und die ehemalige Thing-Stätte. Hierher sollte eigentlich jeder Geologe einmal in seinem Leben pilgern, denn wohl an keiner anderen Stelle ist die Plattentektonik so unmittelbar zu beobachten wie in dieser Ebene mit ihren zahlreichen teils wassergefüllten Klüften. An der Plattengrenze, die sich etwa diagonal von Südwesten nach Nordosten durch die Insel zieht, wandern diese etwa einen Zentimeter pro Jahr in jeder Richtung auseinander und verbreitern so den Talboden. Der unter der Insel liegende Aufstrom heißen Gesteins (Mantelplume) sorgt dafür, dass die eigentlich ständig auseinanderbrechende Insel sich nicht teilt, denn sie wird ununterbrochen wieder mit aus dem Erdmantel nachströmendem und erhärtendem Magma versorgt.

Gut zu beobachten ist die seit Ende der Eiszeit entstandene Landschaftsform von einer Aussichtsplattform über der Schlucht Almannagjá. Sie liegt noch auf der amerikanischen Platte und eröffnet den Blick auf die etwa sieben Kilometer entfernte, zur europäischen Seite gehörende Gebirgslandschaft im Osten.

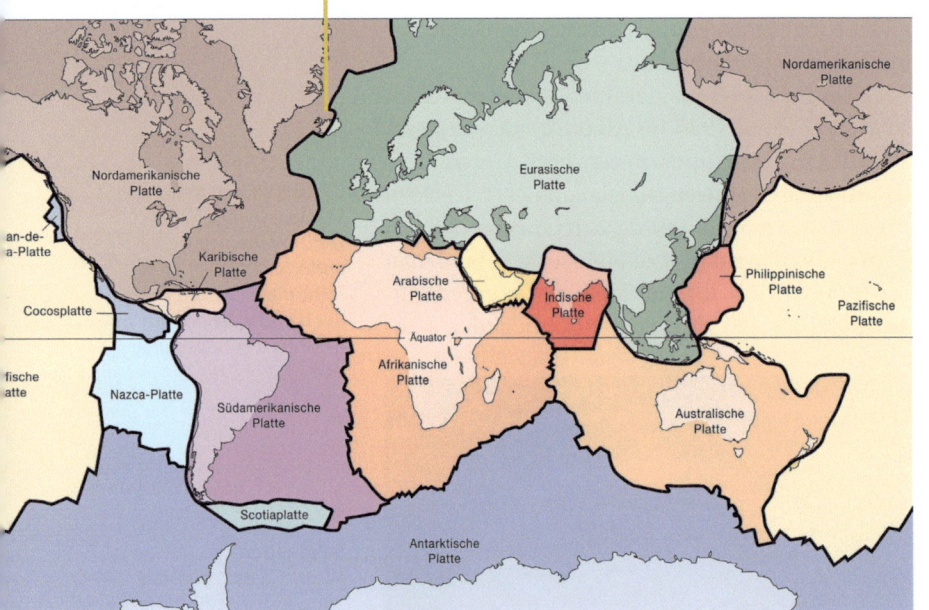

2-20

Lithosphärenplatten. Die starren Platten der Erdkruste (Lithosphäre) bestehen aus der basaltreichen und relativ dünnen (5–10 km) ozeanischen Kruste bzw. aus der granitreichen dickeren (durchschnittlich etwa 35 km) kontinentalen Kruste. Diese bilden die oberste Schicht des Erdmantels. Sie schwimmen auf der zähflüssigen, als Asthenosphäre bezeichneten Mantelschicht. Ähnlich wie hoch aufragende Schiffe einen großen Tiefgang besitzen, ist auch die kontinentale Kruste unter Gebirgsregionen am dicksten. Sie erreicht dort eine Mächtigkeit von über 65 km.

weis in Form der magnetischen Ausrichtung der Proben. Beidseitig des Mittelatlantischen Rückens fanden sich Paare jeweils gleicher Magnetisierungsrichtung. Da sich das Erdmagnetfeld in unregelmäßigen Abständen von etwa 250 000 Jahren immer wieder umkehrt, war hier die Bewegung der Platten wie auf einem Tonband aufgezeichnet worden. Neuer basaltischer Meeresboden entsteht am Mittelatlantischen Rücken und bewegt sich von dort aus mit Geschwindigkeiten von etwa einem Zentimeter pro Jahr nach Westen bzw. Osten (*sea floor spreading*). Angetrieben werden die Bewegungen der Lithosphärenplatten von tiefgreifenden langsamen Konvektionsströmungen im Erdmantel sowie dem „Zug" der an Kontinentalrändern wieder abtauchenden Platten (▶Kapitel 5, Seite 81 und ▶Abbildung 2-18, Seite 23).

Island ist Teil dieses gewaltigen geologischen Prozesses. Die Insel drängt sich quasi hoch zwischen der Nordamerikanischen und der Eurasischen Platte. Sie präsentiert uns damit ein kleines Stück des ansonsten untermeerischen Gebirgsrückens direkt vor unseren Augen. Ähnliche mittelozeanische Rücken fand man weltweit. Sie bilden ein Gebirgssystem von etwa 40 000 km Gesamtlänge. Die dünne, feste Erdkruste ist entlang von Nahtstellen in sieben große und etwa ein Dutzend kleinere Teile zerbrochen. Die einzelnen Schollen (Lithosphärenplatten) schwimmen auf einer plastisch-duktilen Übergangsschicht zwischen Kruste und Mantel, der Asthenosphäre (▶Abbildung 2-16, Seite 22).

Größere Platten bestehen aus kontinentaler und ozeanischer Kruste, kleinere nur aus einer von beiden Arten. Eine Lithosphärenplatte mit beiden Krustentypen ist die Afrikanische Platte. Diese Platten bedecken unseren Planeten vollständig und bilden die feste, auf Kontinenten bis 70 km, in den Ozeanen bis 10 km mächtige, oberste Schale der Erde.

Natürlich kann bei der gleichbleibenden Größe unseres Planeten nicht fortwährend neuer Ozeanboden entstehen, ohne dass dieser irgendwo wieder verschwindet. Man fand, dass die spezifisch schwerere ozeanische Kruste an anderen Teilen der Nahtstellen, den sogenannten „aktiven Plattenrändern" unter die Kontinente abtaucht (Subduktion). Ein Beispiel ist das Abtauchen der Nazca-Platte unter den kontinentalen Teil der südamerikanischen Platte, die auch für den starken Vulkanismus verantwortlich ist, der die Anden entstehen ließ. Abtauchende Platten transportieren ähnlich wie riesige Förderbänder mächtige Lagen ozeanischer Sedimente mit sich in die Tiefe. Die teils organischen Ablagerungen enthalten auch Wasser und wertvolle Lebenselemente, etwa Kohlenstoff, Schwefel und Phosphor. Viele Verbindungen dieser Stoffe haben einen niedrigen Siedepunkt, werden beim Erhitzen im Erdinneren ausgetrieben und als vulkanische Gase wieder an die Oberfläche zurückgeführt. Wie grundlegend dieser Vorgang für das Recycling in biogeologischen Elementzyklen und die langfristige Stabilität der Biosphäre ist, werden wir in ▶Kapitel 7 betrachten.

Inzwischen wissen wir, dass WEGENERs hypothetischer Urkontinent Pangaea (Gesamterde) wirklich existierte. Allerdings war er nicht der erste seiner Art. Schon vorher bewegten sich die Platten über den Globus. Aus Rekonstruktionen der Bewegungen schließen Forscher, dass es schon früher in der Erdgeschichte Superkontinente gab, die viele, manchmal nahezu alle Landmassen in sich vereinten. Das durch Öffnen und Schließen von Ozeanen begleitete wiederholte Entstehen und Zerbrechen der Superkontinente wird nach dem kanadischen Geoforscher JOHN TUZO WILSON (1908–1993) als Wilson-Zyklus bezeichnet. Er hatte das Prinzip erstmals 1970 formuliert.

Bisher haben wir die Gestalt und die Bestandteile des Erdkörpers im Wesentlichen auf großen Skalen betrachtet. Nur bei den Nannofossilien drangen wir in mikroskopische Details vor. In Geologie und Biologie geht es aber oft um unterschiedliche und auf mikroskopischer Ebene heterogene Stoffe. So möchte man etwa Zusammensetzung und Alter von Gesteinen untersuchen, Minerale oder Ausgasungen von Erde, Meteoriten und Kometen kennenlernen oder mehr über die Bestandteile lebender Wesen oder ihrer Überreste in Fossilien erfahren. Wir benötigen daher Hilfsmittel, um die chemische Zusammensetzung und atomare Struktur selbst winziger Substanzmengen zu untersuchen. Einige dieser Techniken werden wir in den nächsten Abschnitten kennenlernen.

Methoden der Spurensuche

Geochemische Analysen und Instrumente

Einen Chemiker stellen wir uns noch immer mit einem (oft nicht mehr ganz) weißen Laborkittel vor, ein Reagenzglas in der Hand, das er mit fachmännischem Blick auf Farbänderungen oder eine Trübung hin inspiziert. Doch dieses Bild entspricht nur noch selten der Realität. Im zwanzigsten Jahrhundert haben sich die Untersuchungsmethoden für Stoffe grundlegend gewandelt. Die klassische Vorgehensweise beinhaltete meist Phasen der Probenvorbereitung (durch Lösen in einem geeigneten Lösungsmittel), der Trennung in einzelne Komponenten (durch Destillation oder Ausfällen) und des Nachweises durch die Reaktion mit einem bestimmten Reagenz. Diese Methoden eignen sich jedoch in der Regel nicht zum Nachweis von Substanzen, die nur spurenweise in einer Probe vorkommen.

Wenn man Stoffe untersucht, möchte man möglichst exakte Informationen über Art, Menge und Anordnung ihrer Bestandteile gewinnen. Wir werden nun einige der modernen Analyseinstrumente kennenlernen, die für die Geochemie Bedeutung haben und uns helfen, winzige Probemengen im Detail zu untersuchen und oft sogar deren Entstehungsgeschichte zu erschließen.

Instrumentelle Analytik

Methoden der instrumentellen Analytik ermöglichen es, an immer kleineren Probemengen exakte Ergebnisse über Anteile chemischer Elemente, Kristallstrukturen, vorkommende Moleküle oder sogar deren Interaktion zu erhalten.

Bequem wäre natürlich, könnte man all dies auf einmal erfahren, quasi mit einem magischen

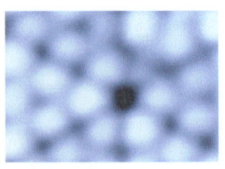

2-21 Atome in einem Kristall. Ein Kraftmikroskop tastet Proben in atomarer Auflösung mechanisch ab, und erstellt ein Bild (hier Silicium).

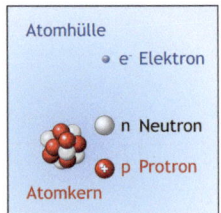

2-22 Atomaufbau. Atomkerne sind um den Faktor 10 000 kleiner als die hier nur als blauer Hintergrund angedeutete Atomhülle.

2-23 Metalle. Elektronen bewegen sich frei zwischen positiven Atomrümpfen.

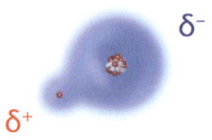

2-24 Moleküle. In Molekülen wie Chlorwasserstoff werden positive Atomrümpfe durch einen Elektronenüberschuss dazwischen gebunden.

2-25 Ionenkristalle. In Ionenkristallen wie NaCl werden die Teilchen durch ihre unterschiedliche elektrische Ladung gebunden.

Atome und Moleküle

Alle Bestandteile der Erde und der Lebewelt sind aus Atomen der 92 natürlich vorkommenden chemischen Elemente aufgebaut. Atome sind so klein, dass erst etwa eine Million, nebeneinander aufgereiht, den Durchmesser eines Haares ergeben würden. Ihre Masse ist in einem nochmals zehntausendfach kleineren Kern konzentriert, der Rest ist der fast leere Raum der Atomhülle. Atomkerne bestehen aus elektrisch positiv geladenen Protonen und ungeladenen Neutronen. Sie werden von der sogenannten starken Kernkraft zusammengehalten, obwohl sich die Protonen elektrisch abstoßen. Die Anzahl der Protonen bestimmt die Kernladungszahl und damit das Element, so 1 bei Wasserstoff und 92 bei Uran. Gleich viele elektrisch negativ geladene Elektronen bilden die Atomhülle, deren Aufbau und elektrische Wechselwirkungen alle Erscheinungen der Chemie bewirken. Elektronen sind elementar, also nicht weiter zusammengesetzt, während Protonen und Neutronen sich aus sogenannten Quarks aufbauen. In den Atomhüllen können sich Elektronen nur in ganz bestimmten Energiezuständen befinden. Metalle besitzen besonders lose gebundene Außenelektronen, die sich leicht vom Restatom trennen und frei innerhalb des Metalls bewegen können. Moleküle bestehen aus Atomen, deren Außenelektronen paarweise lokalisierte Bindungen zwischen Atomen ausbilden und sie so zusammenhalten. Besitzt ein Atom oder Molekül mehr oder weniger Elektronen als zum Ausgleich der Kernladung erforderlich ist, wird es als Ion bezeichnet. Einzelatome, Ionen oder ganze Moleküle können Kristalle bilden, wenn sie sich regelmäßig im Raum anordnen.

Blick. In der Praxis sind unsere Sinne beschränkt und wir müssen das Problem differenzierter angehen. Wir benutzen technische Detektionsverfahren, die über einen Stoff mehr oder weniger spezifisch Auskunft geben, indem sie auf irgend eine Weise mit ihm interagieren. Sehr spezifische Verfahren sind etwa die vielen spektroskopischen Methoden, bei denen elektromagnetische Wellen unterschiedlichster Wellenlänge eingesetzt werden (▶ Tabelle unten).

Sie wechselwirken mit Atomkernen, Elektronen oder dem Kristallgitter (▶ Kasten oben und Abbildungen links) und liefern oft derartig viele Informationen, dass sich eine Komponente wie bei einem Fingerabdruck direkt erkennen oder sogar in ihrer Menge bestimmen lässt. Spezifität hat aber ihren Preis, denn abhängig vom Verfahren werden damit nicht alle Bestandteile einer Probe gleichermaßen erfasst. So ergeben beispielsweise nur Moleküle bestimmter Symmetrie bei Bestrahlung mit Infrarotlicht ein Rotations- oder Schwingungssignal, nicht alle Elektronensprünge lassen sich durch sichtbares oder ultraviolettes Licht gleich gut anregen und Einstrahlung von Radiowellen erzeugt nur bei Kernen mit ungerader Ordnungszahl eine kernmagnetische Resonanz. Deshalb ist es manchmal günstiger, ein weniger spezifisches Detektionsverfahren zu wählen, das aber alle Bestandteile erfassen kann. Nur: wie hält man diese auseinander? Hier kommen die Trennverfahren ins Spiel. Man zerlegt eine Probe zunächst in ihre Komponenten und kann diese dann nacheinander oder gleichzeitig an verschiedenen Stellen eines Detektors nachweisen (▶ Abbildung 2-27).

Trennmethoden

Die wichtigsten Trennmethoden sind die nach Dutzenden zählenden Varianten der Chromatographie. In einer sogenannten mobilen Phase (Flüssigkeit oder Gas) gelöste Substanzen wandern je nach ihren Eigenschaften unterschiedlich schnell mit dem Fluid durch

Strahlung	Genutzter physikalischer Effekt	Einsatzbereiche
Gammastrahlung	Anregungen von Atomkernen	Elementaranalyse
Röntgenstrahlung	Beugung an Atomgittern	Strukturanalyse von Kristallen
UV und sichtbares Licht	Elektronenübergänge zwischen Orbitalen	klassische Atom- und Molekülspektroskopie
Infrarotlicht	Molekülschwingungen und Rotationen	Analyse von Molekülstrukturen
Radiowellen	Spin magnetischer Atomkerne	Kernmagnetische Resonanz (NMR)

Erde und Leben – Die Geschichte einer innigen Wechselbeziehung

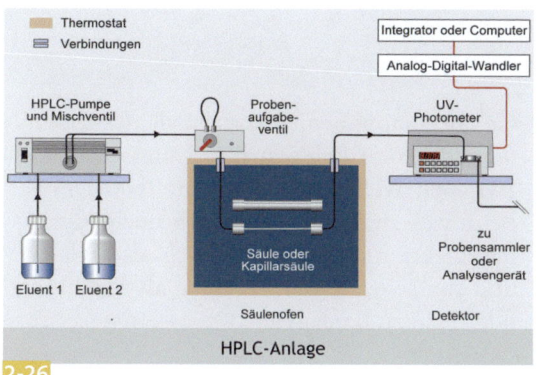

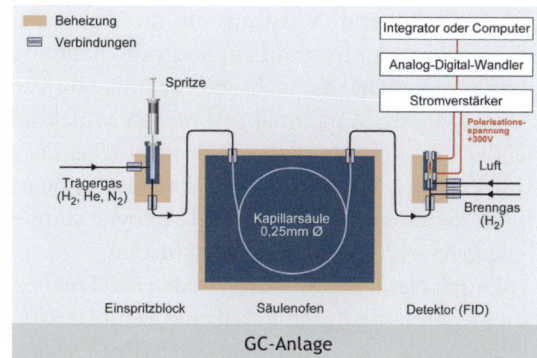

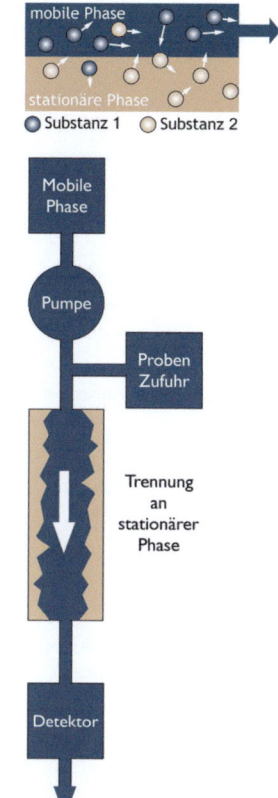

2-26
Aufbau von Chromatographiegeräten. Bei der HPLC (*high performance liquid chromatography*) werden lösliche Substanzen in einer Trägerflüssigkeit durch ihre Wechselwirkung mit einer durchströmten Trennsäule separiert. Die GC (Gaschromatographie) verwirklicht das gleiche Prinzip an gasförmigen Proben, die von einem Trägergas mitgeführt werden.

eine stationäre Phase (etwa oberflächenaktive poröse Feststoffe). Durch verschieden starke Wechselwirkungen mit der stationären Phase werden Komponenten unterschiedlich lange zurückgehalten und trennen sich somit. Das funktioniert so ähnlich, wie wenn man nach einem Konzert auf dem Weg zur U-Bahn durch die Menschenmenge einer belebten Straße vorangeschoben wird. Ab und zu schafft man es, an einem interessanten Schaufenster stehen zu bleiben. Je nachdem, wie interessant die Auslagen für eine Person sind, wird sie früher oder später die Station erreichen.

Detektoren

Die Gaschromatographie (GC) und die Hochleistungs-Flüssigkeitschromatographie (HPLC, *high performance liquid chromatography*, ▶Abbildung 2-26) erreichen mit empfindlichen Detektoren Nachweisgrenzen von 10 Pikogramm (10 Billionstel Gramm, etwa 10 Milliarden Moleküle). Zur besseren Vorstellung: Kippt man ein Glas einer löslichen Substanz irgendwo auf der Welt ins Meer und wartet die komplette Durchmischung ab, so würde man im Mittel diese Anzahl von Molekülen in jedem Glas vorfinden, das man irgendwo auf der Erde wieder aus dem Ozean schöpft.

In der Praxis findet man zahlreiche Übergangsformen und Kombinationen instrumenteller Trenn- und Analyseverfahren. Auch bei den modernen Methoden gibt es meist eine Probenvorbereitung, bei der die Probe so verändert wird (etwa verdampft, in ein Plasma überführt oder einer chemischen Reaktion unterworfen), dass sie danach optimal getrennt und nachgewiesen werden kann. Trennung (Separation) und Nachweis (Detektion) sind oft integrale Bestandteile desselben Geräts. Vielfach werden Verfahren auch gekoppelt, wie etwa GC-MS (ein Gaschromatograph mit einem Massenspektrometer). In den Geowissenschaften werden chromatographische Methoden unter anderem dazu eingesetzt, bestimmte Elemente für die Altersbestimmung aus Mineralfraktionen zu extrahieren.

Massenspektrometrie

Dieses vielleicht eindrucksvollste Werkzeug aus dem Arsenal instrumenteller Analytik wird trotz der Namensähnlichkeit normalerweise nicht unter den spektroskopischen Verfahren eingeordnet, denn man misst dabei nicht die elektromagnetische Strahlung, die von einem Stoff ausgeht oder durch ihn verändert wurde. Gleichwohl beruht auch die Massenspektrometrie auf der Wechselwirkung von Teilchen mit elektromagnetischen Feldern (▶Kasten Wellen und Teilchen, Seite 28). Man nutzt die Tatsache, dass Atome, Moleküle oder Molekülbruchstücke elektrische Ladungen tragen können. Sie werden dann als Ionen bezeichnet. Diese kann man im Vakuum mit elektrischen und magnetischen Feldern sehr leicht beeinflussen und allerlei Kunststücke mit ihnen anstellen. Man kann sie etwa beschleunigen, in Kurven zwingen oder sie dazu bringen, einen Blitz auf einem Leuchtschirm zu erzeugen.

Bei der Massenspektrometrie wird eine winzige Probenmenge in einem *Ionisator* in einzelne Teilchen zerstäubt und diese elektrisch aufgeladen (▶Abbildung 2-28, Seite 28). Je nach Verfahren ist dieser Prozess mehr oder

2-27
Prinzip der Chromatographie. Zu trennende Substanzen wechselwirken unterschiedlich stark mit einer strömenden (mobilen) Phase (Gas oder Flüssigkeit) und einer stationären Phase (Feststoff oder gebundener Flüssigkeitsfilm). Sie werden dadurch verschieden schnell mitgeführt und erreichen einen Detektor zu unterschiedlichen Zeiten.

Beispiele für Trennprinzipien
Oberflächenadsorption
Verteilung zwischen zwei Flüssigkeiten
Ionenaustausch
Größenausschluss
Affinität (z.B. von Biomolekülen)

27

Technologien in der Massenspektrometrie:

Ionisator

TIMS
Thermal ionisation mass spectrometry (Heizfilament)

ICP-MS
Inductively coupled plasma mass spectrometry (Plasmaionisation)

ESI
Electron spray ionisation

MALDI
Matrix assisted laser deposition and ionisation

Ion Trap
(Elektromagnetischer Ioneneinschluss)

SHRIMP
Sensitive high-resolution ion microprobe (Ionenstrahl)

Analysator

Sektorfeld
(magnetisches Feld)

Quadrupol
(elektrisches Feld)

TOF
Time of flight (Flugzeit)

Detektor

SEV
Sekundär-Elektronen-Vervielfacher

Faraday-Becher
(elektrostatisch)

Leuchtschirm
(Fluoreszenz)

weniger schonend. Wird nur ein im Verhältnis sehr leichtes Elektron auf ein neutrales Teilchen übertragen, so hat es nach wie vor ungefähr die gleiche Masse. Manchmal zerbrechen Moleküle bei der Ionisation in mehrere Bruchstücke. Dies ist bei einigen Verfahren sogar erwünscht, denn damit lassen sich stabilere und weniger stabile Teile größerer Moleküle unterscheiden.

Durch elektrische Felder werden die Teilchen beschleunigt und durchlaufen eine Trennstrecke. Dabei werden sie nach dem Verhältnis Masse zu Ladung aufgetrennt (*Analysator*). Je nach Konstruktion kommen die Teilchen nach ihrer Flugzeit getrennt nacheinander oder aber örtlich getrennt an verschiedenen Stellen bei einem *Detektor* an und können daher separat nachgewiesen werden.

Isotope

Nicht alle sind gleich

Massenspektrometer werden zur Trennung und zum Nachweis der Anteile von Elementen verwendet. Es lassen sich aber nicht nur verschiedene Elemente und Molekülbruchstücke unterscheiden, sondern auch unterschiedlich schwere Atome desselben Elements.

Mit welchem Element man es bei einem Atom zu tun hat, wird durch die Anzahl positiv geladener Protonen in seinem Kern festgelegt. Die positive Ladung wird bei neutralen Atomen durch die gleiche Zahl von Elektronen in der Schale des Atoms ausgeglichen. Diese im Verhältnis zu Protonen sehr leichten Teilchen sind es, die das chemische Verhalten festlegen und Bindungen vermitteln.

In einem Atomkern können aber zusätzlich ungeladene Neutronen in verschiedener Anzahl

> ### Wellen und Teilchen
>
> Genau genommen gibt es nach der Quantenfeldtheorie keine strikte Unterscheidung zwischen Wellen und Teilchen. Trotzdem ist es für viele praktische Zwecke bequem, Quantenobjekte mit Masse klassisch als Teilchen und masselose Quantenfelder als Strahlung oder Feld zu bezeichnen.

vorhanden sein. Bei allen Kernen außer dem normalem Wasserstoff (H), der nur aus einem einzelnen Proton besteht, sind sie sogar unverzichtbar für den Zusammenhalt des Kerns.

Da Neutronen ungefähr so schwer sind wie Protonen, erzeugt bereits eines mehr oder weniger in einem Atomkern eine deutliche Abweichung im Verhältnis Ladung zu Masse. Solche Kerne lassen sich massenspektrometrisch gut unterscheiden.

1H (Protium)   2H (Deuterium)   3H (Tritium)

Wasserstoffisotope

Die unterschiedlich massereichen Varianten von Atomkernen eines chemischen Elements heißen *Isotope*. Atomkerne sind nur stabil, wenn die Zahl der Protonen und Neutronen nicht allzu weit von einem optimalen Verhältnis abweicht, dessen genauer Wert etwas von der Größe des Kerns abhängt. Schwerere Kerne sind tendenziell etwas reicher an Neutronen. So kann es durchaus mehrere stabile Kerne desselben Elements geben, die sich in der Anzahl der Neutronen und damit in ihrer Massenzahl unterscheiden. Nur zweiundzwanzig der Elemente des Periodensystems kommen in der Natur isotopenrein vor, das heißt, sie haben nur ein einziges Isotop. Drei dieser Elemente sind nicht ganz stabil, zerfallen aber nur sehr langsam, alle anderen natürlichen Elemente sind Isotopenmischungen (▶ Abbildung 2-30). Dies ist übrigens auch der

2-28
Prinzip eines Massenspektrometers. Teilchen werden ionisiert und in elektromagnetischen Feldern nach ihrem Verhältnis von Ladung zu Masse unterschiedlich stark abgelenkt oder beschleunigt. Sie treffen dadurch je nach Bauart des Analysators an verschiedenen Stellen oder zu verschiedenen Zeiten auf einen Detektor und werden einzeln erfasst.

Erde und Leben – Die Geschichte einer innigen Wechselbeziehung

Hauptgrund dafür, dass das gemessene durchschnittliche Atomgewicht vieler Elemente kein ganzzahliges Vielfaches der Protonen- und Neutronenmassen bildet, auch wenn man die geringe Elektronenmasse berücksichtigt. Ein Extremfall ist hier das Chlor (▶Abbildung 2-29) mit 17 Protonen und einer Atommasse von 35,45. Es enthält nicht etwa 18 und ein halbes Neutron, sondern die Atommasse ist der Mittelwert entsprechend der Häufigkeiten der stabilen Kerne in ihrer natürlichen Isotopenmischung (hier 75,77 Prozent ^{35}Cl und 24,23 Prozent ^{37}Cl).

Kerne, die zu wenige oder zu viele Neutronen enthalten, sind instabil. Sie zerfallen mit Halbwertszeiten (▶Randspalte), die von Sekundenbruchteilen bis in die Größenordnung des Alters des Universums variieren.

In den Geowissenschaften begegnen wir auf Schritt und Tritt Analysemethoden, die auf der Untersuchung der relativen Häufigkeiten teils radioaktiver, teils stabiler Isotope basieren. Sind radioaktiv zerfallende Isotope im Spiel, spricht man von *Isotopenuhren*. Restmengen und Folgeprodukte sagen uns etwas über das Alter der Untersuchungsgegentände

Bei der Untersuchung der Anteile stabiler Isotope in Mischungen spricht man hingegen von *Isotopeneffekt* oder *Isotopenfraktionierung*. Diese können uns etwas verraten über physikalische oder chemische Umsetzungen, denen eine Probe unterworfen war und damit sogar über Stoffwechselvorgänge fossiler Lebewesen.

Isotopenuhren

Archäologen und Geowissenschaftler waren anfangs auf indirekte Methoden zur Bestimmung des Alters ihrer Untersuchungsgegenstände angewiesen. Während sich die Aufeinanderfolge von Schichten auch mit biostratigraphischen Methoden gut untersuchen ließ, waren Aussagen zum absoluten Alter der Schichten meist wenig mehr als grobe Schätzungen.

So verwundert es nicht, welche immensen Auswirkungen eine Idee Ernest Rutherfords (1871–1937) hatte, die erstmals die Absolutdatierung von Gesteinsschichten ermöglichen sollte. Er schlug 1905 vor, den Zerfall radioaktiver Substanzen zur Altersbestimmung von Gesteinen zu nutzen. Diese radiometrischen Datierungsmethoden wurden zum Grundstein der Geochronologie. Wenige Jahre später führten die ersten Ergebnisse dieser Methoden zu der Erkenntnis, dass das Erdalter nach Milliarden von Jahren zu bemessen sei. Erstmals erkannte man auch, dass die damals bekannten Fossilien aus dem Kambrium etwa eine halbe Milliarde Jahre alt waren.

Die historisch erste und bis heute wichtigste Datierungsmethode beruht auf dem Zerfall zweier Uranisotope ^{235}U und ^{238}U, die in Spuren sowohl in verschiedenen irdischen wie auch in Meteoritengesteinen vorkommen. Über verschiedene, schnell weiterzerfallende Zwischenschritte enden die Zerfallsreihen schließlich in stabilen Bleiisotopen. Diese Zeitskalen sind für erdgeschichtliche Analysen ein Glücksfall, denn sie passen sehr gut zum geologischen Zeitrahmen. Mit Hilfe dieser Methode gelang es Clair Cameron Patterson (1922–1995) bereits im Jahr 1953, mit 4,55 Ga nahe an das heute allgemein anerkannte Alter der Erde von 4,5672 Ga heranzukommen. Die Tatsache, dass bei Uran zwei Zerfallsreihen untersucht werden können, ermöglicht es, die Ergebnisse intern zu überprüfen. Da die Zerfallsraten der Uranisotope sehr genau bekannt sind, erreicht man so für das Erdalter hervorragende Genauigkeiten. Mit Hilfe modernster Instrumente wie dem SHRIMP (*sensitive high resolution ion microprobe*) können solche Analysen selbst an winzigen Mineralkörnern von wenigen Mikrometern Durchmesser durchgeführt werden.

Neben der Uran-Blei-Methode existieren fast zwanzig weitere Methoden, die insbesondere für kürzere Zeiträume oder besondere Anwendungsfälle Vorteile haben (z.B. Uran-Uran-Datierung und Uran-Thorium-Datierung). Für viele Gesteine eignet sich auch die Kalium-Argon-Methode, die auf dem Betazerfall von ^{40}K in ^{40}Ar mit einer

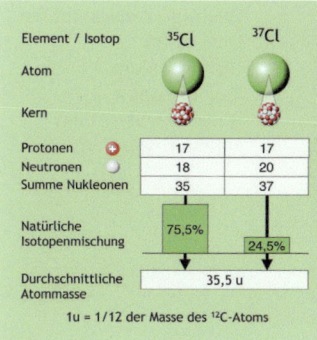

2-29

Isotopen eines Elements. Zustandekommen gebrochener Massenzahlen von Elementen durch Isotopenmischung am Beispiel der zwei wichtigsten Chlorisotope. Hochgestellte Zahlen zur Linken des Elementsymbols kennzeichnen die Summe an Neutronen und Protonen eines Isotops.

Halbwertszeit (HWZ)
Zeit, in der jeweils die Hälfte der noch verbliebenen Teilchen zerfallen

Uran-Blei-Methode:
Zerfall   HWZ
^{235}U → ^{207}Pb   704 Mio. J.
^{238}U → ^{206}Pb   4,5 Mrd. J.

Wichtige Altersbestimmungen:
Alter der Erde:
4,5672 Ga
Älteste Meteoriten:
4,567 Ga
Älteste Zirkonminerale in Erdgestein:
4,404 Ga

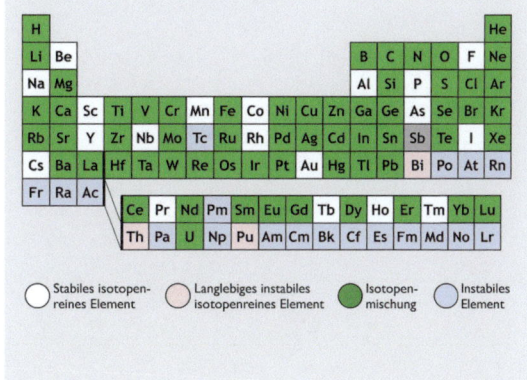

2-30

Isotopenmischungen. Die meisten Elemente sind nicht isotopenrein, sondern bestehen aus Mischungen mehrerer Isotope. Die Reinelemente Bi (Bismut), Th (Thorium) und Pu (Plutonium) sind eigentlich instabil, kommen aber wegen ihrer langen Halbwertszeiten noch vor.

Wichtige Isotopenuhren
Uran-Uran
Uran-Thorium
Kalium-Argon
Rubidium-Strontium
Hafnium-Wolfram

Betazerfall
Unter bestimmten Bedingungen kann ein Neutron spontan in ein Proton, ein Elekton und ein sogenanntes Antineutrino zerfallen. Das Elektron verläßt als sogenannte *Betastrahlung* den Kern. Aus dem zerfallenden Element wird das mit der nächstniederen Ordnungszahl.

2-31
Radiokarbonmethode. Solange Organismen leben, entspricht ihr ^{14}C-Isotopenverhältnis dem der Atmosphäre. Bei abgestorbenen Lebewesen halbiert sich der Anteil ^{14}C-Atome etwa alle 5730 Jahre.

HWZ von 1,25 Milliarden Jahren beruht. Kalium kommt häufig in gesteinsbildenden Mineralien vor (etwa in Glimmer, Feldspat und Hornblende).

Radiokarbonmethode

Diese wohl bekannteste Datierungsmethode, auch C-14-Methode genannt (▶ Abbildung 2-31), wurde 1946 von WILLARD FRANK LIBBY (1908–1980)[9] entwickelt (Chemie-Nobelpreis 1960). Sie beruht darauf, dass neben den stabilen Kohlenstoffisotopen ^{12}C und ^{13}C in der natürlichen Isotopenmischung der Atmosphäre auch Spuren des radioaktiven Isotops ^{14}C vorkommen. Auf eine Billion ^{12}C-Atome entfallen im Mittel nur 1,176 ^{14}C-Atome. Das Isotop zerfällt mit einer HWZ von 5730±40 Jahren durch Betazerfall in ^{14}N. Dass dieses geologisch kurzlebige Isotop auf der Erde überhaupt noch vorkommt, liegt nur daran, dass es dauernd neu entsteht. In der oberen Atmosphäre werden bei der Wechselwirkung kosmischer Strahlung mit Atomen zunächst Neutronen freigesetzt (Spallation). Diese können von Stickstoffatomen absorbiert werden, die daraufhin ein Proton abspalten und in ^{14}C übergehen. Auf diese Weise entsteht ein dynamisches Gleichgewicht zwischen Entstehung und Zerfall, der den ^{14}C-Gehalt der Atmosphäre bestimmt. Kohlenstoffatome in der Atmosphäre werden schnell zu Kohlendioxid oxidiert, das im Zuge des Kohlenstoffkreislaufs (▶ Seite 152) von Organismen aufgenommen wird. Allerdings kommt diese Aufnahme nach deren Tod zum Erliegen. Der ^{14}C-Gehalt nimmt in den sterblichen Überresten fortan alle 5730 Jahre auf die Hälfte ab. Misst man den Anteil des radioaktiven ^{14}C am Gesamtkohlenstoff einer Probe, so kann der Zeitpunkt des Todes einfach erschlossen werden. Die Messung erfolgt mit einem Zählrohr oder Szintillationszähler aufgrund der Radioaktivität oder in neuerer Zeit durch Bestimmung des Isotopenanteils mittels einer hierauf spezialisierten Variante der Massenspektrometrie, dem Beschleuniger-Massenspektrometer (AMS, *accelerator mass spectrometry*). Damit gelingt es, den geringen Anteil von ^{14}C-Atomen von ähnlich schweren Molekülfragmenten zu trennen. Bei der Anwendung der Radiokarbonmethode müssen verschiedene Effekte berücksichtigt werden, so etwa die verschiedene Austauschgeschwindigkeit zwischen Kohlenstoffreservoiren, Schwankungen der ^{14}C-Produktion mit dem Sonnenfleckenzyklus und Auswirkungen der Kernwaffentests bis Mitte des zwanzigsten Jahrhunderts. Aufgrund der geringen Halbwertszeit eignet sich die Methode nur für den geologisch gesehen jüngsten Abschnitt des Quartärs. Nach mehr als 50 000 – 60 000 Jahren sinkt der Radiokarbongehalt einer Probe unter die Nachweisgrenze.

Stabile Isotope

In erster Näherung verhalten sich alle Isotope eines Elements chemisch gleich. Schließlich ist es die Elektronenstruktur der Atome, die ihr chemisches Verhalten festlegt.

Bei genauer Betrachtung aber spielt die Masse doch eine Rolle. Je schwerer ein Atom nämlich ist, desto träger ist es auch. So bewegen sich massereichere Teilchen im thermischen Gleichgewicht durchschnittlich langsamer als ihre leichteren Geschwister. Im molekularen Billardspiel stoßen sie daher seltener mit möglichen Reaktionspartnern zusammen und bewegen sich langsamer durch das Labyrinth eines porösen Körpers. Doch dies ist nicht der einzige Effekt. Beispielsweise benötigt man etwas mehr Energie, um Bindungen zwischen schwereren Atomen in Schwingungen zu versetzen und schließlich zu trennen. Das zeigt sich in der unterschiedlichen Aktivierungsenergie, die benötigt wird, damit verschiedene Isotope desselben Elements chemische Reaktionen eingehen. Auch die Absorption und Emission elektromagnetischer Wellen ist, insbesondere im Infrarotbereich, in dem Molekülschwingungen angeregt werden, leicht unterschiedlich.

Schwerere Isotope eines Elements reagieren also bei allen chemischen Umsetzungen lang-

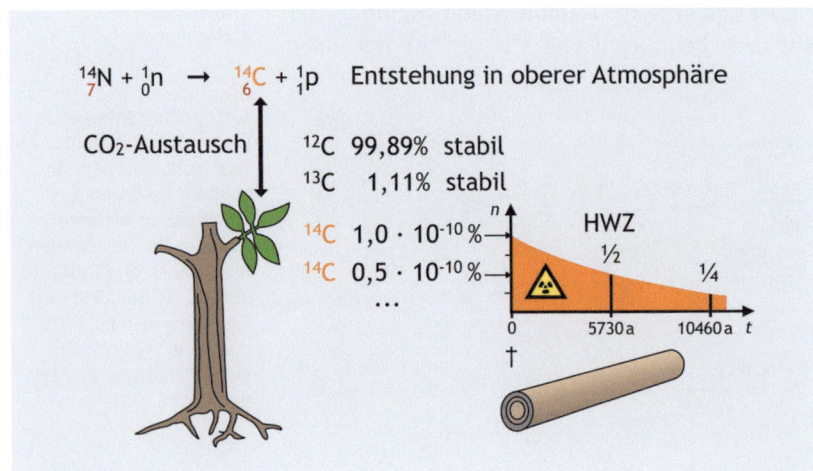

samer als leichtere. Man bezeichnet dies als Isotopeneffekt. Besonders deutlich macht sich dieser natürlich beim Wasserstoff bemerkbar. Deuterium (^{2}H oder D) ist doppelt so schwer wie Protium (^{1}H). Aber auch die kleineren relativen Unterschiede zwischen den Isotopen anderer Elemente führen dazu, dass in der Natur nicht nur eine einheitliche Isotopenmischung vorkommt, sondern dass je nach Herkunft einer Probe unterschiedliche sogenannte „masseabhängige Isotopenfraktionierungen" auftreten. Von „masseunabhängiger Fraktionierung" spricht man bei Variationen des Isotopenverhältnisses, die nicht linear von der Masse abhängen. Sie treten unter anderem aufgrund einiger photochemischer Reaktionen auf und sind weit seltener, haben aber durchaus Bedeutung für die Geochemie.

Erst seit wenigen Jahrzehnten haben Geowissenschaftler gelernt, die Signaturen unterschiedlicher Fraktionierungen stabiler Isotope zu messen und zu interpretieren. Sie werden intensiv bei leichten Elementen wie Wasserstoff, Kohlenstoff, Stickstoff, Sauerstoff und Schwefel analytisch genutzt, also jenen, die für Lebewesen von besonderem Interesse sind. Daneben kommen Bestandteile der Erdkruste wie Silicium, Magnesium, Calcium und etwas seltener Helium, Lithium, Bor und Selen zum Einsatz. Alle diese Elemente besitzen neben ihrer normalen leichten Atomvariante Anteile von mindestens einem stabilen Isotop mit mehr Neutronen im Kern (▶ Abbildung 2-32).

Welch detaillierte Aussagen Isotopenuntersuchungen in der Zusammenschau mit anderen Hinweisen ermöglichen, soll uns die Analyse eines Eisbohrkerns zeigen (▶ Abbildung 2-33).

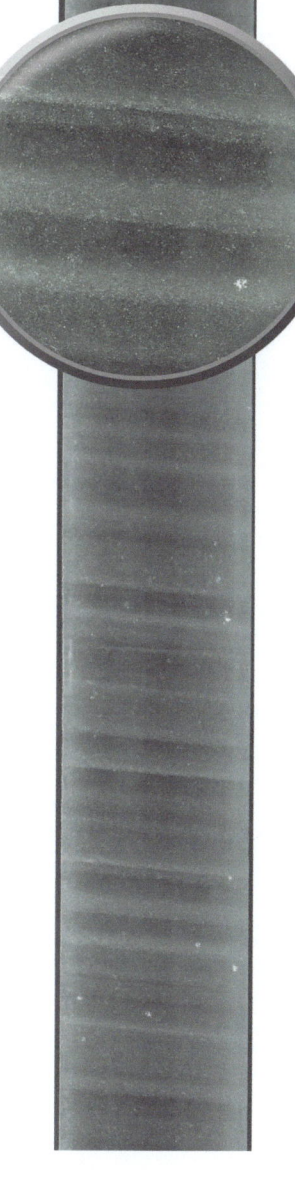

2-33
Eisbohrkern. Grönlandeis aus 1837 Metern Tiefe. Sichtbar sind die unterschiedlichen Strukturen von Sommer- und Winterablagerungen, die sich wie Jahresringe abzählen lassen. Durch massenspektrometrische Isotopenanalysen lassen sich das Eis selbst sowie die in winzigen Luftbläschen eingeschlossenen Gase untersuchen.

Das ewige Eis erzählt

Um die Klimaentwicklung im oberen Quartär verfolgen zu können, nutzen Glaziologen die (zum Glück momentan noch vorhandenen) Eispanzer in Grönland und in der Antarktis, aber auch an Gebirgsgletschern. Die Vielfalt der Informationen, die sich daraus gewinnen lassen, ist bemerkenswert.

Eispanzer entstehen dadurch, dass jeden Winter neuer Schnee fällt, der im Sommer nicht vollständig schmilzt. So bilden sich nach und nach kilometerdicke Schichten, die über Bohrkerne zugänglich sind. Meist lassen sich sogar einzelne Jahre wie Baumringe abzählen. In Zentralgrönland sind so Daten aus den letzten 123 000 Jahren verfügbar. In der Antarktis reicht das Klimaarchiv in dem dort 3270 Meter mächtigen Eisschild sogar bis etwa 900 000 Jahre zurück.

Berücksichtigt man die generelle Tendenz tiefer liegender Jahresschichten, wegen der Auflast des Eises seitlich abzufließen und deshalb dünner zu werden, lassen sich die jährlichen Niederschlagsmengen ermitteln. Staubanteile weisen auf Vulkanausbrüche und Meteoriteneinschläge hin, die so ihren Datumsstempel hinterlassen haben. Ionische Anteile von Salzen werden über die elektrische Leitfähigkeit bestimmt. Vom Wind eingewehte Pollen können bei Gletschern Aussagen über Pflanzenwuchs in der Umgebung liefern.

Element	Maß	Schweres Isotop		Leichtes Isotop		Standard	Beispielanwendungen
Wasserstoff	δ2H	^{2}H	0,015576 %	^{1}H	99,984424 %	VSMOV	Paläoklima, Verdunstung, Niederschlag
Kohlenstoff	δ13C	^{13}C	1,11802 %	^{12}C	98,88198 %	VPDB	Herkunft Knochen und Artefakte, Vegetationstyp, Photosynthese, atmosphärischer CO_2-Gehalt
Stickstoff	δ15N	^{15}N	0,366 %	^{14}N	99,634 %	Luft	Stickstoffkreislauf, Nahrungsketten, Klimawandel
Sauerstoff	δ18O	^{18}O	0,20052 %	^{16}O	99,762 %	VSMOV	Gewässer, Paläoklima, Zahnschmelz, frühmenschliche Wanderungen
Silicium	δ30Si	^{30}Si	3,1 %	^{28}O	92,23 %		Verwitterung, präkambrische Ozeansegmente, Bändereisenerze

2-32
Stabile Isotope Methoden. Variationen in den Isotopenverhältnissen leichter Elemente dienen seit einigen Jahrzehnten dazu, Herkunft und Geschichte einzelner Proben zu verfolgen. Gemessen wird jeweils die Abweichung des Verhältnisses schwerer zu leichter Isotope zwischen der Probe und einem festgelegten Standard (z.B. *Vienna Standard Mean Ocean Water*, VSMOW oder dem *Vienna Pee Dee Belemnite*, VPDB). Die Abweichung wird meist als Deltawert (δ) bezeichnet und in Promille ausgedrückt.

Heliopause
Schockfront, an der der Sonnenwind auf das interstellare Medium trifft

Biomarker
= Chemofossilien
= molekulare Fossilien
≠ Spurenfossilien

Mit Hilfe von Massenspektrometern (▶ Seite 27) kann man nicht nur das Wasser des Eises selbst untersuchen, sondern sogar die geringen Mengen von Treibhausgasen wie Methan und Kohlendioxid, die über die Jahrtausende in winzigen Gasbläschen eingeschlossen wurden. Diese Möglichkeiten sind umso erstaunlicher, wenn man bedenkt, dass wir bei Kohlendioxid über Anteile von nur 0,03 Prozent in der Luft reden. Auch die Anteile der Heliumisotope ^{3}He und ^{4}He werden untersucht. Diese sind sehr unterschiedlich zwischen kosmischem Staub, von dem jährlich 40 000 Tonnen auf die Erde gelangen, dem Erdmantel und der Erdatmosphäre. Während Phasen eines schwächeren Erdmagnetfelds, etwa während einer Magnetfeldumkehr, sollte mehr ^{3}He in der Atmosphäre entstehen.

Auch die Sonnenaktivität ist im Eis aufgezeichnet und wird über die Radioisotope ^{10}Be und ^{14}C gemessen. Sie entstehen in der Atmosphäre durch Einwirkung kosmischer Strahlung. Stärkere Sonnenaktivität ist jedoch mit insgesamt schwächerer kosmischer Strahlung verbunden, was mit der ablenkenden Wirkung der Heliopause auf extrasolare Anteile der Strahlung in Zusammenhang gebracht wird.

Aussagen über frühere Temperaturen auf der Erde lassen sich erschließen, weil die stärkere Verdunstung in Warmzeiten die Anteile der Sauerstoffisotope ^{16}O und ^{18}O und das Verhältnis von Deuterium ^{2}H (ein Proton und ein Neutron) zu normalem Wasserstoff ^{1}H (nur ein Proton) hin verschiebt. Dadurch wurden bisher acht Eiszeit-Zyklen nachgewiesen. Die längste Warmzeit hat sich demnach vor etwa 420 000 Jahren ereignet. Sie dauerte ungefähr 28 000 Jahre. Obwohl Vorhersagen durch die Unregelmäßigkeiten der Perioden mit starken Unsicherheiten behaftet sind, würde man bei einer natürlichen Entwicklung davon ausgehen, dass in etwa 5000 Jahren eine neue Eiszeit zu erwarten wäre. Ja, wäre. Denn durch den menschengemachten Anstieg übertrifft der heutige Gehalt an Kohlendioxid in der Atmosphäre (ungefähr 400 ppm) die höchsten in Eisbohrkernen gemessenen Werte (180–300 ppm) um 33 Prozent. Dies könnte bewirken, dass die Erde sich nicht nur kurzfristig erwärmt, sondern dass sie ihren natürlichen Trend hin zu einer neuen Kaltzeit abbricht und stattdessen auch mittelfristig auf eine starke Warmzeit zusteuert (▶ Kapitel 12).

Optische Lumineszenzdatierung

Auch über die exakte Materialzusammensetzung hinaus, die in den vorgestellten Isotopenuntersuchungen genutzt wurde, sind in Kristallen Informationen verborgen. Der britische Naturforscher ROBERT BOYLE (1626–1691) beobachtete 1663 ein seltsames Leuchten an einem Diamanten, den er im Dunkeln mit einer warmen Körperstelle in Kontakt brachte[10]. Die Erscheinung, dass Kristalle manchmal beim Erwärmen Licht aussenden, heißt *Thermolumineszenz*. Sie führte ab Mitte der 1950er-Jahre zur Entwicklung einer interessanten, da von der chemischen Zusammensetzung weitgehend unabhängigen Datierungsmethode[11], der Thermolumineszenz-Datierung. Sie liefert allerdings nur für die jüngste Vergangenheit von etwa 300 bis 100 000 Jahren einigermaßen genaue Ergebnisse (±5 %). Damit lässt sich feststellen, wann ein Mineralkorn wie Quarz zum letzten Mal an der Oberfläche dem Licht ausgesetzt war.

Das von HUNTLEY und Mitarbeitern[12] zur optisch stimulierten Lumineszenz (OSL) weiterentwickelte Verfahren beruht darauf, dass sich durch kosmische Strahlung und Radioaktivität immer mehr Schäden im Kristallgitter ansammeln. Dabei verbleiben Elektronen in metastabilen, energetisch höheren Zuständen, sogenannten Elektronenfallen. Unter Einwirkung von blauem, grünem oder infrarotem Licht fallen diese Elektronen unter messbarer Lichtaussendung mit Schwerpunkt im ultravioletten Spektralbereich wieder in niedrigere Zustände zurück. Die „Uhr" wird dabei wieder auf Null zurückgestellt. Die Intensität des Effekts hängt vom Anteil radioaktiver Elemente in der Umgebung ab, aber auch von der Zeit, die ein Mineralkorn im Dunkeln verbracht hat und Schäden ansammeln konnte. Die Methode lässt sich allerdings nur anwenden, wenn sichergestellt ist, das die abgelagerten Körner ursprünglich wirklich am Tageslicht „gelöscht" wurden. Dies kann etwa bei vom Wind verfrachteten Sedimenten als gesichert gelten.

Biomarker

Gut konserviert

Wenn Geowissenschaftler die Lebewelt vergangener Epochen rekonstruieren, nutzen sie meist Fossilien, also mehr oder minder gut konservierte Reste früherer Lebewesen. Falls Sie na-

Erde und Leben – Die Geschichte einer innigen Wechselbeziehung

turkundliche Museen besuchen, finden Sie dort Skelette von Fischen, Dinosauriern und Säugetieren, Schalen von Muscheln oder versteinerte Überreste von Pflanzen. Doch all diese Fossilien sind nur Zeugen des jüngsten und kürzesten geologischen Äons, des *Phanerozoikums* (griech. „Zeitalter des sichtbaren Lebens"). Heute gehen die meisten Forscher aber davon aus, dass es Leben auf der Erde schon vor 3,8 Ga gab.

Wir wissen wenig darüber, wie die ersten zur Fortpflanzung fähigen Strukturen wirklich aussahen (▶ Kapitel 6), allerdings entwickelten sie sich relativ rasch zu Mikroorganismen, die wohl einige Ähnlichkeit mit den noch heute vorkommenden Archaeen, Bakterien oder Mikroalgen aufwiesen.

Winzig, weich und doch stabil

Im Gegensatz zu späteren schalenbildenden Formen besitzen alle genannten Mikroorganismen schlecht konservierbare Körper. Ist es möglich, dass derart vergängliche Wesen trotz widriger Einflüsse starker geologischer Kräfte und erhöhter Temperaturen über hunderte bis tausende von Jahrmillionen Spuren hinterlassen, die wir noch heute lesen können?

	Temperatur	Druck	Wichtige Prozesse
Diagenese	mäßig erhöht	mäßig erhöht	Verfestigung
Katagenese	>50 °C	ca. 1500 bar	Erdölentstehung
Metagenese	>150 °C	>1500 bar	Erdgasentstehung, Mineralveränderungen
Metamorphose	> ca. 250 °C	bis 15 000 bar	Graphitentstehung, Mineralumwandlung

Der Ingenieur und Geochemiker ALFRED TREIBS (1899–1983) fand 1934 als erster Porphyrine in Rohöl und interpretierte sie korrekt als Reste pflanzlichen Chlorophylls[13] (▶ Abbildung 2-34). Er wurde damit zum Begründer und frühen Pionier der Forschung mit Biomarkern. So bezeichnen wir organische Moleküle, die Paläobiologen und Paläontologen als Reste ehemaliger Zellen interpretieren. Ihre Grundgerüste bleiben oft auch im Zuge geologischer Prozesse wie Diagenese, Katagenese, Metagenese und beginnender Metamorphose erhalten (▶ Abbildung 2-35). Trotz der frühen Anfänge wurde die Untersuchung von Biomarkern erst mit Verfügbarkeit moderner gaschromatographischer und massenspektrometrischer Methoden (▶ Seite 26) in den 1970er Jahren breit in der Erdölprospektion und Sedimentologie eingeführt. Sie kommen in Ablagerungen aller geologischen Zeitabschnitte vor. Für Sedimente, in denen andere Fossilien fehlen, also für die Frühzeit des Lebens im Archaikum und Proterozoikum, sind sie neben den Isotopenmethoden meist die einzigen Hilfsmittel zur Rekonstruktion dieser Epochen.

Molekulare Überreste

Welche Reste biologischer Substanzen überdauern und wie sie sich verändern, hängt von ihrer chemischen und thermischen Stabilität ab, also letzten Endes von der Stärke ihrer Bindungen.

Während wasserlösliche Makromoleküle, etwa Proteine und Kohlenhydrate, leicht durch Hydrolyse in Monomere gespalten werden, bleiben wasserunlösliche Verbindungen und hydrolyseresistente Makromoleküle wie Lipide (griech. *lipos*, Fett) und Lignine (lat. *lignum*, Holz) in Sedimenten vielfach erhalten. Lipid ist eine Sammelbezeichnung für zahlreiche Substanzklassen, die fettlösliche Molekülteile enthalten. Hierzu zählen Fettsäuren, Fette und fette Öle, Wachse (einfache Fettsäureester), membranbildende Lipide (Phospholipide, Sphingolipide und Glycolipide) sowie die Isoprenoide (Carotinoide und

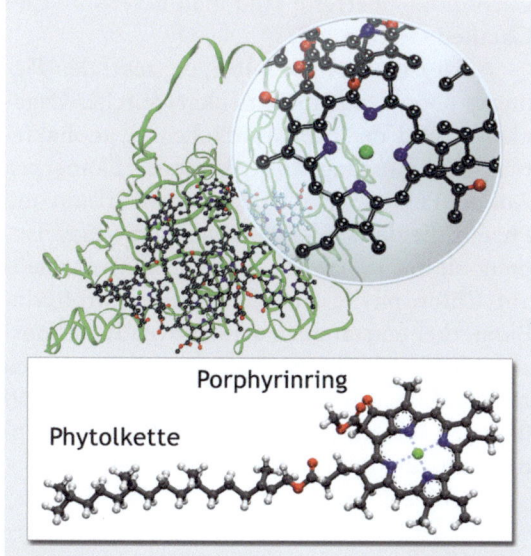

2-34
Chlorophyll. Mit der Phytol-Seitenkette sind Chlorophyllmoleküle in Proteinkomplexen und der Biomembran verankert (hier als Bänder skizziert). Die Vegrößerungen zeigen das Porphyringerüst aus vier stickstoffhaltigen Pyrrol-Fünfringen, also das Reaktionszentrum eines Chlorophyllmoleküls mit zentralem Magnesiumion. Sowohl die Phytolkette wie auch der Porphyrinring spielen als Biomarker eine große Rolle.

2-35
Umwandlungen von Sedimenten und Gesteinen. Abhängig vom Druck auflagernder Schichten sowie Temperatureinflüssen durch den allgemeinen Wärmefluss der Erde oder Kontakt zu heißem Magma, werden Gesteine und Sedimente samt ihrer organischen Bestandteile zunehmend verändert. Je nach Temperatur- und Druckverhältnissen unterscheidet man Diagenese, Katagenese, Metagenese und Metamorphose.

Archaikum
4000 – 2500 Ma

Proterozoikum
2500 – 541 Ma

Phanerozoikum
541 Ma – heute

Hydrolyse
Spaltung einer Bindung durch Wasser (durch direkte Einwirkung oder nur formal als Folge mehrerer Reaktionsschritte)

KAPITEL 2 Geodetektive

2-36
Isopren. Die Grundgerüste vieler Naturstoffe, allen voran Steroide, Terpene und Carotinoide, bauen sich formal aus Isopren-Einheiten mit je fünf Kohlenstoffatomen auf.

2-37
Carotinoide. Die etwa 800 bekannten natürlichen Carotinoide leiten sich, wie das hier abgebildete β-Carotin mit 40 Kohlenstoffatomen, aus acht Isopreneinheiten (oder vier seiner Dimere, den Terpenen) ab. Sie sind abwechselnd grün und rot dargestellt. Carotinoide sind ungesättigte und teilweise oxidierte Verbindungen, die in der Natur unter anderem als Farbstoffe und als „Lichtantennen" bei der Photosynthese vorkommen (▶Seite 140).

2-38
Steroide. Trotz der auf den ersten Blick völlig anderen Molekülform, bauen sich auch Steroide wie das abgebildete Lanosterol (Lanosterin) aus Isopreneinheiten auf. Dabei werden sechs Isopreneinheiten (oder drei Terpeneinheiten) benötigt.

Formelschreibweise
Bindungen werden in der Chemie durch Striche dargestellt. In der vereinfachten Formelschreibweise der organischen Chemie werden C-Atome an Verzweigungs- und Knickpunkten weggelassen. Kommen an einem C-Atom weniger als vier Bindungen („Striche") zusammen, muss man sich zusätzliche Bindungen zu Wasserstoffatomen (H) denken, die nicht dargestellt werden.

Funktionelle Gruppe
Atomgruppe in einem organischen Molekül, die entscheidend für dessen typisches Reaktionsverhalten ist. Für Alkohole und Zucker ist dies –OH, für Carbonsäuren –COOH, für Aminoverbindungen –NH$_2$.

aromatisch
werden mehrfach ungesättigte cyclische Verbindungen genannt, die im Vergleich zu isolierten Doppelbindungen eine erhöhte Stabilität zeigen, da äußere Elektronen über das gesamte Molekül delokalisiert sind. Viele nicht aromatische cyclische Verbindungen wandeln sich daher bei der Diagenese in aromatische um, sie werden „aromatisiert".

Steroide). Schon in jungen Sedimenten ist ein Großteil der noch vorhandenen organischen Substanzen nicht mehr hydrolysierbar. Vor allem organische Membranlipide sind es, die etwas degradiert, unter günstigen Ablagerungsbedingungen überliefert werden.

Während der Diagenese und Katagenese (▶Abbildung 2-35, Seite 33) verlieren die Ausgangsmoleküle normalerweise Seitenketten und funktionelle Gruppen. Die Kohlenstoffgerüste hingegen bleiben häufig erhalten, auch wenn sie teilweise in strukturell ähnliche aber stabilere Moleküle überführt werden. Diese molekularen Gerüste lassen sich oft noch bestimmten biochemischen Ausgangssubstanzen und den sie produzierenden Organismengruppen zuordnen. Merkmale für diese Zuordnung liefern auch die Mengenverhältnisse stabiler Isotope in den Substanzen. Die Analysetechniken gehen heute so weit, dass sogar unterschiedliche Isotopenverhältnisse für einzelne Atompositionen innerhalb von Biomolekülen untersucht werden, um auf die entsprechenden Bildungsreaktionen zu schließen.

Biomarker können nicht nur zur Identifikation von Organismengruppen herangezogen werden. So weiß man, dass die spezifische Form langkettiger Abbauprodukte mancher Algenarten von der Wassertemperatur abhängt, die zu ihrer Lebenszeit herrschte. Anhand der Häufigkeit dieser Formen kann man also auf die damalige Oberflächentemperatur des Meeres schließen[14].

Die für Sedimentuntersuchungen bedeutsamsten Biomarker sind Isoprenoide, Hopanoide und die sogenannten nicht-hopanoiden Triterpane.

Isoprenoide

Aus dem biochemischen Grundbaustein Isopren (▶Abbildung 2-36) leiten sich unter anderem die Carotinoide und Steroide ab. Carotinoide (▶Abbildung 2-37) sind eine große Gruppe gelblicher bis rötlicher Farbstoffe, die hauptsächlich in höheren Pflanzen und in marinem Phytoplankton vorkommen. Ihre bekanntesten Vertreter sind die β-Carotine. Während der Diagenese werden sie zu β-Carotanen umgewandelt. Carotinoide, die von photosynthetischen, eukaryotischen Organismen (▶Kapitel 8) gebildet werden, gelten als Hinweise auf eine Entstehung in lichtdurchfluteten oberen Wasserschichten von Seen und Ozeanen (photischen Zonen). Sie dienen in Lichtsammelkomplexen neben Chlorophyll zur Erweiterung des nutzbaren Wellenlängenbereichs und schützen zugleich vor schädlichen Nebenprodukten der Photosynthese (▶Seite 140). Carotinoid-Überreste fand man bereits in 1,64 Ga alten Gesteinen[14].

Auch Chlorophylle selbst, die zentralen Pigmente photosynthetischer eukaryotischer Organismen und der prokaryotischen Cyanobakterien, sind Ausgangsstoffe wichtiger Biomarker. Aus der Phytol-Seitenkette stammen Pristan und Phytan. Beides sind azyklische, verzweigte Isoprenoide mit 19 bzw. 20 C-Atomen. Die ebenfalls auf Chlorophylle zurückgehenden Porphyrin-Biomarker entstammen dem aktiven Reaktionszentrum (▶Abbildung 7-13, Seite 141). Deren sehr stabile Ringsysteme (▶Abbildung 2-39) überstehen Temperaturen über 250°C. Man findet sie häufig in Erdölen und Sedimenten.

Steroide (▶Abbildung 2-38) sind eine verwandte Gruppe von Isoprenoiden, die nur unter aeroben Verhältnissen biosynthetisiert werden. Steroide leiten sich formal von Steranen ab, tetrazyklischen, gesättigten Kohlenwasserstoffen, die den Sterankörper als gemeinsames Strukturelement enthalten (▶Abbildung 2-40). Mit steigender Temperatur und wachsendem Druck werde Sterane zunehmend aromatisiert (▶Randspalte links).

Eine weitere Untergruppe sind Sterine (engl. sterole). Es handelt sich um Fettbegleitstoffe, die nur in eukaryotischen Organismen vorkommen und auch in Archaeen fehlen. Ihr Grundgerüst bilden Sterankörper aus 6 Isopreneinheiten, dazu besitzen sie eine aliphatische Seitenkette mit 8–10 C-Atomen. Wichtigster Vertreter dieser Gruppe ist das Cholesterin ($C_{27}H_{46}O$), ein Steroid mit einem stabilen Kohlenstoffskelett (▶ Abbildung 2-41). In Sedimenten bilden Cholesterinskelette leicht identifizierbare Biomarker, die auf Überreste eukaryotischer Zellen hinweisen. Der von Cholesterin abgeleitete Biomarker Cholestan ($C_{27}H_{48}$) wurde im 2,7 Ga alten Schiefergestein des Pilbara-Kratons in Australien nachgewiesen[15]. Er gilt als frühester Hinweis auf eukaryotische Zellen im oberen Archaikum. In den späteren proterozoischen Schichten fand man andere Steroide von Lebensgemeinschaften eukaryotischer, planktonischer Algen[16].

Hopanoide

Anstelle der Steroide dienen bei prokaryotischen Organismen wie Cyanobakterien Hopanoide als Zellwandverstärker. Hopanoide enthalten als Grundgerüst das Hopan (▶ Abbildung 2-42, Seite 36), ein pentazyklisches Terpan mit vier Cyclohexanringen sowie einem Cyclopentanring. Ausgangsprodukt der Hopanoide ist Bakteriohopantetrol (▶ Abbildung 2-43), das nur von prokaryotischen Mikroorganismen, die in anaeroben Milieus leben, biosynthetisiert wird, nicht aber von Archaeen. Die Biosynthesewege der eukaryotischen Steroide und der prokaryotischen Hopanoide haben jedoch ein gemeinsames Ausgangsprodukt, das Squalen. Für die Synthese der Steroide ist im Gegensatz zur Hopanoidsynthese Sauerstoff notwendig. Das Vorhandensein von Steroidbiomarkern ist also ein Hinweis darauf, dass zur fraglichen Zeit bereits eine Sauerstoffatmosphäre existierte.

Wegen des massenhaften Auftretens ihrer prokaryotischen Erzeuger stufen viele Forscher Hopanoide als die am meisten erzeugten Bioprodukte ein. Mehr als 150 Hopanoid-Derivate konnten bisher aus Sedimenten isoliert werden.

Das End(silben)spiel: -oid, -en, -in, -ol und -an

Die Endsilbe -oid (griech. -oeides, ähnlich) wird in der organischen Chemie zur Bezeichnung von Stoffvarianten verwendet, die formal oder auch in ihrem Biosyntheseweg auf eine gemeinsame Stammverbindung zurückgehen (z.B. Carotinoide, Steroide). Deren charakteristische Komponente bezeichnet man auch als *Grundgerüst*. So ist Steran das Grundgerüst der Steroide (▶ Abbildung 2-40).

Die Endsilbe „-in" bezeichnet häufig ungesättigte Kohlenwasserstoffe (mit Mehrfachbindungen) und deren Oxidationsprodukte. „-ol" weist auf die für Alkohole typische funktionelle Gruppe -OH hin (z.B. Ethanol oder Phytol). „-an" wird für sogenannte gesättigte Kohlenwasserstoffe gebraucht, bei denen die Kohlenstoffatome durch Einfachbindungen verknüpft sind.

Da die Vielfalt der möglichen organischen Verbindungen die sprachlichen Möglichkeiten zur Bildung einfacher Vor- und Nachsilben weit übersteigen, können diese nur bei den einfachsten Verbindungsklassen durchgehend konsistent definiert werden (so bei den aus dem Schulunterricht bekannten homologen Alkanen, Alkenen, Alkinen, Aldehyden und Carbonsäuren). Komplexere biochemische Verbindungen, die wir als Biomarker finden, tragen oft analoge Endsilben, die an einen Trivialnamen angehängt werden und zumindest erste Hinweise auf die Verbindungsklasse liefern, diese jedoch nicht erschöpfend und konsistent beschreiben. Für eine durchstrukturierte Beschreibung verwenden Chemiker die Namensgebung nach der sogenannten IUPAC-Nomenklatur (*International Union of Pure and Applied Chemistry*), die allerdings zu komplizierten Bezeichnungen führt, die oft nur für Spezialisten verständlich sind.

2-40

Sterankörper. Steran mit drei Sechsringen und einem Fünfring aus Kohlenstoffatomen ist das Grundgerüst aller Steroide.

2-39

Porphyrine. Das Porphyrin-Gerüst (links der Grundbaustein) ist ein extrem abbauresistenter Molekülbestandteil. Porphyrine kommen mit verschiedenen Seitenketten unter anderem in Chlorophyll und im Blutfarbstoff Häm vor. In diesen Stoffen bildet es Komplexe mit verschiedenen zentralen Metallkationen (Me^{2+}, rechts).

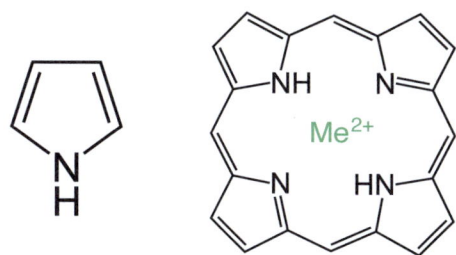

2-41

Cholesterin. Ein bekanntes Steroid, das von eukaryotischen Zellen produziert wird. Ausgefüllte Dreiecke symbolisieren Verbindungen, die aus der Zeichnungsebene herausragen, gestrichelte solche, die in die Zeichnungsebene hineinragen.

2-42

Hopan. Das Grundgerüst der Hopanoide besteht aus 4 Cyclohexanringen (A-D) und einem Cyclopentanring (E), an denen diverse Alkylgruppen angelagert sind. Während der Diagenese werden Gruppen schrittweise abgespalten, die übrigbleibenden Verbindungen bezeichnet man als Hopanoide.

In Sedimenten sind C_{29}-Hopanoide als Chemofossilien weit verbreitet. Verbindungen, wie sie im Erdöl vorkommen, besitzen nach dem Verlust von Methylgruppen ($-CH_3$) zwischen 34 und 27 C-Atome.

Hopan-Biomarker liefern die ältesten Spuren und Hinweise auf irdisches Leben.

Nicht-hopanoide Triterpane

Das Grundgerüst dieser Stoffklasse besteht aus fünf Cyclohexanringen (▶ Abbildung 2-44). Wichtige Vertreter sind die sogenannten Oleanane, die vor allem in Blütenpflanzen als Abwehrstoffe gegen Pilzbefall, Mikroben oder

2-43

Diagenese von Bakteriohopantetrol. Diese von Bakterien produzierte Verbindung verliert während der Diagenese Seitenketten (nur schematisch dargestellt). Auch deren räumliche Anordnung ändert sich (nicht dargestellt). Die verbleibenden Hopanoide findet man in Sedimenten und in Erdöl. Weitere Bakteriohopanpolyole liefern andere Abbauprodukte, woraus sich Rückschlüsse auf die produzierenden Organismen ziehen lassen.

Insektenfraß fungieren. Die Abbauprodukte besitzen extrem stabile Kohlenstoffgerüste, die geologischen Prozessen standhalten und als Biomarker genutzt werden können. Oleanane tauchen mit den ersten Blütenpflanzen (Angiospermen) ab der Oberkreide (▶ Abbildung 2-06, Seite 17) auf, es gibt allerdings auch Hinweise auf frühere Quellen, wobei noch nicht klar ist, ob es sich um Blütenpflanzen oder Biosynthesewege anderer Organismen handelt[17].

2-44

Nicht-hopanoide Triterpane. Das Grundgerüst dieser Stoffklasse besteht aus 5 Cyclohexanringen (A-E).

1. Karte von William Smith: commons.wikimedia.org/wiki/File:Geological_map_Britain_William_Smith_1815.jpg (12.12.2016).
2. Foto: ©US Department of Agriculture, (1936) South Dakota, en.wikipedia.org/wiki/Dust_Bowl#/media/File:Dust_Bowl_-_Dallas,_South_Dakota_1936.jpg (12.12.2016).
3. Foto: ©/Author Schmidti, commons.wikimedia.org/wiki/File:Muschelkalk-Sediment.JPG (10.01.2017).
4. Radiolarien: Mateuszica at the English language Wikipedia, CC BY-SA 3.0
   Coccolithen: NEON ja, commons.wikimedia.org/wiki/File:Gephyrocapsa_oceanica.jpg, CC BY-SA 2.5
   Pollen: Dartmouth College Electron Microscope Facility (Public Donain/gemeinfrei)
5. Leitfossil, www.geodz.com/deu/d/Leitfossil, (30.01.2014).
6. Foto: ©United States Geological Survey, de.wikipedia.org/wiki/Seismograph#/media/File:Seismograph_Pinatubo.jpg.
7. Jagoutz O., Schmidt M.W., (2013) Earth and Planetary Science Letters 371–372, S. 177–190.
8. Anzellini S. et al., (2013) Melting of Iron at Earth's Inner Core Boundary Based on Fast X-ray. Science 340, S. 464–466.
9. Libby W.F., (1952) Radiocarbon Dating. University of Chicago Press, Chicago.
10. Newton H.E., (1957) A history of luminescence from the earliest times until 1900. American Philosophical Society, Philadelphia.
11. Daniels F., Boyd C.A., Saunders D.F., (1953) Thermoluminescence as a Research Tool. In: Science 117: 343–349.
12. Huntley, D.J., Godfrey-Smith, D.I., Thewalt, M.L.W., Optical dating of sediments. Nature 313, 105–107.
13. Treibs A., (1934) The occurrence of chlorophyll derivatives in an oil shale of the upper Triassic, Ann. Chim., Vol. 517, 103–114.
14. Summons R., Lincoln S.A., (2012) Biomarkers: Informative Molecules for Studies in Geobiology. In: Fundamentals of Geobiology, Wiley-Blackwell, Hoboken.
15. Brocks J.J., Logan G.A., Buick R., Summons R.E., (1999) Archean Molecular Fossils and the Early Rise of Eukaryotes. Science 285, S. 1033–1036.
16. Lyons T.W., Reinhard C.T., Love G.D., Xiao S., (2012) Geobiology of the Proterozoic Eon. In: Fundamentals of Geobiology, Wiley-Blackwell, Hoboken.
17. Moldowan J.M., Dahl J., Huizinga B.J., Fago F.J., Hickey L.J., Peakman T.M., Taylor D.W., (1994) The molecular fossil record of oleanane and its relation to angiosperms. In: Science 265: 768–771.

KAPITEL 3

Spuren der Evolution

Darwins Geniestreich
Biochemie heute
Das Archiv in uns
Rekonstruktionen

Zum dritten Kapitel

Wenn wir heute über die Geschichte von Lebewesen und ihrer Umwelt nachdenken, interessieren uns meist Stammbäume und Verwandtschaftsbeziehungen. Dieses Kapitel stellt dar, wie sich die ursprünglich nur beschreibende Klassifizierung der Lebewelt über die biologische Systematik und einheitliche Benennung von Organismen hin zu einer natürlichen Klassifizierung der Lebewesen entwickeln konnte, der die stammesgeschichtlichen Verwandtschaftsbeziehungen zugrunde liegen.

Es zeigt, wie Paläontologie und Morphologie die Basis für die Forschungen CHARLES DARWINs bildeten, die eine phylogenetische (stammesgeschichtliche) Ordnung erst ermöglichten. Wir stellen die wichtigsten Aussagen seines bahnbrechenden Werkes *On the Origin of Species* vor und zeigen, wie grundlegend DARWINS Theorie bis heute für das Verständnis aller biologischen Erscheinungen ist.

Dies führt uns zu den heutigen Erkenntnismethoden, die sich zur Analyse von Vorgängen der Erdgeschichte und stammesgeschichtlicher (phylogenetischer) Zusammenhänge größtenteils auf Molekularbiologie und Genetik stützen.

So wie wir uns im vorigen Kapitel kurz mit der Struktur von Kernen, Atomen und einfachen Molekülen befassen mussten, um die modernen Untersuchungsmethoden zu verstehen, werden wir auch in diesem Kapitel einige Grundlagen benötigen.

Genauer gesagt, werden wir uns mit der Biochemie des Lebens befassen. Wir stellen die wichtigsten Biomoleküle vor, also die chemische Grundlage des Lebens. Woraus bestehen wir? Wir werfen einen Blick auf die wichtigsten in lebenden Zellen ablaufenden Vorgänge, etwa die Art und Weise, in der Erbinformation in Eiweiße umgesetzt wird. Letztere vor allem katalysieren das komplexe Reaktionsnetzwerk, das wir mit Leben assoziieren. Auch gehen wir auf die Prozesse der Replikation von DNA ein, die bei der Vererbung die Hauptrolle spielen. Was man gemeinhin als *Gen* bezeichnet, also eine spezifische Erbanlage, ist nichts weiter als ein Abschnitt der DNA.

Auf dieser soliden Basis verstehen wir Mutationen und darauf basierende „molekulare Uhren". Diese molekulargenetischen Methoden stellen uns ergänzend zu physikalischen Altersbestimmungen und rein paläontologischen Betrachtungen vielseitig anwendbare Messmethoden für die Lebensentwicklung in geologischen Zeiträumen bereit. Im Gegensatz zu ersteren sind sie nicht an einzelne Fundstücke gebunden und daher viel breiter anwendbar. Besonders wertvoll ist es, dass wir hiermit über eine methodisch vollkommen unabhängige Bestimmung der stammesgeschichtlichen Abläufe verfügen. Damit lassen sich die ermittelten Stammbäume und das Alter von Spezies auf Plausibilität prüfen und – wo nicht übereinstimmend – entsprechende Fehler aufspüren und beseitigen.

Abschließend beschäftigt sich dieses Kapitel mit neueren Methoden der DNA-Analyse sowie mit der Rekonstruktion längst vergangener DNA- und Proteinstrukturen auf Basis von Gemeinsamkeiten heute lebender Organismen.

Erde und Leben – Die Geschichte einer innigen Wechselbeziehung

Spuren der Evolution

Darwins Geniestreich

Entdeckung der Geschichte der Lebewelt

Neben den vorstehend erwähnten geologischen, geochemischen und geophysikalischen Mitteln stehen uns für die Forschung natürlich auch alle Methoden aus der klassischen Biologie und Paläontologie zur Verfügung. Vergleichende Anatomie, Physiologie und Ökologie lebender Spezies und Beobachtungen an Makrofossilien waren für CHARLES DARWIN (1809–1882) sogar die einzige Grundlage für sein „On the Origin of Species". Dieses epochale Werk über Evolution krempelte 1859 nicht nur die Biologie um, sondern das gesamte Welt- und Selbstbild der Menschen.

Systematik und Biometrie bilden auch heute noch wertvolle Vergleichs- und Kontrollmöglichkeiten für die inzwischen verfügbaren feineren Methoden. Seit Mitte des 20. Jahrhunderts ist es hauptsächlich die aufblühende Molekulargenetik, die uns immer tiefere Einblicke in das lebende System ermöglicht, das sich auf der Erde entfaltet.

Für unsere Untersuchung der Koevolution von Planet und Leben ergänzen biochemische und genetische Werkzeuge die im vorherigen Kapitel vorgestellten geophysikalischen Forschungsinstrumente hervorragend. Unsere eigenen Körper und die unserer Mitlebewesen werden so zu Archiven, die wir immer klarer lesen können. Sie sind Zeitzeugen der Erdgeschichte. Damit sind wir bei Rekonstruktionen von Ereignissen und Zeitbestimmungen nicht mehr nur auf seltene Fundstücke angewiesen. Vielmehr erlauben genetische Methoden unabhängige Prüfungen. Sie zeigen uns, ob sich ein stimmiges Bild ergibt. Sollte dies einmal nicht der Fall sein, wird so lange geforscht, bis der Fehler gefunden ist, oder bis sich allfällige Abweichungen zum Beispiel durch vorher nicht berücksichtigte Effekte oder regionale Besonderheiten erklären lassen.

Ähnlichkeiten lebender Formen

Was wir zunächst sehen, wenn wir in die Natur blicken, sind Individuen von Pflanzen oder Tieren. Klassifizierungen erfolgten unter der Voraussetzung eines einmaligen Schöpfungsaktes zunächst nur nach Kriterien des Körperbaus und der Lebensweise. Sie waren stets von der Sonderstellung des Menschen zwischen Gott und den Tieren geprägt. In der Antike sah man Tiere und Pflanzen als völlig getrennte Reiche an. Pilze schlug man wegen ihrer Unbeweglichkeit den Pflanzen zu. Mikroorganismen waren natürlich überhaupt noch nicht bekannt. Tiere teilte man nach ihrer Lebensweise ein. Es gab etwa Nutztiere, Haustiere, Wassertiere oder Vögel. Die Klassifizierung der Pflanzen erfolgte eher nach der Wuchsform in Kategorien wie Gräser, Stauden, Büsche, Bäume. ARISTOTELES ging von einer Einteilung nach Stufen aufsteigender Perfektion von den niederen Tieren über die höheren Tiere zum Menschen als dem perfektesten Lebewesen aus.

CARL VON LINNÉ (1707–1778) ist der wohl bekannteste Taxonom (Systematiker). Er legte die Grundlage der bis heute üblichen binären Bezeichnungsweise (Nomenklatur) für Arten. Seither heißt die echte Schlüsselblume *Primula veris* und der Mensch *Homo sapiens*. LINNÉ beschäftigte sich mit der Sexualität der Pflanzen und schenkte dem Konzept der Art (Spezies) als Gruppe untereinander fortpflanzungsfähiger Individuen besondere Bedeutung. Er beschrieb bis 1753 in seinem Buch *Spezies Plantarum* ganze 7300 Pflanzenarten und bis 1764 in *Systema Naturae* fast tausend Tierarten. LINNÉ beschäftigte sich auch, wenn auch weniger erfolgreich, mit der Klassifizierung von Mineralen und Fossilien. Ein dritter Band, den er hierzu geplant hatte, wurde nie fertiggestellt.

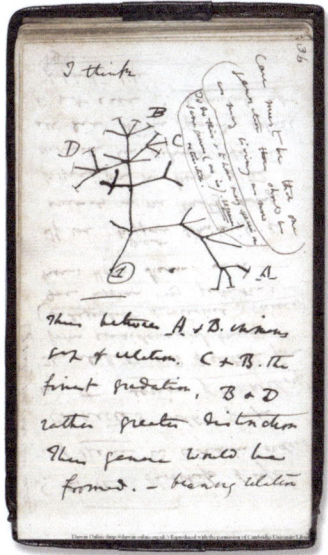

3-01

Darwin denkt[1]. „I think..." beginnt ein Eintrag in einem der berühmten kleinformatigen Notizbücher CHARLES DARWINS, in dem er das Prinzip eines Stammbaums der Spezies skizziert. Er dachte in der Folge nicht nur, sondern stellte die Theorie der Evolution mit seinem „Origin of Species" auf eine felsenfeste Grundlage.

Taxonomie
Lehre von der systematischen Einordnung in ein einheitliches Schema.

Nichts in der Biologie ergibt einen Sinn außer im Licht der Evolution.
THEODOSIUS DOBZHANSKY (1900–1975)

3-02
Taxonomie. Die klassische auf der evolutionären Ähnlichkeit basierende Einteilung unterschied zwischen Tier- und Pflanzenreich (mit Pilzen), die sich weiter auffächerten. Bei Pflanzen wird nicht wie bei Tieren von Stämmen, sondern von Abteilungen gesprochen. Daneben gibt es noch Unterabteilungen, Überklassen, Unterklassen, Unterfamilien und Unterarten, die hier alle der Vereinfachung zum Opfer fielen. Moderne Systeme teilen das Leben an der Wurzel des Stammbaumes ganz anders ein. Wo Darwin seinen Stammbaum in der einzigen Abbildung seines Werkes nach unten offen ließ, wurde die Kategorie **Domäne** ergänzt, die die Einteilung in Bakteria, Archaea und Eukaryota beschreibt[2].

On the Origin of Species

LINNÉS Leistung bestand darin, für die Biologie ein einheitliches Ordnungsschema zu schaffen, die es seinen Nachfolgern ermöglichte, systematisch zu arbeiten. Hiervon profitierte nicht zuletzt DARWIN bei seinen vergleichenden Betrachtungen heute lebender und fossiler Spezies. Erst mit den Erkenntnissen DARWINS konnten stammesgeschichtliche Zusammenhänge die früheren Gruppeneinteilungen natürlich erklären (▶ Abbildung 3-02).

DARWIN kannte die Vererbungsregeln der klassischen Genetik nach GREGOR MENDEL (1822–1884) noch nicht. Trotzdem kam er ausgehend von der Domestizierung bei Haustieren zum entscheidenden Schluss: Nämlich dass Arten (Spezies) durch zahlreiche ungezielte und spontane Veränderungsschritte (Mutationen) und natürliche Auslese (Selektion) der bestangepassten Individuen graduell auseinander hervorgehen. DARWIN weist darauf hin, dass regionale Varietäten als Vorstufen der Artbildung angesehen werden können. Er erkennt, dass die maximal mögliche Reproduktionsrate aller Lebewesen viel höher ist, als zur Aufrechterhaltung der Individuenzahl erforderlich wäre. Die tatsächliche Population kann aber nicht beliebig anwachsen, sondern wird in einem steten Kampf ums Dasein durch endliche Ressourcen und Fressfeinde begrenzt. Er nennt dies die natürliche Zuchtwahl und weist nach, dass es dadurch zu einer stetig zunehmenden Spezialisierung und „Höherentwicklung" kommt. Der Mensch als „Krone der Schöpfung" nimmt hier also keine Sonderstellung mehr ein. Seit der Entstehung des Lebens war jeder einzelne Vorfahr eines heute lebenden Individuums in seiner Zeit ein Gewinnertyp. Er gehörte bezüglich des Fortpflanzungserfolgs zu den besten Champions seiner Art (oder hatte einfach nur Glück). Jede heute noch lebende Fledermausgattung, jede Delphinart, aber auch jede Alge und jedes Bakterium steht somit an der Spitze einer zeitlich gleich langen erfolgreichen Evolutionsreihe.

DARWINS Werk ist eine ungeheuer stringente Beweisführung zur Theorie der Artbildung. Er schafft es dabei, jede mögliche Kritik bereits vorauszudenken und sofort argumentativ zu widerlegen. Dieses Juwel der Wissenschaftsgeschichte sollte noch heute zur Pflichtlektüre für jeden Abiturienten gehören.

Heute sind neben zufälligen Mutationen der Reihenfolge der DNA-Buchstaben und natürlicher Selektion der daraus entstehenden Organismen durchaus auch andere Einflussfaktoren in der Evolution bekannt. So fand man Veränderungen am Erbmaterial, die über mehrere Generationen hinweg fortwirken können. Diese epigenetischen (nachträglichen) Veränderungen wirken durch unterschiedliche Mechanismen, zum Beispiel durch Anbau von Methylgruppen

Aussterbeereignisse und deren Folgen für Leitfossilien und genetische Vielfalt

Insbesondere für den Zeitraum des Phanerozoikums, also nach der Entstehung sichtbarer Lebensspuren, können wir die Verbreitung von Fossilien auf der Erde untersuchen. In der Erdgeschichte finden sich danach zahlreiche Ereignisse wie Meteoriteneinschläge, riesige vulkanische Spalteneruptionen und Klimaschwankungen, die zu großen Umwälzungen in der Lebewelt führten. Oft haben sie, wie an der Perm-Trias- oder Kreide-Tertiär-Grenze, sogar zur Definition dieser Zeitalter geführt. Umwälzungen bedeuteten immer auch den Untergang zahlreicher, manchmal sogar der Mehrheit der zuvor lebenden Spezies. Die Lebewelt verlor zunächst an Vielfalt und im gemeinsamen Genpool der Erde gingen jedes Mal viele der in der Evolution „mühsam" erworbenen Anpassungen wieder verloren.

Bemerkenswert ist, dass sich trotzdem fast alle heute vorkommenden Grundbaupläne (Stämme) bis ins Kambrium zurückverfolgen lassen. Es müssen also zumindest einige Vertreter die jeweiligen Ereignisse überstanden haben.

In den Jahrmillionen nach Aussterbeereignissen fand unser Planet jedes Mal wieder ein neues Gleichgewicht. Es boten sich unbesetzte ökologische Nischen und einige Arten konnten sich schnell ausbreiten (Radiation) und zu neuen Spezies entwickeln (Speziation). Wahrscheinlich waren es also gerade die Herausforderungen, denen sich das Leben zu stellen hatte, die die Weiterentwicklung antrieben und dafür sorgten, dass Arten nicht auf ewig in einem „lokalen Optimum" verbleiben konnten.

Erde und Leben – Die Geschichte einer innigen Wechselbeziehung

(–CH_3) an die DNA, durch Veränderungen der mit der DNA assoziierten Histonproteine oder durch Beeinflussung der Folgen von Mutationen über das Hitzeschockprotein HSP90[4]. Insgesamt aber bewirken all diese Faktoren doch nur kleine Korrekturen an dem stimmigen Gesamtbild, das Darwin vor über hundertfünfzig Jahren entwarf.

Fossile Überlieferung

Bei Fossilien (von lat. *fossilis*, ausgegraben) denkt man zunächst an Körperfossilien, die wir bereits als Leitfossilien in Sedimenten kennengelernt haben (▶ Kapitel 2). Sie sind oft Überreste harter Außenskelette und stammen fast immer aus der Zeit des Kambriums und danach. Zu ihnen gehören etwa Chitinpanzer von Trilobiten, Kalkschalen von Ammoniten, Muschelschalen sowie die Überreste vieler einzelliger Kalkalgen und die silikatischen Schalen von Kieselalgen. Eine weitere Gruppe stellen Innenskelette dar, wie die berühmten Belemniten (Verwandte der Tintenfische) oder die Publikumslieblinge naturhistorischer Museen, die Knochen von Wirbeltieren.

Allerdings bilden alle erwähnten Körperfossilien nur den kleinen Teil der Fossilien. Der Begriff hat in der Wissenschaft eine viel breitere Bedeutung als im allgemeinen Sprachgebrauch. Andere fossile Hinterlassenschaften sind etwa Spuren der Tätigkeiten von Lebewesen wie Fußabdrücke oder Grabungsspuren (*Ichnofossilien*), aber auch die im zweiten Kapitel behandelten chemischen und physikalischen Veränderungen an Gesteinen, die Lebewesen verursachen.

Makrofossilien und Fossilisation

Höchstens wenige Prozent aller toten Lebewesen werden schnell genug in sandige, tonige oder andere Sedimente eingebettet, um sie vor Aasfressern zu schützen. Doch die organischen Überreste werden meist trotzdem in kürzester Zeit durch Mikroorganismen abgebaut. Mehr als 99,9 Prozent der organischen Materie verwandelt sich so wieder in Kohlendioxid und Wasser. Anorganische Substanzen überleben etwas länger, werden aber schließlich ebenfalls gelöst und – zum Beispiel von Pflanzen aufgenommen – in die großen Stoffkreisläufe zurückgeführt (▶ Kapitel 7).

In der eigentlichen Fossilisation verändern sich die Überreste von Lebewesen physikalisch und chemisch. Sie geraten durch die Auflast der überlagernden Schichten zunehmend unter Druck und werden oft flachgepresst. In Ritzen und Gesteinsporen zirkulierende mineralhaltige Lösungen führen dazu, dass sich die ursprünglichen Substanzen lösen. Sie werden nach und nach durch ausgefällte Mineralien ersetzt. Dabei werden manchmal auch feinste zelluläre Strukturen naturgetreu abgebildet. Je nach den beteiligten Mineralen spricht man von Einkieselung (Quarz, Siliciumdioxid, SiO_2), Einkalkung (Calcit, Carbonate, $CaCO_3$), Einkiesung (Markasit oder Pyrit, FeS_2 ▶ Titelblatt dieses Kapitels) oder Einlimonitisierung (Limonit, FeO(OH)). Kalk, der biologisch in der Modifikation Aragonit vorliegt, ist metastabil. Mit der Zeit wandelt er sich, insbesondere unter Einwirkung von Druck, Hitze oder Lösungsmittel in die thermodynamisch stabile Modifikation Calcit um. Neuere Publikationen weisen auch darauf hin, dass der Mineralisierungsprozess nicht rein passiv abläuft. Chemische Einflüsse der Fossilienüberreste selbst und der abbauenden Mikroorganismen können sogar zur Erhaltung von Weichgeweben aus der Zeit vor mehr als 550 Millionen Jahren führen. Doch selbst wenn eine Fossilisation stattgefunden hat und abgeschlossen ist (Fossildiagenese) gehen noch viele Spuren langfristig durch Prozesse wie Subduktion im Rahmen der Plattentektonik und durch Metamorphose von Gesteinen verloren.

Auswahleffekte

Es erscheint plausibel, dass man aus der Anzahl heute lebender Spezies auf eine zumindest der Größenordnung nach ähnliche Vielfalt in der Vergangenheit schließen kann. Dies gilt wenigstens für die Zeiten nach der Kambrischen Explosion (▶ Kapitel 8). Die Anzahl der ohne Mikroskop sichtbaren Makrofossilien, die man aus einer bestimmten stratigraphischen Schicht kennt, ist demgegenüber lächerlich gering.

Deshalb muss man davon ausgehen, dass von den in einer bestimmten Zeit lebenden Formen nur ganz wenige erhalten geblieben sind. Demnach ist es unwahrscheinlich, dass man mit einem Fossil wirklich einen direkten Vorfahren irgendeiner der heute lebenden Spezies in Händen hält. Noch viel unwahrscheinlicher ist es, dass

3-03
Fossile Stromatolithe[3]. Das Bild zeigt Stromatolite aus dem Buntsandstein (251 – 243 Ma), Fundort: bei Wilhelmshall im Huy, Sachsen-Anhalt.

Stromatolithe
sind Strukturen, die durch Verfestigung von organischen Biofilmen aus Mikroorganismen (u.a. Cyanobakterien) und mineralischen Ablagerungen seit der frühesten Evolution des Lebens beispielsweise in Brandungszonen entstehen (▶ Abbildung 3-03 und Kapitel 10).

Nicht verwechseln:

Fossilisation
Prozess der Entstehung eines Fossils, bestehend aus Überresten von Organismen, Umwandlungsprodukten, Abdrücken, Tätigkeitsspuren oder sonstigen Veränderungen, die auf vergangene Lebensprozesse hinweisen.

Fossilisierung
Dieser Ausdruck bezeichnet in der Sprachlehre die Erscheinung, dass sprachliche Fehler sich als Gewohnheit einschleichen.

gerade das aufgefundene Individuum vor seiner Fossilisation Nachkommen hervorgebracht hat, die in direkter Linie bis heute überlebt haben. Was wir mit hoher Wahrscheinlichkeit finden, sind ausgestorbene Vettern, nicht direkte Ahnen heute lebender Spezies. Wir dürfen also aus einem Fossil nur auf die zu einer gewissen Zeit verbreiteten Grundtypen schließen und müssen damit rechnen, Wesentliches zu übersehen. Und noch einen anderen statistischen Effekt sollte man beachten, wenn man von einer Spezies nur wenige Exemplare findet und datieren kann. Man muss dann nämlich davon ausgehen, dass man nicht ausgerechnet den ersten oder letzten Vertreter dieser Spezies gefunden hat. Viel wahrscheinlicher ist es, dass die Art deutlich länger existierte, als aus der Fossilsituation direkt hervorgeht. So gesehen ist es überhaupt nicht verwunderlich, dass in der Fachliteratur nach neuen Funden auch immer wieder Korrekturen fällig sind.

„Lebende Fossilien"

Neben den genannten Überresten verfügen wir über einige Informationsquellen, die uns indirekt Informationen zur Rekonstruktion früherer Zeitalter liefern, nämlich aus den Eigenschaften heute lebender Organismen. Normalerweise versteht man unter einem „lebenden Fossil" eine Art, deren Körperbauplan sich über lange Zeiträume kaum verändert hat. Beispiele sind etwa die Quastenflosser, die Nautiliden oder der Ginkgo-Baum. Noch wichtiger für uns ist aber die Interpretation von Mikrofossilien durch Vergleich mit der Ökologie heute lebender ähnlicher Formen (wie mancher Arten von Cyanobakterien, die noch heute Stromatolithe bilden).

Mit den biochemischen und molekulargenetischen Methoden unserer Zeit versucht man erfolgreich, aus der genetischen Ausstattung und den Eigenschaften heute lebender Nachkommen auf Eigenschaften früherer Lebensformen zurückzuschließen. Weisen nämlich zwei Spezies sehr ähnliche Gensequenzen auf, so kann man in der Regel davon ausgehen, dass bereits der letzte gemeinsame Vorfahr sie besaß. Um diese Methoden zu verstehen, ist allerdings ein kleiner Exkurs in die chemischen Grundlagen des heutigen Lebens unumgänglich.

Biochemie heute

Des Chemikers Albtraum

Das Leben ist kompliziert. Versucht man, sich einen Gesamtüberblick über die Vorgänge und Materialien des Lebens zu verschaffen, wird man selbst als Chemiker leicht von der ungeheuren Komplexität überwältigt (▶ Abbildung 3-04). Als Lösung bleibt nur, das seit Jahrzehnten von tausenden Arbeitsgruppen in der ganzen Welt zusammengetragene Wissen in Datenbanken zu speichern, um es irgendwann als Grundlage für eine komplexe Computersimulation einer lebenden Zelle zu verwenden. Für ein unmittelbares Verständnis müssen wir bestimmte wichtige Vorgänge herausgreifen, zentrale Biomoleküle und Reaktionen identifizieren, die für die Grundfunktionen allen auf der Erde existierenden Lebens die größte Bedeutung haben.

3-04

Biochemische Reaktionswege. Die bekannte Komplexität der Biochemie von Lebewesen war bereits im Jahr 1968 immens, als der Biochemiker GERHARD MICHAL (damals bei der Firma Böhringer Mannheim), die seinerzeit bekannten Reaktionswege in einem Wandposter darstellte. Inzwischen versucht man, das weiter explosiv angewachsene Wissen über den menschlichen Metabolismus und die beteiligten Gene in dem Datenbankprojekt „Recon X" für die Forschung nutzbar zu machen[6].

Erde und Leben – Die Geschichte einer innigen Wechselbeziehung

Zentrale Biomoleküle

Betrachten wir zunächst, woraus Lebewesen eigentlich bestehen. Die häufigsten Biomoleküle auf der Erde sind Polymere, die Pflanzen als Baustoffe verwenden: Cellulose, gefolgt von Lignin und Hemicellulosen (▶ Abbildung 3-05). Cellulose ist ein polymeres Kohlenhydrat aus Zuckermolekül-Einheiten (Monomeren) mit sechsgliedrigen Ringen (Hexosen). Zucker werden meist mit der Nachsilbe „-ose" bezeichnet. Baumwolle (beispielsweise Watte) ist fast reine Cellulose. Hemicellulosen sind hingegen durch das Vorkommen von Fünfring-Zuckermolekülen (Pentosen) geprägt. Man findet sie in den Wänden von Pflanzenzellen. Lignin ist der charakteristische Bestandteil von Holz. Es ist ein stark quervernetztes Biopolymer mit vielen an aromatischen Sechsringen ansetzenden (phenolischen) Hydroxygruppen (–OH). Letztere sind übrigens dafür verantwortlich, dass billiges Papier nach kurzer Zeit unter UV-Licht schnell vergilbt. Trotz ihres häufigen Vorkommens haben die genannten Zuckerpolymere vergleichsweise wenig Bedeutung für die zentralen Lebensvorgänge. Sie erfüllen hauptsächlich mechanische Stützfunktionen und sind schwer wieder abbaubar (▶ Kapitel 11, Seite 265). Wir wollen deshalb hier nicht weiter auf sie eingehen.

Viel interessanter als die hochpolymeren Struktur- und Speicherstoffe sind die Zucker, die als Monomere, Dimere und Oligomere vorliegen. In dieser Form haben viele Zucker im Stoffwechsel eine ganz zentrale Bedeutung. Sie entstehen in sogenannten *autotrophen* Organismen wie Cyanobakterien und Pflanzen, die oxygene Photosynthese betreiben. Unter Nutzung von Lichtenergie wird dabei Wasser zu Sauerstoff oxidiert und Kohlendioxid aus der Luft reduziert. Das am Ende einiger komplexer Umsetzungen entstehende Produkt ist der Einfachzucker Glucose ($C_6H_{12}O_6$). Glucose dient als Energielieferant und als Ausgangsstoff für die nach Tausenden zählenden biochemischen Reaktionswege mit deren Hilfe Lebewesen nahezu alle benötigten Komponenten ihrer Körper aufbauen können. Sogenannte *heterotrophe* Lebewesen wie Pilze und Tiere, die keine Photosynthese betreiben, sind zur Energiegewinnung und zum Aufbau ihres Körpers darauf angewiesen, organische Substanzen aufzunehmen, die *autotrophe* Organismen ursprünglich hergestellt haben. Zur Speicherung von Glucose bilden Pflanzen die hochpolymere Stärke, heterotrophe Organismen das verwandte Glykogen. Neben Glucose als typischem Nährstoff spielen insbesondere die Zucker Ribose und Desoxyribose als Bestandteile der entsprechenden Nukleinsäuren eine zentrale Rolle (▶ Seite 45).

So unverzichtbar die genannten Zuckermoleküle für Lebewesen sind: Müsste man eine Verbindungsklasse herausgreifen, die besonders typisch für das Leben auf der Erde ist, so würde die Wahl eindeutig auf die Eiweiße (Proteine) fallen. Sie übernehmen im Organismus die mit Abstand vielfältigsten Funktionen und sind die eigentlichen Träger der Lebensvorgänge. Eine einzige menschliche Zelle enthält um die 100 Millionen Proteinmoleküle.

Proteine – Makromoleküle aus Aminosäuren

Proteine sind Kettenmoleküle, aufgebaut aus Abfolgen einiger Dutzend bis einiger Hundert, seltener auch mehrerer Tausend Aminosäure-Einheiten. Aminosäuren tragen an den vier Bindungen eines zentralen Kohlenstoffatoms (▶ Abbildung 3-06, Seite 44) verschiedene Molekülteile: Ein Wasserstoffatom (–H), eine Aminogruppe (–NH$_2$), eine Carboxygruppe (–COOH) sowie eine variable Seitengruppe. In Proteinen kommen nur zwanzig Aminosäuren vor, obwohl sich chemisch weit mehr verschiedene herstellen lassen. Weil von ihrem zentralen Kohlenstoffatom vier Bindungen nach den Richtungen von Tetraederecken ausgehen, sind

Monomere, Polymere

Polymere sind große Moleküle, die aus der Verbindung weniger kleiner, als Monomeren bezeichneter molekularer Komponenten bestehen. Homopolymere bestehen nur aus gleichen Einheiten, während Heteropolymere aus einigen verschiedenen Komponenten aufgebaut sind. Oft sind die Monomere nach einem erkennbaren Grundschema zu Kettenmolekülen verknüpft. Manche Polymere besitzen aber auch eine räumlich quervernetzte Struktur.

Kohlenhydrate

Kohlenhydrate nennt man Biomoleküle, die neben Kohlenstoff die Elemente Wasserstoff und Sauerstoff im Verhältnis 2:1 enthalten, wie es auch in Wasser vorkommt.

Wichtige Biopolymere

Kohlenhydrate:
 Stärke
 Glykogen
 Cellulose

Proteine:
 Enzyme
 Strukturproteine

Nukleinsäuren:
 DNA
 RNA

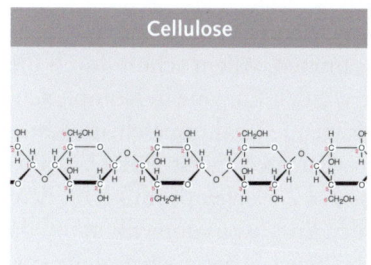 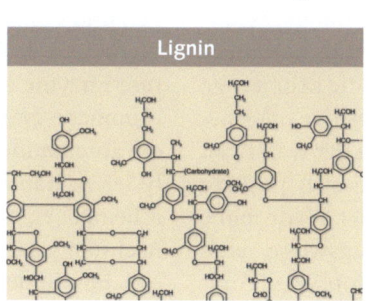 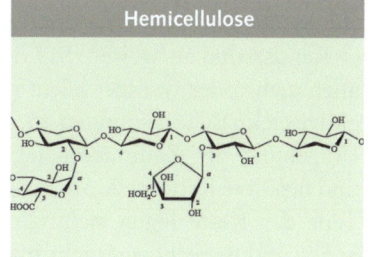

3-05

Häufigste Biomoleküle. Cellulose, Lignin und Hemicellulose sind von Pflanzen aufgebaute Strukturmoleküle, die nur von bestimmten Bakterien und Pilzen wieder abgebaut werden können. Sie nehmen deshalb nach ihrer Bildung kaum noch am Zellstoffwechsel teil.

KAPITEL 3 Spuren der Evolution

Chemische Kurzzeichen und organische Moleküle
Wenn Chemiker Moleküle aus mehreren Atomen beschreiben, nutzen sie dafür Kurzzeichen aus dem Periodensystem (PSE) der Elemente. Die wichtigsten sind:

C	Kohlenstoff	4
H	Wasserstoff	1
O	Sauerstoff	2
N	Stickstoff	3
P	Phosphor	3 oder 5
S	Schwefel	2

Die Atome bilden entsprechend ihrer Stellung im PSE normalerweise eine charakteristische Zahl von Bindungen aus (Bindigkeit), rechte Spalte.

Bindungen werden durch einen Strich symbolisiert.

Bei organischen Molekülformeln wird Kohlenstoff als 4-bindig angenommen und das C meist weggelassen. H-Atome, die an C-Atome gebunden sind, müssen ebenfalls nicht explizit bezeichnet werden. Sie werden gedanklich automatisch ergänzt, bis die typische 4-Bindigkeit des Kohlenstoffs erreicht ist.

Obwohl die meisten organischen Moleküle eine dreidimensionale Struktur besitzen, werden sie häufig vereinfacht zweidimensional abgebildet.

hydrophil
Hydrophil (wasserliebend) sind Stoffe, deren molekulare Bestandteile elektrische Ladungen tragen und die deshalb die ebenfalls elektrisch polarisierten Wassermoleküle stark anziehen.

hydrophob
Hydrophob (wasserfürchtend) sind Stoffe wie Fette, deren Moleküle hauptsächlich kaum polarisierte Atombindungen enthalten. Sie können daher keine Wassermoleküle festhalten.

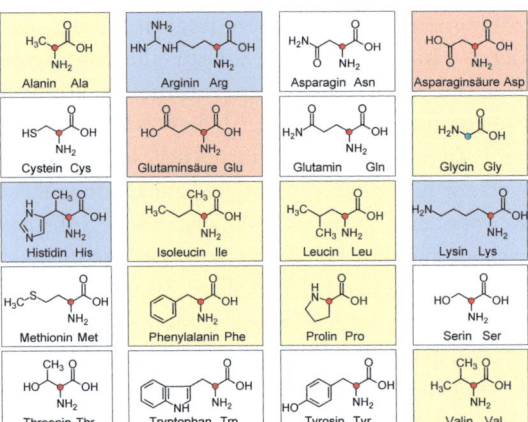

3-06

Proteinbildende Aminosäuren. Proteine sind fast ausnahmslos aus zwanzig unterschiedlichen Aminosäuren aufgebaut. Außer Glycin (zweite Reihe rechts) besitzen alle ein sogenanntes asymmetrisches Kohlenstoffatom (rot). Es ist mit vier unterschiedlichen Gruppen verknüpft, einem Wasserstoffatom (hier nicht gezeichnet), einer Aminogruppe (–NH$_2$), einer Säuregruppe (–COOH) und einer für die jeweilige Aminosäure charakteristischen Seitengruppe. Aminosäuren mit asymmetrischem C-Atom können in spiegelbildlichen Versionen auftreten (R- bzw. L-Form). Nur die L-Form kommt in natürlichen Proteinen vor.

alle Aminosäuren, außer der einfachsten (Glycin mit der Seitengruppe –H), wie man sagt, chiral. Sie existieren ähnlich wie Handschuhe in zwei spiegelbildlichen Formen, von denen aber nur eine, die sogenannte L-Aminosäure, tatsächlich in den Proteinen von Lebewesen vorkommt.

Die Abfolge dieser Aminosäuren in der Kette nennt man *Primärstruktur*. Sie ist für ein Protein genauso charakteristisch und genauso bedeutungsvoll wie die Reihenfolge der Wörter in einem Text. Andererseits kommt es für die biochemische Funktion des Moleküls vor allem auf die dreidimensionale Struktur an, also auf die Form, in die sich die langen Ketten falten, und ob sich mehrere davon zu Komplexen zusammenfinden (▶Abbildung 3-07). Diese sogenannte Sekundär- und Tertiärstruktur wird wiederum weitgehend durch die Primärstruktur bestimmt. Der Grund dafür ist, dass Aminosäuren abhängig von ihrer jeweiligen Seitengruppe völlig unterschiedliche hydrophile oder hydrophobe Eigenschaften (▶Randspalte) aufweisen. In Lösung nehmen sie auch mehr oder weniger leicht positive oder negative elektrische Ladungen an. In der wässrigen Umgebung des Zellinneren legen sich positive und negative Kettenteile aneinander. Hydrophile Teile der Kette legen sich vorzugsweise nach außen und Bereiche mit mehr hydrophoben Ami-

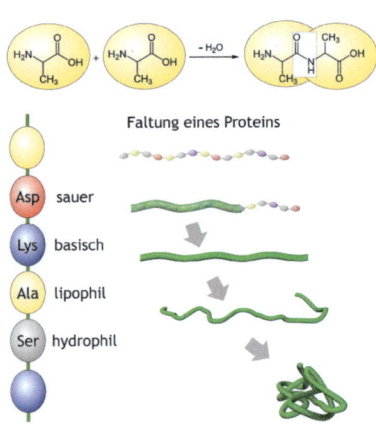

3-07

Faltung eines Proteins. Proteinketten entstehen durch eine sogenannte Polykondensation von Aminosäuren unter Wasserabspaltung. Sie falten sich selbstständig, da sich ihre Aminosäuren unterschiedlich stark elektrisch anziehen oder abstoßen. So entstehen je nach Sequenz komplexe dreidimensionale Gebilde, die durch ihre Form und Oberflächenladungen (auch zusammen mit angelagerten Molekülen) spezifische Funktionen als molekulare Maschinen erfüllen. Viele Proteine sind Biokatalysatoren (Enzyme), die für den Ablauf nahezu aller zellulären Prozesse benötigt werden.

nosäuren verstecken sich im Inneren des sich automatisch bildenden geordneten Proteinknäuels.

Die nach Zigtausenden zählenden Proteinarten eines Organismus übernehmen je nach ihrer Struktur ganz verschiedene Aufgaben. Teilweise sind sie Strukturkomponenten wie im Zellskelett, vor allem aber übernehmen sie katalytische Aufgaben im Rahmen des Stoffwechsels. Diese Biokatalysatoren werden auch als *Enzyme* bezeichnet. Ihre räumliche Struktur und angelagerte Cofaktoren wie Metallionen sind dafür verantwortlich, dass diese Proteine sehr spezifisch nur bestimmte Reaktionen katalysieren. Während Enzyme mit den Ausgangsstoffen und Reaktionsprodukten wechselwirken, verformen sie sich häufig in die jeweils energetisch günstigste Anordnung. Sie verhalten sich tatsächlich wie molekulare Maschinen, die die Werkteile festhalten, zusammenführen, verbinden oder trennen und dann wieder freigeben, um das nächste Werkstück zu bearbeiten. Oft wirken dabei mehrere Enzyme zusammen. Allein schon durch die räumliche Nähe werden Enzyme in Komplexen, die aufeinanderfolgende Reaktionsschritte katalysieren, häufig effizienter. Es ist einfach wahrscheinlicher, dass das Zwischenprodukt mit dem nächsten passenden Enzym zusammenkommt, da es schon in der Nähe ist. Aber auch gezielte sta-

Erde und Leben – Die Geschichte einer innigen Wechselbeziehung

tische Anordnungen von Enzymkomplexen sind bekannt, die ähnlich effizient zusammenarbeiten wie die Industrieroboter einer Fertigungsstraße.

Nukleinsäuren

Die Proteine müssen also, um ihre Aufgaben zu erfüllen, zuverlässig eine definierte Aminosäuresequenz besitzen. Diese Informationen über den optimalen Aufbau der Proteine gehört zum wichtigsten „Erfahrungsschatz", den das Leben in den letzten etwa vier Milliarden Jahren durch Veränderung und Auslese im Wechselspiel mit der Umgebung auf der Erde angehäuft hat. Allerdings dienen Proteine selbst nicht als primäre Informationsspeicher. Wieder kann die Fabrik als Metapher herhalten. Obwohl sich schon aus der Form mancher Werkzeuge und Zwischenprodukte einiges über das Endprodukt erkennen lässt, enthalten weder die Werkstücke noch die sie bearbeitenden Automaten die entscheidenden Informationen darüber, wie alles zusammenspielt. Diese liegen vielmehr in den technischen Zeichnungen, Produktbeschreibungen und Patentschriften im Tresor der Firma.

Proteine werden hauptsächlich (▶ Kasten unten) auf Grundlage von Informationen hergestellt, die in Nukleinsäuren gespeichert sind. Die Nukleinsäuren wurde erstmals 1869 von dem Arzt und Physiologen Friedrich Miescher (1844–1895) in Tübingen als Bestandteil des Zellkerns weißer Blutkörperchen isoliert. Sein Labor befand sich in der ehemaligen Küche des Tübinger Renaissanceschlosses (▶ Abbildung 3-09). Da die von ihm als *Nuclein* (lat. *nucleus*, Kern) bezeichnete Substanz auch in Spermien zu finden war, deutete er fünf Jahre später an, dass sie eine Rolle bei der Vererbung spielen könnte. Er verwarf den Gedanken allerdings wieder, da es ihm unplausibel erschien, dass eine einzelne Substanz die Information bei der Vererbung übertragen könnte. Es sollte noch achtzig Jahre und die Arbeit zahlreicher Forscher benötigen, bis dieses Rätsel durch Rosalind Elsie Franklin (1920–1958), James Watson (*1928) und Francis Crick (1916–2004) im Jahre 1953 abschließend gelöst wurde[7]. Heute kennen wir den Aufbau der DNA sehr genau. Wir verstehen nun auch, wie die Information zum Aufbau der Proteine in der DNA gespeichert ist und wie sie zu deren Erzeugung genutzt wird (▶ Seite 46).

Die bekannte DNA (engl. für DNS, Desoxyribonukleinsäure) ist wie Eiweiß ein Ketten-Makromolekül, ein Polymer. Sie besteht aber nicht aus Aminosäuren, sondern aus sogenannten Nukleosid-Einheiten, die jeweils über Phosphatgruppen miteinander verbunden sind (▶ Abbildung 3-10, Seite 46).

Betrachtet man Phosphat und Nukleosid zusammen, so spricht man von Nukleotiden. Jedes DNA-Nukleosid besteht aus einer Einheit des Zuckers Desoxyribose, an das eine von vier möglichen sogenannten Nukleobasen gekoppelt ist: Adenin (A), Cytosin (C), Guanin (G) oder Thymin (T). Das Raffinierte daran ist, dass je zwei Basen miteinander Wasserstoffbrücken (▶ Abbildung 3-08) ausbilden können: zwei Brücken zwischen A und T, drei Brücken zwischen

Katalyse
Als Katalyse bezeichnet man die Erleichterung einer chemischen Reaktion durch einen dritten Partner, der zwar an der Reaktion teilnimmt, aber wieder unversehrt daraus hervorgeht.

Sequenz
Reihenfolge der Monomere in einem biologischen Makromolekül (Polymer). Für die biologische Funktion entscheidend sind insbesondere die Sequenz der Aminosäuren in einem Protein und die Sequenz der Nukleotide in Nukleinsäuren.

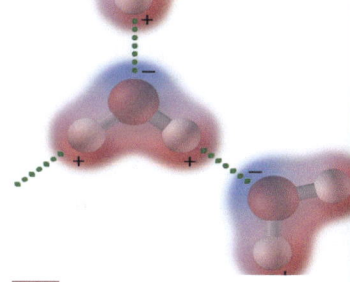

3-08
Wasserstoffbrücken. In vielen Verbindungen des Wasserstoffs (hier H_2O) ist die Elektronendichte ungleichmäßig. Der positiv polarisierte Wasserstoff wirkt anziehend auf negativ polarisierte Atome. Man spricht von einer Wasserstoffbrücke

3-09
Nukleinsäuren. Friedrich Miescher isolierte 1869 Nukleinsäure in Tübingen in einem der ersten biochemischen Labors der Welt, der ehemaligen Schlossküche des Tübinger Schlosses[8].

Keine Baupläne, sondern Programme

DNA wird oft als Bauplan eines Lebewesens bezeichnet. Aus mehreren Gründen ist dies jedoch nicht die ganze Geschichte. Genau genommen wissen wir nicht einmal einzuschätzen, welche Bedeutung die Ei- und Samenzellen, die die DNA beherbergen, selbst bei der Gestaltbildung haben. Sie sind so etwas wie der Plattenspieler, auf dem sich die Information der DNA abspielen lässt und sollten ob des gentechnischen DNA-Hypes der letzten Jahrzehnte nicht ganz vergessen werden. Aber die Betrachtung ist noch aus einem anderen Grund schief, auf den unter anderem Richard Dawkins in seinem sehr erhellenden Buch „Geschichten vom Ursprung des Lebens" hinweist: Die DNA ist kein Bauplan in dem Sinne, dass darin irgendwo verzeichnet wäre, an welcher Stelle sich etwa ein Organ im Körper befindet. Etwas besser kann man den Informationsgehalt der DNA mit der Metapher einer Rezeptur vergleichen, die weniger das Endprodukt als den Herstellungsprozess beschreibt. Vielleicht noch passender ist die Vorstellung eines sich selbst modifizierenden Computercodes. Erst die Betrachtung des raumzeitlichen Musters der Genaktivierung, das sich in der Embryonalentwicklung entfaltet, ergibt einen erweiterten Blick auf diesen beeindruckenden Prozess.

3-10

Aufbau eines DNA-Nukleotids). Die Monomere der DNA bestehen aus einer Phosphorsäuregruppe (Phosphat), einem Zucker (Desoxyribose) und einer von vier möglichen Nukleobasen (im Beispiel Thymin). Das nicht mit einer Phosphatgruppe verbundene Molekül wird auch als Nukleosid bezeichnet.

3-11

Basenpaarung. Die Information der DNA steckt in der Abfolge der vier möglichen Nukleobasen Adenin (A) und Thymin (T) bzw. Cytosin (C) und Guanin (G). Da nur jeweils A mit T und C mit G zusammenpassen, legt schon ein Strang den ganzen Informationsgehalt fest. Denn die genetische Information notiert man als Basensequenz, also z. B. AACTCTTAA..

3-12

Desoxyribonukleinsäure (DNA). DNA besteht aus zwei helikal gewundenen gegenläufigen Strängen. Phosphat- (olivgrün) und Zuckerkomponenten (Desoxyribose, violett) wechseln sich ab. Zwei DNA-Stränge können sich über Wasserstoffbrückenbindungen zwischen ihren Seitengruppen, den Nukleobasen, gegenläufig zusammenlagern. Sie bilden dann eine Art aufgedrillte Strickleiter, die bekannte DNA-Doppelhelix.

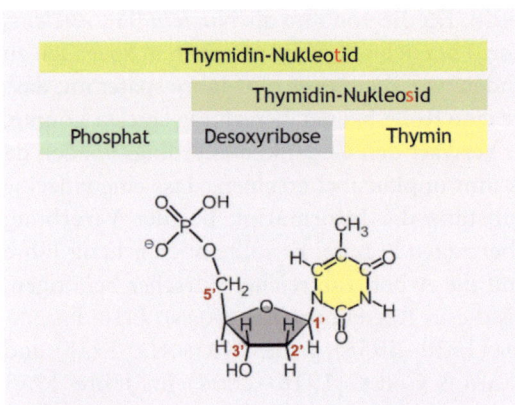

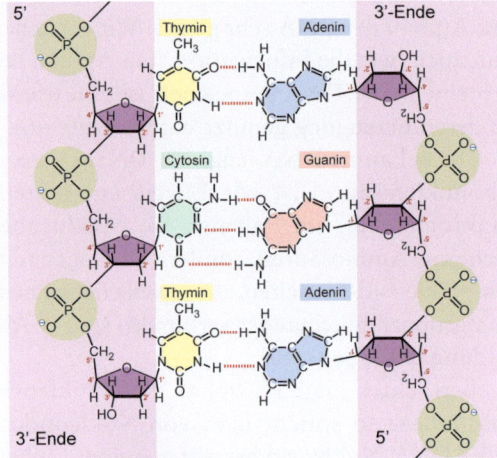

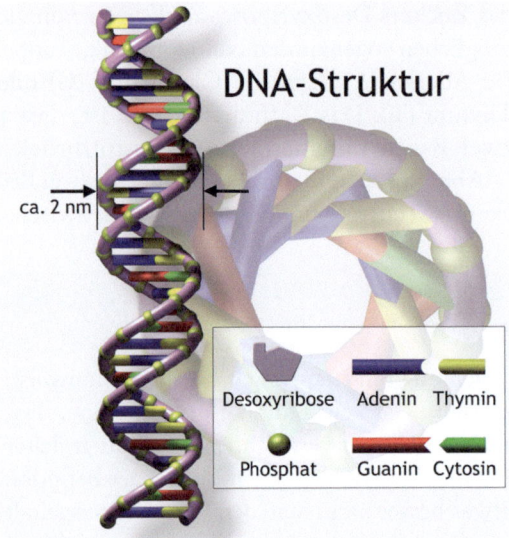

G und C (▶ Abbildung 3-11). DNA besteht aus dem berühmten gegenläufigen Doppelstrang (▶ Abbildung 3-12), der solche AT- oder GC-Basenpaare wie Sprossen einer Leiter einschließt. Der zweite Strang trägt also exakt die gleiche Information, aber als Negativmatrize. Die beiden Stränge der DNA verdrillen sich aufgrund der Form der Monomere zu der bekannten Doppelhelix. Werden die beiden Stränge getrennt – dies ist vor der Zellteilung erforderlich –, so kann jeder Strang durch Anlagerung der passenden Monomereinheiten wieder zum ursprünglichen Doppelstrang ergänzt werden. Diesen Vorgang nennt man *Replikation* (▶ Abbildung 3-13).

Die Abfolge der Basenpaare enthält die Information, die ein Organismus für die Steuerung der Lebensvorgänge benötigt und die an die nächste Generation weitergegeben werden muss. Jedes Basenpaar trägt dabei zwei Bit an Information, entsprechend den vier möglichen Basen an jeder Stelle eines Strangs. Die menschliche DNA besteht aus 3,27 Milliarden Basenpaaren. Auf in der Größenordnung ähnliche Informationsmengen kommen auch die meisten anderen Spezies von Eukaryoten, während manche Bakterien nur ein Tausendstel davon benötigen.

Von Nukleinsäuren zu Proteinen

DNA dient als „Langzeitspeicher" genetischer Informationen. Bei Eukaryoten lagert sie normalerweise im Zellkern wie in einem Tresor. Sie ist sicher zu Chromosomen verpackt. Für die Proteinbiosynthese, die im Cytoplasma (Zellinnenraum) abläuft, werden von den jeweils relevanten Sequenzen mittels spezieller Enzyme (RNA-Polymerasen) handlichere Arbeitskopien erstellt. Die DNA wird hierzu entpackt. Sie wird an einzelnen Stellen geschnitten und aufgedrillt. Die Einzelstränge müssen sich, wie bei der DNA-Replikation, an der abgelesenen Stelle zunächst voneinander trennen. Die durch das Ablesen entstehenden Boten-RNA-Moleküle (Messenger-RNA, mRNA) dienen als Arbeitskopien. Diese Moleküle unterscheiden sich chemisch nur wenig von DNA. Sie enthalten anstelle von Desoxyribose den Zucker Ribose, der sich nur durch eine zusätzliche Hydroxygruppe am 2'-Kohlenstoffatom im Molekül unterscheidet (▶ Abbildung 3-10). Auch eine Base ist ausgetauscht: Statt Thymidin wird bei RNA das chemisch ähnliche Uracil eingebaut. Über sogenannte Transfer-RNA-Moleküle (tRNA) erfolgt die Zuordnung zwischen einem Nukleotid-Triplett und einer bestimmten Aminosäure. tRNAs sind kleeblattartig in sich selbst zurückgefaltete Strukturen. Sie besitzen auf der einen Seite ein exponiertes sogenanntes Triplett, eine Andockstelle aus drei Nukleotiden für passende Nukleotide einer mRNA. Am anderen Ende des Moleküls tra-

Erde und Leben – Die Geschichte einer innigen Wechselbeziehung

gen sie jeweils eine Aminosäure. Damit sind sie die eigentlichen Träger des genetischen Codes. Es gibt so viele tRNAs, wie Aminosäuren in Proteinen vorkommen, nämlich zwanzig. Unter katalytischer Wirkung von Zellorganellen, den Ribosomen, erfolgt die Proteinbiosynthese definierter Sequenzen (▶ Abbildung 3-14). Während ein Ribosom auf einer mRNA entlanggleitet, werden entsprechend der Basenpaarung ständig neue passende tRNAs angelagert. Nur A⚌T bzw. C⚌G bilden stabile Bindungen. Die Aminosäuren werden von der jeweiligen tRNA abgespalten und zu einem Proteinfaden verkettet. Nachdem die tRNAs ihre Aminosäuren abgeliefert haben, werden sie durch Enzyme erneut mit „ihrer" Aminosäure beladen. Sie sind damit auch selbst nur wiederverwendbare Katalysatoren der Biosynthese.

Bei eukaryotischen Zellen wird meist nicht die gesamte im Zellkern hergestellte mRNA zur Herstellung von Proteinen genutzt, sondern in der Regel werden große Teile davon (sogenannte Introns) über Enzyme wieder herausgeschnitten und abgebaut. Dieser scheinbar verschwenderische Prozess heißt *Splicing*. Splicing ermöglicht es der Zelle, aus einem Transkript mehrere verschiedene Proteine herzustellen und ermöglicht im Vergleich zu Prokaryonten eine weitere Kontrollebene, auf der die Genexpression bedarfsgerecht gesteuert werden kann.

Das Archiv in uns

Zellbestandteile erinnern sich

Im Prozess der Fossilisation gehen normalerweise alle organischen Bestandteile verloren und werden durch mineralische ersetzt. Aus Fossilien von Organismen, die vor erdgeschichtlich kurzer Zeit gelebt haben, also beispielsweise vor einigen zigtausend Jahren, lassen sich aber manchmal noch Bruchstücke von DNA extrahieren. An besonders geschützten Stellen in Knochen und im Inneren von Zähnen finden sich kurze Sequenzen, die sich mit Hilfe der *Polymerasekettenreaktion* (*polymerase chain reaction*, PCR) vervielfältigen und untersuchen lassen. Man nennt solche DNA auch aDNA. „a" steht für „*ancient*" oder im Deutschen für „alt". Bestimmt man die DNA-Sequenzen einer genügenden Menge solcher Bruchstücke, so kann ein Computer im Prinzip nach überlappenden Bereichen suchen

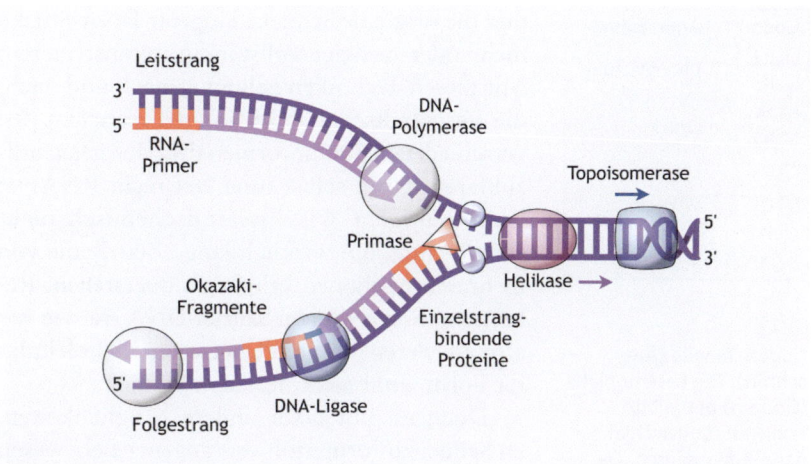

3-13
DNA-Replikation. Vor jeder Zellteilung wird die DNA unter Beteiligung zahlreicher Enzyme repliziert. Der Vorgang beginnt mit der Entspiralisierung der DNA-Doppelhelix durch eine Topoisomerase. Diese schneidet einen Strang durch und fügt ihn nach Drehung wieder zusammen. Wie bei einem Reißverschluss wird nun die doppelsträngige DNA durch eine Helikase in Einzelstränge getrennt. Zum Start der Replikation lagert sich zunächst ein RNA-Polynukleotid (RNA-Primer) an. Der Leitstrang wird nun von der DNA-Replikase vom 3' zum 5' Ende hin kopiert. Nach Anlagerung spezieller Primer mit RNA-Komponenten an den anderen Strang wird dieser in kurzen Einzelstücken (Okazaki-Fragmente) kopiert, da die Replikase nur von 3' nach 5' arbeiten kann. Die Teilstücke werden später durch Ligasen zusammengefügt.

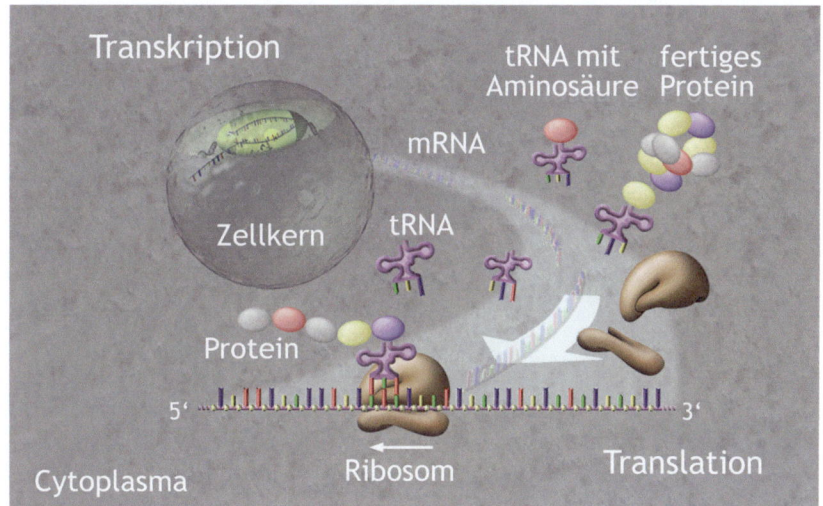

3-14
Proteinbiosynthese. Die als Basenabfolge auf der DNA gespeicherte Information über die Aminosäuresequenz von Proteinen wird zunächst transkribiert (abgeschrieben). Dabei entsteht eine andere Nukleinsäure, die sogenannte Boten-RNA (Messenger-RNA oder mRNA). Sie enthält die Base Uracil anstelle von Thymidin und als Zuckerkomponente Ribose statt Desoxyribose. Bei Prokaryoten läuft dieser Vorgang, welcher der DNA-Replikation ähnelt, direkt im Cytoplasma ab, bei eukaryotischen Zellen im Zellkern. In diesem Fall wird die mRNA zunächst durch die Kernporen aus dem Zellkern exportiert. An diese mRNA lagern sich Zellorganellen an, die selbst aus Proteinen und spezieller RNA bestehen (Ribosomen). Es sind Proteinfabriken, die sich auf der mRNA entlang bewegen und dabei Aminosäure für Aminosäure an eine wachsende Proteinkette anhängen. Die erforderlichen Aminosäure-Monomere werden von wieder anderen RNA-Molekülen (tRNAs) angeliefert. Die korrekte Reihenfolge wird dadurch sichergestellt, dass für jede Aminosäure eine spezielle tRNA existiert, die drei Nukleobasen enthält, welche an die mRNA binden können. Die Zuordnung zwischen Aminosäure und Basentriplett wird als *genetischer Code* bezeichnet.

KAPITEL 3   Spuren der Evolution

Codon	Aminosäure
UUU UUC	Phenylalanin
UUA UUG	Leucin
CU*	Leucin
GU*	Valin
UC*	Serin
CC*	Prolin

3-15
Codon-Tabelle (Ausschnitt). Die Basentripletts (Codons) der mRNA kodieren für verschiedene Aminosäuren. Da 64 Kombinationen aus drei Basen möglich sind, aber nur 20 Aminosäuren gebraucht werden, wird jede Aminosäure durch mehrere Codons repräsentiert (* steht für eine beliebige Nukleobase an dieser Stelle). Da diese sich oft nur in einer Base unterscheiden, erhöht sich die Fehlertoleranz. Erfolgt eine Mutation in der dritten Nukleobase, so hat dies vielfach keine Auswirkungen auf die ins Protein eingebaute Aminosäure.

und die originale Sequenz längerer DNA-Stücke mehr oder weniger vollständig rekonstruieren. Mit diesen Techniken gelingt es nach und nach, die Verwandtschaftsbeziehungen zwischen den verschiedenen Stammformen des Menschen aufzuklären. DNA selbst (und erst recht RNA) ist nach heutigem Wissensstand chemisch nicht stabil genug, um wirklich lange Zeiträume von mehreren Millionen Jahren zu überstehen. Rekonstruktion etwa von Saurier-DNA werden wir also aus deren direkten Überresten in molekularer Form wohl nicht herleiten können.

Doch es gibt noch andere Möglichkeiten, an Sequenzinformation vergangener Lebewesen zu kommen. In ganz seltenen Fällen können Proteine über Jahrmillionen erhalten bleiben. So fanden Forscher der Carnegie Institution in Maryland, USA, extrem gut erhaltenes Protein aus den Schalen eines mit den Schnecken verwandten Weichtieres mit Namen Ecphora[9]. Es stammt aus dem mittleren Miozän (23,03 – 5,333 Ma) und ist etwa 15 Millionen Jahre alt. Die Fossilien wurden an der berühmten Fossilienfundstätte Calvert Cliffs an der Küste der Chesapeake Bay im Osten der USA entdeckt. Die Schalen bestehen aus einem Verbundstoff, in dem sich Lagen von Kalk mit solchen aus Proteinen, Glycoproteinen und Zuckern abwechseln. Dies verleiht ihnen eine enorme Festigkeit. Erst in den letzten Jahrzehnten versucht man, ähnliche nano- und mikrostrukturierte Werkstoffe technisch nutzbar zu machen.

Ecphora-Fossilien zeigen eine lebhafte Rotfärbung der Schalen aufgrund von Pigment-Proteinkomplexen. Diese Verbindungen zwischen den Pigmenten und Proteinen scheint die Erhaltung beider Komponenten zu fördern. Nach Auflösung der Schalen in verdünnter Säure konnten zentimetergroße dünne Proteinhäutchen gewonnen werden, die Schalenproteinen heute lebender Schnecken ähneln. Bisher konnten darin elf Aminosäuren identifiziert werden, darunter besonders hohe Anteile an Asparaginsäure und Glutaminsäure, wie sie in modernen Schalen ebenfalls anzutreffen sind. Dies zeigt, dass Proteine unter geeigneten Umständen länger überleben können als DNA-Bruchstücke. Gelingt es, die Aminosäuresequenzen von Muschelschalen aus verschiedenen Zeitaltern zu bestimmen, so lassen sich daraus die möglichen DNA-Sequenzen ermitteln und die Evolution der Arten nachzeichnen.

Die Schatzkiste der Evolution

Im vorigen Kapitel haben wir Isotopenuhren als wertvolle Methoden kennengelernt, das Alter von Gesteinen und Fossilien zu ermitteln. Auf dieser Basis konnten in vielen Fällen stammesgeschichtliche Zusammenhänge aufgeklärt werden.

Es gibt aber noch eine ganz andere Art von Uhren, nämlich diejenigen, die heute lebende Wesen in sich bewahrt haben. Unsere Körper selbst sind ein Zeugnis der Evolution. Natürlich wird jeder Körper als Embryo praktisch vollständig aus frischem Material ganz neu aufgebaut. Was aber überliefert wird, ist die Information, wie Strukturen aufgebaut werden und wie Stoffwechselprozesse ablaufen.

Beschäftigen wir uns zunächst mit der Anleitung zum Bau von Organismen. Die Erbinformation eines jeden Lebewesens hat sich im Laufe der Evolution immer wieder durch Mutationen verändert und tut dies auch weiterhin. Sonst würde es keine unterschiedlichen Arten von Lebewesen geben. DNA enthält das Programm zur Herstellung all dieser Organismen. Durch Einwirkung von Strahlung oder Chemikalien, durch ungenaue Kopiervorgänge, Viren oder fehlgelaufene Reparaturvorgänge der Zelle selbst, wurde die DNA immer wieder variiert. Einzelne Basenpaare wurden ausgetauscht (Punktmutation), Stücke verdoppelt (Duplikation), an andere Stellen versetzt (Translokation) oder fielen ganz weg (Deletion). Geschieht dies in normalen Körperzellen, so sterben diese häufig ab und werden durch Nachbarzellen ersetzt. Zellen haben sogar eigene Kontrollmechanismen, die irreparable DNA-Schäden erkennen und die sogenannte Apoptose einleiten. Dies ist eine Art Selbstmordprogramm der Zellen. Gelegentlich entarten Körperzellen trotzdem. Sie entgleiten der körpereigenen Kontrolle und werden zu Krebszellen. So schlimm die Auswirkungen für den Einzelnen sein mögen, spielen sie doch für die Evolution kaum eine Rolle. Ganz anders sieht es aus, wenn Mutationen in der sogenannten Keimbahn auftreten. Das sind die Zellen, die schließlich zu Ei- oder Samenzellen werden und dazu bestimmt sind, die Fackel des Lebens an die nächste Generation weiterzugeben.

Tritt hier eine Mutation auf, so kommt es entweder gar nicht erst zur Befruchtung oder der Embryo stirbt während seiner Entwicklung ab. Dies gilt stets dann, wenn grundlegende Regelmechanismen oder Stoffwechselwege betroffen sind. Auch diese letalen (tödlichen) Mutationen interessieren uns hier nicht, obwohl sie häufig vorkommen. Sie spielen für die kommenden Generationen keine Rolle. Die Natur hat – zumindest bei den zweigeschlechtlichen Tieren – nach guter Noah-Manier dafür gesorgt, dass durchschnittlich zwei Nachkommen eines Paares selbst wieder Nachkommen haben. Bei Bakterien überlebt auf sehr lange Sicht durchschnittlich eine der beiden Tochterzellen. Abweichungen von dieser Regel gibt es jeweils nur kurzfristig. Liegt eine Art über einen längeren Zeitraum darunter, so nimmt die Zahl ihrer Individuen exponentiell ab und sie ist nach wenigen Dutzend Generationen verschwunden. Liegt sie auch nur wenig darüber, nun ja, dann sorgt die Begrenztheit der Ressourcen dafür, dass sie nicht sehr lange darüber liegt.

Mamas Mutanten

Betrachten wir aber nun die (durchschnittlich) zwei jungen potenziellen Mutanten eines jeden Paares, die durchgekommen sind. Sie sind es, die der natürlichen Selektion unterliegen. Die Gesamtheit der Eigenschaften, die ein Organismus durch Ausprägung seiner Gene erlangt, bezeichnet man als seinen *Phänotyp*. Bei Menschen kann man davon ausgehen, dass durchschnittlich jeder ganz grob betrachtet ungefähr eine kleinere Mutation in seiner Keimbahn trägt, dass also die Erbinformationen der Mutter oder des Vaters nicht ganz exakt übertragen wurden. Mancher hat vielleicht keine, ein anderer gleich drei. Diese haben sehr oft gar keine erkennbaren Auswirkungen. Das kann daran liegen, dass sie in nichtcodierenden Regionen der DNA auftreten, dass die Gene, in denen sie auftreten, nicht benötigt werden, oder dass es sich um eine sogenannte „stille Mutation" handelt, das heisst, dass sie die dritte Nukleobase eines Basentripletts betrifft, bei deren Austausch häufig genau die gleiche Aminosäure in ein Protein eingebaut wird (▶ Abbildung 3-15). Der Phänotyp ist unverändert.

Wirkt sich eine Mutation aber aus, so wird sie für den betroffenen Organismus in aller Regel nachteilig sein, denn das Räderwerk der Biologie ist bereits hochgradig optimiert. Vielleicht sind 999 999 aus einer Million Mutationen nachteilig oder neutral. Es ist sehr schwierig,

hier genauere Zahlen zu ermitteln. Nachteilige Mutationen verringern die sogenannte Fitness des Lebewesens, die daran gemessen wird, wieviele fruchtbare Nachkommen es hinterlässt. Durchschnittlich weniger Nachkommen als der „Wildtyp" zu haben, also als der gegenwärtig vorherrschende Phänotyp, ist evolutionär gesehen fatal. Es bedeutet, dass die betreffende Mutation nach einigen Generationen wieder verdrängt sein wird.

Es gibt auch neutrale Mutationen, die keinen deutlichen Einfluss auf die Fitness haben. Ein Beispiel ist etwa die Farbe der Augen bei Menschen oder seine Haarfarbe. Eine neutrale Mutation kann sich parallel zum Wildtyp lange in einer Population halten. Ein Individuum mit einer solchen Genvariante hat keinen signifikanten Vor- oder Nachteil.

Ganz anders das eine glückliche Individuum – im Beispiel eines von einer Million – bei dem sich die Anzahl der Nachkommen durch die Mutation erhöht hat. Seine Gene werden in der Population immer häufiger und schließlich werden sie selbst zum neuen „Wildtyp". Natürlich kommt es auch vor, dass eine anfangs neutrale oder sogar schädliche Mutation durch geänderte Umweltbedingungen plötzlich einen Vorteil erlangt. Auf diese Weise entstanden zum Beispiel aus den Wildtypen unserer Getreidearten die domestizierten Arten (▶ Kapitel 12, Seite 281).

Alle heute lebenden Organismen – von Bakterien bis zum Menschen – sind die Nachkommen der erfolgreichsten aus hunderten von Millionen Vorgängergenerationen. Dies gilt selbst für die heutigen Viren, obwohl sie ohne einen Stoffwechsel gar nicht im eigentlichen Sinne leben.

Auf diese Weise haben sich in evolutionären Zeiträumen zahlreiche Mutationen angehäuft, die vom hypothetischen Urahn LUCA über schier endlose Ketten von Verzweigungen zu den heute lebenden Spezies geführt haben. Jede Spezies in der irdischen Lebewelt ist mit jeder anderen verwandt. Unterschiede gibt es nur darin, wie weit wir in die Vergangenheit zurückgehen müssen, um den gemeinsamen Vorfahren zweier Spezies zu finden. So lebte beispielsweise der gemeinsame Vorfahr von Menschen und Schimpansen vor ungefähr 7 Ma. Der letzte gemeinsame Vorfahr, den wir mit allen anderen heute noch existierenden Lebensformen der Erde teilen, also auch mit den

Vorfahr Mensch mit	Mio. Jahre
Schimpanse	6
Gorilla	7
Orang-Utan	14
Gibbon	20
Maus	75
Eisbär	85
Elefant	105
Känguruh	140
Schnabeltier	180
Vögel	180
Frosch	340
Lungenfisch	417
Forelle	440
Haie	460
Lanzettfischchen	500–600 ?
Seesterne	570 ?
Insekten	590 ?
Quallen	550–700 ?
Trichoplax	780 ?
Schwämme	750–900 ?
Pilze	1 000–1 400 ?
Pflanzen	1 400–1 600 ?
Restl. Eukarya	1 800–1 400 ?
Archaea	2 000 ?
Bakterien	2 000 ?
Chemische Evolution	3 800 ?

3-16
Letzte gemeinsame Vorfahren. In seinem Buch „Geschichten vom Ursprung des Lebens" beschreibt RICHARD DAWKINS[10], wann die letzten gemeinsamen Vorfahren des Menschen mit anderen Lebewesen gelebt haben könnten. Die Werte sind allerdings besonders für die Zeit des Präkambriums mit großen Unsicherheiten behaftet.

Bakterien und Archaeen, wird wohl vor über zwei Ga gelebt haben, möglicherweise sogar schon in der ersten Milliarde von Jahren nach der Entstehung des irdischen Lebens selbst. Dieses datiert man heute auf etwa 3,8±0,4 Ga.

um sie in Eiweiße umzuschreiben. In jedem Lebewesen gibt es tRNA-Moleküle, die an dieselben Aminosäuren koppeln, und viele biochemische Reaktionswege wie die Gärung, Atmung oder Photosynthese haben in grundverschiedenen Lebewesen ganz ähnliche Ausprägungen.

Molekulare Uhren

Der Grundgedanke molekularer Uhren besteht darin, dass sich homologe DNA-Sequenzen zweier Spezies umso mehr unterscheiden, je weiter die Arten im Stammbaum auseinander liegen. Homolog bedeutet hier, dass wir von einer DNA-Sequenz sprechen, die in beiden Organismen dieselbe Funktion erfüllt oder von der zumindest klar ist, dass sie auf eine Sequenz in einem gemeinsamen Vorfahren zurückgeht. Diese Annahme ist sehr naheliegend und geht auf EMILE ZUCKERKANDL (1922–2013) und LINUS PAULING (1901–1994) zurück, die 1962 bemerkt hatten, dass Hämoglobinsequenzen unterschiedlicher Spezies stärker variierten, wenn sie von stammesgeschichtlich weiter entfernten Arten stammten[11]. Die erfolgreichen oder neutralen Mutationen in einer Sequenz sollten sich auf beiden Evolutionszweigen seit dem letzten gemeinsamen Vorfahren angesammelt haben. Natürlich sind die meisten Spezies heute äußerlich enorm unterschiedlich. Wem würde schon auf den ersten Blick eine Ähnlichkeit zwischen einem Krokodil und einem Haselnussstrauch, einem Pilz und einem Darmbakterium auffallen?

Auf der Ebene des grundlegenden Zellstoffwechsels und der DNA sind die Unterschiede aber sehr viel geringer als im Körperbau. Die gesamte Lebewelt arbeitet mit einem praktisch identischen DNA-Code (▶Abbildung 1-06, Seite 8). Alle nutzen analoge Enzyme, um ihre DNA zu verdoppeln und analoge Ribosomen,

Mutationsraten

Die Anzahl der Mutationen, die sich pro Jahrmillion ansammelt, ist allerdings von zahlreichen Faktoren abhängig. Zum einen unterscheidet sie sich zwischen Gruppen von Lebewesen deutlich, was beispielsweise auf unterschiedlich präzise Reparaturenzyme zurückzuführen sein kann. Des Weiteren ist es ganz entscheidend, welches Gen man für die Analyse auswählt. Ein Extremfall ist eine Sequenz auf einem unbenutzten DNA-Bereich, der nie in ein Eiweiß übersetzt wird und der am besten auch keine steuernde Funktion hat. Hier sind alle Mutationen neutrale Mutationen und die Mutationsrate wird hoch sein. Der andere Extremfall ist ein bereits hochoptimiertes Gen, das einem starken Selektionsdruck unterliegt. Es könnte beispielsweise für einen zentralen Prozess der Proteinsynthese benötigt werden. Selbst die kleinste Veränderung in einem solchen Gen führt sehr wahrscheinlich zu letalen oder stark beeinträchtigenden Mutationen und wird sofort ausgemerzt.

Trotz der Probleme mit der unterschiedlichen Ganggeschwindigkeit molekularer Uhren sind sie ungeheuer nützliche Instrumente zur Erforschung der Evolution. Betrachtet man die Anzahl der Mutationen, in denen sich zwei Spezies in den Basensequenzen eines analogen Gens unterscheiden, so steckt darin die Information, vor wie langer Zeit der gemeinsame Vorfahr gelebt hat, wann sich also der Stammbaum ver-

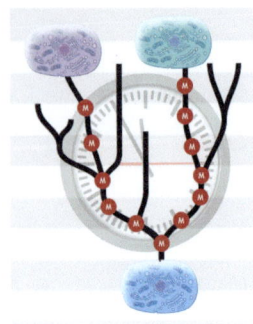

3-17
Molekulare Uhren. Zwei Spezies unterscheiden sich in der Anzahl von Mutationsschritten, die nötig sind, um die Unterschiede in homologen DNA-Sequenzen zu erklären. Als Daumenregel kann gelten: Je mehr Unterschiede, desto länger liegt der gemeinsame Vorfahr zurück.

homolog
(griech. homologein, übereinstimmen) nennt man DNA-Sequenzen (Gene), die höchstwahrscheinlich auf einen gemeinsamen Vorfahr zurückgehen.

Molekulare Uhren und ihre Eichung

Molekulare Uhren gehen nicht immer gleich schnell und liefern manchmal ungenaue Ergebnisse. Trotz ihres immensen Wertes für die Forschung und jahrzehntelanger Bemühungen ist das Problem der genauen Kalibrierung noch nicht abschließend gelöst. Zur Eichung müssen beispielsweise folgende Einflüsse beachtet werden:

- Generationsdauer
- Populationsgröße
- Effektivität der DNA-Reparatur
- Funktion eines Gens
- Selektionsdruck auf ein Protein
- Änderungen des Selektionsdrucks
- Unbekannte artspezifische Unterschiede

Erde und Leben – Die Geschichte einer innigen Wechselbeziehung

zweigte. Mit sorgfältiger Kalibrierung lassen sich zumindest die Verzweigungspunkte des Stammbaums seit dem Kambrium auf wenige Millionen Jahre genau ermitteln. In ▶Abbildung 3-16, Seite 49 finden Sie einige Näherungswerte dafür, wann der letzte gemeinsame Urahn der Menschen mit den betreffenden Organismen gelebt hat[10].

Es ist übrigens ganz ernüchternd, sich zu überlegen, welche Spezies auf unserem Planeten am „weitesten" entwickelt sind. Da die Generationszeit der allermeisten Organismen mit wenigen Ausnahmen viel kürzer ist als die des Menschen (im Extremfall von Bakterien nur 20 Minuten), hatten sie seit unserem gemeinsamen Verzweigungspunkt ungleich mehr Sieger des Evolutionsspiels in ihrer Ahnenreihe. Sie hatten viel mehr Gelegenheiten, ihre Gene optimal an ihre jeweilige ökologische Nische anzupassen. Es wäre demnach leicht zu begründen, wollte man die Menschen als eine der rückständigsten Spezies der Erde bezeichnen...

Untersuchung ribosomaler DNA

Will man sich einen Überblick über den Stammbaum aller Lebewesen verschaffen, sollte man natürlich nicht solche Gene für einen Vergleich heranziehen, die nur in kleinen Gruppen von Lebewesen vorkommen. Deshalb wurde die Methode auch zunächst auf Sequenzen der Ribosomenproteine angewendet, die in allen Lebewesen in mehrfachen Kopien vorliegen. Sie variieren vergleichsweise wenig und eignen sich daher auch für die Betrachtung sehr unterschiedlicher Lebensformen. Im Jahr 1990 waren es auch die Sequenzähnlichkeiten der ribosomalen DNA (rDNA), die zur Entdeckung der Archaea als eigenständiger, von den Bakterien verschiedenen Domäne des Lebens führten (▶Abbildung 3-18). Der Evolutionsbiologe CARL RICHARD WOESE (1938–2012) und der Botaniker OTTO KANDLER (*1920) erarbeiteten daraus das aktuelle 3-Domänen-Modell der Lebewelt. In ihm bilden Archaea, Bakterien und Eukarya die grundlegenden Klassen. Im Nachhinein hat sich gezeigt, dass sich ganz ähnliche Verwandtschaftsbeziehungen ergeben, wenn man der Analyse andere Gene zugrunde legt. Die genaue Abfolge der Verzweigungen kann im unteren Bereich des Stammbaums aber variieren, was auf den dort verstärkt auftretenden horizontalen Gentransfer zurückgeführt wird. Die genauen Beziehungen zwischen den Domänen sind noch immer Gegenstand der Forschung, werden aber teilweise durch die Endosymbiontentheorie (▶Seite 176) erklärt[2].

Mitochondriale DNA

Mitochondrien sind charakteristische Bestandteile aller eukaryotischen Zellen und sogenannte *Endosymbionten*. Sie stammen von ehemals selbstständigen Prokaryoten ab. Obwohl Mitochondrien die meisten ihrer ursprünglichen Gene an den Zellkern verloren haben, besitzen sie einen Rest von Erbsubstanz, der großteils mit ihrer wichtigsten Aufgabe, der Zellatmung, zu tun hat. Beim Menschen sitzen 37 Gene mit insgesamt nur 16 569 Basenpaaren auf einem winzigen ringförmigen Chromosom. Die mitochondriale DNA (mtDNA) wurde als eine der ersten molekularen Uhren zur Stammbaumanalyse eingesetzt, da sie gleich mehrere Vorteile bietet: Ihre vergleichsweise überschaubare Größe, ihr Vorkommen in Form tausender bis hunderttausender von Kopien pro Zelle und ihren (bei Menschen und den meisten Tieren) rein mütterlichen Erbgang und die Beobachtung, dass sie mit vergleichsweise konstanter Rate mutiert. Wohl enthält auch die Samenzelle einige wenige

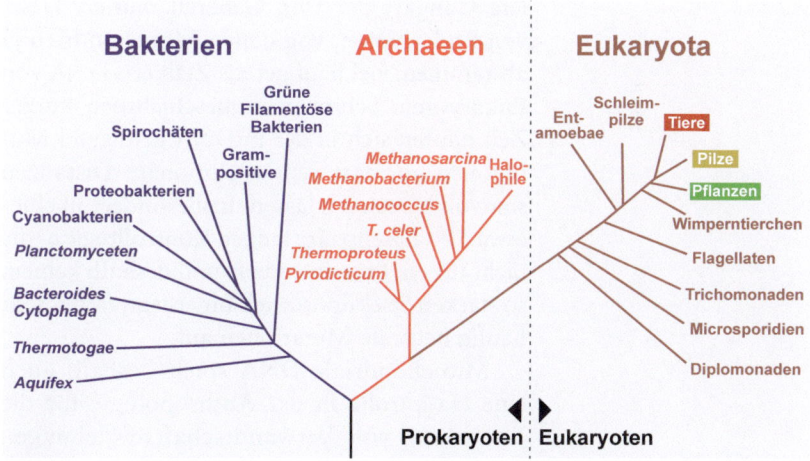

3-18
Phylogenetischer Baum. Aus den Sequenzdaten lassen sich Stammbäume gewinnen wie dieser auf rDNA basierende Entwurf. Der große Vorteil gegenüber dem Vergleich phänotypischer Eigenschaften ist, dass damit auch weit entfernte Zweige der Evolution verglichen werden können. Gleichzeitig erhält man zumindest eine grobe Auskunft darüber, vor wie langer Zeit sich zwei Spezies aufgespalten haben, ohne auf Fossilien für eine Datierung angewiesen zu sein. Die klassischen Reiche der Tiere, Pflanzen und Pilze erscheinen in dem Schema als kleine Gruppen innerhalb der Eukaryota (farbig hinterlegt).

51

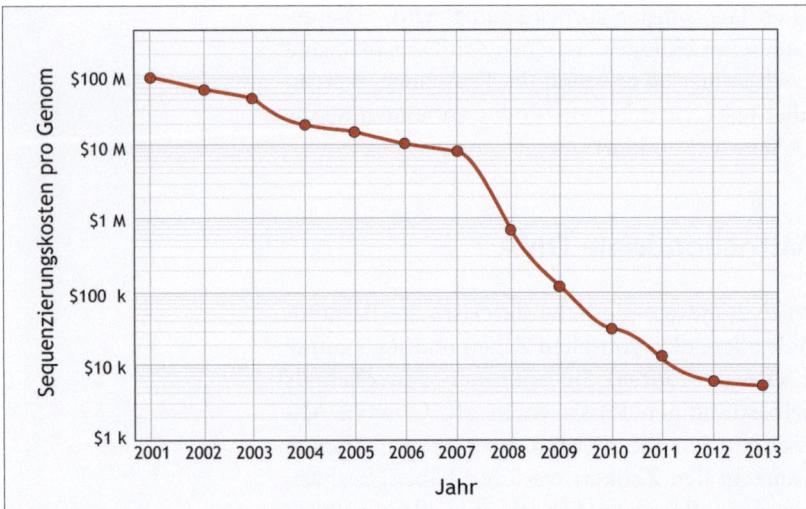

3-19
Sequenzierungskosten. In diesem logarithmischen Diagramm wird die Reduktion der Sequenzierungskosten für ganze Genome aufgrund dramatisch verbesserter Sequenzierungstechniken nach der Jahrtausendwende ersichtlich. Damit ist es möglich geworden, nicht nur DNA-Sequenzvergleiche einzelner Gene ribosomaler oder mitochondrialer DNA durchzuführen, sondern Mutationen im gesamten Genom in Betracht zu ziehen.

Mitochondrien, diese werden aber bei der Befruchtung normalerweise nicht in den entstehenden Embryo aufgenommen, sondern abgebaut. Selbst wenn ausnahmsweise doch männliche mtDNA übertragen werden sollte, würde sie gegenüber den etwa 200 000 Mitochondrien der Eizelle kaum eine Rolle spielen.

Es existieren große Datenbanken von mtDNA-Sequenzen aus der gesamten Lebewelt. Diese Information wird vielfach zur Bestimmung der Verwandtschaftsbeziehungen zwischen Spezies genutzt, allerdings vor allem für die jüngere Vergangenheit. Ein wesentlicher Grund dafür ist die im Vergleich zur Zellkern-DNA viel schnellere Gangart der Uhr. Generell mutiert DNA von Prokaryoten, von denen Mitochondrien ja abstammen, viel häufiger als Zellkern-DNA von Eukaryoten. Schon in erdgeschichtlich kurzer Zeit häufen sich in der mtDNA genügend Mutationen an, dass sich evolutionäre Distanzen sinnvoll berechnen lassen. Insbesondere in einer etwa 500 Basenpaare langen Kontrollregion, die nicht für ein Protein codiert und deshalb keinem so starken Selektionsdruck unterliegt, treten sehr häufig neutrale Mutationen auf.

Mitochondriale DNA spielt deshalb auch eine Hauptrolle in der Anthropologie für die Ermittlung von Verwandtschaftsbeziehungen menschlicher Populationen und deren prähistorischen Wanderungsbewegungen. Der Fokus liegt hier meist auf Ereignissen, die nicht mehr als einige Ma zurückliegen. Hier wird die Methode oft komplementär zur Untersuchung des rein väterlichen Erbgangs des Y-Chromosoms eingesetzt.

Zellkern-DNA

Die Kern-DNA von Eukaryoten mutiert etwa 20-fach langsamer als die von Prokaryoten. Die molekulare Uhr des Zellkerns tickt also langsamer und eignet sich besser für länger zurückliegende Verzweigungen im Stammbaum des Lebens. Seitdem es erschwinglich geworden ist, ganze Kern-Genome zu sequenzieren (▶ Abbildung 3-19), steht also neben dem Minutenzeiger auch ein molekulargenetischer Stundenzeiger der Erdgeschichte zur Verfügung. Dies entspricht etwa der Verwendung von Isotopen langer Halbwertszeit in der Geologie (▶ Seite 29). Der Grund für die geringere Mutationsrate der Zellkern-DNA liegt in den bei Eukaryoten viel weiter entwickelten Kopierenzymen und ausgeklügelteren Reparaturmechanismen, die fast alle Kopierfehler vermeiden und Schäden reparieren können.

Gerade diese langsame genetische Veränderung macht den kompletten Vergleich der Kern-DNA zur Methode der Wahl, um Abstammungsbeziehungen zwischen weniger nah verwandten Arten zu studieren.

Rekonstruktionen

Eröffnung des Jurassic Park?

Heute kennt man von immer mehr Spezies auch die vollständige Sequenz der Zellkern-DNA. Damit lassen sich Stammbäume und die geobiologische Zeitskala auf eine immer solidere Basis stellen. Die Bestimmung von Verwandtschaftsbeziehungen und Stammbäumen wird mehr oder weniger zu einer Rechenaufgabe.

Aber die Möglichkeiten durch neueste Sequenzierungsmethoden in Kombination mit leistungsfähigen Computern gehen noch weit darüber hinaus.

Rekonstruktion von DNA-Sequenzen

Zufällige Mutationen sammeln sich mit der Zeit in der Evolution an, wenn sie nicht absolut lebensnotwendige Sequenzen betreffen und damit einem starken Selektionsdruck unterliegen. Dies wird, wie oben erwähnt, ausgiebig dazu genutzt,

Stammbäume zu ermitteln, die unabhängig von morphologischen Betrachtungen sind.

Aber damit legt uns die Molekularbiologie ein noch viel weiter gehendes Werkzeug in die Hände. Aus Vergleichen mehrerer Genome lässt sich nämlich auch ermitteln, wie die Gensequenz der gemeinsamen Stammform mehrerer Evolutionszweige wahrscheinlich ausgesehen hat. Wie müssen wir uns etwa den letzten gemeinsamen Vorfahren des Menschen und der Wale vorstellen? Oder – sehr weit getrieben – des Menschen und eines Apfelbaums? Die Phantasie lässt uns hier schnell im Stich. Aber Sequenzanalysen geben uns zumindest wichtige Hinweise.

Liegt ein bestimmter DNA-Abschnitt in mehreren heute lebenden Spezies unverändert vor, so trug sie wahrscheinlich auch der gemeinsame Vorfahr. Es wäre nämlich ziemlich unwahrscheinlich, dass sich die gleichen Mutationen in verschiedenen Zweigen wiederholen.

Untersucht man viele Spezies, so kann man eine recht genaue Vorstellung davon entwickeln, wie die DNA ihres letzten gemeinsamen Vorfahren ausgesehen haben muss. Man kann nach der Gensequenz suchen, die mit der kleinsten Zahl von Mutationen in die des jeweils betrachteten Nachfahren mutiert sein kann. Unter Berücksichtigung der Funktion der Genprodukte kann eventuell sogar eine bestimmte Abfolge von Mutationen angenommen werden. Andere Abfolgen würden vielleicht funktionsunfähige Zwischenstufen ergeben. Wahrscheinlich entspricht eine so erarbeitete mögliche Mutationsfolge nicht exakt den historischen Geschehnissen. Es gibt beispielsweise auch Rückmutationen, bei denen ein verändertes Codon ausgerechnet wieder zu der originalen Basenfolge zurückfindet und die somit heute unsichtbar sein können. Trotzdem, wenn man von genügend vielen Sequenzinformation lebender Spezies ausgehen kann, lässt sich rekonstruieren, wie mit hoher Wahrscheinlichkeit bestimmte Gene inzwischen verschwundener Spezies ausgesehen haben mögen. Man hat dann sozusagen „fossile DNA-Information" ausgegraben.

Genau diesen Gedanken griff der Absolvent der Harvard Medical School, Dozent am Salk Institute for Biological Studies und Drehbuchautor MICHAEL CRICHTON (1942–2008) in seinem 1990 erschienenen Roman „DinoPark" auf. Dieser wurde drei Jahre später von STEVEN SPIELBERG (*1946) in der Trilogie „Jurassic Park" verfilmt. Die fiktiven Wissenschaftler isolierten DNA aus Dinosaurierblut, das durch einen in Bernstein konservierten Moskito erhalten geblieben war. Die DNA-Fragmente ergänzten sie dann durch Sequenzen heute lebender Amphibien und übertrugen sie in eine Amphibien-Eizelle. Heraus kamen kleine Dinosaurierbabys. Nun, aus vielen Gründen funktioniert das Szenario, das sich CRICHTON 1990 ausdachte, so nicht direkt. DNA zerfällt, wie wir oben gesehen hatten, gewöhnlich nach viel kürzerer Zeit in so kleine Fragmente, dass man kaum hoffen darf, noch nach Jahrmillionen wesentliche Informationen daraus zu gewinnen. Auch ist es bisher nicht gelungen aus DNA-Fragmenten ganze eukaryotische Chromosomen oder gar einen ganzen intakten Zellkern herzustellen.

Immerhin aber lassen sich Teile des Plans inzwischen sehr wohl realisieren. Austausch des Zellkerns einer Eizelle durch den Zellkern einer Körperzelle eines erwachsenen Schafes führte 1996 zur Geburt des Schafes „Dolly", des ersten geklonten Säugetiers. Möglicherweise sind auch die restlichen Stufen des Jurassic-Park-Szenarios nicht komplett unmöglich. Forscher träumen zumindest davon, noch nicht so lange ausgestorbene Spezies wie den Laufvogel Dodo oder Mammuts auf ähnliche Weise tatsächlich ins Leben zurückrufen zu können. DNA-Fragmente können unter glücklichen Umständen durchaus Jahrhunderte oder Jahrtausende überstehen. Vor diesem Hintergrund erscheint die Ermittlung von Sequenzen fossiler DNA aus heute lebenden Nachfahren natürlich durchaus brisant.

Vielleicht kommt es ja eines Tages auch hier wie so oft vor, dass sich Science Fiction und Wissenschaft gegenseitig befruchten. Ob man aber mit ähnlichen Verfahren wirklich alte DNA, etwa aus der Zeit des Präkambriums, wird erschließen können, ist doch sehr unwahrscheinlich.

Rekonstruktion und Untersuchung von Proteinsequenzen

Leichter als das Klonen ganzer ausgestorbener Organismen ist es, eine von den Nachfahren rückgerechnete hypothetische Ur-DNA auf andere Weise einzusetzen. Syntheseroboter erlauben es heute, ein Gen bei bekannter Sequenz Nukleotid für Nukleotid zu synthetisieren. Mit

Plasmid
In Bakterien und Archaeen vorkommende, meist ringförmige DNA-Moleküle, die nicht zum Bakterienchromosom gehören, sich aber selbst replizieren können. Sie enthalten zum Beispiel Resistenzgene gegen Antibiotika und können zwischen Bakterien ausgetauscht werden.

entsprechenden genetischen Steuerelementen versehen, kann man es mit gut beherrschten molekulargenetischen Techniken über einen sogenannten Vektor (Plasmide oder entschärfte Viren) in ein Bakterium einbringen. Die Nachkommen eines solchen Bakteriums stellen nach dieser Anleitung das fragliche Protein her, das dann isoliert wird und für direkte Untersuchungen zur Verfügung steht. Im Gegensatz zur Untersuchung echter fossiler Proteine hat man so allein aus der indirekt über verschiedene Nachkommen überlieferten Information Proteine gewonnen, die den Bestandteilen früherer Lebewesen zumindest ähneln.

Man konnte so bereits für einige Proteine zeigen, dass ihre vermuteten Urformen höhere Temperaturen vertrugen als unsere zeitgenössischen Varianten. Dies kann man als Hinweis verstehen, dass die Lebensformen, die diese Enzyme nutzten, an höhere Temperaturen angepasst waren. Deutet dies darauf hin, dass das Leben eher in heißer Umgebung entstand, beispielsweise an untermeerischen Vulkanschloten oder in dem berühmten „warmen Tümpel" CHARLES DARWINS (▶ Seite 103)? So interessant solche Spekulationen auch sein mögen, noch sind es nichts anderes als eben solche. ■

1 Foto: Notizbuchauszug „I think" von Charles Darwin, commons.wikimedia.org/wiki/File:Darwin_tree.png.
2 Woese C.R., Kandler O., Wheelis M.L., (1990) Towards a natural system of organisms: Proposal for the domains Archaea, Bacteria, and Eucarya. Proceedings of the National Academy of Sciences USA. Vol. 87, S. 4576–4579.
3 Foto: © Brudersohn, de.wikipedia.org/wiki/Stromatolith#/media/File:Stromatolites_Huy_01.jpg.
4 Rohner N., Jarosz D.F., Kowalko J.E., Yoshizawa M., Jeffery W.R., Borowsky R.L., Lindquist S., Tabin C.J., (2013) Cryptic Variation in Morphological Evolution: HSP90 as a Capacitor for Loss of Eyes in Cavefish. Science Vol. 342/6164, S. 1372–1375.
5 Basis: ©John Wiley and Sons.
6 Thiele I. et.al., (2013) A community-driven global reconstruction of human metabolism. Nature Biotechnology 31, S. 419–425. Siehe auch humanmetabolism.org.
7 Watson J.D., Crick F.H., (1953) Molecular structure of nucleic acids. A structure for deoxyribose nucleic acid. Nature 171, S. 737–738.
8 Foto: ©Museum der Universität Tübingen MUT.
9 Nance J., Armstrong J., Cody G., Fogel M., Hazen R., (2015) 15-million-year-old mollusk protein found. ScienceDaily, 5 February 2015. www.sciencedaily.com/releases/2015/02/150205083702.htm
10 Dawkins R., (2008) Geschichten vom Ursprung des Lebens. Ullstein, Berlin.
11 Zuckerkandl E., Pauling L., (1962) Molecular disease, evolution, and genetic heterogeneity. In: Albert Szent-Györgyi: Horizons in Biochemistry. Academic Press, New York.

KAPITEL 4

Die kosmische Bühne

Wie alles begann...
Planeten – aus Staub geformt
Kosmisches Labor

Zum vierten Kapitel

In diesem Kapitel verlassen wir die Erde, um sie aus der Ferne zu betrachten: als winzigen Teil unseres Universums.

Im Schnelldurchgang bewegen wir uns von den ersten Sekunden des Universums über die kosmische Evolution der Galaxien hin zur Entstehung unser Sonne und unseres Planetensystems. Bereits KANT (1724–1804) und LAPLACE (1749–1827) überlegten, wie Sonne und Planeten durch die Wirkung der Schwerkraft entstanden sein konnten. Vom Alter und der gigantischen Größe des Universums konnten sie freilich noch nichts wissen. Aber ihre Hypothese ist im Prinzip auch heute noch gültig.

Zu KANTS und LAPLACE' Zeiten waren der moderne Elementebegriff kaum mehr als hundert Jahre alt und noch längst nicht alle Elemente bekannt. Auch die auf DALTON zurückgehende Vorstellung, dass jedem Element eine Atomsorte entsprach, begann sich erst später durchzusetzen. So wenig man damals von der Entstehungsgeschichte des Universums wissen konnte, so wenig wusste man über die Herkunft der chemischen Elemente. Erst im 20. Jahrhundert lernte man, wie die Baustoffe von Erde und Lebewesen während des Brennens der Sterne und während ihres furiosen Endes entstehen.

Heute erschließen sich uns Dank moderner Beobachtungsmethoden – die Messdaten von Raumsonden und Weltraumteleskopen eingeschlossen – und ausgefeilter Modelle viel mehr Details über die wahrscheinliche Entstehungsgeschichte unseres Sonnensystems, als sich KANT oder LAPLACE vorstellen konnten. Es bleiben jedoch noch genug Fragen offen, insbesondere über die Entstehungsgeschichte der anderen Planeten unseres Sonensystems und natürlich, ob auf irgendeinem von ihnen Leben existiert oder irgendwann einmal existierte. Dank der kleinen Roboter, die seit Jahren auf dem Mars ihrer Arbeit nachgehen, scheint uns dieser Nachbarplanet schon recht vertraut zu sein. Man könnte glauben, die Entdeckung von Lebensspuren stünde unmittelbar bevor. Und selbst wenn diese Hoffnung enttäuscht wird: dass es auf dem Mars Leben gegeben haben *könnte*, ist wohl kaum mehr abzustreiten.

Wie wir sehen werden, gibt es allerdings andere Kandidaten in unserem Sonnensystem, auf denen sich Leben entwickelt haben könnte. Es handelt sich überraschenderweise nicht um die Planeten selbst, sondern um deren Monde. Mehr noch: all diese Kandidaten ziehen ihre Kreise um die Riesenplaneten Jupiter und Saturn, sind also in einer Zone angesiedelt, in der kein flüssiges Wasser existieren kann – zumindest auf der Oberfläche. Aber wie sieht es darunter aus?

Aber auch über das Ende des Lebens in unserem Sonnensystem müssen wir nachdenken, auch wenn wir dies ungern tun: nicht nur jeder Mensch ist sterblich, auch unsere Sonne und unsere Erde sind es. Zwar ist es noch etwas zu früh, um ein breit angelegtes Evakuierungsprogramm zu starten – aber das Ende kommt gewiss. Wir werden in diesem Kapitel sehen, wie viel Zeit der Menschheit noch bleibt.

Noch heute ist die Frage nicht wirklich beantwortet, woher die für irdisches Leben so typischen organischen Kohlenstoffverbindungen wie Aminosäuren, Nukleinbasen, Zucker und ähnliches stammen. Sind sie auf der Erde entstanden oder „fielen" sie zusammen mit den zahlreichen Meteoriteneinschlägen und Staubeinträgen auf die Erde? Wir werden dazu den Stand des aktuellen Wissens darstellen, Details über die chemische Evolution sind allerdings erst Thema des sechsten Kapitels.

Erde und Leben – Die Geschichte einer innigen Wechselbeziehung

Die kosmische Bühne

Wie alles begann...

Im Anfang war das Licht

Zumindest in dieser Ecke des Universums sind wir wohl die einzigen Wesen, die nicht nur Fragen zu ihrer eigenen Herkunft stellen, sondern die mit Hilfe der Wissenschaft auch aktiv nach Antworten forschen. Wo stehen wir bei dieser Suche heute? Was können wir nur vermuten, was mit einiger Gewissheit sagen?

Kosmologen beziffern das Alter des Universums heute auf 13,7 Milliarden Jahre. Damals entfalteten sich Raum und Energie aus einem extrem dichten Anfangszustand, dem Urknall. Dies lässt sich heute mit großer Sicherheit erschließen. Möglicherweise war dieses Ereignis sogar die Geburt der Zeit selbst, genauso möglich ist es allerdings, dass der Urknall nicht der Anfang von allem, sondern nur ein Übergangszustand war. Wir wissen es nicht. Einzig die ungeheure Dichte und Temperatur winzige Sekundenbruchteile nach diesem Uranfang lässt sich erschließen, zu einer Zeit, als die bekannten physikalischen Kräfte vermutlich noch in einer Urkraft vereint waren. Das Universum war in dieser Epoche von Strahlung beherrscht. Materie, wie sie heute unser Universum erfüllt, suchte man vergeblich. Sie konnte unter den hochenergetischen Bedingungen noch nicht existieren.

Der Samen der Welt

Aus der einheitlichen Urkraft entstanden in dem sich ausdehnenden und abkühlenden Universum nach und nach die vier Grundkräfte Gravitation, starke Kraft, schwache Kraft und Elektromagnetismus. Immer wieder vergleicht man diese Prozesse mit dem Gefrieren von Substanzen unterschiedlicher Schmelzpunkte. Auch in Festkörpern wie Eis zeigen sich plötzlich neue Eigenschaften, die das Wasser in seiner flüssigen Form noch nicht hatte.

So kamen wohl die Kräfte in die Welt, die wir heute kennen.

Gleichzeitig entstanden aus dem noch ungeheuer heißen und dichten Anfangszustand mit weiterer Ausdehnung und Abkühlung die ersten Elementarteilchen, die sogenannten Quarks, Bausteine von Protonen und Neutronen. Protonen und Neutronen zusammen bilden die später entstandenen Atomkerne. Wahrscheinlich enstanden zu dieser Zeit auch jene Teilchen, aus denen die Dunkle Materie besteht (▶ Kasten Dunkle Materie und Dunkle Energie, Seite 58). Man bezeichnet sie als WIMPS, *weakly interacting massive particles*. Ein wesentliches Charakteristikum der Dunklen Materie ist nämlich, dass sie einfach nur da ist: außer durch ihre Gravitationswirkung scheint sie kaum Einfluss auf herkömmliche Materieformen zu haben.

Bis zur Entstehung von Quarks und WIMPS ist seit dem Urknall nicht einmal eine Millisekunde vergangen, weniger als ein Wimpernschlag. In der darauf folgenden Viertelstunde unseres Universums entsteht das, was man als den Samen der Welt bezeichnen kann: Wasserstoff, das einfachste Element im Universum, welches aus nur einem Proton besteht.

Protonen und Neutronen bilden sich durch den Zusammenschluss von drei Quarks. Etwa eine Millisekunde nach dem Urknall ist das Universum soweit abgekühlt, dass Quarks gewissermassen zu Protonen und Neutronen „gefrieren" können. Freie Neutronen sind allerdings instabil, sie überleben nur, wenn sie sich mit Protonen zusammenschließen. Deshalb entsteht anfangs neben normalem Wasserstoff (^{1}H) aus nur einem Proton vermehrt Deuterium (^{2}H), ein Wasserstoffisotop, das aus einem Proton und einem Neutron besteht. Unter den Bedingungen, die zu dieser Zeit im Universum herrschten, wird Deuterium praktisch vollständig in Helium (^{4}He) umgewandelt, einem Kern mit je zwei Protonen und Neutronen.

Insgesamt entstehen während dieser sogenannten *primordialen Elementsynthese* etwa 75 %

4-01

Urknall. Vieles spricht dafür, dass das gesamte Universum anfangs nur aus einem extrem dichten, winzigen Punkt bestand, viel kleiner als die Spitze einer Stecknadel. Dieser Punkt dehnte sich vor 13,7 Milliarden Jahren als Folge sogenannter Quantenfluktuationen schlagartig aus. Viele Jahrtausende später entstanden Atome, noch später die ersten Sterne und Galaxien. Unsere Sonne gehört zur dritten Generation der Sterne des Universums.

Kosmium
13,7 Ga – 4,5 Ga

Dunkle Materie und Dunkle Energie

Etwa zu der Zeit, als sich Quarks bildeten, müssen auch die Teilchen entstanden sein, aus denen Dunkle Materie besteht. Die sogenannte Dunkle Energie spielte zu dieser Zeit noch keine Rolle. Heute stellen Dunkle Materie und Dunkle Energie mehr als 95 Prozent der gesamten Materie-Energie des Universums. Alles was wir an Sternen, Staub oder Strahlung vom Universum wahrnehmen, umfasst nicht einmal 5 Prozent (▶ Abbildung 4-02)!

Dunkle Materie macht sich praktisch nur durch ihre Gravitationswirkung bemerkbar, mit normaler Materie oder Strahlung wechselwirkt sie kaum. Dafür finden sich viele Indizien für ihre Existenz aus ganz unterschiedlichen Bereichen, weshalb sie zur Zeit als aussichtsreichste Option für die Erklärung einer Reihe kosmischer Phänomene gilt. So bewegen sich die äußeren Sterne von Spiralgalaxien viel schneller, als man aufgrund der kombinierten Anziehungskraft all ihrer Sterne und Gaswolken erwarten sollte. Die meisten Forscher machen dafür die Gravitation eines angenommenen Halos aus Dunkler Materie in und um die Galaxien verantwortlich. Und auch die inzwischen sehr genau vermessenen räumlichen Schwankungen der Mikrowellen-Hintergrundstrahlung, die uns aus allen Richtungen des Universums erreicht, stimmen sehr genau mit dem sogenannten Standardmodell der Kosmologie überein, das von einem Anteil von 26,8 Prozent Dunkler Materie ausgeht. Simulationen des Universums auf Basis dieses Modells liefern zudem Materieverteilungen, die den beobachteten großräumigen Strukturen im Kosmos entsprechen. Mit Hilfe des sogenannten Gravitationslineneffektes ist es außerdem möglich, die Masseverteilung in Galaxien oder im Raum zwischen einem sehr entfernten Objekt und uns zu bestimmen. Auch diese Werte passen sehr gut zu den Annahmen des Standardmodells.

Es gibt allerdings auch Ungereimtheiten. Genauere Messungen der Bewegungen von vierhundert Riesensternen im Umkreis von 12 000 Lichtjahren um die Sonne fanden bisher keine Hinweise auf Dunkle Materie in diesem Bereich. Wie passt das zusammen? Auch hat sich nach einer Kollision des Galaxienhaufens Abel 520 die Dunkle Materie offenbar weitgehend von den Galaxienkonzentrationen getrennt und befindet sich zusammen mit dem Löwenanteil an interstellarem Gas noch etwa am Ort der Kollision, während die meisten Galaxien sich bereits aus dieser Region entfernt haben. Ein solches Verhalten erwartet man von einer gasförmigen Substanz, denn deren Bestandteile bremsen sich durch Stöße gegenseitig ab. Nicht jedoch von der kaum wechselwirkenden Dunklen Materie. In anderen kollidierten Galaxienhaufen hingegen verhält sie sich wie erwartet: sie bewegt sich mit der normalen Materie vom Ort des Geschehens weg.

Daneben gibt es Indizien für eine noch rätselhaftere Erscheinung, die sogenannte Dunkle Energie. Eigentlich sollte sich die Expansionsbewegung des Universums durch die Gravitationswirkung seiner Massen mit der Zeit verlangsamen. Die Beobachtung sehr weit entfernter Objekte, sogenannter Supernovae Typ 1a, ergab jedoch, dass sich die Expansion seit etwa 5 Milliarden Jahren beschleunigt! Ein solches Verhalten entspricht in der Allgemeinen Relativitätstheorie einer überall im Universum gleichmäßig wirkenden Energie, die der Gravitation entgegenwirkt und nicht von der Größe des Raumes abhängt. Da sich die Gravitationsenergie mit zunehmender Ausdehnung des Raumes „verdünnt", gewinnt die Dunkle Energie mit der Zeit die Oberhand und bestimmt zunehmend das globale Geschehen im Kosmos. Nach den beobachteten Effekten muss ihr Anteil an der Gesamtenergie des Universums circa 70 Prozent betragen.

Niemand weiß bis heute, aus was Dunkle Energie besteht. Manches spricht dafür, dass es sich um ein spezielles Quantenfeld handelt, das man in Anlehnung an antike Vorstellungen auch als Quintessenz (lat. *quinta essentia*, fünfte Substanz oder Element) bezeichnet. An dieser Stelle treffen sich Kosmologie und Elementarteilchenphysik: das Rätsel der Dunklen Energie ist eng verbunden mit der bisher ungelösten Vereinheitlichung von Quantentheorie und Allgemeiner Relativitätstheorie.

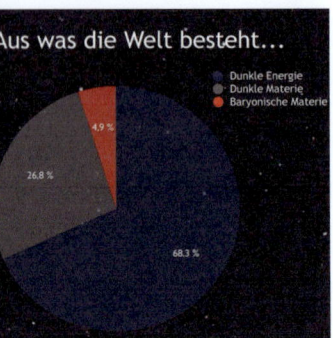

4-02
Dunkle Materie und Dunkle Energie. Herkömmliche Materie macht im Universum heute gerade einmal 4,9 Prozent aus.

Halo
Analog zum Kranz um eine Lichtquelle wird darunter ein etwa kugelförmiger Bereich rund um eine Galaxie bezeichnet.

Lichtjahr
Strecke, die das Licht im Vakuum in einem Jahr zurücklegt. 1 Lichtjahr sind 9,46073 Billionen km.

Gravitationslineneffekt
Nach der Allgemeinen Relativitätstheorie krümmen Materieansammlungen den umgebenden Raum, weshalb Lichtstrahlen dort nicht mehr geradlinig verlaufen. Objekte hinter einem massereichen Galaxienhaufen erscheinen daher verschoben oder verzerrt, was man zur Berechnung seiner Materieverteilung nutzen kann.

Wasserstoff und 25 % Helium und Spuren von Lithium, dem Helium folgenden Element mit drei Protonen, sowie etwas Beryllium mit 4 Protonen. Im gleichen Zeitraum entstehen auch die sogenannten Leptonen, leichte Elementarteilchen, zu denen auch das Elektron gehört, eine Entwicklung, die noch Folgen haben wird.

Materie und Antimaterie

Aus dieser Zeit der Entstehung der Elementarteilchen stammt eines der ältesten Rätsel, die uns das Universum aufgibt: Eigentlich besteht bei Elementarteilchen eine Symmetrie, die sogenannte CP-Invarianz. Zu fast jedem Teilchen gibt es ein Antiteilchen, das sich nur durch die Polarität seiner elektrischen Ladung von ihm unterscheidet. Zum Elektron gibt es das Positron, zum Proton das Antiproton und so weiter. Gerade dass sie sich nicht in ihrer Masse (und damit in der Energie zu ihrer Bildung) unterscheiden, ist ein Problem. Würden wir uns selbst ein kleines Universum basteln, so könnten wir erwarten, dass genau gleich viele Teilchen beider Arten entstehen und – das ist ihre unangenehmste Eigenschaft – bei allfälligen Zusammenstößen sofort wieder in reine Energie zerstrahlen. Mithin sollte am Ende überhaupt keine Materie übrigbleiben. Warum ist das zu Beginn des Universums nicht passiert? Warum gibt es uns eigentlich?

Es stellt sich heraus, dass die CP-Invarianz bei manchen Wechselwirkungen und Zerfallsprozessen von Elementarteilchen nicht gilt. Es spricht vieles dafür, dass diese Verletzung der CP-Invarianz für den anfangs zwar winzigen, aber entscheidenden Überschuss normaler Materie verantwortlich ist.

Atome und Sterne entstehen

Nach etwa 380 000 Jahren ist das Universum soweit abgekühlt – auf etwa 3000 Kelvin (▶ Randspalte) – dass sich negativ geladene Elektronen und positive Atomkerne zu elektrisch neutralen Wasserstoff- und Heliumatomen zusammenschließen. Die weitgehende Neutralisierung der elektrischen Ladungen führt dazu, dass sich elektromagnetische Felder und Materie nur wenig beeinflussen, elektromagnetische Felder breiten sich praktisch ungehindert im Raum aus. Die heute aus allen Richtungen auf die Erde einwirkende kosmische Hintergrundstrahlung ist gewissermaßen das Nachleuchten dieses Ereignisses.

Die kaum 5 Prozent gewöhnlicher Materie haben seitdem einen erstaunlichen Wandel durchlaufen. Aufgrund der Schwerkraft entstanden aus unvermeidlichen geringsten Dichteschwankungen der Dunklen und der sichtbaren Materie am Ende Anziehungszentren, in denen sich immer mehr Masse sammelte – die Keime heutiger Galaxienhaufen. Auf kleinerem Maßstab kollabierten schließlich kalte Gaswolken aus Wasserstoff und Helium zu Protosternen und heizen sich erneut auf, ein Prozess, der noch heute zu beobachten ist. Überschreiten Temperatur und Dichte im Zentrum einen kritischen Wert, dann stoßen Atomkerne so heftig zusammen, dass einzelne der positiv geladenen Teilchen ihre elektrische Abstoßung überwinden und die extrem kurzreichweitige starke Kernkraft zur Bildung größerer Atomkerne führt. Bei diesem als *Kernfusion* bezeichneten Vorgang werden hohe Energiebeträge frei. Auch bei der Explosion einer Wasserstoffbombe (H-Bombe) handelt es sich um eine Fusionsreaktion. Als Zünder dient hier eine atomare Sprengladung aus Plutonium, deren Explosion für die erforderliche Dichte und Temperatur sorgt.

Sterne – Brutöfen für Atomkerne

Die Fusion von Wasserstoffkernen zu Heliumkernen beginnt, wenn die Temperatur im Inneren des jungen Sterns durch die zunehmende Verdichtung auf einige Millionen Kelvin angestiegen ist (▶ Abbildungen 4-03, 4-04). Ab diesem Moment verhindert der entstehende Strahlungs- und Gasdruck eine weitere Kontraktion des Sterns durch Gravitation. Kann ein Stern durch Wasserstofffusion in seinem Kern nicht mehr genügend Energie erzeugen, so zieht er sich immer weiter zusammen und sein Kern wird heißer, bis schließlich Fusionsreaktionen zwischen Heliumkernen einsetzen. Bei diesem sogenannten Heliumbrennen entstehen vor allem Kohlenstoff und Sauerstoff. Enthält der Stern genug Masse, um durch Kontraktion die notwendigen Fusionstemperaturen zu erreichen, können auf diese Weise nacheinander immer schwerere chemische Elemente entstehen. Gleichzeitig liefern die Fusionsprozesse immer weniger Energie, denn der stabilste Atomkern ist beim Eisen mit einer Atommasse von 56 erreicht. Eisen kann nur in

Kelvin
Absolute Temperaturskala. 0 Kelvin sind −273,15 °C.

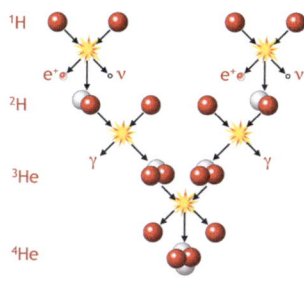

4-03

Proton-Proton-Reaktion. Durchschnittliche Sterne wie unsere Sonne gewinnen ihre Energie hauptsächlich aus der direkten Verschmelzung von Protonen (rot) in der P-P-Reaktion, bei der am Ende Helium (^{4}He) entsteht. Bei der Verschmelzung zweier Protonen zu Deuterium (^{2}H) wandelt sich ein Proton in ein Neutron (grau), zusätzlich entsteht ein Elektron (e^-) und ein Neutrino (ν). Bei der Verschmelzung des Deuterium-Atomkerns mit einem Proton entsteht Gammastrahlung (γ).

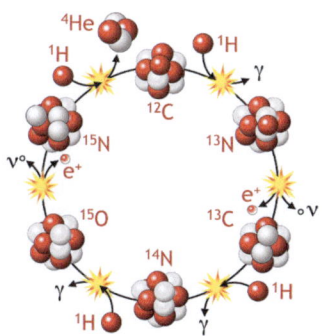

4-04

Bethe-Weizsäcker-Zyklus. Diese durch Kohlenstoff katalysierte Umsetzung von Wasserstoff zu Helium überwiegt in schweren und heißen Sternen.

KAPITEL 4 Die kosmische Bühne

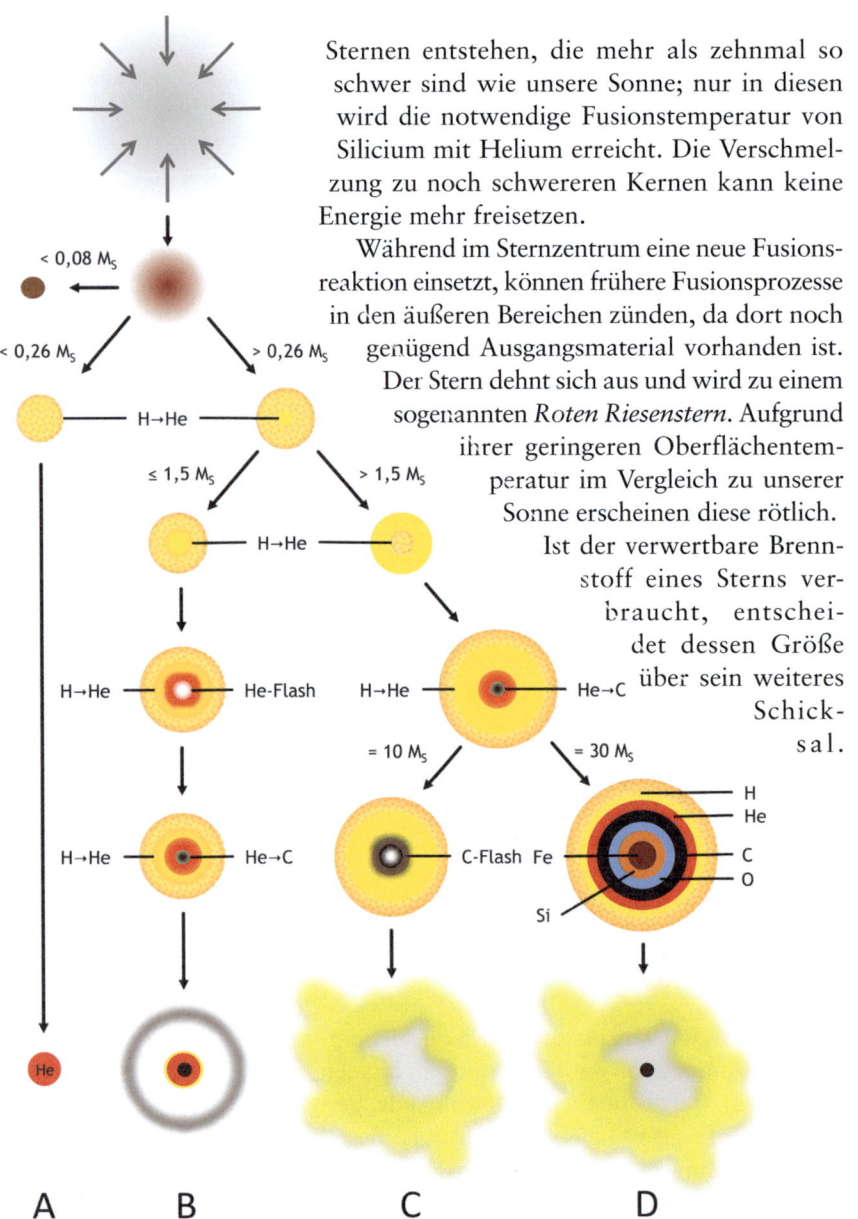

Sternen entstehen, die mehr als zehnmal so schwer sind wie unsere Sonne; nur in diesen wird die notwendige Fusionstemperatur von Silicium mit Helium erreicht. Die Verschmelzung zu noch schwereren Kernen kann keine Energie mehr freisetzen.

Während im Sternzentrum eine neue Fusionsreaktion einsetzt, können frühere Fusionsprozesse in den äußeren Bereichen zünden, da dort noch genügend Ausgangsmaterial vorhanden ist. Der Stern dehnt sich aus und wird zu einem sogenannten *Roten Riesenstern*. Aufgrund ihrer geringeren Oberflächentemperatur im Vergleich zu unserer Sonne erscheinen diese rötlich. Ist der verwertbare Brennstoff eines Sterns verbraucht, entscheidet dessen Größe über sein weiteres Schicksal.

Sterne in der Größe unserer Sonne stoßen einen großen Teil ihrer Hülle ab, der Rest kollabiert und bildet einen sogenannten *weißen Zwerg*, der über Jahrmilliarden langsam auskühlt, da in ihm keine Fusionsprozesse mehr stattfinden können.

Sterne ab der achtfachen Sonnenmasse fallen ebenfalls zunächst in sich zusammen, explodieren aber in der Folge als Supernova. Zurück bleibt ein extrem dichter Kern aus Neutronen (Neutronenstern) und bei genügend großer Masse ein *Schwarzes Loch*. Dessen Gravitationswirkung ist so stark, das auch Photonen (Lichtquanten) nicht mehr aus ihm entkommen können.

Elemente schwerer als Eisen entstehen, indem Atomkerne Neutronen und Protonen einfangen. Ein Neutron wandelt sich dabei um in ein Proton, ein Elektron und ein Neutrino. Diese Prozesse finden bei Supernova-Explosionen und auch in den Hüllen Roter Riesensterne vor deren Kollaps statt. An diesen unwirtlichen Orten liegen Neutronen und Protonen in ausreichender Zahl und mit genügend Energie vor, um diese Reaktionen anzustoßen.

Bei dem mehr oder weniger furiosen Ende eines Sterns werden die erbrüteten Elemente als Gas und Staub in seine Umgebung verteilt und dienen als Ausgangsmaterial für die nächste Generation von Sternen. Jede Generation sterngebärender Molekülwolken enthält daher immer mehr schwere Elemente (▶ Abbildung 4-06). Das Verhältnis von Eisen- zu Wasserstoffgehalt eines Sterns wird als dessen *Metallizität* bezeichnet und gibt Aufschluss über sein Alter.

Planeten - aus Staub geformt

Aus Staubwolken werden Scheiben

Selbst sehr kleine Unterschiede in der räumlichen Verteilung reichen aus, dass sich die Molekülwolke, aus denen sich ein junger Stern bildet, während der Kontraktion zu drehen beginnt. Aufgrund des Pirouetteneffekts verstärkt sich die Drehbewegung mit zunehmender Kontraktion. Innerhalb kürzester Zeit sollte daher praktisch die gesamte Wolke in das immer schneller rotierende Zentrum stürzen. Seltsamerweise sind Protosterne aber häufig von einer rotierenden, scheibenförmigen Wolke aus Gas und Staub umgeben, die zumindest lange genug existiert, damit sich daraus im Laufe einiger Jahrmillionen Planeten bilden können. Solche Scheiben aus Staub

4-05
Sternevolution. Die Entwicklungsgeschichte eines Sterns ist ein Wechselspiel zwischen der Gravitationswirkung seiner Masse M_S, die das Zentrum verdichtet, dem Gegendruck der Fusionsprozesse und der Art des Energieflusses nach außen (Konvektion oder Strahlung). Ist der Protostern leichter als $0{,}08\,M_S$, kann im Zentrum keine Wasserstofffusion einsetzen, der Stern wird zum braunen Zwerg. Darüber, bis etwa $0{,}26\,M_S$ „verbrennt" der gesamte Wasserstoff gleichmäßig zu Helium, da durch Konvektion Wasserstoff laufend von außen nachgeliefert wird. Am Ende reicht die Masse des Sterns nicht aus, um das verbliebene Helium ausreichend für eine Fusion zu komprimieren. Der Stern wird zu einem weißen Zwerg, der langsam auskühlt (A). Wenn Sterne in der Größenordnung unserer Sonne im Kern allen Wasserstoff verbraucht haben, kollabieren sie so, dass ab einem bestimmten Punkt das Heliumbrennen explosionsartig einsetzt (Helium-Flash). In einer Schale um den Kern findet weiterhin Wasserstoffbrennen statt, innen verbrennt Helium zu Kohlenstoff. Am Ende stößt der Stern seine äußere Hülle ab und wird zu einem weißen Zwerg (B). In sehr schweren Sternen (mit mehr als $15\,M_S$) kann die Fusionskaskade durch den hohen Gravitationsdruck im Kern bis zum Eisen ablaufen. Der Stern endet in einer Supernovaexplosion, neben der herausgeschleuderten Hülle bleibt ein Neutronenstern oder gar ein Schwarzes Loch übrig (D). In leichteren Sternen (ab $8\,M_S$) zündet nach dem Heliumbrennen der Kohlenstoff explosionsartig (C-Flash), die Explosion kann den Stern vollständig zerstören (C).

Erde und Leben – Die Geschichte einer innigen Wechselbeziehung

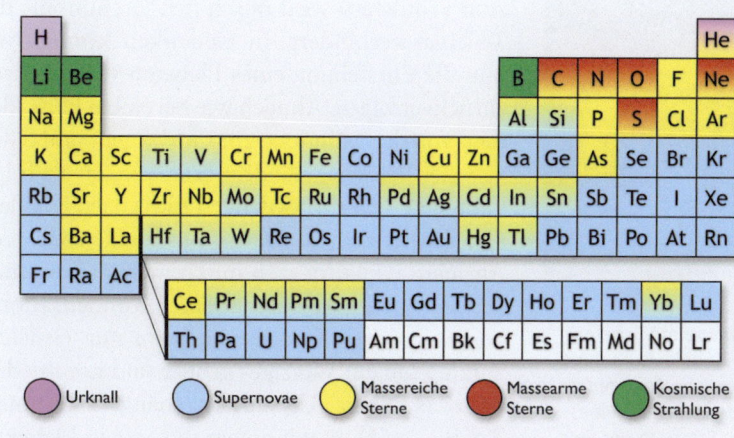

4-06

Nukleosynthese. Die chemischen Elemente entstanden auf unterschiedlichen Wegen. Nur Wasserstoff (H), Helium (He) und etwas Lithium (Li) entstanden direkt nach dem Urknall. Der Rest wurde in Sternen erbrütet oder stammt aus Supernova-Explosionen. Lithium, Beryllium (Be) und Bor (B) bildeten sich in nennenswerten Mengen erst durch kosmische Strahlung, deren schnelle Protonen schwerere Kerne „zersplittern" können (Spallation). Durch Fusion in Sternen gebildetes Li, Be oder B wird hingegen sofort wieder durch andere Prozesse vernichtet.

und Gas lassen sich mit dem Hubble-Teleskop beobachten, so zum Beispiel um den jungen Stern Fomalhaut oder in der sogenannten Sternenwiege des Orionnebels (▶ Abbildung 4-08, Seite 62).

Von Scheiben zu Planeten

Die protoplanetare Scheibe (▶ Abbildung 4-07) enthält zwar nur einen Bruchteil der Masse des jungen Sterns, aber fast das gesamte Drehmoment der ursprünglichen Molekülwolke. Der Stern dreht sich dagegen eher gemächlich um seine Achse. Dieses Phänomen blieb lange ein Rätsel der Planetenentstehung. Inzwischen geht man davon aus, dass Partikelströme und Magnetfelder aus dem Protostern Drehimpuls nach außen in die Wolke tragen, indem sie deren Teilchen mitreißen. Die starken Magnetfelder des Protosterns induzieren Turbulenzen in der protoplanetaren Scheibe, die einen Teil der Wolke nach außen treiben.

Die protoplanetare Scheibe ist nicht homogen. In unmittelbarer Nähe des Protosterns sorgen Magnetfelder dafür, dass in Richtung Zentrum strömendes Gas entlang magnetischer Feldlinien kanalisiert wird[2,3]. Mit zunehmendem Abstand zum Protostern sinkt auch die Temperatur in der Scheibe; ab der sogenannten Sublimationsgrenze fällt sie in ihrem Inneren unter etwa 1400 K, so dass Metallatome zu Metallpartikeln kondensieren können. Etwas weiter außen entstehen Silikate und Metalloxid-Partikel. Erst viel weiter draußen, im Sonnensystem etwa ab dem fünffachen Abstand der Erde von der Sonne und einer Temperatur um 150 K, kondensieren Wassermoleküle zu Eis. Himmelskörper jenseits des Jupiters bestehen daher vorzugsweise aus Eis. Kometen, die bis heute in großer Zahl durch die Randgebiete des Sonnensystems vagabundieren, sind nichts anderes als schmutzige Schneebälle. Das Eis auf ihrer Oberfläche sublimiert, sobald ihre Bahn sie in Sonnennähe führt. Der sich dadurch lösende Staub bildet den im Licht der Sonne leuchtenden Schweif.

Die Rotation der Scheibe bewirkt, dass die Staubpartikel langsam in Richtung Scheibenmitte sinken, eine Bewegung in radialer Richtung hin

Sublimation
So bezeichnet man den direkten Übergang einer Substanz von der festen Phase in die Gasphase. Eis kann unter den Druckverhältnissen in protoplanetarischen Scheiben nicht schmelzen, sondern verdampft bei ca. 150 K.

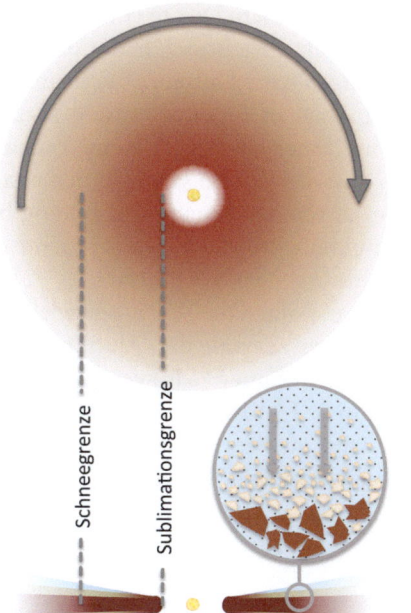

4-07

Protoplanetare Scheibe und Planetenbildung. Jene äußeren Teile der rotierenden Molekülwolke, die nicht zum Protostern kollabierten, bilden eine sogenannte protoplanetare Scheibe, die um den Protostern rotiert (links). Die Temperatur in der Scheibe sinkt mit zunehmendem Abstand. Jenseits der sogenannten Sublimationsgrenze liegt sie unter 1400 K, weshalb Metallatome und weiter außen Silikate und Metalloxide zu Staubpartikeln kondensieren. Erst jenseits der sogenannten Schneegrenze kann sich Eis bilden, weshalb die äußeren Planeten des Sonnensystems zu Teilen aus Eis bestehen. Die Partikel der protoplanetaren Scheibe sinken aufgrund der Gravitationswirkung Richtung Scheibenzentrum, während außen Gas vorherrscht (links unten). Im Innersten der Scheibe entstehen vor allem durch Kollisionen immer größere Partikel, am Ende in der Größe von Asteroiden und darüber. Sie „sammeln" dank ihrer Gravitationswirkung Staub und Gasmoleküle in ihrer Nähe, kollidieren miteinander und bilden schließlich Planeten (Mitte). Wenn in dem jungen Stern das Wasserstoffbrennen einsetzt, bläst ein heftiger Sonnenwind die verbleibenden Gas- und Staubpartikel weg (rechts)[4].

KAPITEL 4 Die kosmische Bühne

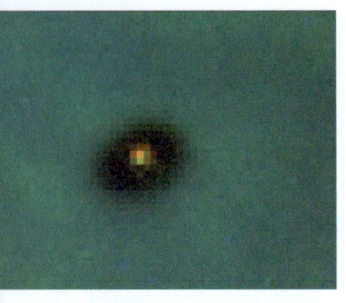

4-08
Protoplanetare Scheibe[6]. Diese Hubble-Aufnahme zeigt eine protoplanetare Scheibe (schwarz) eines jungen Sterns in der Sternenwiege des Orionnebels (grüner Hintergrund), etwa 1500 Lichtjahre von uns entfernt. Die Scheibe hat einen Durchmesser von 90 Milliarden Kilometern.

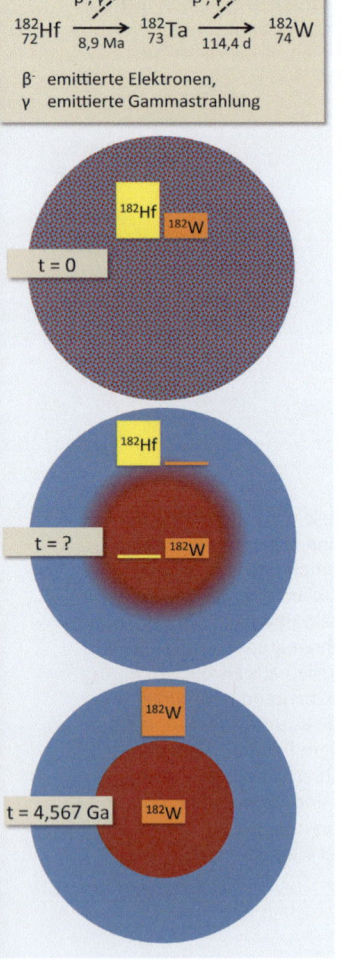

4-09
Hafnium-Wolfram-Uhr. Der Zerfall des Isotops ^{182}Hf in ^{182}W dient zur Abschätzung des Zeitpunkts, zu dem sich Kerne in Planetesimalen formten. Bei der Trennung von Kern und Mantelgestein reichert sich Hafnium im Mantel an, Wolfram hingegen im Kern. Aufgrund seiner in geologischen Maßstäben kurzen Halbwertszeit von 8,9 Ma ist ^{182}Hf heute praktisch vollständig in ^{182}W umgewandelt. Daher enthält der Mantel eine höhere Konzentration von ^{182}W als der Kern. Da man das Isotopenverhältnis zur Zeit der Planetenbildung (t=0) aus anderen Quellen abschätzen kann, ist es möglich, den Zeitpunkt der Kernbildung zu berechnen[7].

zum Protostern wird durch den Drehimpuls der Teilchen verhindert. In Gedanken können wir nun die Entstehung eines Planeten wie der Erde zurückverfolgen. Ähnlich wie bei einem Fluss, den man von der Mündung zur Quelle geht und dabei an jeder Verzweigung dem größeren Zweig folgt, kann man sich zurückdenken zum ersten Kondensat, dem ersten Staubkorn aus einigen wenigen Atomen. Es würde sich durch nichts unterscheiden von den Myriaden anderer Kondensationskeime in seiner Umgebung, wäre nur vielleicht zufällig um ein Winziges größer und könnte deshalb das Etikett »Urerde« angehängt bekommen. Zufällig stößt es mit einem nur wenig kleineren Nachbarn zusammen. Er bleibt haften, da sich die Bewegungsenergie der Kollision bei geringer Relativgeschwindigkeit zum Teil in innere Schwingungen und letzlich Wärme verwandeln kann, statt dass die Teilchen wie zwei Billardkugeln elastisch voneinander abprallen[6]. Vermutlich spielten in diesem Stadium auch elektrische Anziehungskräfte eine Rolle, da sich Ensembles von Atomen anziehen, wenn sie zufällig eine Elementarladung zu viel oder zu wenig tragen. Wiederholt sich dieser Vorgang nur oft genug, so wächst unser Staubkorn langsam heran, man bezeichnet es als *Planetesimal*, ein Kunstwort gebildet aus Planet und infinitesimal (lat., unendlich klein werdend). Immer größere Teilchen gesellen sich hinzu und je mehr das Ganze anwächst, desto leichter fällt es, die Energie allfälliger Kollisionen in Schwingungsfreiheitsgraden des Materieklümpchens zu verteilen; es wird wärmer und strahlt auch elektromagnetische Energie ab. Dies ist zunächst sehr langwellige Infrarotstrahlung, Wärme, wie wir sie heute mit empfindlichen, auf extrem tiefe Temperaturen gekühlten Satellitenteleskopen in Gas- und Staubwolken um entstehende Sterne nachweisen können. Hat ein solcher Kondensationskeim eine bestimmte Größe erreicht, so beginnt er auch über die Schwerkraft auf seine Geschwister Einfluss zu nehmen. Fliegen etwa zwei Körnchen auf benachbarten Bahnen parallel um die Sonne, so können sie sich mit der Zeit annähern und schließlich zusammenstoßen. Ist ein Planetesimal größer als etwa 1 Kilometer, beginnt er sich aufgrund der eigenen Gravitationswirkung zu verdichten. Aus einem losen, teils fraktalen Gebilde wird ein kompakter Körper. Von nun an beschleunigt sich das Wachstum rapide, da mit steigender Größe die gravitative Anziehung Kollisionen immer häufiger werden läßt. Wenige hunderttausend Jahre später ist daher der Körper auf 1000 km angewachsen und die Gravitationskraft verleiht ihm ein runde Gestalt. Für das weitere Wachstum zu einem Planeten von der Größe der Erde ist nun nicht mehr ausreichend „Kleinmaterial" vorhanden. Hin und wieder aber kollidieren zwei dieser Planetenembryos. Da sie in ihren Bahnen mehr oder weniger der Rotation der ursprünglichen Scheibe folgen, handelt es sich selten um frontale Zusammenstöße, öfter um ein Aneinanderschrammen. Auf diese Weise können sie zu Planeten verschmelzen.

Harte Kerne

Die Gesteinsplaneten des Sonnensystems, Merkur, Venus, Erde und Mars, sowie größere Asteroide und Monde verfügen über einen Eisen-Nickel-Kern, der von einem Silikatmantel umgeben ist. Entsprechend ihrer Vorlieben finden sich eisenliebende (siderophile) Elemente wie Wolfram und Platin vorzugsweise im Kern, während silikatliebende (lithophile) Elemente wie Hafnium und Lithium sich vor allem im Mantel anreicherten. Diese Trennung der Elemente kann natürlich nur im flüssigen Zustand erfolgt sein. Dann bewirkt die höhere Dichte von Eisen, dass es in der Schmelze Richtung Erdmittelpunkt sinkt. Messungen von Hafnium-Wolfram-Isotopenverhältnissen in Eisenmeteoriten (Bruchstücken von Kernen zerstörter Planetesimale) legen nahe, dass sich Kerne schon in den ersten 3 Millionen Jahren der Planetenentstehung bildeten (▶ Abbildung 4-09). Aber was brachte die jungen Planetesimale zum Schmelzen?

Dafür war vor allem die Wärmeentwicklung beim radioaktiven Zerfall des Aluminiumisotops ^{26}Al zu Magnesium (^{26}Mg) verantwortlich. Durch die kurze Halbwertszeit von ^{26}Al von 717 000 Jahren versiegte diese Wärmequelle allerdings recht schnell. Während anfangs leicht

4000 K erreicht wurden, sank die Wärmeentwicklung nach 3 Millionen Jahren bereits auf wenige hundert Kelvin. Das Hafnium-Wolfram-Isotopenverhältnis der Erde zeigt jedoch, dass ihr Mantel noch mehr als 30 Millionen Jahre lang zu einem Gutteil geschmolzen war. In dieser Zeit sorgten Kollisionen zwischen den schon sehr großen Planetesimalen und Planetenembryos für die notwendige Energie. Einen erheblichen Teil ihrer Masse erhielten die junge Erde und ihre Schwesterplaneten durch derartige Kollisionen. Unser sonnennächster Planet Merkur war weniger glücklich: er verlor den Großteil seines Mantels durch Kollisionen, weshalb sein Kern fast zwei Drittel seines Durchmessers umfasst; bei der Erde sind es nur etwa 55 %[6].

Die Sonne räumt auf

Sobald sich nach wenigen Jahrmillionen der Protostern so stark verdichtet hat, dass in seinem Inneren die Wasserstofffusion einsetzt, entsteht kurzzeitig ein starker Sonnenwind aus geladenen Elementarteilchen, der übrig gebliebenes Gas und kleine Partikel fortbläst. Da sich durch fortlaufende Kollisionen auch Trümmer in der Scheibe sammeln, kann die Scheibe dennoch Hunderte von Jahrmillionen weiterbestehen. Ja, sogar nach 4,6 Milliarden Jahren gibt es in unserem Sonnensystem jenseits des Neptuns im sogenannten Kuipergürtel und zwischen Mars und Jupiter eine große Anzahl kleinster Körper und Partikel, Überbleibsel aus der Anfangsgeschichte des Sonnensystems.

Steine und Eiskugeln

Der Ort, an dem sich ein Planet bildet, bestimmt dessen Aufbau und natürlich sind auch die Chancen für die Entstehung von Leben davon abhängig. So bieten eisbedeckte Himmelskörper jenseits der Schneegrenze „Lebensraum" wohl höchstens dort, wo durch Gezeitenkräfte oder radioaktive Zerfallsprozesse genug Wärme entsteht, um den dicken Eispanzer von unten zu schmelzen. In unserem Sonnensystem scheint dies bei manchen Monden der Fall zu sein (▶ Seite 64). Wahrscheinlich gibt es auch um andere Sterne herum „habitable Zonen", in denen lebensfreundliche Verhältnisse herrschen (▶ Kasten Seite 76).

Aber auch das Verhältnis der Häufigkeiten der chemischen Elemente ist von Bedeutung. Im Universum sind neben Wasserstoff (^{1}H) und Helium (^{4}He) die Isotope ^{16}O (Sauerstoff) und ^{12}C (Kohlenstoff) am häufigsten vertreten. In der protoplanetaren Scheibe unseres Sonnensystems gab es etwa 1,85-mal mehr Sauerstoff- als Kohlenstoffatome[8]. Der überschüssige Sauerstoff bestimmt bis heute die Chemie unserer Gesteinsplaneten, deren Kruste aus seinen Verbindungen mit Silicium, Magnesium, Aluminium, Schwefel und Eisen besteht. Diese liegen meist als Oxide, Silikate oder Aluminosilikate vor. Es ist erstaunlich, wie unterschiedlich unsere Erde aussehen könnte, hätte damals der Kohlenstoff überwogen. Dann bestünde die Oberfläche wohl aus Siliciumcarbid oder sogar aus elementarem Graphit[9]. Weiter im Inneren einer solchen Welt fänden sich unter Umständen große Mengen Diamant. Die Chemie der Atmosphäre würde möglicherweise der des Saturnmonds Titan (▶ Seite 66) ähneln, mit Kohlenwasserstoffen als Atmosphärenbestandteil und als Fluiden in Flüssen, Seen und Ozeanen. Es ist nicht auszuschließen, dass es solche Kohlenstoff-Erden irgendwo in unserer Milchstraße gibt. Insbesondere nahe der Zentrumsregion, die besonders reich an schweren Elementen ist, ist das Verhältnis nämlich in Richtung Kohlenstoff verschoben.

Allerdings scheinen Sonnensysteme mit Riesenplaneten die Bildung erdähnlicher Planeten zu begünstigen. Simulationen zeigen, dass Schwergewichte wie Jupiter durch Wechselwirkungen mit der protoplanetaren Staub- und Gaswolke langsam in Richtung Zentralgestirn migrieren[10]. Dabei treiben sie schwerere Elemente gewissermaßen vor sich her. Unter diesen Bedingungen kann eine silikatreiche Welt auch bei größerem Kohlenstoffanteil entstehen[11]. Vielleicht ist eine Welt wie die unsere also gar nicht so selten.

Gesteinsplaneten

Gesteinsplaneten in unserem Sonnensystem besitzen ein eher hohes spezifisches Gewicht (▶ Abbildung 4-11, Seite 65). Ihr vorwiegender Aggregatzustand ist, wie der Name vermuten lässt, der feste, obwohl sie durchaus auch flüssige Komponenten in ihrem Inneren beherbergen können. Die Chemie unserer Gesteinsplaneten wird beherrscht von den Elementen Sauerstoff und Silicium. Daneben spielen Magnesium und

Alkalimetalle

Elemente der 1. Hauptgruppe des Periodensystems:
Lithium (Li)
Natrium (Na)
Kalium (K)
Rubidium (Ru)
Caesium (Cs)
Francium (Fr).

Erdalkalimetalle

Elemente der 2. Hauptgruppe des Periodensystems:
Beryllium (Be)
Magnesium (Mg)
Calcium (Ca)
Strontium (Sr)
Barium (Ba)
Radium (Ra).

4-10
Gesteinsplaneten und Gasplaneten. Typische Gesteinskörper finden sich im inneren Sonnensystem (Merkur bis Mars, hier im Größenvergleich zur Sonne), aber auch viele Zwergplaneten und Monde werden zu ihnen gezählt.
Die Planeten von Jupiter bis Neptun enthalten viel mehr leichte Stoffe als Gesteinsplaneten. Sie besitzen vermutlich keine feste Oberfläche, sondern werden unter zunehmendem Druck nach innen dichter. In einem angenommenen kleinen Kernbereich kann er allerdings so hoch sein, dass selbst Wasserstoff metallische Eigenschaften aufweist.

Aluminium sowie Eisen eine wesentliche Rolle. Diese treten zu etwa dreißig häufig vorkommenden Mineralen zusammen, hauptsächlich zu Silikaten, Aluminosilikaten und Metalloxiden. Mit Ausnahme der natürlichen Gläser sind alle Gesteine der Erde und anderer Gesteinsplaneten sowie vieler Monde, Meteoriten und Asteroiden großenteils aus Mineralen aufgebaut. Gesteinsplaneten bestehen weitgehend aus festen oder zähplastischen Bestandteilen, die nach spezifischem Gewicht in mehreren Schalen vorliegen können: Im Zentrum existiert typischerweise ein schwerer Eisen-Nickel-Kern. Darüber liegt eine dicke Mantelschicht aus meist schweren Magnesium- und Eisensilikaten und Oxiden. Unter der Oberfläche liegt eine dünne Kruste, in der leichtere Minerale (insbesondere Silikate und Oxide der Alkali- und Erdalkalimetalle) angereichert sind. Bei größeren Körpern kann sich daran ein Bereich mit flüssigen Anteilen (Hydrosphäre) und eine Atmosphäre anschließen.

Historisch werden nur die vier Planeten Merkur, Venus, Erde und Mars zu den terrestrischen Planeten im engeren Sinne gerechnet. Im weiteren Sinne versteht man darunter aber auch planetenähnlich aufgebaute Gesteinskörper wie den Erdmond, die Jupitermonde Io, Europa, Ganymed und Kallisto sowie den Saturnmond Titan und den Neptunmond Triton. Bei den Eismonden kann zwar der Nickel-Eisen-Kern fehlen, und ein Eismantel tritt an die Stelle eines Silikatmantels, trotzdem ähneln sie in vieler Hinsicht den Gesteinsplaneten. Selbst der Zwergplanet Ceres und der große Asteroid Vesta können zu dieser Gruppe gezählt werden.

Gasplaneten

Schwere und höher schmelzende Bestandteile der protoplanetaren Scheibe sammeln sich näher am Zentralgestirn und kristallisieren dort. Daher finden sich in der Nähe der Sonne die Gesteinsplaneten, während sich weiter draußen vorzugsweise Gasriesen aus leichteren Elementen und Himmelskörper mit hohem Eisanteil einfinden. In welchem Umfang dies als allgemeine Regel gelten kann, ist nach der Beobachtung sehr heißer Gasplaneten nahe an anderen Sternen etwas zweifelhaft, hier kann aber die bereits erwähnte Migration der Riesenplaneten in Richtung Zentralgestirn eine Erklärung sein. In unserem Sonnensystem sind Jupiter, Saturn, Uranus und Neptun Gasplaneten.

Stellt man die acht Planeten der Sonne nebeneinander dar, so wird sofort klar, warum man die vier soeben angesprochenen Himmelskörper auch als Gasriesen bezeichnet (▶ Abbildung 4-10). Selbst Neptun, der kleinste unter ihnen, könnte die Erde 64-mal in sich aufnehmen, ganz zu schweigen vom Platzhirsch Jupiter, der den 1321fachen Rauminhalt der Erde besitzt. Wie spektroskopische Untersuchungen zeigen, bestehen Gasplaneten ähnlich wie die Sonne vorwiegend aus den leichtesten chemischen Elementen Wasserstoff und Helium, daneben wurden Ammoniak, Methan sowie Ammoniumsulfid (NH_3S) und Wasser nachgewiesen. Sie haben keine klar definierte Oberfläche, zumindest nicht dort, wo man sie vom einfachen Hinsehen her vermuten würde. Vielmehr werden sie nach innen immer dichter, da die äußeren Schichten auf den inneren lasten.

Monde

Mit den erdähnlichen Planeten und den Gasplaneten haben wir noch lange nicht alle Himmelskörper unseres Sonnensystems besucht. Viele der bekannten 173 Monde[12] unserer Planeten sind sogar noch interessanter.

Der Erdmond entstand nach der gängigen Vorstellung in der Endphase der Planetenbildung, als ein etwa marsgroßer Körper in die Urerde einschlug (▶ Kapitel 5). Dies erklärt auch, warum der Mond ein deutlich kleineres spezifisches Gewicht als die Erde aufweist ($3{,}341\,kg/dm^3$ gegenüber $5{,}514\,kg/dm^3$). Offensichtlich hatte sich der schwere Nickel-Eisen-Kern der Erde bereits teilweise gebildet und war vom Einschlag weniger betroffen. So überrascht es nicht, dass wir auf dem Mond ganz ähnliche Minerale antreffen wie in der Erdkruste. Neuere Forschungen zeigen aber auch, dass hier typisches Mantelmaterial häufiger offen an der Oberfläche zutage liegt. Aus seismischen Daten gibt es neuerdings auch Hinweise auf einen teils flüssigen, teils festen Kern ähnlich jenem der Erde.

Merkur · Venus · Erde-Mond · Mars · ca. 10 000 km

Erde und Leben – Die Geschichte einer innigen Wechselbeziehung

	Bahnradius[12]		Umlauf-zeit[12]	Rotations-zeit[12]	Äquat. Durchm.[12]	Achsnei-gung[13]	Volu-men[12]	mittlere Dichte[12]	Masse[12]	Oberflächen-Temp.[13]	Hauptbest. der Atm.[13]	mittl. Luftdruck[13]
	Mio. km	AE	Jahre	Tage	km	Grad	Erde = 1	kg / dm³	Erde = 1	K		hPa (mBar)
Merkur	57,91	0,39	0,24	58,79	4873	0,01	0,056	5,427	0,055	90–700	-	10^{-12}
Venus	108,21	0,72	0,62	243,69	12 104	177,30	0,857	5,243	0,815	710–770	CO_2, N_2	92 000
Erde	149,60	1,00	1,00	1,00	12 756	23,44	1	5,514	1	184–331	N_2, O_2, H_2O, Ar	1040
Mars	227,92	1,52	1,88	1,03	6792	25,19	0,151	3,933	0,107	186–268	CO_2, N_2, Ar	8
Jupiter	778,57	5,20	11,86	0,41	142 984	3,13	1321	1,326	317,83	165	H_2, He, CH_4	-
Saturn	1433,53	9,58	29,46	0,45	120 536	26,73	764	0,687	95,16	134	H_2, He, CH_4	-
Uranus	2872,46	19,20	84,01	0,72	51 118	99,97	63	1,271	14,55	76	H_2, He, CH_4	-
Neptun	4495,06	30,05	164,79	0,67	49 528	28,32	57,8	1,638	17,15	72	H_2, He, CH_4	-

Chemisch gesehen sind einige Monde der Riesenplaneten wesentlich vielfältiger, allen voran die Jupitermonde Io und Europa sowie die Saturnmonde Titan und Enceladus. Sie sind neben der Erde die interessantesten Orte des Sonnensystems und zeigen uns, dass auch bei frostigen Temperaturen „einiges los" sein kann.

Io – wunderschöne Schwefelhölle

Io zeigt neben Titan am eindrucksvollsten, wie stark sich eine Welt von der Erde unterscheiden kann. Io ist von dem Element Schwefel und extremem Vulkanismus geprägt. Die Einwirkung des gewaltigen Mutterplaneten und die leicht elliptische Umlaufbahn führen dazu, dass im Inneren des 3643 Kilometer durchmessenden Himmelskörpers Reibungswärme durch enorme Gezeitenkräfte entsteht. Infrarotmessungen wiesen an der Oberfläche einzelne Hot Spots mit Temperaturen von bis zu 2000 °C nach. Trotz einer durchschnittlichen Oberflächentemperatur von –143 °C findet sich auf Io fast kein Wassereis. Man schließt daraus, dass Io während seiner Entwicklung sehr heiße Phasen durchlebt hat, in denen flüchtige Verbindungen entwichen sind.

Die recht hohe Dichte von 3,56 kg/dm³ spricht für einen Nickel-Eisen-Kern. Darüber liegt Mantelgestein aus Silikaten mit hohen Anteilen von Schwefel und seinen Verbindungen. Die Oberfläche zeigt nur wenige Einschlagkrater, denn sie wird durch die starke Vulkantätigkeit ständig umgestaltet, wie die Raumsonden Voyager 1, Galileo und New Horizons eindrucksvoll dokumentierten. Charakteristisch sind farbenprächtige Calderen und Seen, gefüllt mit flüssigem Schwefel und Schwefelverbindungen. In gewaltigen Fontänen treten flüssiger und gasförmiger Schwefel sowie Schwefeldioxid mit Geschwindigkeiten von bis zu 1000 Metern pro Sekunde aus und steigen wegen der geringen Schwerkraft (etwa ein Fünftel des irdischen Wertes) bis zu 330 km hoch. In den ausgestoßenen Gasen wurden spektroskopisch S_2-Moleküle nachgewiesen, also Paare von Schwefelatomen. Wenn diese auf der kalten Oberfläche niedergehen, gruppieren sie sich möglicherweise zu S_3- und S_4-Ringen, die für die beobachteten rötlichen Färbungen verantwortlich sein können. Langfristig kommt es zur Umlagerung in die energetisch stabilen S_8-Ringe, die die typische blassgelbe Schwefelfarbe verursachen (▶ Abbildung 4-12).

Europa – Eis und Wasser

Der zweite große Mond des Jupiter, Europa, ist mit 3121 km Durchmesser nur wenig kleiner als Io und hat mit 3,01 kg/dm³ eine geringere Dichte. Er umläuft Jupiter in knapp der doppelten Entfernung auf einer fast genau kreis-

4-11
Fakten über Planeten. Deutlich erkennbar ist der Dichte- und Größenunterschied zwischen den Gesteinsplaneten und äußeren Gasplaneten. Da Gasplaneten keine feste Oberfläche besitzen, bezieht sich der Äquatorialdurchmesser auf den Punkt, an dem der Gasdruck dem Luftdruck auf der Erdoberfläche entspricht. Der Bahnradius ist als Länge der großen Halbachse angegeben. 1 AE = Entfernung Erde-Sonne.

4-12
S_8. Schwefelatome schließen sich leicht zu Ringen zusammen und bilden zahlreiche Modifikationen. Unter den Verhältnissen auf Io sollten Ringe aus acht Schwefelatomen entstehen.

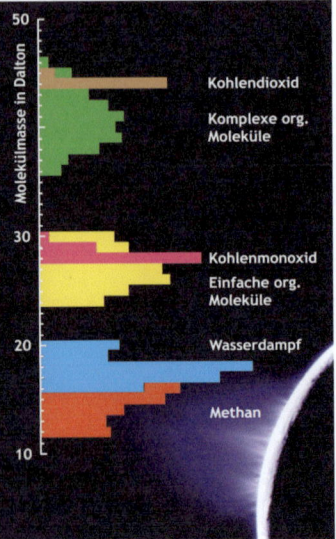

4-13
Enceladus[14]. Vorkommen von Molekülen in einer Ausbruchsfontäne des Saturnmonds Enceladus. Aufgenommen mit einem Massenspektrometer an Bord der Cassini-Sonde am 26. März 2008.
1 Dalton = $1/_{12}$ der Masse eines Kohlenstoffatoms.

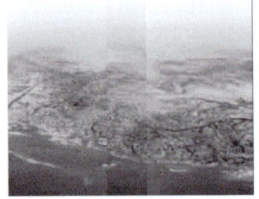

4-14
Titan. Seine Oberfläche aufgenommen aus 8 km Höhe von der Huygens-Landekapsel der Cassini-Sonde. Erkennbar ist helles höher liegendes Terrain, vermutlich durchzogen von Abflüssen, die auf ein niedrigeres, dunkles Terrain führen. Der dargestellte Ausschnitt zeigt ein Gebiet von etwa 6 km Breite[15].

förmigen Bahn. Dies erklärt zum Teil, weshalb uns Europa ein völlig anderes Bild zeigt als Io. Wassereis ist auf Europas Oberfläche der beherrschende Stoff. Diese weist nur wenige große Einschlagkrater und keine größeren Erhebungen auf. Man kann beobachten, dass bei Einschlägen weißes Material – sehr wahrscheinlich Eis – ausgeworfen wird. Die ganze Mondoberfläche ist von auffälligen, in alle Richtungen verlaufenden Furchen geringer Tiefe durchzogen, die frappierend an Strukturen irdischer Eisfelder in Polarregionen erinnern. Gezeitenbedingte Bewegungen könnten die Eiskruste immer wieder aufbrechen lassen oder die beobachteten Strukturen sind durch Kryovulkane entstanden, bei denen Wasser die Rolle der Lava übernimmt, oder durch Geysire. Spektroskopische Untersuchungen konnten dort Salze nachweisen, die wohl durch Eisenverbindungen rot gefärbt sind. Alle Hinweise sprechen dafür, dass die 10–15 km dicke Eisschicht auf einem 90 km tiefen, mondumspannenden Salzwasserozean schwimmt. Auch Messungen von Magnetfeldern deuten auf eine leitfähige Flüssigkeit unter dem Eis hin. Es ist nicht auszuschließen, dass sich in diesem Ozean Lebensformen entwickeln konnten.

Enceladus – der Ringmacher

Auch einer der kleineren Monde des Saturn, der im Durchmesser nur 504 Kilometer große Eismond Enceladus, dem Jupitermond Europa nicht unähnlich, kommt als mögliche Brutstätte von Leben in Betracht. Auf Wasser als wesentlichen Bestandteil weist auch schon seine durchschnittliche Dichte von nur 1,61 kg/dm³ hin. Im Inneren wird silikatisches Mantelgestein angenommen. Die Rückstrahlung (Albedo) von Enceladus ist mit 99 Prozent die höchste im Sonnensystem. Seine Oberfläche ist von auffälligen „Tigerstreifen" durchzogen, die mehrere hundert Meter tiefen Spalten entsprechen. Eigentlich liegt die Temperatur im Saturn-System wegen der größeren Sonnenentfernung noch deutlich unter der in Jupiter-Nähe, und die hohe Albedo tut ein Übriges, Enceladus mit nur 73 Kelvin (−200 °C) zu einem sehr frostigen Ort zu machen. Die Analyse seines Gravitationsfeldes auf Basis von Messdaten der Sonde Cassini legen jedoch die Existenz eines 10 km tiefen Ozeans unter der Polarregion nahe, der von einer 30–40 km dicken Eisschicht bedeckt ist[16]. In der Südpolarregion besitzt Enceladus auch einen besonders aktiven Hot Spot, dessen Temperatur etwa 25 Grad über der Umgebungstemperatur liegt und der geysirartige Auswürfe bis etwa 500 Kilometer Höhe erzeugt. Noch gibt es keine Erklärung für eine Energiequelle, die ausreichend wäre, die Ausbrüche zu verursachen und eventuell sogar Eis zu schmelzen. Weder radioaktive Elemente noch Gezeitenreibung sollten hierfür ausreichen. Die austretenden Stoffe bilden sogar einen der Saturnringe und schlagen sich als aufhellende Komponenten auf anderen Monden des Saturn nieder. Bei einem direkten Durchflug analysierte Cassini das unerwartet dichte Material direkt mit einem Massenspektrometer (▶ Abbildung 4-13). Was vielleicht am meisten auffällt, ist die Häufigkeit komplexer organischer Moleküle und deren Fragmente in der Auswurfwolke (Plume).

Titan – Seenlandschaft einmal anders

Es gibt einen anderen Ort im Sonnensystem, an dem man noch ungleich mehr organische Verbindungen antrifft. Bereits seit Mitte des vorigen Jahrhunderts war aus spektroskopischen Untersuchungen klar, dass der Saturnmond Titan Methan (CH_4) tragen muss. Er besitzt eine Dichte von 1,88 kg/dm³ und ist mit 5150 Kilometern Durchmesser größer als der Planet Merkur – so groß, dass er seit seiner Entstehung im Inneren noch nicht völlig erkaltet ist und radioaktive Nuklide dazu beitragen, ihn warm zu halten. Seit die Raumsonde Cassini den Mond erforscht und im Jahr 2005 die Landekapsel Huygens erfolgreich abgesetzt hat, wissen wir erstaunlich viele Details über Titan, die wir hier aus Platzgründen längst nicht alle ansprechen können. Die Oberflächentemperatur beträgt etwa 94 Kelvin, der Druck 1,5 bar; Methan liegt daher in flüssiger Form vor. Die Atmosphäre des Titan besteht zu 98,4 Prozent aus Stickstoff. Dazu kommen

etwa 1,6 Prozent Methan, ferner Argon und geringe Mengen anderer Substanzen wie Ethan (C_2H_6), Propan (C_3H_8), Ethin (C_2H_2), Kohlendioxid, Helium und Wasser sowie Cyanwasserstoff (HCN). Nur freier Sauerstoff ist praktisch nicht vorhanden. Abgesehen vom giftigen Cyanwasserstoff (Blausäure) könnte man die Titanatmosphäre wahrscheinlich unbeschadet atmen, wäre nur Sauerstoff vorhanden. Sogar ein regelrechtes Wettergeschehen gibt es auf dem Mond. Nur nehmen die Stoffe wegen der extrem tiefen Temperatur andere Rollen ein als auf der Erde. Aus Wolken von Ethanpartikeln und Methantröpfchen regnet Methan auf die Landschaften des Titan, das Flüsse bildet, die Oberfläche erodiert und sich in Seen sammelt. Wassereis ist bei diesen Temperaturen so hart wie Fels. Ein „Gestein" aus Wassereis und Methanhydrat (▶ Abbildung 4-15) bildet die Kruste um einen Kern aus Silikatgestein. Inzwischen wurden von Cassini sogar Strukturen entdeckt, die man für Eisvulkane hält. Da Titan im Inneren wärmer ist, mögen sich zwischen Silikatkern und äußerer Kruste auch Sphären flüssigen Wassers befinden. Die Atmosphäre des Titan ist viel ausgedehnter und dichter als die irdische und reicht weit in den Weltraum hinaus. An ihrem oberen Rand spielen sich unter dem Einfluss von Sonnenwind und UV-Strahlung komplexe chemische Prozesse ab. Aus Methan und Stickstoff entsteht eine Vielfalt organischer Moleküle und Polymere, die als Tholine bezeichnet werden und den orangefarbenen Dunst verursachen, der Titan umgibt. Tholine wurden in geringerer Konzentration auch auf Kometen und sogar in Staubscheiben bei der Entstehung ferner Planetensysteme nachgewiesen. Möglicherweise hat man mit ihnen den „Urschlamm" gefunden, aus dem unter ähnlichen Bedingungen die ersten Lebensformen der Erde entstanden sind. In den Tiefen Titans könnten Tholine durch tektonische Prozesse sogar mit flüssigem Wasser in Kontakt kommen. Es gibt aber noch eine viel exotischere Möglichkeit: Die Entstehung von Leben auf Basis von Kohlenwasserstoffen und Stickstoffverbindungen, das überhaupt nicht vom Wasser abhängt.

Vom Ende des Sonnensystems

Sterne entstehen und vergehen, und mit ihnen meist auch die Planeten, die sie umkreisen (▶ Abbildung 4-16). Je massereicher ein Stern bei seiner Geburt ist, desto heißer, leuchtkräftiger und schnelllebiger ist er. Die größten Exemplare sind etwa hundertfünfzig Mal schwerer als unsere Sonne und verbrauchen ihren Kernbrennstoff bereits in wenigen Millionen Jahren. Die Sonne aber wird erst in etwa 7 Milliarden Jahren allen Wasserstoff verbraucht haben. Während des anschließend einsetzenden Heliumbrennens wird sie zum Roten Riesenstern, ihr Radius wird sich mehr als verhundertfachen und sie wird die sonnennächsten Planeten Merkur und Venus verschlingen. Am Ende wird sie den Großteil ihrer Hülle abstoßen und als weißer Zwerg enden.

Die Erde wird diese Entwicklung kaum überstehen. Falls doch, wird sie aufgrund der geringen Masse des weißen Zwerges weit außerhalb der heutigen Bahn ihre Kreise ziehen, die Sonne wäre eine Scheibe, die kleiner ist und schwächer strahlt als der Mond heute. Leben wird jedoch schon lange vor dieser Zeit auf der Erde ungemütlich. Während der kommenden 6 Milliarden Jahre wird sich die Leuchtkraft der Sonne mehr als verdoppeln. In rund 900 Millionen Jahren wird die globale Durchschnittstemperatur auf der Erde 30 °C überschreiten (heute liegt sie bei 15 °C), was für höhere Lebensformen wohl das Ende bedeutet. Für fast alle Einzeller kommt das Ende etwa 600 Millionen Jahre später, bei einer Temperatur über 60 °C. Die hohe Temperatur erhöht durch Verdunstung den Wasserdampfgehalt der Atmosphäre. Da Wasserdampf ein sehr starkes Treibhausgas ist, steigt die Temperatur weiter schnell an, aus der Erde wird eine trockene Wüstenlandschaft. In der oberen Atmosphäre wird Wasser durch das Sonnenlicht in Wasserstoff und Sauerstoff zerlegt, ersterer entweicht in den Weltraum, der Sauerstoff oxidiert die eisenhaltigen Gesteine, was unserer Erde ein rötliches Aussehen verleihen wird. In vielleicht 4 Milliarden Jahren wird die Oberfläche der Erde aufgeschmolzen sein, es bildet sich ein Magmaozean wie zu Beginn ihrer Existenz[18].

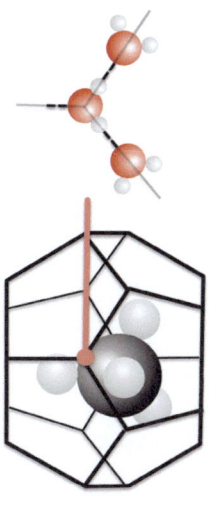

4-15
Methanhydrat. Wassermoleküle (oben) können im Eis über Wasserstoffbrücken Käfige bilden, die sich zu Kristallen zusammenlagern, sogenannten Klathraten. Der kleinste Käfig ist der Pentagondodekaeder (Zwölfflächner aus Fünfecken), der kleine Moleküle wie Methan gut aufnehmen kann (unten). Es entsteht Methanhydrat.

4-16
Das Ende der Sonne (und der Erde)[17]. In etwa 7 Milliarden Jahren wird der Wasserstoff der Sonne zu Helium verbrannt sein. Die Sonne bläht sich auf zu einem Roten Riesen. Anschließend wird sie ihre Hülle abstoßen und als weißer Zwerg enden. Für höhere Lebewesen wird es allerdings bereits in etwa 900 Millionen Jahren unerträglich. Da die Leuchtkraft der Sonne steigt, wird die Durchschnittstemperatur auf der Erde zu dieser Zeit 30 °C überschreiten. Etwa 600 Millionen Jahre später sind es bereits 60 °C, was auch das Ende der meisten Mikroorganismen bedeutet.

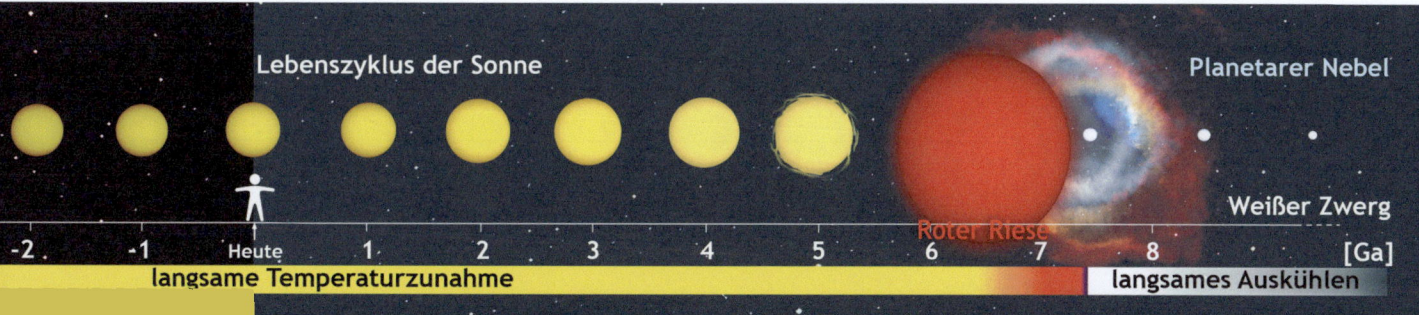

Kosmisches Labor

Chemie im kalten Universum

Spezies
So nennt man Teilchenarten, wenn man sich nicht darauf festlegen will, ob man neutrale Atome, Moleküle, Ionen oder Radikale meint.

4-17
Interstellares Medium.
Es ist ein Sammelbegriff unterschiedlich dichter und heißer Gas- und Staubwolken. Molekülwolken bieten nicht nur eine große Vielfalt an Molekülen, sondern auch die interessantesten chemischen Reaktionen. Wegen der extrem geringen Dichte des interstellaren Mediums bleiben auch instabile Verbindungen sehr lange erhalten, da Partikel oft Jahre unterwegs sind, bis sie mit anderen zusammentreffen. Auch Photonen sind – je nach Energie – Jahre unterwegs, bevor sie von einem Atom absorbiert werden[13,19].

Überall im Universum, wo Atome unter moderater Temperatur zusammenkommen, verbinden sie sich – abgesehen von den Edelgasen – zu Molekülen. Wir finden einfache Moleküle wie CO, H_2O, SiO neben dem ohnehin allgegenwärtigen H_2 sogar bereits in den Atmosphären kühlerer Sterne[13]. Natürlich bestehen auch alle Planetenatmosphären und die auf Planeten anzutreffenden Flüssigkeiten und Feststoffe aus Molekülen. Wo man sie allerdings lange nicht vermutet hatte, ist in der Leere zwischen den Sternen.

Das interstellare Medium

Das interstellare Medium besteht aus Wasserstoff und Helium, die im Zuge des Urknalls entstanden sind. Es ist aber auch gewürzt mit schwereren Elementen, die später in den Sternen erbrütet und bei Supernovaexplosionen ausgeworfen wurden. Am meisten beeindrucken uns die spektakulären Aufnahmen dichter, dunkler Molekülwolken mit relativ hohem Gehalt an Staubkörnern. Sie sind gleichzeitig Überreste von Sternexplosionen und Geburtsstätten junger Sterne und Planeten. Weniger spektakulär, da weit weniger dicht, aber recht verbreitet zwischen den Sternen sind interstellare Gaswolken vorwiegend aus neutralen Wasserstoffatomen, die von Astrophysikern meist als HI bezeichnet werden, und aus Protonen (H^+), für die sich die Abkürzung HII eingebürgert hat. Auch der intergalaktische Raum ist nicht leer, sondern durchzogen von Filamenten heißen Plasmas aus Protonen und etwas Helium (▶Abbildung 4-17). Trotz seiner geringen Dichte enthält dieses warm-heiße intergalaktische Medium (*warm-hot intergalactic medium*, WHIM) etwa 50 Prozent der gewöhnlichen Materie unseres Universums.

Kosmochemie

Zwischen den Atomen des intergalaktischen Mediums entfaltet sich eine unerwartet reichhaltige Chemie, die sich teilweise drastisch von der unterscheidet, die wir von der Erde kennen. So liegen in der Kosmochemie sehr hohe und sehr niedrige Temperaturen vor, die beide in unseren Laboratorien nicht an der Tagesordnung sind und das Spektrum der möglichen Reaktionen erweitern. Je nach Region können Temperaturen von zehn bis einigen hunderttausend Kelvin vorkommen. Zudem sind alle chemischen Spezies (▶Randspalte) im freien Raum starker UV- und Teilchenstrahlung ausgesetzt, da sie nicht durch eine Atmosphäre abgeschirmt werden. Die

Medium	Dichte	Temperatur	Druck	mittlere freie Weglänge	mittlere Zeit zw. Kollisionen	Hauptbestandteile
	Teilchen/cm^{-3}	K	hPa (mbar)			
Luft	$2{,}7 \cdot 10^{19}$	273	1013	68 nm	0,15 ns	N_2, O_2, H_2O, Ar
Marsatmosphäre	$2{,}6 \cdot 10^{17}$	220	8	7 µm	21 ns	CO_2, N_2, Ar
Ultrahochvakuum (Labor)	$2{,}7 \cdot 10^{7}$	273	10^{-9}	6900 m	152 s	N_2, O_2, H_2O, Ar
Dunkle Molekülwolken	10^6	50 (H_2)	$7 \cdot 10^{-12}$	465 km	107 m	H_2, organische Moleküle, vereiste Staubkörner
Ionisierte interstellare Wolken (HII)	10000	8000	$1{,}1 \cdot 10^{-11}$	1,9 Mio. km	4 h	H^+, He^+, O^+, C^+, N^+, CH^+, H_3^+, HCO^+
Neutrale interstellare Wolken (HI)	50	100	$6{,}9 \cdot 10^{-16}$	372 Mio. km	8,1 Jahre	H, He, H_2, H_3^+, C^+, CO, CN, OH, NH, C_2, Staub
Interstellares Gas	0,2	10000	$2{,}8 \cdot 10^{-16}$	93 Mrd. km	204 Jahre	H, H^+, He, He^+
Warm-heißes intergalaktisches Medium (WHIM)	10^{-3}	1 000 000	$1{,}4 \cdot 10^{-16}$	19 Bill. km	4070 Jahre	H^+, C^{3+}, N^{4+}, O^{5+}
UV-Photon 91,2 nm	-	-	-	>30 Mrd. km	>3 Jahre	
Extrem-UV-Photon 10 nm	-	-	-	>3 Bill. km	>300 Jahre	

Erde und Leben – Die Geschichte einer innigen Wechselbeziehung

4-18
Konusnebel[20]. Der Konusnebel ist eine etwa 2700 Lichtjahre entfernte, dunkle Molekülwolke von etwa 7 Lichtjahren Länge. Sie ist Teil eines Sternentstehungsgebiets im Sternbild Einhorn. An ihren Rändern ist der in diesem Falschfarbenbild rot leuchtende ionisierte Wasserstoff der dahinter liegenden HII-Wolke gut zu erkennen. Ionisiert wird das Gas vor allem durch die starke Strahlung des veränderlichen Sterns S Monocerotis.

UV-Strahlung stammt von Sternen und vermag Elektronen aus Atomen und Molekülen herauszuschlagen. Die Teilchenstrahlung ist Teil der kosmischen Strahlung und besteht hauptsächlich aus frei fliegenden Protonen, Elektronen und Rümpfen kleinerer Atome.

Der entscheidende Unterschied gegenüber irdischen Laboratorien ist jedoch die sehr geringe Dichte des interstellaren Mediums. Selbst in dichten Molekülwolken (▶ Abbildung 4-18) finden sich Teilchendichten, denen man auf der Erde selbst mit Ultrahochvakuumanlagen kaum nahe kommt. Um sich die Zustände in einem Vakuum vorstellen zu können, sind die normalen Druckeinheiten wie Hektopascal wenig hilfreich. Geeigneter ist die Angabe der Teilchen pro Kubikzentimeter. Für chemische Reaktionen ist die Angabe der sogenannten *mittleren freien Weglänge* am besten geeignet. Sie besagt, wie weit ein Teilchen im Durchschnitt fliegt, bevor es mit einem anderen zusammenstößt.

Hier wird der Unterschied zwischen Kosmochemie und Reagenzglaschemie überdeutlich. Im Druckbereich des interstellaren Mediums ist nichts so wie in dem Gedränge und Gewimmel üblicher Reaktionsmischungen. Vielmehr geht es um seltene Kollisionen umherfliegender Teilchen. Die Umsatzraten sind dementsprechend minimal. Wollte man die Reaktionen unter realistischen Bedingungen nachstellen, so würden Experimente Jahrtausende dauern. Und auch die Geschehnisse bei Reaktionen sind völlig anders. Treffen Reaktanden aufeinander, so entstehen die Reaktionsprodukte normalerweise in angeregten elektronischen Zuständen oder unter starken Molekülschwingungen. Die überschüssige Energie wird normalerweise über weitere Kollisionen schnell abgeleitet. Nicht so in extrem verdünnten Medien. Bis zu einer zweiten Kollision können Jahre vergehen (▶ Abbildung 4-17). Unter den Bedingungen im dünnen interstellaren Medium können daher auch instabile, hochreaktive Ionen und Radikale bestehen, die in Laborexperimenten sofort wieder zerstört werden.

Hier kommt dem Staubanteil des interstellaren Mediums, der etwa 1 % ausmacht, eine entscheidende Bedeutung zu (▶ Abbildung 4-19). An den Oberflächen der Staubkörner kann einerseits überschüssige Reaktionsenergie als Wärme abgegeben werden, andererseits bleiben die Reaktanden länger gebunden. Durch die kinetischen Effekte erhöht sich der Stoffumsatz und die Bildung größerer Moleküle wird möglich. Die häufig mit Eis bedeckten Partikel erlauben zudem andere Reaktionspfade als gasförmige Medien. In dichteren Regionen sorgen Staubpartikel zudem für eine Abschattung der UV-Strahlung und die Photolyse komplexer Moleküle wird unterdrückt.

Man hat im interstellaren Medium inzwischen über hundertfünfzig Moleküle spektroskopisch nachgewiesen, darunter auch komplexe polycyclische Kohlenwasserstoffe, sogenannte PAHs (eng. *polycyclic aromatic hydrocarbons*), Alkohole und Vorläufer von Aminosäuren, die sogenannten Nitrile. PAHs entstehen in den heißen, dichten Auswürfen Roter Riesensterne.

Lebensmoleküle aus dem All

Seit Beginn ihrer Existenz regnen unaufhörlich Meteoriten, Mikrometeoriten (Körner kleiner als 1 mm) und interplanetarer Staub auf die Erde. Anfangs waren es mehr als eine Million Tonnen pro Jahr. Noch heute fallen jährlich etwa 10 Tonnen an Meteoriten und etwa 20 000 Tonnen an Mikrometeoriten auf die Erde. Fast

Silikate, Siliciumcarbid, Metalloxide

hochschmelzende Kohlenwasserstoffe, Graphit, Diamant

diverse organische Moleküle

gefrorenes Wasser, Kohlenmonoxid, Kohlendioxid, Ammoniak, Methanol, Formaldehyd, Methan u.a.

4-19
Interstellarer Staub. Die zwischen 5 und 250 Nanometer großen Staubpartikel in interstellaren Wolken bestehen vermutlich aus einem Kern aus Siliciumoxid und Metalloxiden, je nach lokalem Sauerstoff-Kohlenstoffverhältnis auch aus Carbiden. Der Kern ist umhüllt mit einer Schicht aus Kohlenwasserstoffen und elementarem Kohlenstoff. Die darüberliegende Schicht enthält organische Moleküle aus chemischen Reaktionen in der außen liegenden Eishülle. Bei Staubpartikeln in heißeren HI-Wolken oder heißen Zentren dunkler Wolken fehlt die Eisschicht[13].

Photolyse
Spaltung einer chemischen Bindung durch Licht (Photonen).

alles Material stammt jedoch von den Resten der protoplanetarischen Scheibe, dem interplanetaren Staub in unserem Sonnensystem. All diese Quellen enthalten einen beträchtlichen Anteil an organischem Material, unter anderem Schlüsselmoleküle des Lebens wie Formaldehyd, Blausäure, Ammoniak, Alkohole, Carbonsäuren und Nukleinbasen. Überraschenderweise fand man in Brocken wie dem 1969 in Australien niedergegangenen Murchison-Meteoriten viele Aminosäuren. Inzwischen hat man etwa 80 Aminosäuren in Meteoriten nachgewiesen, darunter acht der insgesamt 20 Aminosäuren, die für die Proteinsynthese irdischen Lebens wesentlich sind. Interessanterweise befinden sich darunter Alanin und Glutamin, die in den urtümlichen Archaea häufiger vorkommen als in den später entstandenen Bakterien und Eukaryoten.

Insgesamt ist der kosmische Eintrag an organischem Material auf der Erde gewaltig. So enthält der Komet Halley bei einem Durchmesser von 10 km ungefähr 26 Milliarden Tonnen organisches Material, immerhin fast 10 Prozent der auf 260 Milliarden Tonnen (105 Milliarden Tonnen Kohlenstoff) geschätzten jährlichen Biomasseproduktion auf der Erde[21].

Der kosmische Eintrag komplexerer organischer Moleküle — insbesondere der Aminosäuren — ist nur ein mögliches Szenario, wie diese Lebensmoleküle auf die Erde kommen konnten. Auch irdische Reaktionspfade sind bekannt, in denen sich Aminosäuren aus kleineren Schlüsselmolekülen wie Formaldehyd, Blausäure und Ammoniak bilden (▶Kapitel 6). Die mögliche kosmische Zufuhr entschärft zumindest ein Problem der terrestrischen Entstehung. Die für die Bildung von Aminosäuren optimale reduzierende Atmosphäre war auf der frühen Erde höchstens lokal vorhanden (▶Kapitel 5).

Wie auch immer komplexe organische Moleküle auf die Erde kamen, sie sind offenbar keineswegs einmalig im Kosmos. Vielmehr nutzte die chemische Evolution einfach jene Spezies, die aufgrund irdischer und kosmischer Prozesse in ausreichender Zahl verfügbar waren. Eine etwas andere Zusammensetzung des interstellaren Mediums in Sonnennähe — beispielsweise mit weniger Kohlenstoff- und dafür mehr Sauerstoffanteil — hätte Leben auf der Erde vielleicht unmöglich gemacht.

1 Springel V., (2013) Der dunkle Kosmos. Spektrum der Wissenschaft 09/2013, S. 60–70.
2 Bouvier J., Alencar S.H.P., Harries T.J., Johns-Krull C.M., Romanova M.M., (2007) Magnetospheric Accreation in Classical T Tauri Stars. In: Protostars and Planets V, S. 479–494, University of Arizona Press, Tucson.
3 Günther H.M., (2012) Accretion, winds and outflows in young stars. In: Astrophysics. Solar and Stellar Astrophysics, arXiv:1210.4182.
4 Dullemond C.P., Hollenbach D., Kamp I., D'Alessio P., (2007) Models of the Structure and Evolution of Protoplanetary Disks. In: Protostars and Planets V, S. 555–572, University of Arizona Press, Tucson.
5 Foto: ©Space Telescope Science Institute.
6 Dominik C., Blum J., Cuzzi J.N., Wurm G. (2007) Growth of Dust as the Initial Step Toward Planet Formation. In: Protostars and Planets V, S. 783–800, University of Arizona Press, Tucson.
7 Rubie D.C., Nimmo F., Melosh H.J., (2009) Formation of the Earth's Core. In: Treatise on Geophysics, Vol. 9, S. 51–90.
8 Asplund M., Grevesse N., Sauval A.J., (2005) The solar chemical composition. In: Cosmic Abundances as Records of Stellar Evolution and Nucleosynthesis, ASP Conference Series, Vol. 336.
9 Bond J.C., O'Brien D.P., Lauretta D.S., (2010) The Compositional Diversity of Extrasolar Terrestrial Planets: I. In-Situ Simulations. arXiv:1004.0971 [astro-ph.EP].
10 Papaloizou J.C.B., Nelson R.P., Kley W., Masset F.S., Artymowicz P., (2007) Disk-Planet Interactions During Planet Formation. In: Protostars and Planets V, S. 655–668, University of Arizona Press, Tucson.
11 Carter-Bond J.C., O'Brien D.P., Raymond S.N., (2012) The Compositional Diversity of Extrasolar Terrestrial Planets: II. Migration Simulations. arXiv:1209.5125 [astro-ph.EP].
12 NASA, Lunar and Planetary Science, nssdc.gsfc.nasa.gov/planetary, (19.04.2014).
13 Rehder, D., (2010) Chemistry in Space, Wiley-VCH, Weinheim.
14 Foto: ©NASA/JPL/Space Science Institute, www.nasa.gov/mission_pages/cassini/media/saturn_sponge.html.
15 Foto: ©NASA, photojournal.jpl.nasa.gov/catalog/PIA07231, (22.04.2014).
16 Iess L., Stevenson D.J., Parisi M., Hemingway D., Jacobson R.A., Lunine J.I., Nimmo F., Armstrong J.W., Asmar S.W., Ducci M., Tortora P., (2014) The Gravity Field and Interior Structure of Enceladus. Science 344, 78–80.
17 Fotos: ©NASA.
18 Bounama C., Bloh W. v., Franck S., (2004) Das Ende des Raumschiffs Erde. Spektrum der Wissenschaft, 10/2004, S. 52–59.
19 Karttunen H., Kröger P., Oja H., Poutanen M., Donner K.J. (Hg.) (2007) Fundamental Astronomy, Springer, Berlin.
20 Foto: ©NASA, H. Ford (JHU), G. Illingworth (UCSC/LO), M.Clampin (STScI), G. Hartig (STScI), the ACS Science Team, and ESA.
21 Field C.B., Behrenfeld M.J., Randerson J.T., Falkowski P., (1998) Primary Production of the Biosphere: Integrating Terrestrial and Oceanic Components. Science 281, S. 237–240.

KAPITEL 5

Urerde

Abenteuer eines jungen Planeten
Kontinente entstehen
Kosmische Einflüsse

Zum fünften Kapitel

Glücklicherweise umkreiste eines der jungen Planetesimale die ebenfalls junge Sonne auf einer Bahn, die seine Oberfläche nicht zu heiß und nicht zu kalt werden ließ. Er war auch groß genug, um sich eine Atmosphäre zuzulegen und dauerhaft zu behalten. Die anderen Gesteinsplaneten in unserem Sonnensystem waren weniger glücklich, wie wir ja bereits im vorangegangenen Kapitel sahen.

Die frühen „Jahre" – man sollte eher von Jahrmillionen sprechen – unserer Urerde waren recht turbulent, wie wir in diesem Kapitel sehen werden. In diesen höllischen Zeiten geschah jedoch etwas, was das Leben auf unserer Erde stark beeinflusst hat: ein katastrophaler Zusammenstoß mit einem etwa marsgroßen Himmelskörper bescherte uns den Mond, übrigens der größte unter allen Monden in unserem Sonnensystem. Er ist allerdings nicht nur für die Gezeiten und regelmäßigen hellen Nächte verantwortlich. Der Zusammenstoß ließ damals die Achse der Erde kippen und stabilisierte sie gleichzeitig in dieser Lage. Das ist der Grund, weshalb es auf der Erde Jahreszeiten gibt. Und ohne Jahreszeiten würde das Leben auf der Erde sicherlich anders aussehen.

Natürlich spielte die frühe Entstehung von Ozeanen eine noch wichtigere Rolle. Aber woher kam eigentlich all dieses Wasser? Dass es sich um flüssiges Wasser handelte, war ebenfalls alles andere als selbstverständlich. Unsere Sonne schien damals deutlich schwächer als heute. Warum froren die Ozeane nicht zu? Wir werden sehen, was man dazu herausgefunden hat – und natürlich auch, was weiterhin ein Rätsel bleibt.

Das Leben entstand sehr wahrscheinlich in den Ozeanen und höhere Lebewesen besiedelten erst viel später die Kontinente. Überraschenderweise ist es gar nicht so einfach zu erklären, wie diese anfangs überhaupt entstanden sind. Die Bildung der Kontinente sowie ihre ständige Verwandlung aufgrund plattentektonischer Prozesse war für die Evolution der irdischen Lebensformen von großer Bedeutung. Wir werfen daher in diesem Kapitel einen umfassenden Blick auf das Werden und Vergehen der Kontinente – soweit es heute bekannt ist.

Uns ist es kaum bewusst: die regelmäßige Wiederkehr der Jahreszeiten und die Abfolge von Tag und Nacht sind keineswegs so unveränderlich, wie sie uns in unserer kurzen Lebenszeit erscheinen. Die kosmischen Zyklen von Sonne und Erde beeinflussen nicht nur unsere Kalender, sondern auch unser irdisches Klima – selbst wenn dieser Effekt wohl nicht so stark ist, wie dies manche Klimaskeptiker glauben. Irdische Prozesse und kosmische Zyklen vollziehen eine komplexe Choreografie, die manchmal zu Eiszeiten führt – und manchmal kosmische Effekte völlig kompensiert. Die Erforschung dieses Zusammenspiels steckt noch in den Kinderschuhen. Da es für die Entwicklung des Lebens durchaus von Bedeutung war, werden wir einen Blick auf die kosmischen Einflüsse auf das irdische Klima werfen.

Und natürlich gibt es noch andere Gefahren: Asteroiden oder Kometen, die die Bahn der Erde zur falschen Zeit kreuzen und mehr als einmal zu einer Katastrophe führten. Mit hoher Wahrscheinlichkeit ist das Aussterben der Dinosaurier eine Folge eines solchen Zusammenstoßes. Auch kosmische Strahlen sind nicht ungefährlich, selbst wenn wir durch unsere Atmosphäre und die Selbstreparaturmechanismen unserer Zellen relativ gut geschützt sind. Diese kosmischen Einflüsse bilden den Abschluss dieses Kapitels.

Erde und Leben – Die Geschichte einer innigen Wechselbeziehung

Die Urerde

Abenteuer eines jungen Planeten

Es begann vor 4,5672 Milliarden Jahren

Natürlich wird man niemals jenes Staubkorn finden, aus dem die Erde einst entstand. Man hat den „Geburtstag" der Erde schlicht mit der frühesten Entstehung kristalliner Partikel in der protoplanetaren Scheibe zusammengelegt. Erstaunlicherweise kann man diesen Zeitpunkt recht genau bestimmen: vor 4,5672 Milliarden Jahren mit einer Unsicherheit von rund 600 000 Jahren. Abgeleitet wurde dieser Wert aus dem Verhältnis der Bleiisotope in Calcium-Aluminium-Einschlüssen des sogenannten Efremovka-Chondriten[1]. Die untersuchten Bleiisotope sind Zerfallsprodukte des damals in der Probe vorhandenen Urans. Die radioaktiven Zerfallsreihen von Uran liefern eine in diesen Zeitdimensionen sehr genaue Uhr (▶Kapitel 2). Chondriten sind Meteoriten, deren Bestandteile aus der Urzeit des Sonnensystems stammen. Sie sind ein paar Millionen Jahre nach der Kondensation der Calcium-Aluminium-Einschlüsse entstanden, wie man aus anderen Bestandteilen, den sogenannten Chondrulen, ableiten kann.

Das erste Äon, die ersten etwa 600 Millionen Jahre der Erdgeschichte, bezeichnet man nach den damals herrschenden höllischen Bedingungen als *Hadaikum*. Hades ist der Gott der Unterwelt in der griechischen Mythologie.

Gaias Tochter bringt uns den Mond

Wie im letzten Kapitel beschrieben, entstehen aus Staubkörnern Planetesimale und schließlich Protoplaneten, die durch ihre Schwerkraft weitere Brocken anziehen. Es kommt zu einem Bombardement, dessen frei werdende Gravitationsenergie die jungen Planeten zumindest zum Teil aufschmelzen lässt. Auf der Erde sind die Spuren dieser gewaltigen Katastrophen praktisch ausgelöscht; von der vermutlich letzten großen Kollision der damals zwischen 40 und 100 Millionen Jahre alten Erde[2] mit einem etwa marsgroßen Planetenembryo gibt es jedoch eine bleibende Erinnerung: den Mond. Da die Göttin Gaia in der griechischen Mythologie für die Erde steht, gab man dem Kollisionspartner den Namen Theia. Theia ist eine Tochter Gaias und Uranos', des Himmelsgottes.

Es folgt aus der Zusammensetzung des Mondes, der sich zum Großteil aus den Überresten Theias bildete, dass Theia in ähnlicher Entfernung von der Sonne wie die Erde entstanden sein muss. So kann Theia kein Eisplanet gewesen sein, da der Mond wie die Erde aus Gestein besteht. Auch weisen Simulationen des Zusammenstoßes darauf hin, dass die Geschwindigkeitsdifferenz beider Planeten nicht zu groß gewesen sein durfte. Eine Hypothese geht daher davon aus, dass sich Theia vor der Kollision lange Zeit auf einem sogenannten Lagrange-Punkt der Erde aufhielt (▶Abbildung 5-02).

Die Geschwister wuchsen wohl lange gemeinsam heran. Man muss sie sich als sehr heiße, wahrscheinlich sogar teilweise geschmolzene Körper vorstellen, deren entstehende Gesteinskruste immer wieder von einstürzenden Brocken aufgerissen und aufgewühlt wurde. Bei beiden hatte wohl bereits eine weitgehende Differenzierung stattgefunden, indem schwerere

5-01
Lava[3]. In ihrer Frühzeit bestand die Erdoberfläche vollständig aus flüssigem Gestein.

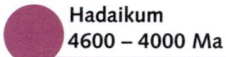

Hadaikum
4600 – 4000 Ma

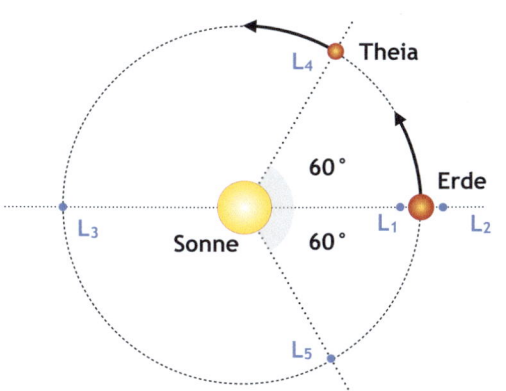

5-02
Lagrange-Punkte. Zu jeder Planetenbahn existieren fünf Punke, an denen kleinere Objekte einen zum Planeten synchronen Orbit einnehmen können. Davon sind die beiden Punkte L_4 und L_5 gegen kleine Störungen stabil. Die aus Simulationen ermittelte Obergrenze für die Bewegungsenergie von Theia relativ zur Erde passen zu der Hypothese, dass sich Theia an den Lagrange-Punkten L_4 oder L_5 gebildet habe und durch Bahnstörungen schließlich mit der Erde kollidiert sei.

73

KAPITEL 5   Urerde

Elemente wie Eisen und Nickel absanken und einen metallischen Kern bildeten. Dabei wurde weitere Gravitationsenergie frei; sie trug neben radioaktiven Bestandteilen und den ständigen Bombardements zu den höllischen Temperaturen bei. Über dem Erdkern lagerte ein Magmaozean aus geschmolzenem Silikatgestein. Auch Wasser existierte bereits als Wasserdampf und als Kristallwasser eingebettet in Silikate, denn es war in den Ausgangsmaterialien der Planetesimale reichlich enthalten. Als Theia die Größe des Planeten Mars erreichte, kam es zu Bahnstörungen, die schließlich dazu führten, dass Theia sich der Erde immer weiter näherte und am Ende mit ihr kollidierte. Dieses Ereignis, die *great collision* oder der *moon-forming impact*, wie es in der Fachliteratur genannt wird, ließ nach der Theorie die beiden jungen Planeten miteinander verschmelzen (▶ Abbildung 5-03).

Der genaue Verlauf dieses Ereignisses wird wohl für immer unbekannt bleiben, vergleicht man jedoch die Ergebnisse von Computersimulationen mit jenen, die sich aus Daten des Erde-Mond-Systems ableiten lassen, so schält sich ein wahrscheinliches Szenario heraus: Die Wucht des Aufpralls zertrümmerte Theia und große Teile wurden in den Raum geschleudert. Die gewaltige Energiemenge, die durch den Zusammenstoß frei wurde, schmolz die Erdkruste auf; es entstand ein erdumspannender, hunderte von Kilometern tiefer Magmaozean. Ein großer Teil des weggeschleuderten Eisenkerns Theias stürzte schon bald auf die Erde zurück und sank mit der Zeit in ihren Kern. Aus diesem Grund verfügt unser Mond über einen recht kleinen metallischen Kern und eine insgesamt geringere Dichte als die Erde. Große Teile des Mantels von Theia blieben in einer Umlaufbahn um die Erde und formierten sich durch ihre Anziehung rasch zum Mond. Er sammelte weitere Trümmerstücke ein, der Rest stürzte mit der Zeit auf die Erde. Anfangs war der Mond der Erde noch sehr nahe, vielleicht ein Zwanzigstel seines heutigen Abstandes (also ewa

19 000 km). Aufgrund seiner Gezeitenwirkung liefen tausend Meter hohe Flutwellen über den wenig später entstandenen Erdozean und die Gravitationskräfte der Erde walkten auch die Mondmasse tüchtig durch. Die Gezeitenkräfte verzehrten einen Teil der Gravitationsenergie, weshalb die Mondbahn allmählich nach außen wanderte und sich die Eigenrotation der Erde verlangsamte. Auch kippte die Erdachse durch den Zusammenstoß um 23°, ein Umstand, dem wir die Jahreszeiten verdanken[4-7] (▶ Seite 84).

Vom Glutofen zum Tropenklima

Wer jemals einen Vulkan besucht und frische Lava gesehen und gerochen und ihre Hitze im Gesicht gespürt hat, wird sich der Faszination dieses urgewaltigen Schauspiels nicht entziehen können. Faszinierend und furchteinflößend zugleich ist die Vorstellung von Flutbasalten aus Eruptionsspalten, die in der Erdgeschichte mehrfach ganze Landmassen unter kilometerdicken Basaltlagen begraben haben. Doch die Vorstellung eines planetenweiten und zudem bis in große Tiefe reichenden Ozeans geschmolzenen Gesteins, eines *deep magma ocean* fordert unsere Fantasie schon sehr heraus. Genau solche Zustände müssen aber nach der Theia-Kollision auf der Erde geherrscht haben. Die Kollision führte zum Schmelzen des Erdmantels und es entstand ein erdumspannender Magmaozean. Die Atmospäre darüber bestand aus über 3000 K heißem Silikatdampf.

Galoppierender Treibhauseffekt

Etwa 1000 Jahre später war die Oberfläche so weit abgekühlt, dass der Dampf kondensierte – es regnete flüssiges Gestein. Übrig blieb eine extrem dichte Atmosphäre, die vornehmlich aus Wasserdampf und Kohlendioxid bestand, aber auch Kohlenmonoxid, Wasserstoff und andere

5-03
Die Geburt des Mondes[4]. Weniger als 100 Millionen Jahre nach ihrer Entstehung kollidierte die junge Erde sehr wahrscheinlich mit einem etwa marsgroßen Planetenembryo, den man Theia nannte. Die Wucht des Aufpralls zertrümmerte Theia und große Teile wurden in den Raum geschleudert (t=50 min). Die gewaltige Energiemenge, die durch den Zusammenstoß frei wurde, schmolz die Erdkruste auf, es entstand ein erdumspannender, hunderte von Kilometern tiefer Magmaozean (t=5 h). Große Teile des Mantels von Theia blieben in einer Umlaufbahn um die Erde und formierten sich durch ihre Anziehung sehr rasch zum Mond (t=22 h). Er sammelte weitere Trümmerstücke ein, der Rest stürzte mit der Zeit auf die Erde. Anfangs war der Mond der Erde noch sehr nahe, Gezeitenkräfte verzehrten jedoch einen Teil der Gravitationsenergie, weshalb die Mondbahn allmählich nach außen wanderte. Auch kippte die Erdachse durch den Zusammenstoß um 23°.

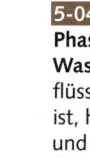

Erde und Leben – Die Geschichte einer innigen Wechselbeziehung

Gase in geringeren Konzentrationen enthielt. Vor allem der Wasserdampf sorgte anfangs für einen starken Treibhauseffekt. Man geht davon aus, dass die damals in der Atmosphäre vorhandene Wassermenge dem heute vorhandenen Oberflächenwasser entsprach, etwa 1,4 Trilliarden Liter ($1{,}4 \cdot 10^{21}$ l). Diese Wassermassen lasteten auf der Erdoberfläche mit einem Druck von 500 bar, fünfhundertmal mehr als unsere heutige Atmosphäre.

Die Oberflächentemperatur der Erde lag anfangs weit oberhalb des sogenannten kritischen Punktes von Wasser (647 K, ▶Abbildung 5-04). Der überkritische Wasserdampf absorbierte die von der Erde ausgehende Wärmestrahlung nahezu vollständig; lediglich durch Konvektion gelangte ein geringer Teil der Wärme aus den obersten Atmosphärenschichten in den Weltraum. In der englischen Literatur bezeichnet man diesen Zustand als *runaway greenhouse* (galoppierender Treibhauseffekt). Durch den Isolationseffekt des Wasserdampfs dauerte es mehr als 2 Millionen Jahre, bis die Oberflächentemperatur auf etwa 500 K sank[8,9].

Nicht nur der Treibhauseffekt sorgte dafür, dass die Erdoberfläche nur sehr langsam abkühlte. Durch den hohen Druck am Grund des Erdmantels begann das Magma dort zu erstarren. Die Gezeitenkräfte des noch sehr nahen Mondes sorgten durch innere Reibung im zähen Magma für eine Wärmeentwicklung, die die des Zerfalls der Radioisotope in Kern und Mantel weit überstieg. Insgesamt lag der geothermische Wärmefluss zu dieser Zeit bei über 100 W/m² (Watt/m²), heute liegt er im Mittel unter 0,1 W/m².

Ein sehr langer Regen

Etwa 2 Millionen Jahre nach der Kollision war die Oberflächentemperatur unter den kritischen Punkt gesunken und teilweise hatte sich eine feste Erdkruste gebildet. Der obere Teil des Magmaozeans darunter bildete zu dieser Zeit vermutlich eine zähe kristalline Schmelze. Der Wasserdampf kondensierte und ein sehr sehr langer Regen begann. Durch diese Sintflut stieg der Wasserspiegel jährlich um etwa einen Meter und schon nach wenigen tausend Jahren war der größte Teil der Erde mit heißem Ozean bedeckt.

Eigentlich hätte die Erde daraufhin in eine tiefe Eiszeit versinken sollen, Ozeane und frühe Kontinente von den Polen bis zum Äquator mit

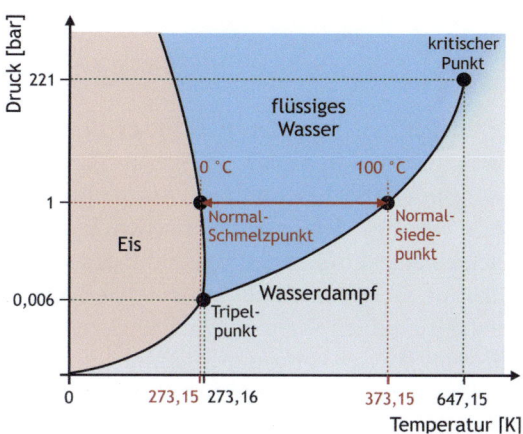

einer Eisschicht bedeckend. Die Schuld an diesem frühen frostigen Schicksal der Erde hätte die Sonne zu tragen: damals war ihre Leuchtkraft etwa 25 % schwächer als heute. Allerdings zeugen die meisten Befunde aus dieser Zeit von einem ganz anderen Schicksal: auf der Erde schien damals ein feucht-heißes Klima geherrscht zu haben, vergleichbar mit heutigen Verhältnissen in den Tropen (▶Abbildung 5-05).

Eine schwache Sonne

Für diesen Widerspruch, der als „Paradoxon der schwachen jungen Sonne" bekannt ist, gibt es verschiedene Erklärungsversuche[10]. Es ist naheliegend, dass eine Kombination aus Treibhausgasen und Wolkenbildung dieses frostige Schicksal verhindert hat. Als Treibhausgas kommt Kohlendioxid in Frage[11], manches spricht auch für Schwefeldioxid und Carbonylsulfid[12], und Me-

5-04

Phasendiagramm des Wassers. Ob Wasser fest, flüssig oder gasförmig ist, hängt vom Druck und der Temperatur ab. Oberhalb des sogenannten kritischen Punktes liegt Wasser im überkritischen Zustand vor: es gibt keinen Unterschied zwischen gasförmiger und flüssiger Phase. Darunter ist je nach Temperatur und Druck Wasser flüssig oder gasförmig. In einem geschlossenen Wassergefäß wird so viel Wasser verdunsten, bis der Druck des Wasserdampfes oberhalb des Wasserspiegels auf der schwarzen Linie liegt, die den Tripelpunkt mit dem kritischen Punkt verbindet, die sogenannte Dampfdruckkurve (0 °C = 273,15 K).

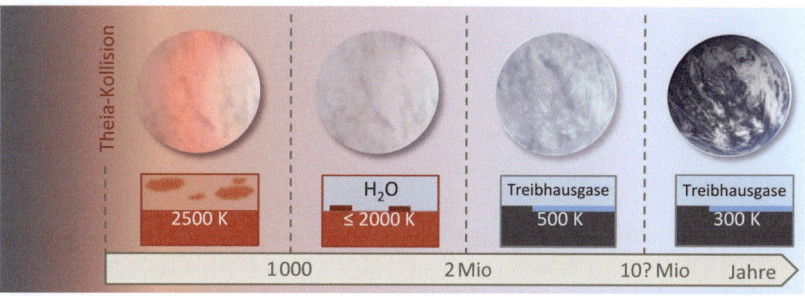

5-05

Vom Glutofen zum Tropenklima. Die Theia-Kollision hinterließ auf der Erde einen geschmolzenen Mantel und eine Atmosphäre aus Silikatdampf. Nach etwa 1000 Jahren war die Erde soweit abgekühlt, dass das Silikat abregnete. Wohl 2 Ma lang bestand der Erdmantel aus einem Magmaozean (mit teils fester Oberfläche), darüber eine dichte Atmosphäre, in der Wasserdampf vorherrschte. Bei einer Oberflächentemperatur von etwa 500 K kondensierte der größte Teil des Dampfes und es entstanden Ozeane, die fast die gesamte Erdoberfläche bedeckten. Obwohl die Sonne zu dieser Zeit etwa 25 % schwächer strahlte als heute, sorgten die in der Atmosphäre verbliebenen Treibhausgase und der Abschirmeffekt der Wolken weltweit für ein feucht-heißes Tropenklima[8,9].

Unser Goldilocks-Planet

Offensichtlich befindet sich unser Planet in der habitablen (lebensfreundlichen) Zone um die Sonne. Die bewohnbare Zone um einen Stern wird in der angelsächsischen Literatur nach einem Märchen auch „Goldilocks-Zone" genannt. Gewöhnlich gilt ein Bereich dann als lebensfreundlich, wenn wenigstens zeitweise flüssiges Wasser vorkommen kann.

Ob es überhaupt eine habitable Zone um einen Stern gibt, hängt zunächst von der sogenannten Spektralklasse und damit der Strahlungsintensität des Sterns ab. Sie bestimmt unter anderem die räumliche Entfernung der Zone vom Stern. Bei Sternen, die um ein Mehrfaches schwerer als die Sonne sind, könnte die habitable Zone möglicherweise nicht lange genug für die Entwicklung von höherem Leben existieren, denn solche Sterne sind vergleichsweise kurzlebig. Um leuchtschwache Sterne liegt die habitable Zone so nahe am Stern, dass dortige Planeten wegen Gezeitenkräften eine gebundene Rotation hätten, sie wiesen also dem Stern immer die gleiche Seite zu. Nur bei einer sehr dichten Atmosphäre könnten ihre Oberflächen eine gleichmäßig moderate Temperatur halten.

Auf der Erde kann man abschätzen, wie viel Energie an der Oberfläche von der Sonne stammt und wie viel aus dem Erdkörper. Demnach empfangen wir von der Sonne fünftausendmal mehr Energie als aus dem Erdinneren. Das irdische Leben ist also vollkommen von der Zuverlässigkeit der Sonne abhängig. Völlig verzichten auf die Wärme aus dem Erdinneren konnte das Leben allerdings nicht. In den Zeiten der Totalvereisung der Ozeane (▶ Seite 225) hielt sie das Wasser unter dem Eis flüssig.

Ob auf der Oberfläche eines Planeten flüssiges Wasser existieren kann, hängt allerdings auch von seiner Albedo (Rückstrahlvermögen) und der Beschaffenheit seiner Atmosphäre ab. Bei letzterer spielen die Konzentration an Treibhausgasen und die Wolkenbedeckung die entscheidende Rolle[13] (▶ Randspalte).

Aber ist Leben wirklich nur in einer solchen habitablen Zone möglich?

Viele der Beschränkungen der habitablen Zone wurden seit den 1980er Jahren immer mehr in Frage gestellt. Ein erster Schlag kam mit der Entdeckung der untermeerischen Schwarzen Raucher (▶ Seite 112), an denen ganze Ökosysteme existieren, die ihre Energie auf Basis von vulkanischem Schwefelwasserstoff gewinnen und in keiner Weise von der Sonnenenergie abhängig sind. Hier im tiefen Ozean könnte das Leben auch gedeihen, wenn die ganze Erde unter einer viele Kilometer dicken Eisschicht läge und sich weit außerhalb der habitablen Zone befände.

Vielleicht ist es sogar hier entstanden. In der Tat hat man inzwischen auf dem Jupitermond Europa und auf dem Saturnmond Enceladus flüssiges Wasser in Ozeanen unter den Eispanzern nachgewiesen. Diese Monde werden durch die immensen Gezeitenkräfte ihrer Mutterplaneten innerlich aufgeheizt. Die Schlussfolgerung ist sehr einfach: Innen heiß, außen kalt, also müssen irgendwo dazwischen kommode Temperaturen herrschen! Hier könnte sich, nach allem was wir wissen, durchaus Leben entwickelt haben.

Auf der Erde fand sich noch Erstaunlicheres. Sogar in heißen Wässern aus drei bis fünf Kilometer tiefen Bergwerken konnte man teilungsfähige spezialisierte Mikroorganismen nachweisen. Man muss also heute davon ausgehen, dass unsere eigene Biosphäre mehrere Kilometer tief ins Gestein der Erdkruste hineinreicht. Dies mag uns beruhigen: Selbst ein noch so intensiver Atomkrieg könnte die Erde nicht in einen sterilen Ort verwandeln. Das Leben an sich wird unsere Spezies überleben.

Mittlerweile hält man sogar für möglich, dass es innerhalb unserer Galaxis eine große Zahl einsamer Wanderer-Planeten gibt, die zum Beispiel durch Bahnstörungen aus ihren Systemen geworfen wurden und nun im ewigen Dunkel ihre Bahn ziehen. Selbst auf ihnen könnte sich durchaus Leben halten oder sogar neu entwickeln. Für subglazialen, subozeanischen Vulkanismus ist allein die innere Wärme eines Planeten entscheidend. Diese ist einerseits ein Überbleibsel seiner feurigen Geburt, wird aber zum anderen auch durch den Zerfall radioaktiver Elemente im Gestein langfristig aufrecht erhalten.

Goldilocks-Zone
Der Name geht auf das Märchen *Goldilocks und die drei Bären* zurück, in dem ein kleiner weinerlicher Bär, ein großer grobschlächtiger Bär und ein dazwischenliegender gerade richtiger Bär vorkommen.

Venus ein habitabler Planet?
Die Albedo der Venus ist aufgrund ihrer dichten Wolkendecke mehr als doppelt so groß wie die irdische. Da ihre Atmosphäre vor allem aus dem Treibhausgas CO_2 besteht, herrschen auf ihrer Oberfläche ungemütliche 462 °C. In früheren Epochen des Sonnensystems könnten aber Ozeane die Oberfläche der Venus bedeckt haben[13].

than als sehr effektives Treibhausgas ist natürlich auch im Rennen[14]. Aktuelle Analysen begrenzen die Konzentration von Kohlendioxid im Archaikum auf Werte zwischen 0,7 und 0,03 bar (heutiger Wert: 0,00039 bar)[15,16,17]. Ob diese Werte ausreichen, um die Oberflächentemperatur der jungen Erde über dem Gefrierpunkt zu halten, ist unsicher. Manche Simulationen der jungen Erde legen nahe, dass im Archaikum 0,4 bar notwendig waren, um ein Zufrieren der Ozeane zu verhindern[18], andere kommen zu dem Schluss, dass trotz schwacher Sonne die Ozeane schon bei etwa 0,003 bar weitgehend eisfrei waren[19].

Auch Ammoniak (NH_4) ist ein Treibhausgas, eine große Menge in der archaischen Atmosphäre ist jedoch unwahrscheinlich, da Ammoniak sehr schnell durch die Strahlung der Sonne zersetzt wird (Photodissoziation). Unklar wäre daher, auf welche Weise das atmosphärische Ammoniakreservoir laufend aufgefüllt wurde.

Andererseits: auch kosmische Ursachen sind nicht auszuschließen. So könnte die Strahlungsintensität der Sonne höher gewesen sein als erwartet, wogegen allerdings der Vergleich mit anderen Sternen der gleichen Größe spricht. Oder die spektrale Energiedichte der Strahlung könnte anders gewesen sein.

Die zweite Atmosphäre

Für die Atmosphäre nach dem langen Regen hat sich der Begriff „zweite Atmosphäre" eingebürgert. Wasserdampf, Kohlendioxid, Methan, Schwefelwasserstoff und vielleicht Ammoniak spielten eine Rolle, die genaue Zusammensetzung ist allerdings sehr unsicher.

Man geht davon aus, dass bereits vor 3 Ga Mikroben existierten, die Methan und Stickstoff produzierten[20]. So könnte auch elementarer Stickstoff bereits in Mengen in der Atmosphäre vorhanden gewesen sein, die den heutigen Verhältnissen nahekamen[16]. Nur ein Element war höchstens in Spuren in der zweiten Atmosphäre vorhanden: Sauerstoff[21]. Ihn verdanken wir einer biologischen Innovation, der Photosynthese. Der Anstieg des Sauerstoffgehalts erfolgte in mehreren Stufen, mit dem größten Sprung um 2,4 Ga, im *Großen Oxidationsereignis* (▶ Seite 148); er begann aber wohl schon um 2,8 Ga[22,23]. Wir werden in späteren Kapiteln noch mehr darüber erfahren, wie umfassend das Leben unseren Planeten seit dieser Zeit formte.

Woher stammt das Wasser?

Vieles spricht dafür, dass schon sehr früh im Hadaikum Ozeane einen großen Teil der noch jungen Erdkruste bedeckten. Aber woher stammte dieses Wasser?

Wenn der größte Teil davon bei der Akkretion der Erde „eingesammelt" wurde, wäre ein Gutteil tief in der Erde verborgen. Natürlich könnte es von dort auf die Erdoberfläche gelangen, zum Beispiel durch Vulkane oder als Folge der Einschläge größerer Brocken auf die Erde. Die Hitzeentwicklung beim Einschlag könnte das im Mantel und der jungen Kruste eingelagerte Wasser verdampfen lassen. Aber wäre diese „Ausgasung" ausreichend, um bereits nach wenigen hundert Millionen Jahren Ozeane entstehen zu lassen? Oder ist unsere Vorstellung von frühen Ozeanen doch falsch?

Simulationen weisen immerhin darauf hin, dass die durch Akkretion aufgenommene Wassermenge bis zu 350-mal größer gewesen sein könnte als das heute vorhandene Wasser an der Oberfläche und in der Atmosphäre. Auch könnte ein Gutteil erst durch späte Einschläge großer oder sehr großer Objekte wie Theia zugeführt worden sein. Damit befände sich Wasser bevorzugt in den oberen Schichten des Erdmantels, was eine schnellere Ausgasung ermöglicht. Sehr große Kollisionen hätten freilich gleichzeitig den größten Teil schon vorhandenen Oberflächenwassers in den Weltraum geschleudert.

Modelle, mit denen der Wasseraustausch zwischen Erdmantel und darüberliegenden Oze-

Akkretion (Astronomie)
(lat. *accretio*, Zunahme) In der Astronomie nennt man so das Aufsammeln von Materie durch ein größeres Objekt aufgrund seiner Gravitationswirkung.

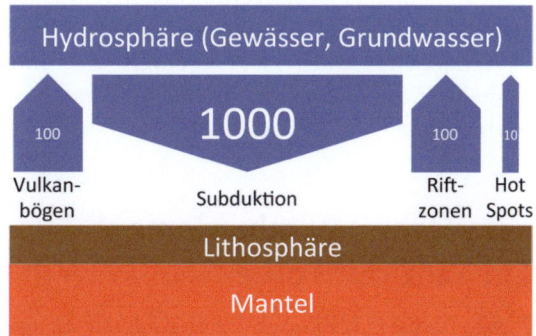

5-06

Wasseraustausch. Geschätzter jährlicher Wasseraustausch in Megatonnen zwischen Lithosphäre/Mantel und Hydrosphäre[24]. An Riftzonen dringt Magma, an Vulkanbögen subduziertes Plattenmaterial an die Oberfläche (▶ Abbildung 5-11). An sogenannten Hot Spots dringt heißes Magma durch die Lithosphäre über Vulkane an die Oberfläche, so zum Beispiel auf Hawaii.

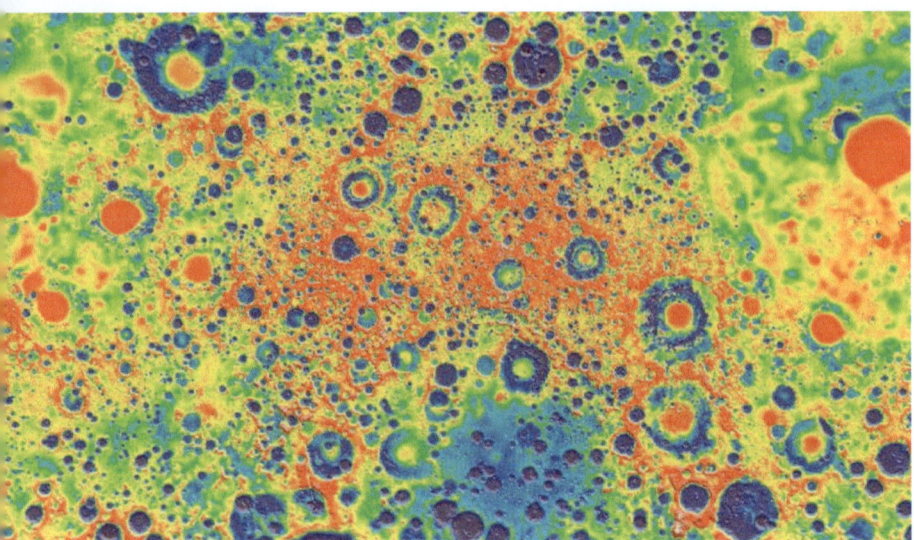

5-07
Gravitationsfeld des Mondes[25]. Diese Schwerkraftkarte des Mondes wurde von den Zwillingssonden GRAIL (*gravity recovery and interior laboratory*) der NASA aufgezeichnet (rot: stärkere, blau schwächere Gravitation). Ähnlich dürfte unsere Erde in der Zeit des Late Heavy Bombardements vor ca. 3,9 Ga ausgesehen haben.

Isotopenverhältnisse
Die Isotope ^{129}Xe, ^{136}Xe und ^{40}Ar entstanden im Mantel unter anderem durch radioaktiven Zerfall kurzlebiger Isotope. Dass ihre Menge in der Atmosphäre heute geringer ist als im Mantel, könnte daran liegen, dass sie den Mantel bereits verließen, bevor alle radioaktiven Atome zerfallen waren.

Bahnresonanz
Stehen die Umlaufzeiten zweier Planeten in einem ganzzahligen Verhältnis zueinander, dann können sich gravitative Einflüsse nach und nach verstärken, z.B. weil beide dann periodisch in einer Reihe zur Sonne stehen. Die Umlaufbahnen der Planeten können dadurch nach kurzer Zeit aus dem Tritt geraten.

anen simuliert wird, deuten darauf hin, dass die gesamte Menge an Oberflächenwasser innerhalb einer Milliarde Jahre aus dem Mantel ausgegast sein könnte, ein guter Teil davon bereits nach einigen hundert Millionen Jahren.

Leider gibt es – mehr als 4 Milliarden Jahre später – nur wenige Hinweise darauf, was damals wirklich mit dem Wasser geschah. So ist der Wasseranteil im Erdinneren unbekannt und die heute in Vulkanen und Riftzonen aufsteigende Wassermenge kann nur grob geschätzt werden (▶Abbildung 5-06, Seite 77). Sie ist wahrscheinlich geringer als die durch Subduktion in den Mantel abtauchende Menge. Allerdings können die heutigen Verhältnisse nicht einfach auf die Situation im Hadaikum übertragen werden. Der beobachtete Unterschied in den Isotopenverhältnissen mancher Edelgase zwischen Mantel und Atmosphäre (▶Randspalte) weist zwar ebenfalls auf eine schnelle Ausgasung hin, allerdings sind hier auch andere Ursachen möglich.

Late Heavy Bombardement – Ein Tanz mit Folgen

Einige hundert Millionen Jahre nach der Theia-Katastrophe hatte sich der ständige Meteoritenhagel bereits stark abgeschwächt. Es schlugen immer weniger und immer kleinere Körper ein und ein Beobachter hätte damals vermuten können, unsere Erde habe ihre turbulente Bildungsphase endlich überstanden. Einiges spricht jedoch dafür, dass es zwischen 4,1 Ga und 3,8 Ga zu einem erneuten Hagel riesiger Brocken kam[26]. Was war geschehen?

Die am häufigsten vertretene Theorie macht für dieses Ereignis eine Bahnresonanz zwischen Jupiter und Saturn verantwortlich. Ihr Zusammenspiel destabilisierte kurzzeitig die Bahnen der vier Riesenplaneten Jupiter, Saturn, Uranus und Neptun. Dieses Gerangel zwischen den Giganten hatte schlimme Folgen für den Gürtel von Planetesimalen jenseits ihrer Bahnen. Sie wurden durcheinandergewirbelt und viele von ihnen nahmen daraufhin Kurs auf den Kreis der inneren Planeten[27]. Auf ihrem Weg nahmen sie noch einige Kollegen aus dem Asteroidengürtel zwischen Jupiter und Mars mit. Beide Gruppen sorgten schließlich dafür, dass das Bombardement der Erde und der anderen inneren Planeten hunderte von Millionen Jahren anhielt. Diese Phase wird als „Late Heavy Bombardement" bezeichnet. Seine deutlichsten Spuren findet man heute in den Kratern atmosphäreloser Körper wie des Mondes. Aus der Größenverteilung der Krater und der Untersuchung, welche Kraterränder wohl durch neuere Einschläge zerstört sind, lassen sich Größe und Intensität der Einschläge über die Zeit zurückverfolgen.

Besonders deutliche Spuren hat das Late Heavy Bombardement auf dem Mond hinterlassen. Hochgenaue Gravitationsmessungen der GRAIL-Sonden (*gravity recovery and interior laboratory*) der NASA machten sie im Jahre 2012 noch deutlicher sichtbar, als Krater und Basaltebenen ohnehin zeigen (▶Abbildung 5-07). Die Ergebnisse enthüllen, dass die Gesteinskruste des Mondes offenbar 34 bis 43 Kilometer dick ist und durch die Schockwellen von Einschlägen kilometertief regelrecht pulverisiert wurde.

Auch auf der Erde musste das massive Bombardement zur Aufschmelzung großer Krustenbereiche und zu gewaltigen Lavaströmen geführt haben. Dies erklärt vielleicht, warum keine Krustenteile aus der Zeit vor 3,8 Ga erhalten sind.

Unter diesen Verhältnissen erscheint es sehr unwahrscheinlich, wenn auch nicht völlig ausgeschlossen[28], dass das Leben auf der Erde schon vor mehr als 3,8 Ga entstanden sein könnte. Selbst das Überleben von organischen Molekülen aus der Zeit der Agglomeration der Planetesimale ist unter diesen Umständen höchst zweifelhaft, da nur wenige organische Moleküle mehr als zweihundert Grad Celsius überstehen können.

Kontinente entstehen

Bewegliche Kruste

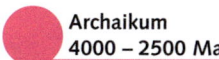

Künstlerische Darstellungen der frühen Erde zeigen meist eine düstere Welt mit dampfenden, dunklen Wasserflächen, kantigen Basaltfelsen und in der Ferne glutrot leuchtenden Lavaströmen. Und irgendwie scheint diese Vorstellung für das Hadaikum ja auch zuzutreffen.

Wie und wann jedoch die ersten Kontinente entstanden, darüber gibt es divergierende Vorstellungen. Bildeten sich die Landmassen alle bereits sehr früh im Hadaikum oder erst nach und nach, bis weit in das Phanerozoikum hinein? Existierte damals schon eine Plattentektonik, also ein System beweglicher Platten, das Kruste durch Abtauchen in den Mantel (Subduktion) immer wieder aufschmelzen ließ?

Leider ist wohl nichts von einer hadaischen Urkruste übriggeblieben. Das älteste Zeugnis einer wasserbedeckten festen Erdkruste stellen 4,42 Ga alte australische Zirkonkristalle dar. Zirkonkristalle sind außerordentlich widerstandsfähig. Sie überstehen selbst mehrfache Metamorphosen (▶ Abbildung 2-07, Seite 17) und „speichern" in ihrem Inneren die chemischen Verhältnisse am Ort und Zeitpunkt ihrer Kristallisation. Ihr Uran-Blei-Isotopenverhältnis erlaubt eine sehr präzise Altersbestimmung und der relative Gehalt der australischen Kristalle am Sauerstoffisotop ^{18}O weist auf den Ursprung oberhalb der Erdkruste in wässrigem Milieu hin. Das Muttergestein, in dem sie gefunden wurden, ist jünger. Es stammt aus der Anfangszeit des Archaikums um 3,8 Ga und muss aus noch älterer Kontinentalkruste hervorgegangen sein. Erste chemische Sedimente, die unzweifelhaft auf die Existenz von Gewässern hindeuten, sind ungefähr 3,85 Ga alt[24].

Ein heißer Mantel

Sicher ist, dass bis weit in das Archaikum hinein die Manteltemperatur anstieg, sie erreichte ihr Maximum bei 1700 °C um 2,7 Ga[29,30]. Noch heute sind die hohen Manteltemperaturen im Archaikum nachweisbar: Archaische Gesteine bestehen häufig aus magnesiumreichem Komatiit, das sich in Vulkaneruptionen auf die jungen Kontinente ergoss. Die Kristalle zeigen ein für archaische Komatiite typisches Muster aus bereits mit bloßem Auge sichtbaren Olivin-Nadeln (Spinifex-Struktur). Für die Entstehung dieser Strukturen sind etwa 1650 °C erforderlich (▶ Kasten Gesteine schmelzen, Seite 80).

Aufgrund der höheren Manteltemperatur war die frühe Kruste magnesiumreicher als die ozeanische Kruste heute und erheblich dicker. Die dicke Kruste und der höhere Wärmefluss verhinderte eine Plattentektonik mit Subduktionszonen, wie sie heute besteht[31,32,33]. Die silikatreiche, magnesiumarme kontinentale Kruste entstand aus dieser Urkruste durch wiederholtes Absinken und Aufschmelzen, wobei sich silikatreicheres Gestein wegen des geringeren Schmelzpunktes und geringerer Dichte im oberen Teil der Kruste anreicherte.

Der genaue Ablauf der frühen Kontinentbildung ist noch weitgehend ungeklärt. So weiß man nicht, wieviel Kontinentalmasse nach Einsetzen der Plattentektonik entstand und wieviel bereits davor. Wahrscheinlich aber entstand mehr als die Hälfte der heutigen Kontinentalmasse bis zum Ende des Archaikums vor 2,5 Ga[34]. Vor Einsetzen der Plattentektonik wuchsen Kontinente wohl durch Akkretion (▶ Randspalte) von dicken ozeanischen Plateaus, die aufgrund ihrer Dicke nicht in den Mantel abtauchen konnten, und durch Akkretion anderer kontinentaler Krustenfragmente.

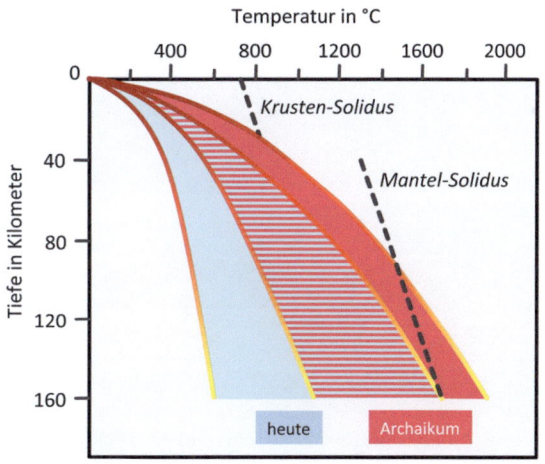

5-08

Temperaturverlauf im Mantel[35]. Im Archaikum stieg die Temperatur im Mantel mit zunehmender Tiefe schneller an (roter Bereich) als heute (blau). An die Oberfläche gelangendes Mantelgestein enthielt daher im Archaikum mehr höher schmelzende Bestandteile (Olivin) als heutiger Basalt. Der Solidus kennzeichnet die Schmelzgrenze des Mantels bzw. der Kruste in Abhängigkeit von Tiefe und Temperatur.

Wann beginnt das Archaikum?
Der Name hat seine Wurzel im griechischen *archaíos*, altertümlich. Man legte den Beginn des Archaikums ursprünglich auf das erste mögliche Auftreten von Leben oder der ersten kontinentalen Felsen. Da beides schwer datiert werden kann, ist die Grenze zum Hadaikum etwas willkürlich. Manche Forscher legen sie auch auf das Ende des Late Heavy Bombardements um 3,8 Ga.

Akkretion (Geologie)
(lat. *accretio*, Zunahme) In der Geologie nennt man so das Wachstum von Kontinenten durch die Anlagerung anderer Krustenfragmente.

KAPITEL 5   Urerde

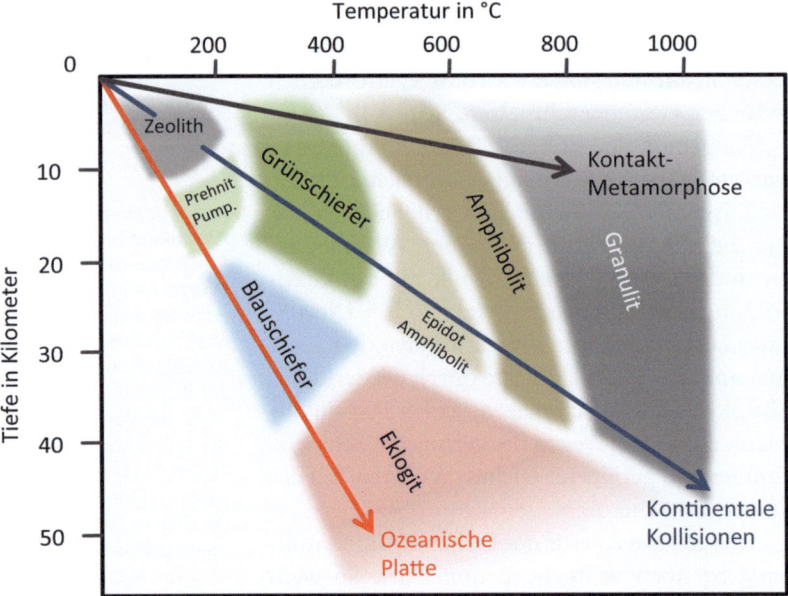

5-09
Metamorphose[35]. Die Umwandlung von Gesteinen hängt von den Druck- und Temperaturverhältnissen ab, denen sie ausgesetzt sind. Der Druck nimmt mit der Tiefe zu. Von *Kontaktmetamorphose* spricht man, wenn Gesteine heißem Magma nahe der Oberfläche ausgesetzt sind (geringer Druck). Kontinentale Kollisionen finden in mittlerer Tiefe statt, während Subduktion die kühleren ozeanischen Platten schnell in die Tiefe führt. Die neuen Eigenschaften der umgewandelten Gesteine nennt man metamorphe Fazies (lat. *Gesicht*). Sie erzählen die Entstehungsgeschichte von Gesteinen.

Gesteine schmelzen

Gesteine sind komplexe Gemische verschiedener Minerale, die bei unterschiedlichen Temperatur- und Druckverhältnissen schmelzen und kristallisieren. Generell schmelzen Silikate früher als magnesium- und eisenhaltige Minerale (▶Abbildung 5-10), aber auch der Wassergehalt spielt eine Rolle: schon eine geringe Menge davon erniedrigt den Schmelzpunkt stark. Der Wassergehalt der Sedimente ozeanischer Böden führt zu deren Aufschmelzen bei der Subduktion ozeanischer Platten (▶Seite 81).

Beim Abtauchen von Gesteinen in den Mantel entstehen partielle Schmelzen, beim Auftauchen in kühlere Bereiche kristallisieren manche Bestandteile früher als andere und sinken nach unten. Auch der Druck spielt eine Rolle: das in den Riftzonen (▶Randspalte rechts) ozeanischer Rücken aufsteigende zähe Magma schmilzt durch die Druckentlastung nahe der Oberfläche.

All diese Prozesse (Metamorphosen) führen mit der Zeit zu einer Trennung der Gesteine nach ihren Bestandteilen. Gelangen Gesteine durch Vulkaneruptionen, Intrusionen oder Hebungsprozesse wieder an die Oberfläche, so gibt daher ihre kristalline Zusammensetzung Aufschluss über ihre Geschichte. Das Vorhandensein von Olivinkristallen ist zum Beispiel ein Hinweis auf eine „heiße" Vergangenheit. Olivin kristallisiert bereits bei sehr hohen Temperaturen. Umgekehrt ist das Vorhandensein von Blauschiefer ein Zeichen für hohe Drucke bei geringen Temperaturen, Zustände, wie sie vor allem in Subduktionszonen herrschen (▶Abbildung 5-09).

Lange Zeit blieb rätselhaft, wie die großen Mengen (silikatreichen) Granits der Kontinentalkruste aus den basaltischen Gesteinen der ozeanischen Kruste entstanden sein konnten. Dieser Vorgang setzt mehrfaches Schmelzen und Rekristallisation voraus, wie dies für plattentektonische Prozesse typisch ist. Da vermutlich ein erheblicher Teil der Kontinentalkruste vor dem Einsetzen der Plattentektonik entstand, müssen vergleichbare Konvektionsprozesse im Hadaikum und frühen Archaikum angenommen werden.

	sauer >65 % SiO$_2$	intermediär 65–52 % SiO$_2$		basisch 52–45 % SiO$_2$	ultrabasisch <45 % SiO$_2$
Intrusivgestein Effusivgestein	Granit Rhyolit	Granodiorit Dazit	Diorit Andesit	Gabbro Basalt	Peridotit
Leitminerale	Orthoklas Quarz	Plagioklas		Pyroxen	Olivin

Natrium- und Kaliumgehalt
Eisen-, Magnesium- und Calciumgehalt
700°C   Schmelz/Kristallisationstemperatur   1200°C
Viskosität
felsisch — mafisch — ultramafisch

5-10
Einteilung magmatischer Gesteine[36]. Gesteine werden nach ihrem Silikatgehalt eingeteilt: saure Gesteine enthalten viel, ultrabasische Gesteine weniger Silikate. Gebräuchlich ist auch die Unterscheidung zwischen felsisch und mafisch: Felsisch steht für **Fel**dspat+**Si**likat, also für Gesteine, die Feldspäte und Silikate enthalten, während mafisch für Minerale steht, die **Ma**gnesium und Eisen (lat. **Fe**rrum) enthalten. Kontinentale Kruste enthält viel saure oder intermediäre Gesteine, während ozeanische Kruste vorwiegend aus mafischen Gesteinen besteht (Basalt).

80

Erde und Leben – Die Geschichte einer innigen Wechselbeziehung

Einsetzen der Plattentektonik

Obwohl viele Fragen zur frühen Kontinentalbildung noch offen sind, geht man davon aus, dass die Plattentektonik etwa um 3 Ga einsetzte[37]. Zu dieser Zeit hatte sich schon kontinentale Kruste gebildet, vielleicht war durch Akkretion vieler kleiner Krustenteile bereits ein großer Urkontinent entstanden. Wir wissen es nicht. Aber um 3 Ga setzte der in ▶Kapitel 2, Seite 23 beschriebene Mechanismus der Riftbildung und Subduktion von Lithosphärenplatten ein. Seither erneuert sich die Erdkruste ständig selbst. In Riftzonen entsteht neue ozeanische Kruste, die in Subduktionszonen wieder in den Mantel abtaucht. Kontinente wachsen durch Vulkanismus und Akkretion und zerbrechen wieder an kontinentalen Grabenbrüchen (▶Abbildung 5-11). Und so entstanden und vergingen die teilweise noch hypothetischen Großkontinente Columbia, Rodinia, Gondwana und Pangaea (▶Seite 83). Die heute vorhandene ozeanische Kruste entstand erst im Laufe der letzten 200 Millionen Jahre. Auch Lage und Gestalt der heutigen Kontinente sind nur vorübergehend. Es ist dennoch nicht nötig, beim Kauf eines Grundstücks dessen künftige geografische Lage ins Kalkül einzubeziehen. Die schnellsten Plattenbewegungen liegen bei 15 cm pro Jahr. Immerhin gelang es einem kleinen Krustenfragment, einem sogenannten *Terran* namens Wrangellia, 5000 km von der Südhalbkugel bis zur Küste Alaskas und Kanadas zurückzulegen und sich dort anzulagern[36].

Bei dieser Agilität der festen Scholle mag es überraschen, dass sich auch heute noch auf praktisch allen Kontinenten sehr alte Formationen aus der Zeit vor 3 Ga finden lassen, die seither nicht wieder in den Mantel abgesunken sind. Wie konnten sie das stetige Auf und Ab und Hin und Her mehr als drei Milliarden Jahre lang überstehen?

Kratone

Diese alten Formationen bilden so etwas wie die festen Kerne von Kontinenten, die zwar mit der darunterliegenden Lithosphärenplatte umherwandern, selbst aber tektonisch stabil bleiben. Ihr Name steht für diese Widerstandskraft gegenüber tektonischen Kräften: man nennt sie Kratone, abgeleitet aus dem griechischen Wort *kratos*, Kraft. Kratone haben unterhalb der Kruste mächtige Kiele, die über 200 km tief in den Mantel hinabreichen. Diese Kiele bestehen unter anderem aus an Eisen verarmtem Peridotit, weshalb sie in diesen Tiefen leicht genug sind, um trotz des aufliegenden Gewichts auf dem Mantel zu „schwimmen". Ihre Mächtigkeit verhindert auch, dass sie an Plattengrenzen subduzieren. Die ältesten Kratone sind seit Beginn des Archaikums stabil, die größeren stammen aus der Zeit nach Beginn der Plattentektonik bis etwa 2,5 Ga. Kratone bestehen aus stark metamorphem Gestein, ein Zeugnis ihrer wilden Frühgeschichte. Es trägt oft Reste noch älterer Kratone in sich, die aufgrund des heißeren Mantels nicht die Chance hatten, die Zeit des Hadaikums zu überstehen. Die ältesten bekannten Kratone sind der Slave-Kraton des Nordwest-Territoriums in

Riftzonen
(engl.. *rift*, Riss, Spalt) Grabenbrüche, die durch Dehnung der Kruste entstehen. Die Riftzone des mittelatlantischen Rückens entsteht durch das Auseinandergleiten der nordamerikanischen und der eurasischen Platte, sowie der afrikanischen und südamerikanischen Platte.

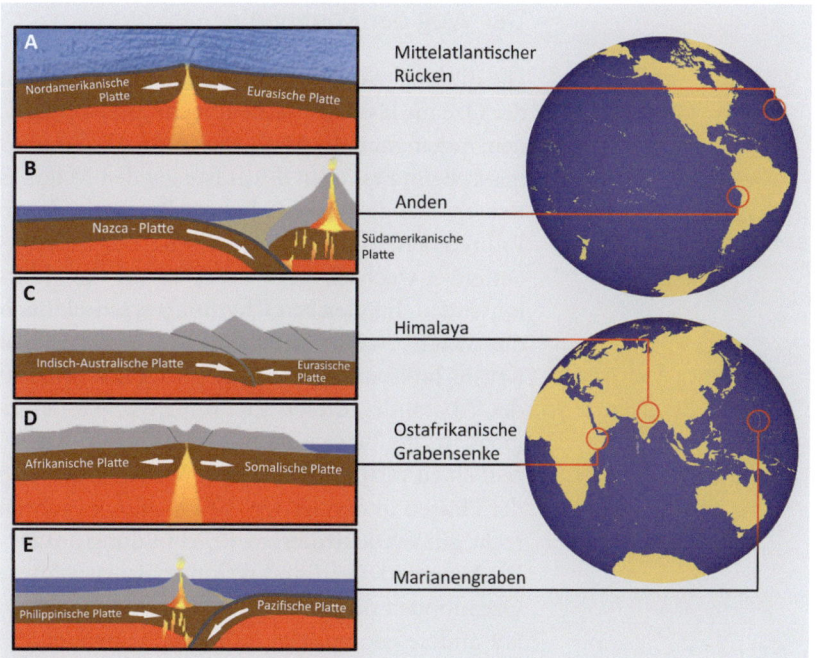

5-11
Plattentektonik[36]. Die Bewegung der Platten formt die Erdoberfläche. Auf ozeanischen Rücken bildet aufsteigendes Magma neue ozeanische Kruste (Seafloor-Spreading, A), sichtbar an ozeanischen Gebirgsketten, deren Verlauf die Plattenbewegung erkennen lässt. Ozeanische Platten tauchen an den Rändern kontinentaler Platten in die Tiefe (B), aufschmelzendes Gestein kommt in Vulkanen wieder an die Oberfläche. Ähnliches geschieht an vulkanischen Inselbögen (E), bei denen eine ozeanische Platte unter eine andere taucht. Aufeinanderstoßende Kontinentalplatten sind hingegen zu leicht und zu massiv zur Subduktion. Sie überschieben sich, es bilden sich Auffaltungen und hohe Gebirgsketten (C). Auch Kontinentalplatten können sich trennen, es bilden sich Grabenbrüche (D) und mit der Zeit bricht der Kontinent an dieser Stelle auseinander. Neben den hier dargestellten Bewegungen gibt es auch sogenannte Transformationsstörungen, bei denen Platten aneinander vorbeigleiten. Bekanntestes Beispiel ist die San-Andreas-Störung in Kalifornien, bei der die Nordamerikanische und die Pazifische Platte aneinander vorbeigleiten. Plattengrenzen sind meist auch Erdbebenzentren.

Kanada, dessen Acasta-Gneis über 4 Ga alt ist und der Superior-Kraton an der Hudson Bay, dessen Nuvvuagittuq-Grünsteingürtel wohl älter als 4,3 Ga ist. Fast ebenso alt sind der Pilbara-Kraton in Australien und der Kaapvaal-Kraton in Südafrika, beide um 3,5 Ga alt.

In ihrer gemächlichen Bewegung um die Welt sammeln Kratone an ihren Rändern andere Krustenfragmente ein, die sich durch Überschiebungen zu Gebirgen auftürmen können (Orogenese). Kratone selbst bilden in der Regel erhabene Schilde aus stark erodiertem Grundgebirge und anschließenden ausgedehnten Ebenen mit dicken Sedimentablagerungen. Typisches Beispiel sind die *Great Plains* Nordamerikas, die sich im Süden an den kanadischen Schild anschließen, zu dem auch der oben genannte Slave-Kraton gehört.

Der Weg der Kontinente

Die Bildung ozeanischer Kruste in den Riftzonen der Ozeane lässt sich zeitlich recht genau einordnen, indem man die Magnetisierung des Gesteins misst. Beim Erstarren des aufsteigenden Magmas richten sich dessen eisenhaltige Bestandteile am Erdmagnetfeld aus. Die Richtung des Erdmagnetfeldes wechselt aber im Abstand von Jahrtausenden. Im gleichen Rhythmus wechselt auch die Magnetisierungsrichtung der ozeanischen Kruste links und rechts der Riftzone. Anhand des Abstandes dieser Richtungswechsel ist es möglich, die Bewegung der ozeanischen Kruste zeitlich zu verfolgen. Auf diese Weise ist der Weg der Platten in den letzten 200 Millionen Jahren recht gut rekonstruierbar (▶Abbildung 5-12).

Aufgrund der Subduktion existieren ältere Ozeanböden nicht mehr, deshalb sind Geologen auf andere geologische Indizien angewiesen. So liefert der Vergleich von Gebirgsformationen auf verschiedenen Kontinenten Hinweise auf eine gemeinsame Orogenese. Auf diese Weise wurde der Superkontinent Rodinia rekonstruiert, der vor etwa 1 Ga aus kleineren Einheiten entstand, deren Kratone auch heute noch erkennbar sind (▶Abbildung 5-13). Seinen Namen erhielt er in Anlehnung an das russische Wort für „erzeugen", da er aus Teilstücken der heutigen Kontinente zusammengesetzt war. Rodinia zerfiel vor dem Beginn des Kambriums (▶Seite 184).

Auch der Vergleich von Sedimenten kann wichtige Aufschlüsse geben, ebenso ein Vergleich des Alters von Kratonen. Kratone, die gleichzeitig stabil wurden, sind womöglich auch am gleichen Ort entstanden. Alles in allem gelang es mit diesen Methoden aber bisher nicht, einigermassen gesicherte paläogeografische Karten bis ins Archaikum hinein zu erstellen.

Als wahrscheinlich gilt, dass bereits vor Rodinia Superkontinente existierten. Der hypothetische Superkontinent Columbia bildete sich wohl um 1,9 Ga unter anderem aus nordamerikanischen, südamerikanischen, sibirischen und australischen Kratonen. Davor gibt es Hinweise auf einen Kontinent mit Kratonen aus Indien, Südafrika (Kaapvaal) und Australien (Pilbara), die vor 3 Ga stabilisierten und Superia mit Kratonen aus Nordamerika, Finnland und Sibirien, die vor 2,5 Ga stabilisierten.

Der Superkontinent Gondwana entstand aus den Bruchstücken von Rodinia zwischen 600 und 500 Ma und blieb bis ins Jüngere Jura um 150 Ma zusammen. Benannt wurde er 1881 nach dem Land des altindischen Volks der Gonds (Sanskrit *gondavana*) durch EDUARD SUESS. Damals entdeckte man in Südamerika, Afrika, auf Madagaskar, in Indien, Australien und 1913 während der Scott-Antarktisexpedition Fossilien aus dem Paläozoikum, die sich markant von denen der Nordhalbkugel unterschieden. Geologen referierten diese Gegenden als Gondwanaland. Erst als die Theorie der Kontinentaldrift Boden gewann, vermutete man einen Superkontinent Gondwana als Grund dieser Gemeinsamkeiten. Neben den biogeografischen Entdeckungen zeugen einheitliche Gletscherspuren aus dieser Zeit von einer gemeinsamen Geschichte dieser Kontinente. Auch zeitgleiche Orogenesen in Afrika und Südamerika, die sich während der Vereinigung des West- und Ostteils des Superkontinents bildeten, zeugen von der Entstehung Gondwanas (▶Abbildung 5-14, Seite 84).

Das ganze Land – Pangaea

Beim Auseinanderbrechen von Rodinia hatte sich Südamerika von Laurentia getrennt und den Japetus-Ozean geöffnet. Um 430 Ga kollidierte Baltika mit Laurentia. Bereits zuvor hatte sich der kleine Kontinent Avalonia von Gondwana gelöst, um Richtung Laurentia zu driften, bis er mit ihm und Baltika kollidierte. Zusammen (mit noch einigen kleineren Terranen) bildeten sie den Kontinent Euramerika, auch Laurussia genannt.

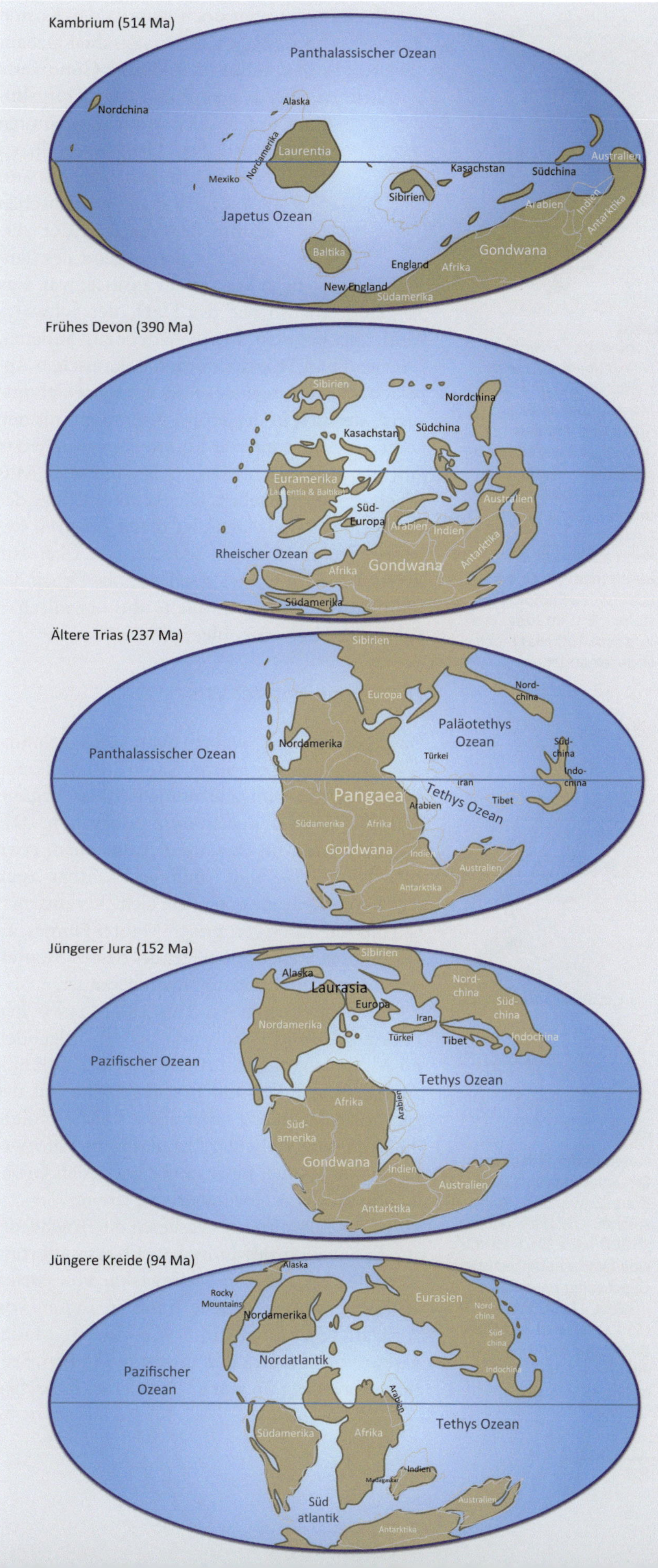

5-12
Kontinente im Wandel[38]. Riftvorgänge, Plattenkollisionen und Subduktion sorgten für einen ständigen Wandel der Kontinente. Im Kambrium formte sich der Superkontinent Gondwana. An seinen Rändern erstreckten sich ausgedehnte, flache, warme und sauerstoffreiche Schelfmeere, ideale Lebensräume für die Ausbildung neuer Lebensformen (▶ Seite 184). In der Trias bildete sich der Superkontinent Pangaea, eine durchgehende Landmasse vom Süd- bis zum Nordpol. Im Jura brach Pangaea auseinander, zwischen Afrika und Nordamerika öffnete sich der Atlantische Ozean und Gondwana begann auseinander zu brechen. In der Kreide öffnete sich der südliche Atlantik und Indien löste sich von Madagaskar und bewegte sich Richtung Eurasien. Nordamerika war durch eine Landbrücke über Alaska mit Eurasien verbunden (durch die Kartenprojektion nicht sichtbar).

Unter anderem leben Norddeutsche, Briten aus Mittelengland und Wales sowie Neufundländer auf dem Boden Avalonias. Seinen Namen erhielt es von einer Halbinsel in Neufundland.

Auch die Terrane Süd- und Nordchinas hatten sich wohl im Kambrium von Ostgondwana gelöst und wanderten langsam in Richtung Euramerika. Gegen 250 Ma hatte sich schließlich der Japetus-Ozean zwischen Euramerika und Gondwana geschlossen und auch Sibirien war im Norden sehr nahe an Euramerika herangerückt. Der neue gewaltige Superkontinent erhielt den Namen Pangaea nach dem griechischen Wort *pan* (ganz) und *gaia* (Erde). Einige kleinere Kontinente und sicherlich auch eine Vielzahl

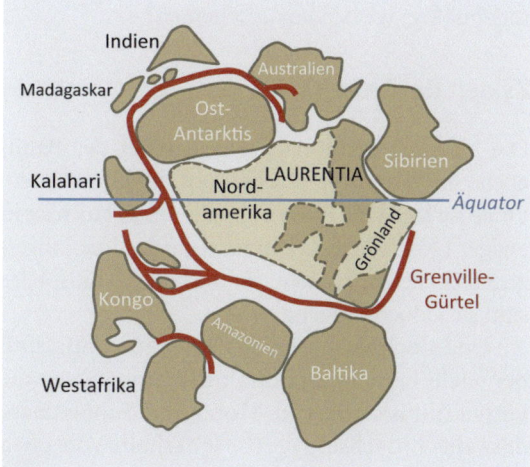

5-13
Rodinia[35]. Aus weltweit vorkommenden Gebirgsformationen, den Grenville-Gürteln, die wohl vor 1 Ga an Kontinentalrändern entstanden sind, lässt sich der Superkontinent Rodinia rekonstruieren. Dargestellt sind die heutigen Namen der Kratone oder archaischen Kontinente, aus denen Rodinia vermutlich entstand. Grenville ist ein Gebiet im Osten Kanadas, an dem erstmals diese Formation beschrieben wurde.

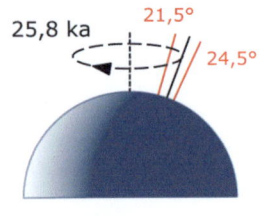
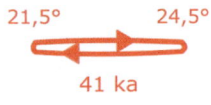

5-14
Gondwana[35]. Der Superkontinent entstand zwischen 600 und 500 Ma aus Südamerika, Afrika und Arabien („Westgondwana") und aus Indien, Madagaskar, Ost-Antarktika und Australien („Ostgondwana"). Gondwana blieb in dieser Form auch nach dem Zusammenschluss mit Laurasia zu Pangaea bestehen. Erst im Jüngeren Jura (um 150 Ma) brach er auseinander.

5-15
Neigung der Erdachse. Die Erdachse führt eine Kreiselbewegung (Präzession) aus, die etwa 25 800 Jahre (25,8 ka) für eine Umdrehung benötigt. Gleichzeitig pendelt sie in etwa 41 000 Jahren (41 ka) hin und her. Diese Bewegung wirkt sich vor allem in Breiten über 65° auf das Klima aus.

von Inseln existierten noch jenseits der Küsten Pangaeas, im riesigen Panthalassischen Ozean. Die Kollision von Euramerika und Gondwana führte zu einer langen Phase der Gebirgsbildung, unter anderem zur sogenannten *Variszischen Orogenese*. Ihren Namen erhielt sie von EDUARD SUESS nach dem germanischen Stamm der Varisker, der vermutlich in der Gegend des heutigen Vogtlandes ansässig war. Das Vogtland, ebenso wie der Harz, der Schwarzwald, die Vogesen sowie Ardennen, Sudeten, Cornwall und Teile der nordamerikanischen Appalachen sind Zeugnisse dieses einstigen Gebirgszuges, der sich in der Höhe vermutlich mit den heutigen Alpen messen konnte. Erosion setzte ihm allerdings mächtig zu, so dass nur noch Mittelgebirge übrig blieben. Die Steinkohleflöze des Ruhrgebietes sind eine Folge dieser Erosion: Gewaltige Sedimentmengen bedeckten die Überreste der karbonen Sumpfwälder. Der hohe Druck der Sedimentmassen verwandelte die organischen Substanzen in Steinkohle.

Der Beginn unserer Welt

Das „Ganze Land" währte nicht lange – zumindest aus geologischer Sicht. Kaum 150 Millionen Jahre nach seinem Zusammenschluss begann Pangaea wieder auseinanderzubrechen. Die Brüche folgten oft den alten Nahtstellen, etwa zwischen Afrika und Südamerika, aber auch durch alte Kratone zogen sie sich. Verantwortlich hierfür waren vermutlich Mantel-Plumes, an bestimmten Stellen aufsteigendes heißes Mantelgestein, das die Lithosphäre aufschmilzt.

Der erste Bruch begann um 180 Ma zwischen Euramerika und Gondwana. In den folgenden 80 Millionen Jahren öffnete sich der Atlantik zwischen Amerika und Europa-Afrika auf der ganzen Linie, zuletzt – vor etwa 50 Ma – folgte die Trennung zwischen Grönland und Norwegen. 10 Millionen Jahre zuvor hatte sich Grönland bereits von Nordamerika getrennt.

Etwas komplizierter verliefen die Brüche, die zur Entstehung des Indischen Ozeans führten. Zunächst begann sich Madagaskar von Afrika zu lösen, weitere Brüche trennten Indien von Australien, Ostantarktika von Afrika, Madagaskar von Sumatra und dieses von Indien. Seafloor-Spreading im neu entstandenen Indischen und Antarktischen Ozean trieben Afrika, Indien und Australien nordwärts. Am Ende, vor etwa 30 Ma kollidierte Indien mit dem Eurasischen Kontinent. Die Reste des vormals großen Tethys-Ozeans wurden eingeschlossen zwischen Afrika und Europa und bildeten später das Mittelmeer. Die auch heute noch andauernde Bewegung Indiens in Richtung Eurasien führte zur Auffaltung des Himalaya vor etwa 25 Ma. Die gleichzeitige Nordbewegung Afrikas in Richtung Europa sorgte für die Aufwölbung der Alpen. In weniger als 50 Millionen Jahren wird Afrika mit Europa verschmelzen und das Mittelmeer verschwinden.

Kosmische Einflüsse

Von Zyklen und Katastrophen

Die Zeit der jungen Erde war reich an Katastrophen. Einige, wie die Theia-Kollision und das Late Heavy Bombardement waren kosmischer Natur, gewaltige Vulkanausbrüche und das Große Oxidationsereignis waren „hausgemacht", letzteres sogar biologischen Ursprungs. Auch in fortgeschrittenem Alter hatten kosmische Ereignisse katstrophale Folgen für das Leben auf der Erde, letzten Endes prägender für die Biosphäre waren jedoch nicht Katastrophen, sondern der scheinbar ewige Zyklus von Tag und Nacht, Sommer und Winter. Aber sind diese Zyklen wirklich so regelmäßig, wie sie uns erscheinen?

Zyklen der Erde

Die Neigung der Erdachse gegenüber der Bahnebene um die Sonne beschert uns die Jahreszeiten. Ohne sie lägen die Breiten jenseits der Polarkreise in ewiger Dunkelheit. Leben hätte auch ohne Jahreszeiten entstehen können, für die heutige Biosphäre sind sie jedoch prägend.

Und doch sind sie nicht konstant. Aufgrund der leicht bauchigen Gestalt der Erde führen die Gravitationskräfte von Mond und Sonne dazu, dass die Erdachse „eiert". Innerhalb von etwa 25 800 Jahren führt sie eine Kreiselbewegung um die Achse aus, die zur Erdbahnebene senkrecht steht, die sogenannte *Präzession* der Erdachse (▶Abbildung 5-15). Diese Präzession hat zur Folge, dass sich die Jahreszeiten verschieben und wir uns mit der Zeit an einen anderen Polarstern gewöhnen müssen. So wird der kürzeste Tag auf der Nordhalbkugel in ungefähr 12 900 Jahren

Erde und Leben – Die Geschichte einer innigen Wechselbeziehung

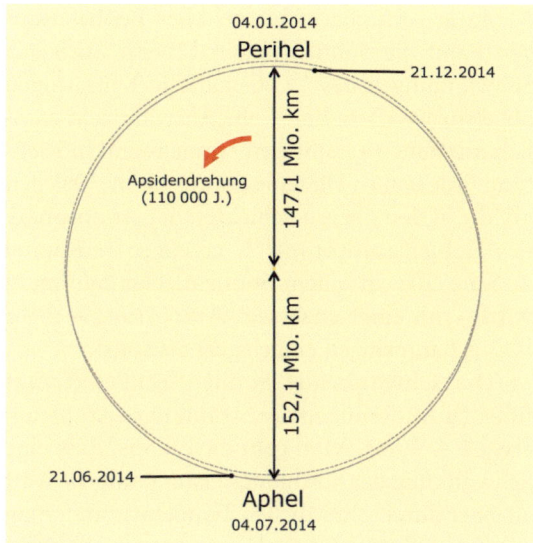

5-16
Apsidendrehung. Die Erdbahn ist nahezu kreisförmig. Die Abweichung des sonnennächsten (Perihel) und sonnenfernsten Punktes (Aphel) vom Mittelwert beträgt derzeit weniger als 2 Prozent. An der Obergrenze der Atmosphäre beträgt daher die einfallende Strahlungsleistung der Sonne im Perihel 1420 W/m², im Aphel 1319 W/m². Auf der Nordhalbkugel liegt das Perihel nahe des kürzesten Tages. Dies bleibt nicht so. Durch die Drehung der Ellipse im Raum bewegt sich die sogenannte Apsidenlinie zwischen Perihel und Aphel in 110 000 Jahren um 360°.

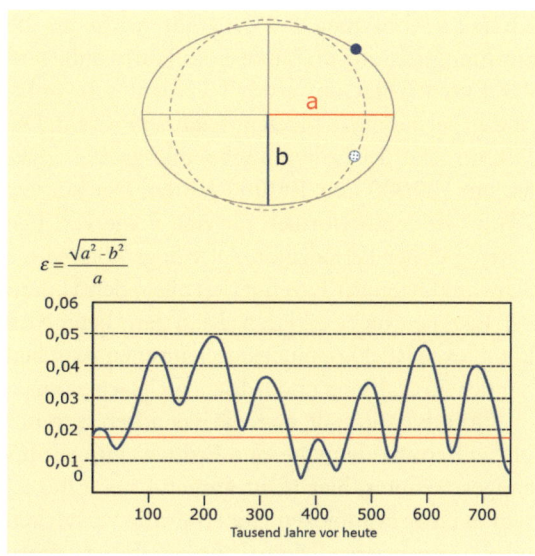

5-17
Exzentrizität. Die Exzentrizität ε der Erdbahn ist nicht konstant, sondern schwankt in sich überlagernden Zyklen, die zwischen 95 000 und über 400 000 Jahre lang sind[39]. Derzeit gilt $\varepsilon = 0{,}017$. Diese Zyklen spielen vor allem bei der Entstehung von Eiszeiten eine Rolle. Bei minimaler Exzentrizität schwankt die einfallende Strahlungsleistung um etwa 2 Prozent während des Jahres, bei maximaler Exzentrizität sind es über 23 Prozent. Bei der aktuellen Exzentrizität der Erdbahn schwankt die einfallende Strahlungsleistung um etwa 7 Prozent.

auf den Juni fallen. Der bei uns gebräuchliche Gregorianische Kalender berücksichtigt diese Verschiebung, so dass wir unsere Gewohnheiten nicht ändern müssen und der kürzeste Tag weiterhin im Dezember liegt. Für das Klima wichtiger ist, dass aufgrund der leicht exzentrischen Form der Erdbahn der sonnennächste und sonnenfernste Punkt auf verschiedene Jahreszeiten fallen (▶Abbildung 5-18). Da heute der sonnennächste Punkt auf der Nordhalbkugel im Winter liegt, sind Winter im Norden milder als auf der Südhalbkugel. Südlich des Äquators befindet sich im Winter die Erde im sonnenfernsten Punkt. Durch die langsame Drehung der Ellipse ändert sich jedoch die saisonale Sonneneinstrahlung im Laufe der Jahrtausende (▶Abbildung 5-16).

Hinzu kommt, dass auch die Neigung der Erdachse in einem Zyklus von 41 000 Jahren hin und her pendelt (▶Abbildung 5-15). Diese Bewegung sorgt vor allem oberhalb des fünfundsechzigsten Breitengrades für Unterschiede in der saisonalen Einstrahlung, die auch das Klima beeinflussen.

Auch die Exzentrizität der Erdbahn, also ihre Abweichung von der Kreisform, beeinflusst die Intensität der Sonneneinstrahlung und damit das

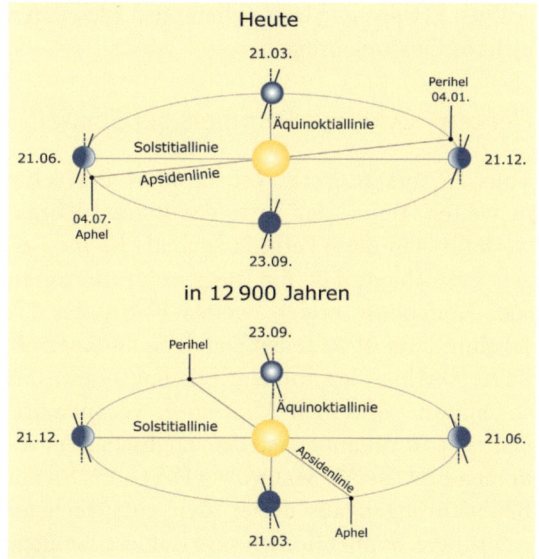

Solarkonstante
Die Solarkonstante ist der langjährige Mittelwert der Strahlungsleistung der Sonne pro Quadratmeter an der Obergrenze der Atmosphäre. Sie beträgt 1367 W/m². Nur etwa 50 Prozent dieser Energiemenge erreicht tatsächlich den Boden, der Rest wird von der Atmosphäre absorbiert oder reflektiert (Wolken).

5-18
Winter im Juni. Die Neigung der Erdachse lässt die Jahreszeiten entstehen: Im Dezember wird die Südhalbkugel stärker bestrahlt als der Norden, im Juni ist es genau umgekehrt. Bei Tagundnachtgleiche (Äquinoktium) im Frühjahr und Herbst sind auf beiden Hemisphären Tag und Nacht gleich lang. Die Präzession der Erdachse führt dazu, dass sich der Frühlingspunkt verschiebt. Der Gregorianische Kalender berücksichtigt diese Verschiebung über die mittlere Länge eines Kalenderjahres (circa 365,24 Tage). Wenn in 12 900 Jahren die Verschiebung 180° erreicht hat, hätten nach heutigem Kalender Sommer und Winter ihre Plätze vertauscht, dank Gregorianischem Kalender bleibt aber alles wie gewohnt. Weitere 12 900 Jahre später ist alles wieder wie heute. Fast: Durch die Apsidendrehung verschieben sich auch sonnennächster und sonnenfernster Punkt.

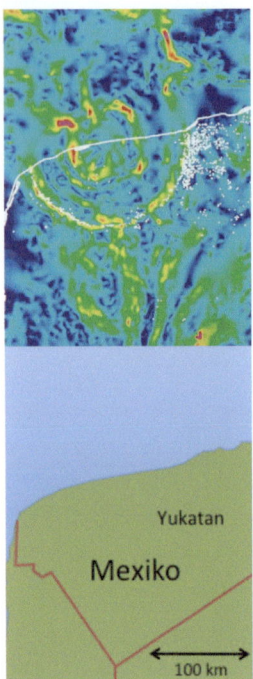

5-19
Chicxulub-Krater[40]. Der Einschlag eines 10–15 km großen Himmelskörpers vor 65 Millionen Jahren an der Ostküste Mexikos ist sehr wahrscheinlich für das Aussterben der Dinosaurier verantwortlich. Der etwa 180 km breite Krater ist auf der oberen Abbildung gut zu erkennen. Sie zeigt lokale Schwankungen des Gravitationsfeldes der Erde. Der heutige Küstenverlauf ist als weiße Linie eingezeichnet.

Sonnenflecken, historisch
Sonnenflecken wurden schon in vorchristlicher Zeit von chinesischen und griechischen Astronomen beschrieben. Die systematische Beobachtung begann jedoch erst im 17. Jahrhundert mit der Erfindung des Teleskops.

Klima (▶ Abbildung 5-17). Während heute die Strahlungsleistung im Laufe eines Jahres aufgrund der Exzentrizität um etwa 7 Prozent schwankt, sind es bei maximaler Exzentrizität 23 Prozent. Die Exzentrizität der Erdbahn schwankt grob in Zyklen um 100 000 und 400 000 Jahren. Der kürzere Zyklus ist verantwortlich für eine Folge von Eiszeiten gleicher Periodizität. Allerdings können die Schwankungen der Exzentrizität allein den Verlauf der Eiszeiten nicht erklären. Man geht heute von komplexen Rückkopplungsmechanismen zwischen Sonneneinstrahlung und irdischen Ursachen aus.

Grundsätzlich gilt, dass die hier adrett getrennt präsentierten Elemente der Erdbewegung (plus einiger weiterer, hier nicht aufgeführter Effekte) sich in einer komplexen Choreografie verstärken oder kompensieren. Diese Choreografie ist gekoppelt an die nicht minder komplexe Dynamik der irdischen Sphären, was zu weiteren Verstärkungs- oder Kompensationseffekten führt. Alles in allem lässt sich heute nur sagen, dass manche kosmische Zyklen in Verbindung mit irdischen Effekten zu teils kräftigen Variationen des Klimas führen können – oder aber nur geringe Auswirkungen haben. Die von Klimaskeptikern oft angeführte Variation der Sonneneinstrahlung als Hauptursache der derzeitigen Erwärmung lässt sich mit den Messdaten nicht in Einklang bringen.

Flecken - Zyklische Formtiefs der Sonne

Vom 15. bis zum 19. Jahrhundert herrschte in weiten Teilen der Erde ein kühles Klima, weshalb man diese Periode auch als *Kleine Eiszeit* bezeichnet. Für die ausgeprägte europäische Kältephase in der zweiten Hälfte des 17. Jahrhunderts ist in Teilen eine lang andauernde Phase verringerter Sonnenfleckenaktivität, das sogenannte *Maunder-Minimum*, verantwortlich[41]. Es ist benannt nach dem englischen Astronomen EDWARD W. MAUNDER (1851–1928), der Beobachtungen aus dieser Zeit entsprechend einordnete. Sonnenflecken sind kühlere Bereiche an der Sonnenoberfläche, die durch lokale Aufwölbungen von Magnetfeldern entstehen. Ihre Häufigkeit schwankt in einem etwa 11-jährigen Zyklus (Schwabe-Zyklus), dem ein 22-jähriger Zylus (Hale-Zyklus) zugrundeliegt, in dem sich das Magnetfeld der Sonne umpolt. Auch weit längere Zyklen sind bekannt, die diese Grundzyklen modulieren und insgesamt zu ausgeprägten Schwankungen der Sonneneinstrahlung führen.

Mangels verfügbarer historischer Beobachtungen kann die Sonnenfleckenaktivität auch aus Schwankungen des ^{14}C-Gehalts in Baumringen abgeleitet werden. Eine hohe Aktivität geht nämlich mit einem verstärkten Sonnenwind in Richtung Erde einher. Dieser lenkt kosmische Teilchen ab, die in den oberen Schichten der Atmosphäre das Kohlenstoffisotop ^{14}C erzeugen (▶ Kapitel 2, Seite 30). In einem Sonnenfleckenminimum wird – mit einer gewissen Verzögerung – mehr ^{14}C in Baumringen eingelagert als sonst.

Die schwankende Sonnenfleckenaktivität führt zu Änderungen der Strahlungsleistung um etwa 1,4 W/m². Man geht davon aus, dass eine Schwankung der Strahlungsleistung um ein Watt zu einer durchschnittlichen Temperaturänderung von etwa 0,8 °C führt. Der normale Schwabe-Zyklus führt jedoch zu kaum mehr als 0,05 °C Temperaturänderungen, da die Ozeane einen Wärmespeicher bilden, der kurze Schwankungen wirkungsvoll puffert. Die um etwa 0,8 °C niedrigere Durchschnittstemperatur in der Kleinen Eiszeit lässt sich durch Schwankungen der Sonnenaktivität allein nicht erklären. Vermutlich spielten hier auch verstärkte Vulkanaktivitäten eine Rolle, für die es ausreichend Hinweise gibt.

Kosmische Katastrophen

Wir leben noch. Das heißt, dass wir und jeder unserer Vorfahren von größeren kosmischen Katastrophen verschont geblieben sind. Dies ist gar nicht selbstverständlich, denn den meisten unserer Mitlebewesen ging es wohl an den Kragen. Paläontologen gehen davon aus, dass etwa 98 Prozent aller Spezies, die jemals gelebt haben, ohne direkte Nachfahren aussterben. Was hat sie umgebracht? War es nur die Verfügbarkeit von Nahrung und Lebensraum, bei denen unsere Vorfahren besser abgeschnitten haben? Oder gab es vernichtende Katastrophen, denen sie zum Opfer fielen, während unsere Urahnen, vielleicht durch Zufall, gerade noch entkamen?

Es gab in der Erdgeschichte immer wieder Phasen, in denen die Mehrheit der Bewohner ausgelöscht wurde (▶ Kapitel 8, Seite 197). Für die Dinosaurier kennen wir die Ursache mit hoher Wahrscheinlichkeit. Ein kosmischer Körper von 10–15 km Durchmesser stürzte vor 65 Millionen Jahren in die Küstenbereiche der heutigen mexikanischen Halbinsel Yucatan und hinterließ dort einen etwa 180 km breiten Einschlagskrater (▶Abbildung 5-19). Die Wirkung dieses Einschlags war verheerend. Noch in 1000 km Entfernung wurde vermutlich alles höhere Leben durch Hitze und Schockwellen sowie Tsunamis sofort ausgelöscht. Viele Tausende von Kilometern entfernt stürzte hoch geschleudertes heißes Gestein auf die Erde zurück und löste Brände aus. Noch Monate danach sorgte der Staub in der Atmosphäre für eine weltweite Abkühlung. Die als Folge des Einschlags entstandenen Gase wie Schwefeldioxid sorgten für einen starken Treibhauseffekt und sauren Regen, was auch in den Ozeanen zu einem Massenaussterben zum Beispiel bei den Ammoniten führte.

Der Chicxulub-Einschlag war nur der drittgrößte bekannte seiner Art. An erster Stelle steht der Vredefort-Krater in Südafrika mit einem Durchmesser von 320 x 180 km und einem Alter von 2 Ga. Demgegenüber wirkt der Krater im Nördlinger Ries in Süddeutschland mit 24 km Durchmesser geradezu bescheiden. Auch wenn der dafür verantwortliche, etwa 1,5 km große Brocken vor 14,6 Ma nicht zu einem weltweiten Massensterben führte: heute würde er viele Millionen Todesopfer in Mitteleuropa fordern.

Kosmische Strahlung

Jeder Quadratmeter der äußeren Atmosphärenschicht wird pro Sekunde von etwa 1000 Teilchen bombardiert, größtenteils Protonen, aber auch Elektronen, Neutronen und schwerere Atomkerne sind dabei. Hinzu kommt die elektromagnetische Strahlung: von Wärmestrahlung über sichtbares Licht bis zur harten Gammstrahlung ist alles dabei. Ein Großteil dieser Strahlung stammt von der Sonne, aber auch interstellare Teilchen, zum Beispiel aus Supernova-Explosionen, treffen die Erde.

Kollisionen mit den Gasmolekülen der Atmosphäre führen zu Kernreaktionen und zur Ionisation der Moleküle. Sie lösen damit einen Schauer von Sekundärteilchen aus, Myonen, Elektronen, Protonen und Neutronen, die zu einem geringen Teil auch den Erdboden erreichen. In den oberen Schichten der Atmosphäre entsteht auf diese Weise aus ^{14}N laufend ^{14}C. Das Streben hoch hinaus birgt also Risiken: Während die kosmische Strahlenbelastung auf der Erde bei 0,3 mSv pro Jahr liegt (▶Randspalte), ist Flugpersonal mehr als 2 mSv pro Jahr ausgesetzt. Auf der Internationalen Raumstation ISS ist die Strahlungsdosis sogar hundertmal höher als auf der Erde. Die gesamte Strahlenbelastung, der wir auf der Erde im Mittel ausgesetzt sind, liegt bei 4 mSv pro Jahr. Darin sind kosmische, terrestrische und künstliche Quellen berücksichtigt.

Glücklicherweise werden weder Piloten noch Astronauten massenweise durch kosmische Strahlung dahingerafft, obwohl diese im Erbgut empfindliche Schäden anrichten kann. So können unter ihrem Einfluss DNA-Stränge brechen. Auch wenn Zellen über sehr effektive Reparaturmechanismen verfügen, verkraften menschliche Zellen nur sehr wenige Brüche, ohne zu Grunde zu gehen. Es gibt Mikroorganismen, die robuster sind: während unsere Zellen weniger als 10 Gray Strahlungsdosis widerstehen, überlebt das Darmbakterium *Escherichia coli* immerhin 700 Gray. Sozusagen der Bruce Willis unter den Mikroben ist das Bakterium *Deinococcus radiodurans*, das auch im Kühlwasser von Kernreaktoren gedeiht und noch 16 000 Gray übersteht. Diese Fähigkeit ist keine Folge langer Weltraumausflüge, sondern ein Nebeneffekt der Anpassung an extreme Trockenheit.

Das Beispiel *Deinococcus radiodurans* zeigt uns, dass Leben auch unter extremer Strahlenbelastung noch gedeihen kann. Heftige Sternexplosionen in wenigen hundert Lichtjahren Entfernung könnten den höheren Lebensformen auf der Erde jedoch durchaus gefährlich werden. Bisher ist allerdings kein Kandidat bekannt, von dem diese Gefahr droht.

Es gibt eine Minderheit von Wissenschaftlern, die dem Wechselspiel zwischen Sonnenzyklen und kosmischer Strahlung einen Einfluss auf das Klima zuschreiben: die schwankende Stärke der Strahlung beeinflusse die Wolkenbildung. Konkrete Hinweise auf einen solchen Mechanismus gibt es bisher nicht, auch vermag er nicht die Zunahme der Durchschnittstemperatur der letzten Jahrzehnte zu erklären. Der dänische Klimaforscher HENRIK SVENSMARK (1958) vermutet, dass Eiszeiten auch auf langfristige Schwankungen der kosmischen Strahlung zurückzuführen sind, die entstehen, wenn unser Sonnensystem bei seinem Weg um das galaktische Zentrum Spiralarme der Milchstraße mit unterschiedlicher Supernovabildungsrate passiert. Ob diese Schwankungen derart einschneidende Klimaveränderungen verursachen können, wird allerdings von vielen Forschern bezweifelt. ■

Gray (Gy) und Sievert (Sv)
Die Einheit Gray gibt die von einem Körper absorbierte Strahlungsenergie an (Energiedosis):
1 Gy = 1 Joule/kg.

Die biologische Wirksamkeit hängt bei gleicher Energiedosis von der Art der Strahlung ab. Die Einheit Sievert gibt die Stärke der biologischen Wirkung einer Energiedosis an (Äquivalenzdosis). Sie unterscheidet sich von Gray durch einen international festgelegten Gewichtungsfaktor. Für elektromagnetische Strahlung gilt der Gewichtsfaktor 1, d.h. 1 Sv = 1 Gy. Für Alphateilchen gilt der Faktor 20, 1 Sv = 20 Gy. Bei Neutronen ist der Faktor von deren Energie abhängig.

Kosmische Strahlung und Computer.
Einer Studie der IBM zufolge löst kosmische Strahlung in Speicherchips etwa einen Fehler pro Monat und pro 256 MByte aus[42].

1. Amelin Y., Krot A.N., Hutcheon I.D., Ulyanov I.A.A., (2002) Lead isotopic ages of chondrules and calcium-aluminum-rich inclusions. Science 297, S. 1678–1683.
2. Jacobson S.A., Morbidelli A., Raymond S.N., O'Brien D.P., Walsh K.J., Rubie D.C., (2014) Highly siderophile elements in Earth's mantle as a clock for the Moon-forming impact. Nature 508, S. 84–87.
3. Foto: ©R.B.M, USGS, theraptorlab.wordpress.com/2014/03/26/10-surprising-facts-about-the-1984-mauna-loa-eruption.
4. Canup R.M., (2004) Simulations of a late lunar forming impact. Icarus 168, S. 433–456.
5. Belbruno E., Gott III R., (2005) Where did the moon come from? The Astronomical Journal 129, S. 1724–1745.
6. Canup R.M., Righter K. (Hg.), (2000) Origin of the earth and moon, University of Arizona Press, Tucson.
7. Halliday A.N., Wood B.J., (2009) The Composition and Major Reservoirs of the Earth Around the Time of the Moon-Forming Giant Impact. In: Treatise on Geophysics, Vol. 9, S. 13–50.
8. Abe Y., Ohtani E., Okuchi T., Righter K., Drake M., Water in the Early Earth. In: Origin of the Earth and Moon, S. 413–433.
9. Kasting J.F., (1988) Runaway and Moist Greenhouse Atmospheres and the Evolution of Earth and Venus. Icarus 74, S. 472–494.
10. Goldblatt C., Zahnle K.J., (2011) Faint young Sun paradox remains. Nature 474, E1.
11. Zahnle K., Arndt N., Cockell Ch., Halliday A., Nisbet E., Selsis F., Sleep N.H. (2007) Emergence of a Habitable Planet. Space Sci Rev 129, S. 35–78.
12. Ueno Y., Johnson M.S., Danielache S.O., Eskebjerg C., Pandey A., Yoshida N., (2009) Geological sulfur isotopes indicate elevated OCS in the Archean atmosphere, solving faint young sun paradox. Proceedings of the National Academy of Sciences 106 (35), 14784–14789.
13. Domagal-Goldman S.D., Segura, A., (2013) Exoplanet Climates. In: Comparative Climatology of Terrestrial Planets, S. 121–135.
14. Pavlov A.A., Kasting J.F., Brown L.L., Rages K.A., Freedman R., (2000) Greenhouse warming by CH4 in the atmosphere of early Earth. J. Geophys. Res. 105(E5), S. 11981–11990.
15. Haqq-Misra, J.D., Domagal-Goldman, S.D., Kasting, P.J., Kasting, J.F., (2008) A Revised, Hazy Methane Greenhouse for the Archean Earth. Astrobiology 8, S. 1127–1137.
16. Marty B., Zimmermann L., Pujol M., Burgess R., Philippot P., (2013) Nitrogen Isotopic Composition and Density of the Archean Atmosphere. Science 342, S. 101–104.
17. Som, M.S., Catling, D.C., Harnmeijer, J.P., Peter M. Polivka, P.M., Buick, R., (2012) Air density 2.7 billion years ago limited to less than twice modern levels by fossil raindrop imprint. Nature 484, S. 359–362.
18. Kienert H., Feulner G., Petoukhov V. (2012): Faint young Sun problem more severe due to ice-albedo feedback and higher rotation rate of the early Earth. Geophysical Research Letters, Vol. 39, L23710.
19. von Paris Ph., Rauer H., Grenfell J.L., Patzer B., Hedelt P., Stracke B., Trautmann T., Schreier F., (2016) Warming the early earth - CO2 reconsidered. Planetary and Space Science, 56/9, S. 1244–1259.
20. Garvin J., Buick R., Anbar A.D., Arnold A.G., Kaufman A.J., (2009) Isotopic Evidence for an Aerobic Nitrogen Cycle in the Latest Archean. Science 323 S. 1045–1047.
21. Pavlov A.A., Kasting J.F., (2002) Mass-Independent Fractionation of Sulfur Isotopes in Archaean Sediments: Strong Evidence for an Anoxic Archean Atmosphere. Astrobiology 2.
22. Frei R., Gaucher C., Poulton S.W., Canfield D.E., (2009) Fluctuations in Precambrian atmospheric oxygenation recorded by chromium isotopes. Nature 461, S. 250–253.
23. Glikson, A., (2010) Archaean asteroid impacts, banded iron formations and MIF-S anomalities: A discussion. Icarus 207, S. 39–44.
24. Williams Q., (2007) Water, the Solid Earth, and the Atmosphere: The Genesis and Effects of a Wet Surface on a Mostly Dry Planet. In: Treatise on Geophysics, Vol. 9, S. 121–143.
25. Abbildung: ©NASA/JPL-Caltech/GSFC/MIT.
26. Gomes R., Levison H. F., Tsiganis K., Morbidelli A., (2005) Origin of the cataclysmic Late Heavy Bombardment period of the terrestrial planets. Nature 435, S. 466–469.
27. Touma J., Wisdom J., (1998) Resonances in the Early Evolution of the Earth-Moon System. The Astronomical Journal 115, S. 1653–1663.
28. Abramov O., Mojzsis S.J., (2009) Microbial habitability of the Hadean Earth during the late heavy bombardment. Nature 459, S. 419–422.
29. Berry A.J., Danyushevsky L.V., O'Neill H.St C., Newville M. Sutton S.R., (2008) Oxidation state of iron in komatiitic melt inclusions indicates hot Archaean mantle. Nature 455, S. 960–964.
30. Herzberg C., Condie K., Korenaga J.: Thermal history of the Earth and its petrological expression. Earth and Planetary Science Letters 292 (2010) S. 79–88.
31. Johnson T.E., Brown M., Kaus, B.J.P., VanTongeren J.A., (2013) Delamination and recycling of Archaean crust caused by gravitational instabilities. Nature Geoscience, 7 (1), S. 47.
32. Labrosse S., Jaupart C., (2007) Thermal evolution of the Earth: Secular changes and fluctuations of plate characteristics. Earth and Planetary Science Letters 260, S. 465–481.
33. Sleep N.H., (2009) Plate Tectonics through Time. In: Treatise on Geophysics, Vol. 9, S. 145–169.
34. Stein M., Ben-Avraham Z., (2009) Mechanisms of Continental Crust Growth. In: Treatise on Geophysics, Vol. 9, S. 171–195.
35. Rogers J.J.W., Santosh M., (2004) Continents and Supercontinents, Oxford University Press, Oxford. © OUP
36. Grotzinger J., Jordan T.H., Press F., Siever R., (2008) Allgemeine Geologie, Springer Berlin, Heidelberg.
37. Næraa T., Scherstén A., Rosing M.T., Kemp A.I.S., Hoffmann J.E., Kokfelt T.F., Whitehouse M.J., (2012) Hafnium isotope evidence for a transition in the dynamics of continental growth 3.2 Gyr ago. Nature 485, S. 627–631.
38. © Paleogeographic maps after C.R. Scotese, PALEOMAP Project, www.scotese.com (14.03.2014).
39. Berger A., Loutre M.F., (1991) Insolation values for the climate of the last 10 million years. Quaternary Science Reviews 10, S. 297–317.
40. Foto: ©United States Geological Survey.
41. Lockwood M., Harrison R.G., Woollings T., Solanki S.K., (2010) Are cold winters in Europe associated with low solar activity? Environmental Research Letters 5/02.
42. Solar Storms: Fast Facts, www.scientificamerican.com/article/solar-storms-fast-facts, 11.04.2014.

KAPITEL 6

Chemische Evolution

Das Leben verstehen
Elemente des Lebens
Molekülsynthese ohne Chemiker
Vergangene Welten?
Erste Zellen

Zum sechsten Kapitel

Thema dieses Buches ist die Wechselwirkung zwischen unserem Planeten und dem darauf gedeihenden Leben. In diesem Kapitel wollen wir der ganz zentralen Frage nachgehen, wie Leben überhaupt entstehen konnte und wie weit wir heute beim Verständnis dieser Vorgänge vorgedrungen sind. Welche der optimistischen Hoffnungen und Erwartungen aus den 1950er Jahren haben sich bis dato erfüllt und welche Schwierigkeiten sind neu aufgetaucht?

Wir sprechen über die Eigenschaften, die für lebende Systeme heute als unverzichtbar gelten. Irgendwie hatten sich die nötigen Bestandteile – chemische Elemente, einfache Moleküle und komplexere Ingredienzen – bis zum Hadaikum auf der Erde eingefunden. Entweder wurden sie aus dem Weltraum importiert oder auf der Urerde zusammengebraut.

Wir werden die wichtigsten Experimente kennenlernen, die das Ziel hatten, die Verhältnisse auf der frühen Erde so gut wie möglich nachzustellen. Auch an Ideen, wie der Übergang von der unbelebten zur belebten Natur auf der frühen Erde abgelaufen sein könnte, mangelt es nicht. Wir gehen auf die noch bestehenden zahlreichen Wissenslücken ein, aber auch auf die Teilschritte, für die die Forschung schon plausible Hypothesen bieten kann. Und dies sind gar nicht wenige. Die meisten von ihnen stammen aus den letzten siebzig Jahren. In der Anfangsphase der Biogeneseforschung lag der Fokus ganz auf der irdischen Uratmosphäre und den Urozeanen. Doch seit immer komplexere Moleküle überall im Kosmos gefunden werden, hat sich unser Horizont gewaltig erweitert. So etablierte sich ein ganz neuer Forschungszweig, die Astrobiologie. Sie befasst sich nicht nur mit der Entstehung des irdischen Lebens, sondern betrachtet auch die Chancen für ähnliche Entwicklungen auf anderen Himmelskörpern. Das Gebiet wurde durch die Planetensonden zum Mars und zu den Mondsystemen der Riesenplaneten befruchtet. Neue Impulse kamen durch die Entdeckungen der Exoplaneten, der seit dem ausgehenden zwanzigsten Jahrhundert zu tausenden gefundenen Begleiter anderer Sterne. Und die Forschung geht stetig weiter. Ganz aktuell wurden kurz vor dem Erscheinen dieses Buches neue Rechenmodelle und experimentelle Ergebnisse vorgelegt, die zeigen, dass der Übergang von unbelebten kleinen organischen Molekülen zu katalytisch aktiven Biopolymeren keineswegs so rätselhaft bleiben muss, wie er in der Vergangenheit erschien.

Gerade aber die Tatsache, dass es noch keine abschließende Theorie gibt, die alle Puzzlestücke zusammenfügt, ist es, was dieses Forschungsgebiet zu den aufregendsten in der ganzen Wissenschaft macht. Auch in der Zukunft werden viele junge Menschen, denen die ewige Frage nach unserer Stellung im Universum in der Seele brennt, hier ein lohnendes Betätigungsfeld finden. Dabei lassen sich noch zahlreiche Nobelpreise gewinnen.

Erde und Leben – Die Geschichte einer innigen Wechselbeziehung

Chemische Evolution

Das Leben verstehen

Aufbruch und Stolpersteine

Die Mitte des letzten Jahrhunderts war eine prickelnde, in ihrer Widersprüchlichkeit für neue Ideen enorm inspirierende Zeit. Ein Gefühl der optimistischen Zukunftshoffnungen koexistierte seltsam ungestört mit Atombombenangst und Kaltem Krieg. Es war eine Zeit, in der alles binnen Kurzem erreichbar schien. Und es ging dann auch Schlag auf Schlag. Im Wunderjahr 1953 führte STANLEY MILLER (1930–2007) auf Anregung seines Doktorvaters HAROLD CLAYTON UREY (1893–1981) ein legendäres Experiment durch. Dabei entstanden aus einfachen anorganischen Molekülen, die in der irdischen Uratmosphäre vorkommen sollten, tatsächlich mehrere Aminosäuren, die wichtigsten Grundbausteine des Lebens überhaupt (▶Abbildung 3-06, Seite 44). Als dann FRANKLIN, WATSON und CRICK im gleichen Jahr die Struktur der DNA entschlüsselten und wenige Jahre später nach und nach die Proteinbiosynthese enträtselt wurde, schien es nur noch eine Frage weniger Jahre zu sein, bis das Geheimnis des Lebens endgültig als gelöst gelten konnte. Diese Hoffnung auf kurzfristigen Erfolg hielt sich noch eine geraume Zeit, schließlich hatte man ja auch binnen Kurzem den Mond erreicht.

Doch um es gleich vorweg zu nehmen: Trotz ständiger Fortschritte ist der wichtigste Akt der Lebensentstehung, nämlich der Übergang vom abiotischen System zu einem ersten replikations- und evolutionsfähigen Protobionten auch noch heute ein ungelöstes Problem.

Die Erde ist in gewisser Hinsicht wie ein Kind: Sie kann sich an ihre ersten Jahre kaum erinnern. Wir sind auf spärliche Indizien angewiesen, auf ein zerbrochenes Spielzeug oder ein verblichenes Babyfoto. So konzentrieren wir uns darauf, mehr oder weniger plausible Szenarien durchzuspielen. Im besten Fall mit dem Ergebnis: Ja, so könnte es gewesen sein. Deshalb gibt es gegenwärtig keine allgemein anerkannte, einheitliche Theorie der Lebensentstehung. Nur zwei andere Probleme erscheinen für die Wissenschaft noch kniffliger: Die Entstehung des Universums selbst und die des Bewusstseins.

Immerhin existieren für die Lebensentstehung inzwischen eine Menge Puzzlestücke in Form von Ideen, die geeignet scheinen, Teile der schmerzlichen Lücken zu schließen. Andererseits gibt es aber auch Fragen, bei denen wir einer Antwort in den letzten Jahrzehnten kaum näher gekommen sind. Waren diese Details früher im optimistischen Überschwang als Nebensächlichkeit betrachtet worden, werden sie heute viel ernster

1 Abgrenzung gegen die Umgebung
Eine selektiv durchlässige Grenze (Membran), durch die Stoffe aktiv transportiert werden können, definiert ein Innen und ein Außen.

2 Stoffwechsel
Lebewesen sind „Offene Systeme" (▶Seite 92). Sie nehmen Stoffe zur Energiegewinnung und als Baustoffe auf und geben Abfallstoffe ab (Atmen, Essen, Ausscheidungen).

3 Ungleichgewicht und Entropie (▶Seite 92)
Lebende Systeme sind weder von der Umgebung isoliert, noch stehen sie im thermodynamischen Gleichgewicht mit ihr. Sie halten ihre Entropie auf Kosten der Umgebung gering.

4 Wachstum (und Fortpflanzung)
Lebewesen zeigen zumindest in gewissen Lebensstadien Wachstum und alle auf der Erde bekannten können sich auch fortpflanzen.

5 Informationsaustausch
Lebende Systeme tauschen mit ihrer Umgebung Informationen aus. Sie zeigen Reaktionen auf Veränderungen in der Umgebung, die ihnen einen Selektionsvorteil verschaffen, indem sie sich positiv auf Wachstum oder Fortpflanzung auswirken.

6-01
Wo und wann?[1] Entstand irdisches Leben auf der gerade erkalteten Oberfläche, im Urozean oder vielleicht sogar im Weltraum?

Hadaikum
4600 – 4000 Ma

Eoarchaikum
4000 – 3600 Ma

Paläoarchaikum
3600 – 3200 Ma

Entropie
Vereinfacht: Ein Maß für die „Unordnung" die in einem System herrscht.

6-02
Lebensdefinition. In der Literatur finden sich viele Definitionen für Leben, die aber dem Phänomen allesamt nicht ganz gerecht werden. Hier wollen wir mit einer relativ einfachen Definition arbeiten, die zum Teil etwas andere Schwerpunkte setzt als üblich. Beispielsweise wird dem Wachstum mehr Gewicht gegeben als der Fortpflanzung und der Selektionseffekt des Informationsaustauschs betont.

KAPITEL 6   Chemische Evolution

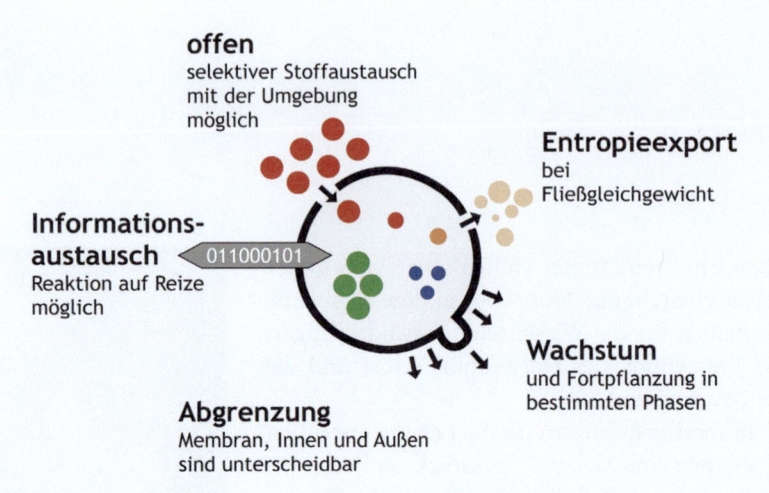

6-03
Leben. Die abgebildeten Fähigkeiten kennzeichnen lebende Systeme aus. Die Erforschung, welche Strukturen dazu minimal nötig sind und wie sie entstanden sein könnten, ist ein zentrales Forschungsthema.

> Life is the harnessing of chemical energy in such a way that the energy harnessing device makes a copy of itself.
>
> Sousa FL et al., 2013

genommen und verlangen nach wirklich kreativen – aber keinen kreationistischen – Lösungen.

Leben – was ist das?

Es gab und gibt unzählige Versuche, das Charakteristikum von Leben in einer allgemein gültigen Definition zu fassen. Eine der bekanntesten Anstrengungen in dieser Richtung ist die recht abstrakte Definition einer autopoietischen (vereinfacht: sich selbst bildenden, lebendigen) Einheit durch Humberto R. Maturana (*1928) und Francisco Varela (1946–2001).

Wir wollen hier mit einer vereinfachten und konkreteren Definition arbeiten (▶Abbildung 6-02, Seite 91 und Abbildung 6-03).

Systeme, die all diese Leistungen erbringen können, müssen bereits einen beträchtlichen Organisationsgrad aufweisen. Für erste präbiotische Systeme kommen sie deshalb nicht in Frage. Wir suchen also nach Systemen, die einfacher gebaut sind. So einfach, dass sie in einem zufälligen Prozess entstehen konnten, aber doch komplex genug, um zu Evolution,

also zu Fortentwicklung durch „fehlerhafte" Replikation und Selektion unter dem Einfluss der Umwelt fähig zu sein.

Einfache Vermehrung geordneter Strukturen ist auch bei anorganischen Systemen möglich. Beispiele solcher Vorgänge sind etwa das Wachstum von Kristallen oder die Bildung von Abdrücken, die selbst wieder Abdrücke bilden.[2] Doch diese Systeme sind zu einfach, als dass man sich eine allein darauf basierende Weiterentwicklung gut vorstellen könnte.

Ob man diese wie auch immer gearteten molekularen Systeme als erstes Leben oder als Vorstufen zu Leben bezeichnen will, ist Geschmackssache. Einige Dinge unter den aufgezählten Eigenschaften erscheinen aber für die Fortentwicklung präbiologischer Systeme wirklich unverzichtbar:

1 Sie müssen die Grundstoffe, aus denen sie bestehen, kontrolliert in sich aufnehmen.

2 Sie benötigen ein Energiegefälle in ihrer Umgebung. Durch damit gekoppelte chemische Reaktionen (einen Metabolismus), pumpen sie Unordnung (Entropie) praktisch aus sich hinaus.

3 Sie müssen mit ihrer Umgebung so interagieren, dass dies ihr Wachstum und gegebenenfalls ihre Vermehrung fördert.

Energie und Entropie – offene Systeme

In diesem Kapitel stießen wir bereits auf den Begriff der Entropie. Beschäftigt man sich mit dem Entstehen der unfassbar komplexen und geordneten Strukturen lebender Systeme aus einfacheren, weniger strukturierten Anfängen, so kommt man an diesem Begriff nicht vorbei. Entropie gilt vielfach als sperrige, schwer fassbare Größe. Die meisten Menschen fühlen sich viel vertrauter mit Konzepten wie Kraft, Temperatur und Energie. Dabei ist die Entropie physikalisch ebenso exakt definiert: Ein Stoff hat am absoluten Temperaturnullpunkt (bei 0 Kelvin oder –273,15 Grad Celsius) eine Entropie von Null. Bringt man ihn in irgendeinen anderen Zustand, so muss man ihm Energie zuführen. Man denke sich diese Energiezufuhr aus einzelnen kleinen Beiträgen zusammengesetzt, die jeweils bei einer bestimmten Tempe-

> Nicht die Stoffe an sich machen das Leben aus, sondern deren Zusammenwirken in einem erstaunlich geordneten, raumzeitlichen Muster. Dieses Muster ist nicht auf ein Individuum oder eine Spezies beschränkt, sondern es erstreckt sich über die gesamte Lebewelt der Erde – über unser lebendes System.
>
> Norbert Welsch (Buch „Materie")

Erde und Leben – Die Geschichte einer innigen Wechselbeziehung

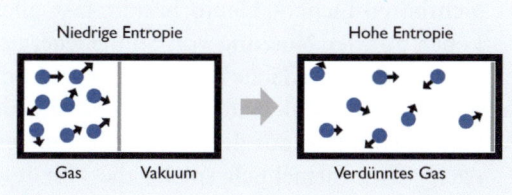

6-04
Entropie. Ein Gas ist durch eine Trennwand auf ein Teilvolumen eines abgeschlossenen Gefäßes beschränkt (niedrige Entropie). Wird die Trennwand nicht festgehalten, so nimmt das Gas bald von selbst das gesamte Volumen ein, da im größeren Volumen mehr Zustände vorhanden sind (hohe Entropie). Um die ursprüngliche Verteilung wiederherzustellen, muss von außen Arbeit geleistet (Energie aufgewendet) werden. Die Trennwand muss gegen den Gasdruck verschoben werden.

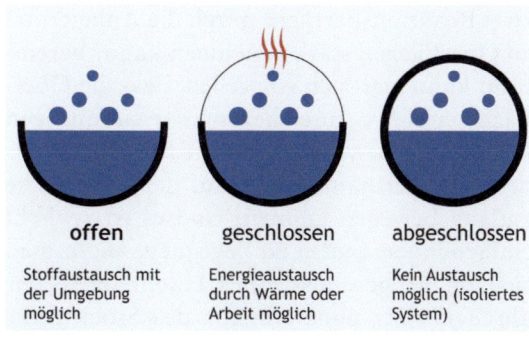

6-05
Klassen thermodynamischer Systeme. Zu den Grundbegriffen der Thermodynamik gehört die Klassifizierung des jeweils betrachteten Systems nach seinem Austausch mit seiner Umgebung.

Negentropie
Ein Teil der Schwierigkeiten, die viele Menschen mit dem Begriff Entropie haben, liegt in ihrer impliziten Verneinung. Sie ist ein Maß für die „Un"ordnung. Um dies zu vereinfachen, schlug ERWIN SCHRÖDINGER (1887–1961) vor, stattdessen den vereinfachenden Ausdruck Negentropie einzuführen.

Man kann sagen, dass Lebewesen Negentropie („Ordnung") ansammeln.

ratur geleistet wurden. Die Entropie des Stoffs ergibt sich dann einfach als Summe all dieser Energiebeiträge geteilt durch die absolute Temperatur, bei der sie jeweils angewendet wurden. Daraus ergibt sich auch die Maßeinheit der Entropie als Joule/Kelvin.

Diese Definition ist schön für Physiker, aber eben doch sehr abstrakt und schwer greifbar. Eine andere Art, sich Entropie vorzustellen, führt über Wahrscheinlichkeiten und nimmt nicht explizit auf die Temperatur Bezug. Hier betrachten wir Entropie als „Unordnung", als das Bestreben zum Abbau von Ungleichgewichten (▶Abbildung 6-04). Die Temperatur kommt in diesem Modell indirekt dadurch ins Spiel, dass die Herstellung der höheren Ordnung durch Zurückschieben der Trennwand natürlich mehr Energie erfordert, wenn die Teilchen sich mit einer höheren mittleren Geschwindigkeit (also höherer Temperatur) bewegen und einen entsprechend hohen Gegendruck erzeugen.

Der Grund dafür, dass das Gas den gesamten Behälter ausfüllt, ist einfach der, dass eine ungefähre Gleichverteilung der Partikel viel wahrscheinlicher ist als eine krasse Ungleichverteilung. Ein Teilchen befindet sich mit 50 Prozent Wahrscheinlichkeit in der linken Hälfte. Die Wahrscheinlichkeit, dass sich von zwei Teilchen beide gleichzeitig links befinden, ist nur 25 Prozent. Mit jedem weiteren hinzukommenden Teilchen halbiert sich die Wahrscheinlichkeit, dass sich alle auf der linken Seite befinden. Bei vielen Teilchen wird sie winzig klein. So kommt es, dass sich kein Chemiker davor fürchtet, plötzlich zu ersticken, da sich zufällig alle Luftmoleküle des Raums in der linken oberen Zimmerdecke versammeln könnten. Expansion ist ein irreversibler Prozess, seine spontane Umkehr, also das Entstehen von Ordnung aus Unordnung beobachten wir bei einem geschlossenen System in der Natur nie. Nicht etwa deshalb, weil es unmöglich wäre, sondern einfach weil es so extrem unwahrscheinlich ist.

Lebewesen können ihre geordneten Strukturen entgegen dem allgemeinen Trend zur Entropieerhöhung nur deshalb aufbauen und erhalten, weil sie offene Systeme sind (▶Abbildung 6-05). Sie müssen nicht nur die Baukomponenten ihrer Körper aus der Umgebung entnehmen, sondern sie benötigen auch ein Energiegefälle, in das sie sich wie ein Mühlrad einklinken, um ihre „Entropiepumpe" zu unterhalten (▶Abbildung 6-06). Dabei erzeugen sie notwendigerweise in ihrer Umgebung mehr Entropie, als sie im Inneren abbauen.

Günstige Oberflächenreaktionen

Bei der Betrachtung möglicher Reaktionswege für Biomoleküle gilt es zu beachten, dass die Wahrscheinlichkeit einer Umsetzung zwischen

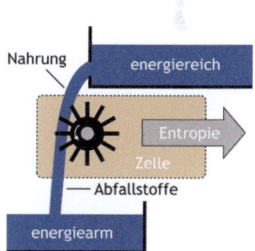

6-06
Energiegefälle und Entropie. Lebewesen nutzen ein externes Energiegefälle, um Ordnung in ihrem Inneren aufzubauen. Sie selbst entgehen dadurch dem allgemeinen Trend zur Entropieerhöhung (Zweiter Hauptsatz der Thermodynamik). Die Entropie des Gesamtsystems aus Lebewesen und Umgebung muss sich allerdings erhöhen oder mindestens gleich bleiben.

Leben braucht Metabolismus

Zur Aufrechterhaltung seiner gegenüber der Umwelt niedrigeren Entropie muss ein Organismus Energie aufwenden. Auch ein Kühlschrank benötigt Energie, um ein Temperaturgefälle zwischen Außen und Innen aufrechtzuerhalten.

KAPITEL 6   Chemische Evolution

Katalyse
Beschleunigung einer Reaktion durch einen Stoff, der selbst unverändert aus der Reaktion hervorgeht. Diese Stoffe (Katalysatoren) lassen Reaktionen auf Wegen mit geringerer Aktivierungsenergie ablaufen.

Adsorption
Anlagerung

zwei Reaktionspartnern durch die Anlagerung an Oberflächen stark zunehmen kann. Vereinfacht kann man sich vorstellen, dass die Oberfläche eine Art Anreicherung der zukünftigen Reaktanden bewirkt, wobei die Reaktionspartner sich aber häufig noch auf der Oberfläche entlang bewegen können. Und es ist schlicht einfacher, jemandem zu begegnen, wenn man sich im Erdgeschoss eines Hochhauses verabredet, statt ohne Angabe des Stockwerks irgendwo zu suchen. Es ist deshalb naheliegend, die entscheidenden Reaktionsschritte nicht frei in Lösung zu erwarten, sondern nach Adsorption möglicher Reaktanden an katalytisch wirksamen Stoffen. Hierfür kommen beispielsweise Mineraloberflächen, Gele oder andere Moleküle in Frage, die die Bindungspartner lange genug am Platz halten, um eine neue Bindung ausbilden zu können (▶ Eisen-Schwefel-Welt, Seite 112).

Mögliche Energiequellen und Szenarien

Über die möglichen Energiegefälle, die das entstehende Leben nutzen konnte, herrscht noch keine Einigkeit. Viele der Einwirkungen müssen wir nicht nur unter dem Aspekt möglicher Energienutzung betrachten, sondern auch bedenken, dass agressive Umgebungen einmal entstandene Biomoleküle und Protozellen ebenso wieder zerstören können. Diskutiert werden etwa folgende Möglichkeiten (▶ Abbildung 6-07):

1 Sichtbares Licht – Heute beruht fast alles Leben auf der Nutzung von Sonnenenergie. An der Erdoberfläche stellt die Sonne ungefähr 5000 Mal mehr Energie bereit, als dem Wärmefluss aus dem heißen Erdinneren entspricht. Tatsächlich spielte die Nutzung von Sonnenenergie schon relativ früh in der Entwicklung des Lebens eine Rolle. Es ist allerdings schwer vorstellbar, dass sie auch schon für den Beginn der chemischen Evolution, also vor der Entstehung der ersten zellulären Lebensformen, in Betracht kommen könnte. Hierfür ist die biologische Photosynthese mit ihren zahlreichen aufeinander abgestimmten Proteinkomplexen viel zu komplex. Man kann sich allerdings die Frage stellen, ob es auch viel einfachere Systeme geben könnte, die diese Aufgabe auch ansatzweise erfüllen. Man darf gespannt sein, ob aktuelle Forschung zu künstlicher Photosynthese hier etwas Interessantes zutage fördert.

2 UV-Strahlung von der Sonne – Ohne die schützende Ozonschicht einer Sauerstoffatmosphäre erreichten auf der Urerde viel mehr UV-Photonen die untere Atmosphäre, die Hydrosphäre und die Erdoberfläche. Sie sind energiereich genug, chemische Bindungen direkt zu spalten. In Folgereaktionen können aus den Bruchstücken neue, auch relativ energiereiche Substanzen entstehen.

3 Blitz- oder Funkenentladungen – Sie gehören zu den ersten Energiequellen, die man pro-

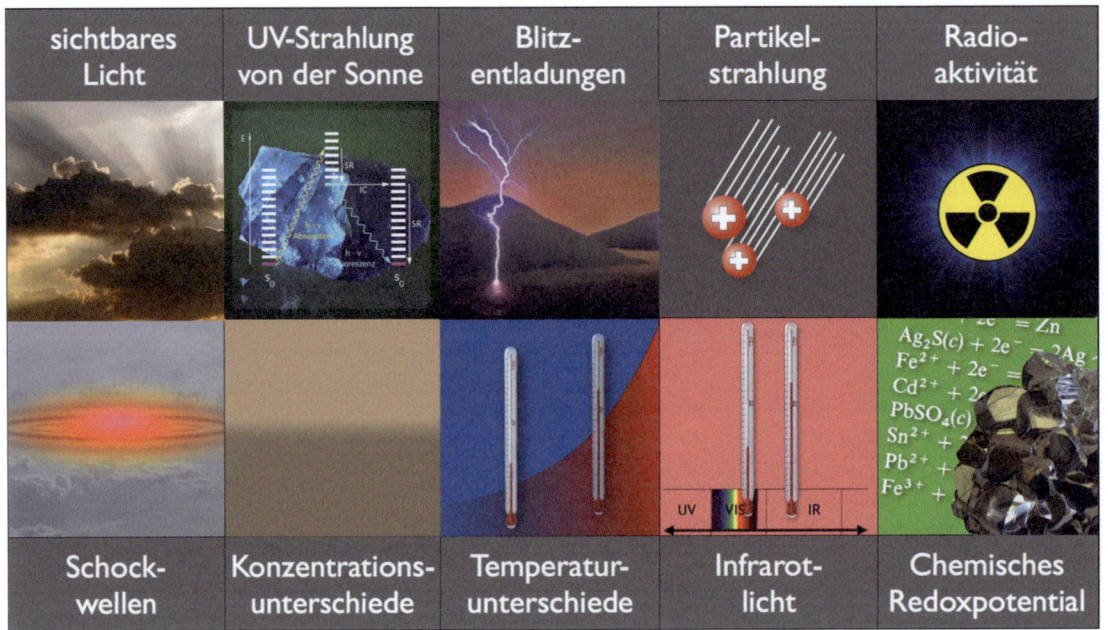

6-07
Energiequellen. Erste Lebensprozesse auf der Erde könnten ihre Energie aus sehr unterschiedlichen Prozessen bezogen haben. Während die Bildung von organischen Molekülen auch über nur sporadisch auftretende Energiezufuhr möglich ist, erscheint für eine in zahlreichen Evolutionsschritten verlaufende längere Optimierung von Reaktionsnetzwerken nur ein konstant verfügbares Energiegefälle wie Temperaturunterschiede oder chemische Redoxpotentiale geeignet.

beweise auch für Experimente zur Biogenese nutzte, in denen Gasmischungen hypothetischen Varianten von Uratmosphären und Urmeeren ausgesetzt wurden (▶Kapitel 9). So wichtig diese Experimente zur *Abiogenese* auch für die Forschung sind, und obwohl die Entstehung von Aminosäuren unter diesen Umständen nachgewiesen ist: Die anfängliche Euphorie, damit das Rätsel des Lebens schon weitgehend gelöst zu haben, war übertrieben. Aus heutiger Sicht erscheint die Vision eines mit organischem Material gesättigten Urozeans, der einer fetten Bouillon geähnelt haben sollte, als kaum realistisch. Hierfür sind die Ausbeuten entsprechender Reaktionen einfach nicht hoch genug.

4. Hochenergetische Partikelstrahlung – Höhenstrahlung, hauptsächlich Protonen aus dem Weltraum, könnten für Reaktionen im Hadaikum von Bedeutung gewesen sein. Oft erreicht man mit Partikelstrahlung in Laborexperimenten im Vergleich zu UV-Strahlung höhere Ausbeuten bestimmter Biomoleküle[3].

5. Radioaktivität – Auf der Erdoberfläche und in der oberen Erdkruste unterliegen Moleküle dem Einfluss radioaktiver Strahlung. Sie stammt großenteils von langlebigen Radionukliden wie ^{232}Thorium (Halbwertszeit, HWZ 14 Ga), ^{238}U (HWZ 4,4 Ga), ^{40}Kalium (HWZ 1,3 Ga), und ^{235}U (HWZ 0,7 Ga). Diese Nuklide entstanden bei kosmischen Supernovaexplosionen und waren bereits in der solaren Urwolke enthalten, aus der die Planeten vor etwa 5 Ga entstanden. Die kurzlebigeren unter ihnen strahlten im Hadaikum noch viel stärker als heute.

6. Schockwellen – Beim Einschlag von Meteoriten, die im Hadaikum in großer Menge niedergingen, können manche Umsetzungen durch die Energie seismischer Schockwellen ausgelöst worden sein.

7. Konzentrationsunterschiede – Mit der Tageszeit oder den Gezeiten regelmäßig auftretende Austrocknungs- und Lösungszyklen bieten Möglichkeiten für Reaktionen, bei denen hohe Konzentrationen von Substanzen erforderlich sind. „Kleine warme Tümpel" waren schon von DARWIN als mögliche Umgebungen für die Entstehung von Leben erwähnt worden[4].

8. Temperaturunterschiede – Temperaturgefälle (Gradienten) in länglich geformten Gesteinsporen könnten neuesten Ergebnissen zufolge bei ersten Replikations- und Selektionsprozessen eine Rolle gespielt haben[5]. Insbesondere seit im Jahr 1977 heiße hydrothermale Schlote (Schwarze Raucher und später Weiße Raucher) am Meeresgrund entdeckt wurden, an denen reichhaltiges mikrobielles Leben und sogar viele Tiere gedeihen, richtet sich wissenschaftliches Interesse auf die dort vorliegenden Temperaturgradienten.

9. Infrarotlicht – Die Energie einzelner infraroter Photonen reichte zur Spaltung chemischer Bindungen nicht aus. Trotzdem gibt es in der Nähe von Tiefseequellen Mikroorganismen, die in der dort herrschenden absoluten Dunkelheit Energie über Photosynthese unter Infrarotlicht gewinnen[6]. Dies könnte als Hinweis gewertet werden, dass wir hier eine Urform der heutigen oxygenen Photosynthese vor uns haben.

10. Chemische Redoxpotentiale – Viele heutige Archaeen und Bakterien leben chemolithoautotroph, etwa solche, die in Sedimenten oder in der tiefen Biosphäre (in Gesteinen) leben. Sie nutzen Energie von Redoxreaktionen anorganischer Verbindungen. Diese Lebensweise könnte auch für die allerersten im Entstehen begriffenen Zellen von Bedeutung gewesen sein. Auch für diese Energiequelle sind untermeerische Vulkane, insbesondere aber die kühleren und langlebigeren alkalischen hydrothermalen Schlote (▶Seite 114), von zentralem Interesse.

Bioenergetik heute

Bevor wir uns weiter damit beschäftigen, wie erstes Leben entstehen konnte, sollten wir einen kurzen Blick darauf werfen, wie Stoffwechsel und Energiehaushalt heute funktionieren. Um ihren Energiebedarf zu decken, nutzen Lebewesen verschiedene Strategien: Erstens gibt es *Autotrophe* (Pflanzen und viele Bakterien). Sie versorgen sich selbst über Licht oder (im Falle anderer Bakterien) über anorganische chemische Reaktionen. Zweitens gibt es *Heterotrophe* (Tiere, Pilze und manche Mikroorganismen). Sie sind darauf angewiesen, energiereiche organische Substanzen aufzunehmen (▶Kapitel 7). Diese organischen Nahrungssubstanzen werden stets von autotrophen Organismen hergestellt.

Redoxreaktion
Wird ein Stoff oxidiert, wird ein anderer gleichzeitig reduziert. Das Eingehen einer Verbindung mit Sauerstoff ist nur ein Spezialfall dieses allgemeinen chemischen Prozesses: bei einer Oxidation nimmt der reduzierte Partner Elektronen vom oxidierten Partner auf.

chemolithoautotroph
(etwa: „sich selbst von Steinen ernährend") Organismus, der seine Energie aus der Oxidation anorganischer Verbindungen bezieht und Kohlendioxid als einzige Kohlenstoffquelle verwendet.

autotroph
(von griechisch *autos*, selbst und *trophe*, Ernährung). Organismen, die ihre Baustoffe selbst aus anorganischen Verbindungen herstellen. Sie verwenden dazu Lichtenergie (Photosynthese) oder Energie aus chemischen Umsetzungen.

heterotroph
(von griechisch *heteros*, fremd und *trophe*, Ernährung). Organismen, die ihre Baustoffe über die Nahrung zu sich nehmen müssen.

KAPITEL 6   Chemische Evolution

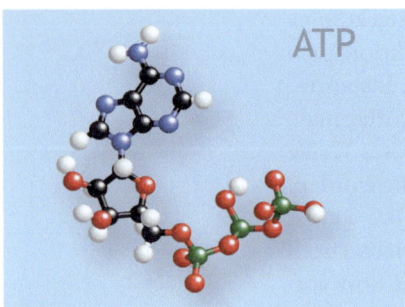
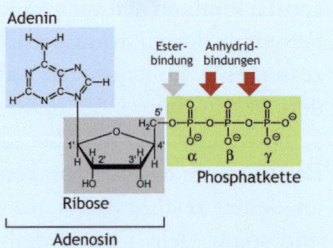

6-08
ATP. Adenosintriphosphat ist der universelle Energiespeicher der Zellen. Abspaltung einer oder zweier Phosphatgruppen setzt die gespeicherte Energie frei. Die Reaktion kann mit einer nicht freiwillig ablaufenden gekoppelt werden, die eine Energiezufuhr erfordert. Das entstehende Spaltprodukt [meist ADP (-diphosphat) bzw. in manchen Fällen AMP (-monophosphat)] wird unter Verwendung der Nahrungsenergie wieder in ATP zurückverwandelt.
Pro Tag setzt ein Mensch etwa so viel ATP um, wie er selber wiegt. Die Omnipräsenz der Substanz und ihr Aufbau aus einer Nukleinbase und Ribose ist ein Indiz für eine präbiotische RNA-Welt. Während DNA den Zucker Desoxyribose enthält, enthält RNA Ribose.

Hydratation
Anlagerung von Wassermolekül-Dipolen um ein gelöstes elektrisch geladenes Teilchen. Dadurch wird die Ladung teilweise abgeschirmt und Energie (Hydratationsenergie) freigesetzt.

Die ersten lebenden Systeme allerdings mussten mit dem vorlieb nehmen, was sich an abiotisch gebildeten Stoffen in ihrer Umgebung fand. Wir haben in ▶Kapitel 4 gesehen, dass sogar schon vor der Bildung der Erde eine reichhaltige Palette organischer Moleküle im Weltraum zur Verfügung stand. Sie haben wahrscheinlich Zutaten für die Lebensentstehung geliefert. Sicherlich herrschten aber auch auf der frühen Erde selbst an vielen Stellen Bedingungen, die komplexe organische Moleküle entstehen lassen oder verändern konnten. Doch zunächst zurück zu den Vorgängen in heutigen Zellen. Wie sieht ihr Mühlrad aus, mit dem sie Energie für die Bildung an sich instabiler biologischer Makromoleküle sammeln und verwerten?

ATP – Energie fürs Leben

Wenn wir bei lebenden Zellen von Energie sprechen, geht es fast immer um ATP (Adenosintriphosphat). Dieses Molekül wird oft als die Energiewährung der Zellen bezeichnet. Für alle lebenden Systeme, die heute auf der Erde vorkommen, ist es so etwas wie Geld im Wirtschaftskreislauf. Adenosin, der Kern des Moleküls kann ein, zwei oder drei Phosphatgruppen binden (▶Abbildung 6-08), man spricht von Adenosinmono- (AMP), Adenosindi- (ADP) oder eben Adenosintriphosphat (ATP). Die Anlagerung einer Phosphatgruppe benötigt Energie (endergone Reaktion), die allerdings beim Abspalten der Gruppe wieder frei wird. In der Zelle werden endergone Reaktionen immer mit exergonen gekoppelt, damit eine kontrollierte und gezielte Energieübertragung stattfinden kann. Im Energiestoffwechsel der Zellen (▶Seite 137) dienen exergone Reaktionen dazu, aus ADP und Phosphat ATP zu bilden, bei der Synthese von Proteinen oder anderen Zellbestandteilen dient umgekehrt ATP als Energielieferant für diese meist endergonen Reaktionen; es bilden sich wieder ADP oder AMP.

Eine solche Kopplung von Energie freisetzenden mit Energie verbrauchenden Reaktionen ist eine zentrale Eigenschaft des Lebens. Nur so ist der Aufbau der hochgeordneten Strukturen durch Lebewesen überhaupt physikalisch vorstellbar. Wir haben hier die „Entropiepumpe" vor uns, die wir eingangs erwähnten: das gezielte Zusammenwirken exergoner mit endergonen Reaktionen schafft diese hochgeordneten Strukturen. Es ist allerdings nicht klar, ob das Leben hierzu von Anfang an ATP verwendete. Denkbar wären auch andere energiereichen Substanzen.

Elemente des Lebens

CHNOPS – Die richtigen Stoffe sind zur Stelle

Es fällt auf, dass die chemischen Elemente aus denen wir bestehen, gerade jene sind, die häufig in Sternen entstehen und an der Oberfläche von Gesteinsplaneten reichlich vorkommen (▶Abbildung 4-06, Seite 61). Auf den ersten Blick scheint die Natur also einfach mit dem gearbeitet zu haben, was gerade da war. Bei genauerer Betrachtung erkennt man, dass unter diesem Rohmaterial viele Komponenten waren, die sehr gute Voraussetzungen für die Entstehung von Leben boten: Wasser aus Wasserstoff und Sauerstoff ist durch die Polarität seines Moleküls ein hervorragendes Lösungsmittel (▶Abbildung 6-09). Ob so

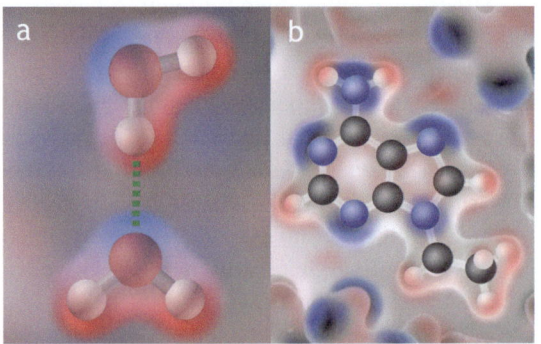

6-09
Zutaten des Lebens. Wassermoleküle (a) und organische Moleküle mit kohlenstoffhaltigem Grundgerüst (b) ermöglichen zusammen eine reichhaltige Chemie. Wasser ist ein ideales Lösungsmittel für polare Moleküle. Bei Kohlenstoff ist seine Fähigkeit, bis zu vier Bindungen mit seinesgleichen oder anderen Atomen wie Stickstoff oder Sauerstoff (Heteroatome) einzugehen, eine Voraussetzung für nahezu unendliche Kombinationsmöglichkeiten und Molekülformen. Heteroatome machen organische Moleküle elektrisch teilweise polar (rot = positiv, blau = negativ) und dadurch wasserlöslich.

96

Von der Spontanzeugung zur Urzeugung

In der Antike und im Mittelalter hatten die meisten Menschen wenig Probleme damit, anzunehmen, Lebewesen könnten überall und jederzeit aus einfachen Molekülen, also aus unbelebter Materie, entstehen (Spontanzeugung). Diese Ansicht geht auf Aristoteles zurück. Sie wurde als offizielle Lehrmeinung auch von der Kirche vertreten und existierte lange in seltsamer Koexistenz mit der biblischen Schöpfungslehre. Die Zeit war nicht reif dafür, solche Widersprüche und kirchliche Autoritäten ernsthaft zu hinterfragen und die experimentelle Wissenschaft war noch kaum etabliert.

Wo überhaupt Versuche stattfanden, waren die experimentelle Technik noch unbefriedigend und Beobachtungen oft sehr oberflächlich. Es ging weniger darum, bestehende Hypothesen zu prüfen, sondern anhand von Beispielen zu illustrieren. Insbesondere das Fehlen leistungsfähiger Mikroskope täuschte die Spontanzeugung vor, wenn Organismen aus winzigen Eiern entstanden oder Kolonien von Mikroorganismen die Größe zur optischen Erkennbarkeit unterschritten.

Ab dem 16. Jahrhundert aber wurde die alte Hypothese von der jederzeit möglichen Spontanzeugung immer ernsthafter in Frage gestellt. Der englische Arzt und Anatom WILLIAM HARVEY (1578–1657) vertrat in seinem 1651 publizierten Werk *Exercitationes de generatione animalium* die Hypothese „Omne animal ex ovo" (Jedes Tier ist aus einem Ei entstanden), konnte sie aber noch nicht schlüssig experimentell belegen.

FRANCESCO REDI (1626–1697), ein brillanter Arzt und Experimentator aus der toskanischen Kleinstadt Arezzo, wies 1668 nach, dass Maden keineswegs aus verwesendem Fleisch entstehen, sondern sich stets aus Fliegeneiern entwickeln. Er legte dazu Fleischstücke in drei Gefäße. Er ließ eines offen, eines schloss er vollständig ab und ein weiteres bedeckte er mit feinem Gazegewebe. Wie er fand, entwickelten sich in dem offenen Gefäß nach einigen Tagen Maden, nicht jedoch in dem geschlossenen. Auf der Gaze des dritten hingegen fand er Maden, die jedoch nicht überlebt hatten. Möglicherweise aus Angst vor den Konsequenzen einer Verletzung der kirchlichen Lehrmeinung fasste er seine Erkenntnisse in dem mit der Bibel konformen und gegenüber Harvey's Hypothese abgeschwächten Grundsatz „Omne vivum ex vivo" (Alles Leben kommt von Leben) zusammen. Trotz seiner klaren Ergebnisse hielten viele Gelehrte aus unterschiedlichen Gründen an den alten Ideen fest. Der Streit darüber sollte sich noch über zwei Jahrhunderte hinziehen. Der Schwerpunkt der Diskussion lag gegen Ende nicht mehr auf der Frage nach der Spontanzeugung größerer Tiere wie etwa der von Maden oder Mäusen, die früher behauptet worden war. Nur noch über die Frage nach möglicherweise spontaner Entstehung von Mikroorganismen herrschte Uneinigkeit.

LAZZARO SPALLANZANI (1729–1799), oft als Begründer der experimentellen Biologie bezeichnet, untermauerte durch zahlreiche Experimente und genaue Beobachtungen die Unmöglichkeit omnipräsenter Spontanzeugung ungefähr hundert Jahre nach REDI erneut. Sie wirken heute auf uns und für viele Zeitgenossen völlig überzeugend. Er untersuchte Pflanzenextrakte, die er längere Zeit kochte und danach entweder abschloss oder offen ließ. Nur in offenen Präparaten fanden sich lebende Mikroorganismen. Ab 1810 wurde Hitzesterilisation sogar kommerziell für die Herstellung von Nahrungsmittelkonserven genutzt.

Langsam war die Lehre von der Spontanzeugung auf dem Rückzug. Ein neuer Lehrsatz „Omnis cellula e cellula" (Alle Zellen entstehen aus Zellen) wurde erstmals 1855 von RUDOLF VIRCHOW (1821–1902) geprägt[7]. Trotzdem gab es immer wieder Zweifler.

Erst noch einmal hundert Jahre nach SPALLANZANI führten Experimente LOUIS PASTEURS (1822–1895) dazu, dass die Frage nach einer möglichen spontanen Lebensentstehung allgemein als entschieden angesehen wurde. In Versuchen, die denen von SPALLANZANI ähnelten, widmete sich PASTEUR den an Gärungsprozessen beteiligten Mikroorganismen. Wieder konnte er die Organismen durch kurzzeitiges Erhitzen auf 100 °C abtöten. Fügte er aber danach einen Wattebausch hinzu, durch den vorher Luft gesaugt worden war, so ließen sich sterile Präparate „animpfen". Er schloss daraus, dass Staub aus der Luft Mikroorganismen über die Watte eingebracht hatte. Noch heute nutzt man die von Pasteur eingeführten Methoden unter der Bezeichnung „pasteurisieren".

Nachdem CHARLES DARWIN in seinem am 24. November 1869 erschienenen *On the Origin of Species* die gesamte Biologie auf ein neues Fundament gestellt hatte, ergab sich zwangsläufig in der zweiten Hälfte des 19. Jahrhunderts die Frage der erstmaligen Entstehung des Lebens aus anorganischer Materie. Wenn Spontanzeugung heute nicht mehr vorkam, musste das erste Leben schließlich irgendwann tatsächlich in einem natürlichen Prozess oder durch göttlichen Einfluss entstanden sein.

Diesem Prozess der allerersten und möglicherweise auf der Erde einmaligen Urzeugung im ausgehenden Hadaikum oder frühen Archaikum gehen wir im Haupttext weiter nach.

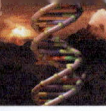

KAPITEL 6 Chemische Evolution

- ○ Urknall
- ● Erste Elemente
- ● Sternentstehung
- ● Nukleosynthese
- ● Moleküle im All
- ● Planetenbildung
- ● Uratmosphäre und -Ozean
- ● organische Moleküle
- ○ Chiralität
- ○ Konzentration der Reaktanten
- ○ Biopolymere
- ● Biomembranen und Vesikel
- ○ Genetischer Code
- ● biol. Evolution
- ○ prokaryotische Zellen
- ● Eukaryoten
- ● Vielzeller
- ○ Entstehung von Bewusstsein

6-10
Wahrscheinliches und Ungeklärtes. Neben dem Urknall und dem Phänomen Bewusstsein (beide weiß) sind einige Entwicklungsstufen des Lebens noch sehr ungenügend verstanden (hellgrün). Meist liegen hier nur vage Hypothesen vor. Für andere Aspekte hingegen haben wir vergleichsweise gut fundierte Theorien (grün).

etwas wie Leben ganz ohne Lösungsmittel überhaupt möglich ist, ist zumindest zweifelhaft (es ist aber auch nicht völlig auszuschließen, wenn man etwa an Robotergesellschaften denkt).

Kohlenstoff ist das Element der Wahl, wenn es darum geht, komplizierte Moleküle aufzubauen. Durch die Vierbindigkeit seiner verhältnismäßig kleinen Atome kann er sehr stabile Elektronenpaarbindungen mit seinesgleichen und mit vielen anderen Atomen bilden. Dabei kommen auch Doppel- und Dreifachbindungen zwischen Kohlenstoffatomen und zu Ringen geschlossene Moleküle vor. Bindungen, die nicht zu anderen Kohlenstoffatomen führen, sind meist mit Wasserstoffatomen abgesättigt. Chemiker lassen diese Wasserstoffatome sogar meist in ihren Strukturformeln einfach weg, da sie sozusagen selbstverständlich sind.

Kein anderes Element kommt dem Kohlenstoff auch nur im Entferntesten nahe, was die Strukturvielfalt möglicher Moleküle angeht. Insbesondere enttäuscht das auf Gesteinsplaneten häufige und dem Kohlenstoff ähnliche Element Silicium bezüglich der Vielfalt möglicher Verbindungen. Deshalb gilt: Sollte Leben auch noch anderswo im Universum entstanden sein, wovon die meisten Wissenschaftler ausgehen, so ist es höchst wahrscheinlich, dass es ebenfalls auf Kohlenstoff basiert.

Und doch erklären Kohlenstoff und Wasserstoff alleine nur einen Teil des Formenreichtums der Chemie organischer Verbindungen. Dieser wäre nicht möglich ohne sogenannte *Heteroatome*, insbesondere Sauerstoff, Stickstoff, Schwefel und Phosphor (▶Abbildung 6-11). Diese Elemente kommen häufig als Glieder in Ringverbindungen vor, aber auch als sogenannte funktionelle Gruppen, die Molekülen oder Molekülteilen unterschiedlich starke polare Eigenschaften verleihen. Sie sind auch verantwortlich für die typischen Reaktivitäten, die bestimmte Verbindungsklassen charakterisieren. Hier seien exemplarisch Alkohole (–OH), Aldehyde (–CHO), Ketone (–CO–), Carbonsäuren (–COOH), Ether (–O–) und Ester (–COO–) genannt.

Man kann sich fragen, ob Wasser als Lösungsmittel für Lebensprozesse ebenso grundlegend ist wie Kohlenstoff für die organische Chemie. Hier fällt die Antwort nicht mehr so eindeutig aus. Sicherlich ist das Wassermolekül mit seinen komplexen polaren Eigenschaften hervorragend geeignet, aber Alternativen sind durchaus denkbar.[8]

	C	H	O	N	S	P
Lipide	●	○	●	●		●
Kohlenhydrate	●	○	●			
Proteine	●	○	●	●	●	
Nukleinsäuren	●	○	●	●		●
Porphine	●	○		●		

6-11
Elemente in Lebensmolekülen. Die Vielfalt biochemischer Reaktionen basiert nicht nur auf dem notwendigen Kohlenstoff-Gerüst der Moleküle, sondern ganz entscheidend auch auf sogenannten Heteroatomen. Die häufigsten sind Sauerstoff (O), Stickstoff (N), Schwefel (S) und Phosphor (P). Daneben sind zahlreiche andere Elemente für heutige Lebewesen unverzichtbar, von denen allerdings viele nur in Spuren benötigt werden.

Einige Forscher haben darauf hingewiesen, dass zu viel Wasser der Ausbildung vieler organischer Bindungen durchaus abträglich ist, denn dabei wird Wasser abgespalten. Das chemische Gleichgewicht begünstigt also in wässriger Lösung eher den Zerfall als die Bildung. Man könnte also auch andere Lösungsmittel wie Ammoniak oder Acetonitril[9] erwägen. Eventuell muss man sogar flüssiges Methan in Betracht ziehen, allerdings fehlen diesem die ebenfalls wichtigen polaren Eigenschaften völlig.

Doch selbst mit unseren Haupt-Baustoffen Kohlenstoff und Wasser könnte sich prinzipiell eine durchaus fremdartige Biochemie entfalten. Statt auf Zuckern, Fetten, Proteinen und Nukleinsäuren könnten fremde Lebensformen auf anderen Substanzklassen aufbauen oder genetische Information völlig anders speichern und nutzen.

Oxidationsstufe	Formel	Name	Entspricht
+IV	H_2CO_3	Kohlensäure	$CO_2 + H_2O$
+II	HCOOH	Ameisensäure	$CO + H_2O$
0	HCHO	Formaldehyd	elementares C
-II	CH_3OH	Methanol	-
-IV	CH_4	Methan	-

6-12
Oxidationsstufen. Nach diesem stark vereinfachten Modell aus der Schulchemie ordnet man formal einem Wasserstoffatom H die Oxidationszahl +I zu, einem Sauerstoffatom O die Oxidationszahl -II, denn es kann zwei Elektronen aufnehmen. Moleküle haben in der Summe die Oxidationszahl 0. So berechnet sich die formale Oxidationszahl des Kohlenstoffs in den angegebenen Beispielmolekülen wie in der linken Spalte angegeben.

Erde und Leben – Die Geschichte einer innigen Wechselbeziehung

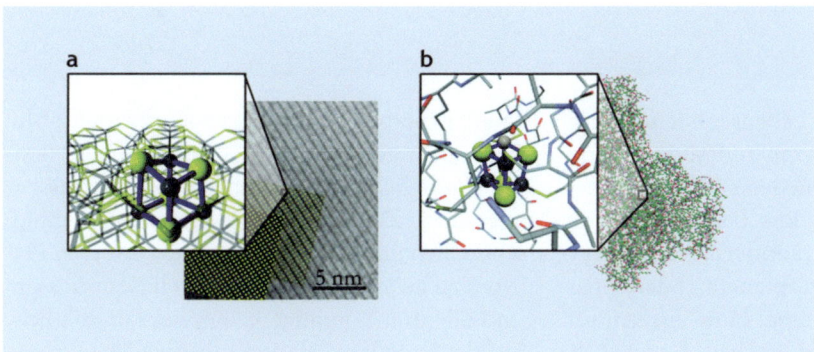

6-13
Katalyse der CO₂-Reduktion. Das Mineral Greigit (a) kann ähnliche katalytische Leistungen vollbringen wie moderne Ferredoxine (b). Es zeigt darüber hinaus ein sehr ähnliches aktives Zentrum, die Thiocuban-Einheit. Diese findet sich ebenso im aktiven Zentrum der CO-Dehydrogenase/Acetyl-CoA-Synthase.

Hunger nach Kohlenstoff

Alle Organismen auf der Erde müssen Kohlenstoff in irgendeiner Form aufnehmen, um zu wachsen und sich zu vermehren. Elementarer Kohlenstoff als Diamant oder Graphit ist hierfür viel zu schlecht löslich und zu reaktionsträge. Kein bekannter Organismus kann ihn direkt verwenden. Am besten geeignet ist Kohlenstoff in niedrigen Oxidationsstufen (▶Abbildung 6-12). So kommt er etwa in kleinen organischen Molekülen vor, die sich in kosmischen Staubwolken in großer Vielfalt bilden (▶Kapitel 4). Daraus können ohne großen Energieaufwand komplexe organische Moleküle entstehen.

Im Ökosystem der Erde klassifizieren wir Organismen oft danach, wie sie an ihr lebensnotwendiges Bauelement kommen. Als Rohmaterial dient meist Kohlenstoffdioxid (kurz Kohlendioxid, CO_2), das seit dem Hadaikum als Bestandteil vulkanischer Gase in die Atmosphäre gelangt oder in Wasser gelöst zur Verfügung steht. Es wird unter Energieeinsatz von Organismen in die reduzierte Form mit niedriger Oxidationszahl überführt (▶Kapitel 7). Heute stammt der Löwenanteil des Kohlendioxids aus der Atmung von Tieren und aus der Verbrennung fossiler Reste ehemaliger Organismen (Kohle, Erdöl, Erdgas, ▶Seite 152).

Heterotrophe Lebewesen sind davon abhängig, dass reduzierter (organischer) Kohlenstoff bereitsteht. Er kann entweder aus chemischen Prozessen stammen oder aber durch andere Organismen gebildet werden. Letzteres ist heute bis auf ganz wenige Ausnahmen immer der Fall.

Neuere experimentelle Befunde und Computersimulationen auf molekularer Ebene zeigen, dass in Wasser gelöstes CO_2 unter Umständen auch ohne Beteiligung von Organismen reduziert wird. Dies geschieht, wenn warme alkalische Wässer (40–91°C) mit hohem Kohlensäuregehalt an untermeerischen Vulkanschloten über katalytisch wirkende Eisensulfid-Minerale wie Greigit ($Fe^{II}(Fe^{III})_2S_4$) strömen[11]. Greigit bildet ganz ähnliche Oberflächenstrukturen (Cubane) aus, wie man sie von den aktiven Zentren hoch entwickelter moderner Enzyme (den Ferredoxinen) her kennt (▶Abbildung 6-13). Bei den Reaktionen an hydrothermalen Quellen (▶Seite 114) entstehen aus CO_2 unter verhältnismäßig milden Bedingungen biologisch interessante Moleküle wie Ameisensäure, Methanol, Essigsäure und Brenztraubensäure. Möglicherweise sehen wir hier einen anorganischen Katalysator bei der Arbeit, der schon Bausteine der allerersten Lebewesen lieferte und dessen reaktives Zentrum über die Äonen nur variiert und optimiert wurde. Da ähnliche Minerale mit hoher Wahrscheinlichkeit auch anderswo im Kosmos vorkommen, haben die Ergebnisse Bedeutung für die mögliche Lebensentstehung auf anderen Planeten.

Erste Schritte zum Leben

Wir haben bisher in diesem Kapitel gesehen, was Leben physikalisch und chemisch auszeichnet. Doch wie konnten derart komplexe, sich selbst erhaltende und sich weiterentwickelnde Systeme erstmalig entstehen? Können wir uns einfachere Vorstufen davon vorstellen? Und wie könnten diese ausgesehen haben?

Enzym
Meist komplex gefaltete Aminosäureketten (Peptide), die bestimmte biochemische Reaktionen katalysieren. In Ausnahmefällen kann das Enzym auch aus RNA bestehen (Ribozym). Einzelne Enzyme werden mit der Endsilbe -ase bezeichnet.

„Es wäre seltsam, wenn auf einem großen Feld nur eine Ähre wachsen würde, oder wenn es nur eine Welt in der Unendlichkeit geben würde."
Peri physeos (Über die Natur)
Metrodorus von Chios, 5.-4. Jh. v. Chr., Schüler Demokrits

KAPITEL 6   Chemische Evolution

Kometen
Körper im Sonnensystem, die flüchtige Stoffe (Wasser) enthalten und in Sonnennähe Schweife entwickeln können.

Asteroide
Gesteinskörper, die gehäuft zwischen der Mars- und der Jupiterbahn auftreten.

Meteoroide
Kleinkörper bis einige Meter Größe, die zu Meteoren oder Meteoriten werden können.

Meteore
Meteoroide, die in die Atmosphäre eindringen und verglühen.

Meteorite
Meteoroide, die nicht vollständig verglühen, sondern die Erdoberfläche erreichen.

Mikrometeorite
Gehen wegen ihrer geringen Masse ohne Beeinträchtigung nieder.

Eintrittsgeschwindigkeit von Meteoroiden
ca. 11–72 km/s

Panspermie

Neben den Theorien zur Lebensentstehung auf der Urerde gibt es noch eine andere Kategorie von Hypothesen. Verschiedene Varianten der Panspermie nehmen an, dass Leben nicht erst auf der Erde entstand, sondern sich in verschiedenen Szenarien interplanetar oder sogar interstellar ausgebreitet habe. Hinweise darauf sehen Vertreter dieser Hypothesen in Ergebnissen, denen zufolge das Leben auf der Erde sehr schnell nach dem Erkalten der Kruste erste Spuren in Form von Isotopenanomalien hinterlassen hat. Allerdings ist nicht gesichert, ob Leben tatsächlich kaum mehr als 100 Millionen Jahre nach Bildung der Erdkurste und der Ozeane entstand, oder ob doch eventuell bis zu 500 Millionen Jahre zur Verfügung standen. Auch die Tatsache der Chiralität, wonach wichtige Makromoleküle wie DNA oder Proteine nur in einer der beiden chemisch möglichen spiegelsymmetrischen Formen vorkommen, wird oft als Indiz angeführt.

Der Gedanke an einen „Samen des Lebens" ist natürlich sehr alt. Aber erst als PASTEUR im Jahr 1884 die bis dahin vorherrschende These des laufend spontan entstehenden Lebens endgültig widerlegt hatte, stellte sich tatsächlich die Frage nach der historischen Urzeugung alles Lebendigen außerhalb mythologisch-theologischer Erzählungen.

Seit dieser Zeit fanden sich immer wieder Fürsprecher einer Panspermie, darunter auch berühmte Wissenschaftler und Nobelpreisträger.

Um Panspermie zu ermöglichen, müsste es Mechanismen geben, die es Lebewesen oder Sporen ermöglichen, einen Planeten zu verlassen, über lange Zeiträume im All zu existieren und schließlich unbeschädigt auf einen anderen Planeten zu gelangen. Nach heutigen Kenntnissen sind alle drei Vorgänge keineswegs unmöglich. Auf der Erde wurden nicht wenige Meteoriten gefunden, die vom Mars stammen und auf ihrer Reise nie über 100 °C erhitzt wurden. Man kennt Bakterien und einfache Lebewesen, die Weltraumbedingungen mit erhöhter Strahlung und Hochvakuum längere Zeit überstehen und bei denen es vorstellbar ist, dass sie geschützt im Inneren metergroßer Brocken vielleicht hunderttausende von Jahren lebensfähig bleiben könnten. Die NASA und das Deutsche Zentrum für Luft- und Raumfahrt (DLR) schließen Panspermie deshalb keineswegs aus.

Trotzdem gehen wir im Haupttext nur Szenarien einer Entstehung des Lebens auf der Erde nach. Und zwar einfach deswegen, weil Panspermie keines der grundsätzlichen Probleme der Abiogenese löst. Letztlich hat der genaue Ort der Entstehung – auf der Erde oder auf irgendeinem anderen Planeten – kaum Einfluss auf die notwendigen Schritte. Selbst auf der Erde bezieht man nämlich in die Überlegungen sehr unterschiedliche mögliche Umgebungsbedingungen ein, von heißen untermeerischen Quellen bis hin zu austrocknenden Tümpeln oder Eiswüsten.

Fragen, die wir uns in der präbiotischen Entwicklung stellen müssen, betreffen hauptsächlich die Steigerung der Komplexität bis hin zum Einsetzen der wesentlich besser verstandenen biologischen Evolution. Für diese Vorgänge prägte der für seine Forschungen zur Photosynthese bekannte Nobelpreisträger MELVIN CALVIN (1911–1997) den Ausdruck *Chemische Evolution*[10]:

1 Wie und wo entstanden einfache molekulare Grundbausteine (CO, CO_2, CH_4, H_2O, HCN, N_2, NH_3)?

2 Wie und wo entstanden daraus komplexere organische Verbindungen (Aminosäuren, Nukleotide, Zucker und Fettsäuren)?

3 In welcher chemischen Umgebung und bei welcher Temperatur konnten sich daraus die Makromoleküle bilden, die für Lebewesen charakteristisch sind?

4 Wie konnten selektive Stoffwechselprozesse entstehen, die Energie und Stoffe aus der Umgebung nutzen?

5 Wie gelang es solchen ersten „Reaktionszentren", sich stabil gegen die Außenwelt abzugrenzen?

6 Was war die wichtigste Energiequelle für die ersten Aufbaureaktionen?

7 Und vielleicht der härteste Brocken von allen, ein klassisches Henne-Ei-Problem: Wie

konnte die komplexe Replikationsmaschinerie aus Proteinen und DNA entstehen, die mit ineinandergreifenden Prozessen den Aufbau und die Fortpflanzung einer Zelle vollbringt?

Immerhin können wir inzwischen für einzelne Stufen der Lebensentstehung sinnvolle Hypothesen aufstellen und deren Plausibilität testen. Möglichkeiten hierfür bieten sich viele. Sie betreffen nicht nur die Brutstätten des Lebens auf der Erde, sondern auch Vorgänge im Weltraum. Wichtig sind Laborexperimente und Computersimulationen zu Reaktionen unter angenommenen präbiotischen Bedingungen. Abhängig davon, ob wir die Entstehung von Lebensmolekülen eher an Vulkanschloten in der Tiefsee für möglich halten oder sie in den Weiten des Weltraums suchen, kommen direkte Messungen mit Tauchbooten hinzu, spektroskopische Fernerkundung anderer Himmelskörper und interstellarer Materie sowie Untersuchungen durch Raumsonden vor Ort oder Analysen zurückgebrachter Proben. Allerdings wird es am Ende wohl leichter werden, ein lebendes System selbst neu zu erschaffen, als definitiv herauszufinden, welcher der vielleicht zahlreichen möglichen Pfade in unserem Fall tatsächlich historisch beschritten wurde. Man muss befürchten, dass wir die Geschichte unseres LUCA, des *last universal common ancestor*, nur mit Indizien werden belegen können.

Herkunft organischer Moleküle

Die Entstehung einfacher anorganischer Verbindungen aus wenigen Atomen wie Wasser, Ammoniak oder Kohlendioxid ist schon lange kein Rätsel mehr. Wie in ▶Kapitel 4 angesprochen, bilden sie sich nahezu überall im Universum in großen Mengen: auf Planeten, in interstellaren Gas- und Staubwolken, ja sogar in den Atmosphären kühlerer Sterne. Mittlerweile wurden hunderte Verbindungen mit spektroskopischen Methoden identifiziert. Sie hinterlassen im Licht regelrechte Fingerabdrücke in Form tausender Spektrallinien. Einzelne Lichtfarben werden von angeregten Molekülen abgestrahlt oder aus dem Licht dahinterliegender Quellen abgeschwächt. Typische Muster lassen sich eindeutig den Energieniveaus in bestimmten Molekülen zuordnen. Für die Analyse verwendet man nicht nur sichtbares Licht, sondern ebenso Infrarotlicht und Radiostrahlung. Deshalb weiß man, dass es sich dabei keineswegs nur um anorganische Moleküle handelt (▶Abbildung 4-17, Seite 68). Auch organische Moleküle sind durchaus häufig anzutreffen. Sie heißen so, weil man bis zur Synthese von Harnstoff 1828 durch FRIEDRICH WÖHLER (1800–1882) annahm, sie könnten nur mit Hilfe einer spezifischen „Lebenskraft" in Organismen entstehen. Charakteristisch für sie ist, dass sie Kohlenstoff in niedrigen Oxidationsstufen enthalten (▶Abbildung 6-12, Seite 98).

An dieser Stelle sei daran erinnert, dass die Kosmochemie teils in ganz anderen Bahnen verläuft, als chemische Reaktionen zwischen den meist in Flüssigkeiten gelösten und viel höher konzentrierten Stoffen auf der Erde (▶Seite 69).

Frühzeit des Sonnensystems

In jungen protoplanetaren Scheiben kommen immense Mengen an interessanten Ausgangsmaterialien für die chemische Evolution vor. Beispielsweise fand man mit Hilfe des ALMA-Teleskops um den jungen Stern MWC 480 so viel Acetonitril (CH_3CN) und Cyanwasserstoff (HCN), dass man damit alle Ozeane der Erde füllen könnte[9]. Schon bevor man sie im Weltraum fand, waren beide Moleküle beliebte Ausgangsstoffe für Versuche zur Herstellung von Nukleobasen unter präbiotischen Bedingungen (▶Seite 116).

Unter den in Meteoriten und interstellaren Wolken gefundenen Molekülen befinden sich durchaus auch recht komplexe und für das Leben relevante Stoffe. Neben den schon angesprochenen Nitrilen (mit einer N≡C-Dreifachbindung), aus denen unter anderem Zuckerkomponenten entstehen können, sind dies vor allem Aminosäuren und stickstoffhaltige heterozyklische aromatische Verbindungen (NPAHs). Aminosäuren sind Monomere von Proteinen, NPAHs Vorläufer von Nukleobasen, den informationstragenden Komponenten von Nukleinsäuren. Sie sind ein nächster Schritt auf dem Weg zu diesen biologisch bedeutenden Molekülen.

Meist wurde angenommen, komplexe Verbindungen könnten im Weltraum am ehesten in kalten Molekülwolken entstehen. Daher war es eine Überraschung, als Forscher der Berkeley-Laboratorien und der University of Hawaii in

---

aromatische Verbindungen
Aromatisch nennt man Moleküle, die Ringsysteme enthalten, die durch besondere Elektronenkonfigurationen sehr stabil sind. Das einfachste dieser Moleküle ist Benzol.

heterozyklische Verbindungen
(von griechisch *heteros*, fremd). Verbindungen, in denen Kohlenstoffatome zusammen mit sogenannten Heteroatomen (Stickstoff, Sauerstoff oder Schwefel) einen oder mehrere Ringe bilden. Sie kommen beispielsweise als Nukleobasen in Nukleinsäuren vor.

NPAHs
Nitrogen-substituted polycyclic aromatic hydrocarbons

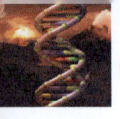

KAPITEL 6   Chemische Evolution

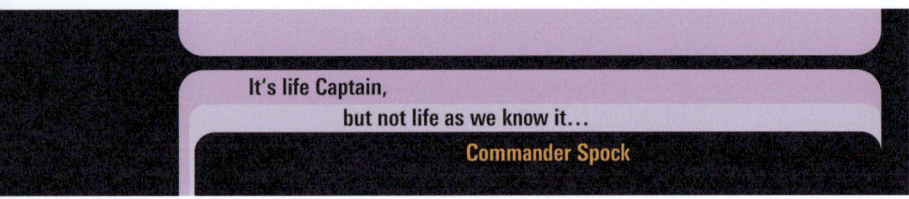

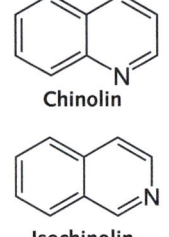

Chinolin

Isochinolin

Manoa im Jahr 2015 Experimente vorstellten, bei denen sie Bedingungen in den äußeren Bereichen einer kohlenstoffreichen Supernova simulierten[13]. Unter mäßig hohen Temperaturen von 700 K und starker Synchrotronstrahlung konnten sie die Bildung von NPAHs wie Chinolin und Isochinolin beobachten. Diese könnten sich später auf eisbedeckten Rußpartikeln niederschlagen und dann in kalten Molekülwolken in weiteren langsamen chemischen Reaktionen zu echten Nukleobasen „ausreifen".

Ankunft auf der Erde

> Im Weltraum gibt es unzählige Konstellationen, Sonnen und Planeten. Wir sehen nur die Sonnen, weil sie leuchten. Die Planeten bleiben unsichtbar, weil sie klein und dunkel sind. Es gibt auch zahllose Erden, die um ihre Sonnen kreisen...
> (GIORDANO BRUNO, 1584)

Die Erde entstand aus einer Zusammenlagerung anfangs millimetergroßer Mineralkörner (Chondrulen) und Staub in der solaren Urwolke. Bei dieser Agglomeration zu immer größer werdenden Protoplaneten waren neben Silikaten und Oxiden mit Sicherheit vielfältige organische Verbindungen beteiligt.

Allerdings ist sehr unwahrscheinlich, dass die kataklysmischen Umwälzungen bei der Entstehung des Mondes (▶ Seite 73) mit wahrscheinlichem Aufschmelzen des gesamten Erdkörpers viel von dieser reichlichen Grundausstattung übrig gelassen haben. Organische Moleküle zerfallen bei Temperaturen von einigen hundert Grad Celsius schnell in einfachere Verbindungen. Unter Umständen konnten sich aber manche bei erneuter Abkühlung in einer nicht zu stark oxidierenden Umgebung neu bilden. In zahllosen chemischen Reaktionen müssen sie jedenfalls bei der Entstehung der ersten und zweiten Atmosphäre unseres Planeten sowie des Urozeans mitgewirkt haben (▶ Seite 211).

Zusammen mit Wassereis ist organisch-chemisches Material auch für Kometen typisch. Kometen sind, so glaubt man, nahezu unveränderte Überbleibsel aus der Urzeit der Planetenbildung und haben sich seither kaum verändert.

Die Daten, die der Philae-Lander 2014 auf der Oberfläche des Kometen 67P/Churyumov-Gerasimenko gemessen hat, bestätigen, dass komplexe organische Verbindungen auf Kometen existieren. Sie waren quasi in der Tiefkühltruhe des äußeren Sonnensystems eingelagert. Philae fand nicht nur einzelne organische Moleküle im Eis verteilt, sondern sogar größere Klumpen organischer Urmaterie. Darunter werden Alkohole, Carbonylverbindungen (Aldehyde und Ketone), Amine, Nitrile, Amide und Isocyanate vermutet. Das wären typische Baukomponenten für Zucker, Proteine und Nukleinsäuren. Vieles spricht also dafür, dass es bereits im solaren Urnebel eine reichhaltige organische Chemie und reaktive organische Substanzen gab.

Insgesamt erinnern die gefundenen Stoffe an diejenigen, die man auch in kohligen Chondriten findet, einer bestimmten Art von Steinmeteoriten (▶ Abbildung 6-14). Auch diese enthalten teilweise mehrere Prozent an Kohlenstoffbestandteilen. Sie liegen nicht nur in Form von Carbonaten und Graphit vor, sondern durchaus in organischen Verbindungen bis hin zu Carbonsäuren (Fettsäuren) und Aminosäuren. Auf den berühmten Murchison-Meteoriten sind wir schon in ▶ Kapitel 4 eingegangen.

Bemerkenswert ist, dass diese Basismoleküle des Lebens also keineswegs nur in Spuren auftreten, sondern in großen Mengen und teilweise hohen Konzentrationen.

Selbst nach dem Erkalten der Erdoberfläche erreichten und erreichen uns unvorstellbare Mengen von Kometen und Meteoriten, den Überbleibseln aus der etwa 4,5 Ga zurückliegenden Jugendzeit des Sonnensystems. So feurig sie bei ihrem Niedergang auch aussehen mögen, abhängig von Größe und Einschlagwinkel erhitzen sich viele Meteoriten beim Eintritt in die Atmosphäre nur oberflächlich. Ähnlich wie beim Wiedereintritt einer Raumkapsel brennt die äußerste Schicht wie ein Hitzeschild ab, aber der Großteil des Inhalts erwärmt sich kaum. Mögen auch viele Moleküle bei Einschlägen sehr großer Körper auf der Erde durch die extremen Verhältnisse zerstört worden sein und mögen viele organische Moleküle bei Einschlägen sehr großer Körper wieder verlorengegangen sein: Auf jeden Fall erreichen uns auch nach ausreichendem Erkalten der Oberfläche noch riesige Mengen interessanten

6-14
Kohliger Chondrit[12]. Diese Unterklasse der Steinmeteorite enthält mehrere Prozent Massenanteil an Kohlenstoff, teilweise in Form organischer Verbindungen wie Aminosäuren.

Ausgangsmaterials. Bis heute kommen sie bei Myriaden kleinerer Einschläge an oder gebunden an kleinste Staubteilchen, die ständig auf die Oberfläche herabrieseln.

Wie die präbiotische Chemie auf der Erde aussah und wie leicht sich somit auf der Urerde organische Stoffe bilden konnten, wissen wir nur grob. Als gesichert gilt aber, dass zunächst kein freier Sauerstoff vorhanden war. Dieser ist viel zu reaktiv. Er kann sich in einer Atmosphäre nur wenige Jahre halten, wenn er nicht ständig nachproduziert wird.

Wie und wo könnte also das Leben entstanden sein?

Wo lag Darwins Tümpel?

In den Aussagen, die CHARLES DARWIN in seinem am 24. November 1869 veröffentlichten Werk *On the Origin of Species* und seinen anderen Publikationen machte, war er stets außerordentlich vorsichtig. Er ließ nur die scharfsinnigsten Schlussfolgerungen zu, die er gegen alle denkbaren Argumente möglicher Zweifler absichern konnte. Nur in einem privaten Brief an seinen Freund JOSEPH HOOKER ließ er sich 1871 zu einer Spekulation über den Beginn des Lebens hinreißen, die berühmt geworden ist (▶ Kasten).

Tatsächlich traf er damit eines der Szenarien, die noch heute in die engere Wahl gezogen werden, wenn wir darüber diskutieren, wo die entscheidenden Reaktionen der chemischen Evolution stattgefunden haben könnten.

Denken wir uns zurück auf die Urerde, in eine Zeit kurz nach Abkühlung der Erdkruste. Die Oberfläche der ersten Kratone, die als Kerne von Urkontinenten eine dicke Erdkruste ohne Plattentektonik überragten, hatte den zigtausende von Jahren anhaltenden großen Regen erlebt. Die Atmosphäre war kondensiert und hatte Urozeane und zahlreiche kleinere Gewässer gebildet. Diese

> „But if (and Oh! What a big if!) we could conceive in some warm little pond, with all sorts of ammonia and phosphoric salts, light, heat, electricity etc, present, that a protein compound was chemically formed ready to undergo still more complex changes..."
>
> CHARLES DARWIN, 1871
>
> „Aber falls (und Ach! Was für ein großes Falls!) wir uns vorstellen könnten, dass sich in einem warmen kleinen Tümpel mit allen Arten von Ammonium- und Phosphorsalzen, Licht, Hitze, Elektrizität usw. auf chemische Weise eine Proteinverbindung bilden konnte, die in der Folge immer kompliziertere Änderungen erfahren konnte..."

waren vermutlich noch deutlich salzärmer als heute, denn der Wasserkreislauf hatte noch keine Äonen Zeit, Felsen abzutragen und ihre löslichen Bestandteile auszulaugen.

Das äußere Szenario bei der Entstehung des Lebens – wir haben es im letzten Kapitel kennengelernt – wird eher nicht sehr einladend ausgesehen haben. Wie eine heutige Regenpfütze jedenfalls sollte man sich Darwins kleinen warmen Tümpel nicht vorstellen. Allgegenwärtige vulkanische Aktivität, gefördert von den gewaltigen Gezeitenkräften eines noch nahen Mondes, ständige Einschläge von Meteoriten und Kometen, Hebungen und Senkungen, Aufschmelzung von Krustenteilen, harte Strahlung aus dem Weltraum und eine sauerstofffreie Atmosphäre! Dagegen erscheinen die Verhältnisse in einem Dampfkochtopf eher als laues Lüftchen. Offenbar gab es aber schon einigermaßen geschützte Bereiche, in denen die entscheidenden Schritte ablaufen konnten (▶ Abbildung 6-15).

Schutzzonen für die Wiege des Lebens

Gefragt waren „kühlere" Zonen mit Temperaturen zwischen dem Gefrierpunkt und höchstens wenigen hundert Grad, bei denen flüssiges Wasser unter dem gegebenen hohen Druck noch existieren konnte. Außerdem mussten Anreiche-

6-15
Urheimat des Lebens. Leider wissen wir noch nicht, wo die ersten lebenden Systeme der Erde entstanden sind. Für viele geologische Sets gibt es gute Begründungen, die jedoch noch alle spekulativ sind. Hier abgebildet ist nur eine Auswahl davon.

a Urozean | b Lagunen | c Geysire und heiße Quellen | d Gletscher und Meereis | e Brandungszonen | f Schwarze Raucher | g Alkalische hydrothermale Felder

rungen von organischen Grundstoffen niedriger und mittlerer Oxidationsstufen (▶Abbildung 6-12, Seite 98) wie sie in Aldehyden, Alkoholen, Cyaniden, Hydroxysäuren oder Aminosäuren vorliegen, existieren. Es sollten weiterhin nicht allzu extreme pH-Werte geherrscht haben. Temperaturschwankungen, zyklische Austrocknungsvorgänge, jahreszeitliche Schwankungen, Tag-Nacht-Rhythmen und Gezeiten waren wahrscheinlich ebenfalls sehr zuträgliche Ingredienzen.

Wenn man diese Anforderungen genauer betrachtet, passen sie zu einem Tümpel, in dem es in wiederholten Eintrocknungszyklen an Oberflächen zu den entscheidenden Reaktionen kommt. Vielleicht war der Tümpel eher heiß und glich in seinem Chemismus dem Schwarzen Raucher an vulkanischen Tiefseequellen. Der Druck der damaligen Atmosphäre dürfte damals auch nahe der Oberfläche Umsetzungen erlaubt haben, die wir heute nur noch in der Tiefsee beobachten können. Oder die Geschehnisse spielten sich tatsächlich in den Tiefen des Urmeeres ab. Allerdings sind die an Schwarzen Rauchern austretenden Lösungen (mit teilweise bis 460 °C und saurem pH-Wert von 4–5) weniger geeignet, entstehende organische Moleküle zu erhalten. Interessante Entwicklungen könnten sich vielleicht in kühleren Randbereichen in Gesteinsfugen und Poren abgespielt haben.

In den letzten Jahrzehnten hat man unweit einiger Schwarzer Raucher noch eine andere Form von Schloten entdeckt, die möglicherweise für die Bildung organischer Komponenten viel geeigneter sind: Alkalische hydrothermale Schlote. Bekanntestes Beispiel ist das sogenannte *Lost-City-Hydrothermalfeld* im Atlantik (knapp 2000 km westlich der Kanarischen Inseln gelegen). Ihr Vorteil ist, dass sie mit 60–90 °C und leicht alkalischem pH (9–11) viel mildere Bedingungen bieten. Die austretenden Lösungen enthalten zudem reduzierende Gase wie Wasserstoff (H_2) und Methan (CH_4). Diese entstehen an untermeerischen Mineralen in einem Prozess, der als *Serpentinisierung* bezeichnet wird. Dabei wird Mantelgestein (Olivin) bei Kontakt mit Wasser hydratisiert und Wasserstoff freigesetzt. Auf anorganische Weise könnten dabei Kohlendioxid (CO_2) und Kohlenmonoxid (CO) aus vulkanischen Gasen zu Methan und sogar zu längerkettigen Alkanen umgesetzt werden[14]. Es gibt gute Gründe für die Annahme, dass sich vulkanische Ausgasungen im Hadaikum nicht grundsätzlich von heutigen unterschieden[15]. Ein ähnlicher technischer Prozess zur Gewinnung von Alkanen (Benzin) aus Wasserstoff und Kohle ist seit 1925 bekannt und wird als *Fischer-Tropsch-Synthese* bezeichnet. Heute denkt man daran, diesen Prozess großtechnisch zu nutzen, um klimaschädliches Kohlendioxid mittels Sonnenenergie in Alkane und beispielsweise Methanol umzusetzen.

Die reduzierenden Bedingungen an alkalischen Schloten begünstigen auch die Bildung komplexerer organischer Moleküle. Die ungeheuren Mengen an Porenräumen in den teils bis zu 60 Meter hohen Abscheidungsstrukturen, die mit organischen Stoffen in Kontakt stehen, bieten Myriaden von Möglichkeiten für die Entstehung interessanter Biochemie.

Schon lange nimmt man an, dass Gesteine und Mineraloberflächen für die ersten biochemischen Reaktionen eine zentrale Rolle gespielt haben. Die anorganische Chemie der Erde hätte demnach von den allerersten Anfängen an beim Leben kräftig mitgemischt. Erkenntnisse aus den letzten Jahrzehnten liefern hierfür zahlreiche Indizien:

- Schatten von Felsformationen können UV- und Teilchenstrahlung fernhalten.
- Tonminerale wie Kaolinit und Montmorillonit können in Wasser quellen. In ihren Schichtzwischenräumen können sie organische Molekülionen einlagern und stabilisieren (JOHN DESMOND BERNAL, 1901–1971).
- Während die meisten gelösten organischen Stoffe bei 200 °C innerhalb von Minuten wieder zerstört werden, können sie in Kontakt mit Mineralen wie Magnetkies (FeS) mindestens für Tage überdauern.
- Offenporige Basaltgesteine und Kalkstrukturen bieten Myriaden von Mikroumgebungen jeweils unterschiedlicher Zusammensetzung. Die Kompartimentierung wirkt sich aus wie eine unabsehbare Zahl winziger Syntheselabors, die alle parallel an Experimenten zur Lebensentstehung arbeiten. Hatte eines davon durchschlagenden Erfolg, so haben wir möglicherweise unsere Urheimat gefunden.
- An bestimmten Mineralen ist anorganische katalytische Reduktion von CO_2 möglich (▶Seite 99). Dadurch wird Kohlenstoff als Basis für organische Verbindungen verfügbar.

Flüssigkeiten unter Druck
Bei hohem Druck wie etwa an untermeerischen Schwarzen Rauchern bleibt Wasser auch weit über 100 °C noch flüssig.

- Mineraloberflächen wie Pyrite können organische Verbindungen locker an ihre Oberfläche binden. Sie könnten unter Nutzung chemischer Energie aus der Umgebung erste lebensähnliche zyklische Synthesewege katalysiert haben.

Der Vollständigkeit halber sei hier noch angemerkt, dass die Wiege des Lebens keineswegs nur in den heißen Gefilden gesucht wird. Viele Forscher halten auch eine Entstehung in eintrocknenden Lagunen, Tröpfchen von Spritzwasser in Brandungszonen oder sogar an Eis möglich. Vielleicht war DARWINs Tümpel am Ende gar nicht so warm wie gedacht. Trotz der anfänglich eher heißen Erdkruste ist das Vorkommen kalter Regionen nicht auszuschließen, denn die Sonne strahlte im Hadaikum rund 30 Prozent weniger Energie ab als heute. Flüssige Bereiche an Eis wären deshalb für die präbiotische Chemie interessant, weil einmal gebildete Moleküle unter diesen Bedingungen lange erhalten bleiben und weiterreagieren könnten. Außerdem kommt es bei der Bildung von Eiskristallen in der verbleibenden flüssigen Phase zur Konzentrationserhöhung gelöster Stoffe.

Leider ist es für Menschen unmöglich, die zeitliche Dimension von vielleicht mehreren hundert Millionen Jahren und die räumliche Dimension der möglichen Reaktionsräume ganzheitlich zu erfassen und daraus ein Gefühl für die Wahrscheinlichkeit zu ermitteln. So können wir am Ende nicht sagen, ob die Entstehung von Leben nach einem der in diesem Kapitel betrachteten Szenarien extrem unwahrscheinlich war und nur einmalig stattfand, oder ob es sich um einen so wahrscheinlichen Vorgang handelt, dass er praktisch zwangsläufig auf jedem ähnlichen Planeten ablaufen muss.

Molekülsynthese ohne Chemiker

Die Ursuppe ist dünn geworden…

Dass die frühe Erde (wie viele andere Himmelskörper auch) mit einfachen organischen Verbindungen und selbst mit etwas komplexeren organischen Molekülen „gewürzt" war, gilt als gesichert und als Voraussetzung für das Entstehen des Lebens. Zwischen diesen Stoffen, so muss man annehmen, konnten unter bestimmten Bedingungen chemische Reaktionen ablaufen, die zu immer komplexeren Molekülsystemen und schließlich zu echtem Leben geführt haben. Aber wie können wir uns diesen Prozess im Detail vorstellen? Können wir einen realistischen Pfad aufzeichnen, der von noch recht einfachen organischen Molekülen zu einem ersten, sich selbst reproduzierenden Protolebewesen führt?

Wie müsste ein „erster Replikator" ausgesehen haben, der sich schließlich durch ungezielte Veränderung und Selektion zu einem immer komplexeren System bis hin zu lebenden Zellen entwickelt? Und das sind bei weitem nicht alle offenen Fragen. Woher bezogen die ersten Replikatoren ihre Energie (▶Seite 95) und welche Moleküle dienten ihnen als Grundstoffe zur Replikation, als erste „Nahrung"? Eine Grundfrage ist auch die nach der lokalen Umgebung, die gerade solche Stoffe in ausreichender Menge anbot, um die Initialzündung zu ermöglichen.

Nachdem RUDOLPH VIRCHOW (1821–1902) im Jahr 1858 sein berühmtes Dictum „Omnis cellula e cellula" (Alle Zellen stammen von Zellen ab) aufgestellt und DARWIN 1859 die gesamte Biologie auf ein neues, evolutionsbasiertes Fundament gestellt hatte, ergab sich zwangsläufig in der zweiten Hälfte des 19. Jahrhunderts die Frage der erstmaligen Entstehung von Zellen aus anorganischer Materie.

Die ersten Versuche, sich die Lebensentstehung aus einfachen Ausgangsmolekülen (Abiogenese) naturwissenschaftlich zu erklären, gehen bis ins 19. Jahrhundert zurück. Der als Entdecker des Periodensystems bekannte russische Chemiker DMITRI IWANOWITSCH MENDELEJEW (1834–1907) ging bei seiner Beschäftigung mit Erdöl von dessen abiotischer Entstehung aus, eine Vorstellung, die an spätere Theorien einer Ursuppe erinnert und an die heute für möglich gehaltene anorganische Bildung von Kohlenwasserstoffen (▶Serpentinisierung, Seite 114). Der Schweizer Botaniker CARL WILHELM VON NÄGELI (1817–1891, ▶Abbildung 6-16) skizzierte 1884 erste Ideen zur Lebensentstehung in einem Kapitel seines Werkes *Mechanisch-physiologische Theorie der Abstammungslehre*[16].

Im 20. Jahrhundert widmete der sowjetische Biochemiker ALEXANDER IWANOWITSCH OPARIN (1894–1980) einen großen Teil seiner wissenschaftlichen Tätigkeit diesem Problem. Sein erstes Buch hierzu erschien im Jahr 1924. OPARIN beschäftigte sich darin mit der Entstehung von

6-16
Carl Wilhelm von Nägeli (1817–1891)[17]. Nägeli ist ein oft vergessener Pionier der Abiogeneseforschung.

KAPITEL 6 Chemische Evolution

Koazervate
Durch Zugabe von Salzen zu Lösungen verschiedener Biopolymere (Proteine, Harze) entstehende Tröpfchen, die als einfache Modelle gewisse Eigenschaften lebender Zellen simulieren können.

Leben aus chemischen Vorformen. Er fragte sich auch schon, ob dabei Zellvorläufer oder Reaktionskompartimente entstehen konnten. Bei einigen Lösungs- und Entmischungsexperimenten (allerdings mit vorhandenen organischen Makromolekülen) konnte er tröpfchenförmige Aggregate herstellen, die er *Koazervate* nannte. Sie konnten Stoffe aus ihrer Umgebung aufnehmen und abgeben.

Da die Arbeiten aber zunächst nur in russischer Sprache erschienen (eine Übersetzung ins Englische erfolgte erst 1938), blieben sie im Westen längere Zeit unbekannt. Auch der britische Biologe indischer Herkunft JOHN BURDON SANDERSON HALDANE (1892–1964) beschäftigte sich 1929 mit diesen Fragen und kam unabhängig von OPARIN zu ähnlichen Annahmen. Als sich die beiden später trafen, überließ HALDANE seinem Kollegen OPARIN ohne zu zögern die Priorität für die Hypothese. Sie heißt heute beiden zu Ehren OPARIN-HALDANE-Hypothese. Sie geht von folgenden damals für die frühe Erde angenommenen Voraussetzungen aus:

1 Sauerstofffreie, stark reduzierende Uratmosphäre (als Bestandteile wurden damals Wasserdampf, Methan, Ammoniak und Schwefelwasserstoff angenommen)

2 Reichliche Verfügbarkeit von Energie (etwa aus Blitzen, UV-Strahlung oder Vulkanismus)

3 Ansammlung organischer Moleküle in einer „Ursuppe"

Die OPARIN-HALDANE-Hypothese inspirierte Generationen von Experimentatoren. Sobald klar geworden war, dass DNA die informationstragende Erbsubstanz aller Lebewesen ist und dass Proteine nicht nur Endprodukte der Biosynthese darstellen, sondern auch die Maschinerie zu ihrer eigenen Produktion bilden, begann man mit Versuchen, die Bildung möglichst vieler Komponenten unter präbiotischen Bedingungen zu verstehen. Man verwendete die schon beschriebenen Grundstoffe und führte Energie beispielsweise durch elektrische Entladungen (in Analogie zu Blitzen) zu. Die Bemühungen mündeten schließlich in das bekannteste Experiment zur chemischen Evolution überhaupt. Es wurde im Jahr 1953 von MILLER auf Anregung seines Doktorvaters, des Nobelpreisträgers HAROLD UREY, durchgeführt[18].

MILLER simulierte die Bedingungen der Urerde und die damals für die Uratmosphäre angenommene Zusammensetzung in einer Apparatur aus mehreren Glaskolben (▶ Abbildung 6-17). Ein heizbarer, wassergefüllter Kolben stand für den Urozean, ein mit Röhren verbundener zweiter Kolben, gefüllt mit den Gasen Methan, Ammoniak, Kohlenmonoxid und Wasserstoff, simulierte die Atmosphäre. Der „Ozean" wurde erhitzt und elektrische Gewitterentladungen wurden durch die Atmosphäre gejagt. Verdampftes Wasser wurde über einen Kühler als „Regen" in den Ozean zurückgeführt. MILLER ließ seine Versuche jeweils einige Tage laufen und analysierte dann die entstandenen gelbbraunen Verbindungen. Die Ergebnisse waren seinerzeit eine perfekte Sensation: Bei dem Experiment und seinen späteren Abwandlungen entstanden tatsächlich in guter Ausbeute einige der für Leben typischen Bausteine: Aminosäuren und Nukleobasen. Damit war ein wichtiger Schritt bei der Entstehung von lebender aus unbelebter Materie eindrucksvoll nachvollzogen. So konnte es gewesen sein!

Miller-Urey-Produkte
(nach absteigender Menge)
Ameisensäure
Glycin
Glycolsäure
Alanin
Milchsäure
ß-Alanin
Essigsäure
Propionsäure,
weitere proteinogene Aminosäuren,
Kohlenhydrate,
Lipide,
Adenin, Guanin, Cytosin, Uracil
Formaldehyd
Milchsäure
Harnstoff

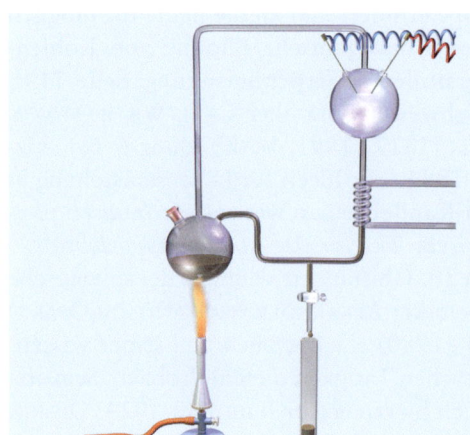

6-17
Miller-Urey-Experiment. In seinen berühmten Experimenten versuchte MILLER (auf Anregung seines Doktorvaters UREY) erstmals, komplexe präbiotische Moleküle herzustellen, indem man Wasser (das „Urmeer") und einfache anorganische Gase (eine „Uratmosphäre") elektrischen Funkenentladungen („Gewittern") aussetzte. Tatsächlich entstehen in solchen Versuchen unter anderem Aminosäuren sowie Purine und Pyrimidine, die sich im Wasser anreichern. Purine und Pyrimidine sind Nukleobasen und Strukturkomponenten der Nukleotide, aus denen die Nukleinsäuren RNA und DNA aufgebaut sind.

Später sollte sich mit genaueren Nachweismethoden herausstellen, dass (in geringen Mengen und neben vielen anderen Stoffen) sogar 10 der 20 proteinbildenden Aminosäuren entstanden waren. Daneben fanden sich auch zwei Nukleobasen (Adenin und Guanin), die als Komponenten von Nukleinsäuren von großem biologischem Interesse sind.

Trotz dieser unbestreitbaren Erfolge gilt das Experiment in seiner ursprünglichen Form heute als angreifbar. Neuere Ergebnisse legen nämlich nahe, dass die Uratmosphäre insgesamt wohl höchstens schwach reduzierend gewesen ist und eher hohe Anteile von Kohlendioxid (CO_2), Kohlenmonoxid (CO) und Stickstoff (N_2) enthielt. Ammoniak (NH_3) und Methan (CH_4) waren im besten Fall lokal und kurzfristig in Form vulkanischer Gase zu finden, denn sie werden durch die UV-Strahlung der Sonne photochemisch leicht zerstört.

Wenn die angenommene Uratmosphäre kaum Methan aufweist, sind die Ausbeuten an biologisch relevantem Material um Größenordnungen geringer als bei einer stark reduzierenden Atmosphäre. Ein ausreichender Anteil an Wasserstoff (H_2) in der Mischung ermöglicht zumindest Produktionsraten der einfachsten Aminosäure Glycin von etwa einem Prozent bezogen auf den eingesetzten Kohlenstoff. Eine mäßig reduzierende Uratmosphäre ist durchaus wahrscheinlich. Letztlich war es die Zusammensetzung des Erdmantels, die über den Vulkanismus den Charakter der Uratmosphäre bestimmte.

An OPARIN und die Ergebnisse von MILLER knüpfte ab 1958 der amerikanische Biochemiker SIDNEY W. FOX (1912–1998) an. Ihm und weiteren Forschern gelang 1964 auch die Herstellung von Alanin, Asparaginsäure, Glutaminsäure, Isoleucin, Leucin, Phenylalanin, Prolin, Serin, Threonin, Tyrosin und Valin (▶ Abbildung 3-06, Seite 44) unter einfachen Reaktionsbedingungen, die man sich mit etwas Phantasie vielleicht an einzelnen Stellen der Urerde vorstellen könnte (konzentrierte Ammoniumchloridlösung und 1000°C heiße vulkanische Lava). FOX erhielt durch starkes Erhitzen von Aminosäuren (180°C) und Auflösen der Erhitzungsprodukte in Wasser „Mikrosphären", die rein optisch Zellen ähnlich sahen.

Diese Bläschen bestehen aus semipermeablen Membranen, durch die sich proteinartiges Material aus der Umgebung anreichern kann. Sie können dadurch sogar wachsen und sich bei Einwirkung äußerer Kräfte teilen.

Es ist kaum zu bestreiten, dass diese Gebilde in ihrem Inneren wenigstens zeitweise von der freien Lösung unterschiedliche Reaktionsbedingungen boten und eventuell katalytisch wirksame Moleküle einschließen konnten. Die meisten Forscher sehen Koazervate und Mikrosphären als Vorstufen zu Zellen heute jedoch eher kritisch. Eine davon ausgehende Weiterentwicklung zu Zellen erscheint mehr als fraglich.

Die Vorstellung, dass sich diese Komponenten einfach im Urmeer, Seen oder Tümpeln ansammelten, an einer nahrhaften „Ursuppe" gütlich taten, und daraus spontan die ersten echten, zu Evolution fähigen Lebensformen entstanden, ist eingängig und verlockend, aber auch ein wenig naiv.

Allzu oft wurden Varianten und Nachfolger der Miller-Urey-Experimente in der Presse schon als Lösung des Rätsels um die Lebensentstehung gefeiert. Doch sie sind nur ein Anfang. Eine Ansammlung von Schrauben macht noch kein Flugzeug und wenn man Aminosäuren zusammenrührt, so entstehen daraus noch lange keine Zellen. Eine viel detailliertere Betrachtung der nötigen und möglichen Zwischenschritte ist notwendig, um auch nur grob abzustecken, wie das Leben auf der Erde entstehen konnte.

Replikation oder Stoffwechsel zuerst? – Die Sache mit der Henne und dem Ei

Die Funktionen Stoffwechsel und Replikation sind heute untrennbar miteinander verwoben. Proteine und teilweise RNAs stellen die notwendige enzymatische Aktivität bereit. Ebenso bilden sie die wichtigsten Baukomponenten der molekularen Maschinerie der Zellen. DNA speichert Erbinformation, die mit RNA als Vermittler die Biosynthese eben dieser Proteine steuert. Zahlreiche Proteine sind aber zunächst nötig, um DNA zu verdoppeln und abzulesen oder auch nur eine RNA in Proteine zu übersetzen. Deshalb werfen Forscher immer wieder die Frage auf, welche dieser Funktionen als erste entstanden sein könnte. Wie kam es dazu, dass ein sich selbst replizierendes System, der *erste Replikator*, entstehen konnte? Gab es Vorstufen?

Mikrosphären
Aus Proteinoiden (Aminosäurekondensaten) gebildete Hohlkugeln oder Bläschen, die einige Eigenschaften semipermeabler Zellmembranen simulieren.

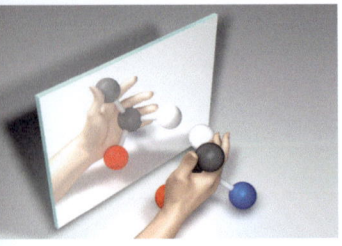

6-18
Chiralität. Moleküle, die in spiegelbildlichen Formen vorkommen, sind chiral. Chiralität bedeutet Händigkeit, in Anlehnung an die spiegelbildliche Form unserer Hände. Meist wird Chiralität durch mindestens ein Kohlenstoffatom verursacht, dessen vier Bindungen mit unterschiedlichen Atomgruppen besetzt sind. Chirale Moleküle werden auch als *Enantiomere* bezeichnet.

Racemat
Gleichmäßige Mischung rechts- und linkshändiger Formen einer chiralen Substanz.

Das Problem der Homochiralität

Biomoleküle entstehen in einfachen Reaktionen stets jeweils als gleichmäßige Mischung (Racemat) ihrer rechtshändigen und linkshändigen Formen (▶ Abbildung 6-18). In allen Lebewesen bilden aber nur Aminosäuren der linkshändigen, sogenannten *L-Form* Proteine. Aminosäuren in ihrer rechtshändigen *D-Form* können an den ebenfalls chiralen Reaktionszentren der an der Proteinbiosynthese beteiligten Enzyme nicht andocken. Selbst wenn sie entstehen könnten, wären Ketten, die auch D-Monomere enthielten, ganz anders gefaltet und biologisch in irdischen Lebensformen unbrauchbar. Diese Bevorzugung einer Anordnung nennt man *Homochiralität*. Ähnlich wie Proteine sind auch Nukleinsäuren aus chiralen Monomeren gebaut. Dies ist eine notwendige Voraussetzung für die geordnete Interaktion der Komponenten bei allen bekannten Lebensprozessen und auch die Ursache dafür, dass die normale DNA-Doppelhelix eine Rechtsschraube bildet (▶ Abbildung 3-12, Seite 46).

Bisher gibt es keine schlüssige Erklärung dafür, warum das Leben gerade diesem und nicht dem umgekehrten Drehsinn folgt. Es könnte Zufall sein. Vielleicht hat sich der erste Replikator einfach zuerst in dieser Konfiguration gebildet. Eine einmal entstandene Bevorzugung einer Anordnung könnte sich autokatalytisch verstärkt haben, indem etwa passende Moleküle thermodynamisch stabilisiert wurden. Die Natur hätte sich damit trotz gleicher thermodynamischer Stabilität beider Varianten (Enantiomeren) für eine der Formen entschieden und musste dabei bleiben. Experimente haben immerhin zeigen können, dass bestimmte Polypeptide, die ihre eigene Bildung katalysieren, stärker wirksam sind, solange sie nur linkshändige oder nur rechtshändige Aminosäuren enthalten[19,20]. In manchen Publikationen wird die Ansicht vertreten, dass Selbstreplikation überhaupt nur bei Homochiralität möglich sei.

Wie das Universum, so das Leben?

Möglicherweise steckt aber mehr hinter der Homochiralität. Während es bis Mitte des 20. Jahrhunderts als ausgemacht galt, dass alle Prozesse im Universum völlig symmetrisch ablaufen können und es keine bevorzugte „Händigkeit" gibt (dies wird als Erhaltung der Parität bezeichnet), wurde diese einfache Sicht der Dinge in den 1950er Jahren schwer erschüttert. Damals stellten die theoretischen Physiker CHEN NING YANG (*1922) und TSUNG-DAO LEE (*1926) Überlegungen zur Paritätserhaltung bei der schwachen Wechselwirkung zwischen Elementarteilchen an. Sie sagten voraus, dass die Parität nicht in jedem Fall erhalten bleiben muss und erhielten für ihre grundlegenden Forschungen 1957 den Nobelpreis für Physik. Bei Untersuchungen zum radioaktiven Betazerfall von ^{60}Co konnte die Kernphysikerin CHIEN-SHIUNG WU (1912–1997) eine solche Asymmetrie der schwachen Wechselwirkung tatsächlich nachweisen. Woher diese Paritätsverletzung im Universum letztlich kommt, bleibt ein aktuelles Feld der Forschung. Neue Publikationen deuten darauf hin, dass dieses Problem eng verknüpft sein könnte mit einem zweiten, nämlich warum im frühen Universum Materie gegenüber Antimaterie die Oberhand gewonnen hat – ebenfalls ein rätselhafter Symmetriebruch. Tatsächlich glauben Physiker um JACK SANDWEISS (*1930) von der Yale Universität, bei Versuchen mit Quark-Gluonen-Plasmen am *relativistic heavy ion collider* (RHIC) des Brookhaven National Laboratory in Long Island, New York unter Extrembedingungen von 4 Trillionen Kelvin die Entstehung eines unerwarteten und ungeheuer starken Magnetfeldes beobachtet zu haben[21]. Sollten sich die Ergebnisse bestätigen, würde dies darauf hindeuten, dass auch die starke Wechselwirkung kurzzeitig eine Paritätsverletzung zeigen kann. Diese Entdeckung könnte zusammenpassen mit 2001 publizierten Modellen[22], die ein universumsweites schraubenförmiges Magnetfeld für Asymmetrien verantwortlich macht. Die Reste eine solchen Magnetfeldrelikts sollten zu einer Beeinflussung von Gammastrahlung von weit entfernten Quellen im Universum führen. Genau so einen Einfluss scheinen die Forscher jetzt in Daten des 2008 gestarteten Gammastrahlungsobservatoriums FGST gefunden zu haben[23]. Dafür, dass kosmische Einflüsse das Zünglein an der Waage bei der Händigkeit von Lebensmolekülen spielten, spricht noch anderes: Aminosäuren, die man in bestimmten Meteoriten (kohligen Chondriten) fand, zeigten keine rein racemische Mischungen, sondern einen deutlichen Überschuss der L-Form im zweistelligen Prozentbereich. Dies lässt sich ebenfalls durch zirkularpolarisierte UV-Strahlung erklären, wie sie beim Durchgang durch helikale Magnetfelder zu erwarten wäre.

Auch wenn die Struktur des Universums selbst dem Leben einen ersten Twist verpasst haben könnte, so stellt sich noch immer die Frage nach geeigneten Verstärkungsmechanismen.

Berechnet man die Energieunterschiede zwischen Enantiomeren von Aminosäuren aufgrund der Asymmetrie der schwachen Wechselwirkung, so liegt diese nur bei 10^{-14} Joule pro Mol[24] oder wenig darüber. Noch kann keine der vorgeschlagenen Verstärkungsmechanismen als ausreichende Theorie gelten. Insgesamt aber erscheint trotz der anfangs geringen Unterschiede eine durch polarisierte Strahlung vermittelte und durch autokatalytische Vorgänge verstärkte Bevorzugung eines Enantiomers immerhin als mögliche Alternative zu einer zufälligen Auswahl.

Oft wurde die Situation damit verglichen, dass wir nur noch einen kunstvoll gebauten antiken Torbogen sehen und uns fragen, wie die Steine nacheinander eingesetzt werden konnten, die sich doch gegenseitig stützen müssen[25]. Einige Forscher schlugen bei der Suche nach den ersten Replikatoren sogar vor, diese in anorganischen Reaktionsabfolgen zu suchen. Vielleicht sogar in einfachen Kristallisationsprozessen und Abdrücken anorganischer Tonminerale, also anfangs noch völlig ohne Beteiligung von Kohlenstoffverbindungen. Als radikalster Vertreter der Hypothese anorganischer Lebensentstehung gilt ALEXANDER GRAHAM CAIRNS-SMITH von der Universität Glasgow[26,27]. So weit wollen die meisten der Abiogeneseforscher allerdings nicht gehen.

Im Fall des Torbogens ist die offensichtliche Lösung, dass es ein Gerüst gab, das das Kunststück damals ermöglichte. Von ihm ist jedoch nichts physisches übrig geblieben, das wir heute untersuchen könnten.

Ein anderes, sehr interessantes Beispiel ist die „Koevolution" von Computern und Software, die wir in den letzten Jahrzehnten mit ansehen konnten. Heute ist es nicht mehr möglich, neue Computerchips mit Milliarden von Komponenten ohne Einsatz ausgeklügelter Programme zu planen und herzustellen. Kein einzelner Mensch, ja nicht einmal eine Arbeitsgruppe, kann den Gesamtaufbau einer CPU (*central processing unit*) noch überblicken. Programme optimieren und legen fest, wo welche Schaltkreise liegen und wie die Leiterbahnen verlaufen. Andererseits können solche Programme nur auf bereits sehr leistungsfähiger Computerhardware programmiert werden und ablaufen. Auch hier sehen wir die Dualität zwischen der Hardware, die die eigentliche Arbeit leistet (Computer bzw. Proteine) und der Software (Programmcode bzw. genetische Information). Beides konnte sich ohne Weiteres gegenseitig auf immer höhere Komplexizitätsstufen heben. Würde heute jeglicher Programmcode verschwinden, könnten wir nicht einmal mehr ein einziges Zeichen auf den Bildschirm bringen. Kein Compiler wäre mehr da, um neue Programme zu übersetzen. Man müsste wieder gänzlich von vorne anfangen und Maschinen bauen, deren erste Programme über handbediente Schalter eingegeben wurden.

Doch kommen wir zurück zur Biologie. Auch hier finden wir zwei Denkschulen, die man entsprechend ihrem Schwerpunkt grob der Hardware (Metabolismus zuerst) bzw. der Software (Replikation zuerst) zuordnen könnte. Für beide sprechen gute Argumente und sie stützen sich auf experimentelle Hinweise. Beide sind teilweise detailliert ausgearbeitet, aber keine der Denkschulen kann unzweifelhafte, zusammenhängende Lösungen für den Gesamtablauf bieten. Aber sie schließen sich auch nicht unbedingt gegenseitig aus, sondern beleuchten vielleicht nur unterschiedliche Stufen des Weges. Die Szenarien, die unserer heutigen Lebenswelt hypothetisch vorausgingen, werden als „Welten" bezeichnet. So spricht man etwa von „Eisen-Schwefel-Welt" (▶ Seite 112), „Protein-Welt" (▶ Seite 114) oder „RNA-Welt" (▶ Seite 116). Unabhängig von der Lösung dieses Henne-Ei-Problems haben beide Hypothesen zum Anfang der chemischen Evolution noch das Problem, den Übergang zu einem genetischen Code zu erklären. Doch davon später.

Stoffwechsel vor Replikation

Eine der Denkrichtungen stellt den Stoffwechsel (Metabolismus) in den Vordergrund. Sie versucht Szenarien zu erarbeiten, die die Entwicklung eines immer komplexer werdenden Gewebes aus chemischen Reaktionen erklärt (Funktion kommt vor Information). Diese Forscher stehen in der Tradition OPARINs und MILLERs. Sie konzentrieren sich auf Reaktionen, die unter den angenommenen präbiotischen Bedingungen entweder in Lösung („Ursuppe"), in wie auch immer gearteten ersten Kompartimenten oder an katalytisch wirkenden Mineraloberflächen („Urpizza") ablaufen können, insbesondere an Eisen-Schwefel-Mineralen wie Pyrit.

In diesen Theorien spielt die Replikation, also das Kopieren eines Moleküls, zunächst noch keine Rolle. Das Leben schleicht sich nach dieser Hypothese sozusagen in die Existenz und beginnt nicht mit einem singulären Ereignis. Vermehrung und Mutation gibt es nur in dem Sinne, dass unter den angenommenen Bedingungen immer wieder ähnliche Verbindungen entstehen und sich zusammenlagern oder katalytische Reaktionsnetzwerke entstehen, die eine gewisse dynamische Stabilität haben. Selektion findet einfach dadurch statt, dass einige der gebildeten Substanzen stabiler gegen chemische Angriffe sind. Reaktionsnetzwerke sind dynamisch stabiler und „überleben", wenn sie „nützliche" Varianten von Stoffen mit verbesserten katalytischen Eigenschaften beinhalten. Wir werden die Hypothesen dazu besprechen (▶ Seite 112). Die Protein-Welt kann vielleicht eine Erklärung für den Übergang vom Stoffwechsel zur Replikation bieten (▶ Seite 114).

Replikation vor Stoffwechsel

Für die Vertreter der anderen Denkrichtung begann das Leben mit der Replikation. Ihr Fokus liegt auf der Bildung eines ersten Moleküls, das Kopien von sich selbst herstellen und damit eine chemische Evolution einleiten konnte. Meist wird davon ausgegangen, dass dieser erste Replikator aus RNA bestand und mehr oder weniger direkt aus deren Monomeren (Ribonukleotiden) entstand (▶ RNA-Welt, Seite 116). Doch hierbei öffnen sich noch zahlreiche Erklärungslücken, denn Nukleotide sind bereits komplexe Moleküle (▶ Abbildung 3-09, Seite 45), deren Entstehung in ausreichenden Konzentrationen unter präbiotischen Bedingungen zumindest fraglich erscheint. Die Erklärung der Entstehung entsprechender Makromoleküle ist zudem alles andere als selbstverständlich, auch wenn sich mögliche Lösungen abzeichnen (▶ Kasten Seite 117). Deshalb werden immer wieder auch einfachere Vorgänger-Welten zur RNA-Welt diskutiert. Wie könnten solche Vorstufen ausgesehen haben? War der erste Replikator vielleicht doch ein Protein? Oder war er eventuell ein ganz anderes Molekül, von dem heute so wenig wie vom Gerüst besagten Torbogens übrig geblieben ist?

Und am Ende stellt sich die Frage, ob es Hinweise darauf gibt, wie sich aus den Anfängen der Replikation die heutige Arbeitsteilung mit Speicherung der Erbinformation in der DNA, Übersetzung durch RNA und katalytischer Aktivität der Proteine entwickelt haben könnte.

Bevor wir uns jedoch näher mit konkreten „Welt"-Hypothesen befassen, benötigen wir noch etwas theoretische Grundlagen über Replikatoren und Katalysatoren.

Replikator und Hyperzyklus – Fehlerexplosion und Familienbande

Spätestens seit Anfang der 1970er Jahre machte sich der Bio- und Physikochemiker MANFRED EIGEN (*1927, Nobelpreis 1967) darüber Gedanken, welche Kopiergenauigkeit ein sich selbst replizierendes Molekül (kurz: ein Replikator) eigentlich haben musste, um sich erfolgreich zu vermehren.

Obwohl EIGEN bei seinen Überlegungen die RNA als mögliches Replikatormolekül ins Auge gefasst hatte, gelten die grundsätzlichen Betrachtungen weitgehend unabhängig von der chemischen Natur eines Replikators.

Damit die Evolution eines zunächst erfolgreichen Replikators weitergehen kann, muss in der jeweils nächsten Generation mindestens ein Tochtermolekül wieder ein Replikator sein, ein autokatalytisches Molekül also, das seine eigene Bildung katalysieren kann.

Ein Katalysator funktioniert ein wenig wie ein Förmchen im Sandkasten. Entscheidend ist, wie das Förmchen, die dreidimensionale Mo-

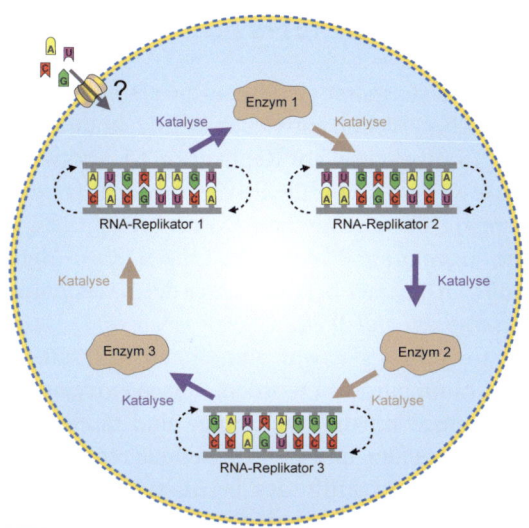

6-19
Modell eines RNA-Protein-Hyperzyklus. Erste Replikatoren konnten sich eventuell nur mit Hilfe von Katalysatoren replizieren, deren Entstehung selbst wieder von anderen Replikatoren gefördert wurde. So könnten sich zyklische Abhängigkeiten ähnlicher Replikatoren und Enzyme gebildet haben, die an eine Symbiose erinnern. Wahrscheinlich waren solche gekoppelten Systeme bereits in einfache Membranen eingeschlossen, die die Zufuhr von Monomeren von außen gestatteten. Denkbar ist, dass hier erste sogenannte Transmembranpoteine (?) mitspielten, die einen Durchlass schufen. Prinzipiell sind Hyperzyklen auch bei reinen Protein-Replikatoren denkbar.

dererseits dürfen sie aber auch nicht zu komplex sein, um mit einer gewissen Wahrscheinlichkeit zumindest einmal zufällig zu entstehen.

Es ergibt sich, dass beispielsweise ein RNA-Molekül für eine ausreichende Selektivität etwa hundert Nukleotide lang sein müsste. Kürzere Ketten wären weniger spezifische Katalysatoren und es käme zu einer Fehlerkatastrophe. Die Wahrscheinlichkeit, dass ein entstehendes Produkt wieder ein Replikator wäre, wäre einfach zu gering. Könnte ein ausreichend perfekter (und damit langer) Replikator einfach zufällig entstehen? Es zeigt sich, dass das selbst unter optimalen Bedingungen und günstigsten Annahmen nicht möglich ist. Schon oberhalb einer Kettenlänge von deutlich unter 40 Nukleotiden trifft man auf eine kombinatorische Explosion der Möglichkeiten. Ein 100er Nukleotid kann etwa 10^{60} verschiedene Sequenzen haben. Wollte man von jeder auch nur ein Molekül erzeugen, so ergibt das $3 \cdot 10^{38}$ kg RNA (die ganze Erde hat nur eine Masse von $6 \cdot 10^{24}$ kg). Nun, was nicht in einem Schritt geht, mag in mehreren kleinen durchaus klappen. Um dieser Fehlerkatastrophe zu entkommen, entwarf EIGEN ein mathematisches Modell, bei dem viele kürzere Katalysatoren jeweils nicht autokatalytisch sich selbst, sondern die Herstellung eines anderen Moleküls katalysieren. Wenn dieses wiederum andere Umsetzungen katalysiert, so kann die Bildung des originalen Moleküls am Ende wieder durch eines dieser zahlreichen Produkte gefördert werden. Es kommt zur Ausbildung eines geschlossenen Ringes von Abhängigkeiten – dem Hyperzyklus (▶Abbildung 6-19).

EIGEN stellte 1977 zusammen mit dem Chemiker PETER SCHUSTER (*1941) auch das Kon-

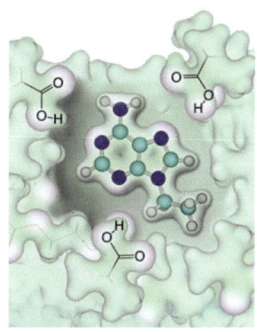

6-20
Modell eines Katalysators. Die Form der Moleküloberfläche sowie die Ladungsverteilung bestimmen, welche anderen Moleküle ein Biokatalysator binden und welche Reaktionen er gegebenenfalls katalysieren kann.

leküloberfläche, genau geformt ist und wo sie welche Ladungen trägt (▶Abbildung 6-20). Um reproduzierbar ein kompliziertes Endprodukt aufzubauen, sollte man am Besten ein gutes Förmchen haben. Doch das ist ein gewisses Problem für autokatalytische Reaktionen. Da sie per Definition ihre eigene Bildung katalysieren, müssen sie einerseits eine gewisse Komplexität haben, eine gewisse Mindestinformation tragen, um ihre eigene Bildung steuern zu können. An-

Obergrenze für Replikationsfehler

Liegt bei einem Replikator die Mutationsrate je Replikation über einem bestimmten Wert, so kann keine Evolution hin zu einem Fitnessmaximum stattfinden. Diese maximale Fehlerrate ist von der Länge des Replikators abhängig. Das Produkt beider muss kleiner als 1 sein. Die Erbsubstanz (Genom) fast aller untersuchten Spezies folgt dieser Regel, da andernfalls keine Adaption an eine veränderte Umwelt mehr möglich wäre [28,29,30].

	Erb-material	Anzahl Basen pro Genom	Mutationsrate pro Base	Mutationen pro Genom
Mensch	DNA	3,5· 10	5· 10	0,16
Maus	DNA	2,7· 10	1,8· 10	0,49
Drosophila	DNA	1,7· 10	3,4· 10	0,058
Hefe	DNA	1,2· 10	2,2· 10	0,0027
E. Coli	DNA	4,6· 10	5,4· 10	0,0025
Grippevirus	DNA	1,4· 10	7,3· 10	0,99
VSV-Virus	DNA	1,1· 10	3,2· 10	(3,5) ?
RS-Virus	RNA	9,3· 10	4,6· 10	0,43

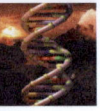

KAPITEL 6 Chemische Evolution

Szenerie		Innovation
Organische Moleküle, Minerale		„dünne Ursuppe", anorganische Entstehung
	Eisen-Schwefel-Welt	„Urpizza", autotroph, erster Stoffwechsel
	Protein-Welt	schwache enzymatische Aktivität, Replikation?
RNA-Welt		Haarnadelstrukturen, Ribozyme, Quasispezies
Genetischer Code		Proteine als Cofaktoren, Translation
DNA-RNA-Welt		Reverse Transkriptase
DNA-RNA-Protein-Welt		zentrales Dogma: DNA ↔ RNA → Protein

(Zellmembran entsteht)

6-21
Frühe Welten. Überblick zu einer möglichen Abfolge von Szenarien von einfachen Molekülen hin zur heutigen Biochemie. Weitere vorgeschlagene Hypothesen wie Prä-Protein-Welten mit speziellen Varianten früher Nukleinsäuren blieben hier unberücksichtigt.
Reverse Transkriptase ist ein Enzym, das die Erzeugung von DNA aus RNA katalysiert.
Ribozym ▶ Seite 120.

Quasispezies
In der Fortpflanzung kooperierende Gruppen variabler genetischer Einheiten, die einen gemeinsamen Genpool bilden.

zept der sogenannten *Quasispezies* vor. Darunter versteht man so etwas wie eine Wolke oder Familie sequenzverwandter Replikatoren. Bei der Replikation können immer wieder Variationen auftreten, sodass die ungenaue Replikation nicht unbedingt zum identischen Elternmolekül führt, aber zu einem anderen Mitglied der Familie. So stützen sich die Replikatoren gegenseitig und „Fehler" sind eher Ausdruck einer hohen Anpassungs- und Evolutionsfähigkeit.

Das Konzept der Quasispezies[31] dient inzwischen auch in der Virologie und Immunologie zur Beschreibung mehrerer Varianten eines Virus, die zusammen eine hohe Anpassungsfähigkeit erreichen, und ist ein aktuelles Forschungsgebiet. Wir können also erwarten, dass dieses erfolgreiche Konzept dabei hilft, einige Vorgänge der chemischen Evolution verständlicher zu machen.

Vergangene Welten?

Hypothesen und Experimente

Im Folgenden wenden wir uns den wichtigsten konkreten Szenarien zu, die Forscher für Stufen der chemischen Evolution vorgeschlagen haben (▶ Abbildung 6-21). Wir wählen hierfür nicht die wissenschaftshistorische Abfolge der Publikationen, sondern orientieren uns daran, wie diese Hypothesen vielleicht als aufeinanderfolgende Schritte eines Gesamtprozesses verstanden werden könnten. Dabei muss aber immer wieder betont werden, dass wir hier bestenfalls über experimentelle Hinweise verfügen und in kaum einem Fall über konkrete Belege. Möglicherweise wird die zukünftige Forschung dazu führen, dass einzelne der vorgeschlagenen „Welten" ausgeschlossen werden können oder für die Erklärung der Bildung lebender Systeme einfach nicht notwendig sind.

Eisen-Schwefel-Welt (ESW)

Obwohl sie später (1988) als die ersten Protein- und RNA-Welten entwickelt wurde, könnte eine der „Stoffwechsel vor Replikation"-Hypothesen ganz wesentlich für die Erklärung der allerersten Schritte der chemischen Evolution sein. Es ist die sogenannte *Theorie des Oberflächen-Metabolismus*, besser bekannt unter der Bezeichnung *Eisen-Schwefel-Welt*.

Im Jahr 1977 war zum ersten Mal ein Lebensraum entdeckt worden, dessen extreme Bedingungen an die noch junge und heiße Erde denken ließen und der ein reduzierendes Umfeld bot. Mit Hilfe des berühmt gewordenen Tauchboots Alvin fanden Forscher im Ostpazifik untermeerische hydrothermale Quellen, eine Art Geysire am Meeresgrund. Inzwischen weiß man, dass sie an vielen vulkanisch aktiven Zonen entlang der geotektonischen Plattengrenzen vorkommen. Hier dringt teilweise mehrere hundert Grad heißes mineralgesättigtes Wasser aus Öffnungen des Meeresgrunds. Die austretenden Fluide stehen unter dem hohen Wasserdruck der Tiefsee. Unter diesen Umständen bleibt Wasser auch noch bei weit über 100 °C flüssig und löst in großen Mengen Metallsalze aus dem Gestein. Kommt es nach dem Austritt zum Kontakt mit dem etwa 2 °C kalten Ozeanwasser, fallen sofort große Mengen an Mineralen aus. Um die Öffnungen bilden sich Niederschläge, die zu Schornsteinen emporwachsen können, über denen mächtige „Rauchfahnen" zu sehen sind (▶ Abbildung 6-15f, Seite 103).

Abhängig von den vorherrschenden gelösten Stoffen unterscheidet man weiße und schwarze Raucher. Weiße Raucher verdanken ihre Farbe vorwiegend ausfallenden Sulfaten von Elementen wie Barium, Calcium und Silicium.

Die Hydrothermalwässer schwarzer Raucher enthalten große Mengen an Sulfiden (S^{2-}-Ionen) sowie dunkel gefärbter Ionen von Übergangsmetallen, insbesondere Eisen, aber auch Nickel, Cobalt und andere. In ihrer Umgebung können sich beachtliche Erzvorkommen aus dem Mineral Pyrit (FeS_2) bilden.

Für die Hypothese der RNA-Welt und andere Ansätze, die die Entstehung des Lebens „an der Luft" oder in „Tümpeln" ansiedeln, war eine nur wenig reduzierend wirkende Uratmosphäre stets ein Problem: Der Aufbau von Kohlenwasserstoffen durch Reduktion von CO_2 erfordert neben einer Energiequelle auch starke Reduktionsmittel (Elektronenlieferanten), die in der Uratmosphäre nicht ohne weiteres verfügbar waren. (In MILLERs und UREYs „Uratmosphäre" stand Wasserstoff als Reduktionsmittel zur Verfügung.) Heutige Pflanzen verfügen zu diesem Zweck über einen sehr komplexen Prozess, die Photosynthese. Es ist nicht wahrscheinlich, dass ein vergleichbarer Prozess bereits zu Beginn der chemischen Evolution zur Verfügung stand.

Die Huber-Wächtershäuser-Theorie

Der Chemiker und Patentanwalt GÜNTER WÄCHTERSHÄUSER (*1938) veröffentlichte 1988 seine Hypothese, dass in der chemischen Evolution nicht die Replikation, sondern der Stoffwechsel am Anfang stand[32,33,34].

Gesucht waren dabei anorganische Prozesse, die einfachste anorganische Moleküle mit einem Kohlenstoffatom wie Kohlendioxid (CO_2), Kohlenmonoxid (CO) oder Blausäure (HCN) fixieren und daraus komplexere Biomoleküle aufbauen können.

Die Beschäftigung mit Übergangsmetallen als katalytische Zentren für biochemische Umsetzungen geht auf den Chemiker und Nobelpreisträger HANS FISCHER (1881–1945) zurück. Auch WÄCHTERSHÄUSER legte den Schwerpunkt seiner Überlegungen auf Elemente der Eisen-Gruppe (Eisen, Cobalt, Nickel) und deren katalytische Wirksamkeit. Ein weiterer Grundgedanke ist, dass viele der für die präbiotische Chemie interessanten Moleküle als Anionen vorliegen, also negativ geladen sind.

Auf der Oberfläche von Eisen-Schwefel-Mineralen wie Pyrit und Markasit, die sich an der Grenzfläche zu heißem Wasser positiv aufladen, können Anionen leicht adsorbiert werden, wobei sie sich entlang der Oberfläche bewegen können. Wie früher erwähnt, reagieren zwei nebeneinander auf einer Oberfläche angeordnete Moleküle sehr viel leichter miteinander, als wenn sie frei in einer Ursuppe umherirren. Die Reaktanden befinden sich in einem organischen Film in der Nähe katalytisch wirkender Metallsulfide und energieliefernder Prozesse. Die Umwandlung von Eisen(II)-sulfid zu Eisen(II)-disulfid (Pyrit,

$$FeS + H_2S \rightarrow FeS_2 + 2e^-$$

(▶ Abbildung 6-22) liefert Elektronen, die zur Reduktion des Kohlenstoffs (Kohlenstofffixierung) benötigt werden (Redoxreaktion, ▶ Kasten Seite 136).

Solche Ensembles gebundener und miteinander reagierender Moleküle bilden eine Art primitiven „Oberflächenorganismus", dessen Komponenten einfach durch elektrische Kräfte an Ort und Stelle gehalten werden. Eine Zellmembran erübrigt sich daher in diesem Stadium. In Anlehnung an die „Ursuppe" wird oft salopp von einer „Urpizza" gesprochen. Die ersten lebenden Systeme wären demnach chemolithoautotroph gewesen, nicht heterotroph wie in den frühen Ursuppentheorien.

WÄCHTERSHÄUSER konnte zusammen mit CLAUDIA HUBER von der TU München unter hohem Druck und bei Temperaturen von weit über 100°C beispielsweise Acetylthioester, Hydroxysäuren und Aminosäuren synthetisieren[35]. Sie konnten dabei zahlreiche mögliche Vorstufen heutiger biochemischer Reaktionen ausfindig machen. Die Eisen-Schwefel-Welt an schwarzen Rauchern stellt dieser Theorie zufolge ein ideales Umfeld für präbiotische Synthesen dar. Bei der Reaktion von Eisen(II)-sulfid und Schwefelwasserstoff zu Pyrit entstehen ausreichend Wasserstoff und Energie für die Abiosynthese. Im Jahr 2003 wurde auch nachgewiesen, dass unter diesen Bedingungen Ammoniak aus elementarem Stickstoff entstehen kann.

An der Oberfläche von Pyritkristallen lagern sich nicht nur ganz einfache Moleküle an, sondern auch komplexere organische Anionen wie Carbon- oder Nukleinsäuren, was eventuell komplexere Folgereaktionen bis hin zu einer Replikation erleichtern könnte.

Für die Eisen-Schwefel-Welt spricht also, dass sowohl ein stabiler Energielieferant als auch eine katalytisch wirksame und stabilisierende Reaktionsoberfläche vorhanden ist. Zudem gehören gerade die thermophilen (hitzeliebenden) Archaeen und Bakterien zu den ältesten Organismen überhaupt. Auch die Lokalisation am Meeresgrund ist günstig, denn hier waren erste biochemisch evolvierende Systeme vor vielen Einflüssen wie UV-Strahlung, Meteoritenhagel und ausgedehntem Flutbasalt-Vulkanismus recht gut geschützt.

6-22
Pyrit. (FeS_2, volkstümlich: Katzengold)

Redoxäquivalente
Ein Redoxäquivalent entspricht einem Mol Elektronen.

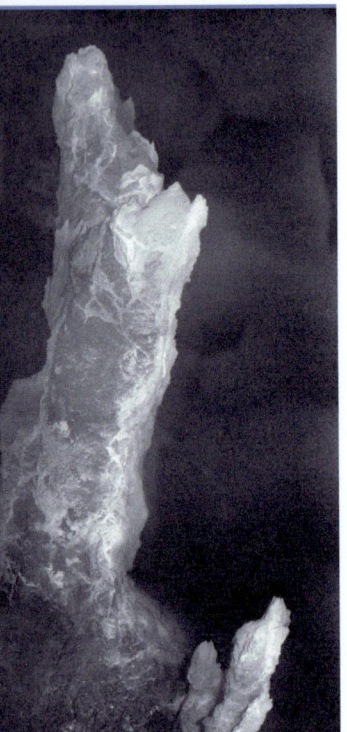

6-23
Lost City[42]. Beispiel einer etwa 10 Meter hohen Carbonatstruktur im Hydrothermalfeld Lost City. Porenräume solcher Strukturen kommen als Orte für erste biochemische Umsetzungen in Frage.

C1, C2,...-Verbindungen
In der Biochemie übliche Klassifizierung von Molekülen durch Angabe der Anzahl von Kohlenstoffatomen im Molekülgerüst.

6-24
Strecker-Synthese. Aminosäuren entstehen aus Aldehyden unter Einwirkung von Cyaniden und Ammoniak.
R: Restmolekül,
KCN: Kaliumcyanid,
NH_4Cl: Ammoniumchlorid

Welt der alkalischen Schlote

Eine weitere Idee, die in den letzten Jahren besonders viel Zuspruch erhielt[36-39], haben wir schon erwähnt: Das Leben könnte an alkalischen Hydrothermalquellen am Meeresboden begonnen haben (▶Abbildung 6-23).

Diese Geysire des Meeresgrunds bieten elektrochemische Gradienten[39,41] (Konzentrationsgefälle von Ionen) für die Energiegewinnung und verhältnismäßig schonende Bedingungen. Serpentinisierung, eine Reaktion in den Untergrund eingedrungenen Wassers mit dem Mantelgestein Serpentinit, erzeugt Wasserstoff. Durch Reaktion mit CO_2 aus vulkanischen Gasen entstehen reduzierte C1-Verbindungen (▶Randspalte) wie Methan. Die chemische Umgebung der Schlote ist schwach alkalisch[43], im Gegensatz zum leicht sauren Meerwasser der Umgebung. In den Poren der Ablagerungen um diese Hydrothermalquellen existiert also sowohl ein Redoxgradient (unterschiedliche Verfügbarkeit von Elektronen) wie auch ein pH-Gradient (unterschiedliche Verfügbarkeit von Protonen). Ein Protonengradient[40] über die semipermeable Zellmembran hinweg treibt auch heute noch viele biochemische Vorgänge an (▶Abbildung 7-08, Seite 138). An alkalischen Schloten mit ihren mäßigen Temperaturen kann man sich auch viel leichter die Erhaltung komplexerer Biomoleküle wie Peptide und Nukleinsäuren vorstellen als etwa direkt an schwarzen Rauchern. Vielleicht gelangte das Leben ja nach einem heißen Beginn beim lokalen Abklingen des Vulkanismus in ruhigeres Fahrwasser, das für die Weiterentwicklung alle Möglichkeiten bot.

In den letzten Jahren wurden im Rahmen der Eisen-Schwefel-Welt verstärkt auch Nickel und Cobalt als Katalysatorelemente betrachtet. Es gibt eine Reihe weiterer Modelle der chemischen Evolution, und die Suche nach plausiblen Prozessen, die schließlich zu den ersten reproduktionsfähigen „Urzellen" führten, wird gewiss noch lange andauern. Die Forschungen hierzu gehen jedenfalls intensiv weiter.

Aminosäuren und Protein-Welt

Weiter vorne (▶Seite 101) haben wir schon gesehen, dass Aminosäuren, die Grundbestandteile von Peptiden und Proteinen, im Weltraum und unter Bedingungen der Urerde relativ leicht entstehen konnten. Nach Untersuchungen von MILLER wurden sie in seinen Experimenten zur präbiotischen Synthese in einer Reaktion gebildet, die Chemikern seit langem als *Streckersche Cyanhydrinsynthese* bekannt ist: aus Aldehyden und Nitrilen unter Einwirkung von Ammoniak und anschließender Hydrolyse (▶Abbildung 6-24). Die einfachste und häufigste Variante dieses Reaktionsschemas geht von Formaldehyd (HCHO) und Blausäure (Cyanwasserstoff, HCN) oder deren Salzen aus, deren Vorkommen auf der Urerde durchaus wahrscheinlich ist (▶Abbildung 6-26). Sie führt zur einfachsten Aminosäure, dem Glycin. Glycin lässt sich wie jede in Proteinen vorkommende Aminosäure als H_2N-CHR-COOH schreiben, mit dem Rest R gleich H. Anders gebaute Seitenketten und damit andere Aminosäuren ergeben sich durch Varianten des Restes R in der Strukturformel. Setzt man beispielsweise Acetaldehyd (CH_3–CHO) anstelle von Formaldehyd (H–CHO) in die Reaktion ein, so ergibt sich die Aminosäure Alanin. Alle Aminosäuren außer Glycin haben unterschiedliche Atomgruppen an den vier Bindungen um ihr zentrales Kohlenstoffatom. Dadurch kommen sie in spiegelbildlich unterschiedlichen (chiralen) Formen vor. Diese Formen reagieren mit normalen (selbst nicht chiralen) Reagenzien chemisch gleich, unterscheiden sich aber wie ein rechter von einem linken Handschuh. Wie sich zeigt, bestehen alle proteinbildenden Aminosäuren stets nur aus einer der beiden möglichen Formen, obwohl einfache anorganische Synthesen stets beide Versionen in gleichen Anteilen (als sogenanntes Racemat) liefern. Diese Homochiralität gilt als besonderes Teilproblem für die Erklärung der erstmaligen Entstehung von Leben (▶Kasten Seite 108).

Damit einzelne Aminosäuren miteinander zu Ketten reagieren können, muss Wasser abgespalten werden. Es entsteht aus einem Wasserstoffatom der Aminogruppe (–NH_2) und dem –OH-Teil der Carboxylgruppe (–COOH). Eine solche Reaktion nennt man *Polykondensation*, die entstehende Bindung eine *Peptidbindung* (▶Abbildung 6-25), eine Variante einer Säureamidbindung. Sie läuft am besten unter wasserarmen Bedingungen ab, etwa beim trockenen Erhitzen eines Aminosäuregemisches. Dass die Bildung von Diaminosäuren sogar schon vor der Entstehung der Erde möglich war, bestätigt ihr Vorkommen im Murchison-Meteoriten, das im Jahr 2004 nachgewiesen werden konnte. Durch wiederholte Zyklen, beispielsweise Auflösung in Wasser mit darauffolgender Eintrocknung, kann man sich auch die Bildung von Oligopeptiden (Ketten aus einigen Aminosäuren) oder gar von Polypeptiden (aus vielen Aminosäuren) vorstellen. Die Entstehung proteinartiger Polymere mit schwach katalytischen Eigenschaften ist uns schon aus den Experimenten von Fox und seinen Mikrosphären bekannt.

Replikation in einer Protein-Welt

Wie unerwartet interessant die Eigenschaften von Oligopeptiden sein können, zeigte sich durch Untersuchungen an der sogenannten Leucin-Reißverschluss-Region des Transkriptionsfaktors *GCN4* von Hefepilzen. Transkriptionsfaktoren sind Proteine, die sich an spezifische DNA-Sequenzen anlagern und dadurch das Auslesen einer benachbarten Sequenz anstoßen (▶Abbildung 8-17, Seite 186). Eine Leucin-Reißverschluss-Region (*basic leucin-zipper domain*, bZIP) ist dadurch gekennzeichnet, dass sie an jeder siebten Stelle die hydrophobe (wasserabweisende) Aminosäure Leucin trägt, die mit ihresgleichen ein Nachbaroligopeptid über hydrophobe Wechselwirkungen binden und eine Art Replikation in der Protein-Welt unterstützen kann (▶Abbildung 6-27, Seite 116).

David Lee fand 1996[44] ein solches Peptid aus 32 Aminosäuren, das zumindest die letzte Stufe seiner eigenen Entstehung katalysieren konnte. Dabei wurden (sogar in wässriger Umgebung!) ein 15 und ein 17 Aminosäuren langes Oligopeptid zusammengefügt (ligiert).

Lee (1997)[45] und M. R. Ghadiri (2000) führten weitere Experimente zur Selbstorganisation am gleichen System durch. Dabei stießen sie auf Oligopeptide, die gegenseitig ihre Bildung katalysieren konnten, also auf Hyperzyklen, wie sie Eigen Jahrzehnte zuvor theoretisch postuliert hatte. Nachdem die Diskussion lange einseitig von der RNA-Welt-Hypothese beherrscht war, machen die neuen Erkenntnisse nun auch die Protein-Welt wieder zu einem hochinteressanten Kandidaten für einen Zwischenschritt hin zu einem evolutionsfähigen System. Ghadiri konnte sogar eine Art dynamischer Fehlerkorrektur beobachten. Indem er von den Ausgangsstoffen neben der originalen Form (Genetiker sagen dazu Wildtyp) auch je eine Variante mit einem Aminosäurenaustausch an einer Position einsetzte, ergaben sich Kombinationsmöglichkeiten mit keinem, einem oder zwei eingebauten „Fehlern". Wie sich herausstellte, replizierten sich alle, aber der Wildtyp gewann sehr deutlich. Offenbar förderten selbst die „mutierten" Sequenzen hauptsächlich die Bildung des Wildtyp-Peptids. Kay Severin (*1967) führte dies auf die Entstehung selbstorganisierter Reaktionsnetzwerke zurück, deren Komponenten hauptsächlich die Bildung der Wildtyp-Sequenz katalysierten[46]. Er fasste dies als spontan entstehende dynamische Fehlerkorrektur auf.

Alan Saghatelian und J.S. Siegel[19,20] untersuchten das System außerdem darauf, welche Auswirkungen es auf die Katalysegeschwindigkeit hat, wenn man linkshändige bzw. rechtshändige (▶Homochiralität, Seite 108) Peptide mischte oder auch nur einzelne Aminosäuren in einer Kette die falsche Händigkeit besaßen. Das Ergebnis war klar: Homochirale Moleküle entstanden stets viel schneller als heterochirale

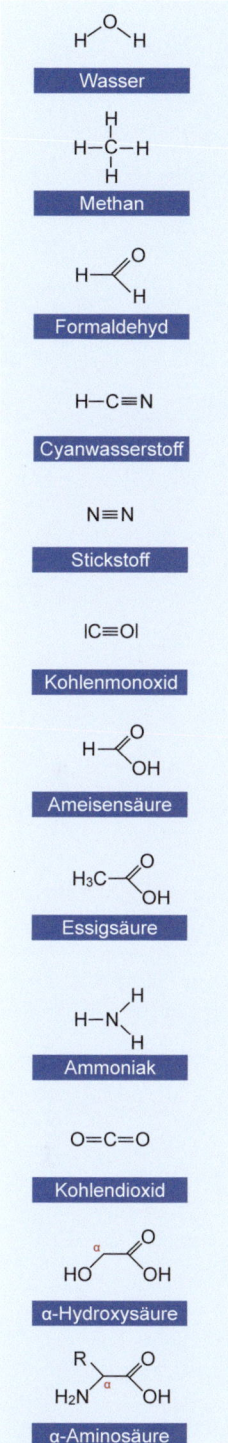

6-26
Molekulare Bausteine der präbiotischen Chemie. Viele der Moleküle, die wahrscheinlich zur Abiogenese beigetragen haben (z.B. Blausäure), wirken auf heutige „höhere" Lebewesen stark giftig.

6-25
Peptidbindung. Zwei Aminosäuren, die sich unter Wasserabspaltung über ihre Carboxylgruppe (–COOH) und ihre Aminogruppe (–NH$_2$) zu einem Dipeptid verbinden. Die bei der Bindung entstehende Gruppe (–CO–NH–) ist rechts in weiß dargestellt. Diese Bindung wird als Peptidbindung bezeichnet. Das Dipeptid kann analog mit weiteren Aminosäuren zu Ketten von Oligopeptiden oder Polypeptiden reagieren. Die Seitengruppen R^1 und R^2 sind für die jeweilige Aminosäure charakteristisch.

oder solche, die einen Störenfried in einer Kette hatten. Dies könnte ein Fingerzeig sein, dass der erste entweder zufällig oder durch äußere Einflüsse in einer bestimmten chiralen Form entstandene Replikator seine Eigenschaft praktisch in der ganzen Lebewelt „einfrieren" konnte.

Mit diesen Erkenntnissen bietet die Protein-Welt einen möglichen Übergang zu der in den letzten Jahrzehnten ausgearbeiteten RNA-Welt-Hypothese. Deren Anfänge könnten mit bereits vorher vorhandenen, wenngleich vielleicht einfachen und nur schwach katalytisch wirksamen Enzymen leichter zu erklären sein.

Neben Proteinen sind heute langkettige Nukleinsäuren (DNA und RNA) diejenigen Moleküle, die charakteristisch für Lebewesen sind. Sie tragen die Information darüber, wie die Proteine gebaut sind und gleichzeitig die Steuerinformation darüber, wann und in welchen Geweben sie gebildet werden. Im Vergleich zu einem Peptid ist DNA ein verhältnismäßig statisches Molekül, ideal für die dauerhafte Speicherung von Information, zur Katalyse chemischer Reaktionen aber eher wenig geeignet. Doch wie steht es mit der RNA?

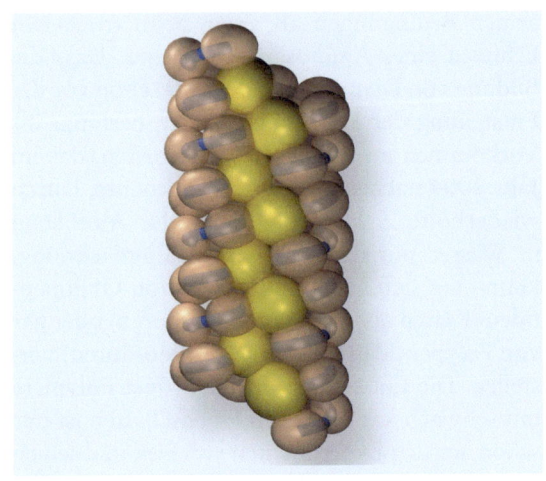

6-27

Leucin-Reißverschluss. Dieses dreidimensionale Strukturmotiv ist heute Bestandteil einiger eukaryotischer Proteine, die mit der DNA wechselwirken und deren Doppelstrang durch die Interaktion öffnen können. Es tritt aber auch bei Prokaryoten auf. Der Aufbau ist immer ähnlich: Aminosäureketten, die an jeder siebten Position die hydrophobe Aminosäure Leucin enthalten, bilden als Sekundärstrukturen rechtsgewundene alpha-Helices. Unter leichter Verwindung zu einer Linksschraube können sich zwei dieser Ketten übergeordnet zu einem Dimer zusammenlagern, bei der die Leucin-Seitenketten (gelb) miteinander über hydrophobe Wechselwirkungen interagieren.

Nukleotide und RNA-Welt

Um 1967, zu der Zeit, als NEIL ARMSTRONG den Mond betrat und auf der Erde die Studenten revoltierten, wiesen CARL WOESE[47], FRANCIS CRICK[48] und LESLIE ORGEL[49] erstmals auf Ribonukleinsäuren (RNAs) als mögliche Hauptakteure in der Abiogenese hin. Um diese Hypothese besser beurteilen zu können, betrachten wir zunächst die chemischen Komponenten der Nukleotide, der Monomere von Nukleinsäuren. Wir haben schon gesehen, dass sie aus Nukleobasen, Zucker (Ribose oder Desoxyribose) und Phosphatresten bestehen (▶Abbildung 3-10, Seite 46). Konnten Nukleotide unter präbiotischen Bedingungen etwa genauso leicht entstehen wie Aminosäuren?

Präbiotische Entstehung von Nukleobasen

Die heute in DNA und RNA vorkommenden Nukleobasen (▶Abbildung 3-11, Seite 46) sind chemisch relativ stabile aromatische Ringverbindungen aus den Klassen der Purine (Adenin und Guanin) und Pyrimidine (Cytosin und Thymidin oder Uracil, letzteres bei RNA). Besonders Adenin profitiert von einer energetischen Stabilisierung durch stark delokalisierte π-Elektronen. Diese Elektronen sind nicht stark an das Atom gebunden, zu dem sie ursprünglich gehören, sondern können sich in einem großen Bereich des Moleküls aufhalten. JOAN ORÒ (1923–2004) konnte Alanin bereits 1960 innerhalb einiger Tage durch einfaches Erhitzen von Ammoniumcyanid auf 70 °C erzeugen[50]. Später wurden mehrere Varianten der Synthese publiziert, die Ausbeuten bis zu 10 Prozent ergaben. Einfache Moleküle wie Formaldehyd können die Umsetzung zudem katalytisch beschleunigen. Adenin entsteht offenbar sehr leicht, es wurde inzwischen sogar neben dem wahrscheinlichen Ausgangsstoff Cyanwasserstoff in interstellaren Molekülwolken nachgewiesen. Über verschiedene Varianten der Adeninsynthesen konnten SANCHEZ et. al. 1966 auch andere Purinderivate herstellen, darunter die Nukleobase Guanin[51]. Zwei Jahre später gelang in einer Gasphasenreaktion unter Einwirkung elektrischer Entladungen und Zusatz von Harnstoff auch die Herstellung der Nukleobase Cytosin. ROBERTSON und MILLER konnten Cytosin 1985 unter Einsatz konzentrierter Harnstofflösungen mit hohen

Erde und Leben – Die Geschichte einer innigen Wechselbeziehung

Ausbeuten von bis zu 50 Prozent herstellen. Aus diesem wiederum lässt sich durch Hydrolyse Uracil gewinnen. Nach Stand der Dinge erscheint die Bereitstellung der Nukleobasen unter gewissen Annahmen zur präbiotischen Chemie kein unlösbares Problem zu sein. Doch wie steht es um die Zuckerkomponenten der Nukleotide, die Ribose und Desoxyribose?

Präbiotische Entstehung von Zuckern

Bereits Mitte des 19. Jahrhunderts bewies ALEXANDER BUTLEROW (1828–1886), dass sich aus einfachen wässrigen Lösungen von Formaldehyd (HCHO) unter dem Einfluss von Calciumhydroxid oder Calciumcarbonat über Zwischenstufen zahlreiche verschiedene Zuckermoleküle bilden konnten[52]. Man kann davon ausgehen, dass all diese Ingredienzien auf der frühen Erde reichlich vorhanden waren. Versuche, ähnliche Reaktionen unter angenommenen präbiotischen Bedingungen an Tonoberflächen als Katalysatoren zu wiederholen, lieferten sogar den RNA-Zucker Ribose[53]. Also alles gelöst? Nein, gerade dass dabei unspezifisch Dutzende verschiedener Zucker gebildet werden, ist ein Problem für sich! Die für Nukleinsäuren relevanten Produkte Ribose und Desoxyribose machen nur einen Anteil von höchstens einem Prozent aus. Insbesondere Ribose ist zudem ein recht instabiles Molekül. Es zerfällt auch unter relativ schonenden Bedingungen (pH 7) bei 100 °C in wenigen Stunden und hätte somit kaum Chancen gehabt, sich anzureichern und mit Nukleobasen zu Nukleosiden zu reagieren. Einen Hinweis auf eine Lösung könnte sein, dass die Ribose am Schmelzpunkt von Eis immerhin einige Jahrzehnte lang stabil bleibt. Vielleicht fanden ja einige Reaktionen in sehr kalten Bereichen statt. Wir hatten schon darauf hingewiesen, dass es wegen der damals noch um 30 Prozent geringeren Strahlungsleistung der Sonne trotz der ständigen Aufheizung durch Meteoriteneinschläge und Vulkanismus sehr wohl an einigen Stellen der Urerde kalte Zonen gegeben haben kann.

Entstehung von Nukleosiden und Nukleotiden

Beim Verständnis der chemischen Umsetzungen, durch die grundlegende Lebensmoleküle auf der frühen Erde aus einfacheren Bausteinen entstehen konnten, gibt es noch viele Wissenslücken.

> **Schreibersit – Meteoriten als zündende Funken?**
>
> Ende 2015 fand man für die Phosphorylierung der Nukleoside Adenosin und Uridin einen einfacheren Weg, der sich durchaus auf der Urerde abgespielt haben könnte[53]. Einfaches Mischen der wässrigen Nukleosidlösungen mit dem in Meteoriten verbreiteten Mineral *Schreibersit*. Schreibersit ist ein Metallphosphid mit unterschiedlichen Anteilen von Eisen und Nickel $(Fe, Ni)_3P$. In einer sauerstofffreien, schwach basischen wässrigen Lösung entstanden im Labor bereits bei geringem Erhitzen auf etwa 80° nach einigen Tagen Nukleotide (z.B. 5'-Adenosinmonophosphat). Da das Phosphid-Mineral in Mutterkörpern von Meteoriten häufig vorkommt und wohl in großen Mengen auf der frühen Erde niederging, könnte seine Reaktion mit Wasser die Initialzündung für zentrale Lebensprozesse gewesen sein. Nach Schätzungen könnten bis zu 10% des auf der Urerde vorhandenen Phosphors als Schreibersit vorgelegen haben.

Zu den größeren davon gehört die Entstehung phosphorhaltiger DNA- und RNA-Nukleotide aus Nukleobasen bzw. deren Verbindung mit Zuckern (▶ Abbildung 3-10, Seite 46). Auch die Polymerisation vieler Biomoleküle zu längeren Ketten (etwa DNA- oder RNA-Molekülen) unter den angenommenen Bedingungen ist nicht einfach nachzuvollziehen. Heutigen Zellen steht für diese Aufgaben ein in der Evolution entstandenes Arsenal hochspezialisierter Enzyme zur Verfügung. Dabei laden sie spezielle Nukleotide wie ATP (▶ Seite 96) förmlich mit Energie auf. Sie stammt letztlich bei Pflanzen und Cyanobakterien aus der Photosynthese oder bei bestimmten Bakterien und Archaeen aus der Nutzung äußerer chemischer Redoxpotentiale. Diese reaktiven Moleküle tragen am Zuckermolekül nicht nur einen Phosphatrest, sondern gleich drei. Die Energie zur Verkettung wird meist durch die Abspaltung eines Phosphatrests (P) verfügbar gemacht.

Phosphatgruppen für Nukleinsäuren

Wie Nukleosidmonophosphate wie AMP und Nukleosidtriphosphate wie ATP unter präbiotischen Bedingungen entstehen konnten, ist noch unzureichend verstanden. Auf der Erde kommt Phosphor heute praktisch nur noch in seinen Sauerstoffverbindungen vor. Diese können aber mit Nukleosiden zumindest in wässrigen Lösungen nicht einfach durch Übertragung von Phosphatgruppen (Phosphorylierung) Nukleotide bilden. Zweiwertige Kationen behindern zudem die

Phosphorylierung
Das Anhängen einer Phosphatgruppe an ein organisches Molekül, z.B. ADP + Phosphat + Energie → ATP

chemisch „aufgeladene" Nukleotide
ATP → ADP + P + Energie

Reaktion, da sie schwerlösliche Phosphorsalze bilden. Und im geologischen Kontext waren die zweiwertigen Kationen von Calcium (Ca^{2+}) und Magnesium (Mg^{2+}) wahrscheinlich omnipräsent.

Die Bildung von Nukleinsäuren aus einfachen Molekülen konnte deshalb bisher im Labor nur durch starkes Erhitzen in wasserfreien Lösungsmitteln und unter Zusatz von Cyanaten nachvollzogen werden[54]. Dazu waren Temperaturen von weit über 100 °C erforderlich.

Im Prinzip können auch reaktive Trimetaphosphate (diese werden heute häufig in Waschmitteln verwendet) Phosphatgruppen auf organische Moleküle übertragen. Der Haken ist aber, dass auch deren Entstehung auf der frühen Erde unwahrscheinlich ist.

Nukleosidtriphosphate sind nicht nur für die Bildung langkettiger Nukleinsäuren wie DNA und RNA von Interesse, sondern auch als Monomere. Ganz besonders eines davon, das Ribonukleotid ATP haben wir bereits als zentrales Molekül des Energiestoffwechsels aller Lebewesen kennengelernt. Vielleicht ist es sogar das wichtigste Molekül des Lebens überhaupt. ATP wird allgemein als Energiewährung der Zellen bezeichnet, denn diese Metapher passt sehr gut. Sogar einfaches metabolisches Leben ist ohne ATP oder zumindest einer ähnlichen Substanz nur schwer vorstellbar.

Nukleotide einmal anders gebaut

Obwohl Nukleotide natürlich formal aus den gerade angesprochenen Komponenten Nukleobase, Zucker und Phosphat bestehen, ist keineswegs gesichert, dass sie präbiotisch tatsächlich aus diesen Molekülteilen als Zwischenstufen aufgebaut wurden. Ganz selbstverständlich hatte man jahrzehntelang mit mäßigem Erfolg nach präbiotisch vorstellbaren Reaktionen gesucht, die diese Komponenten wie Legosteine zusammenfügen sollten. Seit 2006 aber wurden hauptsächlich von englischen Forschern aus Manchester alternative Synthesewege vorgeschlagen[55]. Auf Basis einfacher und wahrscheinlich präbiotisch verfügbarer Verbindungen wie Cyanamid, Glycol- und Glycerinaldehyd, Cyanoacetylen und anorganischem Phosphat erhielten sie unter speziellen Reaktionsbedingungen aktivierte Pyrimidin-Nukleotide über teils ungewöhnliche Synthesewege und Zwischenprodukte. Sie bauten quasi Produkt und Legosteine aus ganz anderen Teilen auf. Obwohl damit noch längst nicht alle Schwierigkeiten einer plausiblen präbiotischen Nukleotidsynthese ausgeräumt sind, bringen diese Ideen doch frischen Wind in die Diskussion. In England bezeichnet man so etwas wohl als „thinking out of the box".

Stabilität von Nukleotiden

Bisher haben wir die Schwierigkeiten bei der Entstehung von Nukleotiden betrachtet. Doch wenn sie einmal gebildet wurden, wie dauerhaft sind sie dann überhaupt? Besteht eine ausreichende Chance für eine Aufkonzentration und Umsetzung zu einem Nukleinsäure-Polymer? In seinem Buch *Chemische Evolution* weist HORST RAUCHFUSS auf Untersuchungen hin, die ergeben, dass Biomoleküle auf der frühen Erde ständig von Abbau durch Einwirkung radioaktiver Strahlung der Nuklide ^{40}K, ^{238}U und ^{232}Th bedroht waren. Ob die Syntheseraten in jedem Fall höher lagen als die Zerfallsraten, ist nicht von vornherein klar.

Instabilität ist für Moleküle in der chemischen Evolution auch deshalb eine Gefahr, weil sie natürlich keineswegs isoliert und in hohen Konzentrationen vorlagen, sondern in komplexen Mischungen. Chemiker wissen, dass Moleküle in komplexen Reaktionsmischungen nicht besonders haltbar sind. Sie sind darin potenziell allen möglichen Folgereaktionen ausgesetzt.

Morgendämmerung der RNA-Welt

In den 1960er Jahren entdeckte man, dass sich nicht nur Polypeptide, sondern auch einzelsträngige Nukleinsäuren wie RNA zu komplexen dreidimensionalen Formen falten konnten. Allerdings stand man zu dieser Zeit noch stark unter dem Einfluss des zentralen Dogmas der Molekularbiologie (FRANCIS CRICK, 1958). Danach wurde angenommen, dass der Fluss der genetischen Information stets von DNA zu RNA zu Protein verläuft. Die genetische Information wird bei der Proteinbiosynthese durch eine RNA-Polymerase von DNA in RNA umgeschrieben (transkribiert). Danach wird sie an bestimmten Zellorganellen, den Ribosomen, in Proteine übersetzt (translatiert).

Nachdem HOWARD TEMIN (1934–1994) und DAVID BALTIMORE (*1938) im Jahr 1970 erstmals unabhängig voneinander an RNA-Viren eine *reverse Transkription* (das Rückschrei-

RNA-Viren
Sie speichern ihre Erbinformation nicht in DNA sondern in RNA.

ben von RNA-Information in DNA) entdeckt hatten, war eines klar: Das zentrale Dogma (▶ Abbildung 6-28) beschrieb nur den normalen Informationsfluss bei der Proteinbiosynthese, Ausnahmen waren aber offensichtlich erlaubt.

RNA – Ein lange verkanntes Molekül

Damit war der Weg offen, über eine viel zentralere Rolle der RNA nachzudenken. Sie war bisher eher als ein weniger wichtiger Zwischenschritt der Genexpression betrachtet worden.

Für eine zentrale Rolle der RNA spricht auch, dass sie in Form der 20 unterschiedlichen Transfer-RNAs (tRNAs) die zentrale Rolle im genetischen Code spielt. Die tRNA-Moleküle sind jeweils mit der passenden Aminosäure verknüpft (▶ Abbildung 3-14, Seite 47). Dies ist eine notwendige Voraussetzung, um an den Ribosomen abhängig von einem Basentriplett die korrekte Aminosäure in die wachsende Polypeptidkette einzubauen. Der Gesamtprozess ist nicht einfach. Um die 20 tRNAs mit der Aminosäure zu beladen, braucht es wiederum 20 spezifische Enzyme, die sogenannten Aminoacyl-tRNA-Synthetasen (AARS).

Für die Entstehung des Lebens galt: Wenn RNA schon die Funktion von DNA als Informationsspeicher einnehmen kann, so fehlte nur noch eine katalytische Aktivität der RNA, damit sie auch die Funktion von Proteinen als Biokatalysatoren übernehmen kann. Eine katalytisch aktive RNA wäre ein hervorragender Kandidat für das das erste Replikatormolekül.

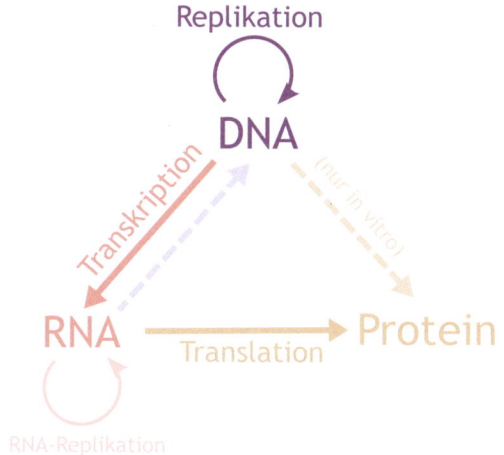

6-28
Zentrales Dogma. Inzwischen sind Ausnahmen bekannt. In vitro bedeutet: nur im Labor möglich.

SELEX – Evolution in vitro

Das SELEX-Verfahren (*systematic evolution of ligands by exponential enrichment*) ermöglicht in einem evolutionären Prozess die Selektion einzelsträngiger RNA- und DNA-Sequenzen mit spezifischer Bindungsfähigkeit und möglicher enzymatischer Aktivität. Das Verfahren wurde 1990 zeitgleich von LARRY GOLD und ANDREW E. ELLINGTON entwickelt und hat Ähnlichkeiten mit der berühmten Polymerase-Kettenreaktion (PCR). Inzwischen wird es auch in der Praxis zur Gewinnung sogenannter *Aptamere* eingesetzt. Aptamere sind Einzelstränge aus 25 bis 70 Nukleotiden, die hochspezifisch an bestimmte Zielmoleküle binden können. Da sie ähnliche Eigenschaften wie die Antikörper aufweisen, sind sie als Therapeutika, für die medizinische Diagnostik und für die Umweltanalytik gleichermaßen interessant. Darüber hinaus haben sie aber auch große Bedeutung für die Hypothese einer RNA-Welt.

In der Praxis arbeitet man allerdings beim SELEX-Verfahren meist mit DNA-Nukleotiden, da sie chemisch stabiler sind. Aptamere binden ihr Zielmolekül ähnlich stark wie Antikörper oder wie künstliche Oligopeptide (*Affimere*). Sie beweisen damit, dass sich unter der ungeheuren Zahl möglicher Oligonukleotide so gut wie unter Oligopeptiden Sequenzen finden lassen, die nahezu jede beliebige dreidimensionale Moleküloberfläche mit hoher Passgenauigkeit nachbilden können.

Im ersten Schritt des SELEX-Verfahrens wird in einem DNA-Synthesizer eine riesige Bibliothek von Oligonukleotid-Sequenzen (z. B. 10^{16} Varianten) hergestellt. Sie tragen zwischen konstanten Sequenzen, die als Starter für ein Polymerase-Enzym notwendig sind, einen Bereich zufällig variierender Sequenzen.

Die Mischung all dieser Oligonukleotide wird nun mit dem Zielmolekül in Kontakt gebracht. Dieses ist dazu häufig an einer Oberfläche immobilisiert (Affinitätschromatographie), so dass schwach gebundene Sequenzen einfach ausgewaschen werden können. Die fester gebundenen Sequenzen werden erst z.B. mit Erhöhung der Temperatur ausgewaschen. Im nächsten Schritt werden diese Sequenzen enzymatisch vermehrt (PCR). Dieser Zyklus von Selektion, Separation und Amplifikation wiederholt sich bis zu einem dutzend Mal. Insbesondere bei längeren Sequenzen werden in späteren Amplifikationsschritten Mutationen zugelassen, um durch sogenannte „Nachrandomisierung" noch höhere Passgenauigkeit zu erreichen. Hat man ein ausreichend bindendes Aptamer gefunden, so kann es durch Klonieren in Bakterien in großer Menge bereitgestellt werden.

Enzymatisch aktive Oligonukleotide nennt man *Ribozyme*. Diese können prinzipiell ähnlich gute Katalysatoren abgeben wie Oligopeptide, allerdings benötigen sie dafür viele Selektionszyklen. Im Extremfall können aber schon fünf korrekte Nukleotide für eine schwache Ribozymaktivität ausreichen. So könnte beispielsweise in einer RNA-Welt die Anbindung einer Aminosäure an eine bestimmte RNA-Kette katalysiert worden sein – dies wäre die Geburtsstunde einer tRNA und damit eines Teils des genetischen Codes. Allerdings darf man nicht vergessen, dass das SELEX-Verfahren auf modernen Enzymen wie Polymerasen beruht, die präbiotisch ebenso wenig zur Verfügung standen wie reine Nukleotide.

KAPITEL 6 Chemische Evolution

Ribozyme

Ribozyme
RNA-Moleküle, die durch Rückfaltungen aufgrund von Palindromsequenzen (siehe unten) äußere Formen annehmen, die ihnen katalytische Fähigkeiten verleihen.

Translation
In der Biologie bezeichnet man so die Proteinsynthese mittels der Basensequenz der Messenger-RNA (▶ Seite 46).

Als die katalytische Aktivität von RNA im Jahr 1982 tatsächlich nachgewiesen wurde, waren die Ribozyme entdeckt[56]. Aus dem Hilfsmolekül war plötzlich ein Alleskönner geworden. Den Begriff der „RNA-Welt" prägte WALTER GILBERT (*1932) im Jahr 1986.

Auch die ribosomale RNA (rRNA), die zusammen mit Proteinen die Ribosomen bildet, die Translationsfabriken der Zellen, konnte als Hinweis auf die Bedeutung der RNA angesehen werden. Viel später (2001) sollte sich sogar herausstellen, dass die rRNA nicht nur das Anticodon für die Sequenzerkennung bei der Proteinbiosynthese lieferte. Eine rRNA in der großen Ribosomenuntereinheit war das eigentliche aktive Zentrum der Ribosomen, also direkt für die Verkettung von Aminosäuren zu Peptiden verantwortlich. Vielleicht sehen wir auch hier ein molekulares Überbleibsel aus der allerersten Zeit der Lebensentstehung.

In neuerer Zeit wurde nachgewiesen, dass sich aktivierte RNA-Nukleotide unter präbiotischen Bedingungen wohl tatsächlich bilden konnten[55,57]. Aktivierte Nukleotide können sich zu Polynukleotiden zusammensetzen (▶ Kasten Seite 117).

In heutiger Umgebung zieht man es in Labors oft vor, mit DNA statt mit RNA zu arbeiten, da letztere schnell abgebaut wird. Ribonukleaseenzyme, die dies bewerkstelligen, lauern überall, da sie in allen Zellen vorkommen. Das war natürlich in präbiotischer Umgebung noch nicht der Fall. Insofern war zumindest dieser Killer für unsere ersten Vorfahren noch nicht gefährlich.

Katalytische Wirkung

Sehen wir uns näher an, was einzelsträngige RNA dazu befähigt, als Ribozym zu wirken. Eine wichtige Voraussetzung sind Palindromsequenzen. Das sind solche Abfolgen von Basenpaaren, bei denen zwei eng benachbarte Bereiche beim Falten der Kette zu einem Doppelstrang komplementäre Sequenzen ergeben, zwischen denen Basenpaarung auftreten kann. Beispielsweise ist die Sequenz ---GGCAAGC.....GCTTGCC--- ein Palindrom. Sie kann im gepunkteten Teil umklappen und nach einer engen Schleife finden sich passende Basenpaare (▶ Abbildung 6-29).

Das erste gefundene Ribozym

Beim ersten Ribozym, das 1982 gefunden wurde, handelte es sich um die Katalyse eines Spleißvorgangs beim Wimperntierchen *Tetrahymena*. Spleißen ist ein bei Eukaryoten verbreiteter Prozess, bei dem Teile einer neu gebildeten RNA (Introns) gezielt herausgeschnitten und die verbleibenden Teile (Exons) neu zu einer reifen Messenger-RNA (mRNA) zusammengefügt werden.

Eine solche Struktur wird als Haarnadelschleife (in der angelsächsischen Literatur als *hairpin-loop* oder *stem-loop*) bezeichnet.

Ribozyme können durch Kombinationen verschiedener Palindromsequenzen und damit Haarnadelkurven ähnliche katalytisch aktive dreidimensionale Strukturen bilden wie Proteine. Eigentlich sind Proteine wegen der zwanzig im Vergleich zu Nukleotiden chemisch sehr unterschiedlichen Aminosäuren in der Katalyse flexibler. Sie können nicht nur mittels exakt passender 3D-Form interagieren, sondern auch durch lokal stärker variable Oberflächenladungen aufgrund der verschiedenen Säure-Basen-Eigenschaften ihrer Monomere. Trotzdem hat man nachgewiesen, dass auch aus RNA- und DNA-Einzelsträngen ähnlich gute Bindungsstellen für beliebige Molekülformen hervorgehen können (▶ Kasten Seite 119).

Wir hatten oben (▶ Seite 110) schon erwähnt, dass die maximal mögliche Länge des codierenden Bereichs eines Replikators von der Fehlerrate der Reproduktion begrenzt ist – und zwar auf eine Länge, die nach theoretischen Überlegungen den Erfordernissen eines exakt arbeitenden Replikatorproteins nicht gerecht wird (Eigensches Paradoxon).

Ansätze für Replikatoren

Man hat versucht, mit dem SELEX-Verfahren Ribozyme herzustellen, die die Aufgabe einer modernen (proteinbasierten) RNA-Polymerase erfüllen können. RNA sollte nach einer komplementären Vorlage aus den Monomeren katalytisch erzeugt werden. Bisher gibt es allerdings noch keine RNA, die dieses Kunststück vollbringt. Ein Stück des Weges geht ein als „R18"

6-29
Palindrom-RNA. RNA und DNA-Einzelstränge, die komplementäre Sequenzen tragen, können sich zu Haarnadelkurven falten. Dadurch nehmen sie komplexe räumliche Formen an, die katalytisch aktiv sein können.

bezeichnetes RNA-Molekül, das immerhin 14 Nukleotide an eine existierende RNA anhängen kann. Allerdings ist es selbst 189 Nukleotide lang und schien damit auf den ersten Blick ein Paradebeispiel des *Eigen-Paradoxons* zu sein[58].

Doch neuere Arbeiten konnten den Weg weiter verfolgen. Im Jahr 2011 wurde ein Ribozym gefunden, das RNAs von bis zu 95 Nukleotiden mit geringer Fehlerrate repliziert. Es trägt die Bezeichnung „tC19Z". Dies ist immerhin schon die halbe eigene Länge[59]. Das Ribozym bindet hierzu an eine Matrize, addiert ein Nukleotid, rückt ein Nukleotid weiter und wiederholt diesen Vorgang. Diese komplizierte Abfolge, die an die Arbeitsweise natürlicher Enzyme erinnert, wird mit einem noch sehr einfachen RNA-Molekül erreicht. Vielleicht wird man in absehbarer Zeit ein einfaches System herstellen können, das eine vollständige Selbstreplikation schafft. All diese Fortschritte spielen sich aber natürlich in kontrollierten Laborumgebungen mit reinen zugegebenen Nukleotiden und genau eingestellten Reaktionslösungen statt. Wie kann so etwas unter präbiotischen Bedingungen geschehen sein?

EIGEN hatte mit seinem Hyperzyklus-Modell auch schon einen möglichen Ausweg aus der Sackgasse des Eigen-Paradoxons angegeben. Auch Quasispezies haben wir schon erwähnt. RNA-Replikatoren müssten in einer RNA-Welt Mitglieder einer kooperierenden Quasispezies gewesen sein, um eine Fortentwicklung zu ermöglichen.

Die Definition einer Quasispezies weicht überhaupt nicht stark vom normalen Gebrauch des Begriffs „Spezies" in der Biologie ab. Beide sind in der Fortpflanzung kooperierende Gruppen genetisch leicht variabler Einheiten, die einen gemeinsamen Genpool besitzen. Einen wesentlichen Unterschied gibt es aber doch. Bei normalen Spezies entscheidet die Ähnlichkeit der genetischen Information über die Zugehörigkeit zur Spezies. Die Ausprägung eines Phänotyps, also des Körpers, kann wohl auch den evolutionären Erfolg beeinflussen, ist aber eine sekundäre Erscheinung, da sie letztlich über den genetischen Code gesteuert ist. Im Gegensatz dazu gibt es die Unterscheidung zwischen Genotyp und Phänotyp bei frühen Quasispezies noch nicht. Die Information auf der RNA ist ganz direkt wichtig, denn sie beeinflusst die Ausprägung von RNA-Haarnadelkurven und damit die katalytische Fähigkeit zur Selbstreplikation. Man kann sich die Evolution eines RNA-Replikators vielleicht so vorstellen, dass individuelle RNA-Moleküle unterschiedliche Haarnadelkurven (*stem-loops*) repräsentieren. Ihre Entstehung ist noch von rein chemischen Kräften bestimmt.

Nach VILLARREAL und WITZANY[31] sollte man Arbeitsgemeinschaften kooperierender Haarnadelkurven-Moleküle (Quasispezies-Konsortien) als die hauptsächlichen Selektionseinheiten auffassen. Die natürliche Variation an räumlicher Form, die sich durch variable Ligation von Haarnadel-Motiven ergibt, wird nicht als Replikationsfehler gesehen, sondern als natürliche Quelle von Innovation. Haarnadelkurven würden sich demnach ähnlich wie soziale Gruppen verhalten, deren variable Zusammensetzung etwa Sekundärstrukturen von tRNAs, Ribozymen und womöglich sogar Viroiden erklären. Viroide bestehen nur aus einem ringförmigen RNA-Molekül, ohne die bei anderen RNA-Viren vorhandenen Proteine oder Lipide.

Die Entwicklung der RNA-Welt-Hypothese ist längst noch nicht abgeschlossen und ist ein Forschungsthema, das in seiner mehr als 50-jährigen Geschichte stets hochgradig spannend blieb.

Exotische Vorgänger-Welten

Obwohl vieles für die Hypothese einer RNA-Welt spricht, gibt es immer wieder Zweifler, die nicht daran glauben, dass RNA-Nukleotide unter präbiotischen Verhältnissen in ausreichend reiner und konzentrierter Form zur Verfügung standen. Sie suchen deshalb nach Molekülen, die einfacher gebaut sind und in einer frühen Phase als Replikatoren hätten fungieren können. Möglicherweise, so mutmaßen sie, wurde die RNA erst sekundär zum Träger genetischer Information, so wie in der RNA-Welt-Hypothese die DNA später das Zepter von der RNA übernahm. Allerdings muss man bedenken, dass wir uns hier auf ein hochspekulatives Gebiet begeben. Von einer solchen möglicherweise noch ursprünglicheren Erbsubstanz vor der RNA ist – wenn sie denn tatsächlich existierte – offenbar heute nicht mehr das Geringste übrig geblieben. Auch müssten sich Vertreter einer chemisch anderen Ur-Erbsubstanz fragen lassen, was für ein Selektionsdruck dann den Übergang zur RNA-Welt getrieben haben könnte. Bei dem Übergang von der RNA- zur DNA-dominierten Welt kann

Ligation
Durch Einwirkung von außen, meist durch ein Enzym oder durch Anlagerung an ein Mineral verursachte Verschmelzung kurzer Kettenmoleküle zu längeren (in der Regel bei Nukleinsäuren).

man immerhin auf die bessere Langzeitstabilität von DNA verweisen.

Trotzdem ist es keineswegs müßig, darüber nachzudenken, ob vor der RNA-Welt etwas Einfacheres das Räderwerk des Lebens in Gang gesetzt haben mag und was dies gewesen sein könnte. Besonders seit den 1990er Jahren ist dies ein aktiver Forschungszweig.

Zunächst einmal sind diese Fragen von großem Interesse für die theoretische Biologie. Man möchte nicht nur besser verstehen, wie unser spezielles DNA-RNA-Protein-Leben funktioniert, sondern herausfinden, wie Leben überhaupt tickt. Ebenso große Bedeutung hat diese Forschung für die Astrobiologie. Hier interessieren wir uns dafür, wie leicht Leben auf anderen Himmelskörpern entstehen kann und wie es biochemisch aufgebaut sein könnte. Wenn auch chemisch völlig andere Reaktionszyklen so etwas wie einen Metabolismus bilden und unterschiedliche Makromoleküle genetische Information speichern könnten (und danach sieht es definitiv aus), so wäre die Entstehung von Leben viel leichter, als wenn nur kleinere Variationen unserer eigenen Form erlaubt wären. Gleichzeitig wären uns Aliens dann in einer ganz anderen Dimension fremd. Ungleich fremder jedenfalls als alle noch so seltsam aussehenden Mit-Lebewesen auf der Erde.

Doch die Beschäftigung mit chemischen Alternativen zur klassischen Biochemie hat auch ganz praktische Gesichtspunkte. Einige Forscher untersuchen exotische Varianten von Nukleinsäuren. Sie bauen beispielsweise künstliche Basen als Sprossen ein, versuchen den genetischen Code selbst zu verändern oder möchten chemisch anders aufgebaute Seile für die Strickleiter herstellen (▶Abbildung 6-30). Auch in Proteine versucht man außer den zwanzig normalen Aminosäuren (und einigen in Lebewesen vorkommenden sehr seltenen Varianten hiervon) völlig andere Aminosäuren einzubauen. Chemisch sind über verschiedene 400 Aminosäuren bekannt. Man könnte auch versuchen, eine Art „Spiegelleben" zu schaffen, mit Aminosäuren und Nukleotiden in ihrer jeweils umgekehrten rechtshändigen oder linkshändigen Form.

Xenobiologie

Dieses bunte neue Forschungsgebiet zu lebendigen Systemen heißt Xenobiologie (*xénos*, griech. für „Gast, Fremder"). Mögliche Anwendungen in der Gentechnik und in der Medizin erscheinen vielversprechend. So sind etwa Proteine mit alternativen Aminosäuren gegen den Abbau durch Proteasen geschützt. Medikamente daraus könnten länger wirksam sein. Die vergrößerte chemische Vielfalt der Monomerenbausteine würde vielleicht neue Proteine mit noch besseren katalytischen Eigenschaften verfügbar machen. Xenobiologische Moleküle, die Wechselwirkungen mit der DNA oder RNA eingehen können, sollten sich dazu eignen, bestimmte Sequenzen, etwa in Krankheitserregern, gezielt zu blockieren.

Könnte man ganze xenobiologische Bakterien herstellen, so wäre dies eine Art „Leben 2.0". Es ist sehr unwahrscheinlich, dass ein Xenovirus oder ein Xenobakterium jemals einen Menschen oder ein anderes irdisches Lebewesen infizieren könnte – sie wären nämlich vollkommen inkompatibel mit unserer zellulären Maschinerie. Man könnte auf diese Weise eine Art biologischer „Firewall" aufbauen, um molekulargenetische Experimente oder Produktionsprozesse sicherer zu gestalten. Eine unbeabsichtigte Hybridisierung (Mischung verschiedener Spezies) oder versehentlicher Gentransfer wären jedenfalls definitiv ausgeschlossen. Allerdings sollte man auch dies nicht als ultimate Sicherheitslösung ansehen. Beispielsweise könnten von Xeno-Lebewesen produzierte Gifte sehr wohl auch für uns unzuträglich sein und manche andere bisher unbedachte Gefahren mögen lauern.

Alternative Nukleinsäuremoleküle

Verschiedene Alternativen zum normalen Zucker-Phosphat-Rückgrat der Nukleinsäuren wurden vorgeschlagen und ausprobiert (▶Abbildung 6-30 c bis f). Ihre Komponenten sollten unter wahrscheinlichen präbiotischen Verhältnissen aus möglichst einfachen Startmolekülen entstehen können, deren Vorkommen auf der Urerde plausibel ist. Ferner müssen sie Nukleobasen oder ähnliche Verbindungen als Seitenketten an jeder Monomereinheit tragen können. Wenn eine Chance bestehen soll, dass ein solches Makromolekül genetische Information an eine RNA überschreibt, so sollte die Wiederholungseinheit auf dem Strang selbst fünf oder besser noch sechs Atome enthalten. Nur dann ergibt sich ein Basenabstand, der genau genug mit

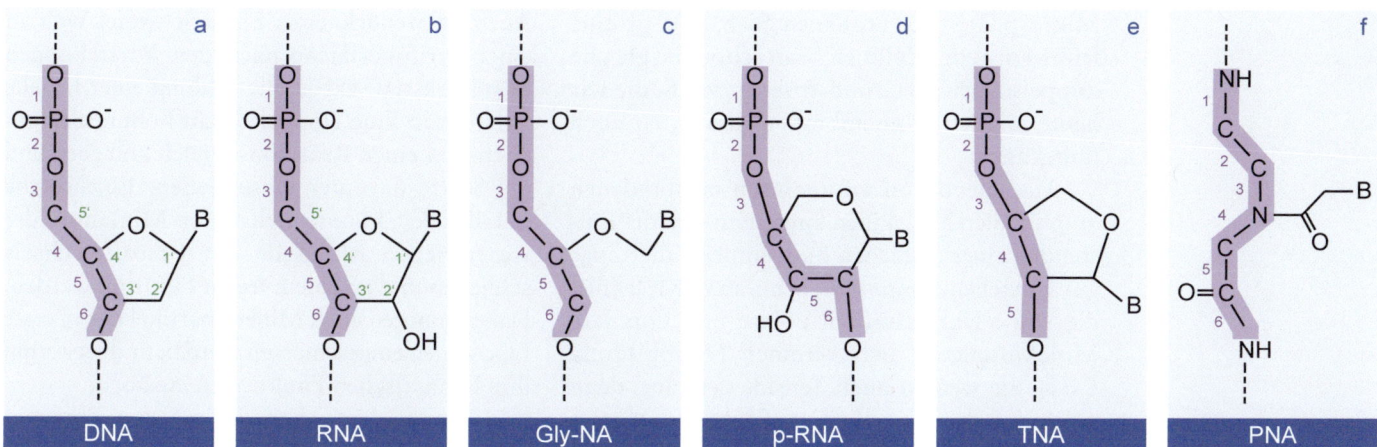

6-30
Alternative „Nukleinsäuren". Erstaunlich viele Moleküle können ähnliche Ketten mit Nukleotiden als Seitenketten bilden, wie wir es von DNA oder RNA kennen. Einige davon sind einfacher und chemisch stabiler, sodass sie als mögliche Vorgängerformen in Frage kommen. Sie sind auch für die Medizin interessant (B steht für eine Nukleobase).

dem der RNA oder DNA übereinstimmt, um Basenpaarungen zu ermöglichen.

Anfang der 1990er Jahre wurde man fündig auf der Suche nach möglicherweise therapeutisch einsetzbaren Molekülen, die gezielt über Wasserstoffbrücken von Basenpaaren an mRNA binden und deren Ablesung verhindern konnten[60]. Es handelte sich um Polymere aus Aminosäuren, an deren Strang die bekannten Nukleobasen über sogenannte Acylgruppen gebunden werden konnten (▶Abbildung 6-30 f). Die nukleinsäureanalogen Verbindungen wurden als *Peptidnukleinsäuren* (PNA) bezeichnet, eine hypothetische Vor-RNA-Phase in der Lebensentstehung entsprechend als PNA-Welt. PERNILLA WITTUNG zeigte 1994, dass PNA mit passenden PNA-Komplementärsträngen Doppelhelixstrukturen bilden konnte[60,61]. Bis zum Jahr 2000 fand eine Arbeitsgruppe um den Altvater der präbiotischen Chemie STANLEY MILLER und K. E. NELSON Wege, Monomere des PNA-Rückgrats aus nicht sehr konzentrierten Lösungen von Ethylendiamin, Formaldehyd und Cyanwasserstoff in beträchtlichen Ausbeuten (bis zu 79%) zu erzeugen[62]. Für die Ausstattung mit Nukleobasen werden diese in acylierter Form benötigt. Für deren Bildung wurde bis zum Jahr 2000 am Beispiel von Cytosin und Uracil ein Weg aufgezeichnet. Synthetische PNA-Stränge können sich zu Doppelsträngen paaren und mit normalen Nukleinsäuren wechselwirken.

Aber auch weitere Alternativen werden untersucht. So kennt man etwa sogenannte Glycerin-Nukleinsäuren, die man sich formal als DNA ohne das in Desoxyribose vorhandene C'-Atom Nummer 2 vorstellen kann. Andere Vorschläge wie eine p-RNA (Pyranosyl-RNA, ▶Abbildung 6-30d), deren Zucker einen Sechsring bildet oder die etwas einfacher entstehende TNA (Threose-Nukleinsäure, ▶Abbildung 6-30e) sind ebenfalls im Gespräch. Der C4-Zucker Threose bildet sich unter präbiotischen Bedingungen relativ leicht aus einfachen Molekülen mit zwei Kohlenstoffatomen. Für TNA ist nachgewiesen, dass sie stabile Doppelhelix-Moleküle mit ihresgleichen und damit Palindrome ermöglichen (▶Abbildung 6-29). Sie paart sich andererseits auch problemlos mit DNA und RNA, wie Experimente beweisen, in denen es gelang, genetische Informationen von echten Nukleinsäuren enzymatisch auf TNA und wieder zurück zu übertragen.

Eine tiefergehende Beschäftigung mit diesem faszinierenden Thema kann im Rahmen dieses Buches nicht erfolgen. Wir müssen deshalb auf weitergehende Literatur verweisen[63,64].

Erste Zellen

Protobionten, Progenoten – Urzellen

In irgendeinem Stadium zwischen dem Anfang der chemischen Evolution und der Entstehung der heutigen DNA-RNA-Protein-Welt müssen sich die entscheidenden Reaktionen einen geschützten Raum erobert haben, in dem sie einen gewissen Schutz vor äußeren Einflüssen genossen.

Ob dieser geschützte Raum zunächst nur in Form von Gesteinsporen existierte, ob es eine semipermeable Membran gab, die eher

Mikrosphären aus Proteinen glich, oder ob eine frühe Form der Zellmembran schon die gleiche doppelschichtige Grundstruktur besaß, die wir heute in allen Biomembranen finden, ist noch unbekannt.

Ausgehend von anorganisch entstandenen amphiphilen Molekülen kann man sich die Entstehung einer einfachen Biomembran allerdings gut vorstellen. *Amphiphil* nennt man Moleküle, die wie etwa Fettsäuren polare und unpolare Molekülteile in sich vereinen (▶Abbildung 6-31). Sie werden auch Tenside genannt, denn sie sind in der Lage, die Oberfläche von Wasser zu „entspannen". Wir kennen sie von Seifen und Waschmitteln. Je nach Ladung ihres polaren Molekülteils werden sie als anionische (negativ), kationische (positiv) oder nichtionische Tenside bezeichnet. Alle Tenside neigen dazu, sich ganz automatisch in Schichten und Doppelschichten anzuordnen. Sie erreichen nämlich in der Interaktion mit Wassermolekülen einen Zustand geringerer Energie, wenn ihre hydrophilen (wasserliebenden) Teile über Wasserstoffbrückenbindungen in das Wasser eintauchen oder ihm zugewandt sind. Für die hydrophoben (wassermeidenden) Molekülteile ist es hingegen energetisch günstiger, die Wechselwirkung zwischen den umgebenden Wassermolekülen nicht zu stören, sondern sich mit ihresgleichen zusammenzulagern (hydrophobe Wechselwirkungen). Der Vorgang ist sehr ähnlich dem bei der Bildung einer Seifenblase. Allerdings bildet bei dieser das polare Wasser selbst die eigentliche Haut. Die Tensidmoleküle stehen mit ihren polaren Teilen mit der Wasserschicht in Kontakt und bilden jeweils innen und außen zur Luft hin eine Schicht aus den hydrophoben Molekülenden (▶Abbildungen 6-32 und 6-33 rechts).

Einfache Membranen, die die gleiche Grundstruktur wie eine Zellmembran haben, sind „umgekehrte Seifenblasen". Sie können beim Kontakt von amphiphilen Molekülen mit Wasser von selbst entstehen, und einen inneren wässrigen Bereich von der wässrigen Umgebung abtrennen (▶Abbildung 6-33 links). In diesem Fall lagern sich die amphiphilen Moleküle mit ihren hydrophoben Enden zusammen und ihre polaren Enden tauchen wieder in die inneren oder äußeren wässrigen Lösungen ein (▶Abbildung 6-33). Ein solches Bläschen mit einer Polar-unpolar-polar-Doppelschicht wird auch als Liposom bezeichnet.

Auch im Szenario einer Eisen-Schwefel-Welt an einer Pyritoberfläche nach den Vorstellungen WÄCHTERSHÄUSERs ist die Bildung einer Urzelle vorstellbar. Eine Doppelschicht konnte sich zunächst an einen Reaktionsbereich anlagern und die Stoffe darunter einschließen. Eine solche „Halbzelle" könnte sich unter Mitnahme der wesentlichen Moleküle des Urstoffwechsels schließen und zu einem freien Liposom werden. Dabei konnten auch Mineralpartikel mit in erste Liposomen eingeschlossen werden und weiterhin ihre katalytischen Funktionen ausüben.

Gegenwärtig gehen die meisten Forscher jedenfalls davon aus, dass ein Membraneinschluss bereits eine Voraussetzung für das Zustandekommen einer RNA-Welt war. Empfindliche RNA-Moleküle waren so teilweise vor den Angriffen einer chemisch heterogenen Umgebung geschützt.

WOESE bezeichnete erste Organismen, die den Evolutionsschritt zur charakteristischen Genotyp-Phänotyp-Beziehung herausbildeten, als *Progenoten*[65].

Der genetische Code in einer Protein-tRNA-Welt

Für viele Forscher liegt der genetische Code im Zentrum des Rätsels um die Lebensentstehung. Dieser Code ist nichts anderes als die Festlegung, welche drei Nukleobasen (welches Basentriplett) auf einer Nukleinsäure jeweils eine Aminosäure in einem Polypeptid bestimmen können (▶Seite 46). Tatsächlich ist dieser Code für alle Lebewesen auf der Erde nahezu identisch. Dies ist ein überzeugender Beweis für ihre gemeinsame Abstammung, denn prinzipiell hätte es ungeheuer viele Möglichkeiten gegeben, eines der 64 Basentripletts einer Aminosäure zuzuordnen. Der genetische Code wird definiert durch Enzyme, welche die Reaktionen zur Kopplung bestimmter Aminosäuren an die jeweils richtigen tRNA-Moleküle katalysieren. Biochemiker um CHARLES CARTER[66] fanden im Jahr 2013 experimentelle Hinweise auf die Evolution dieser Enzyme. Sie entdeckten, dass zwei Enzyme (Klasse-I-TrpRS und Klasse-II-HisRS) Kernbereiche von 120–130 Aminosäureresten besitzen, die eine gemeinsame Abstammung haben. Ihre Aminosäurereihenfolge soll einem einheitlichen Ur-Gen entstammen, das in beide Richtungen (sense- und antisense) abgele-

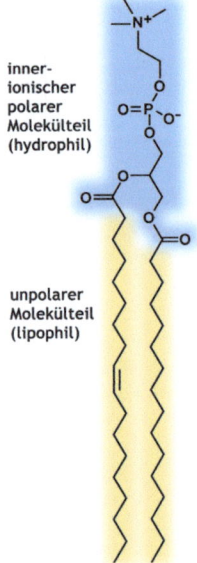

6-31
Lecithine. Lecithine sind typische Phospholipide und Bestandteile von Zellmembranen. Sie sind *amphiphil*, d.h. sie vereinen einen polaren (hydrophilen) und einen unpolaren (hydrophoben) Teil, der aus einer Fettsäure besteht.

Erde und Leben – Die Geschichte einer innigen Wechselbeziehung

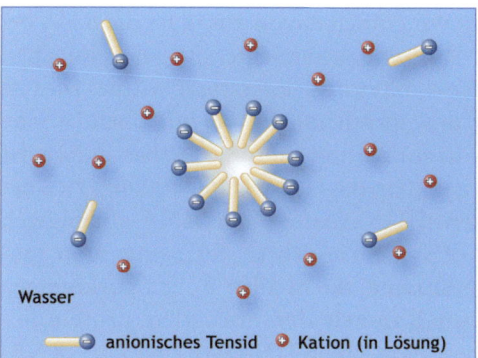
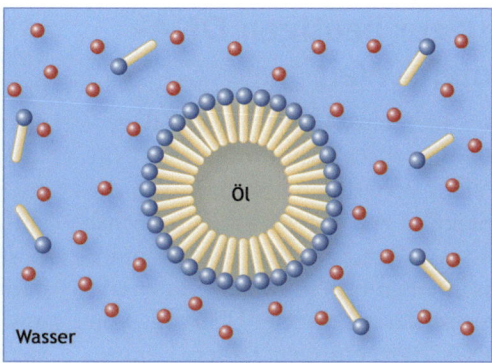
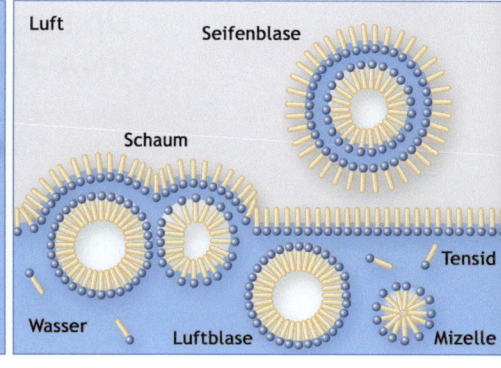

sen wird. Solche in beide Richtungen ablesbaren Nukleinsäuren findet man auch heute noch bei bestimmten Viren und sogar in eukaryotischen Genomen[67]. Erstaunlich ist, dass diese „Urzyme" (Ur-Enzyme) getauften Sequenzen bereits ungefähr 60 Prozent der katalytischen Aktivität der modernen Enzyme erreichen und Reaktionen millionenfach beschleunigen. Dies legt nahe, dass auch sie schon das Ergebnis eines längeren präbiotischen Ausleseprozesses sind. Diesen Forschern zufolge stammen die Urzyme von noch einfacheren Molekülen ab, die ebenfalls auf beiden Strängen eines Gens codiert waren.

Die Autoren der erwähnten Publikation schließen daraus, dass das irdische Leben einer chemischen Evolution lange vor LUCA entstammt, die hauptsächlich auf der katalytischen Wirkung von Peptiden beruhte. RNA spielte ebenfalls eine wichtige Rolle, musste aber nicht selbst eine hochspezifische katalytische Wirkung entfalten, was stets als viel zu unwahrscheinlich galt[68]. Klasse-I- und II-Urzym-tRNA-Komplexe könnten viel eher die Synthese von Peptiden gesteuert haben als Ribozyme, die schon in der RNA-Welt-Hypothese eine Rolle spielten. Aus der „RNA-Welt" würde so die Koevolution einer „Peptid- + tRNA-Welt".

Dies passt auch gut zu neueren Befunden über Reaktionen in Wassereis, das mit einfachsten organischen Molekülen angereichert wurde. Aus diesem Material bestehen Kometen, und es wird als repräsentativ für die Zusammensetzung der solaren Urwolke angesehen (▶Kapitel 4). Man fand experimentell heraus, dass sich durch die Schockwellen von Kollisionen leicht Aminosäuren bilden können[69]. Es ist durchaus vorstellbar, dass Aminosäuren Abstürze auf die sich abkühlende Urerde am Ende des Late Heavy Bombardement vor etwa 3,8 Ga überstehen konnten und so auf die Erde gelangten (▶Seite 78).

Noch bleiben allerdings Fragen offen. Der nächste logische Schritt wäre die Suche nach Hinweisen auf Urformen von Ribosomen und RNA-Polymerasen, welche vielleicht schon vor der Bildung erster Zellen die Verknüpfung von an tRNA gebundenen Aminosäuren zu Polypeptiden katalysieren konnten. Wir haben schon darauf hingewiesen, dass auch heutige Ribosomen für die Bildung von Peptidbindungen nicht etwa ihre Proteinkomponenten nutzen, sondern die katalytische Aktivität von RNA ausgeht (Ribozyme). Ob und welche Zusammenhänge es hier gibt, bleibt vorerst Spekulation.

6-32
Selbstorganisation einer einfachen „Biomembran". Moleküle, die wasserliebende (polare) und wasserabstoßende (unpolare) Teile in sich vereinen, ordnen sich in einem Selbstorganisationsprozess (engl. *self-assembly*) in Schichten und Doppelschichten an. Sie nehmen dadurch den energetisch günstigsten Zustand ein.

Aminoacyltransferase
Gruppe von Enzymen, die Reaktionen katalysieren, welche einen Aminosäurerest auf ein anderes Molekül übertragen.

AARSs = Aminoacyl-tRNA-Synthetasen
Gruppe von Aminoacyltransferasen, die einen Aminosäurerest an eine tRNA spezifischer Sequenz koppeln.

TrpRS
Tryptophanyl-tRNA-Synthetase

HisRS
Histidyl-tRNA-Synthetase

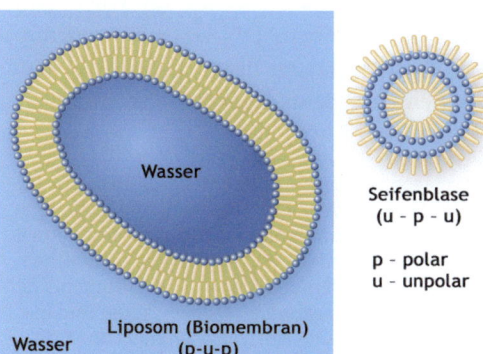

6-33
Biomembran und Seifenblase. Abhängig vom Kontakt zu polaren und unpolaren Flüssigkeiten bzw. Gasen können amphiphile Moleküle (Tenside) Doppelschichten bilden. Sie weisen die gleiche Grundstruktur von Biomembranen auf, bei denen die amphiphilen Moleküle unter anderem Phospholipide sind.
Echte Biomembranen enthalten noch andere Bestandteile wie Cholesterin. Sie besitzen zudem zahlreiche Proteine, die in der Biomembran verankert sind und diese teilweise durchtunneln. Dies ermöglicht einen Informationsaustausch und selektiven Stofftransport zwischen Innen- und Außenraum.

Übergang zur heutigen DNA-RNA-Protein-Welt

Heute nutzen alle Lebewesen DNA zur dauerhaften Codierung ihrer Erbinformation. Nur bestimmte Viren verwenden hierfür RNA, die sie bei der Infektion von der Wirtszelle zunächst mittels einer speziellen Reversen Transkriptase in DNA umschreiben lassen. Bisher gibt es erst wenige Hinweise darauf, wie der Übergang von RNA zu DNA stattgefunden haben könnte. Auch die Rolle der RNA-Viren und der Viren überhaupt ist nicht final geklärt. Von den meisten werden sie nicht zu den Lebewesen gerechnet, sondern man nimmt an, dass sie quasi „entkommene" parasitische Nukleinsäurestücke darstellen. Andere aber sehen in ihnen die Überbleibsel extrem reduzierter Zellen. Diese Ansicht wird in letzter Zeit durch die Entdeckungen von immer mehr Arten von Riesenviren gestützt. Diese erreichen teilweise für Viren unglaubliche Größen von 0,7 Mikrometer und ihr Erbmaterial enthält bis zu 2,5 Millionen Basenpaare. Gab es vielleicht einmal Vorformen, von denen alle Viren wie auch echte Zellen abstammen und die eventuell noch RNA genutzt haben? Dies bleibt zunächst Spekulation.

Doch zurück zum Übergang von einer RNA-Welt zur heutigen DNA-Welt. Dieser unverstandene, hypothetische Wechsel der Erbsubstanz von RNA zu DNA wurde lange als schwer erklärbarer „missing link" angesehen. Kann man sich überhaupt ein Szenario für die Entstehung der DNA-Herrschaft vorstellen?

Gehen wir einmal davon aus, dass die RNA bei ihrer Ribozymaktivität bereits von einfachen Protein-Cofaktoren unterstützt wurde. Dies ist nicht unwahrscheinlich, wie wir oben (▶Seite 124) argumentiert hatten. Insbesondere ist auch denkbar, dass diese Unterstützung zu einer einfachen Urvariante einer RNA-abhängigen RNA-Polymerase führte. So nennt man moderne Enzyme, die in allen Zellen vorkommen und im Rahmen der normalen Proteinbiosynthese von einer DNA-Vorlage eine RNA-Abschrift anfertigen können. RNA-abhängig heißen sie deshalb, weil sie hierzu ein kurzes Stück bereits an der DNA anliegender RNA benötigen, einen sogenannten Primer.

Einer Arbeitsgruppe um PATRICK CRAMER von der Universität München gelang es im Jahr 2007 tatsächlich nachzuweisen, dass sogar die moderne RNA-Polymerase Pol II noch in der Lage ist, eine RNA-Vorlage anstelle von DNA zu nutzen[70]. Diese Reaktion läuft wohl im Vergleich zur Abschrift von DNA weniger effizient, benötigt aber keine weiteren Zutaten außer der Pol II selbst, ihrer Arbeitsvorlage und entsprechender Einzelnukleotid-Bausteine. Diese Fähigkeit der Pol II wird übrigens auch vom RNA-Virus Hepatitis delta für die Infektion genutzt[71,72].

Die Arbeitsgruppe in München konnte zudem nachweisen, dass in dem Prozess das gleiche Reaktionszentrum involviert ist, das auch die normale Abschrift einer DNA steuert. Die moderne Pol II ist ein aufwändiger Proteinkomplex mit 12 Untereinheiten, der so zu Zeiten einer RNA-Welt bestimmt noch nicht existierte. Mit der Hilfe einer einfacheren Urvariante dieses Enzyms könnte sich aber ein Genom der RNA-Welt durch korrekte Verknüpfung von RNA-Einzelnukleotiden vermehrt haben.

Was wäre wohl geschehen, hätte es in der damaligen Umgebung auch DNA-Nukleotide gegeben? Könnte ein solches Enzym eventuell auch sie zu einem DNA-Strang verknüpft haben? Auf den ersten Blick erscheint dies unwahrscheinlich, denn Enzyme sind meist sehr

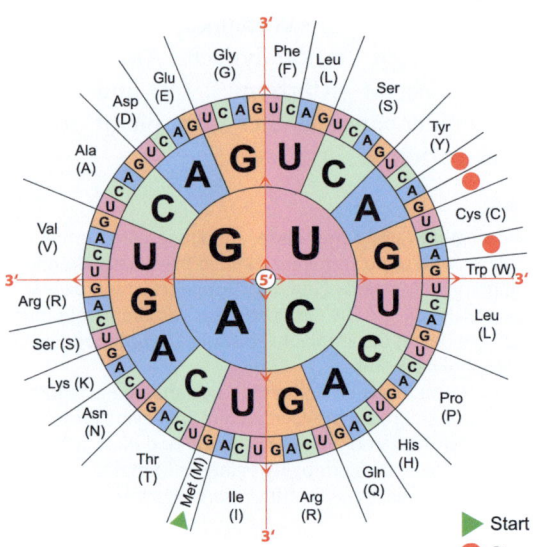

6-34

DNA-Codesonne[73]. Die Buchstaben der Basentripletts von innen (5'-Ende der DNA) nach außen gelesen ergeben die nach dem genetischen Code zugeordnete Aminosäure. Spezielle Codons sind ähnlich wie Satzzeichen Anweisungen zum Start und Stopp der Ablesung bei der Proteinbiosynthese zugeordnet. (Aminosäuren sind mit ihren 3-Buchstaben- und Nukleinbasen mit 1-Buchstaben-Abkürzungen angegeben.)

spezifisch. Allerdings haben wir ja gerade bei der Nutzung von RNA statt DNA als Vorlage gesehen, dass der Austausch eines Substrats in gewissem Ausmaß durchaus möglich ist. Und es ist sogar wahrscheinlich, dass einfacher gebaute und weniger lang evolvierte Urenzyme deutlich weniger substratspezifisch waren.

So erscheint es durchaus plausibel, dass ein Urgroßvater oder auch nur ein entfernter Vetter der modernen Pol II damit begann, erstmalig auch längere DNA-Varianten eines frühen RNA-Genoms herzustellen. Dieses chemisch stabilere Konstrukt hätte dann einen Selektionsvorteil gegenüber seinen RNA-Vorläufern gehabt. Dieselbe Polymerase oder eine nahe Verwandte von ihr konnte die DNA-Sequenz wieder in eine mRNA umschreiben, die dann dem entstehenden Proteinbiosynthese-Apparat als frühes Ribosom bzw. Ribozym zur Verfügung stand.

Zurück zu LUCA

Möglicherweise besaß der Protobiont, Progenot, LUCA oder wie auch immer er von den einzelnen Autoren bevorzugt genannt wird, tatsächlich schon viele der Eigenschaften, die heutigen Archaeen und Bakterien gemeinsam sind. Dann wären die Schritte von dieser Urzelle zu den heutigen Stoffwechselvarianten der Einzeller bis hin zur oxygenen Photosynthese und schließlich im Rahmen der Endosymbiontentheorie (▶ Kapitel 8) zu den Eukaryoten wohl zahlreich, aber verglichen mit der chemischen Evolution wenig spektakulär. Sie sind im Rahmen der Evolutionstheorie verständlich und sogar teilweise experimentell nachvollziehbar.

Wollen wir uns heute ein grobes Bild von den ersten Prokaryoten machen, die auf der Erde gelebt haben, wird man sich zunächst nach den einfachsten Zellen umsehen, die wir heute finden, also diejenigen mit den am wenigsten ausdifferenzierten Strukturen. Wir wissen nicht mit letzter Sicherheit, ob die ersten Progenoten-Zellen sich chemolithoautotroph ernährt haben (▶ Abbildung 6-35), oder ob doch schon früh eine einfache Form der Photosynthese existierte. Chemolithoautotrophe Acetobakterien und methanogene Archaeen gelten als relativ ursprünglich.

Man muss generell davon ausgehen, dass jede heute existierende Zelle eine Jahrmilliarden lange Evolution hinter sich hat. Sie könnte der Urzelle nur dann einigermaßen ähnlich geblieben sein, wenn sich ihre Umgebung kaum verändert hätte und kein signifikanter Konkurrenzdruck

Acetobakterien
Bakterienart mit anaerobem (sauerstofffreiem) Stoffwechsel, die Essigsäure als Stoffwechselprodukt erzeugt.

methanogen
methanbildend

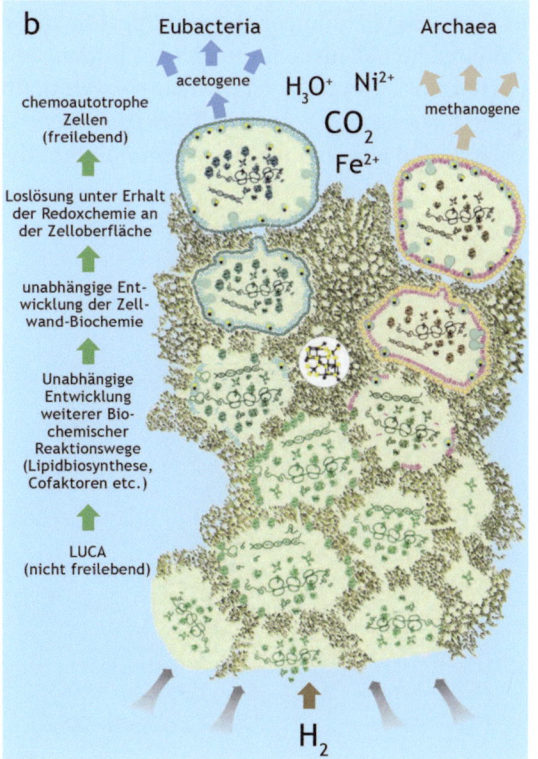

6-35
Abiogenese an alkalischen Schloten[74]. Ausgehend von der durch Serpentinisierung entstehenden reduzierenden Umgebung ist die Entwicklung einer immer komplexer werdenden Biochemie denkbar. Chemische Konzentrationsgefälle lieferten eine Energiequelle, die über geologische Zeiträume hinweg verfügbar war. Unter dem katalytischen Einfluss zweiwertiger Eisen- und Nickelionen sowie metallischen Nickels könnte in natürlichen Porenräumen die Entwicklung erster Zellen begonnen haben. Nach Ausbildung einer Lipidmembran konnten sich diese vom Substrat unabhängig machen.

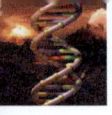

KAPITEL 6   Chemische Evolution

6-36
Entstehung der Domänen.
Ähnlichkeiten in der enzymatischen Ausstattung aller heute existierenden Domänen des irdischen Lebens kann man entweder auf eine konvergente Evolution zurückführen oder aber (viel wahrscheinlicher) darauf, dass sie auf eine Urform zurückgehen, die im letzten gemeinsamen Vorfahren existierte.

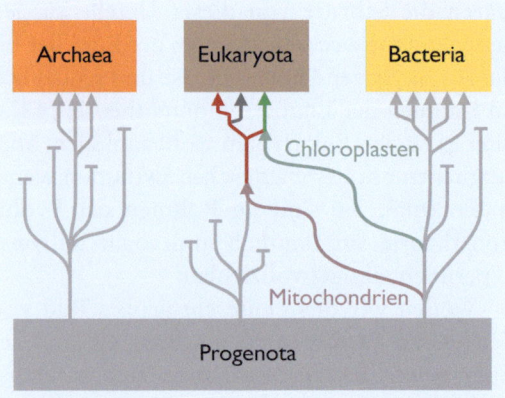

Horizontaler Gentransfer
Übertragung von genetischem Material von einem Organismus zum anderen, allerdings nicht entlang der Abstammungslinie (vertikal).

6-37
Gloeobacter violaceus[75].
Dieses Cyanobakterium gilt ist eine der einfachsten heute existierenden zellulären Lebensformen. Es hat keine internen Membranen und nutzt Licht über eine direkt an der Zellmembran lokalisierte Elektronentransportkette.

C	Cyanophycin granulum
Cs	Carboxysom
P	Polyphosphat-Granula
CL	Corticale Schicht von Phycobiliproteinen
CM	Zellmembran
CW	Zellwand

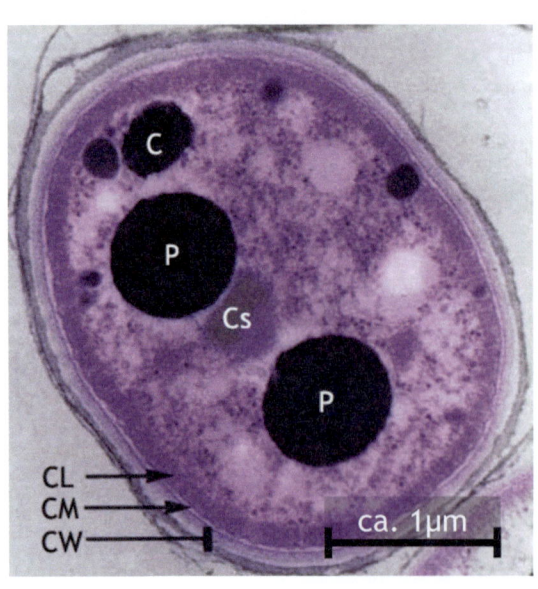

bestanden hätte. Der Versuch, diejenigen Prokaryoten als ursprüngliche anzunehmen, die das kleinste Genom besitzen, führt leider in eine Sackgasse. Es zeigt sich, das die Reduktion des Genoms auf die notwendigen Bestandteile etwa bei parasitischen Spezies sogar ein sehr hochentwickeltes Merkmal sein kann (diese nutzen vom Wirt bereitgestellte Ressourcen).

Mit der Sequenzierung von immer mehr Genomen kommt man einem definitiven Stammbaum der ersten Bakterien ein gutes Stück näher (▶Abbildung 6-36). Allerdings wird die Suche durch die Möglichkeit horizontalen Gentransfers behindert. Bei Spezies, die nahe der Wurzeln des Bakterien- und Archaeen-Stammbaumes angesiedelt sind, fällt auf, dass in ihren Bezeichnungen regelmäßig Hinweise auf harsche Lebensbedingungen zu finden sind („Thermo", „Pyro"). Man nennt sie deshalb auch *Extremophile*. In der Domäne *Bacteria* etwa finden wir weit unten im Stammbaum die *Aquificae* mit der Familie *Aquifex*. Sie gedeihen bei unglaublichen Wassertemperaturen von 105 bis 138 °C und dominieren bis heute neutrale und alkalische heiße Quellen, die über 56°C heiß sind.

Im weiteren Verlauf entstanden aus den chemolithoautotrophen Bakterien solche, die zur Energiegewinnung Photosynthese durchführen konnten. Zunächst handelte es sich dabei wohl noch um die anoxygene Photosynthese. Echte oxygene Photosynthese, die Sauerstoff freisetzt, finden wir in Cyanobakterien. Eines der am einfachsten gebauten Cyanobakterien ist *Gloeobacter violaceus* (▶Abbildung 6-37). Es besitzt noch keine internen Thylakoidmembranen (▶Abbildung 7-12, Seite 141). Seine an der Photosynthese beteiligten Enzyme sind an die Zellmembran selbst gebunden und auch der ATP-erzeugende Protonengradient entsteht über die Zellmembran hinweg. Es ist denkbar, dass ein von *Gloeobacter violaceus* gar nicht so verschiedener früher Verwandter anstelle von Licht einen extern entstandenen Protonengradienten, beispielsweise in einem alkalischen Schlotsystem (▶Seite 114), als Energiequelle nutzte.

Schauen wir uns an, was wir von der Abiogenese und der chemischen Evolution wissen und betrachten dazu die in den nächsten Kapiteln thematisierte Koevolution von Erde und Leben bis hin zu uns Menschen, so kann man sagen, dass wir alle Teil eines riesigen, komplexen chemischen Reaktionsnetzwerkes sind.

Aufbau und Funktion von Lebewesen und sogar schon einzelner Zellen erscheinen selbst Biologen fast wunderbar. Und noch immer gilt: Das größte Mysterium des Lebens spielte sich in den allerersten Schritten ab. ■

Das Leben verstehen

1   Foto Galaxis: © ESA/Hubble & NASA.
2   Cairns-Smith A.G., (1987) Genetic Takeover and the Mineral Origins of Life, Cambridge UP, Cambridge.
3   Kobayashi K. et al., (1998) Aminoacid formation in gas mixtures by high energy particle irridadation. Evol Biosph., 28 (2) S. 155–165.
4   Forsythe J.G. et al., (2015) Ester-Mediated Amide Bond Formation Driven by Wet-Dry Cycles: A Possible

Path to Polypeptides on the Prebiotic Earth. Angew. Chemie Int. Ed. 2015 (54) S. 9871–9875.
5. Kreysing M. et al., (2015) Heat flux across an open pore enables the continuous replication and selection of oligonucleotides towards increasing length. Nature Chemistry, S. 7203–7208.
6. Beatty Th., (2005) An obligately photosynthetic bacterial anaerobe from a deep-sea hydrothermal vent. PNAS 102 (26) S. 9306–9310.

Elemente des Lebens

7. Virchow R., Zitate aus Virchows Erstpublikation zur Zellularpathologie, www.pathologie.uni-wuerzburg.de/geschichte/virchow_in_wuerzburg/forschung/zellularpathologie/erstpublikation (13.03.2016).
8. Committee on the Limits of Organic Life in Planetary Systems, Committee on the Origins and Evolution of Life, National Research Council, (2007) The Limits of Organic Life in Planetary Systems, National Academies Press, Washington DC.
9. Öberg K. et al., (2015) The comet-like composition of a protoplanetary disk as revealed by complex cyanides. Nature 520, S. 198–201.

Erste Schritte zum Leben

10. Calvin M., (1969) Chemical Evolution. Molecular Evolution towards the Origin of Living Systems on the Earth and elsewhere. Clarendon Press 55s, Oxford.
11. Roldan A. et al., (2015) Bio-inspired CO_2 conversion by iron sulfide catalysts under sustainable conditions. Chem. Commun. 51, S. 7501–7504.
12. Foto:©Mario Müller, de.wikipedia.org/wiki/Datei:NWA_3118_meteorite.jpg.
13. Dorian S.N. et al., (2015) Gas Phase Synthesis of (Iso) Quinoline and Its Role in the Formation of Nucleobases in the Interstellar Medium. The Astrophysical Journal, iopscience.iop.org/issue/0004-637X/803/2.

Schutzzonen des Lebens

14. Proskurowski G. et al., (2008) Abiogenic hydrocarbon production at Lost City Hydrothermal Field. PNAS 319, S. 604–607.
15. Quenzel H., (1987) Die Entwicklung der Erdatmosphäre. Beck, München.

Molekülsynthese ohne Chemiker

16. Nägeli C. v, (1884) Mechanisch-physiologische Theorie der Abstammungslehre. R. Oldenbourg, München, Berlin.
17. Foto Karl Wilhelm von Naegeli, portrait.kaar.at/Naturwissenschaftler/image2.html
18. Miller S.L., (1953) A production of amino acids under possible primitive earth conditions. Science 117 (3046), S. 528–529.

Homochiralität

19. Saghatelian A. et al., (2001) A chiroselective peptide replicator. Nature 409, S. 797–801.
20. Siegel J.S., (2001) Single-handed cooperation. Nature 409, S. 777–778.
21. Muzzin S.T., For One Tiny Instant, Physicists May Have Broken a Law of Nature. news.yale.edu/2010/03/19/one-tiny-instant-physicists-may-have-broken-law-nature (13.03.2016).
22. Vachaspati T., (2001) Estimate of the primordial magnetic field helicity. Phys.Rev.Lett. 87 (25), S. 1302–1305.

Wie das Universum, so das Leben?

23. Chen W. et al. (2015) Intergalactic magnetic field spectra from diffuse gamma rays. Monthly Notices of the Royal Astronomical Society 450, S. 3371–3380.
24. Buschmann H.,Thede R., Heller D., (2000) New developments in the origins of the homochirality of biologically relevant molecules. Angew. Chem. Int. Ed. 39, S. 4033–4036.
25. Cairns-Smith A.G., Hartman H. (eds), (1986) Clay minerals and the origin of life. Cambridge University Press, Cambridge.
26. Cairns-Smith A.G., Braterman P.S., (1986) Search for crystal genes. Biomedical and Life Sciences and Earth and Environmental Science 3-4 (16), S. 436–437.
27. Cairns-Smith A.G., (1985) Seven Clues to the Origin of Life. Cambridge University Press, Cambridge.

Replikator und Hyperzyklus

28. Drake J.W., (1991) A constant rate of spontaneous mutation in DNA-based microbes. Proceedings of the National Academy of Science 88, S. 7160–7164.
29. Drake J.W., (1993) Rates of spontaneous mutation among RNA viruses. Proceedings of the National Academy of Science 90 S.4171–4175.
30. Drake J.W., Charlesworth B., Charelsworth D., Crow J.F. (1998) Rates of spontaneous mutation. Genetics 148, S. 1667–1686.
31. Villarreal L.P et al. (2013) Rethinking quasispecies theory: From fittest type to cooperative consortia. World J Biol Chem. 4 (4), S. 79–90.

Eisen-Schwefel-Welt

32. Wächtershäuser G., (1988) Before enzymes and templates: theory of surface metabolism. Microbiol. Mol. Biol. Rev, 52 (4), S. 452–484.
33. Huber C. et al., (2003) A possible primordial peptide cycle. Science 301 S. 938–940.
34. Huber C., Wächtershäuser G., (2003) Primordial reductive amination revisited. Tetrah. Lett. 44, S. 1695–1697.
35. Huber C., Wächtershäuser G., (2006) Alpha-Hydroxy and alpha-amino acids under possible Hadean, volcanic origin-of-life conditions. Science 314, S. 630–632.

Welt der alkalischen Schlote

36. Russell M.J, Hall A.J., Turner D., (1989) In vitro growth of iron-sulphide chimneys: possible culture chambers for origine-of-life experiments. Terra Nova 1 S. 238–241.
37. Russell M.J, Daniel R.M., Hall A.J., (1993) On the emergence of life via catalytic iron sulphide membranes. Terra Nova 5, S. 343–347.
38. Lane N., Martin W. F., (2012) The Origin of Membrane Bioenergetics. Cell 151, S. 1406–1410.

KAPITEL 6 Chemische Evolution

39 Sousa F.l. et al., (2013) Early bioenergetic evolution. Philosophical Transactions of the Royal Society B 368 (1622), S. 1–30.
40 Mitchell P., (1966) Chemiosmotic Coupling in Oxidative and Photosynthetic Phosphorylation. Biological Reviews 41 (3), S. 445–502.
41 Lane N., Allen J. F., Martin W., (2010) How did LUCA make a living? Chemiosmosis in the origin of live. BioEssays 32, S. 271–280.
42 Foto: © University of Washington/Woods Hole Oceanographic Institution (Mitch Elend, University of Washington) www.nsf.gov/od/lpa/news/press/01/chimney.htm.
43 Mellersh A.R., Smith P.M., (2010) The alkaline World and the origin of life. Journal of Cosmology 10, S. 3230–3242.

Aminosäuren und Protein-Welt

44 Lee D. et al., (1996) A self-replicating protein. Nature 382, S. 525–528.
45 Lee D. et al., (1997) Emergence of symbiosis in peptide self-replication through a hypercyclic network. Nature 390, S. 591–594.
46 Severin K. et al., (1997) A Synthetic Peptide Ligase. Nature 389, S. 706–709.

Nukleotide und RNA-Welt

47 Woese C., (1967) The Genetic Code, Molecular Basis for Genetic Expression Harper and Row, New York.
48 Crick F.H.C., (1968) The origin of the genetic code. Journal of Molecular Biology 38, S. 367–379.
49 Orgel L.E., (1968) The origin of the genetic apparatus Journal of Molecular Biology 38, S. 381–393.
50 Oro J., Kimball A., (1960) Synthesis of adenine from ammonium cyanide. Biochem Biophys Res Commun 2, S. 407–412.
51 Sanchez R., Ferris J.P., Orgel L.E., (1966) Conditions for purine synthesis: did prebiotic synthesis occur at low temperatures? Science 153, S. 72–73.
52 Rauchfuß H., (2005) Chemische Evolution und der Ursprung des Lebens. Springer, Berlin, Heidelberg.
53 Reid C., Orgel L.E., (1967) Model for Origin of Monosaccharides: Synthesis of Sugars in Potentially Prebiotic Conditions. Nature 216, S. 455.
54 Anastasi C. et al., (2006) Direct assembly of nucleoside precursors from two- and three-carbon units., Angew. Chem. Int. Ed. 45 (37), S. 6176–6179.
55 Powner M.W., Gerland B., Sutherland J.D., (2009) Synthesis of activated pyrimidine ribonucleotides in prebiotically plausible conditions. Nature 459, S. 239–242.
56 Kruger K. et al., (1982) Self-splicing RNA: autoexcision and autocyclization of the ribosomal RNA intervening sequence of Tetrahymena. Cell 31 (1) S. 147–157.
57 Ricardo, A., Szostak, J.W. (2009) Life on earth., Scientific American, 30154-61.
58 Johnston W. K. et al., (2001) RNA-Catalyzed RNA Polymerization: Accurate and General RNA-Templated Primer Extension. Science 292, S. 1319–1325.
59 Wochner A. et al., (2011) Ribozyme-catalyzed transcription of an active ribozyme. Science 332, S. 209–211.

Exotische Vorgänger-Welten

60 Nielsen P.E. et al., (1991) Sequence-selective recognition of DNA by strand displacement with a thymine-substituted polyamide. Science 254, S. 1497–1500.
61 Wittung P. et al., (1994) DNA-like double helix formed by peptide nucleic acid. Nature 368, S. 561–563.
62 Nelson K.E., Miller St., (1996) The prebiotic synthesis of ethylenediamine monoacetic acid, the repeating unit of peptide nucleic acids. Origins of Life and Evolution of the Biosphere 26 (3-5), S. 345.
63 Rauchfuß H., (2005) Chemische Evolution und der Ursprung des Lebens. Springer, Berlin, Heidelberg.
64 Herdewijn P., (2001) TNA as a potential alternative to natural nucleic acids. Angewandte Chemie Int. Ed. 40, S. 2249–2251.

Protobionten, Progenoten – Urzellen

65 Woese C., (1998) The universal ancestor. PNAS 95 (12), S. 6854–6859.

Der genetische Code in einer Protein-tRNA-Welt

66 Li L., Francklyn C., Carter C.W., (2013) Aminoacylating Urzymes Challenge the RNA World Hypothesis. Journal of Biological Chemistry 287 (37), S. 26856–26863.
67 Lehner B. et al., (2002) Antisense transcripts in the human genome. Trends in Genetics 18 (2), S. 63–65.
68 Hordijk W., Steel M., Kauffman St., (2012) The Structure of Autocatalytic Sets: Evolvability, Enablement, and Emergence. Acta Biotheoretica 60 (4), S. 379–392.
69 Martins Z. et al., (2013) Shock synthesis of amino acids from impacting cometary and icy planet surface analogues. Nature Geoscience 6, S. 1045–1049.
70 Lehmann E., Brückner F., Cramer P., (2007) Molecular basis of RNA-dependent RNA polymerase II activity. Nature 450, S. 445–449.
71 Raoult D. et al., (2004) The 1.2-Mb Genome Sequence of Mimivirus. Science 306 S. 1344–1350.
72 Nadège P. et al., (2013) Amoeba Viruses with Genomes Up to 2.5 Mb Reaching That of Parasitic Eukaryotes. Science 341, S. 281–286.
73 Klassische und molekulare Genetik, Bresch C., Hausmann R., © Springer-Verlag GmbH.
74 Bild: ©The Royal Society Publishing CC-BY-3.0, Authors: Sousa F.L., Thiergart T., Landan G., Nelson-Sathi S., Pereira I.A.C., Allen J.F., Lane N., Martin W.F. (2013) Early bioenergetic evolution. Phil Trans R Soc B 368.
75 Foto: © Springer-Verlag GmbH/ Archives of Microbiology: link.springer.com/article/10.1007/BF00446333.

KAPITEL 7

Stoffwechsel und Elementzyklen

Biochemische Stoffkreisläufe
Mikrobieller Stoffwechsel
Photosynthese
Kreisläufe der Elemente

Zum siebten Kapitel

Stehen wir vor einem mächtigen Gebirgsmassiv oder einem Ozean, fühlen wir uns gegenüber der übermächtigen Natur oft klein und verloren. Wir stellen uns vor, wie solche Gebilde getrieben von Kräften des Erdinneren über Jahrmillionen hinweg entstehen und vergehen, anscheinend völlig unbeeindruckt von allen Lebensformen auf der Erde. Wie könnten vergleichsweise winzige Organismen wie Pflanzen, Tiere oder gar Bakterien hierauf irgendeinen Einfluss haben?

Tatsächlich aber spielen Lebewesen und darunter nicht zuletzt die winzigen Bakterien entscheidende Rollen im Schauspiel der Titanen (▶ vgl. Kapitel 10). Durch ihre enorme Zahl und die immensen Zeiträume, über die sich ihre Wirkungen entfalten, treiben Lebensprozesse Umwandlungsprozesse an, die sich entscheidend auf die Zusammensetzung von Ozean, Atmosphäre und Festland auswirken.

Sie arbeiten Hand in Hand mit den geologischen Vorgängen. Verbindungen, die die wichtigen Lebenselemente enthalten, wandeln sich unter dem Einfluss der chemisch-physikalischen Umgebung und biochemischer Katalysatoren ineinander um. Diese Umwandlungen kann man für jedes Element einzeln als Zyklus (Elementzyklus) beschreiben, denn offensichtlich stehen alle notwendigen Grundelemente den Lebewesen seit Jahrmilliarden immer wieder zur Verfügung.

In diesem Kapitel werden wir die Grundlagen des Stoffwechsels (Metabolismus) vorstellen, der für diese Umwandlungsprozesse in Lebewesen verantwortlich ist. Der Stoffwechsel eines Organismus besteht aus einem komplexen Netzwerk biochemischer Reaktionen, die entweder dazu dienen, die Substanzen aufzubauen, aus denen Lebewesen bestehen (Anabolismus), oder die es mit Energie versorgen beziehungsweise anfallende Abfallstoffe entsorgen.

Wir werden dabei Vorgänge kennenlernen, die sich bis heute in allen lebenden Zellen abspielen, etwa die *Oxidative Phosphorylierung* (ATP-Erzeugung), den Protonentransport über Membranen, die *Gluconeogenese*, *Glycolyse* und den *Citratzyklus* und solche Vorgänge, die auf bestimmte Gruppen beschränkt sind.

Den Schwerpunkt legen wir hierbei weniger auf den Stoffwechsel von Tieren und Pflanzen, die erst spät in der Erdentwicklung auftraten, sondern vor allem auf weit verbreitete Mikroorganismen mit im Vergleich zu Pflanzen und Tieren „exotischeren" Stoffwechseln. Sie sind es, die seit der frühesten Erdgeschichte und auch heute noch die Zyklen wichtiger Lebenselemente prägen und damit einschneidende geochemische Folgen zeigen. Immer wieder ist darauf hingewiesen worden, dass die Prokaryoten (Bakterien und Archaeen) gut auf „höhere" Lebewesen verzichten könnten, hingegen Pflanzen, Tiere und Pilze für die Aufrechterhaltung der Elementzyklen völlig auf Prokaryoten angewiesen sind.

Ohne diese kleinsten Lebewesen auf unserem Planeten wären auch die Tage der Menscheit gezählt.

Erde und Leben – Die Geschichte einer innigen Wechselbeziehung

Stoffwechsel und Elementzyklen

Biochemische Stoffkreisläufe

Lebewesen als geologische Kräfte

Seit einiger Zeit betonen Bio- und Geowissenschaftler immer wieder, dass die Erde ein umfassendes Ökosystem bildet. Stoffkreisläufe und Energieflüsse in Atmosphäre, Hydrosphäre und Lithosphäre (Gesteinsschichten) sind aufs Engste verwoben. Neben Plattentektonik, Verwitterung, Vulkanismus und anderen geologischen Prozessen sind Lebewesen hauptverantwortlich für die Aufrechterhaltung dieser Prozesse. Die von Lebewesen angetriebenen biochemischen Zyklen haben im Vergleich zu den physikalischen Prozessen meist einen viel schnelleren Umsatz. Auf längeren Zeitskalen sind diese schnellen, biologisch verursachten Stoffflüsse in die trägeren geologischen Kreisläufe integriert.

Lebenselemente

Obwohl die wesentlichen Baustoffe und damit die Elementarzusammensetzung lebender Zellen bei allen Organismen gleich sind, variieren die genauen Prozentzahlen zwischen den Spezies stark. Einen besonderen Einfluss besitzen Wassergehalt der Gewebe (H, O) und unterschiedliche Stützstrukturen wie Knochen und Schalen (Ca, Si).

Bioelemente
O   Sauerstoff
C   Kohlenstoff
H   Wasserstoff
N   Stickstoff
S   Schwefel
P   Phosphor

Mengenelemente
Ca   Calcium
Na   Natrium
K   Kalium
Cl   Chlor
Mg   Magnesium

Essenzielle Spurenelemente
Eisen (Fe), Iod (I), Fluor (F), Zink (Zn), Kupfer (Cu), Mangan (Mn), Selen (Se), Chrom (Cr), Molybdän (Mo), Cobalt (Co)

Auf dem Festland ist der Boden die wesentliche Kontaktzone und der Bereich hauptsächlicher biologischer Aktivität. Im Meer ist es die sogenannte ozeanische Deckschicht, die oberste, etwa 50 bis 100 Meter dicke Wasserschicht. In diesen Zonen finden die meisten biologisch bedingten Stoffumwandlungen statt.

Über kumulative Effekte beeinflussen Lebewesen die Gestalt der Erdoberfläche und die Zusammensetzung von Wasser und Luft mindestens genauso stark, wie es rein geologische Kräfte vermögen.

Seit der Entstehung des Lebens auf der Erde vor etwa 3,8 Ga entnehmen Organismen ihrer Umwelt anorganisch entstandene Stoffe, aber auch Verbindungen anderer Organismen. Sie nutzen diese Substanzen als Zellbausteine und verwerten energiereiche Stoffe, um Lebensprozesse aufrecht zu erhalten. Im Kern benötigen Zellen für Stoffwechsel und Wachstum immer eine Kohlenstoffquelle, eine Elektronenquelle zur Reduktion von Verbindungen sowie eine Energiequelle (▶ Abbildung 7-02, Seite 134).

Einfache Stoffwechselwege der *Assimilation*, also des Aufbaus organischer Substanzen aus anorganischen Grundstoffen, müssen schon in der Evolution der allerersten Mikroorganismen entstanden sein, also in den hypothetischen Progenoten und den daraus hervorgegangenen Bakterien und Archaeen. Sie sind bis heute zentrale Prozesse der Biochemie aller Lebewesen. Genauso wichtig ist der Beitrag der Mikroorganismen zur *Dissimilation* körpereigener Stoffe, zu deren Abbau. Durch diesen Vorgang werden die Komponenten nach ihrer energetischen Verwertung schließlich wieder als Nährstoffe verfügbar gemacht (*Mineralisierung*). Durch alle diese Prozesse beeinflussen Lebewesen auch entscheidend das irdische Klima.

Von Anbeginn an waren die Elemente Sauerstoff, Kohlenstoff, Wasserstoff und Stickstoff als molekulare Bausteine für Zellen von Mikroorganismen und im Laufe der weiteren Evolution auch für organische Gewebe größerer Lebewesen

7-01
Morning Glory Pool. Die Färbung dieser heißen Quelle im Yellowstone Nationalpark beruht auf verschiedenen Bakterien.

Assimilation
Einbau von Grundstoffen in die Strukturen eines Lebewesens.

Dissimilation
Natürliche Rückumwandlung körpereigener Stoffe in körperfremde organische Grundstoffe oder anorganische Substanzen.

Mineralisierung
Im Rahmen der Dissimilation auftretende Freisetzung chemischer Elemente aus Biomolekülen (beispielsweise von Phosphor aus DNA in anorganisches Phosphat).

KAPITEL 7   Stoffwechsel und Elementzyklen

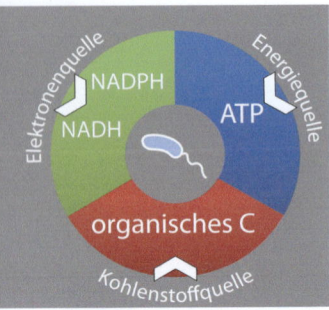

7-02
Bedürfnisse von Zellen. Zellen benötigen für Stoffwechsel und Wachstum hauptsächlich eine Kohlenstoffquelle, eine Elektronenquelle zur Reduktion oxidiert vorliegender Verbindungen sowie eine Energiequelle. Daneben sind zusätzliche Mengenelemente und Spurenelemente (Mineralstoffe) notwendig. Viele Zellen benötigen auch organische Moleküle, die sie nicht selbst herstellen können wie essenzielle Aminosäuren.

essenziell. Im menschlichen Körper stellen diese vier Elemente mehr als 99 Prozent der Atome, wobei Kohlenstoff als Grundbaustein aller Lebensmoleküle eine zentrale Rolle einnimmt (▶Abbildung 7-03). Hinzu kommen noch Schwefel und Phosphor als Bestandteile lebenswichtiger Biomoleküle wie Proteine, Nukleinsäuren (▶Seite 43) oder ATP (▶Seite 96). Aufgrund ihrer Bedeutung für das Leben werden diese sechs als Bioelemente bezeichnet. Alle sind Nichtmetalle und sie gehören nicht nur zu den 20 häufigsten Elementen in der Erdhülle, sondern auch im gesamten Universum. Dagegen spielen andere, ebenfalls häufige Elemente, etwa Silicium, eine untergeordnete Rolle. Manche sind (in löslicher Form) sogar schädlich, etwa Aluminium.

Daneben benötigen Lebewesen noch einige weitere Elemente in nennenswerten Mengen von mehr als 50 Milligramm pro Kilogramm. Sie werden deshalb als *Mengenelemente* bezeichnet (▶Kasten Seite 133). Abhängig von der untersuchten Spezies und je nachdem, ob man die Anzahl der Atome oder den Massenanteil betrachtet, fällt die genaue Reihenfolge der Häufigkeiten etwas unterschiedlich aus. Bei Lebewesen mit Knochen oder Kalkschalen ist natürlich besonders viel Calcium vorhanden, bei solchen mit Kieselschalen Silicium. Calcium wird aber in allen Zellen als Elektrolyt benötigt. Es kommt in der extrazellulären Flüssigkeit und im Blutplasma höherer Tiere zusammen mit Natrium, Kalium, Magnesium und Chlor vor. Elektrolyte sind Stoffe, die in ionischer Form vorliegen. Sie haben in Organismen zahlreiche Funktionen. So werden sie etwa zur Aufrechterhaltung osmotischer Druckgefälle (Gradienten), als Gegenionen geladener organischer Moleküle und bei der Signalweiterleitung von Nervenzellen benötigt. Zusammen machen anorganische Ionen in Geweben etwa 0,5 Prozent der Masse aus.

Weitere Metallionen von Elementen wie Zink, Eisen, Kupfer oder Mangan kommen aber nur in winzigen Spuren in organischen Geweben vor. Diese *Spurenelemente* sind trotzdem essenziell, denn meist sind sie an katalytisch aktiven Zentren unverzichtbarer Enzymkomplexe beteiligt (▶Abbildung 2-34, Seite 33). Viele davon gehören chemisch zu den Übergangsmetallen. Sie sind dadurch gekennzeichnet, dass die inneren Elektronenschalen der Atome nicht komplett aufgefüllt sind. Deshalb können sie leicht zwischen verschiedenen Oxidationsstufen

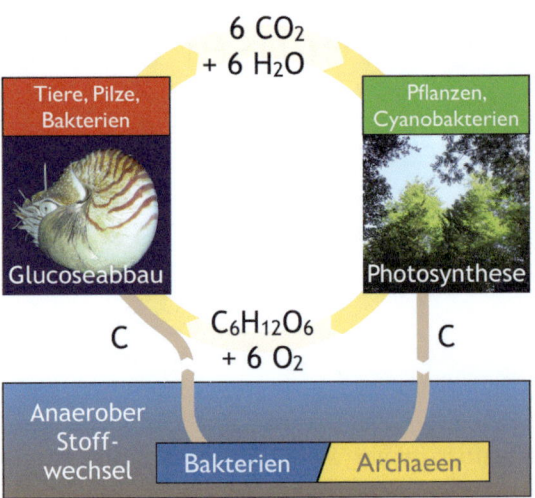

7-03
Stoffwechsel- und Kohlenstofffixierung. Durch anoxygene und oxygene Photosynthese wird von Produzenten Energie aus Licht verfügbar gemacht. Mit ihrer Hilfe wird Kohlendioxid zu organischen Substanzen wie Glucose ($C_6H_{12}O_6$) reduziert. Die Produzenten selbst und Konsumenten „verbrennen" diese bei Bedarf, um ihren Energiebedarf zu decken. Dabei entstehen wieder Kohlendioxid und Wasser.

hin- und herwechseln und dabei im Rahmen von Redox-Reaktionen Elektronen aufnehmen oder abgeben (▶Kasten Seite 136). Man geht davon aus, dass viele dieser katalytischen Zentren auf uralte Reaktionswege aus der Entstehungsphase des Lebens zurückgehen. Sie wurden jedoch in der weiteren Evolution durch assoziierte Proteine in ihrer Effizienz verbessert.

All diese mineralischen Stoffe gehören genauso wie Kohlenhydrate, Eiweiße, Fette und Vitamine auch für Menschen zu den unverzichtbaren Nährstoffen. Oft werden sie auch als *Mikronährstoffe* bezeichnet.

Leben aus dem Meer

Das Leben auf der Erde entwickelte sich in den ersten 3 Milliarden Jahren nach seiner Entstehung fast ausschließlich im Wasser. Zunächst war daher die Verteilung und Verfügbarkeit der nicht in Wassermolekülen selbst enthaltenen Elemente Kohlenstoff, Stickstoff, Phosphor und Schwefel entscheidend. Gegenwärtig sind diese Bioelemente sehr ungleichmäßig in den irdischen Sphären verteilt. Ihre Wanderung durch die biotische Welt werden wir in der zweiten Hälfte dieses Kapitels beleuchten.

Diese Elemente sind nicht für alle Organismen einfach zugänglich. Tiere können beispiels-

Erde und Leben – Die Geschichte einer innigen Wechselbeziehung

Einteilung nach		Bezeichnung			Beispiel eines Stoffwechselwegs
Energiequelle (zur Produktion von ATP aus ADP+P)	Licht	photo-			Photosynthese
	Redoxreaktion	chemo-			Gärung, Atmung
Elektronenquelle (zur Regeneration von NADH, NADPH)	anorganischer Stoff		litho-		Wasserspaltung, Nitrifikation
	organischer Stoff		organo-	-troph	Glykolyse
Kohlenstoffquelle (zum Aufbau von Biomasse)	anorganischer Stoff			auto-	CO_2-Fixierung
	organischer Stoff			hetero-	Glykolyse

Trophie-Bezeichnung	Beispiel
photolithoautotroph	Pflanzen, Algen
chemoorganoheterotroph	Tiere, Pilze, viele Bakterien
chemoautotroph	Bakterien, Archaeen, Schwefelbakterien, nitrifizierende Bakterien, Methanbildner

7-04
Trophievarianten. Zur Beschreibung der Ressourcennutzung von Organismen werden Zusammensetzungen mit einer, zwei oder drei Vorsilben verwendet. Bei wahlweiser Nutzung anorganischer oder organischer Kohlenstoffquellen spricht man von auch von mixotrophen Organismen.

weise anorganischen Kohlenstoff nicht als CO_2 aus der Atmosphäre aufnehmen, Pflanzen aber mittels Photosynthese sehr wohl. Dagegen benötigen sie für Nutzung und Verwertung des reichlich in der Luft vorhandenen elementaren Stickstoffs (N_2) die Hilfe symbiotischer Bakterien. Organismen, die in der Lage sind, ausreichend Bau- und Reservestoffe in anorganischer Form direkt aus ihrer Umgebung zu beziehen und zu assimilieren heißen *autotroph* (▶Randspalte). Wir haben die Bezeichnungen autotroph und heterotroph bereits im vorigen Kapitel eingeführt. Meist sind sie auf Kohlenstoff bezogen, können aber auch für andere Elemente verwendet werden. Zu den Kohlenstoff-Autotrophen gehören viele Bakterien und alle Pflanzen. Tiere und alle Pilze nehmen die für den Gewebeaufbau und zur Energieversorgung erforderlichen Stoffe mit ihrer organischen Nahrung auf. Sie werden als *heterotroph* bezeichnet (▶Abbildung 7-04).

Die Bioelemente C, N, S und P waren im jeweiligen Lebensraum der frühen Organismen begrenzt verfügbar. Den allerersten Mikroorganismen standen im Wesentlichen die im Meerwasser gelösten Substanzen zur Verfügung. Dies waren anorganische Verwitterungsprodukte von Gesteinen, beispielsweise ionische Formen von Schwefel, Calcium und anderen Elementen. Sie waren Jahrmillionen lang durch Niederschläge ins Meer gespült worden. Hinzu kamen aus submarinen, vulkanischen Exhalationen stammende gelöste Gase wie Wasserstoff (H_2), Schwefelwasserstoff (H_2S) oder Kohlendioxid (CO_2) sowie geringe Mengen abiotisch entstandener einfacher organischer Verbindungen. Außerdem stehen an Hydrothermalquellen reichlich Metallsalze, etwa Eisen, Mangan und Nickel zur Verfügung, die sich hervorragend als Katalysatoren eignen.

In licht- und sauerstoffarmen Milieus liegen viele Stoffe in reduzierter Form vor. Beispiele sind elementarer Wasserstoff, Schwefelwasserstoff, Eisen(II)-Ionen, Ammoniumionen (NH_4^+), Nitritionen (NO_2^-) oder elementarer Schwefel. Ihre Oxidation liefert Energie und Elektronen, die zur Reduktion anderer Stoffe wie Kohlenstoffverbindungen verwendet werden (▶Kasten Seite 136).

Diese Form des Metabolismus, den besonders Bakterien und Archaeen betreiben, nennen Biologen *Chemolithotrophie*. Chemolithotrophe Mikroorganismen leben bis heute in lichtarmen bis lichtlosen Habitaten. Für die Stoffwechselprodukte und Überreste der Organismen nach dem Absterben finden sich stets Verwerter, denn oft sind organisch gebundene Substanzen leichter zu verwerten als anorganisches Material. Der in ihnen enthaltene Kohlenstoff muss nicht mehr eigens reduziert werden.

So entstanden nach und nach biochemische Stoffkreisläufe. Erste Betreiber und Nutznießer waren Urformen heutiger Bakterien und Archaeen. Einen ganz wesentlichen Schritt bildete die Entstehung einer zunächst noch *anoxygenen Photosynthese* vor 3,8–3,2 Ga. Mit ihr wurde erstmals die Lichtenergie für Lebewesen nutzbar. Sie wurde genutzt, um „Energiespeicher"-Moleküle herzustellen, um Reaktionen anzutreiben, die von sich aus nicht ablaufen würden, sogenannte *endotherme* Reaktionen. Als solche chemischen Energiespeicher verwenden

autotroph / heterotroph
Das Begriffspaar autotroph/heterotroph wird gelegentlich auch auf andere Bioelemente übertragen. Beispielsweise sind stickstofffixierende Bakterien „Stickstoffautotroph", Pflanzen aber „Stickstoff-heterotroph".

Metabolismus
Beim Stoffwechsel (Metabolismus) werden häufig zwei Klassen von Reaktionen unterschieden:

Anabolismus
Bezeichnet Reaktionen zum Aufbau von Zellbestandteilen wie Makromolekülen. Gehen die Reaktionen von anorganischen Substanzen aus, spricht man von Assimilation.

Katabolismus
Bezeichnet abbauende Reaktionen, die zum Umbau von Substanzen dienen, aber auch zur Bereitstellung chemischer Energie. Entstehen dabei anorganische (mineralische) Produkte, so spricht man auch von Mineralisation.

Biologisches Standard-Reduktionspotential $E^{0'}$
In biologischen Systemen liegt in der Regel ein pH-Wert um 7 vor, weshalb man in biologischen Systemen alle Reduktionspotentiale auf diesen pH-Wert bezieht. Dieses Potenzial unter biologischen Randbedingungen bezeichnet man als $E^{0'}$.

Redoxreaktion und Reduktionspotential

Reduktion und Oxidation treten immer gemeinsam auf, man spricht von einer Redoxreaktion. Ein Stoff wird oxidiert, während der andere gleichzeitig reduziert wird. Während historisch nur das Eingehen einer Verbindung mit Sauerstoff als Oxidation bezeichnet wurde, erkannte man mit der Zeit, dass dies nur ein Spezialfall eines sehr allgemeinen chemischen Prozesses ist: bei einer Oxidation nimmt der reduzierte Partner Elektronen vom oxidierten Partner auf. Um Stoffe zu reduzieren, sind daher „Elektronenlieferanten" wie NADPH oder NADH notwendig, die dabei selbst oxidiert werden.

Welcher der Partner einer Redoxreaktion Elektronen abgibt und welcher sie aufnimmt, hängt von der Differenz des sogenannten Standard-Reduktionspotentials (in Volt) der Partner ab. E^0 wird angegeben im Vergleich zum Reduktionspotential des Wasserstoffs, das man per Definition zu 0 Volt setzt. Je kleiner das Potential, desto leichter werden Elektronen abgegeben. In biologischen Systemen verwendet man etwas andere Randbedingungen und bezeichnet dieses Potential dann als $E^{0'}$ (▶Randspalte). NADH mit $E^{0'} = -315$ mV gibt ein Elektron leichter an H$^+$ ab und wird dabei zu NAD$^+$ oxidiert, als es ein Elektron von H aufnimmt. Umgekehrt nimmt Sauerstoff (O_2) mit $E^{0'} = 815$ mV sehr gerne Elektronen vom Wasserstoff entgegen (und wird zu H_2O reduziert).

Aus der Differenz der Reduktionspotentiale kann man die bei einer Redoxreaktion freiwerdende (bei negativer Differenz) oder benötigte (bei positiver Differenz) Energie berechnen. Bei der direkten Reaktion von NADH mit Sauerstoff zu H_2O und NAD$^+$ werden 219 kJ/mol frei. Die sogenannte *Elektronentransportkette* in Zellen (▶Abbildung 7-08, Seite 138) zerlegt diese Reaktion in Einzelschritte mit jeweils geringerer, aber besser nutzbarer Energie.

heute alle Lebewesen ATP (▶Seite 96), aber auch Verbindungen wie NADH, NADPH$_2$ und FADH, sogenannte *Redoxäquivalente*. Redoxäquivalente speichern Elektronen, die später zur Reduktion anderer Stoffe genutzt werden können. Reduktion körperfremder Substanzen ist für Zellen wichtig, um körpereigene Stoffe aufbauen zu können, die meist in einem mittleren Oxidationszustand vorliegen müssen.

Erste Substrate, denen mit Hilfe der anoxygenen Photosynthese Elektronen entzogen wurden, waren elementarer Wasserstoff (H_2), Schwefelwasserstoff (H_2S) und andere Schwefelverbindungen. Im Laufe der Erdgeschichte entstanden immer komplexere Stoffkreisläufe. Sie umfassten nach und nach mehr enzymatisch katalysierte Teilschritte und Zwischenverbindungen.

Die nächsten entscheidenden Veränderungen kamen mit der Entstehung der Cyanobakterien vor etwa 2,7 Ga. Sie hatten die Fähigkeit erlangt, die für die Reduktion des Kohlendioxids notwendigen Elektronen mit Hilfe des Lichts aus den überall vorhandenen Wassermolekülen zu gewinnen. Damit konnten sie Kohlenstoff aus CO_2 leichter fixieren und in Kohlenhydrate umwandeln.

Bei der Spaltung von Wasser wurde als Nebenprodukt allerdings Sauerstoff in Form von O_2 freigesetzt (*oxygene Photosynthese*). Dieser reicherte sich langsam in der Atmosphäre an (▶Kapitel 9). Sauerstoff ist ein sehr reaktives Molekül und die damals lebenden Mikroben mussten eigens Enzymsysteme entwickeln, um ihn zu entgiften und sauerstofftolerant zu werden. Lediglich Arten, die sich auf Biotope fern der Atmosphäre, also etwa auf tiefe Gewässer oder tiefe Erdschichten beschränkten, können bis heute darauf verzichten.

Je oxidierender die Atmosphäre in der Erdgeschichte wurde, desto wichtiger wurde auch die Nutzung von Lichtenergie für die Reduktion, denn reduzierte Verbindungen waren in dieser Umgebung immer weniger verfügbar.

Auch die heute bei der Sauerstoffproduktion dominierenden Pflanzen nutzen die oxygene Photosynthese in ihren Chloroplasten. Nachdem die Anpassung an eine sauerstoffhaltige Umgebung erfolgreich bewältigt war, ermöglichte freier Sauerstoff ganz neue Stoffwechselwege.

Die Entstehung der *aeroben Atmung* erlaubte die Nutzung des Abfallprodukts Sauerstoff zu einer wesentlich effizienteren Energiegewinnung beim Abbau organischer Substanzen, als dies zuvor möglich war. Moderne Zellatmung ist bei der Energienutzung aus Glucose etwa 17fach effizienter als urtümlichere Gärungsprozesse, die ohne Sauerstoff auskommen. Heute nutzen auch nahezu alle eukaryotischen Zellen die aerobe Atmung. Ausnahmen finden sich unter wenigen anaerob lebenden Darmparasiten.

Parallel dazu entwickelten sich verbesserte Recyclingverfahren. Es entstanden auch für die genannten vier Bioelemente C, N, S und P bis heute dominierende Stoffkreisläufe mit autotrophen Produzenten, heterotrophen Konsumenten sowie heterotrophen Destruenten (▶Randspalte). Beide Entwicklungen förderten die Entstehung von immer komplexeren Mehrzellern und immer stärker verzahnter Ökosysteme.

Den Stoffkreisläufen der vier genannten Elemente ist gemeinsam, dass sie sowohl die Einbindung anorganischer Elemente in Lebewesen beschreiben (Assimilation) als auch die Rückverwandlung organisch gebundener Elemente in anorganische Formen (Dissimilation und Mineralisation). Aber im Einzelnen differieren die Stoffkreisläufe, wie wir unten sehen, deutlich in den beteiligten Akteuren und im Ablauf.

Mikrobieller Stoffwechsel

Energie und Baustoffe werden umgesetzt

Prokaryoten (Bakterien und Archaeen) haben eine Vielzahl von Stoffwechselwegen entwickelt und sich so neue Nährstoff- und Energiequellen erschlossen[1]. Im folgenden Abschnitt werden wir auf verbreitete Prozesse des Aufbaustoffwechsels (Anabolismus) und der Energienutzung (Bioenergetik) näher eingehen.

Je nach genutzter Energiequelle lassen sich zwei Hauptgruppen von Lithotrophen unterscheiden: *chemolithotrophe* nutzen anorganische Substanzen, *photolithotrophe* Mikroorganismen nutzen Licht als Energiequelle. Beide Typen benötigen eine Kohlenstoffquelle und Elektronenlieferanten (Elektronendonatoren) für ihre biologischen Aktivitäten. Die meisten Angehörigen beider Gruppen sind autotroph, das heißt, sie assimilieren Kohlendioxid aus der Atmosphäre. Einige Bakterien beziehen zusätzlichen Kohlenstoff aus organischen, kohlenstoffhaltigen Verbindungen, sie werden als *Mixotrophe* bezeichnet.

Nicht nur Pflanzen, sondern auch Cyanobakterien und aerobe, photolithotrophe Bakterien aus den Gruppen *Chlorobi*, *Chloroflexi* und Purpurbakterien tragen zur Sauerstoffanreicherung in der Atmosphäre bei. Chemolitho- und chemoautotrophe Bakterien sind wichtig bei der Verwitterung und Abtragung von Gesteinen. Beide Klassen spielen auch eine große Rolle im globalen Kohlenstoffkreislauf (▶Seite 152). Besonders wichtig für die menschliche Ernährung sind die mit den Wurzeln vieler Nahrungspflanzen symbiotisch lebenden, Stickstoff assimilierenden Bakterien (▶Seite 156). Sie liefern Pflanzen Stickstoff in einer für diese aufnahmefähigen Form.

Chemolithotrophie

Auf den russischen Mikrobiologen SERGEJ N. WINOGRADSKIJ (1856–1953) geht das Konzept der Lithotrophie und der Umweltmikrobiologie zurück: Er entdeckte zwischen 1887 und 1889 Bakterien, die aus der Umsetzung von anorganischen Substanzen Energie gewinnen konnten (▶Abbildung 7-05). 1890 bewies er, dass nitrifizierende Bakterien auch im Dunkeln ohne organische Substanzen wachsen können. Nur Mikroorganismen sind zur Lithotrophie fähig. Sie nutzen anorganische Moleküle als Energiequelle für die Kohlenstofffixierung. Chemolithotrophe anaerobe Bakterien haben sich an extreme Lebensräume angepasst und benötigen dort für ihre Stoffumwandlungswege weder Licht noch Wasser. Inzwischen wissen Mikrobiologen, dass Mikroorganismen völlig unabhängig von solarer Energie in mehreren Kilometern Tiefe in Gesteinen existieren[2]. Schwefeloxidierende Bakterien etwa leben symbiotisch an den sogenannten Schwarzen Rauchern in bis zu 350 °C heißem

Destruenten
Organismen, die organisches Material zu anorganischen Substanzen abbauen. Destruenten sind meist Bakterien oder Pilze.

Elektronenquelle	Reaktion	Chemolithotrophie
Wasserstoff	$2 H_2 + O_2 \rightarrow 2 H_2O$	Wasserstoffbakterien
Sulfide	$H_2S + 2 O_2 \rightarrow SO_4^{2-} + 2 H^+$	Schwefelbakterien
Schwefel	$2 S^0 + 3 O_2 + 2 H_2O \rightarrow 2 SO_4^{2-} + 4 H^+$	Schwefelbakterien
Thiosulfat	$S_2O_3^{2-} + 2 O_2 + H_2O \rightarrow 2 SO_4^{2-} + 2 H^+$ $S_2O_3^{2-} + H_2O \rightarrow SO_4^{2-} + H_2S$	Schwefelbakterien Disproportionierung
Ammonium	$NH_3 + 1½ O_2 \rightarrow NO_2^- + H^+ + H_2O$	Nitritbakterien
Nitrit	$NO_2^- + H_2O \rightarrow NO_3^- + 2 H^+ + 2 e^-$	Nitratbakterien
Eisen (II)	$4 Fe^{2+} + 4 H^+ + O_2 \rightarrow 4 Fe^{3+} + 2 H_2O$	Eisenbakterien

7-05
Chemolithotrophie. Zusammenstellung wichtiger Reaktionen, über die chemolithotrophe Bakterien Energie gewinnen.

KAPITEL 7 Stoffwechsel und Elementzyklen

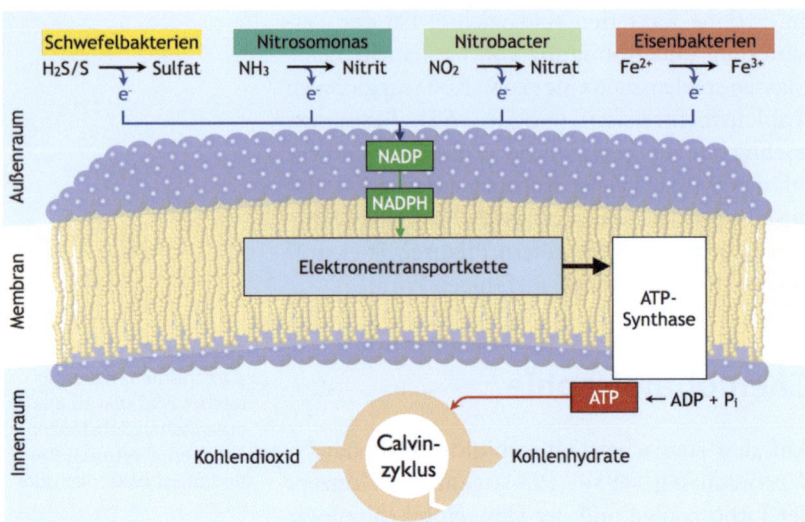

7-07
Bioenergetik chemolithotropher Prokaryoten. Chemolithotrophe Prokaryoten nutzen unterschiedliche Elektronenquellen, um über die Elektronentransportkette in der Membran Energie (ATP) für die Kohlenstofffixierung im Calvin-Zyklus zur Verfügung zu stellen.

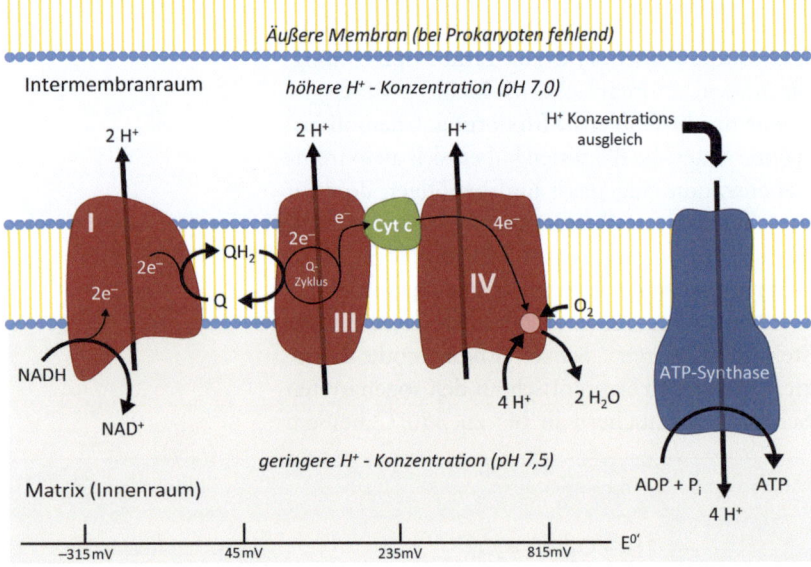

7-08
Elektronentransportkette. In der Elektronentransportkette werden pro NADH-Molekül zwei Elektronen durch Eisenionen im sogenannten Komplex I aufgenommen. Im Zuge dieser Reaktion werden je Elektron zwei Protonen (H+) in den Intermembranraum (bei Prokaryoten in den Außenraum) transportiert. Die aufgenommenen Elektronen reduzieren Chinone (Q→QH$_2$) in der Innenmembran. Diese geben die Elektronen an Eisenionen im Komplex III ab. Im Zuge dieser Reaktion werden ebenfalls zwei Protonen je Elektron durch die Membran transportiert. Der Elektronentransport zum Komplex IV erfolgt über Cytochrom c, das pro Transport nur ein Elektron aufnehmen kann, weshalb das zweite im sogenannten Q-Zyklus „geparkt" wird. Komplex IV sammelt vier Elektronen, um damit vier Protonen mit einem Sauerstoffmolekül zu Wasser zu oxidieren. Dabei wird noch ein Proton je Elektronen durch die Membran transportiert. Das entstehende H+-Konzentrationsgefälle (pH-Wert) zwischen Intermembranraum und Matrix treibt das Enzym ATP-Synthase an. Nur durch deren Membrankanal können die Protonen zurückströmen. Die durch den Konzentrationsausgleich freiwerdende Energie wird schließlich für die Bildung von ATP aus ADP und freiem Phosphor (P$_i$) genutzt. Unten dargestellt ist das schrittweise Steigen des Reduktionspotentials von NADH (−315 mV) bis zur Wasserbildung (815 mV).

Wasser in der Tiefsee. Sie ernähren sich meistens autotroph. Einige Bakterienspezies aus den gleichen Gattungen wie die Photolithotrophen betreiben Chemolithotrophie, ihr Stoffwechselsystem ähnelt dem der Photolithotrophen, sie besitzen aber keine Chlorophylle. Ein Beispiel ist das farblose Schwefelwasserstoff (H$_2$S) oxidierende Schwefelbakterium aus der Gattung *Thiothrix*.

Die Oxidation der anorganischen Ausgangssubstanzen setzt Elektronen frei (▶Abbildung 7-07). Freigesetzte Elektronen werden kaskadenartig über die sogenannte *Elektronentransportkette* oder *Atmungskette* (▶Abbildung 7-08) weitergeleitet. Bei Chemoautotrophen dient Sauerstoff als terminaler Elektronenakzeptor, bei chemolithotrophen Bakterien verschiedene anorganische Substanzen wie Sulfat (SO$_4^{2-}$), Schwefel oder dreiwertiges Eisen (Fe^{3+}). Alle chemolithotrophen Stoffumwandlungsreaktionen sind hinsichtlich der Energieausbeute an ATP weniger effektiv. Dies liegt daran, dass das Reduktionspotential der Reduktion von Sauerstoff zu Wasser höher ist als das der anderen Endprodukte. Die Energieausbeute ist proportional zur Differenz der Reduktionspotentiale.

Photolithotrophie

Photolithotrophe Bakterien nutzen Licht als Energiequelle und anorganische Substanzen als Elektronenlieferanten, um in ATP gebundene Energie zu gewinnen. Viele Bakterien und Archaeen besitzen spezielle Bakteriochlorophylle, mit deren Hilfe sie eine anoxygene Photosynthese betreiben.

Man ist sich inzwischen sicher, dass die anoxygene Photosynthese vor der oxygenen entstand, im Archaikum zwischen 3,8 und 3,4 Ga, als freier Sauerstoff in der Atmosphäre noch fehlte. Zur anoxygenen Photosynthese fähige Mikroorganismen waren in dieser Epoche die dominierenden Lebensformen, weil Licht an Land und den oberen Wasserschichten als fast unerschöpfliche Energiequelle zur Verfügung stand und reduzierte anorganische Verbindungen verbreitet verfügbar waren. Da deren Reduktionspotential zu niedrig ist, können anoxygen-photosynthetische Bakterien Wasser nicht spalten und setzen daher keinen Sauerstoff frei.

Wir werden uns mit den Unterschieden zwischen anoxygener und oxygener Photosynthese noch beschäftigen.

Erde und Leben – Die Geschichte einer innigen Wechselbeziehung

Mixotrophie

Sind Organismen in der Lage, Energie und Kohlenstoff je nach Versorgungssituation aus verschiedenen Quellen zu beziehen, nennt man sie mixotroph. Verschiedene Formen der Mixotrophie wie Photo- und Chemoautotrophie, Litho- und Organotrophie oder Auto- und Heterotrophie treten in der Natur einzeln oder kombiniert auf. Eine Reihe einzelliger Mikroorganismen wie aquatisch lebende Dinoflagellaten oder Ciliaten, aber auch Mehrzeller wie Algen oder Schwämme können sich sowohl autotroph als auch heterotroph ernähren.

Einige anaerobe Bakterien können auch aus organischen Quellen wie Fetten oder Alkoholen Kohlenstoff für ihr Wachstum beziehen. Dazu gehören Phototrophe wie Nichtschwefel-Purpurbakterien, Grüne Nichtschwefel-Bakterien oder Chemotrophe wie einige schwefeloxidierende Bakterien aus der Gattung *Thiobacillus* und einige Nitrobakterien. Letztere gewinnen Energie aus der Oxidation anorganischer Substanzen, können aber kein CO_2 assimilieren.

Für mixotrophe Organismen ist es im Vergleich zu obligat litho- oder chemotrophen Bakterien natürlich von Vorteil, je nach Lebensraum oder Nährstoffangebot verschiedene Quellen nutzen zu können. Allerdings müssen sie dazu auch einen vergleichsweise höheren Aufwand betreiben, um bei Bedarf einen Lichtsammelapparat und Proteine für die Zersetzung organischer Substanzen bereitstellen zu können.

Photosynthese

Vom Licht zur Lebensenergie

Als Photosynthese wird ein biochemischer Stoffwechselprozess bezeichnet, bei dem Energie des Sonnenlichts von Organismen in chemische Energie umgewandelt und gespeichert wird. Die *oxygene* Photosynthese, bei der Wasser als Elektronenspender wirkt und Sauerstoff als „Abfallprodukt" entsteht, ist der bedeutendste und einflussreichste irdische Stoffwechselprozess (▶ Abbildung 7-09). Durch sie wurde die Zusammensetzung der Atmosphäre von einer reduzierenden in eine mit Sauerstoff angereicherte verändert (▶ Seite 148). Nur autotrophe Erzeuger wie Cyanobakterien und vor allem Algen und Pflanzen vermögen anorganischen Kohlenstoff aus der Atmosphäre zu fixieren. Sie geben Sauerstoff als Nebenprodukt ihres Stoffwechsels ab und ermöglichen damit erst die Existenz größerer heterotropher Lebewesen wie uns Menschen. Durch die oxygene Photosynthese wird pflanzliche Biomasse mit den darin gespeicherten Kohlenstoffwasserstoffen erzeugt, die wiederum Ausgangssubstanz für wichtige fossile Energieträger von Torf über Holz bis hin zu Steinkohle bildet.

Bei der *anoxygenen* Photosynthese ist nicht Wasser der Elekronenlieferant, sondern andere Substanzen wie Schwefelwasserstoff (H_2S). Anstelle des Sauerstoffs entsteht bei der Photosynthese elementarer Schwefel oder Sulfat. Manche anoxygen Photosynthese treibenden Mikroorganismen vermögen auch organische Substanzen anstelle des Schwefelwasserstoffs als Elektronenlieferant zu nutzen (Photoheterotrophie).

Oxygene Photosynthese

Die biologische Kohlenstoff-Fixierung mittels Photosynthese wurde nach neueren Erkenntnissen im Laufe der Evolution mehrmals „erfunden"[3] und durch horizontalen Gentransfer an verschiedene Organismengruppen weitergege-

Horizontaler Gentransfer
Übertragung von genetischem Material von einem Organismus zum anderen, allerdings nicht entlang der Abstammungslinie (vertikal).

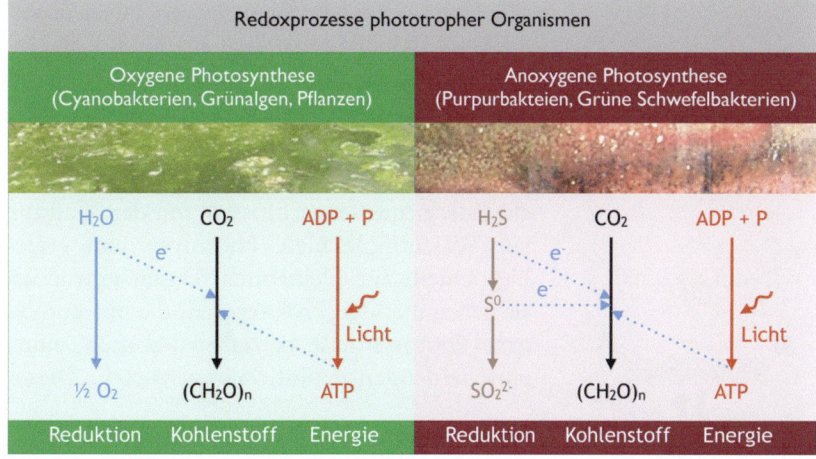

7-09

Anoxygene und oxygene Photosynthese. Bei „normaler" oxygener Photosynthese, die wir von Cyanobakterien, Algen und Pflanzen her kennen, liefern Wassermoleküle die Elektronen, um CO_2 zu reduzieren. Dabei entsteht Sauerstoff als Nebenprodukt. Bei der anoxygenen Photosynthese tritt anstelle von Wasser ein anderes reduzierendes Agens. Oft ist dies Schwefelwasserstoff (H_2S). Als Nebenprodukt entsteht hier molekularer Schwefel (S^0) oder es bilden sich Sulfationen (SO_4^{2-}). $(CH_2O)_n$ ist eine Kurzformel für Kohlenhydrate.

Präkambrium
4600 – 541 Ma

Lichtreaktion
Dunkelreaktion
historische Begriffe, die 1905 von FREDERICK FROST BLACKMAN (1866 – 1947) eingeführt wurden. Tatsächlich findet die Dunkelreaktion auch tagsüber statt.

Archaikum
4000 – 2500 Ma

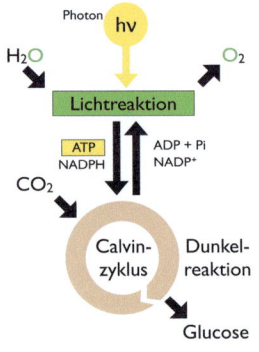

7-10
Oxygene Photosynthese. Die oxygene Photosynthese läuft in zwei räumlich und zeitlich entkoppelten Reaktionen ab. Im ersten, lichtabhängigen Teil, der an den Thylakoidmembranen der Chloroplasten stattfindet, wird Wasser gespalten und Sauerstoff erzeugt. Er stellt Energie und Redoxäquivalente bereit. In einem zweiten, nicht lichtabhängigen Schritt (Dunkelreaktion), wird im Stroma der Chloroplasten CO_2 fixiert und über den Calvin-Zyklus in Glucose ($C_6H_{12}O_6$) umgewandelt.

ben⁴. Als biochemische Reaktion zur Gewinnung chemischer Energie entstand die Photosynthese schon mit den ersten Prokaryoten, also zu einer Zeit, als die irdische Atmosphäre noch fast sauerstofffrei war. Heute sind fünf Prokaryotengruppen bekannt, die schon im Präkambrium zur Photosynthese fähig waren:

1. Purpurbakterien
2. Heliobakterien
3. Grüne Nichtschwefel-Bakterien (Chloroflexi)
4. Grüne Schwefelbakterien (Chlorobi)
5. Cyanobakterien

Vertreter der ersten vier Gruppen enthielten nur ein Photosystem mit verschiedenen Bakteriochlorophyllen und waren lediglich zu *anoxygener Photosynthese* fähig. Allein die Cyanobakterien enthielten zwei Photosysteme. Sie gelten auch als die evolutionären Vorläufer von Chloroplasten in Algen und höheren Landpflanzen.

Älteste, angeblich aus dem frühen Archaikum (um 3,5 Ga) stammende cyanobakterielle Fossilien sind umstritten. Erst 2,7–2,6 Ga alte Funde von Cyanobakterien gelten heute als gesichert. Die Entwicklung der oxygenen Photosynthese wird als Ursache für das Große Oxidationsereignis (▶Seite 148) eingestuft. Das Nebenprodukt Sauerstoff reicherte sich nach und nach in der Atmosphäre an und beeinflusste auch die Ozeane. Als aggressives Gas war es für viele an die reduzierende Atmosphäre angepasste Mikroorganismen hochgradig giftig. Diejenigen, die keine Widerstandsfähigkeit durch zelluläre Entgiftungsmechanismen entwickeln konnten, wurden aus oberflächennahen Lebensräumen verdrängt. Mit Sonnenlicht haben sich Cyanobakterien und Pflanzen eine fast unerschöpfliche Energiequelle erschlossen, mit der Spaltung von Wassermolekülen (Photolyse) eine ergiebige Quelle für Elektronen. Damit gewannen sie gegenüber den Prokaryoten, die nur anoxygene Photosynthese betreiben konnten, einen entscheidenden evolutionären Vorteil. Dieser ermöglichte ihnen eine Verbreitung in allen Ozeanen und schließlich den Pflanzen die Eroberung des Landes.

Ablauf der Photosynthese

Die Photosynthese läuft bei Algen und höheren Pflanzen innerhalb spezieller Organellen, den Chloroplasten ab (▶Abbildungen 7-11 und 7-12). Dort findet über mehrere Zwischenstufen eine Umwandlung der elektromagnetischen Energie des Lichts in chemische Energie statt. Dieser erste Teilschritt wird als *Lichtreaktion* bezeichnet (▶Randspalte und Abbildung 7-10).

Die dabei gewonnene Energie wird in einem zweiten Teilschritt genutzt, um CO_2 aus der Atmosphäre zu fixieren und in organische Kohlenstoffverbindungen wie Kohlenhydrate zu überführen (assimilieren). Da dieser Prozess lichtunabhängig auch bei Dunkelheit abläuft, wird er als Dunkelreaktion oder nach seinen Entdeckern und Beschreibern auch als Calvin-Benson- oder Calvin-Zyklus bezeichnet. Chemisch gesehen ist die Photosynthese eine Abfolge von Redoxreaktionen.

Die Lichtreaktion

Alle für die Photosynthese wichtigen Komponenten wie Pigmente, Enzyme oder Elektronentransporter befinden sich bei Pflanzen auf oder in Thylakoidmembranen. Als Thylakoide werden flache, sackförmige Ausstülpungen von Membranen bezeichnet, die meist gestapelt angeordnet sind (▶Abbildung 7-12).

Die Lichtreaktion selbst findet in höheren Pflanzen, Algen und Cyanobakterien in zwei Systemen statt, dem sogenannten *Photosystem II* (PS II) und dem *Photosystem I* (PS I). In PS II wird mittels Lichtenergie Wasser in Sauerstoff und Wasserstoff (H^+ und e^-) gespalten. Diese Reaktion liefert nicht nur Elektronen, sondern treibt auch eine Protonenpumpe an, die Protonen vom Stroma, dem Innenraum der Chloroplasten in das Innere der Thylakoide (dem Lumen) transportiert. Diesen Mechanismus kennen wir bereits von der Elektronentransportkette (▶Abbildung 7-08, Seite 138) und er hat in der Photosynthese die gleiche Funktion: die Erzeugung von ATP aus ADP über die ATP-Synthase.

Über eine Elektronentransportkette erreichen die Elektronen von PS II das Photosys-

Erde und Leben – Die Geschichte einer innigen Wechselbeziehung

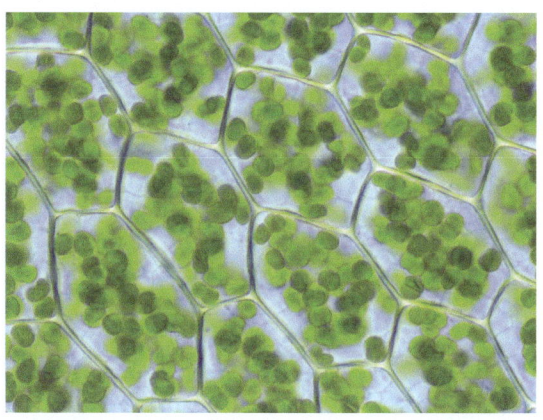

7-11

Chloroplasten eines Laubmooses[5]. Bei Eukaryoten läuft die Photosynthese an inneren Membransystemen besonderer, von einer Doppelmembran umgebener Organellen ab. Sie werden nie neu gebildet, sondern vermehren sich stets durch Teilung. Der Innenraum wird als Stroma bezeichnet. Darin lassen sich alle Strukturen nachweisen, die auch für Bakterienzellen typisch sind.

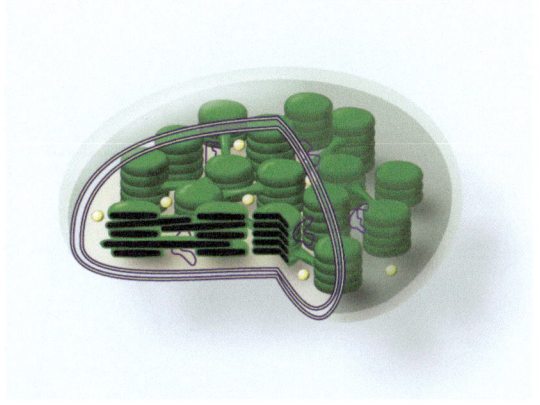

7-12

Aufbau eines Chloroplasten. Im Cytoplasma des Innenraums besitzen Chloroplasten eine eigene DNA (violett). Im Stroma wird neu gebildete Glucose in Form von Stärkekörnern (hell) zwischengelagert. Die untereinander verbundenen Membranen (Thylakoidmembranen) bilden teilweise geldrollenartige Stapel. An diesem Membransystem läuft die Lichtreaktion der Photosynthese ab.

tem I. Hier werden die Elektronen zusammen mit Lichtenergie dazu genutzt, $NADP^+$ zu NADPH zu reduzieren.

Wasserspaltung und $NADP^+$-Reduktion finden nur in den Photosystemen als Reaktionszentren statt. Untersucht man Pflanzenzellen genauer, so stellt man fest, dass über hundertmal mehr Chlorophyllmoleküle in einem Chloroplast vorhanden sind, als es Reaktionszentren gibt. Hinzu kommen noch Moleküle wie Carotinoide und Xanthophylle, die zwar ebenfalls Photonen absorbieren, aber nicht direkt an der Wasserspaltung und NADPH-Erzeugung beteiligt sind.

Es stellte sich heraus, dass diese Moleküle wie „Lichtantennen" wirken! Sie sammeln gewissermaßen Photonen über eine größere Fläche (und einen größeren Frequenzbereich) ein und leiten die gewonnene Lichtenergie als elektronische Anregungen – sogenannte Exzitonen – bis in das Reaktionszentrum weiter (▶Abbildungen 7-13 und 7-14).

Bei diesen Lichtantennen handelt es sich um komplexe Molekülstrukturen, die neben Chlorophyllen auch Proteine und die besagten Carotinoide und Xanthophylle enthalten. Man spricht deswegen von *Antennenpigmenten* oder *Lichtsammelkomplexen* (engl. LHC, *light harvesting complex*). Am häufigsten anzutreffen sind die Komplexe LHC I und LHC II.

Im Reaktionszentrum des PS II wird letzten Endes ein Elektron des Paares bestehend aus zwei Chlorophyllmolekülen P680 (benannt nach dessen Absorptionsmaximum bei 680 nm Wellenlänge) angeregt und über eine Elektronentransportkette ähnlich der, die wir schon kennen (▶Abbildung 7-08, Seite 138) weiter transportiert. Das Reduktionspotential des verbleibenden Chlorophyll-Radikals ist hoch genug, um über Zwischenstufen in einem in der belebten Natur sehr ungewöhnlichen Komplex aus 4 Mangan- und einem Calciumatom Wasser zu Sauerstoff zu oxidieren (▶Abbildung 7-15). Der Sauerstoff der Photosynthese stammt nicht aus Kohlendioxid, sondern aus dem beteiligten Wasser!

PS II und PS I
Die Bezifferung der Photosysteme bezieht sich nicht auf die Anordnung, sondern historisch auf die Abfolge der Entdeckung; die gebräuchliche Abkürzung PS geht auf den englischen Begriff „photo system" zurück.

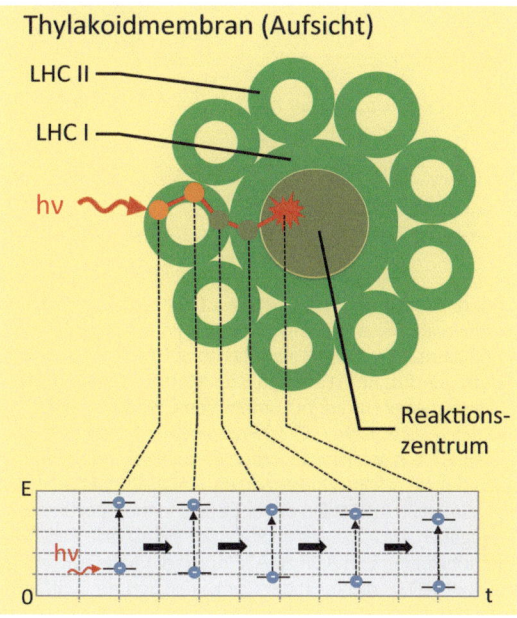

7-13

Antennenpigmente. Die ringförmigen Antennenpigmente LHC I und II (und weitere) enthalten lichtempfindliche Carotinoide, Xanthophylle und Chlorophylle. Ein eintreffendes Photon hebt ein Elektron auf ein höheres Energiepotential (unten). Durch elektromagnetische Wechselwirkungen (Resonanzen) zwischen den Elektronen benachbarter Moleküle wird diese Anregung weiter gegeben, bis das Reaktionszentrum in der Mitte erreicht ist. Da die Moleküle auf Photonen unterschiedlicher Energie (Wellenlänge) ansprechen, wird ein breites Spektrum abgedeckt. Der Transport ins Zentrum dauert weniger als 1 Nanosekunde.

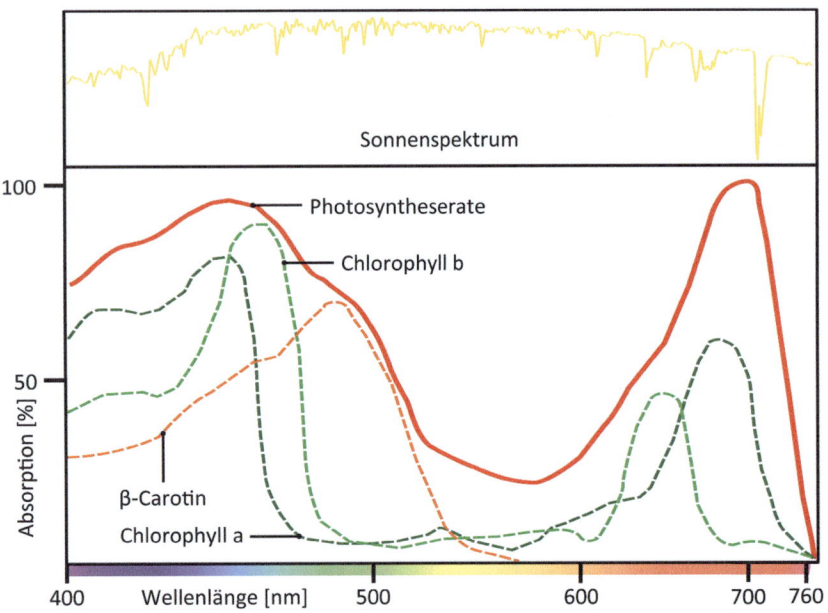

7-14
Absorptionsspektren. Die lichtempfindlichen Moleküle der Pflanzen absorbieren breite Bereiche des sichtbaren Lichtspektrums. Das Absorptionsminimum im gelb-grünen Bereich ist für die grüne Farbe der Pflanzen verantwortlich. Die Photosyntheserate folgt den Absorptionsmaxima der Moleküle. Dargestellt ist das Absorptionsspektrum eines Buchenblatts.

Die bei der Photooxidation freigewordenen Elektronen werden über eine Elektronentransportkette zum Photosystem I transportiert. Parallel dazu werden Protonen in den Innenraum der Chloroplasten transportiert, es entsteht zwischen diesem und dem Stroma, dem Innenraum der Thylakoide, ein pH-Gefälle, das am Ende von der ATP-Synthase zur Erzeugung von ATP ausgenutzt wird. Photosystem I nutzt Lichtenergie, um ebenfalls ein Chlorophyllpaar zu oxidieren, deren Chlorophyllmoleküle als P700 bezeichnet werden, da ihr Absorptionsmaximum bei 700 nm liegt. Das entstehende Reduktionspotential reicht aus, um $NADP^+$ zu NADPH zu reduzieren; das übrigbleibende Chlorophyllradikal wird durch das herangeschaffte Elektron aus PS II wieder oxidiert.

Insgesamt entstehen bei dieser Reaktionskette etwa drei ATP-Moleküle pro Lichtreaktion, ausreichend, um in der Dunkelreaktion aus Kohlendioxid organische Kohlenstoffverbindungen herzustellen.

Dunkelreaktion (Calvin-Zyklus)

Hauptzweck der Photosynthese ist die Erzeugung von organischen Kohlenstoffverbindungen aus Kohlendioxid, die die Pflanze als Nahrungsreserve speichert. Stärke wird bereits in den Chloroplasten gebildet und dort in Form kleiner Körner eingelagert.

Die Dunkelreaktion wird nach einem ihrer Aufklärer MELVIN CALVIN (1911–1997) auch *Calvin-Zyklus* genannt (die anderen Beteiligten waren ANDREW BENSON und JAMES A. BASSHAM).

Der Zyklus besteht aus drei Phasen (▶ Abbildung 7-16), die alle drei in den Chloroplasten ablaufen: dem chemischen Binden des Kohlendioxids (Kohlenstoff-Fixierung), dessen Reduktion zu *Glycerinaldehyd-3-Phosphat* (GAP), einem wichtigen „Grundbaustoff" der Biosynthese, und der anschließenden Regeneration des Moleküls, das Kohlendioxid zu Beginn des Zyklus aufnimmt.

Diese Regeneration ist aufwändig: sie benötigt fünf der sechs GAP-Moleküle, die bei der Fixierung von drei Kohlendioxid-Molekülen entstehen. Insgesamt benötigt die Reduktion des Kohlendioxids 9 ATP- und 6 NADPH-Moleküle als Energie- und Elektronenlieferanten.

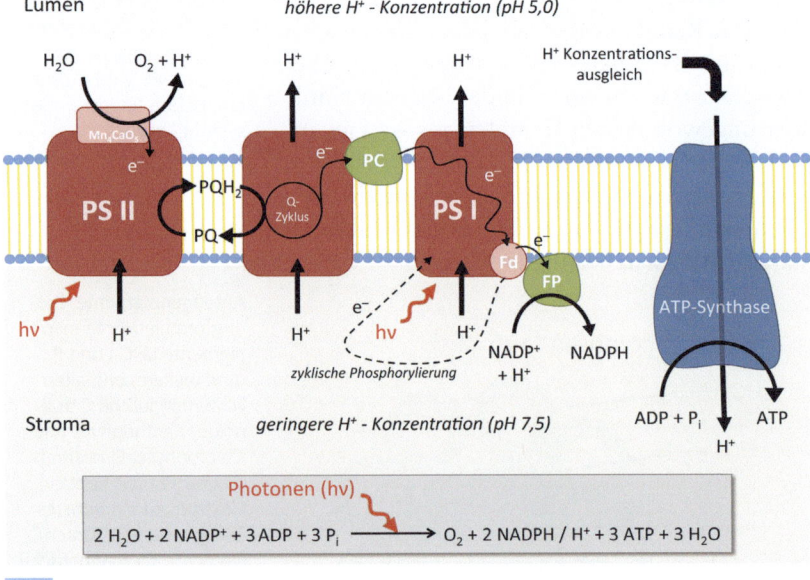

7-15
Lichtreaktion der Photosynthese. Mit der Photonenenergie (hv) wird das zentrale Chlorophyll im PS II oxidiert und gibt Elektronen ab. Diese werden auf Plastochinon (PQ) und von dort auf ein Cytochrom b_6f - Molekül übertragen. Parallel wird das hohe Reduktionspotential des oxidierten Chlorophylls (+1V) dazu genutzt, um Wasser zu Sauerstoff zu oxidieren. Die freiwerdenden Protonen (H^+) erniedrigen den pH-Wert im Lumen. Von Cytochrom b_6f gelangen die Elektronen über das Protein Plastocyanin (PC) zu Photosystem I. Dort wird das Elektron genutzt, um das durch ein Photon oxidierte Chlorophyll wieder zu reduzieren. Dessen Elektron wird über Ferredoxin (Fd) an das Enzym Ferredoxin-NADP-Reduktase weitergeleitet, welches NADPH erzeugt. An mehreren Stellen dieser Elektronentransportkette werden Protonen an das Lumen abgegeben. Das dadurch entstehende pH-Gefälle treibt wie bei der Chemolithotrophie die Phosphorylierung von ADP zu ATP durch die ATP-Synthase an. ATP und die Reduktionsäquivalente des NADPH dienen in der Dunkelreaktion zur Synthese organischer Substanzen aus CO_2.

Das Kohlendioxid wird durch das Enzym *Ribulose-1,5-Bisphosphat-Carboxylase/-Oxygenase*, das man gnädigerweise mit *RuBisCO* abkürzt, an Ribose-1,5-Bisphosphat gebunden. Die resultierende Verbindung ist jedoch sehr instabil und zerfällt in zwei Moleküle 3-Phosphoglycerat, das den Ausgangspunkt für die nachfolgende Reduktion bildet.

Ein Enzym mit Schwächen

RuBisCO scheint kein besonders effektives Enzym zu sein. Seine Umsetzungsrate beträgt nur drei Moleküle CO_2 pro Sekunde, weshalb in den Chloroplasten große Mengen gleichzeitig vor sich hinwerkeln. Ein weiterer Nachteil des Enzyms ist seine schlechte Spezifität für CO_2 gegenüber Sauerstoff. Etwa alle drei bis vier Zyklen[7] bindet RuBisCO Sauerstoff anstelle des CO_2 und bildet neben einem Molekül 3-Phosphoglycerat ein Molekül 2-Phosphoglycolat (▶ Abbildung 7-16, grau), das von der Pflanzenzelle in einem aufwändigen Prozess wieder in Glycerat umgewandelt werden muss, wobei erneut CO_2 entsteht. Ganz offensichtlich sinkt durch diese Nebenreaktion, die man *Photorespiration* nennt, der Wirkungsgrad des Calvin-Zyklus. Zur Zeit der Evolution der Photosynthese war dies kein Problem, da anfangs kaum Sauerstoff in der Atmosphäre und im Wasser vorhanden war. Unbekannt ist, warum im Zuge der Evolution keine selektivere Form des Enzyms entstanden ist. Untersuchungen lassen vermuten, dass es kaum bessere Möglichkeiten gibt als die evolutionär entstandenen, die Selektivität von RuBisCO zu erhöhen, ohne gleichzeitig die Umsetzungsgeschwindigkeit zu senken[8]. Insofern ist auch zweifelhaft, ob Versuche erfolgreich sein werden, die Struktur von RuBisCo zu optimieren. Gelänge dies jedoch, so könnte die Effizienz des Pflanzenwachstums erheblich steigen. Die benötigten Dünger- und wohl auch Wassermengen könnten entsprechend reduziert werden.

Pflanzen haben allerdings andere Möglichkeiten entwickelt, um die Effizienz der Photosynthese zu steigern.

C3-Pflanzen

Die Effektivität der Photosynthese wird von der atmosphärischen CO_2-Konzentration, den Beleuchtungs- und den Temperaturverhältnissen

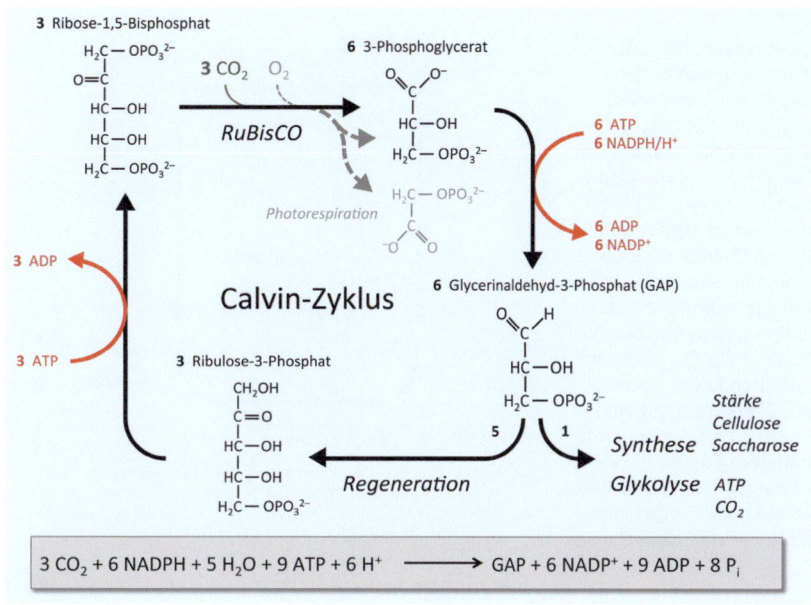

7-16

Calvin-Zyklus. Im Calvin-Zyklus (vereinfachte Darstellung) entstehen aus drei Molekülen CO_2 ein GAP-Molekül, das Ausgangsprodukt für die Synthese von Zellbestandteilen wie Zucker, Cellulose oder Stärke. Ein größerer Teil des produzierten GAP wird zur Regeneration des Ausgangsstoffes Ribulose-3-Phosphat verwendet. 9 ATP- und 6 NADPH-Moleküle aus der Lichtreaktion sind für den Zyklus notwendig. Als Nebenreaktion (grau) oxidiert RuBisCO Ribose-1,5-Bisphosphat etwa alle drei bis vier Zyklen, dabei bildet sich neben 3-Phosphoglycerat ein Molekül 2-Phosphoglycolat (Photorespiration), das unter Energieaufwand von der Zelle wieder abgebaut werden muss.

beeinflusst. In Regionen mit Hitze- und Trockenperioden mit hohem Verdunstungspotential, bei intensiver Sonneneinstrahlung und starker Erwärmung schließen Pflanzen ihre Blattöffnungen (Stomata), um Wasserverlust durch Verdunstung zu vermeiden. Damit wird der Gasaustausch zwischen Atmosphäre und Pflanze unterbrochen, die Sauerstoffkonzentration steigt. RuBisCO bindet bei erhöhtem O_2-Gehalt vorzugsweise Sauerstoff anstelle des Kohlendioxids. Dadurch werden die gerade unter Energieaufwand gebildeten Kohlenstoffverbindungen veratmet (Photorespiration), die CO_2-Konzentration sinkt und der Calvin-Zyklus stoppt.

Wichtige Nutzpflanzen wie Weizen, Sojabohne oder Baumwolle gehören zu den sogenannten *C3-Pflanzen*. Sie besiedeln Regionen mit gemäßigter Sonneneinstrahlung und Erwärmung sowie genügend Grundwasser. Die Blattöffnungen der Pflanzen können unter diesen Bedingungen lange geöffnet bleiben. C3-Pflanzen betreiben die beschriebene Fixierung, bei der zunächst 3-Phosphoglycerat entsteht, ein Molekül mit drei Kohlenstoff-Atomen, was dieser Art von Pflanzen ihren Namen beschert hat.

RuBisCO
RuBisCO liegt in Chloroplasten in sehr hoher Konzentration vor. Es ist wohl das häufigste wasserlösliche Protein auf der Erde und versieht seinen Dienst in allen höheren Pflanzen, Algen und Cyanobakterien. Manche photosynthetisch aktiven Bakterien und Archaeen nutzen abgewandelte Versionen.

KAPITEL 7   Stoffwechsel und Elementzyklen

7-17

C4-Pflanzen. Sie nutzen einen vorgeschalteten Kreislauf in einer Mesophyllzelle, der CO_2 als Hydrogencarbonat aufnimmt. Das die Aufnahme katalysierende Enzym PEP-Carboxylase ist effizienter als RuBisCO. In der Bündelscheidenzelle wird wieder CO_2 gewonnen und der Calvin-Zyklus durchlaufen. Da dort die CO_2-Konzentrationen höher sind als in C3-Pflanzen, arbeitet RuBisCO effizienter. Trotz höherem Energieaufwand ist die C4-Dunkelreaktion ab etwa 28 °C effizienter als der reine Calvin-Zyklus.

Crassulacaeen
Die Pflanzen und ihr Photosynthesepfad sind nach den Crassulacaeen, sukkulenten Dickblattgewächsen benannt, zu denen auch die beliebte Zimmerblume Kalanchoe gehört.

7-18

Energieeffizienz der Photosynthese. Nur etwa fünf Prozent der einfallenden Sonnenenergie wird durch Blätter der Pflanzen tatsächlich in Baumaterial umgesetzt. Blaues Licht kann dabei nicht direkt in chemische Energie umgewandelt werden. Ein durch blaues Licht angeregtes Elektron des Chlorophyllmoleküls wechselt zuerst unter Abgabe von Wärme in den Zustand, der rotem Licht entspricht. Man spricht vom Energieverlust durch Blau zu Rot-Konversion.

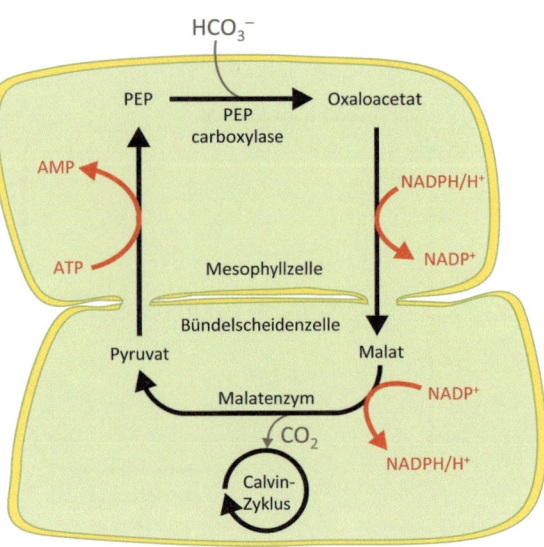

Kohlendioxid in Form von Hydrogencarbonationen (HCO_3^-) mittels des Enzyms PEP-Carboxlase an Phosphoenolpyruvat (PEP) gebunden (▶ Abbildung 7-17).

Anstelle des 3-Phosphoglycerats entsteht dabei Oxaloacetat, eine Substanz mit einem Gerüst aus 4 C-Atomen, was den Pflanzen ihren Namen verleiht. Nach Reduktion zu einem Anion der Äpfelsäure (Malat) wird der Kohlenstoff über einen sogenannten Plasmastrang in eine anliegende Bündelscheidenzelle transportiert, wo mit Hilfe des Malatenzyms CO_2 und Pyruvat gebildet werden. Das CO_2 tritt in den normalen Calvin-Zyklus ein. Da in den Bündelscheidenzellen die CO_2-Konzentration deutlich höher ist als in C3-Pflanzen, arbeitet RuBisCO effizienter. Diese Effizienz hat allerdings ihren Preis. Während C3-Pflanzen für die Reduktion von einem Molekül CO_2 nur drei ATP-Moleküle benötigen, sind es bei C4-Pflanzen fünf. Dennoch ist dieser Prozess bei Temperaturen ab etwa 28 °C effizienter, weshalb viele Gräser im Sommer deutlich schneller wachsen als andere Pflanzen. Da C4-Pflanzen geringere Mengen RuBisCO benötigen, ist auch ihr Stickstoffbedarf geringer. Durch die Möglichkeit, ihre Blattöffnungen weiter schließen zu können, ohne den Stoffwechsel einzuschränken, ist auch ihr Wasserbedarf geringer. Zwar nutzen nur etwa zwei bis drei Prozent aller Blütenpflanzen diesen Prozess (von dem es auch einige Varianten gibt), aufgrund ihrer hohen Individuenzahl (Gräser!) bedecken sie aber etwa 17 Prozent der Landoberfläche als Steppen oder Prärien und tragen so geschätzt etwa 30 Prozent zur globalen Photosynthese bei. Auch Cyanobakterien und viele Algen betreiben eine Photosynthese mit vorgeschalteter CO_2-Verarbeitung°.

Es gibt gentechnische Forschungsprogramme um C3-Pflanzen wie Reis in C4-Pflanzen zu verwandeln, was die Ernährungslage in armen Ländern verbessern und den weltweiten Wasser- und Stickstoffbedarf für Landwirtschaft reduzieren könnte.

CAM-Pflanzen

Einen dritten Pfad zur Fixierung und Assimilation von CO_2 haben CAM-Pflanzen (*crassulacean acid metamorphophism*, ▶ Randspalte links) entwickelt. CAM-Pflanzen sind Sukkulenten wie Kakteen oder einige Wolfsmilchge-

Erde und Leben – Die Geschichte einer innigen Wechselbeziehung

Atmung

Im Gegensatz zu Organismen, die über die Photosynthese Energie (in Form von ATP) gewinnen, gewinnen heterotrophe aerobe Organismen wie Säugetiere Energie durch den Abbau von Proteinen, Polysacchariden (Stärke) und Fetten. Diese Substanzen werden in Vorstufen zu Acetyl-CoA abgebaut und in den sogenannten *Citrat-Zyclus* eingespeist. Dort wird die Ausgangssubstanz praktisch vollständig zu CO_2 oxidiert und NAD^+ zu NADH reduziert (Elekronenaufnahme). Das NADH oxidiert in der Atmungskette Sauerstoff zu Wasser und es entsteht wieder NAD^+. Die Atmungskette ist eine Variante der Elektronentransportkette (▶ Abbildung 7-08, Seite 138). Die dabei entstehende freie Energie dient zur Phosphorylierung von ADP zu ATP. Der Citratzyklus und Teile der Vorstufen finden in den Mitochondrien der Zellen statt, in der sogenannten *Matrix*, die Atmungskette und die Phosphorylierung an deren inneren Membran (▶ Abbildung 7-19).

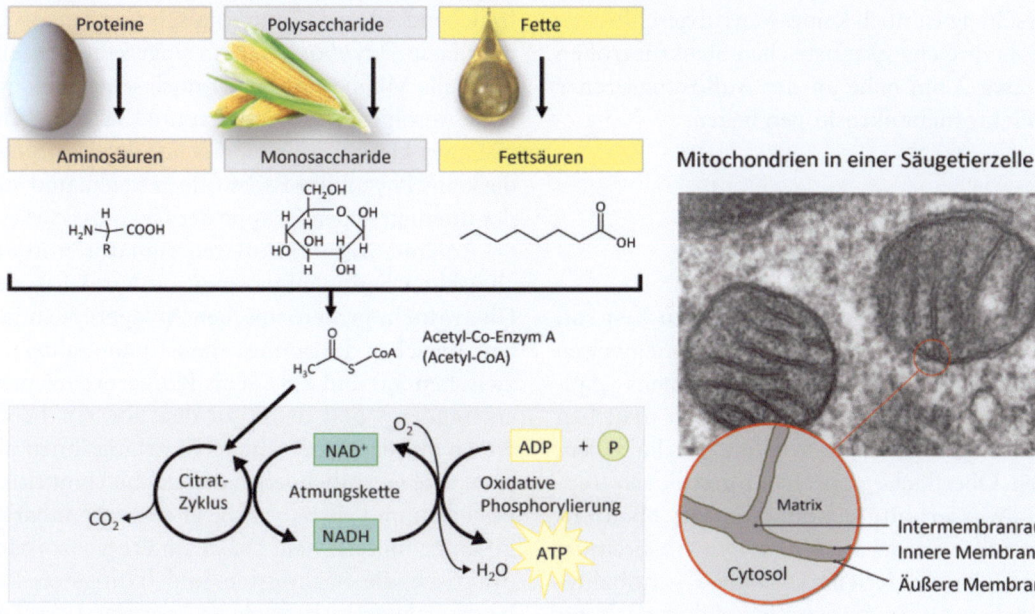

7-19
Atmung[10]. Erklärung siehe Kastentext.

wächse, die in trocken-heißen, wüstenartigen Gebieten wachsen. Um Wasserverlust zu vermeiden, bleiben ihre Stomata tagsüber geschlossen, so dass kein Gasaustausch zwischen Pflanze und Atmosphäre stattfindet. Stattdessen nehmen sie CO_2 in der Nacht auf. Wie bei C4-Pflanzen ist eine nächtliche CO_2-Konzentrierung vorgeschaltet, bei der CO_2 zunächst durch PEP-Carboxylase an Oxalacetat gebunden wird. Einen geringen CO_2-Zusatzgewinn erhält die Pflanze aus der eigenen Photorespiration. Oxalacetat wird zu Malat umgesetzt und dieses in Zellsaftvakuolen der Bündelscheidenzellen gespeichert. Bei der Lichtreaktion tagsüber wird das Malat enzymatisch gespalten und das freigesetzte CO_2 in den Calvin-Zyklus eingespeist. Nächtens entleerte PEP-Speicher werden tagsüber unter Verbrauch von Kohlenhydraten regeneriert, so dass der Nettogewinn ATP geringer ist. Im Gegensatz zu C4-Pflanzen sind beide Teilschritte zeitlich getrennt an einen Nacht-Tag-Rhythmus angepasst (diurnaler Carbonsäurerhythmus).

Anoxygene Photosynthese

Im Unterschied zu Pflanzen besitzen die noch heute existierenden photosynthetisch aktiven Bakterien keine Chloroplasten, sondern stattdessen kleine membrangebundene Organellen, die *Chlorosomen*. Darin fungieren verschiedene Bakteriochlorophylle und Carotinoide als Antennenpigmente. Der Photosyntheseapparat in

den Chlorosomen ist einfacher gebaut als der in Chloroplasten. Photolithotrophe Bakterien besitzen nur ein Photosystem, entweder PS I wie Grüne Schwefelbakterien (*Chlorobi*) sowie Heliobakterien oder aber PS II wie Purpur-Schwefelbakterien, schwefelfreie Purpurbakterien und Grüne Nichtschwefelbakterien (*Chloroflexi*).

Chlorosomen grüner Bakterien sind die einzigen bekannten Antennenpigmente, die sich ohne Beteiligung von Proteinen, nur durch Selbstorganisation (über Wasserstoffbrückenbindungen), zu geordneten, wahrscheinlich lamellenartigen Strukturen organisieren. Obwohl sie hocheffizient arbeiten, werden sie meist als stammesgeschichtlich sehr alte Strukturen angesehen. Ihre Erforschung ist noch keineswegs abgeschlossen, auch da ihre charakteristischen Strukturgrößen von etwa 2 nm nahe an der Auflösungsgrenze von Elektronenmikroskopen liegen.

Cyanobakterien – Winzige Alleskönner

Färbt sich das Rote Meer von Zeit zu Zeit rot, so verdankt es diese Farbe dem massenweisen Blühen eines Mikroorganismus namens „Spirulina", einem Cyanobakterium. An manchen Sommertagen kann man einige Teiche sehen, dessen Oberfläche von einem grünlichen Teppich (Wasserblüte) überzogen ist, ebenfalls verursacht von der massenweisen Ausbreitung einer Cyanobakterienart. Diese Cyanobakterien geben als Stoffwechselprodukte auch für Menschen gefährliche Cyanotoxine ab. In den Reisfeldern Asiens fungieren bestimmte Cyanobakterien als Stickstoffsammler im Algenfarn *Azolla*. In Nordafrika werden Cyanobakterien der Art *Spirulina maxima* als Eiweißlieferanten für Menschen genutzt. Sie sind sehr proteinreich und enthalten die Vitamine A, D, K, B_1, B_2, B_{12} sowie wichtige Spurenelemente wie Eisen, Magnesium und Selen. In den USA kann man Spirulina als „super health food" kaufen. Einige Arten produzieren antivirale und antibakterielle Substanzen, die in der Biomedizin angewendet werden. Unbestritten ist die enorme Rolle dieser Mikroorganismen bei der Entwicklung der heutigen Erdatmosphäre.

Mit dem Begriff *Porostromate Cyanophyceen* wurden früher verkalkte röhrenförmige Blau-Grünalgen, also zellkernlose Einzeller bezeichnet. Wegen ihrer photosynthetischen Lebensweise wurden diese einzelligen, um 1880 entdeckten Mikroorganismen zunächst zu den Algen (Blau-Grünalgen oder Blaualgen) gestellt. Da sie aber im Gegensatz zu eukaryotischen Algen keinen echten Zellkern, keinen Golgi-Apparat und keine Vakuolen besitzen, zählen sie heute zu den Prokaryoten in der Domäne der Bakterien (▶Kapitel 8). Seit den 1970er-Jahren beschäftigen sich Molekular- und Evolutionsbiologen intensiv mit diesen Mikroorganismen. Cyanobakterien sind noch heute weit verbreitet mit bis zu 7 500 Arten, einer großen morphologischen Vielfalt und einem ebenso unterschiedlichen Biochemismus. Davon sind nur 200 echt freilebende Arten. Taxonomisch werden sie in die Klasse *Oxyphotobacteria* eingereiht, obwohl nicht alle Mitglieder, wie wir noch sehen werden, reine Aerobier sind. Die genannte Klasse besteht aus zwei Hauptgruppen, aus den *Prochlorales*, die keine Phycobilin-Farbstoffe besitzen, und aus der umfangreichen Gruppe der Cyanobakterien.

Anhand von molekularen Signaturen in archaischen Sedimenten sowie anhand fossiler Überreste in proterozoischen Ablagerungen gehen Forscher davon aus, dass Cyanobakterien zwischen 3,0 und 2,8 Ga als Pionierorganismen entstanden[11] und damit zu den ältesten Lebewesen auf der Erde zählen. Es gelang ihnen als erste eine eigentlich lebensfeindliche Umwelt zu besiedeln und sie haben die ersten erkennbaren Fossilien hinterlassen. Da sie im Proterozoikum praktisch die wichtigsten und häufigsten Lebewesen waren, bezeichnen manche Forscher diesen geologischen Zeitabschnitt als *Zeitalter der Cyanobakterien*. Praktisch kein belichteter Lebensraum war und ist vor den Cyanobakterien sicher, den sie nicht im Laufe ihrer langen Daseinszeit besetzt haben. Sie leben überwiegend aquatisch, das heißt im Meer- und im Süßwasser, aber auch in lebensfeindlichen Habitaten wie heißen Quellen, im Eis der Arktis und in antarktischen Seen, in hypersalinen Gewässern, in Hohlräumen von Kalken, in feuchten Böden und selbst in trockenen Wüsten unter Steinen (*Chroococcidiopsis*-Arten), die nur selten befeuchtet werden. Sie besiedeln oft als erste nackte Felsen und Rohböden. Einige Arten leben im Inneren (endobiontisch) in Flechten, Pflanzen oder Schwämmen, die sie mit Energie versorgen. Selbst Weltraumexkursionen haben sie folgenlos überlebt. Dank ihrer Anpassungsfähigkeit

Erde und Leben – Die Geschichte einer innigen Wechselbeziehung

an derartige Lebensräume werden sie auch als *Extremophile* bezeichnet.

Cyanobakterien sind ein- oder mehrzellige Mikroorganismen verschiedenster Gestalt, die sich durch Zellteilung vermehren. Jüngst haben Evolutionsbiologen mithilfe von phylogenetischen Analysen entdeckt, dass Cyanobakterien eine Entwicklung vom Mehrzeller zum Einzeller und zurück durchlaufen haben[12].

Ihren Sammelnamen verdankt dieser Bakterienstamm der blau-grünen Färbung einiger ihrer Familien. Trotz ihres Namens sind Cyanobakterien „ein bunter Haufen", es gibt gelbe, grüne braune, lila, blauschwarze und rote Vertreter. Die Art *Spirulina* (*Oscillatoria rubescens*) ist durch ihr farbgebendes Molekül Phycoerythrobilin (mit Absorptionsmaxima um 496 nm, 534 nm und 555 nm) rötlich gefärbt, was dem Wasser bei ihrem massenhaften Auftritt einen rötlichen Schimmer verleiht. Afrikanische Rosa-Flamingos erhalten ihre Farbe durch ein anderes Cyanobakterium, das sie in den Natronseen mit ihrer Nahrung aufnehmen. Etwa die Hälfte aller Cyanobakterien haben dank ihres Farbstoffs Phycocyanobilin (mit Absorptionsmaximum um 615 nm) eine bläuliche Färbung. Da diese Phycobiline einen bedeutend größeren Bereich des Lichts zu nutzen ermöglichen, können Cyanobakterien auch Schwachlichtbereiche wie Steinunterseiten oder lichtarme Wasserschichten besiedeln.

Beide Phycobiline gehören wie auch Carotin zu den Antennen-Farbstoffen bei der Photosynthese (▶Abbildung 7-13, Seite 141). Cyanobakterien sind außer den Prochlorophyten die einzigen Bakterien, die zur oxygenen Photosynthese fähig sind. Sie besitzen dafür in ihren Zellen Chlorophyll a.

Cyanobakterien bilden einen sehr unterschiedlichen, formenreichen Stamm, so gibt es heute mehrere Ordnungssysteme. Häufig werden sie in sechs oder sieben morphologische Gruppen unterteilt (▶Abbildung 7-20). Ihre Zellorganisation ist, wie für Prokaryoten typisch, nicht stark untergliedert, sondern enthält lediglich eine zentrale Nukleoplasmaregion (Zellkern) und am Rand das Chromatoplasma, in dem sich die Thylakoide befinden. Einzelne Zellen sind von einer Schleimschicht aus faserigen Kohlenhydraten umhüllt.

Entsprechend ihres Artenreichtums ist auch ihre Lebensweise mannigfaltig. Man findet oft planktonische Zellen, die durch ausgedehnte Schleimschichten zu verschiedengestaltigen Kolonien verbunden sein können. Mehrzellige Vertreter können fadenförmig oder räumlich angeordnet sein. Solche Zellverbände besitzen spezielle Zellen mit stark verdickten Zellwänden, die *Überdauerungszellen* (Atkineten), die ihnen bei ungünstigen Lebensbedingungen wie Trockenheit ein Überleben ermöglichen. Häufig bilden Cyanobakterien auch Biomatten, vor allem bei Stromatolithen (▶Kapitel 10, Seite 239). Einige Arten leben symbiotisch mit Pilzen als photosynthetischer Partner (Flechten) oder endobiontisch in den Wurzeln von Stickstoffsammlern wie Leguminosen oder vom Algenfarn *Azolla* (Art *Anabaena azollae*). Nach der ursprünglichen Endobiontentheorie (▶Seite 176) sind die Chloroplasten (▶Abbildung 7-12, Seite 141) höherer Pflanzen einst von größeren, prokaryotischen Phytophagen gefressene, aber nicht verstoffwechselte Vorfahren der heutigen Cyanobakterien. Da pflanzliche Chloroplasten aber Chlorophyll a und b enthalten, sehen Mikrobiologen heute *Prochlorales* als deren Ursprungszelle an. Seit diesem Fressereignis verfügen photoautotrophe Eukaryoten über eine spezielle für Photosynthese zuständige Zellorganelle.

Im Proterozoikum haben Cyanobakterien maßgeblich zum Wandel der Atmosphäre und Biosphäre beigetragen. Zwar sind mindestens fünf Bakterienstämme, nämlich Proteobakterien, Heliobakterien, Grüne Schwefelbakterien, Grüne Nicht-Schwefelbakterien und Cyanobakterien zur Photosynthese fähig, doch nur letztere sondern Sauerstoff als Stoffwechselprodukt ab. Damit leiten sie eine fortgesetzte Anreicherung der proterozoischen Atmosphäre mit Sauerstoff

Name	Anzahl Familien / Gattungen	Form
Chroccales	27 Gattungen	kugelförmig, einzellige Kokken und Stäbchen
Nostocales	4 Familien	filamentös, ballartige Kolonien (bekannte Art: Teichpflaume)
Oscillatoriales	27 Gattungen	schnurartige, fadenartige Filamente
Pleurocapsales	7 Gattungen	einzellig
Stigonematales	12 Gattungen	filamentöse, komplexe Formen, echte Verzweigungen
Prochlorales	3 Familien aus 3 Gattungen	einzellig, teils filamentös
Gloeobacterales	1 Gattung	meist einzellig

7-20 Familien und Gattungen der Cyanobakterien. Sie werden heute in sechs oder sieben Gruppen unterteilt. Ob *Prochlorales* tatsächlich zu den Cyanobakterien gehört, ist umstritten.

KAPITEL 7 Stoffwechsel und Elementzyklen

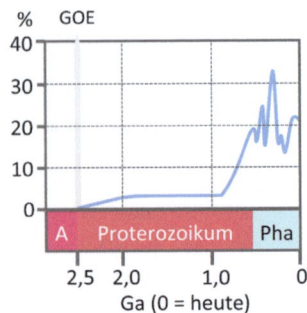

7-21
Sauerstoffkonzentration. Entwicklung des Sauerstoffanteils in der irdischen Atmosphäre seit dem GOE.
A – Archaikum
Pha – Phanerozoikum

ein (▶ Abbildung 7-21). Das wiederum bewirkte eine drastische Veränderung der damaligen Lebewelt. Alle bis dahin existierenden Lebensformen, für die Sauerstoff ein starkes Zellgift war, starben entweder aus oder mussten sich sauerstoffarme ökologische Nischen suchen und sauerstofftolerante und -nutzende Organismen begannen ihre Ausbreitung. Cyanobakterien selbst und neue Organismen führten zu veränderten biochemischen Stoffkreisläufen und zu beträchtlichen Sedimentbildungen. So wurden im Proterozoikum die gebänderten Eisenerze (▶ Seite 241) abgesetzt, wuchsen kalkhaltige Hügel mit Mikrobenmatten (Stromatolithe ▶ Seite 239).

Cyanobakterien selbst sind größtenteils Aerobier, es existieren jedoch Arten, die fakultativ in aeroben oder anaeroben Bereichen leben können. Noch heute beträgt ihr Anteil an der Umwandlung von Lichtenergie in chemische Energie mittels Photosynthese ca. 20 – 30 Prozent. Einige Arten gehören zu den wenigen anaeroben Organismen, die in der Lage sind elementaren Stickstoff (N_2) in speziellen Zellen, in den Heterocysten, die das Enzym Nitrogenase enthalten, zu fixieren und zu Ammonium (NH_4^+) zu reduzieren (▶ Seite 158). Im Yellowstone Nationalpark hat man Arten von Cyanobakterien entdeckt, die tagsüber Photosynthese und nachts Stickstoff-Fixierung betreiben. Die in den Ozeanen lebenden Arten *Synechococcus* und *Synechocystis* sind wichtige Akteure beim dortigen Stickstoffeintrag. In den oberen 50 Metern der ozeanischen Deckschicht bilden sie die bedeutendste Biomasse. Bei ihrer Photosynthese nehmen sie im Meerwasser gelöstes CO_2 und Hydrogencarbonat (HCO_3^-) auf und erzeugen daraus organische Kohlenstoffverbindungen und Kalkschälchen. Sie gelten als die ersten Riffbildner in der Erdgeschichte (▶ Seite 239), heute spielen sie in Riffen nur noch eine untergeordnete Rolle. Ein Anteil dieses organisch in den Bakterien gebundenen Kohlenstoffs wird nach ihrem Absterben in tiefere Wasserschichten verlagert und von Destruenten mineralisiert und Bodensedimenten zugeführt. Allein aufgrund ihrer Masse sind die cyanobakteriell umgesetzten Mengen von Kohlenstoff riesig. Erste proterozoische, wirtschaftlich noch unbedeutende Erdölvorkommen in NW-Australien gehen auf die Aktivität von Cyanobakterien zurück![13,14]

Archaikum
4000 – 2500 Ma

Großes Oxidationsereignis

Die hohe Reaktivität, welche den Metabolismus des meisten zellulären Lebens antreibt, bedeutet, dass das Leben innerhalb weniger Jahrtausende – in einem geologischen Wimpernschlag – verschwinden würde, wenn nicht Sauerstoff aktiv durch Photosynthese angereichert würde[15].

Das Zitat unterstreicht die immense Bedeutung von Sauerstoff nicht nur für die Entwicklung des Lebens, sondern auch für dessen Fortbestand. Wie in Kapitel 9 (▶ Seite 211) noch ausführlicher dargestellt wird, betrug der Anteil von freiem Sauerstoff während des Archaikums nur einen winzigen Bruchteil des heutigen. Die sogenannte zweite Atmosphäre bestand hauptsächlich aus Wasserdampf und Kohlendioxid (CO_2). Damals schon existierende Mikroorganismen waren an dieses reduzierende Milieu angepasst. Doch im nachfolgenden Proterozoikum führten mehrere Prozesse zur allmählichen Anreicherung von Sauerstoff in der Atmosphäre. Das einschneidendste Ereignis war der Anstieg von atmosphärischem O_2 auf etwa 1,0 – 1,5 Prozent im Altproterozoikum. Gebildet wurde der Sauerstoff durch Cyanobakterien im Rahmen der Photosynthese. Obwohl die Anreicherung eigentlich nur minimal war, wird dieser Vorgang wegen seiner Einmaligkeit, seiner (geologischen) Schnelle, vor allem wegen seiner Auswirkungen auf die unbelebte und belebte Welt als *Großes Oxidationsereignis* (engl. GOE, *great oxidation event*) bezeichnet. Das GOE veränderte die Lebensverhältnisse auf der Erde nachhaltig. Welche geologische Beweise haben Forscher für diesen Prozess gefunden?

Geologische Zeugnisse für das GOE

Den Forschern stehen nur wenige Gesteinsfolgen und Sedimentschichten aus dem Archaikum und dem Proterozoikum zur Verfügung, die Hinweise auf das GOE liefern können. Bedeutende Senken organischen Kohlenstoffs und Carbonat-Sedimente (▶ Stromatolithe, Seite 239) verweisen auf ein völliges Fehlen von sauerstoffbedingter Verwitterung und damit auf das Fehlen von atmosphärischem Sauerstoff im Archaikum hin. Erst im Proterozoikum mehren sich dann Hinweise auf freien Sauerstoff in der Atmosphäre. Obwohl erst freier Sauerstoff dazu führte, dass Eisen im Ozean und an Land „rostete", ist die Bildung sogenannter *Bändereisenerze* (engl. *ban-*

ded iron formations, BIFs, ▶ Seite 241) kein eindeutiger Beleg für das GOE, da diese bereits im Archaikum lange vor dem GOE auftraten und nach dem GOE zunächst abnahmen.

Einen deutlichen Hinweis liefern Minerale wie Pyrit (FeS_2), Uranitit (UO_2) und Siderit ($FeCO_3$), die in sauerstoffreicher Umgebung instabil sind. Solange diese Minerale in oberflächlichen Sedimenten reichlich erhalten sind, musste eine reduzierende, sauerstoffarme Atmosphäre geherrscht haben. Nur in dieser sind sie stabil und bleiben unverwittert; bei Kontakt mit molekularem Sauerstoff unterliegen sie rasch einer oxidativen Verwitterung[16]. Das abrupte Aussetzen dieser Mineralkörner in Sedimenten ist daher ein Hinweis darauf, dass Sauerstoff in der Atmosphäre vorhanden gewesen sein muss.

Im letzten Jahrzehnt entdeckten Forscher einen weiteren Beleg für das Vorhandensein von Sauerstoff in der proterozoischen Atmosphäre, nämlich das Aussetzen des im Archaikum nachweisbaren Schwefel-MIF-Signals in Sedimenten (engl. mass-independent fractionation, MIF ▶ Kasten Seite 150)[17,18,19].

Auslöser des GOE

Allgemein gilt das Einsetzen der oxygenen Photosynthese durch die Cyanobakterien als Auslöser des GOE. Doch zwischen dem ersten zweifelsfreien Nachweis von Cyanobakterien in geologischen Ablagerungen und dem Beginn des GOE klafft eine zeitliche Lücke von 200 – 250 Millionen Jahren[19]. Verschiedene Hypothesen versuchen diese Verzögerung mit der raschen Bindung des Sauerstoffs an organische Substanzen, Schwefelwasserstoff und im Meerwasser gelöste Fe^{2+}-Ionen zu erklären.

Andere sehen tektonische Ursachen, zum Beispiel die damalige Bildung von ausgedehnten, randkratonischen Schelfen. In diesen Flachwasserbereichen konnten über Jahrmillionen Bändereisenerze abgelagert werden, deren Bildung viel Sauerstoff band. Am Ende des Archaikums setzt ihre Bildung aus und etwas später beginnt der Gehalt an molekularem Sauerstoff in der Atmosphäre zu steigen.

Auch der Rückgang des biologisch gebildeten Methans durch Nickelmangel wird als Ursache dieser Verzögerung diskutiert. Methan wird in einer sauerstoffhaltigen Atmosphäre rasch zu Kohlendioxid und Wasser oxidiert, wodurch der Atmosphäre Sauerstoff entzogen wird. In der Frühzeit der Erde wurde durch vulkanische Aktivitäten viel Nickel aus dem Erdmantel freigesetzt, das anaerobe, methanogene Archaeen als Coenzym zur Methanbildung benötigten. Mit der zunehmenden Abkühlung der Erde sanken die Freisetzungen von Nickel und damit verringerte sich die Methanbildung durch Archaeen. Methan verschwand nach dieser Hypothese daher anfangs nicht, weil sich Sauerstoff anreicherte, sondern umgekehrt: aufgrund des fehlenden Methans konnte sich Sauerstoff in der Atmosphäre anreichern.[15]

Zwischen 2,45 und 2,2 Ga stieg der atmosphärische Sauerstoffgehalt auf grob zwei Prozent des heutigen Anteils an, er blieb allerdings mehr als eine Milliarde Jahre lang auf diesem Niveau, um im Kambrium das heutige Niveau zu erreichen (▶ Abbildung 7-21).

Bis zum Ende des Neoproterozoikums um 540 Ma blieb der tiefe Ozean allerdings sehr wahrscheinlich anoxisch. Lange Zeit rätselten Forscher, warum mehr als eine Milliarde Jahre seit dem GOE verstreichen mussten, bis auch die tieferen ozeanischen Wasserschichten mit Sauerstoff angereichert wurden. Heute gehen die meisten Forscher davon aus, dass das evolvierende Leben selbst dafür sorgte, dass sich die Verhältnisse im tiefen Ozean änderten, wenngleich die Details dieser Entwicklung noch kontrovers diskutiert werden. Im späten Proterozoikum wimmelte es in der ozeanischen Deckschicht von photosynthetisch aktiven Mikroorganismen, vor allem von Cyanobakterien. Nach ihrem Tod dienten sie anderen Mikroben als Nahrung, so dass sauerstoffhaltige, organische Reste kaum in tiefere Wasserschichten herabsanken. Aller Sauerstoff wurde in der Deckschicht verbraucht. Nach einer Hypothese von LENTON[20] änderte sich dies mit dem Aufkommen von Schwämmen (Porifera) und ihrer Ernährungsweise. Schwämme gehören zu den ersten echten Tieren. Sie besitzen selbst kein Gehirn und keinen Verdauungstrakt. Deshalb kommen sie mit einem geringem Sauerstoffgehalt von weniger als 5 Prozent des heutigen Gehalts aus. Sie filtern ihre Nahrung aus dem Wasser und können auch winzige, phototrophe Mikroorganismen in ihren Poren aufsaugen. Dadurch verminderten sie damals die sauerstoffverbrauchenden Mikroorganismen und ermöglichten größeren, einzelligen, eukaryotischen Algen aufzublühen.

Kambrium
541 – 485 Ma

Proterozoikum
2500 – 541 Ma

KAPITEL 7 Stoffwechsel und Elementzyklen

S-MIF - Massenunabhängige Fraktionierung von Schwefelisotopen

Viele Elemente kommen in der Natur in Form mehrerer Isotope vor, die sich in ihrer Neutronenzahl im Atomkern und damit in ihrer Atommasse geringfügig unterscheiden (▶Isotope, Seite 28). Diese geringen Massenunterschiede wirken sich bei physikalisch-chemischen Prozessen aus. Es kann zu Verschiebungen des Isotopenverhältnisses bei solchen Prozessen kommen, da aus energetischen Gründen die leichteren Isotope bei Reaktionen meist bevorzugt werden. In den Reaktionsprodukten reichern sich die leichteren Isotope an. Chemiker sprechen von *massenabhängiger Isotopenfraktionierung*.

Bei der Photolyse (Molekülspaltung durch Licht) hingegen liegt eine *massenunabhängige Isotopenfraktionierung* (engl. MIF, *mass-independent fractionation*) vor. Die Bevorzugung eines Isotops hängt nicht von dessen Masse ab, sondern von anderen Eigenschaften; leichtere Isotope werden nicht unbedingt bevorzugt.

Bei konstanten Umweltverhältnissen wird sich ein für ein Element und die beteiligten Prozesse typisches Isotopenverhältnis einstellen, das man als Standard für dieses Element festlegen kann. Ändern sich die Umweltbedingungen zugunsten einer MIF, werden sich Abweichungen von diesem Standard ergeben. Da die Isotopeneffekte bei MIF nur sehr gering sind, gibt man die relativen Abweichungen vom Standardwert in Promille (‰) an.

Die massenunabhängige Isotopenfraktionierung von Schwefel (S-MIF) erlaubt es, Rückschlüsse auf den Sauerstoffgehalt der Atmosphäre zu ziehen. Schwefel besitzt vier stabile Isotope (▶Randspalte), wobei ^{32}S den Löwenanteil bildet. Gegenüber den anderen Isotopen wird es bei den meisten physikalisch-chemischen Reaktionen bevorzugt, ebenso wie ^{33}S gegenüber ^{34}S. Dies ist jedoch nicht der Fall bei der Photolyse von Schwefeloxiden in der Atmosphäre, ausgelöst durch UV-Licht mit Wellenlängen unter 200 nm. In einer sauerstoffhaltigen Atmosphäre verhindert die Ozonschicht das tiefe Eindringen der UV-Strahlung, außerdem werden die Reaktionsprodukte rasch wieder oxidiert, weshalb S-MIF ohne Folgen für das Isotopenverhältnis auf der Erdoberfläche bleibt. In einer sauerstofffreien Atmosphäre können die Reaktionsprodukte hingegen auf die Oberfläche sinken und die Isotopenverhältnisse entsprechend beeinflussen. Wenngleich die Mechanismen der Isotopenverschiebungen im Detail noch nicht gut verstanden sind, so ist auffällig, dass der Anteil der seltenen Schwefelisotope ^{33}S und ^{34}S in Sedimenten aus dem Archaikum (4,0 – 2,5 Ga) deutlich höher ist als in der Zeit nach dem GOE. Das S-MIF-Signal ändert sich abrupt um 2,45 Ga unmittelbar vor Beginn der Huronischen Vereisung und ist seither praktisch konstant geblieben[21,22].

Isotope des Schwefels und ihre Anteile in natürlichen Vorkommen

^{32}S	95,02 %
^{33}S	0,75 %
^{34}S	4,21 %
^{36}S	0,02 %

Kambrium 541 – 485 Ma

Diese sanken nach ihrem Tode in tiefere Wasserschichten und brachten Sauerstoff dorthin, weil sie von den Schwämmen wegen ihrer Größe nicht als Nahrung aufgenommen werden konnten. Die zunehmende Sauerstoffanreicherung bis zum Meeresboden bewirkte, dass der Gehalt an gelöstem Phosphor sank. Im Wasser gelöste Fe^{2+}-Ionen werden durch Sauerstoff zu Fe^{3+} oxidiert, diese verbinden sich mit Phosphor zu unlöslichem Eisenphosphat ($FePO_4$), das zu Boden sinkt. Der Verlust an Phosphor löste ein positives Feedback aus: Ohne diesen wichtigen Nährstoff konnten die sauerstoffverbrauchenden heterotrophen Mikroorganismen nicht gedeihen. Damit stieg der Sauerstoffgehalt im tieferen Meer weiter an und die Phosphorfreisetzung blieb unterbunden. Nach LENTON waren es also die zu den Tieren zählenden Schwämme, die zwar selbst mit sehr geringen Sauerstoffmengen auskommen, die aber eine Sauerstoffanreicherung in den Ozeanen bis zum Boden bewirkten. Damit ermöglichten sie am Vorabend der sogenannten *Kambrischen Explosion* (▶Seite 184) die Entwicklung von größeren mehrzelligen Lebewesen.

Folgen des GOE

Die allmähliche Anreicherung von molekularem Sauerstoff in der Atmosphäre hatte weitreichende und nachhaltige Auswirkungen auf die unbelebte Welt sowie auf die Evolution der Organismen. Seit dem GOE war Sauerstoff (O_2) ein stabiles Element in der Erdatmosphäre[21], es fand eine Umwandlung einer bis dahin anoxischen, reduzierenden bis heute in eine oxidierende Umwelt statt.

Auf den Kontinenten setzte die oxidierende Verwitterung ein, die Erde „rostete". Infolge der Verwitterung von Gesteinen und Mineralen wurde viel nährstoffreicher Schutt ins Meer verfrachtet. Die reichlichen Nährstoffe ermöglichten Mikroorganismen, vor allem phototrophen Cyanobakterien in den Flachwasserbereichen der Schelfe ein starkes Wachstum. Der von ihnen in die Atmosphäre freigesetzte Sauerstoff bewirkte eine rasche Oxidierung von Methan und damit die Zerstörung dieses Treibhausgases. Manche Paläoklimatologen sehen in der Aufspaltung von Methan einen Auslöser für eine der schlimmsten und längsten Klimakatastrophen der Erde, die etwa 300 Millionen Jahre andauernde Huronische Vereisung (▶ Seite 226) zwischen 2,45 und 2,1 Ga. Das Treibhausgas Kohlendioxid wurde ebenfalls durch die verstärkte Silikatverwitterung von Basalten verbraucht, wodurch die Abkühlung verstärkt wurde[18,23].

Im Meer wurden erste bedeutende Mengen von Evaporiten in Form von Gips ($CaSO_4 \cdot 2\,H_2O$) und Anhydrit ($CaSO_4$) abgelagert[19], ebenso große Mengen an Carbonaten (▶ Stromatolithe, Seite 239) sowie eisen- und silikathaltige Sedimente (▶ BIF, Seite 241).

Eventuell tauchten um 2,48 Ga die ersten sauerstoffatmenden Bakterien auf dem Festland auf, und zwar in Pools sauren Wassers[16].

Zunächst wirkte sich die Anreicherung von freiem Sauerstoff (O_2) in der Atmosphäre und in der lebenserfüllten, ozeanischen Deckschicht katastrophal für die dort lebenden, anaeroben Mikroorganismen aus, waren sie doch an eine reduzierende Umwelt angepasst, so dass O_2 für sie ein tödliches Gift war. Als weiterer Stressfaktor kam die Vergletscherung hinzu. Der überwiegende Teil der damaligen Organismen musste sich entweder in sauerstoffminimale Nischen zurückziehen, etwa in tiefere, weiterhin anoxische Ozeanbereiche. Oder sie starben aus. Heute sind anaerobe Bakterien nur in sauerstofffreien tieferen Boden- und Gesteinsschichten, an Schwefelquellen und Schwarzen Rauchern in der Tiefsee zu finden.

Durch Sauerstoff wurden zunächst viele chemische Elemente durch Oxidation immobilisiert, darunter Schwermetalle mit katalytischen Eigenschaften wie Wolfram, Cobalt, Molybdän, Nickel oder Eisen und damit metabolischen Prozessen entzogen. Andererseits löste diese Verschlechterung im Neoproterozoikum einen enormen biologischen Entwicklungsschub aus. Durch Endosymbiose (▶ Seite 176) entstanden eukaryotische Zellen, es entwickelten sich komplexere, multizelluläre Organismen. Längere Nahrungsketten entstanden, die Heterotrophie nahm zu, der Kreislauf vieler chemischer Elemente wurde durch die Stoffwechsel der Lebewesen beschleunigt.

Neue Stämme von Cyanobakterien besetzten frei gewordene ökologische Nischen in den neu entstandenen Schelfbereichen nach dem Zerbrechen des Superkontinents Rodinia. Vermutlich entwickelten Cyanobakterien schon um 2,3 Ga, das heißt eine Milliarde Jahre vor den Eukaryoten Mehrzelligkeit[12]. Den sauerstoffnutzenden Organismen stand nun eine vielfach umfangreichere Quelle für metabolische Energie zur Verfügung. Zusätzlich wurde die Effizienz durch oxygene Photosynthese bedeutend gegen-

Evaporite
Durch Verdunstung oder Verdampfung entstandene Gesteine

7-22

Sauerstoffkreislauf heute. Praktisch der gesamte Sauerstoff in der Atmosphäre entsteht durch die Photosynthese von Landpflanzen, Algen und Cyanobakterien. Zwischen Verbrauch und Erzeugung besteht glücklicherweise seit vielen Jahrmillionen ein stabiles Gleichgewicht.

**Mesoproterozoikum
1600 – 1000 Ma**

über den anaeroben Stoffwechseln gesteigert. Im Mesoproterozoikum steigt der atmosphärische Sauerstoffgehalt auf etwa 5 Prozent an. 1,4 bis 1,2 Ga Jahre alte Grün- und Braunalgen (Eukaryoten) sind in den Sedimenten häufig erhalten, zwischen 1,3 bis 1,0 Ga entwickelten sich erste Eukaryoten auch zu Mehrzellern. Noch während der letzten, globalen neoproterozoischen Vereisung, der Marinoischen Vergletscherung (0,65 – 0,635 Ga) entstanden erste Tiere, mikroskopisch kleine Schwämme. Zwischen 0,6 Ga und 0,542 Ga entwickelt sich die wahrscheinlich mehrzellige, am Beginn des Kambriums ausgestorbene Ediacara-Fauna (▶ Seite 181).

Als Folge der Oxidation wurden riesige Mengen von Metallen dem Meerwasser entzogen und damit stoppte die biologisch kontrollierte induzierte Ausfällung (▶ Biomineralisation, Seite 237) von goldhaltigen Konglomeraten, laminierten Kupferlagen oder gebänderten Eisenerzen.

Kreisläufe der Elemente

Biogeologischer Staffellauf

Die Erde ist ein aktiver Planet. Angetrieben durch geologische Prozesse wie die Plattentektonik bewegen sich die chemischen Elemente in einem zwar sehr langsamen, aber stetigen Kreislauf vom Land über den Ozean – teilweise mit einem Schlenker über die Atmosphäre – hinab auf den Meeresboden, um von dort über Vulkanausbrüche oder tektonische Hebungen wieder an die Landoberfläche zu gelangen, an der sie durch den Einfluss von Wasser und atmosphärischen Gasen verwittern. Diese Kreisläufe sind höchst gemächlich: ein einzelnes Atom kann ohne weiteres Jahrmillionen unterwegs sein, bis es an den Ausgangspunkt zurückkehrt. Wir haben allerdings bereits am Beispiel des Sauerstoffs gesehen, dass Lebewesen nicht nur den Chemismus der Erde ordentlich durcheinander bringen können. Sie beschleunigen auch die Kreisläufe der Elemente ganz erheblich, nicht zuletzt natürlich jene von CHNOPS, den Lebenselementen (▶ Kasten Seite 133). Wir werden in den folgenden Abschnitten den Weg dieser Elemente näher betrachten, sowohl die geochemischen als auch die biologischen Teilkreisläufe. Natürlich sind diese Kreisläufe nicht unabhängig voneinander, sondern stark miteinander verwoben. Nicht nur der hochaktive Sauerstoff mischt in jedem Kreislauf mit. Vor allem in den biologischen Teilkreisläufen sind wechselseitige Abhängigkeiten gang und gäbe, so zum Beispiel zwischen Stickstoff, Phosphor und Kohlenstoff. Die Verfügbarkeit der beiden erstgenannten beeinflusst die biologische Produktivität und damit auch die Dynamik des Kohlenstoffkreislaufs.

Natürlich sind auch die Kreisläufe anderer Elemente von den Aktivitäten der Biosphäre betroffen, so etwa der des Eisens, des Strontiums und des Molybdäns. Da diese Metalle teils recht langlebige Isotope bilden, dienen sie als molekulare Uhren und Indikatoren für die historische Zusammensetzung der Atmosphäre und Ozeane: Die Aktivität von Isotopen ist in chemischen Reaktionen geringfügig unterschiedlich, was zu zwar minimalen, aber messbaren Änderungen der Isotopenverhältnisse in den verschiedenen Depots (Ozeanwasser, Sedimente und so weiter) führt. Kennt man die (bio)chemischen Reaktionen gut genug, so kann man aus diesen Unterschieden auf die früher herrschenden Konzentrationsverhältnisse schließen.

Kohlenstoffkreislauf

Vielen Lesern ist Kohlenstoff als Heizkohle noch vertraut. Nicht allen ist bewusst, dass Diamanten ebenfalls aus reinem Kohlenstoff bestehen. In diesen beiden anorganischen Ausbildungen ist Kohlenstoff in der Erdkruste anzutreffen. Kohlenstoff ist ein essenzieller Bestandteil aller Lebewesen, von einzelligen Mikroorganismen bis zu vielzelligen Säugetieren. Doch in seiner elementaren Form ist Kohlenstoff für Organismen nicht zugänglich. Als Kohlendioxid (CO_2) vermögen einige Bakterien und vor allem Pflanzen (autotrophe Organismen) mittels Photosynthese das Element in Kohlenwasserstoffverbindungen zu fixieren. Diese können dann von Tieren (heterotrophe Organismen) über die Nahrung aufgenommen werden.

Der globale Kohlenstoffkreislauf beschreibt den Austausch dieses Elements zwischen den irdischen Reservoiren, seine biologische Umwandlung und Bindung sowie seine Rückwandlung in anorganische Formen. Man unterscheidet meist zwei Teilkreisläufe, den marinen und den terrestrischen Kreislauf. Der marine Kreislauf umfasst den Austausch zwischen im

Erde und Leben – Die Geschichte einer innigen Wechselbeziehung

Kohlenstoff (C)

Kohlenstoff ist ein nichtmetallisches Element der IV. Hauptgruppe, das im Weltall recht häufig, auf der Erde in Reinform aber ziemlich selten ist; es steht nach Massenanteil in der Erdkruste an 13. Stelle. Das Element besitzt zwei stabile Isotope, nämlich ^{12}C (98,9%) und ^{13}C (1,1%) sowie sechs instabile Isotope. Das langlebigste unter ihnen, ^{14}C, kommt nur in Spuren vor und hat eine Halbwertszeit von 5730 Jahren. Es wird zur Altersbestimmung archäologischer Proben verwendet (▶ Seite 30). Mit seiner Fähigkeit, eine Vielfalt linearer, verzweigter und ringförmiger Moleküle mit sich selbst sowie mit vielen anderen Elementen zu bilden, ist Kohlenstoff besonders geeignet für den Aufbau komplexer Biomoleküle. In Verbindung mit Wasserstoff entstehen organische Kohlenwasserstoffe.

Wasser gelöstem Kohlendioxid, Hydrogencarbonat (HCO_3^-) und Carbonat (CO_3^{2-}) und organisch gebundenem Kohlenstoff in lebender und toter Biomasse. Der Austauschbereich ist die obere, 100 – 150 m mächtige ozeanische Deckschicht. Der terrestrische Kreislauf umfasst den Austausch zwischen CO_2 und Kohlenstoff in lebenden und toten Organismen. Hier ist der Austauschbereich der wenige Meter mächtige Boden. Beide Teilkreisläufe sind vor allem über den Austausch atmosphärischen Kohlendioxids miteinander verknüpft.

Verteilung des Kohlenstoffs

Die Erde enthält insgesamt etwa 3,2 Milliarden Gigatonnen Kohlenstoff, davon sind etwa 75 Millionen Gigatonnen (Gt) in der Lithosphäre als Carbonat oder Kerogene (Verbindungen organischen Ursprungs) gespeichert. ▶ Abbildung 7-23 gibt einen Überblick über die Menge an Kohlenstoff in den einzelnen Depots. Deutlich wird dabei der hohe anthropogene Anteil von über 40% (rote Zahlen) in der Atmosphäre. Er kommt überwiegend durch die Verbrennung fossiler Brennstoffe zustande. Die Menge an Kohlenstoff, die in lebender Biomasse gebunden ist, ist vergleichsweise gering: zwischen 450 und 650 Gigatonnen an Land und nur etwa 3 Gigatonnen in den Ozeanen. Erheblich größer ist die Menge des Kohlenstoffs von toter organischer Materie in Böden (1500 – 2400 Gigatonnen), Permafrostböden (etwa 1700 Gigatonnen) und in Ozeanen (700 Gigatonnen).

Das Reservoir an verfügbaren fossilen Brennstoffen (ohne Ölschiefer-Vorkommen) wird auf 1002 – 1940 Gigatonnen Kohlenstoff geschätzt, wobei die Menschheit davon bereits 365 Gigatonnen verbraucht hat.

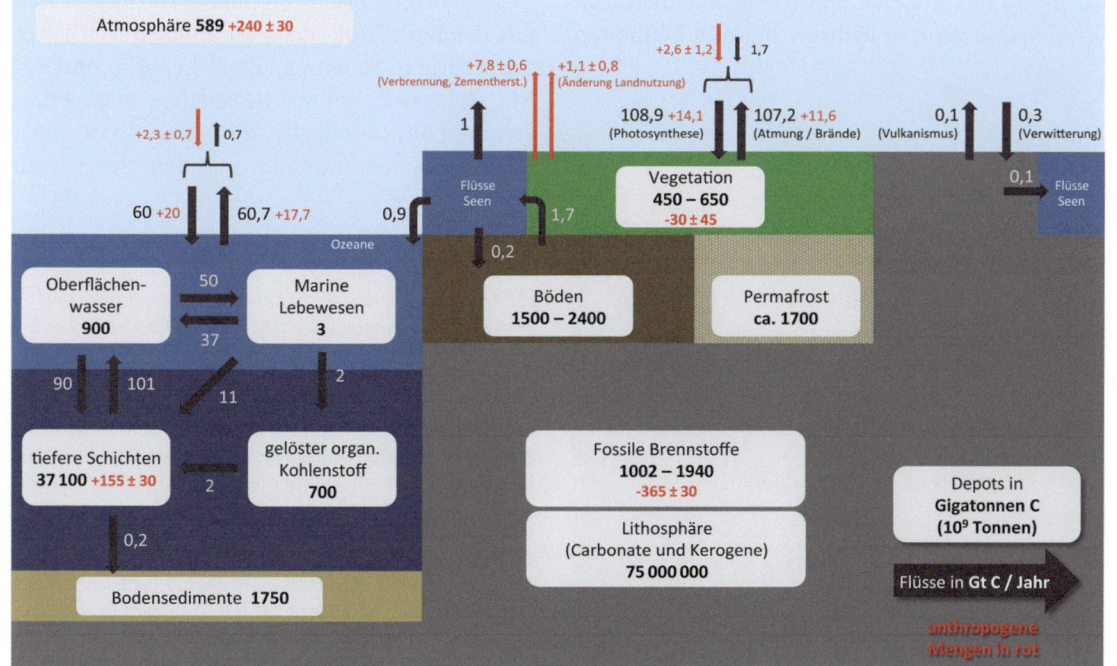

7-23
Kohlenstoffkreislauf[24]. Reservoire und globale Flüsse des Kohlenstoffs heute. In rot sind die anthropogenen Mengen eingetragen, die schwarzen Werte beziehen sich auf die Zeit vor der industriellen Revolution (1750). Rote Zahlen in den Reservoiren kennzeichnen die Summe der anthropogenen Anteile von 1750 – 2011.

Archaikum
4000 – 2500 Ma

Neoproterozoikum
1000 – 541 Ma

Ordovizium
485 – 444 Ma

Entwicklung des Kohlenstoffkreislaufs

Der anfangs rein geochemische Kohlenstoffkreislauf begann im Archaikum nach dem Einsetzen des *Langen Regens* (▶ Seite 75). In der Atmosphäre damals reichlich vorhandenes Kohlendioxid reagierte mit Wasser zu Kohlensäure. Diese wurde ausgewaschen, traf auf die damals noch kahle Oberfläche und verstärkte die Verwitterung von Silikatgestein. Die gebildeten Hydrogencarbonate (HCO_3^-) wurden über Flüsse in die jungen Ozeane geschwemmt.

Die Ozeane nahmen darüber hinaus auch CO_2 direkt aus der Atmosphäre auf. Ein Teil des Carbonats sank zu Boden und von dort mit der Subduktion der ozeanischen Platten in den Erdmantel (▶ Abbildung 7-24). Der Kreislauf schließt sich, wenn Vulkaneruptionen Kohlendioxid aus subduzierten Sedimenten wieder in die Atmophäre transportieren. Erhöhte vulkanische Aktivität erhöht den CO_2-Gehalt der Atmosphäre und verstärkt dadurch den Treibhauseffekt. Da die Verwitterung mit zunehmender Temperatur verstärkt wird, wird der Atmosphäre gleichzeitig mehr Kohlendioxid entzogen und als Carbonat den Ozeanen zugeführt. Dort führt die zunehmende Sättigung an Carbonaten zu verstärkter Ausfällung von Kalk. Dieser negative Rückkopplungseffekt ist mit verantwortlich dafür, dass die CO_2-Konzentration in der Erdatmosphäre unter einem Prozent blieb. Er ist allerdings außerordentlich gemächlich: ein Kohlenstoffatom ist mehrere hundert Millionen Jahre unterwegs, bis es zu seinem Ausgangspunkt zurückkehrt.

Nach der Entwicklung von Einzellern zwischen 4,0 und 3,8 Ga setzte ein biochemischer Kohlenstoffkreislauf ein (▶ Abbildung 7-25). Cyanobakterien in der ozeanischen Deckschicht erfanden um 3,1 Ga die oxygene Photosynthese (▶ Seite 139) und nutzten im Meerwasser gelöstes CO_2 als Kohlenstoffquelle. Je mehr sie dem Meerwasser CO_2 entzogen, desto mehr atmosphärisches Kohlendioxid konnte gelöst werden. Mikrobielle Matten erzeugten erste biochemische Ausfällungen von Kalken, die sogenannten Stromatholithe (▶ Seite 239). Zwischen 1,7 und 1,0 Ga entstanden eukaryotische Algen mit oxygener Photosynthese, die als Vorfahren moderner Pflanzen gelten. Ihr Metabolismus trieb den biochemischen Kohlenstoffkreislauf auf niedrigem Niveau weiter an. Vor etwa 600 Ma im obersten Neoproterozoikum tauchten erste Kalkskelett und Kalkschalen bildende Organismen in fossilen Überlieferungen auf, die von einer wachsenden Kohlenstoffbindung in Kalken zeugen.

Die zunehmende Fixierung des Kohlenstoffs in organischem Material führte zur Abnahme des Kohlendioxidgehalts der Atmosphäre und zur Zunahme des in marinen Sedimenten eingelagerten Kohlenstoffs. Über die Zeiten hinweg sind etwa 20 Prozent des Kohlenstoffs in Sedimenten organischen Ursprungs[25].

Der biochemische Kohlenstoffkreislauf kam mit der Besiedlung des Festlandes durch Pflanzen richtig in Schwung. Zwischen 470 und 450 Ma (Oberordovizium) besiedelten erste Pflanzen die Landoberfläche, die ersten pflanzlichen Makrofossilien stammen aus dem Unterdevon

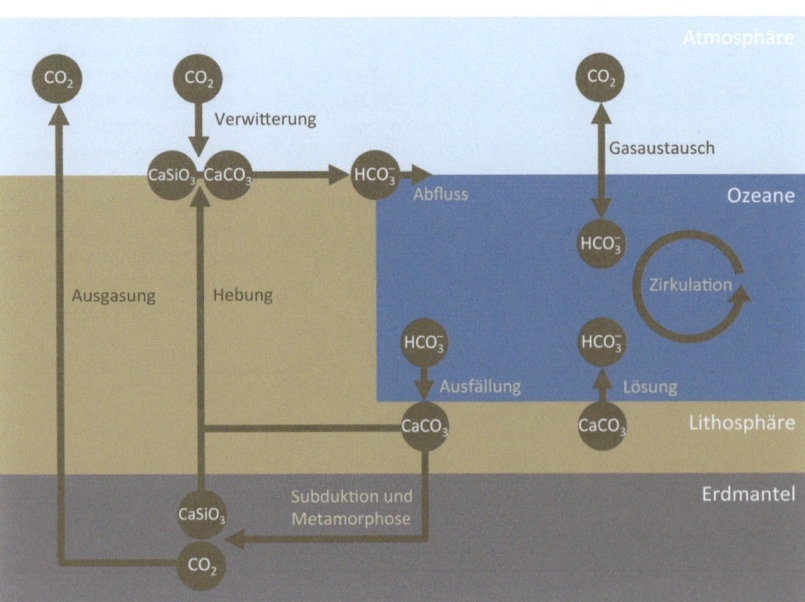

7-24

Geochemischer Kohlenstoffkreislauf. Der geochemische Kreislauf ist sehr gemächlich. Einzig zwischen Hydrosphäre und Atmosphäre findet ein rascher, druck- und temperaturabhängiger Gasaustausch statt. Durch Zirkulationen zwischen Oberflächen- und Tiefenwasser findet eine langsame Durchmischung statt („physikalische Kohlenstoffpumpe"). Im Meer ausgefälltes Carbonat nimmt einen langen Weg in den Erdmantel, bei dem es sich mit Silikaten zu Calciumsilikat (Wollastonit) verbinden kann (in Kombination mit Magnesium zu Dolomit). Das dabei entstehende Kohlendioxid kann über Vulkane ausgasen. Durch Hebung des Gesteins kommen Calciumsilikat und Calciumcarbonat (z.B. als Marmor) wieder an die Oberfläche. Dort verwittert letzteres mit Hilfe von CO_2, das gelöste Hydrogencarbonat (HCO_3^-) wird ins Meer gespült und der Kreislauf beginnt von neuem. Ein Kohlenstoffatom ist dabei viele Jahrmillionen auf Reisen.

vor 415 Ma. Mit den Pflanzen als Kohlenstoffnutzer und -speicher wurde dem Kreislauf ein weiteres Element, nämlich der effektive terrestrische hinzugefügt. Die Vegetationsbedeckung der Landoberfläche ermöglichte eine intensivere Verwitterung von Silikatgesteinen und damit die Freisetzung von größeren Mengen CO_2. Gleichzeitig entzogen immer mehr und größere Pflanzen mittels Photosynthese der Atmosphäre zunehmend CO_2. Besonders in den Sümpfen und Mooren des Karbon wurde in großem Umfang organischer Kohlenstoff im Boden gespeichert und dient uns heute als Kohle (▶ Seite 250).

Zwischen 140 und 90 Ma in der Kreidezeit entwickelten sich eine neue sehr artenreiche Gruppe von Landpflanzen, die Bedecktsamer (Angiospermen), was zu einem weiteren CO_2-Entzug aus der Atmosphäre und zu seiner Bindung in Kohlen (tertiäre Braunkohle) führte. Gleichzeitig brachte aber zwischen 145 und 65 Ma intensiver Vulkanismus infolge plattentektonischer Prozesse große Mengen CO_2 in die Atmosphäre ein.

In den letzten 150 Jahren veränderte der Mensch durch Verbrennung fossiler Brennstoffe den Kohlenstoffkreislauf erheblich (▶ Seite 293). Der in den Brennstoffen enthaltene Kohlenstoff wäre natürlich noch über längere geologische Zeiträume dem biologischen Zyklus entzogen gewesen.

Mariner Kohlenstoffkreislauf

Die Aufnahme von Kohlendioxid in den Ozeanen über die Luft ist abhängig von der Wassertemperatur und dem Partialdruck des Kohlendioxids in der Atmosphäre. Bei steigender Temperatur vermag Wasser weniger CO_2 aufzunehmen (denken Sie an eine warme Sprudelflasche), bei steigendem Partialdruck steigt die Konzentration von Hydrogencarbonat im Meer.

Das gelöste CO_2 wird durch thermohaline Zirkulation (▶ Abbildung 9-03, Seite 208) langsam auch in tiefe Schichten transportiert. Während das Oberflächenwasser innerhalb weniger Jahre auf Änderungen des CO_2-Flusses aus der Atmosphäre reagiert, benötigt die Durchmischung mit Tiefenwasser viele Jahrhunderte. Dies ist der Grund, warum trotz der gewaltigen Speicherkapazität der Ozeane in Jahrzehnten nur etwa ein Drittel bis die Hälfte des emittierten anthopogenen CO_2 aufgenommen wird[24]. Die limitierende Größe ist die Austauschgeschwindigkeit zwischen Oberflächen- und Tiefenwasser. Ein Ozean ist kein Kochtopf, den man umrühren kann.

Im marinen Teilkreislauf spielt das photoautotrophe Phytoplankton eine entscheidende Rolle, da es trotz geringer Biomasse große Mengen an Kohlenstoff umsetzt. Im Meer sind etwa 38 000 Gigatonnen in anorganischer Form (DIC) und etwa 1075 – 1088 Gigatonnen in lebender und toter Biomasse (DOC und POC) gebunden. Partikel abgestorbener Organismen und Reste von Kalkschalen sinken unaufhörlich als sogenannter Meeresschnee in die Tiefsee, insgesamt etwa 11 Gigatonnen jährlich. Das Verhältnis von DIC zu DOC und POC beträgt 2000 zu 38 zu 1,4.

Sekundäre Konsumenten nehmen den organischen Kohlenstoff mit ihrer Nahrung auf. Im Wasser transportiert, verteilt und durchmischt diese biologische Pumpe Carbonate und orga-

Karbon
359 – 299 Ma

Kreide
145 – 66 Ma

DIC, DOC und POC
Der anorganische Kohlenstoff in Gewässern wird als DIC, dissolved inorganic carbon, bezeichnet. DOC bezeichnet die Menge an fein gelöstem organischem Kohlenstoff (dissolved organic carbon) mit Partikelgrößen kleiner als 0,45 Mikrometer. Die Menge größerer organischer Partikel bezeichnet man als POC (particulate organic carbon).

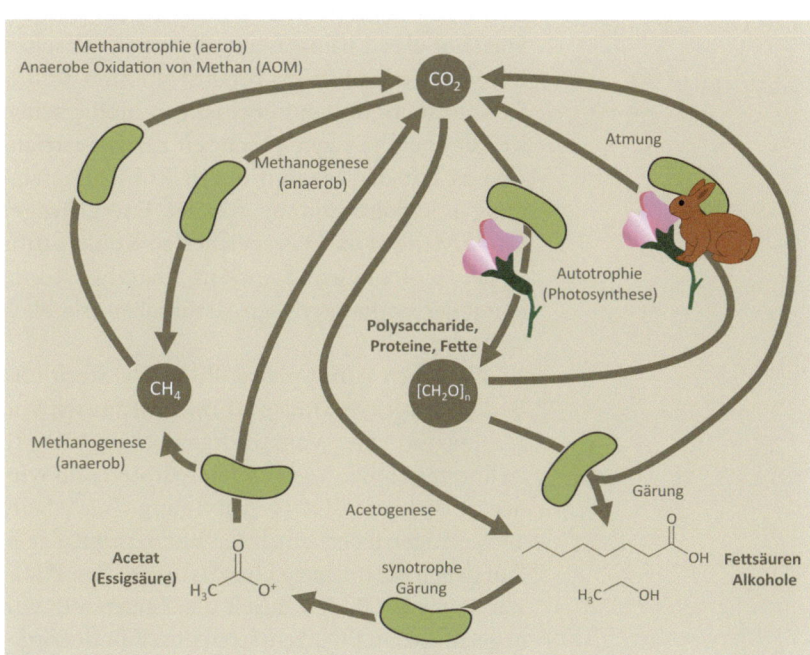

7-25
Biochemischer Kohlenstoffkreislauf[26]. Autotrophe Organismen reduzieren CO_2 (v.a. durch Photosynthese) und nutzen den Kohlenstoff zum Aufbau von Zellbestandteilen. Bei Anwesenheit von Sauerstoff gewinnen Pflanzen, Tieren, Pilze und viele Mikroben durch erneute Oxidation zu CO_2 aus diesen Energie. Unter anaeroben Bedingungen finden Gärprozesse statt. An diesen sind verschiedene Mikroorganismen beteiligt, die zusammen eine Nahrungskette bilden. Primäre Gärer erzeugen Fettsäuren und Alkohole oder Acetat (synotrophe Gärung). Archaeen erzeugen daraus Methan (Methanogenese). Der größte Teil des Methans wird allerdings durch Reduktion von CO_2 erzeugt. Umgekehrt oxidieren aerobe Bakterien und anaerobe Archaeen Methan zur Energiegewinnung zu CO_2 (Methanotrophie und AOM). Nicht dargestellt sind Abbauprozesse hochpolymerer Pflanzenreste wie Lignin durch Pilze. Erst deren niedrigpolymere Abbauprodukte können durch Mikroben verarbeitet werden (▶ Kapitel 11).

nischen Kohlenstoff. Der in die Tiefe sinkende organische Kohlenstoff (DOC und POC) dient in tieferen Wasserschichten und im Bodensediment dort lebenden Destruenten als Nahrungsmittel, er wird von ihnen aufgelöst und remineralisiert (DIC). Nur ein minimaler Anteil des mineralisierten Kohlenstoffs erreicht vor allem in Küstennähe den Meeresboden und wird dort in Sedimente eingelagert.

Terrestrischer Kohlenstoffkreislauf

Im Gegensatz zum marinen Kreislauf ist der terrestrische wesentlich jünger, er existiert seit etwa 450 Millionen Jahren. Bei einem sonntäglichen Waldspaziergang können Sie drei wesentliche Komponenten dieses Kreislaufes sehen: Pflanzen, speziell Bäume, Auflagen von abgestorbenen Pflanzenresten wie Äste, Nadeln, verwitternde Blätter und den Boden. Damit sind auch die drei terrestrischen Kohlenstoffspeicher genannt. Nicht Teil des terrestrischen Kreislaufs sind die Speicher der Lithosphäre, die unterirdischen Kerogene samt fossiler Brennstoffe und Kalke. Sie sind nicht in den kurzfristigen biologischen Kreislauf einbezogen. Doch seit der Industrialisierung hat der Mensch durch Rohstoffgewinnung und Verbrennung fossiler Energieträger große Mengen darin gespeicherten Kohlenstoffs in den biologischen Kreislauf eingetragen und damit den vorindustriellen, natürlichen erheblich verändert.

Zwischen Atmosphäre, Pflanzen, Streu und Boden findet ein Transport und Austausch von Kohlenstoff statt, vom anorganischem CO_2 zu Zellbestandteilen wie Kohlenhydraten und wieder zurück zu CO_2 (▶ Abbildung 7-25, Seite 155). Angetrieben wird der kurzfristige Kreislauf durch die oxygene Photosynthese von Pflanzen sowie im Boden durch die Zersetzung von abgestorbenen Pflanzenresten durch Bodenorganismen (▶ Seite 265).

Durch Photosynthese entziehen Pflanzen der Atmosphäre fast doppelt so viel Kohlenstoff wie marine Organismen, etwa 123 Gigatonnen pro Jahr. Von der aufgenommenen Menge gelangen etwa 60 Gigatonnen durch Pflanzenatmung wieder zurück in die Atmosphäre, der Rest wird in organischer Form gespeichert. Man nennt diese Menge die *Nettoprimärproduktion* der Pflanzen (engl. *net primary production*, NPP). Die gesamte gegenwärtig in der lebenden Vegetation gespeicherte Kohlenstoffmenge beträgt 450–660 Gigatonnen. Ein Teil des in Pflanzen gespeicherten, organischen Kohlenstoffs wird von primären, pflanzenfressenden und sekundären, fleischfressenden Konsumenten für körpereigene Substanzen assimiliert. Dieser Kohlenstoffspeicher ist mit 1,6 Gigatonnen minimal.

Unterhalb von Pflanzendecken sammelt sich abgestorbenes Pflanzenmaterial als Reisig, verwesende Blätter oder Nadeln auf der Erdoberfläche an (Streu). Die im Streu gespeicherte Kohlenstoffmenge wird weltweit mit 90 Gigatonnen beziffert. Der größte bioterrestrische Speicher organischen Kohlenstoffs ist der Boden mit geschätzten 1560 Gigatonnen; durch Wurzelaktivität und Verwitterung von Silikatgesteinen führt der Boden meist auch CO_2. Im Boden wimmelt es von heterotrophen Destruenten, grabende und wühlende wie Mäuse und Maulwürfe, Schnecken, Ameisen, Würmer, Tausendfüßer sowie Pilze und Unmengen von Bakterien. Größere Destruenten wie Asseln, Würmer, Milben und Bakterien beginnen die Pflanzenreste zu zersetzen und in Humus umzuwandeln. Sie tragen zwar nur wenig zur organischen Kohlenstoffmasse bei, zersetzen aber und mineralisieren teilweise die organischen Pflanzenreste und setzen zusammen mit den in der Streu lebenden Organismen etwa 55 Gt pro Jahr CO_2 durch heterotrophe Zellatmung frei. Mit 20–30 Prozent stammt ein beträchtlicher Anteil organischen Kohlenstoffs von leicht abbaubaren und resistenten Pflanzenresten; er liegt meist in den oberen 20–100 cm mächtigen Humushorizonten des Bodens.

Stickstoffkreislauf

> Es gibt kein Ende im Stickstoffkreislauf; Materie kann weder geschaffen noch zerstört werden; beim Stickstoff ist es nicht anders; stattdessen wird Stickstoff kontinuierlich von eine in die andere Form recycelt.
> LEONARD HO 1997

Wir und andere atmende Lebewesen nehmen mit jedem Atemzug große Anteile dieses Hauptgases der Luft auf. Trotz seines Namens ersticken wir nicht daran, noch reagieren organische Moleküle in unseren Körperzellen mit diesem Element. Vielmehr verlässt der Stickstoff mit dem Ausatmen den Körper chemisch unverändert. Dennoch ist Stickstoff ein Schlüsselelement in allen Lebewesen in Form von Eiweißverbindungen.

Stickstoff (N)

Stickstoff ist ein nichtmetallisches, gasförmiges Element der V. Hauptgruppe, der Stickstoff-Phosphor-Gruppe. Nach seiner Häufigkeit steht es im Weltall an 6. Stelle, in der Erdatmosphäre bildet es mit 78,08 Volumenprozent das Hauptgas, in der Erdkruste steht es an 25. Stelle. Elementar kommt Stickstoff nur als Molekül N_2 mit einer sehr stabilen Dreifachbindung vor. Das Aufbrechen dieser Bindung ist Voraussetzung für die biologische Nutzung von Stickstoff (Fixierung), erfordert jedoch eine sehr hohe Energie von 930 kJ/mol. Stickstoff ist mit Chlor und nach Fluor und Sauerstoff das elektronegativste Element. Stickstoff hat zwei stabile Isotope, nämlich ^{14}N (99,6 Prozent) sowie ^{15}N (0,4 Prozent) und sechs Radionuklide von ^{12}N bis ^{19}N.

Umstritten ist, woher die hohen Stickstoffanteile in der heutigen Erdatmosphäre kommen; sicher ist nur, dass seine Reaktionsträgheit die starke Anreicherung begünstigt hat.

Verteilung des irdischen Stickstoffs

Lithosphäre und Atmosphäre enthalten fast den gesamten irdischen Stickstoff, jeweils etwa 3 900 000 Milliarden Tonnen. Molekularer Stickstoff (N_2) ist mit Abstand das häufigste Element in der Atmosphäre, sein Volumenanteil beträgt 78,084%. Distickstoffoxid (Lachgas, N_2O) ist mit 0,000032 Volumenprozent 1000-mal seltener als CO_2, ist allerdings ein 300-mal stärkeres Treibhausgas. Der steigende anthropogene Ausstoß vor allem in Ackerbau und Viehwirtschaft trägt zum Klimawandel bei (▶ Abbildung 12-23, Seite 295).

Der übrige Stickstoff auf der Erde verteilt sich auf kleine Reservoire in der Bio- und Hydrosphäre (▶ Abbildung 7-26). In Landlebewesen sind bis zu 12 Milliarden Tonnen Stickstoff, in marinem Leben bis zu 3 Milliarden Tonnen eingelagert. Der Körper eines 70 kg schweren Menschen enthält fast 2 Kilogramm Stickstoff. Abgestorbene Pflanzenreste (Streu und Humus) enthalten bis zu 190 Milliarden Tonnen Stickstoff, auch in Tierkadaver oder Vogelkot (Guano) ist Stickstoff gespeichert. In den genannten Reservoiren liegt Stickstoff vor allem in Form von Nitrat (NO_3^-), Ammonium oder organischen Stickstoffverbindungen vor. Etwa 90 Prozent des organischen Stickstoffs ist in Prokaryoten gebunden[27].

Stickstoffhaltige Minerale sind selten, von allen Sedimenten führen einige Kohlen mit bis zu 1,5 Prozent die höchsten Stickstoffanreicherungen. Insgesamt sind bis zu 2 000 000 Milliarden Tonnen Stickstoff in Sedimenten eingelagert. Wirtschaftlich nutzbare Konzentrationen von Stickstoff bieten Salpeter ($NaNO_3$) sowie Kaliumnitrat (KNO_3). Beide Nitrate werden beispielsweise in Chile abgebaut. Der weitaus größte Teil der benötigten Stickstoffverbindungen (Mineraldünger!) wird aus Ammoniak hergestellt. Dieser wird durch das Haber-Bosch-Verfahren bei Drücken bis 350 bar und Temperaturen bis 500 °C aus atmosphärischem Stickstoff und Wasserstoff hergestellt.

Der globale Stickstoffkreislauf

Der globale Stickstoffkreislauf wird überwiegend durch biologische Aktivitäten bestimmt. Obwohl Stickstoff als Hauptbestandteil der irdischen Atmosphäre reichlich verfügbar ist, vermögen jedoch weder Pflanzen noch Tiere ihn direkt aus der Luft aufzunehmen. Das können nur stickstoffbindende Bakterien. Sie wandeln Luftstickstoff in eine für Pflanzen aufnehmbare, biochemische Verbindung um, einen Vorgang, der als *Fixierung* bezeichnet wird (▶ Randspalte). Tiere als sekundäre Konsumenten können dieses lebenswichtige Element nur in Form organischer Verbindungen wie Eiweiße aufnehmen.

Andere Bakterien, sogenannte Destruenten, nehmen abgestorbene organische Materie auf und setzen Stickstoff wieder in die Atmosphäre frei, man spricht von *Denitrifikation*.

Der beim Abbau organischer Materie entstehende Ammoniak (NH_3) wird zum Teil auch in die Atmosphäre abgeben und kehrt über Niederschläge wieder auf die Erde zurück. Grob die Hälfte des über dem Land ausgasenden Ammoniaks (44 Millionen Tonnen) stammt aus der Viehwirtschaft und dem Einsatz von Dünger[25]. Heutzutage wird durch die Produktion von Ammoniak etwa die gleiche Menge an atmosphärischem Stickstoff fixiert wie auf biologischem Weg, nämlich 130 Millionen Tonnen. Etwa 100 Millionen Tonnen davon werden als Mineraldünger verwendet. Ein nicht unerheblicher Teil

---

Oxidationsstufen des Stickstoffs.

−3 Ammoniak (NH_3), organisch gebundener N
−2 Hydrazin (NH_2-NH_2)
−1 Hydroxylamin (NH=NH)
0 Stickstoffgas (N_2)
+1 Lachgas (N_2O)
+2 Stickstoffmonoxid (NO)
+3 Nitrit (NO_2^-)
+4 Stickstoffdioxid (NO_2)
+5 Salpetersäure (HNO_3), Nitrat (NO_3^-)

Fixierung

Auch die nichtbiologische Erzeugung von Stickstoffverbindungen aus N_2 wird oft als Fixierung bezeichnet, so etwa die Ammoniaksynthese nach dem Haber-Bosch-Verfahren. Man spricht daher auch von biologischer Fixierung, wenn die bakterielle Form gemeint ist.

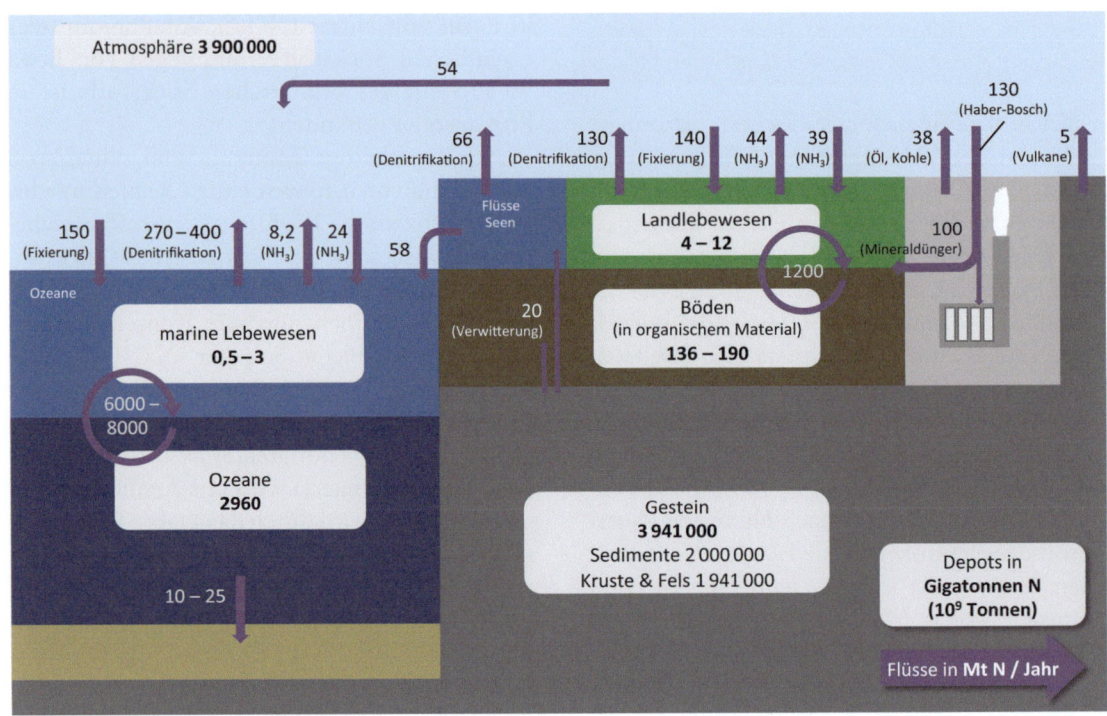

7-26
Stickstoffkreislauf. Der Stickstoffkreislauf ist geprägt durch den Kreislauf aus biologischer Fixierung des atmosphärischen Stickstoffs (N_2) und Denitrifikation, also der Rückführung des fixierten Stickstoffs zu N_2. Menschliche Aktivitäten spielen eine große Rolle, insbesondere durch die Produktion von Mineraldünger aus atmosphärischem Stickstoff (Haber-Bosch-Verfahren)[27,25,28].

des eingebrachten Düngers wird in festländische Gewässer und letztendlich ins Meer gespült. 2005 betrug der anthropogen verursachte Eintrag von Stickstoff in festländische Gewässer etwa 565 000 Tonnen allein in Deutschland.

Durch die Verbrennung fossiler Brennstoffe werden zudem jährlich etwa 38 Millionen Tonnen Stickstoff in die Atmosphäre entlassen, im allgemeinen als Stickoxide (NO_x), in geringen Mengen auch als Ammoniak. Der größte Teil davon kehrt über Niederschläge wieder auf die Erde zurück.

Blitze fixieren einen relativ geringen Teil des Stickstoffs (5–20 Millionen Tonnen) durch die Bildung von Stickoxiden (NO_x) in der Atmosphäre. Durch Verwitterung gehen auf dem Land jährlich etwa 20 Millionen Tonnen in Böden und Gewässer über. Grob die gleiche Menge wird in Ozeansedimenten eingelagert.

Obwohl die marine Biomasse kleiner ist als die terrestrische, ist im Ozean der biologische Stickstoffumsatz deutlich höher als auf dem Land. Während im Meer etwa 6–8 Milliarden Tonnen Stickstoff jährlich umgesetzt werden, sind es auf dem Land nur 1,2 Milliarden Tonnen.

Der biologische Stickstoffkreislauf

Hauptträger des biologischen Kreislaufs sind prokaryotische Bakterien und Archaeen. Im Einzelnen lassen sich sechs Teilprozesse unterscheiden, an denen unterschiedliche Lebensgemeinschaften anaerober und aerober Mikroorganismen maßgeblich beteiligt sind (▶ Abbildungen 7-27 und 7-28):

1 Fixierung
2 Nitrifikation
3 Assimilation
4 heterotrophe Konversion
5 Ammonifikation
6 Denitrifikation

Fixierung

Mehrere aerobe und anerobe Gattungen von Bakterien können das stabile N_2-Molekül aufbrechen und Ammoniak bilden:

$$N_2 + 8H^+ + 8e^- \xrightarrow{\text{16 ATP} \quad \text{16 ADP}} 2 NH_3 + H_2$$

Erde und Leben – Die Geschichte einer innigen Wechselbeziehung

Die für diese Reaktion notwendige Energie muss durch 16 ATP-Moleküle (▶ Abbildung 6-08, Seite 96) aufgebracht werden.

Das diese Reaktion vermittelnde Enzym *Nitrogenase* wird durch Sauerstoff deaktiviert, weshalb aerobe Mikroorganismen besondere Vorkehrungen treffen müssen, um Sauerstoff von der Nitrogenase fernzuhalten. Einzellige Cyanobakterien fixieren nur nachts, wenn keine Photosynthese erfolgt. Bei in Gruppen lebenden Cyanobakterien findet eine Spezialisierung statt: die fixierenden Zellen enthalten zwar das Photosystem I, nicht jedoch das Photosystem II, das Sauerstoff freisetzt (▶ Seite 140).

Bei Leguminosen wie Lupinen, Erbsen oder Bohnen sowie Erlen übernehmen symbiotisch in deren Wurzeln lebende Stickstoffsammler, sogenannte Knöllchenbakterien (Rhizobien), die Fixierung von Stickstoff. Sie beliefern die Pflanze mit Ammonium und werden im Gegenzug von ihr mit anderen Nährstoffen versorgt. In südostasiatischen feuchten Reisfeldern fungieren Cyanobakterien im Algenfarn *Azolla* als Stickstoffsammler und liefern damit Dünger für den Reis. Symbiotisch lebende Mikroorganismen fixieren jährlich bis zu 200 Kilogramm Stickstoff pro Hektar. Ohne diese Bakterien (oder entsprechende Düngung) wäre an vielen Standorten das Pflanzenwachstum stark einge-

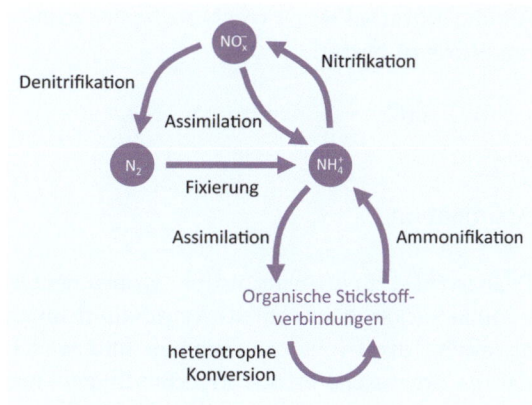

schränkt. Weizen benötigt etwa 190 Kilogramm pro Stickstoff pro Hektar[26,27].

Nitrifikation

Durch die Oxidation von Ammonium zu Nitrit (NO_2^-) und weiter zu Nitrat (NO_3^-) gewinnen aerobe chemolithotrophe Bakterien Energie. Sogenannte Nitritbakterien wie *Nitrosomas* oxidieren Ammoniak zu Nitrit:

$$2\,NH_3 + 3\,O_2 \longrightarrow 2\,NO_2^- + 2\,H^+ + 2\,H_2O$$

7-27
Elemente des biologischen Stickstoffkreislaufs. Hauptträger des globalen Stickstoffkreislaufs sind Bakterien, die molekularen Stickstoff „fixieren", das heißt, in eine Verbindung überführen, die von anderen Organismen verwertet werden kann (Assimilation). Andere Bakterien vermögen Stickstoffverbindungen am Ende wieder in molekularen Stickstoff zu überführen (Denitrifikation). Tiere können Stickstoff nur über organische Verbindungen aufnehmen (heterotrophe Konversion).

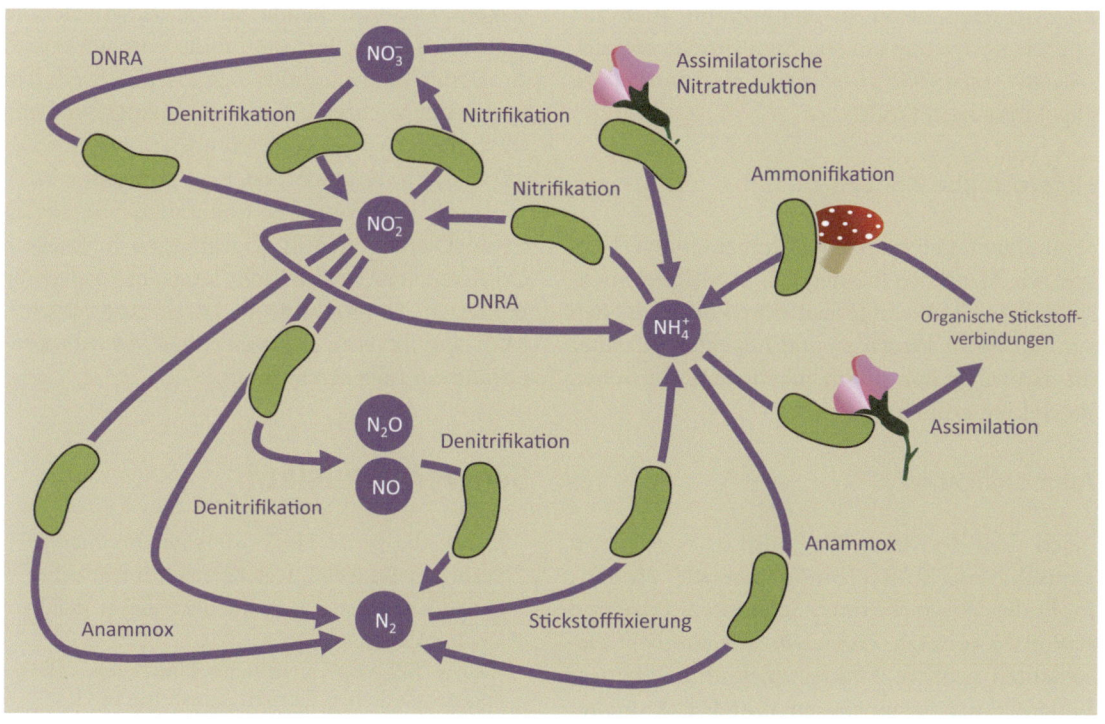

7-28
Biogener Stickstoffkreislauf. Erklärungen siehe Text.

Aerobe Nitratbakterien wie *Nitrobacter* oxidieren Nitrit zu Nitrat:

$$2\,NO_2^- + O_2 \longrightarrow 2\,NO_3^-$$

Assimilation

Pflanzen als primäre heterotrophe Konsumenten können Stickstoff sowohl als Ammonium-Ionen als auch Nitrat-Ionen aufnehmen und stellen daraus organische Stickstoffverbindungen wie Aminosäuren her. Erfolgt diese Assimilation über die Aufnahme und Reduktion von Nitrationen, so spricht man von *assimilatorischer Nitratreduktion*. Die Nitrat-Aufnahme erfolgt je nach Pflanzenart durch Wurzeln oder Sprossen. Dabei wird Nitrat hauptsächlich mit Hilfe von Nitrat- bzw. Ferredoxin-Nitritreduktasen in zwei Schritten zu Ammonium reduziert:

$$NO_3^- + 2\,e^- + 2\,H^+ \longrightarrow NO_2^- + H_2O$$
$$NO_2^- + 6\,e^- + 8\,H^+ \longrightarrow NH_4^+ + 2\,H_2O$$

Die entstehenden Ammonium-Ionen (NH_4^+) werden in Glutamin und Glutamat fixiert und in dieser Form zu den Geweben transportiert.

In kohlenstoffreicher Umgebung (unter anderem in Wiederkäuermägen oder auch in der Mundhöhle) können einige Mikroorganismen die Nitratreduktion zu Ammonium auch zur Energiegewinnung nutzen, man spricht von *dissimilatorischer Nitratreduktion zu Ammonium*, abgekürzt auch DNRA.

Heterotrophe Konversion

Sekundäre heterotrophe Konsumenten wie Tiere und wir Menschen können den benötigten Stickstoff für die Assimilation von körpereigenen Aminosäuren, Proteinen und Eiweißen nur über die Nahrung aus pflanzlichen oder tierischen Produkten aufnehmen.

Ammonifikation

Nach dem Tod eines Organismus werden organische Stickstoffverbindungen wie Proteine im Boden durch Würmer, Schnecken, Pilze und Bakterien zersetzt. Zunächst zerlegen diese Destruenten größere Makromoleküle in kleinere Einheiten wie Aminosäuren; mittels bakterieller Abspaltung von Aminogruppen (Desaminierung) entsteht Ammonium (NH_4^+). In alkalischer Umgebung bildet sich daraus vermehrt Ammoniak. Das in den Boden gelangte Ammonium wird teils durch nitrifizierende Bakterien wieder zu Nitrat (NO_3^-) oxidiert, teils auch als Humus im Boden gespeichert (▶ Seite 267).

Denitrifikation

Unter Sauerstoffmangel vermögen Bakterien wie *Bacillus, Pseudomonas, Agrobacterium tumefaciens* und *Flavobacterium* zur Energiegewinnung Nitrat zu elementarem Stickstoff und zu geringerem Teil zu Lachgas (N_2O) zu reduzieren. Dieser Vorgang wird als *Nitratatmung* oder *Denitrifikation* bezeichnet. Das Nitrat wird dabei in mehreren Schritten zu elementarem Stickstoff oder N_2O reduziert:

$$NO_3^- + 2\,e^- + 2\,H^+ \xrightarrow{\text{Nitrat-Reduktase}} NO_2^- + H_2O$$
$$NO_2^- + e^- + 2\,H^+ \xrightarrow{\text{Nitrit-Reduktase}} NO + H_2O$$
$$2\,NO + 2\,e^- + 2\,H^+ \xrightarrow{\text{Stickstoffoxid-Reduktase}} N_2O + H_2O$$
$$N_2O + 2\,e^- + 2\,H^+ \xrightarrow{\text{Distickstoffoxid-Reduktase}} N_2 + H_2O$$

N_2O entsteht vermehrt, wenn ein Mangel an Elektronendonoren und ein Überschuss an Nitrat besteht. Der entstehende Stickstoff entweicht in die Atmosphäre. Für die Landschaft wirkt sich die Denitrifikation daher negativ aus, weil dem Boden der wichtige Pflanzennährstoff entzogen wird, für Gewässer dagegen positiv, weil die Eutrophierung vermindert oder gar gestoppt wird.[26]

Unter anaeroben Bedingungen, wie sie im tiefen Ozean oder in Kläranlagen herrschen, oxidieren verschiedene sehr langsam wachsende Bakterien Ammonium mit Nitrit zu Stickstoff. Man spricht von der *anaeroben Ammonium-Oxidation* oder *Ammamox*.

Schwefelkreislauf

Ja fast die ganze Hölle ist lauter brennendes Pech und Schwefel, welche einen unendlichen Gestank von sich geben, wie der Prophet Jesaias ausdrücklich bezeugt...
CASPAR ERHARD Christliches Hausbuch, oder: Das grosse Leben Christi. Augsburg 1841

Erde und Leben – Die Geschichte einer innigen Wechselbeziehung

Schwefel hat in der Volksmythologie einen schlechten Ruf, wird er doch – sicher durch mehrere Bibelzitate angeregt – mit Bösem oder Schlechtem verknüpft, so ursprünglich in der Redewendung „wie Pech und Schwefel". Der Teufel hat in die Hölle verdammte Sünder mit Pech festgeklebt und sie im heißen Schwefel brennen lassen. Da die Hölle laut biblischer Verkündigung fürchterlich aufgrund von Schwefel stinkt, wird das Erscheinen des Teufels stets von Schwefelgestank begleitet. Dabei ist Schwefel geruchs- und geschmacklos und für den Menschen in geringen Konzentrationen ungiftig. Mit der Nahrung nehmen wir täglich etwa 900 mg davon auf.

Unangenehm riechen dagegen Schwefelverbindungen wie der gasförmige Schwefelwasserstoff (H_2S) oder das Gas Methanthiol (CH_3SH), beides Zersetzungsprodukte verwesender, organischer, schwefelhaltiger Stoffe. Auch heiße Schwefelsäure (H_2SO_4) riecht beißend-stechend.

Mit einem Anteil von einem Prozent in der Trockenmasse gehört er zu den biologisch wichtigen Elementen, denn er ist in vielen Proteinen enthalten und bildet einen wesentlichen Baustein von Aminosäuren wie Methionin und Cystein. Wie bei den Bioelementen Kohlenstoff und Stickstoff bilden Lebensgemeinschaften anaerober und aerober Mikroorganismen (*Thiobakterien*) als autotrophe Schwefelnutzer sowie als Destruenten eine treibende Kraft im biologischen Schwefelkreislauf. Pflanzen nutzen ihn als primäre Konsumenten zur Erzeugung primärer und sekundärer Pflanzeninhaltsstoffe, indem sie den chemisch reaktiven Schwefel in Proteine, Verteidigungsmittel gegen Fressfeinde oder schwefelhaltige Peptide assimilieren. Sekundäre Konsumenten wie Tiere nehmen diese organischen Schwefelverbindungen mit der Nahrung auf.

Verteilung des irdischen Schwefels

Schwefel kommt in allen irdischen Geosphären selten rein, sondern meist in Verbindungen vor.

In der Atmosphäre tritt Schwefel als Schwefeldioxid (SO_2), Schwefelwasserstoff (H_2S), Dimethylsulfid (DMS, $(CH_3)_2S$), Carbonylsulfid (COS) und Schwefelsäure (H_2SO_4) auf. Die drei erstgenannten werden innerhalb weniger Tage zu Schwefelsäure oxidiert, die in Form sauren Regens zurück auf die Erde gelangt. Jährlich werden gegenwärtig etwa 10 Millionen Tonnen Schwefel als Schwefeldioxid und Schwefelwasserstoff durch vulkanische Ausgasungen in die Atmosphäre eingebracht, 28 Millionen Tonnen Dimethylsulfid als Zersetzungsprodukt mariner Algen (▶ Seite 210) sowie um die 80 Millionen Tonnen aus der Verbrennung fossiler Energieträgern und industrieller Tätigkeit.

In den Böden und der Lithosphäre liegt Schwefel in Form von Sulfiden (Salze des Schwefelwasserstoffs) und Sulfaten (Salze oder Ester der Schwefelsäure) vor. Erste sind Bestandteile von mehr als 600 meist hydrothermal gebildeter, teils wirtschaftlich nutzbarer Minerale, darunter vor allem Pyrit (FeS_2), Galenit (PbS), Realgar (AsS) oder Cinnabarit (HgS). Pyrit entsteht auch in größeren Mengen durch die Stoffwechseltätigkeit mariner sulfatreduzierender Bakterien. Sulfate sind Bausteine von weit verbreiteten Gesteinen wie Gips ($CaSO_4 \cdot 2 H_2O$) oder Anhydrit ($CaSO_4$). Gediegen findet man Schwefel in Vulkanablagerungen und an den Rändern heißer Mineralquellen.

Die Vorräte in den Böden schätzt man auf etwa 95 Milliarden Tonnen Schwefel, in den Sedimentgesteinen der Lithosphäre sind es wohl 7 440 000 Milliarden Tonnen. Im Boden steht Schwefel meist in Form von Sulfat-Ionen (SO_4^{2-}) zur Nutzung bereit. Reichhaltige sedimentäre Schwefellager sind durch sulfatreduzierende

Schwefel (S)

Schwefel ist ein nichtmetallisches, festes Element der VI Hauptgruppe (Chalkogene) des Periodensystems mit vielen Modifikationen. Dieses Element steht im Häufigkeitsrang an 11. Stelle im Weltall, in der Erdkruste an 16. Stelle und in organischer Materie an 7. Stelle. Schwefel kommt elementar in Vulkanablagerungen und an den Rändern heißer Mineralquellen vor. Weit verbreitet sind die beiden anorganischen Anionen Sulfid (S^{2-}) und Sulfat (SO_4^{2-}); letzteres sind Salze oder Ester der Schwefelsäure (H_2SO_4). Schwefel ist ein reaktionsfreudiges Element, das abgesehen von Gold, Platin und Iridium mit allen Metallen leicht Sulfide bildet. Schwefel besitzt 25 bekannte Isotope, darunter vier stabile ^{32}S (95,02 Prozent), ^{33}S (0,75 Prozent), ^{34}S (4,21 Prozent) und ^{36}S (0,02 Prozent).

Oxidationsstufen des Schwefels.
- −2 Metallsulfide und Schwefelwasserstoff
- −1 Aminosäuren
- 0 elementarer Schwefel
- +4 Schwefeldioxid in der Atmosphäre
- +6 Sulfat in Böden und Gewässern.

Ester
Verbindung eines Alkohols mit einer Säure unter Abspaltung von Wasser.

Vulkanschwefel
Große Vulkanausbrüche können erhebliche Mengen an Schwefel in die Atmosphäre einbringen. Die Eruption des Tambora in Indonesien 1815 schleuderte 50 Megatonnen Schwefel in die Atmosphäre. Die gewaltigen Eruptionen in der Kreidezeit (um 66 Ma) brachten es sogar auf 1000 Megatonnen[25].

Bakterien hinterlassen worden. Kohlen, Erdöl und Erdgas führen in unterschiedlichen Anteilen Schwefel.

Ein relativ kleines Schwefelreservoir bildet die Biosphäre mit weniger als 3 Milliarden Tonnen Vorräten. Dort ist oft Schwefel in Form von Sulfhydrylgruppen (–SH) in Aminosäuren organisch gebunden. In toter organischer Materie (Streu und Humus) sind etwa 95 Milliarden Tonnen eingelagert[25,27].

In der Hydrosphäre werden die Schwefelvorräte auf 1 280 000 Millarden Tonnen geschätzt, überwiegend als Sulfat-Ionen (SO_4^{2-}). Im Meerwasser ist Sulfat nach Chlor und Natrium das dritthäufigste Ion und dient dort lebenden Schwefelbakterien als Energiequelle und Elektronenspender.

Der globale Schwefelkreislauf

Schwefel gelangt aus dem Mantel durch vulkanische Exhalationen als Schwefelwasserstoff (H_2S) und Schwefeldioxid (SO_2) in den Boden, die Atmosphäre und in die Ozeane. Vergleichbare Schwefelmengen gelangen vom Land durch biologische Prozesse als H_2S in die Atmosphäre, insbesondere über Feuchtgebieten. Der größte Schwefellieferant in die Atmosphäre ist allerdings der Mensch (▶ Abbildungen 7-29 und 7-30). H_2S und SO_2 werden in der Atmosphäre innerhalb weniger Tage durch die chemische Reaktion mit Hydroxyl-Radikalen (OH) und Wasser zu Schwefelsäure oxidiert, die zu einem großen Teil durch Regen ausgewaschen wird. Ein kleiner Teil wird, an Staubpartikel gebunden, über weite Strecken transportiert.

Über den Ozeanen gelangen große Mengen an Sulfaten durch Gischt in die Atmosphäre, sie werden aber zum größten Teil lokal wieder vom Meer aufgenommen. Mikrobiologischen Ursprungs ist das in größeren Mengen über den Ozeanen vorhandene Dimethylsulfid, auf das wir noch zu sprechen kommen.

In den Ozeanen prägen Mikroorganismen den Kreislauf des Schwefels (▶ Abbildung 7-31, Seite 164). In anoxischen (sauerstoffarmen) Tiefen werden Sulfate zu Sulfiden reduziert, bei Vorhandensein von Licht, Sauerstoff oder Nitraten läuft auch der umgekehrte Prozess ab. Sulfide sind schwerlöslich in Wasser und sinken zu Boden, Sulfate können als Gips ausfallen. Die in Sedimenten eingelagerten Sulfide und Sulfate gelangen wieder in den Mantel, wenn eine ozeanische Platte unter eine andere abtaucht (▶ Abbildung 5-11, Seite 81). Durch tektonische Hebung des Meeresbodens, zum Beispiel an passiven Kontinentalrändern, können diese Sedimente wieder an die Oberfläche gelangen.

7-29
Schwefelkreislauf. Der globale Schwefelkreislauf ist stark durch den Menschen beeinflusst. Etwa 75 % aller Emissionen sind anthropogen. Auch der Schwefeltransport in Flüssen ist zur Hälfte von uns Menschen getrieben.

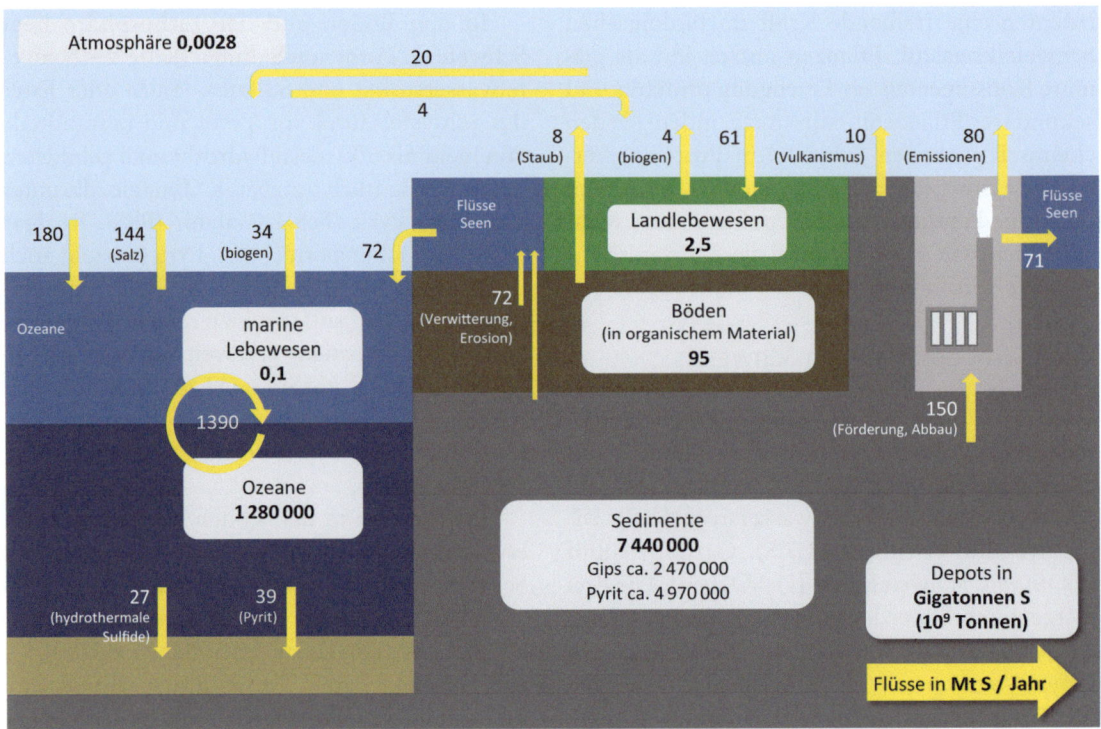

Erde und Leben – Die Geschichte einer innigen Wechselbeziehung

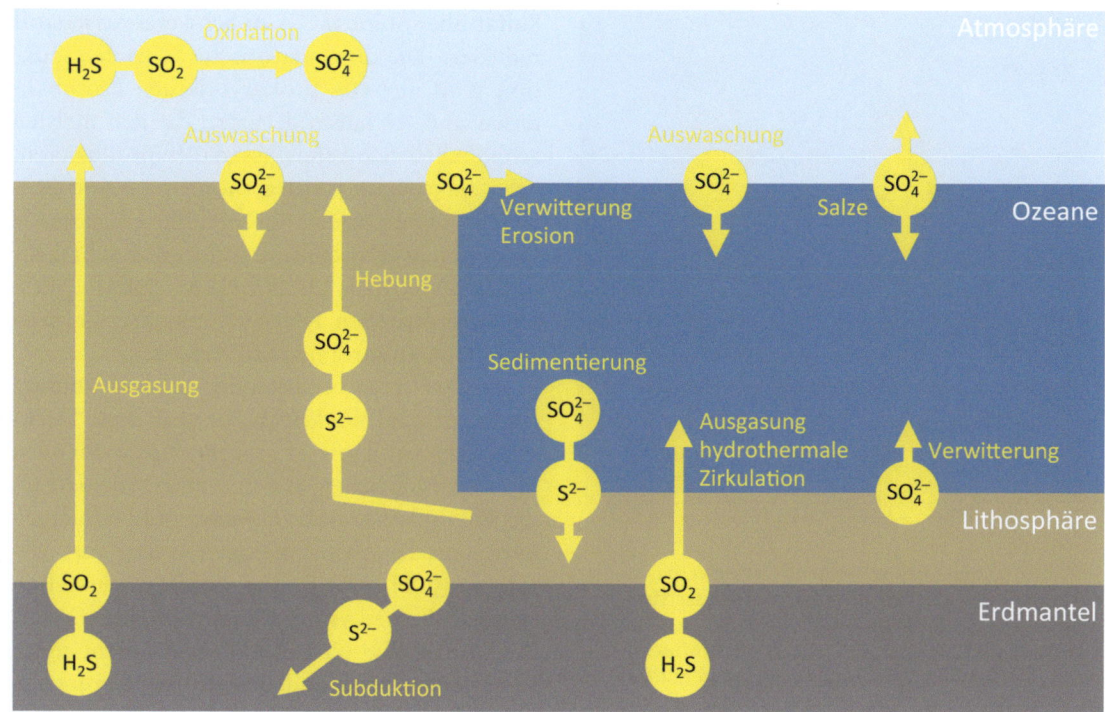

7-30

Kreislauf der Schwefelverbindungen[28]. Über Vulkane ausgasendes Schwefeldioxid (SO_2) und Schwefelwasserstoff (H_2S) aus dem Erdmantel wird in der Atmosphäre rasch zu Sulfat (SO_4^{2-}) oxidiert, das durch Regen ausgewaschen wird. Im Ozean können Sulfatsalze (Gips, $CaSO_4 \cdot 2\,H_2O$) sedimentieren oder in anoxischen Tiefen zu Sulfid (S^{2-}) reduziert werden und als Pyrit (FeS_2) absinken. Ein Teil dieses Schwefels kehrt durch Subduktion der ozeanischen Kruste wieder in den Mantel zurück. In Kontinentalschelfbereichen und an passiven Plattengrenzen können Sulfide und Sulfate durch Hebung wieder an die Erdoberfläche gelangen. Durch Verwitterung und Erosion gelangen Sulfate wieder zurück in die Ozeane. Lebewesen greifen sowohl durch Oxidation von Sulfiden oder H_2S als auch durch die Reduktion von Sulfaten in diesen Kreislauf ein.

An der sauerstoffreichen Atmosphäre verwittern Sulfid- und Sulfatminerale und gelangen in gelöster Form in Flüsse und letzten Endes wieder in den Ozean.

Biologischer Schwefelkreislauf

Schwefel kommt in unterschiedlichen Oxidationsstufen in Verbindungen vor, weshalb für Mikroorganismen die Gewinnung von Energie sowohl durch Oxidation als auch durch Reduktion von Schwefelverbindungen möglich ist (▶ Abbildungen 7-31, Seite 164 und 7-32, Seite 165). Durch Reduktion von Sulfaten erzeugen Mikroorganismen und Pflanzen unter anderem wichtige „Baumaterialien" wie die Aminosäuren Cystein und Methionin. Tiere nehmen diese organischen Schwefelverbindungen mit der Nahrung auf.

Im Boden schaffen Lebensgemeinschaften schwefeloxidierender und reduzierender Bakterien einen Kreislauf zwischen Schwefelwasserstoff, elementarem Schwefel und Sulfaten. Den dort vorhandenen, für die meisten Organismen giftigen Schwefelwasserstoff und den elementaren Schwefel oxidieren aerobe und anaerobe Bakterien zu verschiedenen Schwefelverbindungen.

Farblose Schwefelbakterien aus den Gattungen *Beggiatoa* und *Thiovulum* oxidieren H_2S unter Zuhilfenahme von Sauerstoff zu elementarem Schwefel. Die dabei freigesetzte Energie nutzen sie zur Assimilation von Kohlendioxid (CO_2). Sie besitzen einen chemotrophen Stoffwechsel (▶ Abbildung 7-04, Seite 135).

Photoautotrophe Schwefelbakterien wie anaerobe Grüne Schwefelbakterien aus der Gattung *Chlorobium* oxidieren H_2S zunächst zu elementarem Schwefel, Purpur-Schwefelbakterien oxidieren bei Mangel an H_2S den elementaren Schwefel weiter zu Sulfat.

Einige nicht-photoautrophe schwefeloxidierende Bakterien wie *Acidithiobacillus thiooxidans* oder *Beggiatoa* sowie in Gesteinen lebende Arten (endolithisch) gewinnen ebenfalls

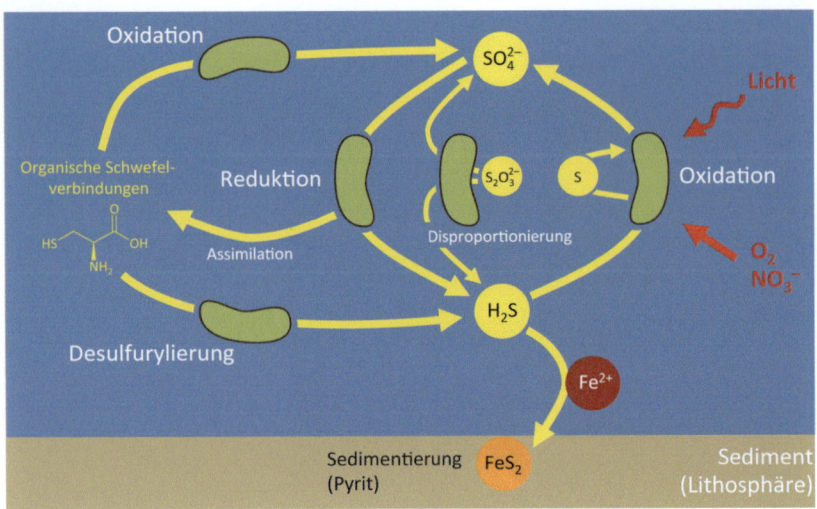

7-31
Biologischer Schwefelkreislauf[26,28]. Mikroorganismen vermögen Schwefelverbindungen sowohl zu oxidieren als auch zu reduzieren. Die Oxidation von Schwefelwasserstoff (H_2S) erfolgt über anoxische Photosynthese (anaerob) oder mit Hilfe von Sauerstoff (aerob) bzw. Nitraten (NO_3^-). Dabei kann die Oxidation auch von Zwischenstufen wie elementarem Schwefel (S) ausgehen. Die Reduktion von Sulfaten wird nicht nur zur Energiegewinnung, sondern auch assimilatorisch zur Synthese von organischen Schwefelverbindungen wie etwa der Aminosäure Cystein genutzt (links). Organische Schwefelverbindungen werden durch Bakterien entweder zu Sulfat oxidiert oder zu H_2S reduziert (Desulfurylierung). Manche Bakterien oxidieren und reduzieren Schwefelverbindungen wie Thiosulfat ($S_2O_3^{2-}$) gleichzeitig und bilden H_2S und Sulfat (Disproportionierung).

Energie aus der Oxidation von Sulfiden zu Sulfat. Diese Bakterien besitzen einen chemolithotrophen Stoffwechsel.

Auch Pflanzen reduzieren Sulfate für die Herstellung von Aminosäuren oder anderen schwefelhaltigen Stoffen. Sie nehmen Sulfate über die Wurzeln auf.

Aus abgestorbenen pflanzlichen und tierischen schwefelhaltigen Geweben setzen organismeneigene Enzyme und Mikroorganismen wie *Escherichia* Schwefel in Form von Schwefelwasserstoff frei (Desulfurylation). In gut durchlüfteten Böden wird dieser teilweise in die Atmosphäre abgegeben, in schlecht durchlüfteten sammelt sich H_2S dort an. Am Meeresboden sowie in lockeren Sedimenten zersetzen schwefelveratmende Bakterien die herabrieselnden Mengen schwefelhaltigen, organischen Gewebes. Sie erzeugen große Mengen von Schwefelwasserstoff, den andere Bakterien wieder zu elementarem Schwefel oder zu Sulfat oxidieren. Mineralisierte Schwefelverbindungen werden in Sedimente eingelagert und so in den langfristigen abiotischen Kreislauf überführt.

Eine weitere Gattung Schwefelbakterien, sogenannte *Desulfobacter* (Ordnung *Deltaproteobacteria*) nutzen Sulfat für ihre Energiegewinnung. Bei dieser anaeroben Sulfat-Atmung wird Sulfat über Sulfit (SO_3) zu Schwefelwasserstoff reduziert. Die dissimilatorische Schwefelreduktion wird nur von prokaryotischen Protobakterien und Archaeen geleistet, die den meisten schädlichen Schwefelwasserstoff produzieren. Schätzungsweise werden momentan eine Milliarde Tonnen Sulfat durch sulfatreduzierende Bakterien in Schwefelwasserstoff überführt, vor im allem im Meer. *Desulfobacter* sind die ältesten heterotrophen Konsumenten und besitzen einen chemolithrophen Stoffwechsel.

Ein weiterer bedeutender Schwefelumsatz findet in der bioaktiven, ozeanischen Deckschicht statt. Dort erzeugen riesige Mengen photosynthetischer Makro- und Mikroalgen, das Phytoplankton (*Diatomeen* und *Dinoflagellaten*), aus der schwefelhaltigen Aminosäure Methionin ($C_5H_{11}NO_2S$) über eine komplexe Biosynthese Dimethylsulfoniumpropionat (DMSP, $(CH_3)_2S-CH_2-CH_2-COO^-$). Es dient ihren Produzenten unter anderem zur Regulierung des osmotischen Drucks. Ein Teil des DMSP wird direkt ins Meerwasser abgegeben, ein Teil tritt bei der Beschädigung von Zellmembranen aus, das meiste wird nach dem Absterben der Makroalgen und des Phytoplanktons freigesetzt. In gelöster Form dient DMSP heterotrophen Konsumenten als Kohlenstoff- und Schwefelquelle.

Dimethylsulfoniumpropionat wird rasch durch Bakterien abgebaut. Dabei entsteht unter anderem Methanthiol (CH_3SH), ein stechend riechendes Gas. Diese Umwandlung betrifft vor allem extrazelluläres, im Wasser gelöstes DMSP.

Zum anderen wird DMSP zu Dimethylsulfid (DMS, CH_3-S-CH_3), zu einer übel-faulig riechenden, sich rasch verflüchtenden Flüssigkeit abgebaut. Dimethylsulfid ist die wichtigste Schwefelverbindung in der Atmosphäre. Etwa 80 Prozent davon stammt aus der Entgasung von Ozeanen (▶ Seite 210).

DMSP und DMS werden von heterotrophen Konsumenten wie Mikroorganismen, Fischen oder Seevögeln als Infochemikalie genutzt, die ihnen den Weg zur Nahrung weisen. Auch der typische Meergeruch wird von DMS verursacht.

Die zeitliche Entwicklung des Schwefelkreislaufs

Schwefel wurde in die Urozeane durch submarine Exhalationen und Verwitterung von schwefelhaltigen Gesteinen eingebracht, wenngleich die Verwitterung aufgrund des fehlenden Sauerstoffs wesentlich schwächer ausfiel als nach dem Großen Oxidationsereignis (▶ Seite 148). Anhand des Mengenverhältnisses der Schwefelisotope untereinander lässt sich unter anderem die Entwicklung des Sauerstoffgehaltes der Atmosphäre und der Ozeane rekonstruieren (▶ Kasten Seite 150). Zugleich bevorzugt der mikrobielle Schwefelstoffwechsel das Schwefelisotop ^{32}S gegenüber den anderen, schwereren Isotopen wie ^{34}S. Dies hat zur Folge, dass Sedimente aus Gips, die nicht biogenen Ursprungs sind, mehr schwere Schwefelisotope enthalten als Sedimente aus Pyrit, die biogenen Ursprungs sind.

So deuten schwache Abreicherungen an ^{34}S in etwa 3,5 Milliarden Jahre alten fossilen Ablagerungen auf das Vorhandensein sulfatreduzierender Mikroorganismen in den damaligen Ozeanen hin. Ab etwa 2,8 Ga zeigen fossile Überlieferungen eine beginnende Sauerstoffanreicherung im Meer und in der Atmosphäre an. Fortan waren der Schwefel- und der Sauerstoffzyklus in der Biosphäre miteinander verknüpft. Seit dem Großen Oxidationsereignis um 2,4 Ga führte der Anstieg der Sauerstoffkonzentration auf dem Festland zur oxidativen Verwitterung von sulfathaltigen Gesteinen und in den Meeren zu einer Verschiebung biologischer anoxischer Prozesse in tiefere Wasserschichten.

Aufgrund der festländischen Verwitterung wurden mehr Sulfate ins Meer gespült und der Sulfatgehalt in damaligen Ozeanen stieg auf maximal 5–15 Prozent des heutigen Gehalts an. Am Ende des Paläoproterozoikums vor etwa einer Milliarde Jahren wurden erstmals große Mengen schwefelhaltige Evaporite (Gips) gebildet, was auf weiter steigende Anteile von Sulfaten in damaligen Ozeanen hindeutet. In den letzten 600 Millionen Jahren schwankt die Abweichung vom Referenzwert für ^{34}S-Isotope in marinen Sulfaten zwischen +10‰ und +30‰.[29]

Phosphorkreislauf

Wenn Phosphor eine Person wäre, würde er eher wie Arnold Schwarzenegger denn wie „Otto Normalverbraucher" (im engl. Original „... say RICHARD SIMMONS...") aussehen ... Mit anderen Worten, Phosphor ist ein starker Stoff.[30]

Am Phosphor hängt das Schicksal der Menschheit.[31]

Sulfatreduktion	$SO_4^{2-} + 2\,CH_2O \rightarrow 2\,HCO_3^- + H_2S$
Sulfitreduktion	$2\,SO_3^{2-} + 3\,CH_2O + H^+ \rightarrow 3\,HCO_3^- + 2\,H_2S$
Schwefeldisproportionierung	$4\,S^0 + 4\,H_2O \rightarrow 3\,H_2S + SO_4^{2-} + 2\,H^+$
Sulfitdisproportionierung	$4\,SO_3^{2-} + 2\,H^+ \rightarrow H_2S + 3\,SO_4^{2-}$
Thiosulfatdisproportionierung	$S_2O_3^{2-} + H_2O \rightarrow SO_4^{2-} + H_2S$
Chemolithotrophe Thiosulfatoxidation zu Sulfat	$S_2O_3^{2-} + H_2O + 2\,O_2 \rightarrow 2\,SO_4^{2-} + 2\,H^+$
Phototrophische Sulfidoxidation zu Schwefel	$H_2S + CO_2 \rightarrow CH_2O + H_2O + 2\,S^0$
Phototrophische Sulfidoxidation zu Sulfat	$H_2S + 2\,CO_2 + H_2O \rightarrow 2\,CH_2O + SO_4^{2-} + 2\,H^+$
Phototrophische Schwefeloxidation zu Sulfat	$2\,S^0 + 3\,CO_2 + 5\,H_2O \rightarrow 3\,CH_2O + 2\,SO_4^{2-} + 4\,H^+$

7-32
Reaktionstypen[26,28]. Wichtige Umwandlungen, die von Mikroorganismen für Schwefelverbindungen genutzt werden. CH_2O ist Formaldehyd. Darüber hinaus existieren noch weitere Reaktionen mit organischen Schwefelverbindungen der Form R-SH, die bei der Desulfurylierung zu H_2S abgebaut werden.

Obwohl Phosphor mit 0,09 Prozent Anteil an der Erdhülle (Erdkruste und Ozeane bis 16 km Tiefe) eher ein selteneres chemisches Element ist, steckt er doch in vielen täglichen Produkten und ist zudem ein wichtiges Bioelement (▶ Kasten Lebenselemente, Seite 133). In reiner Form als weißer Phosphor ist er allerdings hochgiftig (▶ Kasten Phosphor, Seite 166).

Neben seiner mit Abstand häufigsten Verwendung als mineralischer Phosphatdünger werden Phosphate auch heute noch zur Wasserenthärtung eingesetzt, unter anderem in Spülmitteln für Geschirrspülmaschinen. Im 19. Jahrhundert enthielten auch Streichhölzer weißen Phosphor. Doch seit 1906 ist dieses gesundheitsgefährdende Element in der Streichholzherstellung verboten. Moderne Zündhölzer enthalten auf der Reibfläche der Schachteln den ungiftigen roten Phosphor.

In Fleisch oder Wiener Würstchen verleihen Polyphosphate dank ihres Wasserbindevermögens als Lebensmittelzusatzstoffe diesen ein frisches, appetitanregendes Aussehen; Schmelzkäse führen bis zu 900 mg je 100 g Polyphosphate als sogenannte Schmelzsalze; ein Päckchen Backpulver enthält sogar 1500 mg Hydrogenphosphatverbindungen; Soft Drinks sind bis zu 700 mg Phosphorsäure pro Liter als Säuerungsmittel zugesetzt.

Guano
Der Ausdruck bedeutet Dünger in der Quechua-Sprache der Indianer aus den südamerikanischen Anden.

Phosphor (P)

Phosphor ist ein nichtmetallisches Element der V. Hauptgruppe des Periodensystems. Im Weltraum steht seine Häufigkeit an 16. Stelle, in der Erdkruste an 12. und in der Biomasse an 6. Stelle. Aufgrund seiner Reaktionsfreudigkeit kommt Phosphor in der Natur nur in chemischen Verbindungen vor. Die häufigsten Phosporverbindungen sind Phosphate, das heißt Salze oder Ester der Orthophosphorsäure H_3PO_4.

Elementarer Phospor bildet unterschiedliche Kristallstrukturen, die seine chemischen und physikalischen Eigenschaften stark beeinflussen. Bei Raumtemperatur stabil ist schwarzer Phosphor mit einer schichtartigen polymeren Struktur. Er ist reaktionsträge und ungiftig. Andere Formen wie roter oder violetter Phosphor entstehen durch langes Erhitzen unter bestimmten Bedingungen. Die bekannteste, sehr reaktionsfreudige und hochgiftige Form ist der weiße Phosphor. In feiner Verteilung entzündet er sich schon bei Raumtemperatur und wurde in Brandbomben und früher in Zündhölzern eingesetzt.

Die biologische Rolle von Phosphor

In der Lebewelt ist Phosphor trotz seines geringen Anteils ein essenzielles Element, das bei biochemischen Prozessen und als Baustein von Biomolekülen durch kein anderes ersetzt werden kann. Phosphor wird in Zellen zum Aufbau von Nukleinsäuren, Phospholipiden und metabolisch aktiven, anorganischen Orthophosphaten benötigt. Er bildet einen strukturellen Baustein für Zellmembranen und für Zucker-Phosphat-Ketten in der DNA (▶Seite 45) sowie für die energiespendenden Biomoleküle ADP und ATP (▶Abbildung 6-08, Seite 96). Die biologisch verfügbare Menge von Phosphor begrenzt so Wachstum und Vermehrung der Organismen. Dies ist der Grund weshalb die im 19. Jahrhundert eingeführten Phosphatdünger die Ernteerträge vervielfachen konnten.

Phosphate bilden einen wesentlichen Bestandteil von Zähnen und Knochen; mit 85 Prozent bildet Calciumhydroxylapatit den Hauptbestandteil der Knochensubstanz.

Der globale Phosphorkreislauf

Aufgrund seiner großen Reaktionsfreudigkeit tritt Phosphor stets in Form von Phosphaten (PO_4^{3-}) oder Hydrogenphosphaten (HPO_4^{2-}) auf. Im Unterschied zu den bisher besprochenen Bioelementen kommt Phosphor nicht gasförmig vor, seine irdischen Reservoire beschränken sich auf die Lithosphäre, die Biosphäre und die Hydrosphäre. Die gegenwärtig bergbaulich gewinnbaren Phosphatvorräte werden auf 65 – 75 Millarden Tonnen geschätzt.

Die Lithosphäre mit ihren Teilsphären Gesteine, Sedimente und Boden bildet das bedeutendste irdische Phosphatreservoir. Die Gesamtmenge an Phosphorvoräten in Gesteinen und Sedimenten wird auf etwa 4 000 000 000 Megatonnen geschätzt[32]. Phosphathaltige Minerale sind Wavellit $Al_3(PO_4)(F,OH) \cdot 5 H_2O$, Vivianit $Fe_3(PO_4)_2 \cdot 8 H_2O$ oder Türkis $CuAl_6[(PO_4)(OH_2)]4 \cdot 4H_2O$ und vor allem die Apatitminerale $Ca_5(PO_4)_3[OH, F, Cl]$. Darin ist 95 Prozent des irdischen Phosphors gebunden. Hauptsächlich in marinen Sedimenten liegen Phosphate teils als biogen erzeugte, teils als chemisch ausgefälltes Phosphorit ($Ca_3(PO_4)_2$) vor, in einer Mischung aus verschiedenen Apatiten mit organischen Resten und weiteren Mineralen.

Ein weiteres terrestrisches Phosphorreservoir bildet das aus Vogel- und Fledermausexkrementen entstandene Guano, eine nitrat- und phosphorhaltige Masse, die auf manchen Inseln über die Zeit in gewaltigen Mengen angehäuft wurde. So berichteten Seefahrer 1844 auf der 6,5 Hektar großen Insel Ichaboe vor Namibia von 9 bis 12 Meter mächtigen Lagen Guano[33]. Gegenwärtig wird die neu anfallende Menge an Guano auf 60 000 Tonnen pro Jahr geschätzt.

In Böden liegt ein bedeutendes terrestrisches Phosphatreservoir, seine weltweiten Mengen werden auf 90 bis 200 Millionen Tonnen Phosphor geschätzt (▶Abbildung 7-33). Diese Phosphate stammen aus der Verwitterung von phosphathaltigen Apatiten, der Zersetzung toter Tiere und Pflanzen und aus der landwirtschaftlichen Düngung. Für Pflanzen und Mikroorganismen ist nur der geringe Anteil in Wasser gelöster Phosphat-Anionen im Boden direkt zugänglich. Gegenwärtig gelangt über Düngung ein Überschuss an Phosphaten in den Boden, mehr als Pflanzen oder Mikroorganismen aufnehmen können. Die nicht genutzten Phosphate werden

Erde und Leben – Die Geschichte einer innigen Wechselbeziehung

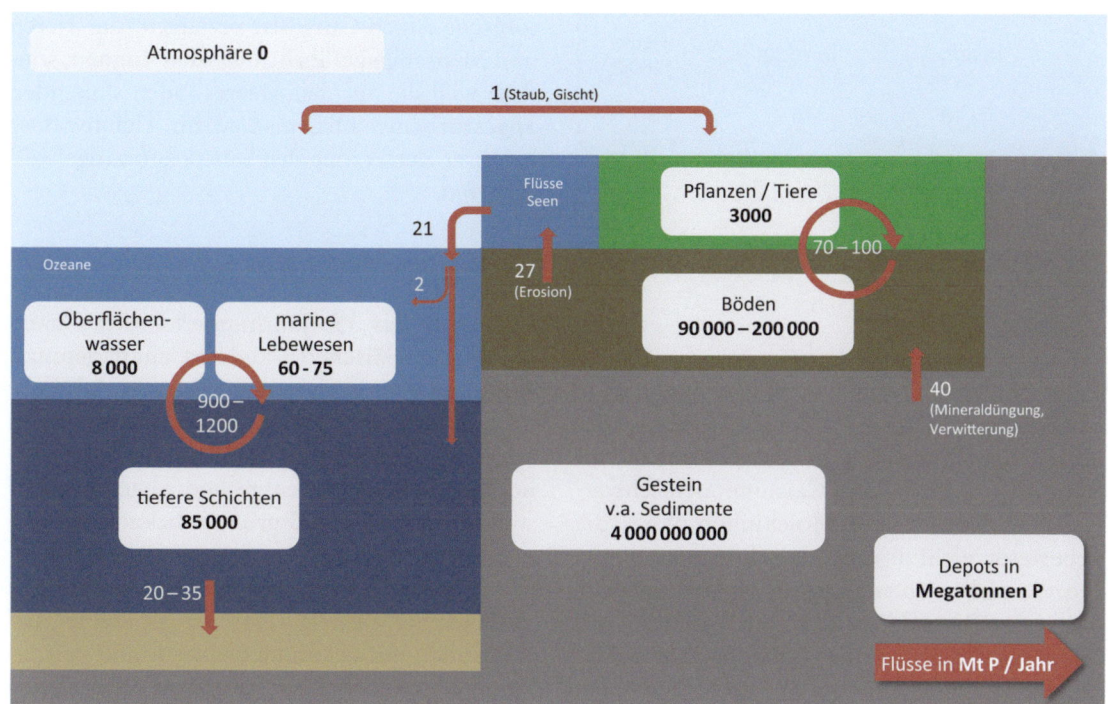

7-33

Phosphorkreislauf. Phophor wird im Gegensatz zu den anderen Elementen kaum über die Atmosphäre transportiert. Der Kreislauf zwischen Land und Wasser schließt sich nur über die Subduktion von Ozeanboden bzw. dessen tektonischer Hebung und Verwitterung, ein Prozess der hunderte von Millionen Jahren dauert. Es steht auch nur ein geringer Anteil des in das Meer gespülten Phosphors für Lebewesen zur Verfügung, das meiste sinkt auf den Ozeanboden. Die Verfügbarkeit von Phosphor im Boden und in den Ozeanen begrenzt das Wachstum der Organismen[25,34].

in Gewässer gespült, wo sie zu deren Eutrophierung beitragen.

Das Reservoir von Phosphaten in der Biosphäre selbst ist relativ klein: Terrestrisch sind Phosphate hauptsächlich in pflanzlichen Zellmembranen und in der DNA von Pflanzen eingelagert, sowie an Biominerale in tierischen Geweben gebunden. Die Gesamtmenge an Phophor in der terrestrischen Biomasse beträgt etwa 3000 Millionen Tonnen. In marinen Lebewesen sind 60–75 Millionen Tonnen Phosphor gebunden, insbesondere in Phyto- und Zooplankton, 90 Prozent davon in Bakterien[26,32].

Phosphate gelangen durch Ausspülung aus Böden oder durch Einleitung von phosphathaltigen Abwässern und Fäkalien über Flüsse in den Ozean. Insgesamt werden etwa 22 Millionen Tonnen Phosphor pro Jahr auf diesem Weg dem Land entzogen. Eine geringe Menge wird an Staubpartikel gebunden durch Winde verblasen. Auf diese Weise wird der Urwald des Amazonasbeckens durch Staub aus Afrika mit dem lebenswichtigen Phosphor versorgt. Als Staubpartikel und auch als Gischt wird etwa eine Million Tonnen Phosphor jährlich über Winde verteilt (▶Abbildung 7-33).

Nur etwa zehn Prozent des in den Ozean eingebrachten Phosphors wird von Organismen aufgenommen. Der größte Teil ist an kleine Partikel gebunden und sinkt schnell zu Boden, aber auch der durch Organismen aufgenommene Phosphor gelangt letzten Endes nicht wieder in den terrestrischen Kreislauf – zumindest nicht für sehr lange Zeit. Da Phosphatverbindungen im Unterschied zu Stickstoff oder Kohlenstoff nicht von der Wasseroberfläche ausgasen, verbleiben sie im aquatischen Milieu und werden dort am Ende des Kreislaufs von Mikroorganismen remineralisiert und sedimentiert. Erst durch Subduktion oder tektonische Hebung des Meeresbodens gelangt Phosphor nach teils Hunderten von Jahrmillionen wieder an die Oberfläche. Demzufolge ist der Phosphorkreislauf der langsamste aller biochemischen Stoffzyklen.

Lokale biochemische Kreisläufe

Auf dem Festland und in den Ozeanen wirken lokale Kreisläufe zwischen Landpflanzen und Tieren und Boden beziehungsweise zwischen marinen Lebewesen und Ozean (▶Abbildung 7-33). Der terrestrische Zyklus hat eine Durchlaufzeit von etwa 20 Jahren, der aquatische dauert nur wenige Wochen[25].

Die Verwitterung von Phosphatmineralen wie Apatit ist auf dem Land die wesentliche Quelle des Phosphors in der von Menschen unbeeinflussten Natur (▶Abbildung 7-34, Seite 168). Allerdings steht nur ein Teil des entstehenden Phosphats für die Pflanzen tatsächlich

Stoffflüsse des Phosphors in Megatonnen / Jahr	Natürlich	Um 1800	Heute (2000)
Verwitterung	> 10	>15	> 30
Transport in Flüssen	> 7	> 9	> 22
Aufnahme durch Nutzpflanzen	-	1	12
Fäkalien von Nutztieren	-	> 1	> 15
Menschliche Abfälle und Fäkalien	-	0.5	3
Einsatz von Mineraldünger	-	-	15

7-34 Anthropogen beeinflusster Kreislauf. Die terrestrischen Stoffflüsse des Phosphors wurden durch den Menschen deutlich erhöht.[32]

Eutrophierung Aus dem griechischen *eútrophos*, gut nährend. Auf Gewässer angewandt wird darunter deren Überdüngung verstanden, die zu schädlichem Algen- oder Pflanzenwachstum führt.

zur Verfügung. Insbesondere in sauren oder alkalischen Böden bilden Phosphationen mit Aluminium-, Eisen- und Calciumionen schwerlösliche Minerale und Molekülkomplexe, die Lebewesen nicht direkt nutzen können. Diesem Prozess wirken unter anderem Mykorrhizapilze entgegen. Diese Pilze leben in Symbiose mit Pflanzenwurzeln und die von ihnen produzierte Oxalsäure bindet Aluminium- und Eisenionen. Auch andere organische Säuren, wie sie in Gülle und Humus vorkommen, verbessern die Verfügbarkeit von gelöstem Phosphat im Boden[27]. Da ein Teil des Phosphors durch Auswaschung dem Boden für immer verloren geht, begrenzt in natürlichen Böden der Verwitterungsprozess von Apatit das Wachstum der Pflanzen.

Im aquatischen Milieu beeinflussen Phosphate das Wachstum von prokaryotischen Mikroorganismen und eukaryotischen Algen, für die Phosphor ein unabdingbarer Nährstoff ist. So kommt es bei starkem Eintrag von Phosphor zu explosionsartigem Wachstum von Cyanobakterien und Algen, der gefürchteten Algenblüte (▶ Abbildung 7-35). Gefürchtet ist sie nicht nur, weil Cyanobakterien und planktonische Algen Giftstoffe erzeugen, die Tieren und Menschen gefährlich werden können, sondern weil die auf den Meeresboden sinkenden abgestorbenen Organismen im Tiefenwasser bei ihrer Zersetzung den Sauerstoffmangel verschärfen.

Einfluss des Menschen

Seit Mitte des 19. Jahrhunderts wird Guano in der europäischen Landwirtschaft genutzt. Aufgrund des massiven Abbaus im 19. Jahrhundert sind die Vorkommen inzwischen praktisch erschöpft. Phosphat wird heute aus ursprünglich marinem Sedimentgestein abgebaut. Die weltweit mit Abstand größten bekannten Vorkommen finden sich in der westlichen Sahara und Marokko. Obwohl Gesteine riesige Mengen an Phosphor enthalten, ist nur ein kleiner Teil tatsächlich mit bekannten Mitteln und vertretbaren Kosten abbaubar. Wie groß dieser Anteil allerdings ist, bleibt durchaus umstritten. Der *US Geological Survey* ging 2012 von 71 Milliarden Tonnen Phosphorreserven aus. Bei einem weltweiten Jahresverbrauch von etwa 191 Millionen Tonnen (in 2011) sollten die abbaubaren Vorräte 370 Jahre reichen. Einmal abgesehen davon, dass unsere Nachfahren auch nach dieser Zeit noch Bedarf an Phosphordünger haben könnten – das Element ist schließlich durch nichts zu ersetzen – ist auch dieser relativ lange Zeitraum umstritten. So geht man heute von einem jährlichen Wachstum von mindestens 2,5% aus. Hält dieser Trend bis 2040 an, so blieben uns nicht einmal mehr 200 Jahre. Auch stehen die Schätzungen der verfügbaren Reserven keineswegs auf solider empirischer Basis. Manche Forscher kommen zu dem Schluss, dass es bereits in diesem Jahrhundert zu einem Phosphorengpass kommen könnte[36].

Neben der Möglichkeit, stärker verunreinigte oder schwerer zugängliche Phosphorreservoire zu erschließen, besteht natürlich die Option, den Abfluss von Phosphaten in die Meere zu verringern und Phosphor aus den großen Mengen an Fäkalien, die unsere Nutztiere und wir Menschen produzieren, zurückzugewinnen. Während wir den tektonisch getriebenen Abschnitt des Phosphorkreislaufs durch Phosphatabbau heute rasant beschleunigen, könnten wir den überirdischen Teil verlangsamen. Heute ist der anthropogene Einfluss auf

7-35 Algenblüte. Satellitenaufnahme[35] einer arktischen Algenblüte an der skandinavischen Küste im November 2014.

diesen Abschnitt erheblich: Mehr als die Hälfte des in den Ozean eingetragenen Phosphors ist durch menschliche Aktivitäten veranlasst: durch Mineraldüngung, Zunahme der Erosion aufgrund intensiver Landnutzung und nicht zuletzt durch Abfälle aus der Tierhaltung und menschlichen Fäkalien.

Phosphate und Sauerstoffkreislauf

Zwischen der im Meerwasser gelösten Menge an Phosphaten und dem Sauerstoffgehalt der Ozeane und Atmosphäre besteht eine negative Rückkopplung. Bei hohem Sauerstoffgehalt bildet im Wasser gelöstes Phosphat mit Eisen unlösliche Oxide, die zu Boden sinken. Damit steht auch Sauerstoff produzierenden Organismen im Wasser weniger Phosphor zur Verfügung, ihr Wachstum wird gebremst. Dies wiederum reduziert den Sauerstoffgehalt der Atmosphäre und des Wassers, vor allem in tieferen Schichten. Der gebundene Phosphor geht wieder in Lösung, seine zunehmende Konzentration steigert das Wachstum von sauerstoffproduzierenden Organismen und so fort. Dieser Mechanismus könnte in der Zeit nach dem großen Oxidationsereignis um 3,5 Ga das Wachstum sauerstoffbildender Organismen gebremst haben (▶ Seite 148). Erhöhte Phosphorkonzentrationen könnten auch bei der Ausbreitung mehrzelliger Organismen nach den neoproterozoischen Vereisungen (▶ Seite 225) eine wichtige Rolle gespielt haben[37]. Das zurückweichende Eis überließ weite Gesteinsflächen der Verwitterung, was den Phosphoreintrag in die Ozeane erhöhte.

Durch die starke Kopplung des Phosphors an die Bioproduktivität beeinflusst seine Verfügbarkeit natürlich auch die Kreisläufe der anderen Elemente. So hängt in Böden die Menge an Stickstoff direkt von der Menge an verfügbarem Phosphor ab. Mikroorganismen, die Stickstoff fixieren, sind in hohem Maße auf eine ausreichende Versorgung mit Phosphor angewiesen. ■

Mikrobieller Stoffwechsel

1 Eiler A., (2006) Evidence for ubiquity of mixotrophic bacteria in the upper ocean: Implications and consequences. In: Applied and Environmental Microbiology 72/12, S. 7431 – 7437.
2 Gómez F., Amils R., (2002) Evolution of Microbial Energy Conservation: from Chemolithotrophy to Photosynthesis. The Evolving Sun and its Influence on Planetary Environments. ASP Conference Proceedings Vol. 269, S. 217 – 225.
3 Rothschild L.J., (2008) The evolution of photosynthesis ... again ? Philosophical Transactions of the Royal Society B 363, S. 2787–2801.
4 Jin X., (2006) Photosynthesis: what color was its origin? Genome Biology, Vol. 245/7, S. 2451–2455.
5 Foto: ©Kristian Peters.
6 Absorptionsspektrum bearbeitet auf Basis von: commons.wikimedia.org/wiki/File:Lichtabsorbtion_eines_buchenblattes.svg (13.11.2016).
7 Nelson D.L., Cox M.M., (2013) Lehninger - Principles of Biochemistry, Macmillan, New York.
8 Tcherkez G.G.B., Farquar G.D., Andrewst T.J., (2006) Despite slow catalysis and confused substrate specificity, all ribulose bisphosphate carboxylases may be nearly perfectly optimized. PNAS vol. 103/19, S. 7246–7251.
9 Kutzelnigg H., Die Evolution der C4- Pflanzen. www.si-journal.de/index2.php?artikel=jg15/heft1/sij151-1.html (10.12.2014).
10 Foto:Elektronenmikroskopische Aufnahme, ©Louisa Howard/Dartmouth College.

Cyanobakterien – winzige Alleskönner

11 Schwartzman D., Caldeira K., Pavlov A., (2008) Cyanobacterial emergence at 2.8 gya and greenhouse feedbacks. Astrobiology 1, S. 187–203.
12 Schirrmeister B. et al., (2011) The origin of multicellarity in cyanobacteria. BMC Evolutionary Biology, 11/45.
13 Silverman M.R. et al., (2007) No fuel like an old fuel: Proterozoic oil and gas potential in the Beetaloo Basin, Northern Territory, Australia. In : Munson, T.J., Ambrose, G.J. (Eds): Proceedings of the Central Australian Basins Symposium (CABS) Vol. 2, S. 205–215.
14 Craig J.et.al., (2013) The palaeobiology and geochemistry of precambrian hydrocarbon source rocks. Marine and Petroleum Geology 40, S. 1–47.

Großes Oxidationsereignis

15 Rowan Chr., (2007) How the air we breathe became breathable. all-geo.org/highlyallochthonous/2007/11/how-the-air-we-breathe-became-breathable (15.11. 2016).
16 Konhauser K.O. et al., (2011) Aerobic bacterial pyrite oxidation and acidrock drainage during the Great Oxidation Event, Nature 478, S. 369–372.
17 Bekker, A. et. al. (2004): Dating the rise of atmospheric oxygen. Nature, 427, S. 117–120.
18 Kopp R. E. et al., (2005) The Paleoproterozoic snowball earth: A climate disaster triggered by the evolution of oxygenic photosynthesis. PNAS 102/32, S. 11131–11136.

19 Holland H. (2006) The oxygenation of the atmosphere and oceans. In: Philosophical Transactions of the Royal Society B 361, S. 903–915.
20 Lenton T.M. et al., (2014) Co-evolution of eukaryotes and ocean oxygenation in the Neoproterozoic era. Nature Geoscience 7, S. 257–265.
21 Zahnle, K.,Claiere, M., Catling, D. (2006): The loss of mass-independent fractionation in sulfur due to a Palaeoproterozoic collapse of atmospheric methane. Geobiology, 4, S. 271–283.
22 Halevey, I. (2013). Production, preservation, and biological processing of mass-independent sulfur isotope fractionation in the Archean surface environment. PNAS 110, S. 1–6.
23 Melezhik V. A., (2006) Multiple causes of Earth's earliest global glaciation. Terra Nova 18, S. 130–137.

Kreisläufe der Elemente

24 IPCC, (2013) Climate Change 2013: The Physical Science Basis, Working Group I Contribution to the Fifth Assessment Report of the Intergovernmental Panel on Climate Change. Figure 6.1.
25 Schlesinger W.H., Bernhardt E.S., (2013) Biogeochemistry. Elsevier, Boston, New York, Amsterdam.
26 Reinecke W., Schlömann M. (2015) Umweltmikrobiologie. Springer Berlin, Heidelberg.
27 Blume, H.-P. et al., (2010) Scheffer/Schachtschabel - Lehrbuch der Bodenkunde. Spektrum, Heidelberg.
28 Knoll H., Canfield D.E., Konhauser K.O., (2012) Fundamentals of Geobiology. Wiley-Blackwell Chichester, New York, Brisbane, Toronto, Singapore.
29 Kaplan I.R., (1975) Stable Isotopes as a Guide to Biogeochemical Processes. Proceedings of the Royal Society of London, 189B, S. 183 – 211.
30 Simmons, (2012) Phosphorus: A critical yet elusive element for life. http://www.earthgauge.net/2012/phosphorus-a-critical-yet-elusive-element-for-life (12.06.2014).
31 Am Phosphor hängt das Schicksal der Menschheit. In: „Die Welt" vom 05.09.2011.
32 Smil V., (2000) Phosphorus in the environment: Natural flows and human interferences. Annual Review of Energy and Environment 25, S. 53 – 88.
33 Guano, de.wikipedia.org/wiki/Guano, (09.10.2016).
34 Stolzenberger-Ramirez; A. (2010): Phosphorkreislauf. Das Lexikon der Erde.http://www.geodz.com/deu/d/Phosphorkreislauf. 12.06.2014
35 Foto: ©ESA, Algae bloom in the Arctic, MERIS. 18.11.2014, 12:05.
36 Gilbert N., (2009) The disappearing nutrient. Nature 461, S. 716 – 718.
37 Planavsky N. J. et al., (2010) The evolution of the marine phosphate reservoir. Nature 467, S. 1088 – 1090.

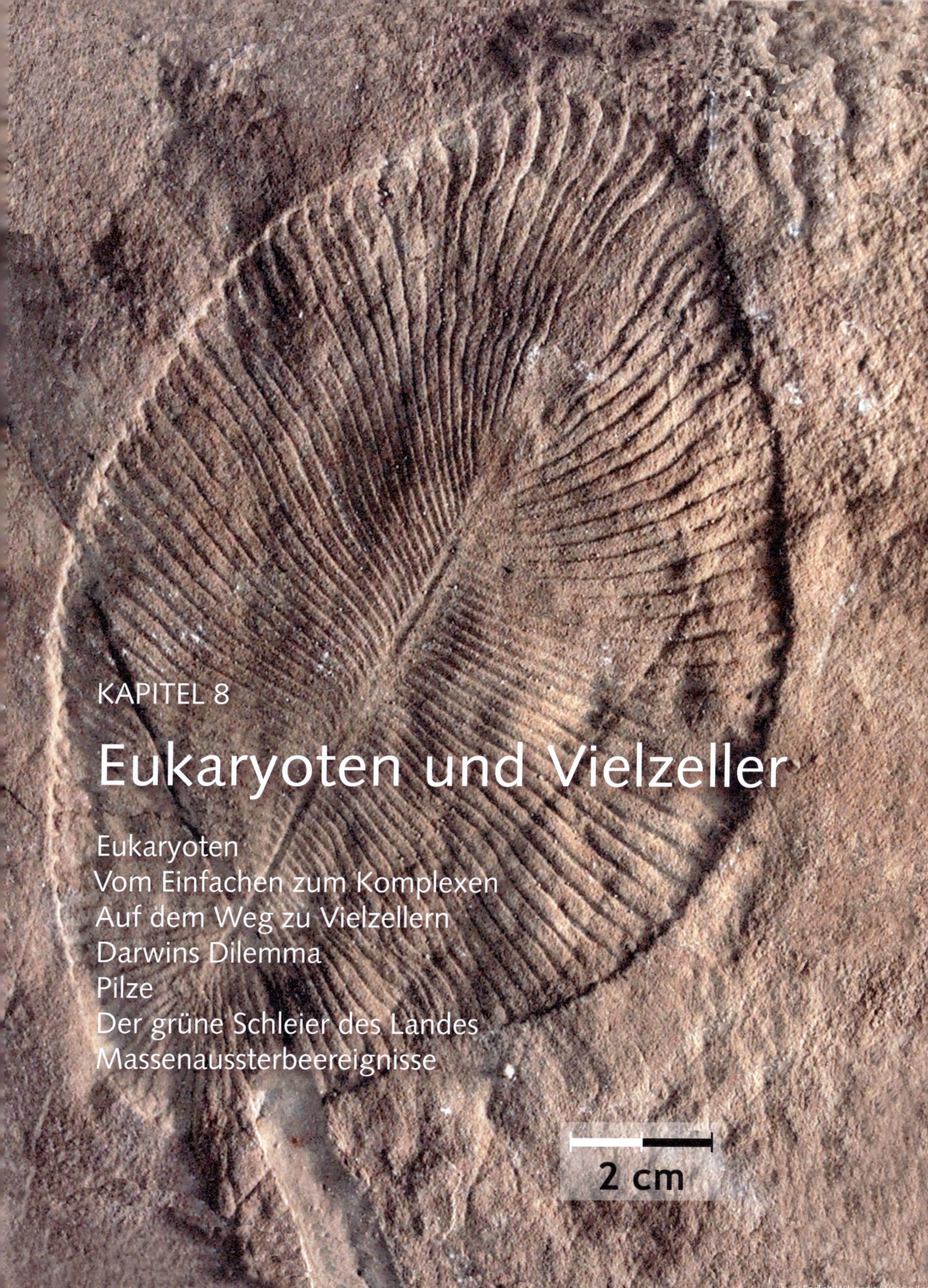

KAPITEL 8

Eukaryoten und Vielzeller

Eukaryoten
Vom Einfachen zum Komplexen
Auf dem Weg zu Vielzellern
Darwins Dilemma
Pilze
Der grüne Schleier des Landes
Massenaussterbeereignisse

Zum achten Kapitel

Wenn man sich der Allgegenwart von Bakterien und Archaeen und ihrer langen, erfolgreichen Geschichte bewusst wird, so fragt man sich, weshalb die Evolution überhaupt komplexere, aus mehreren spezialisierten Zellen bestehende Organismen hervorgebracht hat. Wir werden in diesem Kapitel zeigen, dass es oft verblüffend einfache Prozesse waren, die für diese Evolutionsschritte verantwortlich waren.

Die noch recht junge Endosymbiontentheorie erklärt überzeugend, wie eukaryotische Einzeller durch das Einverleiben anderer Zellen neue Fähigkeiten wie die Photosynthese gewannen. Die einverleibten Zellen sind heute noch erkennbar in Form von Chloroplasten oder Mitochondrien, den Kraftwerken der eukaryotischen Zellen. Begonnen hatte diese Entwicklung der Eukaryoten vor etwa 1,5 Ga.

Etwa 800 Millionen Jahre später traten die ersten echten Vielzeller auf, die Schwämme und die Rippenquallen. Noch waren diese Tiere sehr einfach gebaut, nicht viel mehr als eine dauerhafte Anordnung im Grunde gleichartiger Zellen. Aber wenig später entstanden daraus die ersten Gewebetiere, die Eumetazoa. Hier waren die einzelnen Zellen keine „Mädchen für alles", sondern für ganz bestimmte Aufgaben zuständig: zur Verteidigung oder Fortbewegung, zur Verdauung oder zur Wahrnehmung.

Während sich die Einzeller in ihrer Entwicklung reichlich Zeit ließen, folgten bei den Gewebetieren die Innovationen – zumindest nach geologischen Maßstäben – Schlag auf Schlag. Von den ersten Tieren mit komplexerem Körperbau vor etwa 600 Millionen Jahren (Ediacara-Fauna) ist nicht mehr viel übrig geblieben, da sie fast alle nur aus Weichteilen bestanden. Ihre Nachfolger während der sogenannten Kambrischen Explosion sind dafür die Stammväter und -mütter von 30 bis 40 heute noch lebender Tierstämme. Da zu dieser Zeit auch die ersten Raubtiere in Erscheinung traten, begannen sich die schwächeren Mitglieder der Lebensgemeinschaften durch Kalkskelette zu schützen. Ihre Dauerhaftigkeit auch über längere Zeiträume hinweg ist für Paläontologen ein Segen.

Für DARWIN blieb noch unerklärlich, wie in derart kurzer Zeit sich eine wahre Fülle völlig neuer und komplexer Tierformen entwickeln konnte. Hier liefert die Molekulargenetik inzwischen Antworten: die Steuerung der Embryonalentwicklung der Gewebetiere ist modular und hierarchisch aufgebaut. Auf diese Weise war es möglich, dass durch geringe Modifikationen des genetischen Codes ganz andere strukturelle oder funktionale Eigenschaften entstehen konnten. DARWINS Vorstellung einer nur graduell fortschreitenden Evolution hat sich auch in diesem Punkt bestätigt.

Aber natürlich prägen nicht nur Tiere und Mikroorganismen die Lebewelt. Die Entwicklung von Pflanzen und Pilzen war für das Leben auf dem Festland sogar prägender als die Entwicklung der terrestrischen Tierarten. Pilze – in Kombination mit Algen – waren sehr wahrscheinlich die ersten mehrzelligen Lebewesen, die den Schritt aus dem Wasser gingen. Pilze gehören nicht zu den Pflanzen, sind aber mit diesen eng in Symbiose verbunden. Ohne die Hilfe von Pilzen könnten die meisten der heute lebenden Pflanzenarten nicht überleben oder würden zumindest ein kümmerliches Dasein fristen.

Obwohl man das Leben auf der Erde – nach menschlichen Maßstäben zumindest – als eine Erfolgsgeschichte werten kann, gab es auch weniger angenehme Zeiten. Wir erwähnten in diesem Buch bereits an mehreren Stellen die Massenaussterbeereignisse, die die Lebewelt heimsuchten und teilweise mehr als 90 Prozent aller Arten auslöschten. Zum Abschluss dieses Kapitels werden wir einen übergreifenden Blick auf die wichtigsten dieser Krisen des Lebens auf der Erde werfen, den sogenannten Big Five.

Erde und Leben – Die Geschichte einer innigen Wechselbeziehung

Eukaryoten und Vielzeller

Eukaryoten

Kerne und Membranen

Der französische Parasitologe EDOUARD CHATTON (1883–1947) wies im Jahr 1925 erstmals darauf hin, dass sich Zellen in ihrem Organisationsgrad stark unterscheiden können[1]. Das offensichtlichste Merkmal war das Vorhandensein eines echten Zellkerns bei Pflanzen- und Tierzellen sowie bei einigen Einzellern im Gegensatz zu dessen Fehlen bei anderen. Demgemäß bezeichnete er sie 1937 als *Eukaryoten* bzw. *Prokaryoten*. Anfang der 1960er Jahre wurde diese Unterscheidung für so wichtig erachtet, dass sie zu der nunmehr klassischen Zweiteilung des Organismenreichs in Prokaryoten (▶Abbildung 8-01) und Eukaryoten (▶Abbildung 8-02) führte.

Der Zellkern der Eukaryoten enthält die Erbsubstanz DNA und damit assoziierte Proteine in Form mehrerer Chromosomen, die vor einer Teilung der Zelle selbst allesamt dupliziert werden.

Im Gegensatz dazu besitzen Prokaryoten normalerweise nur ein einziges Chromosom. In der Regel ist es ein ringförmiges DNA-Molekül, das frei im Zellplasma liegt.

Die Unterschiede in der Organisation reichen aber weit über das Vorhandensein eines echten Zellkerns hinaus. Eukaryoten sind insgesamt viel komplexer gebaut, insbesondere besitzen sie durch Membranen abgetrennte innere Reaktionsräume, ein ausgeprägtes Zellskelett aus speziellen Proteinen und sogenannte Organellen. Letztere sind kleine, relativ selbstständige Einheiten. Sie werden nie neu gebildet, sondern entstehen stets dadurch, dass sie sich vor einer Teilung der Gesamtzelle selbst durch Teilung vermehren. Typische Organellen besitzen auch eine kleine Menge eigener DNA. Sie werden durch eine doppelte Membran vom Rest der Eukaryotenzelle abgegrenzt.

Eukaryoten unterscheiden sich von Prokaryoten durch zahlreiche strukturelle und biochemische Merkmale. Ein offensichtlicher Unterschied ist bereits die Größe (▶Abbildung 8-03, Seite 174). Prokaryotische Zellen sind mit nur einigen Mikrometern (Spanne 0,2 μm – 700 μm) in der Regel deutlich kleiner als eukaryotische Zellen (Spanne 10 μm bis makroskopisch). Sie unterscheiden sich im Volumen typischerweise um einen Faktor von 100 bis 100 000. Allerdings gibt es sehr wohl Überschneidungsbereiche. Manche Prokaryoten erreichen die Größe von 700 μm (*Thiomargarita namibiensis*), während eukaryotische Zellen ausnahmsweise auch nur um die 10 μm messen können.

Erst als die molekularbiologischen Methoden in den 1970er Jahren soweit entwickelt waren, dass man Stammbäume auf Basis von Nukleinsäurevergleichen erstellen konnte, fand man heraus, dass es sich bei den Prokaryoten keineswegs um eine einheitliche Gruppe handelt. Man hatte unter diesem Begriff zwei sehr unterschiedliche Typen zusammengefasst, die sich sogar mehr voneinander unterscheiden als etwa Pflanzen- von Tierzellen. Man untergliederte zelluläre Lebewesen deshalb fortan in die Domänen Eukaryota, Eubacteria (echten Bakterien) und Archaea (von griech. *archaios*, ursprünglich). Eukaryotische Zellen haben Eigenschaften, die sie in einigen Aspekten eher den Bakterien, in anderen eher den Archaeen ähnlich machen. Und doch sind sie etwas ganz anderes.

Vom Einfachen zum Komplexen

Zelluläre Evolutionsschritte

Den Beginn des Lebens auf Erden markieren einzellige, zellkernlose Organismen, die Prokaryoten geglichen haben müssen, wie sie heute noch als Bakterien und Archaeen existieren. Diese Lebewesen entstanden wohl vor etwa 3,5 Ga im frühen Archaikum. Sie lebten in Gewässern, wahrscheinlich im Meer. Diese Prokaryoten gelten als Vorfahren aller heutigen

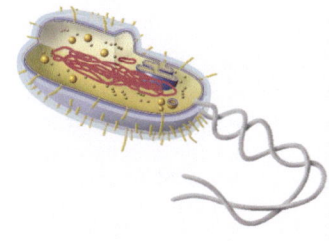

8-01
Prokaryotische Zelle. Zellen von Bakterien und Archaeen haben im Vergleich zu eukaryotischen Zellen weniger innere Strukturen. Ihre Erbsubstanz liegt ohne Abgrenzung durch eine Zellkernhülle frei im Cytoplasma (so wird die Grundstruktur innerhalb der Zellmembran genannt).

8-02
Eukaryotische Zelle. Zellen von Tieren, Pflanzen, Pilzen und manchen Einzellern besitzen komplexe Innenstrukturen. Neben dem namensgebenden Zellkern sind dies etwa Innenmembranen, weitere Organellen und ein ausgeprägtes Zellskelett.

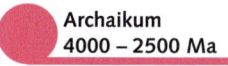

Archaikum
4000 – 2500 Ma

173

KAPITEL 8   Eukaryoten und Vielzeller

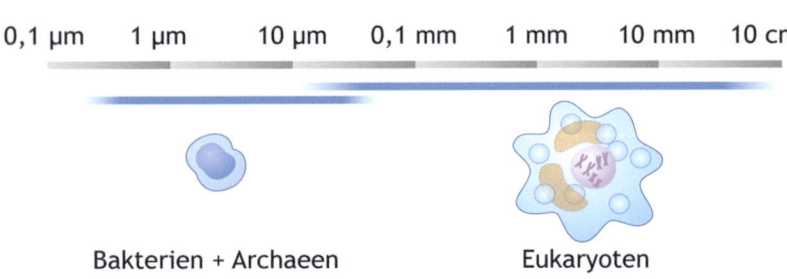

8-03 Größenvergleich. Obwohl es einen Überschneidungsbereich zwischen den größten Prokaryoten- und den kleinsten Eukaryotenzellen gibt, sind letztere typischerweise mehr als hundertfach größer.

Proterozoikum
2500 – 541 Ma

 Gewebe

 Grünalge

 Euzyte

 Photosynthese

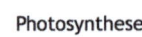 Multizellularität

 Sex

 Vermehrung

 Abgrenzung

 Vergrößerung

Organismen. Aus ihnen entwickelten sich im Proterozoikum, möglicherweise in mehreren lange auseinanderliegenden Evolutionsschritten, die komplexen eukaryotischen Zellen aller späteren Tiere, Pilze, Algen, höherer Pflanzen und Protisten (eine heterogene Gruppe von Einzellern wie Amöben). Diese entscheidenden Schritte spielten sich vor etwa 2,1 bis 1,6 Ga ab, also etwa 1,5 Milliarden Jahre nach der Entstehung erster Prokaryoten.

Eukaryotische Zellen zeichnen sich neben dem charakteristischen Zellkern durch zahlreiche sogenannte *Organellen* aus (▶ Abbildung 8-05). Als Organellen bezeichnet man Kompartimente, die von einer einfachen, doppelten oder mehrfachen Membran umgeben sind. Nur in und an diesen Membranen können verschiedene spezifische Stoffwechselreaktionen ablaufen, die beispielsweise an der Biosynthese von Proteinen und an der Energiegewinnung beteiligt sind (▶ Kapitel 7). Prokaryoten nutzen hierfür ihre äußere Zellmembran. Biomoleküle werden in eukaryotischen Zellen aktiv zwischen diesen Reak-

8-04 Der Weg zu komplexem Leben. Wichtige Stufen auf dem Weg von Urzellen hin zu komplexen Lebewesen (Reihenfolge nicht gesichert). In der chemischen Evolution entstandene präbiotische Systeme konnten sich möglicherweise durch Autokatalyse vergrößern. Abgrenzungen gegen die Umwelt waren ebenso erforderlich wie einfache, eventuell noch mechanische Vermehrungsmechanismen. Gleichzeitig oder kurz danach muss sich ein möglicherweise noch einfacher genetischer Code herausgebildet haben (▶ Kapitel 6). Erstaunlich früh, noch in Prokaryoten, entwickelten sich einfache Formen sexueller Fortpflanzung. Multizellularität oder zumindest Kolonienbildung findet sich ebenfalls schon bei Prokaryoten. Cyanobakterien beherrschen die oxygene Photosynthese. Durch die auf den folgenden Seiten erläuterten Prozesse der Bildung eines Zellkerns und durch Endosymbiosevorgänge entstanden schließlich einfache Euzyten, die Vorfahren aller heutigen Protisten, Pilze und Tiere. Durch Aufnahme von Cyanobakterien entwickelten sich einige dieser Zellen weiter zu Algen und schließlich echten Pflanzen.

tionszentren transportiert, die oft metaphorisch als „biochemische Fabriken" bezeichnet werden. Beispiele für Organellen mit einfachen Membranen sind etwa *Lysosomen*, das *endoplasmatische Retikulum*, der *Golgi-Apparat* und die Zellsaftvakuole von Pflanzenzellen. Der Zellkern besitzt hingegen eine Umhüllung aus einer doppelten Membran. Eine Hypothese zu deren Entstehung werden wir gleich kennenlernen. In Zusammenhang mit der Evolution eukaryotischer Zellen interessieren uns aber hauptsächlich zwei ganz andere Typen von Organellen, die ebenfalls von einer Doppelmembran begrenzt sind. Dies sind zum einen die in fast allen eukaryotischen Zellen vorkommenden Mitochondrien. In pflanzlichen Zellen findet man sie ebenfalls, jedoch zusätzlich sogenannte *Plastiden*. Die wichtigsten Plastiden sind die Chloroplasten. Mitochondrien und Chloroplasten sind Zellbestandteile mit essenziellen Aufgaben bei der Energieversorgung ihrer Zelle. Die evolutionäre Herkunft dieser Organellen wird durch die *Endosymbiontentheorie* beschrieben, auf die wir noch eingehen werden.

Evolution prokaryotischer Zellen

Anfangs ermöglichten weniger selektive Vorformen heutiger Biomembranen einen relativ intensiven horizontalen Genaustausch[2]. Damals ebenfalls noch unvollkommen kontrollierte biochemische Mechanismen begünstigten irreguläre Rekombinationen, Fusionen und Teilungen des genetischen Materials. Diese „Sturm und Drang"-Periode bezeichnet KOONIN[3] als inflationäre Phase der Organismenentwicklung. Dabei wurde Erbinformation zunächst noch ungeschlechtlich in Form von RNA oder DNA-Stücken übertragen.

Zellwände und Zellmembran

Zellwände der Prokaryoten sind unterschiedlich gebaut: Sie bestehen bei Eubakterien großenteils aus dem Peptidoglykan Murein (von latein. *murus*, Mauer). Die Zellwände von Archaeen hingegen sind vielfältiger gebaut: Bei einigen ist Murein teilweise durch Pseudomurein ersetzt, bei methanproduzierenden Vertretern fehlt es gänzlich. Andere besitzen Zellwände aus Polysacchariden oder Glykoproteinen. Schon bei den Prokaryoten wurden die Zellwände immer undurchlässiger. Und auch die Zellmembran

	Prokaryoten	Eukaryoten
Reiche	Eubakteria, Archaea	Pflanzen, Tiere, Pilze, eukaryotische Einzeller (ehemals: Protisten)
Größe	meist kleiner	meist größer
Zellkern	kein echter Zellkern, nur Nukleotidbereich	Zellkern mit Kernporen
Erbsubstanz	DNA frei im Cytoplasma	DNA im Zellkern
Form der DNA	ringförmige DNA	lineare DNA
Chromosomen	ein Ringchromosom + kleinere Plasmide (ringförmige DNA-Moleküle)	mehrere große Chromosomen
Duplikate der Erbsubstanz	meist einfache DNA-Kopie	oft diploider (doppelter) Chromosomensatz
Chromosomenorganisation	kein Chromatin	als Chromatin (komplexe Chromosomenstruktur aus DNA und Proteinen)
Steuerungsgene	einfache Genregulation	sehr komplexe Genregulation
Proteincodierende DNA	75-95% proteincodierende DNA	<30% proteincodierende DNA
Steifheit	starre Zelle	bewegliche Zelle
Inneres Proteinskelett	Zellskelett aus Aktin und Tubulin an Formstabilisierung, und mit linear wirkenden Motorproteinen an Plasmidverteilung und Zellteilung beteiligt	komplexes Zellskelett für zahlreiche Aufgaben verfügt über weitere Motorproteine wie Kinesin, Myosin und Dynein
Wichtigste Organellen	keine Mitochondrien und keine Chloroplasten	Mitochondrien (Pflanzen: auch Chloroplasten)
Sonstige Organellen und Strukturelemente	Bakterienchlorosom, Flagellum, Magnetosom, Nucleoid, Plasmid, Ribosomen, Thylakoid	Chloroplast, Endoplasmatisches Retikulum, Golgi-Apparat, Leukoplast, Lysosom, Mitochondrium, Peroxisom, Ribosom, Vesikel, Zellkern
Ribosomen (Sedimentationsverhalten in Svedberg-Einheiten)	kleinere 70S-Ribosomen	größere 80S-Ribosomen
Fortbewegung	Flagellum	Geißel

8-05
Prokaryoten versus Eukaryoten. Prokaryotische und eukaryotische Zellen unterscheiden sich in vielerlei Hinsicht. Allerdings findet man notwendigerweise für alle lebenswichtigen Funktionen der komplexen eukaryotischen Zellen entsprechende einfachere Strukturen bei prokaryotischen Zellen. Obwohl Prokaryoten durch ihren vergleichsweise einfachen Bau einige Vorteile besitzen (beispielsweise in der Geschwindigkeit der Vermehrung und durch schnelle Anpassungen ihrer Stoffwechselwege an veränderte Bedingungen), brachten erst eukaryotische Zellen komplexe vielzellige Organismen hervor.

Horizontaler Gentransfer
Übertragung von genetischem Material von einem Organismus zum anderen, allerdings nicht entlang der Abstammungslinie (vertikal).

Peptidoglykane
Makromoleküle aus Zuckern und Aminosäuren.

Murein
Zellwand-Proteoglykan der Bakterien, charakterisiert durch 1,4-verknüpfte Zuckereinheiten (▶Abbildung 3-5).

Pseudomurein
Bei Archaeen vorkommendes Zellwand-Proteoglykan, charakterisiert durch 1,3-verknüpfte Zuckereinheiten.

darunter entwickelte spezifische Transportmechanismen für ganz bestimmte Arten von Molekülen. Sie war schließlich nur noch für kleine unpolare Teilchen wie Gasmoleküle frei passierbar. Damit wurde der horizontale Gentransfer (▶Randspalte) stark eingeschränkt. Im Innern der Zellen entstanden sogenannte Cytoskelette aus fadenförmigen Proteinen (Filamenten), die vielfach an den Zellwänden verankert waren. Damaligen Prokaryoten fehlten aber wohl noch viele Struktur- und Bewegungsproteine, die heutige eukaryotische Zellen auszeichnen.

Entstehung der Zellkernmembran

Über diese wichtige Stufe bei der Entstehung eukaryotischer Zellen gibt es zwar einige Vorstellungen (▶Abbildung 8-06), jedoch noch wenig gesichertes Wissen. Sobald an Zellskelettstrukturen, die in der Zellmembran verankert sind, erste Bewegungsproteine entstanden waren, ist die Aufnahme von festen und flüssigen Nahrungskomponenten durch aktive Einbuchtung der Membran nach innen leicht vorstellbar. Solche Vorgänge gehören bei heutigen Eukaryotenzellen

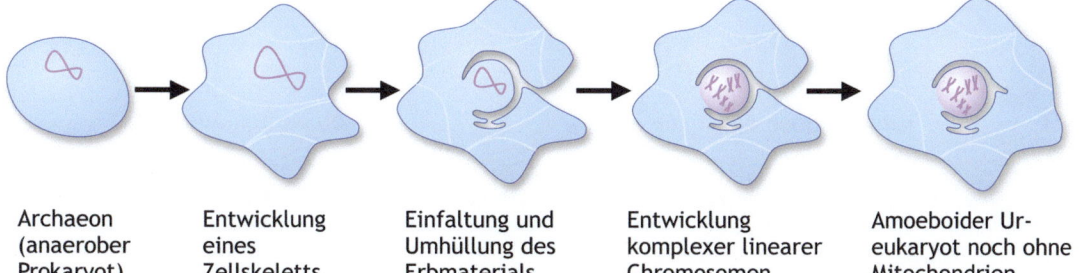

| Archaeon (anaerober Prokaryot) | Entwicklung eines Zellskeletts | Einfaltung und Umhüllung des Erbmaterials | Entwicklung komplexer linearer Chromosomen | Amoeboider Ureukaryot noch ohne Mitochondrien |

8-06
Zellkernmembran. Einer gängigen Hypothese zufolge bildete sich die doppelte Zellkernmembran in einer frühen prokaryotischen Zelle durch Einfaltung der Zellmembran.

mit beweglicher Zellmembran zum Standardrepertoire ihres Verhaltens. Dabei schnüren sich Bläschen (Nahrungsvesikel) nach innen ab und werden so in die Zelle aufgenommen. Handelt es sich bei den aufgenommenen Substanzen um Feststoffe, spricht man von *Phagocytose*, bei Flüssigkeiten von *Pinocytose*. Die Nahrungsvesikel verschmelzen später mit sogenannten *Lysosomen*, die Verdauungsenzyme enthalten, welche die Nahrung abbauen und verwerten.

Bei den Ur-Eukaryoten muss es nicht nur zum normalen Abschnüren einzelner Bläschen (Vesikel) nach innen gekommen sein, sondern zur Ausbildung verzweigter eingebuchteter Membransysteme. Man muss annehmen, dass sich diese um die Erbsubstanz angeordnet haben und dabei möglicherweise bereits eine gewisse Schutzfunktion erfüllten. Topologisch gesehen entspricht das Innere (Lumen) der Zellkernhülle zusammen mit dem des endoplasmatischen Retikulums noch heute einem Vesikel.

Weiterere wesentliche Schritte auf dem Weg zu heutigen eukaryotischen Zellen waren die Ausprägung von Zellkernen mit Chromosomen. In ihnen ist die Erbsubstanz DNA mit Chromatin-Proteinen (Histonen) assoziiert, die sie kompakt aufspulen und vor chemischen Angriffen schützen. Sie spielen ferner eine Rolle bei der Regulation der abzulesenden Gene. Ferner mussten sich Transportmechanismen entwickeln, um im nun isolierten Kernbereich abgelesene *Messenger-RNA* zunächst durch Kernporen ins Cytoplasma zu übertragen, wo sie schließlich an Ribosomen andocken und Proteine bilden konnten. Die Evolution der eukaryotischen Zelle und die Entwicklung der eukaryotischen Gen-Organisation wird als Schlüsselvorgang zur Ausbildung komplexer Organismen angesehen. Zu den augenfälligsten Unterschieden gehört auch, dass rezente Eukaryoten Organellen wie Mitochondrien und teils Chloroplasten enthalten. Die genaue Ursache und der Ablauf dieses Übergangs von Pro- zu Eukaryoten ist noch nicht vollständig geklärt. Aber fast alle Forscher sind der Ansicht, dass der *Endosymbiose* dabei eine wesentliche Rolle zukommt. Heutige komplexe, eukaryotische Zellen entwickelten sich demnach durch mehrfache, aufeinander folgende Endosymbiosen[4].

Endosymbiontentheorie

Neue Lebensformen können sich aufgrund von Mutationen ihrer eigenen Erbsubstanz, aufgrund horizontalen Gentransfers oder aufgrund einer stabilen Symbiose zwischen Organismen weiterentwickeln. Schon 1883 vermutete der deutsche Botaniker ANDREAS F. W. SCHIMPER (1856–1901), dass die Chloroplasten der Pflanzenzellen von ehemals eigenständigen Zellen abstammen könnten[5]. Dies löste zunächst wenig Aufsehen aus. Fast zwanzig Jahre später wurde die Hypothese von dem russischen Biologen KONSTANTIN SERGEJEWITSCH MERESCHKOWSKI (1855–1921) aufgegriffen[6]. Er vermutete die Vorfahren der Chloroplasten unter Verwandten der Cyanobakterien. Auch diese Hypothese geriet trotz weitgehender Anerkennung erneut in

Topologie
Ein Teilbereich der Mathematik, der sich mit den Eigenschaften mathematischer Strukturen beschäftigt, die bei Verformungen erhalten bleiben.

Endosymbiose
Endosymbiose bezeichnet eine feste Partnerschaft von zwei artverschiedenen Organismen, bei der einer der Partner im Körper oder in den Zellen des anderen lebt. Der in den Körper parasitär eingedrungene oder mit der Nahrung aufgenommene wird als Endosymbiont, der andere als Wirt oder Wirtszelle bezeichnet. Endosymbiosen sind bis heute bei Pflanzen wie Leguminosen in den Wurzeln, bei Tieren wie Termiten oder bei Wiederkäuern vielfach anzutreffen.

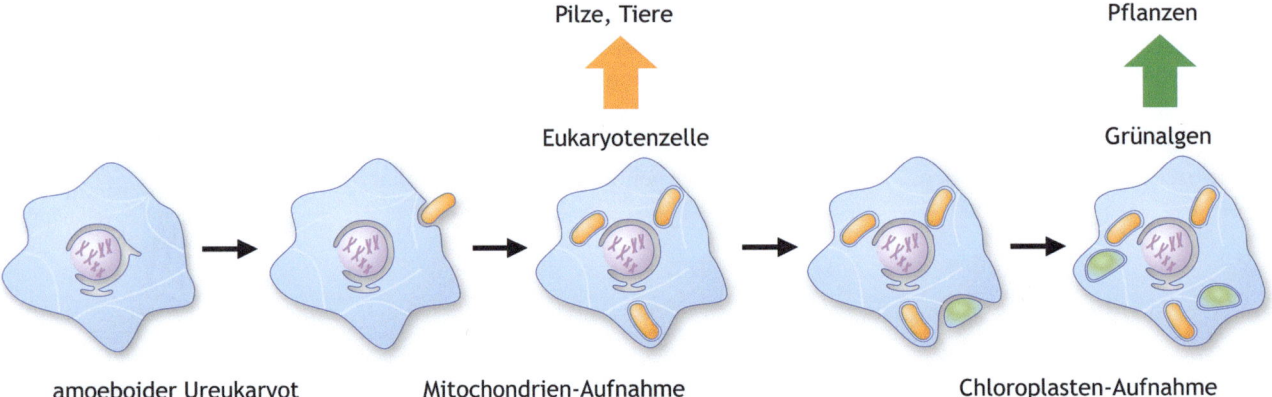

8-07
Primäre Endosymbiosen. In der etabliertesten Version der Endosymbiontentheorie führt zunächst die Aufnahme eines fakultativ aeroben Bakteriums in ein anaerobes Archaeon zur Entstehung von Mitochondrien und damit zu den Vorläufern aller Pilz- und Tierzellen. In der Folge nahmen Zellen dieses Typs zu Photosynthese befähigte Cyanobakterien in sich auf, aus denen Chloroplasten entstanden. Diese Symbiose führte zu den ersten Grünalgen und Pflanzen.

Vergessenheit. In den folgenden Jahrzehnten entstanden zahlreiche Hypothesen zur Entstehung der Organellen, die eine Fusion zweier Zellen, einen horizontalen Gentransfer oder ein „Zellfressen" (Phagocytose) als Erklärung anboten[7,8]. Den endgültigen Durchbruch der Endosymbiose zu einer anerkannten Theorie erfolgte erst ab 1967 durch die Arbeiten von LYNN MARGULIS (1938–2011). Nach anfänglichen Zurückweisungen wurde diese Hypothese durch zahlreiche Versuche, Fossilfunde und Untersuchungen in den letzten Jahrzehnten bestätigt und zur wissenschaftlich fundierten Endosymbiontentheorie ausgebaut[12]. Die Endosymbiontentheorie beruft sich unter anderem auf die physiologischen und biochemischen Ähnlichkeiten zwischen noch heute freilebenden Prokaryoten und den fraglichen Organellen in Tier- und Pflanzenzellen[9].

Zwei primäre Endosymbiosen

Um 2,5 Ga entwickelte sich in einer Gruppe von Prokaryoten, den *Cyanobakterien*, die oxygene Photosynthese. Der von ihnen in Ozeane und Atmosphäre abgegebene Sauerstoff muss für damals lebende Mikroorganismen anfangs ein tödliches Gift gewesen sein. Einige Prokaryoten müssen im Laufe der Zeit Anpassungen an die zunehmend sauerstoffhaltige Umgebung entwickelt haben, beispielsweise durch Enzyme, die gefährliche Peroxide abbauen konnten (Peroxidasen). Darüber hinaus entwickelten einige sogar die Fähigkeit, den Sauerstoff für einen viel effektiveren Energiestoffwechsel zu nutzen (▶Abbildung 7-19, Seite 145).

Erste Symbiose – Mitochondrien entstehen

Vor etwa 1,5–2 Ga kam es nach der Endosymbiontentheorie dazu, dass eine ursprünglich kaum sauerstofftolerante Zelle, wahrscheinlich ein anaerobes methanogenes Archaeon, eine andere prokaryotische Zelle aufnahm. Dabei handelte es sich nach heutigen Hinweisen um ein fakultativ aerobes gramnegatives (▶Randspalte) Bakterium, das schon gelernt hatte, Sauerstoff besser zu tolerieren und sogar zu nutzen (▶Abbildung 8-07). Nach der am weitesten verbreiteten Hypothese könnte dies im Rahmen der Nahrungsaufnahme (*Phagocytose*) geschehen sein. In einem sauerstoffarmen, aber nährstoffreichen Milieu, so nimmt man an, entstanden so im Proterozoikum erste primitive Ur-Eukaryoten.

Noch heute findet man in Mitochondrien DNA, die als Überreste des aufgenommenen Prokaryoten gedeutet werden. Genvergleiche dieser Mitochondrien-DNA mit verschiedenen Bakterienstämmen deuten darauf hin, dass das Ur-Mitochondrium der Klasse der *Alphaproteobakterien* entstammt. Die Ähnlichkeit des Mitochondrion-Genoms ist am größten mit den heutigen pathogenen Bakterien der Gattung *Rickettsia prowazekii*. Diese dringen noch heute in Zellen ein und verursachen allerlei Erkrankungen. Insofern ist auch die Entstehung der Symbiose aus einem parasitären Verhältnis denkbar.

Der aufgenommene Symbiont konnte sich jedenfalls im Cytoplasma der Wirtszelle weiter vermehren und behielt seine eigene Zellmembran. Mitochondrien sind bis heute von zwei Biomembranen umgeben, die unterschiedlich gebaut sind. Die innere Membran ähnelt noch bakteriellen Membranen, ist allerdings auffällig stark eingefaltet (▶Abbildung 8-08). Sie hat dadurch eine sehr große Oberfläche. Dies ist entscheidend, denn die biochemischen Prozesse zur Energiegewinnung über die Zellatmung sind an diese Membran gebunden. Die Einfaltungen werden als *Christae* bezeichnet. Die äußere Membran ist eher wie die Zellmembran der Wirtszelle gebaut und offensichtlich ein Relikt der Umhüllung des aufgenommenen Endosymbionten.

In der Koevolution von Wirt und Symbiont verlor letzterer auch die Fähigkeit, sich unabhängig zu vermehren. Nach und nach wurden nämlich immer mehr der mitochondrialen Gene ins Hauptgenom der Wirtszelle integriert. Die Vermehrung der Mitochondrien wird heute völlig von der Wirtszelle kontrolliert. Bevor sich eine eukaryotische Zelle teilt, veranlasst sie zunächst ihre Mitochondrien, sich zu teilen. Dabei bleiben beide Hüllmembranen erhalten. In jede der Tochterzellen gelangen einige der Mitochondrien.

Auch die Ribosomen in den Mitochondrien sind anders gebaut, als diejenigen der Wirtszelle und zeugen von dem bakteriellen Erbe.

Durch diese Symbiose entstand eine eukaryotische Zelle. Diese Zelle mit zwei Genomen gilt als die Stammform aller heutigen Pilz- und Tierzellen. Ein großer Vorteil für die Wirtszelle war, dass sie den durch Verwertung von Sauerstoff wesentlich effektiveren Energiestoffwechsel der

8-08
Mitochondrium. Dieses Zellorganell ist der Ort der Zellatmung, bei der unter Sauerstoffverbrauch und „kalter Verbrennung" organischen Kohlenstoffs chemische Energie in Form von ATP erzeugt wird.

Peroxide
Chemische Verbindungen, die die Peroxigruppe –O–O– enthalten. Das bekannteste Beispiel ist Wasserstoffperoxid H–O–O–H, das auch in biochemischen Prozessen anfällt, gleichwohl ein starkes Zellgift ist, das durch Peroxidasen neutralisiert wird.

gramnegativ, grampositiv
Gramnegative Bakterien unterscheiden sich von grampositiven durch den Aufbau ihrer Zellwand. Sichtbar wird dies durch eine spezielle Färbetechnik, die der dänische Bakteriologe HANS CHRISTIAN GRAM (1853–1938) entwickelte.

Ur-Mitochondrien für sich nutzen konnte. Womöglich spielte aber auch deren Fähigkeit eine Rolle, gefährliche Reaktionsprodukte des Sauerstoffs wie etwa Peroxide durch enzymatische Reaktionen zu entgiften.

Zweite Symbiose – Chloroplasten und andere Plastiden entstehen

In einem ähnlichen Endosymbioseereignis nahmen mitochondrienhaltige ur-eukaryotische Zellen Cyanobakterien auf. Diese können bekanntermaßen oxygene Photosynthese betreiben, also Licht nutzen, um Kohlendioxid aus der Luft zu reduzieren und dabei als Nebenprodukt Sauerstoff zu erzeugen (▶Seite 139). Die Bakterien entwickelten sich in der weiteren Evolution zu *Chloroplasten*, die heute für drei Algengruppen und Pflanzen charakteristisch sind. Diese Wirtszellen besitzen zusätzlich zur DNA des Zellkerns und der mitochondrialen DNA noch eine Erbsubstanz, die von Cyanobakterien stammt und als Chloroplasten-DNA bezeichnet wird. Ähnlich wie im Fall der Mitochondrien wurde auch der Löwenanteil der DNA der Cyanobakterien in den Zellkern verlagert. So entstanden die ersten eukaryotischen Zellen, die durch ihre Symbionten Sonnenlicht nutzen konnten. Dadurch gelang es ihnen, sich unabhängiger von äußeren Nahrungsquellen zu machen. Zur Kohlenstoffversorgung und Gewinnung von ATP als Energieträger waren sie nicht mehr auf organische Substanzen aus der Umgebung angewiesen. In gewissem Sinne kann man also Pflanzen als die am höchsten entwickelten Organismen unseres Planeten ansehen. Die Symbioseereignisse, die zu Plastiden mit zweischichtigen Membranen führten, gehen wahrscheinlich auf ein einzelnes Endosymbioseereignis zurück. Einfache Plastiden von Rot- und Grünalgen, einzelligen Mikroalgen (*Glaucocystophyta*) sowie grünen Landpflanzen stammen vermutlich von einem gemeinsamen, einzelligen Vorfahren ab, der während der primären Endosymbiose entstand[11].

Matrushka-Endosymbiosen

Es gibt einzellige Algen (oder Prokaryoten) mit drei oder mehr Membranhüllen um ihre Plastiden, ähnlich wie bei den berühmten russischen Matrushka-Puppen. Man geht davon aus, dass es sich dabei um mehrstufige Endosymbiosen handelt. Die Wirtszelle einer ersten Endosymbiose wurde ihrerseits zum Opfer einer zweiten und so fort. Beispiele dafür sind *Dinoflagellaten* oder Kieselalgen (*Diatomeen*) sowie Braun- oder Goldalgen. Dieser Prozess wird als *sekundäre* und *tertiäre Endosymbiose* bezeichnet. Aus vereinnahmten Rotalgen ging die „rote" Plastidenlinie hervor, ihre Plastiden führen Chlorophyll a und Phycobiline als Pigmente der Photosynthese. Einige eukaryotische Zellen nahmen offensichtlich weitere eukaryotische, einzellige Rot- oder Grünalgen auf und bauten sie in ihre Zellen ein[9]. Speziell Diatomeen haben neueren Untersuchungen zufolge auch Grünalgen aufgenommen und in ihre Zellen eingebaut. Heute gehören sie zum erfolgreichsten, photosynthetisch aktiven Phytoplankton der Weltmeere.

Die „grüne" Linie entwickelte sich zu den *Chlorophyten*, hier sind die Vorfahren der grünen Landpflanzen zu suchen. Nach bisherigen Theorien entwickelten sich Landpflanzen aus wasserlebenden Algen der Gruppe der *Charophyta*. Heutige Vertreter dieser Algen vermehren sich sexuell, einige Arten machen einen Generationswechsel wie Moose oder Farne durch. Vor allem besitzen sie eine Zellwand mit Lignin, die ähnlich komplex wie die terrestrischer Pflanzen aufgebaut ist. Ihre Herstellung erfordert die Anpassung von etwa 250 Genen und das wäre für wasserlebende Organismen unnötig. Daraus folgert eine Gruppe dänischer Wissenschaftler um JESPER HARHOLT, dass sich einige Vorfahren dieser Algen schon hunderte Millionen Jahre vor den Pflanzen ans Landleben anpassten. Sie wären dann die Vorfahren heutiger Landpflanzen[12].

Endosymbiosen stellten die wesentlichen evolutionären Schritte zur Entwicklung der eukaryotischen Zelle und letztlich zu mehrzelligen Eukaryoten dar. Gegenwärtig finden Endosymbiosen noch zwischen Amöben, Flagellaten, Pilzen und frei lebenden Cyanobakterien statt[13].

8-09
Chloroplast. Dieses in Pflanzen und Algen vorkommende Organell ist der Ort der Photosynthese. Es erlaubt den Zellen, Kohlendioxid zu fixieren und zu organischem Kohlenstoff zu reduzieren.

Ausnahme
Seit 2016 ist eine einzige eukaryotische Spezies (*Monocercomonoides sp.*) bekannt, die offenbar sekundär jegliche Mitochondrienproteine verloren hat. Kritische Stoffwechselvorgänge wurden durch andere ersetzt, die offenbar durch horizontalen Gentransfer aus Bakterien übernommen wurden[10].

Plastiden
Im Cytoplasma von Algen und Pflanzen vorkommende, meist eiförmige Zellorganellen. Sie besitzen eigene, ringförmige Genome und sind von zwei oder mehr Membranen umhüllt. Sie werden nach Vorkommen und Färbung unterschieden: rote, gelbe, orange Chromoplasten in Blüten und Früchten; farblose Leucoplasten in Samen und Wurzeln; grüne Chloroplasten in Blättern.

Erbe der Endosymbiose
Unterschiedliche DNA von Organellen und Zellkern
Noch ringförmige DNA der Organellen
Unterschiedlicher chemischer Aufbau von Organellen- und Wirtszellmembran
Teilung der Organellen nach Bakterienart
Eigene Transkription und Translation bei Organellen und bei Wirtszellen

Evolutionsdruck zur Endosymbiose

Nach CAVALIER-SMITH[14] trug anfangs die von manchen prokaryotischen Zellen erworbene Fähigkeit zur Aufnahme großer Partikel zur Entstehung eukaryotischer Zellen bei. Wesentlicher Antrieb dafür war demnach ein allgemein knapper werdendes Nahrungsangebot sowie die Anreicherung freien Sauerstoffs bis in tiefere Wasserschichten der Ozeane. Elementarer Sauerstoff war zwar schon lange von Cyanobakterien und Schwämmen freigesetzt worden, wurde aber in der Anfangsphase durch die Oxidation anorganischer Stoffe aufgebraucht (▶ Seite 148).

Neuere Theorien geben für die Entstehung der Endosymbiose auch bioenergetische Gründe an. Warum konnten prokaryotische Wirtszellen nicht einfach graduell komplexer werden? Eine mögliche Antwort könnte folgende sein: Je größer eine Zelle wird, desto stärker wächst ihr Energiebedarf, und zwar mit dem Volumen, also mit der dritten Potenz ihres Durchmessers. Die Energiegewinnung erfolgt bei Prokaryoten aber an der Außenmembran, deren Größe nur mit dem Quadrat der Zellgröße zunimmt. Mit zunehmender Zellgröße wird die Energieversorgung immer problematischer, da die Zahl der Moleküle, die an der Membran die chemische Energie produzieren können, langsamer zunimmt als das Zellvolumen. Der Trick, Endosymbionten aufzunehmen, löst dieses Problem auf elegante Weise. Die zu Mitochondrien bzw. Chloroplasten umgewandelten, ehemals frei lebenden Prokaryoten können im gesamten Zellvolumen eine effektive Energiegewinnung gewährleisten. Die dafür notwendigen Nukleinsäuren an ihren Membranen besitzen sie selbst und durch die zunehmende Einfaltung ihrer Oberfläche (Cristae) werden sie immer effizienter. Dazu passt auch, dass die Organellen in der Evolution nach und nach die meisten ihrer Gene an den Kern der Wirtszelle verloren haben. Nur die für die Atmungskette selbst in der Nähe der Membran lokalisierten Gene verblieben, der Rest geriet unter die Kontrolle des Kerns. Dadurch müssen die Organellen nicht mehr mit viel Energieaufwand ein großes Genom tausende Male ablesen, sondern nur den kleinen Rest der mitochondrialen DNA[15].

Auf dem Weg zu Vielzellern

Bizarre tierische Lebensformen, Pilze und Urvielzeller

Der Schritt zu vielzelligen Organismen, in denen sich jede Zelle gemäß ihrer funktionalen Rolle spezialisiert, geschah in einer für das Leben eher unwirtlichen Periode, dem sogenannten *Cryogenium* (griech. *kryos*, kalt, Eis). Im Cryogenium waren weite Teile der Erde über lange Zeiträume unter einer Eisdecke verborgen (▶ Schneeball-Erde, Seite 225).

Über welchen evolutionären Pfad das Leben in diesen Zeiten schließlich zu einer dauerhaften arbeitsteiligen Organisationsform fand, ist noch nicht ganz geklärt. Sehr wahrscheinlich gehörten aber Rippenquallen und Schwämme zu den ersten Vertretern dieser neuen Form des Lebens, den Metazoa. Als sicher gilt jedoch, dass alle Tiere einen letzten gemeinsamen Vorfahren besitzen, den *last common metazoan ancestor* oder LCMA.

Urtierchen und Schwämme

Zu den ältesten irdischen Lebewesen gehören eine Gruppe von urtümlichen Tieren, die Nicht-Zweiseitentiere (Nicht-Bilateria) und die Pilze. Erstere werden in vier heute noch existierende Stämme unterteilt: In die Nesseltiere (*Cnidaria*, echte Quallen, Korallen), die Rippenquallen (*Ctenophora*), in die Scheibentierchen (*Placozoa*) sowie in die Schwämme (*Porifera*). Aller Ursprung liegt im Cryogenium, ab etwa 700 Ma.

Schwämme sind hauptsächlich aufgebaut aus sogenannten Kragengeißelzellen (*Choanozyten*), die im Inneren des Tieres ein System von Filterkammern bilden (*Choanosom*). Die Choanozyten schützt nach außen ein geliges, horniges oder kieseliges Skelett, nach dem man die Schwämme in Glasschwämme *(Hexactinellida)*, Hornschwämme (*Demospongia*) und Kalkschwämme (*Calcarea*) unterteilt. Alle heute über 15 000 Arten von Schwämmen sind am Untergrund festsitzende (sessile) Wassertiere, die überwiegend im Meer leben.

Seit Mitte des 19. Jahrhunderts galten Schwämme als erste vielzellige Tiere (*Metazoa*), im letzten Jahrzehnt machten ihnen die Rippenquallen diesen Rang streitig[16]. Erste Rippenquallen besaßen schon ein Muskelgewebe

Cryogenium 720 – 635 Ma

8-10
Choanoflagellat. Das Kragengeißeltierchen ist stammesgeschichtlich eng verwandt mit den ersten vielzelligen Tieren. Zusammen mit diesen bildet es die Gruppe der *Holozoa*.

Neoproterozoikum
1000 – 541 Ma

Paläozoikum
541 – 252 Ma

Kambrium
541 – 485 Ma

Devon
419 – 359 Ma

Karbon
359 – 299 Ma

Ophistokonta
Eine Gruppe von Eukaryoten, benannt nach der Position ihres Geißels am hinteren Körperende (Hinterpolige). Zu dieser Gruppe werden Mesomycetozoa (meist parasitische Einzeller), Kragengeißeltierchen, Pilze sowie vielzellige Tiere (Metazoa) gezählt.

Gewebetiere (Eumetazoa)
Zu den Gewebetieren gehören alle Vielzeller (Metazoa), die über differenzierte Zelltypen wie Nerven-, Sinnes- oder Muskelzellen verfügen.

und ein Nervensystem, während die Schwämme bis heute organ-, nerven- und gewebelose, aber mehrzellige tierische Organismen sind.

Alle Schwammklassen stammen wahrscheinlich von einem gemeinsamen Vorfahren ab, sie sind monophyletisch. Aufgrund der großen Ähnlichkeit von Kragengeißelzellen der Schwämme zu Kragengeißeltierchen (*Choanoflagellaten*, (▶ Abbildung 8-10) stammt ihr Vorfahr wohl aus einer Kolonie von Choanoflagellaten. Schwämme spalteten sich sehr bald von der weiteren Entwicklungslinie der mehrzelligen Tiere ab und werden heute als Schwestergruppe zu Gewebetieren (▶ Abbildung 8-11) eingestuft. Die einfachsten, heute noch existierenden mehrzelligen Urtiere *Placozoa* sind keine Vorfahren, sondern ebenfalls eine Schwestergruppe der Schwämme (▶ Kasten).

Nach LENTON[17] trugen die Schwämme neben den Cyaonobakterien zum Anstieg des Gehalts an freiem Sauerstoff besonders in tieferen Wasserschichten der Ozeane bei (▶ Seite 149).

Frühe Besiedler des Landes - Pilze

Früher ordnete man echte Pilze den Pflanzen zu, aufgrund phylogenetischer Analysen werden sie heute in die eukaryotische Supergruppe der *Ophistokonta* (▶ Abbildung 8-11 und Seite 188ff) gestellt, zu der auch die Tiere gehören. Sie stammen wie diese wahrscheinlich von röhrenförmigen, einzelligen Protisten-Vorfahren ab, Vorläufern der Kragengeißeltiere (Choanoflagellaten).

Pilze gehören zu den Pionierbesiedlern des Festlandes, doch wann die Erstbesiedlung stattfand, ist umstritten. Es gibt Hinweise darauf, dass Pilze schon im Neoproterozoikum in Form von Flechten (▶ Randspalte rechts) Landoberflächen besiedelten[18]. Nach anderen Hypothesen erfolgte die Erstbesiedlung erst im Kambrium, also immer noch über hundert Millionen Jahre vor den Pflanzen. Als Fossilien sind echte Pilze seit dem Devon bekannt, alle modernen Pilze tauchen ab dem obersten Karbon auf.

Abgesehen von eventuellen landbesiedelnden Flechten lebten Pilze, überwiegend Schlauchpilze, während fast des gesamten Paläozoikums als aquatische Organismen in Symbiose mit Pflanzen. Mit diesen gingen die Pilze zum Landleben über und ermöglichten es Pionier-Landpflanzen wie den wurzellosen Moosen (*Bryophyten*), an mineralische Nährstoffe wie Phosphor zu gelangen[20,21]. Pilze gaben diesen außerdem zusätzlichen Halt. Diese bis heute andauernde, *mutualistische Symbiose* (▶ Randspalte rechts) bezeichnet man als *Mykorrhiza* und sie hat vermutlich die Besiedelung des Festlandes durch Pflanzen erst ermöglicht, da die ersten Pflanzen noch über keine Wurzeln verfügten, um selbst ausreichend Nährstoffe aus dem Boden zu gewinnen. Die Pilze profitierten ihrerseits von der photosynthetischen Produktion von Kohlenhydraten der Pflanzen.

Mit dem Übergang zum Landleben mussten die Pilze ihre Nahrungsstrategie umstellen. Sie waren als heterotrophe Organismen angewiesen

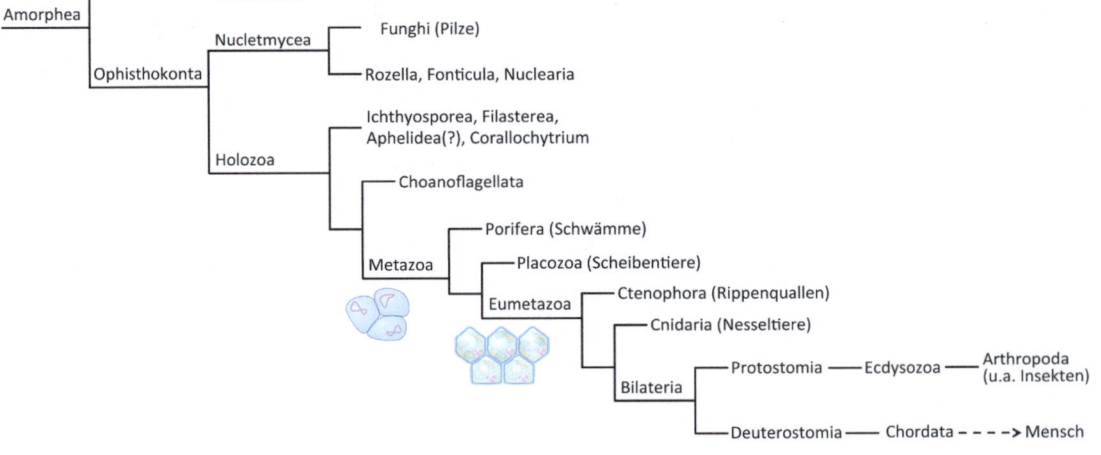

8-11
Stammbaum der Gewebetiere. Dieser phylogenetische Stammbaum stellt die wahrscheinlichen Verwandtschaftsbeziehungen dar. Von den ersten Seitentieren (Bilateria) ist es allerdings noch ein weiter Weg zum Menschen, der über die Wirbeltiere (Vertebrata) zu den ersten Vertretern der Säugetiere (Mammalia) führt - um nur einige Zwischenstationen zu nennen[19].

Die Urtierchen – unser Vorfahr?

Scheiben- oder Plattentierchen (*Placozoa*, griech. *plax*, Platte) sind die strukturell einfachsten, noch heute lebenden Tiere. Ihre Vorfahren entwickelten sich vermutlich aus Gallertkugeln im Neoproterozoikum zu den ersten mehrzelligen Tieren. Bis vor wenigen Jahren war nur ein einziger Vertreter dieser Gruppe, nämlich *Trichoplax adhaerens* bekannt. Doch dann entdeckten Forscher weltweit in küstennahen Flachwasserbereichen eine große Vielfalt genetisch unterschiedlicher Gruppen von Placozoa, die eine Neuordnung dieses Taxons nahelegen[19].

Placozoa besitzen kein spezielles Muskelgewebe und zeigen keine bilaterale Körpersymmetrie. Plattentierchen wie *Trichoplax adhaerens* besitzen einen 0,5 – 2,0 mm langen und 0,25 µm dicken Körper. Deutlich lässt sich eine Oberseite (dorsal), aufgebaut aus abgeflachten Zellen, von einer Unterseite (ventral) unterscheiden. Letztere setzt sich aus zylinderförmigen Zellen zusammen; hier liegen Drüsen, die Verdauungsenzyme absondern. Zur Nahrungsaufnahme umfließt und stülpt sich die Bauchseite über Partikel und bildet quasi einen Außenmagen. Zwischen Rücken- und Bauchseite befinden sich in einer Flüssigkeit faserartige Zellen. Das Fasergeflecht ist gleichzeitig Steuerungs- und motorische Komponente dieser Tiere. Die Plattentierchen können sich kriechend fortbewegen oder amöbenartig ihre Körperform verändern.

Die genaue phylogenetische Stellung der Placozoa zu Schwämmen und Gewebetieren war bis vor wenigen Jahren umstritten. Heute werden sie an die Basis der Mehrzeller (Metazoa, zweikeimblättrige Tiere) gestellt. Somit bilden sie eine Schwestergruppe zu Schwämmen (Porifera), Nesseltieren (Cnidaria) und Rippenquallen (Ctenophora)[19].

Ediacara-Fauna

Das Ediacarium (635 – 542 Ma), die letzte Periode des Proterozoikums, liegt am Ende eines dramatischen Zeitabschnitts der Erdgeschichte. Im vorangegangenen Cryogenium kam es zu einer fast völlige Vereisung der Erde (▶ Schneeball-Erde, Seite 225), zu geotektonischen Unruhen beim Zerbrechen des präkambrischen Superkontinents Rodinia (▶ Seite 82) und zu einem deutlichen Anstieg des Sauerstoffgehalts in Atmosphäre und Ozeanen (▶ Abbildung 9-09, Seite 213).

Im Ediacarium tauchten Überreste bizarrer Lebensformen, die an Luftmatratzen, Diskusscheiben oder Farnwedel erinnern, in fossilen Überlieferungen auf. Worum es sich genau handelt, ist unter Paläontologen umstritten, die meisten interpretieren die überlieferten Fossilien als Tiere. So wird das Ediacarium als wahrscheinliche Wiege der Tiere eingestuft. Sind „*aufgeblasene Luftmatratzen*" *Vorfahren moderner Tierstämme*? fragte sich der Tübinger Paläontologe ADOLF SEILACHER (1925 – 2014) beim Anblick dieser ersten größeren Lebewesen in fossilen Ablagerungen. SEILACHER nannte sie *Vendobionten*, nach der inzwischen ungültigen geologischen Periode *Vendium* und stufte sie einheitlich als riesige Einzeller, als „Dino-Einzeller" ein. Heute werden die oft bizarren, hartkörperlosen Lebewesen als *Ediacara-Fauna* nach dem ersten bedeutenden Fundort in den Ediacara-Hügeln nördlich von Adelaide in Süd-Australien benannt. Noch in den 1980er Jahren hielt SEILACHER diese Lebewesen für keine Tiere, sondern für eine zu Beginn des Kambriums komplett ausgestorbene Sonderentwicklung der Evolution. CHARLES DARWIN kannte keine Ediacara-Fossilien und schrieb das plötzliche Auftauchen von mehrzelligen Tieren im Kambrium fehlenden fossilen Überlieferungen zu.

Entdeckungs- und Erforschungsgeschichte

Zwar wurden die ersten Ediacara-Lebewesen schon 1908 auf dem Gelände einer Farm in Namibia entdeckt, doch man konnte die Abdrücke weder deuten, noch erkannte man ihre Bedeutung oder ihre Stellung in der Evolutionsgeschichte. Das sollte sich erst ändern, nachdem der australische Geologe REGINALD CLAUDE SPRIGG (1919 – 1994) im Rahmen von bergbaugeologischen Untersuchungen 1946 in den er-

Flechten
Flechten sind feste, symbiotische Lebensgemeinschaften von zu 98 Prozent aus Schlauchpilzen (Mykobionten) mit photosynthetisch aktiven Grünalgen oder Cyanobakterien (Photobionten). Beide formen einen Doppelorganismus mit einem gemeinsamen Körper (Thallus), dessen Grundgerüst der Pilz bildet. Pilze können Wasser und Nährstoffe aus dem Boden aufnehmen, bieten den wurzellosen Photobionten Halt auf Oberflächen und schützen sie vor Austrocknung. Algen bzw. Cyanobakterien nehmen aus der Luft Kohlendioxid auf, wandeln es mittels Photosynthese in Zucker und Stärke um (Assimilation) und liefern diese ihren Symbiosepartnern.

Mutualismus
Als Mutualismus wird ein symbiotisches Zusammenleben bezeichnet, aus dem beide Partner gleichermaßen Nutzen ziehen

auf das Vorhandensein organisch gebundenen Kohlenstoffs wie einfache Zucker. Neben der Symbiose mit Pflanzen gingen Pilze daher entweder zu einer parasitischen oder saprobiontischen Nahrungsbeschaffung über, das heißt, sie ernährten sich vorwiegend von toter organischer Substanz.

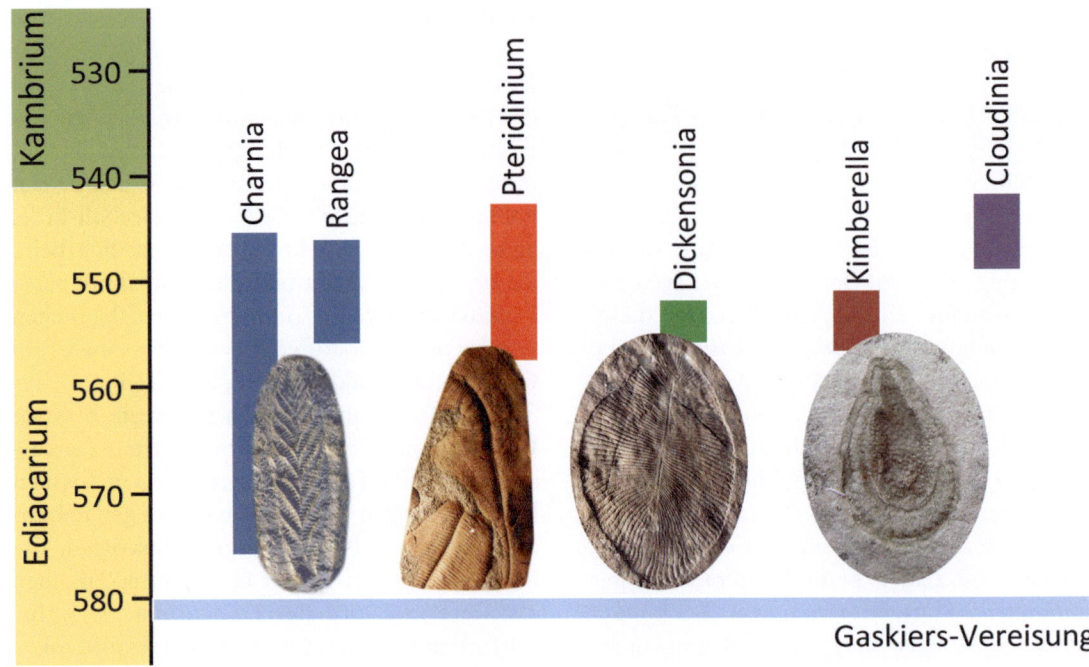

8-12
Ediacara-Fauna[22,23]. Dargestellt sind typische Vertreter dieser Fauna und die Zeiträume ihres Auftretens in bekannten Fundstätten. Näheres im Haupttext.

wähnten Ediacara-Hügeln fossile Abdrücke von speichenrad-, rippen- oder farnwedelähnlichen Lebewesen entdeckte.

Diese Abdrücke weisen keinerlei Hartteile, keine Münder, keine Verteidigungswerkzeuge sowie keinerlei Bissspuren auf. Sie waren, was schon sehr merkwürdig ist, an der Unterseite von grobkörnigen Sandsteinplatten und in Carbonaten überliefert. Der österreichische Geologe MARTIN FRITZ GLAESSNER (1906–1989) untersuchte diese fossilen Überreste in den 1960er Jahren genauer und deutete sie als Vorläufer moderner Tiere, was auf energischen Widerspruch von ADOLF SEILACHER stieß.

Nach mehr als fünfzigjähriger Erforschung ist bis heute nicht geklärt, um was es sich bei diesen bizarren Lebensformen handelt. Sie sind aber Namensgeber für die geologische Epoche, in der sie lebten, für das Ediacarium. Seit 1946 haben Paläontologen weltweit über 30 bedeutende Fundstätten der Ediacara-Fauna entdeckt, zu den aufschlussreichsten zählen diejenigen am Weißen Meer in Russland und am *Mistaken Point* in Neufundland, Kanada. Inzwischen sind über 270 verschiedene Arten beschrieben worden, die mindestens acht höheren Taxa zugeordnet werden[24]. Ihre Einordnung in den phylogenetischen Stammbaum der Metazoa ist nicht geklärt. Man geht davon aus, dass die Ediacara-Fauna keine einzelne Klade (▶ Kasten Seite 189) bildet. Offen ist dabei, zu welchen Stammgruppen ihre bekannten Vertreter gehören. Handelt es sich um frühe Vertreter der Nesseltiere (*Cnidaria*), der Rippenquallen (*Ctenophora*), der Pilze, oder handelt es sich teils nur um Bakterienkolonien[25]?

Einfache Ediacara-Organismen tauchten um 600 Ma auf, vielfältige Arten und Formen sind zwischen 575 und 542 Ma überliefert (▶ Abbildung 8-12). Zu Beginn des Kambriums lassen sich bis auf wenige Überreste keine Ediacara-Fossilien in Ablagerungen mehr finden. Die meisten Ediacara-Organismen lebten am Boden von Gewässern (benthisch) und dort festgehaftet (sessil), viele ernährten sich durch Filterung ihrer Nahrung aus dem Wasser.

Nach Alter und Lebensräumen werden Ediacara-Organismen drei biogeographischen Lebensgemeinschaften zugeordnet:

1 Die *Avalonia-Lebensgemeinschaft* (ungefähr 578–555 Ma), in ruhigen, tiefen Gewässern mit schlammigem Substrat, gekennzeichnet durch farnwedelartige und teils sehr einfache Formen; von diesen haben einige medusenartige Organismen bis ins Kambrium überdauert.

2 Die *Weißes-Meer-Lebensgemeinschaft* (um 560–542 Ma), mit mehr als 77 bekannten Arten die vielfältigste Lebensgemeinschaft, vorkommend in flachmarinen Habitaten mit Wellen und Strömungsbewegungen.

3 Die *Nama-Lebensgemeinschaft* (ungefähr 549–542 Ma), in extrem flachgründigen Flussmündungen oder auf Sandbänken vorkommend. Nur aus dieser Gruppe sind Fossilien mit Kalkskeletten überliefert.

Häufige Ediacara-Fossilien

Zu den häufigsten und bekanntesten Vertretern der Ediacara-Fossilien gehört *Dickinsonia* (▶ Abbildung 8-13), eine Gattung winziger, diskus- oder elipsenartiger Weichtiere aus der Avalonia-Gruppe. Ihre Klassifizierung im Stammbaum der Vielzeller ist – wie bei den anderen Vertretern der Ediacara-Fauna – umstritten: sie wurden als Nesseltiere, Vielborster (Polychaeta) oder Flechten gedeutet, oder sogar als sehr große Einzeller, sogenannte *Vendobionten*[25].

Kimberella, ein molluskenartiges Weichtier aus der Weißmeer-Gruppe, wird bereits als frühe Form bilateraler (seitensymmetrischer) Tiere interpretiert, das sich vermutlich ernährte, indem es Mikrobenmatten am Meeresgrund „abgraste"[25].

Cloudina, eine Gattung millimetergroßer, röhrenförmiger Fossilien, gilt als das erste, leicht biomineralisierte Fossil und starb wohl als einer der letzten Angehörigen der Ediacara-Fauna erst im unteren Kambrium aus. Eventuell haben auch weitere Ediacara-Meeresbewohner wie *Stromatoveris psygmolena* überlebt. *Stromatoveris*-Angehörige gelten als mögliche Vorfahren der Rippenquallen.

Pteridinium wurde ursprünglich als farnwedelähnlicher Organismus gesehen, nach besser erhaltenen Funden sieht es jedoch so aus, als bildeten die drei Wedel eine Art Kanu, das zu Lebzeiten mit Sand gefüllt auf dem Boden lag[26].

Die *Rangeomorpha*, zu der *Charnia* und *Rangea* gehören (▶ Abbildung 8-12), überwiegen in der Avalonia-Lebensgemeinschaft. Sie bestehen aus am Untergrund fixierten, farn-, spindel- oder buschartigen Vielzellern, deren Bau keinem heute bekannten Tier gleicht. Sie bilden daher vermutlich eine eigenständige, inzwischen ausgestorbene Klade der Vielzeller[27].

Einordnung der Ediacara-Fauna

Der Zeitraum zwischen etwa 1,8 und 0,8 Ga wurde hinsichtlich der Lebewelt oft als *langweilige Milliarde* (engl. *boring billion*) bezeichnet, weil nach früher bekannten fossilen Überlieferungen sich in der evolutionären Weiterentwicklung damaliger mikrobischer Prokaryoten und Eukaryoten offensichtlich wenig tat. Um 1,5 Ga entstanden erste einzellige, eukaryotische Algen. Nach Entstehung des Superkontinents Rodinia (▶ Seite 82) blieb die damalige Erde zunächst tektonisch ruhig, doch mit dem Zerbrechen dieses Superkontinents in kleinere Einheiten vor 800–750 Ma änderten sich Atmosphäre und Hydrosphäre der Urerde dramatisch mit nachhaltigen Auswirkungen auf die damalige Lebewelt. Nach mehr als einer Milliarde Jahren kam es wieder zu intensiven Vereisungen der Erde im Cryogen (▶ Abbildung 9-18, Seite 226). Und nun setzten evolutionäre Entwicklungsschübe in der Tierwelt ein. Im Interglazial zwischen der Sturtischen und der Marinoischen Eiszeit sind möglicherweise bereits die Zweiseitentiere (*Bilateria*) entstanden; sie wären also schon in der Ediacara-Epoche präsent gewesen[25]. Denkbar ist, dass im Ediacarium auch die sogenannten *Urmünder* (Protostomia) und *Neumünder* (Deuterostomia) aus einem bilateralen *protostome/deuterostome last common ancestor* (PDA) entstanden sind. Einige Ediacara-Organismen werden als mögliche Stammgruppen existierender bilateraler Stämme angesehen (▶ Abbildung 8-11), zu der auch die *Häutungstiere* (Ecdysozoa) und die Deuterostomata samt uns Menschen gehören. Andere Ediacara-Fossilien wie *Dickinsonia* wurden auch bereits als landlebende Pilze oder Flechten eingestuft[18].

Fossilien um 580 Ma lassen schon einen Verdauungstrakt und ein Nervensystem erkennen (▶ Abbildung 12-30, Seite 301), und erste räuberisch von anderen Eukaryoten lebende Organismen sind zu finden[28]. Zum ersten Mal lassen sich im jüngeren Ediacarium Kriech- und Wühlspuren im Sediment von grabenden und wühlenden Organismen (Bioturbation) am Meeresboden nachweisen. Besonders in der Weißmeer-Gruppe sind zahlreiche Spurenfossilien gefunden worden, ein Hinweis darauf, dass in dieser Lebensgemeinschaft schon bewegungsfähige Tiere existierten[26].

Insgesamt repräsentiert die Ediacara-Fauna wohl eine Lebensgemeinschaft verschiedener Taxa von mikrobiellen Matten, Algen, Pilzen, Protisten bis hin zu den ersten Gewebetieren. Es dominierten allerdings Organismen, die sich von zersetzendem organischen Material ernährten und in Kaltwasserbecken lebten.

8-13
Dickinsonia costata[23].
Dieses Fossil aus der Ediacaria-Fauna ist etwa 550–560 Ma alt. Es gehört zu den ersten fossil belegten eukaryotischen Vielzellern mit komplexem Körperbau.

KAPITEL 8   Eukaryoten und Vielzeller

Spätestens im Ediacarium endete die ausschließlich von mikrobischen Einzellern beherrschte Lebewelt, es begann eine irreversible, geobiologische Umgestaltung der Erde. Fortan beherrschen sauerstoffatmende, mehrzellige Eukaryoten die belebte Welt. Hinsichtlich der Evolution der Lebewelt ist das Ediacarium wohl als revolutionäre Epoche zu bezeichnen.

Zum fast völligen Aussterben der Ediacara-Fauna trugen im frühen Kambrium vermutlich grabende Organismen bei, die die Biomatten auf den Ozeanböden zerstörten, den Lebensraum der Ediacara-Organismen. Als ungeschützte, meistens am Boden festsitzende Weichorganismen waren sie neu aufkommenden tierischen Fressfeinden hilflos ausgeliefert. Vielleicht löschte auch ein ozeanisches anoxisches Ereignis die Ediacara-Fauna aus[25,27].

Darwins Dilemma

Tiere aus dem Nichts?

Das plötzliche Auftreten vieler moderner Tierstämme zu Beginn des Kambriums wird meist als *Kambrische Explosion* bezeichnet (▶ Abbildung 8-14). Schon für DARWIN war rätselhaft, woher und warum plötzlich zu Beginn des Kambriums derartig viele unterschiedliche tierische Fossilien quasi wie aus dem Nichts in fossilen Ablagerungen auftauchen. Für ihn bestand darin eine der größten Herausforderungen für die Evolutionstheorie[29].

In der (Bio-)Stratigraphie wird dieser gewaltige Umbruch vielerorts auf der Erde durch die sogenannte *Große Unkonformität* markiert: Über einem fossilarmen präkambrischen Fundament liegen marine Ablagerungen des Kambriums, in denen sich Fossilfunde komplexer Organismen häufen.

Kambrische Innovationen

Das fast simultane Erscheinen zahlreicher komplexer Tiere mit modernen Körperbaumerkmalen innerhalb eines kurzen geologischen Zeitraumes von 20 – 30 Millionen Jahren stellt auch moderne Paläontologen noch vor Rätsel.

Für die biologischen Umwälzungen kennzeichnend sind umfangreiche Radiationen (▶ Randspalte) mehrzelliger Tiere (*Metozoa*). Gerade bei den frühen Bilateria, den Vorläufern der Wirbeltiere und Gliederfüßer, fanden stärkste Radiationen statt. Etwa 30 bis 40 heute existierender Tierstämme tauchten im unterem Kambrium auf. Gliederfüßer (*Arthropoden*), also Spinnentiere, Krebstiere, ausgestorbene Trilobiten (▶ Abbildung 8-15) und später Insekten entfalteten sich zu dominierenden Tiergruppen. Damals wie heute haben sie einen Anteil von 75 – 80 Prozent aller lebenden Tiere.

Körper häufig zu findender Fossilien wurden deutlich größer, hinzu kamen bedeutende Innovationen im Körperbau. Fast alle tierischen Körperfossilien zeigten nun im Gegensatz zu den Ediacara-Fossilien eine deutliche Rechts-Linkssymmetrie mit einer von oben nach unten verlaufenden Längsachse, sie waren Zweiseitentiere (*Bilateria*).

Und im Ozean tummelten sich Lebewesen mit Schalen (Exoskelett), die sogenannten „Kleinschalen-Fossilien" (*Small shelly fauna*) und solche mit einer versteiften Rückensaite

Radiation
Die Entstehung spezialisierter Arten aus einer weniger spezialisierten Art durch Anpassungen an die Umwelt.

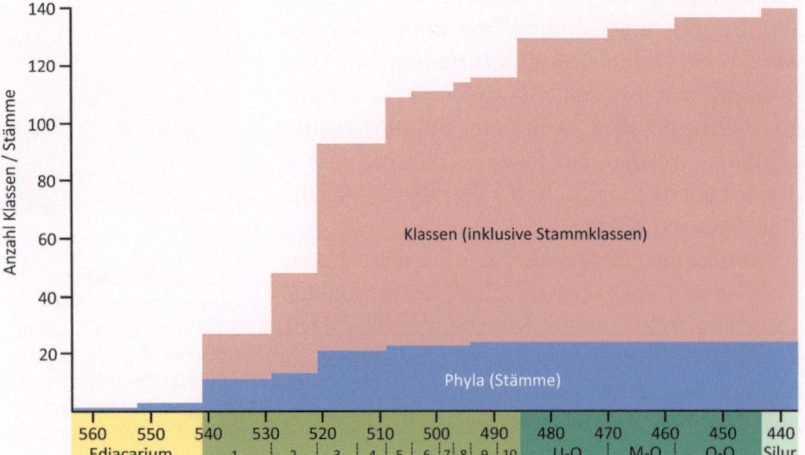

8-14
Neue Tiere im Kambrium[22]. In Schichten des Kambriums traten „wie aus dem Nichts" eine große Zahl neuer Tierfossilien auf, die neuen Stämmen und Klassen zuzuordnen waren. Die Ursache dieses explosionsartigen Auftretens neuer Organismen mit völlig neuem Körperbau und neuen Verhaltensweisen ist auch heute noch nicht völlig geklärt. Als höchstwahrscheinlich gilt, dass unter anderem Deuterostomier, die frühen Vorfahren der Vertebraten, und Proteostomier, die Vorfahren der Gliederfüßer, bereits im Ediacarium auftraten. Gesicherte fossile Belege dafür fehlen allerdings.
Die Grafik zeigt die seit dem Kambrium neu in Fossilienfunden aufgetretene Anzahl Stämme (Phyla) und Klassen der Tiere. Die Zahlen 1 bis 10 kennzeichnen die zehn Stufen des Kambriums, U-O steht für Unterordovizium, M-O für Mittelordovizium und O-O für Oberordovizium. Die horizontale Zeitachse ist in Ma.

(*Chordatiere*), aus der sich evolutionär die Wirbelsäule heutiger Wirbeltiere entwickelte. Erstmals lassen sich von Tieren mineralisierte Hartteile wie Nadeln oder Platten gehäuft in Ablagerungen finden.

Neben Tieren, die einem Stamm oder einer Klasse zuordenbar sind, tauchten auch bizarre, keiner bekannten Tiergruppe zuordenbare Lebewesen auf, wie etwa der 60 bis 120 cm große Räuber *Anomalocaris* (▶ Abbildung 8-16). Es entstanden völlig neue Lebensgemeinschaften. Und es setzte ein Wettrüsten zwischen Räubern mit Fresswerkzeugen und Fressopfern mit Schutzpanzern dagegen ein. In diesem „Wettkampf" entwickelten beide Seiten neue Fähigkeiten: Ihr Sehvermögen wurde durch neue Sehorgane verbessert, viele Tiere wurden zu aktiven Schwimmern und sie entwickelten echte Verdauungstrakte. Da heterotrophisch lebende Räuber andere Tiere fraßen, war das ehemals friedliche Zusammenleben von Organismen im Ediacarium vorbei. Manche Forscher sprechen vom „größten Krieg der Tiere", der die Diversifikation der Arten vorantrieb.

Biologische Auswirkungen

Obwohl noch nicht alle Fragen hinsichtlich der Ursachen und des Ablaufs der Kambrischen Radiation geklärt sind, ist allgemein anerkannt, dass ihre Auswirkungen umwälzend und nachhaltig für die Biosphäre waren. Mit dem Auftauchen grabender und wühlender Bilateria endete die zweidimensionale Lebenswelt in mikrobischen Matten (Stromatolithen) und weitgehend festsitzenden Weichtieren der Ediacara-Fauna. Grabende und wühlende Organismen schufen dreidimensionale Aktivitäts- und Lebensräume in tieferen Sedimentschichten.

Noch fehlten Tiergruppen wie Seesterne, Fische, Insekten, Eidechsen, Vögel und Säugetiere, sie tauchten mehrere Hunderte Millionen Jahre später auf. Doch die neuen, kambrischen Baupläne der Tiere erwiesen sich so vorteilhaft und erfolgreich, dass nach Ansicht mancher Forscher alle folgenden evolutionären Transformationen im Grunde genommen nur Variationen der bei den kambrischen Umwälzungen etablierten Grundbaupläne waren.

Mit neuen, räuberisch lebenden Bilateria entstanden komplexere Nahrungsketten von autotrophen Erzeugern über heterotrophe Konsumenten hin zu heterotrophen Destruenten, wie sie auch heutige Biotope prägen. Erste Schwämme und Nesseltiere im Ediacarium beschafften sich ihre Nahrung noch durch Herausfiltern aus der Wassersäule und bildeten das obere Ende der Nahrungskette. Echte Verdauungstrakte entwickelten erst die neuen, beweglichen Bilateria. Damit begann auch eine bessere Nutzung verfügbarer mineralischer und organischer Ressourcen und ein effektiveres Recyceln.

Mit ihren Bioaktivitäten wurden die größeren Metazoen zu Baumeistern ihrer Umwelt. Durch Bioturbationen wurden jetzt organische Substanzen, Sulfide und andere Stoffe tiefer in Sedimente eingebracht, wodurch die Stoffkreisläufe von mineralischen Substanzen nachhaltig umgestaltet wurden. Die biochemischen Kreisläufe von Kohlenstoff, Schwefel und Nährstoffen wurden quasi gezähmt. Die durch Tiere verursachten Feedback-Schleifen bewirkten, dass niemals mehr Voraussetzungen für Vereisungen wie im Cryogen eintraten.

Ursachen der Kambrischen Explosion

Bei der explosionsartigen Vermehrung der Tierarten hat die im Neoproterozoikum ansteigende Sauerstoffkonzentration im Meerwasser eine wichtige Rolle gespielt (▶ Abbildung 9-09, Seite 213). Von Cyanobakterien freigesetzter Sauerstoff ermöglichte erst die Evolution größerer und insbesondere räuberischer Organismen, die gegen Ende des Ediacariums auftauchten[30] und vermutlich der ungeschützten und immobilen Ediacara-Fauna den Garaus machten. Vergleiche mit heutigen sauerstoffarmen ozeanischen Zonen legen nahe, dass es eine Grenze der Sauerstoffkonzentration gibt, unterhalb der eine mobile räuberische Lebensweise kaum mehr möglich ist. Diese Grenze könnte an der Schwelle zum Kambrium überschritten worden sein[31].

An der Grenze zwischen Ediacarium und Kambrium entstanden auch eine Vielzahl grabender und wühlender Tiere, die den Chemismus der Bodensedimente gründlich veränderten. War der Boden zuvor von mikrobiellen Matten bedeckt, verschwanden diese zum großen Teil im Kambrium. Der Boden wurde lockerer und besser durchlüftet, was ihn als Lebensraum für weitere Tiere attraktiv machte. Während im Ediacarium nur vereinzelt Spurenfossilien (Ichnofossilien) gefunden wurden (unter anderem

8-15
Trilobit. Rekonstruktion eines lebenden Trilobiten aus einer populärwissenschaftlichen 3D-Animation. Trilobiten findet man in Schichten, die vor 521 Ma bis 251 Ma im Kambrium entstanden sind. Sie besitzen bereits harte Schalen und ein ausgeprägtes Sehsystem. In ihrer Komplexität standen sie vielen heutigen Lebewesen nicht nach.

8-16
Anomalocaris[32]. Dieser seltsame kambrische Räuber erreichte wohl Größen bis 120 cm.

von *Kimberella*), nehmen diese Funde im Kambrium stark zu. Die Erzeuger des Spurenfossils *Treptichnus pedum* gelten als erste fortschrittliche Sedimentfresser an der Grenze zwischen Ediacarium und Kambrium.

Vermutlich spielte auch der Anstieg des Meeresspiegels zu Beginn des Kambriums eine Rolle (▶Abbildung 9-12, Seite 216), der eine ausgreifende Überflutung von festländischen Küstenebenen und die Ausweitung mariner Lebensräume nach sich zog. Gegenüber den damals eher sauerstoffarmen Tiefen der Ozeane waren flache Schelfmeere reicher an Sauerstoff.

Letzten Endes führten alle angesprochenen Effekte zu einer Ausweitung möglicher Lebensräume für die neoproterozoische Lebewelt, die diese auch weidlich nutzte. Dies beantwortet jedoch noch nicht die Frage, warum dies einherging mit einer explosionsartigen Ausweitung der Arten innerhalb von grob 20 Millionen Jahren? Legt man heutige Mutationsraten zugrunde, so hätte sich der genetische Code in dieser Zeit nur um etwa zwei Prozent geändert[33]. Reicht das?

DARWINs Hoffnung, es handele sich nur um eine Lücke in der Folge bislang gefundener Fossilien, bietet eine Möglichkeit der Erklärung. Sind lediglich fehlende Skelette und Schalen der vorkambrischen Tierwelt der Grund dafür, dass uns der Artenreichtum dieser Fauna bisher entging? Waren es am Ende die räuberischen Tiere, die alle anderen Tiere dazu zwangen, sich Rüstungen zuzulegen und sich damit der Nachwelt bewahrten?

Natürlich lassen sich zukünftige Überraschungsfunde nicht ausschließen. Und inzwischen wissen wir auch durch genetische Analysen (molekulare Uhren ▶Seite 50), dass viele Tierstämme bereits vor Beginn des Kambriums entstanden sind (▶Abbildung 9-22, Seite 229), selbst wenn uns fossile Belege hierfür meist noch fehlen. Allerdings gibt es kaum Übergangsformen zwischen den ediacarischen und den kambrischen Arten, so dass sich keine eindeutigen Entwicklungslinien ableiten lassen.

Aber möglicherweise war die Artenvielfalt bereits im genetischen Code der Vorläufer der kambrischen Fauna angelegt und es bedurfte lediglich eines äußeren Anstoßes, um sie zur Entfaltung zu bringen – zum Beispiel die erwähnte Ausweitung der Lebensräume?

Intuitiv könnte man glauben, dass mit zunehmender Komplexität eines Organismus auch die Größe seines genetischen Codes wachsen müsse. Schließlich sollte ein komplexer Organismus auch einen umfangreicheren „Bauplan" benötigen. Der Vergleich der Genomgrößen einfacher und komplexer Lebewesen zeigt jedoch, dass sie nicht die allein bestimmende Größe ist. Die Entwicklung eines Lebewesens von der Eizelle bis zum adulten Tier wird weniger durch eine große Zahl spezieller Gene gesteuert, sondern durch ein hierarchisches und modulares System sogenannter *Genregulationsnetzwerke*.

Genregulationsnetzwerke

Gewebetiere (Eumetazoa) entstehen durch die lokale Differenzierung von Zellen während der Embryonalentwicklung. Diese Differenzierung beginnt bei Bilateralen mit der Entstehung von drei Zellschichten, dem außenliegenden Ektoderm, dem Mesoderm und dem innen liegenden Entoderm. Aus letzterem bilden sich in späteren Stadien innere Organe wie die Leber und der

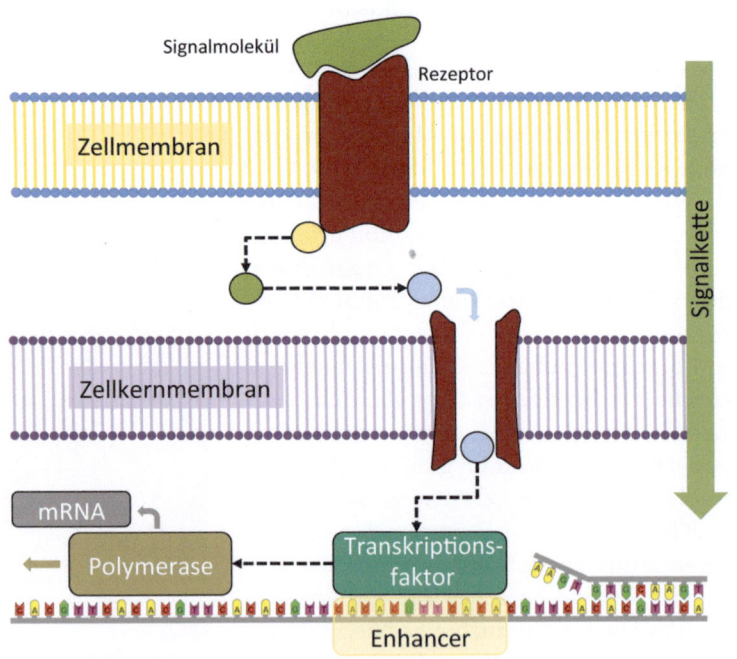

8-17
Genregulatorische Signalkette. Während der Embryonalentwicklung (aber nicht nur dort) lösen Signalmoleküle, die an Rezeptoren in der Zellmembran andocken, eine molekulare Signalkaskade aus. Sie führt letztlich dazu, dass sich Proteine – sogenannte Transkriptionsfaktoren – an spezifische Genabschnitte (Enhancers) anlagern und das Auslesen eines DNA-Abschnitts steuern. Mit diesem Mechanismus reagieren Einzeller auf chemische Veränderungen außerhalb der Zelle. Frühe Gewebetiere (Eumetazoa) erweiterten diese Mechanismen im Zuge der Evolution zur Steuerung der Embryonalentwicklung. Dabei fungieren die Produkte benachbarter Zellen als Signalmoleküle, die unter anderem die örtliche Differenzierung von Zellen nach Zelltypen anregen.

Magen. Aus dem Ektoderm bilden sich unter anderem Haut und Nervensystem (▶Seite 301), aus dem Mesoderm insbesondere das Skelett, Blutgefäße und Muskeln.

Die Differenzierung der Zellen geschieht durch das Ein- oder Ausschalten der Expression (dem Ablesen) von Genen. Dadurch wird die Produktion von Proteinen gesteuert, die für die Entwicklung eines Zelltyps zum jeweiligen Zeitpunkt wichtig sind. Das Ein- und Ausschalten geschieht durch die Aktivierung oder Deaktivierung sogenannter *Transkriptionsfaktoren*. Dabei handelt es sich um Proteine, die sich an spezifische Sequenzen der DNA anlagern und dadurch die Expression einer meist ein Stück weiter „unten" (in Ableserichtung) im Strang liegenden Gensequenz auslösen (▶Abbildung 8-17). Natürlich können die exprimierten Proteine selbst Transkriptionsfaktoren sein, die ihrerseits Genexpressionen steuern und so fort. Auch können für die Expression eines Gens verschiedene Faktoren zum Zug kommen, die sich an unterschiedlichen Stellen des DNA-Stranges anlagern. Insgesamt enthalten Tiere ein hochkomplexes Netzwerk an Transkriptionsfaktoren, die die Embryonalentwicklung (und andere Zellprozesse) orchestrieren[34].

Natürlich darf eine Zelle nicht allein entscheiden, ob sie eine Nerven- oder doch lieber eine Muskelzelle werden will. Die Embryonalentwicklung muss zeitlich und örtlich so gesteuert werden, dass alle Körperteile später am richtigen Fleck zu liegen kommen. Dafür ist die Kommunikation zwischen Zellen erforderlich. Aus ihrem mikrobiellen Erbe haben Tierzellen dafür eine Reihe sogenannter Signalketten übernommen (▶Abbildung 8-17). Von Zellen abgesonderte Signalmoleküle binden an spezifische Rezeptoren in der Zellmembran benachbarter Zellen und lösen in diesen eine Signalkaskade aus, die letztlich in der Aktivierung (oder Deaktivierung) eines Transkriptionsfaktors endet. Da Signalmoleküle langsam durch das Gewebe diffundieren, ist eine örtliche und zeitliche Steuerung der Entwicklung möglich (▶Abbildung 8-18). Das komplexe Zusammenspiel zwischen Signalketten und Transkriptionsfaktoren bezeichnet man als Genregulationsnetzwerk.

Modularität

Für die vollständige Entwicklung eines Tieres wie der Taufliege oder eines Säugetiers sind natürlich viele Regulationsnetzwerke notwendig. Allerdings nicht so viele, wie man aufgrund der Vielzahl unterschiedlicher Gewebetypen und Körperteile meinen könnte (▶Abbildung 8-19). Dies liegt daran, dass diese Netzwerke hierarchisch und modular eingesetzt werden. Netzwerke, die die Bildung von Beinen steuern, dienen auch dazu, die Entwicklung von Zehen zu steuern. Der unterschiedliche Kontext von Bein- und Zehenwachstum wird durch jeweils „darüber" liegende Regulationsnetzwerke vermittelt.

Dieses „Baukastensystem" der Regulationsnetzwerke macht auch die rasche Entstehung von Arten mit stark variiertem Körperbau nachvollziehbar. Oft genügen punktuelle Variationen im genetischen Code für große Auswirkungen auf den Körperbau eines Tieres (▶Randspalte).

Frühes Erbe

Es stellte sich heraus, dass drei der vier in der Embryonalentwicklung wichtigsten Signalketten bereits in Schwämmen vorkommen und sich zum Teil nur geringfügig zwischen den Tierstämmen unterscheiden. Auch die für die Embryonalentwicklung der Tiere zentralen *Hox-Gene* haben eine lange Geschichte, die bis in das Cryogenium hinabreicht. Hox-Gene sind für die Differenzierung der Körperlängsachse

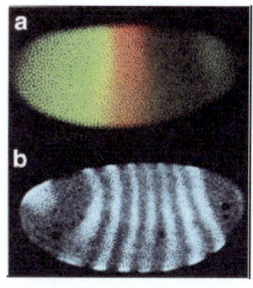

8-18
Differenzierung eines Fliegenembryos[35]. Hox-Gene sind für die Differenzierung der Segmente verantwortlich. Anfangs werden im linken und mittleren Bereich zwei Entwicklungsproteine aktiv (a, grün und rot). In einem weiteren Schritt entstehen feinere Unterteilungen. Die hellen Bereiche markieren die Aktivitäten spezieller Entwicklungsproteine in jedem zweiten Segment des Embryos (b).

Galápagos-Finken
Die Vielfalt der Schnabelformen dieser schon von Darwin studierten Vögel geht auf geringfügige Variationen in der Expression zweier Entwicklungsgene zurück. Eines davon (Calmodulin) beeinflusst die Länge der Schnäbel, das andere (Bmp4) ihre Breite und Höhe[36,37].

8-19
Genomgröße und Komplexität[33]. Die Genomgröße (in Mill. Basenpaaren, Mb) spiegelt die Komplexität der Organismen nur unvollkommen wider. Eukaryotische Choanoflagellaten verfügen über kaum weniger Gene als einfache Metazoen wie die Plattentiere und die einfach gebaute Seeanemone mit 20 verschiedenen Zelltypen verfügt über mehr Gene als die bereits recht komplex gebaute Taufliege.

	Choanoflagellat *Monosiga brevicolis*	Plattentier *Trichoplax adhaerens*	Seeanemone *Nematostella vectensis*	Taufliege *Drosophila melanogaster*	Mensch *Homo sapiens*
Genomgröße (Mb)	41,6	98	450	180	3234,8
Gene	9100	11514	18000	14601	23000
Zelltypen	1	4	20	50	>400
Transkriptions-faktor-Familien	5	9	10	10	

KAPITEL 8   Eukaryoten und Vielzeller

8-20
Stammbaum der Pilze[38–41].
Schleimpilze und Eipilze gehören nicht zu den echten Pilzen. Letztere stehen den Pflanzen näher, haben aber die Fähigkeit zur Photosynthese verloren. Die meisten Speisepilze gehören zur Abteilung der Ständerpilze. Weitere Erläuterungen siehe Haupttext.

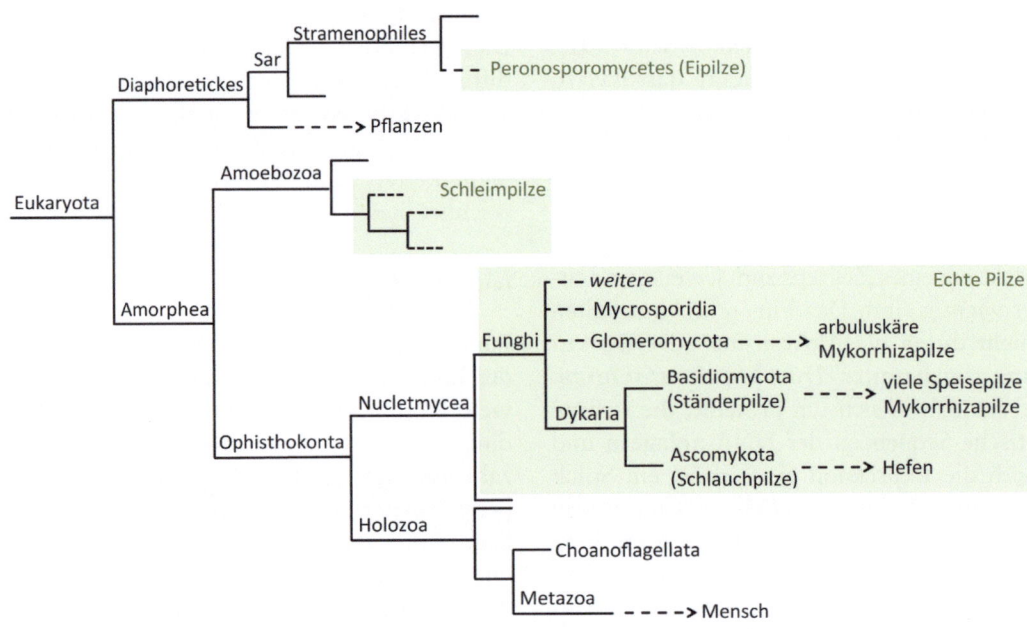

Pax6
Dieser Transkriptionsfaktor löst die Entwicklung der Augen aus und ist über viele Arten nahezu identisch. Die Maus-Variante von Pax6 löst auch in der Taufliege die Augenentwicklung aus und umgekehrt.

bei allen bilateralen Tieren verantwortlich und damit auch, wo bei Menschen Arme und Beine und in welchen Segmenten bei Insekten Beine, Flügel, Fühler und Antennen wachsen (▶ Abbildung 8-18, Seite 187). Im Laufe der Entwicklung der Gewebetiere entstanden aus den urtümlichen Hox-Genen und auch allen anderen Entwicklungsgenen durch Mutationen (insbesondere Genduplikationen) mehrere Varianten und dennoch ist ihre Ähnlichkeit untereinander verblüffend (▶ Randspalte links). Offenbar waren allzu große Mutationen dieser Gensequenzen für den Organismus tödlich. Man spricht daher von einer Genfamilie aus Genen gleicher Herkunft und analoger Funktion in den jeweiligen Arten. Neben den Hox-Genen gibt es noch weitere Genfamilien, unter anderem jene, die Körper in Richtung Vorder- und Rückseite strukturieren.

Pilze

Ein Leben im Verborgenen

Viele Leser verbinden mit Pilzen Organismen mit einem Stiel und einem hutartigen Schirm. Doch beides zeigt nur den vorübergehend sichtbaren Fruchtkörper eines Pilzes (▶ Abbildung 8-21); sein Hauptteil, das Myzel, liegt verborgen im Boden. Das Myzel bildet ein Geflecht feinster fadenförmig verlängerter Zellen (Hyphen), wie sie auch auf einem verrottenden Kaffeesatz sichtbar werden. Völlig anders sind etwa einzellige Hefepilze (Mikropilze) wie die Bierhefen ausgestaltet.

Bis Mitte des 20. Jahrhunderts zählte man Pilze zum Reich der Pflanzen, erst molekulargenetische Untersuchungen erbrachten, dass *echte* Pilze enger mit den Tieren verwandt sind. Die beide umfassende Kronengruppe ist *Ophistokonta* (▶ Abbildung 8-20). Neben den meist im eigenen Reich *Fungi* (lat. Pilze) zusammengefassten echten Pilzen gibt es noch weitere Gruppen pilzähnlicher Organismen: Schleimpilze und den Pflanzen näher stehende Pilzartige unter der Gruppe der *Stramenophila*, die allerdings die Fähigkeit zur Photosynthese wieder verloren haben.

Pilze sind heterotroph lebende Organismen, sie ernähren sich von organischen Substanzen und gehören zu den ein- oder mehrzelligen Eukaryoten. Echte Pilze unterscheiden sich von den Pflanzen durch folgende Merkmale:

1 Die Zellwände echter Pilze werden aus Chitin (wie bei Tieren) und Glucanen (Polysacchariden) aufgebaut.
2 Pilzzellen sind röhren- oder fadenförmig ausgebildet in Form von Filamenten.
3 Sie besitzen keine Chloroplasten, können also selbst keine Photosynthese durchführen, das vermögen nur mit ihnen in Symbiose lebende photosynthetisch aktive Bakterien, Algen (Flechten) oder Wirtspflanzen.

8-21
Fruchtkörper eines Ständerpilzes[42].

Phylogenetische Systematik

Die in Kapitel 3 vorgestellte klassische Einteilung der Lebewesen (Taxonomie, ▶Abbildung 3-02, Seite 40) orientiert sich an deren Merkmalen, nicht deren genetischen Code. Natürlich spiegelt diese Systematik auch stammesgeschichtliche Verwandtschaftsbeziehungen wieder, da morphologische Ähnlichkeiten meist auf stammesgeschichtliche Verwandtschaft zurückgehen. Dies ist jedoch nicht immer so. So gibt es *Konvergenz*, die Entwicklung von gleichen Merkmalen in nicht näher verwandten Arten, wie zum Beispiel beim ausgestorbenen tasmanischen Beutelwolf, der unserem Wolf täuschend ähnlich sah, aber zu den Beuteltieren gehörte. Zudem können wir nur rezente (heute noch lebende) Arten und bestenfalls Fossilien zur Klassifikation heranziehen. Die vielen Zwischenstufen in ihrer Entwicklung sind für uns nicht zugänglich. Dies kann bedeuten, dass Verwandtschaftsbeziehungen nicht mehr eindeutig erkennbar sind. So zählen in der klassischen Taxonomie die Vögel (*Aves*) nicht wie Saurier und Krokodile zu den Reptilien, obwohl diese stammesgeschichtlich die engsten Verwandten sind.

Heute tritt die *phylogenetische Systematik* anstelle der klassischen Taxonomie in den Vordergrund. Ihre Grundlagen sind zunehmend molekulargenetisch ermittelte stammesgeschichtliche Verwandtschaftsbeziehungen. Eine Gruppe von Lebewesen mit einem gemeinsamen Vorfahr wird in dieser Systematik *Klade* genannt (die Systematik selbst auch *Kladistik*). Einteilungen der klassischen Systematik (Taxa) wie Stamm oder Ordnung, die eine Klade bilden, werden *monophyletisch* genannt. Bildet ein klassisches Taxon eine Klade nicht mehr vollständig ab, so nennt man das Taxon *paraphyletisch*. Einteilungen wie „Warmblüter", die keine zusammenhängende Klade bilden, nennt man *polyphyletisch*.

Heute ist man bestrebt, nur noch solche Gruppen der traditionellen Systematik zu verwenden, die monophyletisch sind. Anstelle von Reptilien spricht man daher eher von *Sauropsiden*, die die Vögel einbeziehen.

Die klassische Systematik etabliert eine hierarchische Ordnung von Domänen über Reiche bis hin zu Arten. Diese Stufen entsprechen oft weder in Zahl noch Ebenen den Taxa der Phylogenetik, da diese sich an den Verzweigungen orientiert. Vielen neu eingeführten Taxa der phylogenetischen Stammbäume entsprechen daher keinen bekannten Gruppen der klassischen Systematik. Diese Taxa werden im allgemeinen mit dem Vermerk „ohne Rang" aufgeführt.

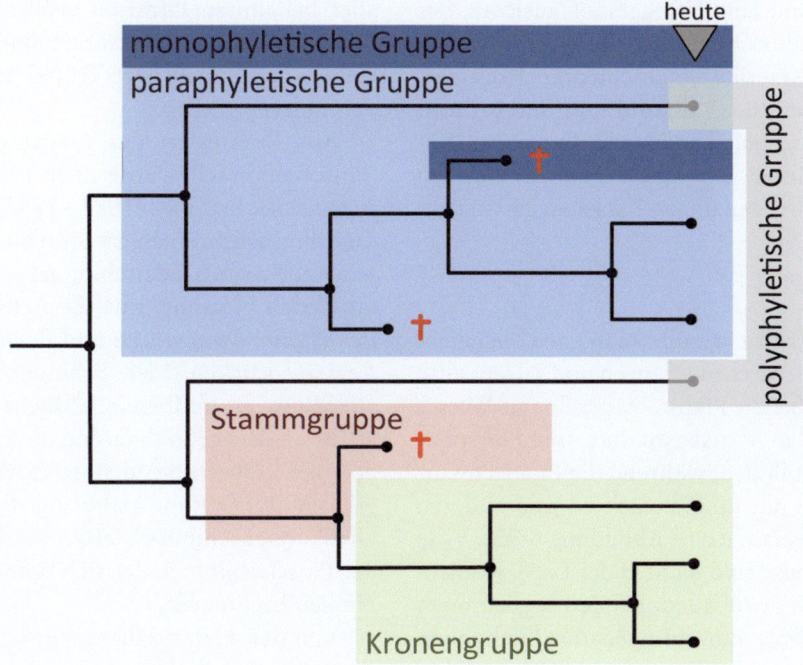

8-22
Phylogenetische Systematik. Eine Verzeigung im Stammbaum enthält genau zwei Äste, da sich nicht gleichzeitig mehr als zwei Arten aus einer Art bilden können. Eine Klade stellt eine Kronengruppe dar, wenn ihre Basis Vorfahr aller rezenten Taxa ist. Einer Stammgruppe gehören alle fossilen Vorfahren an, die nicht zur Kronengruppe gehören und kein engeres Verwandschaftsverhältnis zu einer anderen Kronengruppe haben. Eine monophyletische Gruppe umfasst alle Taxa eines Stammtaxons. Eine paraphyletische Gruppe umfasst nicht alle Taxa der gemeinsamen Basis. Polyphyletische Gruppen umfassen Taxa, die mehr als einer Klade angehören.

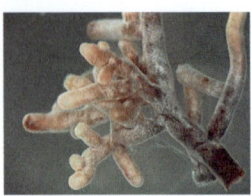

8-23
Mykorrhizapilz[43]. Vom Myzel eines Mykorrhizapilzes (Amanita) umhüllte Wurzelspitze.

8-24
Schlauchpilz. Schimmelpilze auf einer Wursthülle. Sichtbar ist das Myzel, das aus feinen schlauchartig verlängerten Zellen, den Hyphen, besteht.

Aflatoxin
Mais- und Erdnuss-Ernten sind besonders in feuchtheißen Gebieten Afrikas mit dem Gift des *Aspergillus flavus* verunreinigt – mit fatalen Folgen für die Gesundheit der Bevölkerung. Man schätzt, dass weltweit bis zu 40 Prozent der Leberkarzinome auf chronische Vergiftungen mit Aflatoxin zurückgehen. Es gibt überzeugende Belege dafür, dass das Gift bei Kindern für Mangelernährung und körperliche und geistige Defizite verantwortlich ist[44,45].

Pilze geben Verdauungsenzyme in ihre Umgebung ab, mit denen sie organische Materie zersetzen. Sie besitzen also eine äußere Verdauung und nehmen ihre Nährstoffe über Hyphen auf.

4 Die meisten Pilze verfügen über keinerlei ausgebildete Leitgewebe wie Xylem oder Phloem.
5 Für die Energiespeicherung bilden Pilze ebenso wie Tiere Glykogen und Fette, anstelle von Stärke.

Pilze sind wesentliche Akteure in der Evolution und für den Fortbestand ihres Biotops. Während die sichtbaren Ständerpilze (*Basidiomycoeta*) wie Steinpilze als Nahrungsmittel eher eine untergeordnete Rolle spielen, kommen Mykorrhiza- und Schlauchpilzen wichtige Funktionen in der Ökologie und Biotechnologie zu. Auf die entscheidende Mitwirkung von Mykorrhizapilzen bei der Besiedlung des Landes durch Pflanzen haben wir schon hingewiesen (▶ Seite 180).

Eipilze

Die „unechten" Eipilze verfügen ebenso wie die echten Pilze über ein Myzel. Zu den *Stramenophilen* gehören sie, da ihre Sporen zwei Geiseln besitzen. Einige Arten gelangten zu trauriger Berühmtheit als Tier- und Pflanzenparasiten. Die Kraut- und Knollenfäule der Kartoffel ist ein Eipilz (*Phytophthora infestans*), der 1845/46 in Irland praktisch die gesamte Kartoffelernte vernichtete und eine Hungersnot auslöste, der etwa eine Million Menschen zum Opfer fiel[40].

Die aus Amerika eingeschleppte Krebspest (*Aphanomyces astaci*) ist ein Eipilz und bedroht derzeit den europäischen Flusskrebs massiv. Dessen amerikanische Verwandten haben hingegen Abwehrkräfte gegen diesen Parasiten entwickelt.

Mykorrhizapilze

Unter Mykorrhiza versteht man ganz allgemein die Symbiose zwischen Pflanzen und Pilzen. Pilze versorgen dabei die Pflanzenwurzeln mit Wasser und Mineralen – insbesondere mit Phosphaten – aus dem Boden, während die Pflanzenwurzeln die Pilze mit Einfachzuckern und anderen Nährstoffen versorgen (▶ Abbildung 8-23). Viele Mykorrhizapilze sind nicht in der Lage, Kohlenhydrate selbst abzubauen. Bei den sogenannten *Ektomykorrhiza* umschlingen die Pilzhyphen die jungen Wurzelenden, bei den sogenannten *Endomykorrhiza* dringen die Hyphen sogar in die Wurzelzellen ein.

Eine besondere Form der Endomykorrhiza sind die *arbuluskären Mykorrhizapilze* (AM). Man schätzt, dass mehr als 80 Prozent der Landpflanzen mit arbuskulären Mykorrhiza-Pilzen (AM-Pilzen) an ihren Wurzeln leben. So auch die Süßgräser, zu denen alle unsere wichtigen Getreidearten gehören. Sie sind vermutlich schon um ca. 1,2 – 0,9 Ga entstanden. Damit sind sie wesentlich älter als Landpflanzen[46,47].

Die arbuskulären Mykorrhizapilze gehören zu den ältesten echten Pilzen überhaupt, die *Ständerpilze* (*Basidiomycota*) sind hingegen erst in der Kreide vor etwa 130 Ma entstanden. Viele Ständerpilze sind Mykorrhizapilze und gehen Symbiosen mit Bäumen ein. Sie versorgen die Bäume vor allem mit Stickstoff aus der oberen Bodenschicht aus verrottenden Pflanzenresten (L-Horizont, ▶ Seite 269).

Erst langsam begreift man die überragende Bedeutung der Mykorrhiza zwischen Pflanzen und Pilzen. Unzweifelhaft ist, dass auch ein Großteil unserer Nutzpflanzen ohne diese Symbiose nicht oder nur sehr schlecht gedeihen könnte.

Schlauchpilze

Eine bedeutendere Rolle in Ökologie und in Wirtschaft spielen Schlauchpilze (*Ascomycota*), zu denen mit über 64 000 Arten die Mehrzahl aller bekannten Pilzarten gehört (▶ Abbildung 8-24). Bekannte Angehörige sind *Penicillium*, Trüffel und Hefen. Der Trüffel gehört auch zu den Ektomykorrhiza.

Aus Vertretern der Gattung *Penicillium* (Pinselschimmel) wurde nicht nur 1928 durch ALEXANDER FLEMING (1881–1955) das erste Antibiotikum gewonnen, sie sind auch bei der Käseherstellung als Edelschimmel schon seit Jahrtausenden bekannt, was die Artbezeichnungen *Penicillium camemberti* und *Penicillium roqueforti* ausdrücken. Viele Schimmelpilze sondern allerdings gesundheitsschädliche Mykotoxine ab. Besonders gefürchtet sind die leberschädigenden und krebserregenden Aflatoxine des *Aspergillus flavus* (▶ Randspalte) aus der Gattung der Gießkannenschimmel, einer Schwestergattung der Pinselschimmel, der sich unter anderem auf Nüssen breitmacht.

Von den Hefen zählen die sogenannten Zuckerhefen (*Saccharomyces*) zu den erfreulichsten

Vertretern, sie sorgen für die alkoholische Gärung und dienen als Backhefen. Weniger angenehm können Vertreter der Gattung *Candida* werden. Diese leben bei der Mehrzahl der Menschen auf Schleimhäuten (auch im Verdauungstrakt), können jedoch bei geschwächtem Immunsystem überhand nehmen und zu teils lebensgefährlichen Entzündungen führen (Kandidosen).

Auch der *Echte Mehltau* auf Pflanzen ist ein Schlauchpilz, nicht jedoch die Vertreter des sogenannten *Falschen Mehltaus*; sie gehören zu den Eipilzen.

Schlauchpilze sind sehr potente Destruenten organischer Materie. Nur sie vermögen tierisches Kollagen und Keratin sowie pflanzliche Zellulose und Lignin mithilfe von Verdauungsenzymen zersetzen. Dazu sondern sie Enzyme (sogenannte Hydrolasen) in ihre Umgebung ab, die Biomoleküle zersetzen können. Als Destruenten erbringen Schlauchpilze einen wesentlichen Beitrag zum Abbau toter organischer Materie.

Der grüne Schleier des Landes

Landpflanzen und Ökologie

Menschen haben zu Pflanzen, zum grünen Schleier der Erdoberfläche, ein zwiespältiges Verhältnis. Einerseits werden in vielen Regionen Pflanzen wegen ihrer Allgegenwart kaum mehr wahrgenommen, tropische Urwälder werden bisweilen als „grüne Hölle" bezeichnet. Andererseits werden Wälder intensiv als Erholungsraum und Rohstofflieferant genutzt, viele hegen und pflegen Pflanzen in Gartenanlagen. Viele Pflanzen liefern wichtige pharmazeutische Roh- und Wirkstoffe. Gegenwärtig zeichnet sich die Pflanzenwelt (Flora) durch eine üppige Artenvielfalt von Moosen, über Gräser, bunten Blumen bis hin zu stattlichen Bäumen aus.

Taxonomisch bilden die Pflanzen neben Tieren und Pilzen ein Reich der Eukaryoten. Bis auf wenige Arten gehören Algen und Pflanzen zu meist mehrzelligen, photosynthetisch aktiven Eukaryoten. Grüne Landpflanzen werden als *Embryophyta* zusammengefasst (▶Abbildung 8-25). Alle Angehörigen besitzen einen Zellkern, mehrere Organellen, u.a. Mitochondrien sowie zahlreiche Chloroplasten. Eine wichtige chemische Komponente, das Chlorophyll a und b verleiht Grünen Algen und Landpflanzen ihre charakteristische grüne Farbe.

Schrittmacher der Evolution

...die Pflanzenevolution [tanzt] nach einem anderen Takt[48].

Die Entwicklung der Pflanzen verlief langsamer, nicht wie bei Tieren über den „*Big Bang*" der Kambrischen Explosion innerhalb von 20–30 Millionen Jahren. Ihre Anpassung an verschiedene, zu besiedelnde Lebensräume sowie Ausbreitung und Fortentwicklung erfolgreicher Fortpflanzungssysteme dauerte bis in die Kreidezeit. Sie mussten unter anderem Zellwände entwickeln, die einen Schutz vor zu hohem Wasserverlust und vor Extremtemperaturen boten, sowie Abwehrmechanismen gegen Fressfeinde.

Schon lange vor dem Auftreten der höheren Landpflanzen im oberen Silur erwarben einige Organismengruppen wie *Cyanobakterien*, *Chromista* (pflanzenähnliche Mikroorganismen) sowie *Diatomeen* die Fähigkeit zur oxygenen Photosynthese. Da alle keinen gemeinsamen Vorfahren mit den heutigen Landpflanzen ha-

Kreide
145 – 66 Ma

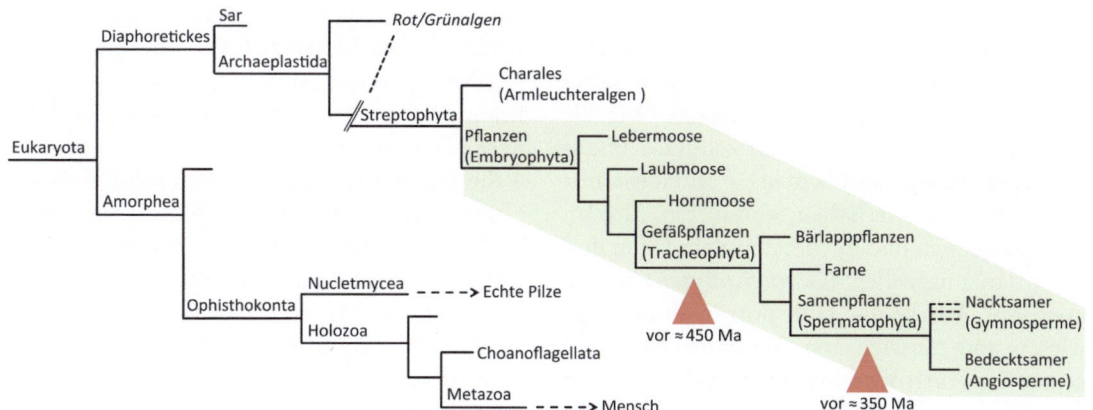

8-25
Phylogenetischer Stammbaum der Pflanzen. Die grünen Landpflanzen (Embryophyta) haben gemeinsame Vorfahren mit ebenfalls photosynthetisch aktiven Algen. Pflanzen mit Wurzeln, Stamm und Blatt (Gefäßpflanzen) entstanden erst etwa 100 Millionen Jahre nach der Kambrischen Explosion.

KAPITEL 8 Eukaryoten und Vielzeller

Pflanzliche Leitbündel
Zum Stofftransport verfügen Gefäßpflanzen über sogenannte Leitbündel. Das Xylem bildet Leitbahnen für den Transport von Wasser und Nährstoffen aufwärts in die Zweige und Blätter sowie zusätzlich ein aus Lignin und Zellulose aufgebautes Stützgewebe. Das sogenannte Phloem bildet Leitbahnen für den Transport des in den Blättern erzeugten Zuckers und anderer Biomoleküle abwärts.

Kreide
145 – 66 Ma

Karbon
359 – 299 Ma

Devon
419 – 359 Ma

Silur
444 – 419 Ma

Proterophytikum
Die Zeit vor dem Auftreten der höheren Pflanzen wird auch als Proterophytikum bezeichnet. Höhere Pflanzen entstanden gegen Ende des Silur.

Paläophytikum
So wird die Hochzeit der Gefäßsporenpflanzen (Farne) genannt. Sie währte von etwa 420–256 Ma.

ben, werden diese Organismen nicht als proterozoische Vorfahren heutiger Landpflanzen angesehen. Heute noch lebende Grünalgen (*Charophyta*) gelten als die nächsten Verwandten der Landpflanzen. So könnten heute noch existierende Gattungen von Süßwasseralgen, die Armleuchter-Algen (*Charophyceae*) oder die Schrauben-Algen (*Spirogyra*) die Vorfahren heutiger Landpflanzen sein. Ihre Ahnen bewohnten flache Uferzonen von binnenländischen Gewässern, die zeitweilig trockenfallen konnten. Einige Individuen erwarben die Fähigkeit, auch solche Trockenphasen zeitweilig nicht untergetaucht zu überleben. Aus diesen Individuen könnten sich mittels natürlicher Selektion Landpflanzen entwickelt haben. Zusätzlich könnten sie durch Einverleibung anderer Organismen (▶Endosymbiontentheorie, Seite 176) die Fähigkeit zur oxygenen Photosynthese und die dazu notwendigen Chloroplasten erworben haben.

Wann die ersten Pflanzen das Festland besiedelten, ist umstritten. Einige Paläontologen gehen von einer Begrünung der Landoberfläche durch Pilze und Grüne Algen schon im Neoproterozoikum zwischen 800 und 700 Ma aus[49]. Andere führen negative Abweichungen im $^{13}C/^{12}C$-Verhältnis in Schelfkalken um 600 Ma als Hinweis auf eine Störung des Kohlenstoffkreislaufs durch erste festländische Pflanzen und deren Bioaktivitäten an[50]. Wohl haben Flechten und Grüne Algen schon eine chemische Verwitterung von Gesteinen und Mineralen bewirkt und Nährstoffe freigesetzt, aber einen gestaltenden oder ökologischen Effekt auf die Landoberfläche wie höhere Pflanzen haben sie nicht ausgeübt. Manche stufen *Dickinsonia* (▶Abbildung 8-13, Seite 183), einen wichtigen Vertreter der Ediacara-Fauna, als neoproterozoische landbesiedelnde Flechte ein[51].

Ab dem oberen Silur setzte die pflanzliche Besiedlung des Festlandes mit niederen Pflanzen ein und damit um viele Millionen Jahre früher als der Landgang von Tieren. Wie die Tiere „entstiegen" erste multizelluläre Pflanzen dem Wasser und wuchsen zunächst nur an feuchten, wassernahen Standorten, also an Küstenregionen und in Ufersümpfen. Denn ihre Fortpflanzungszellen (Gametophyten) waren noch auf Wasser als Transportmedium angewiesen und mussten erst Schutzmechanismen gegen die Austrocknung entwickeln. Zu den Pionierbesiedlern gehörten Moose, Lebermoose (*Hepaticopsida*) und Hornmoose (*Anthocerotopsida*). Alle waren kleine Pflanzen, die noch keine echten Wurzeln, rudimentäre Stängel und Blätter sowie kein Leitgewebe zum Transport von Wasser und Nährstoffen besaßen und sich mittels Sporen vermehrten (Sporenpflanzen). Die richtige Begrünung setzte mit Evolution und Ausbreitung von Bärlapp- und Schachtelhalmgewächsen und Farnen ein. Alle drei nicht verwandten Gruppen gehören zu den sogenannten *Gefäßsporenpflanzen*. Farne stehen den Samenpflanzen am nächsten (▶Abbildung 8-25, Seite 191). Gefäßsporenpflanzen verfügen über Leitbahnen in den Stängeln, über die Nährstoffe und Wasser transportiert werden (▶Randspalte).

Cooksonia, ein Urfarn, der vom Obersilur bis ins Unterdevon lebte, gilt als erste echte, etwa zehn Zentimeter große Landpflanze. Urfarne besaßen schon einen Stängel, blattlose Gabeltriebe, keine Wurzeln, erste Spaltöffnungen (*Stomata*) zum Gasaustausch sowie ein primitives Leitgewebe. An den Enden der Triebe saßen knubbelartige Sporenbehälter (*Sporangien*). Mit diesen adaptiven evolutionären Neuerungen konnten die Pflanzen aufrecht stehen und weitere Siedlungsräume erobern. Mit der Ausbildung langer, tiefer reichender Wurzeln erschlossen sich Pflanzen neue Nährstoffquellen, verbesserten aber auch ihre aufrechte Standfestigkeit.

Bärlappgewächse folgten den Urfarnen im Unterdevon, sie entwickelten als erste Pflanzen einfache Blätter und im Karbon erste baumförmige Arten: die Schuppen- und Siegelbäume. Molekularen Untersuchungen zufolge sind Schachtelhalme eine frühe Seitengruppe der Farne, die beide im Devon entstanden. Erstere hatten ihre Blütezeit im Karbon und starben dann bis auf wenige Arten aus. Dagegen entwickelten sich höhere Farne erst in der oberen Kreide und fächerten sich von dort an auf.

Den späteren Aufwuchs der ursprünglich krautartigen Gewächse begünstigten evolutionäre Neuerungen:
1 die Differenzierung zwischen Blatt, Sprossen und Wurzeln, also die Ausbildung eines untergliederten Pflanzenkörpers (*Kormus*);
2 die verstärkte Bildung von Lignin für den Aufbau von Dauergeweben;
3 die Entwicklung eines sekundären Dickenwachstums, was den Wuchs mehrjähriger Pflanzen ermöglichte;

Geschlechtliche Fortpflanzung – eine Innovation der Natur

Die geschlechtliche Fortpflanzung ist eine Erfindung eukaryotischer Einzeller vor etwa 1,2 Ga. Ähnlich wie der horizontale Gentransfer zwischen Prokaryoten führt er zu einer Vermischung der Erbanlagen zweier nicht der gleichen Abstammungslinie angehörenden Lebewesen. Es erscheint plausibel, dass dadurch die Geschwindigkeit der evolutionären Anpassung erhöht wird, da vorteilhafte Gene nicht in jeder Abstammungslinie durch Mutation „gefunden" werden müssen. Es ist aber alles andere als einfach nachzuweisen, dass sich die sexuelle Fortpflanzung in einer Population sich ungeschlechtlich vermehrender Individuen durchzusetzen vermag. Die ungeschlechtliche Fortpflanzung durch einfache Zellteilung (Mitose, ▶ Abbildung 8-26) erzeugt nämlich mehr Nachkommen pro Generation, da jedes Individuum sich vermehrt, während bei der sexuellen Fortpflanzung nur das Weibchen Nachkommen bekommt. Da zudem das „Finden" eines Partners zeit- und energieaufwändig sein kann, gibt es bei einigen Tieren (unter anderem einige Echsen, Schlangen und Krebse) und Pflanzen auch eine verkürzte Variante: die *Parthogenese* oder *Jungfernzeugung*. Bei der Parthogenese kann aus einer unbefruchteten Eizelle ein neues Individuum entstehen.

Da bei der geschlechtlichen Fortpflanzung beide Elternteile mitwirken, enthalten die Zellen des Sprösslings zwei Versionen jedes Chromosoms (oder sogar mehr), sie sind *diploid*. Damit eine spätere Befruchtung einer Eizelle des Sprösslings durch eine Spermazelle nicht zu einer weiteren Verdopplung des Chromosomensatzes führt, kommt bei der Bildung der Keimzellen eine besondere Form der Zellteilung zum Tragen: die *Meiose*. Durch Meiose entstehen aus einer diploiden Zelle durch Chromosomenverdopplung und anschließende zweifache Teilung vier Zellen mit jeweils einem einfachen Chromosomensatz (▶ Abbildung 8-27, Seite 194). Solche Zellen nennt man *haploid*. Der wichtigste Prozess findet noch vor der Teilung statt. Die von Mutter und Vater stammenden Chromosomen lagern sich paarweise aneinander, werden gezielt durchschnitten und über Kreuz wieder zusammengeführt (*crossover*).

Dieser hochkomplexe Prozess der sogenannten *homologen Rekombination* ist allerdings keine neue Erfindung der Eukaryoten. Er dient schon bei Bakterien dazu, DNA-Brüche und Mutationen zu heilen. Steht ein doppelter Chromosomensatz zur Verfügung, wie es bei diploiden Zellen der Fall ist (und bei Bakterien beim horizontalen Gentransfer), so dient das zweite Chromosom gewissermaßen als Reparaturvorlage. Da sich die Elternchromosomen aber an einigen Stellen unterscheiden werden, entstehen nach der Reparatur neue Varianten betroffener Gene. Diese effektive Form der DNA-Reparatur ist wohl ein wichtiger Grund dafür, dass sich die sexuelle Fortpflanzung durchsetzen konnte.

Sich sexuell fortpflanzende Lebewesen durchlaufen durch den Wechsel zwischen haploiden Keimzellen und diploiden Zellen zwei verschiedene Phasen (▶ Abbildung 8-28, Seite 195). Bei Tieren besteht die haploide Phase aus Eizelle und Spermium. Beide sind außerhalb des Organismus nicht lebensfähig. Bei Pflanzen hingegen können die haploiden Zellen der Pollenkörner oder Sporen jahrelang auch unter sehr lebensfeindlichen Verhältnissen überdauern. Während bei Gefäßpflanzen die „grüne" Form die diploide Phase darstellt, ist bei Moosen die grüne Form die haploide Phase. Wie stark welche Phase ausgeprägt ist und welche Form die männlichen und weiblichen Vertreter einehmen, ist in der Lebewelt sehr unterschiedlich.

Männer produzieren ab der Pubertät laufend neue Samenzellen, während bei Frauen die Eizellen bereits vor der Geburt angelegt werden. Allerdings wird die Meiose nicht vollständig durchgeführt, sondern kurz vor Ende der ersten Teilung „eingefroren" (Meiose I, ▶ Abbildung 8-27, Seite 194). Erst bei der Eireifung vor dem Eisprung wird die Meiose vollendet. Dadurch, dass Eier lange Zeit Umwelteinflüssen ausgesetzt sind, steigt mit zunehmendem Alter die Wahrscheinlichkeit von Fehlern bei der Eireifung stark an. So können mehr als eine Kopie eines Chromosoms entstehen. In der Regel sind daraus entstehende Embryonen nicht lebensfähig, zum Teil aber doch. Das Down-Syndrom ist Folge eines dreifachen Satzes von Chromosom 21 (Trisomie 21).

8-26

Mitose und Meiose. Bei der Mitose entstehen aus einer Zelle mit doppeltem Chromosomensatz (diploide Zelle) wieder zwei diploide Zellen; bei der für die geschlechtliche Fortpflanzung wichtigen Meiose entstehen vier Zellen mit einfachem Chromosomensatz (haploid).

KAPITEL 8   Eukaryoten und Vielzeller

4 die Entwicklung von Samen als Fortpflanzungssystem, die Ausbildung von getrenntgeschlechtlichen Fortpflanzungszellen (*Gameten*) und spezieller weiblicher Fortpflanzungsorgane.

Devon
419 – 359 Ma

Im Devon erfolgte eine ausgreifende Besiedlung des Festlandes sowie eine umfangreiche Radiation der Farne, Schachtelhalm- und Bärlappgewächse. Diese plötzliche Entfaltung und Ausbreitung der Pflanzen wird auch als *Devonische Explosion* bezeichnet. Im mittleren Devon tauchten erste echte Bäume wie *Archaeopteris* (gr. *antiker Farn*, nicht zu verwechseln mit dem Urvogel *Archaeopteryx*) auf. Diese bis 30 Meter hohe Pflanze wies schon viele Merkmale späterer Nadelbäume auf: Holzartiges Gewebe, bis zu einem Meter lange Wurzeln, eine zweiseitige Wachstumsschicht (*Kambium*), breite, flache Blätter, mehrjähriges Wachstum und Verzweigung seiner Seitentriebe, aber weiterhin Fortpflanzung mittels Sporen. *Archaeopteris* wird als Progymnosperm eingestuft und bildete von der Mitte bis zum Ende des Devons weltweit die ersten Wälder.

Fortan beeinflussten Pflanzen die Entwicklung ihrer Umwelt maßgeblich: Einerseits, indem sie durch Besiedlung die Landoberfläche stabilisierten, andererseits, indem sie durch ihr Wurzelsystem eine intensive Verwitterung anstehender Gesteine und die Bodenbildung einleiteten (▶Seite 265). Dies führte zu verstärktem

Sporen und Samen

Sporen sind ungeschlechtliche Fortpflanzungszellen niederer Lebewesen wie einiger Bakterien, Algen, Pilzen, Flechten sowie Moosen und Farnen. Sporen werden in den sogenannten Sporangien gebildet und sind haploid. Bei Algen, Pilzen und Flechten sind Sporen noch einzellig, bei landlebenden Moosen und Farnen schon vielzellig. Landpflanzen umhüllen ihre Sporen mit einer Hülle, um sie vor Austrocknung zu schützen. Diese Widerstandsfähigkeit macht Sporen für Paläobotaniker zu wichtigen Fossilien. Pflanzen die sich mittels Sporen vermehren, werden als Sporenpflanzen bezeichnet.

Samen dienen der sexuellen Vermehrung von höheren Pflanzen und Tieren. Aus der Vereinigung von weiblichen Eizellen mit männlichen Spermazellen entwickeln sich diploide Samenzellen. Der Same bleibt bis zur vollständigen Reife in der Samenanlage der Mutterpflanze, bevor er durch Wind, Wasser oder Tiere verbreitet wird. Eine Same besteht aus der Samenschale, einem Nährgewebe und dem Keimling (Embryo). Deshalb werden Samenpflanzen auch als Embryophyten bezeichnet. Bei Nacktsamern (Gymnospermen) liegt der Samen frei, bei Bedecktsamern (Angiospermen) ist er von einer Fruchtschale umgeben, die als Lockmittel für Tiere dient.

8-27
Meiose. In der ersten Phase (meiotische Prophase I) werden die Chromosomen der diploiden Geschlechtszelle (Zygote) verdoppelt. Gleiche (homologe) Chromosomen lagern sich aneinander und tauschen wechselseitig Abschnitte aus (homologe Rekombination, Crossover), wodurch die Erbanlagen beider Chromosomenpaare „vermischt" werden. Dies dient auch dazu, beschädigte DNA-Abschnitte eines Chromosoms anhand des Schwesterchromosoms als Vorlage zu reparieren. In der Meiose I erfolgt bei der Zellteilung die Trennung der Chromosomen, wobei Proteinfasern (Mikrotubuli, gelb) die Chromosomen auseinanderziehen. Nach einer kurzen Ruhephase erfolgt eine weitere Teilung (Meiose II), allerdings ohne vorherige Verdopplung des Chromosomensatzes. Dadurch entstehen haploide Keimzellen, deren Chromosomen zufällige Kombinationen der Gene beider Elternteile besitzen. Während der Teilungen wird die Membran des Zellkerns kurzzeitig abgebaut.

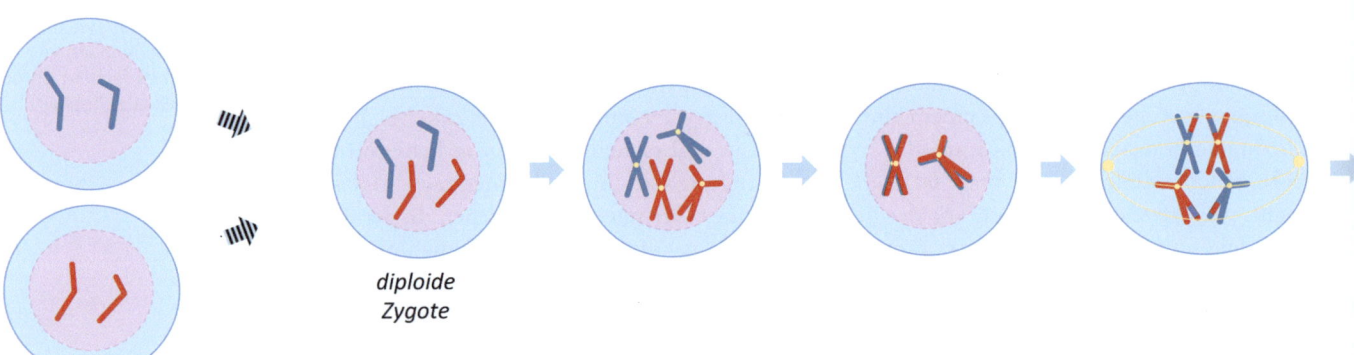

diploide Zygote

meiotische Prophase I

Meiose

Erde und Leben – Die Geschichte einer innigen Wechselbeziehung

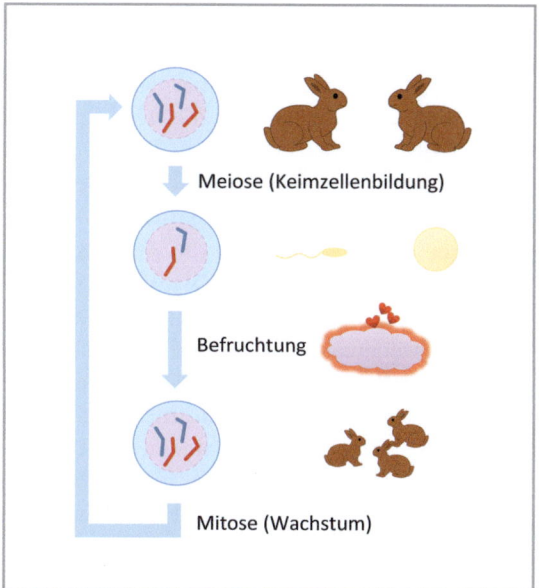
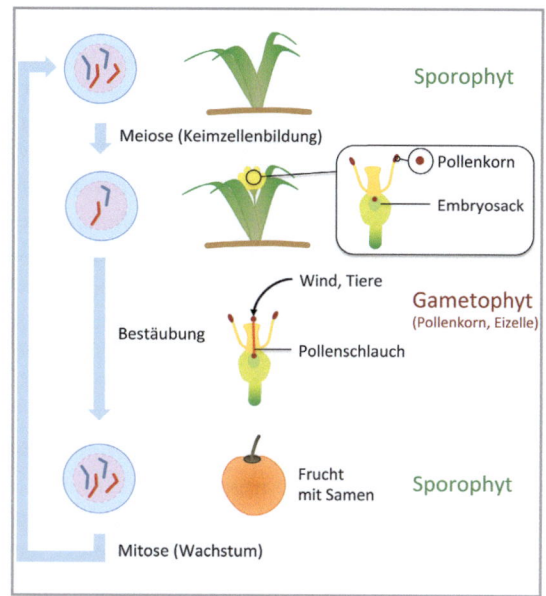

8-28

Generationswechsel. Bei der geschlechtlichen Fortpflanzung wechseln diploide und haploide Phasen einander ab. Bei den meisten Tieren besteht die haploide Phase aus Ei- und Samenzelle und währt nur kurz, weder Ei- noch Samenzelle sind außerhalb des Körpers überlebensfähig. Nach der Befruchtung entsteht der diploide Embryo. Bei Pflanzen gibt es mehrere Varianten. Bei dem dargestellten Generationswechsel von Gefäßpflanzen stellt die sichtbare Pflanze und die Frucht die diploide Phase dar (Sporophyt), Pollenkorn und Eizelle die haploide Phase. Zumindest das Pollenkorn ist allerdings auch ohne Pflanze lange Zeit lebensfähig. Bei Moosen stellt die grüne Pflanze die haploide Phase dar, aus dem Spermatozoid und der Eizelle entsteht durch Befruchtung der diploide Embryo, der auf der Pflanze heranwächst. Durch Mitose bilden sich daraus die Sporen, die durch den Wind verstreut werden und im Boden erneut eine Moospflanze bilden.

Eintrag von Nährstoffen in die Gewässer und zu einem Absinken des CO_2-Gehalts der Atmosphäre (▶Abbildung 9-09, Seite 213). Man vermutet, dass diese Effekte zum Massenaussterben gegen Ende des Devons beigetragen haben. Der erhöhte Nährstoffeintrag in die Ozeane könnte erklären, warum diese über weite Bereiche anoxisch (sauerstofffrei) wurden[52]. Zudem gibt es Hinweise für Vereisungsperioden gegen Ende des Devons.

Am Ende des Devons spalteten sich die Samenpflanzen (Gymnospermen) in Nadelholzgewächse (*Cordaitanae*) und holzhaltige Farnartige (*Lyginopterididae*) auf. Die paläophytische Florenwelt dominierten Sporenpflanzen. Im Karbon lösten baumartig aufwachsende Schachtelhalme, Bärlappe und Farne den *Archaeopteris* als waldbildende Pflanzen ab. Sie bildeten an Küsten flacher Schelfmeere üppige Sumpfwälder. Ihre sedimentbedeckten Überreste lieferten die organischen Ausgangsstoffe für die spätere Steinkohlebildung. In den karbonzeitlichen Wäldern erlebten diese Gefäßsporenpflanzen ihren Entwicklungshöhepunkt.

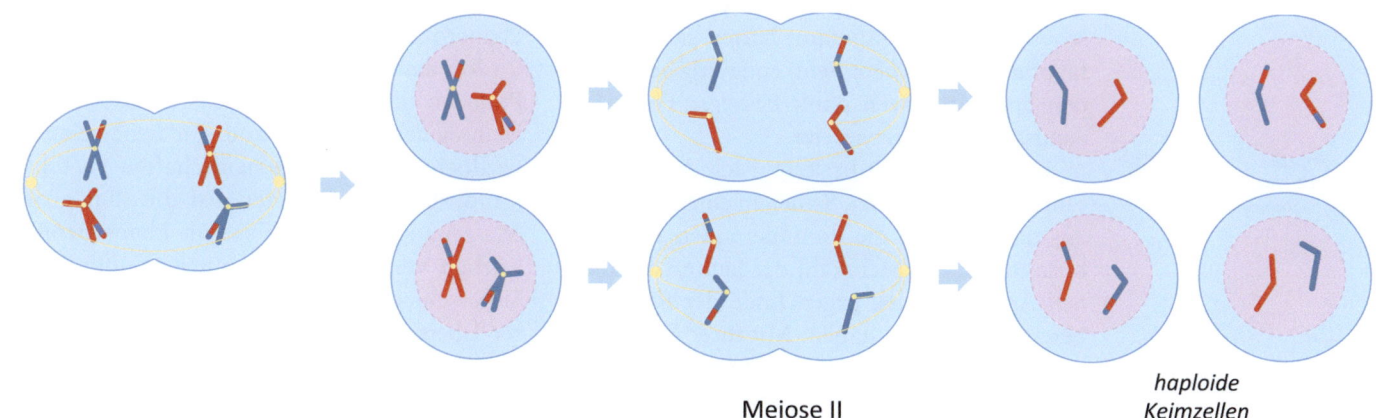

Meiose II

haploide Keimzellen

Perm
299 – 252 Ma

Trias
252 – 201 Ma

Kreide
145 – 66 Ma

Als Schwestergruppe dazu entwickelten sich am Ende des Paläophytikums im mittleren Perm um 260 Ma die Samenpflanzen, genauer die Nacktsamer (*Gymnospermen*). Bei diesen Pflanzen verbleibt die weibliche Spore im Sporophyten, wird von schützenden Fruchtblättern umhüllt und entwickelt sich so zu einem weiblichen Gametophyten (▶Abbildung 8-28, Seite 195). Das ist auch die Samenanlage heutiger Pflanzen. Heute existieren noch vier Ordnungen von Nacktsamern: Palmfarne (*Cycadales*), Ginkgo (*Ginkgoales*), Nadelhölzer (*Coniferales*) sowie die Gnetumgewächse (*Gnetales*).

Im darauf folgenden *Mesophytikum* endete die Vorherrschaft der Sporenpflanzen zugunsten von Samenpflanzen. In einem zunehmend wärmeren Klima der Trias starben die meisten Arten der an feuchte Standorte angepassten Bärlapp- und Schachtelhalmgewächse aus. Nun breiteten sich Nadelhölzer aus, deren erste Vertreter *Cordaitales* waren, eine schon im Perm ausgestorbene Ordnung von Nadelholzgewächsen. Mit den Samenpflanzen endete die Abhängigkeit der Pflanzen von feuchten Standorten. Rasch fand eine deutliche Aufspaltung in Gruppen und Untergruppen (Radiation) der Pflanzen statt in Anpassung an unterschiedliche Lebensräume auf der riesigen Landmasse von Pangaea. Mithilfe des Windes wurden ihre Samen weit genug von der Mutterpflanze weg transportiert, um neue Siedlungsräume zu erobern.

Mit der Besiedlung weiterer Lebensräume differenzierte sich die Pflanzenwelt zunehmend regional. In den kühleren Klimazonen des *Gondwanalandes* im Süden (▶Abbildung 5-12, Seite 83) bildeten seit dem Perm *Glossopteridales*, ausgestorbene baumartige Samenfarne, die beherrschende Vegetation. Dagegen dominierten auf den Nordkontinenten zunehmend *Gymnospermen* und *Gingkogewächse* die mesophytische Florenwelt. Insgesamt hatten sich die Gefäßpflanzen (*Tracheophyta*) endgültig gegenüber den Sporenpflanzen dank besserer Fortpflanzungssysteme durchgesetzt.

In der Kreidezeit breiteten sich die Bedecktsamer (*Angiospermen*, Samen in einem Behälter) aus und bildeten die dominierenden Pflanzenordnungen. Die Mehrzahl der heute vorhandenen Arten scheinen gegen Ende der Kreidezeit bereits existiert zu haben. Mit ihrer Besiedlung setzte die Begrünung weiter Landoberflächen ein. Die Angiospermen, auch Blütenpflanzen genannt, gehören neben den Insekten zu den erfolg- und artenreichsten eukaryotischen Lebewesen. Während die Gymnospermen in fast 600 Arten existieren, bringen es die Angiospermen auf 300 000 bis 400 000 Arten. Die Evolution der Angiospermen verlief mehrphasig über einen Zeitraum von 120 Millionen Jahren.

Ihren Erfolg verdanken die Angiospermen evolutionären Entwicklungen wie den verbesserten Fortpflanzungsorganen und der Ausbildung von Früchten nach der Befruchtung. Die Angiospermen bilden ihre Geschlechtszellen (Gameten) in separaten Organen, meistens in den Blüten. Evolutionäre Innovationen wie Blüten-, Kelch- und Fruchtblätter schufen „Behälter", in denen Befruchtung und Embryobildung geschützt vor wechselnden Umwelteinflüssen stattfinden konnten. Auch vielfältige Interaktionen mit Bestäubern, die sich ab der unteren Kreide zeitgleich entwickelten (Co-Evolution), wirkten artenfördernd. So tauchten moderne Insekten in der unteren Kreide auf und spalteten sich rasch in zahlreiche Gruppen und Arten auf.

Wann die Angiospermen enstanden sind, ist noch nicht geklärt[53]. Von ihrem letzten gemeinsamen Vorfahren trennten sich Nackt- und Bedecktsamer wahrscheinlich schon im Paläophytikum. Neuere fossile Funde deuten darauf hin, dass die Angiospermen ihren Ursprung schon in der Trias hatten[54]. Zwischen 170 Ma und 130 Ma trennten sich die Angiospermen in die bestehenden Hauptgruppen Einkeimblättrige (*Monokotyle*) und Zweikeimblättrige (*Dikotyle*) auf[55].

Bedeutung der Pflanzen

Die Pflanzen gehören zu den erfolgreichsten mehrzelligen eukaryotischen Lebewesen. Ihre Evolution erstreckte sich über fast das gesamte Phanerozoikum in mehreren Evolutionsschritten.

Mit zunehmenden Anpassungen vermochten Pflanzen die unterschiedlichsten Lebensräume zu besiedeln und mit anderen Lebewesen eng verflochtene Lebensgemeinschaften zu bilden. Landpflanzen reagierten auf die fünf großen Massenaussterbeereignisse im Phanerozoikum zeitlich verschoben und unempfindlicher. Im Unterschied zu Tieren erfolgte meist ein sanfter Übergang zu neuen Florengemeinschaften. Nur das verheerende Massenaussterben an der Perm-Trias-Grenze löschte auch viele Pflanzenfamilien und -gattungen aus. Regional starben in den pleistozänen Eiszeiten viele wärmeliebende, ursprünglich im nördlichen und in Mitteleuropa lebende Arten aus, weil sie bei zunehmender Abkühlung nicht den querliegenden Riegel der Alpen in wärmere Regionen überqueren konnten.

Ihr Überleben sowie ihre Ausbreitung verdanken Pflanzen vor allem ihren speziellen Fortpflanzungssystemen, dem vegetativen und dem geschlechtlichen. Solange Wurzelsysteme überleben, können nach Beseitigung oder Absterben ihrer oberirdischen Teile Pflanzen wieder neu wachsen. Davon können Landschaftspfleger und Gärtner bei ihrem Kampf gegen die Ausbreitung der Gewöhnlichen Robinie (*Robinia pseudoacacia*) ein Lied singen. Sporen und Samen können über Jahrzehnte bis Jahrhunderte im Boden unter extremen Bedingungen und bei ökologischen Katastrophen keimfähig bleiben[48]. So unter anderem in Wüsten, in denen sich öde Fels- und Sandflächen nach Niederschlägen in kürzester Frist in bunte Blumenwiesen verwandeln können.

Ohne Pflanzen gäbe es kein Leben, wie wir es heute kennen. Sie stehen an der Basis der Nahrungskette von heterotrophen Eukaryoten; Getreidepflanzen, Gemüse und Obst bilden die wichtigsten Grundnahrungsmittel der Menschen.

Landpflanzen bilden seit dem Paläozoikum Lebensräume, die es Tieren ermöglichen, das Land zu besiedeln und sich auszubreiten. In der Vegetation finden sie Nahrung und Unterschlupf.

Landpflanzen beeinflussen weiterhin die morphologische Entwicklung von Landschaften. Mit ihrem Wurzelsystem schützen sie einerseits Berghänge vor Rutschungen und Abtragungen, andererseits verstärken sie die chemische Verwitterung und Auflösung von Mineralen und Gesteinen sowie die Bereitstellung von abtragungsfähigem Lockermaterial. Damit ermöglichen sie die Bodenbildung (▶ Seite 265), sowie den anthropogenen Ackerbau. Indirekt tragen sie damit zur großräumigen und großflächigen Umgestaltung der Erdoberfläche durch den Menschen bei.

Massenaussterbeereignisse

Wenn die Erde krank wird

Das Leben auf der Erde ist im Laufe seiner Geschichte mehrmals existenzbedrohenden Krisen ausgesetzt gewesen, die durch massive Zerstörungen von Lebensräumen und Störungen von biogeochemischen Stoffkreisläufen hervorgerufen wurden. Derartige Krisen führten zu sogenannten *Massenaussterbeereignissen*. Das Konzept des Massenaussterbens geht auf den Begründer der modernen Paläontologie GEORGES CUVIER (1769–1832) zurück. Bei seinen Untersuchungen von Fossilien im Pariser Becken entdeckte er Hinweise auf Umweltkatastrophen in tiefer (geologischer) Vergangenheit, die verheerende Auswirkungen auf die terrestrische und marine Lebewelt flacher Meeresbereiche gehabt haben mussten. Er bezeichnete das Verschwinden von Tiergruppen und das Auftreten neuer Gruppen als Revolutionen. Die Bezeichnung *Massenaussterben* für erhöhte Aussterberaten vieler Tierfamilien, -gattungen oder -arten kam erst in den 1960er Jahren auf[56].

Im Phanerozoikum traten fünf große und zahlreiche kleinere Massenaussterbeereignisse ein. Die nach heutigem Wissen folgenschwersten waren:

1 das kambriumzeitliche Massenaussterben um 485 Ma;
2 das *Obere-Ordovizium-Aussterben* um 444 Ma mit einem geschätzten Verlust von 77–91 Prozent aller Familien;
3 das *Obere-Devon-Aussterben* um 360 Ma mit einem geschätzten Verlust von 70–80 Prozent aller Familien;
4 das *Obere-Perm-Aussterben* um 252 Ma mit einem geschätzten Verlust von 93–97 Prozent aller Familien;
5 das *Obere–Trias-Aussterben* um 200 Ma mit einem geschätzten Verlust von 70–88 Prozent aller Familien;
6 das *Obere-Kreide-Aussterben* um 65 Ma mit einem geschätzten Verlust von 57–83 Prozent aller Familien.

Es hat sich eingebürgert, die letzen fünf Ereignisse als „Big Five" zu bezeichnen. Sie gehören zwar zu den Ereignissen mit den höchsten Aussterberaten, sie sind aber nicht die einzigen. Am stärksten betroffen waren meist marine Gruppen wie *Ammoniten, Trilobiten, Graptolithen* und die Riffbildner *Korallen, Bryozoa* und *Stromatoporen*[56]. Das bekannteste ist das Obere-Kreide-Ereignis an der Grenze zum Paläogen, welches neben Ammoniten, Fisch- und Flugsauriern auch fast alle landlebenden Dinosaurierarten auslöschte. Das schwerwiegendste Aussterbeereignis im Oberen Perm brachte fast das

Pleistozän
2,58 – 0,0117 Ma

Phanerozoikum
541 Ma – heute

Kurzschreibweisen
Das Massenaussterben am Ende der Kreidezeit wird oft als K-T-Aussterben bezeichnet, nach der alten Bezeichnung „Tertiär" für das Paläogen (Pg).

Extinktion und Extirpation
Das globale Aussterben eines Taxons (Art, Familie usw.) wird als Extinktion bezeichnet. Von Extirpation spricht man, wenn das Taxon nur regional nicht mehr auftritt.

Lazarus-Effekt
In Anlehnung an die biblische Geschichte von der Auferweckung des Lazarus von den Toten spricht man vom Lazarus-Effekt, wenn eine als ausgestorben geltende Art in jüngeren geologischen Formationen wieder auftritt.

Aussterbewahrscheinlichkeit

Jede Art stirbt irgendwann aus. Man schätzt, dass mehr als 99 Prozent aller Tierarten, die jemals auf der Erde gelebt haben, ausgestorben sind. Wie schnell dies geschieht, hängt maßgeblich von der Größe der Population ab. Grundsätzlich sterben auf Inseln Arten schneller aus als auf großen Landmassen, da auf Inseln die Populationsgrößen beschränkt sind.

Auch zwischen Tierklassen gibt es wohl große Unterschiede. Muschelarten starben durchschnittlich nach fünf, Säugetiere bereits nach einer Million Jahren aus.

Insgesamt scheint die Aussterberate innerhalb höherer taxonomischer Gruppen (Ordnungen) relativ konstant zu sein, das heißt, einer Art ist es offenbar nicht möglich, sich signifikant durch evolutionäre Anpassungen gegen das Aussterben zu wappnen. Das lange Bestehen einer Art bedeutet daher auch nicht, dass sie besser gegen Aussterben gefeit ist als andere[56].

Ob wir Menschen dank unserer Einsichtsfähigkeit besser in der Lage sind, uns gegen das Aussterben zu wappnen, muss sich erst noch erweisen – von der Eine-Million-Jahre-Grenze sind wir jedenfalls noch weit entfernt.

---

gesamte, damalige tierische Leben an den Rand der Auslöschung. Die Pflanzenwelt hat diese Aussterbeereignisse relativ gut überstanden.

Was heißt „Massenaussterben"?

Es gibt keine allgemein anerkannte präzise Definition des Begriffs *Massenaussterben*. Meist bezeichnen Wissenschaftler damit eine (in geologischen Maßstäben) rasche Erhöhung der Aussterberate, die die durchschnittliche Rate (das sogenannte *Hintergrundsterben*) zahlenmäßig und räumlich deutlich übertrifft und auch die Rate der Artenneubildung weit übersteigt (▶ Abbildung 8-29). Innerhalb von wenigen hunderttausend bis mehreren Millionen Jahren werden dabei weltweit zahlreiche terrestrische und marine Arten vernichtet. Ganze bis zu diesen Ereignissen existierende Lebensgemeinschaften verschwinden aus der fossilen Überlieferung. Danach lassen sich zunächst oft nur stark reduzierte Lebensgemeinschaften weniger Überlebender sowie verkümmerte Überlebende in fossilen Ablagerungen finden. Es tauchen mit der Zeit neue Tierarten auf und nach einer Erholungsphase findet eine Radiation statt. So erfolgt nach jedem Massenaussterben ein *Faunenwechsel* in der Tierwelt.

Extraterrestrische Ursachen

Eine Zeitlang galten Asteroiden als Hauptauslöser solcher Katastrophen, doch nur das Aussterben der Saurier und Ammoniten am Ende der Kreidezeit konnte relativ sicher einem Meteoriten-Einschlag auf der Halbinsel Yucatán in Mexiko zugeordnet werden (▶ Seite 86). Wenige Forscher vermuten einen Meteoriteneinschlag auch als Auslöser des Massenaussterbens im Oberen Perm. Danach sollte ein Meteorit die Erdkruste über einem riesigem Methanvorkommen zertrümmert und die Freisetzung großer Mengen dieses lebensfeindlichen Treibhausgases bewirkt haben[57]. Für die bekannten Aussterbeereignisse lässt sich jedoch weder ein statistisch signifikanter Zusammenhang mit bekannten Impaktereignissen feststellen noch gibt es Periodizitäten, die auf kosmische Ursachen hinweisen, die mit dem Lauf der Sonne um das Zentrum der Milchstraße zu tun haben.

Diskutiert werden auch starke Gammastrahlen-Ausbrüche (engl. *gamma ray bursts*, GRB) aus Sternexplosionen, die zwar sehr selten – etwa ein bis zwei pro Jahrmilliarde – nahe genug auftreten, aber aufgrund ihrer hohen Energie gefährlich werden können. Die Hauptgefahr für die Lebewelt geht dabei weniger von den Strahlen selbst aus, sondern vielmehr von ihrer Wirkung auf die Ozonschicht der Erde, die durch sie in erheblichem Umfang zerstört wird[58]. Die UVB-Strahlung der Sonne trifft dadurch ungehindert auf die Erdoberfläche. Obwohl ein solches Szenario für das Ereignis im Ordovizium beschrieben wurde[59], fehlen bisher überzeugende Beweise.

Die meisten Wissenschaftler gehen heute davon aus, dass die primären Auslöser von Massenaussterben sehr wahrscheinlich lang anhaltende Flutbasaltergüsse in sogenannten *magmatischen Großprovinzen* (*large igneous provinces*, LIPs) und plattentektonische Prozesse waren. Diese Auslöser können ihrerseits Kaskaden an Umweltveränderungen auslösen, teils mit katastrophalen positiven Rückkopplungseffekten.

Erde und Leben – Die Geschichte einer innigen Wechselbeziehung

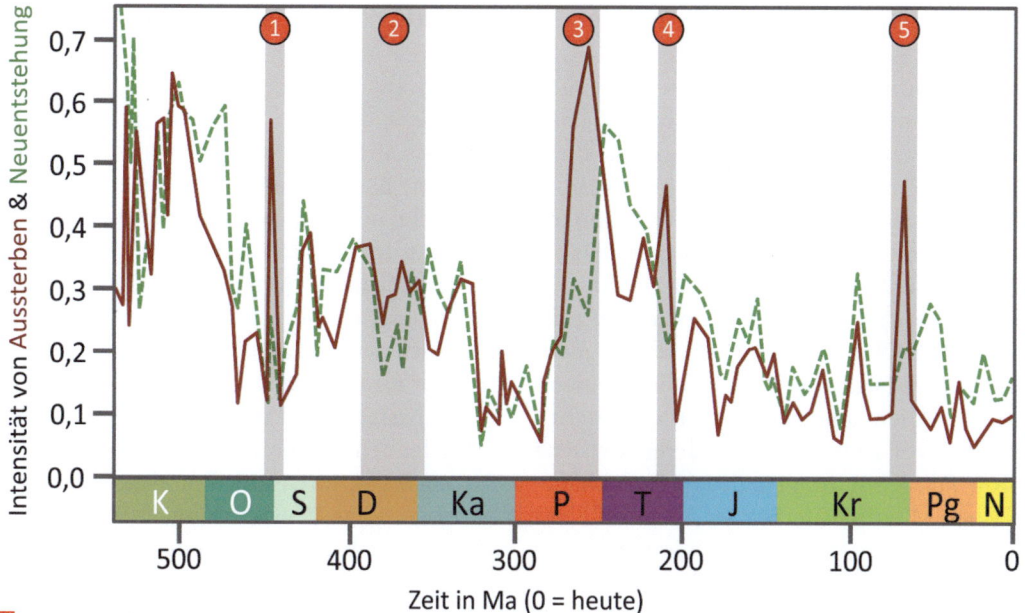

8-29

Werden und Vergehen[60]. Ein Massenaussterben muss nicht unbedingt zur Reduktion der Artenvielfalt führen, da gleichzeitig neue Arten entstehen können. Bei den großen Ereignissen (Big Five, 1–5) liegt aber die Zahl der Gattungen, die in einem Zeitabschnitt ausstarben (rote Linie), erheblich über der der gleichzeitig neu entstandenen (grüne Linie). Im Kambrium hingegen starben zwar viele Gattungen aus, es entstanden gleichzeitig aber auch sehr viele neue. Insgesamt sanken im Phanerozoikum sowohl die Intensität der Entstehung als auch des Sterbens der Gattungen. K – Kambrium, O – Ordovizium, S – Silur, D – Devon, Ka – Karbon, P – Perm, T – Trias, J – Jura, Kr – Kreide, Pg – Paläogen, N – Neogen.

Plattentektonik als Massenmörder

Wandert beispielsweise eine große Landmasse wie Gondwana über den Südpol, kann dies zu einer Vereisung großer Landmassen führen, verbunden mit einer Abkühlung des Klimas aufgrund der erhöhten Albedo der Erdoberfläche. Die Bindung großer Wassermengen in Eisschilden führt zu einem starken Abfall des Meeresspiegels (▶Kasten Seite 216). Es gehen flache Schelfmeere verloren, die besonders vielen Organismen Lebensräume bieten. Die Erosion trocken gelegter Meeresböden führt zu einem verstärkten Nährstoffeintrag in die Ozeane, was Sauerstoffarmut (Anoxie) in tieferen Bereichen zur Folge haben kann und zum Zusammenbruch der sogenannten *Primärproduktion* führt: die Zahl der Kleinstlebewesen, die die Basis der Nahrungsketten bilden, verringert sich drastisch.

Veränderungen in der Verteilung der Kontinente können zudem atmosphärische und ozeanische Zirkulationen verändern (▶Seite 207), ebenfalls mit nachhaltigen Folgen für die Lebewelt. Neben einer Wüstenbildung kann auch der Transport sauerstoffhaltigen Wassers in die tiefen Zonen der Ozeane abgeschwächt werden.

Es kommt zu einer Schichtung der Wassersäule mit sauerstoffarmem Wasser am Boden.

Natürlich können auch andere Mechanismen zu Vereisungen führen, etwa der Entzug von Kohlendioxid aus der Atmosphäre durch die Versenkung großer Mengen abgestorbener pflanzlicher Reste im Boden oder verstärkter Verwitterung im Zuge der Gebirgsbildung (Orogenese) bei Plattenkollisionen.

Auch kann die Bewegung der Kontinente nicht nur zur Vereisung führen, sondern umgekehrt zum Abtauen von Eisschilden, sobald ein Kontinent sich dem Äquator nähert. Dies und auch die Neubildung von Ozeanboden an Riftzonen (▶Abbildung 5-11, Seite 81) führt zu einem Anstieg des Meeresspiegels, was bei einigen Aussterbeereignissen eine Rolle gespielt hat (▶Abbildung 8-30, Seite 201)[56]. Ein Meeresspiegelanstieg kann zur Anoxie führen, wenn die Zirkulation zwischen Tiefen- und Oberflächenwasser abnimmt und zudem flache Schelfbereiche durch anoxisches Tiefenwasser überflutet werden.

Aufgrund des geringeren Sauerstoffgehaltes der Atmosphäre und Ozeane in frühen Zeiten des Phanerozoikums waren die Tiefen der Ozeane besonders anfällig für anoxische Verhältnisse.

Perm
299 – 252 Ma

Vulkanische Aktivität als Massenmörder

Plattentektonische Prozesse können zwar auch den Vulkanismus verstärken, dramatisch aus Sicht der Lebewelt waren allerdings vor allem im Oberen Perm Flutbasaltergüsse, die über hunderttausende von Jahren mehrere Millionen Quadratkilometer Land überfluteten. Dabei wurden große Mengen an Kohlendioxid ausgestoßen, was durch dessen Treibhauseffekt zur Temperaturerhöhung führte. Die Effekte eines Temperaturanstiegs auf marine Lebensgemeinschaften werden uns derzeit deutlich an Korallenriffen vor Augen geführt, deren Existenz massiv gefährdet ist. Auch in den meisten phanerozoischen Massenausterben waren Riffbildner besonders stark betroffen. Der Temperaturanstieg kann unter anderem durch Störung der thermohalinen Zirkulation in den Ozeanen zu Anoxie und damit zum Zusammenbruch der Primärproduktion führen. Die Meere werden zudem saurer, was vor allem kalkbildende Organismen gefährdet. Auch können durch tauende Permafrostböden und sich auflösende Methanhydrate am Meeresgrund große Mengen des Treibhausgases Methan freigesetzt werden, ein Szenario, das der Welt auch beim aktuellen Klimawandel blühen kann (▶Seite 297).

Mikroorganismen als Massenmörder

In Kapitel 7 (▶Seite 148) sprachen wir bereits über das *Große Oxidationsereignis*, dem eine Vielzahl damals lebender Mikroorganismen zum Opfer fiel. Auslöser waren photosynthetisch aktive, Sauerstoff produzierende Cyanobakterien. Eine ähnliche Rolle spielte nach Ansicht mancher Forscher ein methanerzeugendes Archaeon namens *Methanosarcina*[61]. Dieses Archaeon existiert heute unter anderem noch im Verdauungstrakt von Wiederkäuern und sorgt dort für die Ausgasung von Methan. Phylogenetischen Analysen zufolge könnte *Methanosarcina* nach einem Gentransfer von einem anderen Mikroorganismus im Oberen Perm in der Lage gewesen sein, auf effektive Weise aus organischer Materie Energie zu gewinnen und als Stoffwechselprodukt Methan in die Ozeane und in die Atmosphäre freizusetzen. Flutbasalte förderten nach dieser Hypothese die Verbreitung von *Methanosarcina*, indem sie große Mengen an Nickel freisetzten, ein wichtiges Metall für die Methansynthese.

Die Erde beruhigt sich

Die vorangegangenen Abschnitte beschrieben nur die wichtigsten primären und sekundären Prozesse, die zu einem Massenausterben führen können. Es ist wenig überraschend, dass es – vielleicht mit Ausnahme der Impakt-Katastrophen – nicht einfach ist, den „Hauptschuldigen" zu identifizieren, wenn es ihn überhaupt gibt. Oft scheint ein vermeintlich primärer Auslöser nur noch den Todesstoß auszuführen, als letzter in einer Kette unheilvoller Entwicklungen.

Unbestritten ist jedoch, dass sich mit fortschreitendem Phanerozoikum sowohl die Zahl als auch die Intensität der Massenausterben verringert hat (▶Abbildung 8-29, Seite 199). Dies gilt, selbst wenn man unsere lückenhaften Kenntnisse früherer Artenvielfalt berücksichtigt[56]. Allerdings wird die Lebewelt fortan keineswegs von derartigen Katastrophen verschont bleiben. Abgesehen von jederzeit möglichen Impakt-Katastrophen ist die Menschheit vermutlich selbst dabei, das nächste Massenausterben auszulösen. Damit werden wir uns in Kapitel 12 (▶Seite 283) noch beschäftigen.

Massensterben im Perm

Das bedrohlichste Massenausterben im Phanerozoikum fand im Oberen Perm statt. Im Laufe des Karbons und Perms hatten plattentektonische Prozesse alle damaligen Kontinente zu einem Superkontinent Pangaea (▶Seite 82) vereinigt, einer gewaltigen Landmasse, die von Pol zu Pol reichte. Im Inneren des Kontinents herrschten wüstenartige Bedingungen bis hinauf zum 60. Breitengrad, was der Höhe von Sankt Petersburg entspricht. Nicht viel weiter nördlich war der Kontinent vermutlich mit Eis bedeckt, die Zone gemäßigten Klimas war daher recht schmal. Diese sehr unterschiedlichen klimatischen Lebensräume wurden von Insekten, Amphibien und Reptilien, darunter *Therapsiden* (säugetierähnlichen Reptilien) und bei den Pflanzen *Gymnospermen* (Nacktsamern) wie Nadelbäumen besiedelt. Im Meer, vor allem in küstennahen Schelfbereichen, lebten meist sessile *Brachiopoden* (muschelähnliche Armfüßer), *Crinoiden* (Seelilien), *Ammoniten*, *Gastropoden* (Schnecken), Knochen- und Knorpelfische (zum Beispiel Haie), *Foraminiferen*, während *Korallen* und *Trilobiten* selten waren.

Ereignis	Vermutete primäre Ursachen
Oberes Ordovizium	Südpollage von Gondwana, dadurch Meeresspiegelabfall wegen Vereisung Anschließend Meeresspiegelanstieg und Anoxie in Schelfgebieten Gammablitz?
Oberes Devon	Meeresspiegelanstieg und Anoxie des tiefen Ozeans (wegen CO_2-Anstieg und Erwärmung durch Flutbasalt-Vulkanismus?) Anschließend Abkühlung mit Meeresspiegelabfall wegen Gondwanas Südpolüberquerung
Oberes Perm	CO_2-Anstieg und Erwärmung durch Flutbasalt-Vulkanismus (sibirische Trapp), dadurch Anoxie Methanfreigabe durch Methanhydrate oder durch methanbildende Bakterien? Brand von Kohlelagerstätten durch Flutbasalte?
Obere Trias	Meeresspiegelabfall und Anoxie In späten Phasen CO_2-Anstieg mit Erwärmung durch Flutbasalte (central atlantic magmatic province, CAMP)
Obere Kreide	Meteoriteneinschlag (Chicxulub-Krater in Mexiko) Flutbasalte (Dekkan-Trapp), eventuell ausgelöst durch Einschlag

8-30
Ursachen. Die primären Ursachen der Big Five sind vermutlich Flutbasalt-Vulkanismus und plattentektonische Prozesse. Ein Meteoriteneinschlag als Ursache konnte nur in der Oberen Kreide nachgewiesen werden. Bei diesem Ereignis starben fast alle Dinosaurierarten aus[56,62].

Das Leben am Rande der Auslöschung

Den primären Anstoß des Massenaussterbens gaben wohl die Flutbasalt-Eruptionen des sibirischen Trapps. Deren CO_2-Emmissionen führten langfristig zu einem Anstieg der globalen Temperatur verbunden mit einer Anoxie des Ozeans. Da vermutet wird, dass im betrachteten Zeitraum die Menge an ausgestoßenem CO_2 nicht ausreiche, die Atmosphäre ausreichend zu erwärmen, sind auch weitere Hypothesen im Spiel (▶Abbildung 8-31), unter anderem die Wirkung des bereits erwähnten Archaeons *Methanosarcina*.

Vermutlich spielte sich das Massenaussterben größtenteils in weniger als 100 000 Jahren (um 252 Ma) ab, wogegen die Trapps deutlich früher begannen und auch noch länger anhielten[62]. Möglich ist, dass bereits zuvor das Ökosystem durch die spezifische Konstellation der Landmassen unter Stress stand. Darauf deuten frühe negative Ausschläge des ^{13}C-Verhältnisses hin. Sie stehen im allgemeinen für eine Reduktion der Bioproduktion.

Die gleichzeitig emitierten Mengen an Schwefeldioxid, Chlor und Fluor sorgten nicht nur für sauren Regen, sondern möglicherweise auch für eine vorübergehende Abkühlung und Vereisung. Für das marine Massenaussterben war aber wohl die Anoxie der Ozeane der entscheidende Faktor[63]. Für einen anoxischen, mit Schwefelwasserstoff angereicherten Ozean (▶Seite 224) sprechen weit verbreitete Schwarzschiefer[64], laminierte, pyritreiche Ablagerungen und in den Sedimenten reichhaltige Vorkommen schwefelbakterieller Biomarker aus diesem Zeitraum.

Eine Übersäuerung des Wassers durch zu hohen Gehalt an Kohlendioxid löste Kalkschalen vieler damaliger Meeresbewohner auf.

Aus dem oberen Perm ist das einzige Massenaussterben von Insekten in der Erdgeschichte bekannt; 57 Prozent aller Familien und 83 Prozent

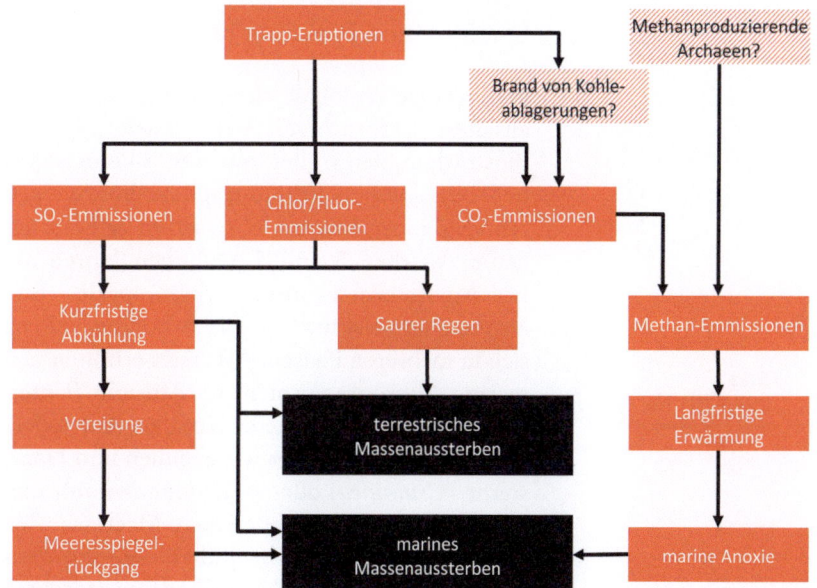

8-31
Massenaussterben im Perm. Vermutlich lösten Flutbasalte des sibirischen Trapp unheilvolle Reaktionsketten aus, die letzten Endes zum Massenaussterben im Oberen Perm führten. Da der CO_2-Ausstoß der Eruption vermutlich nicht ausreichte, um eine entsprechende Erwärmung zu verursachen, wird zusätzlich der Eintrag von Methan aus Gashydraten oder der Brand von Kohleablagerungen erwogen. Auch die massenhafte Vermehrung methanproduzierender Archaeen ist eine Hypothese[56,62].

aller Arten waren davon betroffen. Weiterhin starben saurierartige und säugetierartige Reptilien und fast alle Pflanzenfresser aus.

Von den Meeresbewohnern starben 90–95 Prozent aller Arten aus: *Trilobiten, Graptolithen, Goniatiten, Eurypteriden,* fast alle benthischen, am Meeresboden festsitzenden (sessilen) Meeresbewohner wie die Korallen der Ordnungen *Rugosa* und *Tabulata* (▶Seite 247). Fast alle Ammonitengattungen, paläozoische Fischfamilien wie *Acanthodia* und Stachelhäuter (*Blastoidea*) verschwanden völlig aus der geologischen Überlieferung. Von hohen Aussterberaten betroffen waren immobile Tiere mit niedrigen Stoffwechselraten, mit begrenztem oder fehlendem Zirkulationssystem, mit Atmung mittels Gasaustausch durch die Körperoberfläche sowie mit starken Kalkskeletten[64]. Dagegen starben von Organismen mit aktiven Kiemen, aktivem Zirkulationssystem und mit hoher Metabolismusrate wie *Arthropoden, Conodonten* und viele *Mollusken* nur zu 38 und 49 Prozent aus[65]. Aus der unteren Trias sind nur Mikrobialith-Riffe, also Stromatolithe überliefert. Das Aussterben vieler ursprünglicher Meeresbewohner schuf neue Lebensräume für neue mobile Lebewesen.

Erholung und Evolution neuen Lebens

Nur wenige regionale, fossilhaltige Sedimente aus dieser Umbruchzeit sind überliefert. Gingen Biostratigraphen früher von einer ökologischen und biologischen Erholungsphase von einigen zehn Millionen Jahren aus, so setzen sie Forscher heute zwischen 3 und 5 Millionen Jahren an. Die Aussterbeereignisse wirkten spezies- und raummäßig selektiv[63,66]. Die Erholung vollzog sich in mehreren Phasen: Als erstes erholten sich marine Mikroorganismen; im Anisium (Unter/Mitteltrias) tauchten wieder Korallen und andere metazoische Riffbildner wie Seelilien und Haarsterne (*Crinoidea*) oder *Brachiopoden* auf, und ab der mittleren Trias auch erste Meeressaurier. Es dominierte eine hohe Individuenzahl, aber eine niedrige Diversität[66]. Außerdem entdeckten Geologen auch Rückzugsräume für überlebende marine Lebewesen an damaligen Küsten von Alberta, Britisch Columbia (beides Kanada) und in der Arktis, dort auch von Metazoen aufgebaute Riffe, die schon 1,5 Millionen Jahren nach Ende des Aussterbeereignisses aufwuchsen[67].

Trias 252 – 201 Ma

Nach dem Perm-Massenaussterben veränderte sich die Lebewelt auf dem Festland und im Ozean grundlegend. Auf dem Land fehlten anfangs noch kleine Insekten und größere Pflanzenfresser, doch bald brach das Zeitalter der Dinosaurier an. In der Pflanzenwelt lösten jetzt die Samenpflanzen, genauer die Nacktsamer (*Gymospermen*) die bis dahin vorherrschenden Sporenpflanzen des Paläozoikums ab. In den Ozeanen trat ein tiefgreifender Wandel in den Arten und des Ökosystems ein[68]. Waren vor dem Aussterben drei Viertel aller Meerestiere noch immobile Bodenbewohner, so verringerte sich deren Anteil auf weniger als die Hälfte. Die Diversität der Lebewesen stieg sprunghaft an, vermehrt tauchten räuberisch lebende Arten auf. Es entwickelten sich die heutigen Lebensgemeinschaften.

Früher hatten Forscher diesen Wandel vornehmlich auf Klimaveränderungen und/oder plattentektonische Verschiebungen der Kontinente zurückgeführt. Doch neueste Untersuchungen zeigen, dass dieser Wandel maßgeblich von Änderungen in der Nährstoffbasis beeinflusst wurde. Bildeten bis ins obere Perm hauptsächlich photosynthetisch aktive „*Grüne Algen*" (nicht zu verwechseln mit Grünalgen!) die Basis der marinen Nahrungskette, so lösten sie ab der Trias „*Rote Algen*" (nicht zu verwechseln mit Rotalgen) ab, zu denen als neue Arten *Coccolithophoride* (Kalkalgen), *Dinoflagellaten* (Panzergeißler) und *Diatomeen* (Kieselalgen) gehörten. Diese konnten sich massenhaft dank verwitterungsbedingter Einspülungen von Spurenmetallen wie Mangan, Cobalt und Cadmium in Schelfbereichen und Lagunen vermehren. Außerdem war der Sauerstoffgehalt in ihren Lebensräumen angestiegen. Die Roten Algen waren nahrhafter und lieferten ihren primären Konsumenten, dem Zooplankton, mehr Energie. Dieses bildete wiederum ertragreiche Nahrung für höher stehende Konsumenten, eben Raubfische, Weichtiere, Krebse, Seeigel sowie Seegurken[69].

Massenaussterbeereignisse schufen lokal und regional quasi lebensleere Räume, eine „tabula rasa", die es neuen Arten von Lebewesen ermöglichte, sich rasch auszubreiten und schnell zu divergieren (Radiation). So ermöglichten diese wichtige biologische Evolutionsschübe, vor allem im Phanerozoikum. Schon vor dem Perm-Ereignis spalteten sich aus einer kleinen Fischfamilie der *Fleischflosser* wie Lungenfischen die späteren Tetrapoden ab, aus denen sich nach der Katastrophe zunächst Amphibien und dann Reptilien (*Dinosaurier*) entwickelten. Das Aussterben der Dinosaurier bis auf eine Gruppe, aus denen später die modernen Vögel hervorgingen, ermöglichte den bis dahin meist mausgroßen Säugetieren, viele neue Lebensräume zu besetzen und sich in eine Vielzahl von Arten aufzuspalten.

Vom Einfachen zum Komplexen

1. Sapp J., (2005) The prokaryote-eukaryote dichotomy: Meanings and mythology. Microbiology and Molecular Biology Reviews 69/2, S. 292–305.
2. Koonin E.V., (2016) Horizontal gene transfer: essentiality and evolvability in prokaryotes, and roles in evolutionary transitions. http://doi.org/10.12688/f1000research.8737.1.
3. Koonin E.V., (2007) The Biological Big Bang model for the major transitions in evolution. Biology direct Vol. 2 , Nr. 21.

Endosymbiontentheorie

4. Bains W., Schulze-Makuch D., (2016) The cosmic zoo: The (near) inevitability of the evolution of complex, macroscopic life. Life Vol. 6/25, S. 1–23.
5. Schimper A.F.W., (1883, 2008) Ueber die Entwicklung der Chlorophyllkörner und Farbkörper. Botanische Zeitung 41, Nr. 7–10, Sp.105–112, 121–131, 137–146, 153–161.
6. Mereschkowsky C. von, (1905) Über Natur und Ursprung der Chromatophoren im Pflanzenreiche: Biologisches Centralblatt, Bd.25 No. 18, S. 593–604.
7. Schlegel M., Schmidt S.L., (2007) Evolution und Stammesgeschichte der Eukaryoten. Kataloge der oberösterreichischen Landesmuseen Neue Serie 66, 155 – 164.
8. Keeling P., (2014) The impact of history on our perception of evolutionary events: Endosymbiosis and the origin of eukaryotic complexity. In: Cold Spring Harbor Perspectives in Biology, Vol.6/2, S. 1–14.
9. Zimorski V. et al., (2014) Endosymbiotic theory for organelle origins. Current opinion in microbiology, Vol. 22, S. 38–48.
10. Karnkowska A. et al., (2016) A Eukaryote without a Mitochondrial Organelle. Current Biology 26/10, S. 1274 - 1284.
11. Keeling P., (2010) The endosymbiotic origin, diversification and fate of plastids. Philosophical transactions The Royal Society B Biological Sciences, Vol. 365/1541, S. 729–748.
12. Harholt J., Moestrup Ø., Ulvskovc P., (2015) Why Plants Were Terrestrial from the Beginning. Trends in Plant Science 21/2, S. 96–101.
13. Neukamm M., Beyer A., (2011) Die Endosymbiontentheorie. Allgemeine Grundlagen, Fakten, Kritik. www.ag-evolutionsbiologie.de (15.11.2016).
14. Cavalier-Smith T., (2002) The phagotrophic origin of eukaryotes and phylogenetic classification of Protozoa. International Journal of systematic and evolutionary microbiology 52, S. 297–354.
15. Martin W., Lane, N., Schmitt, V. (2013): Der Schritt zum komplexen Leben. Spektrum der Wissenschaft, 7/13, S. 40 – 45.

Auf dem Weg zu Vielzellern

16. Dunn C.W., Leys S.P., Haddock S.H.D., (2015) The hidden biology of sponges and ctenophores. Trends in Ecology & Evolution, 30/5.
17. Lenton T. et al., (2014) Co-evolution of eukaryotes and ocean oxygenation in the Neoproterozoic era. Nature Geosience, Vol.7, S. 257–265.
18. Retallack G.J., (2013): Ediacarian life on land. Nature, Vol. 493, S. 89–92.
19. Vielzellige Tiere, de.wikipedia.org/wiki/Vielzellige_ Tiere, (30.11.2016).
20. Field K., (2012) Ancient plant-fungal partnerships reveal how the world became green. News University of Sheffield.
21. Baldauf S., Romeralo M., Carr M., (2013) The evolutionary origin of animals and fungi. In: Social and Ecological Interactions in the Galapagos Islands Volume 2: Evolution from Galapagos, S. 73 –106.
22. Erwin D.H., Valentine J.W., (2013) The Cambrian Explosion. Roberts & Company, Greenwood Village.
23. Fotos:
    Charnia, Smith609 at English Wikipedia,
    Pteridinium, commons.wikimedia.org/wiki/File:Pteridinium_simplex_Namibia.JPG,
    Dickinsonia, Verisimilus at English Wikipedia, CC BY 2.5, commons.wikimedia.org/wiki/File:DickinsoniaCostata.jpg,
    Kimberella, Arkhangelsk Regional Museum, Aleksey Nagovitsyn (User:Alnagov), commons.wikimedia.org/wiki/File:Kimberella_quadrata.jpg.
24. Grazhdankin D., (2011) Ediacara Biota. In: Encyclopedia of Geobiology, Springer Spektrum, S. 342–348.
25. Xiao Sh., Laflamme M., (2008) On the Eve of animal radiation: phylogeny, ecology and evolution of the Ediacara biota. Trends in Ecology and Evolution, Vol.24/1, S. 31–41.
26. Grazhdankin D., Seilacher A., (2002) Underground Vendobionta from Namibia. Paleoontology 45, S. 57–78.
27. Narbonne G., (2005) The Ediacara Biota: Neoproterozoic origin of animals and their ecosystems. Annual Review of Earth and Planetary Sciences 33, S. 421–442.
28. Peterson K.J., Butterfield N.J., (2005) Origin of the Eumetazoa: Testing ecological predictions of molecular clocks against the Proterozoic fossil record. PNAS 102/27, S. 9547–9552.

Darwins Dilemma – die Kambrische Explosion

29. Darwin C., (1859) On the Origin of Species by means of Natural Selection, S. 309. John Murray, London.
30. Fox D., (2016) What sparked the Cambrian explosion? Nature 530, S. 268–270.
31. Sperling E.A. et al., (2013) Oxygen, ecology, and the Cambrian radiation of animals. PNAS 110/33, S. 13446–13451.

32 Darstellung Anomalocaris basiert auf Werk von: Yinan Chen, www.goodfreephotos.com. Meeresboden: © JAMSTEC Max-Planck-Gesellschaft, www.mpg.de/7029322/Mikroben_im_Marianengraben (20.10.2016).
33 Ohno S., (1996) The notion of the Cambrian pananimalia genome. Proceedings of the National Academy of Science 93, S. 8475–8478.
34 Biotapestry, www.biotapestry.org (10.12.2016).
35 Foto: ©Elsevier www.sciencedirect.com/science/article/pii/S0092867408008179.
36 Abzhanov A., Protas M., Grant B.R., Grant P.R., Tabin C.J., (2004) Bmp4 and Morphological Variation of Beaks in Darwin's Finches. Science 305, S. 1462–1465.
37 Abzhanov A.,Kuo W.P., Hartmann Chr., Grant B.R., Grant P.R., Tabin C.J., (2006) The calmodulin pathway and evolution of elongated beak morphology in Darwin's finches. Nature 442, S. 563–567.

Pilze – ein Leben im Verborgenen

38 Hibbett D.S., et. al., (2007) A higher-level phylogenetic classification of the Fungi. Mycological Research 111/5, S. 509–547.
39 Pilze, de.wikipedia.org/wiki/Pilze (10.12.2016).
40 Eipilze, de.wikipedia.org/wiki/Eipilze (10.12.2016).
41 Schleimpilze, de.wikipedia.org/wiki/Schleimpilze (10.12.2016).
42 Foto: Ursula Dachs.
43 Foto: © Nilsson et al; licensee BioMed Central Ltd. 2005.
44 International Food Policy Research Institute, Ghana's groundnuts - Breaking the cycle of contamination. www.ifpri.org/blog/ghanas-groundnuts. (07.02.2017).
45 Thomas Kruchem, (2017) Der Kampf gegen Schimmelgifte in Entwicklungsländern. SWR2 Wissen, Sendung vom 07.02.2017.
46 Brundett M.C., (2002) Coevolution of roots and mycorrhizas of land plants. New Phytologist 154/2, S. 275–298.
47 Bonafante P., Genre A., (2008) Plants and arbuscular mycorrhizal fungi: an evulutionary-developmental perspective. Trends in Plant Science 13/9, S. 492–498.

Der grüne Schleier des Landes

48 Kelber K.-P., (2003) Sterben und Neubeginn im Spiegel der Paläofloren. In: Katastrophen in der Erdgeschichte - Wendezeiten des Lebens. museo 19, S. 38–59.
49 Heckman D.S. et al., (2001) Molecular evidence for the early colonization of land by fungi and plants. Science 293, S. 1129–1153.
50 Knauth L.P., Kennedy M.J., (2009) The late precambrian greening of the Earth. Nature 460, S. 728–732.
51 Retallack G.J., (2014) Precambrian life on land. The Palaeobotanist 63, S. 1–15.
52 Algeo Th.J., Berner R.A., Maynard J.B.,Scheckler St.E.,(1995) Late Devonian Oceanic Anoxic Events and Biotic Crises: "Rooted" in the Evolution of Vascular Land Plants? GSA Today 5/3.
53 Magallón S., Hilu K.W.,Quandt D., (2013) Land plant evolutionary timelines: Gene effects are secondary to fossil constraints in relaxed clock estimation of age and substitution rates. American Journal of Botany 100, S. 556–573.
54 Hochuli P.A., Feist-Burkhardt S., (2013) Angiosperm-like pollen and Afropollis from the Middle Triassic (Anisian) of the Germanic Basin (Northern Switzerland). Frontiers in Plant Science 4/344.
55 Werr W., Nardmann J., Reisewitz P., (2009) Wie Genomsequenzen die Entstehung der Blütenpflanzen erhellen können. Biospektrum 15, S. 259–262.

Massenaussterben

56 MacLeod N., (2016) Artensterben. Wendepunkte der Evolution. Theiss Stuttgart.
57 Barras C., (2013) Fracking kills: when it's an asteroid doing the fracking. New Scientist 220, S. 42–46.
58 Atri D., Melott A.L., Karam A., (2014) Biological radiation dose from secondary particles in a Milky Way gamma-ray burst. International Journal of Astrobiology 13/3, S. 224–228.
59 Melott A.L. et al. (2004) Did a gamma-ray burst initiate the late Ordovician mass extinction? International Journal of Astrobiology 3/1, S. 55–61.
60 Elicki O., Breitkreuz Chr., (2016) Die Entwicklung des Systems Erde. Springer Spektrum Berlin, Heidelberg.
61 Rothman D.H., Fournier G.P., French K.L., Alm E.J., Boyle E.A., Cao Ch., Summons R.E., (2014) Methanogenic burst in the end-Permian carbon cycle. PNAS 111/15, S. 5462–5467.
62 Shu-zhong Shen S.-Z., Bowring S.A., (2014) The end-Permian mass extinction: a still unexplained catastrophe. National Science Review 1/4, S. 492–495.
63 Lau V. et al., (2016) Marine anoxia and delayed Earth system recovery after the end-permian extinction. PNAS 113/9, S. 2360–2365.
64 Knoll A. et.al., (2007) Paleophysiology and end-Permian mass extinction. Earth and Planetary Science Letters 256, S. 295–313.
65 Erwin D.H., Bowring S.A., Jin Y., (2002) End-Permian Mass Extinctions: A review. GSA Special Paper 356, S. 363–383.
66 Chen Zh.-Qi., Benton M.J., (2012) The timing and pattern of biotic recovery following the end-Permian mass extinction. Nature Geoscience 5, S. 375–383.
67 Canada's Shores Saved Animals From Devastating Climate Change 252 Million Years Ago. Science Daily 02.10.2008.
68 Payne J. L., Clapham M. E., (2012) End-Permian Mass Extinction in the Oceans: An Ancient Analog for the Twenty-First Century? Annual Review of Earth and Planetary Sciences 40, S. 89–111.
69 Martin R., Quigg A., (2013) Plankton - Motor der Evolution. Spektrum der Wissenschaft 1/14, S. 68–73.

KAPITEL 9

Atmosphären und Ozeane

Zwei Untrennbare
Von der Höllenglut zur Atemluft
System Erde
Schneeball-Erde

Zum neunten Kapitel

Die Atmosphäre und Ozeane der Erde und ihr Chemismus waren nicht nur entscheidend für die Entstehung des Lebens, sondern sie haben in der Zeit seither eine erstaunliche Koevolution mit der Lebewelt erfahren. Insbesondere die Zusammensetzung der Atmosphäre ist eng mit der wechselhaften Geschichte des Lebens verknüpft. Der Sauerstoff in unserer Atmosphäre ist geradezu ein Fingerabdruck, der die Erde bei fernen Beobachtern eindeutig als belebt charakterisieren könnte. Er ist so reaktiv, dass er ohne das durch Photosynthese von Lebewesen aufrechterhaltene Fließgleichgewicht in geologisch kurzer Zeit daraus verschwinden würde.

Aber nicht nur Sauerstoff spielte in der Geschichte der Erdatmosphäre und der Ozeane eine Rolle. Ebenso wichtig ist Kohlendioxid. Sein Auf und Ab in der Klimageschichte der Erde sorgte für Eis- und Warmzeiten und war damit auch bei fast allen Aussterbeereignissen einer der „Schuldigen".

Dass Wasser auf der „wohltemperierten" Erde sowohl im gasförmigen als auch im flüssigen und festen Zustand vorliegen kann, ist für die Evolution des Lebens entscheidend, wie wir bereits in früheren Kapiteln gesehen haben. Der kontinuierliche Austausch von Wasser samt darin gelöster Substanzen zwischen Atmosphäre, Ozeanen und Eisschilden ermöglicht erst die dynamischen Regelkreise, auf denen die Lebewelt aufgebaut ist und die sie mitgestaltet.

Wir beginnen dieses Kapitel daher mit den Wechselbeziehungen zwischen Atmosphäre und Ozeanen, ihrem Wärmeaustausch und den Stoffkreisläufen, an denen sie teilhaben. Weder diese Kreisläufe noch die Zusammensetzung der Atmosphäre waren über alle Zeiten gleich. Insgesamt spricht man von drei Atmosphären – von der vorwiegend aus Wasserstoff bestehenden Uratmosphäre bis zu unserer im wesentlichen aus Stickstoff und Sauerstoff bestehenden dritten Atmosphäre. Leider sind unsere Kenntnisse über deren Entwicklung mehr als lückenhaft, vor allem was die frühen Zeitalter der Erde angeht. Glücklicherweise hinterlassen sowohl Hydro- als auch Atmosphäre im Boden Spuren, so dass – allerdings nur mit großem detektivischem Spürsinn – ihre Geschichte oft aus Sedimenten erschlossen werden kann.

Lange Zeit glaubte man, dass geochemische Prozesse zwar die Lebewelt stark beeinflussen, umgekehrt der Einfluss aber, von wenigen Ausnahmen abgesehen, gering ist. Inzwischen weiß man, dass die Beeinflussung durchgehend wechselseitig und teilweise sehr subtil ist. Im populärwissenschaftlichen Bereich steht die sogenannte *Gaia-Hypothese* von JAMES LOVELOCK stellvertretend für ein ganzheitliches System Erde. Während die Gaia-Hypothese zunächst vor allem für das Grundprinzip eines sich selbst regulierenden Systems aus Leben und abiotischer Welt steht, versucht man heute mit sogenannten *earth system models* auf Basis der konkreten biogeochemischen Wechselbeziehungen (soweit sie bekannt sind) die Geschichte aller Sphären im Detail nachzuvollziehen. Dazu gehört natürlich auch der Versuch, die möglichen Folgen des Klimawandels vorherzusehen. Diesem Teil der Geschichte werden wir uns in Kapitel 12 widmen, in dem es um den Einfluss des Menschen auf das System Erde geht.

Am Ende dieses Kapitels befassen wir uns mit einem besonders extremen Zustand der Erde, der diese offenbar mehrfach heimsuchte: mit ihrer totalen (oder zumindest nahezu vollständigen) Vereisung, der sogenannten Schneeball-Erde. Glücklicherweise gelang es dem Leben, selbst diese, Millionen von Jahren dauernden Zustände, zu überstehen.

Erde und Leben – Die Geschichte einer innigen Wechselbeziehung

Atmosphären und Ozeane

Zwei Untrennbare

Ein reger Austausch

Das Klima der Erde und seine Variabilität werden ganz wesentlich von der Wechselwirkung zwischen Ozean und Atmosphäre bestimmt[1].

Nach seit Jahrhunderten andauernden Erforschungen von Meeresströmungen, Wetterverhältnissen und Klimagang hat sich immer deutlicher herausgestellt, dass Atmosphäre und Ozeane zwei untrennbare Subsysteme des Klimasystems sind[2]. Allerdings sind ihre Wechselwirkungen nicht immer offensichtlich und Trends können zeitweise sogar gegenläufig sein, was vor allem von Klimaskeptikern in ihren Argumenten ausgenutzt wird. In die Irre führen kann, dass die Zeitskalen der physikalischen Prozesse beider Sphären trotz ihrer offensichtlichen Dynamik große Bereiche abdeckt. Während der Gasaustausch zwischen Atmosphäre und Ozean innerhalb von Tagen stattfindet, erneuert sich das Tiefenwasser erst nach Jahrhunderten.

Hydrosphäre (vor allem Ozeane und Meere) und Atmosphäre sind die beiden größten irdischen Geosphären: 70,8 Prozent der Erdoberfläche ist von marinen Wasserflächen bedeckt, über denen die 250-fache Masse an Atmosphäre vorhanden ist. Dabei ist das Verhältnis Wasserfläche zu Festland zwischen nördlicher und südlicher Hemisphäre sehr ungleich verteilt. Während auf der Nordhalbkugel das Festland 39 % der Gesamtfläche bedeckt, sind es auf der Südhalbkugel nur 19 %. Dieses Ungleichgewicht schlägt sich auch in den klimatischen Verhältnissen nieder.

Wechselwirkungen

Zwischen den beiden Sphären findet ein intensiver Austausch von Stoffen und Energie statt (▶ Abbildung 9-02, Seite 208). Der Energieaustausch findet vor allem durch den vertikalen Transport von Wärme zwischen Ozeanen und Atmosphäre statt, zu dem auch der Transport sogenannter *latenter Wärme* durch Verdunstung und Niederschlag gehört (▶ nächster Abschnitt). Winde sorgen darüber hinaus für die Verteilung von Stoffen und Energie durch Turbulenzen und Strömungen im oberflächennahen Bereich, der Gischt brechender Wellen trägt Aerosole in die Atmosphäre. Der intensive Austausch von Gasen spielt vor allem für den globalen Kohlenstoffkreislauf eine wichtige Rolle (▶ Seite 152).

Wärmespeicher und Wärmetransport

Aufgrund ihrer weiten Ausdehnung nehmen Ozeane und Meere einen hohen Anteil der auf die Erdoberfläche auftreffenden elektromagnetischen Strahlung der Sonne auf. Dort wird sie in den obersten Wasserschichten in Wärmeenergie umgewandelt[2]. Die damit ausgelöste Erwärmung der Wasserschichten erfolgt infolge deren hohen spezifischen Wärmekapazität nur langsam unter Verbrauch großer Energiemengen. Der Ozean ist der größte Wärmespeicher der Erde; in den obersten drei Metern ist soviel Wärme wie in der gesamten Atmosphäre gespeichert[3].

Zwischen Ozeanen und Atmosphäre findet der vertikale Wärmetransport im wesentlichen auf zwei Arten statt: durch direkten Wärmeaustausch zwischen Luft und Wasseroberfläche und durch Verdunstung. Für die Verdunstung von Wasser ist viel Energie notwendig (▶ Randspalte), die der entstehende Wasserdampf mit sich fortführt. Da diese Wärmemenge keine Temperaturänderung zur Folge hat, sondern gewissermaßen im Dampf „versteckt" ist, nennt man sie *latente Wärme*. Bei der Kondensation des Wassers in den Wolken wird diese Energie wieder frei. Der direkte Wärmeaustausch führt zu einer fühlbaren Temperaturänderung, weshalb man diese Art der Wärme als *fühlbare Wärme* bezeichnet. Im globalen Wärmekreislauf zwischen Ozeanen und Atmosphäre spielt der vertikale Transport der latenten Wärme die Hauptrolle, auf ihn fallen mehr als 80 % des

9-01
Ozeane. Sie prägen das globale Klima.

Subsysteme der Erde
Neben der Atmosphäre und den Ozeanen sind die Kryosphäre, also Schnee, Eis und Permafrost, sowie die Biosphäre weitere wichtige Subsysteme der Erde.

Latente Wärme
Verdunstet 1 Liter Wasser bei 25 °C, so trägt der Wasserdampf 2434 kJ an Energie fort. Die Erwärmung der gleichen Menge Wasser auf 26 °C benötigt 42 kJ.

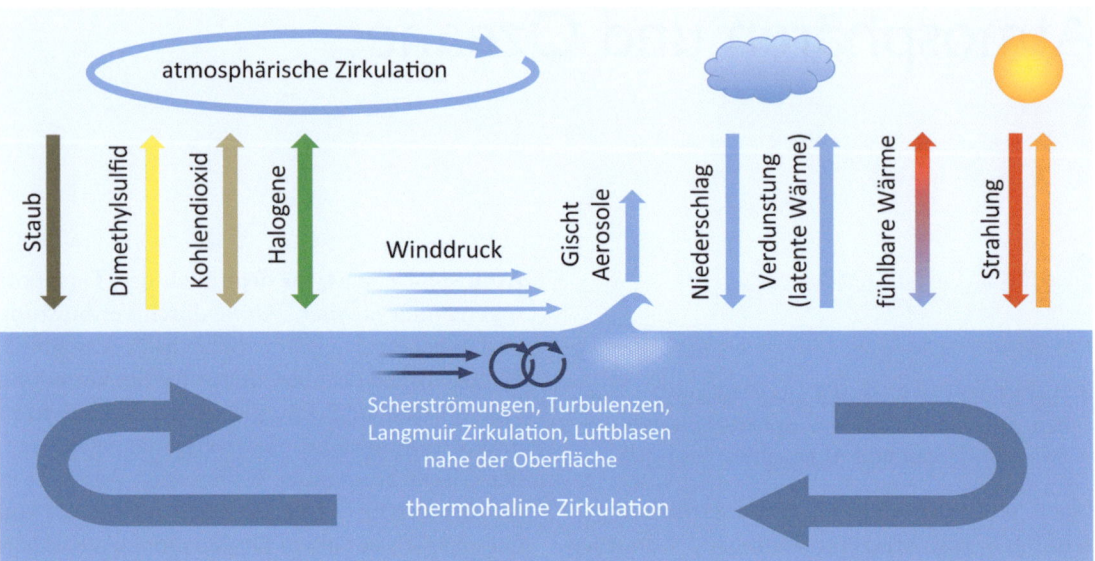

9-02
Austausch zwischen Ozean und Atmosphäre. Zwischen den beiden Sphären findet ein reger Austausch von Stoffen und Energie statt. Die Langmuir-Zirkulation besteht aus windgetriebenen walzenförmigen Bewegungen des Wassers, die charakteristische Streifenmuster auf der Wasseroberfläche erzeugen. Restliche Erläuterungen im Haupttext.

Transports. Auf der Nordhalbkugel beträgt dieser Anteil nur 62%, da der Festlandanteil auf der Nordhalbkugel größer als südlich des Äquators ist[4].

Wasserströmungen sorgen dafür, dass die Wärme nicht nur vertikal, sondern auch horizontal verteilt wird. Die sogenannte *thermohaline Zirkulation* ist ein mächtiges System an Strömungen, die fast alle Ozeane umfasst (▶ Abbildung 9-03). Warmes Wasser fließt oberflächennah polwärts. In höheren Breiten wächst durch Verdunstung und geringeren Süßwassereintrag in die Ozeane der Salzgehalt, das Wasser wird dichter, sinkt nach unten und strömt als Tiefenwasser wieder zurück in äquatornahe Breiten. Ein Teil dieser globalen Zirkulation ist der atlantische Golfstrom, dessen Wärmeabgabe an die Atmosphäre West- und Mitteleuropa sein gemäßigtes Klima verdankt. Er transportiert 1,5 Petawatt (1,5 Milliarden Megawatt) an Wärmeleistung nach Norden[5], das viertausendfache der Leistung aller Kernkraftwerke der Welt[6]!

Atmosphärische Zirkulation

Die unterschiedlich starke Sonneneinstrahlung zwischen Äquator und den Polen sorgt auch für eine atmosphärische Zirkulation, die mit für den Wärmeausgleich zwischen Äquator und Polen sorgt. Über Gebieten mit hoher Sonneneinstrahlung erwärmt sich die Luft stark, steigt auf und strömt Richtung kälterer Gebiete mit geringerem Luftdruck. Dort kühlt sie ab und strömt bodennah wieder zurück. Solche Zirkulationszellen bilden sich über Gebieten mit lokal wechselnder Sonneneinstrahlung (▶ Abbildung 9-05). Ausgeprägt sind sie als *Hadley-Zellen* zwischen dem Äquator und den Wendekreisen. Aufgrund der Corioliskraft (▶ Abbildung 9-04) zirkuliert die Luft allerdings nicht in Nord-Süd-Richtung (meridional), sondern wird nach Westen bzw. Osten abgelenkt. Die sehr konstant wehenden Passatwinde zwischen den Wendekreisen sind eine Folge dieser Zirkulation (▶ Abbildung 9-06). Sie wehen in Richtung der äquatornahen *Innertropischen Konvergenzzone*, einer wenige hundert Kilometer breiten Tiefdruckrinne.

Etwa im Gürtel zwischen 40°N und 60°N weht der Wind dank Corioliskraft vorzugsweise

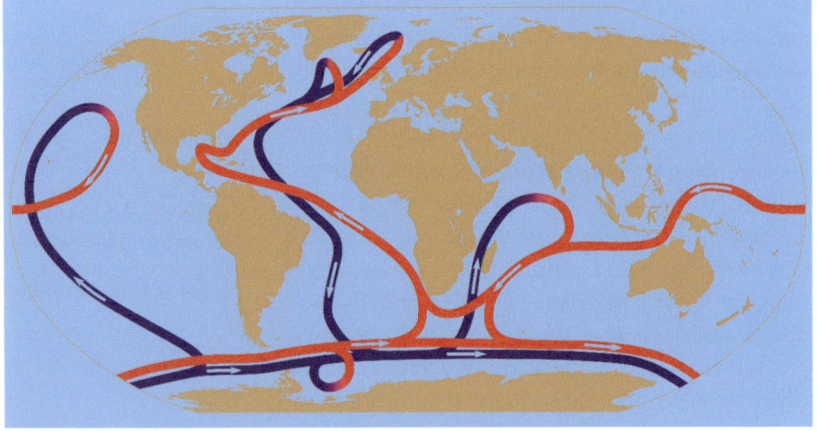

9-03
Thermohaline Zirkulation. Der thermohaline globale Strömungskreislauf transportiert warmes Wasser (rot) an der Oberfläche polwärts. Von dort strömt es als kaltes Tiefenwasser wieder in Richtung Äquator. Der mächtigste von allen, der sogenannte Zirkumpolarstrom umströmt den Südpol von West nach Ost (blau, ganz unten).[7]

Erde und Leben – Die Geschichte einer innigen Wechselbeziehung

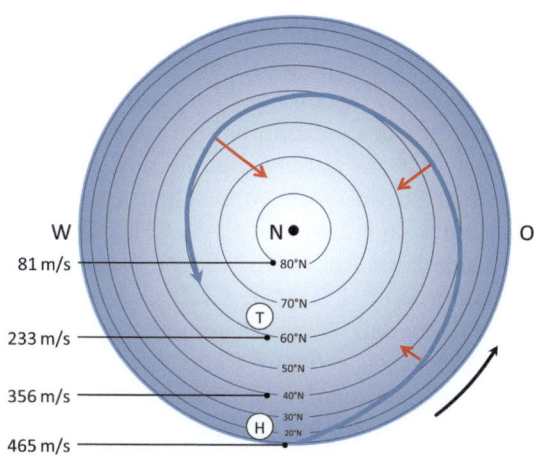

9-04
Pirouetten-Effekt und Corioliskraft. Die Geschwindigkeit der mit der Erde rotierenden Luft nimmt vom Äquator Richtung Pol stetig ab, da der Abstand zur Drehachse (N) kleiner wird. Drehimpulserhaltung (Pirouetten-Effekt) bewirkt, dass vom Äquatorhoch (H) aus nordwärts strömende Luft mit zunehmendem Äquatorabstand immer heftiger Richtung Westen weht (blauer Pfeil). In höheren Breiten wird aus einer als Nordwind gestarteten Strömung ein kräftiger Westwind. Ein in der Strömung mitbewegter Beobachter spürt eine Kraft senkrecht zur Strömungsrichtung, die sogenannte Corioliskraft (rote Pfeile).

in Ostrichtung. Die kombinierte Wirkung von Corioliskraft, Zentrifugalkraft und Bodenbeschaffenheit führt dazu, dass diese erdumspannende Zirkulation mit Wellenlängen zwischen 1000 und 3000 km oszilliert (▶ Abbildung 9-07) und dadurch Ausbuchtungen aus Hoch- und Tiefdruckgebieten bildet. Coriolis- und Zentrifugalkraft sind dafür verantwortlich, dass diese Gebiete kreisförmig rotieren, was ihnen zeitliche Stabilität verleiht. Durch das Wechselspiel zwischen Coriolis- und Zentrifugalkraft drehen sich atmosphärische Wirbel (Zyklone) auf der Nordhalbkugel immer im Uhrzeigersinn, während sie sich auf der Südhalbkugel gegen den Uhrzeigersinn drehen. Die oszillierende Westwindströmung in den mittleren Breiten ist prägend für das Wetter in Mitteleuropa. Sie verhindert unter anderem, dass Mitteleuropa unter dem ständigen Einfluss polarer Kaltluft steht.

Wasserkreislauf und Wasserdampf

Wasserdampf spielt im globalen Wasserkreislauf eine überragende Rolle und trägt bei klarem Himmel etwa 60 Prozent zum irdischen Treibhauseffekt bei[8]. Wolken sind nicht berücksichtigt, denn sie haben sowohl einen negativen

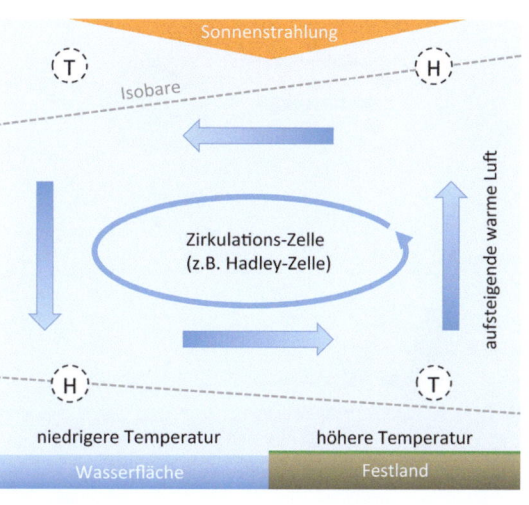

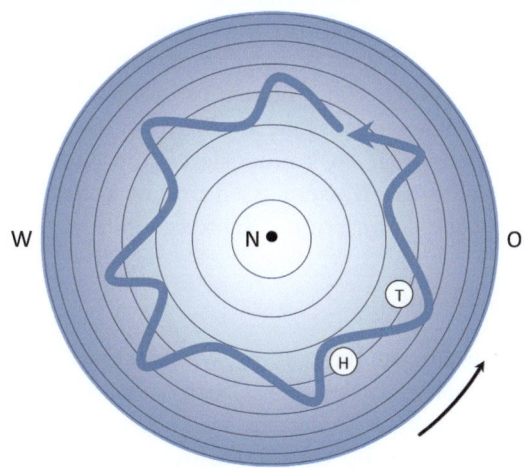

als auch positiven Effekt. Negativ, weil sie die Strahlung der Sonne wieder zurück ins All reflektieren, positiv, weil sie auch die von der Erdoberfläche abgestrahlte Strahlung zurückwerfen. Welcher Effekt überwiegt, hängt vor allem von der Höhe der Wolken ab.

9-05
Zirkulationszellen. Erwärmt sich Luft unterschiedlich stark, etwa an einer Land-See-Grenze, bildet sich über dem wärmeren Festland durch aufsteigende Luft eine Hochdruckzone (H). Dadurch bläst in der oberen Atmosphäre ein Wind vom Festland seewärts. Dieser Massetransport erhöht den Luftdruck direkt über der Wasserfläche, weshalb dort ein Wind landeinwärts bläst.

9-06
Passatzirkulation. Durch unterschiedliche Sonneneinstrahlung bilden sich zwischen Äquator und 35°N bzw. 30°S Zirkulationszellen (Hadley-Zellen). Die Corioliskraft lenkt die Luftströmungen von ihrer meridionalen Richtung ab. Es bilden sich die Passatwinde am Boden und die Subtropen-Jets in der oberen Atmosphäre. Die Konvektion wird verstärkt durch die latente Wärme der am Äquator aufsteigenden Luftmassen[4].

9-07
Westströmung. Zwischen 40°N und 60°N weht aufgrund der Corioliskraft ein kräftiger Westwind. In diesen Breiten ist das Druck- und Temperaturgefälle zwischen Äquator und Pol am stärksten. Durch das Zusammenspiel der Kräfte und durch wechselnde Bodenverhältnisse oszilliert diese Strömung großräumig. In Ausbuchtungen entstehen stabile Hoch- und Tiefdruckgebiete, die das mitteleuropäische Wetter bestimmen.

Eisige Erde
Ohne Treibhausgase, herrschten auf der Erdoberfläche eisige Temperaturen, im Mittel etwa −18°C.

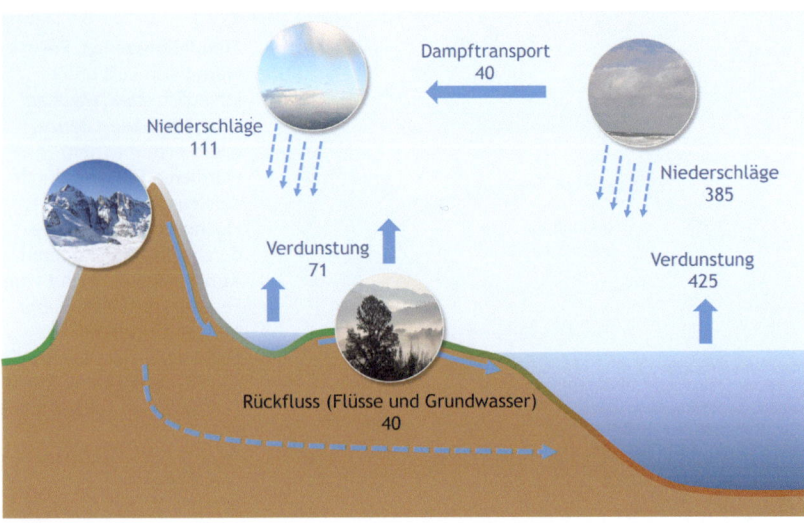

9-08
Wasserkreislauf. Wassermengen in Tausend Kubikkilometern, die im Jahresmittel zwischen Festland, Atmosphäre und Ozeanen bewegt werden[4].

Mundgeruch
Auch ein unangenehmer Mundgeruch entsteht durch DMS-erzeugende Bakterien im Mund.

Ozeane bilden die Hauptwasserlieferanten, Meereis und Wasser geben mittels Verdunstung große Mengen Wasserdampf in die Atmosphäre ab (▶Abbildung 9-08). Die Verdunstungsmenge hängt vom Sättigungsgrad an Wasserdampf in der Atmosphäre sowie von der Temperatur ab. Über die atmosphärische Zirkulation wird das Wasser verteilt, kehrt über Niederschläge und Flüsse großenteils wieder zurück in den Ozean. In der äquatornahen Innertropischen Konvergenzzone ist der Austausch von Wasser(dampf) besonders intensiv. Aufgrund der hohen Temperaturen verdunstet hier über dem Meer besonders viel Wasser. Wasserdampfgesättigte Luft steigt infolge von Konvektion auf und kühlt mit zunehmender Höhe ab. Wird der Taupunkt überschritten, so kondensieren die enormen mitgeführten Wassermassen und es kommt zu täglichen Gewittern mit Starkregenfällen.

Gasaustausch

Die wichtigste Interaktion zwischen Ozean und Atmosphäre ist der wechselseitige Gasaustausch. Hauptsächlich findet ein ständiger Austausch von Sauerstoff, schwefelhaltigen Gasen und Kohlendioxid statt.

Im Proterozoikum entwich nach dem Großen Oxidationsereignis (▶Seite 148) aus der ozeanischen Deckschicht überschüssiger Sauerstoff, den photosynthetisch aktive Cyanobakterien freigesetzt hatten. Durch die allmähliche Anreicherung von Sauerstoff änderte sich die chemische Zusammensetzung der Atmosphäre nachhaltig (▶Abbildung 9-09, Seite 213). Heute liefern diese Bakterien und das marine Phytoplankton soviel Sauerstoff wie alle Landpflanzen zusammen[9].

Ein weiteres wetterwirksames Gas, welches aus dem Ozean in die Atmosphäre entgast, ist Dimethylsulfid (DMS, $H_3C-S-CH_3$). DMS ist ein bakterielles Abbauprodukt von Dimethylsulfoniumpropionat (DMSP, $C_5H_{10}O_2S$), welches marine, einzellige Algen (Diatomeen und Dinoflagellaten) als Antioxidans, Kälteschutzmittel und für die Regulation des osmotischen Drucks nutzen[10,11]. Aus toten Algen tritt dieses Molekül aus und lockt Bakterien an, die es als Schwefelquelle und als Kohlenstoffquelle nutzen. Deren Stoffwechselabfallprodukt ist Dimethylsulfid, welches nicht nur planktonfressenden Fischen und einigen Seevögeln als Wegweiser zu ihrer Nahrung dient, sondern auch dem Meer eine unverwechselbare Duftnote verleiht („Duft des Meeres"). Von der Meeresoberfläche entweichen jährlich etwa 28 Millionen Tonnen Schwefel in Form von DMS in die Atmosphäre[12]. In der Atmosphäre entsteht aus DMS durch Reaktion mit anderen Chemikalien vor allem Schwefelsäure (H_2SO_4), die kleine Tröpfchen bildet oder sich an bestehende Partikel anlagert. Diese Aerosole wirken als Kondensationskeime für Wassertropfen und tragen so besonders über dem Meer zur Wolkenbildung bei. Allerdings scheint DMS dabei nicht die maßgebliche Rolle zu spielen, wie von den Vertretern der sogenannten CLAW-Hypothese vermutet[13,14] (▶Seite 222). Wolken reflektieren das Sonnenlicht und führen zu einer Abkühlung, wirken mithin der Erwärmung durch steigendes CO_2 entgegen, ohne sie allerdings auszugleichen (▶Abbildung 12-23, Seite 295).

Der umfangreichste Gasaustausch zwischen beiden Sphären findet mit Kohlendioxid statt, und zwar in der 50 bis 100 m tiefen ozeanischen Deckschicht. Jährlich nehmen die Ozeane etwa 80 Gigatonnen Kohlenstoff aus der Atmosphäre auf und geben 78,4 Gigatonnen wieder an die Atmosphäre ab[14] (▶Seite 152). Etwa 50 Gigatonnen Kohlenstoff aus gelöstem Kohlendioxid werden durch photosynthetisch aktive Cyanobakterien und Algen in der lichtdurchdrungenen ozeanischen Deckschicht jährlich „veratmet", gleichzeitig geben heterotrophe Organismen etwa 37 Gigatonnen Kohlenstoff als CO_2 wieder ab. Bisher befindet sich das marine Austauschsystem noch im Gleichgewicht, droht

Proterozoikum
2500 – 541 Ma

aber infolge der anthropogenen Freisetzung von großen CO_2-Mengen zu kippen. Und damit einhergehend folgt unter Umständen eine bedrohliche Übersäuerung der Meere.

Wasser vermag große Mengen an CO_2 direkt aufzunehmen und zu lösen, je niedriger die Wassertemperatur, desto mehr. Eine wahrscheinliche Ursache für das größte Massenaussterbeereignis an der Perm-Trias-Grenze (▶ Seite 200), bei dem mehr als 90 Prozent aller marinen Lebewesen ausgelöscht wurden, war nach jüngsten Forschungsergebnissen eine Übersäuerung des Meerwassers. Dies war die Folge des Eintrags riesiger Mengen von CO_2 aus der Atmosphäre in den Ozean nach den gewaltigen Vulkanausbrüchen der *Sibirischen Trapp*. Weiteres CO_2 setzten wahrscheinlich damals in Brand geratene Torf-, Kohle-, Erdgas- und Erdöllager frei[15,16].

Über Wärmeaustausch, Wolkenbildung und Gasaustausch beeinflussen die Ozeane maßgeblich physikalische Prozesse, den Klimagang und die Zusammensetzung der Atmosphäre. Insbesondere beim Gasaustausch spielen marine Lebewesen eine entscheidende Rolle. Die chemisch instabile Zusammensetzung der irdischen Atmosphäre gab in den 1960er Jahren im Rahmen der Erforschung von Nachbarplaneten Anlass zu neuen Konzepten der möglichen Interaktion der Geosphären. Die Beschäftigung mit der besonderen Erdatmosphäre gab dem früheren NASA-Mitarbeiter JAMES EPHRAIM LOVELOCK den Anstoß, eine Hypothese zum Zusammenwirken aller irdischen Geosphären in einer Art „Superorganismus" zu entwickeln, die er auf Anregung seines Nachbarn und Freundes, des Schriftstellers WILLIAM GOLDING *Gaia-Hypothese* nannte. Auf Gaia werden wir noch zurückkommen (▶ Seite 217).

Von der Höllenglut zur Atemluft

Drei Atmosphären

Fast alle Planeten unseres Sonnensystems sind von einer Hülle aus verschiedenen Gasen umgeben, Atmosphäre genannt. Diese Gashüllen unterscheiden sich erheblich in ihrer chemischen Zusammensetzung: Große Gasplaneten wie Neptun oder Jupiter besitzen eine fast ausschließlich aus Wasserstoff und Helium bestehende Atmosphäre. Beides sind die häufigsten kosmischen Gase, folglich sind dies ursprüngliche, seit der Entstehung unseres Sonnensystems kaum veränderte Atmosphären. Die Atmosphäre unseres Nachbarplaneten Venus besteht zu 95 Prozent aus dem Treibhausgas Kohlendioxid, daher herrschen auf diesem Planeten höllische Oberflächentemperaturen von über 440 °C.

Ganz anders unsere Erde: ihre heutige Atmosphäre setzt sich zu 78 Prozent aus Stickstoff, zu 21 Prozent aus Sauerstoff mit spurenförmigen Anteilen an Argon und Kohlendioxid zusammen. Diese außergewöhnliche chemische Zusammensetzung der Gashülle hat die Entwicklung einer großen Vielfalt sauerstoffatmender Lebewesen ermöglicht. Zahlreiche noch existierende, nicht sauerstoffatmende Organismen, die heute in dunklen, extremen Nischen leben, deuten darauf hin, dass die Zusammensetzung der irdischen Atmosphäre nicht immer so gewesen ist, gelten doch anaerobe Mikroorganismen als die ältesten Lebensformen.

Nach dem heutigen Kenntnisstand hat sich die irdische Atmosphäre über mehrere Entwicklungsstadien zur heutigen Gashülle entwickelt. Die Entwicklung fand in den langen geologischen Epochen des Präkambriums statt. Und sie war weitgehend mit dem Auftreten multizellulärer, sauerstoffatmender Lebewesen zu Beginn des Kambriums (▶ Seite 184) abgeschlossen.

Zur Entwicklung der heutigen Erdatmosphäre trugen im Hadaikum sowie im Archaikum zunächst nur physikalische und geologische Prozesse bei, erst ab dem mittlerem Proterozoikum wuchs der Einfluss von Organismen auf die Atmosphäre.

Die Atmosphäre im Präkambrium

Die junge Erde besaß zunächst wohl eine den Gasplaneten ähnliche Lufthülle, hauptsächlich aus Helium und Wasserstoff mit Anteilen von Neon bestehend. Das war die Ur- oder *erste Atmosphäre*. Ein großer Teil dieser leichten Gase ging vermutlich durch Ausgasen in den Weltraum verloren (▶ Kasten Seite 212). Die Kollision mit Theia tat ihr übriges, die Erde von ihrer ursprünglichen Atmosphäre zu befreien[17]. Über die dramatischen Folgen dieser Kollision für die junge Erde sprachen wir bereits in Kapitel 5 (▶ Seite 74), ebenso über die sich daraufhin bildende sogenannte *zweite Atmosphäre*, die

---

Erdatmosphäre heute
78,1 % Stickstoff
20,9 % Sauerstoff
0,9 % Argon
Rest: CO_2 und andere Spurengase

Perm
299 – 252 Ma

Trias
252 – 201 Ma

Hadaikum
4600 – 4000 Ma

Archaikum
4000 – 2500 Ma

Proterozoikum
2500 – 541 Ma

Präkambrium
4600 – 541 Ma

> ### Wie man die Atmosphäre verliert
>
> Ein Planet bindet seine Atmosphäre durch Gravitationskraft. Diese ist allerdings keineswegs unüberwindlich. Sind die Gase heiß genug, so gelingt es den schnellsten Atomen oder Molekülen, die planetare Fluchtgeschwindigkeit zu erreichen und den Planeten zu verlassen. Für die Erde liegt diese Geschwindigkeit bei 11,2 km/s, auf dem Mars nur bei 5 km/s. In den tiefen Schichten der Atmosphäre wird diese Geschwindigkeit kaum erreicht, da die Teilchen durch Kollisionen gebremst werden. Aber in der obersten Schicht der Atmosphäre, der sogenannten Exosphäre ab etwa 500 km Höhe, ist die Luft dünn genug. Natürlich gelingt es leichteren Gasen wie Wasserstoff eher, der Anziehung zu entkommen als schweren wie Stickstoff, Sauerstoff oder gar CO_2.
>
> Diese sogenannte *thermische Ausgasung* ist aber nur ein Weg, wie ein Planet Teile seiner Atmosphäre verliert. Die erforderliche Fluchtgeschwindigkeit kann auch durch die Beschleunigung geladener Teilchen im Magnetfeld eines Planeten oder – falls kein Magnetfeld vorhanden ist – durch die Magnetfelder des Sonnenwindes erreicht werden. Beschleunigte Ionen können zudem mit anderen, ungeladenen Teilchen kollidieren und diese gewissermaßen aus der Atmosphäre katapultieren. Auf diese Weise gelingt es auch schweren Gasen wie Sauerstoff, einen Planeten von Erdgröße zu verlassen.
>
> Heute verlassen etwa zweihundert Millionen Wasserstoffatome die Erdatmosphäre pro Quadratzentimeter und Sekunde. Zur Zeit der Uratmosphäre und bis ins Archaikum hinein mögen es bis zu tausendmal mehr gewesen sein. Damals war die extreme UV-Strahlung der Sonne um ein Vielfaches stärker als heute.
>
> Der Verlust an Sauerstoffatomen ist dank der starken Gravitationskraft der Erde und deren Magnetfeld moderat, er liegt bei etwa einer Million Atomen pro Quadratzentimeter und Sekunde. Auf dem Mars ist er zehn- bis hundertmal höher. Dennoch könnten 1–10 % des Sauerstoffs die Atmosphäre seit dem Großen Oxidationsereignis auf Nimmerwiedersehen verlassen haben[18].

zunächst überwiegend aus Wasserdampf, etwa 10 Prozent Kohlendioxid und wenig Stickstoff und anderen Gasen bestand. Nach der Kondensation des Wasserdampfes im „großen Regen" blieb eine weitgehend aus CO_2 und N_2 bestehende Atmosphäre zurück. Die niedergehenden Wassermassen schufen nicht nur die Urozeane, sondern mit CO_2 angereicherter Regen traf auf schwarze Oberflächen aus silikatreichen Basalten. Und nun setzte ein geochemischer Teilprozess des zunächst abiotischen Kohlenstoffkreislaufs (▶Seite 152) ein, der die Erde bis heute vor dem Schicksal der Venus bewahrte, in eine lebensfeindliche Gluthölle verwandelt zu werden. Das im Regen gelöste CO_2 sorgte für die Silikatverwitterung (▶Kasten Seite 214) von Basalten. Die gebildeten wasserlöslichen Carbonate und Hydrogencarbonate wurden ins Meer gespült und dort in Sedimenten eingelagert. Das aus der Atmosphäre entfernte CO_2 blieb natürlich nicht für immer verschwunden, sondern trat zumindest zum Teil bei Vulkaneruptionen wieder zu Tage, da durch Plattentektonik die kalktragenden Lithosphärenplatten in den Erdmantel abtauchen und dort wieder aufgeschmolzen werden (▶Seite 81). Der Kohlenstoff-Kreislauf aus Verwitterung und Eruption regelt die Wirkung des Kohlendioxids auf das Klima, allerdings erst in Zeiträumen von etwa einer Million Jahren. Steigt die Temperatur, nimmt die Verwitterung zu, die Menge an CO_2 in der Atmosphäre sinkt. Dadurch sinkt die Temperatur (im Extremfall bis zur Vereisung, ▶Seite 225), die Verwitterung nimmt ab, das durch Vulkanismus in die Atmosphäre gelangende CO_2 hat Chancen, sich erneut anzureichern.

Wie lange es dauerte, bis ein Großteil des CO_2 im Archaikum aus der Atmosphäre verschwand, ist ungeklärt. Alte Böden aus dieser Zeit (*Paläoböden*, ▶Seite 275) sind selten zu finden und die Messungen ihres Gehalts an Carbonaten[19] lässt nur bedingt auf den CO_2-Gehalt der Atmosphäre schließen, da Details des Kohlenstoffkreislaufs aus dieser Zeit noch unbekannt sind. Irgendwann im Laufe des Proterozoikums sinkt der CO_2-Gehalt auf wenige Prozent, nicht zuletzt aufgrund des vermutlich ersten Ereignisses, das wesentlich durch biologische Prozesse beinflusst ist.

Anfangs beeinflussten nur physikalische Prozesse wie die einsetzende Plattentektonik kleiner Protokontinentalplatten und der damit verbundene Vulkanismus die Entwicklung der Atmosphäre. Zwar tauchten um 3,5 Ga erste anaerobe Mikroorganismen auf, diese hatten aber noch keinerlei Einfluss auf die Entwicklung der Atmosphäre. Zu den Pionierorganismen gehörten Cyanobakterien (▶Seite 146), die nach ihrer „Erfindung" der oxygenen Photosynthese (▶Seite 139) am Ende des Archaikums Sauerstoff freisetzten. Damit begann die Entwicklung der heutigen, *dritten Atmosphäre*. Die Anreicherung von Sauerstoff verlief von einem extrem niedrigen Anfangsniveau in Etappen bis etwa 15 Prozent zu Beginn des Kambriums (▶Abbildung 9-09). Eine sehr geringe Menge Sauerstoff war auch schon in vorbiologischer Zeit durch photochemische Aufspaltung (Dissoziation) von Wasser und Kohlendioxid in der Atmosphäre vorhanden, allerdings nur in Höhen oberhalb 18 km[20]. Doch zunehmend lieferten Mikroorganismen, allen voran photoaktive Cyanobakterien freien Sauerstoff. Zunächst wurde dieser Sauerstoff zur Oxidation von Metallen, insbesondere von im Meer vorhandenen Fe^{2+}-Ionen verbraucht (gebänderte Eisenerze, ▶Seite 241). Erst nach deren vollständiger Oxidation und Ausfällung als unlösliches Fe^{3+} setzte etwa 2,5 Ga ein deutlicher Anstieg des atmosphärischen Sauerstoffs auf drei bis fünf Prozent ein, das sogenannte *Große Oxidationsereignis*. Ein Sauerstoffgehalt über drei Prozent bildet eine wesentliche Voraussetzung für die Entwicklung eukaryotischer Lebewesen. Sie blühten explosionsartig auf und entzogen der Atmosphäre großen Mengen an CO_2, was die Abkühlung und die Ausbildung von globalen Vereisungen (▶Seite 225) förderte.

Ab etwa 0,85 Ga stieg der Sauerstoffgehalt in der Atmosphäre weiter an. Jetzt trugen auch eukaryotische Lebewesen wie Meeresalgen zur Sauerstoffanreicherung bei. Ab etwa 700 Ma entstand in der oberen Atmosphäre die Ozonschicht, die Organismen vor der schädlichen UV-Strahlung schützte.

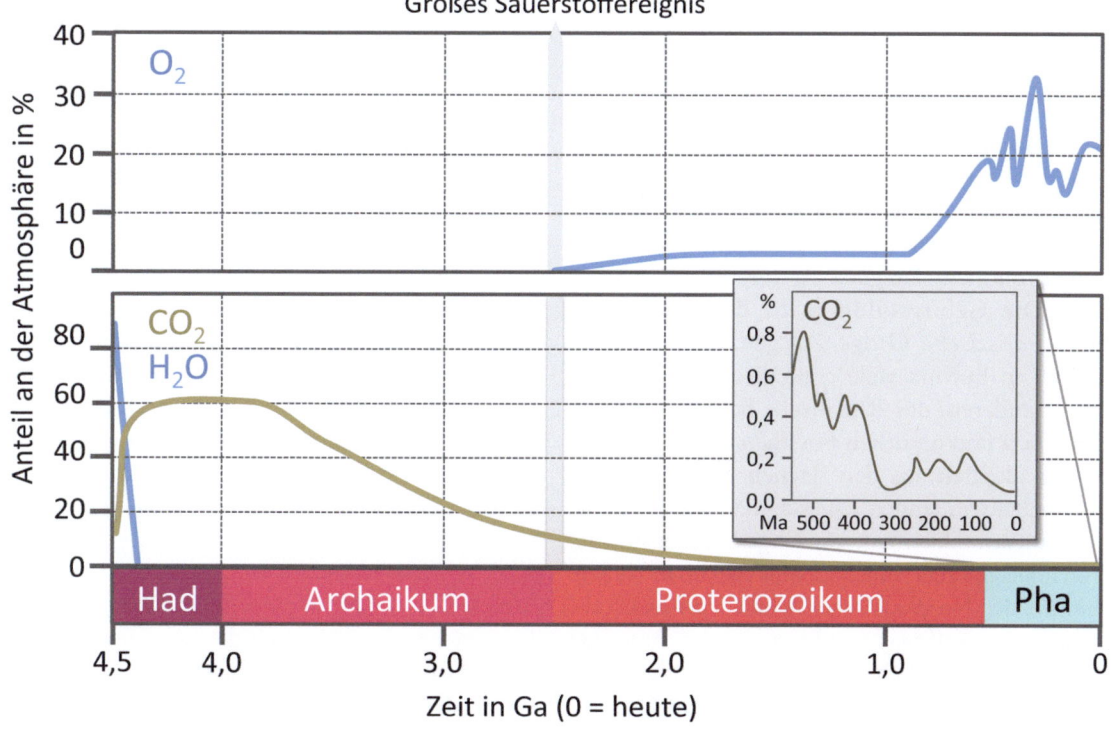

9-09 Entwicklung der Atmosphäre[21-25]. Über die Atmosphäre nach der Theia-Kollision im Hadaikum (Had) weiß man wenig. Vermutlich bestand sie zunächst aus Wasserdampf und etwa 10% CO_2. Nach der Kondensation des Dampfes blieben CO_2 und aus dem Boden ausgegaster Stickstoff (nicht dargestellt) übrig. CO_2 wurde mit der Zeit in die Ozeane ausgewaschen. Sauerstoff trat in nennenswertem Umfang erst nach dem Großen Oxidationsereignis in der Atmosphäre auf. Sein Anteil blieb anfangs gering, da zunächst Substanzen an der Oberfläche und im Ozean oxidiert wurden. Zu Beginn des Phanerozoikums (Pha) betrug sein Anteil aber bereits über 15%, was entscheidend zur explosionsartigen Entwicklung des Lebens im Kambrium (ab 541 Ma) beitrug. Im Phanerozoikum schwankte der CO_2-Gehalt der Atmosphäre auf niedrigem Niveau, was denoch für einige Vereisungen sorgte. Eine Schneeball-Erde entstand jedoch nicht mehr.

Phanerozoikum
541 Ma – heute

Paläozoikum
541 – 252 Ma

Kambrium
541 – 485 Ma

Ordovizium
485 – 444 Ma

Silur
444 – 419 Ma

Devon
419 – 359 Ma

Karbon
359 – 299 Ma

Perm
299 – 252 Ma

Trias
252 – 201 Ma

Jura
201 – 145 Ma

Kreide
145 – 66 Ma

Paläogen
66 – 23 Ma

Eozän
56 – 34 Ma

Die Atmosphäre im Phanerozoikum

In den ersten Perioden des Phanerozoikums sorgte die Lebewelt nochmals dafür, dass sich Klima und Stoffkreisläufe auf der Erde gründlich veränderten. Über die Stoffkreisläufe sprachen wir bereits in ▶Kapitel 7, an dieser Stelle geht es um die Auswirkungen auf das Klima und damit auch auf die Hydrosphäre, insbesondere die Ozeane. Die Besiedlung der Kontinente durch Landpflanzen spielte dabei eine zentrale Rolle. Die Ausbreitung mariner Lebensformen über die gesamte Wassersäule und in die oberen Schichten des Meeresbodens sorgte gleichzeitig dafür, dass mehr Material an den biogenen Stoffkreisläufen teilnahm.

Aber auch geologisch war in der Zeit des Paläozoikums einiges geboten. Bis ins Kambrium hinein fand die größte Kontinentkollision der Erdgeschichte statt, als der Superkontinent Gondwana entstand (▶Seite 82). Schon wenig später begannen sich nördliche Teile von Gondwana zu lösen, um mit Laurentia und Baltika zusammen den Kontinent Laurussia (Euramerika) zu bilden, während Gondwana Richtung Südpol wanderte. Zwischen beiden Kontinenten öffnete sich der Rheische Ozean. Später im Devon wanderte Gondwana wieder Richtung Norden, um sich bis zum Perm endgültig mit Laurussia zum Superkontinent Pangaea zu vereinigen (▶Seite 82). Die Gebirgsbildung an der Nahtstelle wird *variszische Orogenese* genannt und hinterließ in Europa viele geologische Zeugnisse, unter anderem das Rheinische Schiefergebirge, den Harz und natürlich Fossilien und Überreste von Kalkriffen aus den flachen Meeresbecken des verschwindenden Rheischen Ozeans.

Pangaea bildete eine gewaltige Landmasse, die von höheren Breiten der Südhalbkugel bis in höhere Breiten der Nordhalbkugel reichte und mehr als doppelt so groß war wie Eurasien und Amerika zusammen. Dadurch wurden die zwischen Ost und West verlaufenden Meeresströmungen unterbrochen, was Auswirkungen auf den globalen Wärmetransport und damit auf das Klima hatte.

Wenig später begann Pangaea wieder zu zerfallen. Zwischen Afrika und dem Osten Nordamerikas entstand im Trias eine Riftzone, es bildeten sich flache Meeresbecken, aus denen an der Kreide-Jura-Grenze der Südatlantik entstand (▶Abbildung 5-12, Seite 83). In der Kreide

Silikatverwitterung

Darunter versteht man die chemische Zersetzung der Silikatminerale durch Reaktion mit Wasser (Hydrolyse). Trifft CO_2 in der Atmosphäre auf ein Wassertröpfchen, so bildet sich Kohlensäure (HCO_3^- und H^+). Der entstehende saure Regen verstärkt die Verwitterung der Silikatminerale, die bis zu 60 Prozent aller gesteinsbildenden Minerale ausmachen.

Häufige Silikatminerale sind Feldspäte, Glimmer, Amphibole, Olivine oder Pyroxene. Basalte, die im Präkambrium weitgehend die vegetationsfreie, schwarze Landoberfläche bedeckten, bestehen fast ausschließlich aus verwitterungsanfälligen, calciumreichen Silikaten.

Die Silikatverwitterung ist ein Teil des Carbonat-Silikat-Zyklus. Im Zuge andauernder Silikatverwitterung werden aus der Atmosphäre pro Jahr über eine Gigatonne des Treibhausgases CO_2 (entspricht 0,3 Pg Kohlenstoff) in Carbonaten gebunden, im Verlauf von einer Million Jahre summiert es sich auf Millionen Gt[14]. Diese Mengen werden von Flüssen ins Meer transportiert und dort großenteils in Sedimenten abgelagert (Kohlenstoffsenke). Über diesen Mechanismus beeinflusst die schwankende Konzentration von atmosphärischem CO_2 langfristig den Klimagang. Eine Zunahme der Konzentration erhöht die Temperatur, aber auch die Verwitterungsrate. Eine Abnahme der Konzentration in der Atmosphäre bewirkt eine wachsende Abkühlung. Dieser Trend wird durch ein Aufblühen photosynthetisch aktiver, CO_2 verbrauchender (Mikro)Organismen verstärkt. Beide Mechanismen sollen die neoproterozoischen Totalvereisungen der Erde ausgelöst haben.

öffnete sich der Nordatlantik, im Übergang zum Paläogen schließlich auch die Labradorsee zwischen Nordamerika und Grönland.

An der Ostseite von Pangaea begann sich ab 160 Ma Indien zusammen mit Australien, Madagaskar und Antarktika von Afrika zu lösen, wenig später trennte sich Indien vom Rest und wanderte mit hoher Geschwindigkeit (16 cm pro Jahr im Paläozän) Richtung Norden, um sich im Eozän mit Eurasien zu verbinden, wobei der Himalaya entstand. An der Grenze zwischen Kreide und Paläogen ist ein Flutbasalt-Ausbruch

Erde und Leben – Die Geschichte einer innigen Wechselbeziehung

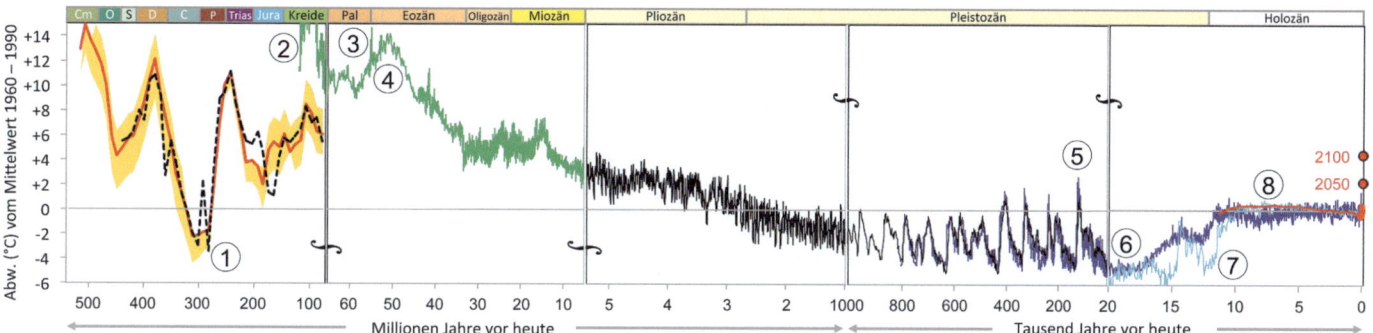

9-10
Temperaturen im Phanerozoikum[26]. Dargestellt sind die geschätzten Abweichungen der globalen Durchschnittstemperatur der Luft im Phanerozoikum vom globalen Mittelwert der Jahre 1960 – 1990. Die durch senkrechte Balken getrennten Abschnitte sind auf der Zeitachse unterschiedlich skaliert. Zu beachten ist, dass insbesondere die Angaben bis zum Ende der Kreidezeit mit sehr großen Unsicherheiten behaftet sind. Unterschiedliche Linien markieren unterschiedliche Quellen, detaillierte Angaben zur Herkunft der verwendeten Datenreihen sind in der angegebenen Quelle zu finden. Die roten Kreise am rechten Rand markieren die vom *Intergovernmental Panel on Climate Change* (IPCC) 2013 geschätzten Temperaturwerte für 2050 und 2100 nach dem sogenannten RCP8.5-Szenario (▶Seite 296). Wichtige Klimaereignisse sind mit Zahlen markiert, es bedeuten: 1 – Perm-Vereisungen, 2 – Kreide-Warmzeit, 3 – (Spitze) Paläozänes Temperaturmaximum, 4 – Frühes Eozän-Optimum, 5 – Eem-Warmzeit, 6 – Letztes glaziales Maximum, 7 – Jüngere Dryas, 8 – Holozänes Optimum. Cm – Kambrium, O – Ordovizium, S – Silur, D – Devon, C – Karbon, P – Perm, Pal – Paläozän.

in Westindien, der sogenannte *Dekkan Trapp*, vermutlich mit verantwortlich für das Massensterben zu dieser Zeit, dem auch die Dinosaurier zum Opfer fielen.

Eine unruhige Zeit

Die explosive Steigerung der Vielfalt an Lebewesen im Kambrium und im Ordovizium, (▶Kapitel 8), sowie die dauerhafte Besiedlung des Festlandes durch Pflanzen seit dem Silur veränderte die Stoffkreisläufe der Erde nachhaltig. Die Inbesitznahme der Erde durch Lebewesen war ein wichtiger, aber nicht der einzige Grund dafür, warum das Klima zwischen Kambrium und Kreide gewaltige Sprünge machte (▶Abbildung 9-10). Während es zu Beginn des Phanerozoikums trotz der um etwa fünf Prozent schwächeren Sonnenstrahlung wärmer wurde, fiel an der Grenze zwischen Ordovizium und Silur die Temperatur rasch ab, es kam zumindest lokal zu Vereisungen. Die Ursachen dieser sogenanten *Sahara-Eiszeit* (in der Sahara wurden Spuren von Gletscherbewegungen aus dieser Zeit entdeckt) sind heute noch unklar. Eine Rolle spielte möglicherweise die damalige Südpollage des Superkontinents Gondwana.

Längere und deutlich ausgedehntere Vereisungen fanden im Karbon und Perm statt. Direkte Ursache dieser Vereisungen war – wie meist – die Verringerung der CO_2-Konzentration in der Atmosphäre (▶Abbildung 9-11). Die Besiedlung des Festlandes durch Pflanzen sorgte dafür, dass große Mengen Kohlenstoff aus dem atmosphärischen CO_2-Reservoir in Pflanzenbestandteile „verbaut" wurden. Starben die Pflanzen, so verblieb ein großer Teil der Überreste im Boden. Dieser Teil des Kohlenstoffvorrats wurde dem globalen Kreislauf (zumindest für sehr lange Zeit) entzogen. Pflanzen sorgten durch ihre Wurzeln gleichzeitig für eine stärkere Verwitterung des Bodens, was der Atmosphäre zusätzlich Kohlendioxid entzog. Die stärkere Verwitterung sorgte für einen stärkeren Eintrag von Minera-

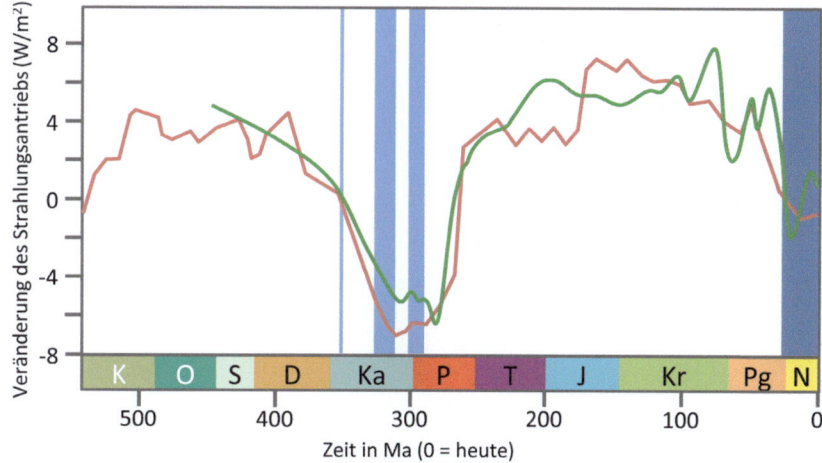

9-11
Strahlungsantrieb im Phanerozoikum[23]. Der durch CO_2 verursachte Strahlungsantrieb (im Vergleich zur vorindustriellen Zeit bei 0) ist ein wesentlicher Faktor für die Entstehung der Kaltzeiten (blaue Balken) im Phanerozoikum. Die grüne Linie zeigt aus Messungen diverser Indikatoren abgeleitete Schätzwerte, die rote Linie ist eine Simulation (GEOCARB III). Die geringere Leuchtkraft der Sonne in diesem Zeitraum ist berücksichtigt.
K – Kambrium, O – Ordovizium, S – Silur, D – Devon, Ka – Karbon, P – Perm, T – Trias, J – Jura, Kr – Kreide, Pg – Paläogen, N – Neogen

215

KAPITEL 9 Atmosphären und Ozeane

Karbon - Steinkohle
Der größte Teil unserer Steinkohle stammt aus den ausgedehnten Wäldern des Karbons. Mit dieser Kohle errichtete ABRAHAM DARBY 1709 in Coalbrookdale (England) die erste industrielle Eisenschmelze. Coalbrookdale erhielt 1789 auch die erste Eisenbrücke der Welt, ein Vorbild für die Golden Gate Bridge.

len in die Ozeane, was dort das Wachstum von Lebewesen förderte, die nach dem Absterben zu Boden sanken und damit ebenfalls CO_2 dem Kohlenstoff-Kreislauf entzogen (▶Seite 152).

Durch pflanzliche Photosynthese stieg im Karbon der Sauerstoffgehalt der Atmosphäre auf sensationelle 35 Prozent. Dies verhalf den Insekten zu einem bis heute unerreichten Größenwachstum. Die Libellenart *Meganeura* hatte eine Flügelspannweite von 70 cm, der Tausendfüßer *Arthropleura* wurde geradezu furchterregende zweieinhalb Meter lang!

Für die Rückkehr zu angenehmeren Temperaturen nach den Perm-Vereisungen sorgte zunehmender Vulkanismus. In die Zeit um 250 Ma fallen gewaltige Flutbasaltausbrüche in Sibirien, die eine Fläche von etwa 7 Millionen Quadratkilometern bedeckten und bis heute eine mehrere Kilometer dicke Basaltschicht zurückließen. Dieser sogenannte *Sibirische Trapp* ist vermutlich auch für das Massenaussterbeereignis an der Perm-Trias Grenze verantwortlich (▶Seite 200).

Das anschließende Mesozoikum war geprägt durch ein Treibhausklima mit wieder deutlich höherem CO_2-Anteil in der Atmosphäre als zuvor (▶Abbildung 9-09, Seite 213). Auch in hohen arktischen Breiten herrschten im Sommer Temperaturen bis 15 °C, es wuchsen dort dichte Wälder. Es war die Hochzeit der Reptilien und das Aussterben der Dinosaurier markiert auch die Grenze zum Zenozoikum, der Ära, in der

wir heute leben. Im Landesinnern des Superkontinents Pangaea existierten Wüsten, da der feuchtigkeitsspendende Ozean zu weit entfernt war. Ihre Dünensedimente sind heute noch zu sehen, zum Beispiel die *Navajo Sandstones* auf dem Colorado-Plateau (▶Abbildung 9-13) in Nordamerika. In anderen Gegenden kam es jahreszeitlich zu heftigen, monsunartigen Regenfällen.

Schwankungen des Meeresspiegels

Die globalen („eustatischen") Veränderungen des Meeresspiegels sind primär Folge der Plattentektonik und des Klimas[28]. Besonders rasch schwankt der Meeresspiegel im Zuge von Vereisungsperioden, hier sind Schwankungen von über 100 m in weniger als 10 000 Jahren keine Seltenheit in der Erdgeschichte.

Die Spreizung des Ozeanbodens durch Riftprozesse (▶Abbildung 5-11, Seite 81) führt zu einer Volumenzunahme der Lithossphäre, was einen Anstieg des Meeresspiegels zur Folge hat. Auch hier sind Schwankungen von 100 m möglich, allerdings innerhalb eines Zeitraumes von vielen Jahrmillionen. Der Meeresspiegel senkt sich wieder, sobald die Riftbildung stoppt und sich die Lithosphäre beim Abkühlen senkt. Auch die Kollision von Kontinenten und die Überflutung von Senken oder die Austrockung abgeschnittener Meeresbecken verändern den Meeresspiegel, wenngleich in weniger starkem Maße.

Die thermische Expansion der Ozeane durch steigende Temperaturen kann innerhalb von Jahrzehnten erfolgen, allerdings liegen die Schwankungen hier im Bereich von wenigen Metern. Effekte dieser Art erleben wir derzeit als Folge der globalen Erwärmung (▶Abbildung 12-20, Seite 293).

Auch der Salzgehalt der Ozeane schwankte im Verlauf der Erdgeschichte. In Eiszeiten steigt er, da viel (salzfreies) Wasser im Eis gebunden wird. Zu den Hochzeiten der jüngsten Eiszeiten lag der Salzgehalt bei 36 Promille, heute liegt er bei 34,7. Da sich Chloridionen (Cl^-) schlecht in Minerale einbauen lassen und diese Minerale leicht verwittern, nahm im Laufe der Erdgeschichte auch der Anteil an Chloridionen im Wasser zu.

Mesozoikum
252 – 66 Ma

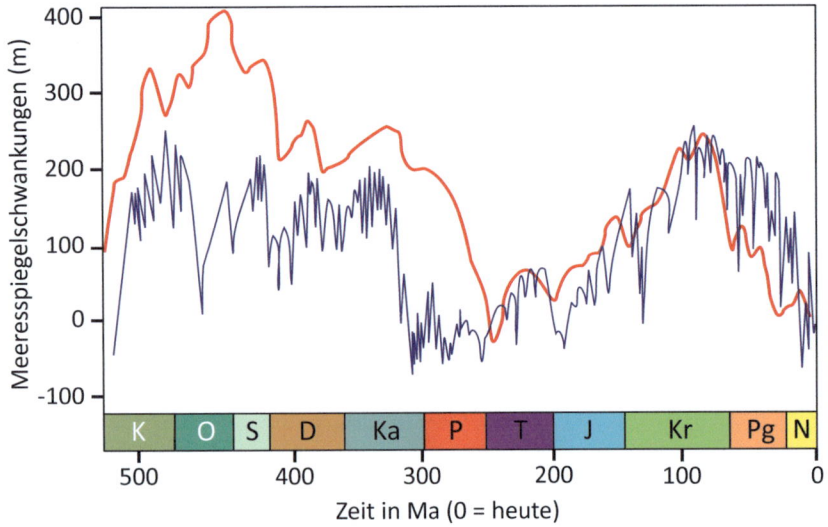

9-12
Schwankungen des Meeresspiegels im Phanerozoikum[27]. Beide Linien stellen Schätzungen auf Basis unterschiedlicher Methoden dar. Die Nulllinie entspricht der Höhe des heutigen Meeresspiegels. K – Kambrium, O – Ordovizium, S – Silur, D – Devon, Ka – Karbon, P – Perm, T – Trias, J – Jura, Kr – Kreide, Pg – Paläogen, N – Neogen.

Aufgrund der hohen Temperaturen lag der Meeresspiegel im Mesozoikum teils mehr als 100 m über dem heutigen Niveau (▶Abbildung 9-12). Im aufgeheizten Ozean verlangsamte sich die thermohaline Zirkulation, die in kälteren Zeiten für eine Durchmischung der Wasserschichten sorgt (▶Abbildung 9-03, Seite 208). Dadurch sank der Sauerstoffgehalt der unteren Wasserschichten, der tiefe Ozean wurde anoxisch, was immer wieder zu marinen Massensterben führte, so an der Trias-Jura-Grenze, bei dem etwa 50 Prozent aller marinen Gattungen ausstarben.

Es wird kühler

Der Übergang ins Känozoikum war spektakulär. Neben den bereits erwähnten Flutbasalten der Dekkan Trapps kam es in dieser Zeit zum drittgrößten Meteoriteneinschlag der Erdgeschichte in Mexiko (▶Seite 86). Beide Ereignisse führten zum Aussterben von etwa 20 Prozent aller Wirbeltiere und der Hälfte der Meeresbewohner. Auch das Klima legte nochmals nach, es kam zu letzten Temperaturmaxima im Paläogen und frühen Eozän, bevor es langsam, aber bis heute endgültig kühler wurde und das Eis zurückkehrte.

Die langfristige Abkühlung seit dem Eozän war eine Folge sinkenden CO_2-Gehalts der Atmosphäre. Er lag bei etwa 0,1 Prozent zu Beginn des Eozäns und sank auf den heutigen Wert von 0,04 Prozent zu Beginn des Miozäns. Eine wichtige Rolle spielte dabei die Bildung des Himalaya und Karakorum-Gebirges bei der Verschmelzung von Indien und Eurasien und das Trockenfallen ozeanischer Kruste bei Neukaledonien. Ozeanische Kruste verwittert besonders leicht.

Dieser allmähliche Abfall der CO_2-Konzentration in der Atmosphäre erklärt jedoch nicht Temperaturstürze, die sich an der Grenze zum Oligozän und auch noch später im Miozän ereigneten. An der Grenze zum Oligozän sank die Temperatur in Nordamerika offenbar um 8 °C in nur 400 000 Jahren. Zu dieser Zeit begann sich der antarktische Eisschild zu bilden, der – vielleicht mit einer kurzen Phase der Erholung während des mittelmiozänen Temperaturmaximums (um 19 Ma) – bis heute erhalten blieb. Zur anhaltenden Vereisung der Antarktis trug bei, dass mit zunehmender Trennung der Antarktis von Südamerika und Australien im Oligozän und Miozän der ozeanische Zirkumpolarstrom einsetzte (▶Abbildung 9-03, Seite 208). Er isolierte die Antarktis von warmen Meeresströmungen. Für das Temperaturoptimum im Miozän sind vermutlich Ausbrüche von Flutbasalten auf dem Colorado Plateau verantwortlich.

Je näher man der Gegenwart kommt, desto besser wird die zeitliche Auflösung der Temperaturbestimmungen (▶Abbildung 9-10, Seite 215). In den letzten Jahrmillionen wird daher ein nervöses, zunächst moderates „Zittern" sichtbar, das – vor etwa einer Million Jahren – in wilde, aber erstaunlich regelmäßige Ausschläge verfällt. Hauptursache dieses Verhaltens sind die periodischen Veränderungen der Erdbahnparameter, die wir schon in Kapitel 5 (▶Seite 84) beschrieben haben. Während die Zitterbewegungen ziemlich gut mit dem 40 000-Jahre-Zyklus korrespondieren, wechselt das Klima plötzlich in den langsameren 100 000-Jahre-Zyklus. Warum dies so ist, ist noch nicht geklärt. Möglich ist, dass die Eisbedeckung mit zunehmender Dicke nur noch dem langsameren Zyklus zu folgen vermag.

Wenngleich sich der menschliche CO_2-Ausstoß noch lange nicht mit den Spitzen des Mesozoikums messen kann, sind wir doch auf einem „guten" Weg, der Erde wieder deutlich wärmere Zeiten zu bescheren. Welche Folgen dies haben kann, werden wir in Kapitel 12 (▶Seite 297) sehen. ▶Abbildung 9-10 zeigt, dass wir wohl in diesem Jahrhundert bereits die Werte des Pliozäns erreichen werden.

System Erde

Von Gaia und Gänseblümchen

JAMES E. LOVELOCK (*1919), ein britischer Chemiker und Erfinder des Massenspektrometers und der Mikrowelle, sollte im Rahmen eines Mars-Forschungsprojektes der NASA in den 1980er Jahren Instrumente für die Suche nach Leben auf unserem Nachbarplaneten entwickeln. Er fragte sich, woran man ohne große Forschungslabore Leben erkennen konnte. Alle Lebewesen nehmen Stoffe für ihre Bioaktivitäten aus ihrer Umgebung auf und geben Abfallstoffe wieder ab. Lebewesen sollten daher im Laufe der Zeit auch die Entwicklung der Atmosphäre ihres Planeten beeinflusst haben. Bei vergleichenden Analysen von Mars- und Erdatmosphäre stellte LOVELOCK fest, dass letztere aus Gasen wie Sauerstoff und Methan besteht. Sauerstoff reagiert jedoch leicht mit Methan. Wenn sich die irdische, chemisch

9-13
Stevens Arch[29]. Die ausgedehnten Sandsteinformationen des nordamerikanischen Colorado-Plateaus sind Reste äolischer (durch Wind erzeugter) Dünensedimente aus dem Jura.

Känozoikum
66 Ma – heute

Eozän
56 – 34 Ma

Miozän
23 – 5,3 Ma

Oligozän
34 – 23 Ma

instabile Atmosphäre über mindestens 350 Millionen Jahren dennoch wenig verändert hat[30], so muss es eine Quelle geben, aus der Gase ständig nachgeliefert werden. Und das konnte nur die Lebewelt auf der Erde sein[31], die auf den Nachbarplaneten Mars und Venus mit ihren völlig anderen, chemisch stabilen Atmosphären fehlt.

Auf dieser Grundlage entwickelte LOVELOCK seine Gaia-Hypothese, nach der Lebewelt und abiotische Umwelt sich in ständigen Interaktionen beeinflussen, wodurch alle Geosphären ein einheitliches System bilden.

Zustimmung und Skepsis

> Und Evolutionsbiologen neigen dazu, nichts über den Atmosphären-Chemismus und den Einfluss, den dieser auf die Organismen hat oder den Einfluss von Organismen auf den Chemismus, zu wissen (Lynn Margulis)[32].

Die in den 1960er Jahren veröffentlichte Hypothese stieß bei Esoterikern wegen des Bezugs auf die griechische Erd- und Muttergöttin *Gaia* auf Zustimmung, bei Wissenschaftlern eher auf Skepsis bis Ablehnung. Zu den ersten Unterstützern gehörte die Mikrobiologin LYNN MARGULIS (1938 – 2011), die Begründerin der Endobiontentheorie (▶Seite 176). Das von LOVELOCK und WATSON erarbeitete Daisyworld-Modell (▶Seite 221) und die CLAW-Hypothese motivierten Forscher, sich intensiver mit der Interaktion zwischen Biosphäre und den anderen Sphären zu befassen. Die Gaia-Hypothese ist ein früher Vertreter der noch jungen Disziplin der Erdsystemwissenschaft, deren Ziel es ist, die Erde als ein System ineinander verwobener Teilsysteme zu verstehen. In der *Amsterdam Declaration on Global Change* von 2001 heißt es dazu:

> Das Erdsystem verhält sich wie ein einzelnes sich selbst regulierendes System, das physikalische, chemische, biologische und humane Komponenten umfasst[33].

Evolution der Gaia-Hypothese

Die ursprüngliche Hypothese umfasst folgende Kernaussagen[34]:

1 Die Erde befindet sich in der habitablen Zone ihres Sterns und bietet für ihre Lebewesen ein günstiges Habitat.

2 Das Klima und die Umweltverhältnisse sind über lange geologische Zeiträume ziemlich stabil geblieben.

3 Dank der gestaltenden Einflussnahme auf die Umwelt haben sich die Organismen optimale Lebensverhältnisse geschaffen. So haben Organismen die chemische Zusammensetzung der Atmosphäre und des Ozeans beeinflusst.

Nach dieser Hypothese ist die Erde vom passiven Spielball kosmischer und geologischer Kräfte zu einem sich selbst regulierenden Komplex geworden. Haben sich die Lebewesen nach älteren Hypothesen lediglich an die sich wandelnde Umwelt angepasst, so beeinflussen sie deren Entwicklung jetzt mit. Viele Prozesse an der Erdoberfläche, die ausschlaggebend für die Lebensverhältnisse sind, hängen von einer Interaktion von Organismen – besonders von Mikroorganismen – mit anorganischen Komponenten ab, zum Beispiel bei der Bodenbildung oder bei der Stickstoffversorgung von Pflanzen (▶Seite 158). Die Gaia-Hypothese postuliert, dass Atmo-, Bio-, Hydro- und Pedosphäre (Lithosphäre) ein miteinander vernetztes, kybernetisches System bilden, das Umweltvariablen im globalen Maßstab reguliert[35], eine Ganzheit, die als Gaia bezeichnet wird. Über zahlreiche negative und positive Rückkopplungsschlei-

---

Die Erde, ein Lebewesen

Die Idee, dass die Erde eine lebendige Einheit sein könnte, ist schon sehr alt. Sie taucht schon beim griechischen Philosophen PLATON auf: Er meinte, dass der Kosmos ein Lebewesen sei und alle lebenden Organismen ein Teil davon sind. JAMES HUTTON (1726–1797), der Vater der Geologie, bezeichnete die Erde als einen Superorganismus. ALEXANDER VON HUMBOLDT (1769–1859) hielt „Naturdinge und Naturkräfte für ein lebendiges Ganzes". Der bekannte Mediziner und Schriftsteller LEWIS THOMAS (1913–1993) schrieb, dass die Erde vom Mond aus betrachtet lebendig erscheint. Die Erde kam ihm beim Betrachten wie eine Art Organismus, wie eine Zelle vor[36]. Andere wie CHARLES DARWIN, der Philosoph HERBERT SPENCER (1820–1903) und VLADIMIR VERNADSKY (1863–1945) haben die Rolle der Lebewesen als geologische Kraft betont.

fen miteinander verknüpft, beeinflussen diese Sphären sich gegenseitig und interagieren wie ein voneinander abhängiges Räderwerk einer großen Uhr. Ihre Wirksamkeit entfalten diese Schleifen jedoch erst nach längeren geologischen Zeitabschnitten, so etwa bei der Silikatverwitterung (▶Kasten Seite 214).

Schon bald hatten sich zwei Gruppen von Gaia-Hypothesen herausgebildet. *Starke Gaia-Hypothesen* besagen, dass Organismen ihre physikalische und chemische Umwelt regulieren und manipulieren, um für sich günstige Lebensverhältnisse zu schaffen, wie etwa die These einer *optimierenden Gaia* postuliert. Noch weiter geht *Omega Gaia*, basierend auf Vorstellungen des französischen Philosophen, Geologen und Paläontologen PIERRE TEILHARD DE CHARDIN (1881–1955, ▶Randspalte). Ihm ging es darum, theologische und naturwissenschaftliche Vorstellungen in Einklang zu bringen. Für ihn war die Evolution ein Fortschreiten des Kosmos samt irdischer Lebewelt und menschlichem Geist hin zu mehr Komplexität und einem finalen Punkt der Erfüllung. Diese Vorstellungen werden von fast allen Unterstützern der Gaia-Hypothese abgelehnt, auch von LOVELOCK und MARGULIS, die nie eine zielgerichtete planetarische Selbstregulation angenommen hatten.

Schwache Gaia-Hypothesen, die heute die meisten Befürworter finden, gehen von der Tatsache aus, dass sich die Zusammensetzung der Lebewelt im Laufe der Erdgeschichte deutlich verändert hat. Schwache Gaia-Hypothesen kommen meist ohne Homöostase aus, das heißt ohne die Vorstellung, dass das Leben das Gleichgewicht des Systems Erde weitgehend selbst regelt. Sie heben hervor, dass sich die Entwicklung des Lebens und seiner abiotischen Umwelt wechselseitig beeinflusst haben müssen. Alle Versionen betonen eine Koevolution von der Lebewelt mit ihrer abiotischen Umwelt. Die These der *beeinflussenden Gaia* spricht von minimalen Einflüssen von Organismen auf Temperatur oder Atmosphäre. Nach anderen Hypothesen wirkt eine sich selbstorganisierende Biosphäre darauf hin, das System in einem Meta-Ausgleichszustand (Äquilibrium) zu halten, der günstig für das Leben ist (selbstregulierende Gaia). Dieser Zustand hat zeitweilig drastische Störungen erfahren, die zu Massensterben führten.

Biochemische Kreisläufe

Unterstützer sehen in biogeochemischen Kreisläufen und Rückkopplungsschleifen eine Bestätigung der Gaia-Hypothese. So spielen Mikroorganismen in Stoffkreisläufen von Stickstoff, Schwefel und Kohlenstoff eine maßgebliche Rolle für Einführung, Herauslösung und Zugänglichmachung von Elementen aus anorganischen Mineral- und Gesteinsverbänden oder Gasen.

Die Zusammensetzung der Erdatmosphäre ist zu einem guten Teil den Bioaktivitäten von Organismen geschuldet (▶Abbildung 9-14 und Randspalte). Mehr als 180 Megatonnen Methan geben Lebewesen jährlich in die Atmosphäre ab, anthropogene Quellen wie Reisanbau und Viehzucht nicht mitgerechnet[37]. Methan reagiert rasch mit dem vorhandenen Sauerstoff. Eigentlich müsste der Sauerstoff aus der Atmosphäre allmählich verschwinden, doch sein Gehalt ist über Hunderte von Millionen Jahren stabil geblieben.

Obwohl die Intensität der Sonneneinstrahlung seit dem Archaikum um 25 Prozent angestiegen ist, blieb die Durchschnittstemperatur auf der Erdoberfläche ziemlich konstant. Bis heute herrschen für das Leben auf der Erdoberfläche günstige Temperaturverhältnisse.

Auch der Salzgehalt in Ozeanen ist über diesen Zeitraum um einen Wert von 3,4 Prozent stabil geblieben, obwohl Flüsse ständig große

Omega-Punkt
So nannte TEILHARD DE CHARDIN das Ziel der Evolution, die bei ihm auch Gott mit einschließt. Der Begriff entspringt der biblischen Offenbarung (Vers 22,13): Ich bin das Alpha und das Omega, der Erste und der Letzte, der Anfang und das Ende[38].

Biogene Spurengase
Die folgenden Gase wären ohne Leben nicht oder nur in winzigen Konzentrationen in der Erdatmosphäre vorhanden (heutige Maximalwerte in ppb, Parts per Billion)[37]:
Methan 1830
Lachgas 320
Kohlenmonoxid 250
Isopren 10
Stickoxide (NO_x) 10
Ammoniak 5
Schwefeldioxid 0,1
Dimethylsulfid 0,06
Schwefelwasserst. 0,04

	Venus	Erde	Mars
Temperatur [°C]	464	15	-63
CO_2 [%]	96,5	0,04	95,32
N_2 [%]	3,5	78,08	2,7
O_2 [%]	0,0	20,95	0,13
H_2O [%]	0,002	1,0	0,021

9-14
Venus-Erde-Mars. Lebewesen sind für den hohen Sauerstoffgehalt der irdischen Atmosphäre verantwortlich. Ohne Biosphäre bestünde die Erdatmosphäre vermutlich größtenteils aus Stickstoff, der CO_2-Gehalt läge vermutlich bei einem Prozent, zusammen mit dem reichlich vorhandenen Wasser genug, um die Temperatur auf der Erde über dem Gefrierpunkt zu halten. Im Vergleich zur Erde existiert auf Venus und Mars kein effizienter Kohlenstoffkreislauf zwischen Lithosphäre und Atmosphäre, weshalb dort der größte Teil des Kohlendioxids in der Atmosphäre verbleibt[37,39].

Mengen an Halogenen und Sulfaten ins Meer transportieren. Seit geologisch langen Zeiträumen ist dennoch die maximale Salz-Toleranzgrenze aller Meereslebewesen von fünf Prozent nicht überschritten worden.

Ein anschauliches Beispiel für die Interaktionen von Mikroorganismen mit ihrer Umwelt liefert die Kalkalge *Emiliana huxleyi* (Ehux), die in der lichtdurchfluteten ozeanischen Deckschicht lebt. Ihr massenweises Auftreten kann zu leuchtend hellen, bis zu 100 000 km² großen Algenteppichen an kontinentalen Schelfrändern und in flachen Schelfmeeren führen (▶Abbildung 9-15)[40].

Diese hellen Algenteppiche reflektieren die Sonneneinstrahlung zurück ins All und reduzieren damit die Erwärmung der Meeresfläche. Als photosynthetisch aktive Organismen entziehen sie der Atmosphäre allein aufgrund ihrer Masse (80–90 Prozent des gesamten Phytoplanktons)[40] riesige Mengen von CO_2, welches im Meerwasser mit Calcium und Calciumhydrat zu Kalk reagiert. Der gebundene Kohlenstoff wird über den marinen Kohlenstoffkreislauf (▶Seite 155) bis auf den Meeresboden transportiert. Schließlich ist Ehux auch ein Glied im Schwefelkreislauf, da es zur Produktion von Dimethylsulfid (DMS) direkt und indirekt beiträgt (▶Seite 210).

Nicht zuletzt – so die Argumentation der Gaia-Befürworter – überstand die Lebewelt gewaltige Umweltkatastrophen und die Erde bewahrte über die ganze Zeit eine habitable Umwelt[34]. So überstand das Leben das mehrfache Überfrieren der Erde im Proterozoikum (▶Seite 225), die gewaltigen Vulkanausbrüche der „Sibirischen Trapp" an der Perm-Trias-Grenze, wodurch zwischen 90 und 95 Prozent aller damaligen Lebewesen ausgelöscht wurden und den Meteoriteneinschlag an der Kreide-Tertiär-Grenze, der zum Aussterben der Dinosaurier und Ammoniten führte (▶Seite 86).

Kritik an der Gaia-Hypothese

Dass Wechselwirkungen zwischen Bio- und Geosphäre bestehen und viele Stoffkreisläufe biogeochemisch gesteuert sind, ist unbestritten. Kritiker wenden sich hauptsächlich gegen die postulierte Existenz eines Superorganismus Erde und die These der Homöostase, also gegen die „starken" Gaia-Hypothesen[43].

Evolutionsbiologisch ist nicht erklärbar, wie ein solcher Superorganismus überhaupt entstehen kann. Es müssten evolutionäre Anpassungsmechanismen bei allen beteiligten Lebewesen im Konzert zusammenwirken, um einen altruistischen Superorganismus zu erzeugen, der sich als Einheit selbst reguliert. Diese Vorstellung ist wenig plausibel. Auch die auf ▶Seite 308 beschriebenen Prozesse der Selektion altruistischen Verhaltens helfen hier nicht weiter. Denn nicht zuletzt fehlt diesem Superorganismus eine wesentliche Eigenschaft aller evolvierten Organismen: er pflanzt sich nicht fort und ist ein Unikat.

Es ist bisher nicht gelungen, nachzuweisen, dass die Erde sich auf die gleiche Weise selbst organisiert, wie man es von Lebewesen kennt (holistisch)[34]. Der Unterschied zu einem sich formierenden Vogelschwarm oder einem wachsenden Kristall besteht ja darin, dass Lebewesen sich gemäß eines vorab festgelegten Bauplans (dem genetischen Code) formieren. Das Versagen eines Teils führt daher in den meisten Fällen zum Tod des Organismus, was man bei einem Vogelschwarm nicht erwarten wird. Viele Fakten sprechen daher eher für die Koevolutionshypothese von unbelebter und belebter Welt, also für die abhängige Evolution mehrerer Organismengruppen.

Das Klima ist in der Erdgeschichte entgegen der Annahme der Gaia-Hypothese auch nicht langfristig stabil genug geblieben, damit eine graduelle Evolution hin zu einem ganzheitlich selbstorganisierten System Gaia stattfinden konnte, sondern hat kurzfristige, rapide Änderungen durchlaufen[44]. Im Gegensatz zur Gaia-

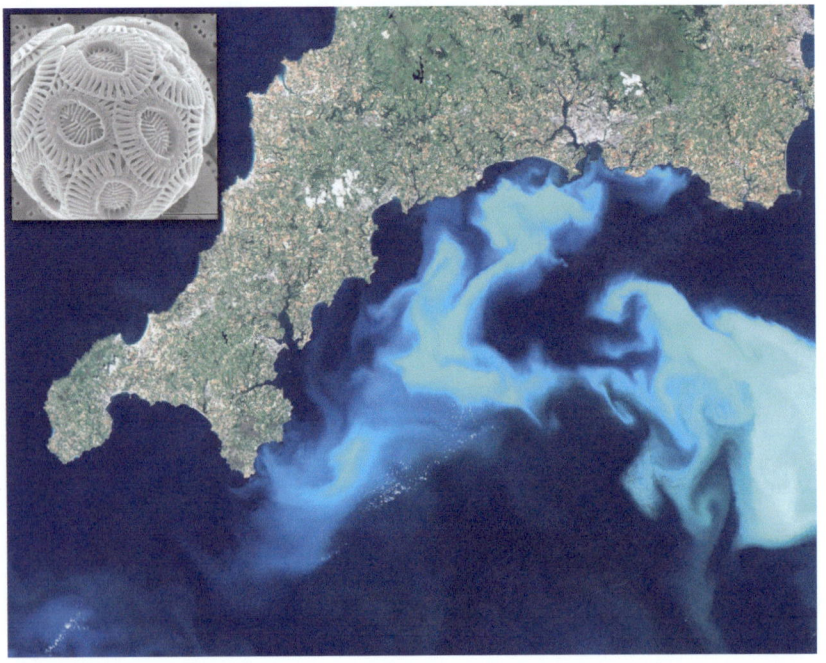

9-15
Emiliana huxleyi. Algenteppiche der Kalkalge *Emiliana huxleyi* vor der Südküste Englands 1999. Die runden Einzeller sind mit winzigen Kalkscheibchen bedeckt (elektronenmikroskopische Aufnahme oben links)[41,42].

Hypothese liefert die Koevolutionshypothese keine Vorhersagen über weitere Ergebnisse dieser Interaktionen. Sie stellt nur fest, dass sich die Lebewelt und die Umwelt verändern und dass diese Änderungen Auswirkungen auf die jeweils andere Welt haben[34].

Inzwischen wächst das Interesse an der Gaia-Hypothese wieder, wenn es darum geht, welche Auswirkungen die menschlichen Eingriffe in natürliche Stoffkreisläufe auf das System Erde haben könnten. Diese Eingriffe beinhalten unter anderem die Förderung von Bodenschätzen, die Freisetzung von umweltschädigenden und klimawirksamen Gasen, die Rodung von Urwäldern oder die übermäßige Düngung. Das gilt auch für die zukünftige Entwicklung des Klimas. Lassen sich diese Auswirkungen mithilfe der Gaia-Hypothese untersuchen und welche schlüssigen Antworten kann sie liefern?

Auch wenn sich einige Annahmen der Gaia-Hypothese bisher kaum beweisen lassen, so hat sie zumindest Anstöße zu neuen Forschungsansätzen der Erdsystemforschung geliefert.

Daisyworld-Modell

> Wer wagt es, sich den donnernden Zügen des Lebens entgegenzustellen? Das Gänseblümchen zwischen den Geleisen (Erich Kästner).

Im Frühling und Sommer sind einige Rasenflächen mit weißen kleinen Blüten übersät, den Gänseblümchen (*bellis perennis*, engl. *daisy*). Diese unscheinbare Pflanze aus der Familie der Korbblütler gilt als Frühlingsbote. Wenn sie im April und Mai eine Wiese mit weißen Tupfern überziehen, ist der Lenz da. Gänseblümchen erfreuen Kinder, was sich in Kinderversen widerspiegelt, die Blumen sind unter zahlreichen anderen Namen wie Maiblume oder Tausendschön bekannt.

Diese Blume wählten ANDRREW WATSON und JAMES LOVELOCK aus, um die Gaia-Hypothese zu erläutern. Sie entwickelten 1983 das mathematische *Daisyworld-Modell* eines erdähnlichen, hypothetischen Planeten, um die Kopplung zwischen Bio- und Geosphäre aufzuzeigen[45].

Auf diesem Planeten existieren nur zwei Lebewesen, dunkle und helle Gänseblümchen. Der Boden ist nicht vollständig bewachsen, zwischen den Pflanzen liegen nackte Bodenflächen. Nicht die Farbe der Blumen ist wichtig, sondern deren

Selbstauslöschung des Lebens?

Bis zum Erscheinen des Buches *Die Medea-Hypothese* (▶Randspalte) des amerikanischen Astrophysikers und Mikropaläontologen PETER DOUGLAS WARD 2009 hielt man eine Auslöschung des irdischen Lebens nur durch kosmische Katastrophen für möglich, entweder durch die sich zum Roten Riesen aufblähende Sonne (▶Seite 67) oder durch einen gewaltigen Meteoriteneinschlag. Doch WARD entwickelt ein Szenario, nach dem sich das Leben selbst auslöscht.

Nach WARD verändert das wiederholte, massenhafte Auftreten von marinen, anaeroben Mikroorganismen den Chemismus des Meerwassers und führt damit zu katastrophalen Umweltveränderungen für andere Organismen. So waren laut WARD Mikroorganismen für die Methanvergiftung vor 3,5 Ga ebenso verantwortlich wie für das Große Oxidationsereignis vor 2,7 Ga (▶Seite 148). Auch die proterozoischen Vereisungen (▶Seite 225) und das größte Aussterbeereignis an der Perm-Trias-Grenze vor 252 Ma sollen auf das Konto von Mikroorganismen gehen.

Laut WARD nahm nach jeder dieser ökologischen Katastrophen die Vielfalt (Diversität) der Lebewesen ab. Ihm zufolge tendiert die Entwicklung des Lebens langfristig dazu, zu einem von Mikroorganismen dominierten Ausgangszustand zurückzukehren.

Albedo, also der Anteil an Sonnenlicht, den sie reflektieren. Helle Gänseblümchen haben im Modell eine Albedo von 75 Prozent, dunkle von 25 Prozent und der nackte Boden von 50 Prozent. Die unterschiedliche Albedo der Blumen sorgt dafür, dass die lokale Temperatur von der Temperatur über dem blanken Boden abweicht. In der Umgebung heller Gänseblümchen ist es kühler als in der Umgebung von dunklen.

Für die Pflanzen beträgt die optimale Wachstumstemperatur 22,5 °C, sie tolerieren aber Temperaturen zwischen 5 und 40 °C. Ähnlich wie auf der Erde steigt auch die Leuchtkraft der Sonne Daisyworlds stetig an. Dennoch gelingt es den Pflanzen, die Temperatur an der Planetenoberfläche über sehr weite Strecken nahezu konstant zu halten (▶Abbildung 9-16, Seite 222). Da die Temperatur in der Umgebung der dunklen

Medea
Medea ist nach der griechischen Mythologie eine Königstochter und die Ehefrau des griechischen Astronauten Jason. Nachdem dieser sie zugunsten einer anderen Frau verlassen hat, tötet sie aus Rache die gemeinsamen Kinder.

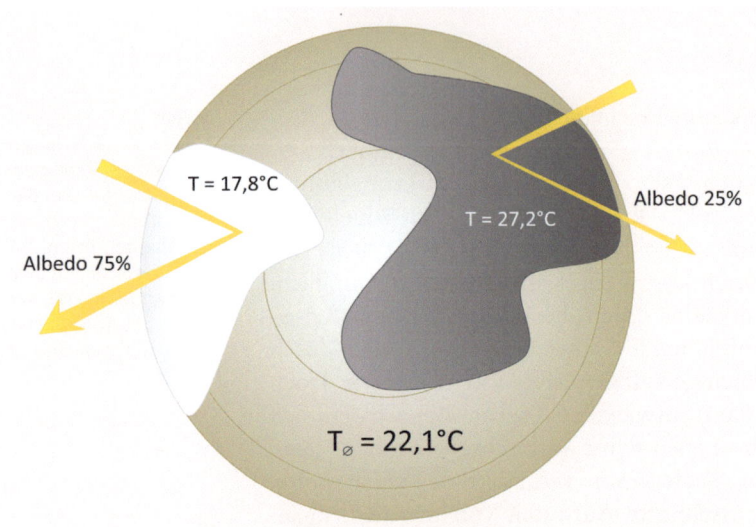

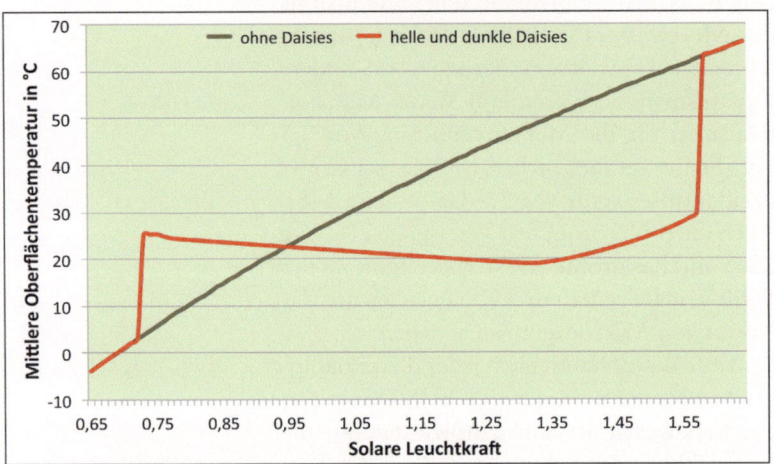

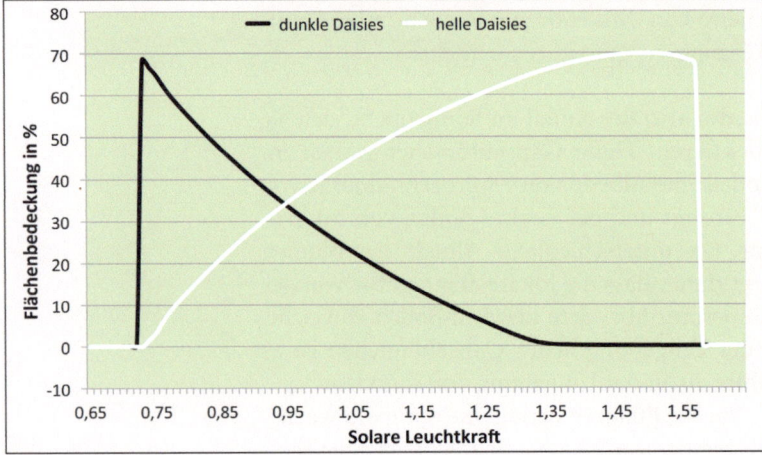

9-16

Daisyworld. LOVELOCKS hypothetischer Planet beherbergt nur dunkle und helle Gänseblümchen (oben). Ihre unterschiedliche Albedo sorgt dafür, dass trotz steigender Leuchtkraft der Sonne (horizontale Achse) die Durchschnittstemperatur auf der Planetenoberfläche über weite Strecken konstant bleibt, da je nach Temperatur eher weiße oder eher dunkle Blumen wachsen (negative Rückkopplung, Mitte). Bei einem unbelebten Planeten würde die Temperatur mit der Leuchtkraft steigen. Die Temperaturangaben im oberen Bild beziehen sich auf eine Leuchtkraft der Sonne von 1 (relative Größe).[45,48]

Blumen höher ist, beginnen diese sich früher und rascher zu vermehren als die hellen Gänseblümchen. Dies reduziert die Albedo des Planeten und dessen Oberflächentemperatur beginnt zu steigen. Bald finden auch die hellen Gänseblümchen optimale Bedingungen vor und vermehren sich. Mit zunehmender Sonneneinstrahlung wird es den dunklen Blumen zu heiß und ihre Ausbreitung nimmt ab. Die hellen Gänseblümchen vermehren sich hingegen weiter und kühlen den Planeten, zumindest solange die Leuchkraft nicht zu stark wird. So gelingt es dem Planeten, mit nichts anderem als einem „Gänseblümchen-Mix" die Temperatur bei sich verändernder Lichteinstrahlung und Erwärmung über Jahrmillionen nahe der Idealtemperatur für Gänseblümchen zu halten. Das ursprüngliche „Monodaisy-Modell" lieferte eine theoretische Basis für die biologische Selbstregulierung eines Planeten und verhalf der Gaia-Hypothese zu Anerkennung.

In späteren Versionen wurde dieses einfache Modell um Hasen erweitert, die Gänseblümchen fressen und um Füchse, die wiederum die Hasen fressen. Damit greifen beide Lebewesen der Hypothese nach auch in die lokale Klimaregulierung ein[34,46]. Bis heute sind insgesamt neun Daisyworld-Modelle mit einer wachsenden Anzahl von Lebewesen veröffentlicht worden. Neuere Versionen haben Vertreter des realen Lebens, nämlich photosynthetisch aktive, autotrophe Lebewesen, primäre und sekundäre heterotrophe Konsumenten (Pflanzen- und Fleischfresser) sowie Destruenten einbezogen, um zu zeigen, wie durch eine selbsterhaltende, sich regulierende Koevolution eine biologische Diversität erhalten bleibt[47].

Claw-Hypothese

„Wie Algen Wetter machen" (Überschrift eines Spiegel-online-Artikels im Januar 2011).

Können Algen wirklich Regen erzeugen, wie der Spiegel feststellt? Wie Forschungsergebnisse zur Ozean-Atmosphären-Interaktion zeigen, regional durchaus! Warum das so ist, hängt mit dem irdischen Schwefelkreislauf zusammen.

Bis Anfang der 1980er Jahre gab es viele ungelöste Fragen hinsichtlich des globalen Schwefelkreislaufs (▶ Seite 160). Schwefel ist für Tiere und Pflanzen ein lebenswichtiges Spurenelement. Doch jährlich werden mehrere Millionen Tonnen Schwefel ins Meer eingebracht, die aus der

Verwitterung von schwefelhaltigen Mineralen und Gesteinen, aus der Freisetzung durch Pflanzen aus dem Boden oder aus der anthropogenen Verbrennung fossiler Brennstoffe stammen. Dadurch verarmt das Festland an diesem Element, während es sich im Meer anreichert. Falls es keinen Mechanismus gäbe, mit dem Schwefel aufs Festland zurücktransportiert wird, würden die terrestrischen Lebewesen zunehmend in lebensbedrohliche Lagen geraten[35].

Mögliche Forschungs- und Lösungsansätze dieser Probleme bot die im Rahmen der Gaia-Hypothese entwickelte und 1987 veröffentlichte CLAW-Hypothese, nach der marine Mikroorganismen im globalen Schwefelkreislauf eine maßgebliche Rolle spielen[49]. CLAW steht für die Familiennamen der vier Verfasser ROBERT CHARLTON, JAMES LOVELOCK, MEINRAT ANDREAE und STEPHEN WARREN.

Mikroalgen und Klima

Zentraler Angelpunkt der Hypothese ist ein angenommener Rückkopplungsmechanismus zwischen Bioaktivitäten mariner Mikroorganismen und dem Klima. Warmes Klima lässt DMSP- und DMS-Erzeuger (▶Seite 210), hauptsächlich marine Mikroalgen, Viren und Zooplankton, üppig gedeihen. Wird es den Mikroorganismen zu warm, steigt die Produktion von DSMP. Dadurch werden große Mengen an DMS ins Meerwasser freigesetzt und es gast in die Atmosphäre aus. Dort bilden seine Reaktionsprodukte entweder selbst Kondensationskeime oder lagern sich an bestehende an. An diesen kondensiert in der Atmosphäre vorhandener Wasserdampf und es bilden sich Wolken. Damit erhöht sich die Albedo, weniger Strahlung erreicht die Erdoberfläche und das Meerwasser kühlt ab. Im kühlerem Wasser vermindert sich die Nährstoffzufuhr aus tieferen Wasserschichten, weil sich die Wasserzirkulation verlangsamt und eine verstärkte Schichtenbildung einsetzt. Deshalb nimmt das Wachstum der DMS-Erzeuger ab, weniger DMS wird erzeugt und es entstehen weniger Wolken. Bedingt auch durch zusätzlichen CO_2-Eintrag in die Atmosphäre und weniger Wolken erwärmt sich das Meer wieder und die Zahl der DMS-Erzeuger steigt wieder an[50,51,35]. Nach der CLAW-Hypothese (und im Sinne von Gaia) halten Mikroorganismen demnach die Umweltbedingungen und das Klima in einem für sie tolerablen Rahmen, indem sie auf Strahlungs-, Temperatur- und Nahrungsstress mit ihrem Wachstum reagieren. Das von marinen Mikroorganismen erzeugte DMS und nicht Schwefelwasserstoff (H_2S), wie Forscher vor der CLAW-Hypothese vermuteten, bildet den Rücktransportmechanismus von Schwefel auf das Festland. Durch marine Mikroorganismen erzeugtes DMS gilt in der Tat als Hauptquelle für Schwefel in der Atmosphäre[52]. Ein Teil der schwefelhaltigen Mikropartikel (Sulfataerosole) werden durch Wind und Wolken aufs Festland verfrachtet, dort bei Regen ausgewaschen und gelangen so in den Boden.

Was ist dran an CLAW?

Fast drei Jahrzehnte nach der ersten Formulierung ist klar, dass die postulierte Wirkkette komplexer und der negative Rückkopplungseffekt schwächer ist als angenommen[53,13]. Insbesondere wirken auf allen Ebenen weitere, teils gegenläufige Effekte. So spielen Meersalz und organische Molekülkomplexe, die durch Wind aus dem Meer in die Atmosphäre gelangen, eine wohl mindestens ebenso große Rolle wie DMS bei der Wolkenbildung[13]. Die DMS-Abgabe in die Atmosphäre hängt auch nicht nur vom Salzgehalt des Meerwassers und der Sonneneinstrahlung, sondern maßgeblich von vernetzten, marinen Lebensgemeinschaften und deren Nahrungsketten ab[35]. Die in den letzten Jahrzehnten gehegte Hoffnung, dass der DMS-Rückkopplungsmechanismus substantiell dazu beitragen kann, die globale Erwärmung zu dämpfen, wird vom IPCC (Intergovernmental Panel of Climate Change) in ihrem jüngsten Report von 2013 daher nicht geteilt[14].

Dennoch hat CLAW Forscher verschiedener Disziplinen zusammengebracht und zu mehr als 1500 wissenschaftlichen Beiträgen geführt[35]. Allerdings konnte nur am *Cap Grim* in Nordwest-Tasmanien bisher eine Rückkoppelung zwischen DMS-Ausgasung und Wolkenbildung nachgewiesen werden. Inzwischen sind für abgelegene Regionen des Südpolarmeers Modelle publiziert worden, die eine Beeinflussung des regionalen Klimas über biogenes DMS in der Atmosphäre nahelegen. Eine wichtige Rolle bei der saisonal schwankenden DMS-Ausgasung spielen die regionale Intensität der Sonneneinstrahlung[50], die Erwärmung der marinen Deckschicht und die

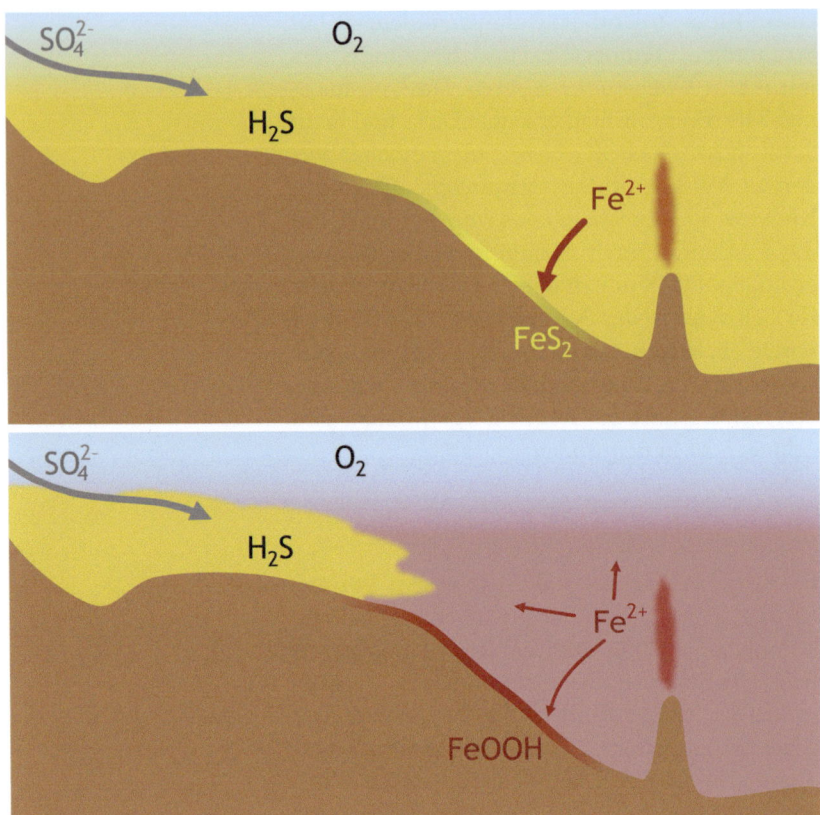

9-17
Canfield-Ozean. CANFIELDS Hypothese (oberes Bild) postuliert einem sauerstofffreien, schwefelhaltigen (euxinischen) Ozean, der nur eine dünne Schicht sauerstoffreichen Oberflächenwassers trägt. In einem solchen Ozean fällt Eisen als Pyrit (FeS_2) aus, was die Produktion von Bändereisenerz unterbindet. Ein weniger extremes Szenario geht von einem Ozean aus, der in der Tiefe zwar anoxisch (sauerstofffrei), aber nur in mittleren Tiefen und Randzonen euxinisch ist. In einem solchen Ozean wird Eisen als Eisenhydroxid gefällt, aber in geringerem Maße als im Canfield-Ozean.[31]

nächst einzelligen Eukaryoten auf. Im Zeitraum zwischen 1800 und 800 Ma, den Paläontologen als die „langweilige Milliarde" (engl. *boring billion*) bezeichnen, schien deren Evolution kaum voranzuschreiten. Erst danach wuchs ihre Menge und Artenzahl deutlich an. Die Ursache für die verlangsamte Evolution ist noch nicht zweifelsfrei geklärt, das gleiche gilt auch für das Verschwinden der Bändereisenerze.

Die Hypothese des amerikanischen Geochemikers DONALD CANFIELD (*1957) von 1998 bot eine Erklärung[55]. Zuvor ging man davon aus, dass der Sauerstoff auch in tiefere Schichten des Ozeans drang, was unter anderem dazu führen musste, dass gelöste Eisenionen als Eisenhydroxide (FeO(OH)) ausfielen und somit für die biogene Bildung von Bändereisenerz-Formationen nicht mehr zu Verfügung standen. Nach CANFIELD erfasste die Sauerstoffanreicherung der Ozeane jedoch nur eine dünne, ozeanische Deckschicht, unter der sich sauerstoffarmes Tiefenwasser befand. Letzteres bildete für aerobe Eukaryoten eine Todeszone und war durch Bioaktivitäten von Schwefelbakterien mit Schwefelwasserstoff (H_2S) angereichert (euxinisch). Aufgrund fehlender Zirkulationen unterblieb ein Absinken von sauerstoffreicherem Wasser in die Tiefe, es herrschte eine stabile Schichtung. Am Meeresboden bildete sich Faulschlamm. Die im tiefen Ozean angereicherten Hydrogensulfid-Ionen (HS^-) ließen Eisen aus Hydrothermalquellen als Eisensulfid (Pyrit, FeS_2) ausfällen, was die Bildung von Bändereisenerz-Formationen verhinderte (▶ Abbildung 9-17, oben).

Der hohe Gehalt an Sulfid verminderte nicht nur die Löslichkeit von Eisen im Wasser, sondern auch anderer Metalle wie Molybdän, welches für die Nutzung (die sogenannte *Fixierung*) von Stickstoff im Zellstoffwechsel wichtig ist. Neben euxinischen Verhältnissen in den Ozeanen kann diese Verarmung an wichtigen Metallen zur verzögerten Entwicklung der Eukaryoten im Proterozoikum beigetragen haben.

In der Tat fand man in Formationen, die zur Zeit des Proterozoikums Meeresgrund bildeten, Biomarker von Schwefelbakterien, die auf einen euxinischen Ozean hinweisen[56]. Ähnliche euxinische Verhältnisse mit erhöhten Anreicherungen von gelöstem Schwefelwasserstoff und Kohlendioxid herrschen gegenwärtig im Schwarzen Meer sowie in kleinen, abflusslosen Binnenseen wie dem Alatsee bei Füssen im Allgäu. Dort liegt

Verbreitung von schwefelhaltigen Mikroorganismen wie Dinoflagellaten und Kalkalgen[52,54]. Algen und Bakterien könnten also zumindest regional für Regentropfen sorgen.

Canfield-Ozean

Die Entwicklung des Lebens vollzog sich anfangs nur im Ozean, und zwar in zwei großen Entwicklungsschritten: In einem praktisch sauerstofffreien Ozean zwischen 3,8 und 2,7 Ga existierten nur einzellige, anoxische Prokaryoten (Bakterien und Archaeen). Die beginnende Anreicherung des Meerwassers mit Sauerstoff im späten Archaikum ab etwa 2,7 Ga führte zum ersten Massensterben und ab 2,45 Ga zum vorläufigen Rückgang der Bändereisenerz-Formationen. Zeitgleich traten die ersten zuin 15–18 m Tiefe eine von Schwefelpurpurbakterien rötlich gefärbte, für die meisten sauerstoffatmenden Lebewesen lebensbedrohende Schicht. Zeitweilige Aufwellungen von Tiefenwasser führen zu einer Rotfärbung der Seeoberfläche. Diese spielt in einem auch verfilmten Regionalkrimi eine wichtige Rolle.

Der für die Produktion von Schwefelwasserstoff notwendige Schwefel stammte im Proterozoikum vom Festland. Die Sauerstoffanreicherung der Atmosphäre führte dort zu verstärkter Verwitterung von Pyrit. Dadurch wurden Sulfationen (SO_4^{2-}) freigesetzt und über Flüsse ins Meer eingetragen (▶ Abbildung 7-29, Seite 162).

Obwohl der Canfield-Ozean überzeugende Erklärungen für die „langweilige Milliarde" und das (weitgehende) Ende von Bändereisenerz-Formationen ab etwa 2 Ga liefert, spricht manches auch gegen eine völlige „Verschwefelung" der Ozeane. So würde der Verlust an wichtigen Metallen wie Eisen und Molybdän nicht nur die Eukaryoten treffen, sondern die Bioaktivitäten aller Organismen einschränken. Damit ist fraglich, ob die für einen euxinischen Ozean erforderliche hohe Bioaktivität für so lange Zeit aufrechterhalten werden konnte. Auch ist nicht klar, ob die bisherigen Funde repräsentativ sind für den freien Ozean und nicht vielmehr lokale Verhältnisse in Buchten oder Becken repräsentieren, die von der Zirkulation abgeschnitten waren[31]. Es scheint zudem, dass Analysen der Isotopenverhältnisse von Molybdän zwar mit einem anoxischen tiefen Ozean verträglich sind, nicht aber mit einem flächendeckend euxinischen[57]. Viele Forscher halten daher ein weniger extremes Szenario für wahrscheinlicher (▶ Abbildung 9-17, unten). Während weite Bereiche der mittleren Tiefen der Ozeane euxinisch waren, gab es darunter anoxische Zonen, in denen Metalle wie Eisen und Molybdän in gelöster Form biologisch verfügbar blieben[58,31].

Auch im Phanerozoikum (ab 541 Ma bis heute) traten mehrmals anoxische und möglicherweise sogar euxinische Verhältnisse in den Ozeanen auf, so zur Zeit des katastrophalen Massenaussterbens an der Grenze zwischen Perm und Trias[31] (▶ Seite 200) oder an der Devon-Karbon-Grenze. Die todbringenden Gase aus euxinischen Ozeanen könnten dabei zum Massensterben beigetragen haben[59]. Im Mesozoikum lassen sich noch mehrere kleine Aussterbeereignisse mit anoxischen Ozeanen zeitlich verknüpfen[60].

Schneeball-Erde

Das Überleben auf einem Eisplaneten

Das Leben entstand vor etwa 3,8 Milliarden Jahren in Form von einzelligen Prokaryoten, die im Meer lebten. Etwa 1,5 Milliarden Jahre später im Proterozoikum waren die Lebewesen intensiven Vereisungen der Ozeane ausgesetzt, möglicherweise verwandelte sich der Planet Erde sogar in eine „Eiskugel". Für diesen Zustand prägte der amerikanische Geophysiker JOSEPH KIRSHVINK (*1953) die Bezeichnung *Snowball-Earth* (Schneeball-Erde). Dass Mikroorganismen in eisigen Lebensräumen überdauern können, zeigten spektakuläre Funde von lebendigen 2800 Jahre alten Bakterien in dem stark salzhaltigen anoxischen Lake Vida unter der antarktischen Eisdecke[61]. In einem weiteren antarktischen See (Lake Whillans) konnten Mikrobiologen unter einer 800 m mächtigen Eisdecke mindestens 3931 lebende Mikrobenarten nachweisen[62].

Diese Funde belegen, dass bestimmte Mikroorganismen in der Lage sind, in eisigen, lichtlosen, sauerstoffarmen Lebensräumen einige Tausende, vielleicht sogar einige Hunderttausende Jahre zu überstehen. Doch die Vereisungsphasen im Proterozoikum dauerten teils viele Millionen Jahre. Die damalige mikrobielle Lebewelt überstand nicht nur drei langandauernde Klimakatastrophen, sondern erfuhr zwischen den Vereisungsphasen und nach der letzten globalen Vereisung bedeutende Entwicklungsschübe hin zu Mehrzellern und Eukaryoten (Ediacara-Fauna, ▶ Seite 181).

Proterozoische Vereisungen

Proterozoikum
2500 – 541 Ma

Ausgangspunkt der Schneeball-Hypothese war die Entdeckung glazialer Ablagerungen, deren Magnetisierung darauf schließen ließ, dass sie im späten Proterozoikum in Äquatornähe entstanden. Nach theoretischen Überlegungen des weißrussischen Klimatologen MIKHAIL IVANOVICH BUDYKO (1920–2001) wäre eine völlige Vereisung der Erde praktisch unvermeidlich, sobald die Erde bis hinab zum dreißigsten Breitengrad mit Eis bedeckt ist. Die damit verbundene Erhöhung des Albedo der Erde führt zu einer weiteren Abkühlung, bis auch äquatornahe Bereiche dauerhaft vereisen. Paläoklimatologen gehen heute

Neoproterozoikum
1000 – 541 Ma

Cryogenium
720 – 635 Ma

von zwei bedeutenden Vereisungsperioden im Proterozoikum aus (▶Abbildung 9-18).

Die *Huronische Vereisung* erhielt ihren Namen von heute noch sichtbaren glazialen Ablagerungen nördlich des Huronsees in Kanada. Die in der südafrikanischen Transvaal-Provinz gefundenen Spuren der *Makganyene-Vereisung* liegen am jüngeren Ende der gleichen Zeitperiode, weshalb beide Bezeichnungen oft synonym verwendet werden. Es war die intensivste und längste Vereisungsperiode der Erdgeschichte (ca. 2,45 – 2,21 Ga). Die letzte quartäre Vereisung, die Weichsel- oder Würm-Eiszeit dauerte dagegen nur rund 100 000 Jahre.

Etwa 1,2 Milliarden Jahre später durchlebte die Lebewelt im Neoproterozoikum zwei weitere globale Vereisungsphasen mit zwei Gletschervorstößen bis in die Äquatorregion, nämlich die *Sturtische Vereisung* (zwischen 716 Ma und 660 Ma) und die *Marinoische Eiszeit* (zwischen 655 und 635 Ma)[63,64]. Aufgrund dieser beiden Vereisungen heißt der vorletzte Abschnitt des Proterozoikums das *Cryogenium*.

Mitten ins Ediacarium (▶Seite 181) fällt die kürzeste Vereisung, die *Gaskiers-Vereisung* (582 – 580 Ma). Sie hatte nur eine geringe Ausdehnung, äquatornahe Gebiete waren wohl nicht betroffen[63].

Geologische Hinweise

Zeugnisse für diese lange zurückliegenden Eiszeiten sind alte glaziale Geschiebemergel (Tillit), Sinksteine (engl. *dropstones*) sowie jahresgeschichtete Sedimente (Bändertone) am Boden ehemaliger Eisstauseen an Gletscherrändern aus dem Präkambrium. Zeugnisse glazialer Ablagerungen aus dieser Zeit wurden inzwischen überall auf der Erde gefunden[65,66], auch in Gegenden, die damals dicht am Äquator lagen[67].

Da mit zunehmender Eisbedeckung des Meeres auch die Photosynthese abnimmt, sinkt der Anteil des nicht organisch gebundenen Kohlenstoffisotops ^{13}C ebenfalls. Organismen nehmen bevorzugt das leichtere ^{12}C auf, weshalb das Verhältnis $^{13}C/^{12}C$ bei hoher biologischer Aktivität im Meerwasser steigt, bei sinkender Aktivität sinkt. Untersucht man kohlenstoffhaltige Sedimente aus der Zeit der Vereisungen, stellt man einen starken Abfall des ^{13}C-Anteils fest[68]. Am Ende der neoproterozoischen Vereisungen lagerten sich weltweit große Mengen an Carbonaten direkt über den glazialen Sedimenten ab. Man nennt diese Schichten daher *cap carbonates* (*cap*, engl. Kappe). Sie entstanden, weil die sehr rasche Gletscherschmelze auf dem Land und in Flachwassergebieten große Gebiete freilegte, die rasch verwitterten und dadurch Carbonate in das Meerwasser einbrachten.

Vereisung durch Sauerstoff

Über die Ursachen dieser globalen Vereisungen herrscht noch keine vollständige Klarheit. Offensichtlich ist, dass die Huronische Vereisung in Zusammenhang mit dem Großen Oxidations-

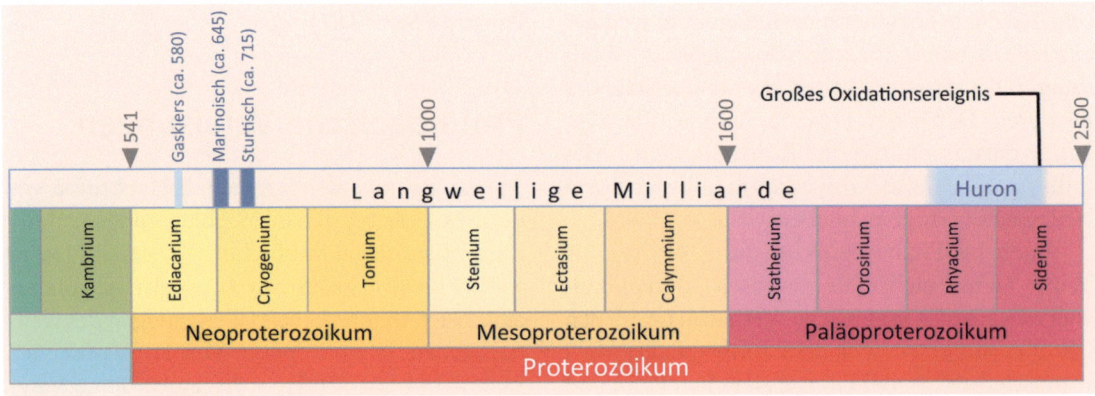

9-18

Frühe globale Eiszeiten. Die frühe Huronische Eiszeit steht im Zusammenhang mit dem Großen Oxidationsereignis (engl. *great oxygenation event*, GOE). Durch den Anstieg des Sauerstoffgehalts der Atmosphäre oxidierte das Treibhausgas Methan, die Erde kühlte sich ab. Die späteren globalen Eiszeiten stehen wohl in Zusammenhang mit dem Auseinanderbrechen des Superkontinents Rodinia. Unter Umständen kam es während der Marinoischen und Sturtischen Eiszeit zu einer globalen Eisbedeckung der Erde einschließlich ihrer Ozeane (Schneeball-Erde), aber vermutlich war in tropischen Breiten die Bedeckung der Ozeane nicht vollständig (Schneematsch-Erde, ▶Seite 229).

Diamiktite, Tillit und Sinksteine

Als *Diamiktite* werden Mischungen aus verschieden großen und unterschiedlich geformten Gesteinsbrocken bezeichnet, die in eine feinkörnige Grundmasse wie Ton eingebettet sind. Da Eisströme Gesteine aus dem Untergrund lösen und mitnehmen, findet man Diamiktite vor allem in den Seiten- oder Endmoränen von Gletschern, es gibt aber auch andere Entstehungsprozesse. *Tillit* nennt man die Ablagerungen an Gletscherrändern aus frühen Eiszeiten der Erdgeschichte.

Sinksteine (▶ Abbildung 9-19) sind isolierte Gesteinsbrocken, die in marine Sedimente eingelagert und offensichtlich senkrecht auf den Meeresgrund gefallen sind, da unter ihnen der Boden eingedrückt ist. Sie wurden durch Gletscher im Eis mitgeführt und fielen nach deren Abschmelzen auf dem Meer aus.

9-19
Sinkstein[70]. Glazialer Sinkstein (*dropstone*) aus dem Perm (298,9–252,17 Ma). Fundort: Wasp Head Formation, New South Wales, Australien.

ereignis steht (▶ Seite 148). Die Anreicherung von Sauerstoff in der Atmosphäre ließ die Konzentration des sehr wirksamen Treibhausgases Methan sinken, da es durch Sauerstoff rasch zu CO_2 oxidiert wird. Gleichzeitig gibt es Anhaltspunkte dafür, dass die Silikatverwitterung (▶ Kasten Seite 214) durch aufsteigende Flutbasalte zunahm, wodurch der Atmosphäre CO_2 entzogen wurde[69], was zu einer weiteren Abkühlung führte. Auch die große Landmasse des wohl ersten Superkontinents Superia, der um 2,45 Ga seine größte Ausdehnung erreichte, wird zu einer verstärkten Verwitterung beigetragen haben. Bei sinkenden Temperaturen lässt die Verwitterung nach, und natürlich auch, wenn die Eisbedeckung auf dem Land zunimmt. Durch vulkanische Aktivitäten kann daraufhin der CO_2-Gehalt der Atmosphäre wieder steigen. In Summe kann es also zu zyklischen Vereisungsperioden kommen. Und in der Tat bestand die Huronische Vereisung aus mindestens drei Schüben mit wärmeren Zwischenperioden. Der Zyklus endete mit dem Auseinanderbrechen von Superia nach 2,45 Ga.

Insgesamt ist der Bildungsprozess dieser ersten großen Vereisung der Erdgeschichte noch nicht gut verstanden, selbst über die genaue zeitliche Ausdehnung gibt es unterschiedliche Vorstellungen[66]. Und obwohl zumindest die Makganyene-Vereisung Äquatorregionen erreichte, weiß man nicht, ob sich schon damals eine Schneeball-Erde bildete oder äquatornahe Meeresflächen eisfrei blieben.

Neues Eis

Die Sturtische und Marinoische Vereisung fallen beide in die Zeit des langsamen Zerfalls des Superkontinents Rodinia ab 750 Ma (▶ Abbildung 9-20).

Während dieser Zeit befand sich der größte Teil der Landmassen in niederen Breiten unterhalb 45° nördlicher und südlicher Breite[63]. Zur Zeit der Sturtischen Vereisung bildeten auf Rodinia Flutbasalte die *Große Magmatische Provinz Franklin* (engl. *large igneous province*, LIP), es entstand eine über 2 Millionen km² große Fläche basaltischen Gesteins in Äquatornähe[71].

Das tropisch feucht-heiße Klima förderte die Silikatverwitterung der weit verbreiteten Basalte. Die hellen, äquatornahen Landmassen trugen zusätzlich zu einem wachsenden Albedoeffekt bei. Die im Neoproterozoikum zunehmende Biodiversität könnte zudem dazu geführt haben, dass photosynthetisch aktive Mikroorganismen der Atmosphäre und dem Meer mehr Kohlendioxid entzogen als zuvor[72]. Wie bereits bei

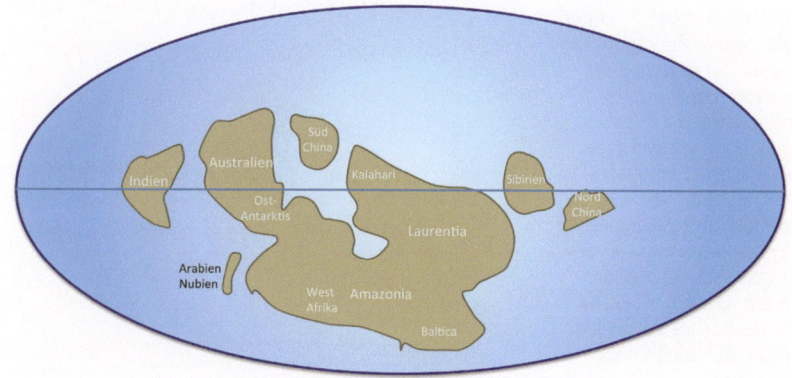

9-20
Rodinia[63]. Der auseinanderbrechende Superkontinent Rodinia zur Zeit der Marinoischen Vereisung (635 Ma).

Kippende und taumelnde Erde

Äquatornahe Vereisungen könnten auch die Folge einer stärkeren Neigung der Erdachse gegenüber der Ekliptik (▶ Seite 84) in präkambrischer Zeit gewesen sein. Eine solche Neigung hätte die Sonneneinstrahlung am Äquator zumindest in den Wintermonaten erheblich reduziert. Damit ließen sich auch jahreszeitliche Variationen der Temperatur erklären[73]. Für das Aufrichten der Erdachse in ihre heutige Lage käme praktisch nur ein Meteoriteneinschlag in Frage, zum Beispiel um 570 Ma (Shuram-Event). Gegen andere Mechanismen sprechen physikalische Gründe[74]. Eine stark geneigte Erdachse steht allerdings auch im Widerspruch zu paläomagnetischen Sedimentanalysen[75].

Aber nicht nur ein Kippen der Erdachse oder die Plattentektonik (▶ Seite 81) vermag Kontinente von einer polnahen in eine äquatornahe Position (und umgekehrt) zu befördern. Die Drehachse der Erde fällt nämlich aufgrund der variablen Masseverteilung des Systems Erdkörper-Ozeane-Atmosphäre nicht exakt mit einer der Hauptträgheitsachsen zusammen – die Erde „eiert" (▶ Abbildung 9-21). Zwei periodische Bewegungen im Zwölf- und Vierzehn-Monatsrhythmus (letzteren nennt man nach einem seiner Entdecker den Chandler-Wobble) sind eine Folge jahreszeitlicher Schwankungen der Atmosphäre und Ozeane. Überlagert ist eine sehr langsame Rotation der Erde, die den Nordpol um etwa 10 cm pro Jahr in Richtung 80° West bewegt, die Orientierung der Drehachse im Raum ist davon nicht berührt. Diese Bewegung ist eine Folge von Masseverlagerungen durch die letzten großen Vereisungen im Pleistozän. Man nennt solche Bewegungen der Erdkugel *echte Polwanderung* (engl. *true polar wander*, TPW), gegenüber *scheinbaren Polwanderungen* (engl. *apparent polar wander*, APW), die bei paläomagnetischen Messungen auftreten, weil sich die Lithosphärenplatten relativ zu den magnetischen Polen bewegen.

Änderungen der Konvektionsbewegungen des Mantels (▶ Seite 81) können Millionen von Jahren dauern und ebenfalls zu echten Polwanderungen führen. Paläomagnetischen Messungen und theoretischen Analysen zufolge wären Polwanderungen von 5°–20° in der letzten Jahrmilliarde der Erdgeschichte möglich, ein kleiner Wert gegenüber der Drift der Kontinente durch Plattentektonik.

Ein spezieller Effekt, der sogenannte *inertial interchange true polar wander* (IITPW) kann dazu führen, dass die Erde um 90° „kippt". Gewöhnlich richtet sich ein frei drehender Körper so aus, dass die Achse des größten Hauptträgheitsmoments mit der Drehachse zusammenfällt. Übernimmt durch eine Änderung der Masseverteilung das nächstgrößere Hauptträgheitsmoment diese Rolle, so dreht sich der Körper um 90°, womit dieser parallel zur Drehachse liegt. Diese Rotation verläuft in geologischen Maßstäben schnell und dauert weniger als 20 Millionen Jahre. Möglicherweise unterlag die Erde im Neoproterozoikum einem oder sogar mehreren dieser IITPWs[77,78,79].

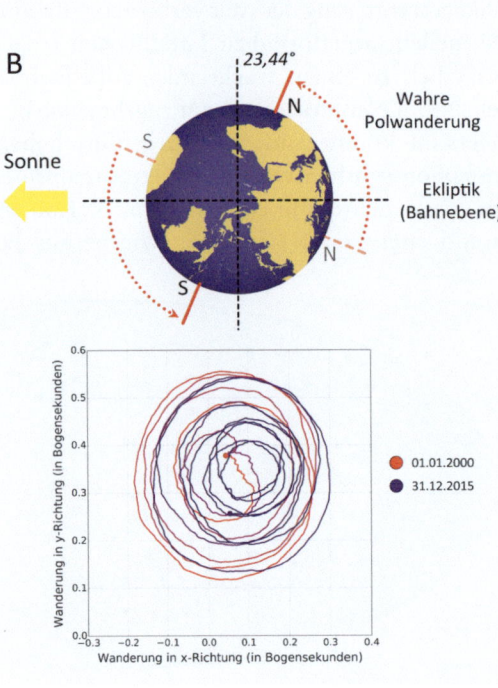

9-21 Echte Polwanderung. Die Drehachse der Erde ist gegenüber der Erdbahnebene um derzeit 23,44° geneigt (A), was uns die Jahreszeiten beschert (▶ Seite 84). Aufgrund von Asymmetrien in der Masseverteilung des Systems Erde fallen Hauptträgheits- und Drehachse der Erde nicht exakt zusammen, die Erdkugel „eiert" periodisch um die Drehachse und dreht sich gleichzeitig um etwa 10 cm (0,003 Bogensekunden) pro Jahr in Richtung 80° W. Man spricht von echter Polwanderung. Die Kurve unten zeigt die Polwanderung 2000–2015[76]. Unter bestimmten Bedingungen, wie sie möglicherweise im Proterozoikum vorlagen, kann die Erde auch innerhalb weniger Jahrmillionen um bis zu 90° „kippen" (B)[77,78,79]. Vormals am Nordpol liegende Kontinente würden sich am Äquator wiederfinden. Die Orientierung der Drehachse gegenüber der Ekliptik bleibt davon unberührt.

der Suche nach den Ursachen der Huronischen Vereisung sind auch die Gründe der neoproterozoischen Eiszeiten alles andere als klar. So sind Lage und plattentektonische Bewegung Rodinias vor und während dieser Zeit unsicher. Geochronologische und paläomagnetische Daten sprechen dafür, dass große Teile Rodinias vor der Sturtischen Vereisung in Polnähe lagen. Die vermeintlich rasche Drift in Richtung Äquator könnte in diesem Fall Folge einer sogenannten *echten Polwanderung* gewesen sein, die polnahe Landmassen innerhalb weniger Jahrmillionen an den Äquator befördert (▶Kasten Seite 228).

Als letzte neoproterozoische Vergletscherung trat die Gaskiers-Vereisung mitten im Ediacarium ein. Sie war mit einer Dauer von ein bis zwei Millionen Jahren zwar die kürzeste der drei neoproterozoischen Vereisungen, bewirkte aber das Aussterben der ersten tierischen Einzeller, der Acritarchen.

Das Überleben auf einem Eisplaneten

Photosynthetisch aktive Mikroorganismen entstanden vor den proterozoischen Vereisungen, als womöglich selbst äquatornahe Ozeane mit einer mächtigen Eisdecke überzogen waren. Wie vermochten Organismen diese Eiswelt zu überleben?

Die damalige Lebewelt bestand ausschließlich aus Einzellern, nämlich Prokaryoten (Bakterien und Archaeen) sowie den ersten Eukaryoten (unter anderem Algen und später auch Schwämme). Von diesen Organismen konnten einige in Extremräumen überleben.

Für anaerobe Prokaryoten böten hydrothermale nährstoffreiche Quellen, wie sie gegenwärtig an submarinen Vulkanrücken existieren, einen möglichen Überlebensraum. Da eukaryotische, photosynthetisch aktive Einzeller wie Rot- oder Braunalgen die harschen Umweltbedingungen der Vereisungsperioden überdauerten, müssen Rückzugsräume mit Licht vorhanden gewesen sein. Eine vollständig zugefrorene Erde würde solche Refugien nicht bieten. Der amerikanische Geologe RICHARD COWEN (*1940) schlug 2001 daher die sogenannte *Soft-snowball-earth*- oder *Slushball-earth-Hypothese* (engl. *slush*, Schneematsch) vor. Große Meeresflächen um den proterozoischen Äquator unterhalb von 13° nördlicher und südlicher Breite sollten danach nicht eisbedeckt gewesen sein, oder die Eisbe-

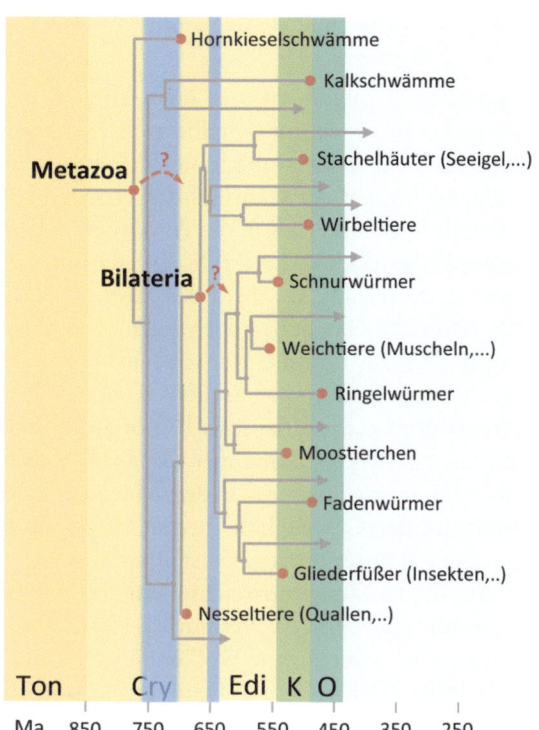

deckung war weniger als zwei Meter mächtig, wie die *Thin-ice-Hypothese* von POLLARD und KASTING[80] annimmt. Wie in der heutigen Antarktis hätten sich dann zahllose nährstoffreiche Spalten oder kleine eisfreie Flächen gebildet, die sauerstoffnutzenden Eukaryoten wie Eisalgen Überlebensräume geboten hätten[81]. Weitere Überlebensoasen bildeten möglicherweise kalte Fluidaustritte (*cold seeps*), an denen nährstoffreiches Tiefenwasser aufstieg[82].

Gerade im Cryogenium und unmittelbar danach erlebten die Eukaryoten deutliche Evolutionsschübe (▶Abbildung 9-22). Im Cryogenium spalteten sich Algen in mehrere Arten auf und es entstanden mit Schwämmen (*Porifera*) und Nesseltieren (*Cnidaria*) die ersten Vielzeller (Metazoa), wenngleich die genaue stammesgeschichtliche Einordnung beider umstritten ist (▶Randspalte). Auch Stromatolithe (▶Seite 239) nach den cryogenzeitlichen Vereisungen besaßen einen völlig anderen Aufbau als zuvor[82]. Unter Umständen entwickelten sich auch die Zweiseitentiere (Bilateria) bereits im Cryogenium, spätestens jedoch im darauffolgenden Ediacarium. Zu den Bilateria gehören alle Tiere, die aus spiegelbildlichen Körperhälften bestehen. Dazu gehören neben den Wirbeltieren auch die Insekten, die Weichtiere und die meisten anderen Tierarten um uns herum.

9-22
(Prä)kambrische Evolution[83]. Vielzeller (Metazoa) entstanden frühestens vor den Vereisungen im Cryogenium und erste Zweiseitentiere (Bilateria), zu denen auch die Wirbeltiere gehören, kamen frühestens zwischen den Eiszeiten auf. Andere Analysen legen das Aufkommen der Metazoa zwischen die Eiszeiten und das der Bilateria ins Ediacarium[84]. Schwämme tauchten bereits im Cryogenium auf[85,86,87]. Im Kambrium entstanden fast alle heute bekannten Tierstämme.
Zeitperioden:
Ton - Tonium
Cry - Cryogenium
Edi - Ediacarium
K - Kambrium
O - Ordovizium

Schwämme oder Rippenquallen zuerst?
Im allgemeinen betrachtet man die Schwämme als Schwestergruppe aller anderen Tiere, inklusive der Bilateria und Nesseltiere. Die sogenannten Rippenquallen (*Ctenophora*) wusste man lange nicht recht einzuordnen, da sie Merkmale sowohl mit Nesseltieren als auch Bilateria gemeinsam haben. Neuesten phylogenetischen Analysen zufolge könnten Rippenquallen ganz vorn im Stammbaum stehen, als Schwestergruppe aller anderen Tiere einschließlich der Schwämme[88].

Abruptes Ende der Vereisungen

Simulationen zeigen, dass es nicht einfach ist, eine ganz oder auch nur beinahe vollständig zugefrorene Erde wieder aufzutauen[89]. Eine große Rolle dabei spielt der während der Vereisungen steigende Gehalt an CO_2 in der Atmosphäre. Unter der Eisbedeckung dauert die Exhalation von vulkanischem CO_2 an; das über Jahrmillionen angesammelte Gas wird aber wegen der hohen Trockenheit der Luft nicht durch Niederschläge aus der Atmosphäre gewaschen. Analysen des Gehalts des Sauerstoffisotops ^{17}O in Sulfaten[90] und des pH-Wertes damaliger Ozeane[91] lassen den Schluss zu, dass nach der Marinoischen Vereisung der CO_2-Gehalt in der Atmosphäre auf über ein Prozent stieg. Es ist allerdings zweifelhaft, ob die Menge ausreichte, um die globale Vereisung zu beenden[92]. Vermutlich traten noch weitere Effekte hinzu, wie Wolkenbildung[93] und Bedeckung des Eises durch Staub aus kontinentalen, eisfreien Kaltwüsten.

Die bereits erwähnten, teils über 30 m mächtigen *cap carbonates* sprechen dafür, dass der Schmelzprozess sehr rasch fortschritt. Innerhalb von Jahrhunderttausenden zogen sich die Gletscher weit zurück und gaben riesige Gebiete der Verwitterung durch den einsetzenden sauren Regen preis. Das gelöste Carbonat und andere Sedimente lagerten sich auf den Gletschermoränen ab, die aufgrund des gestiegenen Meeresspiegels in flachen Meeresbecken lagen. Die ebenfalls ins Meer gespülten Mengen an anderen Mineralen und insbesondere an Phosphor dienten einer aufblühenden Lebewelt als Nährstoffe.

Anhaltender Eintrag von Sauerstoff über Jahrmillionen in Atmosphäre und Ozeane führten zur Oxidation des angesammelten organischen Kohlenstoffs und damit zur Rückkehr zu einem stabilen Kohlenstoffzyklus bis heute. Oxygenierung der Ozeane und der Atmosphäre sowie die Entwicklung von Metazoen änderten die damaligen Ökosysteme so grundlegend, dass es in den nachfolgenden Jahrmillionen niemals mehr zu einer „Snowball-Earth" kam.

Zwei Untrennbare

1 Kasang D., Wechselwirkungen zwischen Ozean und Atmosphäre. Hamburger Bildungsserver bildungsserver.hamburg.de/ozean-und-klima/2069984/ozean-atmosphaere-artikel (09.03.2015).
2 Ozean im Klimasystem. klimawiki.org/klimawandel/index.php/Ozean_im_Klimasystem (09.03.2015).
3 Lemke P., Die Wetter- und Klimamaschine. Eine Einführung. klimafakten.de/meldung/die-wetter-und-klimamaschine-eine-einfuehrung (26.03.2016).
4 Lauer W., Bendix J., (2006) Klimatologie. Westermann, Braunschweig.
5 Golfstrom, de.wikipedia.org/wiki/Golfstrom. (27.03.2016).
6 Kernkraftwerk, de.wikipedia.org/wiki/Kernkraftwerk. (27.03.2016).
7 Grafik basierend auf: commons.wikimedia.org/wiki/File:Thermohaline_Circulation.svg, ©/Authors: Canuckguy & Robert Simmon, NASA.
8 Kiehl J.T., Trenberth K.E., (1997) Earth's annual global mean energy budget. American Meteorological Society, Vol. 78, S. 197–208.
9 Sauerstoff – Renaissance einer hydrographischen Messgröße. World Ocean Review, worldoceanreview.com/wor-1/meer-und-chemie/sauerstoff/2/ (02.04.2016).
10 Kirst G.O., Thiel C., Wolff H., Nothnagel J., Wanzek M., Ulmke R., (1991) Dimethylsulfoniopropionate (DMSP) in ice algae and its possible biological role. Marine Chemistry 35/1-4, S. 381–388.
11 Sunda W., Kieber D.J., Kiene R.P., Huntsman S., (2002) An antioxidant function for DMSP and DMS in marine algae. Nature 418, S. 317–320.
12 Lana A. et al., (2011) An updated climatology of surface dimethylsulfide concentrations and emission fluxes in the global ocean. Global Biogeochemical Cycles 25.
13 Quinn P.K., Bates T.S., (2011) The case against climate regulation via oceanic phytoplankton sulphur emissions. Nature 480, S. 51–56.
14 IPCC, (2013) Climate Change 2013: The Physical Science Basis. Working Group I Contribution to the Fifth Assessment Report of the Intergovernmental Panel on Climate Change. IPCC, Genf.
15 Clarkson M.O. et al., (2015) Ocean acidification and the Permo-Triassic mass extinction. Science 348/6231, S. 229–232.
16 Grasby S.E., Sanei H., Beauchamp B., (2015) Catastrophic dispersion of coal fly ash into oceans during the latest Permian extinction. Nature Geoscience. 4, S. 104–107.

Von der Höllenluft zur Atemluft

17 Williams Q., (2009) Water, the Solid Earth, and the Atmosphere: The Genesis and Effects of a Wet Surface on a Mostly Dry Planet. In: Treatise on Geophysics, Vol. 9, S. 121–139.
18 Tian F. et al., (2013) Atmosphere Escape and Climate Evolution of Terrestrial Planets. In: Comparative Climatology of Terrestrial Planets. The University of Arizona Press, Tuscon.
19 Sheldon N.D., (2006) Precambrian paleosols and atmospheric CO2 levels. Precambrian Research 147/1–2, S 148–155.

20 Kasting J.F., Eggler D.H., Raeburn S.P., (1993) Mantle redox evolution and the oxidation state of the Archean atmosphere. Journal of Geology 101, S. 245–257.
21 Kanzaki Y., Murakami T., (2015) Estimates of atmospheric CO_2 in the Neoarchean–Paleoproterozoic from paleosols. Geochimica et Cosmochimica Acta, 159, S. 190-219.
22 Berner R.A., (2006) GEOCARBSULF: A combined model for Phanerozoic atmospheric O_2 and CO_2. Geochimica et Cosmochimica Acta 70, S. 5653-5664.
23 Royer D., (2006) CO_2-forced climate thresholds during the Phanerozoic. Geochimica et Cosmochimica Acta 70, S. 5665–5675.
24 Holland H.D., (2006) The oxygenation of the atmosphere and oceans. Philosophical Transactions of the Royal Society B 361, S. 903–915.
25 Saltzman M.R. et al., (2011) Pulse of atmospheric oxygen during the late Cambrian. PNAS 108/10, S-3876–3881.
26 Author/© Glenn Fergus, GERG'S NET: Temperature of Planet Earth. gergs.net/2015/06/updating-the-geological-temperature-plot/all_palaeotemps, (01.08.2016).
27 Global Sea Level Fluctuations, commons.wikimedia.org/wiki/File:Phanerozoic_Sea_Level.png. (04.08.2016).
28 Miller K.G., et al., (2005) The Phanerozoic Record of Global Sea-Level Change. Science 310, S. 1293–1298.
29 Foto: ©/Autor G. Thomas, en.wikipedia.org/wiki/File:StevensArchUT.jpg.

System Erde

30 Lenton T., (2003): Gaia Hypothesis. Encyclopedia of Atmospheric Sciences 2. Academic Press, London.
31 Knoll A.H., Canfield D.E., Konhauser K.O., (2013) Fundamentals of Geobiology. Wiley-Blackwell, Oxford.
32 Teresi D., Margulis L., (2011) Lynn Margulis says she's not controversial, she's right. In: Discover, http://discovermagazine.com/2011/apr/16-interview-lynn-margulis-not-controversial-right (05.04.2016).
33 Pronk J., (2002) The Amsterdam Declaration on Global Change. In: Challenges of a Changing Earth, Proceedings of the Global Change Open Science Conference, Amsterdam, The Netherlands, 10–13 July 2001, Teil IV, S. 207–208.
34 Tyrrell T., (2013) On Gaia: A critical investigation of the relationship between life and earth, Princeton University Press.
35 Nunes-Neto N.F., Santos do Carmo R., El-Hani Ch.N., (2009) The relationship between marine phytoplankton, dimethylsulfide and the global climate: The CLAW-hypothesis as a Lakathosian progressive problem shift. In: Marine Phytoplankton, Nova Science Publishers.
36 Thomas L., (1974) The Lives of a Cell. The Viking Press, New York.
37 Schlesinger W.H., Bernhardt E.S. (2013) Biogeochemistry. Elsevier, Boston, New York, Amsterdam.
38 Küng H., (2005) Der Anfang aller Dinge. Piper, München.
39 ©NASA, Planetary Fact Sheets, nssdc.gsfc.nasa.gov/planetary (16.04.2016).
40 Tyrrell T., Emiliania huxleyi Home Page. www.soes.soton.ac.uk/staff/tt (23.04.2016).
41 Elektronenmikroskopische Aufnahme von Alison R. Taylor (University of North Carolina, Wilmington Microscopy Facility).
42 Landsat-Aufnahme 1999, the authors thank the NERC Earth Observation Data Acquisition and Analysis Service (NEODAAS) PLymouth for supplying data for this book.
43 Die Erde ist kein Lebewesen - Kritik der Gaia-Hypothese. www.scilogs.de/landschaft-oekologie/die-erde-ist-kein-lebewesen-beitrag-zur-kritik-der-gaia-hypothese (05.05.2016).
44 Zalasiewicz J., Williams M., (2012) The Goldilocks Planet, Oxford University Press, Oxford.
45 Watson A.J., Lovelock J.E., (1983) Biological homeostasis of the global environment: the parable of Daisyworld, Tellus 35B, S. 284–289.
46 Daisyworld, de.wikipedia.org/wiki/Daisyworld (01.05.2016).
47 Bloh W. von, (2006) Daisyworld: a tutorial approach to geophysiological modelling. Potdsam Institute for Climatic Impact Research. www.pik-potsdam.de/~bloh (05.05.2016).
48 Daisyworld, gingerbooth.com/topic/daisy, (05.05.2016).
49 Charlson R.J., Lovelock J.E., Andreae M.O., Warren S.G. (1987) Oceanic phytoplankton, atmospheric sulphur, cloud albedo, and climate. Nature 326, S. 655–661.
50 Vallina S.M., Simo R., (2007) Strong relationship between DMS and the solar radiation dose over the global surface ocean. Science 315, S. 506–508.
51 Ayers G.P., Cainey J.M., (2007) The CLAW hypothesis: a review of the major developments. In: Environmental Chemistry 2007, 4, S.366–374.
52 Le Clainche Y., et al., (2010) A first appraisal of prognostic ocean DMS models and prospects for their use in climate models. Global Biogeochemical Cycles, 24.
53 Carslaw K.S. et al., (2010) A review of natural aerosol interactions and feedbacks within the Earth system. Atmospheric Chemistry and Physics, 10, S. 1701–1737.
54 Cameron-Smith P. et al., (2011) Changes in dimethyl sulphide oceanic distribution due to climate change. Geophysical Research Letters, 38/7.
55 Canfield D.E., (1998) A new model for Proterozoic ocean chemistry. Nature 396, S. 450–453.
56 Brocks J.J. et al., (2005) Biomarker evidence for green and purple sulphur bacteria in a stratefied Paleoproterozoic sea. Nature 437, S. 866–870.
57 Reinhard Chr. et al., (2012) Proterozoic ocean redox and biogeochemical stasis. PNAS Vol. 110/14, S. 5357–5362.
58 Lyons T.W., Reinhard Chr.T., (2009) An early productive ocean unfit for aerobics. PNAS Vol. 106/43, S. 18045–18046.
59 Kump L.R., Pavlov A., Arthur M.A., (2005) Massive release of hydrogen sulfide to the surface ocean and atmosphere during intervals of oceanic anoxia. Geology 33/5, S. 397–400.
60 Meyers P.A., Bernasconi S.M., Forster A., (2006) Origins and accumulation of organic matter in expanded Albian to Santonian black shale sequences on the

Demerara Rise, South American margin. Organic Geochemistry 37/12, S. 1816–1830.

Schneeball-Erde

61 Murray A.E. et al., (2012) Microbial life at −13 °C in the brine of an ice-sealed Antarctic lake. PNAS Vol. 109/50, S. 20626–20631.
62 Christner B.C. et al., (2014) A microbial ecosystem beneath the West Antarctic ice sheet. Nature 512, S. 310–313.
63 Hoffman P.F., Li Z-X., (2009) A palaeogeographic context for Neoproterozoic glaciation. Palaeogeography, Palaeoclimatology, Palaeoecology 277, S. 158–172.
64 Macdonald F.A., et al., (2010) Calibrating the Cryogenian. Science 327, S. 1241–1243.
65 Hambrey M.J., Harland W.B. (Hg.), (1981) Earth's Pre-Pleistocene Glacial Record. Cambridge University Press., Cambridge.
66 Tang H., Chen Y., (2013): Global glaciations and atmospheric change at ca. 2.3 Ga. Geoscience Fontiers 4, S. 583–586.
67 Evans D.A., Beukes N.J., Kirschvink J.L.,(1997) Low-latitude glaciation in the Palaeoproterozoic era. Nature 386, S. 262–266.
68 Halverson G.P. et al., (2005) Toward a Neoproterozoic composite carbon-isotope record. Geological Society of America Bulletin, Vol 117, S. 1181–1207.
69 Melezhik V.A., (2006). Multiple causes of Earth's earliest global glaciation. Terra Nova 18 (2): 130–137.
70 Foto: ©/Autor Michael C. Rygel.
71 Macdonald F.A., Eyster A.E., Cox G.M., February 2015. LIP of the Month: The Franklin Large Igneous Province and Initiation of the Sturtian Snowball Earth Glaciation.www.largeigneousprovinces.org/15feb, (15.07.2016).
72 Janhunen P. et al., (2007) Biological feedbacks as Cause and Demise of Neoproterozoic Icehouse: Astrobiological prospects for faster evolution and importance of cold conditions. PLOS ONE, http://dx.doi.org/10.1371/journal.pone.0000214 (10.07.2016).
73 Young, G.M., (2013) Evolution of Earth's climatic system: Evidence from ice ages, isotopes, and impacts. GSA Today 23/10.
74 Pais M.A., Le Mouël J.L., Lambeck, K. Poirier J.P., (1999) Late Precambrian paradoxical glaciation and obliquity of the Earth—a discussion of dynamical constraints. Earth and Planetary Science Letters 174, S. 155–171.
75 Evans D.AD., (2006) Proterozoic low orbital obliquity and axial-dipolar geomagnetic field from evaporite palaeolatitudes. Nature 444, S. 51–55.
76 Datenquelle: International Earth Rotation and Reference Systems Service (IERS), Earth Orientation Data, Datei: finals.all (IAU1980), (09.07.2016).
77 Maloof A.C. et al., (2006) Combined paleomagnetic, isotopic, and stratigraphic evidence for true polar wander from the Neoproterozoic Akademikerbreen Group, Svalbard, Norway. GSA Bulletin 118/9-10, S. 1099–1124.
78 Niu J., Li Z.X., Zhu W., (2016) Palaeomagnetism and geochronology of mid-Neoproterozoic Yanbian dykes, South China: implications for a c. 820–800 Ma true polar wander event and the reconstruction of Rodinia. Geological Society, London, Special Publications 2016.
79 Li Z., Evans D., Zhang, S., (2004) A 90° spin on Rodinia: Possible causal links between the Neoproterozoic supercontinent, superplume, true polar wander and low-latitude glaciation. Earth and Planetary Science Letters 220, S. 409–421.
80 Pollard D., Kasting J.F., (2005) Snowball earth: A Thin-ice solution with flowing sea glaciers. Journal of Geophysical Research 110, S. 1–16.
81 Ye Q. et al., (2015) The survival of benthic macroscopic phototrophs on a Neoproterozoic Snowball Earth. Geology 43, S. 507–510.
82 Reitner J., (2009) Die „Schneeball-Erde". Eine eisige Welt vor 600 Millionen Jahren oder das Rätsel vom Ursprung der modernen Tierstämme. In: Evolution - Zufall und Zwangsläufigkeit der Schöpfung. Wallner Verlag, Göttingen.
83 Erwin D.H., Valentine J.W., (2013) The Cambrian Explosion. Roberts and Company, Greenwood Village. Darstellung basiert auf: The Cambrian explosion, Derek E.G. Briggs, Current Biology, © Elsevier 2015.
84 Peterson K., Cotton J., Gehling J., Pisani D. (2008) The Ediacaran emergence of bilaterians: Congruence between the genetic and the geological fossil records. Philosophical Transaction of the Royal Society B 363, S. 1435–1443.
85 Maloof A.C. et al., (2010) Possible animal-body fossils in pre-Marinoan limestones from South Australia. Nature Geoscience 3, S. 653–659.
86 Sperling E.A., Robinson J.M., Pisani D., Peterson K.J., (2010) Where's the glass? Biomarkers, molecular clocks, and microRNAs suggest a 200-Myr missing Precambrian fossil record of siliceous sponge spicules. In: Geobiology 8, S. 24–36.
87 Love G.D. et al., (2009) Fossil steroids record the appearance of Demospongiae during the Cryogenian period. Nature 457, S. 718–721.
88 Dunn C.W., Leys S.P., Haddock S.H.D., (2015) The hidden biology of sponges and ctenophores. Trends in Ecology & Evolution, 30/5.
89 Micheels A., Montenari M., (2007) A snowball Earth versus a slushball Earth: Results from Neoproterozoic climate modeling sensitivity experiments. Geosphere 4/2, S. 401–410.
90 Bao H., Lyons J.R., Zhou C., (2008) Triple oxygen isotope evidence for elevated CO2 levels after a Neoproterozoic glaciation. Nature 453, S. 504–506.
91 Kasemann S.A., et al., (2010) Neoproterozoic ice ages, boron isotopes, and ocean acidification: Implications for a snowball Earth. Geology 38/9, S- 775–778.
92 Goddéris Y., Le Hir G., Donnadieu Y., (2011) Modelling the Snowball Earth. In: Memoirs 2011, Geological Society, London, S. 151–161.
93 Abbot D.S., (2014) Resolved Snowball Earth Clouds. Journal of Climate 27, S. 4391–4402.

KAPITEL 10

Gebirge aus Organismen

Evolution der Minerale
Bändereisenerze
Kalkgesteine
Kohle
Kerogene

Zum zehnten Kapitel

In diesem Kapitel befassen wir uns mit biogenen Sedimenten, also solchen, die direkt aus Resten von Organismen entstanden sind oder durch biologische Aktivitäten abgelagert wurden. In der Erdgeschichte kommt es immer wieder zur Bildung biogener Sedimente, die zum Teil bis zehn Kilometer mächtige Schichtstapel bilden. Hierzu gehören gebänderte Eisenerze, biogene Kalke in Form von Riffen, Kohlen sowie Erdgas und Erdöl. Kalke und Kohlen bilden wichtige Senken für das atmosphärische Treibhausgas Kohlendioxid. Ohne diese Speicher wäre das Klima der Erde unerträglich heiß, möglicherweise würden auf der Erde sogar venusähnliche Verhältnisse entstehen.

Wir werden sehen, wie Lebewesen Minerale bilden oder deren Bildung beeinflussen. Die Schwerpunkte liegen dabei auf geologischen Epochen mit spezifischen Ablagerungsphasen bis heute erhalten gebliebener biogener Sedimente. Oft werden Sedimente mit Zeiten in der Erdgeschichte assoziiert, in denen sie besonders prominent auftreten. Wir werden uns deshalb so weit wie möglich an die geochronologische Reihenfolge halten. Begleitende tektonische Großereignisse wie das Zusammenschweißen und Zerbrechen von Superkontinenten, etwa Rodinia oder Pangaea, werden an anderer Stelle (Kapitel 5) besprochen. Die Entstehung und Evolution der Lebewesen, die ihre Spuren als Baumaterial von Gebirgen oder in Form fossiler Energieträger hinterlassen haben, finden Sie in Kapitel 6 und 8. Geotektonische Prozesse wie Hebungen oder Senkungen sowie die damit einhergehenden Wechsel zwischen vorrückenden und sich zurückziehenden Küstenlinien entscheiden darüber, ob wir Ablagerungen heute in ungestörter Lagerung vorfinden, und ob sie, wie Kreidefelsen oder Riffe, sogar augenfällige Aufschlüsse (Orte, an denen Gestein des regionalen Untergrunds zu Tage tritt) bilden.

Erde und Leben – Die Geschichte einer innigen Wechselbeziehung

Gebirge aus Organismen

Evolution der Minerale

Schritte zu einem komplexen Planeten

Früher haben Mineralogen ihre Untersuchungsgegenstände hauptsächlich statisch aus dem Blickwinkel ihrer chemischen Zusammensetzung und ihres Vorkommens erforscht und geordnet. Die chronologische Abfolge und der Kontext ihrer Entstehung wurden kaum berücksichtigt. Als sie die Möglichkeit erhielten, Proben von Mond- und Marsgesteinen mineralogisch zu analysieren, stellten sie fest, dass dort nur etwa 350 Minerale vorkommen – auf der Erde aber sind es über 4400. Eine Forschergruppe um den Geophysiker ROBERT M. HAZEN (*1948) am Carnegie-Institut in Washington befasste sich mit der Frage, was diesen enormen Unterschied verursacht. Und sie kamen zu einem erstaunlichen Ergebnis: Viele Minerale und Lebewesen scheinen sich parallel zueinander entwickelt zu haben[1].

HAZEN und seine Mitarbeiter erarbeiteten eine Chronologie der Mineralentwicklung in der Erdkruste von der Entstehung unseres Planeten mit relativ wenigen Mineralen bis hin zur heutigen Vielfalt. Sie unterscheiden zehn Entwicklungsstadien, von denen neun ins Präkambrium fallen[2,3]. Alle benachbarten Gesteinsplaneten haben aus verschiedenen Gründen nur die ersten Entwicklungsschritte vollzogen. Dass allein die Erde eine so hohe Mineralvielfalt aufweist, führt HAZEN auf die Entwicklung des Lebens und seinen Einfluss auf die Mineralbildung zurück. Er prägte dafür den Begriff *mineralogische Evolution*, der absichtlich an die biologische Evolution angelehnt ist. Minerale passen sich durch Umverteilung ihrer Bestandteile und Rekristallisation an die jeweils herrschenden Umweltbedingungen an, die – abgesehen von den allerersten Phasen – nicht zuletzt wieder von Lebewesen geprägt werden.

Die erste Phase beginnt mit der Planetenbildung (▶ Kapitel 4), in der kosmisches Ausgangsmaterial durch die Schwerkraft angehäuft wird. Die wasserhaltigen Staubteilchen erwärmen sich dabei und unterliegen verschiedenen Veränderungen. Geologen sprechen davon, dass das Material thermisch und aquatisch überprägt wird.

Im *ersten Stadium* (früher als 4,56 Ga) bildet kosmischer Staub etwa 60 sogenannte chondritische Minerale. Hauptsächlich aufgrund unterschiedlicher chemischer Eigenschaften der Elemente lagern sich die Atome und Moleküle um. Konzentrationen von Elementen verschieben sich dabei und es entsteht das Ausgangsmaterial für zukünftige Minerale.

Im *zweiten Stadium* (4,56–4,55 Ga) wirken hoher Druck und hohe Temperatur und Substanzen wie Wasser und Kohlendioxid auf das angehäufte kosmische Material ein. Anhaltendes Bombardement aus dem Kosmos und einsetzende Kräfte des Erdinnern führen zu einem mehrfachen Aufschmelzen und Erstarren der Basalte und damit zur Ausbildung neuer Minerale (▶ Kapitel 5). Ihre Anzahl erreicht in diesem Stadium ungefähr 250.

Kräftig durchkneten

Es folgt eine Ära der Durchmischung von Erdkruste und Erdmantel durch tektonische und plattentektonische Prozesse (4,5–2,5 Ga). Im Hadaikum (4,6–4,0 Ga) und im Archaikum (4,0–2,5 Ga) bilden schwarze Basalte die sich allmählich abkühlenden, noch kahlen Landoberflächen, also eine „schwarze Erde"[2]. Die Mineralneubildung ist von abiotischen physikalischen und chemischen Prozessen geprägt.

Im *dritten Stadium* (4,5–2,5 Ga) setzt schon im ausgehenden Hadaikum die vermehrte Mineralbildung ein. Sie wird angetrieben durch tektonische und geochemische Prozesse im heißen Erdinnern. Es bilden sich flüssige Gesteinsschmelzen, die über Kontakt- und Regionalmetamorphosen und unter

10-01
Muschelkalkfelsen. Aufschluss mächtiger Muschelkalkablagerungen aus einem Flachmeer. Mittlere Trias (um 235–243 Ma), Wutachschlucht, Südschwarzwald.

1 Ga
1 000 000 000 Jahre vor heute

Metamorphose
Veränderung von Gesteinen unter dem Einfluss von Hitze und Druck

Kontaktmetamorphose
Temperaturbetonte Metamorphose durch benachbarte Magmakörper

Regionalmetamorphose
Metamorphose großer Gesteinskörper unter hohem Druck und hoher Temperatur im Planeteninnern.

fraktionierte Kristallisation
Aufeinanderfolgende Abscheidung von Kristallen unterschiedlicher Zusammensetzung beim langsamen Abkühlen oder Eintrocknen flüssiger Lösungen.

KAPITEL 10 Gebirge aus Organismen

Hydrate
Verbindungen, die Wasser enthalten. Oft sind Wassermoleküle lose als Kristallwasser gebunden und können durch höhere Temperaturen ganz oder teilweise ausgetrieben werden (Schreibweise z. B.: $Ca[SO_4] \cdot 2\,H_2O$)

Hydroxide
Salzartige Verbindungen mit der anionischen Atomgruppe $[OH]^-$.

Carbonate
Salze der Kohlensäure, die das komplexe Anion $[CO_3]^{2-}$ enthalten

Hydrogencarbonate
Einwertige Salze der Kohlensäure, die das komplexe Anion $[HCO_3]^-$ enthalten

Evaporite
Durch Verdunstung oder Verdampfung entstandene Gesteine

Pegmatite
Grobkörnige magmatische Gesteine

Granite
Helle grobkristalline Tiefengesteine mit den Bestandteilen Feldspat, Quarz und Glimmer

dem Einfluss der Schwerkraft zu fraktionierter Kristallisation und Trennung unterschiedlich schwerer Minerale führen (▶ Kapitel 5, Seite 80). Dort, wo ausreichend Wasser und andere flüchtige Bestandteile verfügbar sind, bilden sich erste Hydrate, Hydroxide, Carbonate und Evaporitminerale. Damit steigt die Anzahl der Minerale auf ungefähr 500 an. Benachbarte Gesteinsplaneten kamen über dieses Stadium nicht hinaus, weil bei ihnen die tektonischen Prozesse entweder nur kurzzeitig aktiv waren oder völlig fehlten.

Im *vierten Stadium* (4,0–3,5 Ga) bilden sich durch wiederholtes partielles Aufschmelzen von Gesteinskrusten und vorhandene höhere Konzentrationen seltener Elemente (beispielsweise Lithium, Beryllium, Bor, Niob, Tantal, Uran) hauptsächlich grobkörnige Tiefengesteine wie Pegmatite und Granite.

Im *fünften Stadium* führte die um 3,0 Ga einsetzende Plattentektonik zur „Durchknetung" der Erdkruste und zur Erhöhung der Mineralanzahl auf etwa 1500.

Auch biologische Systeme tragen zur Mineralbildung bei. Diese Prozesse begannen im Archaikum vor etwa 2,5 Ga parallel zur Entwicklung des Lebens. Durch biologische Aktivitäten explodierte die Zahl der Minerale.

Im *sechsten Stadium* (3,9–2,5 Ga) hatten die ersten Mikroorganismen in der sauerstofflosen, reduzierenden Umwelt noch keinen Einfluss auf die Verteilung und Neubildung von Mineralen, ihre Anzahl erhöhte sich nicht. Verwitterung auf der Landoberfläche fand kaum statt.

Im *siebten Stadium* (2,5–1,9 Ga) schoss die Anzahl der Minerale steil nach oben. Ursache war die Anreicherung von Sauerstoff in der Atmosphäre auf etwas mehr als ein Prozent durch Photosynthese betreibende Mikroorganismen, im Laufe des sogenannten *Großen Oxidationsereignisses* (▶ Seite 148). Die bis dahin in Pegmatiten und Graniten vorkommenden Minerale mit Elementen in niedrigen Oxidationsstufen, etwa zweiwertigem Eisen wie Pyrit (FeS_2), oxidierten durch Reaktion mit atmosphärischem Sauerstoff. Durch Hydratisierung (Wasseraufnahme) und Oxidation entstanden etwa 2500 Minerale. Um 2,2 Ga begann die noch kahle Erdoberfläche daher zu rosten. Sie färbte sich dabei rot („rote Erde"), weil zweiwertiges Eisen (Fe^{2+}) zu rotem dreiwertigen Eisen (Fe^{3+}) umgewandelt wurde. Während andere Minerale

ausgespült werden konnten, blieb das unlösliche dreiwertige Eisen zurück. Biologisch induzierte Mineralausfällungen führten zu bedeutenden Sedimentlagerungen wie gebänderten Eisenerzen (BIF, ▶ Seite 241), Kalkablagerungen (Stromatolithe, ▶ Seite 239) oder durch Aktivitäten von Schwefelbakterien entstandene mächtige Schwefelablagerungen.

Im *achten Stadium* (1,9–1,0 Ga), dem Stadium des *Intermediären Ozeans*, stockte die Mineralneubildung. In solchen Ozeanen verschob sich die Grenze zwischen der sauerstoffreichen Deckschicht und dem weitgehend sauerstofffreien Tiefenwasser nach unten.

Auch im *neunten Stadium* (1,0–0,542 Ga) tat sich in der Mineralneubildung kaum etwas. Während des Cryogeniums (0,72–0,635 Ga) wurden Meer und Land mindestens zweimal fast völlig von Eisdecken überzogen, es zeigte sich die „Schneeball-Erde" (▶ Proterozoische Vereisungen, Seite 225). Nun bildeten Eiskristalle das wichtigste „Mineral". Zerkleinerung von Gesteinen und Mineralen durch Gletscher und starke Regenfälle nach Ende der Kaltphasen sowie weitere Sauerstoffanreicherung in der Atmosphäre förderten die Aufschließung weiterer Schichten für die Verwitterung. Vor allem begannen Lebewesen damit, kontrolliert in oder an ihren Zellen (organogen) Minerale zu ihren Nutzen abzuscheiden. Die Ära der Innen- und Außenskelette war angebrochen.

Im *zehnten Stadium* (ab etwa 0,45 Ga bis heute) entwickelte sich mit der Besiedlung der Landoberfläche durch Gefäßpflanzen und deren Ausbreitung die „grüne Erde". Durch die Bioaktivitäten von Pflanzen und anderen Lebewesen entstanden noch einmal etwa 400 neue Minerale, vor allem bestimmte Arten von Tonmineralen.

Man kann also festhalten, dass Lebewesen für die Mehrheit der Minerale auf der Erde verantwortlich sind. Sie bewirken deren Bildung meist indirekt durch Veränderungen des Chemismus der Atmosphäre und der Ozeane, die auf Gesteinsplaneten ohne Leben niemals möglich gewesen wären. Daneben tragen sie aber auch direkt zur Bildung von Mineralen bei. Forscher nennen den Prozess, mit dem Organismen durch ihre Lebenstätigkeit anorganische Minerale synthetisieren und ausscheiden oder in ihre Körperzellen einbauen, *Biomineralisation*.

Biomineralisation/Biominerale

Die Biomineralisation klassifiziert man grob in biogene oder biologisch *induzierte* Mineralisation (BIM) und organogene oder biologisch *kontrollierte* (controlled) Mineralisation (BCM), also danach, welche Rolle die Organismen bei diesem Prozess spielen.

Biologisch induzierte Mineralisation

Biologisch induzierte Mineralisation ist das Ergebnis einer Reaktion zwischen Stoffwechselprodukten von Organismen und Ionen oder Molekülen in unmittelbarer Umgebung, ohne dass die Organismen die Reaktion direkt beeinflussen. BIM findet oft an Zellwänden oder an von Organismen ausgeschiedenen Polymeren (Exopolymeren) statt. Sie ist besonders häufig bei Mikroorganismen anzutreffen, die im anaeroben Milieu leben, zum Teil tief in Sedimenten. Diese Bakterien nutzen Sulfate oder verschiedene Metalle bei ihrer Atmung als finale Elektronenakzeptoren. Produkte dieses Metabolismus sind reduzierte Metallionen oder Sulfide[4]; letztere bilden bedeutende präkambrische Schwefelvorkommen. Derartige Biominerale sind meistens klein, unregelmäßig und instabil sowie von anorganisch gebildeten nur schwer unterscheidbar. Daraus gebildete Sedimente sind sehr feinkörnig. Während der gesamten Erdgeschichte war der Anteil von bakteriell induzierten Eisenerzausfällungen und Kalken bedeutend. Auch gegenwärtig beeinflusst bakteriell induzierte Biomineralisation entscheidend die Kreisläufe der Elemente Kohlenstoff, Calcium, Eisen, Magnesium, Mangan, Phosphor und Schwefel[5]. Innerhalb des Gesteinskreislaufs spielt die Biomineralisation nur in den Abschnitten nahe und an der Erdoberfläche eine Rolle, dort wo Organismen Stoffwechselprodukte hinterlassen können[6]. Orte der Biomineralisation sind lokale Bereiche mit einer Übersättigung an bestimmten Ionen, die eine Voraussetzung für den Kristallationsprozess darstellt. Die Bildung von Biomineralen findet häufig an Oberflächen von Sedimenten oder unmittelbar darunter statt.

Biologische kontrollierte Mineralisation

Die Fähigkeit, anorganische Kristalle kontrolliert zu erzeugen, entwickelten schon Archaeen und Bakterien im Archaikum. Die Innen- und Außenskelette von Tieren und sogar einiger Pflanzen enthalten vorwiegend anorganische, kristalline Anteile. Solche Hartteile, etwa Knochen und Zähne von Wirbeltieren, Schalen von Muscheln und Schnecken oder Außenskelette von Kiesel- und Kalkalgen, werden von den Organismen selbst abgeschieden und sind Biominerale im engeren Sinne. Inzwischen kennt man bereits 64 verschiedene von Lebewesen erzeugte Biominerale[7]. Sie stellen meist entscheidende Evolutionsvorteile dar und haben für die Organismen, die sie erzeugen, ganz unterschiedliche Funktionen[8]:

- als *mechanische Stützen* im Innen- oder Außenskelett von Tieren und einigen Pflanzen,
- als *Schutzwall*, zum Beispiel bei Schalen von Muscheln oder Brachiopoden,
- zur *Verteidigung*, zum Beispiel als Stachel bei Seeigeln oder Rochen,
- als *Waffen* in Form von Scheren bei Krebsen,
- als *optische Linsen*, etwa bei den Augen von Trilobiten,
- für den *Gleichgewichtssinn* etwa Ohrsteine bei zahlreichen Tierarten und ähnliche Sinne bei Pflanzen,
- als *Orientierungshilfen* bei einigen Bakterien oder Zugvögeln in Form von Magnetosomen.

Die Abscheidung von Biomineralen kann man auch danach einteilen, wo die entsprechenden Strukturen gebildet werden:

- *epizellular* – an den Zellwänden
- *interzellular* – zwischen einzelnen Zellen
- *extrazellular* – an oder innerhalb eines makromolekularen Stützgerüsts außerhalb der Zelle
- *intrazellular* – in speziellen Kompartimenten oder Vesikeln in einer Zelle

Viele Mikroorganismen erzeugen an ihren Zellwänden speziell reaktive Liganden, die Metallkationen anlagern können[5]. Häufig werden Kristalle auch in einer organischen Matrix oder in Vesikeln innerhalb einer Zelle gebildet. Die Mineralbildung steht unter metabolischer und

---

Für die Mehrheit der Minerale sind Lebewesen verantwortlich.

BIM
biologically induced mineralization (biogene Mineralisation)

BCM
biologically controlled mineralization (organogene Mineralisation)

Liganden
In der Komplexchemie ein elektronenreicher Bindungspartner, der mit einem zentralen Kation sogenannte koordinative Bindungen bildet. Bei ihnen werden beide Bindungselektronen vom Liganden beigesteuert.

Matrix
Strukturierter, meist mit diversen Komponenten gefüllter Raum um oder in einer Zelle.

Vesikel
Membranumhüllte Bläschen von etwa einem Mikrometer Größe in einer Zelle, in denen Stoffe gespeichert oder transportiert werden oder in denen bestimmte Stoffwechselvorgänge ablaufen.

Proteine, Peptide
Kettenmoleküle aus wenigen (Peptide) oder sehr vielen (Proteinen) Aminosäuren.

genetischer Kontrolle der Zelle[4] und kann auch dann ablaufen, wenn die Konzentrationsverhältnisse im Außenmilieu dies eigentlich nicht erlauben. Alle so erzeugten Biominerale bestehen aus wechselnden Anteilen anorganischer Substanzen und organischer Komponenten. Es handelt sich also um Verbundmaterialien. Koloniebildende Mikroorganismen können auch zwischen ihren Zellen Minerale absondern. Am häufigsten findet BCM extra- und intrazellular statt. Diese Biominerale sind kristallin gut ausgebildet und stabil eingebettet in organische Gewebe.

Kalk

Etwa 50 Prozent aller autotrophen und heterotrophen Organismen, die Biominerale bilden, nutzen als anorganischen Baustoff Kalk (Calciumcarbonat, $CaCO_3$), darunter einzellige, eukaryotische Mikroorganismen für ihre Schalen und mehrzellige Eukaryoten für den Aufbau ihres Außen- oder Innenskeletts[7]. Einige höhere Lebewesen, darunter auch Menschen, lagern in ihrem Innenohr im Bereich des Gleichgewichtsorgans sogenannte *Ohrensteine* (Statolithe, Otolithe) aus gut ausgebildeten Kalkkristallen ein. Beim Menschen sind dies zahlreiche, nur etwa 100 Mikrometer große, in einer Gelmatrix eingelagerte Strukturen. Sie können aber, etwa bei großen Fischen, auch Zentimetergröße erreichen. Eine Sonderform ist das Perlmutt der Muscheln, ein Kompositmaterial mit Proteinlagen. Die Kalkausfällung erfolgt mithilfe des Enzyms *Carboanhydrase*. Dazu befähigte Zellen können Calciumionen binden.

Kieselsäure

Ein weiterer häufig genutzter, anorganischer Baustoff ist Kieselsäure – genau genommen Kieselsäureanhydrit (Siliciumdioxid, SiO_2). Vor allem Kieselalgen (Diatomeen) erzeugen mithilfe des niedermolekularen Enzyms *Silaffin* daraus ihre winzigen filigranen Schalen, die nach Absterben der Alge den industriell begehrten Rohstoff *Kieselerde* (*Kieselgur*) bilden. Ein wichtiges Vorkommen von Kieselgur lag im nordwest-böhmischen, vulkanisch beeinflussten Moor namens Soos (bei Franzensbad). Aber auch Pflanzen wie Reis bauen in ihre Stängel Kieselsäure als Stütze ein und schützen ihre reifenden Körner durch Einlagerung von Kieselgur-Nanostrukturen in die Spelzen vor Insekten und Bakterien. Einige Bambusarten bestehen bis zu 77 Prozent daraus.

Hydroxylapatit

Knochen von Wirbeltieren sind Verbundmaterialien aus anorganischem Material und Knochenzellen (*Osteozyten*). Etwa 50 Prozent der extrazellulären Substanz besteht aus Verbindungen, deren Summenformel näherungsweise als Hydroxylapatit ($Ca_5[OH|(PO_4)_3]$), einem Calciumphosphat, angegeben werden kann. Der Rest ist wasserhaltige organische Substanz, die bis zu 95 Prozent aus dem Protein Kollagen aufgebaut ist. Hydroxylapatit wird durch die Osteozyten und ihren Vorläuferzellen (*Osteoblasten*) aus Calciumionen und Phosphat erzeugt. Bei kompakten Knochen wie Zahnbein (Dentin) ist der anorganische Anteil höher und erreicht bei Zahnschmelz bis zu 95 Prozent.

Während die organischen Bestandteile von Knochen innerhalb kurzer Zeit nach dem Tod abgebaut werden, bleibt das sehr harte, nur im sauren Milieu lösliche Calciumphosphat erhalten. So bilden Zähne und Knochen die wichtigsten Makrofossilien. Lagerstätten aus Hydroxylapatit und Apatit bilden die wichtigsten industriell nutzbaren Phosphorkommen. Zu ihrer Entstehung haben vor allem Bakterien beigetragen (Phosphorkreislauf, ▶ Seite 165). Nano-Hydroxylapatit wird inzwischen für künstlichen Knochenersatz und für kosmetische Zwecke genutzt.

Nanomagnetite

Einige Lebewesen, von Bakterien bis hin zu Lachsen, Forellen, Zugvögeln und Brieftauben, verfügen über Magnetsinne, mit deren Hilfe sie sich an den Feldlinien des irdischen Magnetfeldes orientieren können. Bei manchen Tiergruppen ist die Funktionsweise bis heute nicht zweifelsfrei geklärt. Diskutiert wird zum Beispiel die Bildung kurzlebiger Radikal-Paare, die von der Richtung des Magnetfeldes beeinflusst werden können. Alternativ könnten auch winzige Magnetitkristalle die Feldrichtung anzeigen. Besonders verbreitet sind solche Mikrokompasse bei verschiedenen, nicht näher verwandten Bakteriengruppen. Genetische Untersuchungen dieser Mikroorganismen haben ergeben, dass sie dennoch sehr ähnliche Gensequenzen aufweisen, so dass wahrscheinlich in einer frühen Entwicklungsphase ein horizontaler Gentransfer zwischen ihnen stattgefunden hat. Diese Bakterien leben in Süß- und Salzwasser im Kontaktbereich zwischen aerobem und anaerobem Milieu und sind generell sauerstoffempfindlich (mikroaerophil). Um den für sie günstigsten Lebensraum zu finden, nutzen sie einen körpereigenen Nanokompass. Dieser wird aus perfekt ausgebildeten Magnetitkristallen (Fe_3O_4), seltener aus Greigit (Fe_3S_4) aufgebaut, die in eine organische Hülle eingebettet sind (*Magnetosomen*). Bis zu 60 kettenartig aufgereihte Magnetosomen bilden den Mikrokompass[9,10]. Voraussetzung für die Bildung von Magnetosomen ist die Verfügbarkeit von ausreichend Fe^{2+}-Ionen. Nur dann können diese Nanokristalle mit Hilfe spezieller Enzyme in Vesikeln an der Membranwand gebildet werden. Nanomagnetite gehören zu den perfektesten durch Biomineralisation geschaffenen Kristallen[11].

Erste Riffe, die Stromatolithe

Es kam einer kleinen Sensation gleich, als Forscher 1956 in der westaustralischen Shark-Bay lebende, biologisch aktive, mikrobielle Matten (Biomatten) und Stromatolithe entdeckten. Bis dahin kannte man derartige Gebilde nur aus fossilen Vorkommen, häufig in präkambrischen Ablagerungen. Aufgrund ihrer Bedeutung für die biogeologische Entwicklung der Erde stehen diese noch aktiven Stromatolithe unter dem Schutz des Welt-Kulturerbes. Seit 1983 sind lebende Stromatolithen auch auf den Bahamas beschrieben worden.

Stromatolithe sind geschichtete, rasch verfestigte Ablagerungsstrukturen benthischer Mikrobengesellschaften, entstanden an der Sediment-Wasser-Grenze, seltener an der Sediment-Luft-Grenze. Sie sind als Säulen, Dome oder mattenartig geformt. Von abiotisch abgesetzten Krusten unterscheiden sie sich durch eine ungleichmäßige Mächtigkeit der seitlich wenig ausgedehnten dünnen Laminae (▶ Abbildung 10-02). Da an ihrer Bildung phototrophe Mikroorganismen, vor allem Cyanobakterien (▶ Seite 146) maßgeblich beteiligt sind, erreichen die Laminae am Wölbungsscheitelpunkt, also am lichtnächsten Punkt, ihre größte Dicke. Typisch ist auch ihr teilweise erst mit dem Lichtmikroskop erkennbares, körniges oder fadenförmiges

inneres Gefüge, das auf die Stoffwechselaktivitäten der beteiligten Erzeuger zurückgeführt wird.

Die oberste, meist nur wenige Millimeter starke Schicht bildet eine biologisch aktive Biomatte (Biofilm). Heute lebende 1–10 mm starke Matten werden aus unterschiedlich feinen Laminae aufgebaut: Die oberste besteht aus Sand- oder Schuttkörnern, vermischt mit einem schleimigen Pigment namens *Scytonemin*, abgesondert von Cyanobakterien. Dieses dient ihnen offensichtlich als „Sonnenschutz". Darunter folgen kugel- und fadenförmig (filamentöse) angeordnete Cyanobakterien. Als nächstes schließt sich eine Lage oxidierten Eisens an, die wiederum von Lagen aus Purpur-Schwefelbakterien und aus grünen Schwefelbakterien unterlagert wird. Den Abschluss bildet Eisensulfid (FeS). In modernen Stromatolith-Lebensgemeinschaften (▶ Abbildung 10-03, Seite 240) stellen anoxygene, photoautotrophe Mikroorganismen einen beträchtlichen Anteil der Biomasse[5].

Während Cyanobakterien photosynthetisch autotroph sind, gehören Schwefelbakterien zu den chemotrophen Destruenten. Nachts, wenn die Photosynthese ausfällt, werden letztere aktiv. Diese für moderne Biomatten charakteristische

10-02
Fossile Stromatolithe[12]. Östliche Anden. Kreidezeit (ca. 70 Ma). Deutlich sichtbar ist die verringerte seitliche Dicke der Laminae (Einzellagen).

benthisch
Lebensweise von im Sediment oder in bodennahen Gewässerschichten vorkommender Organismen

Schichtung spiegelt die unterschiedliche Verfügbarkeit von Licht, Sauerstoff und Sulfiden in den Matten wieder[13].

Im Archaikum und Proterozoikum waren Cyanobakterien die Hauptbewohner und Baumeister von Stromatolithen, daneben lebten dort wohl schon schwefeloxidierende und sulfatreduzierende Bakterien. Im Neoproterozoikum kamen erste Protisten (▶Kapitel 8) sowie einzellige, eukaryotische Algen hinzu. Biofilme auf heutigen Stromatolithen bestehen aus einer Lebensgemeinschaft von autotrophen und heterotrophen Bakterien, eukaryotischen Algen, Protozoen und vereinzelt auch Metazoen.

Bildungsprozesse

Stromatolithe wachsen mittels chemischer und biologischer Sammlungs- und Fällungsprozesse der auf ihnen lebenden Mikroorganismen. Die Biofilme setzen sich aus den Mikroorganismen selbst, extrazellulären polymeren Substanzen, eingelagerten partikulären Substanzen sowie gelösten Stoffen zusammen[14]. Dort laufen drei wichtige Bildungsprozesse ab (▶ Abbildung 10-04):

1 Einfangen von Sedimentpartikeln aus dem Wasser und deren Überwucherung,
2 Bindung von Sand-, Sill- und Tonpartikeln an dem von Cyanobakterien als Sonnenschutz abgesonderten Schleim,
3 anorganische und mikrobielle Ausfällungen von Sedimentpartikeln, von bakteriellen Stoffwechselprodukten und von abgestorbenen Organismenresten.

Charakteristisch für fossile und moderne Stromatolithe ist ihre Feinschichtung. Bei modernen Stromatolithen wird sie auf den Tag-Nacht-Rhythmus zurückgeführt. Tagsüber betreiben oberflächlich lebende Cyanobakterien Photosynthese, nachts werden sie mit Sedimenten bedeckt, die die Mikroorganismen dank ihres Vertikalwachstums und ihrer starken Vermehrung tags darauf durchstoßen. So wird die Basis zwar inaktiv, die Stromatolithe wachsen aber langsam in die Höhe.

Die meisten Stromatolithe sind aus Kalken aufgebaut. Cyanobakterien sind als photoautotrophe Organismen fähig, Kalke zu bilden und zu binden, und zwar besonders in marinen Gewässern mit hohem Gehalt an gelösten Calcium- und Hydrogencarbonat-Ionen. Bestimmte Polymere im Biofilm stellen negativ geladene Atomgruppen zur Verfügung, die mit positiv geladenen Ca^{2+}-Ionen eine Bindung eingehen. Während der oxygenen Photosynthese tagsüber bewirken Cyanobakterien eine Kalkausfällung (biogene Kalkbildung).

Zeitliche und räumliche Vorkommen

Die Überschrift eines Internetartikels zu diesem Thema lautet: „Stromalithe[n] – Geologische Botschafter aus dem Archaikum"[16].

Entgegen früherer Ansichten sind erste Stromatolithe tatsächlich schon im Archaikum entstanden. Bekannt sind etwa 3,4 Ga alte Vertreter vom Pilbara-Kraton in Nordwestaustralien und von der Swaziland-Supergruppe in Südafrika. Proterozoische Stromalithe sind in der Transvaal-Supergruppe (2,5 Ga) und in der kanadischen Dismal-Lake- und Rossport-Gruppe (1,3 Ga) beschrieben. Alle genannten Vorkommen liegen auf alten Kratonen (▶ Seite 81). Die Hauptbildungs- und Blütezeit von Stromatolithen lag im Neoproterozoikum zwischen 1,5 und 0,7 Ga. Seit dieser Epoche nimmt die Zahl der fossil überlieferten Stromatolithe deutlich ab und nach 0,45 Ga treten sie nur noch selten auf. Dazu haben mehrere Faktoren beigetragen, so das Aufkommen eukaryotischer Konkurrenten und die Entwicklung von Metazoen, die als Fressfeinde eine weite Verbreitung von Biomatten verhinderten, etwa abweidende Schnecken. Die Stromatolithenerbauer reagierten mit einem Rückzug in ökologische Nischen. An Extremstandorten wie hypersalinen Buchten haben Biofilmerzeuger überlebt, so in Salz-, Brack- und Süsswasserseen in Westaustralien[16] und in kontinentalen Salz-

10-03
Stromatolithe[15]. Stromatolithe entstehen heute durch Biofilme von Cyanobakterien. Sie bestehen weitgehend aus Kalk. Fossile Stromatolithen wurden in 3,5 Ga alten Sedimenten gefunden und stellen die ältesten biogenen Gesteine auf der Erde dar. Die Abbildung zeigt heute lebende Stromatolithen an der Westküste Australiens, Hamelin Pool Marine Nature Reserve, Shark Bay.

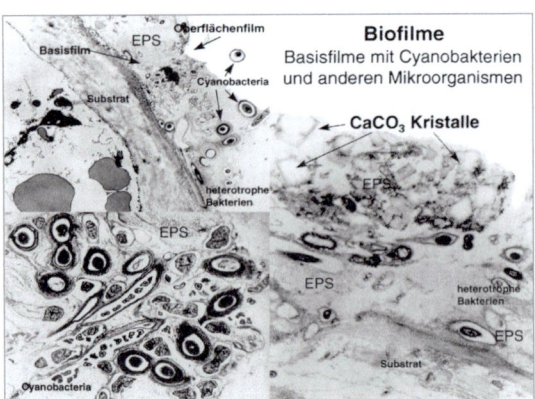

10-04
Biofilme. Ausschnitt aus einen Biofilm mit Cyanobakterien und anderen Mikroorganismen (EPS: Extrazelluläre polymere Substanzen).[17]

Erde und Leben – Die Geschichte einer innigen Wechselbeziehung

und Sodaseen, wie auf den Bahamas[18]. Als extremophile Organismen können Cyanobakterien gut in solchen Räumen leben. Dort existieren sie nahe der Wasseroberfläche in Gewässern mit hohen Konzentrationen an gelöstem Kohlendioxid sowie an Calcium- und Hydrogencarbonat-Ionen.

Bändereisenerze

Rohstoffe aus dem Präkambrium

Reichhaltige Eisenerzvorkommen in der Ukraine, in Australien, Südafrika, Brasilien und in den USA liefern bis heute große Mengen Erze für die eisenschaffende und eisenverarbeitende Industrie. Eisenprodukte waren es, die im 19. und 20. Jahrhundert den rasanten industriellen Aufschwung ermöglichten.

Alle wirtschaftlich bedeutenden Eisenlagerstätten stammen aus dem Präkambrium, genauer gesagt aus dem Archaikum und dem Proterozoikum. Etwa 90 Prozent der geförderten Eisenerze kommen aus diesen Vorkommen[19]. In keiner jüngeren geologischen Epoche wurden nochmals derartig reichhaltige Eisenerzvorkommen gebildet. Nach ihrem Aussehen werden sie als *gebänderte Eisenerze* (BIF, *banded iron formation*) bezeichnet. Damit wird auf ihre charakteristische Mikro- bis Makrolamination angespielt. BIFs gehören neben den Carbonaten zu den bedeutendsten sedimentären Hinterlassenschaften des Präkambriums.

Doch warum und wie sind solche Eisenerze nur im Präkambrium gebildet worden?

Erste Hinweise geben ihre Lage und ihre Ausgestaltung. Alle Vorkommen liegen auf oder am Rande alter Kratone, so beispielsweise die australischen BIFs in sedimentären Ablagerungen des archaischen Pilbara- und des Warrawoona-Urkratons, die südafrikanischen des archaischen Kaapvaal-Kratons oder die ukrainischen in einer Beckenzone des ukrainischen Kratons.

BIF-Typen

Alle BIFs gehen auf chemische Sedimente in unterschiedlichen, offenen marinen Sedimentationsräumen zurück, die linsen- oder schichtartig abgelagert und stets laminiert sind, aber keine Schuttanteile aus Silikatmineralen wie Quarz oder Feldspat führen. Für die Bildung von Eisenlagerstätten ist die sehr unterschiedliche Löslichkeit von Eisen in den Oxidationsstufen +2 und +3 entscheidend. Fe(II)-Salze (Fe^{2+}-Ionen) sind in Wasser ausgesprochen gut löslich, während Fe(III)-Salze (Fe^{3+}-Ionen) sehr wenig löslich sind (▶ Abbildung 10-05).

Aus submarinen hydrothermalen Quellen stammendes Fe(II) wurde in der oberen, ozeanischen Deckschicht teils abiotisch, teils biotisch zu Fe(III) oxidiert. Dieses fällt rasch aus und lagert sich in wasserhaltiger Form als $FeO(OH)\cdot n\,H_2O$ am Meeresboden ab. Das Ergebnis ist tatsächlich nichts anderes als wasserunlöslicher Rost. Da BIFs unterhalb der Sturmwellenbasis abgelagert wurden, sind sie trotz gradueller Körnigkeitsunterschiede ziemlich gleichmäßig ausgebildet[20]. Sie sind nie im ursprünglichen Ablagerungszustand überliefert, sondern stets mehr oder minder stark diagenetisch und metamorph (▶ Abbildung 2-07, Seite 17) überprägt. Die wichtigsten so entstandenen sekundären Minerale der BIFs sind Hornstein (ein mikrokristalliner Quarz), Hämatit und Magnetit. Als primäre sedimentäre Mineralphasen werden Goethit beziehungsweise seine wasserhaltige Schwesterverbindung $Fe(OH)_3$, Siderit und Greenalit eingestuft. Kalkdominierte BIFs führen auch Dolomit und Ankerit[21,22]. Die Hauptspeicher von Eisen in den BIFs sind Magnetit und Siderit[25] (▶ Randspalte nächste Seite). Auffällig ist, dass in vielen eisenhaltigen Lagen Mischoxide aus Fe(II) und Fe(III) auftreten, wobei letztere teilweise überwiegen[21,23].

Mehrere Modelle bieten Erklärungen für den Wechsel zwischen eisenreichen, biogen induzierten und abiotisch ausgefällten siliciumreichen Lagen. So werden etwa eine saisonale Temperaturschichtung der Wassersäule, jährliche oder dekadische Klimazyklen oder episodische Aufwellungen von Fe(II)-reichen Tiefenwässern als Ursache vermutet. Eine Arbeitsgruppe um den Tübinger Mikropaläobiologen A. KAPPLER hat, gestützt auf Laboruntersuchungen und Modellberechnungen, ein temperaturabhängiges Modell erarbeitet. Danach gedeihen anoxygene, photoautotrophe Bakterien, die im Archaikum eine Oxidation von Fe(II) bewirkten, bei einer optimalen Wassertemperaturen zwischen 25 °C und 35 °C. Diese Lebensräume zeichnen sich durch hohe Konzentrationen von gelöstem Fe^{2+}- und Silikationen aus. In Analogie zu heutigen Ozeanen nehmen die Forscher auch für das Archaikum und Proterozoikum Temperaturschwankungen von ± 15 °C an, verursacht durch

Eisen(II)-sulfat
$FeSO_4 \cdot 7\,H_2O$

Eisen(III)-chlorid
$FeCl_3$

10-05
Oxidation von Eisen (Fe). Wichtige Oxidationsstufen sind:
Fe^{2+}, Fe(II) (wasserlöslich)
Fe^{3+}, Fe(III) (schwerlöslich)

Unter Oxidation bzw. Reduktion versteht man die Abgabe bzw. Aufnahme von Elektronen. Bei Ionen wird die Ladung durch vorzeichenbehaftete hochgestellte arabische Zahlen nach dem Elementsymbol angegeben. Bei Verbindungen gibt man die Oxidationszahl von Atomen oder Atomgruppen hingegen in römischen Zahlen an.

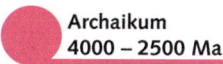

Archaikum
4000 – 2500 Ma

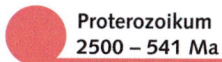

Proterozoikum
2500 – 541 Ma

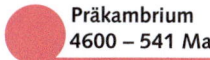

Präkambrium
4600 – 541 Ma

Primäre sedimentäre Mineralphasen:

Goethit
Eisen(III)-oxidhydroxid
FeO(OH)

$Fe(OH)_3 \rightarrow FeO(OH) + H_2O$

Siderit
Eisen(II)-carbonat,
$Fe[CO_3]$

Greenalit
$(Fe^{2+},Fe^{3+})_{2-3}Si_2O_5(OH)_4$

Dolomit
$CaMg[CO_3]_2$

Ankerit
$CaFe[CO_3]_2$

Sekundäre Mineralphasen in BIFs:

Hornstein
Chert, SiO_2

Hämatit
Eisen(III)-oxid, Fe_2O_3

Magnetit
Fe(III)-Fe(II)-Mischoxid,
Fe_3O_4

eindringende Meeresströmungen oder leichte Schwankungen der Erdachse. Nur im optimalen Temperaturbereich gedeihen die Bakterien, und es können sich biogene Fe(III)-Hydroxide ausbilden; das Silikat verbleibt in Lösung. Fällt die Temperatur unter 25 °C, so stellen die Mikroorganismen ihre Tätigkeit ein. Aus der übersättigten Lösung wird dann abiotisch amorphes Silikat ausgefällt (▶ Abbildung 10-06)[24,22].

Nach Entstehungszeit, Bildungsraum und Mineralbestand lassen sich drei Typen gebänderter Eisenerze unterscheiden:

1 Der *Algoma*-Typ stammt aus der Zeit vor 2,75 Ga, also aus dem Archaikum. Er besteht generell aus Hämatit und Magnetit mit eingeschalteten siliciumhaltigen Lagen. Diese BIFs sind feinkörnig und sehr fein laminiert sowie sekundär oft verfaltet, was auf einen Bildungsraum in der Tiefsee hinweist. Sie sind in Grünsteingürteln archaischer Urkratone (▶ Seite 81) zu finden und mit Vulkaniten, Schiefern und Grauwacken vergesellschaftet. Die seltenen Vorkommen besitzen nur eine geringe seitliche Ausdehnung und eine Mächtigkeit von 30–100 Meter. Dazu gehören die ältesten bekannten BIFs, unter anderem die der Isua-Gruppe (Westgrönland).

2 Der *Superior*-Typ wird benannt nach den Vorkommen in den USA. Sie wurden meist zwischen 2,75 und 2,0 Ga abgelagert, der Höhepunkt lag um 2,4–2,2 Ga, zwischen 2,1 und 1,8 Ga kam es nochmals zu geringeren Ausfällungen von eisenhaltigen Sedimenten. Sie zeigen das volle, oben genannte Mineralspektrum. Diese

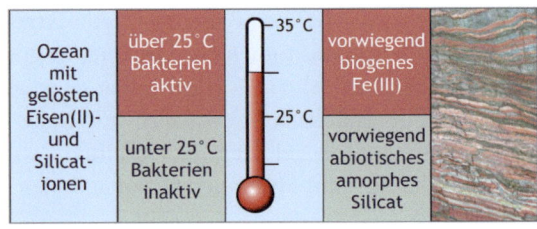

10-06
Bildungsbedingungen zur BIF-Entstehung. Gebändertes Eisenerz (*banded iron formation*) soll einer Modellvorstellung zufolge durch temperaturabhängige Aktivität bestimmter Bakterien entstanden sein.

BIFs bestehen oft aus grobkörnigeren, massiver gebänderten Lagen. Seitlich dehnen sie sich über mehrere Hundert Kilometer aus, ihre Mächtigkeit erreicht mehrere Hundert Meter. Dementsprechend bergen sie Vorräte von bis zu 10^{15} Tonnen Eisenerzen und sind bis heute die wirtschaftlich ertragreichsten Eisenerzvorkommen. Während ihrer Ablagerungszeiten entstanden die ersten stabilen, ausgedehnten, randkratonischen Schelfe, die während Transgressionen (Vorrücken von Küstenlinien) weiträumig überflutet wurden. Sie bildeten die Ablagerungsräume für die mächtigen, altproterozoischen BIFs, die dort unterhalb der Wellenbasis abgesetzt wurden. Vermehrt wurden auf den Schelfs auch Carbonate ausgefällt, die für den Superior-Typ kennzeichnend sind[20]. Zu den bedeutenden Erzvorkommen dieses Typs gehören diejenigen von Hammerlay (Australien), Transvaal (Südafrika), Superior (Nordamerika) oder Krivoj Rog (Ukraine).

3 Der seltene *Rapitan*-Typ hat seinen Namen von einer Sedimentfolge im Nordwesten Kanadas. Dabei handelt es sich um kleine, neoproterozoische BIFs, die zwischen 0,8 und 0,6 Ga entstanden sind. Der Rapitan-Typ besteht fast ausschließlich aus Hornstein und Hämatit mit geringen Anteilen von Carbonaten, ihr Eisengehalt ist daher hoch. Diese BIFs sind generell in glaziomarine Sedimente eingebettet, die am Ende des Cryogeniums (▶ Seite 225) abgelagert wurden. Vertreter dieses Typs sind die Urucum-Vorkommen (Brasilien) und die Chuos-Formation (Namibia)[19,21,25].

Entstehung der BIFs

Die Entstehung der gebänderten Eisenerze ist noch nicht vollständig geklärt. In ersten Erklärungsmodellen wurde die Ausfällung und Ablagerung mit der Verfügbarkeit von freiem

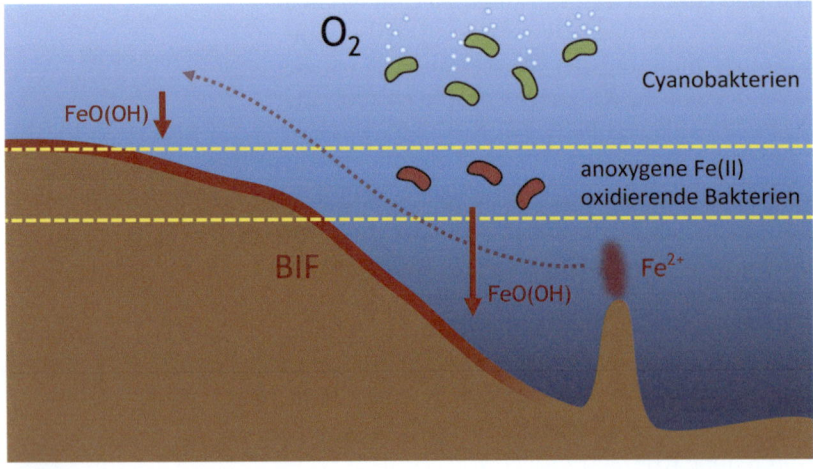

10-07
BIF-Entstehung im marinen Milieu. Durch Mischung Eisen(II)-haltiger Tiefenwässer mit sauerstoffhaltigen Oberflächenwässern kommt es zur chemischen Oxidation und Ablagerung von Eisen(III)-Verbindungen. Mikroorganismen, die anaerobe Photosynthese betreiben, vermögen zudem bis zur photischen Tiefe (untere Linie) Fe(II) direkt zu Fe(III) zu oxidieren.

Sauerstoff, insbesondere nach dem Großen Oxidationsereignis (▶ Seite 148) in Verbindung gebracht. Zeitlich kann das nur für die BIFs des Superior-Typs zutreffen, nicht aber für die archaischen Vorkommen. Ebenso ungeklärt ist die Rolle von Mikroorganismen bei der Ausfällung der Eisenoxide. Damit Eisenoxide überhaupt ausfällen können, müssen im Wasser in ausreichender Menge gelöste Fe^{2+}-Ionen vorhanden sein, gleichzeitig dürfen nur geringe Mengen Sulfat (SO_4^{2-}) oder Schwefelwasserstoff (H_2S) gelöst sein, um ein sofortiges Ausfällen von Eisen als Pyrit zu verhindern[25,26].

Eisenquellen

Die Quellen von reaktivem, oxidierbaren Eisen(II) dürften im Archaikum ausschließlich am Meeresboden gelegen haben. Zu dieser Zeit konsolidierte sich die Erdkruste zu ersten kleinen Urkratonen, eine Plattentektonik im großen Stil gab es noch nicht. Wohl aber dürfte der Wärmefluss aus dem Erdinneren damals um das 2,5-fache höher gewesen sein als heute. So existierte am Meeresboden ein Hotspot-Vulkanismus. Dadurch entstanden wahrscheinlich bis in den oberen Erdmantel herabreichende, große Vulkane, die auch oxidierbares, gelöstes Eisen(II) ins Meerwasser freisetzten. Einträge größerer Mengen von festländischen, eisenhaltigen Abtragungsprodukten war erst möglich, als im Proterozoikum genügend atmosphärischer Sauerstoff für eine chemische Verwitterung verfügbar war. Die einsetzende Plattentektonik sowie die verstärkte Ausbreitung von Mikroorganismen im Proterozoikum förderten die Ausbildung von physikalischen, chemischen und biologischen Eisen-Kreisläufen. Hydrothermale Pulse und Aufwellungen von eisenhaltigen Tiefenwässern sorgten regional und zeitlich begrenzt für ausreichend hohe Mengen an oxidierbarem zweiwertigen Eisen. Im Neoproterozoikum müssen vorübergehend starke Fe(II)-Quellen unter dem Eis existiert haben[27].

Oxidationsprozesse von Fe(II)

Damit Eisen in die ursprünglichen BIF-Sedimente dauerhaft eingelagert werden kann, muss das wasserlösliche Fe(II) zu unlöslichem Fe(III) oxidiert werden. Das erfolgt vor allem in der photischen Zone der Ozeane, wo noch ausreichend Licht für eine Photosynthese vorhanden ist. Zwei Photosynthesewege sind bekannt, einer ohne Sauerstoff als Oxidans (anoxygen) sowie einer mit Sauerstoff (oxygen). Im Archaikum und Proterozoikum überwogen – abhängig vom Chemismus der Ozeane – teils die anoxygene, teils die oxygene Oxidation.

Im Archaikum (4,0–2,5 Ga) oxidierten vermutlich die ersten anaeroben photoautotrophen Bakterienstämme mithilfe der anoxygenen Photosynthese das vorhandene Fe(II). Das geschah in den damals weitgehend sauerstofffreien Ozeanen bis in etwa 100 m Tiefe. Dabei nutzten sie Fe(II) als Elektronenlieferant, um mit Lichtenergie (hν) aus Kohlendioxid Kohlenhydrate (als [CH_2O] dargestellt) zu produzieren[28,29]:

$$4\,Fe^{2+} + CO_2 + 11\,H_2O + h\nu \rightarrow [CH_2O] + 4\,Fe(OH)_3 + 8\,H^+.$$

Das entstandene Eisen(III)-hydroxid wird als Folge des bakteriellen Stoffwechsels ausgefällt. Diese sogenannte anoxygene Eisenmineralisierung (Photoferrotrophie) betreiben vor allem photoautotrophe Grüne und Purpur-Schwefelbakterien, sowie Nicht-Schwefel-Purpurbakterien.

Einige chemolithoautrophe Bakterien wie *Thiobacillus ferrooxidans* nutzen ebenfalls Fe(II) als Elektronenlieferant. Heute sind die meisten entstehenden Fe(III)-Ablagerungen um submarine Schlote chemolithotrophen Ursprungs.

Im Proterozoikum bildeten gut durchlüftete, flache Schelfbereiche den Hauptsedimentationsraum, wie die BIFs des Superior-Typs nachdrücklich zeigen. In der Hauptbildungsphase der BIFs, zwischen 2,5 und 2,3 Ga, waren die Ozeane wohl stabil geschichtet: Unterhalb einer geringmächtigen, lebensreichen, sauerstoffangereicherten Deckschicht reichte der anoxische Wasserkörper bis zum Boden.

Kam es besonders in flachen Schelfmeeren zu Aufwellungen anoxischer, Fe(II)-reicher Tiefenwässer oder zum Eindringen von eisenangereicherten, hydrothermalen Plumes in die flachen Becken, dann wurde das vorhandene Fe(II) rasch durch gelösten Sauerstoff zu Fe(III) oxidiert[30] und große Mengen Eisenhydroxid ausgefällt (▶ Abbildung 10-07). Den Sauerstoff lieferten Cyanobakterien durch oxygene Photosynthese (▶ Seite 139) in den lichtdurchfluteten ozeanischen Deckschichten. In den anoxischen Bereichen darunter erfolgte vermutlich weiterhin Eisenmineralisation durch anaerobe Photosynthese[31].

Typische Analysenwerte von BIFs (Massenprozente)[32]:

Fe	20–40%
SiO_2	43–56%
CaO	1,75–9,0%
MgO	1,2–6,7%
Al_2O_3	0,09–1,8%

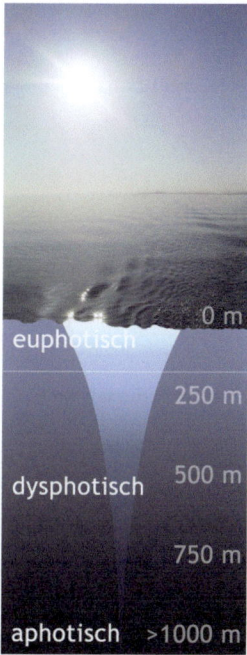

10-08
Photische Zone. Insbesondere rotes Licht nimmt mit der Tiefe sehr schnell ab. Bereits nach einigen Dutzend Metern fällt die Lichtstärke auf sehr geringe Werte ab.

Organische Kohlenhydrate
[CH$_2$O]

Wasserstoff-Kation (Proton)
H$^+$

Kohlensäure
H$_2$CO$_3$

Carbonat-Anion
CO$_3^{2-}$

Hydrogencarbonat-Anion
HCO$_3^-$

Calcium-Kation
Ca^{2+}

Natriumcarbonat (Soda)
Na$_2$CO$_3$

Kaliumcarbonat (Pottasche)
K$_2$CO$_3$

Eisen(II)-carbonat (Siderit)
FeCO$_3$

Calciumcarbonat, Kalk (Calcit, Aragonit, Vaterit)
CaCO$_3$

Calcium-Magnesium-Carbonat (Dolomit)
CaMg(CO$_3$)$_2$

Die Bildung von BIFs endete um 1,8 Ga, als sich größere Mengen gelöster Sulfide in den ozeanischen Tiefen anreicherten und die Speicherung von gelöstem Eisen nun dort erfolgte, während der Transport in obere Deckschichten stoppte[20].

Umstritten ist, ob das *Große Oxidationsereignis* (GOE), also der von Cyanobakterien freigesetzte Sauerstoff die Bildung von BIFs maßgeblich beeinflusst hat, wie in der ursprünglichen Hypothese angenommen. Unmittelbar nach der altproterozoischen *Huronischen Vereisung* erfolgte schon eine deutliche Sauerstoffanreicherung in den Ozeanen. BIFs wurden vor und nach dieser Vereisung abgelagert[20]. Und die Hauptphasen der BIF-Bildung fallen nicht mit dem GOE zusammen. Vielmehr zeigen geologische Überlieferungen eine substanzielle Abnahme von BIFs unmittelbar vor dem GOE und die Hauptbildungsphase setzt erst etwa 200 Ma danach ein[27]. Entscheidend für deren Ausbildung dürfte ein ausreichend großes Reservoir von gelöstem Fe(II) in der tieferen Wassersäule eines geschichteten Ozeans gewesen sein. Das war nur in einigen, oft mehrere 100 Millionen Jahre andauernden Abschnitten des Präkambriums der Fall.

Da sich chemisch, anoxygen photosynthetisch und photosynthetisch erzeugte Fe(III)-Hydroxide nur schwer isotopisch unterscheiden lassen, ist eine unmittelbare Mitwirkung von Mikroorganismen bisher kaum nachzuweisen. Aber zahlreiche indirekte Hinweise wie Biomarker lichtsammelnder Pigmente, wie sie in der Photosythese benötigt werden, oder anoxygener Photoautropher in rezenten Stromatolithen sprechen dafür, dass Bakterien tatsächlich riesige Mengen von Eisenerzen abgelagert haben. Ohne die Bioaktivitäten und die Stoffwechselprodukte der Mikroorganismen hätte die Bildung von BIFs entweder gar nicht oder nur in viel geringerem Ausmaße stattgefunden[21]. Die gebänderten Eisenerze gehören zu den bedeutendsten, aber auch rätselhaftesten sedimentären Ablagerungen des Präkambriums.

Kalkgesteine

Baumaterial biogener Gebirge

Kalke begleiten uns allgegenwärtig als festes Gestein oder in aufgearbeiteter Form. Im Landschaftsbild sehen wir sie als weißliche Gesteine auf der Schwäbischen Alb (▶ Abbildung 10-09) oder als bizarre, schroffe Felsmassive auf der Fahrt nach Italien in den Alpen. Dort finden sich in großen Höhen Kalkschalenüberreste von Meeresbewohnern wie Schnecken oder Muscheln. Mauern und Gebäude weisen auf die Nutzung von Kalkstein als eines der ältesten Baumaterialien hin. Kalke sind auch ein wesentlicher Bestandteil von Zement. Versteckt enthalten Zahnpasta oder kosmetische Erzeugnisse und Waschmittel Kalke. Bei der Erzeugung von Wein, Bier, Papier oder Gummiartikeln werden Kalke im Herstellungsprozess eingesetzt. Berühmte antike oder renaissancezeitliche Statuen wie *David* von MICHELANGELO (1475–1564) sind aus Marmor (▶ Abbildung 10-10) gefertigt.

Was sind Kalke?

Kalke sind chemische Sedimentgesteine aus der Gruppe der Carbonate. Chemisch handelt es sich um Salze der Kohlensäure (H$_2$CO$_3$, ▶ Randspalte links). Umgangssprachlich wird Kohlensäure häufig mit Kohlendioxid (CO$_2$) gleichgesetzt. Kohlensäure entsteht allerdings erst durch eine Reaktion von Wasser mit gelöstem Kohlendioxid. Ihr Grundbaustein ist das Carbonat-Anion (CO$_3^{2-}$). Es kommt in vielen Mineralen vor, so als Natriumcarbonat, Kaliumcarbonat oder Eisen(II)-carbonat. Calciumcarbonat gehört zu den weltweit häufigsten Mineralen. Lose Kalksedimente und feste Kalksteine bestehen zu mindestens 80 Prozent daraus (die restlichen 20 Prozent verteilen sich auf Minerale wie Feld-

10-09. Kalkkliff. Fossiles tertiäres Kalkkliff (Abbruchkante an einer Steilküste) auf der östlichen schwäbischen Alb, das als ehemaliger Strandabschnitt gilt. Es zeigt etwa münzgroße, innen glatte Löcher von Bohrmuscheln. Diese graben sich nicht tief unter der Wasseroberfläche in Kalkfelsen und lösen den Kalk um sich herum auf, indem sie an ihrem Fuß Säuren abscheiden. So schaffen sie sich während ihres Wachstums zylindrische Wohnhöhlen, die sich beidseitig verjüngen und die normalerweise nicht mehr verlassen werden können. Kleinere Löcher von einigen Millimetern Durchmesser stammen von Bohrschwämmen.

spate, Tone, Quarze). Calciumcarbonat gibt es in der Natur in drei Modifikationen: als Calcit (Kalkspat), Aragonit und Vaterit. Kalkgesteine können aus fast reinem Kalk bestehen, oder aber sie sind sekundär durch zirkulierende, hydrothermale Lösungen zu Dolomit (Mineral und Gestein) umgewandelt (▶ Kasten Seite 246). Metamorph überprägt und umkristallisiert kommen sie als Marmor vor.

Kalke gehören zu den ältesten Sedimenten, erste Ablagerungen stammen bereits aus dem Archaikum. Im Proterozoikum wurden riesige Mengen von Kalken in Stromatolithen (▶ Seite 239) abgelagert.

Kalkbildung

Calciumcarbonate werden in wässrigem Milieu, aber auch in organischen Geweben gebildet. Dazu müssen in Lösung Calciumkationen und Carbonatanionen (▶ Randspalte links) vorhanden sein. Daraus entsteht ab einer gewissen Konzentration das weitgehend unlösliche Calciumcarbonat. In Verbindung mit Kohlensäure löst sich Calciumcarbonat jedoch unter Bildung von Hydrogencarbonat-Ionen:

$$H_2CO_3 + CaCO_3 \rightarrow Ca^{2+} + 2\, HCO_3^-$$

Kalkschlämme werden chemisch oder biogen aus solchen wässrigen Lösungen ausgefällt.

Abiotisch-chemische Kalke entstehen, wenn Calciumcarbonat aus übersättigten Lösungen ohne direkte Beteiligung von Lebewesen abgesetzt wird. Der effektivste Prozess dafür ist die Verdunstung von mit Salzen übersättigtem Wasser, die *Evaporation*. Abiotisch wurden im Archaikum bis zur Entstehung des Lebens so erste Kalke gebildet, ebenso im Zechstein und im Jura. Heute erfolgt eine derartige Kalkausfällung in warmen, tropischen Flachmeeren wie auf der Bahama-Plattform in der Karibik. Dort werden in wellenbewegten Bereichen auch Sandkörner von Kalkhäutchen umhüllt und bilden die sogenannten Ooide auf der Oberfläche von Kalksteinen (▶ Abbildung 10-12). Aus der Verdunstung kalkhaltigen Wassers entstehen Tropfsteine in Höhlensystemen, ebenso der Absatz von Travertin in heißen Quellen. Eine wichtige Rolle spielt bei allen Prozessen der Entzug oder das Entweichen von Kohlendioxid abhängig von der Temperatur.

An der Bildung biogener Kalke sind Lebewesen indirekt oder direkt beteiligt. Auch hierbei ist der Entzug von Kohlendioxid der auslösende Faktor. Vor allem photosynthetisch aktive, autotrophe Mikroorganismen wie die Cyanobakterien vermögen eine Ausfällung von Calciumcarbonat zu bewirken, indem sie ihrer wässrigen Umgebung Kohlendioxid entziehen und es in ihre Biomasse einbauen. Cyanobakterien nutzen dazu Wasser als Elektronendonator, Schwefelbakterien Schwefelwasserstoff (H_2S). Durch den Entzug von Kohlendioxid wird das Lösungsgleichgewicht im Gewässer gestört, da der Gehalt an Kohlensäure abnimmt, und es kommt zu einer biologisch induzierten Kalkausfällung. Diese Kalkabsätze werden, teils mit Sanden oder Tonen vermischt, als Kalkschlamm sedimentiert.

Seit dem ausgehenden Neoproterozoikum vermögen Mikro- und Makroorganismen biologisch kontrolliert Kalke in ihren Geweben für Stützskelette oder für Schalen (Exoskelette) zu produzieren. Dazu nutzen sie gelöste Calcium- und Calciumhydrogencarbonat-Ionen sowie Kohlendioxid und produzieren daraus bevorzugt stabiles und bruchfestes Aragonit (▶ Abbildung 10-11). Dass bei der Kristallisation zunächst dieses Mineral und nicht etwa das thermodynamisch stabilere Calcit entsteht, entspricht der aus der physikalischen Chemie bekannten *Ostwaldschen Stufenregel*. Danach gehen Systeme von einem energiereichen Zustand nicht direkt in den energieärmsten über, sondern über vorhandene metastabile Zwischenstufen – in diesem Fall Aragonit. Das Skelettmaterial von Austern, Meeresschnecken und Korallen sowie Perlen besteht daraus[32]. Während der Diagenese wird diese Modifikation schließlich in Calcit umgewandelt, das in Kalksteinen vorherrscht.

10-10
Marmor. Der berühmte weiße Carrara-Marmor ist metamorph überprägter Kalkstein ($CaCO_3$).

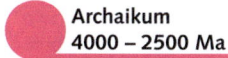
Archaikum
4000 – 2500 Ma

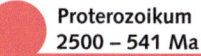
Proterozoikum
2500 – 541 Ma

Neoproterozoikum
1000 – 541 Ma

10-11
Aragonit. Schalen und andere Hartteile von Organismen enthalten das Calciumcarbonat-Mineral Aragonit.

10-12
Ooide[33]. Ablagerung auf der Oberfläche eines stark oxidierten Kalksteins, Carmel-Formation, mittleres Jura, Gunlock-Formation, Utah.

10-13
Dolomitgestein. Die Dolomiten östlich der norditalienischen Stadt Bolzano (Bozen) sind die *Typlokalität* des Minerals Dolomit ($CaMg[CO_3]_2$), das heißt, dieses Vorkommen des Minerals wurde erstmals wissenschaftlich beschrieben. Dolomit wurde möglicherweise biogen gebildet.

Carbonat-Kompensationstiefe
Die Löslichkeit von Calciumcarbonat (Aragonit oder Calcit) in Wasser steigt mit sinkender Temperatur und steigendem Druck. Im Ozean absinkendes Calciumcarbonat wird also ab einer bestimmten Tiefe wieder aufgelöst, insbesondere weil gleichzeitig auch der Gehalt an Kohlensäure mit der Tiefe zunimmt.

Organogene Kalke gehen auf kalkige Überreste von Lebewesen zurück. Sterben kalkführende Mikro- und Makroorganismen ab, so sinken ihre toten Körper mit den Hartteilen zum Gewässerboden, werden teilweise von Destruenten recycelt (kurzer Kalkkreislauf) und großenteils am Boden angehäuft (langer Kalkkreislauf). Kalkrecycelnde Lebewesen hinterlassen kalkige Fäkalpillen. Kalkschlämme, Überreste von Kalkskeletten und Fäkalpillen, werden bis zur Carbonat-Kompensationstiefe (▶ Randspalte) am Meeresboden angehäuft, die für Calcit zwischen 3500 und 5000, für Aragonit zwischen 3000 und 3500 Meter Wassertiefe liegt. Unterhalb dieser Grenze werden beide infolge erhöhten Kohlendioxidgehalts und stärkerem Wasserdruck aufgelöst. In Brandungsbereichen können Bruchstücke von Muscheln, Korallen oder Seelilien zusammengespült und im Laufe von Jahrmillionen zu Kalk verfestigt werden. Führen derartige Kalke erhöhte Anteile von Organismen oder deren Bruchstücke, so spricht man generell von Fossilkalken. Herrschen bestimmte Fossilien vor, so bezeichnet man sie danach als Muschelkalk, Riffkalk oder Schillkalke, die aus Muschelbruchstücken bestehen. Die berühmten Kreidekalke von Rügen oder Dover bestehen aus den winzigen Schälchen von Abermillionen *Coccolithen*, einer Art Kalkalgen sowie von Foraminiferen.

Kalke können also biogen oder abiotisch-chemisch entstehen, wobei die biogene Entstehung im marinen Ablagerungsmilieu überwiegt. Aufgrund ihrer verschiedenen Entstehungsprozesse und Bildungsräume tritt Kalkstein in großer struktureller Variationsbreite, Zusammensetzung und Korngröße auf. Häufig bilden geschichtete oder gebankte Kalke morphologische Klein- und Großformen. Massive Kalke stammen als Riffkalke aus dem Devon, biogener Massenkalk aus dem Devon und dem Jura. Allgemein sind Kalke gräulich bis weißlich gefärbt, doch Einlagerungen von Hämatit, Glaukonit oder Bitumen können rötliche, grünliche oder schwarze Färbungen bewirken.

Kalkgebirge und Carbonatkreisläufe

Da Kalke vorwiegend in Gewässern abgelagert werden, bilden sie anfangs keine Gebirge, sondern mehr oder weniger verfestigte Sedimente. Gebirge entstehen erst, wenn Kalksteine während tektonischer Prozesse über die Gewässeroberfläche emporgehoben und zu Erhebungen und Gebirgen emporgewölbt werden. So gelangen auch ehemalige Meeresbewohner in große Höhen, wo sie den Angriffen abtragender Kräfte ausgesetzt sind. Gegenüber physikalisch wirkenden Agenzien wie Wind oder Eis sind Kalke relativ resistent, werden aber von diesen zu den bekannten bizarr-schroffen Gebilden umgeformt. Am empfindlichsten ist Kalkstein gegen alle Arten von Säuren inklusive kohlendioxidhaltiger Wässer. Diese können das feste Gestein auflösen, schaffen die berühmten Karstlandschaften und führen Calciumcarbonate wieder zurück in die Kalkkreisläufe. Eine wichtige Rolle spielt dabei das Kohlendioxid. Einerseits bilden Kalke einen Hauptspeicher für bis zu 90 Prozent dieses Treibhausgases, denn Kalksteine speichern vierzigtausendmal so viel Kohlendioxid wie Ozeane, Atmosphäre und Biowelt zusammen. Ohne diese Speicherung würden auf der Erde ähnliche Temperaturen wie auf der Venus herrschen. Andererseits reagiert Kohlendioxid mit Wasser zu Kohlensäure, die Kalke auflöst und diese wieder in die Kreisläufe überführt.

Dolomit – auch unter hundert Grad

Während die Bildung von Kalkgestein seit Langem gut verstanden ist, gab die Entstehung von Dolomit den Geologen immer wieder Rätsel auf. Im Labor entsteht Dolomit nämlich nicht ohne Weiteres aus Lösungen unter 100 °C. Man erklärte dessen Bildung eher schlecht als recht aus dem Einfluss unter Druck überhitzter hydrothermaler Lösungen. Dies passt kaum zur beobachteten massiven Bildung des Minerals in manchen Perioden, das heute kaum noch entsteht. Eher zufällig entdeckte man[34], dass im Schleim bakterieller Biofilme der sulfatreduzierenden Mikroben *Desulfobulbus mediterraneus* im Labor winzige Dolomitkristalle bereits weit unter 100 °C entstehen können. Dieser Schleim enthält verschiedene Zucker, Aminosäuren und Proteine. Bezeichnend ist, dass die beiden zeitlichen Höhepunkte globaler Dolomitbildung seit dem Kambrium offenbar recht gut mit Perioden niedrigeren Sauerstoffgehalts in der Erdatmosphäre korrelieren. Die Vermutung liegt also nahe, dass sich Biofilme anoxischer Bakterien in diesen Zeiten stärker verbreiten konnten.

Städte unter Wasser

„Städte unter Wasser", so lautet der Titel einer Ausstellungsbroschüre (1997) über biogene Riffe. Auf sie trifft unsere Kapitelüberschrift „Gebirge aus Organismen" am meisten zu. An deren Bau haben im Laufe der Erdgeschichte viele Baumeister und geologische Prozesse mitgewirkt und viele verschiedene Bewohner haben die „Städte" bevölkert. Als Baumaterial verwendeten die Baumeister fast ausschließlich Kalke, die heutigen Betrachtern bei fossilen Riffen weithin als weiße Wände entgegenleuchten. Ruinen solcher Städte in Form trockengefallener Riffe können Wanderer vielerorts als massive, ungeschichtete Kalke, als *Riffstotzen* oder *Schwammstotzen* am Steilrand der Schwäbischen Alb anschauen.

Der Begriff Riff leitet sich vom mittelhochdeutschen und/oder mittelniederländischen Wort *rif* bzw. *rip* ab, das Rippe oder wallartige Erhebung bedeutet. Dementsprechend wird ein Riff allgemein als eine wallartige Erhebung von einem Gewässerboden zur Gewässeroberfläche definiert, die aus zusammengespültem Sand oder festem, meist gezacktem Fels besteht. Im geologischen Sinne handelt es sich um organo-sedimentäre Bildungen, die durch eine Interaktion von Organismen mit ihrer Umwelt erzeugt wurden oder heute noch erzeugt werden. Von ähnlichen Gebilden wie Anhäufungen von Schalen-, Skelett- und Gesteinsbruchstücken (Bioherme) oder Carbonatschlammhügeln (Biostrome) unterscheiden sich zumindest die phanerozoischen Riffe dadurch, dass sie durch ein makroskopisches Gerüst aus Skeletten zusammengehalten werden.

Alle Riffkonstrukteure benötigen einen festen Untergrund, auf dem sie sich ansiedeln und ihre Bauwerke errichten können (im Phanerozoikum oft Carbonatplattformen), Baumaterial wie Calciumhydrogencarbonat sowie fast immer Licht als Energiequelle. Kaltwasser-Korallen, die unterhalb der photischen Zone lebend ihre Energie aus Plankton beziehen, bilden eine Ausnahme[35]. Viele von ihnen lebten am Boden festhaftend (sessil). Riffe bilden komplexe Lebensgemeinschaften, die unterschiedlichsten Bewohnern Wohnraum, Schutz und Nahrungsquellen bieten (▶ Abbildung 10-14). Aufgrund der enormen Vielfalt an Lebewesen werden Riffe bisweilen als „Regenwälder der Ozeane" bezeichnet[36]. Auch bohrende Lebewesen und Destruenten gehören zur Riffgemeinschaft. Alle tragen zum Energie- und Stoffstrom innerhalb eines Riffs bei[37]. Seit dem Kambrium entstehen biogene Riffe aus dem Zusammenwirken von Gerüstbauern (engl. *baffler*, eigentlich Strömungsverlangsamer) und Sedimentfängern (engl. *binder*); andere Bewohner wie Cyanobakterien (▶ Seite 146) fördern die Krustenbildung.

Bildungszeiten

Schon im Präkambrium entstanden erste riffartige Gebilde, die durch biochemische Carbonatausfällungen prokaryotischer Cyanobakterien als erste Riffbildner geschaffen wurden (▶ Abbildung 10-15, Seite 248). Diese unterscheiden sich morphologisch deutlich von phanerozoischen Gerüstriffen. Denn diese Mikroorganismen hinterließen keine Kalkschälchen, sondern fingen und banden Kalk- und Sandpartikel, die über lange Zeiträume zu fein geschichteten, wallartigen Erhebungen aufgehäuft wurden, den Stromatolithen, die wir schon kennen lernten (▶ Abbildung 10-02, Seite 239). Gegen Ende des Proterozoikums wurden die Riffstrukturen dank weiterer am Riffbau beteiligter Organismen wie Kalkalgen und anderer Metazoen komplexer strukturiert, gewebeartige Strukturen mit Hohlräumen entwickelten sich. Als erste metazoische Riffbildner sind *Archaeocyathiden*[38] (▶ Abbildung 10-16, Seite 248) überliefert, eine schwammähnliche, im Kambrium ausgestorbene, eukaryotische Tiergruppe[38]. Sie lebten in etwa 20–50 Metern Wassertiefe auf Carbonatböden vermutlich mit photosynthetisierenden Mikroorganismen und schufen flache Riffe[39]. *Archaeocyathiden* waren seit dem oberen Neoproterozoikum ein Bestandteil der *Small-Shelly-Fauna*, also von Organismen, die erste kleine mineralisierte Schalen oder Skelette besaßen[40].

Korallen als Beteiligte am Riffbau tauchten im mittleren Ordovizium auf: Dickschalige, großenteils am Untergrund haftende Vertreter der Ordnungen *Rugosa* und *Tabulata*. Aufgrund ihrer Unbeweglichkeit und ihres langsamen Stoffwechsels waren beide gegenüber stärkeren Umweltveränderungen und Stress empfindlich und wurden während der globalen Aussterbeereignisse im oberen Devon (▶ Massenaussterbeereignisse, Seite 197) schon stark dezimiert und starben während des massiven Aussterbeereignisses an der Perm-Trias-Grenze endgültig aus. Hauptkonstrukteure waren damals jedoch sessile

Erde und Leben – Die Geschichte einer innigen Wechselbeziehung

Kambrium
541 – 485 Ma

10-14
Korallenriff[41]. Intaktes, dicht bevölkertes Korallenriff an der Nordküste von Ost-Timor.

Phanerozoikum
541 Ma – heute

Ordovizium
485 – 444 Ma

Devon
419 – 359 Ma

KAPITEL 10 Gebirge aus Organismen

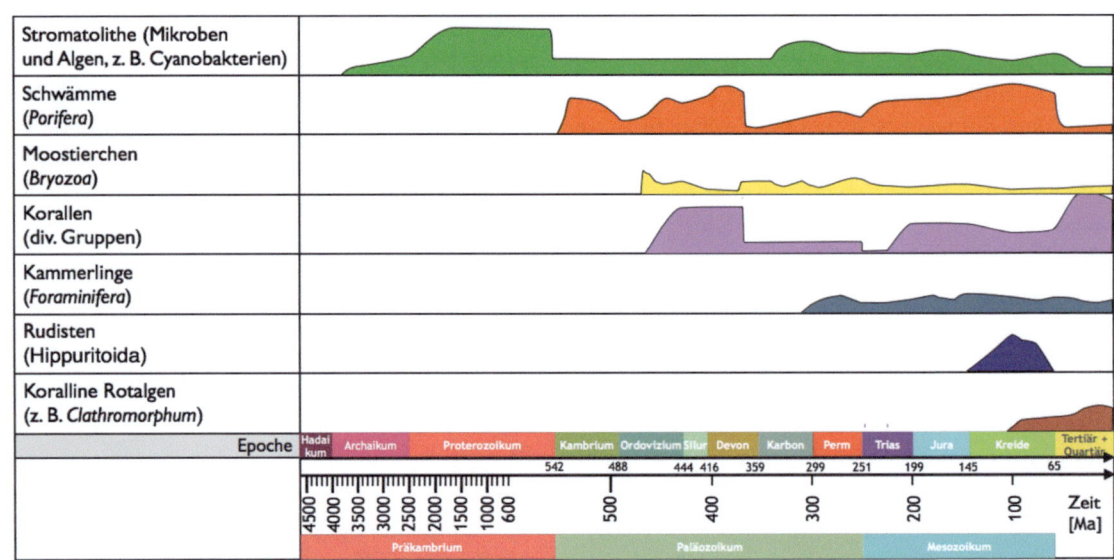

10-15
Riffbildner. Wichtigste Riffbildner in der Erdgeschichte

Kreide
145 – 66 Ma

Paläozoikum
541 – 252 Ma

Trias
252 – 201 Ma

Jura
201 – 145 Ma

Paläogen
66 – 23 Ma

10-16
Archaeocyathiden. Diese im Kambrium ausgestorbene, wenig bekannte Gruppe sessiler Tiere war an der Riffbildung im Neoproterozoikum beteiligt (Illustration).

10-17
Ordovizium[42]. Fossilreicher Kalkstein aus dem oberen Ordovizium, Ohio

Stromatoporen, eine erst am Ende der Kreide ausgestorbene Gruppe von Kalkschwämmen. Nach dem vorübergehenden Aussetzen riffbildender Korallen und Schwämme kam die Riffbildung im oberen Paläozoikum generell fast völlig zum Erliegen. Nur Mikroorganismen wie Cyanobakterien, Moostierchen (*Bryozoen*) und Algen schufen wie im Proterozoikum noch riffartige Wälle. In der mittleren Trias hinterließen vorübergehend Muscheln bedeutende Riffe, daher heißt diese Stufe der Trias in Mitteleuropa *Muschelkalk* (▶ Kasten Seite 251). Bald lösten neue Korallengattungen, die Steinkorallen (*Scleractinia*) die Muscheln als Gerüstbildner ab, sie stellen bis in die Gegenwart die wichtigsten Riffbildner. Dementsprechend sind Korallenriffe seitdem die Haupttrifftypen. In der Trias und im Jura gesellten sich Kalkschwämme hinzu, während der gesamten Kreide übernahmen Rudisten, eine am Ende dieser Periode ausgestorbene Muschelordnung, die Rolle der Hauptriffbildner. Seit dem Paläogen dominieren dann wieder riffbildende (hermatype) Steinkorallen das Gerüstbauwesen. Wichtige Beiträge zur Gestaltung eines Riffs leisten seit der Trias kalkschalige Rot- und Grünalgen sowie *Foraminiferen* als Sedimentbinder.

Riffbildung durch Korallen

Am Anfang haften sich winzige, koloniebildende Korallenlarven, die Polypen, an einem stabilen Untergrund fest. Jeder einzelne Polyp hat die Fähigkeit, sofort an seiner Basis (Korallenkelch bzw. Korallit) Kalk abzuscheiden und so ein „Fundament" für das entstehende Riff zu legen. Neue Polypen siedeln sich auf Hartteilen abgestorbener Korallen an. Zunächst entwickeln sich „Korallenrasen", die im Laufe von einigen Jahrzehnten zu Korallendickichten werden. Tropische Warmwasserkorallen scheiden (bis zu fünf Liter pro Quadratmeter Riffoberfläche) einen organischen Schleim aus, mit dem sie feine Sedimentpartikel und Plankton einfangen. Um die Korallenkolonien herum werden abgebrochene Korallen-

Korallen, die Riffbaumeister

Medien liefern oft farbenprächtige Bilder von lebensprallen, tropischen Felslandschaften unter Wasser. Man sieht bizarre Wesen mit fächer-, fieder- oder blattförmigen Gebilden, Fischschwärme und Krebse an stark gegliederten Felswänden. Hauptbaumeister dieser Landschaften sind Korallen.

Aufgrund ihrer äußeren Form wurden Korallen bis ins 18. Jahrhundert als Pflanzen angesehen; erst der französische Arzt JEAN-ANDRÉ PEYSSONEL (1694–1759) erkannte, dass es sich um Tiere handelt, nachdem er Kalkschälchen um Polypen, den Larven von Korallen, entdeckt hatte. Korallen verbinden wir meist mit warmen, tropischen Meeren. Dabei fanden sich schon um 1750 Bruchstücke von Korallen in Fischernetzen an den Küsten Nordwesteuropas, die kaum von tropischen Korallen stammen konnten. 1758 beschrieb CARL VON LINNÉ (1707–1778) diese unter dem Namen *Madrepora pertusa*. Mit der Einführung des Echolots ab 1914 entdeckte man vor den Küsten Nordwesteuropas ausgedehnte, wallähnliche Gebilde. Erst in den letzten Jahren erbrachten Tauchgänge, dass es sich dabei um von Korallen geschaffene Riffe handelt.

Korallen leben nur im Meer. Mit Würmern, Insekten und Spinnentieren gehören sie zu den Wirbellosen. Sie besitzen kein Knochenskelett. Innerhalb der Wirbellosen bilden sie zusammen mit Quallen und Seeanemonen den Stamm der Nesseltiere (Cnidaria, griech. *cnidos*, Brennnessel). Mancher Badende hat schon schmerzhaft die Nesseln der Feuerqualle zu spüren bekommen.

Korallen sind Hohltiere (▶ Abbildung 10-18). Sie besitzen einen von zwei Zellwänden umschlossenen Hohlraum, der als Magen-Darm-Trakt fungiert. An der äußeren Zellwand können Korallen Kalk ausscheiden. Sie leben manchmal als Einzeltiere, meistens jedoch in Kolonien. Im Unterschied zu Quallen leben sie nach ihrem Larvenstadium an einen festen Untergrund geheftet, mit den Tentakeln um die Mundöffnung nach oben.

Hexa- und Oktokorallen unterscheiden sich in der Anzahl der Septen (radial verlaufenden Scheidewänden im Rachenraum). Nur die sechsstrahligen Steinkorallen sind Riffbauer. Sie erzeugen bei ihrem Aufwachsen das kalkige Grundgerüst eines Riffs. Oktokorallen stammen vermutlich schon aus dem oberen Proterozoikum; die heutigen riffbildenden Korallen existieren etwa seit der mittleren Trias.

Warm- und Kaltwasserkorallen haben unterschiedliche Ernährungsstrategien. In den Außenwänden tropischer Korallen siedeln sich winzige endosymbiontische, freischwimmende Algen an, meist aus der Gruppe der Dinoflagellaten (▶ Abbildung 10-19). Diese betreiben eine oxygene Photosynthese, entnehmen der Atmosphäre und dem Meerwasser also Kohlendioxid und liefern den Korallenpolypen Glukose als Nährstoff. Sie helfen ihren Wirten auch bei der Assimilation von Ammonium und Nitraten[43]. Die Wirte ihrerseits bieten ihnen Schutz. Indem Dinoflagellaten ihrer Umgebung Kohlendioxid entziehen, verschieben sie das Lösungsgleichgewicht und fördern die Kalkausscheidung ihrer Wirte. Sie erhöhen die Ausscheidungsrate sogar beträchtlich und tragen damit zum Riffwachstum bei. Dagegen filtern Kaltwasserkorallen ihre planktonische Nahrung selbst aus dem Wasser.

10-18

Korallenpolyp. Heterogene Gruppe mariner Nesseltiere. Nach einem frei driftenden Stadium als sogenannte Planula-Larven gehen die Tiere zu sessiler Lebensweise über und bilden Kolonien in Form von Korallenstöcken.

kelche, Muschelschalen, Schneckengehäuse und andere Hartteile zu Schuttfächern angehäuft[44]. Steinkorallen selbst tragen mit der Kalzifizierung ihrer Skelette aus Aragonit und ihren Kalkausfällungen dazu bei, dass die Riffe Schicht um Schicht in die Höhe (zum Licht) wachsen, auch Rote Kalkalgen tragen maßgeblich zum Höherwachsen und zur Stabilität rezenter tropischer Riffe bei[45]. Riffbildende Kaltwasser- und Warmwasserkorallen schaffen Kleinlebensräume, die weitere Bewohner anziehen. Damit unterstützen und forcie-

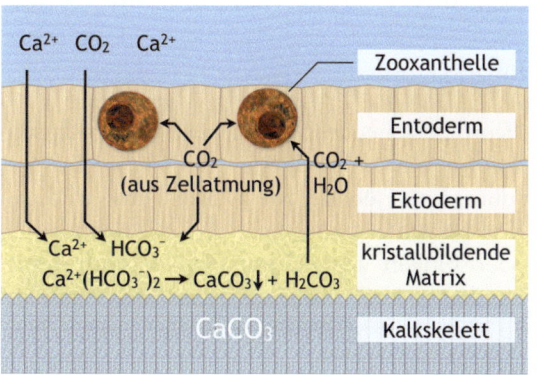

10-19

Zooxanthellen. Einzellige Eukaryoten (z.B. Dinoflagellaten, Chrysomonaden, Cryptomonaden oder Diatomeen), die als Endosymbionten in verschiedenen Mehrzellern (Metazoen) vorkommen können und diese um die Fähigkeit der oxygenen Photosynthese bereichern.

ren sie riffinterne Stoffkreisläufe und ermöglichen die Ausbildungen artenreicher Biotope[35]. Weitere Bewohner dieses vielgestaltigen Lebensraums wie Schnecken, Muscheln, Seeigel und Rotalgen fällen zusätzlich beträchtliche Mengen an Kalk aus[35], so dass sich über Jahrtausende mächtige, organisch gebildete „Gebirge" wie das Great Barrier Reef vor Australien auftürmen.

Die Hohlräume im Riffgerüst werden allmählich mit chemisch ausgefällten oder biogen erzeugten Kalken und anderen Sedimenten verfüllt. Nach dem Trockenfallen und der Fossilisation zeugen fossilreiche Kalke (Riffkalke) von einstigen Riffen, so in den Dolomiten oder im Rheinischen Schiefergebirge.

Schon DARWIN beschäftigte sich mit der Entstehung von Korallenriffen. Da ihm schon bekannt war, dass tropische Korallen (wegen ihrer Symbiose mit photosynthetischen Algen) nur maximal 30 bis 50 Meter unter der Wasseroberfläche gedeihen können, irritierten ihn beobachtete Korallenriffe mitten im offenen Meer. Er versuchte die Ausbildung von Korallenriffen mit dem Absinken von vulkanischen Inseln zu erklären: An deren Rändern siedeln sich im Flachwasserbereich oder an Uferhängen Korallen an und bilden ein sogenanntes Saumriff (*fringing reef*). Sinkt die Vulkaninsel tektonisch bedingt oder durch Meeresspiegelanstieg weiter ab, so liegen die Riffe jetzt im größeren Abstand zur Küste, getrennt durch Lagunen und bilden Barriereriffe (*barrier reef*)[36].

Wenn nur noch ringförmige Riffe eine Wasserfläche umschließen, liegen Atolle vor; derartige Riffe sind zum Beispiel die Inseln der Malediven. Die darwinsche Einteilung der Riffe ist bis heute gültig. Als vierter Typ wird oft das Plattform-Riff (*platform reef*) ergänzt. Es bildet aufgesetzt auf einem submarinen Felssockel im offenen Meer mehr oder minder ausgedehnte Inseln und ist teils in Lagunen und Atolle untergliedert[36].

Riffzonierung

Heute entstehende Riffe sind vielfältige Sedimentationsräume und vielgestaltige, morphologische, submarine Gebilde. Sie werden aus sandigen Komponenten, hauptsächlich aber aus chemisch oder biogen ausgefällten Kalken aufgebaut. Landwärts begrenzen heutige tropische Riffe bis 90 Meter tiefe Meeresbereiche, die Lagunen. Hier werden terrestrische, silikatische Sedimente mit ausgefällten Kalken und Kalkschutt zu Schlämmen vermischt. Neben zahllosen Mikroorganismen haben sich erste Kalk erzeugende und absondernde Meeresbewohner wie Schnecken, Algen und Muscheln angesiedelt. Fische durchstreifen am Grund wogende Seegras-Wälder.

Mit einem aus Sandaufschüttungen und Korallenkalken bestehenden Riff-Hang (*back-reef slope*) beginnt die eigentliche Riffstruktur. Hier tummelt sich ein reiche Lebewelt. Die Hangstrukturen werden durch Gezeitenwellen, Brandung und Bioaktivitäten von Organismen oft zerstört, vereinzelt ragen einzelne Fleckenriffe (*patch reefs*) auf.

Der Riffhang leitet zum höchsten Punkt eines Riffs, zum Riffdach (*reef crest*) über. Dieser flache Bereich ist von phototrophen Algen besiedelt, kann bei Niedrigwasser trockenfallen und ist oft von Rinnen durchzogen. Das Riffdach ist meist wuchtigen Brandungswellen ausgesetzt und wird dadurch abgetragen. Hier existieren keine lebenden Korallen, aber in kleinen Höhlen leben kleine Krebse und kleine Fische geschützt vor Wellen und Fressfeinden.

Mit der Riffkante (*reef front*) grenzt das Riff an das offene Meer. Ein oft 45° steiler, stark zergliederter Hang (*outer reef slope*) vermittelt den Übergang zum Meer. Er fungiert als Stoßdämpfer und Wellenbrecher, wodurch er stark erodiert wird. Hier leben die in Fernsehfilmen oft gezeigten bunten, vielgestaltigen Steinkorallen, die das Kalkgerüst liefern, Weichkorallen und Seeanemonen, hier tummeln sich die Fischschwärme auf Nahrungssuche. In Hohlräumen filtern Schwämme ihre Nahrung aus dem Wasser. Bohrende, raspelnde und grabende Bewohner wie Algen, Würmer, Schnecken oder Schwämme zerstören die Struktur[35]. Auf dem Meeresboden davor sind Wälle aus Riffschutt angehäuft, die sogenannte *Riffhangbrekzie*; einzelne Riffpfeiler zeugen von früheren Riffrändern[36,46].

Nordatlantische Tiefwasser-Riffe sind ähnlich aufgebaut. Dort fungieren *Lophelia*- und *Madrepora*-Korallen als Riffbauer[47,48].

Kohle

Eingefangenes Kohlendioxid

Ein weiterer bedeutender, natürlicher Kohlenstoffspeicher sind Algen und Pflanzen, die das Ausgangsmaterial für Kohle bilden. Kohlen bildeten den „Stoff", der die rasante Industrialisie-

Erde und Leben – Die Geschichte einer innigen Wechselbeziehung

Muschelkalk – Baustein- und Salzlieferant

Fossiliensammler werden belohnt, wenn sie Regionen aufsuchen, in denen der *Muschelkalk* ansteht. Neben den namensgebenden Muschelresten können sie Ammoniten, Stilglieder von Seelilien und weitere Fossilien heimtragen. Wanderer entdecken an Weinbergmauern im Neckartal zwischen Plochingen und Mundelsheim zahlreiche Fossilien und mehrere Museen zeigen Fossilienschätze aus dem Muschelkalk.

Der Begriff *Muschelkalk* ist in der Geologie doppelt belegt. Heute wird er für eine regionale, lithostratigraphische Gruppe der *Germanischen Trias* (aus Buntsandstein, Muschelkalk und Keuper) verwendet (▶ Abbildung 10-21). Früher wurde damit eine geologische Stufe sowie das Gestein bezeichnet.

Die Bezeichnung Muschelkalk wurde vom deutschen Geologen GEORG CHRISTIAN FÜCHSEL (1722 – 1773) eingeführt und 1834 vom Geologen FRIEDRICH AUGUST VON ALBERTI (1795 – 1878) in das System Trias (▶ Abbildung 2-06, Seite 17) übertragen.

Der Gesteinsbegriff steht für einen chemisch-organogenen, teils fossilreichen, marinen Kalk, der im sogenannten *Germanischen Becken*, einem ausgedehnten west- und mitteleuropäischen Sedimentationsbecken (▶ Abbildung 10-22) im Erdmittelalter (Mesozoikum) abgelagert wurde. Dieses Becken wurde zeitweilig überflutet und bildete dann ein flaches Randmeer des Tethys-Ozeans, so auch in der mittleren Trias in der Stufe Muschelkalk (243 – 235 Ma). Die Lage des Muschelkalk-Beckens in einem subtropischen, trocken-heißen Klimabereich (wie heute in der Sahara) bedingte spezielle Ablagerungsverhältnisse des Kalkes: Das Meer war warm und recht salzhaltig, bei eingeschränktem Wasseraustausch mit dem offenen Tethys-Ozean trocknete es zeitweilig aus. Einen derartigen Lebensraum tolerierten nur wenige Meeresbewohner. Neben den namensgebenden Muscheln sind dies Armfüßer (Brachiopoden), Kopffüßer (Cephalopoden), Meeresschnecken und Stachelhäuter. Besonders die reichlich zu findenden Ammoniten (Kopffüßer) sind für Fossiliensammler attraktiv. Generell erfolgte in diesem Flachwasserbereich eine chemische oder biologisch induzierte (▶ Biomineralisation, Seite 237) Ausfällung von fein- bis mittelkörniger Kalke, ähnlich wie heute auf der Bahama-Plattform. In diese Kalkschlämme wurden ganze Körper und feste, kalkige Bruchstücke von Schalen, Stacheln usw. eingebettet. Das daraus verfestigte Gestein bildet eine Mischung aus chemischen, biochemischen und organogenen, hell gefärbten Kalken und Dolomiten mit tonigen bzw. mergeligen Einschaltungen. Die häufigen Fossilien sind in einer calcitischen Matrix zementiert. Fossilführende Stufen des unteren und oberen Muschelkalks werden unterbrochen von einer Abfolge fossilarmer Evaporite, die gebildet wurde, als das Meer infolge eingeschränkten Wasseraustausches mit dem offenen Tethys-Ozean fast völlig austrocknete. Außer Kalken wurden damals auch Gips und Steinsalz abgesetzt; letzteres wird unter anderem bei Bad Friedrichshall oder bei Haigerloch bis heute abgebaut. Im oberen Muschelkalk sind auch Überreste aquatischer Reptilien eingebettet. Als Baustein wird der obere Muschelkalk sehr geschätzt und allein in Baden-Württemberg an mehr als 50 Standorten gewonnen.

Auch diese Kalke, die heute im Neckartal unterhalb von Ludwigsburg steile, oft mit Weinbergen besetzte Hänge zeigen, mussten erst tektonisch herausgehoben werden, um morphologisch ausgeprägte Formen zu bilden.

10-21
Muschelkalk[49]. Muschelkalk steht für ein in Deutschland weit verbreitetes fossilienreiches organogenes Gestein aus der Zeit von 243 Ma bis 235 Ma. Es besteht vorwiegend aus Kalk- und Dolomitmineralen.

10-22
Muschelkalk-Becken[50]. Vor ca 243 Ma senkte sich der Bereich des Germanischen Beckens schneller ab, als er durch Eintrag von Verwitterungsschutt aufgefüllt werden konnte. Dadurch kam es zur Bildung eines bis zu hundert Meter tiefen Flachmeeres mit Verbindung zur Tethys.

---

rung im 19. und 20. Jahrhundert ermöglichte. Bis vor wenigen Jahrzehnten spendete Kohle in der kalten Jahreszeit wohlige Wärme in den meisten Wohnungen und bildete den Treibstoff der meisten Lokomotiven. Heute werden Kohlen überwiegend in Heizkraftwerken verstromt; weiterhin liefern sie einen wichtigen Rohstoff für die chemische Industrie.

Kohlen sind ein biogenes Sedimentgestein mit mindestens 50 Gewichtsprozent Kohlenstoff, das durch die sogenannte *Inkohlung* von Pflanzenresten entstanden ist. Aufgrund des hohen Anteils an Cellulose und Lignin und des Mangels an Lipiden können sie nicht zu Erdöl umgewandelt werden. Im Zuge der Inkohlung werden die Pflanzenreste entwässert, flüchtige Bestandteile

KAPITEL 10 Gebirge aus Organismen

Organische Kohlenhydrate
[CH$_2$O]

Kohlendioxid
CO$_2$

Methan
CH$_4$

wie Kohlendioxid und Methan entweichen und Kohlenstoff wird in dem Umwandlungsprodukt angereichert. Generelle Voraussetzung für diesen Prozess ist, dass das pflanzliche Material nicht durch mikrobielle Destruenten bis zur vollständigen Mineralisierung zersetzt wird. Vielmehr muss das Material unter Sauerstoffabschluss verfaulen. Das geeignete Milieu dafür bieten Sümpfe und Moore mit offenen Wasserflächen, die tektonisch abgesenkt werden. Dort können abgestorbene Pflanzen unter Wasser verfaulen, dadurch bleibt das Pflanzenmaterial strukturell erhalten und die Inkohlung kann einsetzen. Da der Kohlenstoff darin vielfach elementar, zumindest aber in niedrigen Oxidationsstufen vorkommt, bilden Kohlevorkommen eine wichtige Senke im globalen Kohlenstoffkreislauf (▶ Seite 152).

Inkohlung

In der ersten, biochemischen Phase der Inkohlung erfolgt die Vertorfung des pflanzlichen Materials. Nur in dieser Phase sind Organismen an der Kohlebildung beteiligt. Die Bildung von Huminstoffen (▶ Seite 267) wie Humin- und Fulvosäuren sowie Humine erzeugen ein zunehmend saures, für tierische Lebewesen lebensfeindliches Milieu. Huminstoffe bestehen vorwiegend aus aromatischen Kohlenwasserstoffen. In diesem Milieu können nur noch Bakterien, Archaeen sowie niedere Pilze die Zersetzung von Lignin und Cellulose leisten. Die Torfbildung durchläuft vier Abbauphasen: Das Absterben, das Auswaschen, die Zerkleinerung und die mikrobielle Zersetzung des Pflanzenmaterials. In Sümpfen leben wenige größere Destruenten wie Ameisen oder Würmer, weshalb die Strukturen der Pflanzenreste erhalten bleiben. Dagegen veratmen anaerobe Bakterien und Archaeen bei der Zersetzung teils wasserlösliche, pflanzliche Substanzen wie Stärke, Cellulose, Proteine und Pektine und erzeugen dabei unter anderem Methan und Kohlendioxid. Ferner entstehen feste Produkte wie veränderte Lignine und Tannine. Wichtig für die Torfbildung ist, dass die Ablagerung toter Pflanzenmassen deren Zersetzungsrate übertrifft. Endprodukt dieser Prozesse ist Torf, eine leichte, fasrige, bräunliche Substanz, das Ausgangsmaterial für die eigentliche Kohlenbildung. Als Torf werden pflanzliche Zersetzungsprodukte mit einem Mindestgehalt von 30 Prozent organischer Substanzen bezeichnet, den Rest teilen sich Wasser und flüchtige Stoffe.

Weitere Absenkung der Vertorfungsflächen verschlechtern die Lebensbedingungen auch für Mikroorganismen. Auflast von neuen Sedimenten, darunter Ton- und Sandlagen, leiten bei anhaltendem Luftabschluss zur geochemischen Phase über. In der *diagenetischen* Phase wird unter relativ geringem Druck und geringer Temperatur (unter 50 °C) Braun- und Steinkohle gebildet. Taucht das Sedimentgestein tiefer in die Erdkruste ein, so bildet sich Graphit und unter extrem hohem Druck (über 40 kilobar) und Temperaturen über 1200 °C sogar Diamanten (Metamorphose, ▶ Abbildung 5-09, Seite 80). Beide bestehen praktisch nur noch aus reinem Kohlenstoff.

Das erste Inkohlungsprodukt ist Braunkohle. Durch steigenden Auflastdruck von Sedimenten steigen die Temperaturen. Porenwasser wird ausgepresst, Kohlenstoff wird weiter angereichert, Sauerstoff und Wasserstoff werden abgespalten. Braunkohle besitzt noch eine poröse, fasrige Grundmasse, in der pflanzliche Strukturen deutlich erhalten sind bis hin zu kompletten Baumstämmen. Diese Kohleart kann noch bis zu 50 Prozent Wasser und zwischen 45–53 Prozent flüchtige Bestandteile führen. Mit fortschreitender Inkohlung geht die Braunkohle von Weichbraunkohle in Hartbraunkohle über.

Bei andauernder Druckbelastung und erhöhter Temperatur entsteht über Jahrmillionen Steinkohle (▶ Abbildung 10-23). Die ursprünglichen Ablagerungen werden noch weiter zusammengepresst. So entsteht aus einer 50 Meter mächtigen Torfschicht ein 10 Meter starkes Braunkohleflöz und daraus ein 5 Meter dickes

Kohlenstoffgehalte von Produkten der Inkohlung

Holz	50%
Torf	60%
Braunkohle	70%
Steinkohle	80%
Anthrazit	90%
Graphit	100%

10-23 Steinkohle. Meist kommt Kohle in ausgedehnten Lagerstätten (Flözen) vor, die jedoch teilweise geringe Schichtdicken aufweisen. Die gebrochene Rohkohle wird grob zerkleinert und in einem aufwändigen Aufbereitungsprozess (Flotation, Windsichten) sortiert. Sie wird dabei von „taubem" Gestein (Bergen) befreit. Ein Teil der Kohle, insbesondere Braun- und Steinkohle, wird zusammen mit anfallendem Kohlestaub und Teer zu Briketts (ziegel- oder eierförmig) verpresst, um sie besser lagern und transportieren zu können.

ca. 10 cm

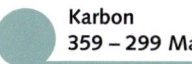

Erde und Leben – Die Geschichte einer innigen Wechselbeziehung

Steinkohleflöz[51]. Durch das Zusammenpressen werden die vorhandenen Biomoleküle umgebaut und ihre molekularen Ausgangsstrukturen verwischt. Dennoch bleiben fossilierte Pflanzen als Abdrücke oder Bruchstücke erhalten. Nach ihrem Gehalt an flüchtigen Bestandteilen werden mehrere Steinkohlearten, von Flammkohle (40–45 Prozent) bis Anthrazit (kleiner 10 Prozent) unterschieden. Mit der zunehmenden Inkohlung steigt der Gehalt an Kohlenstoff stark an (▶ Randspalte links). Mit Anthrazit ist das Endprodukt der diagenetischen Inkohlung erreicht.

Kohlen sind ein komplexes Gemisch vorwiegend aus organischen Komponenten, die man *Mazerale* nennt. Man unterscheidet drei Gruppen von Mazeralen. *Vitrinite* bilden den Hauptbestandteil und gehen aus dem holzigen Pflanzenmaterial hervor. Bei Braunkohlen wird dieser Anteil *Huminite* genannt. *Liptinite* oder *Exinite* sind lipidreich und Inkohlungsprodukte nichtholzigen Pflanzenmaterials wie Algen, Blättern, Fetten, Harzen, Wachsen oder Sporen. *Inertinite* nennt man die Produkte aus bereits vor der Inkohlung verbranntem Material. Neben organischem Material enthalten Kohlen je nach Entstehungsprozess auch mehr oder weniger mineralische Bestandteile wie Ton- oder Sandpartikel, die bei der Verbrennung als Asche zurückbleiben.

Steinkohlen erscheinen bei der mikroskopischen Untersuchung im Dünnschliff unter polarisiertem Licht lebhaft bunt. Dass die Kohlen nach außen hin dennoch schwarz erscheinen, liegt daran, dass alles einfallende Licht von den Mazeralen absorbiert wird. Ferner glänzen Kohlen, weil insbesondere Vitrinite aufgrund ihrer großen Moleküle viele leicht anregbare Elektronen besitzen. Kohlen bilden ein Zweiphasensystem, bei dem niedermolekulare Substanzen durch Wasserstoffbrücken oder van-der-Waals-Kräfte (▶ Randspalte) an ein hochmolekulares Netz gebunden sind. Die mit bloßem Auge sichtbaren Wechsel zwischen matten und glänzenden Streifen sind eine Folge wechselnder Schichten mit unterschiedlichen Anteilen an Vitrinit und Liptinit.

Epochen der Kohlebildung

Im Laufe der Erdgeschichte gab es zwei Epochen mit bedeutender Kohlenbildung, nämlich die Periode des Karbons und die des Paläogens und frühen Neogens.

Im Karbon (lat. *carbo*, Kohle) lagen die damaligen Kontinente in Äquatornähe (▶ Abbildung 5-12, Seite 83), an ihren Rändern wuchsen üppige Sumpfwälder. Mit zunehmend feuchterem Klima wurden äquatornahe Küstenregionen von ausgedehnten tropischen Sumpfwäldern überzogen, in denen baumartige Gefäßsporenpflanzen wuchsen: bis zu 10 Meter hohe Baumfarne, ähnlich denjenigen der heutigen Tropen; ferner bis 20 Meter hohe Schachtelhalmbäume mit verholztem Stamm, baumartige Siegelbäume (*Sigillaria*) sowie bis zu 30 Meter hohe Schuppenbäume (*Lepidodendron*), beides Bärlappgewächse. Als Flachwurzler fielen sie leicht um und lieferten so große Mengen an pflanzlichen Überresten. Aufgrund ihrer Meeresnähe wurden entstandene Torflager oft überflutet und von marinen Sanden und Tonen bedeckt. Die tektonische Versenkung der Sedimentpakete in mehrere tausend Meter Tiefe führte sowohl im Ruhrgebiet als auch in Nordamerika zu einer intensiven Inkohlung, also zur Ausbildung von Steinkohle. Mit der zunehmenden Nordwanderung der Kontinente Laurasiens (▶ Abbildung 5-12, Seite 83) änderten sich im obersten Karbon die Klimaverhältnisse und die meisten baumartigen Pflanzen starben aus.

In Deutschland lag die Hauptbildungszeit von Braunkohlen zwischen 44 und 17 Ma (Eozän bis Miozän). In diesen Perioden herrschte noch ausreichend warm-feuchtes Klima, um eine üppige, immergrüne Vegetation gedeihen zu lassen. Großflächige Beckenzonen unterschiedlicher Genese, oft am Rande des Festlandes, wurden von offenen Sümpfen bedeckt. Deren Küstennähe bewirkte, dass diese Sümpfe periodisch vom Meer überflutet und die dortigen Torfe von marinen Sanden und Tonen überlagert wurden. Teils bildeten sich offene Riedmoore mit Sumpfzypressen und Torfmoosen, teils strauchbewachsene Sümpfe, häufig mit Nadelwald bestandene Moore. Altpaläogene Braunkohlen sind Umwandlungsprodukte tropischer, küstennaher Regenwälder, jungpaläogene von subtropischen, nadelbaum-reichen Mischwäldern. Da weder die spätere Sedimentauflast mächtig genug, noch die Temperaturen hoch genug waren, noch die Inkohlung lange andauerte, entstand nur Braunkohle. In Deutschland werden vor allem lockere Weichbraunkohlen mit einem Energiegehalt um 8800 Kilojoule je Kilogramm und hohem Wassergehalt gefördert, die regional verwertet werden müssen.

Karbon
359 – 299 Ma

Mazerale
Meist aus Pflanzenresten gebildete organische Partikel in der Kohle, die den Mineralen in Gesteinen entsprechen.

van-der-Waals-Kräfte
Die negativen Ladungen der Elektronen eines Atoms und die positive Ladung des Atomkerns gleichen sich zwar im Mittel aus, aber in jedem Moment in jede Richtung. Daher kommt es zu einer sehr schwachen Anziehung zwischen Atomen (und Molekülen). Diese Anziehungskräfte werden van-der-Waals-Kräfte genannt.

Paläogen
66 – 23 Ma

Neogen
23,03 – 2,588 Ma

253

Paläozoikum
541 – 252 Ma

Mesozoikum
252 – 66 Ma

u
engl. für *unified atomic mass unit*, atomare Masseeinheit. Sie ist definiert als $1/12$ der Masse des Kohlenstoffatoms.

10-24
Kerogentypen[52]. Biologische Herkunft und Diagenese bestimmen die Zusammensetzung der Kerogene und damit auch ihr Potential zur Bildung von Erdöl und Erdgas. Das Wasserstoff-Kohlenstoffverhältnis (H/C) ist ein Indikator für den Anteil aliphatischer (kettenförmiger) Kohlenwasserstoffe. Je größer dieser ist, desto höher ist das Potential zur Erdöl- und Erdgasbildung. Durch den hohen Anteil an Cellulose und Lignin in Landpflanzen herrschen polyaromatische Verbindungen vor, die für die Öl- und Gasbildung schlechter geeignet sind.

Kerogene

Erbe vergangenen Lebens

Kohlen sind nur eine Form der Endprodukte organischer Sedimente. Sie bilden sich aus holzigen Landpflanzen mit hohem Gehalt an Lignin und Cellulose. Erdöl (und ein großer Teil des Erdgases) bilden sich hingegen vor allem aus den Überresten von Kleinstlebewesen der Meere. Verantwortlich dafür ist ihr höherer Anteil von Wasserstoff im Vergleich zu Kohlenstoff.

Zu den Ausgangsstoffen zählen Überreste von Würmern, Ruderfußkrebsen (*Copedopoden*), Krill und vor allem von planktonischen Mikroalgen. Diese Überreste bestehen bis zu 50 Prozent aus Proteinen, zu 5–25 Prozent aus Lipiden (▶Biochemie heute, Seite 42) und bis zu 40 Prozent aus Kohlenwasserstoffen, die mit tonig-sandigen Ablagerungen vermischt sind.

Im Gegensatz zu den mächtigen Kohlenflözen der Torfmoore sind die Produkte der diagenetischen Phase eher fein in den Sedimenten verteilt. Die in organischen Lösungsmitteln löslichen Bestandteile bezeichnet man als *Bitumen*, die unlöslichen Anteile nennt man *Kerogene*. In Kerogenen sind weltweit die größte Menge organischen Kohlenstoffs gebunden. Nach biologischem Herkunftsmaterial, chemischer Zusammensetzung und Kohlenstoffgehalt unterscheidet man vier Kerogentypen, die in ▶Abbildung 10-24 aufgeführt sind. Typ 3 entspricht der Kohle.

Bildung und Reifung

Wie bei der Kohle beginnt die Bildung von Kerogenen mit der Zersetzung mariner Lebewesen unter Sauerstoffabschluss. Vor allem im warmen Klima des oberen Paläozoikums und Mesozoikums herrschten diese Verhältnisse in tiefen Becken mit geringer Zirkulation und in Schelfmeeren mit hohem Nährstoffeintrag. Werden Sedimente verfaulender organischer Reste abgedeckt und abgesenkt, so beginnt der Umwandlungsprozess über Bitumen und Kerogenen zu Kohlen, Erdöl und Erdgas (▶Abbildung 10-25).

Über die Diagenese sprachen wir bereits im Zusammenhang mit der Inkohlung. Sie setzt bei einer Versenkungstiefe zwischen wenigen zehn und einigen hundert Metern in einem Temperaturfenster bis etwa 50 °C ein. Aus den ursprünglichen Biomolekülen entstehen nach Abspaltung von funktionellen Gruppen durch Polymerisation und Polykondensation sogenannte *Geopolymere*, sehr große Moleküle mit Atommassen bis zu 100 000 u (▶Randspalte). Diese Umwandlung dauert mehrere hundert bis mehrere tausend Jahre. Geopolymere sind weitgehend gegen bakterielle Angriffe resistent, so dass ihre weitere Umbildung thermochemisch erfolgt. Die in organischen Lösungsmitteln unlöslichen Bestandteile bezeichnet man als Kerogene.

Sinken die Sedimente weiter ab, steigen Druck und vor allem Temperatur an. Ab etwa 50 °C beginnt die sogenannte *Katagenese*, bei der Kerogene in kleinere Moleküle aufgespalten werden (*cracking*). Bei Kerogen Typ 1 und Typ 2 entstehen bei Temperaturen zwischen ungefähr 50 °C und 150 °C – dem sogenannten Ölfenster – vorwiegend Erdöl und nur kleinere Mengen Gas. Dieses Gas wird auch *nasses Erdgas* genannt, da es neben Methan noch größere Mengen (bis etwa 25 Prozent) an längerkettigen Kohlenwasserstoffen wie Ethan, Propan oder Butan enthält[53]. Nass nennt man es, weil diese Kohlenwasserstoffe bei geringeren Temperaturen flüssig werden.

Typ	H/C	dominierende chemische Bestandteile	Herkunftsmaterial	Erdöl-Potential	Erdgas-Potential
1	hoch	aliphatische Kohlenwasserstoffe	Algen und Bakterien	hoch	gering
2	rel. hoch	aliphatische, aromatische und zyklische Kohlenwasserstoffe	Plankton und Algen	hoch	hoch
3	gering	polyaromatische und aliphatische Kohlenwasserstoffe	Landpflanzen	keines	mittel
4	sehr gering	polyaromatische Kohlenwasserstoffe	Landpflanzen	keines	keines

Erde und Leben – Die Geschichte einer innigen Wechselbeziehung

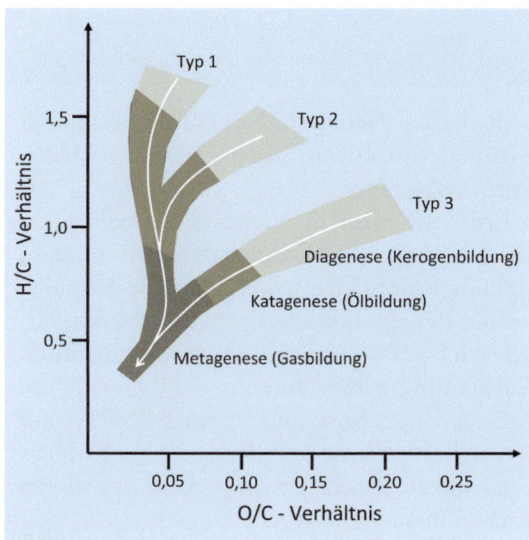

10-25
Van-Krevelen-Diagramm[51]. Das Van-Krevelen-Diagramm stellt die Entwicklungswege der verschiedenen Kerogentypen anhand des atomaren H/C- und des O/C-Verhältnisses der Kerogene dar. Mit zunehmender Reifung nimmt der Anteil des Kohlenstoffs zu, da vermehrt Wasserstoff und Sauerstoff abgespalten werden, d.h. beide Verhältnisse sinken. Am Ende bleibt reiner Kohlenstoff zurück.

In welcher Tiefe das Ölfenster liegt, hängt natürlich vom geothermischen Gradienten ab. Der Kehrwert des geothermischen Gradienten gibt an, nach wieviel Metern Tiefe die Temperatur um ein Grad ansteigt. Im Mittel liegt er bei etwa 33 Metern pro Grad, in Gegenden wie der Schwäbischen Alb kann er aber auch bei nur 11 Metern pro Grad liegen[54]. Damit liegt das Ölfenster im Mittel zwischen 1700 und 5000 Metern Tiefe. Das Optimum liegt zwischen 90 °C und 120 °C, was 3000 bis 4000 Metern Tiefe entspricht. Erfolgt die Absenkung zu schnell, bildet sich entsprechend weniger Öl.

Übersteigt die Temperatur 150 °C, so erfolgt die sogenannte *Metagenese* (weiteres Cracken) mit der Bildung von Erdgas, wobei der Gehalt an Methan mit zunehmender Temperatur steigt. Oberhalb von 300 °C werden die Kohlenwasserstoffe zunehmend zerstört und es bildet sich Graphit.

Die Erdölbildung dauert mehrere 10 000 bis einige Millionen Jahre. Wirtschaftlich ergiebige Erdölvorkommen entstanden erstmals vor etwa 500 Millionen Jahren; die ertragreichsten Lagerstätten stammen aus dem oberen Paläozoikum sowie aus dem Mesozoikum. Die Region um den persischen Golf verdankt ihren Ölreichtum der gleich mehrfachen Sedimentierung organischer Überreste in immer wieder überfluteten Uferbereichen des Kontinents Gondwana zur Tethys. Der Zufall wollte es, dass sich undurchlässiges Deckgestein darüberschichtete und Ölfallen bildete.

Chemische Zusammensetzung

Erdöl ist ein natürliches Gemisch aus mehreren, hauptsächlich aliphatischen Kohlenwasserstoffen wie Alkanen, Cycloalkanen und aromatischen Kohlenwasserstoffen (Arenen). Zusätzlich enthalten Erdöle wechselnde Anteile sogenannter Nichtkohlenwasserstoff-Verbindungen aus Stickstoff, Schwefel und Sauerstoff (NSO) wie N-Heterocyclen, Thiole, Phenole und Harze, Spuren von Metallen sowie als schwere Fraktion Asphaltene (▶ Randspalte). Je nach Zusammensetzung sind weltweit etwa 250 verschiedene Rohölsorten bekannt.

Der Hauptbestandteil von Erdgas ist stets Methan. Nach ihren Anteilen wird zwischen *nassem Erdgas* mit 1–15 Prozent Ethan, 1–10 Prozent Propan und Butan und *trockenem Erdgas* mit einem Methangehalt von mehr als 90 Prozent unterschieden. Als Verunreinigungen treten Kohlendioxid und vor allem bis zu 30 Prozent Schwefelwasserstoff auf, der vor Abgabe an Nutzer entfernt werden muss[53,55].

Bei der Bildung von Erdgas spielen Bakterien in einigen Bildungsprozessen eine stärkere Rolle als bei Kohlen oder Erdöl. Im Unterschied zu diesen kann der Hauptbestandteil, das Methan auf dreierlei Weise natürlich erzeugt werden:

1 Im *marinen Bereich* wie Erdöl durch thermische Zersetzung von Kerogenen mittels Katagenese und Cracking im Temperaturbereich zwischen 150–200 °C.

2 Im *terrestrischen Bereich* durch Absenkung von Kohleflözen. In Tiefen zwischen 4000–6000 Metern kann es zu deren Nachkohlung (*re-coalification*) unter hohem Druck und hoher Temperatur kommen. Infolge weiterer Anreicherung von Kohlenstoff werden in den Kohlen vorhandener Sauerstoff, Wasserstoff und Methan verdrängt und freigesetzt. Diese Gase steigen auf und vermischen sich zu Erdgas.

Beide abiotisch-thermischen Prozesse finden in größerer Tiefe statt und dauern mehrere Millionen Jahre an.

Homologe aliphatische Kohlenwasserstoffe

Methan
CH_4

Ethan
C_2H_6

Propan
C_3H_8

Butan
C_4H_{10}

Pentan
C_5H_{12}

Alkane, Paraffine
gesättigte, aliphatische Kohlenwasserstoffe mit der allgemeinen Formel $H_3C-[CH_2]_n-CH_3$. Alkane können linear oder verzweigt sein.

Cycloalkane, Naphthene
Alkane, die nichtaromatische Ringe bilden (zyklisch), die auch Seitenketten besitzen können.

Arene
Formal von der Stammverbindung Benzol ableitbare ringförmige aromatische Kohlenwasserstoffe.

Asphaltene
meist dunkle Feststoffe, aufgebaut aus schichtweise angeordneten, aromatischen Verbindungen. Sie enthalten Heteroatome von N, S und Metallen. Ihre großen Moleküle sind in Pentan unlöslich.

Chemische Zusammensetzung von Erdöl

Kohlenstoff	83–87 %
Wasserstoff	10–14 %
Stickstoff	0,1–2 %
Sauerstoff	0,1–1,5 %
Schwefel	0,5–6 %

Abiotische Theorie der Erdölentstehung

Die abiotische Theorie fusst auf Vorstellungen ALEXANDER VON HUMBOLDTs (1769–1859), der Erdöl „für Destillationsprodukte aus großer Tiefe"[55] hielt und von DMITRI IWANOWITSCH MENDELEJEW, der eine abiotische Entstehung von Methan postulierte. Daraus wurde seit den 1940er Jahren, also vor Formulierung der Plattentektonik, die Theorie der abiotischen Entstehung von Erdöl vom russischen Erdölgeologen NIKOLAI A. KUDRYAVTSEV (1893–1971) entwickelt. Sie wird bis heute von dem amerikanischen Astrophysiker THOMAS GOLD (1920–2004), dem amerikanischen Geophysiker J. F. KENNEY, sowie dem in Schweden tätigen Erdölgeologen VLADIMIR KUTSCHEROW vertreten.

Demnach sollen im Erdmantel oberhalb von Magmavorkommen riesige Mengen Kohlenwasserstoffe aus der Entstehungszeit der Erde existieren. Diese werden von umgebenden Mineralen unter enormen Druck und Temperatur chemisch-physikalisch zu Erdöl umgewandelt, ohne Einbeziehung von Fossilien. Dieses Erdöl steigt entlang von Spalten und Rissen durch die Kruste nach oben. Abiotiker führen folgende Argumente für ihre Theorie an[56]:

1 Auf Himmelskörpern wie dem Saturnmond Titan sind riesige Seen flüssiger Kohlenwasserstoffe bekannt[57], ohne dass dort Leben existiert;
2 die angeblich riesigen Mengen an Methan im Erdmantel können nicht biologisch erzeugt sein, sondern sind u.a. mit Kohlenmeteoriten dorthin gelangt;
3 Erdölvorkommen in über 10 km Tiefe können nicht aus organischen Überresten von der Erdoberfläche entstehen;
4 nachweislich in Erdöl vorhandene organische Substanzen oder Biomoleküle werden entweder als Verunreinigungen durch dort lebende Bakterien oder durch Einspülungen von fremden Quellen gedeutet;
5 in diesen Tiefen sind Bakterien gefunden worden, die durch Stoffwechselaktivitäten Erdöl erzeugen;
6 Erdöl ist auch in Nichtsedimentgesteinen wie Graniten und Metamorphiten vorhanden;
7 einige Erdölfelder, so vermeintlich dasjenige bei der Eugene-Insel im Golf von Mexiko, füllen sich nach weitgehender Erschöpfung durch Ausbeutung wieder auf;
8 Es sei in Labors unter hohem Druck und hoher Temperatur gelungen, einige Kohlenwasserstoffe zu erzeugen, die auch in Erdölen vorkommen.

All diese Argumente konnten widerlegt werden. Es gibt zwar einige wenige Erdöl/Erdgasfelder in den USA, Vietnam oder China, die eventuell abiotisch entstanden sein könnten. Auch können Erdölvorkommen durch plattentektonische Umwälzungen in große Tiefen versenkt, aber nicht dort gebildet worden sein. Bei der oxygenen Photosynthese bevorzugen Algen das leichtere ^{12}C-Isotop gegenüber ^{13}C. So verschiebt sich das natürliche Verhältnis von 98,89 : 1,11 der beiden Kohlenstoff-Isotope zu Ungunsten des ^{13}C-Isotops in organischer Materie. Genau diese Verschiebungen lassen sich in fast allen Erdölen nachweisen. Alle enthalten zudem biologisch erzeugte Substanzen wie Porphyrine, Isoprenoide, Pristane, Phytane oder Terpene[58].

Das vermeintliche Auffüllen von fast erschöpften Erdöl- oder Erdgasfeldern durch neu gebildetes Erdöl erwies sich als „Scheinblüte". Durch vermehrtes Niederbringen von Bohrlöchern wurde meistens ein größeres Areal angezapft: Nach einem wenige Jahre andauernden Anstieg der Ausbeutung fiel sie dann rapide ab. Trotz intensiver Suche ist es bisher nicht gelungen, rezent abiotisch gebildete Erdölvorkommen zu finden.

3 Schließlich kann Methan auch durch bakterielle Zersetzung von organischem Material in geringer Tiefe in einem anoxischen Milieu erzeugt werden. Hauptsächlich Schwefel nutzende Bakterien produzieren bei ihren Stoffwechselaktivitäten Methan (Methanogenese). Das geschieht unter anderem bei der geförderten Erzeugung von Biogas in speziellen dafür gebauten Anlagen. In geringer Erdtiefe entweicht das Erdgas großenteils in die Atmosphäre, doch in größerer Tiefe gebildetes Gas kann sich zu Vorkommen unter der Erdoberfläche ansammeln. Derartige Erdgaslagerstätten finden sich unter anderem in Bayern und in den Alpen. Dieses Erdgas ist geologisch jung, nicht älter als 20 Millionen Jahre.

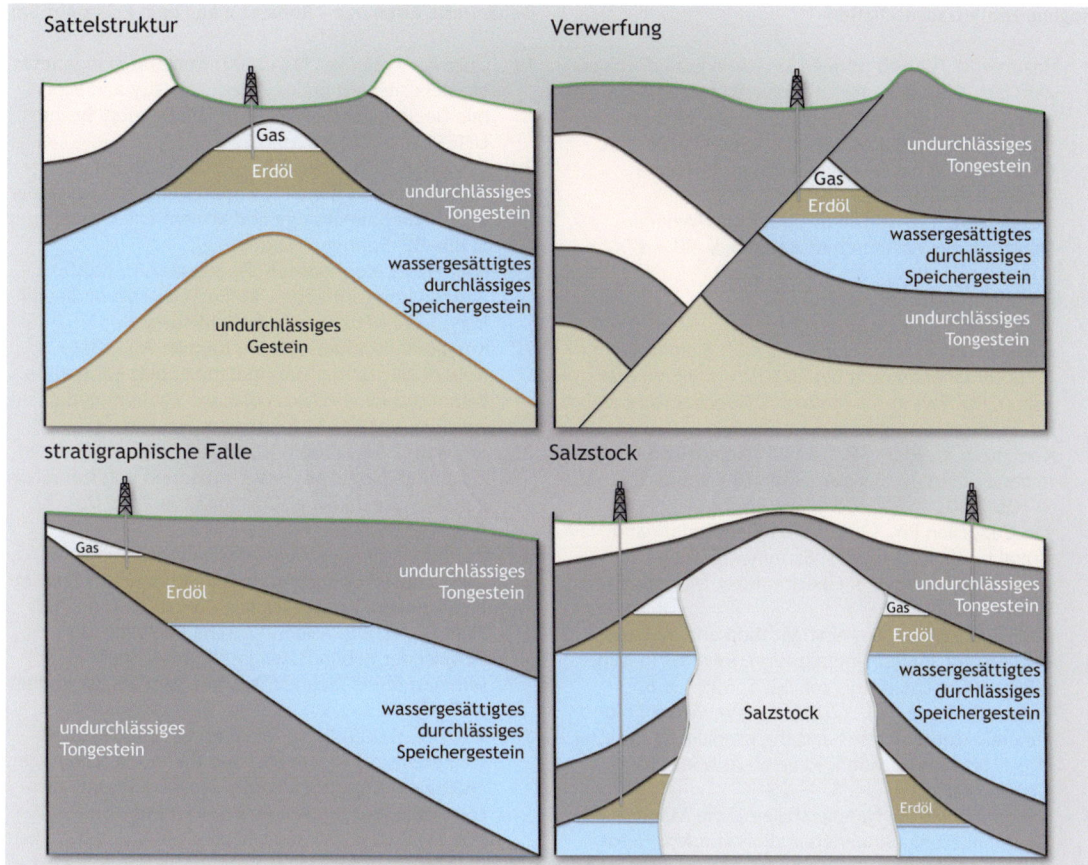

10-26

Erdölfallen[59]. Erdöl und Erdgas reichern sich in durchlässigen, wassergesättigten Speicherschichten unter darüberliegenden undurchlässigen Schichten an. Je nach geologischen Bedingungen sind Ölfallen unterschiedlich ausgebildet. So können sich das Öl und Gas im Scheitel von Sattelstrukturen sammeln, Verwerfungen oder überhängende Flanken von Salzstöcken können poröse Schichten zur Seite abgrenzen. Oder durchlässige Gesteine können zwischen undurchlässigen Schichten auskeilen (links unten).

Erdöl- und Erdgas-Lagerstätten

Erdöl und Erdgas werden im sogenannten Muttergestein gebildet. Dieses Muttergestein wurde auf dem Weg in die Tiefe relativ stark zusammengepresst. Öl, Gas und Wasser verteilen sich in die immer kleiner werdenden Poren des Gesteins, die ein Fließen der Fluide mindestens erschweren, wenn nicht sogar unmöglich machen. Das vorhandene Wasser erschwert das Fließen des Öls, das sich eher in Form kleiner Tröpfchen in den Poren sammelt und aufgrund der Oberflächenspannung des Wassers die Verbindungskanäle zwischen den Poren nicht durchqueren kann. Diese Form der Erdölfelder sind – wenn überhaupt – nur über Fracking-Verfahren auszubeuten (▶ Seite 291). Gelingt es dem Öl und Gas, mit der Zeit in porösere Gesteinsschichten zu migrieren (*primäre Migration*), so vermag es aufgrund seiner im Vergleich zum Gestein geringen Dichte von 0,8 bis 0,9 kg/l über Poren, Hohlräume oder Spalten des Gesteins nach oben zu steigen (*sekundäre Migration*). Die Wanderung erfolgt so lange, bis sie durch undurchlässige Gesteinsschichten wie Ton und Steinsalz oder durch geotektonische Strukturen wie Falten oder Verwerfungen gebremst werden. Diese Hindernisse werden als *Erdölfallen* (▶ Abbildung 10-26) bezeichnet. Das Erdöl sammelt sich in den porösen Gesteinen, dem Speichergestein, oder in kleineren Gesteinshohlräumen. Dort kann das Erdöl allerdings keine große Ansammlungen wie Erdölseen bilden, es ist immer fein in Gesteinen oder Sanden verteilt. Darauf müssen Fördertechniken ausgerichtet werden. Da Erdgas weniger dicht als Wasser oder Erdöl ist, bildet es in den sogenannten Kohlenwasserstoff-Feldern stets die oberste Schicht.

Biogene Hinterlassenschaften

1. Hazen R.M., (2008) Mineral kingdom has coevolved with life. Carnegie Institution for Science Publications.
2. Hazen R.M., Ferry J.M., (2010) Mineral evolution: Mineralogy in the fourth dimension. Elements Vol.6/2010, S. 9–12.
3. Hazen R.M., (2010) Die Evolution der Minerale. Spektrum der Wissenschaft 8/2010, S. 80–87.

Biomineralisation/Biominerale

4. Frankel R.B., Bazylinski D.A., (2003): Biologically induced mineralization by bacteria. In: Biomineralization, Reviews in Mineralogy & Geochemistry, Vol. 54, S. 95–114.
5. Konhauser K., Riding R., (2012) Bacterial Biomineralization. In: Fundamentals of Geobiology, S. 105–130.
6. van Cappellen Ph., (2003) Biomineralization and global biochemical cycles. Biomineralization, Reviews in Mineralogy & Geochemistry, Vol. 54, S. 357–381.
7. Knoll A.H., (2003) Biomineralization and evolutionary history. In: Biomineralization, Reviews in Mineralogy & Geochemistry, Vol. 54, S. 329–356.
8. Weiner S., Dove P.M., (2003) An overview of biomineralizaton processes and the problem of the vital effect. Biomineralization, Reviews in Mineralogy & Geochemistry, Vol. 54, S. 1–29.
9. Schüler D., (2005) Nanokristalle für die Magnetfeldorientierung: Biomineralisation von Magnetosomen in Bakterien. Biospektrum, 11. Jg., Heft 3, S. 291–294.
10. Binder H., (2006) Bakterien als erstaunliche Kompaßnadeln. In: Studium Integrale, 6, S. 96–97.
11. Nies D., (2011) How iron is transported into magetosomes. Molecular biology, Vol 82, Heft 4, S. 792–796.

Erste Riffe, die Stromatolithe

12. Foto: ©/Author Didier Descouens, commons.wikimedia.org/wiki/File:Stromatolites_Cochabamba.jpg.
13. Stal L.J., (2000) Cyanobacterial mats and Stromatolites. In: The ecology of Cyanobacteria, S. 61–120.
14. Biener, Thomas (2003): Mikrobenmatten - Biologische Grundlagen und geologische Relevanz. Oberseminarreferat Technische Universität Bergakademie Freiberg 2002/2003.
15. Foto: ©/Author Martin Kraft, Lizenz: CC BY-SA 3.0, commons.wikimedia.org/wiki/File:MK-08232_Hamelin_Pool_Stromatolites.jpg
16. Stromatholithe – Geologische Botschafter aus dem Archaikum, www.geonauten.net (05.08.2014).
17. Reproduktion aus: ©Steininger F.F., Maronde M., (1997) Städte unter Wasser: 2 Milliarden Jahre. Begleitheft zur gleichnamigen Ausstellung im Naturmuseum Senckenberg, Senckenbergische Naturforschende Gesellschaft, Frankfurt/M., Verlag Waldemar Kramer, Frankfurt/M.
18. Feldmann M., McKenzie J.A., (1998) Stromatolite-Thrombolite Associations in a modern environment, Lee Stocking Island, Bahamas. Palaios, Vol. 13, S. 201–212.

Gebänderte Eisenerze - Rohstoffe aus dem Präkambrium

19. Gutzmer J., Beukes N., (2002) Iron and manganese ore deposits: Mineralogy, geochemistry and Economic Geology. Encyclopedia of Life Support Systems UNESCO, Section 5.15.6.2.
20. Simonson B., Kaufman A.J., (2009) Banded iron formations and the early atmosphere. In: Encyclopedia of Paleoclimatology and ancient environments, S. 85–89, Springer, Heidelberg.
21. Posth N.R., Konhauser K.O., Kappler A., (2007) Banded iron formations. In: Encyclopedia of Geobiology, S. 92–102, Springer, Heidelberg.
22. Koehler I., Konhauser K.O., Kappler A., (2010) Role of Microorganisms in Banded Iron Formations. Geomicrobiology: Molecular and Environmental Perspective, S. 309–322, Springer, Heidelberg.
23. Johnson C. M., (2008) Iron isotopes constrain biologic and abiologic processes in banded iron formation genesis. Geochimia et Cosmochimia Acta, Vol. 72, S. 151–169.
24. Posth N.R. et al., (2008) Alternating Si and Fe deposition caused by temperature fluctuations in Precambrian oceans. Nature sciences Vol. 1, S. 703–708.
25. Ziller M., (2009) Mineralogische Evolution am Beispiel der gebänderten Eisenformationen. Hauptseminarreferat Technische Universität Bergakademie Freiberg.
26. Klein C., (2005) Some Precambrian banded iron-formations (BIFs) from around the world: Their age, geologic setting, mineralogy, metamorphism, geochemistry, and origins. American Mineralogist Vol. 90.
27. Raiswell R., Canfield D., (2012) The Iron Biogeochemical Cycle Past and Present. Geochemical Perspectives, Vol.1/1, S. 1–220.
28. Konhauser K.O., Kappler A., Roden E., (2011) Iron in microbial metabolism. Elements Vol. 7, Nr. 2, S. 89–93.
29. Konhauser K.O., Riding R., (2012) Bacterial biomineralization. In: Fundamentals of geobiology, S. 105–130.
30. Steinhöfel G., (2009) Deciphering formation processes of banded iron formations from the Transvaal and the Hamersley successions by combined Si and Fe isotope analysis using UV femtosecond laser ablation. Geochimia et Cosmochimia Acta, Vol.74, NR. 9, S. 1–31.
31. Kappler A. et.al., (2005) Deposition of banded iron formations by anoxigenic phototrophic Fe(II)-oxidizing bacteria. Geology, Vol.33, No.11, S. 865–868.

Kalkgesteine - Baumaterial biogener Gebirge

32. Schorn S. et al., (2012) Aragonit als Stützgerüst von Lebewesen. Mineralienatlas Lexikon. www.mineralienatlas.de/lexikon/index.php/Mineralienportrait/Aragonit (10.10.2016).
33. Foto: Author Wilson44691/ Mark A. Wilson. commons.wikimedia.org/wiki/File:OoidSurface01.jpg.
34. Krause S., Liebetrau V., McKenzie J.A,. Treude T., (2011) Dolomite-type-ordered carbonate nucleation in biofilm of a marine sulfate-reducing bacterium: the role of extracellular polymeric substances. EGU General Assembly 2011, 03.–08.04.2011, Vienna, Austria (Konferenz-Beitrag).

Städte unter Wasser

35 Wild Chr., Jantzen C., (2008) Korallen als Ingenieure von Warm- und Kaltwasserriffen. In: abgetaucht, S. 171–181.
36 Zubi Th., (2013) Coral reefs (Reefs on earth, types of reefs, morphology). Webseite starfish.
37 Hallock P., (1997) Reefs and Reef Limestones in Earth History. In: Life and Death of Coral Reefs. Springer, S. 13–42.
38 Kazlev A., (2002) Archaeocyatha. Palaeos: Wissenschaftliche Webseite ATW071202.
39 Archaeocyathiden. de.wikipedia.org/wiki/Archaeocyathiden (01.02.2014).
40 Small-Shelly-Fauna. de.wikipedia.org/wiki/Small-Shelly-Fauna (01.02.2014).
41 Foto: ©/Author Nick Hobgood, commons.wikimedia.org/wiki/File:Timor_Coral_Reef.jpg
42 Foto: ©/Author Wilson44691 / Mark A. Wilson, commons.wikimedia.org/wiki/File:LibertyFormationSlab092313.jpg
43 Kopp, Christophe et al. (2013): Highly Dynamic Cellular-Level Response of Symbiotic Coral to a Sudden Increase in Environmental Nitrogen. mBio 4, Nr.3, mbio.asm.org/content/4/3/e00052-13.full.pdf
44 Kalt- und Warmwasserkorallen: Gemeinsamkeiten und Unterschiede (2012). In: Beck, Erwin: Vielfalt des Lebens. Wie hoch, wie komplex, warum? Wiley und Sons.
45 Reef. en.wikipedia.org/wiki/Reef (01.02.2014).
46 Korallenriff. de.wikipedia.org/wiki/Korallenriff (01.02.2014).
47 Korallenriffe: Eine nähere Betrachtung des Riffs, www.seos-project.eu/modules/coralreefs/coralreefs-c01-p06 (10.12.2016).
48 Kaltwasserkorallen. Die kühlen Blumentiere. www.geo.de/geolino/natur-und-umwelt/10480-rtkl-kaltwasserkorallen-die-kuehlen-blumentiere (10.12.2016).
49 Foto: ©/Author Schmidti, commons.wikimedia.org/wiki/File:Muschelkalk-Sediment.JPG (10.01.2017).
50 Paläogeografische Karte: R. Schoch, © Staatliches Museum für Naturkunde, Stuttgart.

Kohle und Kerogene

51 Neukirchen F., Ries G., (2014) Die Welt der Rohstoffe, Springer, Berlin, Heiderlberg.
52 Stolzenberger-Ramirez A., (2010) Kerogentypen. www.geodz.com/deu/d/Kerogentyp (20.11.2016).
53 Erdgas. de.wikipedia.org/wiki/Erdgas (13.01.2014).
54 Geothermische Tiefenstufe. de.wikipedia.org/wiki/Geothermische_Tiefenstufe (16.11.2016).
55 Abiogenic petroleum origin (2013) en.wikipedia.org/wiki/Abiogenic_petroleum_origin (13.12.2013).
56 Sephton M.A., Hazen R.M. (2013) On the Origins of Deep Hydrocarbons. Reviews in Mineralogy & Geochemistry 75, S. 449–465.
57 Moskvitch, Katja (2013): Astrophile: Titan lake has more liquid fuels than earth. www.newscientist.com/article/dn24754 (18.11.2013).
58 Heinberg, Richard (2004): The ‚Abiotic Oil' Controversy. www.rense.com/general58/biot.htm (17.12.2013).
59 Welsch N., Schwab J., Liebmann C.Chr. (2012) Materie. Springer, Berlin, Heidelberg.

KAPITEL 11

Leben drunter und drüber

Die verletzliche Lebenshaut der Erde
Paläoböden

Zum elften Kapitel

„Leben drunter und drüber" ist dieses vorletzte Kapitel überschrieben. Es behandelt Böden, wie man die oberste Deckschicht der Erdkruste von etwa einem Meter Mächtigkeit bezeichnet. Böden sind die Bereiche, an denen sich Leben, Wasser und Minerale, also Biosphäre, Hydrosphäre und Erdkruste, am intensivsten durchdringen. Zusammen mit der lichtdurchfluteten oberen Wasserschicht der Ozeane bilden sie Hotspots der Entwicklung. Die wechselseitigen Einflüsse von Geologie und Biologie, die wir bereits in Kapitel 8 angesprochen haben, lassen sich vielleicht nirgendwo direkter verfolgen, als bei der Bildung von Böden aus Gesteinen.

Die Mineralzusammensetzung bestimmt neben Klima, Zeit und Relief maßgeblich, welche Pflanzenarten und Bodenorganismen gedeihen. Und da diese Faktoren von Region zu Region stark schwanken, gibt es auch ein große Vielzahl an Bodentypen. In diesem Kapitel können wir nur die allerwichtigsten Typen und ihre Entwicklung ansprechen und wir werden uns auf typische Böden Mitteleuropas konzentrieren.

Eine Ausnahme davon ist die sogenannte schwarze Indianererde, die *Terra Preta*, ein Anthrosol, also ein Boden, der erst durch den Menschen geschaffen wurde.

Neben Mineralen, Klima und Relief bestimmen natürlich die Aktivitäten und die Überreste von Bodenorganismen die Struktur von Böden. So sind die sauren Zersetzungsprodukte des organischen Materials für die starke Verwitterung der Ausgangsgesteine auf irdischen Böden verantwortlich. Die riesige Vielfalt an Lebewesen, die ein Boden ernährt, ist ihm allerdings nicht anzusehen. Allein die Zahl der Mikroorganismen in einem Quadratmeter Boden geht in die Billionen, dagegen wirkt sogar die in die Hunderte von Millionen gehende Zahl der Fadenwürmer bescheiden. So verwundert es nicht, dass die Lebewesen des Bodens mehr als zehnmal so viel Kohlendioxid in die Atmosphäre eintragen, als der Mensch durch fossile Brennstoffe.

Nicht zuletzt sind Böden die Grundlage des pflanzlichen Lebens und damit auch der Tierwelt, uns Menschen eingerechnet. Trotz aller Fortschritte in der Produktion von Nahrungsmitteln, ohne fruchtbare Böden ist die Menschheit zum Tode verurteilt. Welche Rolle der Mensch in der Entwicklung der Böden und der auf sie angewiesenen Tier- und Pflanzenwelt spielt, werden wir im nächsten Kapitel noch genauer betrachten.

Leben drunter und drüber

Die verletzliche Lebenshaut der Erde

Was ist eigentlich „Boden"?

Das rechts stehende Gedicht sagt viel über unser Verhältnis zu der hauchdünnen Schicht unter unseren Füßen aus, oft versiegelt unter Asphalt oder Beton, häufig verborgen unter einer mehr oder minder dichten Vegetationsdecke. Viele nehmen den Boden kaum wahr, gehen achtlos darüber. Dabei ist er für unser Dasein überlebenswichtig!

Meist wird mit dem Begriff Boden die unmittelbare, mehr oder minder feste Unterlage assoziiert, auf der wir stehen. Auch wird er oft als „Dreck" wahrgenommen, den man nach einem Spaziergang von Schuhen oder Kleidung entfernt. Besonders im Frühjahr vor der Aussaat sieht man überall dunkle Ackerflächen, also vegetationsfreie Bodenlagen.

Im bodenkundlich-geographischen Sinn wird die Definition dieser einige Zentimeter bis wenige Meter mächtigen Übergangsschicht schon schwieriger. Sie liegt zwischen lockerem bis festem Ausgangsmaterial unten und einer Vegetationsdecke oder der Atmosphäre oben. Es handelt sich um ein komplexes, physikalisch-chemisch-biologisches System, ein Umwandlungs- und Mischungsprodukt von anorganisch-mineralischen und organischen Substanzen im Kontaktbereich von Atmo-, Hydro-, Bio- und Lithosphäre; es ist mit Wasser, Luft und Lebewesen durchsetzt. Nach dem Bundes-Bodenschutzgesetz von 1998 wird Boden als oberste Schicht der Erdkruste definiert, die bestimmte Grundfunktionen erfüllt[1].

Böden werden nach Korngröße in *Bodenarten* wie Sand- oder Tonböden unterteilt (▶ Abbildung 11-12, Seite 269), die maßgeblich vom Ausgangsgestein bestimmt werden. Nach ihrem Aufbau in oberflächenparallelen Lagen, den sogenannten *Bodenhorizonten*, werden

Bodengefühl

Im Wasser steckt viel Sexappeal –
So spritzig hat es leichtes Spiel.
In frischen Lüften – ja da liegen
Wohl unsere Träume und die fliegen.
Nur mit dem dunklen Erdenreich
Kommt echte Liebe nicht so gleich.

Was wir bloß mit Füßen treten,
Als Kinder gern im Spiele kneten –
Was wir tief graben oder wenden
So gründlich waschen von den Händen –
Der Boden lässt uns nicht mehr los.
Nur wird sein Wert dabei nicht groß.

Ja, Boden macht uns selten an –
Zieht uns nur wenig in den Bann.
Sein grob Gekörne, fein Gefüge
Kratzt uns des öftren zur Genüge.
Hier harte Erde, dort stumpfer Lehm,
die sind nun mal nicht angenehm.

Nein, Boden kann uns nicht entzücken.
Sein Typ wird selten uns beglücken.
Manch Boden bleibt die längste Zeit
Nur Partner aus Betroffenheit.
Bei Ton, bei Schluff und gar bei Sand
Verliert der Mensch kaum den Verstand.

Im Boden steckt unendlich viel –
Weit mehr als mancher Pflanzenstiel.
Was Boden im Verborgnen schafft,
gibt Leben erst die rechte Kraft.
Ein humusschwarzes Erdgesicht
Strahlt ganz bescheiden ohne Licht.

Boden zu fühlen ist nicht leicht,
weil dieser sich verschlossen zeigt.
Der großen Erde zarte Haut
Fern ab vom Menschen glücklich schaut.
Nur der, der in die Tiefe geht,
dem Bodendasein nahe steht.

Gerhard Laukötter (2011),
Naturschutzbeauftragter Nordrhein-Westfalen.

11-01
Die Scholle[2]. Inbegriff des Bodens ist für viele Menschen die frisch gepflügte Ackerscholle.

Adam
Der Name des biblischen ersten Menschen stammt ab vom hebräischen Wort für Ackerboden, *adamah*. Nach der Bibel schuf Gott Adam aus Lehm.

KAPITEL 11 Leben drunter und drüber

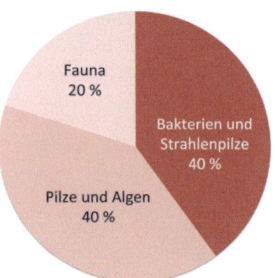

11-03
Bodenbestandteile. Nur etwa 6% des Bodens bestehen aus organischen Bestandteilen. Das Edaphon, die Menge aller Bodenbewohner, nimmt davon nur etwa 6% ein. Den Löwenanteil des Edaphon stellen Pilze und Bakterien. Obwohl beide nicht zu den Pflanzen zählen, werden sie dennoch meist zur sogenannten Mikroflora gezählt.

Bodentypen wie Schwarzerde, Braunerde oder Podsol unterschieden.

Zur Bildung von Bodenhorizonten tragen physikalische und chemische Prozesse bei. Eine bedeutende Rolle bei der Bodenbildung spielen Bodenorganismen. Ihre Gesamtheit nennt man *Edaphon*. Ein ungestörter, mitteleuropäischer Boden besteht im Mittel zu etwa 45 Volumenprozent aus mineralischen Komponenten wie Silikaten (Feldspäten, Glimmer, Tonmineralen), Carbonaten (Calcit), Quarz sowie Oxiden (Eisenoxiden). Hinzu kommen etwa 24 Prozent Wasser, 25 Prozent Luft und 6 Prozent organische Materie[3]. Die Zusammensetzung schwankt jedoch stark von Standort zu Standort und auch jahreszeitlich. So enthalten Moore mehr als 60% organische Substanz.

Das Edaphon

Böden bilden ein vielfältiges, kleingekammertes Mosaik von Lebensräumen für eine Vielzahl von Lebewesen. Pflanzen (Mikroalgen), größere Tiere und Mikroorganismen bilden das sogenannte Edaphon. Alle ernähren sich von abgestorbenen tierischen und pflanzlichen Überresten. Man findet Pflanzenfresser (Phytophagen) wie Fliegen- oder Käferlarven und Schnecken; Fleischfresser (Zoophagen) wie räuberisch lebende Käfer, Spinnen, Hundertfüßer, Käferlarven und andere; Mikroorganismenfresser (Mikrophagen), die sich von im Boden lebenden Algen, Bakterien oder anderen Einzellern ernähren; Restefresser (Saprophagen) wie Regenwürmer, Asseln, Tausendfüßer und Zweiflüglerlarven, die Überreste von Tieren und Pflanzen fressen; Kotfresser (Koprophagen), die auf den Ausscheidungen anderer Tiere leben, wie einige Käfer und Zweiflüglerlarven, reine Aasfresser (Nekrophagen) wie Totengräber oder Fliegenlarven sowie Allesfresser (Polyphagen). Die überwiegende Mehrzahl gehört zu den primären heterotrophischen Konsumenten (Pflanzenfressern), den sekundären heterotrophischen Konsumenten (Fleischfressern) und zu den Destruenten, die organische Substanzen wieder in ihre anorganischen Bestandteile zersetzen.

Die größte Population stellen Mikroorganismen (▶Abbildung 11-03). Pro Quadratmeter

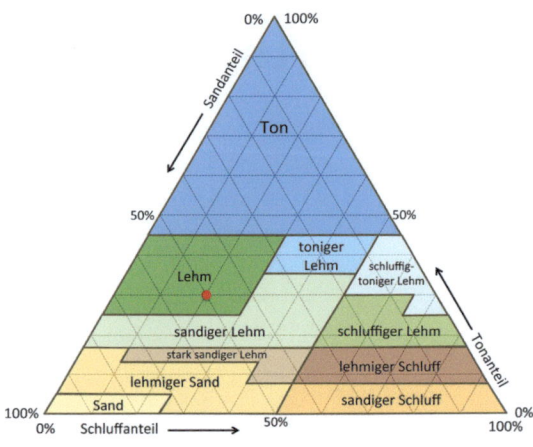

11-02
Bodenartendiagramm. Das Diagramm definiert Bodenarten nach ihrem Gehalt an Sand, Ton und Schluff. Als Ton bezeichnet man Körner mit weniger als 2 μm Durchmesser, Schluffkörner liegen zwischen 2 μm und 63 μm, Sandkörner zwischen 63 μm und 2 mm. Typischer Lehm (roter Punkt) enthält zum Beispiel 50% Sand, 30% Ton und 20% Schluff. Je nach Region und Land existieren unterschiedliche Bezeichnungen für Bodenarten. Hier dargestellt sind Bodenartengruppen der Landwirtschaftlichen Untersuchungs- und Forschungsanstalt (LUFA) Nordrhein-Westfalen, die die Artenschlüssel der deutschen Bodenkartieranleitung (KA5) zusammenfassen.

mitteleuropäischen Bodens tummeln sich zwischen hundert Milliarden und zehn Billionen Bakterien. Pilze und Bakterien sind Bodenhafter, sie besiedeln die Wände von Porenräumen. Es folgen Fadenwürmer (Nematoden), von denen zwischen ein bis hundert Millionen auf einem Quadratmeter mitteleuropäischen Bodens zu finden sind[4].

Trotz ihres geringen Anteils von nur etwa 6 Prozent an der organischen Masse spielen Bodenlebewesen eine entscheidende Rolle bei der Bodenbildung, besonders in den oberen Bereichen. Sie tragen zur Verwitterung von mineralischen Komponenten, zur Humifizierung organischer Materie in nicht weiter abbaubare Huminstoffe und zur Mineralisierung der anderen Teile bei (▶Abbildung 11-04). Durch Verklebung mineralischer und organischer Bestandteile bilden sich unterschiedlich große Einheiten, die Bodenaggregate, die sich zu noch größeren Einheiten verbinden. Je nach Bildung können sie durch Schrumpfung, Quellung oder Druck als einzelne Krümel, Bröckel, Säulen oder Polyeder gestaltet sein. Umgeben von Wasserhüllen und durchsetzt mit luftgefüllten Poren bedingen sie die physikalischen Eigenschaften eines Bodens wie Pflügbarkeit, Durchlüftung, Wasserführung und Durchwurzelbarkeit.

Bodenbildungsprozesse

Die Ausbildung von Böden erfolgt von oben und von unten durch teils parallele, teils miteinander verwobene physikalisch-chemische und biochemische Prozesse. Einerseits werden mineralische Substanzen aufgelöst und darin enthaltene, wichtige Nährstoffe für Pflanzen verfügbar gemacht, andererseits komplexe organische Substanzen durch Bodenorganismen teils umgebaut, teils remineralisiert und mit anderen Komponenten vermischt. Wichtige Steuerungsfaktoren für die Boden- und die Humusbildung sind Ausgangsgesteine und Klima (▶Abbildung 11-05).

Am Anfang steht die physikalische Verwitterung von anstehenden Gesteinsformationen, also die mechanische Auflösung und Zerkleinerung durch Wind, Wasser und Temperaturschwankungen. Dabei wird der Gesteinsverband zerstört, aber die Minerale bleiben chemisch unverändert. Wohl aber werden ausgedehntere Gesteinsoberflächen sowie Risse und Klüfte geschaffen, die Ansatzpunkte für eine Besiedlung mit ersten Pionierpflanzen und chemische Verwitterungsprozesse bieten. Chemische und biochemische Umwandlungen von mineralischen und organischen Substanzen sind grundlegende Prozesse der Bodenbildung. Bei beiden, insbesondere aber bei der Zersetzung und Neuordnung organischer Substanzen fällt den Bodenlebewesen eine überragende Rolle zu. Mikroorganismen beeinflussen terrestrische Stoffkreisläufe wie den von Schwefel (▶Seite 160), von Stickstoff (▶Seite 156) und von Kohlenstoff (▶Seite 152). Diese Prozesse bewirken, dass sich aus totem Gestein eine dünne, lebenssprudelnde Schicht bildet.

Die chemische Verwitterung von Gesteinen sowie der Umbau organischer Substanzen sind langandauernde Prozesse, die vorwiegend in oberflächennahen Bodenschichten stattfinden. Unter mitteleuropäischen Verhältnissen erreichen die Bildungsraten etwa 0,1 mm Boden pro Jahr, die Ausbildung voll entwickelter Böden beansprucht hier zwischen 10 000 und 15 000 Jahre.

Mit der Besiedlung nackter, kluftreicher Felsflächen, junger Lavafelder oder Sandflächen durch Pilze, Flechten und Moose beginnt an der Oberfläche die Bodenbildung. Pionierpflanzen bilden erste organische Reste und Humusflecken, die die Ansiedlung weiterer Pflanzen ermöglichen. Höhere Pflanzen brechen mit ihren Wurzeln Gesteine entlang Klüften auf und sondern organische Säuren ab, die die chemische Verwitterung weiter antreiben. Bald finden sich auch autotrophe und heterotrophe Mikroorganismen ein, die insbesondere die Zersetzung organischer Reste vorantreiben.

Je länger die Bodenbildung anhält und nach unten fortschreitet, desto mächtiger wird der Boden. In einer wachsenden Bodenauflage ver-

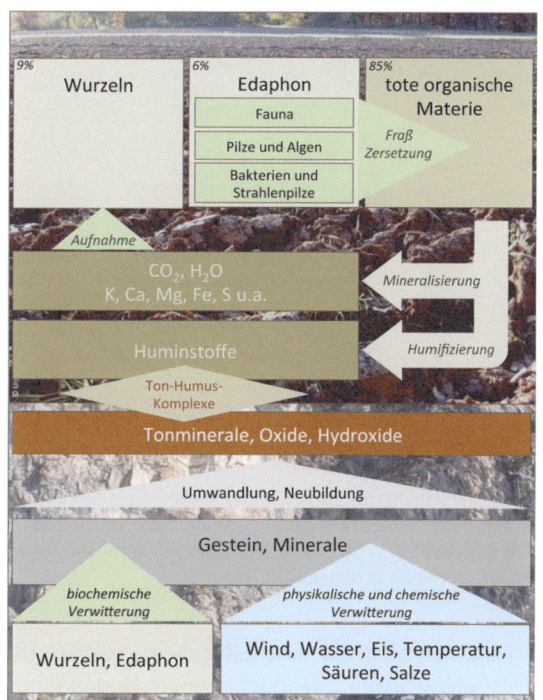

11-04
Bodenbildung. Bodenbildung ist ein Zusammenspiel biologischer, chemischer und physikalischer Prozesse. Bodenlebewesen (Edaphon) zerkleinern und zersetzen tote organische Materie. Bakterien sorgen für eine Mineralisierung, die entstehenden Mineralstoffe können vom Wurzelwerk der Pflanzen wieder aufgenommen werden. Aus schwer abbaubaren organischen Stoffen entstehen mit der Zeit Huminstoffe. Durch Verwitterung des Ausgangsgesteins entstehen gleichzeitig Tonminerale, Oxide und Hydroxide, die mit den Huminstoffen chemische Komplexe bilden.

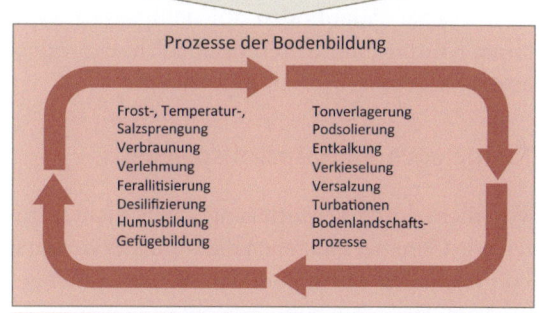

11-05
Einflussfaktoren und Prozesse. Die vielfältigen, ineinander greifenden biologischen, chemischen und physikalischen Prozesse der Bodenbildung werden durch mehrere Faktoren beeinflusst. Die daraus entstehenden Böden sind gleichermaßen vielfältig.

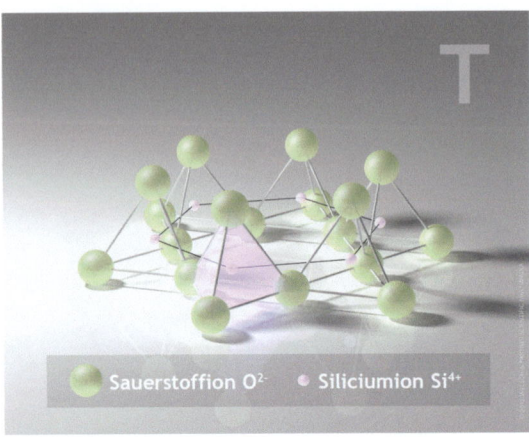

11-06
Tetraederschicht des Tons. Grundeinheit ist ein Siliciumion mit vier tetraedrisch angeordneten Sauerstoffionen. Die Einheiten sind untereinander über gemeinsame Sauerstoffatome an Ecken verbunden.

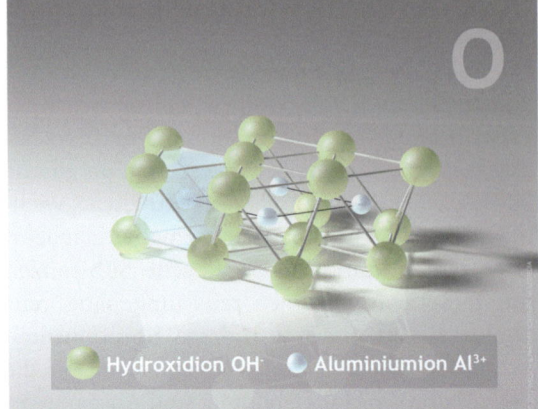

11-07
Oktaederschicht des Tons. Grundeinheit ist ein Magnesium- oder Aluminiumion, das oktaedrisch von sechs Hydroxidgruppen umgeben ist. Die Einheiten sind untereinander über gemeinsame Sauerstoffatome an Flächen verbunden.

langsamen sich die biochemischen Prozesse bis fast zum Stillstand. Je mächtiger ein Boden wird, desto mehr verlangsamt sich daher die Bodenbildung. Halten sich jedoch Bodenabtrag und -bildung im Gleichgewicht, so bleiben die organismenreichen Aktivbereiche der Bodenbildung nahe an der Oberfläche. Selbst auf Steilhängen ist dann eine Bodenbildung möglich. So entdeckten Forscher auf den Steilhängen der niederschlagsreichen Neuseeländischen Alpen trotz starker Abtragung die höchste bisher bekannte Bodenbildungsrate von 2,5 mm pro Jahr. Bodenorganismen besiedeln die obersten 20–30 cm eines Bodens und bewirken dort die Umwandlung von organischen Substanzen in Humus.

Eine terrestrische Bodenbildung hat wahrscheinlich schon bald nach der Entstehung des Lebens eingesetzt, wurden doch Überreste präkambrischer Paläoboden auf dem südafrikanischen Kraton[5], auf dem indischen[6] und auf dem australischem Kraton nachgewiesen.

Tonminerale als Nährstoffspeicher

Vor allem durch Verwitterung von Schichtsilikaten wie Glimmer entstehen die für die Bodenqualität wichtigen Tonminerale mit Korngrößen unter 2 µm. Sie haben einen Schichtaufbau aus zwei Elementarschichten, der Tetraeder- (T) und der Oktaederschicht (O). Die negativ geladene Tetraederschicht besteht aus SiO_4-Tetraedern, die untereinander über gemeinsame Sauerstoffatome an Tetraederecken verknüpft sind (▶Abbildung 11-06). Mit ihren Spitzen zeigen die Tetraeder zur Oktaederschicht hin. Die Oktaederschichten sind vor allem aus $[Al(OH)_6]$- oder $[Mg(OH)_6]$-Oktaedern aufgebaut, das zentrale Al^{3+}- oder Mg^{2+}-Ion kann auch durch ein Fe^{2+}-Ion ersetzt sein (▶Abbildung 11-07). Nach Anzahl der beteiligten T- und O-Elementarschichten werden Zwei-, Drei- und Vierschicht-Tonminerale unterschieden. Jedes Tonmineralplättchen setzt sich dabei aus mehreren Abfolgen von T-O- oder T-O-T-Schichten zusammen, die durch Zwischenschichten getrennt sind.

11-09
Tonminerale als Speicher und Kationenaustauscher.
Dreischicht-Tonminerale speichern Wasser und Nährstoffe. Zwischen den randlich oder ganzflächig aufgeweiteten negativ geladenen Schichten können die angelagerten (sorbierten) Kationen mit solchen aus dem umgebenden Medium ausgetauscht werden und es können Wassermoleküle eindringen. Die kleinen K^+-Ionen passen besonders gut in die „Taschen" zwischen den Sauerstoffatomen der Tetraederschicht, weshalb Kalium die Schichten enger zusammenzieht.

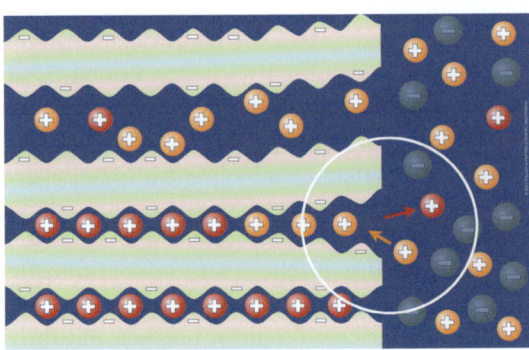

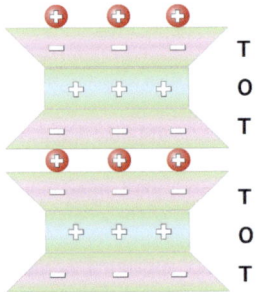

11-08
Dreischicht-Tonminerale. Sie haben als Grundbaustein eine mehrfache Folge von T-O-T-Schichten, getrennt durch unpolare Zwischenschichten. An diesen stehen sich die negativ polarisierten Sauerstoffionen der T-Schichten gegenüber und stoßen sich ab. Ein Zusammenhalt der T-O-T-Stapel entsteht durch Einlagerung von Kationen wie K^+, Na^+, Ca^{2+} oder Al^{3+} in den Zwischenschichten.

Für die Speicherfähigkeiten sind vor allem Dreischichtminerale verantwortlich (▶Abbildung 11-08). Bei ihnen stehen sich jeweils zwei T-O-T-Schichten gegenüber, die negativ geladen sind. In der Zwischenschicht lagern sich Kationen und Wassermoleküle ein. Je nach Art und Größe der Kationen und ihrer Konzentrationen weitet sich die Zwischenschicht oder zieht sich zusammen. Die damit verbundene Volumenänderung der Tonminerale ist für die Quellfähigkeit des Tons verantwortlich. Durch die Aufweitung der Zwischenschichten können die angelagerten (sorbierten) Kationen leicht gegen andere im umgebenden Medium ausgetauscht werden (▶Abbildung 11-09). Die maximale Zahl der austauschbaren Kationen ist dabei abhängig von den in den T-Schichten vorhandenen überschüssigen negativen Ladungen und der Gesamtoberfläche der Tonpartikel. Da diese sehr klein sind, ist ihre Gesamtoberfläche sehr groß. Die Menge an austauschbaren Kationen bezeichnet man als *Kationenaustauschkapazität* (KAK). Sie ist eine entscheidende Größe für die Verfügbarkeit von Nährstoffen im Boden und damit für dessen Fruchtbarkeit. Den größten Anteil an der KAK haben die sogenannten basischen Kationen Na^+, K^+, Ca^{2+}, Mg^{2+} und die sauren Kationen H^+, Al^{3+} und Fe^{3+}. Die KAK ist vom pH-Wert des Bodens abhängig, da dieser die Zahl der H^+-Ionen kennzeichnet. Vor allem Böden mit einem hohen Anteil basischer Kationen können einer Versauerung entgegenwirken (Pufferwirkung). Da die KAK in sauren Böden geringer ist als in basischen, kann man sie durch Aufkalkung erhöhen.

Kationen werden unterschiedlich stark angelagert, weshalb manche Kationen sehr lange im Boden fixiert bleiben. So hält sich das aus Atombombentests und Nuklearunfällen stammende radioaktive Cäsium-Kation $^{137}Cs^+$ jahrzehntelang im Boden.

11-10
Größenverhältnisse[4]. Besonders die Humusschicht des Bodens ist bevölkert von einer Vielzahl von Lebewesen unterschiedlicher Größe. Die größten sind bis zu drei Meter lange australische Regenwürmer, die kleinsten Bakterien und Archaeen. Die Größenverteilung der Poren zwischen Bodenteilchen ist wichtig für Wasserversorgung und Bodenbelüftung. Fein- und Mittelporen sind meist wassergefüllt, Pflanzen können Wasser allerdings nur in Mittelporen nutzen, da dort Wurzelhärchen eindringen können. Grobporen enthalten Luft, was für die Sauerstoffversorgung der Bodenlebewesen wichtig ist.

Humus – Lebenskraft des Bodens

Der Begriff Humus, abgeleitet vom gleichlautenden lateinischem Wort für (niedrig liegenden) Erdboden taucht erstmals Ende des 18. Jahrhunderts in der Literatur auf. Gärtner verbinden Humus mit den dunkel gefärbten, verrottenden Gartenabfällen in Komposthaufen, Bodenkundler mit den dunklen, durchwurzelten obersten Bereichen von Böden. Beide assoziieren Humus mit der Fruchtbarkeit von Böden. Die humusreichen Lagen sind einige Millimeter bis wenige Zentimeter mächtig, die humusführenden bis wenige zehn Zentimeter stark.

Dementsprechend weit gefasst ist die wissenschaftliche Definition: Humus umfasst die Gesamtheit der abgestorbenen, noch nicht vollständig zersetzten, tierischen und pflanzlichen Substanzen einschließlich der Ausscheidungen von Organismen wie Regenwürmern. Vom Bestand handelt es sich um eine komplexe, dunkel gefärbte Mischung aus amorphen, kolloidalen Substanzen. Sie bestehen üblicherweise zu je 30 Prozent aus Lignin, Proteinen und Polyuroniden (Polysaccharide, die Uronsäure enthalten), sind in Wasser nahezu unlöslich und enthalten etwa 5 Prozent Stickstoff und bis zu 60 Prozent Kohlenstoff. Gebildet werden sie durch den Prozess der Humifizierung toter tierischer und pflanzlicher Materie, an dem das Edaphon maßgeblich beteiligt ist (▶Abbildung 11-10).

Kation
Positiv geladenes Ion, z.B. Fe^{2+}.

Anion
Negativ geladenes Ion, z.B. OH^-.

humilis
Steht im Lateinischen für gemein, niedrig, schlecht. Im Englischen bedeutet *humiliation* Erniedrigung, Demütigung.

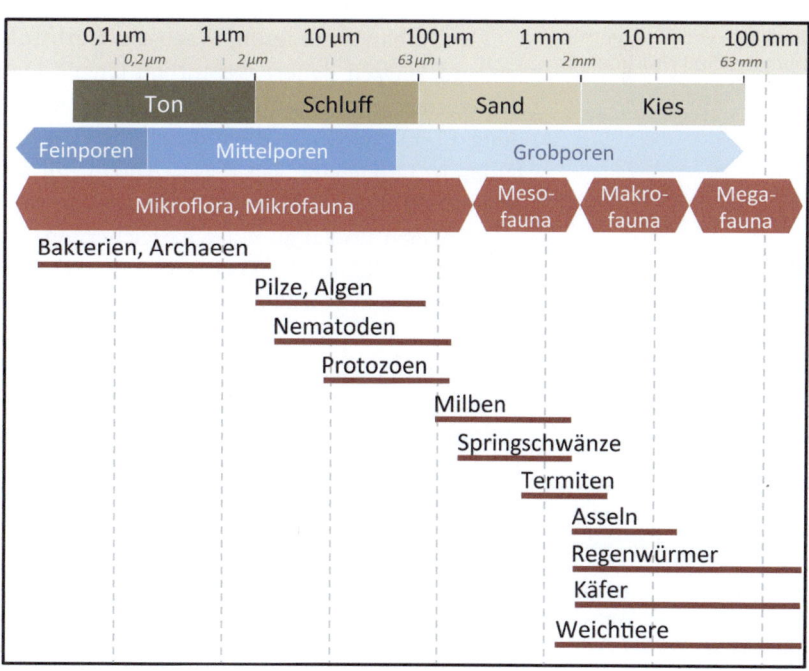

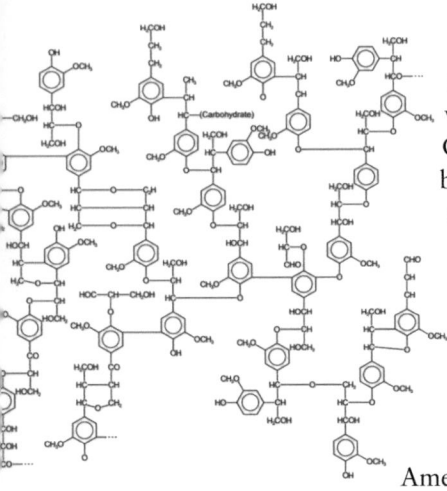

**11-11
Lignin.** Das stark vernetzte Makromolekül versteift die Zellwände von Pflanzen und ist schwer abbaubar.

Humus als Kohlenstoffspeicher
Weltweit sind in den ersten 30 Zentimetern des Bodens etwa 700 Milliarden Tonnen Kohlenstoff gespeichert, bis in zwei Metern Tiefe sind es sogar mehr als 2000 Milliarden Tonnen[7]. Die pflanzliche Biomasse enthält dagegen nur etwa 500 Milliarden Tonnen.

Humusformen
Humusformen werden nach Bildungsort unterschieden:
terrestrische Formen wie Rohhumus oder Mull sind ohne Einfluss von Grund- oder Oberflächenwasser entstanden;
semiterrestrische Formen sind dem Grundwasser ausgesetzt, zum Beispiel Hochmoortorfe;
subhydrische Formen liegen ständig unter Wasser (Mulden und Niedermoortorfe).

Die Humifizierung setzt unmittelbar nach dem Absterben der Tiere oder Pflanzen bereits in den Zellen ein. Proteine werden zu Aminosäuren und Stärke zu Glukose gespalten. Die Gelb- und Rotfärbung abgestorbener Blätter ist eine Folge dieser Abbauprozesse, da unter anderem Chlorophyll zu farblosen Substanzen abgebaut wird, während sich gelbe Carotinoide anreichern. Freigesetzte mineralische Stoffe können von Pflanzen aufgenommen werden.

Die Tier- und Pflanzenreste werden durch Spinnen, Käferlarven, Asseln, Ameisen, Regen- und Borstenwürmer zerkleinert, teils gefressen und als Kot wieder ausgeschieden.

Von Bodentieren und Mikroorganismen werden nicht verholzte Reste, nämlich Zucker, Proteine, Hemicellulose und Cellulose, zügig abgebaut. Sie dienen als Kohlenstoff- und Energielieferanten, wobei CO_2 entsteht. Mikroorganismen stellen mehr als 80 Prozent der Biomasse und sind für etwa 91 Prozent der CO_2-Produktion im Boden verantwortlich[4]. Im aeroben Bereich erfolgt der Abbau viel schneller als in anaeroben Bereichen des Bodens, dort entstehen anstelle von CO_2 Methan, Schwefelwasserstoff und Wasserstoff. Durch Freisetzen von CO_2 erhöht sich gleichzeitig der relative Anteil an Stickstoff in der Humusmasse, der vor allem in Aminosäuren und Aminozuckern gebunden ist.

Der Abbau von Lignin, Wachsen, Gerbstoffen und Harzen dauert wesentlich länger. Das hochvernetzte Makromolekül Lignin (▶ Abbildung 11-11) wird vor allem durch Pilze (Weißfäulepilze) abgebaut. Da dieser Abbau nur im aeroben Millieu möglich ist, kommt es in sauerstoffarmen Böden zu einer Anreicherung des Lignins, es bilden sich Torf und später Kohle. Auch unter aeroben Bedingungen reichern sich nicht abgebaute aromatische Ringstrukturen des Lignins im Humus an.

Auch Chitin, ein weit verbreitetes Polysaccharid im Panzer von Insekten kann nur durch Bakterien mit einem pilzähnlichen Geflecht, die Actinomyceten aufgelöst werden.

Die übrigbleibenden, schwer abbaubaren Substanzen bilden ein vielfältiges Gemisch organischer Verbindungen, die sogenannten Huminstoffe. Es handelt sich um langkettige Kohlenwasserstoffverbindungen und hochmolekulare komplexe Säuren völlig unterschiedlicher Struktur, sogenannte Humin- und Fulvosäuren; letztere sind leicht in Wasser löslich, erstere nicht. Die Säuren sind für die langsame Versauerung von Humusböden mit verantwortlich.

Den biologischen Abbau der Huminstoffe verlangsamt auch die Bildung stabiler *Ton-Humuskomplexe*, zum Beispiel, indem sich die Carboxygruppen (–COOH) der Huminsäuren an positive Ladungen von Aluminium- und Eisenoxiden anlagern oder sich stabile Metallkomplexe organischer Säuren bilden, die sich an die negativen Ladungen der Dreischicht-Tonminerale anlagern. Zudem können Huminstoffe in Bodenaggregate eingeschlossen werden, die unzugänglich für Mikroorganismen bleiben.

Voll ausgebildeter Humus besitzt eine Krümelstruktur bestehend aus verklebten Ton-Humuskomplexen. Die Verklebung erfolgt durch schleimige Ausscheidungen von Regenwürmern, im Boden lebenden Insekten und Bakterien. Da niedermolekulare Bestandteile des Humus wie Kohlenhydrate und Proteine von Regenwürmern, Springschwänzen und Mikroorganismen in unseren gemäßigt-feuchten Klimaten weiter zersetzt oder veratmet werden, nimmt der Humusgehalt nach wenigen Jahren innerhalb eines Bodenhorizonts rapide ab.

Humus besteht wie Tone aus feinen, kolloidalen Partikeln mit einer Korngröße von 2 µm. Die Partikel verfügen über eine große, reaktive Oberfläche von 600 – 1000 m^2/g, bei 100 g bis zu 80 000 m^2. Aufgrund ihres negativen Ladungsüberschusses (vor allem durch Carboxygruppen) verfügen auch Humuspartikel über eine hohe Kationenaustauschkapazität. In tonarmen Böden oder Böden mit sehr hohem Humusgehalt (Moore) liefert Humus den Hauptanteil an Kationenaustauschkapazität.

Neben austauschbaren Pflanzennährstoffen kann Humus zwischen drei und fünf Prozent seines Eigengewichts an Wasser speichern, bildet den Lebensraum für heterotrophe Bodenlebewesen und sorgt aufgrund seiner Krümelstruktur für gute Durchlüftung und begünstigt aufgrund seiner dunklen Färbung die Erwärmung von Böden im Frühjahr. Somit wird der Humus zu Recht als Lebenskraft des Bodens bezeichnet.

Im größeren Rahmen besetzt der Humus aufgrund seines hohen Kohlenstoffgehalts einen wichtigen Platz im terrestrischen Kohlenstoffkreislauf (▶ Randspalte).

Bodenhorizonte

Als Bodenhorizonte werden dünne Lagen in Böden bezeichnet, die sich in Farbe, Struktur, Korngröße und materieller Zusammensetzung voneinander unterscheiden. In einem entwickelten Bodenprofil liegen mehrere Horizonte übereinander, die mit Großbuchstaben und zusätzlichen Buchstabensymbolen gekennzeichnet werden. Nach der Abfolge von Horizonten in einem Bodenprofil klassifizieren Bodenkundler die Bodentypen. Aufgrund von klimatischen Bildungsorten und Ausgangsmaterial gibt es zahlreiche Horizonte; hier können nur die Haupthorizonte dargestellt werden (▶ Abbildung 11-12). Nach unten abnehmende biochemische und in diese Richtung zunehmende physikalisch-chemische Prozesse tragen zu ihrer Ausbildung bei.

In gemäßigten Klimaten gehören zu letzteren Auswaschung, Stoffverlagerungen, Entkalkungen, Verbraunung und Tonmineral-Neubildungen, an feuchten Standorten die Vergleyung (▶ Randspalte), in heißen Trockengebieten eine Versalzung, in feucht-heißen Regionen die Bildung von Lateriten. So sind eine Vielzahl von natürlichen Bodentypen ausgebildet worden. In landwirtschaftlich intensiv genutzten Regionen sind natürliche Bodenhorizonte oft stark gestört. Durch die menschlichen Eingriffe sind sogar anthropogene Böden wie die Terra Preta geschaffen worden.

Die beiden obersten Horizonte werden wegen ihres Anteils von mehr als 30 Prozent organischer Materie auch als organische Horizonte gruppiert.

L-Horizont

Unter einer Pflanzendecke bilden noch unzerkleinerte und kaum zersetzte Pflanzenreste, vor allem Stängel, Blätter und Nadeln, aber auch größere Pflanzenreste die oberste Lage, den L-Horizont (nach engl. *litter*, Abfall). Unmittelbar nach dem Absterben der Pflanzen setzen Hydrolyse- und Oxidationsprozesse ein. Sie zerstören noch nicht den Zellverband, spiegeln sich aber in der Braunverfärbung der Pflanzenreste. Den Zellverband zernagen und zerbeißen heterotrophe Destruenten aus der Makrofauna wie Würmer, Käfer, Asseln und Schnecken. Durch ihre wühlenden und grabenden Tätigkeiten verfrachten sie größere Mengen organischen Materials in tiefere Bodenbereiche.

O-Horizont

In diesem Horizont reichert sich die Hauptmasse der organischen Substanz eines Bodens an. Hier finden wesentliche Umwandlungsprozesse statt. Trotz ihrer geringen Masse sind die Bodenlebewesen wichtige Akteure bei der Umwandlung der organischen Materie. Heterotrophe Makrodestruenten wie Käfer, Asseln und Regenwürmer führen die Zerkleinerung der Tier- und Pflanzenreste fort, ebenso Milben und Springschwänze. Topfenwürmer (Enchyträen) tragen zu Skelettierung von Blättern und Nadeln im Waldboden bei.

Die biochemische Umwandlung der Zersetzungsprodukte leisten Mikroorganismen wie Pilze, Mikroalgen und Bakterien, indem sie sie enzymatisch in ihre Grundbausteine aufspalten. Mikroalgen besiedeln als phototrophe Produzenten die allerobersten Lagen, da sie für ihre Photosynthese auf Licht angewiesen sind. Darunter folgen heterotrophe Konsumenten, die den benötigten Kohlenstoff aus organischen Substanzen gewinnen. Die Hauptakteure sind jedoch Bakterien, darunter viele Stickstoffbinder, die Stoffkreisläufe im Boden steuern. Zahlenmäßig an zweiter Stelle stehen Faden-

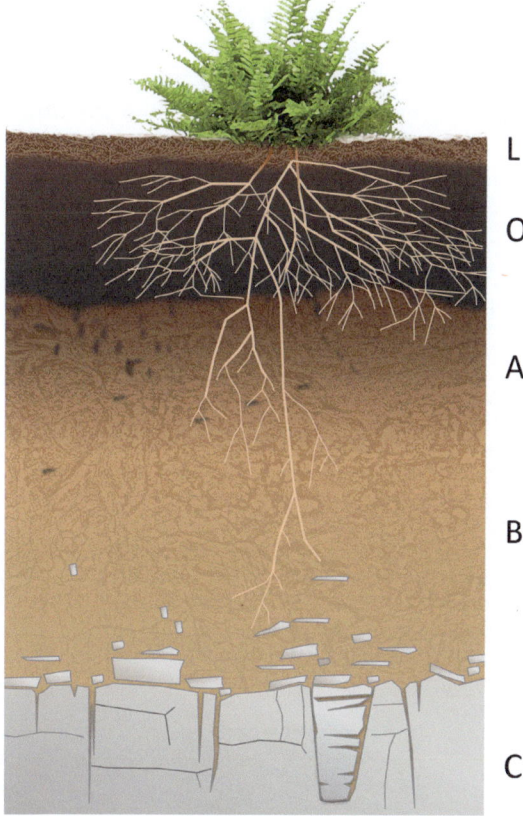

Verbraunung
Darunter versteht man die Färbung eines Bodens durch Bildung farbiger Eisen(III)-Verbindungen aufgrund der Verwitterung von Eisen(II)-Mineralen. In kühleren Klimazonen entstehen vorwiegend braune, in wärmeren Zonen rote Verbindungen (Lateritböden).

Vergleyung, Hydromorphisierung
Damit ist die Vernässung eines Bodens durch häufige Überflutung und hohem Grundwasserspiegel gemeint. Es kommt aufgrund des Sauerstoffmangels zu Strukturveränderungen im Boden, zum Beispiel zu braunen „Rostflecken".

11-12
Bodenhorizonte. Horizonte mitteleuropäischer Böden wie der sogenannten Braunerde:
L - unzersetzte Streuauflage,
O - der organische Horizont, der größtenteils aus Humus besteht,
A - der Auswaschungshorizont aus stark verwittertem mineralischen Oberboden und Huminstoffen,
B - der Anreicherungshorizont, in dem sich ausgewaschene Minerale und Metallverbindungen anreichern und die Tonbildung stattfindet,
C - der Verwitterungshorizont aus zerkleinertem und verwittertem Ausgangsgestein.

würmer (Nematoden) oder Älchen, kleine farblose bis weiße Tiere.

In diesem Horizont bildet die Humifizierung den wichtigsten Umwandlungsprozess. Der entstandene Humus färbt diesen und den darunter liegenden A-Horizont dunkel. Durch einsickerndes Wasser sowie durch wühlende und grabende Bodentiere werden organische Substanzen nach unten verfrachtet und vermischen sich dort mit mineralischen Bestandteilen. Die tiefer liegenden Horizonte zeichnen sich durch zunehmende Anteile anorganisch-mineralischer Komponenten und abnehmende organische Anteile aus; gleichzeitig geht die Zahl der Bodentiere zurück.

A-Horizont

Dieser Horizont, auch Auswaschungshorizont oder mineralischer Oberboden genannt, besteht aus einer Mischung von stark verwitterten mineralischen und meist humosen, organischen Bestandteilen. In oberen Abschnitten findet eine Anreicherung von Huminstoffen statt, weshalb er dort dunkel gefärbt ist, in unteren Bereichen ist er infolge deren Ausspülung heller. Sein Humusgehalt liefert den Pflanzen Nährstoffe und er ist dementsprechend stark durchwurzelt. Größere Tiere wie Maulwürfe oder Regenwürmer durchwühlen diesen Horizont auf Nahrungssuche und tragen so zu seiner Durchmischung und Auflockerung bei (Bioturbation). Heterotrophe Konsumenten zerkleinern die organischen Überreste weiter, Mikroorganismen zersetzen sie. In diesem Horizont werden auch physikalisch-chemische Prozesse wirksam, die in Abhängigkeit von Klima- und Vegetationsverhältnissen dessen Beschaffenheit differenzieren und so zur Ausbildung von Bodentypen führen (▶ Abbildung 11-13).

In feuchten Klimaten nimmt mit der Zeit der pH-Wert durch Bildung von Huminsäuren und freigesetztem CO_2 in Verbindung mit Bodenwasser (Kohlensäure) ab, der Boden versauert. Kalke werden gelöst und abgeführt, bei sinkenden pH-Werten verlangsamt sich auch die Zersetzung des organischen Materials. Vor allem an Standorten mit nährstoffarmem Nadelholz- und Heidestreu kann der pH-Wert unter 4,2 sinken und es bilden sich mächtige Rohhumusauflagen. Unter diesen Bedingungen werden basische Ionen wie Na^+, K^+, Ca^{2+}, Mg^{2+} freigesetzt und vorhandene Tonminerale zersetzt. Darin enthaltenes Eisen und Aluminium bildet mit niedermolekularen Fulvosäuren wasserlösliche metallorganische Komplexe (Chelate), die ebenfalls in den B-Horizont ausgewaschen werden. Diesen Vorgang bezeichnet man als *Podsolierung*. Der A-Horizont verarmt an Eisen und wird grau, während sich im oberen B-Horizont vor allem die Huminstoffe (dunkelbraun) und weiter unten Eisen (rotbraune Farbe) anreichert. Man nennt diese Horizonte Ae- beziehungsweise Bsh-Horizonte.

Während Tonpartikel (< 2 μm) im basischen Millieu und bei hohen Konzentrationen mehrwertiger Ionen wie Ca^{2+} ausflocken und Aggregate bilden, sind sie in schwach saurem, kalkarmem Millieu gelöst (dispergiert) und können durch mittelgroße Poren mit dem Sickerwasser in den B-Horizont ausgespült werden; man spricht von *Tonverlagerung* oder *Lessivierung*. Als Folge davon bleicht der A-Horizont aus, während der B-Horizont dunkler wird. Man nennt diese Horizonte Al- beziehungsweise Bt-Horizont.

In semiariden Steppenregionen bilden sich unter einer üppigen Grasbedeckung auf kalkhaltigem Ausgangsmaterial die äußerst fruchtbaren Schwarzerden. Winterkälte und Sommerdürren

---

Podsolierung
Umlagerung gelöster organischer Stoffe und metallorganischer Komplexe nach unten, was zur Graufärbung des A-Horizonts führt (siehe Titelseite dieses Kapitels).

Tonverlagerung, Lessivierung
Verlagerung von Tonpartikeln aus dem A-Horizont nach unten. Führt zur Aufhellung des A-Horizonts und einem dunkleren B-Horizont.

11-13
Bodenentwicklung. Beispielhafter Verlauf der Bodenentwicklung in gemäßigten Breiten auf silikatreichem, kalkarmem, festem Ausgangsgestein (gekennzeichnet durch „imC"). **Syrosem** (russ. rohe Erde) nennt man den Initialboden mit geringmächtigem A-Horizont, der nur wenig Humus enthält. Aus ihm bildet sich durch Humusanreicherung (**Ah**) und Gesteinsverwitterung der **Ranker**. Die sich daraus entwickelnde **Braunerde** trägt einen O-Horizont, unter dem A-Horizont hat sich durch Verbraunung und Verlehmung ein mächtiger, sogenannter Bv-Horizont gebildet. Vor allem an kühlen Nadelholzstandorten versauert der Boden, wodurch Silikate verwittern und die biologische Aktivität abnimmt, es bildet sich **Podsol** (russ. Asche-Boden). Metallkomplexe werden aus dem A-Horizont ausgewaschen, er verarmt an Eisen (A**e**) und wird grau, während sich im oberen B-Horizont vor allem die Huminstoffe (dunkelbraun, B**s**h) und weiter unten Eisen (rotbraune Farbe, B**s**) anreichern.

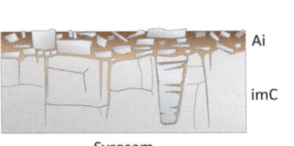
Syrosem

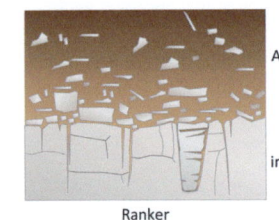
Ranker

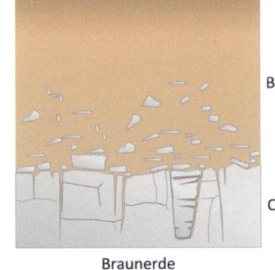
Braunerde

Podsol

stoppen dort den bakteriellen Abbau organischer Substanzen, so dass sich mächtige Humusschichten anreichern. Größere Bodentiere wie Wühlmäuse oder Ziesel verfrachten durch ihre Nahrungssuche reichlich vorhandene Huminstoffe und Humine in tiefere Bereiche. Im Oberboden erhaltene Tonminerale speichern in den Trockenperioden genügend Feuchtigkeit für die Pflanzen.

B-Horizont

Der B-Horizont, auch mineralischer Unterboden oder Anreicherungshorizont genannt, bildet eine Übergangslage vom humus- und lebensreichen Oberboden zum fast rein mineralischen Untergrund. Die Durchwurzelung ist wesentlich geringer, vor allem Baumwurzeln erreichen ihn. Größere Bodentiere außer Regenwürmern dringen seltener bis hier vor. Es dominieren anaerobe, heterotrophe Mikroorganismen. Demzufolge spielen biochemische Zersetzungsprozesse eine untergeordnete Rolle, es dominieren chemische Vorgänge.

In diesen Horizont werden jedoch von oben Humuspartikel, die eine dunkle Färbung hervorrufen, Ionen und Tonminerale eingespült, die sich mit stark zerkleinertem und verwittertem Gesteinsmaterial vermischen. Hier finden wichtige Mineralneubildungen statt, die einerseits zur Verbraunung, andererseits zur eng damit verknüpften Verlehmung führen, zum Beispiel bei der Entwicklung der mitteleuropäischen, auf silikatreichem Ausgangsmaterial typischen Braunerde.

Der namengebende braune B-Horizont entsteht in kühlgemäßigten Klimazonen unter Misch- oder Laubwald aus Produkten chemischer Verwitterung (Oxidation, Hydrolyse und Hydratation) von eisenhaltigen Silikaten wie Olivin, Biotit, Pyroxenen und Amphibolen. Dadurch werden unter anderem lösliche Fe^{2+}-Ionen freigesetzt, die zu Fe^{3+} oxidiert werden und vor allem Minerale wie Goethit oder Hämatit bilden. Diese bewirken eine braune Färbung von Böden in Mitteleuropa, in den Tropen dagegen die typische Rotfärbung.

Eng verknüpft mit der Verbraunung ist die Verlehmung, die sowohl in Böden gemäßigter Klimazonen als auch in den Tropen, nicht aber in Polregionen stattfindet. Dabei werden sandige und tonige Komponenten eines Bodens vermischt. Ein für die Bodenqualität wesentlicher Prozess ist die Bildung von sekundären Tonmineralen, die nach Auswaschung von Kalk stattfinden kann. Neue Tonminerale entstehen durch die Reaktion von SiO_2 mit $Al(OH)_3$ zu blättchenförmigen Zweischicht-Tonmineralen wie Kaolinit, zu Dreischicht-Mineralen wie Montmorillonit, Vermiculit und Illit oder zu Vierschicht-Mineralen wie Chlorit. Sie verbinden sich mit Humus zu Ton-Humuskolloiden, die eine Krümelstruktur des Bodens bewirken.

C-Horizont

Der C-Horizont, auch mineralischer Unterboden genannt, ist das Ausgangssubstrat, Lockermaterial oder festes Gestein, für die Bodenbildung. Das Ausgangssubstrat ist physikalisch und chemisch angewittert, die Gesteinsstruktur ist noch vollständig erhalten. Nur einige Minerale und Gesteine sind schon aus ihrem Verband herausgelöst. Pflanzenwurzeln erreichen diesen Horizont kaum mehr, Bodentiere sind extrem selten. Hier finden keine bodenbildende Prozesse mehr statt, so fehlt in diesem Horizont der Humus weitgehend. Einzig Mikroorganismen, die ihre Energie aus der Umsetzung anorganischer, oxidierbarer Substanzen gewinnen (chemolithotrophe Bakterien) existieren hier. Diese tragen in geringem Maße zur chemischen Zersetzung des anstehenden Materials bei.

Bodenwasser

Der Boden ist ein bedeutender Wasserspeicher, je höher sein Anteil an organischen Substanzen und an Poren ist, desto höher ist seine Speicherkapazität. In Trockenphasen können sich Pflanzen aus diesem Reservoir mit Wasser versorgen. Der Wassergehalt eines Bodens wird als Bodenfeuchte in Massen- oder Volumenprozent angegeben.

Im Boden wird Wasser in verschiedenen Formen gespeichert: Frei beweglich ist das *Sickerwasser* in den zahlreichen Bodenporen, wo es weiter nach unten durchsickern kann, bis es sich über einer wasserundurchlässigen Lage staut. Von *Grundwasser* spricht man, wenn das gestaute Wasser ganzjährig vorhanden ist, andernfalls spricht man von *Stauwasser*. Entgegen der Schwerkraft wird *Haftwasser* am Versickern gehindert, und zwar als *Adsorptionswasser* an

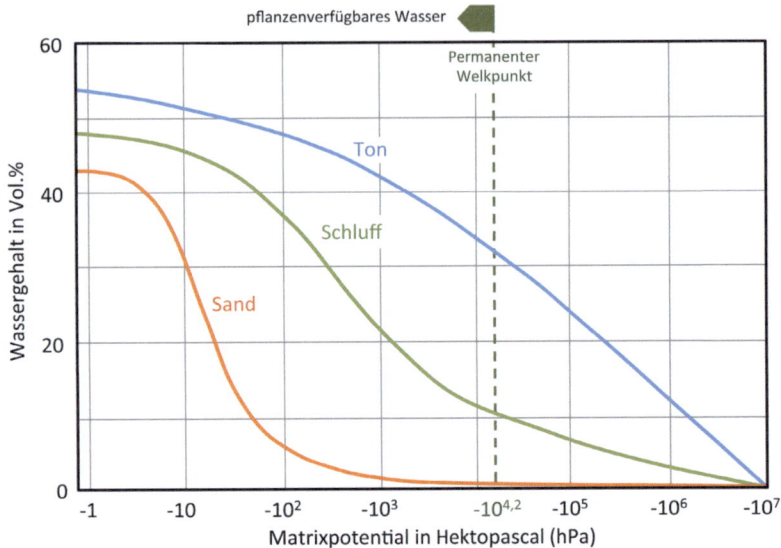

11-14

Matrixpotential[4]. Das Matrixpotential ist ein Maß für die Stärke der Kapillar- und Adhäsionskräfte eines Bodens und wird in Hektopascal (hPa) gemessen. Es ist negativ, da es der Schwerkraft entgegenwirkt: die Haftkräfte lassen das Wasser gegen die Schwerkraft über die Grundwasseroberfläche steigen. Das Potential ist umso kleiner (sein Betrag aber umso größer!), je feinkörniger ein Boden ist, da mit fallender Korngröße die Kräfte stärker werden. Bei Tonböden ist es daher geringer ist als bei Schluff- oder Sandböden. Sinkt der Wassergehalt des Bodens (zum Beispiel durch Verdunstung), so sinkt auch das Matrixpotential, da nur stark gebundenes Wasser im Boden verbleibt. Fällt es unter $-4{,}2 \cdot 10^7$ hPa, können Pflanzen kein Wasser mehr aus dem Boden entnehmen, auch wenn danach das Potential wieder ansteigt (permanenter Welkpunkt). Bei Werten des Potentials um 0 ist der Boden mit Wasser gesättigt (durchnässt), hier liegt die Höhe des Haftwasserstandes auf der Höhe der Grundwasseroberfläche. Der Wassergehalt der Böden repräsentiert dort das gesamte Porenvolumen des Bodens (ohne Lufteinschluss).

Bodenpartikel gebunden oder als Hydrathülle um Ionen und um Moleküle (Hydratationswasser). *Kapillarwasser* ist Wasser, welches durch Adhäsions- und Kohäsionskräfte (Kapillarkräfte) in feinen Bodenporen oder Kapillaren festgehalten wird. Je feiner die Poren, desto stärker sind diese Kräfte (▶ Abbildung 11-14). Dies ist der Grund, weshalb sich Tonböden bei gleichem Wassergehalt trockener anfühlen als Sandböden: die kleinere Korngröße der Tone bedingt höhere Haftkräfte in den Zwischenräumen, weshalb weniger Wasser den Boden verlassen kann, um die Haut zu benetzen. Auch können Pflanzen in Tonböden einen geringeren Anteil des vorhandenen Wassers verwerten als in Sandböden. Andererseits steigt das Wasser in Sandböden wesentlich weniger hoch über die Grundwasseroberfläche als in Tonböden, da die Kapillarkräfte geringer sind.

Aufsteigendes Kapillarwasser kann in Trockenheiten Pflanzen mit Wasser aus tiefer liegenden Vorräten versorgen, aber in Trockengebieten bei falscher Bewässerung auch durch mitgeführte, gelöste Salze zur Bodenversalzung führen.

Über diese Kräfte beeinflusst der Boden den oberflächennahen Wasserkreislauf maßgeblich. Bodenwasser liefert Pflanzen auch überlebenswichtige Nährstoffe, bildet für eine Anzahl von Mikroorganismen den Lebensraum und trägt wesentlich zur chemischen Verwitterung, zur Humusanreicherung und zur Stoffverlagerung im Boden bei.

Schließlich fungiert das Bodenwasser als Schadstofffilter, indem mitgeführte Partikel in den feinen Poren an Bodenpartikel adsorbiert werden. Diese Fähigkeit wird in Wassergewinnungsanlagen zur physikalischen und chemischen Reinigung von Grundwasser genutzt.

Wundererde aus dem Amazonas-Becken

Überdüngung, Einsatz von Pestiziden und Herbiziden oder die Bodenbearbeitung mit zu schweren Großpflügen, aber auch traditionelle Methoden haben in vielen ehemals fruchtbaren Regionen der Erde zu Entwaldung, Überweidung und Bodenzerstörung geführt. Das zieht einen deutlichen Rückgang der Vielfalt von Bodenlebewesen nach sich, schließlich werden wichtige Bodenfunktionen gestört. Angesichts dieser weltweit auftretenden Bodenproblematik ist in den letzten Jahrzehnten ein historisches Bodenbearbeitungssystem aus dem Amazonasbecken ins Interesse von Agronomen und Bodenkundlern gerückt, das *Terra-Preta-System*. Allein in Deutschland laufen an mehreren Universitäten Forschungsprojekte, unter anderem zu seiner möglichen Übertragbarkeit nach Mitteleuropa. Es handelt sich um den wahrscheinlich weltweit fruchtbarsten Bodentyp, die *Terra preta do Indio* (portugiesisch *Indianerschwarzerde*). Zahlreiche landwirtschaftliche und gartenkundliche Veröffentlichungen sind dem Terra-Preta-System gewidmet, auch außerhalb der Fachmedien gibt es ein ganze Reihe von Veröffentlichungen[8,9].

Das Terra-Preta-System

Als sich noch vor der Ankunft von Europäern auf dem südamerikanischen Kontinent Indianerstämme im Amazonasbecken ansiedelten, wurden sie bald mit dem Problem der Nahrungsmittelversorgung konfrontiert. Da es jagbare Großtiere wie Mammuts, Rinder oder Elefanten nicht gab, waren die Urwaldbesiedler gezwungen, ihre Nahrungsbasis auf dem Ackerbau aufzubauen. Doch sie gingen nicht zu der gegenwärtig praktizierten großflächigen Brandrodung über, sondern legten kleinflächige Waldgärten an[10]. In diesen 20 bis maximal 350 ha großen Gärten erzeugten sie durch ein ausgeklügeltes Stoffstrom- und Recycling-System einen dauerhaft fruchtbaren, schwarzerdeartigen Boden, die Terra Preta. Diese fruchtbaren Bodeninseln liegen umgeben von fruchttragenden Bäumen inmitten der nährstoffarmen Tropenböden. In den feucht-heißen Tropen mit Jahresdurchschnittstemperaturen von 25 °C (Deutschland 9,4 °C) und Jahresniederschlägen von mehr als 2000 mm kommt es zu extrem hohen Stoffumsätzen im Boden. Zusätzlich sorgt ein überreiches Bodenleben für eine rasche Mineralisierung der organischen Materie. Schneller Humusabbau und Auswaschung von Nährstoffen aus dem Oberboden durch häufige und ergiebige Regenfälle führen zu einer baldigen Unfruchtbarkeit der Böden.

Vorkommen der Terra Preta finden sich entlang von Wasserläufen und vereinzelt auf Wasserscheiden im brasilianischen Amazonasbecken sowie in tropischen Waldregionen Westafrikas[11]. ^{14}C-Datierungen haben ergeben, dass diese Böden zwischen 450 vor Chr. und 950 nach Chr. in heute mit 350 000 Menschen dünn besiedelten Urwaldregionen entstanden sind. Anfangs erklärten Bodenkundler ihre Entstehung aus Ablagerungen vulkanischer Asche oder von ausgetrockneten Seen[12]. Doch tausende pro Hektar über das gesamte Profil verteilte Tongefäße mit Siedlungsabfällen deuteten auf eine anthropogene Erschaffung hin. Nach heutigem Kenntnisstand sind diese Bodenhorizonte das Ergebnis jahrhundertelanger ackerbaulicher Bewirtschaftung durch eine vorkolumbianische, indigene Bevölkerung. Folglich ist die Terra Preta ein von Menschen erzeugter Boden (Anthrosol).

Erste spanische Erforscher des Amazonasraumes im 16. Jahrhundert berichteten von bevölkerungsreichen, inzwischen untergegangenen Städten entlang von Flüssen. Moderne Schätzungen gehen aufgrund dieser Angaben von 5 bis 25 Millionen damaliger Bewohner dieser Regionen aus[12]. Man schätzt ferner, dass aufgrund eines ausgeklügelten Stoffrecylingsystems von einem Hektar Terra-Preta-Garten 15 bis 20 Menschen ernährt werden konnten.

Die Grundidee, dem Boden alles zurückzugeben, was man ihm entnimmt, ist nichts anderes als die in Mitteleuropa seit Generationen praktizierte Düngung mit Fäkalien und Kompost. Dem Boden entnommene Stoffe wurden statt in mineralisch-synthetisierter in biologisch gebundener Form zurückgeführt, und zwar als Pflanzenreste, Küchenabfälle, Tierknochen und Fischgräten sowie – mangels Großtierdung – auch als menschliche Fäkalien und Urin. Bei der anschließenden Bodenbildung in großen, luftdicht abschließbaren Tongefäßen spielten Holzkohle und Pflanzenkohle eine entscheidende Rolle. Die Holzkohle diente ursprünglich wohl zur Bindung unangenehmer Gerüche und zur Hygienisierung beim einsetzenden komplexen Vergärungsprozess (Fermentation durch Milchsäurebakterien und Bodenpilze, sogenannte *effektive Mikroben*) der organischen Substanzen[13].

Lange rätselten Bodenkundler über die Funktion der Pflanzenkohle, bevor sie erkannten, dass sie nicht als Dünger, sondern als Nährstoffträger und Lebensraum für Bodenmikroorganismen fungiert[10]. Die Speicherfähigkeit der Pflanzenkohle sorgt aufgrund ihrer porösen Struktur dafür, dass Nährstoffe wie Stickstoff, Calcium, Phosphor, Zink und Mangan[12] in den niederschlagsreichen Regionen nicht sofort ausgespült werden, sondern für Pflanzen und Mikroorganismen erhalten bleiben. Dieser sogenannte pyrogene Kohlenstoff bewirkt ferner eine hohe Porosität der Terra Preta, die Porosität bewirkt wiederum eine gute Durchlüftung. Die Pflanzenkohle kann kaum chemisch oder biologisch abgebaut werden und bleibt im Boden erhalten, stellenweise bis 50 Tonnen pro Hektar. Dieser Effekt wird durch netzartig verzweigte, symbiotisch an den Wurzeln lebende Pilze, sogenannte *arbuskuläre Mykorrhiza-Pilze* (▶ Seite 190), verstärkt, die zusätzlich als Kohlenstoffsammler wirken[11]. Diese sondern das Glykoprotein Glomalin ab, das hilft, Kohlenstoff zu speichern, indem es organische Substanzen an Ton oder Sandpartikel bindet[12]. Aufgrund dieser Eigenschaften bleibt Terra Preta auch Jahrhunderte nach ihrer Entstehung noch fruchtbar sowie erneuerungsfähig und erlaubt auch ohne Mineraldüngung dauerhaft hohe Erträge.

Pyrogener Kohlenstoff entsteht bei der unvollständigen Verbrennung von Holz und ande-

Lebensraum und Lebensspender

Aufgrund ihrer physikalischen und chemischen Eigenschaften erbringen Böden mehrere wichtige Funktionen für das jeweilige Ökosystem und für die menschliche Zivilisation.

Böden haben eine *historische Informations- und Kulturfunktion*, da sie Überreste vergangener Pflanzengesellschaften tragen, mit deren Hilfe sich regionale Landschaftsentwicklungen rekonstruieren lassen. Sie bergen auch Spuren früher anthropogen überprägter Bodenprofile sowie archäologische Siedlungsschichten. So bieten sie für Archäologen ein wichtiges historisches Archiv.

Böden lassen sich vielfältig *wirtschaftlich nutzen*. Sie dienen als Untergrund für Siedlungen und für Verkehrs-, Erholungs- und Wirtschaftsflächen. Dabei stört ihre Versiegelung mit Asphalt oder Beton besonders im Wasserkreislauf wichtige Regulierungsfunktionen. Böden werden darüber hinaus Rohstoffe wie Tone und Sande zur wirtschaftlichen Verwendung entnommen und sie dienen als Standorte für forst- und landwirtschaftliche Anpflanzungen.

Böden bestimmen maßgebend *Energie- und Stoffkreisläufe* eines Ökosystems. Sie spielen als reaktive Zone eine überragende Rolle im globalen terrestrischen Kohlenstoffkreislauf (▶Seite 152) sowie im terrestrischen Stickstoffkreislauf (▶Seite 156). Böden sind der größte terrestrische Kohlenstoffspeicher, etwa die Hälfte der organischen Materie besteht aus Kohlenstoff[4]. Über den Boden findet ein wesentlicher Austausch von CO_2 zwischen der Biosphäre und der Atmosphäre statt. Kohlenstoff gelangt natürlich über Wurzelausscheidungen und vor allem über abgestorbene organische Materie in den Boden. Durch biochemische Prozesse wird Kohlenstoff freigesetzt, ein Teil wieder in den biologischen Kreislauf integriert, ein Teil gelangt durch Auswaschung in tiefer liegende Kohlenstoffspeicher. Inzwischen verändert der Mensch durch die landwirtschaftlichen Aktivitäten den Kohlenstoffeintrag in den Boden erheblich. Momentan bilden Wälder, Wiesen und Weiden in Europa die Hauptkohlenstoffsenken, an Boden gebundener Kohlenstoff wird von dort in geringeren Mengen freigesetzt[14]. Von Böden wird auch ein bedeutender Anteil von CO_2 in die Atmosphäre ausgegast, momentan etwa zehnmal mehr als durch die Verbrennung fossiler Brennstoffe[14]. Damit beeinflusst der Boden auch die Klimaentwicklung. Klimaforscher befürchten, dass erhöhte Temperaturen zu gesteigerter Bodenbildung und damit zu erhöhter CO_2-Freisetzung führen könnten.

Der Boden dient einer Vielzahl von Pflanzen und Tieren, als *Lebensraum und Ernährungsgrundlage*. Obwohl von heutigen Menschen nur noch sehr selten direkt als Lebensraum genutzt, ist er auch unser Lebensspender. Denn die darauf wachsenden Pflanzen als primäre autotrophe Produzenten bilden die unentbehrliche Basis für unsere Ernährung und damit für unser Dasein. Deshalb ist die Einstufung des Bodens als Lebensspender gerechtfertigt. Doch durch andere, wirtschaftliche Eingriffe wird der Boden gerade in dieser seiner wichtigsten Funktion maßgeblich beeinträchtigt.

---

ren pflanzlichen Substanzen bei Temperaturen um 700°C unter weitgehendem Luftabschluss. Dieser als *Verschwelung* (Pyrolyse) bezeichnete Prozess bewahrt Sauerstoff- und Stickstoffverbindungen im Holz. So baut sich das Kohlenstoffgerüst der Biomasse beim Erhitzen unter Luftabschluss nicht ab, sondern wird in pyrogenen Kohlenstoff (Pflanzenkohle) umgewandelt[11]. Deshalb besitzt die Terra Preta einen hohen Gehalt an Dauerhumus und eine hohe Nährstoff- und Wasserspeicherkapazität. Kohlenstoff-Humus-Agglomerate der Terra Preta verleihen ihr ein gutes Kationenaustauschvermögen sowie ein ideales Säure-Base-Gleichgewicht. Die dunkle Färbung ihres Oberbodens geht auf den Gehalt von mehr als 9 Prozent Kohlenstoff zurück.

Um dem Geheimnis der Terra Preta näher zu kommen, kombiniert man bodenkundliche und archäologische Erkenntnisse mit Wissen regionaler nachhaltiger Bodenbewirtschaftungen aus anderen Erdteilen und Laboruntersuchungen. In Feldversuchen wurden die biotechnischen Verfahren der Indios zur Erzeugung von Terra Preta erfolgreich rekonstruiert. Eine der Schlüsselkomponenten ist dabei Pflanzenkohle. Einen Unterschied macht aber offenbar neben der Pflanzenkohle die konsequente Umsetzung eines Kreislaufs aller beteiligten Stoffe und die Durchführung der richtigen Gärungsprozesse. Der Erfolg des Terra-Preta-Systems beruht wohl auf der engen Vernetzung von Land- und Forstwirtschaft. In früheren Jahrhunderten wurden in mitteleuropäischen Laubwäldern ebenfalls angepasste Bodenbewirtschaftungen praktiziert, zum Beispiel Lichtungsfeldbau, Hudewälder (als Weide genutze Wälder) und Wald-Acker-Rotationen. Ackerbau, Weiden, Frucht-, Rohstoff- und Nahrungsmittelerzeugung wurden dabei gut aufeinander abgestimmt[10]. Mit der Anpflanzung von schnell Holz liefernden Nadelbäumen und der industriell betriebenen Bodenbewirtschaftung gerieten diese „alten" Verfahren in Vergessenheit. Zwar kann man durch Anwendung des rekonstruierten Herstellungsprozesses der Indianerschwarzerde durch Einimpfung von effektiven Mikroben Terra-Preta-ähnliche Böden erzeugen. Doch gegenwärtig ist über zahlreiche Kompost- und einige Feldversuche hinaus eine breite landwirtschaftliche Anwendung der Terra Preta zur Bodenverbesserung noch nicht gelungen.

Eine weitere Anwendung der Terra-Preta-Technik ist die Einbringung von Pflanzenkohle in den Boden, um mit deren Hilfe den erhöhten CO_2-Gehalt der Atmosphäre abzubauen[14,15]. CO_2 wird an die Pflanzenkohle gebunden und damit in ein anderes Reservoir verlagert (Kohlenstoff-Sequestrierung).

Paläoböden

Zeugen früherer Umweltverhältnisse

In Mitteleuropa findet man häufig unterhalb rezenter Böden in Sedimenten und Sedimentgesteinen schmale, dunkler gefärbte Lagen, die sich deutlich vom umgebenden Material abheben. In feuchten und wechselfeuchten Tropen überlagern anstehende Gesteine oft rötlich gefärbte Verwitterungsdecken. Beide repräsentieren sogenannte Paläoböden (alte Böden, ▶ Abbildung 11-15), deren Eigenschaften sich nicht mit heutigen Bodenbildungsprozessen erklären lassen. In erster Linie sind damit andere Klimaverhältnisse sowie andere Vegetationsbedeckung gemeint. Paläoböden bestehen auch aus einer Mischung von anorganischen und organischen Komponenten. Letztere verringern sich mit zunehmendem Alter der Böden. Zu ihrer Ausbildung trugen wie bei rezenten Böden chemische Verwitterung und die Bioaktivitäten von Organismen, vor allem von Mikroorganismen bei.

11-15
Paläoböden. Paläoböden in einem bis 10 m mächtigen Lössprofil im sächsischen Ostrau[16].
A verfüllter Eiskeil,
B humoser Paläoboden aus dem Weichsel-Frühglazial (ca. 0,115 Ma),
C eemzeitlicher Paläoboden (ca. 0,126 Ma).

Seit etwa 475 Millionen Jahren im Ordovizium lassen sich erste Landpflanzen, nämlich Moose in fossilen Ablagerungen finden. Erste echte Gefäßpflanzen (▶ Der grüne Schleier des Landes, Seite 191) sind aus dem oberen Silur in begrabenen Böden überliefert. Seit dieser geologischen Epoche können Paläoböden anhand von Wurzelröhren oder Wurzelresten identifiziert werden. Schwieriger wird es, organische Komponenten von Landbesiedlern in altpaläozoischen und präkambrischen Böden nachzuweisen. Bis vor wenigen Jahren vertraten Paläontologen die Meinung, dass das Leben in den Ozeanen entstanden ist. Nach jüngsten Forschungsergebnissen besiedelten erste Organismen, nämlich sogenannte Terrabakterien, präkambrische Festlandkerne, die Kratonen und Urkontinente (▶ Seite 81) schon im Archaikum[17]. Dazu gehören einige Cyanobakterien-Stämme wie *Actinobacteria*, *Firmicutes*, *Chloroflexi* und *Deinococcus-Thermus*[18]. Ihre Überreste sind in Form von Biomarkern (▶ Seite 32) in den Paläoböden erhalten; je älter die Böden, desto spärlicher. Sind fossile Böden aus dem Archaikum noch selten, so findet man proterozoische Böden schon häufiger[19].

Von den eigentlichen Paläoböden sind sogenannte Reliktböden zu unterscheiden. Sie stammen aus der (geologisch) jüngsten Vergangenheit. Bei ihnen handelt es sich um gekappte Reste ehemals vollständiger Böden, die im Holozän oder gar durch menschliche Bewirtschaftung im Mittelalter entstanden sind. Sie liegen teils unmittelbar unter der Oberfläche, teils an der Oberfläche. So befinden sie sich im Bereich heutiger Bodenbildungsprozesse und werden von diesen noch überprägt, sind aber unter ab-

Ordovizium
485 – 444 Ma

Silur
444 – 419 Ma

Holozän
0,0117 – 0 Ma

weichenden hydrologischen und klimatischen Verhältnissen gebildet worden. Dazu zählen zum Beispiel Schwarzerden in der Magdeburger Börde.

Praktisch aus jeder geologischen Epoche sind Paläoböden überliefert, aus dem Präkambrium sind sie meistens mehr oder minder stark diagenetisch oder metamorph überprägt. Derartige fossile Böden werden von heutigen Bodenbildungsprozessen nicht beeinflusst. Typische Vertreter sind Laterite (neue Benennung *Oxisole*, also metalloxidreiche Verwitterungsböden) in heutigen Wüsten oder Böden mit Eiskeilen oder Kryoturbationen (Durchmischungen des Bodens, verursacht durch einen Wechsel von Auftauen und Gefrieren) außerhalb heutiger Periglazialgebiete.

Paläoböden dienen als Hilfsmittel zur Rekonstruktion ehemaliger Umweltverhältnisse und Lebensräume. Da Böden sich nur während stabiler geomorphologischer Phasen ohne Sedimentationsschüttungen bilden können, kann man anhand ihrer Ausdehnung in Sedimenten alte Reliefformen oder Landoberflächen rekonstruieren. In pleistozänen Lössprofilen dienen Paläoböden dazu, den Wechsel von Kalt- und Warmzeiten zu dokumentieren[20]. In älteren, fossilen Böden haben sich Überreste älterer Lebensgemeinschaften erhalten.

Die verletzliche Lebenshaut der Erde

1 Ulbricht J., (2002) Die Funktionen des Bodens. Bodenbericht des Landes Mecklenburg-Vorpommern. www.lung.mv-regierung.de/wasser_daten/Dateien/Kap_1_2_Bodenfunktionen.htm (27.02.2014).
2 Foto: Ursula Dachs.
3 Stolzenberger-Ramirez A., (2010) Boden. Das Lexikon der Erde. www.geodz.com/deu/d/Boden (28.01.2014).
4 Blume, H.-P. et al., (2010) Scheffer/Schachtschabel - Lehrbuch der Bodenkunde. Spektrum, Heidelberg.
5 Gutzmer J., Beukes N.J., (1998) Earliest laterites and possible evidence for terrestrial vegetation in the Early Proterozoic. Geology Vol. 26, no. 3, S. 263–266.
6 Pandit M.K., de Wall H., Chauhan N.K., (2008) Paleosol at the Archean – Proterozoic contact in NW India revisited: Evidence for oxidizing conditions during paleo-weathering? Journal of Earth System Science 117, No. 3, June 2008, S. 201–209.
7 Batjes N.H., (1996) Total carbon and nitrogen in the soils of the world. European Journal of Soil Science 47, S. 151–163.

Wundererde aus dem Amazonas-Becken

8 Bethge P., (2009) Die schwarze Revolution. Der Spiegel, 27/2009.
9 Adler P., (2004) Das schwarze Gold Amazoniens. Film, Arte, Erstausstrahlung 2005.
10 Schmidt H.-P., (2011) Terra Preta – Modell einer Kulturtechnik. Ithaka Journal für Ökologie, Weinbau und Klimaforschung 11/2011, www.ithaka-journal.net/terra-preta-modell-einer-kulturtechnik (21.03.2015).
11 Pieplow H., (2010) Terra Preta: Modell für regionale Stoffströme. Ithaka Journal für Ökologie, Weinbau und Klimaforschung, www.ithaka-journal.net/terra-preta-ein-modell-fur-regionales-stoffstrommanagement (21.03.2015).
12 Terra Preta, en.wikipedia.org/wiki/Terra_preta (22.03.2015).
13 Heckel M., Geschichte und Theorie der Terra Preta, www.triaterra.de/Terra-Preta/Geschichte-und-Theorie-der-Terra-Preta (04.03.2014).
14 Schrumpf M., Trumbore S., (2013) Unser wichtigster Kohlenstoffspeicher: Wie der Boden als dünne Haut der Erde globale Stoffkreisläufe und das Klima beeinflusst. In: Forschungsbericht 2012, Max-Planck-Institut für Biogeochemie, www.mpg.de/4705567/kohlenstoffspeicher_boden (29.03.2015).
15 Kammann C. et.al, (2010) Biokohle: Ein Weg zur dauerhaften Kohlenstoff-Sequestrierung? Hessisches Landesamt für Umwelt und Geologie, Institut für Pflanzenökologie der Justus-Liebig-Universität Gießen.

Paläoböden

16 Technische Universität Dresden, Lehrstuhl für physische Geographie, (2010/12) Rekonstruktion der Umweltbedingungen des Spätpleistozäns in Mittelsachsen anhand von Löss-Paläobodensequenzen, DFG Projekt Sachsenlösse. Bild: © Dr. Sascha Meszner.
17 Retallack G.J., (2007) Coevolution of Life and Earth. In: Treatise on Geophysics Vol. 9, S. 295–320.
18 Battistuzzi F.U., Hedges S.B., (2009) Major Clade of Prokaryotes with Ancient Adaptations to Life on Land. Molecular Biology and Evolution Vol. 26(2), S. 335–343.
19 Retallack G.J., (2014) Precambiran life on land. The Paleobotanist Vol. 63(1), S. 1–15.
20 Rösner U., (1994) Paläoböden im Löß als Indikatoren geomorphologischer Prozesse dargestellt an Beispielen aus Unter- und Oberfranken. Mitteilungen der Fränkischen Geographischen Gesellschaft Bd. 41, S. 309–322.

KAPITEL 12

Einfluss des Menschen

Der Ast, auf dem wir sitzen
Universalwerkzeug Nervensystem
Evolution der Zukunft

Zum zwölften Kapitel

Dieses letzte Kapitel befasst sich mit uns, der Spezies *Homo sapiens*. Wie haben wir uns verbreitet? Was machte den *Homo sapiens* so erfolgreich? Was unterscheidet uns wirklich von anderen Tieren auf diesem Planeten? Und letzten Endes: Wie haben wir bereits bisher die Entwicklung unseres Planeten und die gesamte Lebewelt beeinflusst?

Wir werden sehen, dass wir das biblische „Macht Euch die Erde untertan" ziemlich wörtlich genommen haben. Ob in der Luft, im Wasser oder auf der Erde – es gibt keine irdische Sphäre, in der wir Menschen keine nachhaltigen Spuren hinterlassen haben. Es gibt gute Gründe dafür, von einem geologischen Zeitalter des Menschen zu sprechen, dem *Anthropozän*.

Andererseits hat uns unser Eifer möglicherweise schon jetzt in eine prekäre Lage gebracht: wir sprechen vom durch Menschen verursachten Klimawandel, dem wir in diesem Kapitel einen größeren Raum geben.

Da wir uns vorrangig mit der *Spezies* Mensch in diesem Kapitel beschäftigen, werden wir allerdings nicht auf mögliche Maßnahmen gegen den Klimawandel eingehen; entscheidend in unserem Kontext ist vielmehr die Frage, ob wir Menschen überhaupt über das mentale Rüstzeug verfügen, um Probleme dieser räumlichen und zeitlichen Dimension zu begreifen und – hoffentlich – erfolgreich zu lösen.

Damit kommen wir zu der bereits eingangs gestellen Frage, was uns von Tieren unterscheidet. In den letzten Jahrzehnten haben die vergleichende Verhaltensforschung und die Neurowissenschaften einiges dazu beigetragen, dass die Grenzen zwischen Tier und Mensch unscharf geworden sind. Wie klug sind Tiere wirklich? Haben sie auch Bewusstsein? Fühlen sie Schmerz, wie wir es tun? Während man vor noch nicht allzu langer Zeit Tiere ganz selbstverständlich als „Sache" behandelte, wird heute darüber unter einem ganz anderen Blickwinkel diskutiert.

Ein Punkt verdient beim Vergleich zwischen Mensch und Tier besondere Beachtung, weil er manchen irritieren könnte: was den Menschen vom Tier unterscheidet, sind neben seinen kognitiven vor allem seine *sozialen* Kompetenzen, namentlich seine Kooperationsbereitschaft, die im Tierreich seinesgleichen sucht.

Wenn wir über die kognitiven Fähigkeiten von Mensch und Tier sprechen, darf natürlich der Blick auf die Quelle dieser Leistungen nicht fehlen: wie entstanden Nervensysteme? Können wir allein aufgrund der Größe unseres Gehirns auf unsere mentale Überlegenheit gegenüber Tieren schließen?

Wir wagen auch einen Blick in die Zukunft, ohne uns jedoch mit Prognosen aufzuhalten: zu dynamisch ist das Feld der technischen Innovationen. Wir werden aber unter anderem die Frage stellen, ob der Mensch als biologisches Wesen überhaupt noch wesentlich klüger werden kann. Diese Frage hat eine gewisse Aktualität, seit der Mensch im komplexesten Spiel der Welt, dem Brettspiel Go, seine Führungsrolle an einen Computer abgeben musste, nachdem er diese Rolle schon vor längerem im Schach einbüßte.

Aber vielleicht müssen wir Menschen gar nicht die klügsten Wesen auf diesem Planeten sein, solange wir gesund bleiben und lange leben? Genau diesen Themen widmen wir uns gegen Schluss dieses Kapitels. Welche Möglichkeiten bieten moderne molekulargenetische Methoden, sowohl gesund zu bleiben als auch unsere maximale Lebenszeit substantiell zu verlängern?

Ursprünglich wollten wir in diesem Kapitel auch einen Blick über den Tellerrand, sprich über den Horizont unseres kleinen Planeten hinauswagen. Ist dort draußen noch jemand? Und kann es uns gelingen, andere (intelligente) Bewohner unseres Universums zu finden und ihnen womöglich einen Besuch abzustatten?

So spannend diese Fragen sind, auch darüber ist das Wissen in den letzten Jahren explosiv gewachsen. Es wäre uns nicht möglich gewesen, angemessen über dieses Thema zu sprechen, ohne unsererseits die Zahl der Seiten dieses Buches explosiv wachsen zu lassen. Das Thema extraterrestrischen Lebens ist schon heute ein eigenes Buch wert.

Erde und Leben – Die Geschichte einer innigen Wechselbeziehung

Einfluss des Menschen

Der Ast, auf dem wir sitzen

Der Mensch als geologischer Faktor

Außerirdischen Besuchern unseres Planeten würde wohl zunächst die allgegenwärtige Präsenz und Vielfalt pflanzlicher Organismen ins Auge fallen. Bald hätten sie herausgefunden, dass die für das Leben auf der Erde wesentlichen Stoffkreisläufe von diesen Pflanzen und mehr noch von Mikroorganismen geprägt sind. Aber ohne Zweifel hätten sie bald erkannt, dass der Mensch die einzige Spezies komplexer Organismen ist, die auf allen Landmassen der Erde zu Hause und sogar auf den Meeren und in der Luft präsent ist. Auch der gewaltige Verbrauch an Ressourcen, seien es Nahrungsmittel, Brenn- oder Baustoffe, kann ihnen nicht entgehen, ganz zu schweigen vom Verbrauch an Energie, leicht erkennbar an der Wärmeentwicklung in den Populationszentren des Menschen.

Wenngleich der Einfluss der Menschen auf unserem Planeten unverkennbar ist, überschätzen wir doch gerne die Bedeutung unserer Spezies auf das Schicksal der Erde. Wir reden von der Zerstörung der Natur durch den Menschen, doch selbst ein ungehemmter Ausstoß von Treibhausgasen und eine frevelhafte Umweltverschmutzung könnte unseren Planeten nicht in eine leblose Wüste verwandeln. Selbst eine Explosion aller Nuklearwaffen zugleich kann dies nicht bewirken. Und auch wenn unser Tun ein umfassendes Artensterben auslösen und unser eigenes Schicksal damit besiegeln würde: der Erde blieben immer noch etwa 900 Millionen Jahre, es mit einer maßvolleren Spezies zu versuchen (▶Vom Ende des Sonnensystems, Seite 67).

Auf der anderen Seite geben die nachhaltigen Veränderungen, die Menschen auf der Erde bewirken, Anlass zu großer Sorge - und dies keineswegs nur, wenn es um Klimaveränderungen durch Treibhausgase geht. Da Bergbau, unterirdische Anlagen, Tiefbohrungen und Atomwaffentests sich auch geologisch niederschlagen, sprechen manche Wissenschaftler bereits von einem neuen geologischen Zeitalter, dem *Anthropozän*. Je nach Vertreter sollte es unter anderem mit Beginn des Ackerbaus, der industriellen Revolution im 19. Jahrhundert oder erst Mitte des zwanzigsten Jahrhunderts beginnen, als Atomwaffentests und die breite Einführung von Kunststoffen begannen, Spuren zu hinterlassen (▶Randspalte)[1,2,3]. Diese Sicht ist jedoch umstritten, da Menschen schon lange zuvor geologische Zeugnisse hinterließen und ihr prägender Einfluss keineswegs auf allen Kontinenten gleichzeitig einsetzte. Auch sei es noch viel zu früh für die Einführung einer neuen Epoche: so ist seit Mitte des zwanzigsten Jahrhunderts das Bodensediment der Ozeane gerade einmal um einen Millimeter gewachsen. Ob gerade neuzeitliche Marker tatsächlich als Kennzeichnung des Beginns einer neuen Epoche taugen, sei erst in tausenden von Jahren festzustellen. Das Zeitalter des Holozäns, das mit dem Ende der letzten Kaltzeit vor etwa 12 000 Jahren begann, sei als geochronologische Charakterisierung des „Menschheitszeitalters" ausreichend.

Die Erfolgsgeschichte des *Homo sapiens* begann allerdings wesentlich früher.

Eine Spezies breitet sich aus

Auch wenn es manchem nicht gefällt, die Wiege der Menschheit liegt in Afrika. Dort entstand vor 190 000 bis 160 000 Jahren jene Spezies, die wir den modernen *Homo sapiens* nennen. Von Details abgesehen, glich er Menschen des 21. Jahrhunderts aufs Haar. Wechselhafte klimatische Verhältnisse und eine artspezifische hohe Ausdauer veranlassten Gruppen dieser Jäger-Sammler-Kultur zu ausgedehnten Wanderungen (▶Abbildung 12-02, Seite 280). Schon nach 60 000 Jahren sind sie im Nahen Osten anzutreffen und 40 000 Jahre später erreichten sie Australien. Die Besiedlung Europas und Zentralasiens erfolgte vor 30 000 bis 40 000 Jahren. Dank der noch vor 15 000 Jahren herrschenden Vereisung gelangten sie um diese Zeit trockenen Fußes über

12-01
Dodo[4]. Noch immer gilt der große Laufvogel Dodo als Symbol für die Ausrottung von Arten durch den Menschen. Direkte Bejagung oder Verlust von Lebensraum führt heute zum Verschwinden von 10–690 Arten pro Woche[2].

Plastiglomerate
So tauften Forscher einen neuen Gesteinstyp, der auf Hawaii gefunden wurden. Er entsteht, wenn sich geschmolzene Plastikteilchen mit Lava, Sandkörnern und Korallenfragmenten verbinden[5].

Menschenmassen
Homo sapiens stellt etwa achtmal mehr Biomasse als alle anderen landlebenden wilden Wirbeltiere zusammen[6].

KAPITEL 12   Einfluss des Menschen

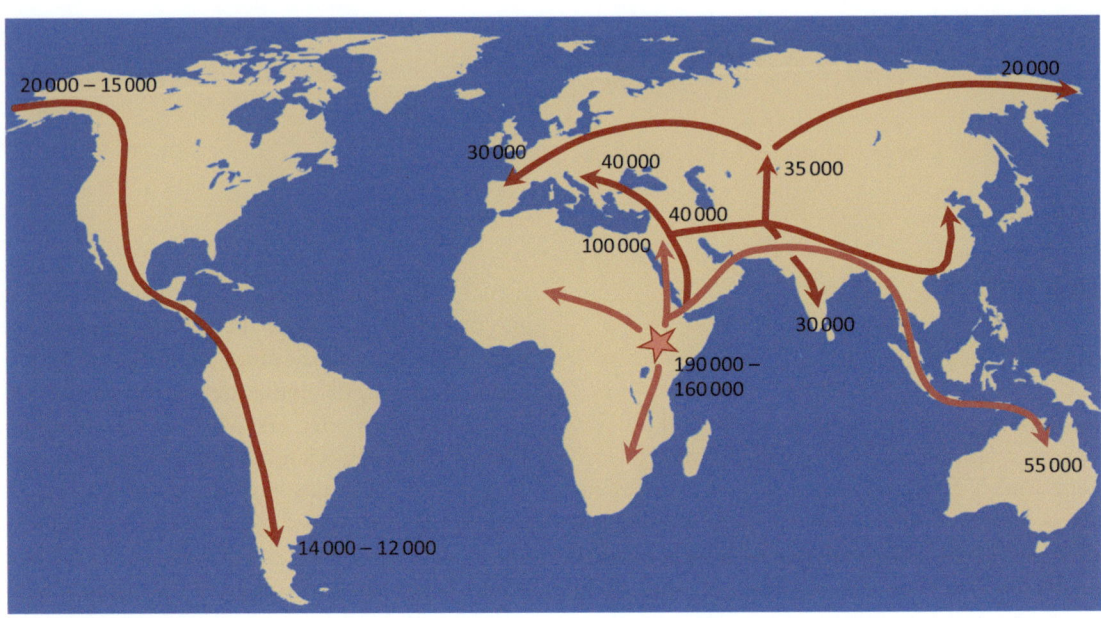

12-02
Ausbreitung des Menschen. Der moderne *Homo sapiens* trat vor 190 000 bis 160 000 Jahren erstmals in Afrika auf. Erste Vorstöße in den Nahen Osten fanden schon vor etwa 100 000 Jahren statt. Aus dieser Linie stammten die ersten Siedler Asiens und Australiens. Eine spätere Auswanderungswelle besiedelte Zentralasien, Südostasien, Europa und schließlich Amerika. Die eingezeichneten Wege stellen das vielfache Hin und Her der Wanderungsbewegungen vereinfacht dar.

12-03
Bevölkerungsentwicklung. Unterschiedlich gefärbte Datenpunkte repräsentieren unterschiedliche Quellen. Insbesondere für die Frühzeit sind die Schätzungen sehr unsicher (siehe Detailsicht). Allein zu Beginn unserer Zeitrechnung schwanken die Angaben zwischen 150 und 300 Millionen. Unverkennbar ist das in der Neuzeit einsetzende rasante exponentielle Wachstum[1,10].

die Beringstraße auf den amerikanischen Kontinent. Möglich ist auch, dass sie bereits einige Jahrtausende früher mit Booten an der Küste entlang den amerikanischen Kontinent erreichten. Bis vor kurzem glaubte man, dass erst vor etwa 12 000 Jahren die ersten Menschen in Südamerika eintrafen; heute geht man eher von eine Besiedlung schon vor mehr als 14 000 Jahren aus[7,8].

In Europa und im Nahen Osten herrschte ein reges Kommen und Gehen verschiedener Menschengruppen, wie DNA-Analysen heutiger und prähistorischer Menschen zeigen[9]. Moderne Europäer sind sozusagen das menschliche Äquivalent einer Promenadenmischung, in denen auch etwas Neandertalerblut nicht fehlt[11].

...und vermehrt sich

Wie viele Menschen in früheren Zeiten auf der Erde lebten, ist natürlich schwer abzuschätzen. Zu Anfang waren es wohl einige zehntausend. Die sehr geringe genetische Vielfalt des *Homo sapiens* weist allerdings auf einen frühen massiven Populationsrückgang auf wenige hundert Menschen hin; wir entgingen wohl nur knapp der Auslöschung[12]. Die Ursache dieses Einbruchs ist umstritten, möglicherweise war es die vor 195 000 bis 123 000 Jahren herrschende Kaltzeit[8], vielleicht auch der vor etwa 74 000 Jahren stattgefundene gewaltige Vulkanausbruch des Toba auf Sumatra, der zu einer starken Abkühlung des globalen Klimas geführt haben könnte[13].

In vorchristlicher Zeit wuchs die Zahl der Menschen stetig an und lag um die Zeitenwende vermutlich zwischen 150 und 300 Millionen weltweit (▶Abbildung 12-03). Weder Hungerkatastrophen noch Kriege konnten den Bevölkerungszuwachs stoppen. Etwa seit dem 14. Jahrhundert wächst die Weltbevölkerung exponentiell und erreichte Anfang des 19. Jahrhunderts die Milliardengrenze. Vor dem zweiten Weltkrieg lebten bereits doppelt so viele Menschen auf der Erde und um die Jahrtausendwende überschritten wir die 6-Milliarden-Grenze. Die zukünftige Entwicklung hängt vom wirtschaftlichen und sozialen Fortschritt in den Entwicklungsländern ab. Generell nimmt die Geburtenrate mit steigendem Bruttosozialprodukt ab[14].

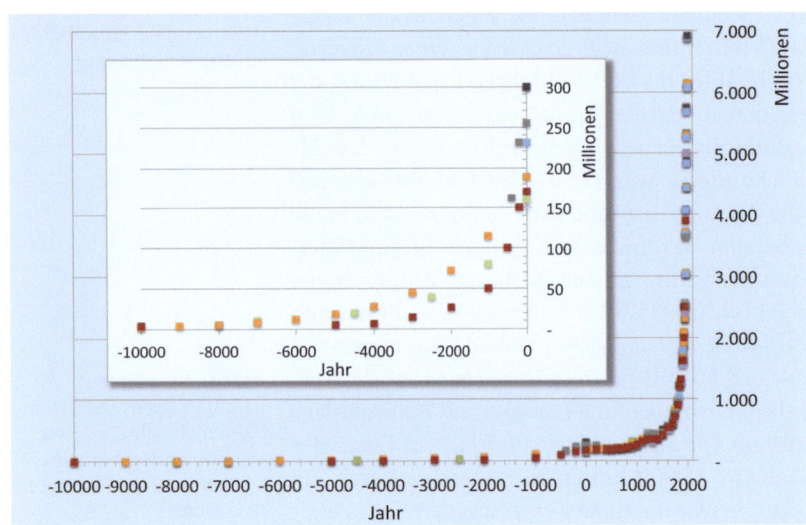

Erde und Leben – Die Geschichte einer innigen Wechselbeziehung

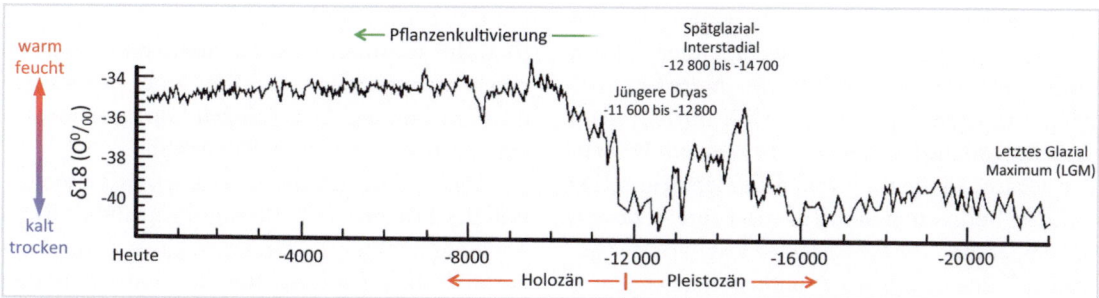

12-04
Klima im Holozän. Das Verhältnis (bezeichnet als ∂18) der Sauerstoffisotope ^{16}O und ^{18}O in Eisbohrkernen hängt von der herrschenden Temperatur ab. Während wilde Pflanzen bereits in der kalten Jüngeren Dryas angebaut wurden, begann ihre Domestizierung wohl erst im wärmeren Holozän[15].

Macht euch die Erde untertan

…und Gott sprach zu ihnen: Seid fruchtbar und vermehrt euch, bevölkert die Erde, unterwerft sie euch und herrscht über die Fische des Meeres, über die Vögel des Himmels und über alle Tiere, die sich auf dem Land regen.
(Genesis 1,28, Einheitsübersetzung)

Niemand wird behaupten, dass Menschen vermeintlich göttliche Aufträge immer geflissentlich erfüllen: zumindest in diesem Punkt können wir aber Vollzug melden. Ob im Wasser, in der Luft oder auf der Erde: kein Lebensraum ist vor dem Menschen sicher. Auch wenn Begriffe wie „beherrschen" und „unterwerfen" die Situation aus ökologischer Sicht nicht zutreffend beschreiben: überall hat der Mensch prägende, oft irreversible Spuren hinterlassen.

Domestizierung

Lange vor der Niederschrift der biblischen Schöpfungsgeschichte begannen die Menschen Tiere nicht nur zu jagen und Pflanzen nicht nur zu sammeln, sondern sie für ihre Zwecke gezielt auszuwählen und zu züchten, sprich, sie zu domestizieren. Vorreiter waren jene Menschen, die in Gebieten der heutigen Südosttürkei, des Irans, Iraks, Jordaniens, Israels, Libanons und Syriens lebten. Diese Region ist unter dem Namen „Fruchtbarer Halbmond" bekannt.

Nach dem bitterkalten Letzten Glazial-Maximum (LGM, engl. *last glacial maximum*) begann es vor etwa 20 000 Jahren wieder wärmer zu werden (▶ Abbildung 12-04). Das Abschmelzen der etwa 3,5 km dicken Eisschilde über Nordeuropa und Nordamerika dauerte jedoch Jahrtausende und verlief in Schüben. Immer wieder kam es zu Kälteeinbrüchen, wenn die Schmelzwasser der gewaltigen Eismassen in die Ozeane strömten[16,17]. Vor 14 700 Jahren begann eine warme Zwischenperiode, das sogenannte *Spätglazial-Interstadial*, in der Temperaturen wie heute herrschten. Für die Jäger und Sammler im fruchtbaren Halbmond war es eine paradiesische Zeit. Das Klima war warm und feucht, Wälder und Graslandschaften boten einer Vielzahl von Pflanzen- und Tierarten Lebensraum. Die Menschen, die in diesem Paradies lebten, gaben sogar ihre nomadische Lebensweise auf, sie blieben das ganze Jahr über in gut ausgebauten Siedlungen[15].

Während dieser Zeit entwickelte sich im fruchtbaren Halbmond eine neue Erntemethode wilder Grassamen, den Wildformen von Emmer, Einkorn (beides Weizenarten) und Gerste.

	Region	dort erstmals domestizierte Arten
1	Fruchtbarer Halbmond ab 9000 v.Chr.	Emmer, Einkorn, Gerste, Linse, Erbse, Flachs, Olive Schaf, Ziege
2	China ab 7500 v.Chr.	Reis, Hirse Schwein, Seidenraupe
3	Neuguinea ab 7000 v.Chr.?	Zuckerrohr, Banane
4	Sahelzone ab 5000 v.Chr.	Sorghum, afrikanischer Reis Perlhuhn
5	Tropisches Westafrika ab 3000 v.Chr.	afrikanische Jamswurzel, Ölpalme
6	Äthiopien ab ?	Kaffee, Tee
7	Mesoamerika ab 3500 v.Chr.	Mais, Bohne, Kürbis Truthahn
8	Osten der USA ab 2500 v.Chr.	Sonnenblume, Gänsefuß
9	Anden (und Amazonas) ab 3500 v.Chr.	Kartoffel, Maniok Lama, Meerschweinchen

Tochter der Eiszeit
Ein Vorläufer der Ostsee, das Yoldia-Meer, entstand vor etwa 10 000 Jahren in einem durch den skandinavischen Eisschild geschaffenen Becken, das sich beim Anstieg des Meeresspiegels mit Meerwasser füllte. Durch Hebung des skandinavischen Festlandes nach dem Wegfall der Eislast wurde daraus ein vom Atlantik abgetrennter See. Die Ostsee entstand daraus vor etwa 8000 Jahren[16].

12-05
Frühe Domestizierung. Regionen und Zeitpunkte der Domestizierung wichtiger Nutzpflanzen und Nutztiere. Großwild wurde praktisch nur in Eurasien domestiziert und die Zahl großsamiger Gräser ist in Eurasien größer als in anderen Regionen. Auch der Austausch von Wissen und Gütern war in Eurasien über die lange Ost-Westachse einfacher. Solche „Standortvorteile" verhalfen Eurasien zu einem kulturellen Vorsprung gegenüber anderen Regionen[18].

281

KAPITEL 12 Einfluss des Menschen

Auf den Hund gekommen
Wölfe sind wahrscheinlich die ersten Tiere, die domestiziert wurden. Vieles spricht dafür, dass Hunde bereits vor mehr als 30 000 Jahren die Menschen als Jagd- und Spürhunde begleiteten.

Statt wie bisher mit Körben die Halme entlang zu streichen und die herunterfallenden Samen aufzufangen, verwendeten die *Natufier* (benannt nach der Fundstätte *Wadi an-Natuf* im Westjordanland) Sicheln aus Feuerstein. Bei wilden Gräsern fallen die reifen Samen von selbst auf den Boden und sind für die Ernte verloren. Schneidet man die Gräser aber kurz vor der Samenreife und drischt sie anschließend, gehen wesentlich weniger Samen verloren. Damit hatten auch Gräser eine Chance, ihre Samen abzugeben, wenn diese zu fest an den Ähren saßen. Dies ist der Fall bei einer sehr seltenen Mutation (eine von zwei bis vier Millionen Pflanzen), die sich aus naheliegenden Gründen kaum durchsetzen kann. Als die Menschen jedoch begannen, Wildgrassamen auszusäen, verdrängte diese Mutation bald die Wildform. Der Grund dafür ist leicht einzusehen: Der Anteil an Samen von mutierten Gräsern wird in jeder Ernte geringfügig größer sein als in der nichtkultivierten Natur, da von den nichtmutierten Gräsern immer einige Samen vor der Ernte zu Boden fallen. Es genügen schon wenige Jahrhunderte des Ackerbaus, um aus den Wildformen von Weizen und Gerste die domestizierte Form zu selektieren. Wann dies genau geschah, ist bisher umstritten. Eine Kultivierung wilder Gräser geschah vermutlich bereits vor mehr als 13 000 Jahren[15], seit vielleicht 9000 Jahren wird domestizierte Gerste im Fruchtbaren Halbmond angebaut.

In anderen Regionen der Erde setzte die Domestizierung von Pflanzen deutlich später ein (▶ Abbildung 12-05, Seite 281), obwohl es auf allen Kontinenten vorteilhafte mediterrane Klimazonen gibt. Allerdings ist in keiner anderen Region der Anteil großsamiger, nährstoffreicher Wildgräser so hoch wie im fruchtbaren Halbmond. Versuche ergaben, dass diese Wildsamen zehnmal mehr Kalorien liefern als beim Sammeln verbraucht werden. Es war also der Mühe wert.

Hingegen war der Vorläufer des Mais in Amerika, die Teosinte, wenig ergiebig und die dicke ungeniessbare Schale um ihre Samen erschwerte die Verarbeitung. Es vergingen Jahrtausende, bis eine brauchbare Variante entstand.

Auch bei der Domestizierung von Tieren genoß der Fruchtbare Halbmond gegenüber Regionen auf anderen Kontinenten einen „Standortvorteil". Die Zahl der für die Domestizierung geeigneten großen Säugetiere (mit einem Gewicht über 45 Kilogramm) ist nirgendwo größer als auf dem eurasischen Kontinent (▶ Abbildung 12-06). Säugetiere müssen Mindestanforderungen erfüllen, um domestizierbar zu sein. So sollten sie nicht zu langsam wachsen (was Elefanten ausschließt), Herdentiere ohne Territorialverhalten sein, dominante Leittiere anerkennen, nicht leicht in Panik geraten und berechenbar sein. Wie auch neuzeitliche Versuche mit Elchen, Zebras und Antilopen zeigten, treffen diese Eigenschaften selbst auf nahe Verwandte domestizierter Tiere keineswegs alle zu. So sind Zebras unberechenbar und bissig, Antilopen neigen zu panischen Fluchtreaktionen und männliche Elche zeigen zur Paarungszeit starkes Territorialverhalten.

Natürlich hielten Menschen schon lange auch nichtdomestizierbare Großsäuger, unter anderem Raubkatzen, Bären oder Elefanten. Im allgemeinen pflanzen sich diese Tiere aber kaum in Gefangenschaft fort, das Fangen wilder Jungtiere wird daher auch heute noch der Zucht vorgezogen.

Der Übergang von Jägern und Sammlern zu Ackerbauern und Viehzüchtern war für die weitere Entwicklung der Menschheit entscheidend und wird als *Neolithische Revolution* bezeichnet. Erst die Domestizierung von Tieren und Pflanzen konnte die Versorgung großer Siedlungen mit vielen tausend Einwohnern dauerhaft sicherstellen. Damit prägte die Domestizierung auf mehrfache Art das Leben auf der Erde. Zum einen ermöglichte sie die rasante Vermehrung und Verbreitung unserer Spezies, zum anderen sorgte die Landwirtschaft zu nachhaltigen Veränderungen von Landschaften und deren biologischer Vielfalt. Darauf werden wir in den folgenden Abschnitten eingehen.

Natürlich hatte das enge Zusammenleben der Menschen untereinander und zusammen mit Tieren auch Schattenseiten. Auf diese Weise konnten sich nicht nur Infektionskrankheiten schneller zwischen den Menschen ausbreiten, auch Übertragungen von Krankheiten zwischen Mensch

12-06
Domestizierung von Säugetieren. In Eurasien leben nicht nur die meisten Großsäuger (Tiere mit mehr als 45 kg Körpergewicht), es wurde auch der weltweit größte Anteil domestiziert[18].

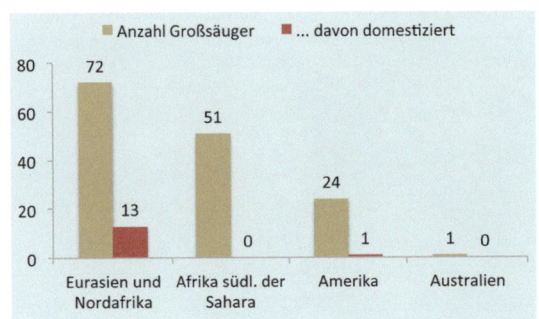

und Tier (sogenannten Zoonosen) nahmen zu. Neuere Beispiele sind HIV und Ebola, aber vermutlich traten Pocken und Influenza als Folge des engen Kontaktes zwischen Mensch und Tier schon mit Beginn des Neolithikums endemisch auf. Bei Masern handelt es sich wohl um eine erst in nachchristlicher Zeit aus der Rinderpest hervorgegangene Zoonose[19]. Der Erreger der Tuberkulose (*Mycobacterium tuberculosis*) ist hingegen ein alter Weggefährte des Menschen, der uns schon vor 70 000 Jahren heimsuchte[20]; zusätzlich fanden wahrscheinlich auch spätere Übertragungen von wildlebenden Tieren statt[21]. Natürlich kam die Lebensweise unserer seßhaften Vorfahren seiner Ausbreitung sehr zugute[22].

Mitbringsel aus fernen Ländern

Gebirge, Wasserflächen oder Wüsten bilden natürliche Grenzen für die Ausbreitung von Pflanzen und Tieren, weshalb selbst ähnliche Klimazonen völlig unterschiedliche Arten beheimaten. Teils unbeabsichtigt, teils mit Vorsatz verhalfen Menschen einer großen Zahl von Spezies dazu, die natürlichen Grenzen zu überwinden, mit einschneidenden Folgen für die betroffenen Ökosysteme. So sorgt derzeit die in Indien und Südostasien beheimatete Burma-Python in den Everglades in Florida dafür, dass die Population an Hasen, Waschbären, Oppossums und Rotluchsen massiv zurückgeht, auch vor Alligatoren machen die gefräßigen Schlangen nicht halt[23]. Da die Burma-Python praktisch keine natürlichen Feinde hat, kann wohl nur der Mensch das einmalige amerikanische Biotop erhalten.

Ob dies gelingt, ist ungewiß. Schon mehrfach versuchte man, eingeführte Arten wieder loszuwerden. Die in Australien durch europäische Siedler eingeführten Kaninchen vermehrten sich explosionsartig und zerstörten Weideflächen im großen Stil. Man versuchte, der Lage durch Einführung von europäischen Raubtieren wie Fuchs und Marder wieder Herr zu werden. Dies bewirkte nur, dass einheimische Kleinsäuger dezimiert wurden, der Ausbreitung der Kaninchen schadete die Maßnahme nicht. Einige Zeit später, in den Dreißigerjahren des vorherigen Jahrhunderts, wurde zur Schädlingsbekämpfung in Plantagen die in Süd- und Zentralamerika beheimatete Aga-Kröte eingeführt (▶ Abbildung 12-07), obwohl man mit ihr bereits in anderen Regionen schlechte Erfahrungen gemacht hatte.

Heute breitet sich diese Krötenart mit etwa 40 Kilometern pro Jahr in Australien aus, mit fatalen Folgen insbesondere für Raubtiere: ihr sehr giftiges Hautsekret ist für diese eine tödliche Gefahr. Zwar hat man bereits Anpassungen bei Schlangen und Vögeln an diese „Beute" beobachtet; ob dies genügt, um die explosionsartige Vermehrung der Aga-Kröte zu verhindern, ist fraglich. Den Plantagen, die die Kröte eigentlich vor Schädlingen schützen sollte, hat diese Maßnahme nicht geholfen. Dafür sorgt die Kröte für die Dezimierung einheimischer Schlangen, Amphibien und Warane.

Es gibt jedoch auch Beispiele für erfolgreiche Gegenmaßnahmen. Das aus Europa eingeführte, für Weidetiere giftige Johanniskraut (*Hypericum*) breitete sich in Ostkanada stark aus und gefährdete die Viehzucht. Durch die Einfuhr eines europäischen Blattkäfers wurde man der Lage wieder Herr. Ähnliches gelang durch die unter anderem in Australien im 19. Jahrhundert eingeführten Opuntien, eine Gattung von Kakteengewächsen. Ihrer Vermehrung konnte in Australien durch die Einfuhr eines südamerikanischen Schädlings, der Larven der Kaktusmotte, Einhalt geboten werden. Inzwischen allerdings gefährdet die Kaktusmotte Opuntienplantagen in den USA und Mexiko...[14,24]

Die Liste der eingeführten Arten lässt sich noch weiterführen. Durch die internationale Schifffahrt gelangen auch Meerestiere wie die Zebramuschel oder Krabbenarten in fremde Gewässer, wo sie einheimische Arten verdrängen. In Deutschland sind ungefähr 16 Prozent aller Pflanzenarten Neophyten, also eingeführte Pflanzen. In Kanada sind es 28 Prozent und in Neuseeland sogar 47 Prozent[14]. Ähnliche Zahlen gelten auch für die USA und Australien. Die Mitbringsel aus fremden Ländern haben die Biosphäre der Kontinente bereits irreversibel verändert.

Reicher Mensch - verarmte Natur

Wussten Sie, dass schätzungsweise 99 Prozent aller jemals auf der Erde lebenden Arten ausgestorben sind[26]? Artensterben ist also gang und gäbe. Die Geschwindigkeit, mit der es sich heute abspielt, ist allerdings besorgniserregend. Während ohne menschlichen Einfluss schätzungsweise 0,01–0,001 Prozent aller Arten pro Jahrhundert aussterben, sind es heute ungefähr ein Prozent[27]. Manchen Schätzungen zufolge sind in

12-07
Aga-Kröte (Bufo marinus)[25]. Sie wurde in Australien zur Schädlingsbekämpfung eingeführt, verbreitet sich rasant und gefährdet inzwischen zahlreiche einheimische Arten, vor allem aufgrund ihrer giftigen Hautsekrete, denen auch Fressfeinde zum Opfer fallen.

Neophyt
In einer neuen Region etablierte Pflanzenart

Neozoon
In einer neuen Region etablierte Tierart

Neophyten und Neozoen werden zusammen als **Neobionten** bezeichnet.

Hitlisten der Neobionten
Das amerikanische Time Magazine kürte im Februar 2010 die folgenden Arten zu den Top-Ten der Neobionten:
  Asiatischer Karpfen
  Kaninchen
  Aga-Kröte
  Kudzu (Hülsenfrucht)
  Grauhörnchen
  Killerbiene
  Europäischer Star
  Schlangenkopffisch
  Zebramuschel
  Burma-Python

Die *Invasive Species Specialist Group* (ISSG) führt eine Liste der 100 gefährlichsten invasiven Arten[28].

KAPITEL 12 Einfluss des Menschen

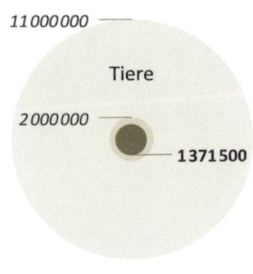

12-08
Wieviel Arten gibt es?
Die Zahl der bekannten (fett) und geschätzten (kursiv) Arten ist bei Tieren, Pilzen und Pflanzen sehr unterschiedlich. Bei den Schätzungen sind obere und untere Schätzwerte dargestellt[2].

den letzten Jahrhunderten bis zu 30 Prozent aller lebenden Arten ausgestorben. Die Geschwindigkeit, mit der heute Arten verschwinden, ist vergleichbar oder sogar höher als im Zuge der fünf erdgeschichtlichen Katastrophen, die wir in den vorherigen Kapiteln kennengelernt haben[29,30].

Nicht nur die Zahl der Arten (▶ Abbildung 12-08), auch deren Populationen gehen stark zurück. Der vom WWF regelmäßig publizierte *living planet index* (LPI) verzeichnet einen Rückgang der Wirbeltierpopulationen um 52 Prozent in den letzten 40 Jahren. Er berücksichtigt 10 380 Populationen von 3038 Wirbeltierarten, darunter Säugetiere, Vögel, Amphibien, Reptilien und Fische. Der Niedergang ist nicht überall gleichmäßig. Landlebende und marine Tierpopulationen gingen im Mittel um 39 Prozent zurück, Süßwasserpopulationen um 76 Prozent (▶ Abbildung 12-09)[31]. Am stärksten betroffen ist die neotropische Zone, also das tropische Mittelamerika, die Karibik und Südamerika. Hier liegt der Rückgang bei 83 Prozent. In der Nearktis, zu der Nordamerika und Grönland gehören, liegt der Rückgang bei nur 20 Prozent, mit Tendenzen zur Stabilisierung in den letzten Jahren. Im indopazifischen Raum liegt der Rückgang bei 67 Prozent. Stark schwankend sind die Populationen im tropischen Afrika, im Mittel liegt der Rückgang hier bei 19 Prozent. Generell ist der Rückgang in den Tropen stärker als in den gemäßigten Zonen.

Die Hauptgründe für den Rückgang sind Ausbeutung der Arten und die Gefährdung ihrer Lebensräume, sei es durch Rodung, Umwandlung in Nutzflächen oder Zersplitterung. Natürlich spielen auch Klimaveränderungen und Umweltverschmutzung eine Rolle (▶ Abbildung 12-10).

Bereits unsere Ahnen aus vorgeschichtlicher Zeit waren bei der Ausrottung von Großsäugern erfolgreich, so auf Madagaskar, in Neuseeland und Australien. Umstritten ist allerdings, ob der Niedergang der einst reichen Megafauna Amerikas wirklich nur auf das Konto der menschlichen Einwanderer vor etwa 12 000 Jahren ging, oder ob nicht auch klimatische Faktoren eine große Rolle spielten.

Mit der Zunahme der Erdbevölkerung wuchs auch der Verbrauch natürlicher Ressourcen. So verloren Palästina, der Libanon, Dalmatien und der Atlas schon in vorchristlicher Zeit einen Großteil ihrer Wälder durch Abholzung. Ein ähnliches Schicksal ereilte die Wälder Spaniens zu römischer Zeit. Heute erleben wir vergleichbares in den tropischen Regenwäldern, deren Fläche jährlich um etwa 0,7 Prozent abnimmt. Man schätzt, dass dadurch etwa 17 500 Arten jährlich verloren gehen.

Gut verbürgte spektakuläre Einzelfälle aus neuerer Zeit machen die Geschwindigkeit deutlich, mit der Arten verschwanden. So zählte die amerikanische Wandertaube Anfang des 19. Jahrhunderts noch mehrere Milliarden Tiere, das letzte wildlebende Exemplar wurde am 24. März 1900 in Ohio erlegt. Artenverlust oder auch nur ein massiver Rückgang der Population haben oft drastische Auswirkungen für die betroffenen Menschen. Im Jahre 1992 kollabierte die Kabeljau-Fischerei vor Neufundland als Folge der massiven Überfischung in den Jahrzehnten zuvor. Dies kostete zehntausende Arbeitsplätze und Milliarden von Dollar an Unterstützungsmaßnahmen. Ob die Kabeljaufischerei jemals wieder aufgenommen werden kann, ist unsicher.

Das Verlangen nach Froschschenkeln kostet jährlich etwa 200 Millionen Fröschen in Bangladesh und Indonesien das Leben und führte dort aufgrund der Vermehrung von Stechmücken zur Zunahme der Malariafälle.

Die Geschwindigkeit der Zerstörung steht in keinem Verhältnis zu der Zeit, die benötigt wird, einen Lebensraum wieder entstehen zu lassen. Eine einfache Wiesenhecke ist innerhalb eines Tages zerstört, es sind jedoch mehr als 150 Jahre nötig, um sie mit gleichem Artenreichtum wieder entstehen zu lassen. Hochmoore und Wälder benötigen etwa 10 000 Jahre[14].

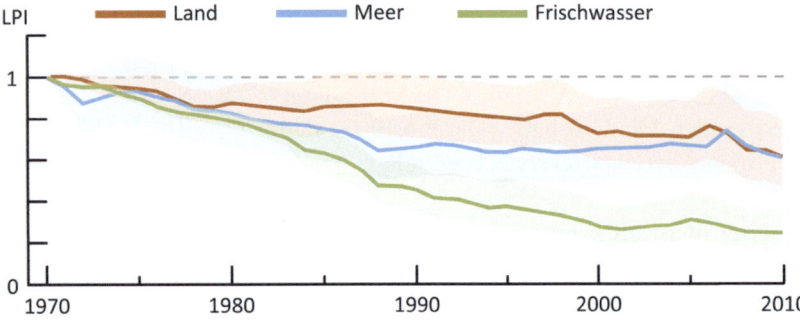

12-09
Living Planet Index LPI[31]. Der LPI wird aus den Populationsgrößen einer großen repräsentativen Zahl von Säugetieren, Vögeln, Amphibien, Reptilien und Fischen bestimmt und ist auf das Jahr 1970 (=1) bezogen. Durchgezogene Linien zeigen den Index für landlebende, marine und in Süßwasserzonen lebende Spezies. Schattierte Bereiche markieren das Vertrauensintervall. In allen Lebensräumen nahmen die Populationsgrößen ab, lediglich im marinen Bereich gab es eine Erholung zwischen 1990 und 2007. Der danach folgende Abfall ist auf gestiegenen Fischfang in den Tropen und südlichen Ozeanen zurückzuführen, in den nördlichen Zonen scheint eine Erholung einzutreten.

Erde und Leben – Die Geschichte einer innigen Wechselbeziehung

Ein Maß für Vielfalt – Biodiversität

Für die negativen Folgen der Ausrottung von Arten und der Zerstörung von Lebensräumen gibt es eine Vielzahl von Beispielen. Auch ist intuitiv klar, dass biologische Vielfalt allein schon zur Stabilität eines Lebensraums beitragen sollte, ihn also robuster gegenüber Störungen macht. Man denke nur an die Verheerungen, die Stürme in Fichten-Monokulturen anrichten können.

Wäre es daher – neben ethischen Motiven – nicht von großem Vorteil, möglichst viele Arten in einem Lebensraum zu erhalten?

Leider ist es mit dem bloßen Zählen von Arten und ihrer jeweiligen Populationsgröße (Abundanz) nicht getan. Für die Stabilität eines Ökosystems kommt es vor allem darauf an, ob es in der Lage ist, Störungen der Nahrungsnetze auszugleichen. Dies gelingt besser, wenn es mehr als eine Art gibt, die einen bestimmten Platz im Netz einnimmt, da beim Verlust dieser Art eine zweite deren Platz einnehmen kann. Auch stellte sich heraus, dass die Diversität konkurrierender Arten nur dann zur Stabilität beiträgt, wenn schwache Interaktionen vorherrschen: Wird eine Art von einem Räuber deutlich stärker bejagt als andere, kann sie sich nach einem Zusammenbruch der Population wieder erholen, weil die Räuber auf die anderen Arten ausweichen[32].

Obwohl also bloßes Artenzählen nicht ausreicht, ist die biologische Vielfalt eines Lebensraumes ein brauchbares Maß für dessen Robustheit. Dies vor allem deshalb, weil einzelne Größen sich besser dazu eignen, politische Ziele zu formulieren. Die Biodiversitäts-Konvention der Vereinten Nationen (*Convention on Biological Diversity*, CBD) von 1993 versteht unter Biodiversität nicht nur die Vielfalt und Abundanz der Arten, sondern auch die genetische Vielfalt innerhalb einer Art und die Vielfalt der Ökosysteme in einer Region[33]. Auf Basis dieser Konvention trat im Oktober 2014 das Nagoya-Protokoll in Kraft, zu dem sich auch die EU verpflichtet hat. Demnach sollen bis 2020 der Verlust an natürlichen Lebensräumen halbiert, die Überfischung gestoppt sowie 17 Prozent der Landfläche und 10 Prozent der Weltmeere unter Schutz gestellt werden. Es kann heute (2017) bezweifelt werden, ob diese Ziele weltweit erreicht werden. Auf der anderen Seite wächst inzwischen auch in aufstrebenden Nationen das Bewusstsein für die Bedeutung der Biodiversität.

Grenzen des Wachstums

Der britische Ökonom THOMAS MALTHUS (1766–1834) zeichnete 1798 in *An Essay on the Principle of Population* ein pessimistisches Bild vom Schicksal der Menschheit. Der ungezügelte menschliche Sexualtrieb werde die Bevölkerung exponentiell so lange wachsen lassen, bis Nahrungsknappheit zu Hungersnöten und zum Rückgang der Bevölkerung führe. Nach MALTHUS könne die Nahrungsmittelproduktion nämlich bestenfalls linear steigen und niemals exponentiell. Der Menschheit (zumindest deren ärmerem Teil) sei daher ein ewiger Kreislauf zwischen bescheidenem Wohlstand und Hunger beschieden, aus dem es kein Entrinnen gibt.

MALTHUS schrieb dieses Essay zu einer Zeit, als in England das Bevölkerungswachstum ein nie da gewesenes Ausmaß erreicht hatte, mit fatalen Folgen für weite Teile der Bevölkerung, deren Einkommen unter das Existenzminimum gesunken war[34]. Allerdings umfasst diese Zeit auch die Industrielle Revolution, die seither den Wohlstand in den Industriestaaten auf nie dagewesene Höhen hob. MALTHUS unterschätzte das Potential möglicher Effizienzsteigerungen in der Landwirtschaft ebenso wie er die Bevölkerungsentwicklung überschätzte. Während 1950 in Deutschland ein Hof im Mittel 10 Menschen ernährte, waren es 2010 schon 131. Auch konnte er die sozioökologischen Folgen des Übergangs von einer Agrar- in eine Industriegesellschaft noch nicht kennen. Ob eine Gesellschaft solche Übergänge erfolgreich meistert oder in einer Malthusianischen Katastrophe

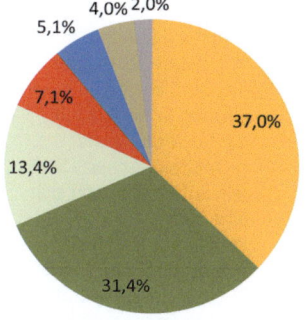

12-10
Gefährdungen[31]. Ausbeutung und Gefährdung des Lebensraums sind die Hauptursachen für den Populationsrückgang der Arten.

Notzeiten
Im vierzehnten Jahrhundert führten Pest und Missernten aufgrund des feuchtkühlen Klimas zu einem Bevölkerungsrückgang in Deutschland um etwa ein Drittel, in manchen Gegenden sogar um 50 Prozent[35]. Als Folge davon nahm die Waldfläche in Deutschland von 15 auf 45 Prozent zu.

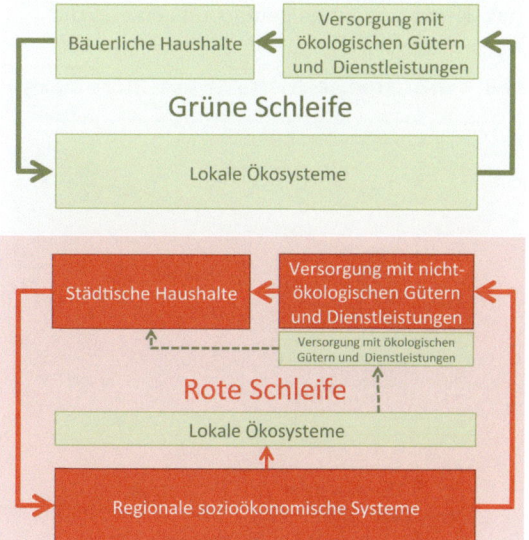

12-11
Bäuerliches und urbanes Leben[36]. Bäuerliche Haushalte leben von lokalen Ökosystemen (Grüne Schleife). Nachhaltige Stabilität ist nur durch Kontrolle der Bevölkerungszahl möglich. Für die Versorgung städtischer Haushalte reichen lokale Ökosysteme nicht aus, regionale sozioökonomische Systeme stellen daher sogenannte nichtökologische Güter und Dienstleistungen für Handel, Finanzierung, Transport und Lagerung zur Verfügung. Das Leben ist abgekoppelt von den lokalen Ökosystemen.

285

KAPITEL 12 Einfluss des Menschen

12-12
Transformationen[36]. Wächst bei Zunahme der Bevölkerung in einer Grünen Schleife auch die Versorgung mit nichtökologischen Dienstleistungen, so kann sich eine stabile Rote Schleife etablieren. Andernfalls gleitet die Gesellschaft in eine grüne Falle, die letzten Endes zum Kollaps führt, das Schicksal vieler Länder der Dritten Welt. Der Weg aus der Grünen Falle in eine Rote Schleife gelingt selten. Durch die Abkopplung von lokalen Ökosystemen werden in der Roten Schleife ökologische Probleme häufig ignoriert, es droht das Abgleiten in eine Rote Falle und ein Kollaps durch Versorgungsengpässe und deutlichem Verlust an Lebensqualität. Aufstrebende Regionen wie Peking sind heute dafür besonders gefährdet.

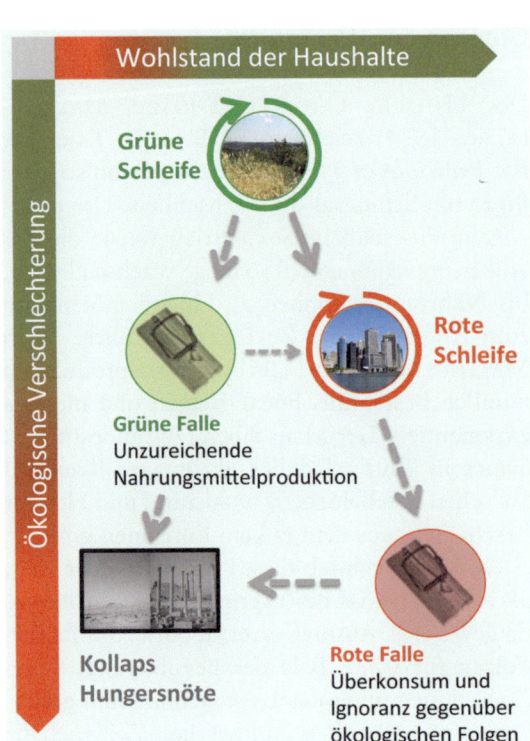

endet, hängt von vielen Faktoren ab[37]. Die sozioökologischen Probleme, die Industrienationen haben, und die mäßig erfolgreichen Versuche, Agrargesellschaften zu „entwickeln", machen deutlich, dass auch wir noch eine Menge über die komplexen Zusammenhänge von Gesellschaft und Ökosystemen zu lernen haben (▶Abbildungen 12-11 und 12-12)[36].

Da auf einem endlichen Planeten nichts unendlich wachsen kann, wäre es gut zu wissen, welchen „Wachstumsspielraum" die Menschheit unter den heute bekannten Gegebenheiten noch hat. Kurz: wie lange genügt uns eine Erde?

Der ökologische Fußabdruck

In den letzten Jahrzehnten wurde eine anschauliche Kenngröße für den Bedarf der Menschen an ökologischen Gütern populär: der ökologische Fußabdruck (▶Kasten Der ökologische Fußabdruck). Er steht für den Flächenbedarf der Menschheit oder regionaler Gemeinschaften, der für deren Ernährung erforderlich ist und um ihre Abfälle (inklusive Kohlendioxid) zu verarbeiten. Vergleicht man den Fußabdruck der Menschheit mit der Produktionskapazität der Erde (▶Abbildung 12-13), erkennt man leicht, dass wir schon seit Jahrzehnten über unserer Verhältnisse leben. Und dies – wenig überraschend – vor allem aufgrund unserer Produktion an Kohlendioxid!

Abbildung 12-13 zeigt auch, wie fragwürdig Vorhaben mit dem Ziel sind, unseren CO_2-Fußabdruck durch Biokraftstoff zu senken, solange dieser nicht aus Abfällen produziert wird. Da der Flächenbedarf zur Kompensation unseres CO_2-Ausstoßes größer ist als der aller anderen Bedürfnisse und gleichzeitig die Biokapazität (▶Randspalte rechts) der Erde bereits weit überschritten ist, kann die Produktion von Biokraftstoff nur auf Kosten dieser anderen Bedürfnisse gehen[40]. Alternativ müsste die Effizienz unserer landwirtschaftlichen Produktion weltweit massiv zunehmen, damit Engpässe vermieden werden. Um relevante Mengen an Biokraftstoff wirtschaftlich zu produzieren, wären gleichzeitig riesige Monokulturen notwendig, mit allen bereits genannten Folgen für die Biodiversität unseres Planeten.

Welchen Wachstumsspielraum haben wir also? Ohne substantielle Reduktion des Kohlendioxidausstoßes haben wir unseren Spielraum wahrscheinlich verspielt. Uns bliebe nur übrig, die Folgen zu ertragen: steigende Temperaturen und dadurch wohl eine in südlichen Regionen sinkende Biokapazität, von der nicht sicher ist, ob sie durch Steigerungen in höheren Breiten ausgeglichen werden könnte. Könnte MALTHUS womöglich doch noch Recht behalten?

12-13
Auszehrung[38]. Seit vierzig Jahren leben wir von der Substanz. Wir benötigen jährlich mehr Ressourcen, als die Erde in der gleichen Zeit auf ihrer biologisch produktiven Fläche liefern kann. Verantwortlich dafür ist die Kombination aus wachsender Weltbevölkerung und steigendem Wohlstand. Der Löwenanteil unseres ökologischen Fußabdrucks ist der Flächenbedarf, den wir benötigen, um den steigenden Kohlendioxidausstoß zu kompensieren.

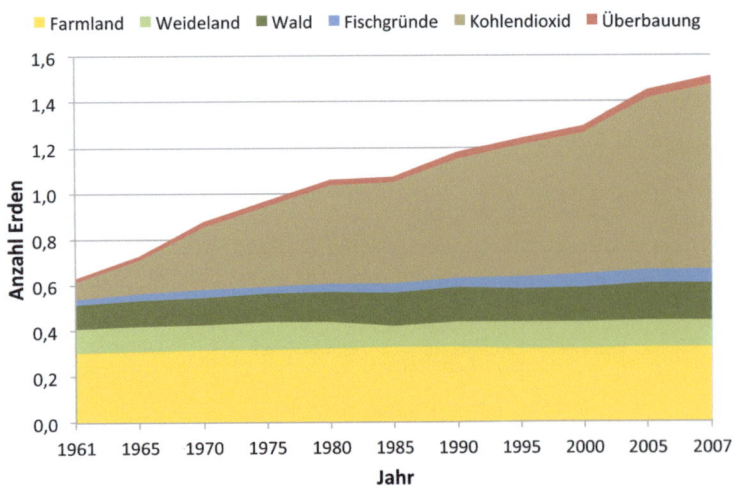

Erde und Leben – Die Geschichte einer innigen Wechselbeziehung

Der ökologische Fußabdruck

Gemäß *Global Footprint Network*[38] verfügte unser Planet 2007 über 11,9 Milliarden Hektar produktiver Fläche, zu der auch Wasserflächen zählen. Produktiv bedeutet, dass diese Fläche zur Produktion von ökologischen Gütern und „Dienstleistungen" genutzt werden kann. Eine Dienstleistung ist die Fähigkeit, CO_2 durch Photosynthese zu absorbieren, Abfälle abzubauen oder Freizeitflächen zur Verfügung zu stellen.

Es ist naheliegend, die Fläche zu bestimmen, die die Menschheit für die Produktion von biologischen Produkten und für Dienstleistungen pro Jahr benötigt. Diese Fläche nennt man den *globalen ökologischen Fußabdruck* der Menschheit. Ist diese Fläche größer als die produktive Fläche auf der Erde, leben wir über unsere Verhältnisse. Der Fußabdruck kann deshalb größer sein als die verfügbare Fläche, weil wir zwar kaum mehr pflanzliche Nahrung verbrauchen können, als auf allen Feldern wächst, aber weit mehr CO_2 erzeugen, als wieder aufgenommen werden kann. Auch können wir mehr Fische fangen, als jährlich geboren werden. Abbildung 12-13 zeigt, dass wir schon lange über unsere Verhältnisse leben, vor allem durch unsere Produktion an CO_2, die nicht mehr kompensiert werden kann.

Bei der Kapazität der Erde und beim Fußabdruck wird zwischen Flächen unterschieden, die als Farmland, Weideland, Fischgründe, zur Überbauung oder als Nutzwald zur Verfügung stehen. Zum Abbau von CO_2 sind in erster Linie Waldflächen notwendig, die dadurch nicht für die Holzproduktion verfügbar sind.

Natürlich unterscheidet sich die tatsächliche Produktivität dieser Flächen regional aufgrund geografischer Verhältnisse und unterschiedlicher Nutzungseffizienz. Auch ist ein Hektar Farmland per se fast siebenmal ertragreicher als ein Hektar eines Binnensees, in dem Fische gefangen werden[39]. Um diese Unterschiede auszugleichen, wird eine vorhandene Fläche mit regions- und flächenspezifischen Korrekturfaktoren multipliziert. Die sich ergebende Fläche nennt man *globalen Hektar*. Bezogen auf eine bestimmte Region oder ein Land kann die tatsächlich verfügbare produktive Fläche kleiner oder größer sein als deren Biokapazität (in globalen Hektar), zum Beispiel wenn die Region vor allem aus Farmland besteht und sehr effizient bewirtschaftet wird (▶Randspalte).

Der ökologische Fußabdruck der Welt, einer Region oder eines Individuums kennzeichnet nun die Anzahl globaler Hektar, die für deren Bedürfnisse an Gütern und Dienstleistungen benötigt werden, wobei bei Regionen auch Importe oder Exporte berücksichtigt werden. Abbildung 12-14 stellt den ökologischen Fußabdruck und die Biokapazität unterschiedlicher Regionen der Erde dar. Mit Ausnahme von Lateinamerika und Ozeanien war im Jahre 2007 überall der Fußabdruck größer als die Biokapazität.

Biokapazität und globaler Hektar (gha)
Die Biokapazität in gha einer regionalen Fläche wird aus deren Größe, multipliziert mit dem Äquivalenzfaktor des Flächentyps und dem jährlichen Ertragsfaktor der Region errechnet.
Farmland hat einen Äquivalenzfaktor von 2,51, der Ertragsfaktor für Farmland in Deutschland lag 2007 bei 2,2. Ein Hektar Farmland in Deutschland hat demnach eine Biokapazität von 2,2 · 2,51 gha, also 5,52 gha. Algeriens Anbauflächen hingegen hatten 2007 einen Ertragsfaktor von 0,3, also eine Biokapazität von 0,75 gha pro Hektar.
Ein Ertragsfaktor von 1,0 entspricht dem Weltdurchschnitt[39].

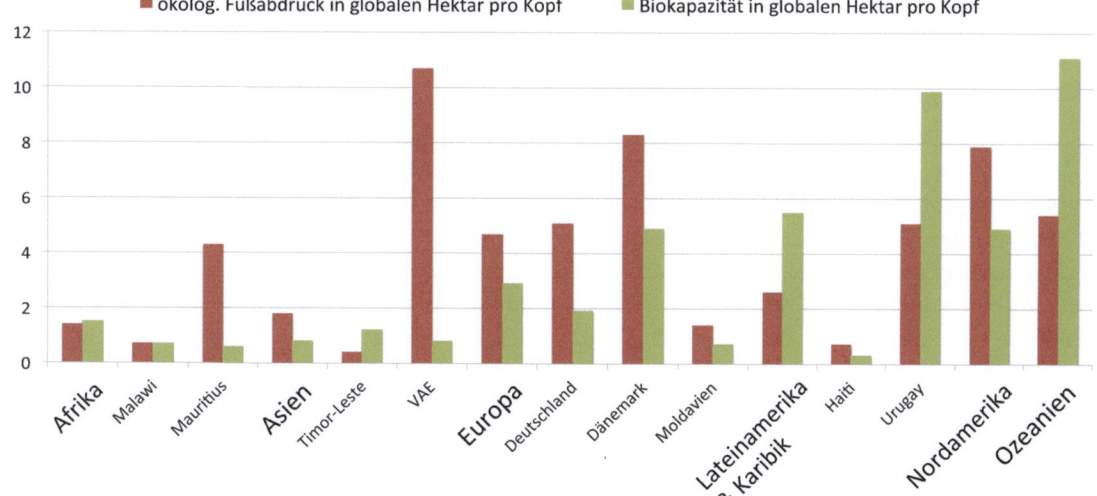

12-14
Ökologischer Fußabdruck und Biokapazität[38].
Beide Größen schwanken von Region zu Region erheblich. Dargestellt sind beide Größen pro Kontinent. Für jeden Kontinent ist das Land mit dem geringsten und dem höchsten ökologischen Fußabdruck herausgehoben.
(VAE: Vereinigte Arabische Emirate)

287

12-15
Erosion auf der Osterinsel[41].

Vom Winde verweht

[Das Meer] war eine hässlich braungelbe Wasserbrühe, gefärbt von der Erde unserer Insel. Es sah so aus, als ob es auf Floreana überhaupt keine Erde mehr gäbe. Ich sah an der Küste nur Steine. Steine... Steine.
(zitiert aus Bork[42])

So schildert Margret Wittmer die Folgen eines Starkregens am 1. Mai 1953 auf der Insel Floreana im Galápagos-Archipel. Aus ausgetretenen Pfaden waren reißende Bäche geworden, die tiefe Rinnen in der Erde hinterließen. Solche Unwetter sind auf den Galápagos-Inseln während des El Niño nicht selten, das Ausmaß der Abspülungen an Böden war allerdings an diesem Tag außergewöhnlich. Vieles lässt darauf schließen, dass dies die Folgen intensiver Landnutzung auf der Insel waren[42].

Floreana ist allerdings kein besonders extremes Beispiel dafür, wie Menschen nicht nur Fauna und Flora einer Landschaft verändern, sondern auch die Böden selbst. Auch heute noch ist dafür zumeist deren intensive Bewirtschaftung verantwortlich, zum Beispiel durch das Pflügen steiler, erosionsgefährdeter Hänge, durch Überweidung oder durch Rodung von Waldflächen. Oft sind mehrere Einflüsse im Spiel: durch Brandrodung verliert der Boden Halt, nachwachsende Gräser werden durch weidende Tiere abgefressen, der Boden trocknet aus und wird durch Wind und Niederschläge fortgespült. Auf diese Weise können jährlich mehrere hundert Tonnen Boden pro Hektar abfließen. Schätzungen gehen davon aus, dass jährlich etwa ein Prozent an landwirtschaftlich nutzbaren Böden verloren gehen[43].

Erosionskatastrophen
Das sogenannte Magdalenenhochwasser von 1342 sowie ein weiteres extremes Niederschlagsereignis im 14. Jahrhundert sind für ein Drittel der Bodenerosion der letzten 1500 Jahre in Deutschland verantwortlich. Neben den Überschwemmungsfolgen in den Städten fielen ganze Landstriche nachhaltig wüst und viele Hanglagen verloren ihre fruchtbaren Böden. In noch intensiver bewirtschafteten Gegenden der Erde hätten diese Ereignisse noch verheerendere Folgen gehabt.

Starke Bodenerosion durch menschliches Einwirken fand allerdings nicht erst in der Neuzeit statt. Seit die Menschen Ackerbau betreiben, geht fruchtbarer Boden durch Erosion verloren. Oft handelte es sich um einen Teufelskreis. Innovationen wie der Pflug verbesserten den Ertrag, die Bevölkerung wuchs. Dies zwang zur Erschließung neuer Ackerflächen, auch in steileren Hanglagen. Deren Bestellung führte zu starker Erosion, Boden ging verloren, die Erträge sanken, im schlimmsten Fall mussten Siedlungen aufgegeben werden. Das Land erholte sich wieder, wurde besiedelt und der Kreislauf begann erneut.

So lässt sich in den fruchtbaren Lössböden Nordwestchinas starke Erosion nachweisen, die vor fünftausend Jahren auf Rodung und Bewirtschaftung zurückzuführen ist. Mit der Zeit gelang es den Bewohnern, der Erosion Einhalt zu gebieten. Sie legten an Hängen Gräben parallel zum Hang an, die das abfließende Wasser samt den darin enthaltenen Schwebstoffen aufhielten und versickern ließen. Auf diese Weise bildeten sich mit der Zeit Terassen, die auch heute noch erkennbar sind[42]. Erst mit Mao Zedongs verkündetem „Großen Sprung nach vorn" wurde die nachhaltige Bodennutzung durch intensiven Ackerbau abgelöst. Dazu gehörte auch die Rodung von Waldbeständen, um Brennmaterial für die Eisengewinnung in den ebenfalls propagierten Hinterhofschmelzöfen zu gewinnen. Insgesamt waren die Folgen dieses „Sprungs" katastrophal. Millionen Menschen fielen Hungersnöten zum Opfer und der Verlust an Böden durch Erosion nahm dramatisch zu. Seit den Neunzigerjahren des vorigen Jahrhunderts verbessert sich die Lage durch erfolgreiche Aufforstungen und geänderte Bewirtschaftung der Böden.

Bereits erwähnt wurde die starke Abholzung von Wäldern während der Antike in Südeuropa und Vorderasien. So ist die Abholzung der Hügel in der Umgebung Roms vermutlich mitverantwortlich für die Versumpfung der vormals fruchtbaren Pontischen Ebene. Die erodierten Böden der Hügel vermochten bei Niederschlägen die Wassermassen nicht mehr aufzunehmen. Die damals dicht bevölkerte Ebene wurde häufig überschwemmt, die Landwirtschaft brach ein, nicht zuletzt wegen der Ausbreitung der Malaria. Es gelang erst wieder in den Dreißigerjahren des vorigen Jahrhunderts, das Gebiet trockenzulegen. Heute leben dort wieder mehr als eine halbe Million Menschen[44].

Bekannter ist das Schicksal der Osterinsel. Die einst von einem dichten Palmenwald bedeckte Insel wurde etwa im achten Jahrhundert von polynesischen Seefahrern besiedelt, die zunächst unter den Palmen nachhaltige Gartenwirtschaft betrieben. Im 13. Jahrhundert jedoch begann – wohl parallel zum Errichten der übergroßen Steinstatuen (*moai*) – eine Abholzung und Brandrodung der Palmen, so dass kaum zweihundert Jahre später die Wälder praktisch verschwunden waren. Warum dieser Wechsel geschah, ist nicht bekannt. Klar ist, dass der Verlust an Wald zu Bodenerosion führte und die Böden austrocknete. Die Bewohner behalfen sich mit einer weltweit einzigartigen Schutzmaßnahme, der sogenannten Steinmulchung: fruchtbarer Boden wurde mit Steinen bedeckt und war somit vor Austrocknung und Erosion weitgehend geschützt. Etwa eine Milliarde Steine wurden auf diese Weise bewegt. Diese arbeitsintensive Maßnahme brachte zwar den Wald nicht zurück, stoppte aber die Erosion auf diesen Böden. Die heute auf der Insel sichtbare starke Erosion (▶Abbildung 12-15) geht auf die massive Schafbeweidung zurück, die einige Zeit nach der Kolonisierung der Insel durch Europäer im 19. Jahrhundert begann.

Wühlmäuse

> Steig hinab in den Krater des Sneffels Yocul, welchen der Schatten des Skartaris vor dem ersten Juli liebkoset, kühner Wanderer, und Du wirst zum Mittelpunkt der Erde gelangen. Das hab ich vollbracht.
> (Arne Saknussemm's Wegbeschreibung in Jule Vernes „Reise zum Mittelpunkt der Erde")

Wäre doch der Abstieg in Richtung Erdmittelpunkt so einfach wie in Jule Vernes Roman beschrieben! Aber die tiefste bekannte Höhle, die Voronya-Höhle in Georgien ist gerade einmal 2197 m tief. Die tiefsten Minen der Welt liegen in Südafrika (Witwatersrand) und gehen immerhin schon auf 3900 m, und das tiefste bisher von Menschen getriebene Bohrloch ist 12 262 m tief und liegt in Sibirien. Es mag noch tiefer gehen, aber steigende Temperaturen und Drucke setzen menschlichen Vorstößen Grenzen. Es ist unwahrscheinlich, dass Menschen jemals in den Erdkern vordringen, denn dort herrschen Temperaturen von mehr als 6000 K und Drucke über 330 GPa. In den erwähnten Goldminen in Südafrika herrschen bereits bis zu 45°C. Aber immerhin bewegen Menschen durch Bergbau heute mehr Sediment als alle Flüsse der Erde zusammen.

Bergbau treiben Menschen schon seit über 40 000 Jahren. Altsteinzeitliche Gruppen begannen damit auf der Suche nach Feuersteinen oder Ocker, ihre Gruben waren allerdings nur wenige Meter tief. Der Abbau von Erzen, Granit und Ton im großen Stil setzte ab dem vierten Jahrtausend vor Christus mit der Entstehung von Hochkulturen ein. Abgebaut wurde je nach Lagerstätte sowohl unter Tage in hunderten von Metern langen Stollen oder im Tagebau. Die Römer setzten bereits Schöpfräder ein, um eindringendes Wasser aus den Stollen zu befördern.

Ob der begehrte Stoff vom Boden aufgelesen oder aus Gewässern gesiebt werden kann, im Tagebau abgebaut oder im Untertagebau gewonnen werden muss, hängt zu einem guten Teil vom Entstehungsprozess und der Entwicklungsgeschichte ab. Damit ein Stoff überhaupt abgebaut werden kann, muss er in den oberen Schichten der Erdkruste angereichert oder nach der Anreicherung dorthin transportiert worden sein. Glücklicherweise ist die Erde ein sehr aktives geologisches System, das fortwährend Stoffe anreichert und transportiert. Die Kunst besteht vor allem darin, diese Prozesse zu verstehen und vorherzusagen, wo begehrte Lagerstätten zu finden sind (▶Kasten Lagerstätten, Seite 290).

Über und unter Tage

Aus geologischer Perspektive ist Untertagebau nicht mehr als winzige Nadelstiche in die äußerste Haut unseres Planeten. Für das Leben an der Oberfläche kann er jedoch einschneidende Folgen haben. Oft lässt man unterirdische Lagerstätten beim Fortschreiten des Abbaus einstürzen, statt sie zu verfüllen oder durch übriggelassene Pfeiler zu stützen. In Gips- und Salzlagerstätten können sich durch eingedrungenes Grundwasser Hohlräume bilden. Bei tagesnahem Bergbau führt beides nicht selten zur Bildung spontaner Einbruchtrichter (sogenannter Tagesbrüche), die teils zu erheblichen Schäden führen. So versank zwischen 1977 und 1978 fast das gesamte Zentrum des polnischen Dorfes Wapno im darunterliegenden stillgelegten Salzbergwerk. 1402 Bewohner wurden obdachlos und 53 Häuser zerstört[45].

KAPITEL 12 Einfluss des Menschen

Lagerstätten

Natürliche Kernreaktoren
In zwei Milliarden Jahre alten hydrothermalen, sandsteingebundenen Uranlagerstädten in Oklo, Gabun, fanden über hunderttausende von Jahren natürliche Kettenreaktionen statt, wie sie für Kernreaktoren typisch sind. Die heute für solche Reaktionen notwendige Anreicherung des Uran-Isotops U-235 im Brennstoff war damals nicht erforderlich, da dessen Anteil noch drei Prozent betrug. Heute beträgt er aufgrund des radioaktiven Zerfalls von U-235 nur noch 0,7 Prozent. Im Gestein vorhandenes Wasser diente als Moderator der Kettenreaktion. Die entstehende Hitze ließ das Wasser verdampfen und die Reaktion stoppte nach etwa 30 Minuten. Nach der Abkühlung drang erneut Wasser ein und die Reaktion setzte etwa zweieinhalb Stunden später wieder ein[46].

Erze können auf vielfältige Weise angereichert werden. Beim Abkühlen von Basaltschmelzen kristallisieren Minerale bei unterschiedlichen Temperaturen und Drucken, so dass Anreicherungszonen in der erstarrten Schmelze entstehen (▶ Kasten Seite 80). Die bekannte Eisenlagerstätte im nordschwedischen *Kiruna* ist von diesem Typ. Eine eher ungewöhnliche Lagerstätte ist der Sudbury-Komplex in Kanada. Dort hatte die Wucht eines etwa 10 km großen Meteorits vor 1,85 Milliarden Jahren die Erdkruste weiträumig aufgeschmolzen, das Erstarren der Schmelze führte zu einer Anreicherung von Nickel.

Sogenannte *hydrothermale Lagerstätten* bilden sich, wenn heiße Fluide aufsteigen (zum Beispiel an Subduktionszonen) und gelöste Salze bei sinkender Temperatur ausfallen. Auch sind diese Fluide sehr agressiv und können auf dem Weg nach oben Gestein chemisch verändern und Stoffe daraus lösen. Oft ist der Druck des aufsteigenden Fluids so hoch, dass das Gestein regelrecht zertrümmert wird. Das Auskristallisieren geschieht vielfach in fein verteilten Gängen im Gestein. Lagerstätten dieser Art können sehr ausgedehnt sein, aber aufgrund der feinen Verteilung des Erzes müssen große Mengen an Gestein bewegt werden. Von diesem Typ sind die sogenannten Kupferporphyr-Lagerstätten, in denen neben Kupfer auch Molybdän, Gold, Silber und andere Metalle zu finden sind. Kupferporphyr-Lagerstätten zählen zu den größten Tagebauen der Welt. In Chile (*Escondida* und *El Teniente*) und in Utah (*Bingham Canyon Mine*) werden kilometerweite und bis zu tausend Meter tiefe Gruben betrieben. Auch die größte Lagerstätte für Seltene Erden, *Bayan Obo* in der Inneren Mongolei (China) ist eine hydrothermale Lagerstätte[46].

Die berühmten Nuggets der Goldsucher entstehen durch Verwitterung. Lösliche oder feinkörnige Bestandteile des Gesteins werden durch Fließgewässer abtransportiert und an anderer Stelle wieder abgelagert (sogenannte Seifen). Die bereits erwähnte Goldlagerstätte *Witwatersrand* in Südafrika ist von diesem Typ, aus ihr stammen 40 Prozent des jemals geförderten Goldes. Das Gold hatte sich in großen Schwemmfächern an einem See im Archaikum abgelagert. Diese wurden später durch Lavaströme überdeckt und dadurch gewissermaßen „konserviert".

Die Rückstände einer Verwitterung verbleiben an Ort und Stelle und können selbst wichtige Lagerstätten bilden, da sich schwerlösliche Minerale dort anreichern. Durch starke Verwitterung von Tropenböden entstehen Laterite, in denen schwerlösliche Eisen-, Nickel- und Aluminiumminerale angereichert sind. Eisenoxide geben Lateriten eine charakteristische rote Farbe, die Böden werden in tropischen Gegenden für Ziegelsteine verwendet (lat. *later*, Ziegelstein). Große lateritische Lagerstätten für Aluminium gibt es vor allem in Australien. Der Name „Bauxit" für aluminiumreiche Laterite ist aber abgeleitet vom französischen Ort *Les Baux-de-Provence*, wo Pierre Berthier 1821 erstmals den hohen Aluminiumgehalt von Bauxit feststellte. 60 Prozent der Nickelreserven finden sich in lateritischen Nickellagerstätten in Neukaledonien (Südpazifik).

Unterirdische Salzlagerstätten sind Zeugnisse der Verdunstung von Seen und Meeren in früheren Zeiten. Heute noch vorhandene Salzseen liefern ebenfalls wichtige Stoffe, so stammt fast ein Drittel der weltweiten Lithiumproduktion aus dem chilenischen Salzsee *Salar de Atacama*.

12-16
Braunkohletagebau. Panoramaaufnahme der Grube Garzweiler im Rheinland[47].

Tiefer Bergbau führt hingegen oft zu einem allmählichen Absinken des Erdbodens (Bergsenkung). So senkte sich im Ruhrgebiet der Boden aufgrund des Kohlebergbaus um bis zu 40 m ab. Die Emscher und andere Flüsse wurden eingedeicht und fließen über dem Niveau der Umgebung. Das Wasser der zufließenden Bäche muss laufend hochgepumpt werden, um weiträumiges Überfluten dieser Gebiete zu verhindern[46].

Bergbau führt auch oft zu Veränderungen des Grundwasserspiegels, wobei aufsteigendes Grundwasser Gebiete überfluten oder versumpfen kann. Umgekehrt führt eine Absenkung des Grundwasserspiegels zu Problemen in der Landwirtschaft.

Erde und Leben – Die Geschichte einer innigen Wechselbeziehung

Tagebau verbraucht große Flächen, wie die Braunkohlelagerstätte Gatzweiler (▶Abbildung 12-16) oder die Kuperporphyr-Lagerstätten in Chile zeigen. In den nordamerikanischen Appalachen wird Braunkohle abgebaut, in dem ganze Bergkuppen Ebene für Ebene abgetragen werden. Der Abraum wird dabei in die umliegenden Täler geschüttet. In Lagerstätten geringer Tiefe wie Gatzweiler kann der Abraum relativ einfach zum Wiederauffüllen genutzt werden, in tiefen Tagebauen wie in der Bingham Canyon Mine in Utah muss der Abraum aus der Grube transportiert werden. Vom Abraum selbst gehen ebenfalls Gefahren aus: durch Verwitterung können Schwermetalle oder Schwefelsäure in das Grundwasser gelangen. Auch die meist vor Ort durchgeführte Erzverhüttung belastet die Umwelt: die sibirische Bergbaustadt Norilsk zählt zu den am stärksten verschmutzten Orten der Welt. Ihre Hüttenwerke sind wohl für ein Prozent der weltweiten SO_2-Emissionen verantwortlich[46].

Blowout oder Auspressen

Oft stellt man sich Ölförderung vor wie das Anstechen eines gefülltes Fasses: ist der Bohrer bis zum Ölreservoir vorgedrungen, sprudelt das Öl praktisch von selbst (▶Abbildung 12-17). Dies ist leider nicht immer und auch nur zu Beginn einer Ölförderung der Fall, wenn das Öl unter hohem Druck steht. Ist dieser gering oder sinkt er mit der Zeit, muss mit Pumpen nachgeholfen werden. Im allgemeinen können nur 5–10 Prozent eines Reservoirs auf diese Weise gefördert werden. Bis zu 30 Prozent gewinnt man, indem Wasser oder Gas in das Reservoir gepresst wird, um auf diese Weise das Öl aus dem Gestein auszutreiben. Gelegentlich wird auch dessen Durchlässigkeit durch Injektion von Säuren erhöht. Säureempfindliche Gesteinsbestandteile werden gelöst und die Poren, in denen das Öl gefangen ist, dadurch vergrößert. Sehr zähflüssiges Öl oder Gesteine geringer Durchlässigkeit erfordern allerdings besondere Maßnahmen. Dazu gehört der Einsatz von Dampf, um die Viskosität des Öls zu erhöhen oder die Injektion von Polyacrylamid, um das eingepresste Wasser zähflüssiger zu machen. Auf diese Weise gelingt es, auch aus kleineren Poren das Öl auszupressen. Mehr als 50 Prozent des Reservoirs lässt sich auch mit diesen Maßnahmen kaum wirtschaftlich erschließen. Die einzusetzenden Mengen an Polyacrylamid können erheblich sein. Im chinesischen Daqing-Ölfeld wurde eigens dafür eine Produktionsanlage mit einer Jahresproduktion von 30 000 Tonnen gebaut, um den Bedarf zu decken.

Fracking

Oft sind Öl- und Gasvorkommen sehr fest im tonigen Muttergestein eingeschlossen oder das Reservoirgestein ist kaum durchlässig. In diesen Fällen hilft nur rohe Gewalt: Ein Sand- oder Aluminiumoxid-Wasser-Gemisch wird unter so hohem Druck in die Lagerstätte gepresst, dass sich dort kleine Risse bilden, durch die das Gas oder Öl abfließen kann. Diese Technik wird *hydraulic fracturing* genannt oder kurz Fracking. Beim Fracking wird nicht vertikal, sondern – dem Verlauf der Lagerstätte folgend – eher horizontal gebohrt. Die bis zu 1500 m langen Bohrungen sind mit Rohren ausgekleidet (*Casing*), in die mittels kleiner Sprengladungen Löcher gerissen werden. Durch diese strömt anschließend mit hohem Druck die Flüssigkeit in das Gestein. Der Sand oder das Aluminiumoxid sollen verhindern, dass sich die gebildeten Gesteinsrisse wieder schließen können. Der Wasserverbrauch beim Fracking ist gewaltig: bis zu 19 Millionen Liter Wasser werden benötigt, noch mehr, wenn nachgefrackt werden muss[46]. Am gefährlichsten bei dieser Technik sind dem Wasser zugesetzte Hilfsstoffe, neben Polyacrylamid unter anderem Butyldiglykol, das die Tragfähigkeit des Wassers für Sand erhöht oder die Viskosität verringernde Stoffe wie Isopropanol. Auch Biozide werden beigemischt, um zu verhindern, dass das Öl einer Lagerstätte durch eingedrungene Bakterien abgebaut wird. Im Allgemeinen geht von diesen Stoffen in der Lagerstätte selbst geringe Gefahr aus, da diese gut abgedichtet ist und die erzeugten Risse kaum bis in wasserführende Schichten gelangen können. Auch werden vor dem Fracking Testläufe durchgeführt, um die wesentlichen Gesteinsparameter zu bestimmen. Problematisch sind undichte Casings der Bohrgänge selbst, die natürlich auch grundwasserführende Schichten durchdringen. Und da in der Regel viele Bohrungen in einem Öl- oder Gasfeld erforderlich sind, ist die Gefahr von Unfällen nicht zu vernachlässigen. Auch die Behandlung des verbrauchten Wassers ist ein Problem: zwischen zehn und siebzig Prozent davon gelangt wieder an die Oberfläche und muss dort ent-

12-17

Blowout. Bei der Ölsuche in der Nähe von Beaumont, Texas (Spindletop Hill) kam es am 10. Januar 1901 zu einem Blowout, bei dem täglich 16 000 Kubikmeter Öl aus dem Bohrloch schossen. Erst nach neun Tagen konnte der Fluss gestoppt werden[48].

Schieferöl, Schiefergas
Fest im ursprünglichen Muttergestein aus Ton gebundenes Öl oder Gas.

Tight oil, tight gas
In wenig durchlässiges Reservoirgestein eingeschlossenes Öl oder Gas.

Fracking in Deutschland
In Deutschland wird seit 1960 Tight Gas gefördert, inzwischen gibt es mehrere hundert Fracking-Anwendungen in Deutschland[49]. Weltweit waren es im Jahre 2012 2,5 Millionen, mehr als eine Million davon in den USA[50].

291

12-18
Lanzarote-Grill[52]. Die Hitze des Timanfaya-Vulkans auf Lanzarote befeuert im Restaurant El Diablo den Grill des Hauses.

12-19
Fluten eindämmen. Auch die Landgewinnung oder Überflutung durch den Menschen mittels Deichen und Dämmen hinterlässt bereits seit Jahrtausenden Spuren auf der Erde. So würde ohne Deiche und Pumpwerke die Hälfte Hollands im Meer versinken (hellgrüner Bereich)[14].

sorgt, gelagert oder gereinigt werden[46]. Oft wird es in tiefere Gesteinsschichten gepresst.

Auch Erdbeben können durch Fracking oder die Entsorgung des Brauchwassers entstehen, wenngleich der kausale Nachweis schwer zu führen ist und die Stärke der Beben selten oberhalb der Wahrnehmungsgrenze liegt. Stärkere Beben wurden in Ohio (Stärke 4) und in Omaha (Stärke 5,6) nachgewiesen, in Omaha gab es Verletzte und es wurden mehrere Häuser beschädigt[51].

Allerdings kann auch konventionelle Gasförderung Erdbeben auslösen. Das größte Erdgasfeld Europas, das Groningen-Feld, liegt in den Niederlanden und deckte 2013 ein Viertel des deutschen Jahresbedarfs[53]. Seither wurde die Förderung um 40 Prozent gedrosselt, da es in den letzten Jahren vermehrt zu Erdstößen kam, mit teils erheblichen Gebäudeschäden bis zur Unbewohnbarkeit[54]. Nicht die vergleichsweise geringe Stärke (unter 4) ist problematisch, sondern die geringe Tiefe der Erschütterungen.

Die Gefahren des Frackings mögen weniger folgenreich sein als jene bei der Ausbeutung von Offshore-Ölfeldern, aber es handelt sich um ein aufwändiges und teures Verfahren, verglichen mit der konventionellen Förderung von Öl und Gas. Auch gibt es vor allem in den USA Indizien dafür, dass die zugänglichen Reserven deutlich kleiner sein könnten als es die aktuelle Ausbeute glauben läßt[55]. Und obwohl beim Verbrennen von Erdgas 60 Prozent weniger CO_2 entsteht als bei der Kohleverbrennung: der energieaufwändige Frackingprozess und die Mengen an Methan, die dabei in die Atmosphäre entweichen können, verringern den erhofften positiven Effekt, vielleicht neutralisieren sie ihn sogar. Die Menschheit kommt nicht umhin, sich zügig andere Formen der Energiegewinnung anzueignen.

Heiße Erde

Überall dort, wo heißes Magma bis zur Erdoberfläche vordringt, steht eine natürliche Energiequelle zur Verfügung. Am Timanfaya-Vulkan auf Lanzarote befeuert sie den Grill eines Restaurants (▶ Abbildung 12-18), denn schon wenige Meter unter der Erdoberfläche herrscht eine Temperatur von 400 °C. Auf Island lieferte ein 900 °C heißes unterirdisches Magmareservoir in 2100 m Tiefe jahrelang eine konstante Leistung von 35 MW. Auch in weniger aufgeheizten Regionen der Erde kann der Wärmestrom aus dem Erdinneren zur Energieerzeugung genutzt werden. Leider genügt es selten, sich zum Aufwärmen einfach auf den Erdboden zu legen. Die Wärmestromdichte beträgt selbst in Riftzonen oder Vulkangebieten weniger als 150 mW/m², ein geradezu lächerlicher Wert, verglichen mit den etwa 650 W/m² Strahlungsleistung, die uns die Sonne an hellen Tagen beschert. Man muss also schon das Wärmereservoir eines größeren Gebietes unter der Erdoberfläche anzapfen, um relevante Energiemengen zu gewinnen. In oberflächennahen Geothermiesystemen zirkuliert deshalb Wasser in einem geschlossenen Kreislauf typischerweise bis auf 150 m Tiefe; an der Oberfläche wird dem weniger als 20°C warmen Wasser mit Wärmepumpen Energie entzogen. Die jährliche Energieausbeute beträgt dabei im Mittel 100 bis 150 kWh pro Tiefenmeter. Auch die direkte Nutzung des Grundwassers im Wärmekreislauf ist möglich. Diese Art der Energiegewinnung ist an vielen Orten Deutschlands einsetzbar, sie ist optimal für Fußbodenheizungen, da hierfür nur geringe Temperaturen notwendig sind. Für die Erzeugung elektrischer Energie sind wenigstens 100°C Wassertemperatur notwendig, für Fernheizungen sollte sie über 40°C liegen. Um diese Temperaturen zu erzielen, muss tiefer gebohrt werden. Im Mittel nimmt die Temperatur nur um drei Grad pro hundert Meter zu, selbst im Oberrheingraben steigt sie nur um sechs Grad. Bohrungen, die der Energiegewinnung im größeren Stil dienen sollen, sind daher deutlich tiefer als 1000 m und arbeiten in der Regel mit Wassertemperaturen über 100°C. Meist wird das heiße Grundwasser aus einer Bohrung entnommen, einer Turbine zugeführt und durch eine zweite Bohrung wieder versenkt. In trockenen, wenig durchlässigen Gesteinsformationen wird dagegen unter hohem Druck Wasser in das Bohrloch gepumpt. Ähnlich wie bei Frackingverfahren bilden sich Risse im Gestein, das eingedrungene Wasser wird über ein zweites Bohrloch in etwa einem Kilometer Abstand wieder abgepumpt. Dieses Verfahren nennt man Hot-Dry-Rock- oder HDR-Verfahren.

Besondere Gefahr bei tiefen Geothermiebohrungen geht von Anhydrit-führenden ($CaSO_4$) Gesteinsschichten aus. Dringt durch mangelhafte Abdichtung über das Bohrloch in diese Schichten Wasser ein, so quillt Anhydrit zu wasserhaltigem Gips ($CaSO_4 \cdot 2H_2O$), was mit einer Volumenzunahme von über 50 Prozent verbunden sein kann.

Erde und Leben – Die Geschichte einer innigen Wechselbeziehung

Klimawandel

Die Erwärmung des Klimasystems ist eindeutig und es ist äußerst wahrscheinlich, dass der menschliche Einfluss die Hauptursache der beobachteten Erwärmung seit Mitte des 20. Jahrhunderts war. (Fünfter Sachstandsbericht des IPCC – Synthesebericht, deutsch)

Einer Hamburger Studie zufolge sind nur etwa 7 Prozent der Deutschen Klimaskeptiker, bezweifeln also, dass es überhaupt einen Klimawandel gibt oder wenigstens an der Rolle des Menschen dabei[56]. In den USA glauben hingegen nur die Hälfte der Nicht-Wissenschaftler, dass der Klimawandel vor allem Menschenwerk ist. Immerhin hegen 87 Prozent der Wissenschaftler keine Zweifel daran[57].

Man muss Skeptikern zugute halten, dass noch vor fünfzig Jahren die Mehrheit der Klimatologen der Ansicht war, dass eine Eiszeit bevorstehe. Neben Vergleichen mit früheren Eiszeiten und deren Periodizität (▶Zyklen der Erde, Seite 84) spielte die Beobachtung eine Rolle, dass seit Ende der Vierzigerjahre die Temperatur weltweit zu sinken begonnen hatte (▶Abbildung 12-20a), auch die Vereisung der Meere und die Größe der Gletscher nahmen zu. Dass die Erde in den letzten Jahrtausenden tatsächlich nur knapp einer neuen Eiszeit entging, legen auch neuere Klimasimulationen nahe[58]. Wissenschaftler warnten den damaligen amerikanischen Präsidenten Nixon vor den dramatischen Folgen eines *global cooling*[59]. Auch Gegenmaßnahmen wurden diskutiert, etwa die Abdeckung der Polkappen mit schwarzer Folie und natürlich auch die künstliche Erhöhung der CO_2-Konzentration in der Atmosphäre[60]! Erst in den 1970er Jahren setzte sich die Erkenntnis durch, dass wir es mit einem *global warming* zu tun haben.

Nicht zuletzt diese Sorge über eine bevorstehende Eiszeit hatte dazu geführt, dass bei der ersten Welt-Umweltkonferenz 1972 das *United Nations Environmental Programme* (UNEP) beschlossen wurde, in dessen Rahmen Daten zu den weltweiten Auswirkungen von Treibhausgasen auf Klima und Biosphäre erhoben wurden. 1988 schließlich wurde im Auftrag der UN der Zwischenstaatliche Ausschuß für Klimawandel (Intergovernmental Panel on Climate Change, IPCC) gegründet, der etwa alle fünf Jahre den Stand der Klimaforschung aufzeigen und bewerten sollte. Die IPCC-Berichte sind Basis regelmäßiger Klimakonferenzen, deren bekannteste 1997

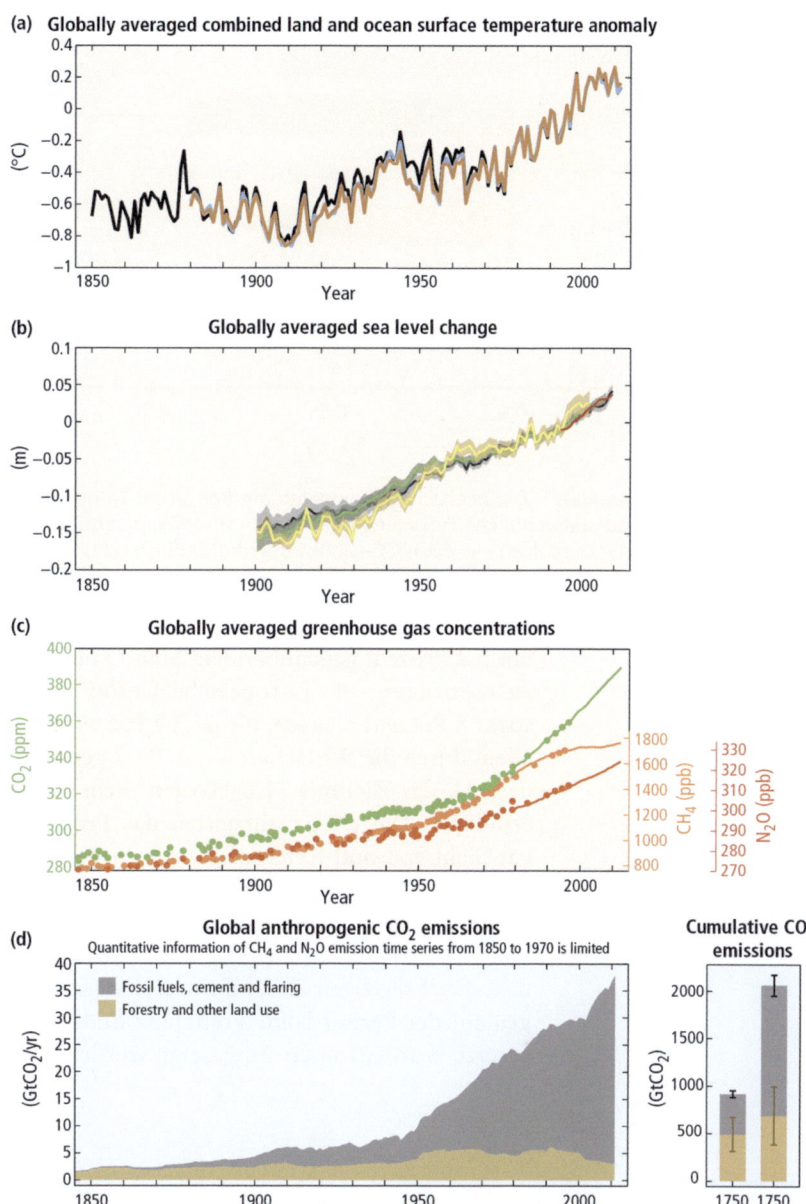

12-20

Beobachtungen und Indikatoren des Klimawandels (IPCC-Report)[61]. Farben repräsentieren verschiedene Datenreihen: (a) Globale Jahresmittel der Abweichungen von Land-Ozean-Oberflächentemperaturen zum Durchschnitt 1986 – 2005. (b) Globale Jahresmittel der Meeresspiegeländerungen bezogen auf den Durchschnitt 1986 – 2005 in der längsten Messreihe. Die Datenreihen sind auf den gleichen Wert für das Jahr 1993 kalibriert. Aus diesem Jahr stammen die ersten Satelliten-Höhenmessdaten (rot). Unsicherheiten sind durch Farbschatten angezeigt. (c) Atmosphärische Konzentration der Treibhausgase Kohlendioxid (grün), Methan (orange), und Distickstoffoxid (rot), ermittelt aus Eisbohrkernen (Punkte) und direkten Messungen (Linien). (d) Weltweite anthropogene CO_2-Emissionen (in Gigatonnen, $GtCO_2$) aus Forstwirtschaft und sonstiger Landnutzung, aus Verbrennung oder Abfackelung fossiler Brennstoffe und aus der Zementproduktion. Rechte Seite: Die kumulierten CO_2-Emissionen aus diesen Quellen von 1750 bis 1970 bzw. bis 2011 sind als Balken inklusive Unsicherheitsintervallen dargestellt.

in Kyoto stattfand. Im Kyoto-Protokoll verpflichteten sich die Unterzeichnerstaaten, den Ausstoß von Treibhausgasen im Zeitraum 2008–2012

293

KAPITEL 12 Einfluss des Menschen

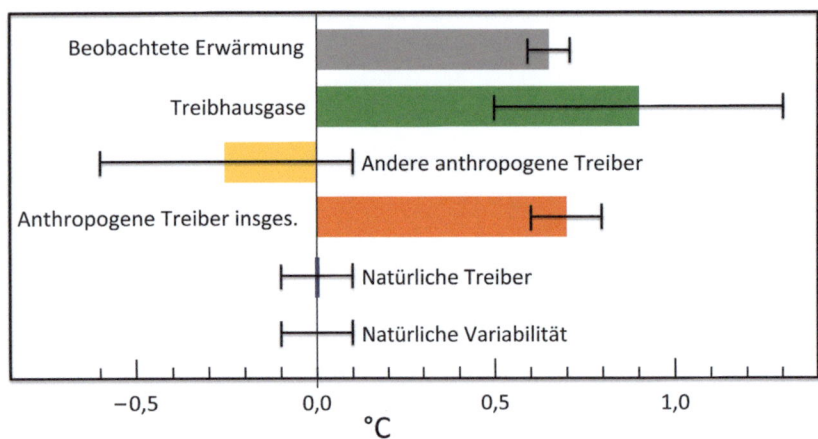

12-21
Antreiber des Klimawandels[62]. Der beobachtete Temperaturanstieg an der Erdoberfläche 1951 – 2010 ist auf anthropogene Treibhausgasemissionen zurückzuführen. Trotz hoher Unsicherheiten im einzelnen – in der IPCC-Grafik ausgedrückt durch schwarze Linien – ist der Gesamteffekt eindeutig, da sich viele Effekte ausgleichen. Natürliche Antreiber oder natürliche Schwankungen können den Temperaturanstieg nicht erklären.

um 5,2 Prozent gegenüber dem Stand von 1990 zu reduzieren, die Europäische Union wollte sogar 8 Prozent erzielen, die USA 7 Prozent. Vor allem durch die Wirtschaftskrise 2007 gelang es der EU, das Ziel mit 11,8 Prozent mehr als zu erfüllen[63]. Die USA ratifizierten das Protokoll gar nicht erst und Kanada trat 2008 von dem Vertrag zurück. Staaten mit rasch steigenden Emissionen wie China und Indien waren ohnehin von Maßnahmen befreit. Es bleibt zu hoffen, dass die ehrgeizigen Ziele, die nach langem Ringen auf der Pariser Klimakonferenz Ende 2015 gesetzt wurden, auch umgesetzt werden. Für

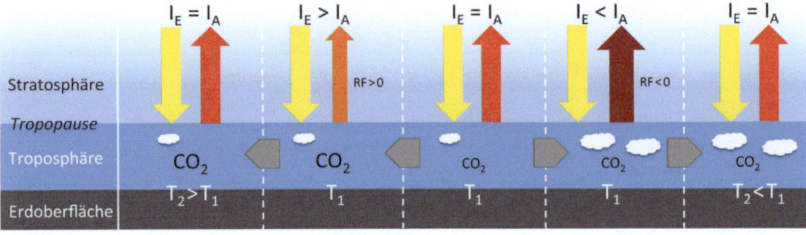

12-22
Strahlungsantrieb. Der Strahlungsantrieb (engl. *radiative forcing*, RF) ist ein Maß für Änderungen der irdischen Strahlungsenergiebilanz durch eingebrachte Treibhausgase oder andere externe Klimafaktoren. Er ist auf die Grenze zwischen Troposphäre und Stratosphäre bezogen. Einstrahlungs- (I_E) und Abstrahlungsleistung (I_A) sind normalerweise im Gleichgewicht, dem eine Oberflächentemperatur T_1 entspricht (Mitte). Würde man die Ärosolkonzentration der Atmosphäre schlagartig um einen bestimmten Betrag erhöhen, so würde die Abstrahlung (Albedo) durch verstärkte Wolkenbildung steigen, die Bilanz wird negativ (rechts). Nach einer gewissen Zeit wäre das Gleichgewicht durch die gesunkene Oberflächentemperatur T_2 wieder hergestellt (ganz rechts). Umgekehrt bewirkt eine Erhöhung der CO_2-Konzentration eine höhere Absorption (links), die Strahlungsbilanz wird positiv, bis sich bei erhöhter Oberflächentemperatur das Gleichgewicht wieder einstellt (ganz links). Der Änderung der Wolkenbildung aufgrund anthropogener Ärosole seit 1750 entspricht ein Strahlungsantrieb von ca. $-0,55\,W/m^2$, der Änderung des CO_2-Gehalts im gleichen Zeitraum entspricht ein Strahlungsantrieb von ca. $1,68\,W/m^2$.

politische Entscheidungen sind aber auch verlässliche Antworten auf konkrete Fragen nötig, allen voran Antworten auf die Frage, wie sich die *regionalen Lebensbedingungen* der Menschen bei einem Temperaturanstieg verändern werden. Der umfangreichste Teil des fünften IPCC-Berichts beschäftigt sich daher mit den globalen und regionalen Folgen des Klimawandels und möglichen Maßnahmen. Er nutzt dazu vier Szenarien, die sogenannten *representative concentration pathways* (RCPs), um diese Folgen abzuschätzen. Ausgangspunkt dieser Szenarien ist natürlich die „einfache" Frage an Klimaforscher, welche Emissionsmengen zu welchem Temperaturanstieg führen.

Strahlungsantrieb und Treibhauspotential

Erhöht man die Konzentration an Treibhausgasen in der Atmosphäre, so wird mehr Sonnenstrahlung absorbiert, die Oberflächentemperatur der Erde steigt daher (▶ Abbildung 12-21), wodurch deren Abstrahlungsleistung zunimmt. Ist die abgestrahlte Leistung wieder gleich der absorbierten Sonneneinstrahlung, ist das Gleichgewicht erreicht. Den umgekehrten Effekt haben Faktoren, die die Albedo der Erde erhöhen, wie zum Beispiel Wolken. Die Erde kühlt sich bei erhöhter Wolkenbildung so lange ab, bis das Gleichgewicht zwischen abgestrahlter und eingestrahlter Leistung wieder erreicht ist. Man kann nun jedem klimarelevanten Faktor einen sogenannten *Strahlungsantrieb* (engl. *radiative forcing*, RF) zuordnen, der angibt, um welchen Betrag die Strahlungsleistung pro Quadratmeter zu- oder abnimmt, wenn sich dieser Faktor um einen bestimmten Betrag ändert (▶ Abbildung 12-22). Die mit der Zeit erreichte mittlere Gleichgewichtstemperatur der Erdoberfläche ist proportional zum Strahlungsantrieb. Er ist daher eine eingängige Größe, um die Wirkung von Treibhausgasen und anderen Klimafaktoren miteinander zu vergleichen (▶ Abbildung 12-23). Der Strahlungsantrieb berücksichtigt allerdings nicht die zeitliche Dynamik, mit der das Klimasystem der Erde auf eine Störung antwortet, da bei seiner Berechnung Oberflächen- und Troposphärentemperatur eingefroren werden. Der sogenannte *effektive Strahlungsantrieb* (engl. *effective radiative forcing*, ERF) umfasst dagegen auch rasche Antworten des Klimasystems wie die Interaktion zwischen Ärosolen und Wolken, lässt aber weiterhin die Oberflächentemperatur der

Ozeane und die Eisbedeckung konstant. Der ERF gibt für schnelle Reaktionen des Klimasystems auf eine Störung realistischere Werte als der RF.

RF und ERF sind Ausgangspunkt für weitere Kenngrößen, die für die Einschätzung der Folgen des Klimawandels einfacher zu handhaben sind. Eine häufig genutzte Größe ist das sogenannte *Treibhauspotential* (engl. *global warming potential*, GWP) oder CO_2*-Äquivalent*, das auch im Kyoto-Protokoll Anwendung fand. Es ist ein Maß für den Effekt einer bestimmten Menge eines emittierten Stoffes gegenüber der gleichen Menge CO_2 über einen vorgegebenen Zeitraum, üblicherweise 100 Jahre. So hat ein Kilogramm Methan, das in die Atmosphäre entlassen wird, nach zwanzig Jahren einen 84-mal stärkeren Effekt als die gleiche Menge CO_2. Nach 100 Jahren ist das Verhältnis nur noch 28:1, da die Verweilzeit von Methan in der Atmosphäre viel geringer ist als die von CO_2. Glücklicherweise ist auch die Methankonzentration in der Atmosphäre 20 000-mal geringer.

Klimasensitivität

Der Proportionalitätsfaktor, der Strahlungsantrieb und Oberflächentemperatur im Gleichgewichtszustand verbindet, nennt man *Klimasensitivität* (°C·m²/W). Ein Strahlungsantrieb von 1 W/m² bewirkt eine Temperaturerhöhung um 1 °C bei einer Klimasensitivität von 1 °C·m²/W. Bis der Gleichgewichtszustand erreicht ist, können jedoch Jahrtausende verstreichen. Die Klimasensitivität muss die gesamte Reaktion des Systems Erde auf eine Störung umfassen, also neben Änderungen der Tiefseetemperatur oder des Kohlenstoffkreislaufs (▶ Seite 152) auch die sehr langsamen Änderungen der Eisbedeckung und der Vegetation. Gerade aufgrund dieser indirekten Wirkungen ist die Klimasensitivität zeitabhängig. Einiges spricht dafür, dass sie mit steigenden Temperaturen ebenfalls steigt[64].

Im allgemeinen verwendet man die sogenannte *equilibrium climate sensitivity* (ECS), die Änderungen der Eisbedeckung und der Vegetation nicht berücksichtigt, aber sehr wohl das ebenfalls sehr gemächliche Einpendeln des tiefen Ozeans auf die neue Energiebilanz. ECS-Werte werden vereinfacht als Temperaturerhöhung bei einer Verdopplung der CO_2-Konzentration angegeben. Um die Sensitivität anderer Treibhausgase auszudrücken, werden deren CO_2-

Langlebige Treibhausgase	Kohlendioxid (CO_2)	1,68
	Methan (CH_4)	0,97
	Halogenierte Kohlenwasserstoffe	0,18
	Distickstoffoxid (N_2O)	0,17
Kurzlebige Gase und Ärosole	Kohlenmonoxid (CO)	0,23
	Andere flüchtige organische Stoffe	0,10
	Stickstoffoxide (NO_x)	−0,15
	Ärosole und Vorprodukte	−0,27
	Wolkenbildung durch Ärosole	−0,55
Geänderte Albedo durch Landnutzung		−0,15
Kondensstreifen und weitere Faktoren		0,08
Schwankungen der Sonnenstrahlung		0,05
Alle anthropogenen Treiber bez. auf 1750		**2,29**

W/m²   -1   0   1   2   3

12-23
Strahlungsantriebe anthropogener Emissionen[64]. CO_2-Emissionen leisten den größten Beitrag und haben einen sehr nachhaltigen Effekt, da CO_2 lange in der Atmosphäre verbleibt. Es wirkt direkt als Strahlungsantrieb, während andere Emissionen wie Methan auch indirekt wirken. Ihre Reaktionsprodukte haben eigene (positive oder negative) Antriebe. Komponenten, die zumindest teilweise indirekt wirken, sind in der Tabelle graukursiv dargestellt. Da es sich zum Teil um Gesamtwirkungen von Stoffgruppen handelt, können Einzelkomponenten durchaus gegenteilige Wirkungen haben. Graue Linien kennzeichnen die Unsicherheitsintervalle, die Farbsättigung kennzeichnet die Verlässlichkeit der Daten (kräftig - sehr hoch, blass - mittel bis gering). Die Wirkung von Ärosolen und ihr Einfluss auf die Wolkenbildung ist der größte Unsicherheitsfaktor in der Bilanz anthropogener Treiber.

Äquivalente genutzt. Das IPCC sieht nach Berücksichtigung vieler Modellsimulationen und Analysen eine langfristige Temperaturerhöhung zwischen 1,5°C und 4,5°C als wahrscheinlich an, sollte sich der CO_2-Gehalt der Atmosphäre verdoppeln[64] (▶ Abbildung 12-24, Seite 296).

Für die zeitnahen Folgen anthropogener Emissionen ist die sogenannte *transient climate response* (TCR) besser geeignet. Sie geht ebenfalls von einer Verdopplung der CO_2-Konzentration aus, aber in Schritten von einem Prozent pro Jahr und gibt an, um wie viel Grad sich die globale Durchschnittstemperatur nach Erreichung der doppelten Konzentration erhöht hat. Ausgehend von der aktuellen CO_2-Konzentration in der Atmosphäre (▶ Abbildung 12-20c, Seite 293) wäre dies nach etwa 70 Jahren der Fall. Natürlich ist nach dieser Zeit der Ozean noch lange nicht im Gleichgewicht, ganz zu schweigen von der Eisbedeckung und der Vegetation. Dennoch lassen sich aus dem TCR-Wert bereits wichtige Schlüsse über ökologische und sozioökonomische Folgen ziehen. Das IPCC geht von einem TCR-Wert zwischen 1,0°C und 2,5°C aus[64].

KAPITEL 12   Einfluss des Menschen

Atmosphere–ocean general circulation models (AOGCMs)

Diese Modelle simulieren die physikalischen Prozesse des Klimasystems, wobei sie nur Atmosphäre, Ozeane, Landnutzung und Eisbedeckung berücksichtigen. Der Verzicht auf biogeologische Rückkopplungen reduziert den Bedarf an Rechenleistung und ist für Zeithorizonte im Jahrzehnt-Bereich tolerierbar.

Earth system models (ESMs)

Sie simulieren zusätzlich zu AOGCMs biogeologische Prozesse, insbesondere den Kohlenstoff-, Stickstoff- und Schwefelzyklus, teilweise auch chemische Prozesse in der Atmosphäre wie Änderungen der Ozonkonzentration. Sie sind extrem rechenintensiv. Für spezielle Fragestellungen existieren sogenannte *earth system models of intermediate complexity* (EMICs), die bestimmte Prozesse herausgreifen, z.B. den Einfluss der Vegetation und dafür andere vereinfacht behandeln. EMICs können auch für Langzeitsimulationen eingesetzt werden.

Integrated assessment models (IAMs)

IAMs kombinieren Klimamodelle mit sozioökonomischen Modellen, um die wechselseitigen Interaktionen dieser Bereiche zu simulieren. Ihre Ergebnisse (aber nicht nur sie) liefern in den IPCC-Berichten Grundlagen für politische Handlungsempfehlungen. Die Verwendung von IAMs in politischen Entscheidungsprozessen wird teils kritisch gesehen, da sie eine Prognosesicherheit suggerieren können, die de facto nicht gegeben ist.

Szenarien

Wie groß der Temperaturanstieg in den nächsten Jahrzehnten sein wird, hängt nicht nur vom Ausmaß der Treibhausgasemissionen ab, sondern auch von Faktoren wie Landnutzung oder Vegetationsanpassungen. Die Höhe der Emissionen hängt ihrerseits vom Populationswachstum sowie der technischen und wirtschaftlichen Entwicklung der menschlichen Gesellschaften ab, und natürlich von unseren Maßnahmen zur Emissionsreduktion.

Sogenannte *integrated assessment models*, kurz *IAMs* (▶Randspalte) kombinieren Klimamodelle mit sozioökonomischen Modellen, um die wechselseitigen Interaktionen zu simulieren. Auf ihren Ergebnissen setzen weitere Simulationen und Analysen auf, zum Beispiel zur Ermittlung regionaler Folgen des Klimawandels. Das IPCC extrahierte und konsolidierte aus vorhandenen Modellen vier Szenarien, die die Bandbreite möglicher Entwicklungpfade umfassen. Diese sogenannten *representative concentration pathways*, kurz RCPs, sind Emissionsverläufe (▶Abbildung 12-25), die für viele mögliche Entwicklungsszenarien repräsentativ sind und dadurch weitere Analysen vereinfachen. So hat ein starker Bevölkerungsanstieg mit gleichzeitiger Reduktion der Emissionen in etwa den gleichen Effekt wie ein schwacher Bevölkerungsanstieg ohne wirksame Emissionsreduktionen. Charakterisiert werden die RCPs durch ihren prognostizierten Strahlungsantrieb für das Jahr 2100.

RCP 2.6 (Strahlungsantrieb 2,6 W/m²) stellt ein Szenario dar, in dem es gelingt, die Emissionen ab 2020 zu senken. RCP 8.5 stellt dagegen ein Szenario mit starkem Bevölkerungswachstum (▶Abbildung 12-26), hohem Energieverbrauch und keinen Klimaschutzmaßnahmen dar. RCP 4.5 und 6.0 liegen zwischen diesen Extremen und unterscheiden sich unter anderem durch den angenommenen Energiemix. Keines dieser Szenarien geht davon aus, dass bis 2100 vollständig auf fossile Energieträger verzichtet werden kann. Angenommenes Bevölkerungswachstum und wachsender Energiebedarf verhindern bei allen Szenarien, dass regenerative Energien allein den Verbrauch decken können. Geht man von den Temperaturprognosen der Szenarien aus, so kann das angestrebte 2-Grad-Ziel nur noch mit RCP 2.6 erreicht werden (▶Abbildung 12-24).

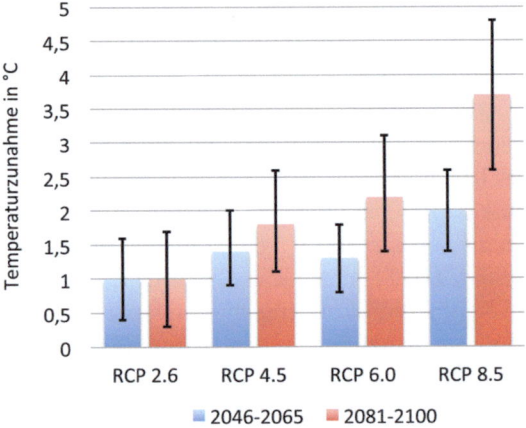

12-24

Temperaturverlauf[64]. Prognostizierte Temperaturzunahme pro RCP, bezogen auf den Mittelwert der Jahre 1986 bis 2005. Die schwarzen Linien kennzeichnen den Bereich, in dem 90% aller Simulationsergebnisse liegen. Legt man Mittelwerte zugrunde, ist das 2-Grad-Klimaziel für 2100 nur mit Szenario RCP 2.6 zu erreichen, da es sich auf die vorindustrielle Zeit bezieht.

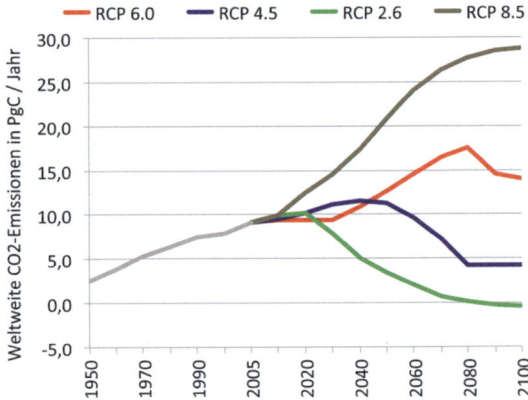

12-25

Emissionsszenarien[64]. Die den RCPs zugrunde liegenden jährlichen CO_2-Emissionen in Petagramm Kohlenstoff (PgC/Jahr). 1 Pg entspricht 1 Gt. Der graue Verlauf bis 2005 zeigt die historischen Daten.

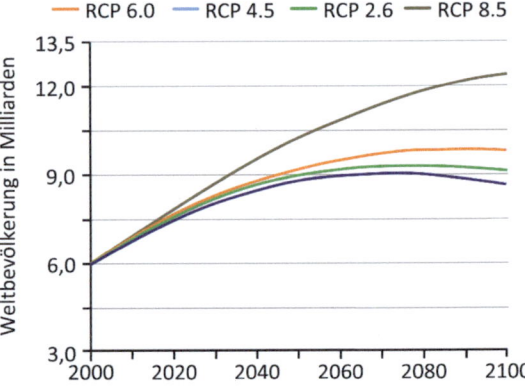

12-26

Populationsentwicklung. Die den RCP-Ausgangsszenarien zugrundeliegende Entwicklung der Weltbevölkerung[65].

Erde und Leben – Die Geschichte einer innigen Wechselbeziehung

... und ihre Folgen

Im Jahre 2004 erschien *The Day After Tomorrow*, ein Katastrophenfilm des Klimawandels. Der Titel erinnert kaum zufällig an den Film *The Day After* von 1983, der eine nukleare Katastrophe im Kalten Krieg zum Thema hatte.

In *The Day After Tomorrow* führt der Zusammenbruch der sogenannten *thermohalinen Zirkulation* (zu der der Golfstrom gehört) zwischen südlichen und nördlichen Breiten des Atlantiks zum schlagartigen Einsatz einer neuen Eiszeit, die die halbe Welt unter einer gewaltigen Eisdecke versinken läßt.

Die Rede ist hier von sogenannten *tipping points* (engl. *tipping over*, umkippen) oder *Bifurkationen* (Gabelungen) nichtlinearer dynamischer Systeme. An einem Tipping Point wechselt ein solches System schlagartig von einem stabilen Zustand in einen anderen. Ein drastisches medizinisches Beispiel dafür ist der Wechsel vom normalen Herzschlag in das gefürchtete Kammerflimmern als Folge eines Herzinfarkts.

Kandidaten für klimabezogene Tipping Points gibt es in der Tat genug[66]:

- Rasches Absterben borealer (arktischer) Wälder oder der Wälder im Amazonasbecken
- Rasches Schmelzen des (ant)arktischen Seeeises, der Eisschilde Grönlands und der Antarktis
- Unterbrechung des Monsuns in Indien und Westafrika
- Unterbrechung der thermohalinen Zirkulation (keine Bildung arktischen Tiefenwassers)
- Rapides Aufschmelzen von Permafrostböden, Methan- und CO_2-Freisetzung
- Galoppierende Methanfreisetzung durch Zerfall methanhaltiger Einschlüsse (Klathrate) im arktischen Meer und in Permafrostböden

Akuten Anlass zur Sorge bereitet das in den letzten Jahren beobachtete rasche Schmelzen des arktischen Seeeises sowie des westantarktischen und des Grönlandeisschildes. Hier könnte bereits ein Tipping Point erreicht sein[67]. Dabei spielt die sogenannte *polare Verstärkung* eine wichtige Rolle: durch die verringerte Albedo eisfreier Flächen und anderer Effekte steigt die Temperatur in polaren Breiten stärker als das globale Mittel. Ein rasches Schmelzen der Eisschilde hätte verheerende Folgen: allein das Abschmelzen des grönländischen Eisschildes bedeutet einen Anstieg des globalen Meeresspiegels um etwa sieben, das Abschmelzen des westantarktischen Schildes um mehr als vier Meter. Derzeit ist noch völlig offen, in welchem Tempo ein solches Abschmelzen geschehen wird: geht es um Jahrhunderte oder um Jahrtausende (▶Randspalte)? Der sogenannte *Schmelzwasserpuls 1A* am Ende der letzten Eiszeit führte zum Beispiel zu einem Meeresspiegelanstieg um etwa zwanzig Meter in weniger als 500 Jahren[68] und ist auch für den Kälteeinbruch in der Jüngeren Dryas verantwortlich (▶Abbildung 12-04, Seite 281). Ohne Berücksichtigung des raschen Abschmelzens der Eisschilde ist laut IPCC-Bericht von einer mittleren globalen Meeresspiegelerhöhung von 44 cm bei RCP 2.6 bis 74 cm bei RCP 8.5 bis 2100 zu rechnen[69].

Die Entwicklung der Permafrostböden scheint demgegenüber weniger rasant zu sein, allerdings sind auch hier im Verlauf dieses Jahrhunderts steigende Methan- und Kohlendioxideinträge in die Atmosphäre sicher. Permafrostböden enthalten doppelt soviel Kohlenstoff wie die Atmosphäre. Modelle sagen eine Temperaturerhöhung bis zu 0,27 °C in 2100 und bis zu 0,42 °C bis 2300 voraus[70]. Auch die Gefahr eines rasanten, sich selbst verstärkenden Absterbens der Amazonaswälder (engl. *Amazon forest dieback*) wird inzwischen als geringer eingeschätzt, dies bezieht sich jedoch nicht auf direkte menschliche Eingriffe in den Urwald[71].

Die thermohaline Zirkulation neigt wohl bis zu einer Temperaturerhöhung von 2,5 °C nicht zum Umkippen, sicher ist man sich freilich nicht. Die erwähnte Instabilität der Eisschilde könnte die Situation grundlegend ändern.

Die Erwärmung hat einschneidende Folgen für den Wasserhaushalt, das allgemeine Wettergeschehen und natürlich für die gesamte Biosphäre unseres Planeten. Im Wandel der Ökosysteme lauern die größten Gefahren für die Menschheit und unsere irdischen Mitbewohner, da Nahrungsangebot und Nahrungsmittelproduktion stark betroffen sind. Der fünfte Klimabericht des IPCC enthält sowohl globale als auch regionale Darstellungen der erwarteten Risiken (▶Abbildung 12-27). Einerseits gibt es für viele Risiken durchaus Gegenmaßnahmen, andererseits macht der Bericht deutlich, dass Risiken gerade dort am größten sind, wo die Ärmsten leben. Neuere Analysen kommen allerdings zu

---

Marine ice shield instability

Der Boden unter Teilen des westantarktischen Eisschildes liegt unterhalb des Meeresspiegels und fällt in Richtung Landesinnere ab. Eine solche Konfiguration ist instabil: Der Punkt, an dem das Eis im Meer aufschwimmt, zieht sich immer schneller in Richtung Landesinnere zurück. Dies wurde bereits in der Westarktis nachgewiesen, kann jedoch noch nicht ausreichend genau modelliert werden, um konkrete Vorhersagen über die zukünftige Dynamik des Schildes zu treffen.

297

KAPITEL 12 Einfluss des Menschen

12-27
Regionale Folgen des Klimawandels[73]. Schlüsselrisiken des Klimawandels für einige ausgewählte Weltregionen. Die Größe der Warnschilder kennzeichnet das Risiko (von sehr gering bis sehr hoch). Schraffierte Balkenteile kennzeichnen den Reduktionseffekt von Gegenmaßnahmen oder Anpassungen. Im Zeitraum bis 2040 gibt es kaum Unterschiede zwischen den Szenarien, danach steigen die Risiken besonders im 4°C–Szenario stark an (▶ Abbildung 12-28).

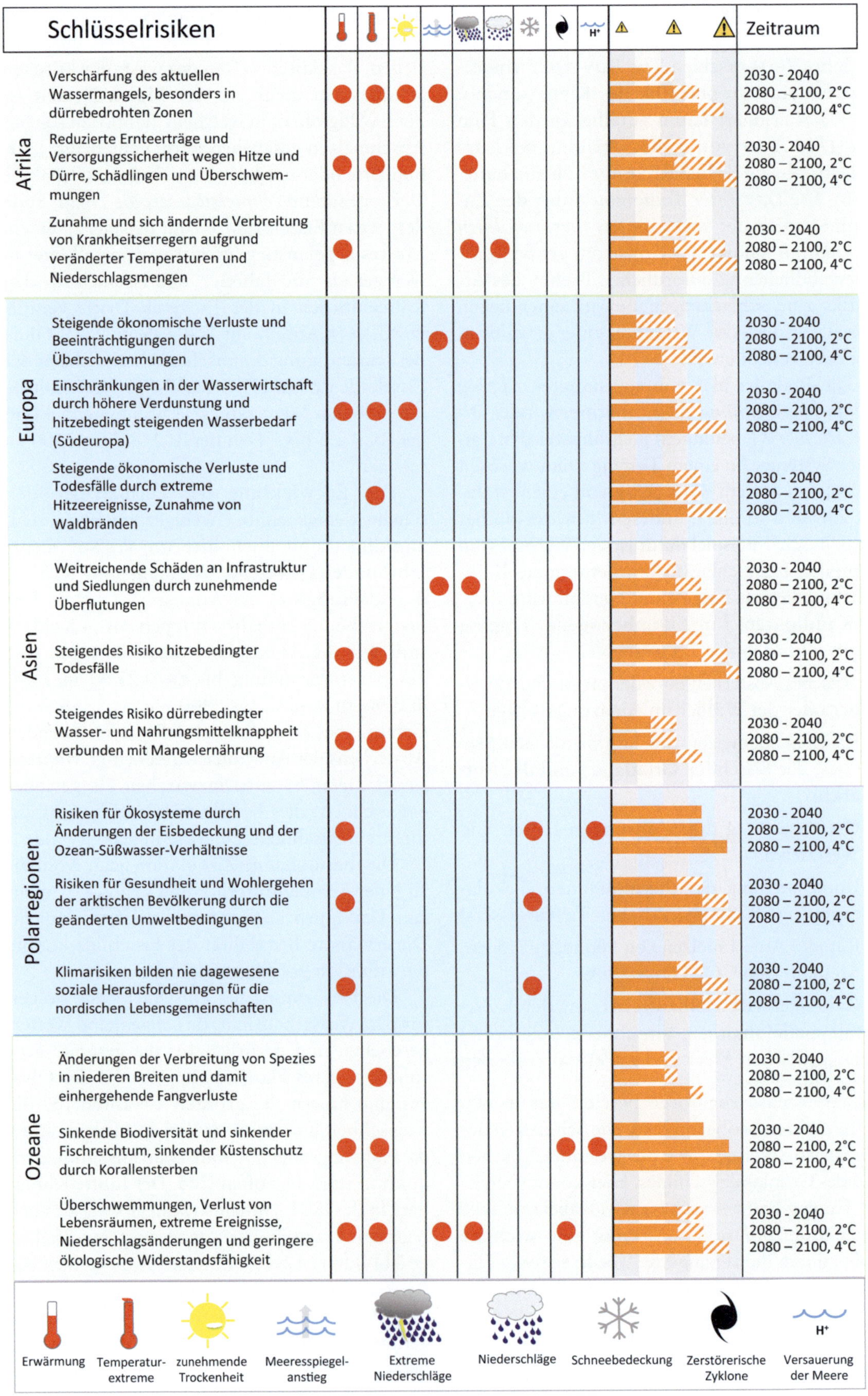

Erde und Leben – Die Geschichte einer innigen Wechselbeziehung

dem Schluss, dass der ökonomische Schaden auch in reichen Ländern erheblich sein wird. Das globale mittlere Einkommen könnte zudem bis 2100 um 23% sinken, wenn keinerlei Maßnahmen gegen den Klimawandel getroffen werden[74].

Sind zwei Grad genug?

> Der Klimawandel mag Millionen töten, er wird doch nie als Todesursache auf einem Totenschein stehen (D. Jamieson)[75].

Auf der UN-Klimakonferenz Ende 2015 in Paris vereinbarte man nach langem Ringen das *2-Grad-Ziel*, die Begrenzung der globalen Erwärmung auf zwei Grad gegenüber der vorindustriellen Zeit. Es sollen sogar möglichst 1,5 °C angestrebt werden. Da wir seither etwa 0,7 °C zugelegt haben, bleiben uns noch 1,3 °C beziehungsweise 0,8 °C. Das 2-Grad-Ziel wurde erstmals 1995 vom *Wissenschaftlichen Beirat der Bundesregierung Globale Umweltveränderungen* empfohlen und floss 2010 in die Klimarahmenkonvention der Vereinten Nationen ein. Diese magische Marke hat ihren Ursprung in einer Studie von WILLIAM NORDHAUS[76]. In Ermangelung eines wissenschaftlich fundierten Grenzwertes wählte dieser 1977 einen pragmatischen Ansatz: die Extremwerte der Klimaschwankungen der letzten hunderttausend Jahre sollten nicht überschritten werden. Schließlich habe die Menschheit alle Klimavariationen in dieser Zeit überlebt. Inzwischen sprechen auch Kosten-Nutzen-Analysen von Maßnahmen gegen den Klimawandel für diese Grenze[77]. Aus wissenschaftlicher Sicht ist eine harte Grenze dennoch schwer zu rechtfertigen (▶ Abbildung 12-28), sie hilft jedoch im komplizierten Prozess des Aushandelns verbindlicher Maßnahmen zwischen Nationen mit unterschiedlichen Prioritäten[72,77].

Wir beschäftigen uns im folgenden allerdings nicht mit Maßnahmen gegen den Klimawandel, sondern mit uns als Spezies, die vor einem Problem steht, das ihr evolutionär und kulturell geformtes „Rüstzeug" an Lösungsstrategien herausfordert. Einen Aspekt hat JAMIESON pointiert formuliert: Im Gegensatz zum Waldsterben sind die Schäden des Klimawandels kaum sichtbar. Keine abgestorbenen Bäume, deren kahle Äste zum Himmel ragen. Und keine der Naturkatastrophen der letzten Jahre ist eindeutig dem Klimawandel zuzuschreiben.

Was wir fürchten und was wir wollen

> Es existieren keine wertneutralen Prozesse, um zwischen risikoreichen Alternativen zu wählen (Fischhoff, Lichtenstein, Slovic[78]).

Im sogenannten *Kopenhagener Konsens* 2004 und 2008 erstellten Ökonomen eine Liste der dringendsten Probleme der Menscheit, die auf Kosten-Nutzen-Analysen basierte: welche Investitionen liefern den größten Nutzen für die Betroffenen? Die Forscher priorisierten Maßnahmen gegen Hunger und Krankheiten weit höher als Maßnahmen gegen den Klimawandel. Dieses Ergebnis mag überraschen und wurde aus unterschiedlichen Gründen kritisiert, und dennoch offenbart es ein Dilemma: Die Folgen des Klimawandels liegen größtenteils in der Zukunft und sind daher nicht zuverlässig abzuschätzen. Die Folgen von Hunger und Krankheiten kennen wir hingegen gut: Jährlich sterben weltweit etwa 8 Millionen Kinder daran[79]. Obwohl der Klimawandel die Probleme noch verschärfen wird – wäre es nicht klüger, die vorhandenen finanziellen und technischen Ressourcen vornehmlich für Maßnahmen gegen Hunger und Krankheiten zu bündeln, anstatt gegen Folgen, deren Form und Ausmaß wir heute gar nicht abschätzen können? Was, wenn unsere Enkel viel effektivere Maßnahmen gegen den Klimawandel ergreifen können als wir? Viele Millionen Menschenleben mehr könnten womöglich gerettet werden, wenn wir statt zukünftiger Klimafolgen Hunger und Krankheiten heute energischer bekämpfen!

Wie bei vielen komplexen Problemen ist beim Klimawandel das Wissen über Wirkmechanismen

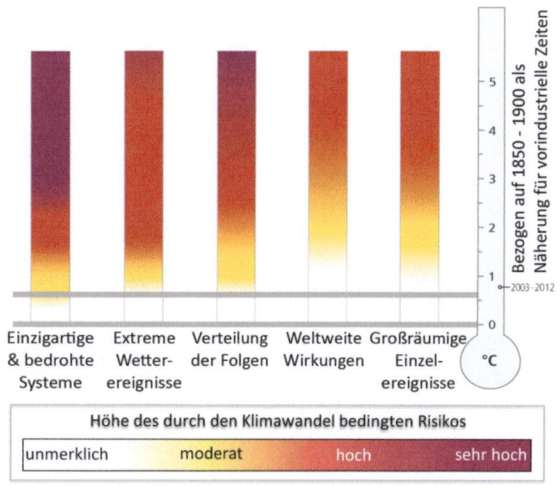

12-28
Brennpunkte des Klimawandels[80]. Das IPCC kategorisiert Klimarisiken in fünf Bereiche (engl. *reasons for concern*) und schätzte das Schadenrisiko pro Bereich. Demnach steigen die Risiken oberhalb von 1–2 Grad (gerechnet ab vorindustrieller Zeit) deutlich an, eine scharfe Grenze über alle Bereiche hinweg existiert jedoch nicht. Die obere graue Linie markiert den Mittelwert der Jahre 1986–2005.

KAPITEL 12 Einfluss des Menschen

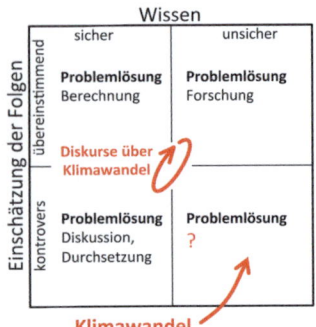

12-29
Umgang mit Risiken[81]. Der Klimawandel gehört zu den Risiken, bei denen das Wissen nicht gesichert ist und über Folgen und Maßnahmen kein Konsens herrscht. In Diskursen können daher „Fakten" für alle Positionen instrumentalisiert und ihr Fehlen zur Blockade genutzt werden. Gleichzeitig wird jeder Position die Instrumentalisierung unterstellt.

KANT oder HUME?
Vielleicht helfen Psychologie und Neurowissenschaften, einen alten philosophischen Streit beizulegen: Ist Kausalität eine Vorbedingung für Erkenntnis (a priori), wie KANT behauptete, oder ist sie eine Folge unserer Erfahrung (a posteriori), wie HUME meinte? Psychologische Experimente mit Säuglingen[85] und Untersuchungen am visuellen Kortex[86] legen nahe, dass das Gefühl für eine natürliche Ereignisfolge uns bereits in die Wiege gelegt oder wenigstens vorverdrahtet ist.

begrenzt, weshalb kein Konsens über Folgen und Maßnahmen herrscht (▶Abbildung 12-29). Mehr Forschung führt auch nicht automatisch zu größerem Konsens in der Bevölkerung. Wissenschaft kann deren Wunsch nach sicheren Prognosen kaum erfüllen, auch lässt sich die Frage, welche Risiken als gefährlich und welche Maßnahmen als akzeptabel eingestuft werden, nur auf Basis des Wertesystems einer Gesellschaft beantworten. Noch nicht einmal über das angestrebte Ziel herrscht Konsens: Geht es primär um das Überleben der Menscheit oder auch um die Erhaltung der Biodiversität? Geht es gar um eine Wende zum nachhaltigen Wirtschaften und Maßhalten? Oder doch nur um Erhaltung des Wohlstandes?

Der öffentliche Diskurs über den Klimawandel ist daher geprägt durch kulturell und emotional gefärbte Bilder, wie MIKE HULME die *Mythen des Klimawandels*[82] nennt. So wird zum Beispiel der Kampf gegen den Klimawandel zum Synonym für den Schutz der „unberührten" Natur vor unseren Übergriffen. Dieses Bild basiert auf dem Mythos einer Trennung von Natur und Mensch und der Sehnsucht nach einer verlorenen „Unschuld". Hingegen sollen uns apokalyptische Bilder wie in *The Day after Tomorrow* oder LOVELOCKs Rache Gaias an der Menschheit[83] (▶Seite 218) aufrütteln und zu einem besseren Leben bekehren.

Diese Verknüpfung des Klimawandels mit Werten und Ängsten mobilisiert Menschen einerseits, kann aber auch pragmatische Lösungen erschweren. Manche Bilder bergen zudem die Gefahr der Selbstüberschätzung. Wir Menschen sind weder die Retter der Natur noch ihr Untergang! Aus geologischer Perspektive ist die Geschichte der Menschheit wenig mehr als ein Tag im „Leben" der Erde. Wenn es uns nicht mehr gibt, wird nach einigen hunderttausend Jahren kaum mehr etwas an uns erinnern[84].

Universalwerkzeug Nervensystem

Zwei Systeme am Werk

Unser Umgang mit Risiken ist ein gutes Beispiel für die Arbeitsweise des menschlichen Gehirns. Unser analytischer Verstand ist nur eine Funktion dieses Organs, das etwa zwei Prozent der Körpermasse ausmacht, dafür jedoch 20 Prozent unseres Grundumsatzes an Energie verbraucht. Und weil Denken viel Energie kostet, ist unser Gehirn bestrebt, möglichst ökonomisch vorzugehen. Hinzu kommt, dass analytisches Denken Zeit braucht, in gefährlichen Situationen zu viel Zeit.

Unser Gehirn verfügt daher über schnelle Mechanismen zur Erkennung und Bewertung von Situationen, die man zusammenfassend als *System 1* bezeichnet, während unser langsamer analytischer Verstand *System 2* genannt wird. Der Nobelpreisträger DANIEL KAHNEMAN prägte den eingängigen Titel „Schnelles Denken, langsames Denken"[87].

System 1 sorgt nicht nur dafür, dass wir schnell auf Gefahrensituationen reagieren können, es versorgt uns auch laufend mit Bildern, Ideen, Emotionen und sogar mit intuitiven kausalen Schlüssen (▶Randspalte). Es ist auch dafür verantwortlich, dass wir die alltägliche Fahrt zur Arbeit nahezu automatisch bewältigen. System 1 sorgt selbst dafür, dass erfahrene Schachspieler eine Matt-Situation sofort erkennen oder einem Mathematiker die Lösung einer Differentialgleichung „ins Auge springt". Es arbeitet assoziativ und für uns unbewusst, verknüpft unaufhörlich und parallel alle Wahrnehmungen mit vorhandenen Gedächtnisinhalten, bewertet nach Relevanz, gibt eine Prise Emotion dazu und präsentiert seine Funde System 2. Dieses betrachtet das Ergebnis kritisch, zieht Schlüsse, richtet die Aufmerksamkeit auf den einen oder anderen Aspekt und beauftragt gegebenenfalls System 1, noch einmal genauer hinzusehen.

Da System 2 viel Energie verbraucht, übernehmen wir die Schlüsse von System 1 gerne ohne weiteres Nachdenken, vor allem, wenn sie „überzeugend" wirken. Überzeugend ist für System 1 aber schon dann etwas, wenn es besonders viele Erinnerungen in uns weckt oder markante Ereignisse damit verbunden sind. Deshalb sind die Naturkatastrophen der letzten Jahrzehnte oft die glaubwürdigsten „Belege" des Klimawandels, was den Fakten nicht ganz gerecht wird. System 1 legt das Augenmerk auf das Ungewöhnliche, Statistik ist seine Sache nicht, weshalb auch ein harter Winter gerne als „Beleg" gegen den Klimawandel angeführt wird.

System 1 unterscheidet nicht besonders gut zwischen einer Kausalbeziehung und reiner Koinzidenz, vor allem bei emotionsgeladenen Ereignissen. So fällt es uns schwer zu glauben, dass manche Krebserkrankung keine Folge von Schadstoffen, Erbanlagen oder schlechtem Lebenswandel ist, sondern einfach „Pech"[88].

Man könnte meinen, System 1 repräsentiere das Tier in uns, während System 2 uns erst zum Menschen macht. Dieser Eindruck täuscht. Man findet Äquivalente von System 2 auch bei Tieren. So können zumindest Menschenaffen einfache logische Schlüsse ziehen und in Gedanken Situationen „durchspielen", zum Beispiel, wenn es darum geht, das richtige Werkzeug auszuwählen, um an nicht zugängliches Futter zu gelangen[89].

Aber bevor wir der Frage nach den Unterschieden zwischen menschlichen und tierischen kognitiven Leistungen nachgehen, werfen wir einen kurzen Blick auf die Evolution von Gehirnen.

Die Evolution des Gehirns

Nervenzellen sind die elementaren Bausteine jedes Gehirns. Ihre Fähigkeit, Reize anderer Nerven- und Sinneszellen miteinander zu „verrechnen" und weiterzuleiten, bildet das zentrale Funktionsprinzip jedes Gehirns. Nur Gewebetiere (▶Randspalte) verfügen über Nervenzellen. Man geht davon aus, dass diese bereits vor über 550 Ma entstanden. Zu den einfachsten, noch heute lebenden Gewebetieren zählen Rippenquallen und Nesseltiere (*Cnidaria*). Zu letzteren gehören Staatsquallen, Korallen und Seeanemonen. Sie verfügen über einfache Nervennetze für die Sinnesreizweiterleitung und Erregung von Muskelzellen. Bei Quallen liegen Nervennetze ringförmig um den Schirm und sorgen dafür, dass sich dieser rhythmisch weitet und zusammenzieht (▶Abbildung 12-30).

Entlang der Äste des Stammbaums der Tiere entstanden unterschiedliche Varianten zentraler Nervensysteme, bei denen übergreifende Koordinationsfunktionen der komplexer werdenden Organismen durch Zellknoten übernommen werden, sogenannten Ganglien. Ein noch sehr einfacher Bauplan bei wurmartigen Vertretern der Lophotrochozoen (zu denen auch die Weichtiere gehören) besteht aus längslaufenden Nervensträngen, die in einem Nervenknoten, dem *Oberschlundganglion* zusammenlaufen.

Schon deutlich komplexer sind die *Strickleiternervensysteme* der Gliederfüßer (Arthropoda), zu denen die Insekten zählen. Aus dem Oberschlundganglion entwickelte sich ein dreigliedriges Gehirn, von diesem abgehend verlaufen Längsnerven bauchseitig (ventral) den segmentierten Körper entlang. Pro Segment münden die Nervenstränge in Ganglien, was dem Nervensystem insgesamt ein strickleiterförmiges Aussehen verleiht. Oft sind die Ganglien über mehrere Segmente miteinander verschmolzen. Die Ganglien unterstützen die koordinierte Steuerung der Glieder und Flügel.

In eine andere Richtung verlief die Entwicklung der Nervensysteme bei Wirbeltieren (Vertebrata) und ihren Stammformen, den Chordaten. Bei diesen entsteht während der Embryonalent-

Nudging (engl. anstoßen) nennt man staatliche Ansätze, wünschenswertes Bürgerverhalten unter Ausnutzung von System 1 zu fördern. Dazu gehört zum Beispiel, unerwünschtem Verhalten größere mentale Anstrengungen aufzuerlegen als erwünschtem, oder darauf hinzuweisen, dass andere sich bereits so verhalten[90].

Gewebetiere (Eumetazoa) Zu den Gewebetieren gehören alle Vielzeller (Metazoa), die über differenzierte Zelltypen wie Nerven-, Sinnes- oder Muskelzellen verfügen.

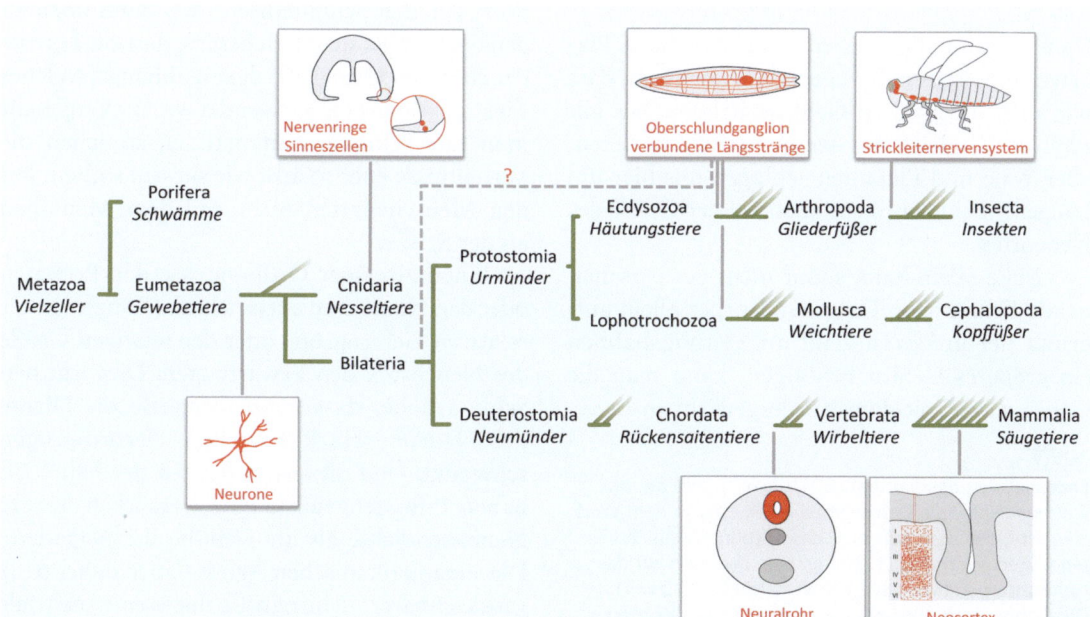

12-30
Entwicklung der Nervensysteme[91,92,93]. Dargestellt ist ein Ausschnitt des phylogenetischen Stammbaums der Tiere, also ihre entwicklungsgeschichtliche Verwandtschaft. Im Zuge der Evolution entstanden ganz unterschiedliche Formen zentraler Nervensysteme. Obwohl nur Säugetiere über einen Neocortex verfügen, sind auch Vögel mit einem vergleichbar komplexen Gehirn ausgestattet. Weitere Erklärungen siehe Text.

Gehirngewicht
Gehirngewicht von Säugetieren in g[94]:

Wale	9000
Afrik. Elefant	4200
Mensch	1450
Gr. Tümmler	1350
Walross	1130
Kamel	762
Gorilla	570
Pferd	510
Ochse	490
Schimpanse	430
Löwe	260
Hund	64
Fuchs	53
Katze	25
Kaninchen	11
Eichhörnchen	7
Igel	3,3
Ratte	2
Maus	0,3

wicklung aus dem Ektoderm (äußeres Keimblatt) das innen hohle *Neuralrohr*, das im Gegensatz zu den Gliederfüßern entlang des Rückens (dorsal) verläuft. Kopfseitig entsteht daraus das fünfteilige Gehirn der Wirbeltiere.

Aus dessen vorderstem Teil, dem sogenanten *Endhirn* (Telencephalon), entstand bei Säugetieren (Mammalia) der *Neo-* oder *Isocortex*, dessen Rinde typischerweise aus sechs Schichten aufgebaut ist. Darunter verlaufen die Axone der Nervenzellen (weiße Substanz), die den Neocortex mit anderen Hirnteilen verbinden. Seinen Namen erhielt er, weil man lange glaubte, es handle sich um den jüngsten Teil des Gehirns. Heute weiß man, dass sich im Laufe der Säugetier-Evolution auch andere Teile, nicht zuletzt das Kleinhirn, ebenfalls weiterentwickelten[91].

Typisch für den Neocortex der höheren Säugetiere ist dessen starke Faltung. Würde man das nicht gefaltete Mäusehirn auf die Größe des menschlichen Gehirns ausdehnen, so hätte es eine Oberfläche von 480 cm^2, gegenüber 2000 cm^2 beim Menschen. Durch die starke Faltung wächst die Oberfläche schneller mit dem Volumen als im glatten Fall. Der Neocortex der höheren Säugetiere hat also eine fraktale Struktur. Die starke Faltung erlaubt eine größere Zahl an Neuronen in den Oberflächenschichten und reduziert gleichzeitig die Länge der Signalwege zwischen benachbarten Säulen des Neocortex[95].

Spielt Größe eine Rolle?

Da wir die intelligentesten Bewohner dieses Planeten sind, ist es naheliegend, anzunehmen, dass wir auch die größten Gehirne haben. Dies gilt zwar im Vergleich mit den meisten Säugetieren, aber Wale und Elefanten schlagen uns hier um Längen – beide übrigens auch bei der Größe des Neocortex.

Größe allein kann somit nicht der entscheidende Faktor sein. Da große Körper allein aufgrund der größeren Zahl an Leitungsbahnen ein größeres Gehirn benötigen, kann man die Gehirnmasse mit dem Körpergewicht in Beziehung setzen. Und dabei zeigt sich in der Tat, dass der Mensch für sein Körpergewicht ein sehr großes Gehirn besitzt, wenn man es mit anderen Säugetieren vergleicht (▶ Abbildung 12-31). Auch Delphine und Schimpansen, denen wir hohe kognitive Fähigkeiten zusprechen, nehmen gute Positionen in der Rangliste ein. Allerdings liegt der vergleichsweise tumbe Kapuzineraffe noch vor den Schimpansen, was dann doch zu denken gibt. Es stellt sich heraus, dass die Hitliste der relativen Hirngröße davon abhängt, welches Tier als Referenz verwendet wird. Vergleicht man nur Primaten miteinander, so sehen die Verhältnisse eher so aus, wie sie sein sollten, mit den Menschenaffen oben und dem Menschen an der Spitze.

Innerhalb einer Ordnung wie den Primaten oder den Nagetieren entspricht die Rangfolge der relativen Gehirngröße oder der relativen Größe des Neocortex den Erwartungen. Dies legt den Schluss nahe, dass möglicherweise die Dichte der Neurone stark zwischen Tierordnungen schwankt. Und dies ist in der Tat der Fall[99]. So haben Primatengehirne eine wesentlich höhere Neuronendichte als die Gehirne der Nagetiere. Die südamerikanischen Agutis haben daher trotz vergleichbarer Gehirngröße nur wenig mehr als die Hälfte der Neurone eines Nachtaffen. Und

12-31
Encephalisierungsquotient (EQ)[94,96,97]. Er gibt an, um welchen Faktor die Gehirngröße einer Art von dem Wert abweicht, den man aufgrund des Körpergewichts erwarten würde. Werte sind für Säugetiere bezogen auf das Gehirn-Körpergewichtsverhältnis der Katze (EQ = 1). Die Gehirnmasse G wächst langsamer als das Körpergewicht K, für Säugetiere gilt: G ~ K$^{0,6 – 0,8}$.

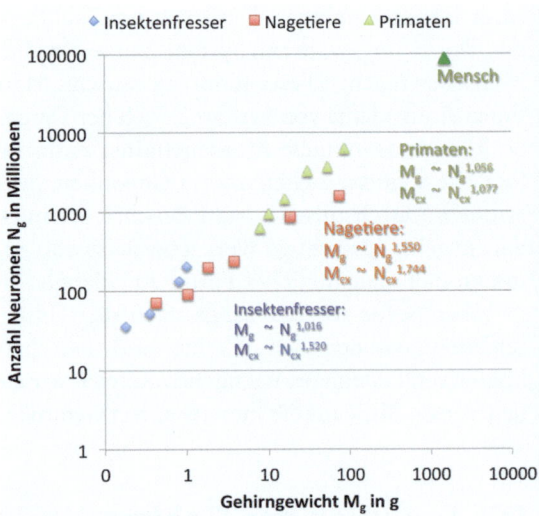

12-32
Neuronenzahl und Gehirngewicht[99]. Die Zahl der Neurone pro Anteil Gehirnmasse ist nicht bei allen Tierordnungen gleich, wie diese doppelt-logarithmische Darstellung zeigt. Primatengehirne enthalten wesentlich mehr Neurone pro Gramm Gehirn als Nagetiere. Dies erklärt, warum Primaten höhere kognitive Leistungen erbringen als Nagetiere mit vergleichbarer Gehirnmasse. Insbesondere der Neocortex von Primaten enthält deutlich mehr Neurone (N_{cx}).

es zeigt sich, dass Wale und Elefanten trotz ihrer beeindruckenden Gehirngrößen über weniger Neutrone im Neocortex als der Mensch verfügen[94]. Diese Analysen zeigen allerdings auch, dass das menschliche Gehirn zwar sehr groß, aber bezüglich der Anzahl der Neurone eine lineare Weiterentwicklung der Primatengehirne ist (▶Abbildung 12-32). Dies ist naheliegend, da sich das menschliche Gehirn über Zwischenstufen aus einem gemeinsamen Vorfahren mit den heutigen Menschenaffen entwickelt hat.

Was Primaten von Walen und anderen Tieren ebenfalls unterscheidet, ist die Dicke der myelisierten Nervenfasern (▶Randspalte rechts) im Neocortex. Je dicker eine Nervenfaser ist, desto höher ist ihre Reizleitungsgeschwindigkeit. Da zudem die höhere Neuronendichte kürzere Verbindungen bedeutet, liegt die Informationsverarbeitungskapazität des Primatengehirns über der anderer Tiere, inklusive Walen und Elefanten.

Was uns zu Menschen macht

> Der Hauptunterschied zwischen unserer Spezies und allen anderen besteht darin, dass wir von der kulturellen Weitergabe von Informationen, also von der kulturellen Evolution abhängig sind. (Daniel Dennett)[96]

Wie kein anderes Wesen auf diesem Planeten sind Menschen in der Lage, erworbenes Wissen an nachfolgende Generationen weiterzugeben. Da dies hauptsächlich über die menschliche Sprache geschieht, gilt sie oft als das Merkmal, das uns Menschen am deutlichsten von anderen Lebewesen unterscheidet. Allerdings kommunizieren auch Tiere miteinander: Bienen vollziehen Tänze, um Informationen über Nahrungsquellen zu vermitteln, etliche Tiere verfügen über differenzierte Warnrufe, die detailliert über drohende Gefahren informieren[98], Delfine tauschen ihre Namen aus, wenn sie sich begegnen[100], und Vögel verfügen über ein komplexes, individuelles Repertoire an Gesängen[101]. Und natürlich ist es möglich, Menschenaffen, Delfinen, Papageien und Rabenvögeln Elemente der menschlichen Sprache beizubringen[96,102], etwa, indem man sie „Worte" aus einem Repertoire von Symbolen auswählen lässt. Was also unterscheidet die menschliche Sprache von tierischen?

Eine inzwischen sehr große Zahl von Experimenten zum Sprachverständnis und sprachlichen Ausdruck – im Allgemeinen vermittelt durch Gebärden oder Symbole – zeigt bei allen untersuchten Tierarten ein eher bescheidenes Verständnis von Sprache[96]. Tiere verstehen einfache Sätze wie „bringe x" oder „lege x links neben y" und können selbständig Sätze in diesem Sinn bilden. Zumindest Delfine sind wohl auch in der Lage, syntaktische und semantische Fehler in einfachen Sätzen zu erkennen, zum Beispiel, wenn man sie auffordert, ein unbewegliches Objekt zu bewegen[102]. Auch ist wohl Menschenaffen und Delfinen bewusst, dass Worte für reale Objekte stehen. Damit erschöpfen sich aber bereits die sprachlichen Fähigkeiten von Tieren. Eingeschobenen Nebensätzen vermögen Tiere ebenso wenig zu folgen wie Metaphern („Elefant im Porzellanladen"). Objekte der reinen Imagination („Einhorn") sind ebenso wenig vermittelbar wie Zeitreisen („morgen werde ich die Banane essen").

Natürlich ist es möglich, dass Tiere in ihren artspezifischen „Sprachen" mittels Pfiffen, Schreien, Gebärden oder gar Farbwechseln der Haut wie bei Tintenfischen komplexe Unterhaltungen führen. So scheinen Stare in ihre Gesänge rekursive Gesangselemente so einzubauen, wie wir Nebensätze verwenden[101]. Wäre dem so, dann sollte sich diese Fähigkeit aber auch in anderen kognitiven Bereichen zeigen. Schließlich sind unserer Fähigkeiten zur Bildung von Metaphern und zur Imagination nicht nur rein sprachlicher Natur.

Tierische Leistungen

Leider ist ein direkter Vergleich menschlicher kognitiver Leistungen mit denen unserer tierischen Verwandten kaum möglich. Denn letzten Endes benutzen wir Sprache, um uns über diese Leistungen Klarheit zu verschaffen. Wie schwierig es dagegen ist, allein aufgrund des Verhaltens von Tieren auf deren kognitive Fähigkeiten zu schließen, weiß man spätestens seit der Geschichte vom *Klugen Hans* (▶Kasten „Die Klugheit von Tieren"). Bei der Interpretation von Experimenten und Beobachtungen tut man gut daran, mit Erklärungen zu beginnen, die nur ein Minimum an kognitiven Fähigkeiten voraussetzen.

Trotz dieser Schwierigkeiten gibt es kognitive Fähigkeiten von Tieren, über die weitgehend Konsens herrscht. So ist unbestritten, dass Tiere in der Lage sind, Werkzeuge zu benutzen und herzustellen. Menschenaffen und Rabenvögel können

---

1 mm³ des menschlichen Großhirns enthält ca.:
50 000 Neurone
100 Meter Axone
150 Meter Dendrite
$50 \cdot 10^6$ Synapsen[95]

Myelin
Myelin ist eine Biomembran, die Nervenfasern umhüllt und diesen ein weißliches Aussehen verleiht (weiße Substanz, Myelinscheide). Myelin erhöht die Leitungsgeschwindigkeit der Nervenfasern.

KAPITEL 12   Einfluss des Menschen

Faustkeile von Kapuzineraffen
Man glaubte bisher, dass die gezielte Herstellung scharfkantiger Faustkeile eine Erfindung der frühen Menschen war. Brasilianische Kapuzineraffen sind dazu offenbar ebenfalls in der Lage, wie neuere Beobachtungen zeigen. Allerdings scheinen diese die Keile nicht als Werkzeug zu benutzen. Sie lecken die Bruchstücke vielmehr ab, um mineralische Nährstoffe aufzunehmen[103].

sogar Werkzeuge nutzen, um andere Werkzeuge herzustellen oder zu erlangen[104,105,106]. Damit zusammen hängt die Fähigkeit zur *Objektpermanenz*: Menschenaffen und Rabenvögel können sich offenbar den Werkzeuggebrauch *vorstellen*, selbst wenn sich das passende Werkzeug in einem anderen Raum befindet als das Objekt, das manipuliert werden soll. Umstrittener ist die Frage, ob sich Tiere auch des physikalischen Prinzips – im alltäglichen, nicht im wissenschaftlichen Sinn – bewusst sind, das der Funktion eines Werkzeugs zugrunde liegt. Zwar gelang es einer Krähe, einen Draht zu einem Haken zu biegen, um ein Gefäß am Henkel hochzuziehen. Allerdings reichte für den Erfolg ein nicht vollständig gebogener Haken aus, so dass Zweifel bleiben, ob die Krähe das Prinzip des „Anhängens" verstanden hat[106]. Andererseits absolvieren Krähen und Menschenaffen das geläufige *Röhrenfallenexperiment* (▶ Abbildung 12-33) mehr oder weniger erfolgreich, wobei Krähen sogar besser abschneiden[107]. Und sowohl Affen als auch Rabenvögel beherrschen den Trick, Objekte in ein wassergefülltes Gefäß zu werfen, damit der Wasserspiegel ansteigt und sie in der Lage sind, einen Happen herauszufischen. So beeindruckend diese Ergebnisse auch sein mögen: es handelt sich oft um herausragende Fähigkeiten einzelner Tiere, über die die Mehrheit der Versuchsteilnehmer nicht verfügt. Und oft genügen geringfügige Veränderungen der Versuchanordnung, um die Versuche scheitern zu lassen. Im Gegensatz zum Menschen fällt es Tieren weitaus schwerer, Gelerntes auf neue Situationen zu übertragen.

Besser sieht es mit den Rechenkünsten der Tiere aus: Rabenvögel, Papageien, Delfine, Menschenaffen und auch einige andere Tierarten vermögen zu zählen[108]. Bei Elefanten wurde nachgewiesen, dass sie einfache arithmetische Operationen durchführen können[109]. Auch Vorformen des logischen Schließens kann man Affen und Rabenvögeln zusprechen.

12-33
Röhrenfallenexperiment. Tiere lernen durch probieren, dass die Frucht mit dem Stab nur nach rechts aus der Glasröhre geholt werden kann, da sie nach links in die „Falle" fällt (A). Dreht man anschließend das Rohr, so dass die Falle keine Funktion mehr hat (B), begreifen dies nur sehr wenige Tiere. Die meisten bleiben bei der gelernten Richtung, obwohl die Frucht viel näher am linken Ende liegt.

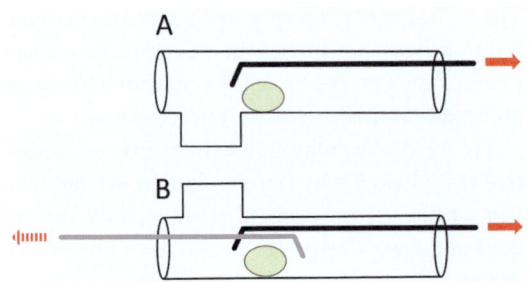

Die Klugheit von Tieren

Es ist schwer, die kognitiven Leistungen von Tieren anhand ihres Verhaltens richtig zu deuten, wie die klassische Geschichte vom Klugen Hans zeigt. Hans war ein Pferd, dessen Fähigkeiten 1904 für eine Sensation sorgten. Hans konnte unter anderem Kopfrechnen! Stellte man ihm eine Rechenaufgabe wie 4+5, so stampfte er 9-mal mit dem Huf auf. Eine ganzen Armada von Experten war nach anfänglicher Skepsis davon überzeugt, dass Hans tatsächlich rechnen konnte. Erst der Medizinstudent OSKAR PFUNGST erkannte, dass Hans nicht rechnete, sondern nur sehr gut beobachtete! Er hatte gelernt, auf winzige Bewegungen oder Änderungen im Gesichtsausdruck seines Lehrers (und fremder Menschen) zu achten, die ihm anzeigten, wann er mit dem Stampfen aufhören musste. Als PFUNGST dafür sorgte, dass Hans denjenigen, der die Lösung kannte, nicht sehen konnte, versagte er[110].

Bei der Deutung tierischer Leistungen sucht man daher besser zuerst nach Erklärungen, die nur minimale kognitive Fähigkeiten voraussetzen, zum Beispiel einfaches assoziatives Lernen. In manchen Fällen gelingt es, einfachere Erklärungen durch weitere Experimente auszuschließen. Diese Möglichkeit besteht bei Beobachtungen in freier Wildbahn oder anekdotischen Erzählungen natürlich nicht. Gerade in Erzählungen kommt es sehr häufig zu kognitiven Verzerrungen, weil Beobachter unbewusst ihre eigenen Erwartungen bestätigt sehen – wie Freunde von Haustierhaltern sicher bestätigen können.

Tierisches Bewusstsein

Die Königsfrage jedoch, welche Tiere Bewusstsein besitzen – und wenn ja, wie viel? – lässt sich heute noch nicht beantworten. Dies liegt auch daran, dass Bewusstsein selbst vage definiert ist. Wenn wir aber selbst nicht genau wissen, was Bewusstsein ausmacht, wie wollen wir dann dessen Existenz bei Tieren nachweisen?

Ein wichtiger Aspekt von Bewusstsein ist das Bewusstsein seiner selbst. Ein Indiz dafür ist das Erkennen des eigenen Spiegelbildes. Man markiert zum Beispiel Tiere mit einem Farbfleck, den sie nur im Spiegel sehen können. Versuchen

Erde und Leben – Die Geschichte einer innigen Wechselbeziehung

sie nach der Betrachtung ihres Spiegelbildes, den Fleck zu entfernen, sind sie wohl in der Lage, sich selbst zu erkennen. Bedeutet dies aber im Umkehrschluss, dass Tiere, die daran scheitern, keine Selbsterkenntnis haben? So scheitern erstaunlicherweise fast alle Gorillas an diesem Test, was auch daran liegen könnte, dass Gorillas es vermeiden, sich in die Augen zu schauen. Auch Hunde fallen beim Spiegeltest durch, aber für Hunde spielen die Augen als Sinnesorgane eine untergeordnete Rolle. Überraschenderweise gibt es Berichte über Ameisen, die sich im Spiegel erkennen[111]. Aber wollen wir wirklich Ameisen Selbsterkenntnis zusprechen und Hunden nicht?

Ein anderes Experiment basiert auf dem Gedanken, dass Selbsterkenntnis auch bedeutet, sich des eigenen Nichtwissens bewusst zu sein. Man lässt dazu Tiere beispielsweise zwischen Farbtönen unterscheiden, wobei diese teils so eng beieinander liegen, dass eine Unterscheidung kaum möglich ist. Nun bietet man den Probanden die Option an, eine „ich weiß nicht"-Antwort zu geben. Tiere, die diese Option nutzen können, sollten ein Bewusstsein über das eigene Wissen beziehungsweise Nichtwissen besitzen. Diese Interpretation ist jedoch umstritten[112,113,114]. Bisher bestanden Menschenaffen und einige niedere Affen diesen Test ebenso wie Delfine.

Theory of Mind

Wir Menschen reflektieren und planen unser eigenes Handeln und beziehen auch Handlungsoptionen anderer mit ein – wir erleben sie als bewusste Akteure wie uns selbst. Das Einbeziehen der Aktionen anderer impliziert natürlich eine Vorstellung davon, was andere „denken", Kognitionswissenschaftler sprechen von der *Theory of Mind*: der Fähigkeit, sich in andere hineinzuversetzen und deren Perspektive einzunehmen. Zumindest Schimpansen und Rabenvögel scheinen in der Lage zu sein, mögliches Verhalten ihrer Artgenossen in Gedanken zu berücksichtigen[89,106], allerdings vornehmlich in Konkurrenzsituationen, weniger im Kontext einer Kooperation. Hier scheint ein großer Unterschied zwischen Mensch und Tier zu bestehen, auf den wir in den nächsten Abschnitten zu sprechen kommen.

Emotionale Reaktionen auf die Not eines Artgenossen kann man hingegen bei vielen Tieren beobachten. So weigern sich Affen und Ratten, eine Taste zu drücken, die zwar ihnen Futter, einem Artgenossen aber Leid verschafft[115]. Weniger klar ist jedoch, inwieweit es sich hier um ein bewusstes Nachvollziehen des Leids anderer handelt oder um emotionale Ansteckung. Letztere widerfährt uns, wenn wir reflexartig das Gesicht verziehen, sobald jemand in unserem Beisein in eine Zitrone beißt. Eine große Zahl von Berichten über Menschenaffen[115] legen nahe, dass zumindest diese über *kognitive Empathie* verfügen, also das Leid eines anderen erkennen und sogar über Hilfen nachdenken können.

Spiegelneurone

Im Jahre 2004 stellten TANJA SINGER und ihre Kollegen fest, dass Gehirnareale, die aktiv sind, wenn wir Schmerz empfinden, jene überlappen, die aktiv sind, wenn wir Schmerzen bei anderen beobachten[116]. Inzwischen fand man solche Überlappungen auch bei anderen Affekten wie Ekel oder Freude. Ausfallerscheinungen bei Menschen mit Schädigungen der betroffenen Hirnareale legen nahe, dass es sich um einen funktionalen Zusammenhang handelt: so empfinden diese keinen Ekel vor ungenießbaren Speisen und gleichzeitig lassen sie Ekelreaktionen anderer kalt[117].

Kognitive Fähigkeit	Menschenaffen	Delfine	Elefanten	Rabenvögel / Papageien	Kopffüßer
kausales Verständnis der Werkzeugfunktion	▨		▨	▨	
Gebrauch und Herstellung von Werkzeugen	■	▨	▨	■	
Logische Schlussfolgerungen ziehen	■	■	■	■	
Sprache mit Grammatik					
kognitive Empathie	■				
Sich in andere hineinversetzen (Theory of Mind)	■	▨		■	
Selbstbewusstsein (Spiegeltest)	■	■	■	■	
Rechnerische Fähigkeiten / Mengenvergleiche	■	■		■	
Imitation	▨	■		▨	
Objektpermanenz	■	■	■	■	

Legende: ■ vorhanden — ▨ eingeschränkt vorhanden — ☐ (noch) nicht nachgewiesen

12-34
Kognitive Fähigkeiten der Tiere. Erläuterungen im Haupttext.

Schon einige Jahre zuvor hatten Wissenschaftler bei Makaken festgestellt, dass in deren prämotorischem Cortex die gleichen Neurone feuern, wenn das Tier eine bestimmte Handlung ausführt (zum Beispiel nach Futter greift) oder sie bei einem anderen beobachtet[117]. Die meisten Forscher gehen heute davon aus, dass diese sogenannten *Spiegelneurone* die Bedeutung und den Zweck von Handlungen kodieren. Spiegelneurone existieren wohl auch beim Menschen, ob sie bei Empathie eine Rolle spielen, ist allerdings umstritten. Forscher sprechen daher vorsichtiger von *Spiegelmechanismen*, was ausdrücken soll, dass mit den bei Menschen beobachteten Überlappungen der Hirnareale auch entsprechende funktionale Zusammenhänge einhergehen und dass diese Mechanismen uns helfen, andere auf eine intuitive Art zu verstehen.

Selbst wenn der „automatische" affektive Teil unseres Mitgefühls auf einem Spiegelmechanismus beruht, so sind bei uns Menschen und teilweise auch bei Menschenaffen weitere kognitive Prozesse beteiligt, die uns erlauben, auf höheren Ebenen die Perspektiven anderer einzunehmen. Dadurch sind wir in der Lage, Empathie auch in Fällen zu empfinden, die nicht unmittelbar an Wahrnehmungen gekoppelt sind, wie beispielsweise bei dem Verlust des Arbeitsplatzes.

Haben wir ein Steinzeitgehirn?

Kein Bild über unser evolutionäres Erbe ist populärer als das des „Höhlenmenschen" in uns, dessen archaische Triebe nur unvollkommen durch zivilisatorische Zügel im Zaum gehalten werden. Es handelt sich um die plakative Variante einer Grundthese der Evolutionspsychologie, wonach die meisten unserer Verhaltensweisen durch Selektionsprozesse in der Steinzeit entstanden sind[118]. Diesen Verhaltensweisen sollten adaptierte Funktionselemente („Verhaltensmodule") im Gehirn entsprechen.

Es gibt allerdings auch Zweifel an diesem Bild. So legen Ergebnisse der Hirnforschung nahe, dass spezifisches Verhalten meist durch eine Kooperation vieler beteiligter Hirnareale entsteht[119], das Gehirn über eine hohe Plastizität verfügt und die Zeit der Reifung eine wichtige Rolle spielt (▶Abbildung 12-35). Hinzu kommt, dass wir nur sehr wenig über die Lebensweise der Steinzeitmenschen und des auf sie wirkenden Selektionsdrucks wissen. Auch war die Steinzeit eine Phase rascher und extremer Klimawechsel (▶Abbildung 12-04, Seite 281), die Lebenswelten unserer Vorfahren waren mithin zeitlich und regional sehr unterschiedlich, den Steinzeitmenschen „an sich" gab es also nicht.

Man versucht dennoch aus Annahmen über das Leben unserer Vorfahren selektiertes Verhalten abzuleiten und mit psychologischen Tests bei heutigen Menschen nachzuweisen. Wie schwierig dies ist, illustrieren Forschungen zum Thema Eifersucht. Ungeachtet nationaler[120] und demografischer[121] Unterschiede scheinen Männer sexuelle Untreue als bedrohlicher wahrzunehmen als emotionale, während es bei Frauen umgekehrt ist. Evolutionspsychologen machen dafür unterschiedliche „Reproduktionskosten" für Mann und Frau verantwortlich. Sexuelle Untreue der Frau bedeute für einen Mann, dass er womöglich in die „falschen" Nachkommen investiert. Für Frauen sei die emotionale Untreue bedrohlicher, weil sie die Versorgung ihres Nachwuchses gefährdet. Natürlich könnten auch soziale Normen oder die Einstellung gegenüber persönlichen Bindungen die Ursache sein. Aber insgesamt ist das Geschlecht tatsächlich der stärkste Einflussfaktor[122,123,124], psychosoziale Faktoren spielen eine geringere Rolle[125,126]. Es gibt jedoch Untersuchungen, wonach Menschen

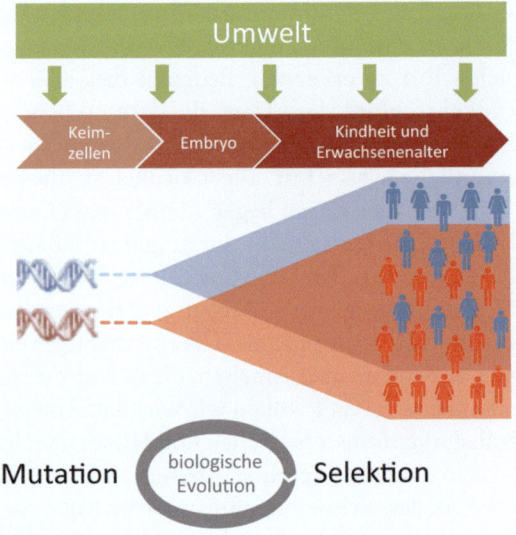

12-35
Biologische Evolution des Verhaltens. Genetische Unterschiede und Umwelteinflüsse wirken sich maßgeblich während der Gehirnreifung aus. Dadurch sind ihre Effekte auf das Verhalten kaum voneinander zu trennen. Es ist daher sehr schwer, Verhaltensadaptionen zu ihren genetischen Determinanten zurückzuverfolgen.

Steinzeit
Im Kontext der Evolutionspsychologie ist das Pleistozän gemeint, das vor 2,588 Ma begann und mit dem Holozän vor 11 700 Jahren endete. Das Pleistozän ist charakterisiert durch periodische Kalt- und Warmzeiten, die das stabile Klima zuvor ablösten. Im Holozän begannen Menschen Ackerbau und Viehzucht zu betreiben und gaben allmählich ihre Jäger-Sammler-Lebensweise auf.

nicht nach den Dimensionen sexuell-emotional, sondern nach der Schwere der Bedrohung und deren Konkretheit kategorisieren[127]. Auch diese Kategorisierung lässt sich evolutionär begründen, allerdings nicht durch den Mechanismus geschlechtsspezifischer Reproduktionskosten.

Offenbar spiegelt die Selbstverständlichkeit, mit der in der Öffentlichkeit evolutionspsychologisch argumentiert wird, nicht die Sicherheit unseres Wissens wieder.

Auf der anderen Seite ist unser Gehirn sicher kein Universalcomputer, der nach der Geburt jegliches Verhalten erst erlernen muss. Vermutlich haben rasch schwankende Lebensbedingungen Genvarianten bei unseren Vorfahren gefördert, die zu einer eher *generellen* Zunahme kognitiver Leistungen führten. Dafür spricht, dass die Größe des Neocortex bei Primaten gut mit einer sehr breiten Palette ihrer jeweiligen kognitiven und sozialen Fähigkeiten korreliert[128]. Unsere steinzeitlichen Vorfahren verfügten wohl bereits über ein großes Repertoire an geistigen Fähigkeiten. Da ein großes Gehirn mit einer langen Reifezeit einhergeht, konnten die in der jeweiligen Zeit und Umgebung notwendigen Kenntnisse und Fertigkeiten durch Lernen vermittelt werden. Menschen sind kulturelle Wesen, wie wir noch sehen werden.

Unser soziales Gehirn

Vielleicht haben Sie sich schon einmal gefragt, wie groß eine stabile Gruppe in sozialen Netzwerken sein kann? Kann jemand wirklich tausend Freunde haben? Der britische Anthropologe ROBIN DUNBAR zeigte 1990, dass die maximale Größe stabiler Gruppen bei Primaten mit der relativen Größe des Neocortex korreliert. Bei Menschen liegt diese Größe bei etwa 150, unabhängig davon, ob es sich um Follower bei Twitter[129] oder um eine Gruppe von Wildbeutern[131] handelt.

Das Gruppenleben stellt recht hohe Anforderungen an die kognitive Leistungsfähigkeit. Es ist also durchaus plausibel, dass die Größe des Neocortex die Gruppengröße begrenzt. Da man die ungefähre Größe des Neocortex unserer Vorfahren anhand von Schädelfunden bestimmen kann, lässt sich mit DUNBARs Beziehung die Größe ihrer Gruppen abschätzen. Demnach stieg diese mit dem Auftreten von *Homo erectus* vor etwa 2 Millionen Jahren stark an (▶Abbildung 12-36). Allein auf Basis gefundener Werkzeuge

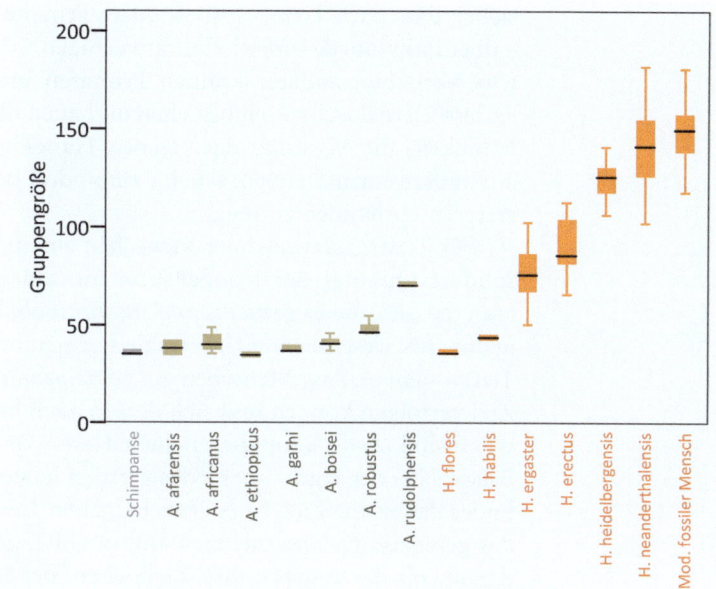

12-36
Gruppengrößen[132]. Mit Hilfe einer empirisch ermittelten Beziehung zwischen Gehirn- und Gruppengröße[130] lässt sich die Gruppengröße von Vormenschen (*Australopithen*, schwarz) und Vertretern der Gattung *Homo* (orange) abschätzen. Mit dem Auftreten des *Homo erectus* vor etwa 2 Millionen Jahren stieg nach diesem Modell die Gruppengröße stark an. Vielleicht sind viele kognitive Funktionen in der menschlichen Evolution wesentlich früher entstanden, als es archäologische Fundstücke vermuten lassen. Balken illustrieren das 50%-, Striche das 95%-Vertrauensintervall.

oder sonstiger Artefakte lassen sich hingegen keine eindeutigen Schlüsse auf die zeitliche Entwicklung der kognitiven Leistungen unserer Vorfahren ziehen[132]. Es wäre allerdings voreilig, aus DUNBARs Beziehung den Schluss zu ziehen, steigende Gruppengrößen seien die *Ursache* für die Entwicklung großer Primatengehirne. Es existiert nämlich auch ein Zusammenhang zwischen Lebenszeit, Aufzuchtdauer und Gehirngröße. So könnten umgekehrt größere Gehirne größere Gruppen ermöglicht haben[133].

Das Bündel kognitiver Leistungen, die für das Gruppenleben notwendig sind, bezeichnet der Anthropologe MICHAEL TOMASELLO als *geteilte Intentionalität* (▶Randspalte)[89]. Zunächst muss jemand in der Lage sein, sich Situationen, Gegenstände oder andere Mitglieder auch in deren Abwesenheit vorzustellen und sie in Gedankenspiele einzubinden. Die Gedankenspiele selbst setzen die Fähigkeit zu kausalen und logischen Schlussfolgerungen voraus und sollten auch die Reaktionen anderer einbeziehen können. Zudem ist die Reflexion über die Wirkung des eigenen Handelns auf andere wichtig. TOMASELLO fasst diese Fähigkeiten unter *individueller Intentionalität* zusammen. Es gilt als

Intentionalität
Unter diesem Begriff versteht man die mentale Fähigkeit, ein (bewusstes) Bild eines Gegenstands, Sachverhalts oder einer Eigenschaft zu haben. Obwohl auch Kameras Bilder enthalten, fehlt ihnen Intentionalität. Einer Kamera ist nicht bewusst, dass eine Ansammlung von Pixeln das Bild eines Gegenstands ist.

sicher, dass auch Tiere – insbesondere Primaten – über individuelle Intentionalität verfügen[89,96]. Das Verhalten anderer können Primaten und andere Tiere durchaus einbeziehen und auch die Fähigkeit, die Wirkung des eigenen Handelns auf andere einzuschätzen, scheint zumindest bei ersteren vorhanden zu sein.

Für TOMASELLO zeichnet Menschen eine besondere Qualität der Kooperation mit einem anderen aus, die er *gemeinsame Intentionalität* nennt. Als wesentlichen Unterschied gegenüber Tieren sieht er, dass Menschen ein *gemeinsames Ziel* verfolgen können und sich dessen auch bewusst sind. Zwar kooperieren auch Tiere – zum Beispiel bei der Jagd – aber jedes verfolgt letzten Endes das eigene Ziel. Ist es erreicht, geben Tiere das gemeinsame Unternehmen auf, unabhängig davon, ob die anderen ihre Ziele ebenfalls erreicht haben. Der Philosoph RAIMO TUOMELA spricht von *Gruppenverhalten im Ich-Modus*[135]. Im Gegensatz dazu setzen schon Kleinkinder gemeinsame Aktionen fort, selbst wenn sie selbst bereits die versprochene Belohnung erhalten haben[89].

Gemeinsame Intentionalität setzt die Fähigkeit zur Vogelperspektive auf eine Situation voraus, denn nicht nur die eigene, sondern die Perspektive des anderen sind essenziell zum Erreichen des Ziels. Menschenaffen sind wohl nicht in der Lage, diese Vogelperspektive einzunehmen, obwohl sie durchaus kooperieren und auch hilfsbereit und empathisch sein können. Meist ist ihre Kooperation jedoch konkurrenzbetont, sie weisen ein anderes Tier nicht einfach auf etwas hin, während dieses Verhalten für Kleinkinder typisch ist[136].

Von *kollektiver Intentionalität* spricht man, wenn eine Gruppe gemeinsame Ziele verfolgt. Innerhalb einer Gruppe genügt es nicht mehr, die Perspektive eines anderen einzunehmen, man benötigt *objektive* Standpunkte, die von allen Gruppenmitgliedern verstanden werden. Dies gilt zumindest für Vorhaben, die nicht durch Gesten oder Handlungen eindeutig kommuniziert werden können. Aber erst mit Hilfe von Sprache lassen sich Gedankenspiele und Pläne diskutieren, Perspektiven auszeichnen („wir", „du", „ich", „alle") und Schlussfolgerungen mitteilen, die sich nicht mehr auf konkrete Objekte beziehen, sondern auf abstrakte Begriffe („wir sollten *Pferde* im *Frühjahr jagen*"). Und natürlich potenziert Sprache die Möglichkeiten der *kulturellen Entwicklung*: die Weitergabe von Erfahrungen, Fertigkeiten und Deutungen an nachfolgende Generationen.

Warum kooperieren wir?

Wenn Selektion nach individueller Fitness die treibende Kraft der Evolution ist, wie kommt es, dass Ameisen und Bienen auf Nachkommen zugunsten ihrer Königin verzichten und sogar ihr eigenes Leben für deren Wohlergehen opfern? Wie konnten sich überhaupt Gewebetiere entwickeln, wenn nur die verschwindend geringe Zahl der Keimzellen eine Chance zur Fortpflanzung hat? Und warum opfern sich sogar Menschen *bewusst* für das Wohl anderer?

Anfangs glaubte man, dass hier Selektion auf Gruppenebene stattfand, da Kooperation zwar nicht die individuelle, aber die Fitness der Gruppe erhöht. Deren Zunahme an Fitness sollte individuelle Nachteile ausgleichen. Später erfolgte mathematische Analysen schlossen Gruppenselektion zwar nicht aus, weckten allerdings Zweifel daran, ob sie in der Evolution tatsächlich eine nennenswerte Rolle spielt[137]. Der britische Biologe WILLIAM D. HAMILTON zeigte immerhin 1968, dass sich Altruismus unter verwandten Individuen evolutionär durchsetzen kann, da diese viele Gene gemeinsam tragen. Sein als *Hamiltons Regel* bekannt gewordenes Gesetz kann die Existenz von Zellverbänden bei Gewebetieren ebenso erklären wie das Verhalten staatenbildender Insekten. Offen blieb, wie altruistisches Verhalten oder Kooperation bei nicht-verwandten Individuen erklärt werden kann.

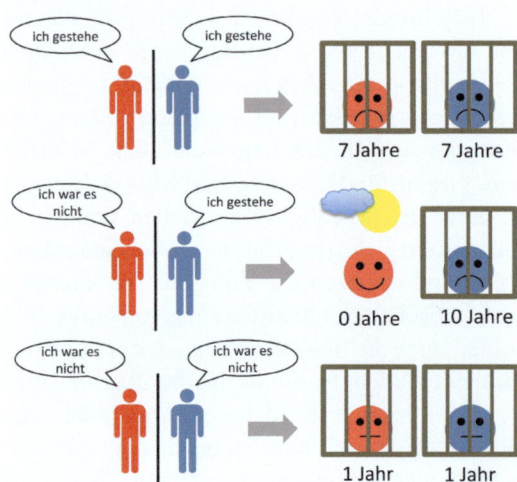

12-37
Gefangenendilemma. Wie sollen sich Gefangene entscheiden, wenn man sie getrennt voneinander vor folgende Wahl stellt: Wenn beide gestehen, erhalten beide 7 Jahre Haft, wenn nur einer gesteht, kommt der andere frei, er selbst wandert für 10 Jahre ins Gefängnis. Schweigen beide, so werden sie wegen einer Bagatelle zu 1 Jahr verurteilt. Offenbar ist Schweigen die beste Strategie.

Erde und Leben – Die Geschichte einer innigen Wechselbeziehung

Seit den Siebzigerjahren des vorigen Jahrhunderts entstand aus Arbeiten des Biologen JOHN MAYNARD SMITH und des Populationsgenetikers GEORGE C. PRICE ein neuer Ansatz, evolutionäre Dynamik zu beschreiben: die evolutionäre Spieltheorie. Man bewertet Strategien von Phänotypen im „Spiel des Lebens" nach ihrem Erfolg und setzt diesen mit ihrer Fitness gleich. Auf diese Weise konnte überzeugend erklärt werden, warum sich Tiere bei Revierkämpfen nicht regelmäßig töten, obwohl das Töten eines Konkurrenten doch Vorteile verschaffen sollte. Es stellt sich heraus, dass neben dem populären *survival of the fittest* die Koexistenz unterschiedlicher Phänotypen evolutionär stabil sein kann[138].

Für die Frage nach der evolutionären Entstehung von Kooperation ist ein „Spiel" von Bedeutung, das unter dem Namen *Gefangenendilemma* Bekanntheit erlangt hat (▶ Abbildung 12-37). Im Kern geht es darum, dass Kooperation sich nur dann auszahlt, wenn beide kooperieren. Aber oft ist der Gewinn eigennützigen Handelns für den Betroffenen höher als der kooperative Gewinn (der nur in Summe höher ist), so dass es vernünftig ist, eigennützig zu handeln (▶ Abbildung 12-38). Und in der Tat können Tiere in diesem Sinn vernünftiger sein als der Mensch[139]! Kooperation ist unter Tieren, die nicht miteinander verwandt sind, äußerst rar. Wie kommt es also, dass wir Menschen „unvernünftigerweise" dennoch kooperieren? Gibt es Strategien, die sich in einem Meer aus Egoisten evolutionär durchsetzen können?

Um diese Frage zu beantworten, veranstaltete der Politikwissenschaftler ROBERT AXELROD 1978 einen Wettbewerb, in dem in einer Computersimulation unterschiedliche Kooperationsstrategien gegen ausgewiesene Egoisten antreten sollten, also gegen jene Strategie, die immer eigennützig handelt. Es stellte sich heraus, dass die einfachste Strategie des Wettbewerbs den Sieg davon trug: *tit-for-tat*, oder auf deutsch: wie du mir, so ich dir (▶ Abbildung 12-39). Einige Zeit danach fand man Strategien, die evolutionär stabiler sind als tit-for-tat: *Generous tit-for-tat*, das gelegentliches eigennütziges Verhalten des Mitspielers verzeiht und die bisher evolutionär stabilste von allen: *Win-stay, lose-shift*. Diese Strategie kommt sicher jedem bekannt vor: Man bleibt bei einer Strategie solange sie gewinnbringend ist, andernfalls wechselt man. Sofern sich also Kooperation in der einen oder anderen Form bezahlt macht, kann sie sich zumindest gelegentlich durchsetzen. Aber natürlich ist die reine Fähigkeit zu kooperieren erst der Anfang. Wie kam es zu den im Tierreich einzigartigen kulturellen Leistungen der Menschen? Ist dies nur die Folge eines „Kooperations-Gens" in Kombination mit unseren aus anderen Gründen evolvierten kognitiven Leistungen? Oder basieren kulturelle Leistungen auf individuellen genetischen Merkmalen, die je nach Umwelt nur noch aktiviert werden müssen?

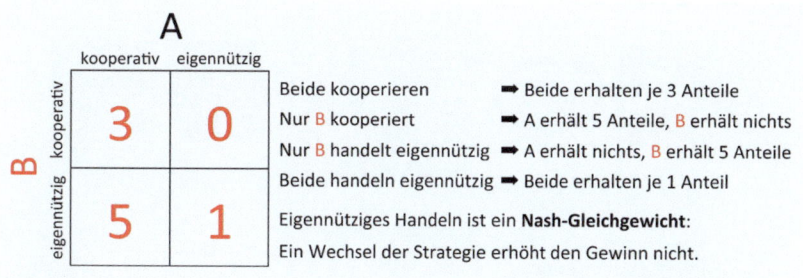

12-38
Spieltheorie und Kooperation. In der Spieltheorie wird der Gewinn, den ein Spieler je nach Strategie erhalten kann, in einer sogenannten Auszahlungsmatrix dargestellt. Die obige Matrix[138] illustriert ein Dilemma: Oft bringt Kooperation zwar in Summe den höchsten Gewinn (3+3 Anteile), aber nur, wenn beide kooperieren. Handelt einer eigennützig, so erhält er 5 Anteile, während der andere leer ausgeht. Eigennütziges Handeln ist ein sogenanntes Nash-Gleichgewicht und eine evolutionär stabile Strategie, da es für das Individuum unabhängig von der Wahl des Gegners den höchstmöglichen Gewinn sichert.

Bestrafung durch Dritte
Sogar die Bestrafung egoistischen Verhaltens, ohne selbst geschädigt zu sein, bringt dem Strafenden unter dem Strich Vorteile, da sie ihn vertrauenswürdiger macht[140].

12-39
Generosität zahlt sich aus. Lässt man eine große Zahl zufällig ausgewählter Strategien mit unterschiedlicher Kooperationsneigung gegeneinander antreten, so gewinnen meist die Egoisten (links). Gelegentlich machen aber Kooperationswillige das Rennen (rechts). Die vergeltende *Wie-du-mir-so-ich-dir*-Strategie (engl. *tit-for-tat*) ist evolutionär allerdings nicht stabil. Stabiler sind generöse Strategien, die hin und wieder Eigennutz verzeihen. Am stabilsten gegenüber dem Eindringen von Egoisten ist *Win-stay, lose-shift* (nicht dargestellt): man bleibt so lange bei einer Strategie, wie sie Gewinn bringt, andernfalls wechselt man (Simulationen des Autors).

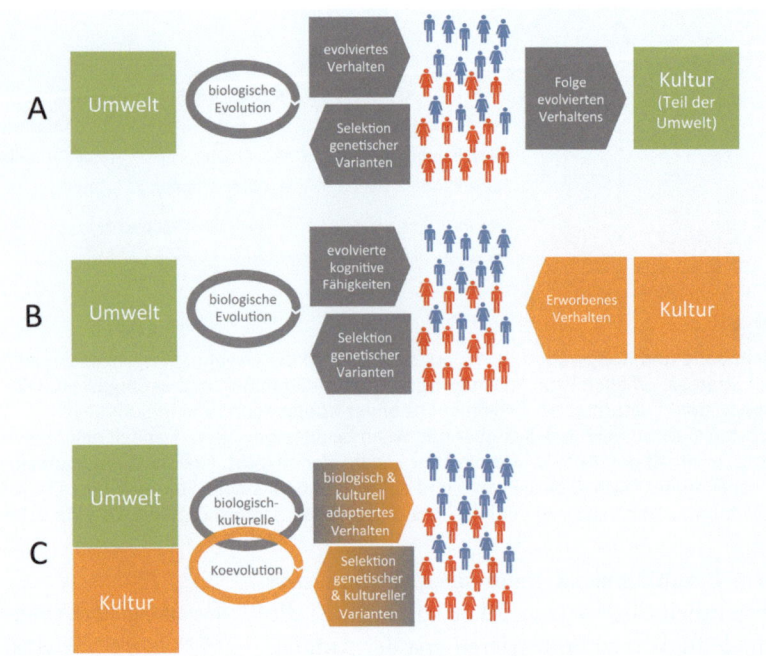

12-40
Genetische und kulturelle Koevolution. Evolutionssoziologen sehen Kultur als eine mittelbare Folge der natürlichen Selektion individuellen Verhaltens in einer (steinzeitlichen) Umwelt (A). Für viele Anthropologen und Soziologen lieferte die biologische Evolution hingegen lediglich das kognitive Grundgerüst für das Kulturwesen Mensch (B). Für sie ist Verhalten im Wesentlichen erworben. Die genetisch-kulturelle Koevolution geht davon aus, das Kulturvarianten evolvieren und sich biologische und kulturelle Evolution wechselseitig beeinflussen (C).

Genetisch-kulturelle Koevolution

Aus evolutionsbiologischer Perspektive sollte Kultur die Folge steinzeitlicher Anpassungen sein, die soziales Lernen begünstigen (▶Abbildung 12-40 A). Die kulturellen Errungenschaften der letzten Jahrtausende sind damit jedoch kaum erklärbar. Weil aber gerade in dieser Zeit unsere Spezies so erfolgreich war, dass man bereits von einem Menschenzeitalter (Anthropozän) spricht, wirken steinzeitfokussierte Begründungen unseres Verhaltens unzureichend. Warum wuchs gerade in den letzten Jahrtausenden die Zahl der Menschen exponentiell an (▶Abbildung 12-03, Seite 280)? Warum gibt es keine andere Spezies, die erworbenes Wissen nicht nur weitergeben, sondern wie wir auch akkumulieren kann? Schließlich waren viele im Pleistozän den gleichen Umweltbedingungen ausgesetzt wie wir.

Die meisten Anthropologen und Soziologen sehen daher die kulturelle Entwicklung der Menschheit als weitgehend entkoppelt von der biologischen Evolution des Gehirns. Diese liefere lediglich das kognitive Grundgerüst, auf dem sich menschliche Kulturen entwickeln konnten (▶Abbildung 12-40 B). Es gibt mithin einen grundlegenden Unterschied zwischen Natur und Kultur (engl. *nature and nurture*).

Der Ansatz einer *genetisch-kulturellen Koevolution* verbindet beide Pole miteinander (▶Abbildung 12-40 C)[141]. Unter kultureller Evolution versteht man dabei, wie sich *Kulturvarianten* ausbreiten, verändern oder verschwinden und wie komplexere Varianten durch Akkummulation kleiner Veränderungen entstehen. Der Prozess entspricht im Kern der biologischen Evolution, allerdings sind Kulturvarianten im Gegensatz zu Genen nicht scharf voneinander abgegrenzt und müssen keineswegs genau kopiert werden. Das unterscheidet diesen Ansatz vom Konzept der *Meme*, das von RICHARD DAWKINS formuliert wurde[142].

Kulturelle und genetische Evolution wirken dabei zusammen. So ist Lactoseintoleranz bei Erwachsenen in der Welt der Säugetiere die Regel. Das Enzym, das Lactose bei Kleinkindern spaltet, wird im Erwachsenenalter nicht mehr produziert. Eine anfangs seltene genetische Variante, die dieses Enzym aktiv bleiben lässt, konnte sich in allen Regionen, in denen Milchwirtschaft betrieben wurde, ausbreiten. Die Entwicklung der Milchwirtschaft ist eine Kulturvariante, die dazu führte, dass die relative Fitness derer, die Milch vertrugen, stieg. Sie konnten das hochwertige Nahrungsangebot besser nutzen.

Einfache Laute dienten vermutlich schon früh den Menschen zur Kommunikation und ihre Formung war vermutlich ein Produkt natürlicher Selektion. Es ist allerdings unwahrscheinlich, dass die hochspezifischen anatomischen Merkmale und Gehirnzentren, die für Sprache unerlässlich sind, auf diese Weise entstanden sind. Hier geht man davon aus, dass das Wechselspiel aus kultureller und genetischer Evolution entscheidend war. Natürliche Verbesserungen des Ausdrucksvermögens führten zu Verbesserungen beim „Transport" kultureller Innovationen, was wiederum auf genetischer Ebene zu einem Selektionsvorteil führte[143].

Vor allem die Fähigkeit zur Imitation, also zur genauen Nachahmung von Handlungen, scheint für die Akkumulation von Wissen wesentlich zu sein. Menschenaffen neigen kaum dazu; haben sie das Ziel einer beobachteten Handlung begriffen, dann versuchen sie es auf ihre Weise durch Versuch und Irrtum zu erreichen. Versuche zeigen, dass Kleinkinder aufgrund ihres ausgeprägten Imitationsverhaltens wesentlich schneller lernen, einen komplexen Öffnungsmechanismus zu betätigen, als Schimpansen[96,141].

Imitation verschafft evolutionäre Vorteile, wenn individuelles Lernen kostspielig und fehleranfällig ist. Allerdings darf sich die Umwelt weder zu schnell noch zu langsam ändern. Ändert sie sich zu schnell, so lernt man womöglich Dinge, die schon nicht mehr nützlich sind. Ändert sie sich zu langsam, ist natürliche Selektion ein effektiveres Mittel der Adaption.

Imitation in Kombination mit eher unspezifischen Lernmechanismen und einer Neigung zum Weitergeben von Wissen scheint hingegen eine gute Adaption an die sich rasch wandelnde Umwelt während des Pleistozäns gewesen zu sein. Damals waren die kognitiven Fähigkeiten der frühen Menschen weit genug entwickelt, um größere Gemeinschaften zu bilden. Die effektive Akkumulation von Wissen scheint große Gemeinschaften vorauszusetzen. Auf diese Weise können sich kognitive Leistungen wie geteilte Intentionalität und kulturelle Evolution gegenseitig antreiben.

Die kulturelle Evolution besteht aus Ausbreitung, Akkumulation und Verschwinden kultureller Varianten. Dazu gehören Wertvorstellungen, Glaube oder praktisches Wissen. In der Regel übernehmen Kinder vieles von ihren Eltern. Aber im Kontakt mit anderen werden neue Varianten übernommen, sei es, weil sie materielle Vorteile bedeuten, das Leben erleichtern oder einfach nur, weil der andere ein hohes Ansehen genießt. Es ist einleuchtend, dass sehr konservative Gemeinschaften weniger schnell neue kulturelle Varianten annehmen als offene Gemeinschaften. Die natürliche Selektion hat in konservativen Gemeinschaften daher einen höheren Einfluss als die kulturelle Evolution.

Ob sich eine kulturelle Variante durchsetzt, hängt natürlich auch davon ab, wie leicht sie „erlernt" werden kann, was wiederum von den kognitiven Fähigkeiten der Menschen abhängt. Umgekehrt können die Wertvorstellungen einer Gemeinschaft direkten Einfluss darauf haben, welche Individuen die besten Fortpflanzungschancen haben. Aus evolutionsbiologischer Perspektive sollten sich allerdings Kulturvarianten, die die Zahl der Nachkommen reduzieren, nicht durchsetzen, weshalb die modernen, kinderarmen Gesellschaften gern als Fehlanpassung unseres „Steinzeitgehirns" betrachtet werden: wir streben nach Status, weil seinerzeit hoher Status auch mehr Nachkommen bedeutete (so glaubt man zumindest). Heute steht Kinderreichtum dem Erreichen eines hohen Status eher im Weg. Solche Fehlanpassungen sind nach Ansicht der Vertreter einer genetisch-kulturellen Evolution ein unvermeidliches Nebenprodukt der Neigung zur Imitation des Menschen. Sie können entstehen, weil in der Summe die Übernahme gelernter Verhaltensweisen einen größeren Evolutionsvorteil mit sich bringt als damit einhergehende Fehlentwicklungen. In gewisser Weise gilt dies sogar für die kinderarmen Gesellschaften heute. Für den Selbsterhalt genügt der Menschheit dank kultureller Errungenschaften eine Reproduktionsrate, die nur geringfügig größer ist als zwei. In prähistorischer Zeit hätte eine derart geringe Rate das sichere Aussterben bedeutet.

Evolution der Zukunft

Wohin die Reise geht...

Die Zukunft war früher auch besser!
(KARL VALENTIN)

Die Autoren des Buches *Die Welt in 100 Jahren*[144] von 1910 hatten kühne Visionen. ROBERT STOSS stellte sich für 2010 eine Welt der mobilen Kommunikation und des Online Shoppings vor, die der unseren verblüffend nahekommt. Andere hingegen dachten an Ballonflüge auf dem Mond, was eine Utopie bleiben wird. EVERARD HUSTLER glaubte, dass man das Beleuchtungsproblem in den Städten dadurch lösen könne, indem man alle Mauern mit sanft leuchtendem Radium streicht. Und natürlich reiste man in den Vorstellungen der Autoren mit Luftschiffen, hielt sich Kolonien und führte Krieg.

Wie bei allen Utopien handelt es sich um Fortschreibungen von Bekanntem. Wie kann es auch anders sein? Schließlich wissen wir nicht, was wir nicht wissen. Das ist vermutlich bei RAY KURZWEILS Prognosen nicht anders. Während man 1910 Elektrizität und Radioaktivität als Fortschrittstreiber sah (und damit nicht unrecht hatte), sieht KURZWEIL Informations-, Bio- und Nanotechnologie als solche an. Sie sollen die Menschen noch in diesem Jahrhundert an einen Punkt führen, an dem wir uns selbst neu erschaffen oder wenigstens optimieren werden.

KAPITEL 12 Einfluss des Menschen

Mensch 2.0, wie dies KURZWEIL, ganz im Stil des Informationszeitalters, nennt[145].

Die natürliche Selektion wird dann für uns Menschen keine Rolle mehr spielen. Werden wir womöglich ganz auf unsere verletzlichen Körper verzichten und unseren Geist in eine Maschine füllen? Oder gar in die Struktur des Raumes kodieren, wie dies ARTHUR C. CLARKE in *2001 – Odyssee im Weltraum*[146] beschreibt?

Das exponentiell ansteigende Wissen und die rasante Abfolge bahnbrechender Innovationen lässt in der Tat glauben, dass der Mensch sein biologisches Schicksal schon bald selbst in die Hand nimmt. Aber so weit sind wir noch nicht.

Vielleicht beginnen wir deshalb mit einer naheliegenden Frage: Welche Rolle spielt die natürliche Selektion bei Menschen heute?

Geht die menschliche Evolution weiter?

Vielleicht haben Sie auch die Erfahrung gemacht, dass Ihre Kinder oder Enkel Sie um mehrere Zentimeter überragen. In den letzen 200 Jahren wurden Menschen im Schnitt um 20 cm größer, der Trend verlangsamt sich allerdings inzwischen. Dieser Größenzuwachs ist jedoch keine Folge natürlicher Selektion, sondern der verbesserten Lebensumstände. Eine Ausnahme scheinen Niederländer zu sein, hier ist zumindest teilweise Selektion im Spiel[147].

Es gibt Anzeichen dafür, dass sich die Evolution des Menschen in den letzten vierzigtausend Jahren beschleunigt hat[148], denn allein das rasante Wachstum der menschlichen Population erhöht die genetische Vielfalt durch Gendrift (▶Randspalte). Damit sich allerdings neue Varianten in einer Population durchsetzen, müssen sie die Fitness erhöhen. Berücksichtigt man die erheblichen ökologischen und kulturellen Veränderungen der letzten Jahrtausende, so waren dazu genügend Anreize vorhanden. So wurden Menschen hellhäutiger, um sich an die geringere Sonneneinstrahlung anzupassen, der sie bei ihrer Ausbreitung nach Norden ausgesetzt waren. Hellere Haut erlaubt es dem Körper, auch dort ausreichend Vitamin D zu bilden.

Leider ist es schwer, genetische Adaptionen von Umweltanpassungen zu trennen, es sei denn, die genetischen Veränderungen sind bekannt. Dies ist bei der Veränderung der Hautfarbe der Fall, in vielen Fällen kennt man jedoch nur die Veränderung des Phänotyps, von der nicht direkt auf genetische Ursachen geschlossen werden kann (▶Abbildung 12-35, Seite 306). Ein Indiz für oder gegen genetische Adaptionen ist die Geschwindigkeit, mit der sich Veränderungen auf der Ebene des Phänotyps manifestieren. Natürliche Selektion hinkt Umweltanpassungen zeitlich deutlich hinterher. Analysen in den USA legen nahe, dass die beobachtete frühere Geschlechtsreife und spätere Menopause ebenso wie die Verringerung des Gesamtcholesterins und des systolischen Blutdrucks bei Frauen Folgen genetischer Evolution sind[149,150].

Klar ist, dass das häufige Vorkommen der Sichelzellenanämie in Malariagebieten eine genetische Adaption ist. Bei Sichelzellenanämie führt eine Punktmutation zu Strukturveränderungen des Hämoglobins, die roten Blutkörperchen ein sichelförmiges Aussehen verleiht. Menschen mit Sichelzellenanämie sind dadurch gegen die Erreger der Malaria besser geschützt. Die Betroffenen sind in ihrer Fitness eingeschränkt, da sie starke körperliche Belastungen meiden müssen. Wenn allerdings nur ein Chromosom betroffen ist (heterozygoter Fall) und nicht beide (homozygoter Fall), haben sie Fitnessvorteile gegenüber ihren häufiger und früh an Malaria sterbenden Artgenossen ohne diese Mutation.

Aufgrund des hohen Selektionsdrucks auf die Menschen in Afrika durch HIV könnte sich dort eine Mutation des Gens für den sogenannten CCR5-Rezeptor auf der Oberfläche von Immunzellen durchsetzen, die in Europa verbreiteter ist. CCR5 ist ein Angriffspunkt für Pocken- und Pesterreger, die im Mittelalter den Europäern stark zusetzten. Er wird auch vom HIV-Virus genutzt; die Mutation erschwert aber das Andocken des Virus. Da eine populationsweite Ausbreitung dieser Mutation viele Generationen dauert, ist allerdings zu hoffen, dass HIV auf anderem Wege der Garaus gemacht wird.

Bis wir unsere genetische Zukunft selbst in die Hand nehmen, werden Menschen weiterhin durch natürliche Selektion evolvieren. Unsere zunehmende Mobilität und die rasante Veränderung unseres Lebensraums stellt dabei unsere Spezies vor neue Herausforderungen. Sollte eine Gruppe für sehr lange Zeit isoliert vom Rest der Menschheit leben, ist sogar die Bildung einer neuen Art möglich, zum Beispiel wenn sich eine Gruppe auf eine Jahrtausende lange Reise zu anderen

Gendrift
Zufällige, nicht auf natürliche Selektion zurückgehende Veränderungen in der Häufigkeit einer Genvariante. Eine Variante eines Gens bezeichnet man auch als Allel. Gendrift entsteht durch zufällige Mutationen.

Erde und Leben – Die Geschichte einer innigen Wechselbeziehung

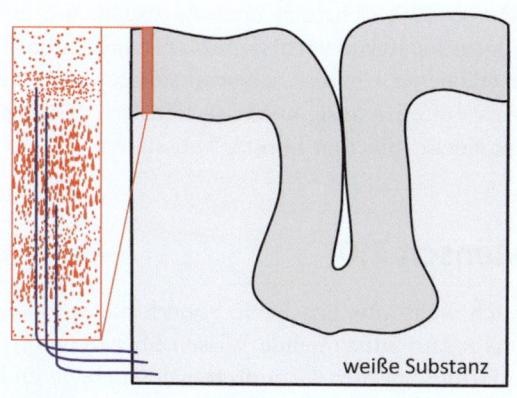

12-41
Neocortex. Unsere Großhirnrinde ist stark gefaltet, besteht aus sechs parallel zur Oberfläche verlaufenden Schichten und ist senkrecht zur Oberfläche säulenförmig organisiert. Die Nervenverbindungen zwischen den Säulen und zu anderen Hirnarealen (blau) verlaufen in dem Bereich unterhalb. Die Myelinisierung verleiht den Nervenbündeln eine weißliche Farbe, weshalb dieser Bereich weiße Substanz genannt wird.

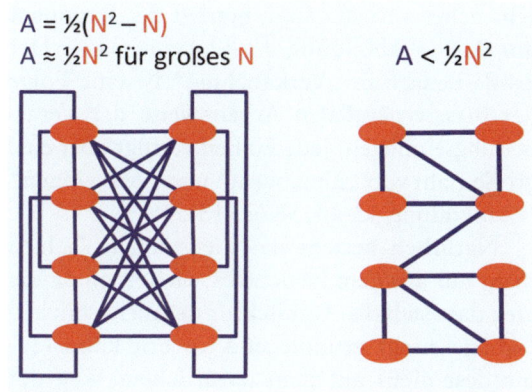

12-42
Vernetzungsgrad. Wären alle Neutrone miteinander verbunden, so würde die Zahl der Verbindungen quadratisch mit der Zahl der Neuronen wachsen (links). Aber Neurone bilden Einheiten hoher Konnektivität, die untereinander über Axone nur lose gekoppelt sind (rechts). Die Zahl der Axone A skaliert dann mit der Zahl der Neuronen nicht quadratisch, sondern weniger: $A \sim N^{1,5}$.

Planeten aufmacht. Nicht ausgeschlossen, dass sie nicht mehr als *Homo sapiens* zurückkehren…

Grenzen des Wachstums

Die interessanteste Frage ist natürlich, ob wir noch klüger werden können.

Unser Abstraktionsvermögen hat bereits in den letzten Jahrzehnten merklich zugenommen, unklar ist aber, ob dies an längerer Schulbildung, an besserer Ernährung oder sogar an der intensiven Beschäftigung mit Computern liegt[151]. Aber könnten wir – sei es auf natürlichem oder künstlichem Weg – *wesentlich* klüger werden? Wäre es zum Beispiel vorstellbar, dass irgendwann die Allgemeine Relativitätstheorie zum Lehrstoff an Grundschulen gehört?

Wir wir gesehen haben, hat die Evolution schon einige Anstrengungen unternommen, um mehr Leistung in den beschränkten Raum zwischen Primatenohren zu packen. Die Faltung der Gehirnrinde spielt dabei eine zentrale Rolle. Sie hält nicht nur die Verbindungen zwischen Neuronen kurz. Da die Verarbeitung im Neocortex in „Säulen" senkrecht zur Oberfläche stattfindet, kann die „Verkabelung" zwischen diesen Verarbeitungseinheiten nach unten in einen Bereich verlegt werden, den man nach der Farbe der myelinisierten Nervenbündel *weiße Substanz* nennt (▶ Abbildung 12-41). Die Myelinisierung erhöht nicht nur die Reizleitungsgeschwindigkeit in diesen Bündeln, sondern auch deren Energieeffizienz.

Die weiße Substanz nimmt etwa 35 Prozent des Volumens des menschlichen Gehirns ein und wächst bei zunehmender Größe des Gehirns schneller als das Volumen der Verarbeitungseinheiten, der sogenannten *grauen Substanz*. In einem doppelt so großen Gehirn wie dem des Menschen müssten bereits 50 Prozent des Volumens für die „Verkabelung" reserviert werden. Dieses Volumen wäre noch größer, wenn alle Verarbeitungseinheiten miteinander verbunden wären. In diesem Fall würde die Zahl der Verbindungen quadratisch mit der Zahl der Einheiten wachsen. Da unser Gehirn aus stark gekoppelten Substrukturen besteht, die untereinander

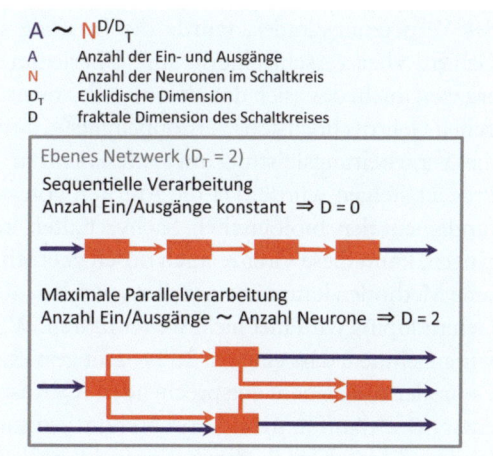

12-43
Rentsche Regel. Sie beschreibt den Zusammenhang zwischen der Zahl der Anschlüsse (blau) eines Computerschaltkreises und der Zahl seiner Komponenten (rote Rechtecke). Arbeiten diese sequentiell, so ist die Zahl der Anschlüsse unabhängig von der Zahl der Komponenten, die fraktale Dimension D ist 0. Bei massiv paralleler Arbeitsweise wächst die Zahl der Anschlüsse linear mit der Zahl der Komponenten und D ist gleich der euklidischen Dimension. Für den stark gefalteten Neocortex gilt D = 2,7, d.h. er arbeitet hochgradig parallel[95].

313

Gehirnkühlung
Das menschliche Gehirn erzeugt etwa 50 W an „Abwärme". Die Kühlung erfolgt durch das Blut, wobei Blutgefäße etwa 7 % des Gehirnvolumens einnehmen. Bei doppeltem Gehirnradius würde dieser Anteil auf 14 % steigen.

schwächer vernetzt sind, beträgt der Exponent nur 1,5 (▶Abbildung 12-42, Seite 313). Der große Bedarf an „Verkabelung" ist eine Folge der massiv-parallelen Arbeitsweise der Verarbeitungseinheiten. Jede Einheit verfügt über eine große Zahl von „Eingängen" und „Ausgängen" (▶Abbildung 12-43, Seite 313).

Natürlich besteht das menschliche Gehirn nicht nur aus dem Neocortex. Geht man davon aus, dass sich die Architektur des menschlichen Gehirns nicht grundlegend ändern kann (zumindest nicht auf dem natürlichem Weg der Evolution), dann werden subcortikale Zentren auch bei wachsendem Neocortex mehr Platz beanspruchen. Ab einer Gehirngröße von etwa 3575 cm³ (das menschliche Gehirn hat ein Volumen von etwa 1400 cm³) müssten die subcortikalen Zentren wieder schrumpfen, was vermutlich die Leistungsfähigkeit beeinträchtigt[95]. Bei einer Größe von 8750 cm³ wäre schließlich kein Platz mehr für subcortikale Zentren mehr übrig.

Eine rein volumetrische Betrachtung der Wachstumsgrenzen unseres Gehirns greift natürlich zu kurz. Wie sieht es mit dem Kühlbedarf aus (ein großes Problem moderner Prozessoren und Rechenzentren)? Welche Rolle spielt die Übertragungsgeschwindigkeit auf Axonen und an Synapsen? Oder die Breite der Nervenimpulse? PETER COCHRANE und Kollegen versuchten auf Basis einfacher Überlegungen, den Einfluss dieser Größen abzuschätzen[152]. Sie kamen zu dem Ergebnis, dass nicht nur die beim Menschen beobachtbaren Werte für die Übertragungsgeschwindigkeit auf Axonen und an Synapsen, sondern auch der Vernetzungsgrad der Nervenzellen und die Gehirngröße in einem fein abgestimmten, optimalen Verhältnis zueinander stehen. Die Veränderung nur einer Größe, zum Beispiel die Erhöhung des Vernetzungsgrades, würde die Leistung des Gehirns eher verschlechtern. Ihre Überlegungen ergaben auch, dass sich das Volumen des menschlichen Gehirns höchstens verdoppeln ließe, wobei die Verarbeitungsleistung nur um maximal 20 Prozent steigen würde! Da die Autoren von sehr fundamentalen biologischen Sachverhalten ausgingen, kann diese Grenze auch durch gentechnische Methoden kaum überschritten werden, auch Gehirndoping wird hier nicht weiter führen. Wenn wir annehmen, dass eine um 20 Prozent gestiegene Gehirnleistung einem entsprechenden IQ-Anstieg entspricht, dann hätte ein durchschnittlich intelligenter Mensch nach dieser Entwicklung einen IQ von 120, sicherlich noch zu wenig, um die Allgemeine Relativitätstheorie als Grundschulstoff zu etablieren. Um dies zu bewerkstelligen, müssen wir vermutlich unser kohlenstoffbasiertes Gehirn mit einem „Silicium-Booster" ausstatten...

Mensch 2.0

Auch wenn aus uns keine Superhirne werden: Das rasant zunehmende Wissen über die molekularbiologischen Grundlagen des Lebens und die Entwicklung neuer Therapien wird unser Leben in den nächsten Jahrzehnten nachhaltig verändern. Vielleicht werden unsere Enkel nicht nur das nächste, sondern sogar das übernächste Jahrhundert erleben? Vielleicht gehören Krankheiten bald der Vergangenheit an, wie man schon 1910 hoffte[144]? Aber möglicherweise stehen all diese Errungenschaften nur einer kleinen Elite zur Verfügung, während der Rest der Menschheit als gentechnisch manipulierte, tumbe Arbeitswesen nur ein kurzes Leben fristet? Vielleicht werden auch gigantische Zuchtprogramme zur „Veredelung" des Menschen eingesetzt, je nach ethnischen Vorlieben als perfektionierte WASPs (*white anglosaxon protestants*) oder Han-Chinesen?

Die Geschichte zeigt, dass neue Errungenschaften sowohl Segen als auch Fluch bedeuten, weshalb wir an dieser Stelle keine Prognose über das Leben in hundert oder auch nur in zwanzig Jahren verkünden werden. Falls wir Menschen aber die Chancen ergreifen, erwartet uns Unglaubliches.

Das Erbgut verändern

Seit den Siebzigerjahren des vorigen Jahrhunderts kann man das Erbgut von Zellen durch Einschleusen artfremder oder modifizierter DNA-Sequenzen verändern. Heute werden auf diese Weise nicht nur Nutzpflanzen behandelt, sondern auch Bakterien, die medizinische Wirkstoffe wie Insulin produzieren. Vorzugsweise gentechnisch veränderte Mäuse dienen dazu, die Funktion von Genen zu erforschen, zum Beispiel, in dem man sie „abschaltet" (Knockout) oder deaktiviert (Knockdown).

Die bis vor kurzem dafür genutzten Verfahren waren allerdings aufwändig, teuer und recht fehleranfällig. Seit 2012 ist das sogenannte CRISPR-System verfügbar, das nicht nur hundertmal billiger, sondern auch treffsicherer ist

Verfahren	Medizinischer Einsatzbereich	Reifegrad
▪ Erkennen von DNA-Sequenzen mittels maßgeschneiderter Leit-RNA ▪ Schneiden der DNA mittels Endonukleasen ▪ Ggf. Einfügen von DNA-Sequenzen ▪ Varianten: CRISPR/Cas9, CRISPR/Cpf1	▪ Gentherapie ▪ Heilung chronischer Infektions–krankheiten (HIV, Hepatitis B) ▪ Tumorforschung und -therapie ▪ Erforschung der Genfunktionen durch Deaktivierung	▪ Standardverfahren in der Forschung, kommerzielle Anbieter ▪ Erfolgreiche Gentherapien an 36 Organismen, u.a. an Mäusen und menschlichen Embryonen ▪ Klinischer Einsatz absehbar, sobald Treffsicherheit hoch genug ist

12-44

Gen-Editing mittels CRISPR. CRISPR (*clustered regularly interspaced short palindromic repeats*) hilft Bakterien, die DNA eingedrungener Phagen zu erkennen[153]. CRISPR ist ein Teil des Bakterien-Genoms, dass aus kurzen DNA-Sequenzen bereits erkannter Phagen besteht. Bei einem Phagenangriff wird jede dieser Sequenzen in eine RNA-Sequenz (Leit-RNA) übersetzt. Diese gleitet mit Hilfe eines Enzymkomplexes (z.B. Cas9) an der Phagen-DNA entlang, bis sie am passenden Gegenstück auf der DNA stoppt. Der Enzymkomplex ist eine sogenannte Endonuklease, die eine molekulare Schere enthält, um die DNA an der Stoppstelle zu zerschneiden. Um dieses Verfahren in tierischen oder pflanzlichen Zellen einzusetzen, wird eine Leit-RNA mit der gewünschten Zielsequenz samt Endonuklease in die Zelle eingebracht, um die zelleigene DNA zu zerschneiden. Die Zelle wird daraufhin den Strang wieder zusammensetzen. Führt man gleichzeitig mit der Schere eine passende DNA-Sequenz ein, so kann diese bei der Reparatur an der Bruchstelle eingebaut werden[154,155].

(▶ Abbildung 12-44). Für weniger als 100 Euro erhält man maßgeschneiderte molekulare Scheren, die DNA an einer bestimmten Stelle zerschneiden[155]. Die DNA wird von der Zelle automatisch wieder zusammengefügt, allerdings fehlt an der Schnittstelle ein Stück, so dass das Gen im allgemeinen seine Funktion verliert. Steuert man ein Stück DNA bei, das an die Bruchstelle passt, kann man fremde Nukleotidsequenzen in den genetischen Code der Zelle einschleusen.

CRISPR ist eigentlich ein Verteidigungsmechanismus von Bakterien, um die DNA eingedrungener Phagen lahmzulegen. Will man das CRISPR-System bei Tieren oder Pflanzen einsetzen, muss man die „Schere" in deren Zellen transportieren, bei der Größe des Molekülkomplexes kein leichtes Unterfangen. Es gibt aber bereits eine kleinere Variante CRISPR/Cpf1, mit der dies einfacher möglich ist[156].

CRISPR erlaubt nicht nur die Behandlung einzelner Zellen, auch Gendefekte in einem erwachsenen Organismus können zumindest prinzipiell geheilt werden, indem man das CRISPR-System zusammen mit der korrekten Gensequenz injiziert. Neben dem erwähnten Größenproblem ist heute das Verfahren noch nicht treffsicher genug für einen klinischen Einsatz. Zu groß ist die Gefahr, dass auch andere DNA-Abschnitte verändert werden, mit unkalkulierbaren Folgen. Immerhin gelang es bereits Bakterien, die in der Milchwirtschaft genutzt werden, gegen Phagen resistent zu machen. Auch Versuche, Moskitos auf diese Weise unfruchtbar zu machen, waren erfolgreich. Damit sich allerdings eine modifizierte Genvariante in einer Population durchsetzt, müssen in der Regel alle Chromosomen, die das Gen tragen, modifiziert werden. Dies ist mit der sogenannten *Gen-Drive-Technik* möglich, bei der das noch unberührte Partnerchromosom mittels CRISPR zerschnitten wird, worauf die Zelle bei der Reparatur eine Kopie der modifizierten Variante einsetzt.

Zweifellos werden CRISPR oder noch bessere Verfahren nicht nur die Biotechnologie, sondern auch die Medizin revolutionieren. Möglicherweise gehören Erbkrankheiten und Infektionen durch Viren wie HIV, die sich im Kern der Wirtszellen einnisten, bald der Vergangenheit an.

Natürlich hilft eine Gentherapie nicht, wenn ein Organ bereits irreparabel geschädigt ist, etwa aufgrund eines Herzinfarkts.

Organe wachsen lassen

Die frühen Zellen eines Embryos verlieren mit der Differenzierung in verschiedene Gewebetypen (Haut, Muskeln, Nervenzellen usw.) ihre *Pluripotenz*, die Fähigkeit, jeden Gewebetyp bilden zu können. Das ist durchaus erwünscht, schließlich wollen wir nicht, dass in unserem Gehirn Mus-

KAPITEL 12 Einfluss des Menschen

Vektor (Gentechnik)
Transportvehikel, um fremde DNA in eine Zelle einzuschleusen. Wichtige Vektoren sind Plasmide und modifizierte Viren.

Plasmide
Meist kleine ringförmige, autonom replizierende DNA-Moleküle, die außerhalb des Chromosoms vorliegen. Sie kommen v.a. in Bakterien und Archaeen vor und tragen zum Beispiel Gene zur Antibiotika-Resistenz.

Verfahren	Medizinischer Einsatzbereich	Reifegrad
• Gene zur Reprogrammierung werden in ein Plasmid (der „Vektor") eingebaut • Das Plasmid wird in die Zelle eingeschleust • Die Gene programmieren die Zelle zu einer pluripotenten Stammzelle um • Zugabe von Signalproteinen führt zur Ausbildung reifer Köperzellen	• Erforschung der Embryonalentwicklung • In Kombination mit Gentherapie als Ersatz gendefekter Körperzellen • Herstellung von Organoiden (Modellorganen) für die Pharmakologie • Ersatzorgane, „Reparatur" von Organen • Künstliche Erzeugung von Keimzellen	• Reprogrammierung gelingt nicht immer • Funktionsreife der ipS noch unsicher • Erzeugung von Organoiden aus ipS noch in den Anfängen • Klinischer Einsatz in 10 Jahren?

Plasmid → Zelle → → ipS (Signalproteine) → reife Zellen

12-45
Induzierte pluripotente Stammzellen (ipS)[157,158]. Sie werden wohl so potent sein wie embryonale Stammzellen, sobald die Reprogrammierung besser beherrscht wird. Aus pluripotenten Stammzellen können mit Hilfe von Signalproteinen reife Zellen aller Gewebetypen erzeugt werden. Damit ist es möglich, Modellorgane, sogenannte Organoide zu schaffen, an denen sich Wirkstoffe einfach testen lassen. So entstandene Zellen können auch zur Unterstützung kranker Organe oder als Ersatz für genetisch defekte Körperzellen dienen. Es ist sogar bereits gelungen, komplexere Organoide herzustellen wie etwa funktionierende Teile einer menschlichen Leber und einer Retina[159,160].

Pluripotente Stammzellen
(lat. *pluripotent*, mehr vermögend) Zellen, aus denen sich alle Gewebetypen eines Organismus entwickeln können.

Embryonale Stammzellen
Pluripotente Stammzellen während der Embryonalentwicklung. Sie differenzieren sich in die Keimblätter Ektoderm, Endoderm und Mesoderm, aus denen die verschiedenen Gewebetypen entstehen.

Induzierte pluripotente Stammzellen (ipS)
Pluripotente Stammzellen, die aus ausdifferenzierten adulten Zellen durch Zugabe bestimmter Gene oder Proteine erzeugt wurden.

keln und auf unserem Herzen Haare wachsen. Ermöglicht wird diese Differenzierung durch das An- und Abschalten bestimmter Regulatorgene, ausgelöst durch Signalproteine, die während des Embryonalwachstums zu unterschiedlichen Zeiten und an unterschiedlichen Stellen wirksam sind. Wenn Zellen in anderes Gewebe verpflanzt werden, können sie zwar in gewissen Grenzen ihre Differenzierung ändern, aber ohne weiteres wird aus einer Haut- keine Nervenzelle mehr.

Mittlerweile ist es gelungen, durch Zugabe von Signalmolekülen zu pluripotenten Stammzellen (▶Randspalte) unterschiedliche Gewebetypen im Labor zu erzeugen[158]. Dabei zeigte sich, dass sich die Zellen von selbst zu den erwarteten Strukturen formieren. So ordnen sich Nervenzellen schichtweise wie im Neocortex an und bilden sogar eine Retina als Fortsatz. Diese sogenannten *Organoide* enthalten in der Regel nicht alle Zelltypen des betreffenden Organs und eine funktionsfähige makroskopische Struktur mit Blutgefäßen und Nervenfasern fehlt. Dennoch eignen sie sich gut, um die Wirksamkeit von Medikamenten zu testen. Natürlich lassen sich diese Zellen auch genetisch verändern.

Die reale makroskopische Struktur lässt sich mit Hilfe einer Matrix aus Kollagen und anderen Strukturmolekülen als „Gerüst" erstellen, an denen die Zellen entlangwachsen können. Diese Matrix gewinnt man aus tierischen Organen, deren zelluläre Bestandteile entfernt werden. Auch die Produktion von Organoiden durch spezielle 3D-Drucker, die anstelle von Tinte einen Brei aus lebenden Zellen verwenden, wird bereits erprobt[161]. Die meisten Versuche finden derzeit noch mit embryonalen Stammzellen statt. Man kann aber auch reife (adulte) Zellen „umprogrammieren" zu *induzierten pluripotenten Stammzellen* (▶Abbildung 12-45). Damit vermeidet man den ethisch bedenklichen Umgang mit Embryonen und kann für die Therapie körpereigene Zellen des Patienten nutzen, was Immunreaktionen verhindert. Auf diese Weise können geschädigte Organe mit frischen Zellen „versorgt" werden, was möglicherweise viele Transplantationen überflüssig macht. Auch Erbkrankheiten wären heilbar, wie bereits an Mäusen mit Sichelzellenanämie gezeigt wurde[157].

Man kann im Prinzip aus induzierten pluripotenten Stammzellen auch Keimzellen erzeugen und damit Klone herstellen. *Star-Wars*-Fans mögen hier erschauern, erinnert es doch an die Armee der Klonkrieger, mit der die Helden des Epos zu kämpfen hatten.

Kampf gegen das Altern

„Herr Doktor, lebe ich länger, wenn ich nicht rauche, trinke und weniger esse?" – „Nein, es kommt Ihnen nur länger vor."

Dieser alte Witz drückt aus, was vermutlich viele denken: wie alt wir werden, können wir kaum beeinflussen. Ständig neue Meldungen über die Schädlichkeit von diesem und jenem scheinen

Menschen eher abzuschrecken, als ihre Gewohnheiten zu beeinflussen. Allerdings können sich auch Hersteller von Anti-Aging-Mitteln nicht über fehlende Kundschaft beklagen.

Die beschriebenen Möglichkeiten der Gentechnik und des Organersatzes könnten zwar unser Leben verlängern. Aber welche Gene soll man modifizieren? Und wer möchte schon sein Gehirn austauschen, auch wenn es nicht mehr ganz fit ist?

Tod und Leben gehören jedoch keineswegs untrennbar zusammen! Manche einfachen Tiere wie Süßwasserpolypen (*Hydra*) leben praktisch ewig, solange sie nicht gefressen werden. Sie verfügen über ein Reservoir an Stammzellen, die ständig für den Ersatz abgestorbener Zellen sorgen[162]. Es gibt noch keine befriedigende Erklärung für die sehr unterschiedliche Lebenserwartung von Tieren. Eine Maus bringt es auf 2 Jahre, etwa gleichgroße Fledermäuse auf bis zu 50 und die isländische Muschel *Arctica islandica* sogar auf 500 Jahre[163]!

LEONARD HAYFLICK zeigte 1961, dass sich menschliche Körperzellen etwa 50-mal teilen können (die sogenannte *Hayflick-Grenze*)[164], was einem maximalen Lebensalter von etwa 125 Jahren entspricht. Das kann darauf hindeuten, dass der Tod genetisch programmiert und die maximale Lebenserwartung eine Folge evolutionärer Anpassung ist. Allerdings fällt es schwer, eine überzeugende evolutionsbiologische Erklärung dafür zu finden. Manches spricht dafür, dass Altern eher ein Nebeneffekt ist: jene Prozesse, die in der Jugend Wachstum und Fruchtbarkeit steuern, sorgen im Alter für Degeneration. Und da kaum ein Tier in freier Wildbahn sein maximales Lebensalter erreicht, bietet dessen Maximierung keinen Fitnessvorteil.

In den letzten Jahren gelang es, einige der für das Altern wesentlichen Faktoren aufzudecken. Entgegen früherer Vorstellungen ist Altern keine Folge des Wechselspiels tausender von Genen. Es sind vielmehr relativ wenige, allerdings sehr komplexe Signalwege, die diesen Prozess zu steuern scheinen. Und so können wir optimistisch in die Zukunft blicken: Womöglich feiern unsere Enkel Silvester 2100 in jugendlicher Frische.

Wir betrachten hier aus Platzgründen nur zwei Ansätze zur Lebensverlängerung. Das Thema hat einer der Autoren an anderer Stelle sehr ausführlich dargestellt[163].

Telomere

Wenn sich eine Zelle teilt, werden die DNA-Stränge der Chromosomen durch das Enzym DNA-Polymerase dupliziert. Dabei bleibt an einem Ende immer ein Stück übrig, das nicht dupliziert wird. Glücklicherweise enthalten DNA-Stränge am Ende lange informationsleere Sequenzen, die man Telomere (griech. *telos*, Ende) nennt (▶Abbildung 12-46). Beim Menschen sind Telomere etwa 15 000 Basenpaare lang, jede Teilung verkürzt sie um etwa 100 Basenpaare, bei der Geburt sind bereits 5000 Paare verbraucht. Unterschreitet die Länge des Telomers etwa 5000 Basenpaare, kann die DNA nicht mehr fehlerfrei repliziert werden; im Allgemeinen hört die Zelle dann auf, sich zu teilen. Dieser Mechanismus ist die Ursache der beobachteten Hayflick-Grenze.

Für Keimzellen, deren Tochterzellen von Generation zu Generation weitergegeben werden, wäre dies fatal: nach 50 Generationen ist Schluss! Glücklicherweise verfügen Keimzellen ebenso wie Stammzellen über das Enzym *Telomerase*, welches die Telomere wieder verlängert. Warum dieses Enzym bei reifen Körperzellen ausgeschaltet ist, wissen wir noch nicht. Ein Grund mag sein, dass dies den Organismus vor Tumoren schützt. In Tumorzellen ist die Telomerase immer aktiv, gleichzeitig sind die Signalwege, die das Wachstum von Zellen steuern, gestört, weshalb Tumorzellen sich ungebremst teilen, mit meist tödlichem Ausgang.

In Kulturen menschlicher Zellen und an Mäusen konnte demonstriert werden, dass das Einschleusen des Telomerase-Gens die Lebenszeit deutlich verlängert, bei Mäusen um bis zu 24%[165]. Gegen eine Verwendung beim Menschen spricht derzeit noch ein mögliches erhöhtes Krebsrisiko. Auch ist die Telomerase in komplexe Signalwege eingebunden, deren Funktionen man noch nicht gut versteht.

Hunger

An einem Punkt hatte der Doktor unrecht: weniger essen wirkt lebensverlängernd! Allerdings müssten Sie dabei bis fast an die Grenze des Verhungerns gehen, um sich – sagen wir einmal – ein Jahrzehnt mehr zu gönnen, keine besonders angenehme Vorstellung! Deutlich interessanter ist, was man inzwischen über die Gründe dieses Effektes herausgefunden hat!

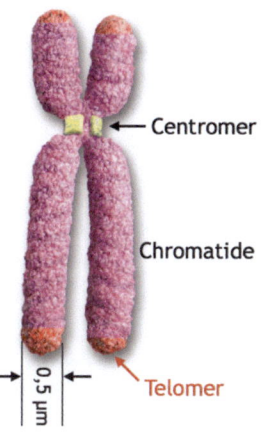

12-46
Chromosomen und Telomere[163]. Telomere sind unterschiedlich lange Endbereiche von Chromosomenarmen (Chromatiden). Sie bestehen aus einer vielfach wiederholten informationsleeren DNA-Sequenz und sind mit Proteinen assoziiert. Ihre Aufgabe ist es, die Chromosomenenden vor Abbau und fehlerhafter Verschmelzung mit anderen Chromosomen zu schützen.

Resveratrol
Dieser auch in Rotwein enthaltene Stoff galt lange ebenfalls als lebensverlängernd – zumindest bei Mäusen. Diese gute Nachricht für Weinliebhaber ist inzwischen einer gewissen Ernüchterung gewichen. Zum einen wären schon 150 Gläser Wein täglich notwendig, um die bei Mäusen wirksame Dosis zu erreichen, zum anderen scheint die Wirkung nur bei sehr fettreicher Nahrung zu bestehen. Unbestritten ist, dass Resveratrol einen positiven Effekt auf Herz und Knochen hat.

Bei sehr stark reduziertem Nahrungsangebot aktivieren Zellen ein rigides Sparprogramm: sie schränken die Protein- und Fettproduktion ein, hören auf zu wachsen und beginnen, defekte Zellbestandteile und Moleküle zu recyclen. An Teilung ist in diesem Zustand natürlich ebenfalls nicht zu denken! Ein Enzym namens TOR hat in diesem Sparprogramm eine zentrale Steuerfunktion. Steht wieder genug Nahrung zur Verfügung – was die Zelle mittels ihrer Rezeptoren für Insulin und anderer Signalstoffe erkennt – wird das Sparprogramm gestoppt, der Abbau defekter Zellbestandteile gebremst, die Zelle beginnt zu wachsen und sich zu teilen. Dieses Prinzip des „zuerst wachsen und vermehren, aufgeräumt wird später" ist für den jungen Organismus das ideale Programm. In späteren Jahren führt vermehrte Protein- und Fettproduktion, mangelnder Abbau defekter Zellbestandteile, Zellwachstum und -teilung zu Problemen: es bilden sich schädliche Ablagerungen und nicht mehr teilungsfähige Zellen (Hayflick-Grenze!) wachsen und schädigen gesunde Nachbarzellen.

Könnte man Zellen vorgaukeln, es herrschten Notzeiten, wäre aktives Hungern gar nicht mehr notwendig, um sehr alt zu werden!

Es stellte sich heraus, dass ein als Immunsuppressor bekannter Wirkstoff, den man 1972 in Bodenbakterien der Osterinsel gefunden hatte, just diese Funktion erfüllt! Man nannte diesen Stoff *Rapamycin*, in Anlehnung an *Rapa nui*, den einheimischen Namen der Insel. Auch TOR verdankt seinen Namen diesem Wirkstoff: Er steht für *Target of Rapamycin*. Rapamycin wurde an Mäusen getestet und verleiht diesen ein um bis zu 14 Prozent längeres Leben. Bei Menschen entspräche dies immerhin etwa zehn Jahre. Leider hat Rapamycin erhebliche Nebenwirkungen, die seinen Einsatz zur Lebensverlängerung stark einschränken. Eine Behandlung macht anfälliger gegenüber Infektionen und führt zu einer schlechteren Wundheilung, Effekte, die auch bei Unterernährung gehäuft auftreten.

Inzwischen sucht man nach weiteren Substanzen mit weniger Nebenwirkungen, die TOR blockieren oder anderweitig in die betroffenen Signalwege eingreifen. Vielversprechend ist ein alter Bekannter für Diabetiker: Metformin. Auch Vitamin B3 und das „Kuschelhormon" Oxytocin wirken zumindest den Effekten des Alterns entgegen.

Was noch?

Natürlich gibt es noch weit mehr Entwicklungen, die unser Leben als biologische Spezies nachhaltig verändern können, von sonstigen Innovationen ganz zu schweigen. So werden winzige molekulare Nanomaschinen, ausgestattet mit Motoren, Pumpen, Düsen und anderen Elementen, Medikamente gezielt an Wirkorte in unserem Körper transportieren, vor Ort Analysen vornehmen oder einfach durch unseren Kreislauf zirkulieren und Daten über unseren Zustand zum Beispiel an eine Smartwatch senden[166]. Bereits im klinischen Versuch sind winzige Kapseln aus Polymeren, die erst am Wirkungsort ihre Fracht entlassen, gesteuert durch die Körpertemperatur oder den pH-Wert des umgebenden Gewebes[167].

Die Entwicklung neuer antibiotischer Wirkstoffe brennt besonders unter den Nägeln, da Mikroben in immer schnellerem Tempo gegen Antibiotika resistent werden. Hier werden Ansätze verfolgt, die das Problem von der evolutionsbiologischen Seite aus angehen. Bakterien sind durchaus „soziale" Wesen, die nicht nur Plasmide mit resistenzvermittelnden Genen untereinander austauschen, sondern sich Ressourcen teilen, wie das für den Stoffwechsel unentbehrliche Eisen. Gelingt es, diesen Austausch zu blockieren, verhungern die Bakterien regelrecht. Eine schnelle Resistenz ist dabei unwahrscheinlich[168].

Auch die erst vor kaum dreißig Jahren erkannte Bedeutung kleinerer RNA–Moleküle (Mikro-RNA) für die Steuerung der Zellfunktionen wird uns wohl neue Wirkstoffe gegen Mikroben bescheren. Mikro-RNAs können gezielter die Funktion von Proteinen beinflussen, da sie nicht an deren aktiven Zentren angreifen, sondern ihre Produktion unterbinden[169].

Auch Implantate, die direkt mit unserem Nervensystem gekoppelt sind, werden sicherlich in naher Zukunft eine große Rolle spielen. Retina – Implantate, die Menschen ihr Augenlicht wiedergeben, sind bereits verfügbar, allerdings ist die Sehschärfe noch erheblich geringer als im natürlichen Auge. Implantate dieser Art werden sich wohl zukünftig wie Körperzellen auch durch Nährstoffe aus dem Blut versorgen.

Auch Direktanschlüsse an unser Gehirn sind in nicht allzu ferner Zukunft wahrscheinlich. Dank der Plastizität unseres Gehirns würden wir sie wohl bald nicht mehr als Fremdkörper empfinden, sondern in unsere Wahrnehmung und mentale Welt integrieren. Versuche mit extern am Körper angebrachten Sensoren, die mittels Vibratoren die Richtung des Erdmagnetfelds mitteilen, bestätigten, dass wir derartige Signale nach einiger Zeit gut in unsere Raumwahrnehmung integrieren können[170].

Und genetisches „Profiling", also die Analyse und Bewertung unseres Genoms, wird vermutlich selbstverständlich sein. Die Behandlung von Erbkrankheiten und Tumoren ebenso wie die Ernährung können auf diese Weise individuell abgestimmt werden. Möglicherweise gilt unser genetischer Code auch als fälschungssicherer Personalausweis. Nanomaschinen in unserem Blutkreislauf könnten die Daten auf unseren Wunsch hin an Lesesysteme übermitteln.

Diese Kette an Innovationen lässt sich noch lange fortsetzen. Wir haben noch nicht über die Rolle von Mikroorganismen in unserem Körper gesprochen, unserem sogenannten *Mikrobiom*, über ihre Rolle als Lieferanten von Nahrungsmitteln, Werkstoffen, Medikamenten, als Abfallbeseitiger und vieles mehr.

Die Zukunft bleibt spannend. ∎

Der Ast, auf dem wir sitzen

1. Ehlers E., (2008) Das Anthropozän. Die Erde im Zeitalter des Menschen. Wissenschaftliche Buchgesellschaft, Darmstadt.
2. Monastersky R., (2014) Life - a status report. Nature 516, S. 159–161.
3. Lewis L.L., Maslin M.A., (2015) Defining the Anthropocene. Nature 519, S. 171–180.
4. Bild: Radierung von George Edwards „The Dodo, and the Guinea Pig", commons.wikimedia.org/wiki/File:The_Dodo_and_the_Guiney_pig.jpg.
5. Lingenhöhl D., (2015) Der lange Weg des Plastikmülls im Meer. Spektrum der Wissenschaft 09/2015, S. 70–75.
6. Smil V., (2002) The earth's biosphere: evolution, dynamics, and change. MIT Press, Cambridge.
7. Fraser B., (2014) Extreme Living. How hunter-gatherers spread across South America. Nature 514, S. 24–26.
8. Halligan J.J. et. al, (2016) Pre-Clovis occupation 14,550 years ago at the Page-Ladson site, Florida, and the peopling of the Americas. Science Advances Vol.2/5, advances.sciencemag.org.
9. Lazaridis I., Patterson N., Mittnik A. u.a., (2014) Ancient human genomes suggest three ancestral populations for present-day Europeans. Nature 513, S. 409–413.
10. World population estimates, en.wikipedia.org/wiki/World_population_estimates, (18.10.2014).
11. Sankararaman S. et al., (2014) The genomic landscape of Neanderthal ancestry in present-day humans. Nature 507, S. 354–357.
12. Marean C.W., (2010) Als die Menschen fast ausstarben. Spektrum der Wissenschaft 12/2010, S. 58–65.
13. Robock A., Ammann C.M., Oman L., Shindell D., Levis S., Stenchikov G., (2009) Did the Toba volcanic eruption of ~74k BP produce widespread glaciation? Journal of Geophysical Research, Band 114, D10107.
14. Nentwig W., (2005) Humanökologie. Springer, Heidelberg.
15. Mithen S., (2003) After the Ice. Harvard University Press, Cambridge.
16. Sirocko F., (2013) Geschichte des Klimas. Theiss, Darmstadt.
17. Bakke J. et al., (2009) Rapid oceanic and atmospheric changes during the Younger Dryas cold period. Nature Geoscience 2, S. 202–205.
18. Diamond J., (2006) Arm und Reich. Die Schicksale menschlicher Gesellschaften. S. Fischer, Stuttgart.
19. Furuse Y., Suzuki A., Oshitani H., (2010) Origin of measles virus: divergence from rinderpest virus between the 11th and 12th centuries. Virology Journal 7:52.
20. Comas I. et al. (2013) Out-of-Africa migration and Neolithic coexpansion of Mycobacterium tuberculosis with modern humans. Nature Genetics 45, S. 1176–1182.
21. Bos K.I. et al. (2014) Pre-Columbian mycobacterial genomes reveal seals as a source of New World human tuberculosis. Nature 514, S. 494–497.
22. Hershkovitz I., Donoghue H. D. et al. (2008) Detection and molecular characterization of 9,000-year-old Mycobacterium tuberculosis from a Neolithic settlement in the Eastern Mediterranean. PLoS One 3 (10): e3426.
23. Walsh B., (2012) Invaders: How Burmese Pythons Are Devouring the Everglades. science.time.com (09.11.2014).
24. Opuntien, de.wikipedia.org/wiki/Opuntien (09.11.2014).
25. Foto: ©/Author Froggydarb.
26. Novacek M. (Hg.), (2001) The Biodiversity Crisis: Losing What Counts. The New Press.
27. Townsend C.R., Begon M., Harper J.L., (2009) Ökologie. Springer, Heidelberg.
28. Lowe S.J., Browne M., Boudjelas S., (2000) 100 of the World's Worst Invasive Alien Species. Invasive Species Specialist Group (ISSG), www.issg.org/worst100_species.html (09.11.2014).
29. Millennium Ecosystem Assessment, (2005) Ecosystems and Human Well-being: Synthesis. Island Press, Washington, DC.
30. Barnosky A.D. et al., (2011) Has the Earth's sixth mass extinction already arrived? Nature 471, S. 51–57.
31. WWF, (2014) Living Planet Report 2014.
32. McCann K.S., (2000) The diversity-stability debate. Nature 405, S. 228–233.
33. Convention on Biological Diversity, www.cbd.int (30.11.2014)
34. Pierenkemper T., (2012) Geschichte des modernen ökonomischen Denkens. UTB, Göttingen.
35. Prange W., (1967) Über Ausmass und Nachwirkung der Wüstung in Ostholstein, Lauenburg und Nordwestmecklenburg. In: Wüstungen in Deutschland, DLG-Verlag, Frankfurt/M.

36 Cumming G.S. et al., (2014) Implications of agricultural transitions and urbanization for ecosystem services. Nature 515, S. 50–57.
Fotos: Ursula Dachs.

37 Tainter J., (1988) The Collapse of Complex Societies. Cambridge University Press, Cambridge.

38 Ecological Footprint Atlas 2010, www.footprintnetwork.org (17.11.2014)

39 Global Footprint Network: Research, Science, & Technology Department, (2010) Calculation methodology for the national footprint accounts, 2010 Edition.

40 Searchinger T. et.al., (2008) Use of U.S. Croplands for Biofuels Increases Greenhouse Gases Through Emissions from Land-Use Change. Science Vol. 319, S. 1238–1240.

41 © airmaria, stock.adobe.com, #79459783.

42 Bork H.-R., (2006) Landschaften der Erde unter dem Einfluss des Menschen. Primus, Darmstadt.

43 Montgomery D.R., (2012) Dirt - The Erosion of Civilizations. University of California Press, Berkeley.

44 Pontische Ebene, de.wikipedia.org/wiki/Pontinische_Ebene, (14.12.2014).

45 Wapno, de.wikipedia.org/wiki/Wapno, (01.01.2015).

46 Neukirchen F., Ries G., (2014) Die Welt der Rohstoffe. Springer Spektrum, Heidelberg.

47 Foto: © Raimond Spekking, CC-BY-SA-4.0 (via Wikimedia Commons), commons.wikimedia.org/wiki/File:Tagebau_Garzweiler_Panorama_2005.jpg.

48 Foto: © John Trost, en.wikipedia.org/wiki/File:Lucas_gusher.jpg (18.01.2015)

49 Habrich-Böcker C., Kirchner B.Ch., Weißenburg P., (2015) Fracking – Die neue Produktionsgeografie. Springer Gabler, Wiesbaden.

50 Hydraulic fracturing, en.wikipedia.org/wiki/Hydraulic_fracturing (20.12.2014).

51 Man-Made Earthquakes Update, United States Geological Survey, 2014-01-17. www.usgs.gov/blogs/features/usgs_top_story/man-made-earthquakes (20.12.2014).

52 Foto: Ursula Dachs.

53 Jahresbericht 2013. Wirtschaftsverband Erdöl- und Erdgasgewinnung e.V., www.erdoel-erdgas.de (03.04.2015).

54 Hecking C., Druck von unten. Die Zeit, 1. April 2015.

55 Editorial (2014) The uncertain dash for gas. Nature 516, S. 7.

Klimawandel

56 Engels A., Hüther O., Schäfer M., Held H., (2015) Public climate-change skepticism, energy preferences and political participation. Global Environmental Change, Vol. 23/5, S. 1018–1027.

57 Trend Watch (2015) Nature 518, S. 11.

58 Ganopolski A., Winkelmann R., Schellnhuber H.J., (2016) Critical Insolation-CO_2 relation for diagnosing past and future glacial inception. Nature 529, S. 200–203.

59 Kukla G.J., Matthews R.K., (1972) When Will the Present Interglacial End? Science Vol. 178/4057, S. 190–202.

60 Behringer W., (2007) Kulturgeschichte des Klimas. C.H. Beck, München.

61 Figure SPM.1 from Climate Change 2014: Synthesis Report. Contribution of Working Groups I, II and III to the Fifth Assessment Report of the Intergovernmental Panel on Climate Change [Core Writing Team, Pachauri, R.K. and Meyer, L. (eds.)]. IPCC, Geneva, CH.

62 Neuzeichnung Figure SPM.3 from Climate Change 2014: Synthesis Report. Contribution of Working Groups I, II and III to the Fifth Assessment Report of the Intergovernmental Panel on Climate Change [Core Writing Team, Pachauri, R.K. and Meyer, L. (eds.)]. IPCC, Geneva, CH.

63 Annual European Union greenhouse gas inventory 1990–2012 and inventory report 2014 - Submission to the UNFCCC Secretariat. European Environment Agency.

64 Myhre G., Shindell D., Bréon F.-M., Collins W., Fuglestvedt J., Huang J., Koch D., Lamarque J.-F., Lee D., Mendoza B., Nakajima T., Robock A., Stephens G., Takemura T., Zhang H., (2013) Anthropogenic and Natural Radiative Forcing. In: Climate Change 2013: The Physical Science Basis. Contribution of Working Group I to the Fifth Assessment Report of the Intergovernmental Panel on Climate Change. Cambridge University Press, Cambridge, New York.

65 van Vuuren D.P. et.al., (2011) The representative concentration pathways: an overview. Climatic Change, Vol. 109, Issue 1–2, S. 5–31.

66 Lenton T.M. et.al., (2008) Tipping elements in the Earth's climate system, www.pnas.org/cgi/doi/10.1073/pnas.0705414105.

67 Livina V.N., Lenton T.M., (2013) A recent tipping point in the Arctic sea-ice cover: abrupt and persistent increase in the seasonal cycle since 2007. The Cryosphere 7, S. 275–286.

68 Deschamps P. et al., (2012) Ice-sheet collapse and sea-level rise at the Bolling warming 14,600 years ago. Nature 483, S. 559–564.

69 IPCC, (2014) Summary for policymakers. In: Climate Change 2014: Impacts, Adaptation, and Vulnerability. Part A, Table 5-2, S. 369.

70 Schuur E.A.G. et.al., (2015) Climate change and the permafrost carbon feedback. Nature 520, S. 171–179.

71 IPCC, (2014) Summary for policymakers. In: Climate Change 2014: Impacts, Adaptation, and Vulnerability. Part A, Box 4-3, S. 309.

72 Jaeger C.C., Jaeger J., (2011) Three views of two degrees. Regional Environmental Change, Vol. 11, Issue 1 Supplement, S. 15–26.

73 IPCC, (2014) Summary for policymakers. In: Climate Change 2014: Impacts, Adaptation, and Vulnerability. Part A, Assessment Box SPM.2, Table 1 S. 21ff.

74 Burke M., Hsiang S.M., Miguel E., (2015) Global nonlinear effect of temperature on economic production. Nature 527, S. 235–239.

75 Jamieson D., (1996) Ethics and intentional climate change. Climatic Change 33, S. 323–336.

76 Nordhaus W., (1977) Strategies for the control of carbon dioxide. Cowles Foundation Discussion Papers, No 443, Cowles Foundation for Research in Economics at Yale University, Connecticut, U.S.A.

77 Schelling Th., (1980) The Strategy of Conflict. Harvard University Press.

78 Fischhoff B., Lichtenstein S., Slovic P., (1980) Approaches to Acceptable Risk: A Critical Guide. S. ii–iii.

79 World Child Hunger Facts, www.worldhunger.org/articles/Learn/child_hunger_facts (05.07.2015).

80 IPCC, (2014) Summary for policymakers. In: Climate Change 2014: Impacts, Adaptation, and Vulnerability. Part A: Global and Sectoral Aspects. Contribution of

Working Group II to the Fifth Assessment Report of the Intergovernmental Panel on Climate Change. Assessment Box SPM.1 Figure 1, S. 13.
81 Douglas M., Wildavsky A., (1982) Risk and Culture. University of California Press, Berkeley.
82 Hulme M., (2009) Why we disagree about climate change. Cambridge University Press, Cambridge.
83 Lovelock J., (2006) The revenge of Gaia: why the earth is fighting back – and how we can still save humanity. Penguin, London.
84 Weisman A., (2007) Die Welt ohne uns. Piper, München.

Universalwerkzeug Nervensystem

85 Leslie A.M., Keeble S., (1987) Do six-month-old infants perceive causality? Cognition, 25, S. 265–288.
86 www.spektrum.de/news/kausalitaetsdetektoren-im-auge-des-betrachters/1181317 (25.07.2015).
87 Kahneman D., (2012) Schnelles Denken, langsames Denken. Siedler-Verlag, München.
88 Tomasetti Chr., Vogelstein B., (2015) Variation in cancer risk among tissues can be explained by the number of stem cell divisions. Science Vol. 347/6217 S. 78–81.
89 Tomasello M., (2014) Eine Naturgeschichte des menschlichen Denkens. Suhrkamp, Berlin.
90 Zimmermann S., (2015) Der kleine Stups zu mehr Vernunft. Gehirn und Geist 10/2015.
91 Aboitiz F., Montiel J.F., (2012) From tetrapods to primates: Conserved developmental mechanisms in diverging ecological adaptations. Progess in Brain Research, Vol. 195, S. 3–24.
92 Dudel J., Menzel R., Schmidt R.F. (Hg.), (2001) Neurowissenschaft. Springer, Heidelberg.
93 Chordatiere, de.wikipedia.org/wiki/Chordatiere (10.12.2015).
94 Roth G., Dicke U., (2005) Evolution of the brain and intelligence. In: Trends in Cognitive Sciences, Vol. 9/5, S. 250–258.
95 Hofman M.A., (2012) Design principles of the human brain: An evolutionary perspective. In: Progess in Brain Research, Vol. 195.
96 Suddendorf Th., (2013) Der Unterschied. Was den Menschen zum Menschen macht. Berlin Verlag, Berlin.
97 Lexikon der Neurowissenschaften (2001), Springer-Spektrum, Heidelberg.
98 Animal Language, en.wikipedia.org/wiki/Animal_language (20.10.2015).
99 Herculano-Houzel S., (2009) The human brain in numbers: a linearly scaled-up primate brain. Frontiers in Human Neuroscience, www.frontiersin.org, Vol. 3/31.
100 Quick N.J., Janik V.M., (2012) Bottlenose dolphins exchange signature whistles when meeting at sea. In: Proceedings of the Royal Society B, 279, S. 2539–2545.
101 Gentner T.Q., Fenn K.M.,Margoliash D., Nusbaum H.C., (2006) Recursive syntactic pattern learning by songbirds. Nature 440/27, S. 1204–1207.
102 Herman L.M., Kuczaj S.A., Holder M.D., (1998) Responses to anomalous gestural sequences by a language-trained dolphin: Evidence for processing of semantic relations and syntactic information. Journal of Experimental Psychology: General, Vol. 122/2, S. 184–194.
103 Proffitt T. et al., (2016) Wild monkeys flake stone tools. Nature 539, S. 85–88.
104 Tool use by animals, en.wikipedia.org/wiki/Tool_use_by_animals, (20.10.2015).
105 Jones Th.B., Kamil A.C., (1973) Tool-Making and Tool-Using in the Northern Blue Jay. Science 180, S. 1076–1078.
106 Emery N.J., (2006) Cognitive ornithology: the evolution of avian intelligence. Philosophical Transactions of the Royal Society B 361, S. 23–43.
107 Taylor A.H., Hunt G.R., Medina F.S., Gray R.D., (2009) Do New Caledonian crows solve physical problems through causal reasoning? Philosophical Transactions of the Royal Society B 276, S. 247–254.
108 Animal Cognition, en.wikipedia.org/wiki/Animal_cognition (22.10.2015).
109 Irie N., Hasegawa T., (2012) Summation by Asian Elephants (Elephas maximus). Behavioral Sciences Vol. 2/2, S. 50–56.
110 Watzlawik P., (1976) Wie wirklich ist die Wirklichkeit? Piper Verlag, München.
111 Cammaerts M-C., Cammaerts R., (2015) Are ants (Hymenoptera, Formicidae) capable of self recognition? In: Journal of Science 5/7, S. 521–532.
112 Kornell N., (2014) Where is the „meta" in animal metacognition? Journal of Comparative Psychology Vol. 128/2, S. 143–149.
113 Crystal J.D., (2014) Where is the skepticism in animal metacognition? Journal of Comparative Psychology Vol. 128/2, S. 152–154.
114 Smith J.D., Couchman J.J., Beran M.J., (2014) Animal Metacognition: A Tale of Two Comparative Psychologies. Journal of Comparative Psychology Vol. 128/2, S. 115–131.
115 de Waal F., (2008) Primaten und Philosophen. Deutscher Taschenbuch Verlag, München.
116 Singer T., Seymour B., O'Doherty J., Kaube H., Dolan R.J., Frith C.D., (2004) Empathy for pain involves the affective but not the sensory components of pain. Science 303, 1157–1161.
117 Rizzolatti G., Sinigaglia C., (2008) Empathie und Spiegelneurone. Die biologische Basis des Mitgefühls. Suhrkamp, Frankfurt/M.
118 Barkow J.H., Cosmides L., Tooby J. (Hg.), (1992) The Adapted Mind: Evolutionary Psychology and The Generation of Culture. Oxford University Press, Oxford.
119 Lindquist K.A., Barrett L.F., (2012) A functional architecture of the human brain: emerging insights from the science of emotion. Trends in Cognitive Sciences 16, S. 533–540.
120 Buller D.J., (2009) Vier Trugschlüsse der populären Evolutionspsychologie. In: Die Evolution der Evolution, Spektrum der Wissenschaft - Spezial 1/2009, S. 58–65.
121 Zengel B., Edlund J.E., Sagarin B.J., (2013) Sex differences in jealousy in response to infidelity: Evaluation of demographic moderators in a national random sample. Personality and Individual Differences, Vol. 54/1, S. 47–51.
122 Brase G.L., Adair L., Monk K., (2014) Explaining Sex Differences in Reactions to Relationship Infidelities: Comparisons of the Roles of Sex, Gender, Beliefs, Attachment, and Sociosexual Orientation. Evolutionary Psychology 12(1), S. 73–96.
123 Sagarin B.J. et. al., (2012) Sex differences in jealousy: a meta-analytic examination. Evolution and Human Behavior, Vol. 33/6, S. 595–614.
124 Tagler M.J., Gentry R.H., (2011) Gender, jealousy, and attachment: A (more) thorough examination across

measures and samples. Journal of Research in Personality, Vol. 45/6, S. 697–701.
125 Burchell J.L., Ward J., (2011) Sex drive, attachment style, relationship status and previous infidelity as predictors of sex differences in romantic jealousy. Personality and Individual Differences, Vol. 51/5, S. 657–661.
126 Carpenter C.J., (2012) Meta-Analyses of Sex Differences in Responses to Sexual Versus Emotional Infidelity. Psychology of Women Quarterly, Vol. 36/1, S. 25–37.
127 Sobraske K.H., Boster J.S., Gaulin S.J., (2013) Mapping the Conceptual Space of Jealousy. ETHOS, Vol. 41/3 S. 249–270.
128 Lefebvre L., (2012) Primate encephalization. In: Progress in Brain Research, Vol. 195, S. 393–412.
129 Goncalves B., Perra N., Vespignani A., (2011) Modeling Users' Activity on Twitter Networks: Validation of Dunbar's Number. PLoS ONE 6(8): e22656.
130 Dunbar R.I.M., (1992) Neocortex size as a constraint on group size in primates. Journal of Human Evolution 20, S. 469–493.
131 Dunbar R.I.M., (1998) The Social Brain Hypothesis. Evolutionary Anthropology 6, S. 178–190.
132 Gowlett J., Gamble C., Dunbar R., (2012) Human Evolution and the Archaeology of the Social Brain. Current Anthropology Vol. 53/6, S. 693–722.
133 Charvet Ch.J., Finlay B.L., (2012) Embracing covariation in brain evolution: Large brains, extended development, and flexible primate social systems. In: Progress in Brain Research, Vol. 195, S.71–87.
134 Simian F., Leo I., Turati C., Valenza E., Dalla Barba B., (2007) How face specialization emerges in the first months of life. In: Progress in Brain Research Vol. 164, S. 169–185.
135 Tuomela R., (2007) The Philosophy of Sociality: The Shared Point of View. Oxford University Press, Oxford.
136 Stix G., (2015) Gute Zusammenarbeit. Spektrum der Wissenschaft 5/15, S. 52–59.
137 Sober E., Wilson D.S., (1999) Unto Others : The Evolution and Psychology of Unselfish Behavior. Harvard University Press, Cambridge.
138 Nowak A.M., (2006) Evolutionary Dynamics. The Belknap Press of Harvard University Press, Cambridge.
139 Stanovich K.E., (2013) Why humans are (sometimes) less rational than other animals: Cognitive complexity and the axioms of rational choice. Thinking & Reasoning, Vol. 19/1, S. 1–29.
140 Jordan J.J., Hoffman M., Bloom P., Rand D.G., (2016) Third-party punishment as a costly signal of trustworthyness. Nature 530, S. 473–476.
141 Richerson P.J., Boyd R., (2005) Not by genes alone. How culture transformed human evolution. University of Chicago Press, Chicago.
142 Dawkins R., (2007) Das egoistische Gen. Springer Spektrum, Heidelberg.
143 Schoenemann P.T., (2012) Evolution of brain and language. In: Progress in Brain Research, Vol. 195, S. 443–660.

Evolution der Zukunft

144 Brehmer A. (Hg.), (1910) Die Welt in 100 Jahren. Georg Olms, Hildesheim.
145 Kurzweil R., (2014) Der Mensch, Version 2.0. In: Spektrum der Wissenschaft Spezial 03/2014.
146 Clarke A.C., (1978) 2001 - Odyssee im Weltraum. Heyne.
147 Stulp G., Barrett L., Tropf F.C., Mills M., (2015) Does natural selection favour taller stature among the tallest people on earth? Proceedings of the Royal Society B Vol. 282/1806, rspb.royalsocietypublishing.org
148 Hawks J., Wang E.T., Cochran G.M., Harpending H.C., Moyzis R.K., (2007) Recent acceleration of human adaptive evolution. PNAS, Vol. 104/52.
149 Milota E., Mayer F.M., Nussey D.H., Boisvert M., Pelletier F., Réale D., (2011) Evidence for evolution in response to natural selection in a contemporary human population. PNAS Vol. 108/41.
150 Byars S.G., Ewbank D., Govindaraju D.R., Stearns S.C., (2010) Natural selection in a contemporary human population. PNAS Vol. 107/Suppl. 1.
151 Folger T., (2014) Werden wir immer klüger? In: Spektrum der Wissenschaft 05/2013, S. 53–55.
152 Cochrane P., Winter C.S., Hardwick A., Biological limits to information processing in the human brain. archive.cochrane.org.uk/opinion/archive/articles/brain9a.php. (28.02.2016).
153 Marraffini L., (2015) CRISPR-Cas immunity in prokaryotes. Nature 526, S. 55–61.
154 Knox M., (2015) Gezielter Eingriff ins Erbgut. Spektrum der Wissenschaft 09/2015, S. 22–27.
155 Ledford H., (2015) CRISPR, the disruptor. Nature 522, S. 21–24.
156 Ledford H., (2015) Bacteria yield new gene cutter. Nature 526, S. 17.
157 Hochedlinger K., (2014) Der biologische Jungbrunnen. Spektrum der Wissenschaft Spezial 03/2014.
158 Willyard C., (2015) Rise of the Organoids. Nature 523, S. 520–523.
159 Eiraku M., et al., (2011) Self-organizing optic-cup morphogenesis in three-dimensional culture. Nature 472, S. 51–56.
160 Takebe T., et al., (2013) Vascularized and functional human liver from an iPSC-derived organ bud transplant. Nature 499, S. 481–484.
161 Harmon K., (2013) Organe aus dem 3-D-Drucker. Spektrum der Wissenschaft 06/2013, S. 19–21.
162 Süßwasserpolypen, de.wikipedia.org/wiki/Süßwasserpolypen, (20.02.2016).
163 Welsch N., (2015) Leben ohne Tod? Springer Spektrum, Heidelberg.
164 Hayflick L, Moorhead P.S., (1961) The serial cultivation of human diploid cell strains. Experimental Cell Research 25, S. 585–621.
165 Bernardes de Jesus B., et al. (2012) Telomerase gene therapy in adult and old mice delays aging and increases longevity without increasing cancer. EMBO Molecular Medicine 4 (8), S. 691–704.
166 Peplow M., (2015) March of the Machines. Nature 525, S. 18–21.
167 Taylor D.K., Balami U., (2015) Designermoleküle für intelligente Medikamente. Spektrum der Wissenschaft 05/2015, S. 26–31.
168 Zimmer C., (2015) Schwachstellen der Bakterienfestung. Spektrum der Wissenschaft 07/2015, S. 34–40.
169 Gorman C., Maron D.F. (2015) Die RNA-Revolution. Spektrum der Wissenschaft 05/2015, S. 20–25.
170 Müller K., (2015) Das Gefühl von Norden. Gehirn und Geist 03/2015, S. 18–23.

Anhang

Literaturverzeichnis
Stichwortverzeichnis

Literaturverzeichnis

Bei den im Folgenden aufgeführten Titeln handelt es sich um einführende Lehrbücher in die jeweiligen Themengebiete dieses Buches oder um populärwissenschaftliche Darstellungen. Quellennachweise finden Sie am Ende jedes Kapitels.

Allgemeine Einführung in die Erdwissenschaften

Grotzinger J., Jordan T.H., Press/Siever, (2017) Allgemeine Geologie, 7.Aufl. Springer Spektrum Berlin, Heidelberg.

Meschede M., (2015) Geologie Deutschlands. Springer Spektrum Berlin, Heidelberg.

Erdgeschichte

Elicki O., Breitkreuz Chr., (2016) Die Entwicklung des Systems Erde. Springer Spektrum Berlin, Heidelberg.

Hazen R. M., (2012) The story of earth. Viking Press New York.

Biologische und chemische Evolution

Rauchfuß H. (2005) Chemische Evolution und der Ursprung des Lebens. Springer Berlin, Heidelberg.

Darwin Ch., (2015) Die Entstehung der Arten. CreateSpace Independent Publishing Platform.

Dawkins R., (2008) Der blinde Uhrmacher: Warum die Erkenntnisse der Evolutionstheorie zeigen, daß das Universum nicht durch Design entstanden ist. dtv München.

Knoll A. H., (2015) Life on young planet: The first three billion years of evolution on Earth. Princeton University Press Princeton.

Lenton T., Watson A., (2011) Revolutions that made the Earth. Oxford University Press Oxford.

Zrzavy J., Burda H., Storch D., Begall S., Mihulka St., (2013) Evolution: eine Lese-Lehrbuch. Springer Berlin Heidelberg.

Die Evolution der Evolution. Spektrum Spezial 1/2009.

Evolution. Spektrum Spezial 1/2014.

Carrol S.B., (2008) Evo Devo. Berlin University Press Berlin.

Entwicklung des Kosmos

May B. More P., Lintott Chr., (2010) BANG! Die ganze Geschichte des Universums. Kosmos Stuttgart.

Unsöld A., Baschek B., (2005) Der neue Kosmos: Einführung in die Astronomie. Springer Berlin Heidelberg.

Welsch N., Schwab J., Liebmann Chr., (2013) Materie. Springer Berlin Heidelberg.

Zellen, Organismen und Stoffwechsel

Penzlin H., (2016) Das Phänomen Leben. Springer Spektrum Berlin Heidelberg.

Graw J. (Hg), (2012) Lehrbuch der Molekularen Zellbiologie, 4. Aufl. Wiley-VCH, Weinheim.

Pflanzen und Pilze

Kadereit, Körner, Kost, Sonnewald (Hgs), (2014) Lehrbuch der Pflanzenwissenschaften. Springer Berlin Heidelberg.

Kothe H.W., Kothe E., (2010) Pilze: Eine unterhaltsame Einführung in die Mykologie. LIT Berlin.

Atmosphäre und Klima

Sirocko F., (2013) Geschichte des Klimas. Theiss Wissen Kompakt.

Behringer W., (2016) Kulturgeschichte des Klimas, 5. Aufl. dtv München.

Lauer W., Bendix J., (2006) Klimatologie, 2. Aufl. Westermann Braunschweig.

Zalasiewicz J., Williams M., (2012) The goldilocks planet. Oxford University Press, Oxford.

Ozeane

Aschemaier R., Bänsch H., Matthiesen S., (2007) Ozeane. Dorling Kindersley, München.

Schätzing F., (2010) Nachrichten aus einem unbekannten Universum. Kiepenheuer&Witsch, Köln.

Bodenkunde

Blume, H.-P. et al., (2010) Scheffer/Schachtschabel - Lehrbuch der Bodenkunde. Springer Spektrum Heidelberg.

Ökologie

Townsend C.R., Begon M., Harper J.L., (2009) Ökologie. Springer Spektrum Berlin, Heidelberg.

Reinecke W., Schlömann M., (2015) Umweltmikrobiologie. Springer Spektrum Berlin, Heidelberg.

Nervensystem, Gehirn und soziales Verhalten

Gassen H.G., (2008) Das Gehirn. WBG, Darmstadt.

Spitzer M., Bertram W., (2012) Hirnforschung für Neo(ro)gierige. Schattauer, Stuttgart.

Dudel J., Menzel R., Schmidt R.F. (Hg.), (2001) Neurowissenschaft - Vom Molekül zur Kognition. Springer Berlin, Heidelberg.

Suddendorf Th., (2014) Der Unterschied - Was den Mensch zum Menschen macht. Berlin-Verlag, Berlin.

de Waal F., (2011) Primaten und Philosophen. dtv München.

Tierische Tricks. Spektrum Spezial 4/2014.

Mensch und Erde

Ehlers E. (2008) Das Anthropozän. WBG Darmstadt.

Mithen S., (2003) After the Ice. Harvard University Press Cambridge, Mass, USA.

Nentwig W., (2005) Humanökologie. Springer Berlin Heidelberg.

Neukirchen F., Ries G., (2016) Die Welt der Rohstoffe. Springer Berlin, Heidelberg.

Bork H.-R., (2006) Landschaften der Erde unter dem Einfluss des Menschen. WBG Darmstadt.

Die Zukunft des Menschen

Mensch 2.0. Spektrum Spezial 3/2014.

Die Welt von morgen. Spektrum Spezial 1/2016.

Mensch Maschine Visionen. Spektrum Spezial 2/2015.

Nowak P., (2015) Humans 3.0. The Friday Project London.

Online-Lexika zum Thema

Lexikon der Astronomie, www.spektrum.de/lexikon/astronomie (18.03.2017).

Lexikon der Biochemie, www.spektrum.de/lexikon/biochemie (18.03.2017).

Lexikon der Chemie, www.spektrum.de/lexikon/chemie (18.03.2017).

Lexikon der Geowissenschaften, www.spektrum.de/lexikon/geowissenschaften (18.03.2017).

Lexikon Geografie, Lexikon Geologie, Lexikon Geodäsie, Topologie & Geowissenschaften, www.geodz.com (18.03.2017).

The Encyclopedia of Earth, editors.eol.org/eoearth/wiki (18.03.2017).

Erdgeschichtliche Weltkarten: PALEOMAP Project, www.scotese.com (18.03.2017).

Fakten zu den Planeten: Planetary Fact Sheet, nssdc.gsfc.nasa.gov/planetary/factsheet (18.03.2017).

Stichwortverzeichnis

Symbole

2-Grad-Ziel 299
13C (Kohlenstoffisotop) 226
67P/Churyumov-Gerasimenko 102

A

Abiotische Theorie der Erdölentstehung 256
Ablagerungsgesteine. *Siehe* Sedimentite
Absorptionsspektren
  von Antennenpigmenten 142
Abundanz 285
Acanthodia 202
Acasta-Gneis 82
Accelerator Mass Spectrometry 30
Acetaldehyd 114
Acetonitril 101
Acidithiobacillus thiooxidans 163
Actinobacteria 275
adamah 263
Adenin 116
Adenosintriphosphat 96
Adsorptionswasser 271
Affimere 119
Aflatoxin 190
Aga-Kröte 283
Agrobacterium tumefaciens 160
A-Horizont 270
Akkretion 77, 79
  Wasseraufnahme durch 77
Aktualismus 5
Alanin 114, 116
Alatsee 224
Albedo 221, 297
  der Venus 76
Alberti, Friedrich August von 251
Algenblüte 168
Algenteppich 220
ALMA-Teleskop 101
Alpen 84
Alphaproteobakterien 177
Altruismus 308
Aluminiumoxid
  (Fracking) 291
Amazonasbecken
  Versorgung mit Phosphor 167
Amazonaswälder
  Absterben der 297
Amazon forest dieback 297
Aminoacyltransferase 125
Aminoacyl-tRNA-Synthetase 119
Aminogruppe 43
Aminosäure 43
  L-Form, D-Form 108
  proteinbildende 44
Ammoniak 157
Ammonifikation 160

Ammoniten 197
amphiphil 124
Amsterdam Declaration on Global Change 218
Anabaena azollae 147. *Siehe* Azolla
Anabolismus 135
Angiospermen 196. *Siehe* Bedecktsamer
  und Oleanane 36
Anhydrit
  bei Geothermiebohrungen 292
Ankerit 242
Anomalocaris 185
Antennenpigment 141
Anthoceropsida 192
Anthocerotopsida. *Siehe* Hornmoose
Anthrazit 253
Anthropozän 279
Antimaterie 59
AOGCM. *Siehe* Atmosphere–Ocean General Circulation Models
AOM 155
Äpfelsäure 144
Aphanomyces astaci. *Siehe* Krebspest
Apoptose 48
Appalachen 84
apparent polar wander 228
Apsidendrehung 85
Aptamere 119
APW. *Siehe* apparent polar wander
Aquificae 128
Aragonit 245
Archaea 173
Archaeopteris 194
Archaikum
  Beginn des 79
Archäocyathiden 247
Arctica islandica 317
Ardennen 84
Arene 255
Armleuchter-Algen 192
aromatisch 34
Arten
  Anzahl der 284
Artensterben 283
Arthropleura 216
Arthropoda. *Siehe* Gliederfüßer
Arthropoden 184
Ascomycetae. *Siehe* Schlauchpilz
Ascomycota. *Siehe* Schlauchpilz
Aspergillus flavus 190. *Siehe* Gießkannenschimmel
Asphaltene 255
Assimilation 133
  von Stickstoff 160
Atkineten. *Siehe* Überdauerungszellen
Atmosphäre 207

der Venus 219
des Mars 219
des Titan 67
dritte 213
Entwicklung der 213
Gasaustausch in der 210
im Phanerozoikum 214
im Präkambrium 211
Verlust der 212
zweite 77
atmosphere-ocean general circulation model 296
Atmung
  aerobe 136, 143, 145, 147, 148
Atmungskette. *Siehe* Elektronentransportkette
Atom 26
Atomkern 26
ATP. *Siehe* Adenosintriphosphat
ATP-Synthase 138, 140
Ausgasung
  thermische 212
  vulkanische 161
Aussterbeereignis
  und gamma ray bursts 198
  und genetische Vielfalt 40
Aussterbewahrscheinlichkeit 198
autotroph, Autotrophie 95, 135
Avalonia 82
Avalonia-Lebensgemeinschaft 182
Axelrod, Robert 309
Azolla 146

B

Bacillus 160
Backpulver 165
Bad Friedrichshall 251
Bahnresonanz 78
Bakteriohopantetrol 36
  Diagenese von 36
Baltika 82, 214
Baltimore, David 118
Bändereisenerz 224, 236, 241
  Algoma-Typ 242
  Rapitan-Typ 242
  Superior-Typ 242
Bärlapp 192
Bärlappgewächs 192
barrier reef 250
Basenpaarung 46
basic leucin-zipper domain 115
Basidiomyceta 190
Basidiomycota. *Siehe* Ständerpilz
Bassham, James A. 142
Baumwolle 143
Bauxit 290
BCM. *Siehe* Mineralisation, biologisch kontrollierte
Bedecktsamer 194, 196

Beggotia 163
Benson, Andrew 142
benthisch 239
Bergbau 289
Bergsenkung 290
Beringstraße 280
Besiedlung
  von Kontinenten durch Menschen 279
Bethe-Weizsäcker-Zyklus 59
Bevölkerungsentwicklung 280
Bewusstsein, von Tieren 304
B-Horizont 271
BIF. *Siehe* Bändereisenerz
Bifurkation 297
Big Five 197
Bilateria 229
BIM. *Siehe* Mineralisation, induzierte
Bingham Canyon Mine 290
Biodiversität 285
Bioelement 133
Biofilm 239
Biohermen 247
Biokapazität 287
Biokraftstoff 286
Biomarker 32
  Hopan- 36
Biomasse
  der Menschen 279
Biomembran 125
Biomolekül
  häufigste 43
Biopolymer 43
Biosphäre
  selbstorganisierende 219
Biostrome 247
Bioturbation 183, 270
Blastoidea. *Siehe* Stachelhäuter
Blausäure 114
Blowout 291
Bmp4 187
Boden
  Bildungsrate von 265
Bodenaggregat 264
Bodenart 263
Bodenartendiagramm 264
Bodenbestandteile 264
Bodenbildung 265
Bodenentwicklung 270
Bodenhorizont 269
Bodentyp 264
Bohrmuschel 244
Bohrschwämme 244
boring billion. *Siehe* langweilige Milliarde
Boten-RNA 46
Boyle, Robert 32
Brachiopoda 202
Braunerde 270
Braunkohletagebau 290
Bryophyten 180

B

Bryozoa 197
Budyko, Mikhail Ivanovich 225
Bündelscheidenzelle 144
Buntsandstein 251
Burma-Python 283
Butan 255
Butlerow, Alexander 117
Butyldiglykol (Fracking) 291

C

C3/C4-Pflanzen 143
C-14-Methode. *Siehe* Radiokarbonmethode
Calcarea 179. *Siehe* Kalkschwämme
Calcit 245
Calciumcarbonat 245
Calmodulin 187
Calvert Cliffs 48
Calvin, Melvin 142
Calvin-Zyklus. *Siehe* Dunkelreaktion
CAM-Pflanzen 144
Candida 191. *Siehe* Hefe
Canfield, Donald 224
Canfield-Ozean 224
cap carbonates 226
Cap Grim 223
Carbonanhydrase 238
Carbonat 15, 153, 236, 244
Carbonat-Silikat-Zyklus 214
Carbonylsulfid 75, 161
Carboxygruppe 43
Carotinoid 34, 141
Carter, Charles 124
Casing 291
Cavendish, Henry 21
CBD. *Siehe* Convention on Biological Diversity
CCR5 312
Cellulose 43
  Abbau von 268
Chandler-Wobble 228
Chardin, Pierre Teilhard de 219
Charnia 183
Charophyceae. *Siehe* Armleuchter-Algen
Charophyta 178, 192
Chatton, Edouard 173
chemolithoautotroph 95
chemolithotrophe Thiosulfatoxidation 165
Chemolithotrophie 135, 137
  Bioenergetik von Prokaryoten 138
Chicxulub-Krater 86
Chinolin 102
chiral 108
Chitin
  Abbau von 268
Chitinpanzer 41
Chlorobi. *Siehe* Grüne Schwefelbakterien
Chlorobium 163
Chloroflexi 275. *Siehe* Grüne Nichtschwefel-Bakterien
Chlorophyll 141
Chlorophyten 178
Chloroplast 140, 147, 174, 178
Chlorosomen 145
CHNOPS 96
Choanoflagellat. *Siehe* Kragengeißeltierchen
Choanosom 179
Choanozyten 179. *Siehe* Kragengeißelzellen
Cholestan 35
Cholesterin 35
Chondrule 73
Chordata 301
Chordatiere 185
C-Horizont 271
Christae 177
Chroccales 147
Chromatographie 26
Chromista 191
Chroococcidiopsis 146
Chrysomonaden 249
Cinnebarit 161
Claw-Hypothese 222
Cloudina 183
Clustered Regularly Interspaced Short Palindromic Repeats. *Siehe* CRISPR
Cnidaria. *Siehe* Nesseltiere
CO2-Äquivalent 295
Coccolith 246
Coccolithophoride 202
Codon 48
cold seeps 229
Colorado-Plateau 217
Columbia (Kontinent) 82
Computersimulation 8
Coniferales 196
Convention on Biological Diversity 285
Cooksonia 192
Cordaitales 196
Cordaitanae 195
Corioliskraft 208
Cornwall 84
COS. *Siehe* Carbonylsulfid
Cowen, Richard 229
cracking 254
Cramer, Patrick 126
crassulacean acid metamorphism. *Siehe* CAM-Pflanzen
Crichton, Michael 53
Crick, Francis 45, 116
Crinoida. *Siehe* Haarstern
CRISPR 314
CRISPR/Cpf1 315
crossover 193
Cryogenium 179, 226
Cryptomonaden 249
Ctenophora. *Siehe* Rippenquallen
Cuvier, Georges 197
Cyanobakterien 140, 146, 177, 210
  Zeitalter der 146
Cyanotoxin 146
Cycadales. *Siehe* Palmfarn
Cycloalkane 255
Cytochrom b6f 142
Cytochrom c 138
Cytosin 116
Cytoskelett 175

D

Daisyworld-Modell 221
Darmparasiten 137
Darwin, Charles 39
Dawkins, Richard 310
Deckschicht
  ozeanische 224
deep magma ocean. *Siehe* Magmaozean
Deinococcus radiodurans 87
Deinococcus-Thermus 275
Dekkan Trapp 217
Deletion 49
Demospongia 179. *Siehe* Hornschwämme
Denitrifikation 157, 160
Desoxyribonukleinsäure 46
  mitochondriale 51
  Rekonstruktion von DNA-Sequenzen 52
  ribosomale 51
  Zellkern- 52
Desoxyribose 117
Destruenten 156
Desulfobacter 164
Desulfobulbus mediterraneus 246
Deuterium 31, 57
Deuterostomia. *Siehe* Neumünder
Devonische Explosion 194
Diagenese 20, 33
Diamiktit 227
Diatomeen 178, 238, 249. *Siehe* Kieselalgen
DIC 155
Dickinsonia 183, 192
Differentialgleichung 8
Dikotyle 196
Dimethylsulfid 161, 210, 220, 223
Dino-Einzeller. *Siehe* Vendobiont
Dinoflagellat 178, 202
Dinoflagellaten 178, 249
DinoPark 53
diploid 193
Dissimilation 133
DMS. *Siehe* Dimethylsulfid
DNA-Codesonne 126
DNA-Replikation 47
DOC 155
Dodo 279
Dolly 53
Dolomit 242
Domänen
  Entstehung der 128
Domestizierung 281
  von Säugetieren 282
Down-Syndrom 193. *Siehe* Trisomie 21
Dunbar, Robin 307
Dünger 157
Dunkelreaktion 142
Dunkle Energie 58
Dunkle Materie 58
Duplikation 48
Dust Bowl 18

E

earth system model 296
Ebola 283
Ecdysozoa. *Siehe* Häutungstiere
Ecphora 48
ECS. *Siehe* equilibrium climate sensitivity
Ectoderm 187
Edaphon 264
Ediacara 152
Ediacara-Fauna 181
Ediacara-Hügel 181
Ediacarium 181
Efremovka-Chondrit 73
Eifersucht
  Evolution der 306
Eigen, Manfred 110
Einkeimblättrige 196. *Siehe* Monokotyle
Einkorn 281
Eipilz 190
Eisbohrkern 31
Eisen 64
  Oxidationsprozesse von 243
Eisenhydroxid 224
Eisen-Nickel-Kern 64
Eisen-Schwefel-Welt 112, 124
Eisschild
  antarktischer 217
  westantarktischer 297
Eisschilde
  Abschmelzen der 297
Eiszeit. *Siehe auch* Vereisung
  Kleine 86
  marinoische 152, 226
  Sahara- 215
  und Exzentrizität der Erdachse 86
  und Sonnenflecken 86
  Würm- / Weichsel- 226
Ektoderm 186, 302
Ektomykorrhiza 190
Elektronenakzeptor
  terminaler 178
Elektronenfallen 32
Elektronentransportkette 138
Elementsynthese
  primordiale 57
Ellington, Andrew E. 119
El Teniente 290
Embryophyta 191
Emiliana huxleyi 220
Emissionsszenarien (IPCC) 296
Emmer 281
Empathie
  kognitive (von Tieren) 305
Emscher 290
Enantiomer 108

STICHWORTVERZEICHNIS

Enceladus
  (Saturnmond) 66
Encephalisierungsquotient 302
Endhirn 302
endolithisch 163
Endomykorrhiza 190
endoplasmatische Retikulum 174
Endosymbiontentheorie 176
Endosymbiose 176
  Evolutionsdruck 179
  sekundäre und tertiäre 178
Energiegefälle 93
Enhancer 186
Entoderm 186
Entropie 92
Enzym 99
epizellular 237
equilibrium climate sensitivity 295
Erdachse 74, 84
  Präzession der 84
Erdbeben
  durch Fracking 292
Erde
  Alter der 73
  Dichte der 21
  kippende 228
  Masse der 21
  Produktionskapazität der 286
  Tiefenbau der 21
Erdgas 257
  nasses 254
Erdkern 23
Erdmantel 22
Erdöl
  Chemische Zusammensetzung von 255
  Migration von 257
Erdölfalle 257
Erdsystemwissenschaft 218
ERF. Siehe Strahlungsantrieb, effektiver
Ergussgesteine. Siehe Vulkanite
Erosion 288
Escherichia 164
Escondida 290
ESI 28
ESM. Siehe earth system model
ESW. Siehe Eisen-Schwefel-Welt
Eubacteria 173
Eucarya 173
Eukaryoten 173
Eumetazoa. Siehe Gewebetiere
Euramerika 82
Europa
  (Jupitermond) 65
Eutrophierung 168
Evaporation 245
Evaporit 236
Everglades 283
Evolution, präkambrische 229
Exopolymer 237
Extinktion 197
Extirpation 197
extrazellular 237
Extremophile 128, 147
Exzentrizität
  der Erdachse 85
Exziton 141

F

Fadenwürmer. Siehe Nematoden
FADH 136
Faunenwechsel 198
Faustkeile
  (Kapuzineraffen) 304
Fehlerexplosion 110
Ferredoxin 99, 142
Firmicutes 275
Fischer, Hans 113
Fischer-Tropsch-Synthese 104
Fixierung 157
Flamingo 147
Flammkohle 253
Flavobacterium 160
Flechten 181
Fleischflosser 202
Fleming, Alexander 190
Fliegenembryo 187
Fluchtgeschwindigkeit
  planetarische 212
Formaldehyd 114, 117, 165
Formelschreibweise 34
Fortpflanzung
  geschlechtliche 193
Fortpflanzung, geschlechtliche 193
Fossilien 41
  Erhaltungsbedingungen von 18
  Lebende 42
  Leitfossilien 18
  Makro- 41
  Mikro- 19
  Nanno- 19
Fossilisation 41
Fossilisierung 41
Fox, Sidney W. 107
Fracking 291
Franklin, Rosalind Elsie 45
fringing reef. Siehe Saumriff
Froschschenkel 284
Fruchtbarer Halbmond 281
Fruchtkörper 188
Füchsel, Georg Christian 251
Fulvosäure 252, 268
Fungi 188
funktionelle Gruppe 34
Fußabdruck
  ökologischer 286

G

Gaia
  Mythologie 4
  Omega- 219
Gaia-Hypothese 211, 218
  Kritik an der 220
  schwache 219
  starke 219
Galápagos-Finken 187
Galápagos-Inseln 288
Galenit 161
Gamet 194
Gamethophyt 192
Gametophyt 192
gamma ray burst. Siehe Gammastrahlen-Ausbruch
Gammastrahlen-Ausbruch 198
Gammastrahlung 26
Ganglion 301
Gänseblümchen 221
GAP. Siehe Glycerinaldehyd-3-Phosphat
Gärung
  syntrophe 155
Gaschromatographie 27
Gasplaneten. Siehe Planet, Gas-
Gasriesen 64
Gatzweiler 291
GCN4 115
Gebänderte Eisenerze. Siehe Bändereisenerz
Geburtenrate 280
Gefangenendilemma 308
Gefäßpflanze 196
Gefäßsporenpflanze 192
Gehirn
  Evolution 301
  Faltung des 302
  fraktale Struktur des 302
  Gehirngröße und Gruppengröße 307
  Gewicht des 302
  Größe des 302
  Grundumsatz 300
  Kühlung des 314
  Neuronendichte des 302
  soziales 307
Gendrift 312
Gen-Editing 315
Generationswechsel 195
genetischer Code
  Degeneration des 9
  und Aminosäuren 8
Genregulationsnetzwerk 186
Geopolymer 254
Geothermie 292
geothermischer Gradient 255
Germanischer Trias 251
Germanisches Becken 251
Gerste 281
Geschlechtsreife 312
Gesteine 64
  felsische 80
  mafische 80
  magmatische
    Einteilung von 80
  metamorphe 20
  saure 80
  Schmelzen von 80
  Sedimentite 18
  ultrabasische 80
Gesteinsplaneten. Siehe Planet, Gesteins-
Gewebetiere 180, 184, 301
Gewöhnlichen Robinie 197
Geysire
  am Meeresgrund 114
gha. Siehe globaler Hektar
Ghadiri, M.R. 115
Gießkannenschimmel 190
Ginkgo 42, 196
Glaessner, Martin Fritz 182
Glasschwämme 179
Glaucocystophyta 178
Gleichgewicht 7
Gliederfüßer 301
global cooling 293
globaler Hektar 287
Gloeobacterales 147
Gloeobacter violaceus 128
Glomalin 273
Glossopteridales 196
Glucane 188
Glycerinaldehyd-3-Phosphat 142
Glycerin-Nukleinsäure 123
Glycin 107, 114
Gnetales 196
GOE. Siehe great oxygenation event
Goethit 242
Goldilocks-Zone 76
Gold, Larry 119
Gold, Thomas 256
Golgi-Apparat 174
Gondwana 82, 214
Gondwanaland 82
Gradualismus 5
GRAIL 78
gramnegativ, grampositiv 177
Granit 236
Graptoliten 197
graue Substanz 313
Gravitationsfeld
  des Mondes 78
Gravitationslinseneffekt 58
Gray
  (Einheit) 87
great oxygenation event 226
Greenalit 242
Gregorianischer Kalender 85
Greigit 99, 239
Grönlandeisschild 297
Große Magmatische Provinz Franklin 227
Großer Sprung nach vorn 288
Großes Oxidationsereignis 226
große Unkonformität 184
Grundwasser 271
Grüne Nichtschwefel-Bakterien 140
Grüne Schwefelbakterien 140
Gruppenselektion 308
Gruppenverhalten 308
Guano 166
GWP. Siehe CO2-Äquivalent
Gy. Siehe Gray
Gymnospermen. Siehe Nacktsamer

H

Haarstern 202
habitable Zone 63, 76
Hadley-Zelle 208
Hafnium-Wolfram-Isotopenverhältnis 62
Hafnium-Wolfram-Uhr 62
Haftwasser 271
Haigerloch 251

Halbwertszeit 29
Haldane, John Burdon Sanderson 106
Hale-Zyklus 86
Halley
   (Komet) 70
Hämatit 242
Hamiltons Regel 308
Hamilton, William D. 308
haploid 193
Harnstoff
   Synthese von 101
Harvey, William 97
Harz 84
Häutungstiere 183
Hayflick-Grenze 317
Hayflick, Leonard 317
HDR-Verfahren. *Siehe* Hot-Dry-Rock-Verfahren
Hefe 190
Helikase 47
Heliobakterien 140
Heliopause 32
Helium 57
Heliumbrennen 59
Hemicellulose 43
   Abbau von 268
Hepaticopsida 192. *Siehe* Lebermoose
hermatype. *Siehe* Riffbildner
Herodot 19
Heterocysten 148
heterotrophe Konversion
   von Stickstoff 160
heterotroph, Heterotrophie 95, 135
Hexactinellida 179
HI 68
HII 68
Himalaya 84, 217
Hintergrundsterben 198
Hinterhofschmelzöfen 288
Hirse 144
HisRS 124
Hitzeschockprotein 41
Hitzesterilisation 97
HIV 283, 312
Holozän 279
   Klima im 281
Holzmaden 19
Homochiralität 108
Homo erectus 307
Homöostasie 219
Hopan 36
Hopanoide 35
horizontaler Gentransfer 175
Hornmoose 192
Hornschwämme 179
Hornstein 242
Hot-Dry-Rock-Verfahren 292
Hox-Gen 187
Hox-Gene 187
HSP90. *Siehe* Hitzeschockprotein
Huber, Claudia 113
Huber-Wächtershäuser-Theorie 113
Hulme, Mike 300
Humboldt, Alexander von 256

Humifizierung 267
humilis 267
Huminsäure 268
Huminstoffe 252, 268
Humus 267
Humusformen 268
Humushorizont 156
Hutton, James 5, 16
Hydrat 236
Hydratation 96
Hydratationswasser 272
hydraulic fracturing 291
Hydrogencarbonat 153, 236
Hydrogenphosphat 166
Hydrolyse 33
Hydromorphisierung 269
hydrophil 44
hydrophob 44
Hydrosphäre 207
Hydroxid 236
Hydroxylapatit 238
Hyperzyklus 110, 115
Hyphen 188

I

IAM. *Siehe* integrated assessment model
Ichaboe 166
ICP-MS 28
IITPW. *Siehe* inertial interchange true polar wander
Imitation 310
Indianerschwarzerde 272
Industrielle Revolution 285
Induzierte pluripotente Stammzellen. *Siehe* Stammzellen
inertial interchange true polar wander 228
Infektionskrankheiten
   Verbreitung von 282
Influenza 283
Inkohlung 251
Innertropische Konvergenzzone 208
integrated assessment model 296
Intentionalität 307
   gemeinsame 308
   geteilte 307
   individuelle 307
   kollektive 308
Intergovernmental Panel on Climate Change. *Siehe* Zwischenstaatlicher Ausschuss für Klimawandel
interstellarer Staub 69
interstellares Medium 68
interzellular 237
intrazellular 237
Io
   (Jupitermond) 65
Ionenkristall 26
Ion Trap 28
Isochinolin 102
Isocortex. *Siehe* Neocortex
Isopren 34
Isoprenoide 34

Isopropanol
   (Fracking) 291
Isotop 28
   Schwefel- 150
   stabiles 30
   Uran- 29
Isotopenfraktionierung 150 31
Isotopenmischungen 29
Isotopenuhren 29

J

Jäger-Sammler-Kultur 279
Japetus-Ozean 82
Johanniskraut 283
Jüngere Dryas
   Kälteeinbruch in der 297
Jungfernzeugung 193. *Siehe* Parthogenese
Jupiter 64
Jurassic Park. *Siehe* DinoPark

K

Kaapvaal-Kraton 241
Kahneman, Daniel 300
KAK. *Siehe* Kationenaustauschkapazität
Kaktusmotte 283
Kalium-Argon-Methode 29
Kaliumnitrat 157
Kalk 238
Kalkgestein 244
Kalkschwämme 179
Kalkskelett 154
Kambium 194
Kambrische Explosion 184
Kammerflimmern 297
Kandler, Otto 51
Kapillarwasser 272
Karakorum 217
Karbon 253
   Steinkohle aus dem 216
Katabolismus 135
Katagenese 33, 254
Katalysator 110
Katalyse 45, 94
Katastrophismus 5
Kationenaustauschkapazität 267
Kenney, J.F. 256
Kernfusion 59
Kernreaktor
   natürlicher 290
Kerogene 156, 254
Kerogentypen 254
Keuper 251
Kieselalgen 202, 238
Kieselerde 238
Kieselsäure 238
Kimberella 183
Kirshvink, Joseph 225
Kiruna 290
Klade 189
Kladistik 189
Klathrate 297
Kleinschalen Fossilien. *Siehe* Small

shelly fauna
Klima
   zwischen Kambrium und Kreide 215
Klimasensitivität 295
Klimaskeptiker 293
Klimawandel 293
   Antreiber des 294
   Brennpunkte des 299
   Indikatoren des 293
   Mythen des 300
   Regionale Folgen 298
Kluger Hans 304
Knochenzelle 238
Koazervate 106
Koevolution
   genetische und kulturelle 310
   von Computer und Software 109
Koevolutionshypothese 220
kognitive Fähigkeiten
   von Tieren 303
Kohle 250
Kohlebergbau 290
Kohlenhydrate 43
Kohlenstoff
   Bindungen des 98
   -fixierung 134
Kohlenstoffkreislauf 152
   biochemischer 154
   terrestrischer 156
Komplex I, III, IV 138
Kontaktmetamorphose 235
Kontinente
   Bildung der 79
Konusnebel 69
Konvektion 23
Konvergenz 189
Kooperation 308
Kopenhagener Konsens 299
Koprophagen 264
Koralle 197, 248
   Okto- 249
Kormus 192
Kosmochemie 68
Kragengeißeltierchen 180
Kragengeißelzellen 179
Kraton 81
kratos 81
Kraut- und Knollenfäule 190
Krebspest 190
Kreislauf
   biochemischer 219
   der Gesteine 17
Kristallisation
   fraktionierte 235
Krone der Schöpfung 40
Kronengruppe 189
Kryosphäre 207
K-T-Aussterben 197
Kudryavtsev, Nikolai A. 256
Kulturvarianten 310
Kurzweil, Ray 311
Kutscherow, Vladimir 256
Kyoto-Protokoll 293

STICHWORTVERZEICHNIS

L

Lagerstätte
 Aluminium- 290
 Eisen- 290
 Erdöl- und Erdgas- 257
 hydrothermale 290
 Kupferporphyr- 290
 Salz- 290
Lagrange-Punkt 73
Lake Vida 225
Lake Whillans 225
Landgewinnung 292
langweilige Milliarde 224
large igneous province 227. Siehe auch magmatische Großprovinz
last common metazoan ancestor 179
Last Universal Common Ancestor. Siehe LUCA
Late Heavy Bombardement 78
Laterit 276, 290
Laurentia 82, 214
Laurussia 82
Lazarus-Effekt 197
LCMA. Siehe last common metazoan ancestor
Lebenselement 133
Lebensentstehung
 anorganische 109
Lebensmolekül 69
 Elemente in 98
Lebensraum
 Gefährung des 285
Lebermoose 192
Lebewesen
 Definition von 91
 Energiequellen von 94
Lecithine 124
Lee, David 115
Lee, Tsung-Dao 108
Leguminosen 147
Leitbündel 192
Leitfossilien 18
Lepidodendron 253
Lessivierung 270
Letztes Glazial-Maximum 281
Leucin-Reißverschluss-Region. Siehe basic leucin-zipper domain
Leucin-Reisverschluß 116
LGM. Siehe Letztes Glazial-Maximum
LHC I, II. Siehe Lichtsammelkomplex
L-Horizont 269
Libby, Willard Frank 30
Lichtreaktion 140
Lichtsammelkomplex 141
Ligation 121
light harvesting complex. Siehe Lichtsammelkomplex
Lignin 33, 43
 Abbau von 268
Linné, Carl von 39
LIP. Siehe magmatische Großprovinz
Lipide 33
Liposom 124
lithophil 62
Lithosphärenplatten 24
Lithotrophie 137
living planet index 284
Lophotrochozoen 301
Lost City-Hydrothermalfeld 104, 114
Lovelock, James Ephraim 211
LPI. Siehe living planet index
LUCA 101
Lumen 140
Lumineszenzdatierung 32
Lyell, Charles 5
Lyginopterididae 195
Lyme Regis 19
Lysosom 174

M

Madrepora pertusa 249
Magdalenenhochwasser 288
Magmaozean 74
magmatische Großprovinz 198
Magnesium 63
Magnetit 239, 242
Magnetosom 239
Mais 144, 282
Malatenzym 144
MALDI 28
Malthus, Thomas 285
Mantel
 Temperaturverlauf im 79
Mantel-Plume 84
Mao Zedong 288
Margulis, Lynn 177, 218
Marokko 168
Masern 283
Massenaussterbeereignis 197
 Ursachen von 201
Massenspektrometrie 27
Materie 59
Matrixpotential 272
Maunder, Edward W. 86
Maunder-Minimum 86
Mazerale 253
Medea 221
Medea-Hypothese 221
Meeresschnee 155
Meeresspiegel 216
 im Phanerozoikum 216
Meganeura 216
Mehltau 191
Mehrzelligkeit
 von Cyanobakterien 151
Meiose 193
Membran 124
Meme 310
Mendelejew, Dmitri Iwanowitsch 105, 256
Mendel, Gregor 40
Mengenelement 133
Menopause 312
Mensch
 Ausbreitung des 280

Mereschkowski, Konstantin Sergejewitsch 176
Mesoderm 186
Mesophyllzelle 144
Mesophytikum 196
Metabolismus 93, 135
Metagenese 33, 255
Metallizität 60
Metamorphite. Siehe Gesteine, metamorphe
Metamorphose 33, 80
Metazoa 229
Meteoroid
 Eintrittsgeschwindigkeit 100
Methan
 Oxidierung von 151
 und Nickelmangel 149
Methanhydrat 67
Methanosacrina 200
Methanosarcina 200
Methanotrophie 155
Methanthiol 161
Methanvergiftung 221
Miescher, Friedrich 45
mikroaerophil 239
Mikroben
 effektive 273
Mikronährstoffe 134
Mikrophagen 264
mikro-RNA 318
Mikrosphären 107
Mikrotubuli 194
Miller, Stanley 91
Miller-Urey-Experiment 106, 108
Mineral
 chondrisches 235
 Vorkommen auf Erde und Mars 235
Mineralisation
 biologisch kontrollierte 237
 induzierte 237
Mineralisierung 133
Mistaken Point 182
Mitochondrien 177
Mitochondrium 174
Mitose 193
Mittelatlantischer Rücken 23
Mittelmeer 84
Mixotrophie 139
Modell 6
Molekül 26
Molekulare Uhren 50
Molybdän 224
Monde 64
Mond (Erde) 64
Monocercomonoides sp. 178
Monokotyle 196
Monomer 43
monophyletisch 189
Moon-forming impact 74
Morning Glory Pool (Yellowstone) 133
mRNA. Siehe Boten-RNA
mtDNA. Siehe DNA, mitochondriale
Mundgeruch 210
Murchison-Meteorit 70
Murein 174, 175

Muschelkalk 251
Mutation
 neutrale 50
 Punkt- 48
 stille 49
Mutationsrate 50
 von Zellkern-DNA 52
Mutualismus 181
MWC 480 101
Mycobacterium tuberculosis 283
Mykobiont 181
Mykorrhiza 180
Mykorrhizapilz 190
 arbuluskärer 190
Mykorrhiza-Pilze
 arbuskuläre 273
Myzel 188

N

N2O 160
Nachinkohlung 255
Nacktsamer 194, 196
NADH 136
NADPH, NADPH2 136
Nägeli, Carl Wilhelm von 105
Nagoya-Protokoll 285
Nama-Lebensgemeinschaft 183
Nanomagnetit 238
Naphthene 255
Natufier 282
nature and nurture 310
Nautiliden 42
Navajo Sandstones 216
Neandertaler 280
Negentropie 93
Nekrophagen 264
Nelkenartige 144
Nematoden 264
Neobionten 283
Neocortex 302
Neolithische Revolution 282
Neophyt 283
Neozoon 283
Neptun 64
Neptunismus 16
Nervenfaser 303
Nervensysteme
 Entwicklung der 301
Nervenzelle 301
Nesseltiere 179, 249, 301
Nettoprimärproduktion 156
Neumünder 183
Neuralrohr 302
Neuronendichte
 des Gehirns 302
Neuronenzahl
 und Hirngewicht 302
Neutron 26
Neutronenstern 60
Nickel-Eisen-Kern 64, 65
Nitratatmung. Siehe Denitrifikation
Nitrifikation 159
Nitrogenase 148
Nordhaus, William 299
Nördlinger Ries 87

Norilsk 291
Nostocales 147
NPAH 101
NPP. *Siehe* Nettoprimärproduktion
Nudging 301
Nugget 290
Nukleinsäure 45
   alternative Moleküle 122
Nukleobase 46, 106
   präbiotische Entstehung 116
Nukleosid 45
   präbiotische Entstehung 117
Nukleosidmonophosphat 117
Nukleosidtriphosphat 117
Nukleosynthese 61
Nukleotid 46
   präbiotische Entstehung 117
   Stabilität von 118
Nuvvuagittuq-Grünsteingürtel 82

O

Obere-Devon-Aussterben 197
Obere-Kreide-Aussterben 197
Obere-Ordovizium-Aussterben 197
Obere-Perm-Aussterben 197
Obere–Trias-Aussterben 197
Oberflächen-Metabolismus
   Theorie des 112
Oberflächenorganismus 113
Oberflächenreaktionen 93
Oberschlundganglion 301
Objektpermanenz 304
O-Horizont 269
Ohrenstein 238
Okazaki-Fragmente 47
Oklo (Gabun) 290
Oleanane 36
Ölfenster 254
Oligopeptide 115
Olivin 80
omne animal ex ovo 97
omne vivum ex vivo 97
omnis cellula e cellula 97
On the Origin of Species 39
Ooide 245
Oparin, Alexander Iwanowitsch 105
Oparin-Haldane-Hypothese 106
Ophistokonta 180
Opuntien 283
Organelle 174
Organellen 174
Organoid 316
Orgel, Leslie 116
Orogenese 82
   variszische 84
Oró, Joan 116
Oscillatoriales 147
Oscillatoria rubescens 147
OSL. *Siehe* Lumineszenzdatierung
Osteoblast 238
Osteozyt 238
Osterinsel 288
Ostsee 281
Ostwaldsche Stufenregel 245

Otolith. *Siehe* Ohrenstein
Oxalacetat 145
Oxalsäure 168
Oxidationsereignis
   großes 148
Oxidationsstufen 98
Oxisol. *Siehe* Laterit
Oxyphotobacteria 146
Ozean
   euxinischer 224
   Salzgehalt 216
   Speicherkapazität für Kohlendioxid 155
   thermische Expansion 216

P

PAH. *Siehe* polycyclic aromatic hydrocarbon
Paläoböden 275
Paläophytikum 192
Palindrom-RNA 120
Palmfarn 196
Pangaea 83, 214
Panspermie 100
paraphyletisch 189
Parthogenese 193. *Siehe* Jungfernzeugung
Passatzirkulation 209
Pasteur, Louis 97, 100
Patterson, Clair Cameron 29
Pauling, Linus 50
Pax6 188
PCR. *Siehe* Polymerasekettenreaktion
PDA. *Siehe* protostome/deuterostome last common ancestor; *Siehe* Protostome/Deuterostome Last Common Ancestor
Pegmatit 236
Penicillium 190. *Siehe* Pinselschimmel
Pentan 255
Pentose 43
PEP. *Siehe* Phosphoenolpyruvat
Peptidbindung 115
Peptidnukleinsäure 123
Peptidoglykane 175
Peptid + tRNA-Welt 125
Permafrostböden 297
Peroxidasen 177
Peroxide 177
Peyssonel, Jean-André 249
Pflanzen
   Besiedlung des Festlandes durch 154
   Stammbaum der 191
Phagocytose 176
Phanerozoikum
   Schwankungen des Meeresspiegels im 216
   Temperaturen im 215
pH-Gradient 114
Phloem 192. *Siehe* Leitbündel
Phosphat 166
Phosphatdünger 165

Phosphatgruppen
   für Nukleinsäuren 117
Phosphatvorräte 166
Phosphoenolpyruvat 144
Phospholipid 166
Phosphorit 166
Phosphorkreislauf
   anthropogen beeinflusster 168
Phosphorsäure 165
Phosphorylisierung 117
Photische Zone 243
Photolithotrophie 138
Photorespiration 143
Photosynthese 139
   anoxische 164
   anoxygene 135
   Energieeffizienz 144
   Entstehung der 138
   oxygene 136
Photosystem I, II 140
Phototrophische Sulfidoxidation 165
Phycobiline 147
Phycocyanin 147
Phycoerythrin 147
Phylogenetischer Baum 51
Phytophagen 264
Phytophthora infestans. *Siehe* Kraut- und Knollenfäule
Pilbara-Kraton 35, 240
Pilze
   Stammbaum der 188
Pinocytose 176
Pinselschimmel 190
Pirouetten-Effekt 60, 209
Placozoa 180. *Siehe* Scheibentierchen
Planet
   Gas- 64
   Gesteins- 62, 63
Planetenbildung 61
Planeten des Sonnensystems 65
Planetesimal 62
Plasmid 316
Plastid 174, 178
Plastiglomerate 279
Plastochinon 142
Plastocyanin 142
Plattenränder
   aktive 25
Plattentektonik 23, 81
Plattform-Riff 250
Pleurocapsales 147
Pluripotenz 315
Plutonismus 16
PNA. *Siehe* Peptidnukleinsäure
POC 155
Pocken 283
Podsol 270
Podsolierung 270
Pol II 126
Pollenkorn 193
Polwanderung
   echte 228
   scheinbare 228
Polyacrylamid
   Einsatz beim Bergbau 291

Polychaeta 183
polycyclic aromatic hydrocarbons 69
Polymer 43
polymerase chain reaction. *Siehe* Polymerasekettenreaktion
Polymerasekettenreaktion 47
Polyphagen 264
Polyphosphate 165
polyphyletisch 189
Pontische Ebene 288
Populationsentwicklung (IPCC) 296
Populationsgröße 285
Porifera 149, 229
porostromate Cyanophyceen 146
Porphyrine 35
präkambrische Evolution. *Siehe* Evolution, präkambrische
Price, George 309
Primärproduktion 199
primordiale Elementsynthese 57
p-RNA 123
Prochlorales 147
Produktionskapazität
   der Erde 286
Progenoten 123
Progymnosperm 194
Prokaryoten 173
Protein 43
   Faltung 44
Proteinbiosynthese 47
Protein-tRNA-Welt 124
Protein-Welt 114
Proterophytikum 192
Protium 31
Protobionten 123
Proton 26
Protonenpumpe 140
Proton-Proton-Reaktion 59
Protoplanetare Scheibe 61
Protostern 60
protostome/deuterostome last common ancestor 183
Protostome/Deuterostome Last Common Ancestor 183
Protostomia. *Siehe* Urmünder
Pseudomonas 160
Pseudomurein 174, 175
PS I, II. *Siehe* Photosystem I, II
Pteridinium 183
Punktmutation 48
Purpurbakterien 140
Pyrit 149
Pyrolyse. *Siehe* Verschwelung

Q

Quadrupol 28
Quallen 301
Quarks 26, 57
Quasispezies 112
Quastenflosser 42
Quelle
   hydrothermale 112, 224

STICHWORTVERZEICHNIS

Q-Zyklus 138

R

R18 (RNA-Molekül) 120
Racemat 108
Radiation 184
Radiokarbonmethode 30
Rangea 183
Rangeomorpha 183
Ranker 270
Rapamycin 318
RCP. *Siehe* representative concentration pathway
Reaktionsnetzwerk
　katalytisches 110
　selbstorganisiert 115
Reaktionsweg
　biochemischer 42
Realgar 161
Rechenkünste
　von Tieren 304
Redi, Francesco 97
Redoxäquivalent 136
Redoxgradient 114
Redoxreaktion 136, 145
Reduktionspotential 136
　biologisches Standard- 136
Regen
　saurer 161
Regionalmetamorphose 235
Reizleitungsgeschwindigkeit 303
Rekombination
　homologe 193
Reliktböden 275
Rentsche Regel 313
Replikation 107, 110
Replikationsfehler 111
Replikator, erster 105, 107
representative concentration
　pathway 294
Reproduktionskosten 306
Resveratrol 318
RF. *Siehe* Strahlungsantrieb
Rheischer Ozean 214
Ribose 117
Ribozym 120
Ribulose-1,5-Biphosphat-
　Carboxylase/-Oxidase.
　Siehe RuBisCO
Rickettsia prowazekii 177
Riesenstern
　roter 60
Riff 247
Riffbildner 148, 248
Riffhangbrekzie 250
Riffkalk 246
Riftzone 81
Rinderpest 283
Rippenquallen 179, 229
Risiken
　Umgang mit 300
RNA
　katalytische Wirkung von 120
　Übergang zur DNA-Welt 126
RNA-Polymerase 46
RNA-Primer 47
RNA-Protein-Hyperzyklus 111
RNA-Welt 116, 120
Robina pseudoacacia. *Siehe* Gewöhnlichen Robinie
Robinia pseudoacacia 197
Rodinia 82, 227
Röhrenfallenexperiment 304
Röntgenstrahlung 26
Rotalgen 178
RuBisCO 143
Rückkopplung 7
Rückkopplungsmechanismus
　DMS- 223
Rückkopplungsschleife 219
Rugosa 202, 247
Ruhrgebiet 84, 290
runaway greenhouse. *Siehe* Treibhauseffekt, galoppierender
Rutherford, Ernest 29

S

Saccharomyces. *Siehe* Zuckerhefe
Saghatelian, Alan 115
Sahara-Eiszeit 215
Salar de Atacama 290
Salpeter 157
Salze 66
Samen 194
Sand 264
Sandwiess, Jack 108
Saprophagen 264
Sauerstoffkreislauf 151
Säugetier
　Gehirn des 302
Saumriff 250
Sauropsiden 189
Schachtelhalme 192
Scheibentierchen 179
Schiefergas 291
Schieferöl 291
Schild
　kanadischer 82
Schillkalk 246
Schimper, Andreas 176
Schlauchpilz 190
Schlote
　Abiogenese an 127
　alkalische 114
　hydrothermale 104
Schluff 264
Schmelzkäse 165
Schmelzwasserpuls 1A 297
Schrauben-Algen 192
Schreibersit-Meteoriten 117
Schuster, Peter 111
Schwabe-Zyklus 86
Schwämme 179, 229
Schwammstotzen 247
Schwarzes Loch 60
Schwarzwald 84
Schwefel 65
　Oxidationsstufen 161
Schwefelbakterien 163, 224
　Purpur- 224
Schwefelisotop 165
　Massenunabhängige Fraktionierung von 150
Schwefelkreislauf 160, 220, 222
　biologischer 163
Schwefelsäure 161
Schwefelwasserstoff 161, 224
Scytonemin 239
Sea Floor Spreading 24
Sedimente
　äolische 18
　Korngrößen von 18
Sedimentite 18
Seilacher, Adolf 181
Seismograph 22
Seismologie 22
Sektorfeld 28
SELEX-Verfahren 119
Sequenz 45
Sequenzierungskosten 52
Serpentinisierung 104, 114
SEV 28
Severin, Kay 115
Shark-Bay 239
SHRIMP 28
Sibirischer Trapp 211, 220
Sichelzellenanämie 312
Sickerwasser 271
Siderit 149, 241
siderophil 62
Siegel, J.S. 115
Sievert
　(Einheit) 87
Sigillaria 253
Signalkette
　genregulatorische 186
Signalkette, genregulatorische 186
Signalmolekül 187
Siliciumdioxid 238
Silicium (Si) 63
Silikatkern 67
Silikatverwitterung 214, 227
Simulation. *Siehe* Computersimulation
Singer, Tanja 305
Sinksteine 227
Slave-Kraton 81
Slushball-Earth-Hypothese 229
Small shelly fauna 184
S-MIF 150
Smith, John Maynard 309
Snowball-Earth. *Siehe* Schneeball-Erde
Sojabohne 143
Solarkonstante 85
Sonne
　Paradoxon der schwachen jungen 75
Sonnensystem
　Ende des 67
Sonnenwind 63, 67
Soos 238
Spallanzani, Lazzaro 97
Spallation 30
Spätglazial-Interstadial 281
Spezies Plantarum 39
Spiegelmechanismen 306
Spiegelneurone 305
Spiegeltest 304
Spieltheorie 309
Spindletop Hill 291
Spirogyra. *Siehe* Schrauben-Algen
Spirulina 146
　maxima - als Einweißlieferanten 146
Splicing 47
Spontanzeugung 97
Sporangien 192. *Siehe* Sporenbehälter
Spore 194
Sporenbehälter 192
Sporophyt 195
Sprache 303
Sprachverständnis
　von Tieren 303
Sprigg, Reginald Claude 181
Spurenelement, essentielles 133
Spurengase
　biogene 219
Stachelhäuter 202
Stammgruppe 189
Stammzellen 316
　pluripotente 316
Standardreduktionspotenzial 136
Ständerpilz 190
Statolith. *Siehe* Ohrenstein
Stauwasser 271
Steinkohle 252
Steinkohleflöze 84
Steinmulchung 289
Steinzeit 306
Steinzeitgehirn 306
Steno, Nicolaus 16
Sterankörper 35
Stern 59
Sternevolution 60
Steroide 34
Stickoxid 158
Stickstoff
　Fixierung durch Blitze 158
　mariner Umsatz 158
　Oxidationsstufen 157
Stickstoffkreislauf 156
　mariner 158
Stigonematales 147
Stoffwechsel 107, 110
　mikrobieller 137
Stokkur-Geysier 23
Stomata 192
Strahlenbelastung
　kosmische 87
Strahlung
　kosmische 87
Strahlungsantrieb 294
　im Phanerozoikum 215
Strahlungsdosis 87
Stramenophila 188
Stratigraphie 15
Streckersche Cyanhydrinsynthese 114
Streichholz 165
Streu 156
Strickleiternervensystem 301
Stroma 141
Stromatolithe 229, 239, 240
　fossile 41, 239
Stromatoporen 197
Stromatoveris 183

Stromatoveris psygmolena 183
Subduktion 23
Sublimation 61
Sudbury-Komplex 290
Sudeten 84
Suess, Eduard 82
Sulfataerosole 223
Sulfatreduktion 165
Sulfid 161
Sulfitdisproportionierung 165
Superia 82
Superior-Kraton 82
Supernova 60
Superorganismus
   Erde 220
survival of the fittest 309
Süßwasserpolyp 317
Sv. Siehe Sievert
Svensmark, Henrik 87
Symbiose 180
   mutualistische 180
Synchrotronstrahlung 102
Synechococcus 148
Synechocystis 148
Syrosem 270
System
   thermodynamisches 93
System 1
   (Gehirn) 300
Systematik
   phylogenetische 189

T

Tabulata 202, 247
Tagesbruch 289
Target of Rapamycin. Siehe TOR
tasmanischer Beutelwolf 189
Taufliege 187
Taxonomie 39
tC19Z 121
TCR. Siehe transient climate response
Telencephalon. Siehe Endhirn
Teleologie 4
Telomer 317
Telomerase 317
Temin, Howard 118
Tensid 124
Teosinte 282
Terran 83
Terra preta do Indio 272
Terra-Preta-System 272
Tethys-Ozean 251
Thallus 181
The Day After Tomorrow 297
Theia 73
Theory of Mind 305
thermische Ausgasung 212
thermische Expansion der Ozeane 216
thermohaline Zirkulation 208
Thermolumineszenz 32
Thingvellir 24
Thin-ice-Hypothese 229
Thiobacillus 139
Thiobakterien 161
Thiomargarita namibiensis 173

Thiosulfatdisproportionierung 165
Thiothrix 138
Thiovulum 163
Tholine 67
Threose-Nukleinsäure 123
Thylakoid 140
Tiere
   Werkzeugnutzung und -herstellung 304
Tillit 227
Timanfaya-Vulkan 292
TIMS 28
Tipping Point 297
Titan
   (Saturnmond) 66
tit-for-tat 309
TNA. Siehe Threose-Nukleinsäure
Toba (Vulkanausbruch) 280
Todeszone
   im Ozean 224
TOF 28
Tomasello, Michael 307
Ton 264
   Oktaederschicht des 266
   Tetraederschicht des 266
Ton-Humuskomplex 268
Tonverlagerung 270
Topologie 176
TOR
   (Enzym) 318
T-O-T-Schicht 267
TPW. Siehe true polar wander
Tracheophyta. Siehe Gefäßpflanze
Transfer-RNA 46
transient climate response 295
Transkriptionsfaktor 187
Translokation 48
Transvaal-Supergruppe 240
Treibhauseffekt
   galoppierender 74
Treibhauspotential 294
Treibs, Alfred 33
Treptichnus pedum 186
Trichoplax adhaerens 181
Trilobit 185
Trilobiten 197
Triplett 46
Trisomie 21 193. Siehe Down-Syndrom
Triterpane, nicht-hopanoide 36
tRNA. Siehe Transfer-RNA
Trophievarianten 135
TrpRS 124
true polar wander 228
Trüffel 190
Tuberkulose 283

U

Überdauerungszellen 147
Übergangsmetalle
   als katalytische Zentren 113
UNEP. Siehe Hot-Dry-Rock-Verfahren
uniformitarianism. Siehe Aktualismus
United Nations Environmental
   Programme 293
Universum
   Alter des 57
Unkonformität, große 184
Uran-Blei-Methode 29
Uranitit 149
Uranos 73
Urey, Harold Clayton 91
Urknall 57
Urmünder 183
Urpizza 113
Urtierchen 179
Urzeugung 97

V

Van-Krevelen-Diagramm 255
Varisker 84
Variszische Orogenese 84
Vaterit 245
Vektor
   (Gentechnik) 316
Vendobiont 181
Verbindung
   aromatische 101
   heterozyklische 101
Vereisung
   Gaskiers- 226
   huronische 226
   Makganyene- 226
   marinoische 226
   sturtische 226
Vergleyung 269
Verhalten
   altruistisches 220
   Evolution des 306
Verhaltensmodul 306
Verlehmung
   von Böden 271
Vernetzungsgrad
   von Neuronen 313
Verschwelung 274
Verstärkung
   polare 297
Vertebrata. Siehe Wirbeltier
Vesikel 176, 237
Virchow, Rudolf 97
Vogesen 84
Vogtland 84
Vorfahren
   letzte gemeinsame 49
Voronya-Höhle 289
Vredefort-Krater 87
Vulkanite 20

W

Wachstum
   Grenzen des 285, 313
Wächtershäuser, Günter 113
Wadi an-Natuf 282
Wandertaube
   amerikanische 284
Wapno 289
Ward, Peter Douglas 221
Wärme
   fühlbare 207
   latente 207
Wärmefluss
   geothermischer 75
Wärmestromdichte 292
warm-hot intergalactic medium 68
Wasser
   im Boden 271
   kritischer Punkt von 75
   Phasendiagramm 75
Wasseraustausch 77
Wasserblüte 146
Wasserkreislauf 209
Wasserstoffbombe 59
Wasserverbrauch
   beim Fracking 291
Watson, Andrew 221
Watson, James 45
weakly interacting massive particles 57
Wegener, Alfred 23
Weißes-Meer-Lebensgemeinschaft 182
weiße Substanz 313
Weizen 143
Werkzeugnutzung
   von Tieren 304
Werner, Abraham Gottlob 16
WHIM. Siehe warm-hot intergalactic medium
Wiechert, Emil 22
Wildtyp 49, 115
Wilson, John Tuzo 25
Wilson-Zyklus 25
WIMPS. Siehe weakly interacting massive particles
Winogradskij, Sergej N. 137
win-stay, lose-shift
   (Spielstrategie) 309
Wirbeltier 301
Wittung, Pernilla 123
Witwatersrand 289
Woese, Carl Richard 51, 116
Wöhler, Friedrich 101
Wolf
   Domestizierung von 282
Wu, Chien-Shiung 108

X

Xanthophyll 141
Xenobiologie 122
Xylem 192. Siehe Leitbündel

Y

Yang, Chen Ning 108
Yoldia-Meer 281
Yucatan 86

Z

Zahnbein 238
Zahnschmelz 238
Zebramuschel 283
Zeittafel, geologische 17
Zellatmung 136

STICHWORTVERZEICHNIS

Zellkernmembran 175
Zellmembran 174
Zellsaftvakuole 174
Zirkonkristall 79
Zirkulation
　atmosphärische 208
　thermohaline 208, 297
Zirkulationszelle 209
Zirkumpolarstrom
　ozeanischer 217
Zoonose 283
Zoophagen 264
Zooxanthellen 249
Zucker
　präbiotische Entstehung 117
Zuckerhefe 190
Zuckerkandl, Emile 50
Zuckerrohr 144
Zweikeimblättrige 196. *Siehe* Dikotyle
Zwischenstaatlicher Ausschuss für Klimawandel 293
Zygote 194
Zyklone 209
Zytoskelett 175

If you have any concerns about our products,
you can contact us on
ProductSafety@springernature.com

In case Publisher is established outside the EU,
the EU authorized representative is:
Springer Nature Customer Service Center GmbH
Europaplatz 3, 69115 Heidelberg, Germany

Printed by Libri Plureos GmbH
in Hamburg, Germany